自然保護ハンドブック
新装版

沼田 眞 ▶ [編]

朝倉書店

序

　同名の『自然保護ハンドブック』は1976年に東京大学出版会から刊行された．当時はIBP（国際生物学事業計画）のまとめの段階になっており，IBPの一つの部門としてのCT（陸上群集の自然保護）があり，国際的にはMax Nicholson（イギリス自然保護庁長官），日本では私が責任者をつとめた．日本のIBPのまとめはJIBP Synthesisとして英文20巻で完結した．その中でCTの植物篇（Vol. 8）とCTの動物篇（Vol. 9）の2巻がCTの報告書である．これらを土台にしたCTの日本語版が，東京大学出版会の『自然保護ハンドブック』であった．

　IBPは1964～1972年の期間に行われ，報告書刊行は1975年までつづいた．このあと今日までユネスコのMAB（人間と生物圏計画）がつづいている．その間1970年にはヨーロッパ保全年（Conservation Year）があったり，アメリカの環境保護庁発足があったりした．前者についてはイギリス生態学会のシンポジウム"The Scientific Management of Animal and Plant Communities for Conservation"が行われた．その他，最近の傾向として保全生物学（Conservation Biology）や保全生態学（Conservation Ecology）と銘打った本が，ぞくぞくと出るようになった．

　私自身の経験としては，戦後1954年に日本生態学会の第1回総会が自然教育園で開かれた時の総合講演として，「応用生態学のあり方」（生物科学，6, 188-190, 1954）を行ったり，著書『自然保護と生態学』(1973) の中で，「自然保護の生態学」や「保全生態学の旗手たち」などを書いたりしている．

　外国のものを2, 3あげると，G. W. Cox: Readings in Conservation Ecology (1969)，A. B. Costin and R. H. Groves: Nature Conservation in the Pacific (1973)，M. E. Soulé: Conservation Biology: The Science of Scarcity and Diversity (1986)，R. B. Primack: A Primer of Conservation Biology (1995) など多数である．

本書は，はじめに述べたようにIBPのまとめとしての旧版に対し，現代の自然保護上問題とされる点を拾い上げたものである．前半では基礎編として，基礎的な用語，概念，方法，法令，条約，動向などの各種項目の解説をし，後半では各論として，種，種群，各種生態系の自然保護上の問題点と対策をとりあげた．また，読者の便を考え，出版直前に環境庁から発表された植物のレッドリストなど，豊富な資料を付録に収めた．

　東京大学出版会刊行の『自然保護ハンドブック』に対して，20年をへて今回の『自然保護ハンドブック』を出版するに当り，東京大学出版会ならびに旧版の執筆者各位にあつく御礼を申しあげたい．また本書の編集に当って協力して頂いた千葉県立中央博物館生態学研究科長中村俊彦氏にも御礼を申しあげたい．

　なお，第I編34章を執筆された井上民二氏が昨年9月飛行機事故で急逝された．林冠生物学の研究に脂が乗っていた時期だけに惜しまれてならない．第1回日産科学賞を受領されたことはせめてものなぐさめであったが，心よりご冥福をお祈りしたい．

　1998年2月

沼　田　　眞

執 筆 者

沼田　　眞	(財)日本自然保護協会　千葉県立中央博物館		中村俊彦	千葉県立中央博物館
大沢雅彦	千葉大学理学部		田中信行	農林水産省森林総合研究所生産技術部
俵　　浩三	専修大学北海道短期大学		土田勝義	信州大学農学部
奥富　　清	(財)日本自然保護協会		重松敏則	九州芸術工科大学芸術工学部
藤原　　信	宇都宮大学名誉教授		高田　　研	豊中市立第六中学校
中静　　透	京都大学生態学研究センター		川嶋　　直	(財)キープ協会
田川日出夫	鹿児島県立短期大学		堀江義一	千葉県立中央博物館
吉田正人	(財)日本自然保護協会		鬼頭秀一	東京農工大学農学部
長池卓男	前(財)日本自然保護協会		米林　　仲	立正大学地球環境科学部
中井達郎	(財)日本自然保護協会		井上民二	元京都大学生態学研究センター
小泉武栄	東京学芸大学教育学部		神崎　　護	大阪市立大学理学部
天野　　誠	千葉県立中央博物館		大野啓一	千葉県立中央博物館
小原秀雄	女子栄養大学栄養学部		原　　正利	千葉県立中央博物館
木原啓吉	江戸川大学社会学部		服部　　保	姫路工業大学自然環境科学研究所
山下弘文	日本湿地ネットワーク		浅見佳世	(株)里と水辺研究所
岩城英夫	東京農業大学農学部		鈴木英治	鹿児島大学理学部
有賀祐勝	東京水産大学水産学部		大窪久美子	信州大学農学部
小野有五	北海道大学大学院地球環境科学研究科		内村悦三	(社)日本林業技術協会
辻井達一	北星学園大学社会福祉学部		根本正之	農林水産省農業環境技術研究所環境生物部

執 筆 者

浜端 悦治	滋賀県琵琶湖研究所	桑原 和之	千葉県立中央博物館
奥田 重俊	横浜国立大学環境科学研究センター	中川 富男	日本鳥類標識協会会員
福嶋 司	東京農工大学農学部	長谷川雅美	千葉県立中央博物館
荻野 和彦	滋賀県立大学環境科学部	望月 賢二	千葉県立中央博物館
風呂田利夫	東邦大学理学部	朝倉 彰	千葉県立中央博物館
伊藤 秀三	長崎大学教養部	直海俊一郎	千葉県立中央博物館
高槻 成紀	東京大学総合研究博物館	青木 淳一	横浜国立大学環境科学研究センター
小笠原 暠	秋田大学教育学部		

（執筆順）

目　　次

第Ⅰ編　基　　礎

1. 自然保護とは何か ……………………………………………[沼田　眞]… 3
    1.1 自然保護と生物的自然 …………………………………………… 3
    1.2 自然保護の理念 …………………………………………………… 8
    1.3 歴史的展望 ………………………………………………………… 13
2. 自然保護憲章 …………………………………………………[沼田　眞]… 19
3. 天然記念物，天然保護区域 …………………………………[大沢雅彦]… 23
    3.1 天然記念物とは …………………………………………………… 23
    3.2 天然記念物というカテゴリー …………………………………… 24
    3.3 日本の天然記念物の種類と考え方 ……………………………… 25
    3.4 天然記念物の保護対象と保護の生態学的手法 ………………… 27
    3.5 天然記念物保護管理の問題点 …………………………………… 29
    3.6 天然記念物の役割とその保護の方向 …………………………… 30
4. 自然公園，特別地域，特別保護地区 ………………………[俵　浩三]… 33
    4.1 自然公園とは ……………………………………………………… 33
    4.2 自然公園の指定現況 ……………………………………………… 37
    4.3 自然公園の計画と管理 …………………………………………… 37
    4.4 自然公園の自然保護問題と今後の展望 ………………………… 44
5. 自然環境保全地域 ……………………………………………[奥富　清]… 53
    5.1 自然環境保全地域の概要 ………………………………………… 53
    5.2 原生自然環境保全地域 …………………………………………… 53
    5.3 自然環境保全地域 ………………………………………………… 57
    5.4 都道府県自然環境保全地域 ……………………………………… 61
    5.5 自然環境保全地域の植生構成総括 ……………………………… 63
    5.6 自然環境保全地域に関する提言 ………………………………… 64
6. 保　安　林 ……………………………………………………[藤原　信]… 66
    6.1 保安林制度 ………………………………………………………… 66
    6.2 保安林とリゾート開発 …………………………………………… 67
    6.3 保安林解除について ……………………………………………… 68

6.4　保安林解除の手続きについて ……………………………………… 72
6.5　保安林解除の問題点——那須のスキー場を一事例として ……… 75
6.6　規制緩和と地方分権 …………………………………………………… 78

7. 保護林制度 …………………………………………………… [中静　透] … 81
7.1　保護林制度の歴史 ……………………………………………………… 81
7.2　現在の保護林制度 ……………………………………………………… 82
7.3　保護林制度の問題点 …………………………………………………… 87

8. 生物圏保存地域 …………………………………………… [田川日出夫] … 89
8.1　生物圏保存地域の考え方 ……………………………………………… 89
8.2　生物圏保存地域の選定基準 …………………………………………… 90
8.3　生物圏保存地域の内容 ………………………………………………… 91
8.4　登録された生物圏保存地域 …………………………………………… 93
8.5　その後の動き …………………………………………………………… 94

9. 自 然 遺 産 ………………………………………………… [吉田正人] … 96
9.1　世界遺産条約の概要 …………………………………………………… 96
9.2　自然遺産の概念とその変化 …………………………………………… 97
9.3　日本の中の世界遺産条約 ……………………………………………… 98
9.4　自然遺産に関する今後の課題 ………………………………………… 99

10. レッドデータブック（RDB）(1)——植物種，動物種，植物群落
　　　…………………………………………………… [長池卓男・中井達郎] … 102
10.1　レッドデータブックの考え方 ……………………………………… 102
10.2　わが国のレッドデータブック ……………………………………… 103
10.3　レッドデータブックの新カテゴリー ……………………………… 106
10.4　レッドデータブックの問題点と課題 ……………………………… 108
10.5　新しいタイプのレッドデータブック ……………………………… 109

11. レッドデータブック（RDB）(2)——生物のハビタットとしての地形・地質
　　　………………………………………………………………… [小泉武栄] … 114
11.1　生き物のすみかとしての地形・地質 ……………………………… 114
11.2　地質・地形と植物群落のかかわり ………………………………… 119
11.3　変化する地形と植物 ………………………………………………… 121
11.4　小気候をつくりだす地形 …………………………………………… 123
11.5　垂直分布帯を発達させる山地 ……………………………………… 124
11.6　地形の保護と自然保護 ……………………………………………… 124

12. 絶滅のおそれのある野生植物 ……………………………… [天野　誠] … 126
12.1　絶滅のおそれのある野生植物とは ………………………………… 126
12.2　絶滅のおそれのある植物のランク ………………………………… 126

目　次

- 12.3　絶滅の危機をもたらす要因 …………………………………… 128
- 12.4　種内の多様性——その構造と自然保護との関係 …………… 130
- 12.5　絶滅のおそれのある野生植物の保護の指針 ………………… 132
- 12.6　絶滅のおそれのある植物を見つけたら ……………………… 134
- 12.7　価値観の変革 …………………………………………………… 135

13. 絶滅のおそれのある野生動物——野生動物の衰退をめぐって …［小原秀雄］… 137
- 13.1　絶　　滅 ………………………………………………………… 137
- 13.2　自然の中の野生動物から人間世界の中の野生動物へ ……… 139
- 13.3　野生動物の存在の現代的意義 ………………………………… 141

14. 環境基本法 …………………………………………………………［木原啓吉］… 145
- 14.1　環境問題と環境基本法 ………………………………………… 145
- 14.2　環境基本法と環境の保全 ……………………………………… 146

15. 生物多様性条約 ……………………………………………………［小原秀雄］… 151
- 15.1　生物多様性の理念 ……………………………………………… 151
- 15.2　生物多様性条約と生物資源 …………………………………… 154
- 15.3　今後の問題点 …………………………………………………… 155

16. ワシントン条約（CITES）………………………………………［小原秀雄］… 156
- 16.1　ワシントン条約の成立と日本での発効 ……………………… 156
- 16.2　野生生物の人為淘汰と保護の歴史 …………………………… 157
- 16.3　ワシントン条約の内容 ………………………………………… 158
- 16.4　ベルン基準の概要 ……………………………………………… 160
- 16.5　ワシントン条約の変容 ………………………………………… 161
- 16.6　ベルン基準の見直し …………………………………………… 162

17. 湿地の保護と共生（ラムサール条約）…………………………［山下弘文］… 165
- 17.1　ラムサール条約とは …………………………………………… 165
- 17.2　湿　地　と　は ………………………………………………… 165
- 17.3　日本における登録指定地 ……………………………………… 166
- 17.4　ラムサール登録指定地の条件 ………………………………… 166
- 17.5　湿地の重要性 …………………………………………………… 167
- 17.6　国内委員会の設置 ……………………………………………… 169
- 17.7　湿地の賢明な利用とは ………………………………………… 170
- 17.8　危機に瀕している日本の湿地 ………………………………… 170
- 17.9　日本の湿地を守るために ……………………………………… 172

18. アジェンダ 21 ……………………………………………………［木原啓吉］… 175
- 18.1　リオ宣言の原則の実施 ………………………………………… 175
- 18.2　「環境」と「開発」の統合 …………………………………… 176

	18.3	21世紀をめざして	177
	18.4	さまざまな取り組み	178
	18.5	「ローカルアジェンダ21」	178
	18.6	日本国内での取り組み	178

19. IBP（国際生物学事業計画） ……………………………［岩城英夫］… 180
　19.1　IBPの組織と活動 …… 180
　19.2　IBPと自然保護 …… 181
　19.3　植生のタイプと保護に関する研究 …… 182
　19.4　動物群集とその保護に関する研究 …… 184
　19.5　草地の生産力と保護に関する研究 …… 185

20. MAB（人間と生物圏計画） ……………………………［有賀祐勝］… 187
　20.1　MABがめざすもの …… 188
　20.2　日本のMAB計画の活動 …… 189
　20.3　生物圏保存地域 …… 190

21. 環境と開発 …………………………………………………［小野有五］… 192
　21.1　人類史と開発 …… 192
　21.2　持続的開発と自然保護 …… 193
　21.3　開発行政の問題点 …… 193
　21.4　開発と自然保護の調和をめざして …… 199

22. 人間環境宣言とリオ宣言 …………………………………［大沢雅彦］… 203
　22.1　環境問題をめぐる国際的な動き …… 203
　22.2　人間環境宣言 …… 205
　22.3　リ　オ　宣　言 …… 207

23. 生態系の管理 ………………………………………………［辻井達一］… 211
　23.1　植生の管理と保護 …… 211
　23.2　植生の変化とその復元 …… 216
　23.3　生態系の管理のために …… 221

24. 生態系の退行 ………………………………………………［辻井達一］… 223
　24.1　森林生態系の退行 …… 223
　24.2　草原生態系の退行 …… 227
　24.3　湿原生態系の退行 …… 227

25. 自然保護と自然復元 ………………………………………［中村俊彦］… 229
　25.1　自然復元とは …… 229
　25.2　自然環境の現状と自然復元の意義 …… 231
　25.3　自然復元の問題点 …… 234

26. 持続的開発（SD）と持続的利用（SU） ………………［田中信行］… 239

26.1　持　続　性 ……………………………………………… 239
　26.2　熱帯における農林地の持続的利用 ……………………… 240
　26.3　経済優先から持続的利用へ ……………………………… 245
27．草地の状態診断 ……………………………………[土田勝義]… 246
　27.1　牧野管理の基礎としての状態診断 ……………………… 246
　27.2　状態診断の考え方 ………………………………………… 246
　27.3　状態の把握――診断の方法 ……………………………… 247
　27.4　いくつかの事例 …………………………………………… 248
28．身近な自然――里山 ………………………………[重松敏則]… 255
　28.1　里山の環境と生態 ………………………………………… 255
　28.2　里山の再評価と機能 ……………………………………… 266
　28.3　エコロジカルな里山環境の保全 ………………………… 267
　28.4　市民参加による里山の保全管理 ………………………… 274
29．自然保護教育 ……………………………[高田　研・川嶋　直]… 277
　29.1　公害教育，自然保護教育，環境教育の歴史 …………… 277
　29.2　自然保護教育のとらえ直し ……………………………… 279
　29.3　場と指導者 ………………………………………………… 284
　29.4　共育へ――ワークショップでの学び合い ……………… 285
30．博物館における環境教育 …………………………[堀江義一]… 287
　30.1　環境教育の博物館への歩み ……………………………… 288
　30.2　博物館での環境教育の展開 ……………………………… 289
　30.3　博物館での環境教育の特徴 ……………………………… 290
　30.4　博物館における環境教育の実施 ………………………… 292
31．環　境　倫　理 ……………………………………[鬼頭秀一]… 295
　31.1　環境倫理学の制度化 ……………………………………… 295
　31.2　人間中心主義を越えて …………………………………… 295
　31.3　環境的正義――環境倫理と社会理論 …………………… 297
　31.4　環境倫理の日本的展開 …………………………………… 299
32．エコツーリズム ……………………………………[吉田正人]… 303
　32.1　エコツーリズムの背景 …………………………………… 303
　32.2　エコツーリズムの定義とガイドライン ………………… 304
　32.3　エコツーリズム――今後の課題 ………………………… 306
33．花粉分析と自然保護 ………………………………[米林　仲]… 309
　33.1　花粉分析による植生復元の原理 ………………………… 310
　33.2　花粉ダイアグラムからみた自然に対する人間の干渉 … 313
　33.3　日本における自然に対する人間の干渉の歴史 ………… 314

34. 共生と自然保護 ……………………………………………［井上民二］… 317
　34.1　生態系と共生関係 …………………………………………………… 317
　34.2　送粉共生系 …………………………………………………………… 319
　34.3　散実共生系 …………………………………………………………… 327
　34.4　防衛共生系 …………………………………………………………… 329
　34.5　栄養獲得共生系 ……………………………………………………… 331
　34.6　共生から自然保護へ ………………………………………………… 333

第Ⅱ編　各　論―問題点と対策―

1. 針葉樹林の自然保護 ………………………………………………［神崎　護］… 341
　1.1　針葉樹の特性 ………………………………………………………… 341
　1.2　日本の針葉樹林の分布と気候環境 ………………………………… 342
　1.3　針葉樹林の地史的変遷 ……………………………………………… 344
　1.4　針葉樹林の更新動態特性 …………………………………………… 345
　1.5　保護上の問題点 ……………………………………………………… 348
2. 夏緑樹林の自然保護 ……………………………………［大野啓一・原　正利］… 353
　2.1　夏緑樹林の構成 ……………………………………………………… 353
　2.2　夏緑樹林帯の自然植生の状況 ……………………………………… 355
　2.3　群落の維持・再生過程 ……………………………………………… 357
　2.4　地域間での群落の分化 ……………………………………………… 360
　2.5　地域内での立地の違いによる群落の分化 ………………………… 361
　2.6　多様な種の生育地としての植生の保護 …………………………… 364
3. 照葉樹林の自然保護 ……………………………………［服部　保・浅見佳世］… 371
　3.1　照葉樹林の位置づけ ………………………………………………… 371
　3.2　照葉樹林保全の手順 ………………………………………………… 371
　3.3　現　状　診　断 ……………………………………………………… 372
　3.4　保全目標の設定 ……………………………………………………… 379
　3.5　保全・復元計画 ……………………………………………………… 380
　3.6　保全・復元作業 ……………………………………………………… 382
　3.7　モニタリング ………………………………………………………… 382
4. 熱帯多雨林の自然保護 ……………………………………………［鈴木英治］… 383
　4.1　熱帯多雨林とは ……………………………………………………… 383
　4.2　二酸化炭素の増加への影響 ………………………………………… 383
　4.3　林業的な利用 ………………………………………………………… 384
　4.4　生物の多様性の保全 ………………………………………………… 384

4.5　森林の利用や再生と多様性 ……………………………… 385
　　4.6　外来の植物 ……………………………………………… 386
　　4.7　保 護 地 域 ……………………………………………… 386
　　4.8　保護地域の問題点 ………………………………………… 389
　　4.9　将来に向けて ……………………………………………… 389
　　4.10　エコツーリズム …………………………………………… 390
　　4.11　里山の保全 ………………………………………………… 390
 5．二次林の自然保護 …………………………………………[奥富　清]… 392
　　5.1　二次林とは ………………………………………………… 392
　　5.2　日本の二次林 ……………………………………………… 392
　　5.3　二次林の形成・持続・交代 ……………………………… 397
　　5.4　二次林の推移と変貌 ……………………………………… 399
　　5.5　二次林の保護と管理 ……………………………………… 412
 6．自然草原の自然保護 ………………………………………[土田勝義]… 418
　　6.1　自然草原とは ……………………………………………… 418
　　6.2　自然草原の種類と成立 …………………………………… 418
　　6.3　自然草原の保全 …………………………………………… 427
　　6.4　高山植生の復元 …………………………………………… 429
 7．半自然草原の自然保護 …………………………[大窪久美子・土田勝義]… 432
　　7.1　半自然草原の保護の重要性 ……………………………… 433
　　7.2　半自然草原の現状および問題点とその対策 …………… 446
　　7.3　わが国における保護上重要な半自然草原 ……………… 464
 8．タケ林の自然保護 …………………………………………[内村悦三]… 477
　　8.1　森林資源とタケ類の役割 ………………………………… 477
　　8.2　タケ類の分布 ……………………………………………… 478
　　8.3　タケ類の資源的価値 ……………………………………… 480
　　8.4　タケ類の自然保護 ………………………………………… 481
　　8.5　種および品種の保護 ……………………………………… 485
 9．砂漠・半砂漠の自然保護 …………………………………[根本正之]… 486
　　9.1　砂漠・半砂漠の定義とその自然的特徴 ………………… 486
　　9.2　人間による砂漠・半砂漠生態系の破壊 ………………… 489
　　9.3　砂漠・半砂漠の自然保護 ………………………………… 491
10．湖沼の自然保護 ……………………………………………[浜端悦治]… 494
　　10.1　湖沼の特性 ………………………………………………… 494
　　10.2　湖沼の生物 ………………………………………………… 495
　　10.3　湖沼環境の変化と生物 …………………………………… 496

11. 河川の自然保護 ……………………………………………［奥田重俊］… 502
  11.1 河川の自然環境 …………………………………………………………… 502
  11.2 河川における自然保護の対象 …………………………………………… 502
  11.3 希少な植物と群落の保護 ………………………………………………… 505
  11.4 水辺環境の希少動物 ……………………………………………………… 508
  11.5 河道の変遷と植物群落の変動 …………………………………………… 510
  11.6 河川環境の管理と生物生息地の創出 …………………………………… 510
  11.7 調査研究および教育普及活動 …………………………………………… 512
12. 湿原の自然保護 ………………………………………………［福嶋　司］… 516
  12.1 湿原が形成される環境 …………………………………………………… 516
  12.2 世界と日本の湿原（泥炭地）分布 ……………………………………… 517
  12.3 湿原の種類と性質区分 …………………………………………………… 518
  12.4 湿原破壊の歴史と現状 …………………………………………………… 520
  12.5 湿原保護の必要性 ………………………………………………………… 526
  12.6 湿原再生のための試み …………………………………………………… 526
  12.7 湿原の保護と管理 ………………………………………………………… 527
13. マングローブの自然保護 …………………………………［荻野和彦］… 529
  13.1 マングローブの特性 ……………………………………………………… 529
  13.2 生息域内外での保全，修復と再生 ……………………………………… 538
  13.3 マングローブ林生態系の再生 …………………………………………… 542
14. サンゴ礁の自然保護 …………………………………………［中井達郎］… 544
  14.1 サンゴ礁へのインパクト ………………………………………………… 545
  14.2 サンゴ礁保護の課題 ……………………………………………………… 551
15. 干潟，浅海域の自然保護 …………………………………［風呂田利夫］… 557
  15.1 干潟，浅海域の生態系と環境問題 ……………………………………… 558
  15.2 干潟，内湾浅海域の生態系保全 ………………………………………… 567
  15.3 これから何をすべきか …………………………………………………… 568
16. 島しょの自然保護 ……………………………………………［伊藤秀三］… 573
  16.1 島しょの特性 ……………………………………………………………… 573
  16.2 生物種の保護 ……………………………………………………………… 575
  16.3 陸上自然環境の保全 ……………………………………………………… 578
  16.4 海岸，海中の自然保護 …………………………………………………… 581
17. 高山域の自然保護 ……………………………………………［小泉武栄］… 583
  17.1 脆弱な自然 ………………………………………………………………… 583
  17.2 高山域における自然破壊と自然保護 …………………………………… 587
18. 哺乳類の自然保護 ……………………………………………［高槻成紀］… 590

18.1 哺乳類の特徴と保護	590
18.2 哺乳類の行動圏と保護	592
18.3 哺乳類にとっての脅威	594
18.4 哺乳類による被害	599
18.5 ま と め	602

19. 陸鳥の自然保護　　　　　　　　　　　　　　　　　［小笠原　暠］… 605
　19.1 本州産クマゲラの生息状況 …… 606
　19.2 本州産クマゲラの生息環境 …… 610
　19.3 本州産クマゲラの保護 …… 610
　19.4 イヌワシの保護と生息環境の保全 …… 614

20. 水鳥の自然保護　　　　　　　　　　　　　　　［桑原和之・中川富男］… 618
　20.1 鳥類目録の作成 …… 618
　20.2 いろいろな湿地の鳥類相 …… 621
　20.3 予期せぬ事故 …… 635
　20.4 鳥類の生息環境としての湿地の保護——大都市周辺の干潟 …… 638

21. 両生類，爬虫類の自然保護　　　　　　　　　　　　　［長谷川雅美］… 642
　21.1 分類群の把握 …… 642
　21.2 分布域の把握 …… 643
　21.3 生活史と生息環境 …… 643
　21.4 食性あるいは生態系における地位 …… 645
　21.5 両生・爬虫類の減少とその要因 …… 645
　21.6 保護対策とその問題点 …… 648

22. 淡水魚類の自然保護　　　　　　　　　　　　　　　　　［望月賢二］… 652
　22.1 日本の淡水魚類 …… 652
　22.2 淡水魚類の多様性 …… 652
　22.3 日本産淡水魚類の現状 …… 654
　22.4 課題と対策 …… 656

23. 海産魚類の自然保護　　　　　　　　　　　　　　　　　［望月賢二］… 661
　23.1 海域環境と海産魚類の多様性 …… 661
　23.2 海産魚類の現況 …… 663
　23.3 海域の自然環境 …… 664
　23.4 海域の自然の保護 …… 665

24. 甲殻類の自然保護　　　　　　　　　　　　　　　　　　［朝倉　彰］… 668
　24.1 海洋の甲殻類 …… 668
　24.2 淡水の甲殻類 …… 671
　24.3 特殊な生息地の十脚甲殻類 …… 676

24.4　陸の希少種 …………………………………………………………… 677
25. 昆虫類の自然保護　………………………………………[直海俊一郎]… 681
　　25.1　昆虫の保護行政 ……………………………………………………… 681
　　25.2　種指定と地域指定による昆虫保護 ………………………………… 682
　　25.3　環境問題と昆虫保護 ………………………………………………… 687
　　25.4　昆虫採集と自然保護教育 …………………………………………… 688
　　25.5　自然保護における昆虫採集 ………………………………………… 689
　　25.6　昆虫保護についての今後の課題 …………………………………… 690
26. 土壌動物の自然保護　……………………………………[青木淳一]… 692
　　26.1　土壌動物の貴重種 …………………………………………………… 692
　　26.2　豊かな土壌動物群集を維持するために …………………………… 694
　　26.3　土壌動物による環境診断 …………………………………………… 699

付　　録

付録1　天然記念物リスト ……………………………………………………… 705
付録2　自然遺産リスト ……………………………………………[吉田正人]… 731
付録3　生物圏保存地域リスト ……………………………………[有賀祐勝]… 734
付録4　植物版レッドリスト …………………………………………………… 740

索　　引 ………………………………………………………………………… 813

第I編

基　　礎

1. 自然保護とは何か

1.1 自然保護と生物的自然

　わが国の自然保護については，日本自然保護協会などの活動のほか，日本学術会議に自然保護研究連絡委員会があり，日本生態学会でも専門委員会をつくり，文化財保護審議会では天然記念物の再検討を行っている．かつての厚生省，今日の環境庁では，自然公園（国立，国定など）の特別保護地区を設け，林野庁では保護林制度を70年ぶりに改定し，森林生態系保護地域を設定するなど，自然保護について一般の関心も高まりつつあると思われる．

　人間も自然の一員ではあるが，人間を除く生物的あるいは非生物的自然への人間の働きかけはとくに大きく，人間はこれら自然を利用するために多くの破壊をくり返してきた．ここではおもに生物的自然について考察してみたい．

　今日の地球上を見渡してみると，早く開発された先進国，たとえばヨーロッパ諸国では，原始的自然は高山の頂上近くでもないかぎり，くまなく破壊しつくされ，今日ではその復元に大きな関心がもたれている．アメリカではすでに復元生態学会が発足している．ヨーロッパで自然保護が強く叫ばれるようになったのも，身近な自然があまりにも荒廃したことに気づいたからであった．したがって，今日のヨーロッパにおける保護地域には，何でもない場所を長年月かけて復元していこうとする立入禁止区域のようなものも含まれている．また産業との調整上，届出制での択伐を認めた保護地域もある．いっさいの野生植物は採取を禁ずるとして入口に植物の絵を提示してあるのに，中では樵(きこり)が木を切っていたりする管理された保護地域も多い（スイスの例）．このように古くから開発されてきた場所では，もはや文字どおりの原始的自然を求めようとしても無理である．二次的自然でもよいから，これを大事に守って本来の姿になるべく近づけようとする努力がひろく行われている．

　一方，ヒマラヤとかアフリカの一部とかの人跡未踏の原始境のように思われてきたところでも，実際に行ってみると，著しく自然が荒廃しており，自然の破壊が文明開化のためばかりでないことがわかる．つまり，牧畜を前提とした草地づくりのために森林をかたはしから焼き払ってしまうし，このことはヒマラヤの森林限界（標高約4000m）まで続いている．農耕はもちろん在来の自然をこわすが，とくに焼畑耕作 (shifting cultivation) の破壊力は大きい．アフリカでもサバンナのあるところは，気

候による自然のサバンナばかりでなく，人間の火入れによるものがかなり多いと指摘されている．要するに，先進国はもとより開発途上国においても，自然の破壊は著しく，ここに人類の共通の願いとしての自然保護が登場するのである．わが国では明治以後とくにこの方面への関心が高まった．

（1）最も厳しい自然保護は「完全放任」によるもので，このためには人間の働きかけをまったくなくすために，アメリカの原始地域（wilderness area）のように厳しく立入りを禁止する．日本生態学会で初めて提案された原生林保護地域は，わが国の原始的自然を手つかずに残そうという意図であった．この原案が日本学術会議の自然保護研究連絡委員会で審議される過程において，害虫が大発生したような場合にもいっさい手を出さないのかどうかといった議論が行われた．また文字どおりの原生林は存在しない，天然林といいかえるべきだ，との意見も強かった．

このような完全放任による自然保護は，もちろん森林に限ることではないが，人為が加わらなければ一般に植物群落は遷移（succession）の結果，気候に合った最も発達した形（極相，climax）の方へ動いていくので，この方法は極相に限って有効である．——つまり現在極相に達しているか，放任によって極相の形を復元しようとする場合に，たとえば高山草原の一つの形であるお花畑のようなものは高所における極相的な植生であるから，これは放置しても変化することはないが，阿蘇の放牧地になっている草原を立入禁止で保護するようなことをすれば，遷移はどんどん進んで森林に移行してしまう．したがって，もし阿蘇の放牧地のような一つの生物的自然の形態を残そうとするならば，この完全放任形式では駄目である．明治時代に世界でも珍しい富士の裾野の広大な草原を立入禁止にして残そうとした学者があったが，そういうことをすれば草原は草原でなくなるわけで，ふつう火入れとか放牧のような外的な圧力とバランスして初めて草原の状態は維持できるのである．桜島の溶岩上の松林や，浅間の鬼押し出し上の樹林からもわかるように，まったく無生物の状態から出発した溶岩上でも遷移はどんどん進むのである．もし，この完全放任の原則に立つならば，台風で多数の風倒木を出した北海道の針葉樹林も，そのままに放置して自然の復元を待つことになる．害虫による虫害も台風による風倒も，いずれも自然現象として起こる以上，いっさいの手を加えないのが原則である．アメリカの国立公園を管理する公園局と，その森林を管理する森林局との長い論争の結果，イエローストーン国立公園の100年祭のとき，「自然の火災は消さない」という原則が立てられた．これは，まさに完全放任主義の一つの典型である．しかし，1988年のイエローストーンの大火災には，この問題が再燃した．しかし，公園局は消火をしないという原則を貫こうとした．

（2）前記の放牧地のような形，たとえば東北地方を中心に広がるシバ型草地のようなものは，日本の一つの特色ある自然であるから，かなり広い場所を保護していきたい．しかしその場合には，前記のようにただの立入禁止ではなく，適当な放牧圧をつねに継続させることが必要である．最近，外来牧草の流行によって，日本在来のシ

バ型草地は次々と姿を消しているが, これは森林の場合のいわゆる拡大造林によって, カラマツやスギの一斉造林に変えられていくのとまったく軌を一にしている. 産業の発展, 生産の向上のためにこうした樹種や草種の転換は意義のあることであるが, 不適地のためにせっかく植えたカラマツがいっこうに育たなかったり, 傾斜地のしかも粗粒火山灰地を機械開墾して牧草地化したために激しい土壌侵食が起こったりする例 (渡島半島の例) をみると, 国土保全的な見地からも自然保護が必要であることを痛感する. 乱伐によって, 降水量に基づく年間の流出量の配分が変わって洪水を起こすような例も同様である.

いま東北地方を中心としたわが国の冷温帯地域のシバ型草地の例をあげたが, 先にあげた九州の阿蘇山・久住山地方にみられるネザサ型草地もその例であるし, 放牧, 火入れといった半人為がこれを支える基本である. 生態学の用語で半自然的植生 (semi-natural vegetation) というのがこのシバ型草地のようなものであるが, これは別の言い方をすれば半人為 (semi-artificial) でもある.

天然記念物によく食虫植物群落があるが, これは海岸に近い湿地帯などにしばしばみられる. ところがこれも遷移の一つの段階に出現するもので, 遷移が進むとだんだん消滅する. ある保護地域では厳重に柵をして管理していたが, 一部, シバはぎのような形で荒らされるところがあって, そこの方がむしろ食虫植物の出がよかったという皮肉な話がある. こういう話はへたに広がると自然保護上マイナスの効果を与えるけれども, 事実, 生存競争に弱いこうした特別な種類は遷移系列の比較的早い段階に出るもので, 適度のシバはぎで強力な競争相手を除去する行為は食虫植物にとって有利になることがある. クマガイソウの大群落が天然記念物として指定された例があるが, これはしばしばその生育地となっている竹林程度の明るさがよい. またきわめて浅い根茎を引いて繁殖するために, タケやササのような根茎植物とも地下部でうまくすみわけることができる. むしろそのような植物があった方が, 強敵を押さえつける役割を果たす. ヒノキの人工林の林床にクマガイソウの大群落がみられた例があるが, この林床には適度にアズマネザサが入っていた. こうした状態をクマガイソウに焦点を合わせて維持しようとすれば, ヒノキの生長に伴ってヒノキを間伐したり枝打ちしたりしていかなければならない. つまり, この場合のクマガイソウの群落は自然の植生であるが, 半人為のもとでのみ最適の状態が維持される.

尾瀬ヶ原のような湿原の場合でも, 長い目でみれば陸化と乾燥化は自然の法則であって, もし湿原のある状態を永久に維持しようとすれば, やはりそうした遷移をとめるための半人為的手段を投入しなければならない.

(3) 人為の加わり方からすると,「完全人為」というべきものとして, 並木とか人工湖などがある. 徳川時代あるいはもっと古くつくられた灌漑用の溜池のようなものでも, 長年の風雪を経て土地の風土に定着し, 豊富な生物相をはぐくむようになれば, もとはまったく人為の産物でも保護の対象として尊重すべき場合がある. 並木のよう

なものでも同様で，史跡や天然記念物に指定された例もある．しかし，ここには多分に明治以来の巨樹名木思想が入っており，また史跡的センスとの結合がある．お寺の境内に植えたものであっても，何百年もの風雪を耐えたものは，いとおしむ情をもつのは当然であろう．しかし自然保護の対象としては，スギの天然林とスギ並木とでははなはだしくその意義を異にするし，学術的価値も異なる．高山のお花畑を保護するのと人工の庭園の保護とでは，形は似ていても一方が文字どおりの自然の保護であるのに対して，他方は自然物ではあるが人為（歴史的，芸術的など）の保護というべきである．人工の名園とかすばらしい並木を保護することには少しも異存はないが，自然保護の立場は十分明確にすることが必要である．

ここでもう一つ，自然の復元可能性の問題を考えるべきであろう．絶滅寸前にあったトキのような国際保護鳥の例一つをとってみても，これが絶滅したあとは絶対に復元は不可能である．こうしたものの保護はこの世に生を受けたわれわれにとっての至上命令といってもよいであろう．ニュージーランドで美しい羽毛採取の犠牲となって絶滅したモアのことや，そのあと外国から輸入された多くの鳥が土着して広がり今日に至っているという話など十分かみしめてみる必要があろう．オーストラリアに輸入されて広がってしまったウチワサボテンを退治するため，これを食べる甲虫をまた自生地の南米から輸入してやっと抑止することができたという生物防除も有名な例であるが，これからもわかるように，自然ではそれぞれ動植物相互のバランスがとれており，これを人間のこざかしい知恵でこわすとき，意外な伏兵によって大きな打撃を受けることがある．人為といっても自然の法則に従わないかぎり，本当の成功を勝ち得られないことがわかるであろう．

スギの並木は伐採したあとに植えても育つが，屋久杉の天然林を破壊してしまったら，スギそのものの成長にももちろん時間がかかるが，そればかりでなく，スギの林は一つの植物社会（community）あるいは生態系（ecosystem）として，多くの生物の種類から成り立つ複雑な複合体で，いったん伐採した原生林は，南太平洋の島の例では，シダ地や竹林の形になって，復元はほとんど絶望視されている．こうした復元の可能性という点からみて，完全人為の対象物は，仮に自然保護の対象となるにしても重要度がかなり落ちるであろう．

（4）最後に「自然による自然の変貌」の例を考えてみたい．火入れによってサバンナの範囲が変わる例を先に述べたが，実は人間による火入ればかりでなく，落雷による野火でも類似の現象が起こることを指摘している人もある．日本のような湿潤なところではちょっと考えられないが，乾燥地域の草原などであれば，その可能性は十分あるであろう．もしこういう自然自体に内包する原因によって自然の姿がゆがめられる（すなわち，乾燥度から気候的に決まってくるサバンナの範囲が変わる）とすれば，一種のアクシデントとして人為と類似の配慮がいるかもしれない．そして，そのようなサバンナと林の境界では，いったん破壊された林は乾燥のために容易にもとの

気候的境界まで戻れないのである．いま，たとえばサバンナの保護を考える場合，上の条件を考慮して，気候的に成立する本来のサバンナ領域から場所を選ぼうというのが，ここでの論旨である．野火によって成立した見かけ上のサバンナは，人為によろうと落雷によろうと，それと真に気候的なものとは分けて保護の手を打つのが本当であろう．ここでは一つのわかりやすい例として日本にはないサバンナで説明したが，自然保護のプリンシプルはどこでも変わりがない．

われわれが保護の方針を立てる場合の生物的自然の見方は，基本的には以上の4ケース，すなわち完全放任，半人為，完全人為，自然による自然の変貌，を考えておくとよいが，さらに上でも述べた復元性の問題とか，さらに自然利用のための代替地や研究用保護地域を考えるべきである．

代替地とは，たとえば狩猟のためのいわゆる game area（狩猟動物区）は大いに設けるのもよいが，ただしそのためには，いっそう厳重な鳥獣保護地域や禁猟区の設置を並行すべきである．狩猟そのものを禁ずることは不可能であっても，そのための地域はある場所に限定して，むしろ大いに鳥獣を繁殖させて game area に放してやればよい．魚のようなものでも栽培漁業という農耕と同様の考え方が強くなっているが，魚の自然の集団を捕獲する量を制限するといった消極的な資源保護から，もう一歩進めて，利用のためには魚を海の田畑で栽培するという考えである．こうした利用の仕方と保護とはある意味でバランスがとれるものであるし，観光開発の場合でも原始的自然を残すこと自体が観光地としての要件にもなる．フォンテンブローの森は，ナポレオンの別荘が売物ではあるが，同時にその森林の保護地域も観光のために大きな役割を果たしているのである．尾瀬に湿原の植物がなくなったら尾瀬の観光地としての価値はゼロになってしまうであろう．

またこういう例でもわかるように，今日の自然保護は「地域保護」という考え方に発展しつつある．巨樹名木，珍種式の保護は，特定の生物の個体，個体群，種社会が中心であったが，それらの生活を支える生活条件や他の生物群まで含めるという考え方でないと真の自然保護はできない．トキを保護しようと思えば，彼らの食物連鎖をはじめとしてその生活基盤をひろく保護しないことには，トキの種（species）を保護することにはならない．つまり，生態系（ecosystem）保護ないし地域保護を基本にすることが必要である．

また研究用の保護地域（research reserve）という考え方も近年一般化しつつあり，第 11 回太平洋学術会議の折にもその設定についての勧告がなされている．そこでわれわれは，①自然の調和やバランスについての法則を学ぶことができる．害虫や病気の発生も人工造林，とくに一斉同種林・一斉同齢林に多いといったことをまず学ぶことができる．②また，こうしたバランスを破ることによって国土の荒廃をまねくことは，前述の乱伐による出水とか土壌侵食の多くの事例によって知りうる．このような土壌と水の保全は，われわれの生死にかかわる重要な問題でもある．③わが国の国土の基

盤をなしている自然の姿，とくに生物相を保護する一方において，研究用保護地域において原生林その他の物質生産力とその機構を明らかにすることは，生物的産業や国土開発の基礎としても重要である．施肥もしない原生林で，十分に管理された田畑よりも高い物質生産力を示すことがわかっているが，自然の驚くべき物質生産力の利用のモデルをそこにみることができる．

研究用保護地域ということになれば，必ずしも原始的自然に限らず，種々の環境とさまざまな原始的および二次的生物群集を含むことが望ましい．日本学術会議の長期研究計画委員会で1966（昭和41）年に行った政府への勧告の中に，全国で4か所の野外研究地域センターがあがっているが，これは上記の research reserve の構想にきわめて近いものであった．日本生態学会でもこの方向を大いに検討してきたが，今後の自然保護の一つの有力な方向をなすであろう．

1.2 自然保護の理念

a. 自然保護の語義

日本では「自然保護」という言葉がかなり定着してきたようであるが，このほかにも「保全」，「愛護」といった言葉も使われている．英語でも今日 "conservation" がひろく使われるが，そのほか "protection"，"preservation" なども用いられる．語義をみると conservation は安全あるいは健全な状態に保つこと，国際自然保護連合（IUCN）の与えた語義は「賢明で合理的な利用」（wise and rational use），protection は攻撃などを防ぐ，あるいは護ること，preservation は危害を避けて安全に保つことを意味する．

ところで自然保護の実情としては，ヨーロッパあたりのすでに開発の進んだ地域での，手をつけないでとっておく（reserve），破壊からまもる（protect, preserve）という形のものから，アメリカなどの広大な国土を有する地域での，荒廃しないように，よい状態を維持する（conserve）という形のものまでかなりの幅がある．これは国土の事情によって一概にいえない面もあるが，国際自然保護連合の名称からしても，わが国でいう自然保護イコール conservation の線で進めるのが妥当なところである．

したがって，広義の自然保護には，利用（utilization），管理（management），防除（control），生産（production）などがその一部として含まれ，またそれらの自然への干渉は自然保護を基本的な立場として行われなければならないともいえよう．つまり，自然保護は，自然資源を利用し，これから収穫を得ている各種生産業に従事する者のモラルとしてもきわめて重要であって，この点を軽視し，一部の自然愛好者の特殊な運動とみなすならば，生産業の基盤さえも危殆に瀕するであろう．

b．自然保護の対象

　自然を生物的自然と非生物的自然とに分けるなら，まず生物保護をあげるのが順序であろう．これも植物保護と動物保護に分けられるし，また種（分布上珍しい種，絶滅に瀕した種など），個体群（魚族，獣類など），共同体（森林，草原，お花畑など）の生物レベルによって分けることもできる．

　種の保護は，従来もかなり熱心に行われてきたし，また一般へもアピールしてきたのであるが，個体群や共同体の保護となると，必ずしも全面的な採集禁止のような簡単なプリンシプルではすまない場合が多いので，一般にはまだよく理解されていない．日ソ漁業交渉のようなものも魚族資源を枯渇させないことに主眼があるはずであるが，このような再生産性のある資源の利用においては，個体群の変動と収穫とがバランスを保たなければならないため，この方面の基礎的研究が進まないことには，交渉を強力に推し進めることもできない．

　わが国では，植物保護の中でも原生林保護に力を入れてきた．それはおもに原生林の残されている国有林内で近年伐採が急激に進められていたために，今のうちに早急に手を打たねばというところからきている．原生林も原則的には再生産が可能であるが，現実の問題として，伐られてしまえば100年や200年でもとの姿を取り戻すことはとうてい不可能なために，急を要する問題と考えられてきた．かつて筆者は大隅半島の稲尾岳の調査に行ったことがあるが，暖温帯で垂直分布の最下部を占めている照葉樹林の原生林としてりっぱなものはどこもかしこも伐られてしまっていた．

　非生物的自然の保護では，土壌と水（あるいは大気）が主であろう．いわゆる土壌保全は，もともと土壌侵食防止から出発したが［USDA（アメリカ農務省）のSoil Conservation Service（土壌保全局）も，もとはSoil Erosion Service（土壌侵食防止局）であった］，もちろん侵食防止がすべてではない．今日ではむしろ地力，土地の生産力を維持することに土壌保全の主力が注がれているが，これは正しい方向といえる．

　土壌保全は一応は非生物的自然の保全ということになるが，前記の生物的自然の保護とも簡単には切り離せない．たとえば旧ソ連のViljamsらの進めた牧草輪作という農耕の方式も，牧草の根による土壌改良，地力の維持をめざしていたもので，一つの積極的な土壌保全である．また，牧野が過放牧で荒廃するとだんだん裸地化して侵食を受けやすくなる．自然の植生によって表土が保護されている傾斜地が，乱暴な機械開墾のあと表土が流亡し，播いた牧草もはげかかった頭のような貧弱さである例を北海道でみた．このように土壌保全も植生保護と切り離しては行えない．

　水保全については，工業用水，発電などに伴う水資源開発に関係した問題と，水質汚濁（大気に関しても最近汚染の問題が注目されている）のような両面がある．筆者は前に，洪水防止のために河川敷のヨシ，オギなどの植生を防除することを求められたことがあったが，河川の流量の計算にはこのような植生の存在は入っていないそう

で，できれば舗装道路のように草1本ない河川敷をつくってほしいとのことであった．ここで私は cover crop ともなり，一方流量が増したときに土砂堆積の力の弱い，かつふだん利用しうる牧草におきかえていく実験を試みたが，河川の保全でも単に水だけでなく，土や植物などの自然のからみ合いをうまく使っていかないと容易に成功しないであろう．

c．自然保護の機能

以上の自然保護で最も基礎になるのは植生保護であって，その保護された植物的自然の中に，動物はすみかと食物を得，さらに土壌や水の保全が行われる．魚族保護のような場合は大分事情が異なるが，それでも食物連鎖のような関係が基礎となる点では共通している．

ところで，これらの自然保護では，まず，いったんこわしたら容易に復元できない原生林のように，まったく利用を考えない，いっさい手を加えることを禁止する性質のものがある．このようなものを残すことは人類の文化的責務でもある．従来わが国の天然記念物というと巨樹名木とか珍種といったものが多かったが，三好学あたりから始まったこのような文化財思想は，わが国の自然保護の進展にあまりプラスしなかった．かなり面積をとった原生林のようなものこそ，貴重な文化財，天然記念物として保護の対象にすべきであった．最近は世界遺産条約による自然遺産としてその方向がとられているが，前にみてきた大隅半島のイスノキの原生林を林業関係の某氏に話したところ，イスなんていうのはまったく使いものにならない雑木で，早く樹種転換をしなければ仕方がない，と一笑に付された．木材を利用する立場からはこのような見方が当然ではあろうが，伐ったあとろくに造林もしていなかったり，してもマツがやっと立つ程度というところをみると，へたをすると，スペインや中国の二の舞になるのではないかと心配になる．いずれにしても林業関係では歯牙にもかけられぬイスの林も，暖温帯性照葉樹林の一つの典型的な形としてはりっぱに文化財たりうるのである．もっとも文化創造という意味で文化財を使うことは問題である．自然と文化は概念的に対立するもので，その点では文化財保護法に動植物の天然記念物を含めてしまったのはまずかった．

前に訪れた八ヶ岳では，松原湖から本沢温泉，硫黄岳といったコースでは垂直分布がよく残されていたが，帰路に本沢温泉から別コースをとり，稲子小屋を経て松原湖に下山する道では，カラマツの造林地が多く垂直分布は観察できなかった．垂直分布もそのうちに教科書の上だけのことになってしまいそうである．自然保護は生物教育にも重大な影響をもっていることがわかろう．生物学などの研究の場としても，自然保護地域はきわめて重要であって，林業経営なり正しい造林の基礎なりも，自然林の研究から得られることを忘れてはならない（アメリカでは研究用保護地域が多数設けられている）．その意味で長年の風雪に耐えて成立したイスノキの原生林は林業上もき

わめて重要な価値をもつといわざるえまい．

　以上のほか自然保護はレクリエーション，観光（とくにエコツーリズム）といった機能をもっていることはひろく知られている．いわゆる公園的施設を設けることのみがレクリエーションや観光に資するのではなく，遊歩道があるだけというような素朴な自然が，今後工業開発などが進むにつれて，最大の憩いの場所となるであろう．たとえば，京葉工業地帯の造成に伴い，観光開発が大分叫ばれているが，和製ディズニーランドのようなものばかり考えないで，残されたわずかな緑の山々をいかに維持するかを考えなくては困る．チャップリンの『モダン・タイムス』に出てくる工員さんのように近代化した機械に追いまくられた疲れた精神は，緑の自然によって初めて癒されるであろう．

d．自然保護の方法

　わが国の自然保護の緊急の課題は，急テンポで影を消しつつある原生林を，最小限どれだけ残すかを決め，早急に手を打つことであるが，ここで日本の自然を代表する原生林は何かがまず問題になる．それは，水平的に大きくみれば，気候帯に対応した極相林ということになり，さらに垂直的な植生帯のいくつかを補えばよいであろう．草原のような途中相についても，遷移の進行や草原型には地域性があるので，それらを考慮して残したい．

　何を残すかが決まっても，どれだけの面積を残すかが次の大問題である．これにはそこにすむ動物の行動範囲も十分に考慮に入れなければならない．函館の近くによく残されていたいわゆるガルトナー（Galtner）ブナ林が面積を縮小したために壊滅に瀕していることを先年指摘したことがあるが，こうなってはもう取り返しがつかない．保護を完璧にするための面積的基礎はまだ十分明らかにされていないが，原生林ならば少なくとも 1 万 ha はとりたいところである．

　英国の Elton は，動物の生息場所の分類に大きな努力を払っているが，このような基礎的な仕事も重要であろう．とくに動物の種個体群保護の基盤になる．

　絶対に手をつけない strict reserve に対して，ふだん利用されながら特異な景観を示すのは遷移の途中相である．前にもふれたように，明治時代に富士の裾野の草原を天然記念物として残そうとしたことがあるが，このような植生は手をつけないで放置すれば草原の景観は失われてしまう．阿蘇や奈良の若草山にしても，放牧，採草，あるいは火入れなどとのバランスであのような景観が維持されているのである．

　このようなバランスの意味をもっと拡大すれば，鳥獣の個体群とハンターの間の関係にも及ぶわけで，そこでは単に禁猟区の設定だけでなく，むしろ大いに繁殖をはかる猟区を積極的につくる努力も必要であろう．

　電力，道路，工場，都市地域などの開発と自然保護はしばしば衝突するのであるが，これも広義の土地利用の原理で解決するほかはあるまい．たとえば農業的土地利用の

場合には，この場所を耕地，草地，林地のいずれに利用したらよいかを自然的および経済的見地から判定するという，利用可能性による土地の分類，分級の方向に研究が進められたが，こうした見方を拡大することによって，自然保護と開発との融和点が見い出されるであろう．

このように自然保護にも経済的見地を無視するわけにはいかないが，少なくともその自然的基礎は応用生態学にあると思う．生物保護との関連で環境保護も進められねばならない．生態学は今日かなりの成果をあげているが，応用生態学，なかでも自然保護の生態学（保全生態学）は未解決の多くの問題をかかえている．そのための基礎的な研究も大いに積み重ねなければならない．学校教育や社会教育の面でも，この方面の啓発的活動が行われる必要があろう．

e．最近の自然保護論

1992年ブラジルのリオデジャネイロで開かれた地球サミットでは，「環境と開発」と車の両輪のようにいわれ，そのこころは「持続可能な開発」であるとされた．こうして開発にウエートがかかり，環境にやさしい開発などという甘い言葉がささやかれるようになった．

しかし，バブル経済の崩壊によってリゾート法などによる開発志向がやや減速していることはけっこうなことだ．開発や利用を否定するわけではないが，限度を越えないよう適正に行われねばならない．

大井川源流部のような，開発や利用をまったく拒否する原生自然環境保全地域などは，ユネスコが提案した生物圏保護区（biosphere reserve）のコアエリアにあたる．

一般的には，コアエリアの外側にすぐ開発可能な地区をおくのではなく，コアと同質の植生ながら研究や自然教育に使える緩衝帯や，原生的な自然をつなぐ緑の廊下（コリドー）などで守るように設定されるとよい．さらにその外側には，雑木林のような二次林や，スギ，ヒノキなどの人工林，あるいは草原，田畑などの多目的利用区をつなげる．

世界遺産条約でいう自然遺産の場合にも同じ考え方が適用される．

かつて農林水産技術会議の編した『土地利用調査研究報告書——土地利用区分の基準作成に関する方法論的研究』(1963)は，耕地，草地，林地などの土地利用を決めるときの判断基準を示したすぐれた試みであった．この報告書は，農村地帯が対象だが，これに都市と工業地帯，自然保護地域を加えれば，今日的な課題に応えうるものになるであろう．

このような土地利用区分の一つとしての自然保護地域には，原生自然環境保全地域，天然記念物，自然公園，保護林などいくつかの類型がある．

自然保護を「土地利用区分」という考え方から一歩前進させたものが，地球サミットで採択された生物多様性条約であろう．

よく知られているように，単一種の人工林では害虫の大発生などが起こりやすい．生物の多様性は生態系の安定性につながる．アメリカで行われた，完全に閉鎖した空間に人工の生態系をつくる実験（Biosphere. The Human Experiment）では，酸素が不足してSOSが出た．そのあとBiosphere 2. For men and womenが行われている．オーストラリアの実験では，森林のもつ本来の生物多様性は，完全には再生できないことがわかった．

生物多様性条約は，遺伝子，種，生物群集，生態系の多様性を保護しようというものだ．保護の方法には，絶滅のおそれのある生物の種を，動物園，植物園，遺伝子銀行などで個別に隔離して保存しようとする方法（施設保存，*ex situ* conservation）と，生態系の現地保存（*in situ* conservation）を重視し，生息地での生物多様性の減少を未然に防ごうとする方法がある．

また遺伝子資源の利用については，資源をもつ国の国家主権を認め，一方でその利益を世界で公平に分配することを求めている．

日本自然保護協会では，植物種についての『レッドデータブック』（絶滅危惧生物リスト）を1989年に刊行した．続いて『植物群落レッドデータブック』をまとめている．それは生物多様性条約と共通の方向といえよう．

結局のところ，自然保護というのは，人間が一段高い立場から自然をかわいがるという構図ではなく，「人間-自然系」をよい状態に保つことにある．

1972年の人間環境会議のときに「総合的自然資源管理」といわれたが，基本的には同じことであろう．「人間-自然系」という地球生態系の状態がおかしくなったら，その治療，リハビリテーション，復元もはからねばならないし，「人間-自然関係のモラル」（生態倫理ないし環境倫理）にも目を注がねばならない．

1.3 歴史的展望

日本自然保護協会は，尾瀬ケ原の自然保護問題をきっかけとして1951（昭和26）年に発足以来，わが国の自然保護運動の理論的支柱をなしてきたと思う．高等学校の学習指導要領の昭和26年改訂版「生物」では「生物資源を保護したりふやしたりするにはどうすればよいか」といった項目があったが，昭和31（1961）年改訂版では削除されてしまった．

1956年には日本生態学会が自然保護についての声明書を出し（日本生態学会誌9巻2号所載），1961年には原生林保護地域案が発表された．このような時期に高校生物の内容から，自然資源や自然の保護に関する部分を削除するやり方はまさに時代に逆行するものであった．

日本自然保護協会はこれより先1957（昭和32）年に，政府などに対して，「自然保護教育に関する陳情」を理事会の議を経て提出している（日本自然保護協会事業概要

報告書, 第3輯所収). そこでは「小中学校の学習指導要領には自然保護の根本精神は一応とりあげられていると思われるが, さらにこれに関する具体的な単元を明確に制定し, 社会科, 理科, 国語科ならびに道徳教育などの面において, 一層積極的に本件を教育上に強調するように十分に配慮願いたい」と述べている. 非常に先見性のある意見であったと思う.

1966 (昭和41) 年には第11回太平洋学術会議が東京で開かれたが, こういう面で進んでいる欧米の学者が中心になって, 自然保護教育とくに指導者の養成について勧告をしているし, 筆者が世話役をした高山帯・亜高山帯の自然保護に関する特別シンポジウムでは, 研究用自然保護地域についての勧告がなされた.

一方, 国際自然保護連合 (IUCN) では 1948 (昭和 23) 年に早くも自然保護教育 (conservation education) に関する委員会ができ, 1949 年には第1回の自然保護教育部会が「自然保護教育の基礎技術 ── 学校, 大学, 社会教育の場で」と題して行われた. 1950 年には IUCN の総会に際してアメリカのガブリエルソン (I. N. Gabrielson) が自然保護教育委員会の委員長に選出され, 1960 年までその任にあった. この間国際青少年連盟 (IYF: International Youth Federation) ができ, 青少年の自然保護運動の推進力となった. 1960 年に初めての自然保護教育地域集会が北西ヨーロッパの国々を対象としてコペンハーゲンで開催された. 1960 年には旧ソ連の自然保護中央研究所長の Shaposhnikov が委員長に選出されて長くその任にあった. 筆者も長く委員会のメンバーを務めた.

前記のヨーロッパの自然保護教育の会議はその後 1961 年ロンドン, 1962 年ハーグで開かれ, この間ユネスコが援助して, 最初の「自然保護教育の世界の文献レビュー」が行われた. その後, アフリカ, アジア, 南米にもその関心が広がり, 1963 年には環境教育の最初のワークショップがナイロビでもたれた. この頃から自然保護教育を拡大した環境教育ないし環境保全教育が志向されるようになった. 1965 年には生態学と自然保護の教育についての東南アジアでの会議がバンコクで開催された. 1966 年にはルッェルンでの IUCN 総会に際して「大学レベルの自然保護教育」のシンポジウムがあり, 1967 年にはプラハで東欧の最初の会議, 1968 年にはアルゼンチンのバリローチェで南米の最初の会議がもたれた.

ヨーロッパではその他ボン (1967), ヘルシンキ (1968), ベルリン (1968) などでの会合のほか, 1968 年ユネスコの Biophere Conference に IUCN の自然保護教育委員会が大きな役割を果たした. 1969 年にはインドのデラドンでの IUCN 総会前集会で環境保全教育 (environmental conservation education) のカリキュラムが検討された.

1970 年には IUCN はユネスコと共同して, 学校の環境教育カリキュラムの研究集会をアメリカ・ネバダ州のネーソン市で, ユネスコの「国際教育年」の一環として行った. ヨーロッパでの第1回の環境保全教育はスイスのリュシリコンで 1971 年に行われ

1.3 歴史的展望

たが，一方，IYF主催の人間関係についての会議がカナダのハミルトンで開催され，IUCNも大いに援助した．

その後1972年に教師の環境教育についての会議（カナダ・オンタリオ）や国連の人間環境会議での環境教育についての討議での勧告（1972，ストックホルム）が行われたほか，環境教育方法論（1973，ベルギー），自然環境保全の校外教育（1973，ユーゴスラビア），高校教育における天然自然保全（1974，アルゼンチン），環境教育方法論（1974，東アフリカ），環境教育の教師の研修（1975，イギリス），環境教育と一般市民（1976，デンマーク），こうして1977年旧ソ連のトビリシでの第1回環境教育政府間会議（ユネスコ，IUCN，国連環境事務局による）を迎えたのである．

ユネスコでは1975年以来"Connect"という環境教育ニュースレターを国連環境計画事務局（UNEP）の協力を得て出しはじめ，アメリカなどの"EE Report"と合わせて情報の流通に役立っている．

この間わが国の学校教育では最近まで自然保護教育は停滞していたが，新しい学習指導要領などでも環境教育の方向がかなり取り入れられている．筆者の研究グループは文部省の科学研究費によって1974年以来，環境教育の基礎に関する研究を続けてきた．1974年には東京で初の国際環境教育シンポジウムをお世話して報告書（Numata, Benninghoff and Whitford eds., 1977）を出した．日本学術会議が主催した国際環境保全科学者会議でも環境教育の部門があって論議が行われた（Science for Better Environment, 1976）．

わが国と外国の大まかな流れを駆け足で概観すると，こんな具合になるのであるが，わが国の場合は決定的な弱点である自然誌的伝統の欠如に対して何とか手を打って，大地に根を下ろした自然保護教育を築き上げようということで，自然観察指導員のテキスト（日本自然保護協会）が編まれることになった．生物的自然の生態学的基礎から，人間とのかかわり，自然保護論，自然観察の基礎と実際について手分けして書いたものである．日本自然保護協会のフィールドガイドシリーズとしては，自然観察指導員ハンドブック（1978）のほか，第1巻：自然観察ハンドブック（1984），第2巻：野外における危険な生物（1982），第3巻：指標生物（1985），第4巻：からだの不自由な人たちとの自然観察（1988），第5巻：小さな自然観察（1992），第6巻：昆虫ウオッチング（1996），その他多くの出版物を出している．

1990年には日本環境教育学会が発足したが，その折の学会創立趣旨を以下に引用しよう．

日本環境教育学会設立趣意書

日本の環境教育は，自然や公害の学習・野外活動などとして熱心な実践が続けられてきたが，環境問題の全国化・多様化により1970年代には多方面から環境教育の必要性が論じられるようになった．また，農林業などの第一次産業の相対的な地位低下，身近な自然の減少，地域社会や家族構造の変容によって，それまで地域の子供集団の

中で身につけてきた生活力（生活文化）を獲得することができなくなっている．このため，今日，生活や自然体験学習（環境教育）を通して意図的に生活力を身につける機会をつくらねばならない状況になっている．教育制度の中においても幼稚園では領域自然に代わって環境が，小学校低学年では理科・社会科に代わって生活科が設けられている．

他方，自然や歴史的環境の劣弱化に反比例するかのように，国民の自然や文化遺産への関心が高まり，健康や余暇への関心の増大と相まって野外活動への参加者は増加の一途をたどっている．また，日常生活における食品の安全性，資源・エネルギーの問題などをめぐって，1人ひとりの生活の仕方を考え直さねばならない状況にもなってきている．

このような社会的趨勢の中で，自然観察・野外活動や食品の質・安全性について指導・助言できる広義の環境教育指導者の確立が強く求められるようになった．

このように社会的要請が強いにもかかわらず，環境教育の指導者養成は全く不十分な状態である．全国各地で優れた環境教育の実践が行われてきているにもかかわらず，経験交流や実績の蓄積に欠けるところが多々あった．

このような状況を打開するために，日本でも1985年に世界環境教育会議が開催され，日本学術会議自然保護研究連絡委員会のもとには環境教育小委員会が置かれるなど，環境教育に関係する個人・団体の交流の場をつくる努力がはらわれてきた．

日本環境教育学会準備会は，学会が組織的中立を維持し，自由な議論の場を保証すること，国内外に大きなネットワークを形成し，多彩な方々の参加を得て，広く論議を集約することを準備活動の精神として，1988年夏に学会創立へ向けて作業を始め，400名を越える呼びかけ人・準備会員および30の賛同団体の協力を得た．この結果，1990年5月18日から20日にかけて，東京学芸大学に全国から約500名の方々が参集し，創立大会が開催され日本環境教育学会は創立された．

環境教育の内容は自然科学のみならず人文・社会科学分野の多くの学際的領域に及ぶ．自然環境保全・生物種の保存・食糧と人口・環境汚染や公害はもとより，農林業などの産業構造・歴史的環境・衣食住にかかわる生活環境・地域の社会環境なども環境教育の主要な柱となるであろう．また，人間の成長過程での自然との関係形成において，教育学・心理学・人類学・医学から芸術まで深い関連が求められるであろう．

（趣意書終）

以上では教育に関した面にふれたが，自然保護の歴史を概観すると，わが国では古く自然（じねん）の思想があり（cf. 沼田：自然保護という思想，1994），藩制時代においても，それぞれの考え方に従って自然保護の実践が行われていた．5代将軍綱吉は「生類あわれみの令」を出し，犬公方とよばれたことはよく知られているが，チベット仏教下にあるブータンの現状はそれによく似ている．

明治維新によって，藩制がなくなると，国家全体としての体制ができるまで自然保

護の無法時代が続き，多くの動植物が絶滅した．ニホンオオカミが絶滅したのもその頃である．こういう時期に自然保護思想を支えたのは西欧の天然記念物 (natural monument) の考え方であった．この考え方は18世紀の終わり頃アルクサンダー・フォン・フンボルト（A. von Humboldt）によって提唱されたものであるが，明治時代にはコンヴェンツ（Convenz）が protection や preservation の考え方を強く主張し，当時の東京大学教授三好学らが，これを支持した．こうした動きを背景に1911 (明治44) 年「史蹟及び天然記然物保存に関する建議案」が貴族院に提出され，1919 (大正8) 年には「史蹟名勝天然記念物保存法」が成立した．同じ頃に鳥獣保護法が1918年に，また山林局長通達による保護林制度が1915年に成立している．この保護林制度は1989 (平成元) 年に改定され，森林生態系保護地域や林木遺伝資源保存林などが新しく指定されることになった．

その後の動きとしては1931 (昭和6) 年にまず「国立公園法」［これはのちに1957 (昭和32) 年「自然公園法」となった］，天然記念物は1952 (昭和27) 年の「文化財保存法」に含まれ，1971 (昭和46) 年に環境庁ができてから，1972年に「自然環境保全法」が成立した．しかし名称は自然環境保全法でも，1970年の「公害対策基本法」の延長線上にあり，自然保護思想はきわめて希薄であった．この間NGO（非政府組織）またはNPO（民間の非営利組織）の運動として，1974年に「自然保護憲章」が宣言されたことはきわめて注目されるべきことであった．

NGOの活動がそのほかにも多く現れたのが最近の自然保護運動の一つの特色といえよう．市民活動にルールを定め，法人格をとりやすくしようというのが市民活動促進法（NPO法）の精神である．はじめにも述べた尾瀬保存期成同盟 (1949) はその走りであったが，その後の斜里町の $100\,\mathrm{m}^2$ 運動，白神山地の青秋林道をとめる運動（のちにこの地域のブナ林は世界自然遺産として指定された），白保のサンゴ礁上に計画された滑走路をやめさせる運動，池子の森を守る運動，冬季オリンピックのために岩菅山をスキーの滑降コース用地として使用することに反対する運動，長良川河口堰をやめさせる運動，諫早湾の潮止めをあけさせる運動などがある．これらのうち池子の森，長良川，諫早湾などでは成功を収めていない．

戦後IUPN (1948) からIUCN (1957) への名称変更（今日では The Conservation Union の名称を使っている）でみるように，自然保護 (nature conservation) とは "Wise and rational use of nature and natural resources" だと定義づけている．人間と自然との共存ないしは共生を考える場合にもこの考え方が重要である．

戦後比較的新しいところでは，1960 (昭和35) 年前後に，レーチェル・カーソンの『沈黙の春』が農薬の多用の害を説き (1962)，ケネディ大統領はただちにDDT，BHCの製造禁止を打ち出した．

1970 (昭和45) 年前後では，学生運動の形で広がっていったエコロジー運動が1968年にピークになった（わが国の大学紛争における学生運動にはこの種のものはなかっ

た).1970年にはアメリカに環境保護庁（EPA）が発足し，大統領（ニクソン）の環境問題に関する特別教書が出された（わが国でも1971年に環境庁ができた).

1972年には国連人間環境会議がもたれ，人間居住，天然資源管理，環境汚染と公害，開発と環境，教育と情報などの問題が討議された．こうして人間環境の問題に目が向いたかと思うと，1973年には1回目のオイルショックがあって，環境どころではないといった雰囲気が醸成されるという始末であった．

ここ数年の国際的な動きをみると，1992（平成4）年のリオデジャネイロでの国連環境開発会議の結論ともいうべきリオ宣言やアジェンダ21では，環境と開発の問題を一体化することが謳われており，並行して行われたグローバルフォーラムでは国際環境教育ワークショップがもたれ，筆者はそこでアジアの環境教育の報告をした．1993年には国際生物科学連合（IUBS）主催の国際環境教育シンポジウムが筑波大学で開催された．1994年1月には国際自然保護連合（IUCN）の第19回総会がアルゼンチンのブエノスアイレスで開かれ，そのワークショップの一つが，教育委員会の主催で行われ，筆者はこれとの関連で「生物多様性と持続性を基礎とした環境教育」について報告した．

最近の二，三の国際的な動きを述べるだけでも，ほとんど毎年のように，こうしたシンポジウムやワークショップが行われている．わが国の国内の行事だけでもたくさんある．

目にふれる印刷物でも『ユネスコ・ユネップ環境教育ニュースレター』（Connect）が季刊で出ているし，関係したものでは"Info MAB"という「人間と生物圏」計画の広報誌がある．環境庁の環境教育懇談会報告『みんなで築くよりよい環境を求めて』（1988）や文部省の『環境教育指導資料，中学・高校編』（1992），『同，小学校編』（1993）なども出たし，地方自治体でも「環境学習基本方針」のようなものを出している．

その他，環境教育に直接ではなくても，環境というものを考えさせる1972年の「人間環境宣言」，1980年の「世界保全戦略」，1987年の『われらが共通の未来』，1991年の『新・世界環境保全戦略，かけがえのない地球を大切に』，1992年の「リオ宣言」と「アジェンダ21」のような，それぞれの節目に出された文書を念頭におきたい．なかでも「持続可能な開発」という概念が1980年代から一般化するようになり，その頂点が1992年のリオデジャネイロの会議であった．しかし1991年の新・世界環境保全戦略では，持続可能な社会の建設をめざし，地球の収容能力の範囲内で持続可能な生活様式を実現しようとする．非再生性資源については，「持続可能な開発」（sustainable development, SD）ということはありえず，「持続可能な利用」（sustainable utilization, SU）ないしは「持続可能な管理」（sustainable management, SM）をめざすべきであろう．

［沼田　眞］

2. 自然保護憲章

　戦後の復興に伴い，経済的発展の一方で，自然破壊や公害の問題が起こり，自然保護の重要性が注目されるようになった．1966（昭和41）年に大山山麓で開かれた第8回国立公園大会の折，その参加者一同によって，自然保護憲章制定促進の決議が採択された．この促進協議会は関係141団体および学識経験者によって構成され，討議をくり返した末，1974（昭和49）年に構成された自然保護憲章制定国民会議によって採択され，6月5日，当時の皇太子同妃殿下御臨席のもとに，憲章の制定が宣言された．この種のものが国連などの国際会議や政府機関で宣言された例はあるが，この憲章のように国民会議の形で合意された例はきわめて珍しく，かつ貴重であるといえよう．

　自然保護憲章の全体の構成は，前文，主文，解説の3部からなる．前文では自然の概念，自然と人間との関係，自然環境の保全について述べられている．なかでも「自然を征服するとか，自然は人間に従属するなどという思いあがりを捨て，自然をとうとび，自然の調和をそこなうことなく，節度ある利用につとめ，自然環境の保全」に心がけるべきだとする．

　主文では「自然を愛し」，「自然に学び」，「自然を永く子孫に伝えよう」という．

　解説は9項目あるが，そのいくつかをあげると，「すぐれた自然景観や学術的評価の高い自然は，全人類のため，適切な管理のもとに保護されるべきである」という．これは今日ユネスコが推進している「生物圏保護区」や「自然遺産地域」（白神山地や屋久島）がそれにあたるであろう．

　次に「開発は総合的な配慮のもとで慎重に進められなければならない．それは，いかなる理由による場合でも，自然環境の保全に優先するものではない」とする．「開発と環境」は1980年の世界保全戦略から1992年のリオデジャネイロの地球サミットまで一貫した問題提起であったが，これを「持続可能な開発」という矛盾した概念で片づけているのは，自然保護憲章に学ぶべしといいたい．地球上の自然環境も自然資源も有限であり，なかでも化石燃料のような再生不可能資源では，使っただけなくなるのだから，この頃はやりの「持続的開発」などということはありえない．ところが一次産業の農・林・畜・水産業などの場合は，資源をじょうずに使っていけば持続的利用が可能である．1991年に「国際自然保護連合」，「国連環境計画」，「世界自然保護基金」が共同で出した『かけがえのない地球を大切に』では，副題として「持続的生活様式」，のちにはこれを「生き残りのための戦略」といいかえている．解説の最後に，

自然保護憲章制定の経緯

　昭和41年8月，大山山麓の鏡か成で開催された第8回国立公園大会において，参加者一同により，自然保護憲章制定促進の決議が採択された．以来この問題は，しだいに行政に，また，各界の識者の間に滲透していったが，つとに自然保護の重要性を提唱していた日本自然保護協会は，これを受けて45年1月，協会内に自然保護研究部会を設けて研究を続け，同年10月，最初の自然保護憲章案を作成し，発表した．

　次いで，同協会を含む自然保護関係141団体による自然保護憲章制定促進協議会（藤原孝夫会長）が結成され，前記の案に検討を加えて，47年4月新たな案を作成した．そして，これを一つの参考として，国民の総意による憲章の制定を促進されるよう，大石環境庁長官に要望し，その賛意を得たが，諸般の事情からそのままとなった．

　昭和47年末に至って，三木環境庁長官が就任されると，その積極的な激励のもとに，関係団体の代表者及び学識経験者による自然保護憲章懇談会等が持たれ，①憲章の制定は，基本的には国民の総意に基づくものとする．このため，草案は，民間の各層各界の代表者をもって構成する新たな組織で作成するものとし，国は側面的に援助すること．②憲章は，49年の環境週間中に，自然保護憲章制定国民会議を開催して制定するものとし，そのための準備委員会を結成する．また，憲章原案の作成は，準備委員会内に設ける起草小委員会が当ること，等が決定された．

　こうした方針に即して，49年1月18日，代表的39団体と32学識経験者による自然保護憲章制定国民会議準備委員会（林修三代表）が組織され，委員の中から選出された23氏による起草小委員会は，1月末から5月9日に至る11回の討議を経て，憲章原案を脱稿し，翌10日の準備委員会で承認された．

　昭和49年6月5日午前，全国から参集した協議員による自然保護憲章制定国民会議（森戸辰男議長）は，この案を原案どおり満場一致で採択し，更に，同日午後挙行の宣言式において，皇太子同妃両殿下のご臨席のもとに，高らかに自然保護憲章の制定が宣言された．

自然保護憲章 （自然保護憲章制定国民会議，昭和49年6月5日制定）

　自然は，人間をはじめとして生きとし生けるものの母胎であり，厳粛で微妙な法則を有しつつ調和をたもつものである．

　人間は，日光，大気，水，大地，動植物などとともに自然を構成し，自然から恩恵とともに試練をも受け，それらを生かすことによって，文明をきずきあげてきた．

　しかるに，われわれは，いつの日からか，文明の向上を追うあまり，自然のとうとさを忘れ，自然のしくみの微妙さを軽んじ，自然は無尽蔵であるという錯覚から資源を浪費し，自然の調和をそこなってきた．

　この傾向は近年とくに著しく，大気の汚染，水の汚濁，みどりの消滅など，自然界における生物生存の諸条件は，いたるところで均衡が破られ，自然環境は急速に悪化するにいたった．

　この状態がすみやかに改善されなければ，人間の精神は奥深いところまでむしばまれ，

生命の存続され危ぶまれるにいたり，われわれの未来は重大な危機に直面するおそれがある．しかも，自然はひとたび破壊されると，復元には長い年月がかかり，あるいは全く復元できない場合さえある．

今こそ，自然の厳粛さに目ざめ，自然を征服するとか，自然は人間に従属するなどという思いあがりを捨て，自然をとうとび，自然の調和をそこなうことなく，節度ある利用につとめ，自然環境の保全に国民の総力を結集すべきである．

よって，われわれは，ここに自然保護憲章を定める．

　　自然をとうとび，自然を愛し，自然に親しもう．
　　自然に学び，自然の調和をそこなわないようにしよう．
　　美しい自然，大切な自然を永く子孫に伝えよう．

一　自然を大切にし，自然環境を保全することは，国，地方公共団体，法人，個人を問わず，最も重要なつとめである．

二　すぐれた自然景観や学術的価値の高い自然は，全人類のため，適切な管理のもとに保護されるべきである．

三　開発は総合的な配慮のもとで慎重に進められなければならない．それはいかなる理由による場合でも，自然環境の保全に優先するものではない．

四　自然保護についての教育は，幼いころからはじめ，家庭，学校，社会それぞれにおいて，自然についての認識と愛情の育成につとめ，自然保護の精神が身についた習性となるまで，徹底をはかるべきである．

五　自然を損傷したり，破壊した場合は，すべてすみやかに復元につとめるべきである．

六　身ぢかなところから環境の浄化やみどりの造成につとめ，国土全域にわたって美しく明るい生活環境を創造すべきである．

七　各種の廃棄物の排出や薬物の使用などによって，自然を汚染し，破壊することは許されないことである．

八　野外にごみを捨てたり，自然物を傷つけたり，騒音を出したりすることは，厳に慎むべきである．

九　自然環境の保全にあたっては，地球的視野のもとに，積極的に国際協力を行うべきである．

「自然環境の保全にあたっては，地球的視野のもとに，積極的に国際協力を行うべきである」とあるが，それは今日盛んにいわれるグローバルな環境保全の指摘と一致するものといえよう．

また，「自然保護についての教育は，幼いうちからはじめ，家庭，学校，社会それぞれにおいて，自然についての認識と愛情の育成につとめ，自然保護の精神が身についた習性となるまで徹底をはかるべきである」という．

自然保護教育（広義では環境教育）は，ここ数年，環境庁，文部省をはじめ各方面でとりあげられるようになったが，日本自然保護協会が1957（昭和32）年に理事会の決議として政府，国会，政党などに送った「自然保護教育に関する陳情」はきわめて

先見性のあるものであった．そこでは自然保護に関する単元を明確に制定し，社会科，理科，国語科ならびに道徳教育などの面で自然保護が積極的に教育上で強調されるよう要望した．

　以上，ごく簡単に自然保護憲章の成り立ちと精神について述べた．同じ頃(1959年)，日本生態学会から「自然保護についての声明書」と「原生林保護地域案」が出され，これがきっかけとなって，1965(昭和40)年に，日本学術会議から内閣総理大臣宛「自然保護についての勧告」が出された．いずれも環境庁ができる前のことであるが，これらの動きの中で，純粋に民間の活動として自然保護憲章が制定されたことはきわめて注目すべきことであった．いま改めて三十数年前を振り返りたいと思う．リゾート法など開発志向が強まった頃に経済のバブル崩壊現象が起きて，気のゆるんだ開発を抑制する役割を果たしたのは，ある意味で幸いであった．「規制緩和」とよくいわれるが，開発や自然破壊に関しては，無条件に緩和をしてもらっては困る．[**沼田　眞**]

3. 天然記念物，天然保護区域

3.1 天然記念物とは

　珍しいもの，貴重なものを見つけたいという欲求は人間の本性に根ざしたものであろう．かつては世界中に資源としての植物を探索する人々が多くの新しい知見をもたらした．このような発見は，しかしその珍しいもの，貴重なものを保護しようという考え方には結びつかず，むしろそれを経済的資源として自国の繁栄にいかに結びつけるかといった発想の方が強かった．また，探索自体が経済価値をもった資源を探し出すのが目的であった．19世紀初頭，イギリスのキュー植物園がこうした植物資源の探索と導入の基地となった（Brockway, 1979）．

　ちょうどその頃，南米を旅行中だったA. von Humboldtは巨大な樹木をみて，こうした地域を特徴づける自然物を人文的記念物との対比で天然記念物（Naturdenkmal）として守っていくべきだという考えを1800年に最初に示したといわれている（三好，1931；品田，1976）．ドイツではその後1904年，当時のプロイセンで天然記念物保存法が制定され，さらにそれが1935年ドイツ連邦自然保護法へと発展し，自然保護の大きな流れの柱になった（池ノ上，1971）．また，池ノ上は，アメリカでも先駆的な自然保護の啓蒙はThoreauやJohn Muirによってなされてきたが，一般に自然保護がひろく受け入れられるようになったのはヨーロッパの天然記念物保存の思想の影響であろうとみている．アメリカの場合はそれが広大である点に着目して原始地域の保護をめざした国立公園になっていく．Humboldtの考え方を明治の日本に導入したのは当時東京帝国大学教授の三好学で1906（明治39）年のこととされている．三好（1931）は天然記念物，その中でもとくに天然保護区域は，生物学にとっては人為の影響のない状態での動植物の生理生態，遷移などを研究する場としてきわめて重要であるが，他方，一般の人々にとっての保存の意味は，国宝などと同じように，その国なり，郷土の特色，すなわち国粋を維持するものであって，単に遊覧，保健，あるいは研究，見学の資料ではないと述べている．南方熊楠は神社林の自然破壊に反対して神社合祀反対意見（1912）を述べる中で，1892（明治25）年頃に日本にきたイギリスの学者が，日本の神社がそれぞれの土地の由緒と天然記念品を保存していることに意義を見い出した，と南方に語ったと述べている．また，当時，史蹟名勝天然物保存会が神社林を破壊する神社合祀の趨勢に反対の意見を述べないのは遺憾であると記している（南方，

1912). そうしてみると明治のかなり早い段階で，天然記念物の考えが日本にすでに伝わっており，自然保護にとって重要な考え方になっていたことがわかる．その後，1919（大正8）年に天然記念物が史蹟名勝天然記念物保存法によって法的に根拠づけられた．当時は自分の国の中の貴重なもの，世界に誇れるものを見つけようとする感覚，国粋としての自然の価値という考えが強かった．もともと天然記念物の考え方には郷土保護の一環といった発想が強かったようで，その土地固有の価値を見つけだそうということであるからそれも一面であろう．その後，1949（昭和24）年の法隆寺金堂の火災を機に文化財保護法（1950）へと引き継がれ，現在はそれが根拠法となっている．各地方公共団体では文化財保護に関する条例によって保護されており，天然記念物の制度が多くの貴重な自然を守ってきた意義は大きい．

　天然記念物はこのように，いわば自然保護の原点ともいえる制度であった．Humboldtのように，当時すでに世界的な視野をもっていた人間の目からみると，天然記念物がそれまでの地球観を大きく広げることになるとみていたのかもしれない．今日では世界遺産のうちの自然遺産のように，いわばHumboldt的な世界観に基づく地球レベルで守るべき価値のある自然を，世界的な立場で保護していこうとする考えへと発展させられている．その一方で，それぞれの国に固有な自然，国土の自然史を代表する生物や地文を，それぞれの国が天然記念物として保護していくことが国際的にもますます求められている．

3.2　天然記念物というカテゴリー

　国際自然保護連合（IUCN）の国立公園・保護地域会議（CNPPA）がまとめた保護地域のカテゴリー，目的，クライテリアによると，世界の保護地域の類別は10に区分されている．それらは①学術的保護地域・厳正自然保護地域(scientific reserve/strict nature reserve)，②国立公園 (national park)，③天然記念物・自然ランドマーク (natural monument/natural landmark)，④自然保全地域・管理された自然保護区・野生生物サンクチュアリー (nature conservation reserve/managed nature reserve/wildlife sanctuary)，⑤景観ないし海洋景観保存地域 (protected landscape or seascape)，⑥資源保護地域 (resource reserve)，⑦自然生物利用地域・民俗保全地域 (natural biotic area/anthoropological reserve)，⑧多目的利用地域・自然資源管理地域 (multiple use management area/managed resource area)，⑨生物圏保護区 (biosphere reserve)，⑩世界遺産地域（自然遺産）[world heritage site (natural)]である（IUCN・CNPPA, 1984）．

　この3番目に含められている天然記念物について，IUCNでは以下のような位置づけをしている．すなわち天然記念物は，とくに風光として，また科学的，教育的，さらに霊感を感じさせるような価値をもつさまざまな自然現象であり，たとえば滝，洞

穴，火口，火山，特異な植物相，動物相，砂丘などを例にあげている．こうしたものは科学的にも一般の人々にも価値があり，国レベルで天然記念物として認定すべきであるとしている．

管理の目的としては，こうした国家的に意義のある自然現象を保護保存し，一般の人々に真価を知ってもらうように，解説し，教育し，研究することとしている．

また，選定と管理のクライテリアとしては，一般の国立公園のように必ずしも広大である必要はなく，その対象を保護できるだけの十分な広がりがあればよい．こうした地域は概してレクリエーションや観光的な価値をもっているが，人間の影響が過度にならないような配慮が必要であるとしている．

3.3 日本の天然記念物の種類と考え方

日本の天然記念物の現状はどうであろうか．国指定の天然記念物は文化庁が編集した『史跡名勝天然記念物指定目録』（文化庁，1989）によると1988（昭和63）年の時点で955件，そのうち特別天然記念物が76件であった．その後1997（平成9）年1月1日時点でのリスト（巻末の付録1参照）に基づいて種類別にみると，動物191件（うち特別天然記念物21件），植物534件（30件），地質・鉱物209件（20件），さらに天然保護区域23件（4件）となっている．最も新しいところでは1996年に「夕張岳の高山植物群落及び蛇紋岩メランジュ帯」が新指定になっている．さらに各県市町村などの自治体では国に準じて天然記念物を指定している．天然記念物だけについてみると，たとえば千葉県では国指定の14件以外に県指定が49件あり，合わせて63件となっている．これに各市町村指定を含めると全国ではたいへんな数になる．千葉県を例にとると市町村指定の天然記念物は144件（1991年時点）あり，国県指定の2倍強となる．

文化財保護委員会の告示による天然記念物指定基準は「学術上貴重で，わが国の自然を記念するもの」とされている．さらに特別天然記念物は「天然記念物のうち世界的にまた国家的に価値が特に高いもの」とされている．具体的な基準は動物，植物，地質鉱物に関してそれぞれ表3.1のようなものである（昭和26年5月10日 文化財保護委員会告示第2号，文化庁，1989）．

こうした基準で判定された自然は，全体としてわが国の多様な自然のそれぞれを代表するもの，その最もよく発達したもの，最も長い年月をかけて形成されたものといった点に着目していることがわかる．そうした考え方を発展させれば，日本の固有種，固有群落などはもっと着目されてよい天然記念物の候補であろう．なぜなら，後で述べるように，これまで多く指定されている単木の巨樹，老木などは個体として最長の年月を経ていたり，最大サイズに達しているといったものではあるが，それはあくまでその種に含まれる一個の個体であるから寿命はせいぜい数千年どまりである．ところがその生成に要した時間という観点に立てば，固有種はさらに長い年月，多くは地

表 3.1 天然記念物と特別天然記念物の指定基準(昭和 26 年 5 月 10 日 文化財保護委員会告示第 2 号)

天然記念物
(以下に掲げる動物・植物および地質鉱物のうち学術上貴重で,わが国の自然を記念するもの)
1. 動物
   ① 日本固有の動物で著名なもの及びその棲息地
   ② 特有の産ではないが,日本著名の動物としてその保存を必要とするもの及びその棲息地
   ③ 自然環境における特有の動物または動物群集
   ④ 日本に特有な畜養動物
   ⑤ 家畜以外の動物で海外よりわが国に移植され現時野生の状態にある著名なもの及びその棲息地
   ⑥ 特に貴重な動物の標本
2. 植物
   ① 名木,巨樹,老樹,奇形木,栽培植物の原木,並木,社叢
   ② 代表的原始林,希有の森林植物相
   ③ 代表的高山植物帯,特殊岩石地植物群落
   ④ 代表的な原野植物群落
   ⑤ 海岸及び沙地植物群落の代表的なもの
   ⑥ 泥炭形成植物の発生する地域の代表的なもの
   ⑦ 洞穴に自生する植物群落
   ⑧ 池泉,温泉,湖沼,河,海等の珍奇な水草類,藻類,せん苔類,微生物等の生ずる地域
   ⑨ 着生草木の著しく発生する岩石又は樹木
   ⑩ 著しい植物分布の限界地
   ⑪ 著しい栽培植物の自生地
   ⑫ 珍奇または絶滅に瀕した植物の自生地
3. 地質鉱物
   ① 岩石,鉱物及び化石の産出状態
   ② 地層の整合及び不整合
   ③ 地層の褶曲及び衝上
   ④ 生物の働きによる地質現象
   ⑤ 地震断層など地塊運動に関する現象
   ⑥ 洞穴
   ⑦ 岩石の組織
   ⑧ 温泉並びにその沈殿物
   ⑨ 風化及び侵食に関する現象
   ⑩ 硫気孔及び火山活動によるもの
   ⑪ 氷雪霜の営力による現象
   ⑫ 特に貴重な岩石鉱物及び化石の標本
4. 保護すべき天然記念物に富んだ代表的一定の区域(天然保護区域)

特別天然記念物
　天然記念物のうち世界的に又国家的に価値が特に高いもの

質学的時間にわたって日本ではぐくまれ固有に進化したり,あるいは遺存的に生き残った種であり,地球上の他の地域には二つとない,あるいはすでに絶滅してしまった種なのである.天然記念物の本来の目的という点から考えると,指定対象を見直して

もっと体系的に日本を代表する固有種や遺存種を含めた動植物の種や群落，天然保護区域を指定していくことが必要であろう．また，世界の中での分布限界にあたる種，その生育地，群落などもその自然が良好であれば，天然記念物に指定し保護していくことは世界的な天然記念物のネットワークという意味から必要なことである．

3.4 天然記念物の保護対象と保護の生態学的手法

天然記念物をその保護対象のレベルという点からみると，まず Humboldt がその語をつくるきっかけになった巨樹のように個体で指定されているもの，次に種あるいはその一部の個体群が対象となっているもの，さらに森林や天然保護区域のように地域，あるいは生育地として指定されている場合などがある．それぞれは，その対象の生物レベル，また成り立たせている環境のスケールが大きく異なるものであるから，具体的な保護管理の方法は異なる．こうした対象のレベルやスケールごとに保護管理の方法を考えていくことが重要である．こうしたレベル論的な手法は古くから生態学が得意としてきたアプローチで（沼田，1973），天然記念物の管理は生態学的な基礎に立って考える必要がある．これまでの指定対象について若干の問題点をみてみよう．

a．個体，個体群，種

個体の天然記念物指定の場合はほとんどが樹木で，いわゆる単木の指定は天然記念物957件のうち259件（27％）もある．草本は個体群や群落も含めて69件，細菌藻類が12件である（文化庁調べ，平成9年1月1日現在）．このうち単木の指定種には大きな偏りがある．裸子植物が7科14種114件，被子植物のうち常緑広葉樹が12科16種52件，落葉広葉樹が13科20種93件である．日本の樹木700〜800種のうち全体で32科50種の樹木が指定されていることになる．種類では最も件数が多いのがスギ（42件），ついでサクラ類（29件），イチョウ（26件），クスノキ（25件），ケヤキ（17件）の順で，これら5種で全体の半数以上を占めている．いずれも日本ではふつうの種でサイズを競うものがほとんどである．したがって，当然のことながら群落状態ではなく，社寺などに植えられた孤立木が多い．単木の場合は文字どおり保存が目的で，そのためにはさまざまな方法がとられる．損傷を受ければ手当てし，最終的に枯死してしまえば解除するしかない．個体である以上これはやむをえない．どこにでも多くみられ，次の代替の個体がどこかにあれば，新たにまた指定すればよいが，上でも述べた固有種や遺存種の場合は絶滅してしまえば，地球上からその種が消えてしまうことになる．したがって，こうした対象では単に突出した個体を選んだだけでは保護にとって十分ではない．種が持続的に維持できるような保護の方策が必要となる．そのような場合は生物圏保護区や原生自然環境保全地域の考え方のようにその種の生育地を面的に確保し，進化の過程を保証するような生態系保護，進化的保全の方法が必要な

場合もある．それは森林など群落での指定や天然保護区域の考え方に通ずる．

　動物では190件余りのうち地域指定（多くは種のうちの特定の部分個体群で指定）と地域を定めず指定（種個体群すべてを指定）とがほぼ半数ずつになっている．大正時代から戦前にかけては生息地，繁殖地，発生地，渡来地など地域指定が多かった．戦後，とくに文化財保護法以降はこうした生息地などの指定はほとんどなくなり，いずれも種指定となっている．すなわち，ほとんどが地域を定めず指定となっている．また，種指定では種の保存法によって指定された国内種が多い．これらは絶滅の危険が高い場合や一時のカモシカのように密猟の危険が高い場合などにとられた保護の方策である．また，とくに生息域が広域にわたる種ではいちいち地権者の同意をとることができないので，緊急な保護を必要とする場合，地域を定めず指定の方法をとっている場合もある．ただ，こうした方法では具体的な開発行為が及んだときに，どのような行為まではその種の保護に影響を与えるかの判断が難しい．種指定となると生育地という観点が抜けてしまい，その種を捕獲するとか，営巣地をこわすといったかなり直接的な行為に対する規制はかけられたとしても，広域に生活域をもっている種などでは，採餌場や巣あるいはその移動路などを一体として保全しなければならないにもかかわらず，その影響範囲を設定するのが困難な場合が多い．とくにその種の生態がよくわかっていない場合などは問題を引き起こしやすい．これは学問的なレベルでの調査が進んでいないことも原因なので，個々の事例について研究者と連携して，その影響について十分な調査を行うことが大切であろう．

b．植物群落，天然保護区域

　植物群落の指定は植物，天然保護区域の両方でみられる．日本の自然を代表するような原生林といったときに，たとえば比較的大面積で残っている針葉樹林，ブナ林，常緑広葉樹林といったものは指定が少ない．多くは小規模な神社林，分布限界，特異な群落などに偏っており，代表性という点ではまだ不完全である．群系レベルで件数を列挙してみると，高山や岩石地の植物群落がアポイ岳高山植物群落など13件，沼や湿地の植物群落が霧ケ峰湿原植物群落など17件，海浜の植物群落が太東海浜植物群落など6件，常緑針葉樹林が屋久島スギ原始林など10件，常緑針葉樹・落葉広葉樹混交林が富士山原始林など6件，落葉広葉樹林が藻岩原始林など11件，落葉広葉樹・常緑広葉樹混交林が宮山原始林など9件，常緑広葉樹林が那智原始林など56件となっている．常緑広葉樹林が圧倒的に多いが，その多くは小規模な神社林である．そのほかに自生地および分布限界として指定されているものの中にも森林が含まれている．

　先に述べたような固有種や遺存種を含む森林や群落といった視点も，天然記念物の考え方からすると，もっと体系的に選択して指定していくことが必要である．これまでの天然記念物指定にあまり一貫性がみられず，またその名称の付け方にも問題があるといった点については沼田（1994）も何度か指摘している．これらを統合的，体系

的に整理できる体制づくりが望まれるゆえんである．

　天然保護区域は，上述した基準で示したように「保護すべき天然記念物に富んだ代表的一定の区域」となっている．三好（1931）は単一の保護対象，たとえば植物だけではなく，動物，地質鉱物など複数の保護対象を含んでいる地域を天然保護区域として保存するとし，大雪山，釧路湿原，尾瀬，上高地のようにさまざまな地形要素，岩石鉱物，動植物，森林など複合して保存すべき対象について指定すると述べている．天然記念物あるいはそれに匹敵する複数の動植物種や群落が混在するような，今日の景観概念のような生態系複合地域をさすとみることもできる．しかし，指定にあたっては具体的な保護対象を明確にしておくことが大切である．十和田奥入瀬のように名勝としても指定され，すばらしい自然を有する地域はわかりやすいが，稲尾岳のように九州最南端のみごとな常緑広葉樹林の垂直分布がみられた地域が，現在は周辺が伐採されてしまい原生的森林は山頂部にわずかしか残っておらず，垂直分布としては体をなさない場所もある．これなども，指定理由が明確になっていれば，追加指定をするなりして残す手だてはあったかもしれない．

　沼田（1995）も指摘しているように，この天然保護区域は原生自然環境保全地域や国立公園特別保護地区とかなり近いものであるが，天然記念物としての地域の指定の場合にはもっと目的を明確にして，天然記念物の根本思想に立ち返って，その体系を見直す必要があるように感ずる．たとえば日本の垂直分布帯の典型，常緑広葉樹林と落葉広葉樹林の移行部（世界の常緑広葉樹林の北限にあたることになり，世界的に重要），日本海側と太平洋側植生の移行帯など，いくつかの植生帯にまたがるような広域的な日本の自然の代表例を残す手段として有効に生かすべきであろう．指定の基準を再検討して重要な地域は早急に指定する必要がある．

3.5　天然記念物保護管理の問題点

　三好（1931）はその著書『天然記念物』において，天然記念物の定義，調査研究，利用，また天然記念物保存の必要，目的，方法，効果，国際協力などについて述べ，この制度のあり方について検討している．それ以降，はたして現行の日本の天然記念物保護の体制はそれぞれの内容について十分な施策を講じられる状況にあるのだろうか．先にあげた千葉県の天然記念物の例では，数のうえで国指定の3倍強の県指定，さらに国・県指定の2倍強の市町村指定があったが，これが全国の平均的な例と仮定すると，日本全体で8000件あまりの天然記念物が指定されていることになる．千葉県はそれほど天然記念物が多い県ではないと思われるので，大ざっぱにみると全国では少なくとも1万件近い天然記念物の数があるのではないだろうか．これだけの件数のそれぞれの保護管理にかかわる問題を，各県では一人に満たないしかも専門家でない担当者が保護管理に腐心しているのが現状であろう．県によっては天然記念物の範囲

すら把握しきれず，有効な保護に結びついていない例もままみられる．国や市町村指定でも同じような例があると思われる．これは天然記念物保護の体制にかかわる構造的問題である．あらゆる人間活動に伴って自然に対する配慮，保護が強く求められている今日の世界では，天然記念物の保護はきわめて重要な保護制度の一つである．したがって，その保護に関しても，何らかの機関設置や国と各自治体の保護にかかわる専門家のネットワークの確立など，多様な形での思い切った体制の確立が必要である．こうした専門的機関の果たすべき機能は，全国の天然記念物の情報管理と広報，保護のための基礎研究と対策の立案・計画，各地の担当者の再教育などが主要なものとなろう．

　天然記念物の指定にあたってはもちろんその特徴を明らかにするための調査研究を行うことが必要であるが，ときには貴重な対象が破壊されてしまわないうちにとりあえず指定して保護しておくということもよく行われる．この場合は指定後に十分な調査研究がなされて，その真の価値が明らかにされるということが前提である．こうした状況を考えると，天然記念物指定のためだけでなく，指定後にも十分な基礎調査ができるような制度にしなければならない．現在では天然記念物緊急調査，保存にあたっての留意事項調査，保護増殖事業などが主たる業務となっているだけで，指定のための調査，あるいは指定後の基礎調査などはとくに考慮されていない．自然状態でも変化し続ける性質をもった天然記念物の場合は，他の文化財とは違って，指定後も継続的なモニタリング調査を続けることがその適切な保護管理のためには必須である．

3.6　天然記念物の役割とその保護の方向

　日本は文化立国をめざしているそうであるが，そのわりにはその根幹ともいえる文化財，とりわけその一部である天然記念物の保護管理の体制が十分ではないといわざるをえない．国指定だけでも全国に1000件もある天然記念物をカバーすべき担当者が，文化庁でわずか数名という実態には唖然とせざるをえない．最近は，政府レベルのこうした貧弱な体制の言訳のように地方分権を持ち出す風潮があるが，天然記念物のような変化する自然の保護のためには，直接的な管理は地方にある程度任せるとしても，その指針や方向，次々にあちこちで起こる保護上の新しい問題への全国的な視点での対処など，国が責任をもって施策を立てていくことが必要なことはいうまでもない．自然が急激に失われていく現状では，多くが記録保存になってしまう．その前に，これまで整備が遅れていた天然記念物の保護管理体制を整備することが望まれる．上述した天然記念物の保護について研究する機関の設置はその近道であると思われる．文化庁の文化政策推進会議は1995（平成7）年に「新しい文化立国をめざして」と題する報告をまとめたが，その中でも文化を支える人材の養成，確保を施策の重点としてあげている．この中にどの程度，天然記念物のことが念頭にあったかはわから

ないが，他の文化財の保護と同様，天然記念物の保護のような専門的な立場から施策を講じなければならない分野では，とくに専門性の高い施策支援スタッフやチームを備えた上述したような機関があってしかるべきであろう．天然記念物の中でも動物や植物は，遺跡や埋蔵文化財とは異なって，変化するのが常態であり，そうした変化するものを保護するという点で特別な注意が必要であり，生態学的，生物学的な知識がなければ将来にわたった管理方針の立案や監視は困難である．とくに，日本固有の草原植生などは遷移の途中相であったりするので，とくに生態系的な観点での保護管理が必要である（沼田，1994）．

最近は天然記念物を単に指定するだけでなく，こうした自然の成り立ちやメカニズムをひろく国民に知ってもらって，いっそうの保護をはかるという目的で天然記念物整備活用事業が文化庁によって始められている．天然記念物のような自然の保護保全は，自然のベースラインとして，人為を加えないままに守ることが重要であるが，また同時にそれをひろく人々に知ってもらうことは意義が大きい．そのために野外観察，野外展示を含めた教材やそれを解説，研究するための学習施設を設置することとしている．こうした施設は往々にして入物だけで，ソフト面，すなわち，その自然の成り立ち，メカニズムを知り，大切さ，おもしろさ，知ることの楽しさを実感できるように高度の研究機能を併せ持ったインストラクターなどの人材を配置することを忘れてはならない．

また，たえず新しい開発と直接的にぶつからざるをえないのも天然記念物の特徴であり，その都度，生起した衝突は生態学的知見に基づいて迅速，正確に対処しなければならないのである．これは直接，管理を任されている地方の担当者にとっても責任の重い仕事であり，何度もくり返しになるが，こうした支援機関が早急に必要であろう．

おわりに── 自然を保護するということ

自然を保護するということは，天然記念物と限らず，たいへん難しい．やり直しのきかない子育てのような側面がある．とくに自然誌的な伝統に乏しいわが国では，保護の方策の基本となる自然に関する情報は断片的で散在している場合が多い．最近でこそ各地方自治体で博物館の建設が進んで必要な情報整備のための準備ができつつあるが，ソフト面での整備は人材養成段階ですら遅れているのが現状である．長い伝統の中で蓄積されてきた天然記念物は，日本の中で最も古い歴史をもった自然保護システムといえる．世界的にみても早い段階から天然記念物のシステムを取り入れたわが国のよい伝統を発展させて，新しい自然保護の体系化が望まれる． ［**大沢雅彦**］

文　献

1) Brockway, L. H. (1979): Science and Colonial Expansion, The Role of the British Royal Botanic Gardens, Academic Press.
2) 文化庁編 (1989)：史跡名勝天然記念物指定目録，第一法規出版.
3) 池ノ上容 (1971)：自然保護の社会性と未来性．森林開発と自然保護（藤村重任編著），pp.67-78, 水利科学研究所.
4) IUCN CNPPA (1984): Categories, objectives and criteria for protected areas. National Parks, Conservation, and Development. The Role of Protected Areas in Sustainable Society (McNeely, J. A. and Miller, K. R. eds.), pp.47-53, Smithsonian Institution Press.
5) 南方熊楠 (1912)：神社合併反対意見．（鶴見和子著：南方熊楠，講談社，収載）
6) 三好　学 (1931)：天然記念物，岩波講座 生物学，岩波書店.
7) 沼田　眞 (1973)：生物学と生命観の歴史．新しい生物学史（沼田　眞編），pp.1-21, 地人書館.
8) 沼田　眞 (1994)：自然保護という思想，岩波書店.
9) 沼田　眞 (1995)：日本の天然保護区域．日本の天然記念物（加藤陸奥雄・沼田　眞・渡部景隆・畑　正憲監修），pp.18-19, 講談社.
10) 品田　穣 (1976)：天然記念物．自然保護ハンドブック（沼田　眞編），pp.66-71, 東京大学出版会.

4. 自然公園，特別地域，特別保護地区

4.1 自然公園とは

a. 国立公園，国定公園，都道府県立自然公園

自然公園とは，『造園事典』（岡崎文彬編，1975）によると，「美しい自然の風景，特異な景観，原始性の高い野生動植物相などを含む広い地域を画して，公園としたのが自然公園である．わが国では，人工的に造成されることの多い都市公園と対比される概念と考えられており，自然公園法によって，国立公園，国定公園及び都道府県立自

表 4.1 国立公園，国定公園，都道府県立自然公園の比較

	国立公園	国定公園	都道府県立自然公園
公園の性格	わが国の風景を代表する傑出した自然の風景地（法第2条）	国立公園に準ずるすぐれた自然の風景地（法第2条）	都道府県を代表するすぐれた自然の風景地（条例）
公園の指定	環境庁長官が自然環境保全審議会の意見を聞いて指定（法第10条）	知事の指定申し出を受け，環境庁長官が自然環境保全審議会の意見を聞いて指定（法第10条）	都道府県の条例に基づき，知事が指定（法第41条，条例）
公園計画の決定	環境庁長官が自然環境保全審議会の意見を聞いて決定（法第12条）	保護規制計画などは環境庁長官が，知事の申し出を受け，自然環境保全審議会の意見を聞いて決定，その他は知事が決定（法第12条）	都道府県の条例に基づき，知事が決定（法第42条，条例）
保護の地種区分	特別保護地区，第1種～第3種特別地域，普通地域，海中公園地区	国立公園と同じ	第1種～第3種特別地域，普通地域（特別保護地区はない）
公園事業の執行	①国，②地方公共団体＝承認，③その他＝認可（法第14条）	①都道府県，②市町村＝承認，③その他＝認可（法第15条）	都道府県の条例による
開発行為の許可権限	環境庁長官，小規模なものは知事に委任（法第17, 18条）	都道府県知事（法第17, 18条）	都道府県知事（法第42条，条例）

注　法とは自然公園法を意味する．

然公園の3種類の自然公園が定義されている」と説明されている．

　国立公園（national park），国定公園（quasi-national park），都道府県立自然公園（prefectural nature park）の制度的な特徴を整理したのが表 4.1 である．

b．自然公園と都市公園の違い

　「公園」には大きく分けて都市公園（city park）と自然公園（natural park）があるが，その制度や性格の違いを整理したのが表 4.2 である．

表 4.2　自然公園と都市公園の比較

	自 然 公 園	都 市 公 園
法令	自然公園法(1957)および都道府県条例	都市公園法(1956)および地方公共団体条例
目的	すぐれた自然の風景地の保護と利用の増進(国民の保健，休養，教化に資する)	都市環境の骨格の一部で，心身ともに豊かな人間形成と，環境美化，防災などに寄与する
性格	他の土地利用との調整をはかりながら公園の目的を達成する	公園専用の目的を達成する
土地所有権など	土地所有権や管理権と関係なく一定の地域を指定し公用制限を課する(地域制)	土地所有権または利用権など権原を有して公園を設置する(営造物)
実体	自然環境そのものが公園となり人工性は少ない(自然性)	公園または緑地として，植栽，芝生，花壇，公園施設などを造成・保全(人工性)
種類	国立公園，国定公園，都道府県立自然公園	街区公園(児童公園)，近隣公園，地区公園，総合公園，運動公園，国営公園など
位置・面積	都市近郊から遠隔地の山岳，海岸，離島まで，数千〜十数万 ha 程度	都市および近郊，1 ha 以下(街区公園)から数百 ha(国営公園)程度
公園の管理者	国(環境庁)，都道府県	国(建設省)，都道府県，市町村

c．自然公園の略史

　日本の公園制度は 1873（明治 6）年の公園に関する「太政官布達」に起源をもつ．これは江戸時代末期までに，すでに公園緑地的空間として活用されていた，名勝や社寺境内などの国有地を「公園」としたもので，都市公園を主体としている．しかし厳島公園（広島県，1873），養老公園（岐阜県，1880），吉野公園（奈良県，1893）のような自然公園的なものも含まれていた．明治後期にはさらに広い区域を含む松島公園（宮城県，1902），大沼公園（北海道，1905），雲仙公園（長崎県，1911）などの県立（道立）公園が生まれた．明治末期には欧米の自然公園や天然記念物の考え方が日本に紹介され，その影響も受けつつ，日光や富士山を対象とする国立公園（帝国公園，国設公園）指定の気運が，国会（帝国議会）レベルで高まった．

1919（大正 8）年に史蹟名勝天然記念物保存法が成立したのち，当時の内務省は国立公園制度の検討に着手し，1921 年には阿寒湖，十和田湖，日光，富士山，立山，上高地，小豆島および屋島，伯耆大山，阿蘇山，霧島山など全国 16 か所の国立公園候補地を選定した．関東大震災などによる一時中断ののち，1931（昭和 6）年に国立公園法が成立した．国立公園法の提案理由には「優秀ナル自然ノ風景地ヲ保護開発シテ」という文言がみえる．日本の国立公園第 1 号は 1934 年 3 月指定の瀬戸内海，雲仙，霧島の 3 公園で，同年 12 月には阿寒，大雪山，日光，中部山岳，阿蘇の 5 公園が生まれた．

1938（昭和 13）年に厚生省が設置され，国立公園業務は内務省から移管した．第二次大戦後，1949（昭和 24）年の法律改正で特別保護地区や国定公園の制度が導入され，国立公園法は 1957（昭和 32）年に自然公園法となった．戦後復興期から高度経済成長期にかけ，観光ブームも背景にしつつ，国立・国定公園の新指定や拡張が相次ぎ，自然公園行政が充実してきたが，一方では自然環境の荒廃も問題視された．1971（昭和 46）年，環境庁の設置とともに自然公園は環境保全行政の一環に位置づけられ，今日に及んでいる．

d．自然の保護と利用

自然公園は，自然の「保護」と「利用」という二つの異なる方向性をもつ目的を内蔵している．自然公園法(第 1 条)には，「すぐれた自然の風景地を保護するとともに，その利用の増進を図り，もって国民の保健，休養，教化に資すること」と，自然公園の目的が記されている．

自然公園で保護を徹底させれば利用を抑制しなければならず，また利用を前面に出せば保護がおろそかとなりがちである．保護と利用をどうバランスさせるかは，それぞれの自然公園のおかれた自然的・社会的背景，あるいは時代思潮などによって異なるが，日本では国立公園が実現する以前の草創期から，国立公園の保護と利用をめぐる論議があった．日本の国立公園理論は主として造園学の分野で発展してきたが，1920 年代に造園学の先覚者だった田村剛と上原敬二は国立公園の本質論争を活発に展開した（俵，1991）．

田村は国立公園の「利用」を重視し，次のように主張した．「国立公園は文化的な自然生活の場所を設備することであって，国民の保健教化はその眼目とするところである．故に国立公園の本質としては，第一物質的大都会を離れた大自然を舞台とする大風景地たることである．しかしながら素材の自然は決して公園ではない．かかる大風景地を，階級，性，年齢の区別なく利用せしむる道を講ずるものでなければならない．そこには自然の美化とともに実用化がなければならない．…あらゆる施設は婦人子供の利用し得ることを標準とするのが最も適当である．…今日，壮者も行き悩むような日本アルプスそのままの風景地は，決して公園ではない」．

それに対して上原は国立公園の「保護」を重視し，次のように反論した．「国立公園

は世俗に考える公園という語にあてはまるものではない．むしろ，一つの天然保護区域である．そうして国民の遊覧，来遊というのは主たる目的ではない．…いわんやかかる大自然に階級，性，年齢の区別をなくして，等しく利用せしむる道を講じなければならぬといっているが，…大自然を破壊し尽くして交通至便な所とし，物質供給の豊かな半都会的な施設としなければ，この要求は満足されない．…（田村の主張するような公園も必要であるが，それは）すでに破壊された風景，または原始の態を失った風景地であって，十分に人工を加えてその維持，開発，改良を図るべきものである．これなら婦人子供を標準にしても，いっこうに差し支えない（ただし，それは国立公園と呼ぶべきではない）」．

この論争は，近年のリゾート開発論争などにも共通する視点を含んでおり，自然公園の古くて新しい基本的な課題である．

e．自然の保護と開発行為

上にあげた「利用」は，観光レクリエーションや野外教育の利用で，それ自体が自然公園の目的に合致しているが，もう一つの問題として，自然公園の目的とは直接に関係なく公園内で行われる「開発」がある．自然公園法（第3条）には，「関係者の所有権，鉱業権その他の財産権を尊重するとともに，国土の開発その他の公益との調整に留意しなければならない」と定められている．植物学者の武田久吉は国立公園制度が確立する前の1931（昭和6）年に次のように書いている（武田，1931）．

「風景国と自負するにも拘らず，一方に於いては風景の破壊は到る所に行われ，しかもそれが年々ますます激しくなる傾向を明らかに示している．…時には官民協力して，大規模の破壊を行ったり，また為さんと計画したことは決して一再に止まらない．…風景の破壊は，彼の廃仏毀釈の如きと異って，破壊そのものを目的として行われることは勿論ないが，何かの工事，殊に文化的事業の副産物として，多少の差こそあれ，風致を一時的または永久的に葬り去る場合が多い．その大立物は何といっても水電事業で，それに次いでは鉱山の採掘とか，森林の伐採とかであり，小規模なものでは，道路工事，鉄道の布設，電柱の樹立，架橋ないしは家屋の建造の如きである．然しこれ等の事業も，場合によっては多少の考慮を費しさえすれば，風景の破壊を全然——と行かないまでも或る程度まで——避け得られるに拘らず，それを敢えて為さないのは，実に惜しむべきことである」．

自然公園法（第2条の2）では，行政，事業者や公園利用者は，「すぐれた自然の風景地の保護とその適正な利用が図られるように，それぞれの立場において務めなければならない」と定められている．しかしこの条項は後から追加されたもので，歴史的経緯からみれば第3条の「調整」に重みがある．武田の意見もまた，近年の保護か開発かの論議や，環境アセスメントの問題点に共通する，自然公園の古くて新しい基本的な課題である．

4.2 自然公園の指定現況

自然公園の選定は「自然公園選定要領」（厚生省国立公園部，1952）に準拠して行われるが，その要点は，①景観（景観形式，規模，自然性，変化度など），②土地所有関係（国有，公有地が有利），③他産業との競合（農林漁業，鉱業，電源開発，港湾その他の開発計画の有無），④利用（道路，交通機関，野外レクリエーション適地など），⑤配置（国立公園は配置を考慮せず，国定公園は大都市周辺の野外レクリエーション需要にも配慮など）について検討し，総合的に判断するものである．

1995年現在の自然公園指定状況は表4.3のとおりで，そのうち国立公園の個別内訳は表4.4，国立公園と国定公園の配置概略は図4.1のとおりである．すなわち，国立公園は28か所で205万ha，国定公園は55か所で133万ha，都道府県立自然公園は301か所，194万haで，自然公園総面積は533万haとなり，国土面積の約14％を占めることになる．

表 4.3 自然公園面積総括表（1995年3月31日現在）（国立公園協会，1996）

種別	公園数	公園面積(ha)	国土面積に対する比率[*1](%)	内訳					
				特別地域				普通地域	
				特別保護地区					
				面積(ha)	比率(%)	面積(ha)	比率(%)	面積(ha)	比率(%)
国 立 公 園	28	2051190	5.43	259685	12.7	1453927	70.9	597263	29.1
国 定 公 園	55	1332370	3.53	66448	5.0	1241003	93.1	91367	6.9
都道府県立自然公園[*2]	301	1943046	5.14	—	—	664500	34.2	1278546	65.8
合　　計	384	5326606	14.10	326133	6.1	3359430	63.1	1967176	36.9

[*1] 国土面積は37781209ha（国土地理院1993年10月資料による）．
[*2] 1995年3月31日現在の都道府県の報告に基づくもの．

これらの指定年次をみると，国立公園は昭和戦前から，国定公園は昭和戦後から指定が始まったが，そのピークは1960〜70年代に終わっており，それ以降は激減している．今後も新しい国立・国定公園が次々と指定される情勢にはないので，自然公園既指定地域のより適正な保護と利用が求められている．

4.3 自然公園の計画と管理

a．地域制公園と営造物公園

自然公園は一般に大面積を占めるが，国土が狭小で人口密度が高く，古くから各種の土地利用が行われてきた日本の実情では，広大な地域を自然公園の専用目的のため

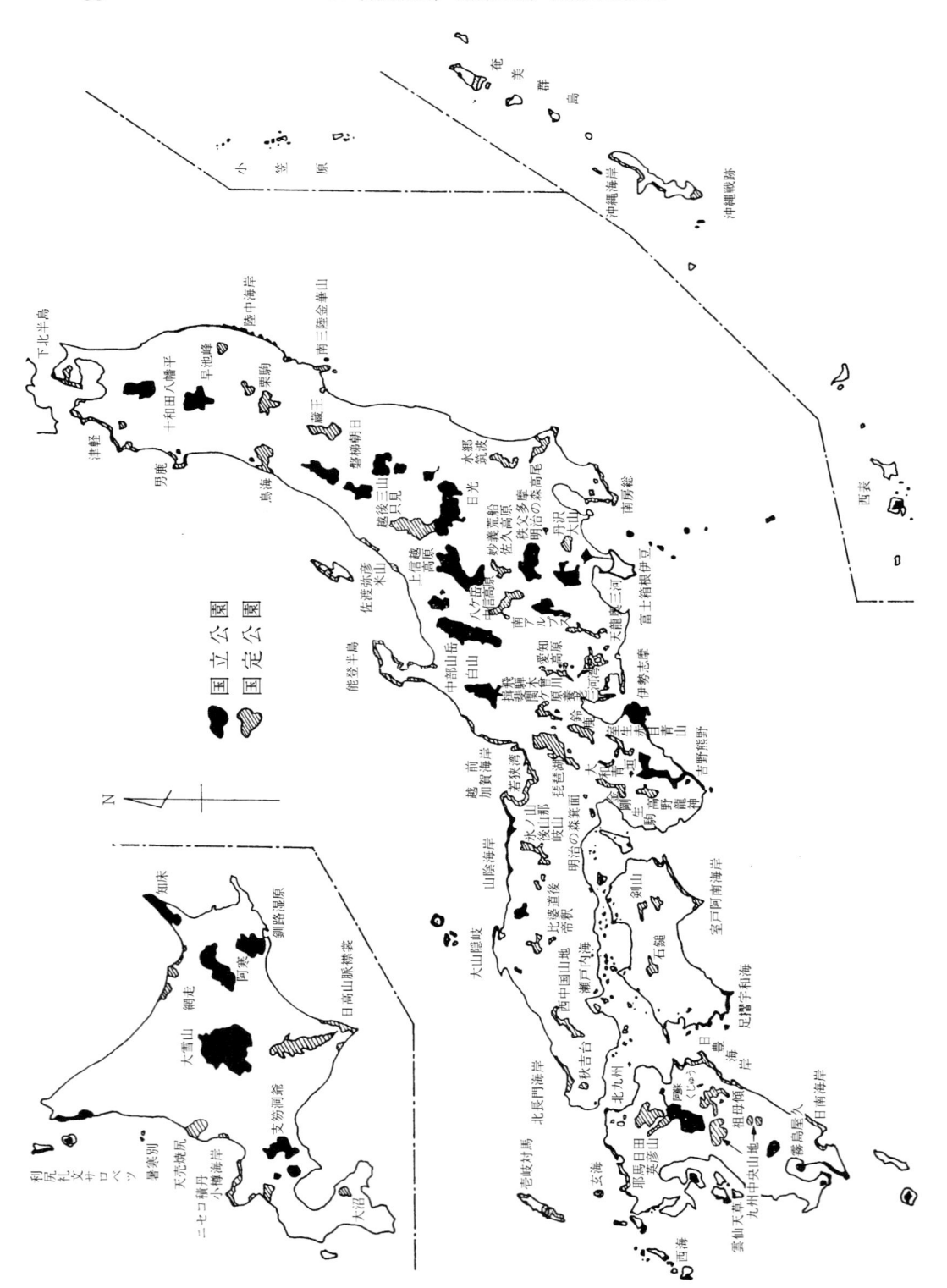

38   4. 自然公園，特別地域，特別保護地区

図 4.1　国立公園および国定公園配置図（国立公園協会，1996）

表 4.4 国立公園一覧（1995年3月現在）

番号	公園名	指定年月日	面積(ha)	関係都道府県
1	利尻礼文サロベツ	1974. 9.20	21222	北海道
2	知床	1964. 6. 1	38633	北海道
3	阿寒	1934.12. 4	90481	北海道
4	釧路湿原	1987. 7.31	26861	北海道
5	大雪山	1934.12. 4	230894	北海道
6	支笏洞爺	1949. 5.16	98332	北海道
7	十和田八幡平	1936. 2. 1	85409	青森，岩手，秋田
8	陸中海岸	1995. 5. 2	12198	岩手，宮城
9	磐梯朝日	1950. 9. 5	187041	山形，福島，新潟
10	日光	1934.12. 4	140164	福島，栃木，群馬，新潟
11	上信越高原	1949. 9. 7	189062	群馬，新潟，長野
12	秩父多摩	1950. 7.10	121600	埼玉，東京，山梨，長野
13	小笠原	1972.10.16	6099	東京
14	富士箱根伊豆	1936. 2. 1	122690	東京，神奈川，山梨，静岡
15	中部山岳	1934.12. 4	174323	新潟，富山，長野，岐阜
16	白山	1962.11.12	47700	富山，石川，福井，岐阜
17	南アルプス	1964. 6. 1	35752	山梨，長野，静岡
18	伊勢志摩	1946.11.20	55549	三重
19	吉野熊野	1936. 2. 1	59798	三重，奈良，和歌山
20	山陰海岸	1963. 7.15	8763	京都，兵庫，鳥取
21	瀬戸内海	1934. 3.16	62781	兵庫，和歌山，岡山，広島，山口，徳島，香川，愛媛，福岡，大分
22	大山隠岐	1936. 2. 1	31927	鳥取，島根，岡山
23	足摺宇和海	1972.11.10	10967	愛媛，高知
24	西海	1955. 3.16	24636	長崎
25	雲仙天草	1934. 3.16	28289	長崎，熊本，鹿児島
26	阿蘇くじゅう	1934.12. 4	72680	熊本，大分
27	霧島屋久	1934. 3.16	54833	宮崎，鹿児島
28	西表	1972. 5.15	12506	沖縄
	合計		2051190	

に確保することはできない．そのため日本の自然公園は，土地所有とは関係なく一定の区域を指定し，風致景観の維持に支障をきたさないよう，その区域内で行われる開発行為を許可制にするなど，公用制限（特定の公共事業の必要を満たすため，特定の財産権に加えられる公法上の制限）を課する「地域制」（park of zoning system）を採用している．したがって，自然公園内には国有地のほかに私有地もあり，農林漁業が行われ，定住者の日常生活が行われる部分も含んでいるのが一般的である．自然公園は多目的な土地利用の一つに位置づけられる．ちなみに日本の土地利用は国土利用計画法により，都市地域，農業地域，森林地域，自然公園地域，自然保全地域に5区分されているが，自然公園地域は事実上すべてが農業地域，森林地域などと重複して

いる．

　それに対して日本の都市公園は，土地所有権など土地の「権原」を有し，公園専用目的に運用できるから，都市公園内では他の産業行為などを排除することができる．都市公園のような制度を「営造物」(park on public estate) 公園という．したがって自然公園法（第2条）では公園を「指定」するという用語が使われるのに対して，都市公園法（第1条）では公園を「設置」するという用語が使い分けられている．

b．公園計画

　広い地域を含む自然公園は，さまざまな自然地域から成り立っているので，その保護の重要度や，利用の仕方にはおのずから差異が出てくる．したがって，それぞれの公園について，どの地域をどのように保護し，どの地域をどのように利用するかの，公園としての土地利用計画が必要となる．自然公園法（第2条）では，「公園計画」(park planning) を自然公園の「保護又は利用のための規制又は施設に関する計画」と定義している．

　公園計画は図4.2のような体系から成り立つが，このうちとくに重要なのが「保護規制計画」と「利用施設計画」である．

　保護規制計画は，風致景観の質や重要度に応じて，公園区域を①「特別地域」(special area) と②「普通地域」(ordinary area) に大別し，さらに特別地域の中で最も重要な部分を，③「特別保護地区」(special protection area) とし，特別地域は第1種〜第3種特別地域に細分する．なお，特別保護地区は国立・国定公園のみに適用され，都道府県立自然公園にはこの制度がない．また海域の場合は，④「海中公園地区」(marine park area) を区分する．保護施設計画は，植生の復元，動物の繁殖，砂防施設など，風致景観を維持するために必要なものを，どこに，どのように導入するかの計画である．

　利用施設計画は，自然探勝，登山，キャンプ，スキーなど野外レクリエーションや自然教育的な利用に伴う施設を，どこに導入し，自然公園にふさわしい利用をどのように助長するかの計画である．この中には自然公園の利用拠点として，各種施設を集団的に整備する①「集団施設地区」と，園地，宿舎，野営場，博物展示施設（ビジターセンター），スキー場などを単独または複数で整備する②「単独施設」がある．また③「道路」として，自然公園への導入，各地点への連絡に必要な車道，自転車道，歩道を合わせたもの，④「運輸施設」として，ケーブルカー，ロープウエー，船舶運輸施設などもこれに含まれる．利用規制計画は，マイカー乗り入れ制限や，一定箇所の立ち入り制限など，風致景観を維持するために必要な規制を定めるものである．

　公園計画に基づいて執行される施設整備は「公園事業」として扱われる．国立公園の公園計画と公園事業，および国定公園の公園計画のうち保護規制計画などは，環境庁長官が決定し，国定公園の利用施設計画（一部）と公園事業は都道府県知事が決定

4.3 自然公園の計画と管理

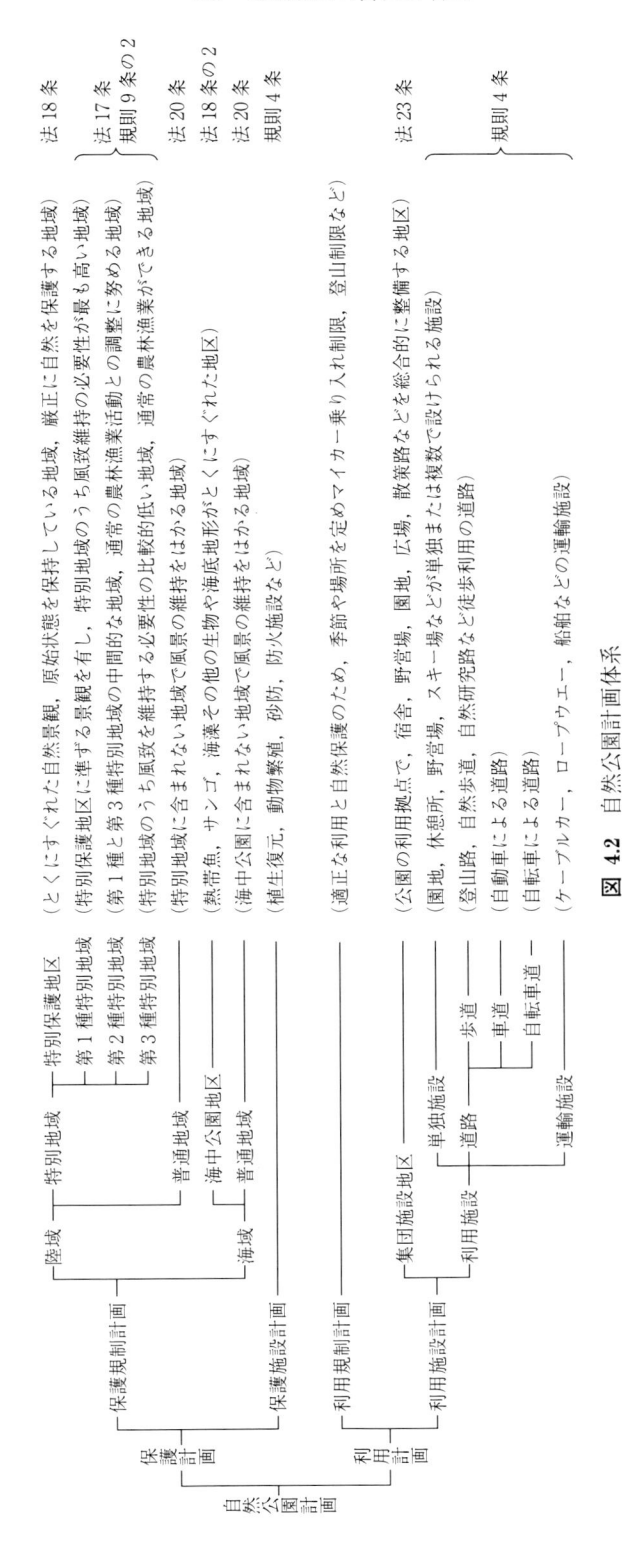

自然公園計画 ┬ 保護計画 ┬ 保護規制計画 ┬ 陸域 ┬ 特別地域 ┬ 特別保護地区 ── (とくにすぐれた自然景観,原始状態を保持している地域,厳正に自然を保護する地域) ── 法18条
│ │ │ │ │ ├ 第1種特別地域 ── (特別保護地区に準ずる景観を有し,現状致維持の必要性が最も高い地域) ─┐
│ │ │ │ │ ├ 第2種特別地域 ── (特別地域のうち第3種特別地域の中間的な地域,通常の農林漁業活動との調整に努める地域) ├ 法17条 / 規則9条の2
│ │ │ │ │ └ 第3種特別地域 ── (第1種と第2種特別地域を維持する必要性の比較的低い地域,通常の農林漁業ができる地域) ┘
│ │ │ │ └ 普通地域 ── (特別地域に含まれない地域で風致の維持をはかる地区) ── 法20条
│ │ │ └ 海域 ┬ 海中公園地区 ── (熱帯魚,サンゴ,海藻その他の生物や海底地形がすぐれた地域) ── 法18条の2
│ │ │ └ 普通地域 ── (海中公園に含まれない地域で風景の維持をはかる地域) ── 法20条
│ │ └ 保護施設計画 ── (植生復元,動物繁殖,砂防,防火施設など) ── 規則4条
│ └ 利用計画 ┬ 利用規制計画 ── (適正な利用と自然保護のため,季節や場所を定めてマイカー乗り入れ制限,登山制限など) ── 法23条
│ └ 利用施設計画 ┬ 集団施設地区 ── (公園の利用拠点で,宿舎,休憩所,野営場,野営場,スキー場などを総合的に整備する地区) ─┐
│ └ 単独施設 ┬ 利用施設 ── (園地,休憩所,野営場,園地,広場,散策路などが単独または複数で設けられる施設) │
│ └ 道路 ┬ 歩道 ── (登山路,自然歩道,自然研究路など徒歩利用の道路) ├ 規則4条
│ ├ 車道 ── (自動車による道路) │
│ └ 自転車道 ── (自転車による道路) │
│ └ 運輸施設 ── (ケーブルカー,ロープウェー,船舶などの運輸施設) ┘

図 4.2 自然公園計画体系

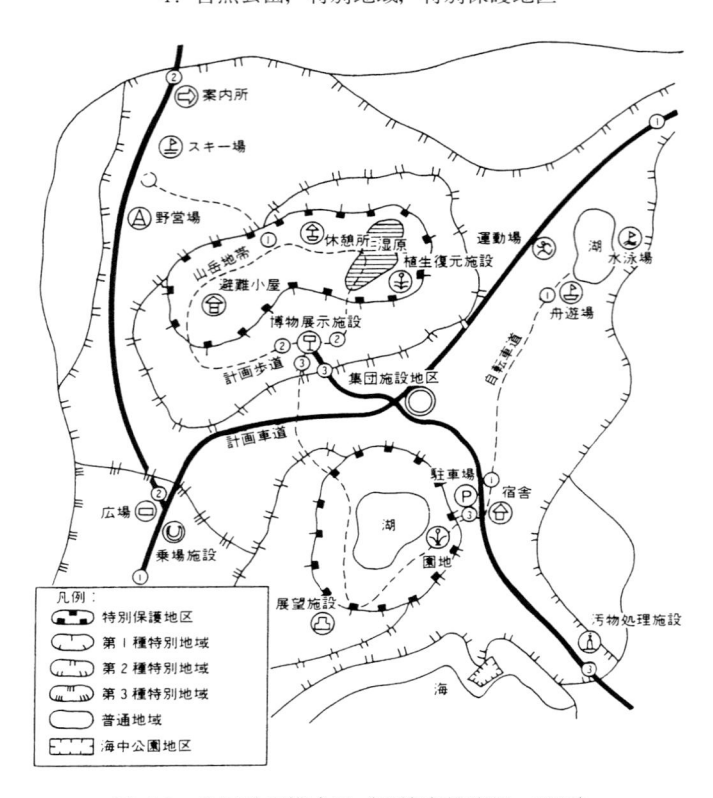

図 4.3 公園計画模式図 (環境庁総務課, 1995)

することになっている (自然公園法第 12 条).

保護規制計画と利用施設計画の要点を模式的に表したのが図 4.3 である. また現行の公園計画による国立・国定公園と都道府県立自然公園の地種区分を表したのが表 4.5 である.

c. 特別地域と特別保護地区

「特別地域」は自然公園の風致保護の根幹をなす部分である. 表 4.5 からわかるように, 国立公園面積の 58%, 国定公園の 88% が特別地域である. 特別地域内では自然公園法 (第 17 条) により, 工作物の新築・改築, 木竹の伐採, 土石の採取, 高山植物の採取, 屋根や壁の色彩変更など, 風致の維持に影響を及ぼす行為は, 国立公園では環境庁長官の, 国定公園では都道府県知事の許可を受けなければ, してはならないことになっている.

特別地域は, その風致維持の重要度に応じて, 第 1 種特別地域から第 3 種特別地域までに細分される (自然公園法施行規則第 9 条の 2).

第 1 種特別地域は, 次に述べる特別保護地区に準ずるすぐれた景観を有し, 特別地域の中では風致維持の必要性が最も高い地域である. ここでは原則として各種の開発

表 4.5 自然公園地種区分別総括表(国立公園協会, 1996)

(単位：ha，( )内%)

種別	特別地域						普通地域	合計
	特別保護地区	第1種特別地域	第2種特別地域	第3種特別地域	第1種〜第3種小計	計		
国立公園	259685 (12.7)	163218 (8.0)	700121 (34.1)	330903 (16.1)	1194242 (58.2)	1453927 (70.9)	597263 (29.1)	2051190 (100.0)
国定公園	66448 (5.0)	170663 (12.8)	384098 (28.8)	619755 (46.5)	1174555 (88.2)	1241003 (93.1)	91367 (6.9)	1332370 (100.0)
小計	326133 (9.6)	333881 (9.9)	1084219 (32.0)	950658 (28.1)	2368797 (70.0)	2694930 (79.6)	688630 (20.4)	3383560 (100.0)
都道府県立自然公園	— (0.0)	68572 (3.5)	179787 (9.3)	416141 (21.4)	664500 (34.2)	664500 (34.2)	1278546 (65.8)	1943046 (100.0)
合計	326133 (6.1)	402453 (7.6)	1264006 (23.7)	1366799 (25.7)	3033297 (56.9)	3359430 (63.1)	1967176 (36.9)	5326606 (100.0)

注 再検討の終了していない公園など第1種〜第3種の合計と小計が一致しない場合がある．

行為は認められない扱いとされている．それに対して，第3種特別地域は，通常の農林漁業活動が行われても風致維持に特別な支障が少ない地域である．ここでは通常の第一次産業や地元住民の日常生活に伴う行為は，原則として許容される扱いとされている．第2種特別地域は，第1種と第3種の中間的な性格を有する地域である．

「特別保護地区」は，国立・国定公園のすぐれた景観のエッセンスともいうべき重要な地区である．すなわち，①自然景観または自然現象が特異な景観を呈し，原始状態を保持している土地，②特定の動植物，地質地形，自然現象などで科学的に貴重なもの，が指定されるのが原則であるが，③史跡，遺跡などで重要な文化景観が指定されることもある．したがって，特別保護地区は限られた部分に指定されるのが現状で，表4.5のように国立公園面積の13％，国定公園の5％が特別保護地区である．

特別保護地区内では自然公園法（第18条）により，特別地域内の要許可行為に加えて，木竹の植栽，落葉または落枝の採取，動物の捕獲や卵の採取，道路および広場以外への車馬の乗り入れなどの行為も，国立公園では環境庁長官の，国定公園では都道府県知事の許可を受けなければ，してはならないことになっている．

特別保護地区は，特別にすぐれた景観，自然環境を，総合的に厳正に保護する地域であるから，これらの現状変更行為は原則として認められない扱いとされている．

「海中公園地区」は，熱帯魚，サンゴ，海藻などの生物や海底地形が，とくにすぐれた地区が指定されるもので（自然公園法第18条の2），海面内の特別保護地区である．

特別地域および特別保護地区内の要許可行為（公用制限）を簡略にまとめたのが，表4.6である．

なお自然公園法では，特別地域（第17条）には「風致」，特別保護地区（第18条）

表 4.6 国立・国定公園内で許可を要する行為

地域区分	根拠	許可を要する行為
特別地域	法第17条	①工作物の新築，改築，増築　②木竹の伐採 ③鉱物の掘採，土石の採取　④河川，湖沼の水位，水量の増減 ④の2　指定された湖沼，湿原への汚水，廃水の排出 ⑤広告物などの掲出，設置，または工作物への表示 ⑥水面の埋め立て，干拓　⑦土地の開墾，形状変更 ⑧高山植物などの採取　⑨屋根，壁面，橋などの色彩変更 ⑩指定された区域内での，車馬や動力船の使用，航空機の着陸
特別保護地区	法第18条	①上記特別地域の①から⑨まで ②木竹の植栽　③家畜の放牧 ④屋外での物の集積，貯蔵　⑤火入れ，たき火 ⑥植物，落葉，落枝の採取　⑦動物の捕獲，卵の採取 ⑧道路，広場以外への車馬の乗り入れなど
海中公園地区	法第18条の2	①上記特別地域の①，③，⑤ ②熱帯魚，サンゴ，海藻で指定されたものの採捕 ③海面の埋め立て，干拓　④海底の形状変更 ⑤物の係留　⑥汚水，廃水の排出

には「景観」，普通地域（第20条）には「風景」という用語が，使い分けられている．これは日常的に使われる国語の用語解釈とは，必ずしも一致しない概念である．

　ここでいう「風致」は，自然の美しさや快い状態をさすもので，視覚による美しい風景だけでなく，野鳥のさえずりや渓流のせせらぎなど，五感に対して美的感興を与える自然物や自然環境を総合した状態である．すなわち，風致には人間の主観が介在している．それに対して「景観」は，人間の感覚でとらえられる自然の状態だけでなく，動植物，地質鉱物，自然現象など，特異で科学的な価値のあるものや生態系を含み，美醜の感覚を超えた，より客観的な概念とされている．なお，普通地域で使われる「風景」は，自然公園の自然環境と一体となった農林漁業の営みも含む眺め，といえる．

4.4　自然公園の自然保護問題と今後の展望

a．保護計画強化の難しさ

　国立公園は205万haの面積が確保されている．しかしこの中で厳しく自然を保護できる特別保護地区（13%）と第1種特別地域（8%）は，合計21%にすぎない．公園区域の半分近くは，各種の開発行為が認められやすい第3種特別地域（16%）と普通地域（29%）で占められている（表4.5）．国定公園では，この傾向がさらに強くなる．自然保護の観点からは，特別保護地区や第1種特別地域の拡大や充実が望まれるのは当然である．

しかし，日本の自然公園は「地域制」を採用しており，自然公園法（第3条）には「財産権の尊重及び他の公益との調整」が明記されている．過去の公園計画の実績をみると，環境庁サイドからの特別保護地区や第1種特別地域を拡大する原案は，相手側との調整を経て，縮小されてきたのが常である．たとえば自然公園で最も大面積を占める森林地域についてみると，特別保護地区となり得るのは，切るべき木のない高山帯の環境が大部分である．たとえ森林環境が高く評価されても，伐採予定があれば第3種特別地域か普通地域とされるのが実情だった．このことは結果として自然公園の森林環境の後退をもたらすことにつながった．

自然公園法（第2条の2）には，自然保護に対する「国等の責務」が追加されていることもあり，今後は関係者の理解と協力を得ながら，保護規制計画を強化することが望まれる．

b．特別保護地区指定の変遷

堀ら（1992）は国立公園の特別保護地区について次のような分析と提案を行っている．

特別保護地区の保護対象には，国立公園選定の動機となった山岳や海岸など，中心的な「骨格要素」と，直接の選定動機ではない，滝，池塘，お花畑など点的な「付加要素」がある．特別保護地区の指定は1950年代から始まり，現在までに28国立公園で187地区が指定されているが，それを経年的にみると次のような時代思潮が読み取れる．

①当初の1950年代（原文では昭和28〜32）は，日光の東照宮，戦場ヶ原，華厳の滝，竜頭の滝などの例にみられるように，点的な「風景興味対象」の付加要素が多く指定されたのに対して，②1960年代（昭和37〜45）になると，知床岬のように山岳から森林，海岸に至る範囲を広くとる「面的骨格要素」が強くなる．③1970年代（昭和46〜55）は環境庁が発足し，「自然度重視」の傾向が表れ，箱根の湯坂山のように植生調査の結果を踏まえて自然度の高い部分が小面積で指定され，④1980年代以降（昭和56〜）は，釧路湿原に象徴されるように，生態系全体の保全をめざした「環境保全重視」となった．

これは，初期の風景興味対象の特別保護地区が時代とともに徐々に切り捨てられ，生態学的自然保護の特別保護地区に移行し，単純化したと考えられる．この間に特別保護地区では「厳正に保護し人為を加えることを認めない」傾向を助長したので，風景的に興味ある遷移途中の陽性植物群落（たとえばヤシオツツジやミヤマキリシマ）などの管理が軽視されたことを否めない．今後は保護対象の多様性に応じた，多様な自然保護のあり方が，いっそう必要である．

以上は堀らの所論（1992）の要点である．この問題は「保護」（protection）と「保全」（conservation）をめぐる理念にも関係することである．ちなみに阿寒国立公園の

川湯硫黄山特別保護地区では，保護対象のイソツツジと侵入木シラカバが競合する問題があり，1970年代からは人為的にシラカバを伐除する方針が導入されている（現実にはシラカバを伐採しなくても，1983年，硫黄山から火山ガスが異常発生したことにより大量のシラカバが枯損し，イソツツジは生き残った）．

c. 自然保護が受け身の許認可行政

特別保護地区や特別地域では表4.6のような開発行為は許可を要することになっている．これらは，自然公園の目的とは直接に関係のない，自然公園としては本来は望ましくない土地利用上の「調整」である．過去50年の，国立公園などにおける自然保護と開発の調整で大きな懸案となったおもな事項をまとめたのが表4.7である．これを見ると，戦後復興期には水力発電や鉱業開発が論議を呼び，高度経済成長期には原子力発電や工業立地が自然公園区域内までにも及び，自然公園内の森林も木材増産の一翼を担ってきたことがわかる．また，高度経済成長期には観光道路の問題が出てきている．これは自然公園の目的に合致した「公園事業」でありながら，観光ブームも背景にした工事の奥地化，大規模化によって，自然保護問題を引き起こしたのである．この中には道路開発側の事業計画が具体化してから，公園計画が追随したケースもある．

1970年代以降（環境庁設置以降）になると，自然保護問題が行政当局者や学識者だけでなく，幅広い住民運動や世論，さらには新聞やテレビの報道を巻き込みながら展開するようになった．観光道路やリゾート開発計画，あるいは森林伐採計画が，市民サイドからの指摘によって見直されたり中止されたりしたケースも多い．また森林伐採では，国有林特別会計の赤字経営を背景にした伐りすぎが批判を浴びた．野生鳥獣保護の問題が各地で顕在化してきたのも，この時代である．

こうしてみると，自然公園における自然保護問題は，政治や社会経済的な時代の流れと無縁ではありえないことがわかる．しかし表4.7に記録された事項のほとんどは，自然公園サイドとしては歓迎しない，「受け身」の自然保護問題であり，苦渋の決断を迫られた許認可が多いといえよう．なかには政治力で押し切られた場合もあるに違いない．しかしたとえば富士山頂へのケーブルカー，知床岬の観光ホテルなどが，話題となりながら具体化しなかったのは，自然公園としての歯止めがあったためである．このような記録に現れない自然保護の効用も，見過ごすことができない．

1970年代以降は，環境行政が充実強化されつつある時代であるが，さらに強力になることが望まれる．環境問題では，住民による問題点の指摘が先導し，行政施策がその後を追って改善する，というケースがくり返されてきた．1993（平成5）年の環境基本法を受けた1994年の環境基本計画では，国民参加の方向を明確にしているが，自然公園の計画や保護管理に対しても，国民の意見が反映されるシステムを導入することが必要である．

表 4.7 国立公園などにおける自然保護と開発の調整で懸案となったおもな事例

		公園名	件名(地区名)	年代	概　要
戦後復興期	農地	十和田他	田代平地	1948～	農地解放(自作農創設特別措置法)により国立公園法の許可不要で開拓される．同様な事例は，日光霧降高原，箱根仙石原，大山中樌原，雲仙諏訪ノ池など各地で行われた．
	水力発電	日光	尾瀬ケ原発電	1949～	尾瀬ケ原で水力発電計画が浮上．知識人を中心に「尾瀬保存期成同盟」結成，発電計画は断念された．
		阿寒	阿寒湖発電	1949～	発電による水位低下で大量のマリモが岸辺に打ち上げられ死滅．1950年代まで続く．
		中部山岳	黒部川発電	1955～	黒部第四発電所計画が固まる．1956年に観光放流維持，付帯施設の地下化などの条件で許可．工事用道路は工事後1971年「立山黒部アルペンルート」の観光ルートとなり，室堂平などの高山植物の衰退などをもたらす．
	鉱業	阿寒	雌阿寒岳硫黄採掘	1951～	厚生省事務当局は不許可の方針だったが政治的判断で許可．このことから「尾瀬保存期成同盟」が発展的解消し「日本自然保護協会」となる．
		(北九州)	平尾台石灰石採掘	1953～	小倉市が石灰石試掘の鉱業権設定取り消しを求め，最高裁まで争い小倉市が勝訴．1972年に北九州国定公園が生まれる．
高度経済成長期	森林伐採	大雪山他	洞爺丸台風風倒木	1954～	大雪山，支笏洞爺，阿寒など各地で大量の風倒木発生．その処理のため林道が奥地へ．その一部は後に観光道路に．
		国有林	拡大造林の進展	1958～	木材需要の増大に応えるため林野庁では1958年から「国有林生産力増強計画」を導入．自然林を人工林に転換．ブナ林など各地の自然林が減少し始める．これは1970年代に世論の批判を受け，1973年「国有林における新たな森林施業」に変更．
		各地	森林施業要件	1959～	厚生省と林野庁が「自然公園区域内における森林の施業について」の覚書を結ぶ．
	観光道路	日光	イロハ坂観光道路	1954～	国立公園内有料道路の第1号．ヘアピンカーブの連続による切盛土が風致を損ねる．やがてモータリゼーションが始まる．
		富士箱根	富士スバルライン	1964～	富士山5合目までの観光道路の開削に伴い沿線のシラビソ林などの枯損が広がり，生態系が破壊．道路建設のあり方が問われる．
		各地	観光道路	1960～1970	八幡平，蔵王，日光金精峠，立山，南アルプス(林道)，石鎚など各地でスカイライン道路建設．自然保護問題が起こる．
		各地	ロープウエー	1960～1970	大雪山黒岳，大雪山旭岳，八甲田山，草津白根，谷川天神平，西穂高，黒部大観峰，蔵王，八ヶ岳横岳，中央アルプス千畳敷などのロープウエーが建設さ

表 4.7 （つづき）

		公園名	件名（地区名）	年代	概　　要
高度経済成長期					れ，容易に高山帯に達する人がふえ，高山植物の減少，ごみの散乱などの問題が起こる．
	電源開発	若狭湾	原子力発電所	1955～	65 km に及ぶ樹枝状海岸の景観が売物の国定公園は，原子力発電所の立地とも競合し，自然保護か開発かで大きな問題に．
		十和田他	八幡平地熱発電	1966～	火山現象の特異な景観が地熱エネルギー開発の立地と競合．八幡平松川温泉，大沼，滝ノ上のほか，栗駒国定公園鬼首，阿蘇国立公園大岳，八丁原でも地熱発電が行われ，環境問題が顕在化．
	工業開発	水郷他	鹿島臨海工業開発	1965～	神ノ池特別地域が臨海工業地帯となるため，公園区域 397 ha を削除．同様に 1971 年鳥海国定公園酒田地区，越前加賀海岸国定公園三里浜地区を公園区域から削除．
		瀬戸内海	坂出番ノ州埋め立て	1965～	臨海工業地帯に伴う海岸埋め立て 600 ha を特別地域内で許可．瀬戸内海国立公園では水島，徳山，北九州地区などの普通地域でも工業開発に伴う大規模な海岸埋め立てが行われ，白砂青松が失われる．また採石採取も盛んになる．赤潮も発生する．各地の海岸埋め立てで，海浜生物が多く渡り鳥の飛来する干潟など自然海岸が減少する．
環境行政確立期	観光道路	日光	尾瀬観光道路	1971～	新設された環境庁の大石武一長官が，自然公園法の許可を得て工事中だった観光道路の中止を指示．これは「行政常識」を超えるものだったが，環境庁の初仕事として世論の支持を得た．これを契機に自然保護の住民運動が盛り上がった．
		日光	太郎杉伐採問題	1964～	東照宮付近の交通渋滞解消のため栃木県が「太郎杉」伐採を含む道路改良を計画．1964 年公園事業認可．東照宮は土地収用法裁決取消訴訟を提起．1969 年宇都宮地裁，1973 年東京高裁で東照宮が勝訴．太郎杉などの景観的・歴史的・宗教的・学術的・文化的価値には代替性がないが，道路計画には代替性があり，計画が安易と判決．
		大雪山	大雪縦貫道路	1972～	奥深い大雪山の山稜を越える道路計画に反対する広範な住民運動が広がり，1973 年，北海道開発局が計画を断念．自然環境保全審議会は「林談話」を出して自然公園内の観光道路に歯止めをかけた．
		八ケ岳	美ケ原ビーナスライン	1972～	蓼科～霧ヶ峰～和田峠まで完成した観光道路の延長に対して自然保護世論が盛り上がった．扉峠までは認められ，その先の美ケ原までの扱いが論議を呼び，和田回りに計画変更して 1981 年に開通．しかしその後も美ケ原台上車道構想が再燃．

4.4 自然公園の自然保護問題と今後の展望

表 4.7 (つづき)

	公園名	件名(地区名)	年代	概　　要
環境行政確立期 / 観光道路	南アルプス	南アルプススーパー林道	1973〜	1960年代から進められた林道が，急峻な地形ともろい地質のため何度も崩壊．北沢峠に達し1.6kmを残す段階で自然保護問題が大きくなる．結局は行政の継続性で同意．しかしその後も崩落をくり返す．
	石鎚他	石鎚スカイライン他	1971〜	1970年に完成したが自然破壊がひどく，知事が自然保護団体から自然公園法などの違反で告発される（不起訴）．その他日高横断道路，大台ヶ原ドライブウェー，奥鬼怒スーパー林道などが各地で問題となる．
	大雪山	士幌高原道路	1972〜	1960年代から進められた観光道路が自然破壊のおそれありとして1972年中断．その後，既存道路網の改良など社会情勢の変化で道路の必要性が低下したが，行政の継続性で「林談話」を無視し，1995年自然環境保全審議会が再開に同意．
	中部山岳	上高地他マイカー規制	1974〜	上高地，乗鞍岳，立山のほか，十和田奥入瀬，日光尾瀬などで夏期のマイカー乗り入れ規制が始まる．
開発	各地	審査指針	1974〜	環境庁が「国立公園内（普通地域を除く）における各種行為に関する審査指針」を策定し，公園事業以外の建築物，道路などの開発行為に対する許可・不許可方針を明確化．
	日南海岸	志布志湾開発	1973〜	大規模工業基地計画が国定公園と競合し開発反対の住民運動が起こる．「スモッグの下のビフテキより青空の下の梅干」．
	瀬戸内海	本州四国連絡橋	1971〜	本四連絡橋の人工物は繊細優美な自然美を誇る景観と相容れず，問題となるが，1977年児島・坂出ルートに同意．その自然環境保全対策のため本州四国連絡橋自然環境保全基金が発足．
森林伐採	西表	亜熱帯林伐採	1971〜	琉球政府当時に国有林の伐採が計画，実行されたが自然保護世論が盛り上がり，その一部が1972年西表国立公園に．なお島の東西を結ぶ横断道路は中止に．
	霧島屋久	屋久杉伐採	1960〜	屋久島のスギは江戸時代から伐採の手が入っていたが1960年代から急増．自然保護世論のなかで少しずつ伐採は縮小．小杉谷の営林署事業所は1970年に閉鎖．主要部は1993年世界遺産登録．
	知床	知床森林伐採	1986〜	特別地域(第2種，第3種)の森林伐採(行政的には合法)をめぐり自然保護世論が盛り上がる．林野庁は一部伐採しただけで中止．1990年に知床半島の大部分は森林生態系保護地域に．また国立公園特別保護地区も拡張．
	(白神山地)	ブナ林保護	1983〜	東北各地のブナ林伐採が進むなか，最後に残された大面積ブナ原生林の白神山地を貫く青秋林道計画に

表 4.7 (つづき)

	公園名	件名(地区名)	年代	概　　要
環境行政確立期				自然保護世論が盛り上がる．1990年森林生態系保護地域，1992年自然環境保全地域，1993年世界遺産登録．
動物保護	各地	カモシカ保護	1975〜	自然林の減少，個体数の増加などにより1975年頃から植林地の食害が顕在化．その駆除の是非が社会問題に．1979年以降は天然記念物の「種」指定から特定生息地指定へ漸次移行の方向．
	各地	ニホンジカ保護	1980〜	生息適地が減少する一方で個体数が増加．農林業被害が拡大．栃木県，北海道などでは計画的鳥獣保護管理の導入を検討．その考え方や実施方法の是非をめぐる議論が盛ん．
	各地	ニホンザル保護	1960〜	1950年代の高崎山を手始めに観光餌付サルが各地で急増．個体増加のため農業被害などが顕在化．そのための餌付中止や駆除に「人間の身勝手」と批判集中．また下北半島の北限のサルは除草剤散布で奇形児が発生．
リゾート開発	各地	ゴルフ場開発	1973〜	自然公園法改正によりゴルフ場を公園事業対象から削除．しかし普通地域では1986年以降漸増．日光霧降などで激しい自然保護運動．1980年代後半全国的にゴルフ場ブームが起き，水源地への土地流入，農薬被害など乱開発が社会問題化．
	各地	リゾート開発	1987〜	1989年までのリゾート法基本構想承認17地域のうち長崎県を除く16地域は国立・国定公園区域に関係．そのうち三重県，福島県，千葉県，福岡県，大分県関係では，リゾート計画に合わせて公園計画追加．
	各地	スキー場開発	1987〜	リゾート開発ブームに乗り，大雪山，田沢湖，鳥海山，蔵王，磐梯朝日，上信越高原など各地で大規模スキー場計画が登場．クマゲラやイヌワシの生息環境を軽視した環境影響評価が横行し，環境アセスメントのあり方も問われている．
	上信越他	冬季オリンピック	1987〜	1998年の長野オリンピック招致のため1987年岩菅山が滑降コース予定地に．ここは普通地域であるがユネスコ生物保護区(MAB)で豊かな自然があり自然保護世論が盛り上がる．1990年に断念し中部山岳白馬岳に変更．しかしここでも自然保護問題を抱える．またこれを契機に1972年札幌オリンピックの恵庭岳スキー場跡地復元の成果が改めて問われる．

d. 自然公園内の国有林管理

 日本の国立公園面積の62%, 国定公園面積の47%は国有地で, そのほとんどすべてが林野庁所管の国有林である. なかでも知床, 大雪山, 支笏洞爺, 十和田八幡平では90%以上が, 阿寒, 磐梯朝日, 中部山岳では80%以上が国有林であり, 日光, 上信越高原, 白山, 霧島屋久なども国有林率が高い.

 ところで, 国有林は周知のように独立採算の特別会計制度をとっているが, 近年は膨大な赤字を累積しつつある. 林野庁では国有林野事業改善特別措置法 [1978 (昭和53)] に基づいて, 赤字解消への自助努力を重ねている. その基本は, 人員の削減と支出の抑制をはかりながら, 最大限の収入を確保することである. 収入確保の手段は, 森林伐採と土地処分, ヒューマングリーンプランなどのリゾート開発が主体である. その余波は, 近年の知床森林伐採問題や白神山地のブナ林保護問題をはじめ, 現地の森林保全体制や高山植物監視体制の弱化などにも及んでいる. しかし, 自然公園をはじめとする自然保護地域の管理を, 独立採算制度の枠の中で行うことは, 林業経営に大幅な黒字が出た時代は別として, 困難なことである. 目先の収入確保に向かうことと, 21世紀を見据えた自然保護施策は相容れない.

 日本の自然公園制度は自然保護面からみると「地域制」が弱点とされている. アメリカやカナダなどの国立公園先進国は, 広大な土地を公園専用目的に使える「営造物」制度を採用している. 日本でも, 自然公園内の国有林管理を特別会計制度の枠からはずして, 国民が一般会計で負担する方向に改善できれば, 国有林率が高い自然公園は, 実質的な「営造物」制度に近づけることが可能である. たとえば韓国の国立公園も「地域制」をとっているが, 1987年に国立公園公団を発足させ, 公園内の国有林などを一括して公園専用目的のために管理運営するシステムを導入した. 日本でも, 自然公園や鳥獣保護区などに含まれる国有林管理のあり方を検討する必要がある.

おわりに

 自然公園は, 環境教育や野外レクリエーションの場としても, きわめて重要である. 本章は「自然保護」を主眼としたので, 「利用」の記述は不十分である. 最近の「利用」動向については, たとえば自然環境保全審議会自然公園部会「自然公園等における自然とのふれあいの確保の方策について」(国立公園, No. 536, 1995.5), 奥村明雄「自然公園整備の公共事業化の意義と今後の課題」(国立公園, No. 522, 1994.4) を参照していただきたい.

[俵　浩三]

文　献

1) 堀　繁・鑪迫ますみ (1992)：特別保護地区にみる国立公園保護計画の思想とその変遷. 造園雑誌, **55**-5, 241-246.
2) 環境庁総務課編 (1995)：最新 環境キーワード, 235 p., 経済調査会.

3) 国立公園協会編 (1996)：1996 国立公園の手びき，278 p.，国立公園協会．
4) 武田久吉 (1931)：登山と植物（日本岳人全集 7，日本文芸社，収載）．
5) 俵　浩三(1991)：緑の文化史 —— 自然と人間のかかわりを考える，217 p.，北海道大学図書刊行会．

5. 自然環境保全地域

5.1 自然環境保全地域の概要

　1972（昭和47）年「自然環境保全法」が制定され，それまで「自然公園法」によって指定，保全されてきた，すぐれた自然の風景をもった区域（国立公園，国定公園，都道府県立自然公園）や，「文化財保護法」によって指定，保存されてきた，学術上価値の高い自然（天然記念物）のほかに，生態系保護の視点から自然環境を保全することがとくに必要な区域を，自然環境保全地域に指定して保全することができるようになった．

　自然環境保全地域（広義）には，国が法律に基づいて指定する「原生自然環境保全地域」および「自然環境保全地域」と，都道府県が条例によって指定する「都道府県自然環境保全地域」の3種類がある．1995（平成7）年3月末現在の，それぞれの指定地域数と面積は次のとおりである．

　　　原生自然環境保全地域　　　　5地域　　　　5631 ha
　　　自然環境保全地域　　　　　　10地域　　　21593 ha
　　　都道府県自然環境保全地域　　516地域　　　73405 ha

以下，自然環境保全法ならびに自然環境保全基本方針（昭和48年総理府告示第30号）などに基づき，上記の3種の自然環境保全地域それぞれの指定，保全などの要点について記述する．

5.2 原生自然環境保全地域

a. 指　　定
（1）指定対象
　自然環境が人の活動によって影響を受けることなく原生の状態を維持しており，かつ面積1000 ha以上（島しょは300 ha以上）の国または地方公共団体が所有する土地の区域が，原生自然環境保全地域の指定対象となる．したがって，海面は指定対象にならない．なお，原生自然環境保全地域は自然公園（国立公園，国定公園および都道府県立自然公園をさす．以下同）に含まれないこととされている．ただし，現に自然公園に含まれている区域であっても，厳正に保全をはかるべきものについては原生自

5. 自然環境保全地域

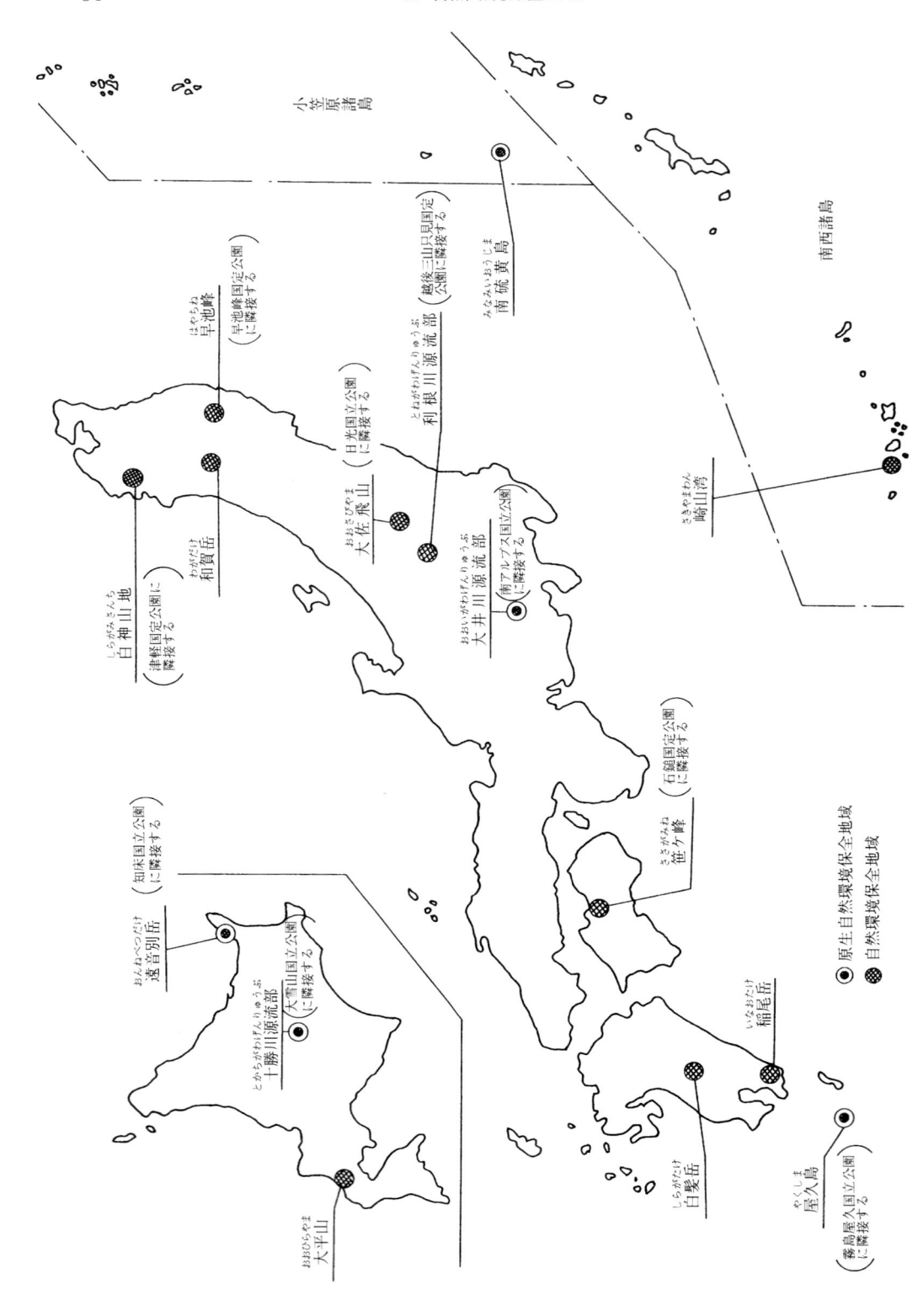

図 5.1 原生自然環境保全地域および自然環境保全地域の配置図（環境庁自然保護局, 1995）

凡例:
- ◉ 原生自然環境保全地域
- ● 自然環境保全地域

記載地域:
- 遠音別岳（知床国立公園に隣接する）
- 十勝川源流部（大雪山国立公園に隣接する）
- 大平山
- 白神山地（津軽国定公園に隣接する）
- 和賀岳
- 早池峰（早池峰国定公園に隣接する）
- 大佐飛山（日光国立公園に隣接する）
- 利根川源流部（越後三山只見国定公園に隣接する）
- 大井川源流部（南アルプス国立公園に隣接する）
- 笹ヶ峰（石鎚国定公園に隣接する）
- 稲尾岳
- 白髪岳
- 大箆柄岳
- 屋久島（霧島屋久国立公園に隣接する）
- 南硫黄島
- 小笠原諸島
- 南西諸島
- 崎山湾

5.2 原生自然環境保全地域

表 5.1 原生自然環境保全地域（1995年3月現在）とその概要（国立公園協会，1994）

地域名	位　置	面積(ha)	地域の概要	指定年月日
遠音別岳	北海道斜里郡斜里町・目梨郡羅臼町 知床半島の基部に位置する遠音別岳一帯．知床国立公園に隣接している．	1895 (国有地)	地理的条件，気象条件がきわめて厳しく，人為的改変の認められない良好な原生状態を維持している高山性植生の地域を主体とする．下部は，エゾマツ-ダケカンバ林，上部はハイマツを主とする高山低木林となっている．また小規模ながらお花畑がみられ，西側中腹部の小湖沼群には湿性植生がみられる．	1980年 2月4日
十勝川源流部	北海道上川郡新得町 北海道中央部に達する十勝川の源流部．周囲を大雪山国立公園に囲まれている．	1035 (国有地)	十勝川源流部の標高600〜1100mの台地上に残存する原生林．北海道の代表的針葉樹であるエゾマツ，トドマツから構成され，みごとな林相を形成している．大規模なエゾマツ，トドマツの原生林としてきわめて重要なものとなっている．	1977年 12月28日
南硫黄島	東京都小笠原村 硫黄島の南約60kmに位置する南硫黄島全島	367 (国有地) 全域立入制限地区	海岸から急峻な円錐形の山を形成し，小笠原諸島中の最高峰（標高918m）である．その隔絶性により，人間活動の影響をまったく受けていない．植生は熱帯性と亜熱帯性のものが混生し，頂上付近は蘚苔林が発達し，木性シダが存在する．固有種が多く認められ，海鳥の繁殖地でもある．	1975年 5月17日
大井川源流部	静岡県榛原郡本川根町 南アルプス南部，光岳の南西斜面，大井川支流寸又川の源頭部．南アルプス国立公園に隣接している．	1115 (国有地)	標高1500mくらいまではツガが優占し，イヌブナ，クリなどを混えた温帯性の針葉樹林，1000〜1600mの平坦な尾根は温帯落葉広葉樹林，1700m以上は亜高山性植生を示し，針葉樹が多くなり，森林限界に至る．中部日本から関東にかけての典型的な群落が多く，一括保護に適する．また，多種高密度の哺乳類がみられる．	1976年 3月22日
屋久島	鹿児島県熊毛郡屋久町 屋久島西南部，小楊子川流域の標高800mから1700mの地域．霧島屋久国立公園に隣接している．	1219 (国有地)	樹齢900〜1200年のスギの老大木（屋久杉）が生育する原生林．ブナを欠き，スギが優占する温帯林という屋久島固有の林相がよく残されており，世界的にも貴重なものである．ヤクシカ，ヤクザルをはじめ，動物の固有種も多い．	1975年 5月17日
合　計	5　地域	5631		

表 5.2 原生自然環境保全地域のおもな植物群落
（アジア航測，1988）

地域名	群落名	メッシュ数
遠音別岳	高山低木群落	2
	ハイマツ-コケモモ群集	11
	トドマツ-エゾマツ群集	2
	ダケカンバ-ササ群落	6
	ササ-自然草原	1
十勝川源流部	トドマツ-エゾマツ群集	9
	ヤマハンノキ群落	1
南硫黄島	タコノキ群落	1
	チギ-オオバシロテツ群集	2
	クサトベラ群落	1
	自然裸地	2
大井川源流部	トウヒ-シラビソ群団	6
	ツガ-コカンスゲ群集	4
屋久島	スギ天然林	9
	ウラジロガシ-イスノキ群集	2

注 メッシュ数は，小円選択法による1kmメッシュデータによる．

然環境保全地域に指定することができるが，その場合，自然公園の指定を解除する必要がある．原生自然環境保全地域は環境庁長官が指定する．

（2） 指定方針

わが国の亜熱帯多雨林帯，暖帯照葉樹林帯，温帯落葉広葉樹林帯および亜寒帯針葉樹林帯の各森林帯に残る，原生の自然状態を維持している地域のうち，次の要件に合致する典型的なものを指定する．

①極相あるいはそれに近い森林，湿原，草原などの植生および野生動物などの生物共同体が，人の影響を受けることなく原生状態を維持していること．

②生態系として動的な平衡状態を維持するため，一定の面積と形態が確保されていること．

③ ②に関連して，当該地域の周辺が自然性の高い地域であること．

（3） 現在の原生自然環境保全地域指定状況

1995（平成7）年3月末現在の原生自然環境保全地域とその概要は表5.1，5.2に，配置は図5.1に示してある．

b．保全施策

自然の推移にゆだねることを保全の基本とし，原生状態を維持するため，原則として地域内における人為による自然の改変を禁止するとともに，地域外からの各種の影

響を極力排除する．また，とくに必要のある場合には，立入制限地区を設け，人の立入りを禁止または制限する．

c．学術調査

環境庁は，自然環境保全地域（広義）の適正な保護管理のための学術調査を，1980（昭和55）年度より順々に実施している．そのうち，原生自然環境保全地域に対して実施された学術調査の調査年度などは次のとおりである（環境庁資料による）．

遠音別岳	① 1984 年度	（日本自然保護協会委託）
	② 1994, 1995 年度	（　　　同上　　　）
十勝川源流部	① 1981 年度	（　　　同上　　　）
	② 1992, 1993 年度	（　　　同上　　　）
南硫黄島	① 1982 年度	（日本野生生物研究センター委託）
大井川源流部	① 1980 年度	（日本自然保護協会委託）
	② 1992, 1993 年度	（　　　同上　　　）
屋久島	① 1983 年度	（　　　同上　　　）
	② 1992, 1993 年度	（　　　同上　　　）

5.3 自然環境保全地域

a．指　　定
（1） 指 定 対 象

原生自然環境保全地域以外の区域で，次の各号の要件のいずれかに該当するもののうち，その区域における自然環境を保全することがとくに必要な区域が自然環境保全地域の指定対象となる．自然環境保全地域は自然公園の区域外において指定される．ただし，現に都道府県立自然公園に含まれている区域においてとくにすぐれている自然の地域は，自然環境保全地域に移行させることができる．自然環境保全地域は環境庁長官が指定する．

①高山植生または亜高山植生が相当部分を占め，その面積が1000 ha 以上の区域（ただし，北海道では標高800 m 以上の区域に限る）．

②すぐれた天然林が相当の部分を占める森林で，その面積が100 ha 以上の区域．

③地形もしくは地質が特異であり，または特異な自然現象が生じており，その面積が10 ha 以上の区域．

④動植物を含む自然環境がすぐれた状態を維持している海岸，湖沼，湿原または河川で，その面積が10 ha 以上の区域．

⑤動植物を含む自然環境がすぐれた状態を維持している海域で，その面積が10 ha 以上の区域．

表 5.3 自然環境保全地域（1995年3月現在）とその概要（国立公園協会，1994）

地域名	位 置	面 積 (ha)	地域の概要	指定年月日
大平山	北海道島牧郡島牧村 渡島半島基部に位置する大平山（1191m）の東斜面．	674 （国有地） 全域特別地区	標高900mまでは北限に近いブナ林（北限はすぐ東側の黒松内低地帯）がみられ，標高900m以上には高山性・亜高山性植生がみられる．また，頂上から石灰岩崩壊地にかけては，オオヒラウスユキソウ，チョウノスケソウ，シコタンヨモギなどの石灰岩植生がみられる．	1977年 12月28日
白神山地	青森県西津軽郡鰺ヶ沢町，深浦町，中津軽郡西目屋村 秋田県山本郡藤里町	14043 一部特別地区 （9844ha）	青森・秋田両県県境部に位置する白神山地，大川・暗門川，赤石川，追良瀬川および粕毛川の各源流域は冷温帯の自然植生を代表するブナ天然林が大面積にわたりまとまって残存している地域である．また，森林の伐採や人工構築物の設置などがほとんどみられない原始性の高いすぐれた天然林が広範囲に残された地域であり，さらに，アオモリマンテマ，トガクショウマなどの貴重な植物の自生地ともなっている．	1992年 7月10日
早池峰	岩手県下閉伊郡川井村 北上山地の中央部に位置する早池峰山（1914m）の北西斜面．早池峰国定公園に隣接している．	1370 （国有地） 全域特別地区	高山・亜高山性植生および典型的な天然林の残された地域であって，わが国における蛇紋岩山地の自然の最も代表的な例である．固有の植物の種類がとくに多く，植物群落の類型，種類ともに多様である．また，ブナ帯より高山帯に至る典型的な植生の垂直分布が観察される．	1975年 5月17日
和賀岳	岩手県和賀郡沢内村 奥羽山脈中央部に位置する和賀山塊の核心部，和賀川の源流域．	1451 （国有地） 全域特別地区	ブナの巨木林が下部に存在し，上部にはハイマツ林，風衝草原，低木ブナ林，ミヤマナラ林などの高山植物群落が存在している．高山蝶はじめ各種の野生動物も豊富な原始性の高い地域である．	1981年 5月21日
大佐飛山	栃木県黒磯市 関東地方の北縁にあたる大佐飛山（1908m）の北～東斜面．那珂川の源流部．	545 （国有地） 全域特別地区	下部はブナを主とする落葉広葉樹の天然林，上部はオオシラビソ，コメツガ，ダケカンバなどの針広混交の天然林であり，稜線部には一部ハイマツがある．関東地方に残存する数少ない天然林である．	1981年 3月16日
利根川源流部	群馬県利根郡水上町 群馬県最北部に位置する標高950～2000mの利根川源流域．越後三山只見国定公園に隣接している．	2318 （国有地） 全域特別地区	わが国有数の多雪地帯で，侵食が進み急峻で複雑な地形を有し，自然性がきわめて高い．ブナ，ミヤマナラの天然林が大半を占めるが，上部には高山風衝草原，雪田群落，稜線には高山風衝低木林が存在する．峡谷部には，雪橋地帯独特の植生がみられる．	1977年 12月28日

表 5.3 （つづき）

地域名	位置	面積 (ha)	地域の概要	指定年月日
笹ヶ峰	愛媛県新居浜市，西条市，高知県土佐郡本川村 四国山脈の中央部に位置する笹ヶ峰 (1860m) を中心とする一帯.	537 (国有地) (民有地) 全域特別地区	下部はブナとウラジロモミの天然林，上部はササの風衝草原でその中にコメツツジ群落が広がる．稜線の一部にはシラビソ林が存在し，わが国における亜寒帯林の南限となっている．	1982年 3月31日
白髪岳	熊本県球磨郡上村 九州脊梁山脈のほぼ南端，白髪岳 (1416m) を中心とする稜線部.	150 (国有地) 全域特別地区	九州地方では数少ない自然性の高い天然林である．1300m以下ではモミ，ツガが優占し，1300m以上ではブナが優占しているが，このブナ林はわが国の南限に近い貴重なものである．山頂付近にはノリウツギ低木林が発達しているほか，草本類，昆虫類なども学術的に貴重なものが多い．	1980年 3月21日
稲尾岳	鹿児島県肝属郡内之浦町，田代町，佐多町 大隅半島南部，稲尾岳 (959m) を中心とする地域.	377 (国有地) 全域特別地区	本州中部以南の西南日本低地の極相林である照葉樹林が極相の状態で残存している．イスノキ，ウラジロガシを主体とした林分から標高が増すにつれ，アカガシ，ヒメシャラが混生し，山頂部にはモミが発達している．これらの天然林には，哺乳類，鳥類，昆虫類が豊富に存在する．	1975年 5月17日
崎山湾	沖縄県八重山郡竹富町 八重山列島西表島の西端に位置する崎山湾の湾口部一帯の海域.	128 (海域) 全域海中特別地区	イシサンゴ類やウミトサカ類などからなるサンゴ礁が発達し，亜熱帯特有の豊富な海中生物相を有している．とくに，サンゴ礁外縁斜面には，アザミサンゴの大群体が多数存在し，その中の最大のものは長径7.8m，高さ4m，周囲19.5mに達し，世界最大の群体といわれている．	1983年 6月28日
合計	10 地域	21593		

⑥貴重な動植物のすぐれた生息・生育地で，その面積が10ha以上の区域．

（2）指定方針

すぐれた天然林が相当部分を占める森林，その区域内に生存する動植物を含む自然環境がすぐれた状態を維持している海岸・湖沼・湿原または河川，植物の自生地や野生動物の生息地などでその自然環境がすぐれた状態を維持している一定の広がりをもった地域について，自然的社会的諸条件を配慮しながら，指定をはかる．とくに，次のようなものについては，すみやかに指定をはかる．

①人の活動による影響を受けやすい弱い自然で破壊されると復元困難な地域．
②自然環境の特徴が特異性，固有性または希少性を有するもの．
③当該地域の周辺において開発が進んでおり，または急激に進行するおそれがある

表 5.4 自然環境保全地域(白神山地と崎山湾を除く)の
おもな植物群落(アジア航測, 1988)

地域名	群落名	メッシュ数
大平山	ダケカンバ-ミヤマハンノキ群集	3
	ブナ-チシマザサ群団	4
	高茎草原	1
早池峰	高山低木群落	3
	オオシラビソ群集	6
	ヒノキアスナロ群落	3
	ブナ-ミズナラ群落	3
和賀岳	ササ自然草原	2
	ミヤマナラ-ウラジロヨウラク群団	2
	ブナ-チシマザサ群団	8
大佐飛山	オオシラビソ群集	3
	ブナ-チシマザサ群団	1
利根川源流部	雪田草原	1
	ササ自然草原	2
	ミヤマナラ-ウラジロヨウラク群団	15
	ブナ-チシマザサ群団	3
笹ヶ峰	ブナ-スズタケ群団	5
	ササ草原	3
白髪岳	ブナ-スズタケ群団	1
	自然低木群落	1
	スギ・ヒノキ植林	1
稲尾岳	ウラジロガシ-イスノキ群集	1
	スギ・ヒノキ植林	4

注 メッシュ数は,小円選択法による 1km メッシュデータによる.

ために,その影響を受け,すぐれた自然状態が損なわれるおそれのあるもの.

（3） 現在の自然環境保全地域指定状況

1995（平成7）年3月末現在の自然環境保全地域とその概要は表 5.3, 5.4 に, 配置は図 5.1 に示してある.

b. 保全施策

（1） 特別地区, 海中特別地区の指定

自然環境保全地域内において,保全対象を保全するために必要不可欠な核となるものについては特別地区または海中特別地区に指定し,保護をはかる.特別地区内においては,各種行為は一定の基準に合致するもの以外は許可されない.なお,普通地区（特別地区に含まれない区域）においては,各種行為は届出を要する.

（2） 野生動植物保護地区の指定

特別地区における特定の野生動植物で希有のもの，または固有なものを保存する必要がある地区については，野生動植物保護地区を指定し，保護をはかる．野生動植物保護地区内においては，特定野生動植物の捕獲，殺傷，採取，損傷は原則として禁止されている．

5.4 都道府県自然環境保全地域

a．指　　定
（1） 指定対象

その区域における自然環境が自然環境保全地域（上述）に準ずる土地の区域で，その区域の周辺の自然的社会的諸条件からみて当該自然環境を保全することがとくに必要な区域が指定対象となる．海面は指定対象にならない．また，自然公園の区域は含まれないものとされている．都道府県自然環境保全地域は条例の定めるところにより都道府県が指定する．

（2） 指定基準

次の基準により指定する．

①自然環境保全地域の指定方針に準ずるものとするが，区域の設定は保護対象を保全するのに必要な限度において行う．

②都市地域において，すぐれた自然環境が残されている地域については，都市計画と調整をはかりつつ，指定する．

③地域の指定は，私権の制約などを伴うものであるから，当該地域にかかわる住民および利害関係人の意見を聴くなど，自然環境保全地域の指定手続きに準じて行う．

（3） 現在の都道府県自然環境保全地域指定状況

1995（平成7）年3月末現在の都道府県自然環境保全地域の都道府県別総括表を示せば表5.5のとおりである．

b．保全施策の基準

①特別地区，野生動植物保護地区および普通地区の指定については，自然環境保全地域に準じて行う．

②当該地域内において自然環境に損傷が生じた場合には，当該自然環境の特性と損傷の状況に応じ，すみやかに復元または緑化をはかる．

③当該地域が小面積である場合には，地域外と接する部分の取り扱いにとくに注意を払い，必要に応じて樹林帯などを造成し，保護をはかる．

④当該地域については，適正な管理をはかり，必要な保全事業を実施する．

⑤国土の保全その他の公益との調整，住民の農林漁業などの生業の安定および福祉

表 5.5 都道府県自然環境保全地域の都道府県別総括表(1995年3月31日現在)
(環境庁自然保護局, 1995 より作成)

県名	地域数	面積(ha)	高	天	人	地	現	海	湖	湿	河	植	動
北海道	7	3689.7	2	2		1		1		3		1	
青森	9	1230.2		6		2	1					4	1
岩手	12	2157.2		2		4				3		2	1
宮城	13	7779.2		6	2	1		1	1			4	7
秋田	14	686.2	2	4		1	1		1	4		4	1
山形	5	5106.0		4						1			1
福島	47	4867.4		17	9	20			2	5		18	5
茨城	34	645.2		2		3		2	3	1		26	19
栃木	25	4664.3	2	10		2	1					9	12
群馬	26	5327.2	6	16	1	3				2		9	9
埼玉	16	518.2		6		6				2		3	1
千葉	8	1669.9		6								1	
東京	1	405.3		1									
神奈川	70	11182.7		56	60	1				1		11	2
新潟	23	2008.4	2	6		5		1	5	3		6	2
富山	11	623.8		6		4			1	2		3	1
石川	7	1050.5	1	3								4	2
福井	2	273.1		1								1	1
山梨	13	2144.3	4	8		1						1	
長野	6	780.9	1	2		3			1	2		1	2
岐阜	16	2956.9	2	8	1					2		4	3
静岡	7	5185.6		5		1						3	2
愛知	10	126.5		1		5				1		5	5
三重	4	458.6		1		5	2					2	1
滋賀	0	0											
京都	0	0											
大阪	5	38.3		5									
兵庫	16	398.3		12	1							1	3
奈良	1	92.1		1									
和歌山	8	330.5		2		2						6	
鳥取	11	143.5		5		5	1					3	1
島根	6	178.7		1						1		4	3
岡山	2	66.0		1		1						1	
広島	27	2054.1		5		19	1		1	2	1	8	2
山口	0	0											
徳島	2	39.0		1								1	
香川	4	88.0		2		2						1	
愛媛	2	1914.4	1	2		1						1	
高知	1	4.7		1									
福岡	4	134.1		3				1					1
佐賀	1	121.0								1		1	
長崎	14	726.7		2		7		6					1
熊本	5	158.0		4		1						1	
大分	6	16.2										6	3
宮崎	2	184.0		2									
鹿児島	2	229.0		2									
沖縄	11	950.8		7								6	
合計	516	73404.7	23	237	74	104	5	12	19	32	1	162	92
保全対象の割合(%)			3.0	31.1	9.7	13.7	0.7	1.6	2.5	4.2	0.1	21.3	12.1

注 高：高山性および/または亜高山性植生，天：すぐれた天然林，人：すぐれた人工林，地：地形および/または地質，現：特異な自然現象，海：海岸，湖：湖沼，湿：湿原，河：河川，植：植物の自生地，動：動物の生息地．

の向上に配慮する．

5.5 自然環境保全地域の植生構成総括

表5.6は環境庁の資料(環境庁自然保護局・アジア航測，1994)に基づいて作成した．自然環境保全地域すなわち原生自然環境保全地域，自然環境保全地域，都道府県自然環境保全地域のそれぞれ，および自然環境保全地域全体の植生構成の1993年度現在の概要を示したものである．また，比較参考のために，自然公園(国立・国定公園)の植生構成も併せて示した．

まず，自然環境保全地域全体についてみると，自然植生と代償植生がほぼ半々を占めている．自然植生の中ではブナクラス域自然植生が最も多く，これに反し，ヤブツバキクラス域自然植生はごくわずかである．

原生自然環境保全地域と自然環境保全地域では，ともに自然植生が地域のほとんどを占めている．そのうち，原生自然環境保全地域では亜寒帯・亜高山帯自然植生が，また自然環境保全地域ではブナクラス域自然植生がそれぞれ最も多い．一方，ヤブツ

表 5.6 自然環境保全地域(付：国立・国定公園)の植生構成総括表 (1993年度現在)
(環境庁自然保護局・アジア航測，1994を一部改変)

植生区分	原生自然環境保全地域 (A)	自然環境保全地域 (B)	国指定全自然環境保全地域 (A+B)	都道府県自然環境保全地域 (C)	全自然環境保全地域 (A+B+C)	国立公園・国定公園 (D)
自然植生(全)	57(96.6)	205(94.5)	262(94.9)	293(37.5)	555(52.5)	16679(48.2)
高山帯自然植生	13(22.0)	4(1.8)	17(6.2)	6(0.8)	23(2.2)	953(2.8)
亜寒帯・亜高山帯自然植生	24(40.7)	35(16.1)	59(21.4)	71(9.1)	130(12.3)	6663(19.2)
ブナクラス域自然植生	5(8.5)	163(75.1)	168(60.9)	166(21.2)	334(31.6)	7292(21.1)
ヤブツバキクラス自然植生	14(23.7)	3(1.4)	17(6.2)	28(3.6)	45(4.3)	1242(3.6)
河辺・湿原・沼沢地・砂丘植生	1(1.7)	0(0.0)	1(0.4)	22(2.8)	23(2.2)	529(1.5)
代償植生(全)	0(0.0)	10(4.6)	10(3.6)	476(60.9)	486(45.9)	15328(44.3)
亜寒帯・亜高山帯代償植生	0(0.0)	0(0.0)	0(0.0)	4(0.5)	4(0.4)	305(0.9)
ブナクラス域代償植生	0(0.0)	6(2.8)	6(2.2)	113(14.5)	119(11.2)	3701(10.7)
ヤブツバキクラス域代償植生	0(0.0)	1(0.5)	1(0.4)	137(17.5)	138(13.0)	3701(10.7)
植林地・耕作地など	0(0.0)	3(1.4)	3(1.1)	222(28.4)	225(21.3)	7621(22.0)
その他(全)	2(3.4)	2(0.9)	4(1.4)	13(1.7)	17(1.6)	2630(7.6)
総計	59(100.0)	217(100.0)	276(100.0)	782(100.0)	1058(100.0)	34637(100.0)

注 数値は1km²メッシュ数，( )内は%を示す．

バキクラス域自然植生は原生自然環境保全地域にやや多いが，自然環境保全地域ではきわめて少ない．

　都道府県自然環境保全地域では代償植生が優勢で地域の半分以上を占め，その中では植林地など人工的な植生が最も多い．自然植生は比較的少なく，地域の約1/3を占めるにすぎない．

　原生自然環境保全地域と自然環境保全地域をまとめた国指定の自然環境保全地域と，都道府県自然環境保全地域の植生構成を比較すると，自然植生と代償植生の構成比に大きな差があり，前者では94.9：3.6で自然植生が圧倒的に多いのに対し，逆に後者では37.5：60.9で代償植生の方がはるかに多い．

　参考までに，国指定の原生自然環境保全地域と自然環境保全地域をまとめた自然環境保全地域と，同じく国指定の国立公園と国定公園をまとめた自然公園の植生構成を比較してみると，前者では自然植生がほぼ全域を覆うのに対し，後者では自然植生と代償植生とがほぼ半々である．そして両者間の自然植生の大きな違いは，ブナクラス域自然植生が自然公園に比べて自然環境保全地域で著しく高い構成比を示していることである．また代償植生の構成も両者間で著しく異なり，とくに，植林地などの人工的な植生が自然環境保全地域では痕跡的にみられるだけだが，自然公園では比較的多くて地域の約2割を占めている．

5.6　自然環境保全地域に関する提言

a．自然公園の自然環境保全地域への移行

　自然公園法は，すぐれた自然の風景地を保護するとともに，その利用の増進をはかって国民の保健，休養などに資することを目的として施行されたものである．したがって，この法律に基づく自然公園は国立，国定，都道府県立の別を問わず，いずれもすぐれた自然の風景地を保護し，利用の増進をはかるという目的で指定され，自然環境の保全にとって最も重要な，生態系あるいは生物多様性の保全ということはその指定の目的には入っていない．そのため，自然公園内に生態系あるいは生物多様性の保全がとくに必要とみなされる区域があっても，自然公園のままでは利用の増進をはかるという自然公園の性格上，そこの自然の衰退を起こすおそれのある，たとえば過剰利用などに対する方策には，おのずから一定の限界がある．

　そこで，生態系あるいは生物多様性の保全がとくに必要な区域については，自然公園から自然環境保全地域への移行を積極的に進めることが求められる．既指定の5か所の原生自然環境保全地域はいずれも国立公園から移行されたものであるが，この移行をさらに推進するとともに，現行制度ではできないことになっている国立・国定公園から自然環境保全地域（狭義）への移行を（制度の変更も含め）進めることが必要である．なおこの場合，移行によって各種行為などに対する許可基準がゆるくならな

b．「二次的自然環境保全地域」（仮称）の指定

最近（1995年10月）日本政府が決めた「生物多様性国家戦略」において，二次的自然環境を的確に保全していく必要があるとされていることからもわかるように，二次的自然環境の保全は，わが国における今後の自然環境保全にとってきわめて重要な課題である．

原生自然の区域は原生自然環境保全地域に指定されることにより厳正に保全され，またその他の自然植生域や野生動植物の生息・生育地などは自然環境保全地域（狭義）に指定され，保全される道が開かれている．しかし，二次林や二次草原に代表される二次的自然が主体の区域は，その性格上，原生自然環境保全地域の指定対象にはなりえず，また，自然環境保全地域においてもその指定要件に入っていない．したがって，現在までに指定されている10か所の自然環境保全地域（表5.3参照）においても，二次的自然環境がおもな指定要件になっている地域はない（ただし，都道府県自然環境保全地域には二次的自然環境がその要件となって指定されている地域がかなりある）．

自然環境保全地域は上述の指定要件［5.3節のa項(1)］に明らかなように，制度的には，いわば手つかずの自然を自然の力にゆだねて保護するという原生自然環境保全地域に準じた地域という意味合いが強い．したがって自然環境保全地域には，人間とのかかわりを通して形成され，人為によって維持されてきた二次的自然をも保護するという趣旨は盛られておらず，現行制度のままでは，二次的自然の区域を自然環境保全地域に指定することには無理があるようである．

二次的自然環境の保全を的確に推進するためには，新しく「二次的自然環境保全地域」（仮称）ともいうべき地域指定ができるように制度を改革するか，あるいはまた，二次的自然環境の区域を現行の自然環境保全地域に指定あるいは繰り入れができるようにその指定要件を拡張することが要請される． ［奥富　清］

文　献

1) アジア航測(1988)：第3回自然環境保全基礎調査植生調査報告書(全国版)，214 p., アジア航測．
2) 環境庁自然保護局 (1995)：自然環境保全地域等一覧，81 p., 環境庁．
3) 環境庁自然保護局・アジア航測(1994)：第4回自然環境保全基礎調査植生調査報告書(全国版)，390 p., 環境庁．
4) 国立公園協会編 (1994)：国立公園の手引き，201 p., 国立公園協会．
5) 自然環境保全基本方針 (昭和48年11月6日，総理府告示第30号)．
6) 自然環境保全法 (昭和47年6月22日，法律第85号)．

6. 保 安 林

6.1 保安林制度

　森林は存在することにより，人々に多くの恩恵を与えてくれる．これを森林の公益的機能といい，古くは710（和銅3）年に，森林の荒廃を防止するために森林の伐採制限を決めたことが『続日本紀』に記されている．江戸時代には御留山，水林，水持山，砂留山という禁伐林や伐木停止林が設けられていたが，1897（明治30）年の森林法制定時に保安林制度として法制化され，従来の禁伐林，風致林，伐木停止林は保安林に指定された．以来約100年，日本の森林を乱開発から守ってきたのが保安林制度である．

　1951（昭和26）年に森林法（以下，法という）が大幅に改正され，保安林指定の対象地を「森林」に限定（法第25条）するとともに，新たに森林または原野その他の土地を「保安施設地区」（法第41条）として指定できることとした．

　1954（昭和29）年には10年間の時限立法として「保安林整備臨時措置法」が制定され，国による保安林などの買い入れ措置が講じられるようになったが，みるべき効果のないまま延長を重ね，1994（平成6）年には第4次の延長が行われ，2004年3月31日まで，通算50年にわたる「臨時措置法」となっている．

　森林は，法第25条に掲げられている11号17種類の目的を達成するため必要がある場合は，保安林として指定することができる．二つ以上の保安機能が期待される森林は，そのおのおのの目的をもつ保安林として指定される．これを兼種保安林という．

　1号から3号までが主要保安林で，水源かん養保安林が620.3万ha，土砂流出防備保安林が202.6万ha，土砂崩壊防備保安林が4.7万ha，計827.6万haで，保安林面積総数の約9割を占めている（表6.1）．

　保安林に指定された森林の取り扱いについては「指定施業要件」（立木の伐採の方法および限度ならびに立木を伐採した後において当該伐採跡地について行う必要のある植栽の方法，期間および樹種について）が定められている（法第33条）．

　保安林には指定の目的に示されているような公共の目的を達成するための「公用制限」があり，不作為義務としては（保安林における制限）として立木の伐採の制限（法第34条第1項），立竹の伐採，立木の損傷，家畜の放牧，下草・落葉もしくは落枝の採取，土石もしくは樹根の採掘，開墾その他の土地の形質の変更の制限（法第34条第

表 6.1 保安林の種類と面積（林野庁資料，1996年3月31日現在）

保安林指定の目的		保安林の種類		面　積（千 ha）		
				国有林	民有林	総　数
第1号	水源のかん養	1	水源かん養保安林	3198	3005	6203
2	土砂の流出の防備	2	土砂流出防備保安林	767	1259	2026
3	土砂の崩壊の防備	3	土砂崩壊防備保安林	13	34	47
		（1〜3号保安林計）		3978	4299	8276
4	飛砂の防備	4	飛砂防備保安林	4	12	16
5	風害 ⎫ 水害 ｜ 潮害 ｝の防備 干害 ｜ 雪害 ｜ 霧害 ⎭	5	防風保安林	23	32	55
		6	水害防備保安林	0	1	1
		7	潮害防備保安林	5	8	13
		8	干害防備保安林	16	26	43
		9	防雪保安林	—	—	0
		10	防霧保安林	9	47	56
6	なだれの危険の防止	11	なだれ防止保安林	5	14	19
	落石	12	落石防止保安林	0	1	2
7	火災の防備	13	防火保安林	—	—	0
8	魚つき	14	魚つき保安林	7	22	29
9	航行の目標の保存	15	航行目標保安林	1	0	1
10	公衆の保健	16	保健保安林	285	302	587
11	名所または旧跡の風致の保存	17	風致保安林	12	15	27
		（4号以下保安林計）		367	481	849
総　　　　数				4345	4780	9125
実　面　積				4081	4491	8572

注　相互に重複するものがある．単位未満四捨五入のため，計と内訳は必ずしも一致しない．

2項）があり，作為義務としては（保安林における植栽の義務）として，保安林の立木を伐採した場合は，指定施業要件として定められている植栽の方法，期間および樹種に関する定めに従い植栽しなければならない（法第34条の2）とされている．このことにより，保安林は「制限林」ともよばれている．

しかし，近年，リゾート開発のための規制緩和が進み，保安林制度が形骸化し，森林の乱開発が懸念されるようになってきた．

6.2　保安林とリゾート開発

1971（昭和46）年の環境庁の設置に伴い，国有林のうち保健保安林と風致保安林の指定または解除にあたっては環境庁長官と協議することが義務づけられたが，国立公園内においても，地主としての林野庁の意向が強く働き，実効が上がっていない．

1972（昭和47）年の自然環境保全法の制定においては，保安林と原生自然環境保全地域とを重複して指定できないとされたため，「自然環境が人の活動によって影響を受

けることなく原生の状態を維持しており，自然環境を保全することが特に必要」と思われ，当然，原生自然環境保全地域に指定すべき地域が，すでに保安林に指定されているという理由で，しかも，その多くは，比較的施業制限のゆるい水源かん養保安林であるにもかかわらず，原生自然環境保全地域として保存することができない，という問題も生じた．

1985（昭和60）年には，臨時行政改革推進審議会の答申に基づき，保安林の解除事務の迅速化，簡素化が進められ，他法令による並行審査を可能にし（規則），保安林解除の事前相談制度を設けるなど（通達），保安林解除がさらに容易に行われるようになった．

保安林制度を揺るがしたものが，1987（昭和62）年に制定された「総合保養地域整備法」（以下，リゾート法という）である．

リゾート法第14条（農地法等による処分についての配慮）によって，森林法で規定していた開発規制の緩和が求められ，これを受けて，1989（平成元）年に「森林の保健機能の増進に関する特別措置法」（以下，森林特措法という）が制定され，法第10条の2に規定する民有林の開発行為については，特例として適用しないことになり，保安林においても，森林保健施設を整備する場合，法第34条（不作為義務）および第34条の2（作為義務）に示されている「公用制限」を「特例として適用しない」とした．

森林特措法による施設は，「休養施設，教養文化施設，スポーツまたはレクリエーション施設，宿泊施設その他利用上必要な施設」となっているので，リゾートホテル，リゾートマンション，ゴルフ場，スキー場，別荘用地などのリゾート開発が，保安林の解除の手続きなしに，保安林のまま開発することが，法的には可能になった．

しかし，森林特措法の審議にあたり，リゾート・ゴルフ場問題全国連絡会が陳情した結果，「ゴルフ場，スキー場などの大規模な森林の土地利用は，同法の対象外とする」という歯止めがつけられたため，当面は，大規模なリゾート開発にあたっては，保安林の解除の手続きを経て開発が行われることになったが，これまで聖域とみられていた保安林も開発の対象となった．

6.3　保安林解除について

保安林の指定，解除の権限は，法第25条第1項第4号から第11号までの民有林については都道府県知事に委任されているが，第1号から第3号までの民有林とすべての国有林の指定，解除の権限は農林水産大臣にある．

保安林が解除できる理由としては，①保安林の指定理由が消滅したとき（法第26条第1項），②公益上の理由により必要が生じたとき（同条第2項），の二つの場合で，これ以外の理由で保安林の解除が行われることはない．

「指定理由の消滅」のための解除に該当するのは次の場合である．

①受益の対象が消滅したとき．
②自然現象などにより保安林が破壊され，かつ森林に復旧することが著しく困難と認められるとき．
③当該保安林の機能に代替する機能を果たすべき施設など(以下，代替施設という)が設置されたとき，またはその設置がきわめて確実と認められるとき．
④森林施業を制限しなくても受益の対象を害するおそれがないと認められるとき．

「公益上の理由」による解除に該当するのは「保安林を土地収容法その他の法令により土地を収用もしくは使用できるとされている事業またはこれに準ずるものの用に供する必要が生じたとき」(保安林および保安施設地区の指定，解除等の取扱について)である．

公益上の理由による解除に該当する場合，当該森林を「保安林として存続させ，森林の保全的機能その他を十分に発揮させるという公益上の必要性と，他の公益目的に供することの必要性とを比較衡量して，保安林の指定を解除するかどうかを判断する」が，「たとえばある事業が公益事業であるといっても直ちに保安林の解除を要するものではない．保安林も公益のために存在するものであるから所定の要件を備えるものでなければ解除すべきではない」ので，公益上の理由により安直に解除すべきではないが，現実には，「転用のための保安林解除の要請の増大は，わが国の経済の発展と用地事情の窮迫がもたらした」もので，リゾート法や森林特措法による保安林解除が公益を理由として行われ，他の目的に転用される事例が多くなっている．

転用のために保安林を解除する場合は，「保安林の転用に係る解除の取扱い要領」(通達)に従うことになる．

解除の方針としては，「保安林は，制度の趣旨からして森林以外の用途への転用を抑制すべきものであり，転用のための保安林の解除に当たっては，保安林の指定の目的ならびに国民生活および地域社会に果たすべき役割の重要性にかんがみ，地域における森林の公益的機能が確保されるよう森林の保全と適正な利用との調整を図る等厳正かつ適切な措置を講ずるとともに，当該転用が，保安林の有する機能に及ぼす影響の少ない区域を対象とするよう指導するものとする」としているが，これはあくまで建前にすぎず，現実には，保安林としての機能に支障がないという理由で，開発が認められる例が多い．

保安林の転用にかかわる保安林の解除の要件は次のようである．
（1）「公益上の理由」による解除の要件
　ア　用地事情など（その土地以外にほかに適地を求めることができないか，または著しく困難であること）
　イ　面積（必要最小限のものであること）
　ウ　実現の可能性（①計画の内容が具体的で，計画どおり実施されることが確実であること，②当該保安林の土地を使用する権利を取得しているか，または取

表 6.2 開発許可運用基準

開発行為の目的	事業区域内において残置しまたは造成する森林または緑地の割合	森林の配置など
別荘地の造成	残置森林率はおおむね70%以上とする.	①原則として周辺部に幅おおむね50m以上の残置森林または造成森林を配置する. ②1区画の面積はおおむね1000 m^2 以上とする. ③1区画内の建物敷の面積はおおむね200 m^2 以下とし,建物敷その他付帯施設の面積は1区画の面積のおおむね20%以下とする. ④建築物の高さは当該森林の期待平均樹高以下とする.
スキー場の造成	残置森林率はおおむね70%以上とする.	①原則として周辺部に幅おおむね50m以上の残置森林または造成森林を配置する. ②滑走コースの幅はおおむね50m以下とし,複数の滑走コースを並列して設置する場合はその間の中央部に幅おおむね100m以下の残置森林を配置する. ③滑走コースの上,下部に設けるゲレンデ等は1か所当たりおおむね5ha以下とする.また,ゲレンデ等と駐車場との間には幅おおむね50m以上の残置森林または造成森林を配置する. ④滑走コースの造成にあたっては原則として土地の形質変更は行わないこととし,やむをえず行う場合には,造成にかかわる切土量は,1ha当たりおおむね1000 m^3 以下とする.
ゴルフ場の造成	森林率はおおむね70%以上とする(残置森林率おおむね60%以上).	①原則として周辺部に幅おおむね50m以上の残置森林または造成森林(残置森林は原則としておおむね40m以上)を配置する. ②ホール間に幅おおむね50m以上の残置森林または造成森林(残置森林はおおむね40m以上)を配置する. ③切土量,盛土量はそれぞれ18ホール当たりおおむね150万 m^3 以下とする.
宿泊施設,レジャー施設の設置	残置森林率はおおむね70%以上とする.	①原則として周辺部に幅おおむね50m以上の残置森林または造成森林を配置する. ②建物敷の面積は事業区域の面積のおおむね20%以下とし,事業区域内に複数の宿泊施設を設置する場合は極力分散させるものとする.

表 6.2 (つづき)

開発行為の目的	事業区域内において残置または造成する森林または緑地の割合	森林の配置など
		③レジャー施設の開発行為にかかわる1か所当たりの面積はおおむね5ha以下とし，事業区域内にこれを複数配置する場合は，その間に幅おおむね50m以上の残置森林または造成森林を配置する．
工場，事業場の設置	森林率はおおむね35%以上とする．	①事業区域内の開発行為にかかわる森林の面積が20ha以上の場合は，原則として周辺部に幅おおむね50m以上の残置森林または造成森林を配置する．これ以外の場合にあっても極力周辺部に森林を配置する． ②開発行為にかかわる1か所当たりの面積はおおむね20ha以下とし，事業区域内にこれを複数造成する場合は，その間に幅おおむね50m以上の残置森林または造成森林を配置する．
住宅団地の造成	森林率はおおむね30%以上とする．	①事業区域内の開発行為にかかわる森林の面積が20ha以上の場合は，原則として周辺部に幅おおむね50m以上の残置森林または造成森林，緑地を配置する．これ以外の場合にあっても極力周辺部に森林・緑地を配置する． ②開発行為にかかわる1か所当たりの面積はおおむね20ha以下とし，事業区域内にこれを複数造成する場合は，その間に幅おおむね50m以上の残置森林または造成森林，緑地を配置する．
土石等の採掘		①原則として周辺部に幅おおむね50m以上の残置森林または造成森林を配置する． ②採掘跡地は必要に応じ埋め戻しを行い，緑化および植栽する．また，法面は可能な限り緑化し，小段平坦部には必要に応じ客土などを行い植栽する．

注 1)「残置森林率」とは，残置森林（残置する森林）のうち若齢林（15年生以下の森林）を除いた面積の事業区域内の森林の面積に対する割合をいう．
 2)「森林率」とは，残置森林および造成森林（植栽により造成する森林であって，硬岩切土面などの確実な成林が見込まれない箇所を除く）の面積の事業区域内の森林の面積に対する割合をいう．
 3)「ゲレンデ等」とは，滑走コースの上，下部のスキーヤーの滞留場所であり，リフト乗降場，レストハウスなどの施設利用地を含む区域をいう．

得することが確実であること）
（2）「指定理由の消滅」による解除の要件
　ア　用地事情など（その土地以外にほかに適地を求めることができないか，または著しく困難であること）
　イ　面積（必要最小限のものであること）
　ウ　その他の満たすべき基準（①代替施設の設置などの措置が講じられたか，または講じられることについて知事の確認があること，②保安林の面積が5ha以上の場合，「開発許可運用基準」（表6.2）に適合するものであること，③転用にかかわる保安林の面積が水源かん養または生活環境の保全形成などの機能を確保するため代替保安林の指定を必要とするものにあっては，原則として，当該面積にかかわる面積以上の森林が確保されるものであること）
　エ　実現の可能性（①計画の内容が具体的で，計画どおり実施されることが確実であること，②当該保安林の土地を使用する権利を取得しているか，または取得することが確実であること，③事業者に当該事業等を遂行するに十分な信用，資力および技術があることが確実であること）
　オ　利害関係者の意見（当該保安林の解除に利害関係を有する市町村の長の同意およびその解除に直接の利害関係を有する者の同意を得ているか，または得ることができると認められるものであること）

　以上の解除の要件のうちでとくに重視すべきものとして，実現の確実性と利害関係者の同意がある．

　実現の確実性を担保するのは，事業遂行に十分な信用，資力および技術であるが，バブル経済の崩壊により信用，資力を喪失する事業者が後を絶たず，リゾート開発計画を中止したり，事業を中断して放棄したため，保安林の機能に支障を及ぼす事例も出始めている．しかし，信用，資力については，情報公開条例によっても非開示とされ明らかにされることがないので，各地で信用，資力の公開を求めて，非開示処分取消訴訟が起こされている．

　利害関係者の同意については，利害関係者の範囲を狭くすることにより，保安林解除についての異議意見書の提出を制限しようとしている問題がある．

6.4　保安林解除の手続きについて

　保安林解除の手続きには，認定による手続きと申請による手続きがある．
　認定による手続きというのは，解除の権限を有する農林水産大臣（または委任を受けている都道府県知事）がみずからの意思によって行うものであり，申請による手続きというのは，権限者以外の利害関係者などの申請に基づいて行われるものである（法第27条）．

6.4 保安林解除の手続きについて

　保安林の解除に直接の利害関係を有する者は，省令（森林法施行規則第17条）で定める手続きに従い，解除の申請をすることができる．ここで直接の利害関係を有する者というのは，保安林の森林所有者その他その森林について使用，収益をする権利をもっている者，または保安林の保安機能によって保護される受益者をいう．

　開発事業を行うために他人の土地を使用する権利を取得（買収，借り受けなど）した者は，「直接の利害関係者」として保安林解除の申請資格を有するが，単に開発計画をもっているだけで，保安林についてまだ何らの権利ももっていない事業者は「直接利害関係者」にはあたらない．

　保安林の解除を希望する者で所定の資格を有する者は，その森林の所在地を管轄する都道府県知事を経由して，書面により農林水産大臣に申請をすることができる（法第27条第1項，第2項）．

　都道府県知事は，遅滞なくその申請書に意見を付して農林水産大臣に進達しなければならない．ただし申請者が直接の利害関係を有しない場合には却下できる（法第27条第3項）．

　保安林解除の申請は，所定の様式などによる申請書（2通）に図面（実測による保安林解除図）などを添付する．

　申請者が保安林を森林以外の用途に供すること（転用）を目的とする場合には，①転用の目的にかかわる事業または施設に関する計画書，②転用に伴って失われる当該保安林の機能に代替する機能を果たすべき施設の設置に関する計画書，などの添付が必要である．

　農林水産大臣は，申請書を審査のうえ，保安林解除を適当と認めたときは，知事に対して解除する予定である旨，ならびに，解除予定保安林の所在地，保安林として指定された目的および当該解除の理由を，その森林の所在地を管轄する都道府県知事に通知しなければならない（法第29条）．

　通知を受けた知事は，遅滞なく，その内容を都道府県公報に告示し，その森林の所在する市町村の事務所に掲示するとともに，申請者，その森林の所有者およびその森林に登記した権利を有する者に通知しなければならない（法第30条）．

　大臣から知事への通知および知事から申請者や森林所有者などへの通知を「予定通知」といい，公報による告示を「予定告示」という．

　予定告示の内容に異議があるときは，省令で定める手続きに従い，その告示の日から30日以内に，都道府県知事を経由して農林水産大臣に異議意見書を提出することができる（法第32条第1項）．

　異議意見書は2通とし，ほかに異議意見書を提出する者が直接の利害関係者であることを証明する書類を添付する（規則第21条）．証明書の添付は，保安林解除に対する異議意見書の提出を制限するために，1991（平成3）年5月に新たに加えられたものである．

都道府県知事は，異議意見書が提出されたときは，遅滞なく，これに知事の意見を付して農林水産大臣に進達しなければならない．

　異議意見書は農林水産大臣に宛てて提出されたものであり，都道府県は単に経由するにすぎないので，本来は，すべての異議意見書は農林水産大臣に進達すべきであるが，最近は，不適法が明らかな場合は，法第27条第3項ただし書き（指定または解除の申請の却下）を準用して，都道府県知事が却下することがある．この場合，受理できない理由を付して異議意見書を返戻する．

　農林水産大臣は，適法な異議意見書の提出があったときは，公開による聴聞を行わなくてはならない（法第32条第2項）．

　公聴会を開催するときは，その期日の1週間前までに，聴聞の期日および場所を異議意見書を提出した者に通知するとともに，これを公示しなければならない．

　公示は，農林水産大臣が行う場合は官報に，都道府県知事が行う場合は都道府県公報に掲載するとともに，関係市町村の事務所および聴聞の場所に掲示しなければならない（法第32条第3項）．

　この公聴会での意見は農林水産大臣を法的に拘束するものではなく，討論をして結論を出すものでもなく，意見を聞くための場として運営されるだけなので，単なる「言いっ放し」に終わる，一種の通過儀礼にすぎず，ほとんど期待できない．

　農林水産大臣は，予定告示の日から40日を経過した後（異議意見書の提出があったときは聴聞をした後）でなければ，保安林の解除をすることができない（法第32条第4項）．

　転用のための保安林解除については，代替施設の設置などが確認されたうえで解除される．

　知事は，解除予定保安林について，予定告示の日から30日を経過しても異議意見書の提出がなかった場合には，事業者に対し代替施設の設置をすみやかに行うよう指導し，その施設の設置がなされたことを確認して，結果を林野庁長官に報告する．

　異議意見書が出された場合には，聴聞会開催後，解除することが適当と認められた時点で，事業者に指導が行われる．

　解除予定保安林において代替施設の設置を行おうとするときは，事業者は法第34条の2の許可（解除予定保安林における作業許可の取扱いについて）に基づいて作業許可を受け，作業を行う．

　事業者は，代替施設の設置が完了したときは，都道府県知事に対して完了報告を行う．この報告を受けて，解除の権限が知事にある場合には，知事が解除処分を行い，農林水産大臣に権限がある場合には，知事は林野庁長官に確認の報告を行う．

　農林水産大臣が保安林の解除を行うときは，その保安林の所在場所，保安林として指定された目的および当該解除の理由を官報に公示するとともに，関係都道府県知事に通知しなければならない．

都道府県知事は，農林水産大臣より解除の確定の通知を受けたときは，その処分の内容をその処分にかかわる森林の森林所有者および申請者に通知しなければならない．

保安林の解除処分に対して不服のある場合には，行政不服審査法による申し立てを行うことができる．不服申し立てには，異議申し立て，審査請求および再審査請求の3種がある．

不服申し立ては，処分があったことを知った日の翌日から起算して60日以内に，審査請求については処分があった日の翌日から起算して1年以内に行わなければならない．

近年のリゾート開発により，保安林を解除して，ゴルフ場やスキー場を建設する事例が増加し，これに対して，地元住民による保安林解除に反対する運動が各地で続発している．

とくに，財政赤字に悩む国有林では，森林をリゾート開発に転用して貸付料の増収をはかるため，これまで手つかずで残されていた保安林を解除して，ゴルフ場，スキー場，別荘地やリゾートホテル・マンションに転用することが多くなっている．また土石販売の促進のための保安林解除も検討されているという．

保安林のもつ公益性を考えるとき，行政は保安林の解除については慎重に対応すべきである．

6.5　保安林解除の問題点 ―― 那須のスキー場を一事例として

1987年のリゾート法の制定とバブル経済の膨張により，各地でリゾート開発計画が乱立し，国土庁が承認した基本構想は，現在41道府県に及んでいる．栃木県の「日光那須リゾートライン構想」は1988年10月28日に全国で5番目に承認された．

保安林解除の問題点の一事例としてのスキー場計画は，この基本構想の一環である「那須プレリー重点整備地区」の一つである．

中大倉山スキー場（仮称）開発事業の土地利用に関する事前協議書が県に提出されたのは，1989年11月30日である．スキー場の予定地は栃木県北部に位置する那須連峰の中大倉山（大島国有林内）で，水源かん養保安林に指定されている．ここはかつて薪炭林として人の手が入ったが，いまは山腹から山頂にかけてブナの自然林として再生し，尾根筋にはヤシオツツジのみごとな大群落がある．

栃木県自然保護団体連絡協議会は，事前協議書が提出された翌月の12月22日に現地調査を行い，この保安林を保全するために，スキー場の建設に反対することを決定し，栃木県や大田原営林署に要望書を提出するとともに，署名活動を展開するなどの反対運動を重ねたが，開発計画の手続きは，その間，着々と進められていった．

そこで，中大倉山の水源かん養保安林の解除に反対することにして，保安林解除の

申請に対して異議意見書を提出することにした．保安林解除に対する異議意見書は，予定告示の日から30日以内に提出しなくてはならないので，あらかじめ異議意見書を集めておいて，予定告示があればただちに提出できるように用意することにした．

異議意見書の提出を呼びかけると，多くの人から異議意見書が送られてきたが，送られてきた異議意見書の中には，提出時に記入する「年月日」や「大臣名」が記入されていたり，2通必要な異議意見書を1通しか送ってこなかったりという書類不備なものもあったので，「異議意見書を集めるときの注意」と「経過報告」をするため「機関誌」を発行した．これが，後に，立木トラストへの協力や要請書を出すときに役立った．

異議意見書の集約をしていた1990（平成2）年11月13日に，土地利用に関する事前協議が終了したが，これには「なお，当計画に係る工事を平成4年11月12日までに着工しない場合は，本事前協議は無効となります」という「なお書」があった．

11月末には，事業者から，環境アセスメント準備書が県に提出された．この準備書は，林野庁OBが天下りをしている興林コンサルタントという会社が作成したもので，あまりにも杜撰だったので，自然保護団体からの指摘もあり，県もこのままでは認めるわけにいかず，追加調査を命じることになった．

1991年5月になり，林野庁は多数の異議意見書の提出を「数の暴力」と決めつけ，森林法の施行規則を改悪して，異議意見書の提出時に「直接の利害関係を有することを証明できる書類を添付すること」とした．このため，このままでは，これまで集めた異議意見書だけを提出しても受理されないことになった．

この時点で異議意見書は6700通に達していた．

何とかこの異議意見書をすべて提出できないかを検討した結果，那須町の住民は住民票を，那須町に土地をもっている人は土地の登記簿謄本を添付することにした．その他の人は那須町にある立木のオーナーになってもらうことを呼びかけた．これは利害関係者になるための立木トラストであり，那須町に立木所有権をもつことで直接的な利害関係者となった．添付書類は立木の売買契約書である．

一方，事業者はコンサルタント会社を変えてアセスメントの追加調査を行い，1991年7月31日に追加調査の準備書を提出した．

1992年4月17日に，栃木県は，事業者から出された保安林解除の申請書を農林水産大臣に進達した．

これに対して，保安林解除に異議意見書を提出する人々は，1992年6月21日に，最初の立木の札掛けを行った．

栃木県公報に，「栃木県告示第554号 次の保安林を解除予定保安林による旨の通知を受けたので，森林法第30条の規定により告示する」という告示が出されたのは，1992年7月28日で，解除の理由は「指定理由の消滅」である．スキー場予定地から約40km下流にある隣町（黒羽町）に，1年以上前に水源かん養保安林が指定されていた

6.5 保安林解除の問題点

が，この保安林を代替保安林に仕立てあげて「指定理由の消滅」とし，スキー場予定地の，まさに水源地にあたる保安林の指定を解除するというのである．「指定理由の消滅」による解除，というものの欺瞞性をみる思いがした．

異議意見書は告示の日から 30 日以内に提出しなくてはならないので，すでに集約してあった異議意見書に大臣名，提出年月日，解除予定保安林の住所と面積を書き込む作業に取り掛かった．

告示を知って，さっそく県の森林土木課に行き，解除予定保安林の住所と面積を聞き，住所，面積，大臣名などのゴム印をつくり，異議意見書に押した．これは，誤記を防ぎかつ省力化にもなった．

整理できた異議意見書は，8 月 17 日と 21 日に県に直接持参し，残りの異議意見書は，不備のものも含めて 26 日に郵送した．

6700 通の異議意見書は，県の意見がつけられてすべて林野庁に進達され，林野庁での審査にかけられることになった．

審査が長引くことにより，着工が遅れて，着工期限が切れるという前日の 1992 年 11 月 12 日に，「保安林に対する異議意見書の農林水産大臣の結果判定が行われ，手続きが終了するまでの間，着工期限を猶予します」として，県は土地利用に関する事前協議の有効期限を一方的に延長した．

林野庁に提出された異議意見書は，1993 年 1 月 23 日に，「直接の利害関係者とは認められない」，「補正をしなかった」，「本人以外のものが提出した」という理由ですべて却下された．いわば門前払いである．この中には，予定地のすぐ下に居住している人や予定地直下流から取水している水道を飲料水として使用している住民までが，「直接的な利害関係者ではない」として却下された．

保安林解除処分として著名なものに，北海道長沼町の「ナイキ訴訟」の最高裁判例があるが，この判例では，「保安林の伐採による理水機能の低下により，洪水緩和，渇水予防の点において直接に影響を被る一定範囲の地域に居住する住民」となっている．林野庁は，原告適格を非常に狭くしようとしているようである．

提出したすべての異議意見書を却下し，公開での聴聞の道を閉ざしたのは森林法違反であるとして，1993 年 3 月 18 日に，行政不服審査法に基づく異議申し立てを農林水産大臣に提出したが，同年 12 月 24 日に，「異議意見書やこれに基づく聴聞会は保安林解除の中の一つの手続きにすぎない．また，現時点で申立人が受ける不利益やその影響は不服申立てをするほど緊迫したものではない．従って，保安林が解除された段階で異議申立をすればよく，異議意見書の却下は不服審査の対象にはならない」として却下された．

一方，異議意見書が却下された 1993 年 1 月から，代替施設の設置と称して，事業者より「保安林内土地の形質変更着手届出書」が提出され，調整池や駐車場の工事が始まり，一時，資金繰りが悪化して工事が中断したが，大企業が肩代わりをして工事が

再開され，スキーコース，リフト，センターハウスの工事も始まった．

「解除予定保安林における作業許可」により，保安林が解除される前にスキー場の造成工事が行われ，保安林のままで，なし崩し的にスキー場の造成工事が進められるという，世にも不思議な事態が進行したのである．

1994年12月15日に，保安林解除が官報に公示されたが，その時点で，スキー場は完成し，1週間後の12月21日にスキー場はオープンした．開業時の名称はマウント・ジーンズスキー場という．

保安林解除の予定告示は手続きであって処分ではないから，という理由で，行政不服審査法による異議申し立てを却下し，解除予定保安林のまま，代替施設設置という名目でスキー場本体の工事を進めさせ，工事の完了を確認してから保安林の指定を解除するという，現行の確認解除制度は問題である．

代替施設の工事として，代替施設だけでなく，転用目的施設のすべてが，解除予定保安林における作業許可で可能ということになれば，本件のように，保安林解除が官報に公示されたときにはスキー場の工事はすべて完了し，1週間後にオープンということになる．

保安林解除処分後，行政不服審査法による異議申し立てが成立したとしても，もはや現状回復は不可能ということになる．

新潟大学の石崎誠也教授は，この点に関して，「最も根本的な問題は，転用を目的とする保安林指定の解除を，代替施設設置による指定理由消滅を理由に認めていること自体にある」と指摘している．

リゾート乱開発の防波堤となってきた保安林が，いま，その役割を果たせなくなりつつある．保安林制度を確立することが，日本の森林を保続させていくためにも必要である．

6.6　規制緩和と地方分権

1995（平成7）年3月31日に閣議決定された「規制緩和推進計画」では，保安林解除の手続きや保安林の作業許可基準の見直しを行うよう指摘している．これを受けて，林野庁は10月31日付で保安林関係の通達を以下のように改正した．

従来は，林道などの設置にあたっては，対象地域の保安林を解除しなくては工事を始めることができなかったが，改正により，保安林を解除することなく作業許可で工事が行えるよう作業許可基準を緩和した．それによると，①許可基準のうち「作業許可の制度趣旨からして，周辺地域に土砂の流出等の被害を及ぼすおそれがある行為，立木の生育及び土壌の生成を阻害又はその性質を改変する等保安林機能の低下をもたらす行為については作業許可はなし得ず，これらの行為は，取扱要領に基づき，適切に代替施設の設置等の措置を講じ転用解除される場合に限り認められるものである」

という項目を削除した．②車道幅員4.0m以下の林道，農道，市町村道も作業許可の対象とする．③道路などに付帯する保全施設なども作業許可で行う．④作業許可対象の点的施設に，規模の小さい送電用鉄塔，無線施設，水道施設，簡易な展望台も加える，というものである．また，作業許可にかかわる留意事項を緩和するとともに，作業許可の内容などの事務報告も行わなくてよいとした．

保安林の解除手続きに関しては，申請書にかかわる添付書類の簡素化をはかり，国および地方公共団体（森林開発公団や日本道路公団など公益性を有する事業者）が行う場合は，資金の調達方法を証する書類の添付は不要とされ，工事設計書や工事仕様書も省略でき，その他の計算書も簡略化して差し支えないとされた．

一方，これまで，地方分権を検討していた地方分権推進委員会の「地域づくり部会」では，「森林，保安林」などの土地利用制度の見直しを進めていたが，1996年3月15日に機関委任事務の廃止や地方自治体への大幅な権限委譲を求める中間報告を公表した．

中間報告では，現行規程で大臣権限となっている水源かん養保安林，土砂流出防備保安林，土砂崩壊防備保安林の1号から3号までの主要保安林の指定，解除を，基本的に都道府県の自治事務とし，とくに必要な場合は国に事前協議をする，指定・解除区域が都道府県の区域にまたがる場合は，関係都道府県相互の協議を義務づけ，協議が不調な場合は国が調整する，という提言を行っている．

同委員会は，1996年12月20日に，第1次勧告を次のようにまとめた．

保安林制度は，現在，農林水産大臣の執行事務となっている流域保全保安林（いわゆる1号から3号まで）の指定，解除を，原則として知事権限に移行する．これにより，主要保安林は法定受託事務に，その他の保安林は自治事務に区分される．

ただし，都道府県を越える流域や「国土保全上または国民経済上，特に重要な流域」，国有保安林および保安施設地区の指定，解除については，例外的に現行のまま，国が直接執行することとした．

規制を緩和し地方分権を進める意義を認めないわけではないが，保安林に関するかぎり，開発指向の地方自治体を信用することはできない．

自然保護や環境保全に関しては，むしろ規制を厳しくすべきである．保安林行政にあっては中央官庁の権限を強化すべきである．　　　　　　　　　　　　　　　［藤原　信］

文　献

1) 藤原　信 (1994)：日本の森をどう守るか，岩波書店．
2) 藤原　信編著 (1994)：スキー場はもういらない，緑風出版．
3) 石崎誠也 (1995)：保安林指定解除にかかる確認解除制度の問題点．法政理論，**27**-3, 4．
4) 日本治山治水協会編：保安林解除の手引（平成3年版），日本治山治水協会．
5) 林野庁編：保安林必携（平成3年版），日本治山治水協会．
6) 林野庁編：林地開発許可業務必携（平成4年版），日本治山治水協会．

7) 林野庁編：林業白書（平成7年版），農林統計協会．
8) 林野庁編：国有林野事業の改善の推進状況（平成6年度）．
9) 林野庁監修：林野小六法（平成7年度），林野弘済会．
10) 林野庁監修：保安林制度（平成7年研修教材），林野弘済会．
11) 林野庁監修：保安林の実務（平成4年版），地球社．

7. 保護林制度

7.1 保護林制度の歴史

　保護林制度は，国有林の森林施業計画の一部として森林を保護する制度である．1915（大正 4）年の山林局長通牒「保護林設定ニ関スル件」は，1919 年の史跡・名勝天然記念物保存法に先立つ先駆的な保護制度であった（宮崎，1976）．その目的は広範で，①学術・施業参考のための原生林保護，②景勝地の風致保護，③名所旧跡の風致保護，④レクリエーションのための風致保護，⑤名木，古木の保護，⑥学術研究上必要な高山植物生育地域の保護，⑦学術研究などのための鳥獣繁殖地域の保護，⑧産業上有用な植物，動物，土石の保護，という 8 項目に整理されている．同様に森林施業計画の一部として森林の取り扱いを制限する制度として保安林があり，1897（明治 30）年の森林法ですでにその設定が定められている．保安林は，国土保全（土砂の流出防止など），防災，防風，水源涵養など，森林のもつ機能を損なわないよう管理する制度で，森林の保護にも一定の効果をもつが，森林や森林に生息する生物そのものを保護しようとする保護林制度とは，その目的が異なっている．

　保護林制度により，初期の 10 年間で，上高地，十和田，尾瀬沼，鳥海山，戸隠山，白馬岳，屋久島など後に国立公園に指定される地域内の森林が数多く設定された（福田，1994）．また，一つの保護林の面積も大きく，上記の地域では最低数千 ha，最大 17000 ha に達している（林業と自然保護問題研究会，1989；安原ら，1993）．設定総面積は 1932（昭和 7）年に 11 万 ha 弱に達した後，1959（昭和 34）年までは 8 万〜10 万 ha の面積で推移する．その後，木材需要の急増，価格の高騰を背景として木材生産増大の要請を受けた国有林は，保護林の見直しを行い，大きく設定面積を減少させた．このとき，1931 年に設定された国立公園法などにより，法的に保護された地域では保護林制度の必要性が薄まったという認識があったといわれる（安原ら，1993；福田，1994）．

　しかし，1960 年代後半の環境・自然保護問題の社会的高まりを受けて，国有林の経営方針としての木材生産至上主義が見直されるようになった．1970（昭和 45）年「自然保護を考慮した森林施業について」，1972 年「保護林の適切な管理等について」，1973 年「国有林野における新たな森林施業について」という林野庁長官通達を受けて積極的な保護林設定が行われた．1973 年の設定面積は前年の 2.5 倍に急増し，1988（昭和

63) 年の設定面積は 17 万 ha 弱に達した．ただ，この時期に新たに設定された保護林は，一度指定を解除された保護林の復活や，他の法令による保護地域を追随する形での設定が多い（安原ら，1993）．

　1980 年代後半の知床と白神での伐採・林道建設問題を契機として，保護林制度は大きく変化することになった．国有林の木材生産至上主義は方向修正されたものの，森林施業に対する考え方には自然保護側と隔たりがあった．これまでの森林施業には生態系全体としての視点が欠けていたり，施業計画の立案段階での国民の合意を得る方法が十分でなかった（林業と自然保護に関する検討委員会，1988）．こうした批判に対して，林野庁は 1987 年「林業と自然保護に関する検討委員会」を設けて検討を行った．その報告を受けて，1989 年の林野庁長官通達「保護林の再編・拡充について」によって 1915（大正 4）年以来の保護林政策を全面的に見直し，現在に至っている．

7.2　現在の保護林制度

　従来の制度では，7.1 節で述べた 8 項目の設定要件のいくつかを満たす森林を保護林に設定していたので，保護の目的やそのための管理方法が明確でなく，単に施業方法（禁伐，択伐，風致に影響しない伐採など）の区分を管理方法として割り当てていたにすぎない．新たな保護林制度では，目的別に保護林を区分し，それに応じた設定基準，手続き，管理方法などを定めている．保護林は，森林生態系保護地域，森林生物遺伝資源保存林，林木遺伝資源保存林，植物群落保護林，特定動物生息地保護林，特定地理等保護林，郷土の森の七つに区分された（図 7.1）．とくに，①生態系全体の保護を考慮した，②風致維持の目的は保護の対象外としてレクリエーションの森制度に移した，③施業の参考としての人工林の多くを保護の対象外（施業展示林）とした，

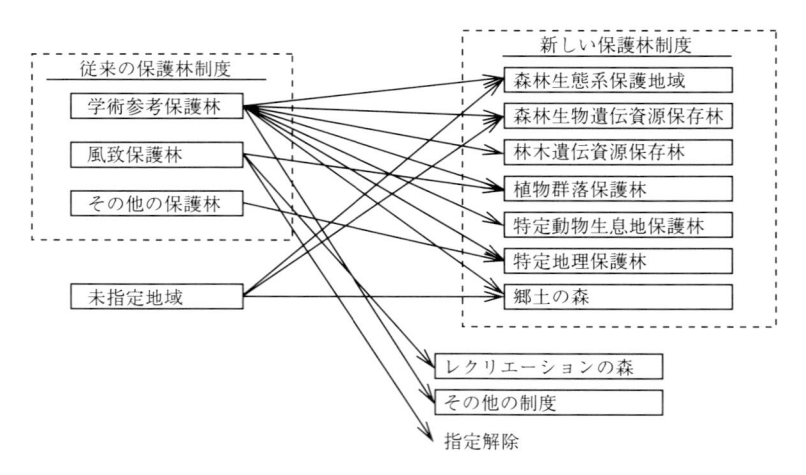

図 7.1　従来の保護林制度と新しい制度との対照（安原ら，1993 を改変）

④遺伝資源保存も対象とした，⑤希少種，貴重種の保護も目的として含んだ，⑥地域を象徴する森林も保護の対象（郷土の森）とした，などの点が新制度の特徴である（安原ら，1993）．

以下，各保護林ごとに目的，設定基準，管理方法などを解説する．表7.1に保護林の種類別の設定状況を示す．

表 7.1 保護林の種類別設定状況（林野庁業務資料および林野庁，1995b；1996）

	設定箇所数	合計面積(ha)	1か所の平均(ha)
森林生態系保護地域	26	319999	12308
森林生物遺伝資源保存林	3	11954	3985
計	29	331953	11447
林木遺伝資源保存林	335	9448	28
植物群落保護林	346	95459	276
特定動物生息地保護林	23	10842	471
特定地理等保護林	30	31439	1048
郷土の森	24	1928	80
計	758	149116	197

注　森林生態系保護地域と森林生物遺伝資源保存林は1996年4月1日現在，他は1994年4月1日現在．

a．森林生態系保護地域

自然環境，動植物，遺伝資源を生態系全体として保護し，森林施業，管理技術の発展や学術研究に資することを目的とする．森林帯を代表する原生林の場合は原則として1000ha以上，希少な原生林の場合は500ha以上の規模をもつことが基準となる．営林（支）局長は，林学，生態学，遺伝学などの専門家，有識者，関係地方公共団体の長からなる森林生態系保護地域設定委員会を設け，設定案に対する意見を聴いて調整を行う．区域の変更や解除を行う場合にも，この委員会の意見を聴く手続きが必要である．

保護地域は，保存地区と保全利用地区に区分される．これは，ユネスコのMAB計画（人類と生物圏計画）でいうコアエリアとバッファエリアの考え方を取り入れたもので，それぞれに管理方法が定められている．保存地区では，モニタリング，学術研究，遺伝資源利用や災害後の応急措置（山火事の消火，地滑り後の復旧など）以外は，原則として人手を加えない．保全利用地区でも，木材生産を目的とした利用は行わないが，教育，レクリエーションとしての利用，あるいはこれらを目的とした道路・建物建設は設定趣旨に反しないかぎりで可能である．

1996年4月現在で，全国26か所に設定が完了している（表7.2）．

表 7.2 これまでに設定された森林生態系保護地域（1996 年 4 月 1 日現在）（林野庁業務資料）

名　　称	面積(ha)	特　　徴
日高山脈中央部	66353	日高側は針葉樹林と針広混交林，十勝側は広葉樹林．上部はダケカンバ帯，ハイマツ帯．
大雪山中別川源流部	10872	下部はエゾマツ，トドマツの北方針葉樹林．上部はダケカンバ帯，ハイマツ帯．
知床	35481	冷温帯汎針広混交林，高山植生，海浜断崖植生．
狩場山地須築川源流部	2732	下部はブナ天然林の集団としての北限．上部はダケカンバ帯，ハイマツ帯．
恐山山地	1187	ヒノキアスナロ，ブナを中心とする冷温帯林．
早池峰山周辺	8145	ブナ，ヒノキアスナロなどの天然林とアカエゾマツの南限．
白神山地	16971	ブナを中心とする冷温帯落葉広葉樹林．
葛根田川・玉川源流部	9366	下部はブナ，上部はオオシラビソを中心とする天然林．
栗駒山・栃ヶ森山周辺	16310	ブナの天然林．山頂付近のミヤマナラ・ハイマツ低木混交林．
飯豊山周辺	27251	ブナ帯から高山帯までの典型的垂直分布．
吾妻山周辺	11694	亜高山帯針葉樹林とブナ林．シラビソの北限．
利根川源流部，燧ヶ岳周辺	22835	ブナ，オオシラビソの天然林．ミヤマナラなどの多雪地広葉樹低木林．
佐武流山周辺	12792	日本海側の典型的豪雪地帯のブナ林．亜高山帯はオオシラビソ，シラビソ，キタゴヨウの針葉樹林．
小笠原母島東岸	503	乾性の亜熱帯植生．山地にシマホルトノキ，オガサワラグワなどの湿性高木林．
南アルプス南部光岳	4566	ブナからハイマツ(分布南限)に至る垂直分布．
北アルプス金木戸川・高瀬川源流部	8099	河畔のトチノキ，サワグルミ林から亜高山帯林，山頂部のハイマツ帯に至る垂直分布．
白山	14826	ブナ林．ハイマツ，オオシラビソの分布西限．
大杉谷	1391	スギ，タブ，ブナ，トウヒなどの垂直分布．
大山	3176	日本海型ブナ林．亜高山帯のダイセンキャラボク群落．
石鎚山系	4245	暖温帯のウラジロガシから亜高山帯のシラビソまでの垂直分布．
祖母山・傾山・大崩山周辺	5978	アカガシなどの暖温帯常緑樹林からツガ，ブナ，ヒメコマツなどを中心とする冷温帯林への垂直分布．
稲尾岳周辺	1045	シイ林を中心とする暖温帯常緑広葉樹林帯．山頂付近には一部モミ，ツガが混生．
屋久島	15185	高齢屋久杉群と多数の固有種を含むシダ類や豊富なコケ類を特徴とする植生．
西表島	11588	スダジイの優占する常緑広葉樹林．ガジュマルなどの群落．メヒルギなどのマングローブ林．
漁岳周辺	3267	渡島半島のブナ林と道央のエゾマツ・トドマツ林との移行地域．ブナを欠く広葉樹林から針広混交林，ダケカンバ帯に至る．
中央アルプス木曽駒ヶ岳西麓周辺	4140	下部のヒノキ林から亜高山帯のコメツガ，オオシラビソ，シラビソの針葉樹林，山頂付近のハイマツ帯に至る．

b．森林生物遺伝資源保存林

　この森林生物遺伝資源保存林と林木遺伝資源保存林は，1986（昭和 61）年の林野庁長官通達「森林生態系に係る生物遺伝資源の保存について」の中で設定や管理につい

て述べられており，1989年の通達「保護林の再論・拡充について」の中で，改めて保護林制度の中に位置づけられた形になっている．

　生態系を構成する生物の遺伝資源を，将来の利用可能性を含めて生態系全体として現地保存することを目的とするのが森林生物遺伝資源保存林で，わが国の自然生態系の類型を代表し，かつ自然状態のよく保存された，目安として面積1000ha以上の地域が設定要件となっている．林野庁長官の定める基本的な設定計画に従い，営林（支）局長が森林生態学，植物学，動物学，林木育種，環境保全などの学識経験者や関係機関の職員からなる生物遺伝資源保存林設定委員会を設け，その意見を聴いて設定する．指定を変更する場合にも同委員会の意見を聴くことが必要である．

　保存林における森林施業などの管理についても，設定時に設定委員会の意見を聴いたうえで営林（支）局長が定めることになっているが，森林生物遺伝資源保存林の一部が森林生態系保護地域の保存地区に含まれる場合には，森林生態系保護地域として一体として扱われる．

　全国で13か所の設定が予定されているが，森林生態系保護地域の設定後，森林生物遺伝資源保存林が設定されることになっており，1995（平成7）年度までに3か所が設定されている（表7.3）．設定要件などは森林生態系保護地域と似ているが，遺伝資源の積極的利用に力点がおかれており，農林水産省のジーンバンク事業などを通じて遺伝資源に関する情報をひろく一般に提供することになっている．

表 7.3　これまでに設定された森林生物遺伝資源保存林（1996年4月1日現在）（林野庁業務資料）

名　称	面積(ha)	特　徴
利尻・礼文島	5400	エゾマツ，トドマツをはじめとする原生状態の多様な森林群落と，チシマザクラ，レブンウスユキソウなどの分布．
九州中央山地	6038	南限地域としては最大規模の太平洋型ブナ林，一部の湿性タイプのブナ林のほか，襲速紀要素の植物および石灰岩に特有な植物相の分布．
黒蔵谷	516	トガサワラ，シロモジ，ヒメシャラなど襲速紀要素の植物がみられ，温暖多湿の気候，複雑な地形などの条件に恵まれた豊富な動植物．

c．林木遺伝資源保存林

　主要林業樹種や希少樹種などの遺伝資源保存を目的として設定される保存林である．対象樹種は通達の中で定められており，設定面積は5ha以上とされている．原則として天然林に設定されるが，とくに必要がある場合には人工林にも設定できる．営林（支）局長は，林野庁の関係研究機関長の意見を聴き，地域施業計画の策定に合わせて，設定，調整を行う．

　森林の管理は，対象樹種の遺伝的多様性を損なわないことを基本として行われる．森林の更新は原則として天然更新で，必要に応じて地表処理や刈り出しなどの更新補

助作業を行うことができる．播種や苗木の植栽を行う場合でも，その保存林で採取された種子，苗木を使うことになっている．伐採は枯損，被害木の除去を中心とした弱い択伐が原則で，特定の樹種，形質に偏った伐採は禁止されている．

1985（昭和60）年度から開始された農林水産省ジーンバンク事業の一環として「遺伝子保存林保全に関する調査」が行われ，全国1500か所以上，12万haの森林が遺伝子保存林候補林分としてリストアップ，検討された（林野庁，1995a）．これらの情報をもとに，335か所，約9000 ha（1994年4月1日現在）が林木遺伝資源保存林として設定されている（表7.1）．

d．植物群落保護林

従来の制度によって保護林として設定されていた森林の大部分が，この植物群落保護林に再編された．現在の制度では，①希少化した群落，②分布限界などに位置する群落，③湿地や高山など特殊な条件下に成立する群落，④歴史的・学術的価値の高いとされてきた巨木などのある地域，⑤その他保護が必要な群落や個体のある地域，が設定の条件であり，最小の面積などは定められていない．

営林（支）局長は，林野庁の研究機関などの関係機関の意見を聴き，保護林を設定する．極相群落の場合には原則として人手を入れないが，遷移の途中相の群落の場合は現状維持に必要な森林施業を行うことができる．これは，既設のシラカンバやハリモミなどの保護林で更新が起こらず，森林が衰退するなどの観察があり，その管理が問題となったことを受けている（林業と自然保護問題研究会，1989）．また，モニタリングや学術研究上などで必要な行為，災害のための応急措置，自然観察のための軽微な施設建設は行うことができる．

e．特定動物生息地保護林

特定の動物の繁殖地あるいは生息地を保護する目的で設定される保護林で，①希少化している動物，②他にみられない集団としての繁殖・生息地，③その他保護が必要な動物，が対象となっている．これまで23か所で設定されているが（表7.1），約半数は鳥類を対象としており，大型哺乳類はわずかである（安原ら，1993）．

設定手続きは，植物群落保護林とほぼ同じである．繁殖，生息する動物の生態特性を踏まえた保護管理をすることとなっており，モニタリングや学術研究上などで必要な行為，災害のための応急措置，自然観察のための軽微な施設建設は行うことができる．

f．特定地理等保護林

特異な地形や地質をもつ地域のうち，とくに保護を必要とする区域に保護林として設定することができるもので，化石の産地，貴重な露頭などを理由として従来の保護

林制度で保護されていた地域がこれに再編された．設定手続きは植物群落保護林，特定動物生息地保護林とほぼ同じで，原則として森林施業は行わないが，モニタリングや学術研究上などで必要な行為，災害のための応急措置，自然観察のための軽微な施設建設は行うことができる．

g. 郷土の森

郷土の森は，それ以外の保護林と異なり，地元市町村の要請によって地域のシンボルなどとして意義のある森林に設定される．営林（支）局長は，地域産業との調整がはかられており，国有林の管理経営に支障がない場合に，申請地域を郷土の森として設定できる．申請市町村長と営林（支）局長は郷土の森保存協定を結び，管理計画，区域の変更などについて両者間で協議する．管理としては，自然の推移にゆだね，現状の維持に必要な施業を行うことが基本とされている．地域住民の要望を生かした形で設定される保護林制度として新たに設けられた保護林といえる．

7.3 保護林制度の問題点

現在の保護林制度は，旧来の制度に比べて，①保護の目的とそれに応じた設定，管理の方法が明確になった，②森林生態系保護地域や森林生物遺伝資源保存林など，大規模な保護区設定がなされ，生態系全体としての保護という視点が組み込まれた，③一部ではあるがコア，バッファの考え方が導入され，利用と厳正保護の枠組みがつくられた，などの点で評価できる．また，従来，ともすれば天然記念物的な（珍しい）森林のみが保護林として設定される傾向があったが，地域を代表する原生的な森林の設定も多くなり，設定面積も大幅に増加した．しかし，問題点もまだ多い．

最大の問題点は，この制度があくまで国有林内部の施業計画の一部として定められており，法的な根拠をもたない点であろう．森林生態系保護地域，森林遺伝資源保存林については，学識経験者や関係団体から設定委員を選び，意見聴取を行うことになっているし，郷土の森では地元市町村と協定を結ぶことになっている．しかし，他の保護林についてはこのような外部との協議は定められておらず，林野庁の研究機関などの意見を聴くにとどまっている．保護林の歴史にみるように，保護林の設定面積には大きな変動があり，国有林の事情や社会情勢によって比較的簡単に設定，解除をくり返してきたと考えられる．森林生態系保護地域設定委員会の人選においても，自然保護側との間に摩擦を生じたケースが少なくない．

国有林の中だけの指定であるため，県有林や民有林などの周辺地域との一体的な管理が難しい点も問題である．たとえば，小面積の貴重な森林が保護林に設定されても，周囲が護られずに森林として孤立化する場合や，森林生態系保護地域のバッファがコアを完全に取り囲めない状態が起こっている．

植物群落保護林などでは，とくに断片化や孤立化が著しい場合がある．関東地方の保護林では，山頂などにわずかに残った原生林が設定されているケースが少なくない．また，安原ら（1994）は，全国の植物群落保護林および特定動物生息地保護林353か所のうち，周辺にまったく自然林を欠くケースが135か所もあり，そのような保護林の設定面積は小さい傾向がある，と報告している．保護林の周囲の森林に対して，他の制度による施業の制限や配慮を行う例はわずかであり（安原ら，1994），現在の設定面積ではたして将来的に森林が維持されうるのか危ぶまれる場合もあるだろう．この点は，保護林周辺でのリストレーション（自然復元）なども含めて，今後検討されるべき問題と考える．

保護林の管理方法については，まだ模索状態といえる．コア，バッファを区分はしても，具体的な管理や利用の方法については具体的な問題がたくさん起こってくるであろう．イエローストーン国立公園で起こった大規模な火災のような例を日本にあてはめるにはあまりに規模が違いすぎるが，たとえば大規模な風倒が起こった場合，被害木の搬出をどうするかといった点は，大きな論点になるだろう．倒れた樹木を放置すると害虫の大発生をまねくといわれる一方，生態系の長期動態を考えると風倒木の除去は，特定の種の排除につながるという議論もある．保存利用地区のレクリエーション利用をどこまで認めるのか，も大きな問題となりうる．また，森林生態系保護地域も，設定してそれで終わりというのではなく，その目的にそったモニタリングが重要であるが，まだ具体的な動きは少ない．

これらの問題に対しては科学的な研究も遅れているが，保護林として設定するだけで終わらず，これまでの林業技術の蓄積を生かして国有林としての管理・施業方法の確立に積極的な取り組みが望まれる． ［中静　透］

文　　献

1) 福田　淳(1994)：国有林における保護林制度の変遷．森林文化研究，**5**，13-38，森林文化協会．
2) 宮崎宣光(1976)：保護林．自然保護ハンドブック（沼田　眞編），pp. 51-58，東京大学出版会．
3) 林業と自然保護問題研究委員会編(1989)：森林・林業と自然保護——新しい森林の保護管理のあり方——，日本林業調査会．
4) 林業と自然保護に関する検討委員会(1988)：林業と自然保護に関する検討委員会報告，林野庁．
5) 林野庁(1995 a)：遺伝子保存林保全に関する調査報告書，林野庁．
6) 林野庁編(1995 b)：林業白書（平成6年度版），日本林業協会．
7) 林野庁編(1996)：林業白書（平成7年度版），日本林業協会．
8) 安原加津枝・中静　透・長江恭博・熊谷洋一(1993)：保護林制度に見る森林の保護管理の変遷．造園雑誌，**56**，187-192．
9) 安原加津江・奥　敬一・田中伸彦(1994)：保護林制度にける生物群集の保全の現状．造園雑誌，**57**，193-198．

8. 生物圏保存地域

　各国で設定している国立公園，自然保存地域，森林保存地域，あるいは天然記念物など現在少なくとも自然生態系で残存する保護地は，学術上重要である，自然環境の保全に必要である，景観や風致の保全になくてはならない，国民の健康や娯楽に欠かすことができない，狩猟動物の繁殖に不可欠であるなどの目的で保護されてきている．保護の方法や管理のあり方については各国の事情があり，完全でなかったり，抜け道があったりで多様な対応がなされてきているが，多くの国でそれなりの成果をあげてきた．

　しかし，今日のように地球規模での自然変革が急速に進み，各国の特徴ある自然生態系が急速に消滅しつつある現在，それぞれの国の事情に任せておいたのでは，多くの生物種が人為的に絶滅へ追いやられていくことを防ぐことが不可能になってきた．とくに発展途上国では外貨を稼ぐために第一次生産物としての木材に依存する度合が高く，保護が十分でないうえに，これらの国々は生態系の中で最も多様性が高い熱帯に位置しているのである．これらの事情から，地球規模で重要な生物圏を国際的に保護するという考えのもとに，生物圏保存地域の概念が生まれ，実行に移されてきた（注：本章では従来の「生物圏保護区」を「生物圏保存地域」と訳すことにした）．

8.1　生物圏保存地域の考え方

　1970年のユネスコ（UNESCO：United Nations Educational, Scientific and Cultural Organization，国際連合教育・科学・文化機構）の総会で，「人類と生物圏計画」（MAB：Man and the Biosphere Programme，通称マブ計画とよばれている）の活動の中で生態学的な計画がスタートすることになった．そのねらいは，「自然科学や社会科学の範囲で生物圏の資源を合理的に使用し保護するための基礎を開発し，人類と環境との関係を改善し，今日の人類の活動が将来の世界に与える影響を予測して，ひいては生物圏の自然資源を効率よく管理する能力を高める」ことにある．このようなひろい目的の計画を成功させるため，1971年マブの国際協力委員会（ICC）は保護地域の国際的なネットワークをつくる必要性を認め，遺伝資源の保護，研究と追跡調査の場所の設定，教育と訓練の必要性が説かれた．このようにしてマブ計画の第8番目の研究計画，「自然地域とそれに含まれる遺伝物質の保護」（The　conservation　of natural areas and the genetic material they contain）を進めることになった．この研究計画の目的は，生態系の構造と機能の研究の重要性，生態系が人類の干渉にさらされたときの反応の仕方を研究することにあり，人類が環境に与える影響だけでなく，環境が人類に与える影響についても調べる必要があることが述べられている．マブ計画は本来，研究，教育および訓練（training）を目的にしたもので，管理を目的としたものではないが，生態系の健全な管理のための客観的，科学的な情報を得ることも目的の一つである．この計画の最終的な方向は，回復可能な自然資源の管理と保護について実際的な問題の解決をはかることである．

　ここで断りなく使用してきた「生物圏」について解説しておきたい．生物圏とは地球上に生育する生物の総和をさす言葉である．生物は地球上で一様に分布しているわけではない．大気圏，地圏および水圏が相互に接触する部分では生物の多様性も有機物生産量も大きい．生物圏での生物のいろいろな機能に注目して，生態圏（ecosphere）とよばれることもある．ユネスコの働きについては今さら解説をするまでもないと思う．ユネスコの活動範囲は広いが，その中の一つのマブ計画には14の活動計画（project）がある．マブ計画の詳細については第Ｉ編第20章で詳述されるので，研究計画の全貌についてはそれらを参照していただきたい．

8.2　生物圏保存地域の選定基準

　1973年ICCはFAO（Food and Agriculture Organization，国連食糧農業機構）とIUCN（International Union for the Conservation of Nature and Natural Resources，国際自然保護連合）の協力のもとに，生物圏保存地域の目録とその分類，選択の基準などについて検討，翌1974年，実施委員会（task force）は生物圏保存地域選定の基準と指針を明らかにした．それによると

　①生物圏保存地域は陸地または海岸の保護された地域で，どちらもその目的，基準や科学的情報を交換しながら国際的な理解によって世界的なネットワークをつくる．

　②生物圏保存地域のネットワークは世界の生物群集の中で意義のあるものを含んでいなければならない．

　③生物圏保存地域は次の一つまたは複数の条件をもっていなければならない．
　　ⅰ代表的な自然生物群集であること．
　　ⅱ独特の群集か，通常とは異なった特徴をもつ自然地域，すなわち代表的な地域としては地球的にみてまれな種からなる生物個体群があること，代表性や特殊性がともにその地域でみられること．
　　ⅲ伝統的な土地利用形態によってできる調和的な景観をもつこと．
　　ⅳより自然の状態に戻すことができる改変されたまたは破壊された生態系があること．

④生物圏保存地域は保護の単位として効果的な広い面積をもち，対立なしに多くの利用に耐えられること．

⑤生物圏保存地域は生態学的研究・教育・訓練のために開かれていること．生物圏保存地域は生物圏における長期にわたる変化を計る基準として特別な価値をもっているので，マブ計画の他の研究計画を支える研究地域ともなっている．

⑥生物圏保存地域は長期にわたって適当な法的保護を受けなければならない．たとえば，日本では国立公園に指定されているものであれば自然公園法，自然環境保全地域に指定されていれば自然環境保全法，その他，文化財保護法，鳥獣保護および狩猟に関する法律などにより，保護措置が講じられていなければならない．

⑦生物圏保存地域は場合によっては国立公園，保護区（sanctuary）または自然保護区（nature reserve）など，すでにある，もしくは予定している保護地域，またはそれに編入されるものでなければならない．

8.3 生物圏保存地域の内容

1974年の実施委員会の考え方では，生物圏保存地域は次のような要素を備えていなければならないとされている．すなわち，

①保護すべき生態系または主たる生態系の地域［これを核心部（core area）とよぶ］は自己維持に十分な面積をもち，周囲のいろいろな形態の土地利用から影響を受けないように保護されなければならない．そのための緩衝部（buffer area）によって囲まれていることが必要である．核心部は可能なかぎり遷移の途中相を含めて極相状態でなければならない．極相の群落がなければできるだけ自然状態にある亜極相（sub-climax）でもよい．

②緩衝部はいろいろな形での土地利用（伐採，放牧など）のために生態系が変化してきた地域で，人間の干渉の結果核心部で起こった自然の変化に対して人間の影響を評価できる一つまたは複数の地域であってもよい．これらの地域は伝統的な土地利用のあり方から，全体として調和した景観をもっている．核心部とは対照的に緩衝部では人為を加える研究が可能である．生物圏保存地域ではこのような緩衝部と核心部とを対比し，比較のための研究が行えることも特徴の一つである．

③ある場合には破壊された生態系を保存地域に付け加えることも可能である．この目的は二つある．その一つは，破壊された生態系の回復のための実験に使用できること，そしてもう一つは破壊された生態系の一部分を展示地区として保存し，無分別な土地利用によって生態系がどのように破壊されてきたのか，回復がどのように進むのかを示すことができる．

④ ③までに述べたすべての地域を含めることが不可能であれば，緩衝部で囲まれた核心部があるだけでもよい．

要するに，重要な部分や自然性の高い部分を緩衝部で囲んで外部の影響を排除しながら核心部として保護するだけではなく，生物圏保存地域の中に人為によって破壊された部分を取り込み，その回復や破壊の原因について研究を行うとともに，展示することによって人々を教育することを含むかなり大きな計画であることがわかる．それでは具体的に生物圏保存地域内の地域区分の配列をどのように考えたらよいだろうか．

生物圏保存地域の型には多くのものが考えられるが，ここでは2種の型について説明をしておきたい．図8.1(a)は生物圏保存地域を構成する部分が集中しているもので，集中型（contiguous type）といわれている．1：人の影響は最小で自然状態にあり，研究，教育，訓練には細心の注意をもって行い，人手は加えない核心部，2：研究，教育，訓練が行われ，人手を加えることが許され，植林，狩猟，漁労，放牧などの伝統的な活動が管理された状態で行われる緩衝部，3：自然および人間による強度な自然改変が生態学的限界を越え，生物学的働きが阻害されて種が地域的に絶滅するなどの変化が起きている生態系の研究や回復をはかる地域，4：環境と調和がとれたこれまでと同様の土地利用や耕作を行いながら研究を行い管理する部分で，地域の住人の活動は継続されるが，新しい技術の導入は制限される地域，からなる．1および2の配置関係は変わらないが，3と4の配置は自由である．

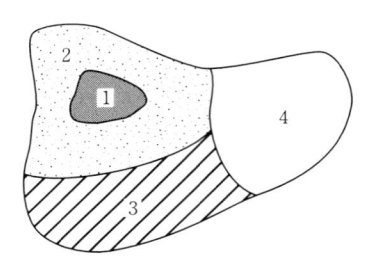

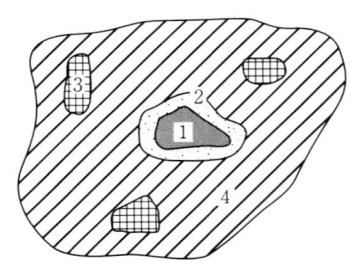

(a) 集中型生物圏保存地域　　　(b) 群状型生物圏保存地域

図 8.1 生物圏保存地域のいくつかのタイプ（説明は本文）

図8.1(b)は群状型（cluster type）といわれるもので，集中型のようにすべての部分が集中して存在せず，分散している．たとえば，核心部が国立公園などの保護地にいくつかに分かれて存在し，人為を加えうる部分が流域実験地や狩猟管理区などにあり，破壊された部分がおのおの離れたところにあるという具合である．このような場合は生物圏保存地域は一つの地方にいくつかに分かれて存在するが，トータルにみた場合，核心部は緩衝部に囲まれ，適当な法的制限の網はかぶせられていなければならない．たとえば米国のグレートスモーキー山脈生物圏保存地域（1976年登録）では，ノースカロライナ州とテネシー州とにまたがったグレートスモーキー山脈国立公園を核心部，緩衝部を備えた主たる保護地とし，近隣のカウイータ水文学研究所（ノースカロライナ州）と，オークリッジ環境研究公園（テネシー州）とを研究・教育・訓練

地域とし，将来ふえるであろう研究に対応して，生物圏保存地域の辺縁部（fringe area）が利用されることになっている．

8.4 登録された生物圏保存地域

生物圏保存地域のネットワークは世界の主要生態系に最少1か所は望ましい．1983年現在までに226か所，115482876haが登録されている（表8.1）．

日本では表8.2の4か所がいずれも1980年に登録されたが，その後の追加登録は出されていない．マブ計画に関する諸情報や，生物圏保存地域に関する所轄官庁は，日本ユネスコ国内委員会（分科会にMAB委員会がある）が組織されている文部省（国

表 8.1 生物圏保存地域の分布

地 域	1976	77	78	79	80	81	82	83	計
新北区	25	3	1	5	1	1		3	39
旧北区	26	37	8	13	7	6	2	3	102
熱帯アジア区	2	9	1	1		2			15
熱帯アフリカ区	1	5	2	8	4	5	2	4	31
新熱帯区	4	6	1	5	2	2	2	2	24
オーストラリア区	1	9				1			11
オセアニア区		2			1				3
南極		1							1
計	59	72	13	32	15	17	6	12	226

表 8.2 日本の生物圏保存地域

地 域	面積(ha)
白山	48000
大台ヶ原・大峰山	36000
屋久島	19000
志賀高原	13000
計	116000

表 8.3 生物圏保存地域の内訳

生 態 系	登録数	面積(ha)	割合(%)
熱帯多雨林	18	4309930	3.7
熱帯乾燥林	20	10578510	9.2
熱帯草原(サバンナ)	1	928125	0.8
混生山地林	56	6420101	5.6
亜熱帯・温帯林	9	2523777	2.2
常緑広葉樹林	23.5	1493172	1.3
温帯広葉樹林	44.5	1849811	1.6
温帯針葉樹林	1	782000	0.7
温帯草原	9	386762	0.3
温帯荒原・準荒原	17	6877427	6.0
低温冬季荒原	6	1891799	1.6
ツンドラ	5	75703483	65.6
島しょ系	15	1522239	1.3
湖沼系	1	215740	0.2
計	226	115482876	100

際学術課）である．

　生物圏保存地域を生態系別にその数と面積をみてみると，表8.3のとおりである．表8.3中に生物圏保存地域の数が0.5とあるのは二つの生態系に読み分けた結果である．また，その後国際情勢が変化して，国の数がふえ，保存地域もふえていると思われる．ツンドラで最も面積が大きいが，これは北極荒原と氷冠が対象となっているノースイーストグリーンランド国立公園（デンマーク）の7000万haがきいている．

8.5　その後の動き

　1983年に第1回目の生物圏保存地域国際会議がミンスクで開かれ，議論された行動計画（action plan）が1984年パリで行われたマブ計画国際協力会議によって採用された．この行動計画の三つの柱は以下のとおりである．

　生物圏保存地域ネットワークの改善と拡張：①各生物地理学的分布領域の中で，代表的なかつ生態学的に重要な地域で，自然状態のものといろいろな程度に人為が入った地域，②固有種や遺伝的多様性の中心地域，③生物圏保存地域の機能を多く兼ね備えた地域を含ませることによって改善と拡張をはかる．

　生態系の保護と生物学的多様性に関する基本的知識の発展：①生物圏保存地域を特定の生物学的・化学的・物理学的要因の全地球的なモニタリングに利用する．②基本的な生態現象の研究を通じて管理に応用し，つまりは保全科学を発展させる．③管理の結果や有効性をモニターする．④このようにして得られた知識を出版，教育，訓練，関係者の交流あるいは生物圏保存地域の展示などを通してひろく広げる．

　保護と開発との連携のための生物圏保存地域の有効的利用：現在登録済みのものやこれから登録する生物圏保存地域はいろいろな方向で効率的に利用されなければならない．①生物圏保存地域はその目的や基準を満たさなければならない．他の種類の保存地域のように単に保護するだけであってはならない．②立法または管理者よって保護が保証されていなければならない．③保護と開発との最終目的を結合させる．④管理のあり方を改善し，管理の基準をモニターする．⑤生物圏保存地域内外に住んでいる人々の伝統的な技術を，現在や将来の管理に取り入れる．⑥生物圏保存地域に影響を受ける地域の住民の理解と参加を保証する．

　日本では4生物圏保存地域が1980年に登録されて以来ほとんど何も行われていないのが現状である．屋久島では文部省科学研究費（環境科学）を得て1983年から1986年までの4年間，主として人と生物とのかかわり，保護と管理のあり方について調査研究を進め（代表：田川日出夫），シンポジウム「屋久島の生物自然と地域社会との調和に関する総合的研究」（代表：依田恭二；日本生命財団研究助成）やアンケートを含め，検討を行っている．他の生物圏保存地域における研究・教育・広報活動については，まとまったものが出されたとは聞いていない．日本では保護が先行しているが，

管理の仕方，住民参加，開発との関係，教育，トレーニングについて生物圏保存地域を利用した研究や実践活動については知られていない．　　　　　　　　　[田川日出夫]

文　　献

1) 文部省「環境科学」特別研究 S 902 検討班（代表：田川日出夫）(1985)：生物圏保護区（特に屋久島）の基礎研究．「環境科学」研究報告集，B 235-S 902, 57 p.
2) 文部省「環境科学」特別研究 R 12-12 研究班（代表：田川日出夫）(1987)：屋久島生物圏保護区の動態と管理に関する研究．「環境科学」研究報告集，B 335-R 12-12, 125 p.
3) Tagawa, H. and Yoda, K. (1984): A case study in the biosphere reserve on Yakushima island. Vegetation Ecology and Creation of New Environment (Miyawaki, A., Bogenrieder, A., Okuda, S. and White, J. eds.), pp. 153-160, Tokai Univ. Press.
4) UNESCO (1971): International Co-ordinating Council of the Programme on Man and the Biosphere (MAB), Final Report of the First Session.
5) UNESCO (1979): The Biosphere Reserve and Its Relationship to Other Protected Areas.
6) UNESCO (1981): MAB Information System. Biosphere Reserves. Compilation 2, July 1981.
7) UNESCO (1981): International Co-ordinating Council of the Programme on Man and the Biosphere (MAB), Final Report of Seventh Session.
8) UNESCO (1983): MAB Information System. Biosphere Reserves. Compilation 3, September 1983.
9) UNESCO (1985): Action Plan for Biosphere Reserve.

9. 自 然 遺 産

　自然遺産とは，世界遺産条約において，世界の重要な自然地域を保護し，後世に残し伝えるために設けられた概念である．世界遺産条約の条文では，加盟国の領土内に存するすべての自然遺産をさしているが，狭義には，ユネスコの世界遺産リストに掲載された自然遺産のみをさす言葉として用いられる．自然遺産に対して文化遺産は，記念物，建造物，遺跡などをさし，自然遺産と文化遺産の両方の条件を満たしたものを，複合遺産とよぶ（巻末の付録2参照）．

9.1 世界遺産条約の概要

　1972年10月にパリで開催された第17回ユネスコ総会において採択された条約で，正式名称は，「世界の文化遺産及び自然遺産の保護に関する条約」である．2000年5月現在，160か国が加盟し，480の文化遺産，128の自然遺産，22の文化および自然の複合遺産，計630が世界遺産リストに登録されている．わが国は，1992年に加盟国となり，文化遺産として，法隆寺地域，姫路城，京都歴史地域，白川郷・五箇山，原爆ドーム，厳島神社，自然遺産として，白神山地，屋久島が登録されている．

　1960年代，ユネスコは多くの国の協力によって，アスワンハイダムによる水没からアブシンベル神殿を守った経験から，1970年に開かれた第16回ユネスコ総会の後，普遍的価値を有する記念工作物，建築物群および遺跡の国際的保護に関する条約の草稿に着手した．同時に，国際自然保護連合（IUCN）は，自然遺産の保護に焦点を当てた条約を準備していた．1972年6月にストックホルムで開催された国連人間環境会議において，この二つの条約を一つにまとめることが求められ，同年10月の第17回ユネスコ総会において，「世界の文化遺産及び自然遺産の保護に関する条約」として採択された．1975年，条約発効に必要な20か国が条約を批准し条約は発効した．

　加盟国は，国内のすべての文化遺産および自然遺産を保護する義務を負うと同時に，国際協力によって世界の文化遺産および自然遺産の保護を推進することが求められる．加盟国のうち，選挙によって選ばれた21か国によって構成される世界遺産委員会は，世界遺産リスト，危機にさらされている世界遺産リストを作成する．必要に応じて，加盟国が拠出する世界遺産基金によって，世界の文化遺産および自然遺産の保護に関する国際協力を行う．

国際記念物遺跡会議（ICOMOS）とIUCNは，世界遺産委員会の技術顧問として，それぞれ文化遺産および自然遺産の登録に関する評価を担当している（日本自然保護協会，1991；1992；1994）

9.2 自然遺産の概念とその変化

　世界遺産条約の条文は，文化遺産については，「記念工作物，建造物群，遺跡」という明確なカテゴリーを示しているが，自然遺産については，「無生物又は生物の生成物又は生成物群から成る特徴のある自然の地域であって，鑑賞上又は学術上顕著な普遍的価値を有するもの；地質学上又は地形学的形成物及び脅威にさらされている動物又は植物の種の生息地；又は自生地として区域が明確に定められている地域であって，学術上又は保存上顕著な普遍的価値を有するもの」というあいまいな定義を示すのみである．そこで，1988年の世界遺産委員会で採択され，1993年に改定された「世界遺産条約履行のための作業指針」は，自然遺産のカテゴリーを次の四つに整理している（日本自然保護協会，1994；沼田，1991）．

　①生命進化の記録，重要な進行中の地質学的・地形形成過程あるいは重要な地形学的自然地理学的特徴を含む，地球の歴史の重要な段階を代表する顕著な見本であること．

　②陸上，淡水域，沿岸，海洋の生態系や生物群集の進化発展において重要な進行中の生態学的生物学的過程を代表する顕著なる見本であること．

　③類例をみない自然の美しさ，あるいは美的重要性をもったすぐれた自然現象あるいは地域を包含すること．

　④学術的・保全的視野からみて，すぐれて普遍的価値をもつ絶滅のおそれのある種を含む，生物の多様性の野生状態における保全にとって最も重要な自然の生息生育地を含有すること．

　①は，過去の生命の歴史，地球の歴史の証拠となる地域であり，米国のグランドキャニオン国立公園やバージェスシェール化石群を産するカナディアンロッキー世界遺産はこれに該当する．②は，現在も進行中の生物進化，生物群集の遷移の見本となる地域であり，エクアドルのガラパゴス諸島がその例となる．③は，審美的価値をもった地域．米国のイエローストーン国立公園やヨセミテ国立公園などが該当する．④は，絶滅のおそれのある生物の生息生育地，生物多様性の現地保存にとって重要な地域であり，ザイールのカフジビエガ国立公園などがこれにあたる．ちなみに，わが国の白神山地は②に，屋久島は②と③に該当している．1993年の改定でとくに注目されるのは，カテゴリー④が，1992年にリオデジャネイロで開催された「環境と開発に関する国連会議」（UNCED）において「生物多様性条約」が採択されたことを受けて，絶滅のおそれのある生物の生息地だけでなく，生物多様性の現地保存（*in situ* conservation)にとって重要な地域を自然遺産のカテゴリーに含めた点である．これによって自然遺産は，これまでの天然記念物的地質・動植物の保護あるいは美しい景観の保護という概念から，一歩進んで，生態系の完全性あるいは生物多様性の保全という概念に変化を遂げたといえる．

9.3　日本の中の世界遺産条約

1992年，条約が採択されてから20年という年になってようやく，日本は125番目の加盟国となった．条約加盟が遅れた理由としては，米英のユネスコ脱退などで条約が政治的に扱われたこと，文化と自然に関係する行政の縦割りのため対応が鈍かったことなどがあげられる．条約加盟に至るには，1990年の日本自然保護協会による世界遺産条約早期批准の意見書，1991年に同協会がユネスコやIUCNの関係者を招いて開催した世界遺産国際セミナーなど，民間団体の力が大きく影響を与えた．1992年6月の国会で条約加盟の承認が得られ，ユネスコへの加入書寄託の3か月後の9月に，日本は世界遺産条約の加盟国となった．この年の10月には，日本は文化遺産候補として，法隆寺，姫路城を，自然遺産候補として白神山地，屋久島を推薦した．

1993年，コロンビアのカルタヘナで開かれた世界遺産委員会で，日本の四つの候補地は，わが国初めての世界遺産に登録された．文化遺産に関しては，その後も1994年に京都歴史地域，1995年に白川郷・五箇山，1996年に広島原爆ドーム，厳島神社が登録されているが，自然遺産はそう簡単にはふえそうにない．その理由の一つは，自然遺産の管理の問題である．1993年にIUCNは，白神山地，屋久島の現地調査を実施し，自然遺産の評価を世界遺産委員会に提出したが，その結果，日本政府は白神山地に関して以下のような勧告を受けた．すなわち，①登録地を森林生態系保護地域の保全利用地区まで拡大すること，②登録地の法的位置づけを強化すること，③登録地の管理の一元化，の三つである．このうち，②は自然保護地域よりも国立公園の方が格が上とみる国際的常識による誤解もあったようだが，①については勧告どおり登録地を拡大し，③については管理主体の明確化と管理計画の提出を約束することによって，自然遺産として登録された．これを受けて，1995年，日本政府は白神山地と屋久島の管理計画を世界遺産委員会に提出することになった．自然遺産地域の内外では，登山者の増加，入山規制に関する見解，隣接地での伐採計画，林道の拡張計画，管理主体の不明確など，早くも自然遺産地域の管理が大きな問題になっている．しかしながら，管理計画案は，市民から意見を聴取する十分な時間が設けられなかったことと相まって，自然遺産管理上の問題に対する対応が不十分であり，自然遺産地域への影響が懸念されている．

9.4 自然遺産に関する今後の課題

『世界遺産条約20年』(IUCN, 1993) と題する報告書がある．これは，1992年ベネズエラで開催された第4回世界国立公園保護地域会議において，ユネスコとIUCNが主催した世界遺産条約ワークショップの内容をまとめたものだが，この中に収録されたワークショップの結論および勧告をみると，今後の自然遺産のあり方がみえてくる．

まず，自然遺産の登録基準について，現在の基準は推薦された候補地を厳密に評価するのに十分なものではないとして，「すぐれた自然美」，「自然あるいは文化的要素のすぐれた組み合わせ」などのあいまいな基準を排除し厳密化をはかるとともに，「生物多様性の保全」という概念を明確に盛り込むよう提言している．この提言を受けて，1992年12月に米国のサンタフェで開催された世界遺産委員会において，自然遺産登録の基準が改正されたことは，前述のとおりである．

次に，自然遺産のモニタリングおよびデータベースの維持に関して，自然遺産の保全状態，自然遺産に対する潜在・顕在の脅威，それに対する対応措置などの情報を，ユネスコがIUCNや世界自然保護モニタリングセンター(WCMC)と共同で行うよう提言している．これは，条約が20年間，登録地をふやすことに終始し，自然遺産の管理状態が十分把握されていないことに対する反省に基づいている．

さらに，自然遺産の管理に関しては，①すべての自然遺産は（できれば登録申請の際に）「管理計画」をもつべきである，②管理計画には長期目標達成のための「年次計画」を盛り込みその効果をモニタリングすべきである，③外部からの圧力を防ぐため自然遺産の外側に「世界遺産管理地域」を設け，ユネスコの「生物圏保護区」の考え方によって管理すべきである，という提言がなされた．この提言を受けて，1992年の世界遺産委員会では，条約の履行指針が改定され「すべての自然遺産は管理計画を持つべきである」という条項が追加された．履行指針には，年次計画や世界遺産管理地

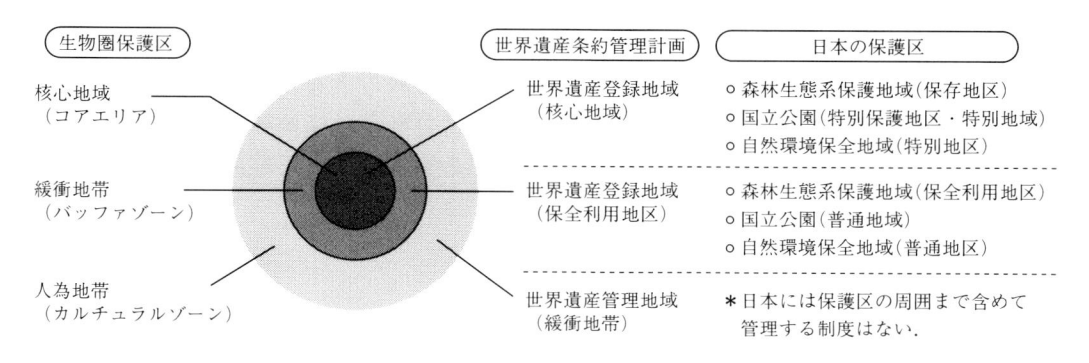

図 9.1 生物圏保護区モデルに基づいた世界遺産地域管理計画
（自然保護, No.399, Sept. 1995）

域などの概念は盛り込まれなかったが，ユネスコやIUCNが将来的な課題として，生物圏保護区の考え方に基づいた管理と保全状態のモニタリングを重視していることは明らかである．

　日本自然保護協会は，1993年の白神山地，屋久島の自然遺産登録を前に，「日本国内の自然遺産地域の保護と管理に関する提言」を関係大臣・知事に提出し，生物圏保護区の考え方に基づいた管理計画の策定を提言した．生物圏保護区の考え方に基づく自然遺産管理とは，ひと言でいえば核心地域（core area），緩衝地帯（buffer zone），人為地帯（cultural zone）というゾーニングと，保護，研究モニタリング，持続的利用の三つの役割をもった保護地域である（図9.1）．このモデルによれば，白神山地は核心地域と緩衝地帯の両方が，屋久島においては核心地域のみが自然遺産に登録されていることになる．したがって，核心地域への圧力を防ぐためには，緩衝地帯の役割を強化するとともに，その周辺地域に世界遺産管理地域を設定し，自然遺産地域のモニタリングを行うとともに，自然遺産の価値を伝える環境教育とエコツーリズムを推進し，自然資源を持続的に利用する枠組みが必要である．現在のところ，このモデルを理想的に実現している自然遺産は世界にも例がない．日本政府も今のところ，管理計画は自然遺産登録地域内にのみ適用されるという見解を示している．しかし将来的には，自然遺産周辺地域の管理のあり方が重視されるのは必然的な流れである．先進国として最後の加盟国となったわが国としては，白神山地と屋久島を世界の自然遺産管理のモデルとなるような地域とすべく最大限の努力をすべきであろう．

　最後に，白神山地と屋久島に続く自然遺産の登録が期待されるが，自然遺産の基準改定の趣旨を考えれば，次の候補には，生物多様性の現地保存にとって重要な地域がふさわしい．この観点からみて最も有力な候補は，多くの固有種の生息地である南西諸島（奄美群島，沖縄本島北部やんばる地域，石垣島，西表島を含む）や，大洋島として固有種が多い小笠原諸島があげられる．これらの地域が，自然遺産としての科学的な評価に値することはいうまでもないが，国内法による保護を必要とするという条件を満たすためには，現行の開発計画の見直しや保護地域の枠組みの変更を必要とする．世界遺産条約履行指針は，地理的に離れているが生物地理学的あるいは生態学的につながりをもった地域を，一つの自然遺産として登録できるとしている．この指針を南西諸島や小笠原諸島に適用することは，島状に分断された地域をつなぐという大きな意味があるが，これらの地域の自然遺産登録の実現はさらに時間を必要とする今後の課題である（吉田，1996）．

［吉田正人］

文　献

1) IUCN (1993) : World Heritage Twenty Years Later.
2) 日本自然保護協会（1991）：世界遺産条約資料集1，日本自然保護協会．
3) 日本自然保護協会（1992）：世界遺産条約資料集2，日本自然保護協会．

文献

4) 日本自然保護協会（1994）：世界遺産条約資料集 3，日本自然保護協会．
5) 沼田　眞（1991）：世界遺産指定のためのクライテリア．自然保護，**345**．
6) 吉田正人（1995）：世界遺産条約——NACS-J としての期待と評価．自然保護，**399**．

10. レッドデータブック（RDB）(1)
植物種，動物種，植物群落

10.1 レッドデータブックの考え方

　今日，生物多様性の喪失は，さまざまな環境問題の中でも非常に重要な問題として位置づけられており，生物多様性を保全することは地球的に緊急なテーマである．1992年にリオデジャネイロで開催された「環境と開発に関する国連会議」（UNCED）では，生物多様性の保全を目的とした生物多様性条約（Convention on Biological Diversity, 第15章参照）の署名や，21世紀に向けての行動計画であるアジェンダ21（第18章参照）の採択などが行われた．生物多様性条約によれば，生物多様性とは，すべての生物間の変異性をいうものであり，種内の多様性，種間の多様性および生態系の多様性を含む（日本自然保護協会，1993）．そして，生物多様性の保全とは，遺伝子，種，生態系の三つのレベルでの保全が含まれ，世界中のさまざまな遺伝子や種を減少させることなく，また重要な生息地や生態系を破壊することなく生物資源を保護し利用しつつ持続可能な社会を実現することである（世界資源研究所ほか，1993）．

　急速に進行する生物多様性の喪失の中で，とくに種の喪失，すなわち種の絶滅は，早い時期から関心を集めていた．種の絶滅を防ぐには，どの種が絶滅の危機に瀕しているかを把握し，絶滅に追いやる要因を解析したうえで対策を講ずることが必要である．そして絶滅のおそれのある種をリストアップする目的は，多くの種に絶滅の危険性が高まっているという現状を明らかにすること，絶滅のおそれのある種への関心を喚起すること，保全行動のための論理的な優先性を示し，保全プログラムを計画，遂行すること，などにある（Given, 1994 ; IUCN, 1994 a ; Mace, 1994）．この目的のもとに，絶滅の危機に瀕している動植物種をリストアップしたものがレッドデータブック（red data book，以下 RDB）である．RDB は，世界的なスケールでみて絶滅が危惧される哺乳類と鳥類についての一般的な概要について記述され，IUCN（国際自然保護連合）より 1966 年に出版されたものが最初である（Mace, 1994）．その後，IUCN は，爬虫類などの他の分類群についての RDB も作成すると同時に，時間的に変化する状況も追跡し，発表してきた．また，RDB や IUCN-SSC（種の保存委員会，Species Survival Commission）の行動計画を補足するために，動物種を網羅してリストを作成した『IUCN レッドリスト』（Red List）も発行されている．レッドリストはほぼ 2 年間隔で定期的に出版されている（IUCN, 1994 a）．植物種のレッドリストも近々刊

行が予定されている．現在までに IUCN の RDB ではおよそ 60000 の植物種，2000 の動物種が記載された（Primack, 1993）．RDB は，ワシントン条約（第 16 章参照）などの国際条約の基礎資料としてもひろく活用されている．

地球スケールでの絶滅のおそれのある種の把握の必要性とともに，より小さい地域スケールでの RDB づくりの必要性が以前から指摘されていた．それは，あるスケールでは絶滅したと記載された種が，別のスケールでは絶滅危惧として，または希少として，もしくは脅威下にないというように，対象とするスケールによって評価が異なるからである（Given, 1994）．英国をはじめ多くの諸国では，IUCN の RDB に準じた国内版の RDB を作成しており，これを基礎として保護対策が進められている（環境庁，1991 a；1991 b）．わが国においてもその作成が進められており，その内容を 10.2 節および第 12，13 章で述べる．

10.2　わが国のレッドデータブック

わが国の国レベルの RDB では，1997 年 2 月現在，「植物種」，「動物種」，「チョウ類」，「地形」などについて作成されている．「植物種」の RDB については，日本自然保護協会・世界自然保護基金日本委員会が 1989 年に『我が国における保護上重要な植物種の現状』（わが国における保護上重要な植物種および植物群落研究委員会，1989）を共同発行した．その結果，日本の野生植物種の 17％ にあたる 895 種が絶滅の危機にさらされていることが明らかになった．「動物種」については，環境庁が，1991 年に脊椎動物編（1991 a）と無脊椎動物編（1991 b）を発行した．脊椎動物の 283 種，無脊椎動物の 410 種が絶滅のおそれがあるとされた．また，とくにチョウ類に関して，1989 年に日本鱗翅学会から『日本産蝶類の衰亡と保護　第 1 集』（浜ら，1989）が刊行された．これは，1993 年に第 2 集（矢田・上田，1993）が刊行されている．これらの詳細については第 12，13 章を参考されたい．

これらの RDB が示すように，わが国において絶滅のおそれのある種が数多く生じており，人による積極的な保護対策が急務であるとの答申が 1992 年に自然環境保全審議会より出された．それを踏まえて，「絶滅のおそれのある野生動植物の種の保存に関する法律」が策定され，1993 年 4 月に施行された．この法律は，わが国における絶滅のおそれのある野生動植物種のうち，国内野生希少動植物種を政令で指定し，さらにそれらの中で優先的に保護が必要な種の生息地については，生息地保護区として保全することを謳っている．政令で指定されている種が少ないこと（表 10.1），生息地保護区として選定される場所が少ないことなどの短所が指摘されているが，RDB が示した野生動植物種の絶滅に関する危機的な状況を少しでも改善できるための法律として，そのより効果的な運用について大きな期待が寄せられている．このように，RDB をもとにした保護対策が現在とられつつある．また，保存すべき地形をリストアップした

表 10.1 「種の保存法」に基づく国内希少野生動植物種（1997年8月現在，合計53種）

科　名	種　名	主な生息・生育地，繁殖地	RDB カテゴリー
鳥類 (38種)			
アホウドリ科	アホウドリ	伊豆諸島鳥島，尖閣列島南小島	絶滅危惧種
ウ科	チシマウガラス	北海道東部（ユルリ島，モユルリ島，落石岬，大黒島）	絶滅危惧種
コウノトリ科	コウノトリ	中国東北部，朝鮮半島	絶滅危惧種
トキ科	トキ	中国陝西省	絶滅危惧種
ガンカモ科	シジュウカラガン	石狩平野（湖沼），八郎潟，伊豆沼，瓢湖	危急種
ワシタカ科	オオタカ	本州以南の平地から低山地の森林	危急種
	イヌワシ	国内山岳地	絶滅危惧種
	ダイトウノスリ	南・北大東島	絶滅危惧種
	オガサワラノスリ	小笠原諸島父島，母島	絶滅危惧種
	オジロワシ	北海道	絶滅危惧種
	オオワシ	北海道（特に知床半島，根室海峡）	危急種
	カンムリワシ	西表島，石垣島	絶滅危惧種
	クマタカ	国内山地の森林	絶滅危惧種
ハヤブサ科	シマハヤブサ	小笠原諸島北硫黄島	危急種
	ハヤブサ	九州以北	危急種
キジ科	ライチョウ	本州中部山岳地域の高山帯	絶滅危惧種
ツル科	タンチョウ	北海道東部（釧路湿原）	絶滅危惧種
クイナ科	ヤンバルクイナ	沖縄島北部	絶滅危惧種
シギ科	アマミヤマシギ	奄美大島，徳之島，沖縄島，渡嘉敷島	絶滅危惧種
	カラフトアオアシシギ	サハリン島，オホーツク海沿岸	危急種
ウミスズメ科	エトピリカ	北海道（友知島，ユルリ島，モユルリ島，大黒島）	絶滅危惧種
	ウミガラス	天売島	絶滅危惧種
ハト科	キンバト	八重山諸島	絶滅危惧種
	アカガシラカラスバト	小笠原諸島，火山列島	絶滅危惧種
	ヨナクニカラスバト	石垣島，西表島，与那国島	絶滅危惧種
フクロウ科	シマフクロウ	北海道中央部・東部	絶滅危惧種
キツツキ科	オーストンオオアカゲラ	奄美大島	絶滅危惧種
	ミユビゲラ	北海道中央部	絶滅危惧種
	ノグチゲラ	沖縄島北部	絶滅危惧種
ヤイロチョウ科	ヤイロチョウ	本州以南（繁殖地は高知，長崎，宮崎，長野）	絶滅危惧種
ヒタキ科	アカヒゲ	男女群島，薩南諸島，沖縄諸島	危急種
	ホントウアカヒゲ	沖縄島，慶良間諸島	危急種
	ウスアカヒゲ	八重山諸島	危急種
	オオトラツグミ	奄美大島	絶滅危惧種
	オオセッカ	青森・秋田・茨城県の一部	危急種
ミツスイ科	ハハジマメグロ	小笠原諸島母島	絶滅危惧種
アトリ科	オガサワラカワラヒワ	小笠原諸島，火山列島	絶滅危惧種
カラス科	ルリカケス	奄美大島とその属島	危急種
哺乳類 (2種)			
ネコ科	ツシマヤマネコ	対島	絶滅危惧種
	イリオモテヤマネコ	西表島	絶滅危惧種

表 10.1 （つづき）

科 名	種 名	主な生息・生育地，繁殖地	RDBカテゴリー
は虫類（1種）			
ヘビ科	キクザトサワヘビ	久米島	絶滅危惧種
両生類（1種）			
サンショウウオ科	アベサンショウウオ	京都府下丹後半島のごく一部	絶滅危惧種
魚類（2種）			
コイ科	ミヤコタナゴ	関東地方	絶滅危惧種
	イタセンパラ	淀川水系の一部，富山平野，濃尾平野の小湖沼	絶滅危惧種
昆虫類（4種）			
トンボ科	ベッコウトンボ	桶ヶ谷沼（静滝）	絶滅危惧種
ゲンゴロウ科	ヤシャゲンゴロウ	今庄町夜叉ヶ池	絶滅危惧種
コガネムシ科	ヤンバルテナガコガネ	沖縄島北部	絶滅危惧種
シジミチョウ科	ゴイシツバメシジミ	川上村（奈良），水上村（熊本），小林市（宮崎）	絶滅危惧種
植物（5種）			
ラン科	レブンアツモリソウ	礼文島	絶滅危惧種
	ホテイアツモリソウ	本州中部の亜高山帯	危急種
	アツモリソウ	北海道から本州中部の温帯上部，亜高山帯	絶滅危惧種
キンポウゲ科	キタダケソウ	南アルプス北岳	絶滅危惧種
ハナシノブ科	ハナシノブ	祖母山（大分），波野村（熊本），高森町（熊本）	絶滅危惧種

注　集計は，日本自然保護協会．RDBカテゴリーは文献5）による．

『日本の地形レッドデータブック』（小泉・青木）が1994年に作成されている．これは「地形種」という考えをもとに選定され，全国で，446か所があげられた．この詳細については第11章を参照されたい．

　地域レベルの生物多様性保全を考える際に，全国一律の尺度のみを評価基準にすれば，個別の地域の実情にそぐわない部分が生じ，かえって弊害を生む場合がある（世界資源研究所ほか，1993）．国レベルのRDBのこのような短所を補うために，植物種のRDBでは県別のリストを添付している．また動物種のRDBでは，全国的にはまだ相当数生息しているが地域によって非常に絶滅の危険が高い種については，IUCNのレッドリストにない「特に保護に留意すべき地域個体群」のカテゴリーを設けている（環境庁，1991a；1991b）．

　そして近年，地域の特性を十分に考慮した，地域レベルのRDBが作成されてきている．レッドデータブック近畿研究会が『近畿地方の保護上重要な植物——レッドデータブック近畿——』（1995）を，兵庫県が『兵庫の貴重な自然——兵庫県版レッドデータブック——』（1995）を作成している．兵庫の場合，動物種，植物種，植物群落，地形・地質，自然景観の項目についてのリストアップが行われている．また，神奈川県レッド

データ生物調査団が『神奈川県レッドデータ生物調査報告書』(1995)を，三重自然誌の会が『自然のレッドデータブック・三重——三重県の保護上重要な地形・地質および野生生物——』(1995)を作成している．また，計画中，作成中の県もある．

10.3　レッドデータブックの新カテゴリー

　RDBにリストアップされた種には，絶滅の危険性に応じたカテゴリーを割り当てており，現在，IUCNでは，脅威のカテゴリーとしてextinct, endangered, vulnerable, rare, interminate, そして不明カテゴリーとのstatus unknown, candidate, insufficiently knownのカテゴリーを用いている．絶滅の危機に瀕している種にこれらのカテゴリーを当てはめる際は，分布や個体数の変化，脅威のタイプと度合など，種の存続に影響を与える要因や種に固有の要因によって決定される（IUCN，1990）．

　実際に生物多様性保全プログラムを実施するにあたっては，数多くあるプログラムに優先順位をつけて実施していく必要性に迫られる．その優先順位は，そのプログラムに含まれる生物種が，RDBのどのカテゴリーに位置づけられているかに基づいて設定される場合が多い．この優先性に応じた保全計画が有効な役割を果たすためには，このカテゴリーに必要とされる点がある．それは，生物学的な面や生活史が根本的に異なっている分類群を通じてひろく等しく応用できること，分類群によって情報量に違いがある（情報量がほとんどないという非常に多くのケースから，すべての生活史や分布のデータが整っているというきわめてまれなケースまで）ことを考慮すること，などである．そして，最も重要なことは，カテゴリーを当てはめる際に対象となる分類群がどのように絶滅に向かっているかという評価に基づくべきであるということである（IUCN，1994 a）．

　これらのカテゴリーやRDBは，種を保全する重要なステップである（Primack, 1993）が，現在のカテゴリーシステムにはいくつかの問題点，課題が指摘されている．それは，①ある時間枠内で絶滅しそうであるというような，時間に関する定義がないこと，②endangeredやvulnerableは絶滅の危険性の度合であるのに対し，rareは，分布がもともと限られているものや，以前は広い分布であったが減少したものなど，多数の異なった状態を示す語として定義されていること（Mace, 1994），③基本的な生態学的情報から絶滅危険性を判断するための単純なルールがないこと，などである．そして，最も重大な問題は，カテゴリーに種を割り当てるためのクライテリアが主観的であるということだ（Mace, 1994；Primack, 1993）．IUCN-SSCによる行動計画は優先性の高いプロジェクトを選択するのに脅威カテゴリーを用いているので，より客観的なシステムが必要とされている（Mace, 1994）．

　これらの欠点を補うために，IUCN-SSCは，RDBで用いる脅威のカテゴリーの再定義を始め，レッドリストカテゴリーの新しい定義の提案が1994年に示された（図

10.3 レッドデータブックの新カテゴリー

```
評価─┬─適当なデータあり──┬─絶滅危惧─┬─①絶滅
    │  adequate data    │ threatened│   EX (extinct)
    │                   │           ├─②野生絶滅
    │                   │           │   EW (extinct in the wild)
    │                   │           ├─③危機的絶滅寸前
    │                   │           │   CR (critically endangered)
    │                   │           ├─④絶滅寸前
    │                   │           │   EN (endangered)
    │                   │           └─⑤危急
    │                   │               VU (vulnerable)
    │                   └─⑥低リスク
    │                       LR (lower risk)
    ├─データ不足
    │  data deficient
    └─未評価
       not evaluated
```

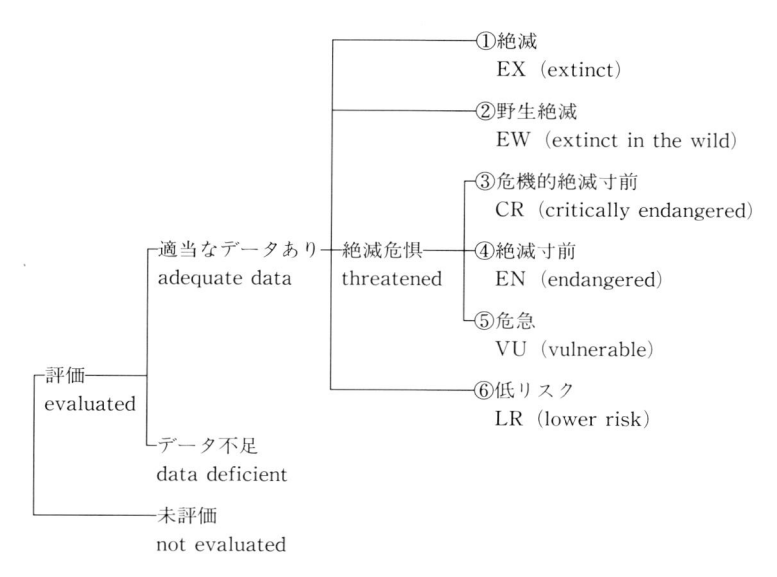

図 10.1　IUCNによる新カテゴリー

10.1）(IUCN, 1994 a ; 1994 b). 新しいシステムの目的は，①判定する人によらず一定に適用できるシステムであること，②客観性を改良すること，③異なった分類群でひろく比較することが実行できるシステムであること，などである．そして，時間スケールと絶滅可能性の変動を考慮し，個体群サイズや，個体群構造，観察または予測された減少率に基づいた量的クライテリアを提案している．以下に，図10.1に従ってその概要を記す．なお，この記述にあたっては矢原徹一氏による日本語訳版（矢原，1996）も参考にした．

まず，評価を行うにあたって適当なデータのあるものについては，以下のようなカテゴリーが設定されている．

extinct (EX): 疑いがなく最後の個体が死亡したとき，分類群は extinct である．

extinct in the wild (EW): 養殖・飼育下においてのみ，または過去における分布地以外で野生化した個体群としてのみ生存していることが知られているとき，分類群は extinct in the wild である．その知られているそして/または予想されるハビタット範囲において，その分類群に適切な時間(日ごとの，季節ごとの，1年ごとの)での，徹底的な調査でも個体の記録がされないとき，分類群は野生下で絶滅していると想定される．調査は，その分類群の生活環や生活型に適切な時間の枠組みで行われなければならない．

critically endangered (CR): 近い将来において野生下での絶滅にきわめて高い危険性に直面しているとき，分類群は critically endangered である．

endangered (EN): critically endangered (CR) には瀕していないが，近い将来において野生下での絶滅の危険性がとても高いとき，分類群は endangered である．

vulnerable (VU)：critically endangered (CR) や endangered (EN) ほどではないが，クライテリアによって定義されているように，中期的な将来において野生下での絶滅の危険性が高いとき，分類群は vulnerable である．

以下の三つのカテゴリーを合われて threatened とする．

lower risk (LR)：critically endangered (CR)，endangered (EN)，vulnerable (VU) カテゴリーのクライテリアを満たしていないと評価されるとき，分類群は低リスクである．低リスクカテゴリーに含まれる分類群は以下の三つのカテゴリーに分類することができる．①保全依存（conservation dependent, cd）；問題となっている分類群にターゲットをつけて継続している特定分類群または特定ハビタットの保全プログラムの焦点となるものであり，その計画を休止すれば5年間以内に図10.1の threatened カテゴリーの一つに定義される分類群．②希少に近い（near threatened, nt）；cd に定義されないが vulnerable と定義するのに近い分類群．③少なくとも関心がある（least concern, lc）；cd または nt に定義されない分類群．

また十分なデータがない場合も，以下のような考え方から，可能なかぎり評価を与えるようにされている．

data deficient (DD)：その分布そして/または個体群の状況に基づいた絶滅の危険性を，直接または間接に評価する情報が不十分であるとき，分類群はデータ不十分である．このカテゴリー内の分類群はよく研究され，生物学的によく知られているかもしれないが，個体数そして/または分布に関する適切なデータが欠如している．data deficient は，それゆえに脅威または lower risk のカテゴリーではない．このカテゴリーにリストされた分類群はさらなる情報が必要であるが，将来の研究によって，絶滅のおそれがあると判断される可能性が認められることを示す．どのような利用可能なデータでも積極的に使用することは重要である．

not evaluated (NE)：クライテリアに対してまだ評価されていないとき，分類群は非評価である．

クライテリアに関して，具体的な期間や数値が示されてる．たとえば，critically endangered では，最近の10年間または3世代のどちらか長い期間において，直接観察，分類群にとって適切な個体数指数，占有面積・出現範囲そして/またはハビタットの質の劣化・減少などに基づいて，少なくとも80%の減少が観察，推測されるものなど，いくつかの基準が設けられている．

以上のような新カテゴリーに基づき，日本でも見直し作業が行われており，1997年8月に環境庁から「植物種」の RDB 最新版が発表された．

10.4　レッドデータブックの問題点と課題

RDB は，前述のように，科学的に判定された結果に基づいているが，人為的な基準

により分類するということは，避けられない．さらに，①「絶滅危惧」よりも低いカテゴリーでリストされている種や，リストされていない種には注意が向けられないこと，②ある分類群について，またはある地域でのRDBができると，そのグループやその地域はすべての分類群について評価がすんでいるという暗黙のメッセージとなってしまうこと(IUCN, 1994 a；Mace, 1994)，③それぞれのリストされた種は，その個体群サイズや数の量的傾向を明らかにするための研究がされなければならないが，そのような研究は困難性が伴い，費用や時間がかかること(Primack, 1993)，などが問題点としてあげられている．

しかし，情報が不完全であるからといって，また問題があるからといって，RDBの作成やリストすることを怠るべきでない．そして，RDBは，より広範に完全に，動植物相の保全状況を評価するために政策などを刺激するために提供されなければならない．われわれが科学的に知る前に絶滅してしまうような未分類で目立たない生物種は数百万にものぼるであろうし，それらの多くは脅威にさらされている．それゆえに，RDBにリストされた数はほんの一部分にすぎない．すべてのレベルでの生物多様性に絶滅・破壊の危機が迫っており，さらに気候変動という差し迫った脅威が加わる(IUCN, 1990)．

自然保護のための地域の自然の評価や適当な管理計画の発展は，絶滅危惧度合にのみ基づくことはできない．水分バランス，土壌，動物相，植物相の保護，すなわち生態系のバランス全体のようなさらなる自然保護の目的が絶対的に必要である(Blab *et al.*, 1995)．

絶滅の過程において，ごくありふれた種がいつの間にか希少になる．これは，わが国の植物種のオキナグサ，フジバカマなどで典型であるが，「どこにでもあるからおろそかに扱ってもかまわない」といった考えが，絶滅の危険性を増大させてきた．すなわち，RDBに記載された種のみが保全されればよいというわけではなく，RDB記載種を含めたすべての種に関して，生態的プロセスの保全，ハビタットの保全を含んだ，統合的で体系的な枠組みでの生物多様性保全の方策，考え方が必要なのである．そして，その種，群落，個体群や事象がなぜRDBに記載されることになったのかという状況を分析し，その原因を排除・回避することにより，RDBの警鐘が良好な自然環境の保全へ生かされるのである．RDBに記載があるなしにかかわらず，生物多様性保全を考慮していくことが重要なのである．

10.5　新しいタイプのレッドデータブック

これまで述べてきた「植物種」，「動物種」などは，生物多様性の三つのレベル(「遺伝子レベル」，「種レベル」，「生物群集・生態系レベル」)のうちの「種レベル」を対象にしたものである．「種レベル」の多様性は「遺伝子レベル」の多様性を内包している

が,「生物群集・生態系レベル」の多様性は含んでいない. 生物多様性を保全する場合には「生物群集・生態系レベル」の多様性の保全が不可欠である. そのため RDB においても, 最近「生物群集・生態系レベル」の多様性の喪失を対象とした新しいタイプのものが作成されてきている. たとえば, 日本における植物群落 RDB (わが国における保護上重要な植物種および植物群落研究委員会, 1996), アメリカ合衆国における希少な植物群落の RDB (The Nature Conservancy, 1994), 地中海地域におけるランドスケープレベルでの RDB (Naveh, 1993 ; 1994), ドイツにおけるビオトープレベルでの RDB (Blab et al., 1995) などである. 先にあげた地形の RDB (小泉・青木, 1994) も生物種とその生息環境の喪失状況も対象となっていることから, このタイプの RDB と考えることもできる.

わが国の『植物群落レッドデータ・ブック』は 1996 年 4 月に日本自然保護協会と世界自然保護基金日本委員会によって刊行された. 植物群落 RDB は, 緊急に保護保全が必要な植物群落についてリストアップし, その保護を訴えるものである. その意図は大きくいって三つある.

まず, さまざまな植物種の集まりとしての植物群落は, それ自身が自然の重要な構成要素であり, 植物群落の多様性を維持するために RDB が必要なのである. 立地や群落の構造が典型的なもの, 逆に地理的分布の限界にあるもの, 群落としてもともと希少なものや特殊なものといった学術的に価値のあるものがあげられる.

また植物群落 RDB は, 絶滅の危機に瀕した植物種や動物種を守るため, あるいはそのような種をふやさないための RDB でもある. 生物種が絶滅を危惧しなければならない状況になったのは, 多くの場合, その生育地, 生息地が失われたためである. とくに陸上生物にとってそれは植物群落なのである. 彼らが生きる森, 草原, 湿地がさまざまな開発によって失われることは, つまり植物群落が劣化・破壊されることは, 彼らを絶滅に追いやることになる. この植物群落 RDB では, 動物種にとっての植物群落までの評価はなされていないが, 植物種 RDB にリストアップされた植物が生育している植物群落も対象として調査されている.

さらには, さまざまな植物群落の組み合わせを含む多様な生態系を守るための RDB でもある. 個々の生物は周辺のさまざまなものとの関係の中で生きている. 同じ種類の生物どうしの関係, 違う種類の生物との関係, そして水や土や大気といった周辺の非生物的な環境との関係である. 植物群落の現状を調べ, 緊急に保護保全が必要な植物群落リストの作成はこのような関係すべてを保護することにつながる.

以上のように植物群落 RDB は, 個別具体的な「場」を伴う対象の多様性保全を目的としており, この点が「種レベル」の RDB と最も異なる点である.

ランドスケープの RDB も, 同様に「場」を伴う生態系の多様性保全が目的とされ, その視点の重要性が強調されている. さらには, 自然だけでなく, 文化的ランドスケープの多様性保全もが視野に入れられている (Naveh, 1993 ; 1994). 植物群落 RDB

10.5 新しいタイプのレッドデータブック

でも，自然植生がすでにほとんど失われてしまった都市近郊などにおける雑木林などの半自然植生を，保護上重要な植物群落と位置づけ，その保全の必要性を強調している．

保全に関する対象が，種や自然生態系レベルから半自然的・文化的ランドスケープレベルへと広がることは，生物・生態的問題から，より複合的な人間-生態的・文化的・社会経済的問題へと，その概念的・方法的スケールを広げることが要求される．このためには，全体的なランドスケープ計画や動的な保全管理に基づいた，より包括的で統合的な保全戦略の発展が緊急に必要とされ，より持続可能な土地利用を考慮する必要がある（Naveh, 1993）．

地域住民の理解を得，政治家や政策決定者の態度を変化させるために，全体的で，持続可能な土地利用計画や管理を行う実践的ガイドラインとして，「脅威にさらされているランドスケープのためのレッドブック」という新しい手段が提案されている．Naveh（1993）は，この全体的なランドスケープ保全のためのレッドブック（グリーンブックとよばれている）の最初のケーススタディであるギリシャでの例について，目的や視点を概説した．それは，①土地利用や保全手段に関する多くの決定は，動植物個体群やそれらのハビタットの運命を決定する地域レベルで行われるため，具体的でよく知られているようなランドスケープ単位への脅威は，種または漠然と定義された生態系への脅威より，意味や社会へのアピールがあること，②ランドスケープグリーンブックは，代替的で，より持続可能な土地利用実践やゾーニングや保護を含んだ保全戦略を推進するべきものであること，③専門家によって準備され，行政によって押しつけられた保全計画の「トップ-ダウン」シンドロームを避けるため，初期の計画段階から地域住民が最大限参加するべきであること，などである．このケーススタディは，ポルトガル，イスラエル，スロベニア，アイルランド，ノルウェー，コスタリカで計画されている（Naveh, 1994）．

このように RDB は，生物種から生物群集，生態系，ランドスケープへとその対象を広げつつある．ドイツではビオトープの RDB に関する試みが行われている（Blab *et al.*, 1995）．地球上から喪失し，その多様性を減少させる危機にある対象を，科学的な根拠に基づきリストアップし，その保全をはかろうとする点で，これらは共通している．しかし，先に述べたように，生態系，ランドスケープを対象とする RDB は，個別具体的な「場」を伴っている点で生物種の RDB と異なっている．生物種の場合，地球上に生息する全種を保全するという目標が明確に立てられる．しかし，個別具体的な「場」を伴った場合は，母集団としては，地球上すべての空間に展開されるさまざまな空間スケールのものが想定される．このような対象に対してどのような方法で母集団を想定し，統一的かつ客観的な基準によって評価していくのか，いま模索されている．生物種の場合も，より定量的な評価が模索されていることを前述したが，この場合は，個体数およびその変化量というような数値が扱われている．しかし，生態系・ラ

ンドスケープRDBの場合は，そのような数値だけによる評価は困難だと思われる．ドイツのビオトープRDBでは，統一的な基準体系を考案する中で，量的な把握と同時に，描写による質的な評価軸を組み込んだ．生物と非生物間や生物間の関係性についての完結性，安定性あるいは再生可能性などがそのような方法で評価されている（Blab *et al*., 1995）．半自然林のようなより複合的な自然・文化的ランドスケープの多様性保全をはかるための評価基準もさらに研究されなければならない．また，ここにとりあげたような植物群落，ビオトープ，ランドスケープそれぞれのRDBを生物多様性保全全体の枠組みの中でどのように位置づけるかの検討も必要となろう．

　このように多くの課題はあるが，この新しいタイプのRDBは，自然利用（土地利用，水利用などを含む）を適正なものにするうえで重要な役割を果たし，地域全体の自然利用管理計画を考えるうえで不可欠なものとなるであろう（中井，1995）．

[長池卓男・中井達郎]

文　　献

1) Blab, J., Riecken, Y. and Ssymank, A. (1995): Proposal on a criteria systems for a National Red Data Book of Biotopes. *Landscape Ecol*., **10**, 41-50.
2) Given, D. R. (1994): Principle and Practice of Plant Conservartion, 292 p., Timber Press.
3) 浜　栄一・石井　実・柴谷篤弘編(1989)：日本産蝶類の衰亡と保護 第1集, 145 p., 日本鱗翅学会.
4) 兵庫県 (1995)：兵庫の貴重な自然──兵庫県版レッドデータブック──, 286 p., 兵庫県.
5) IUCN (1990): 1990 Red List of Threatened Animals, 192 p.
6) IUCN (1994 a): 1994 Red List of Threatened Animals, 286 p.
7) IUCN (1994 b): Species Survival Commission IUCN Red List Categories, 21 p.
8) 小泉武栄・青木賢人編(1994)：日本の地形レッドデータブック 第1集, 226 p., 日本の地形レッドデータブック作成委員会.
9) 神奈川県レッドデータ生物調査団(1995)：神奈川県レッドデータ生物調査報告書, 神奈川県博物館調査研究報告（自然科学），第7号, 257 p., 神奈川県立生命の星・地球博物館.
10) 環境庁(1991 a)：日本の絶滅のおそれのある野生生物 脊椎動物編, 331 p., 日本野生生物研究センター.
11) 環境庁(1991 b)：日本の絶滅のおそれのある野生生物 無脊椎動物編, 272 p., 日本野生生物研究センター.
12) Mace, G. M. (1994): An investigation into methods for categorizing the conservation status of species. Large-scale Ecology and Conservation Biology (Edwards, P. J., May, R. M. and Webb, N. R. eds.), pp. 293-312, Blackwell.
13) 三重自然誌の会(1995)：自然のレッドデータブック・三重──三重県の保護上重要な地形・地質および野生生物──, 183 p., 三重県教育文化研究所.
14) 中井達郎(1995)：河川の自然保護. 川と開発を考える（日本弁護士連合会公害対策・環境保全委員会編), pp. 145-155.
15) Naveh, Z. (1993): Red books for threatened mediterranean landscapes as an innovative tool for holistic landscape conservation. Introduction to the Western Crete Red Book Case Study, Landscape and Urban Planning, 24, pp. 241-247.

文　　献

16) Naveh, Z. and Lieberman, A. S. (1994): Landscape Ecology (2nd ed.), 360 p., Springer-Verlag.
17) 日本自然保護協会 (1993)：生物多様性条約資料集，1961 p.
18) Primack, R. B. (1993): Essentials of Conservation Biology, 564 p., Sinauer.
19) レッドデータブック近畿委員会(1995)：近畿地方の保護上重要な植物——レッドデータブック近畿——, 121 p., 関西自然保護機構.
20) 世界資源研究所・国際自然保護連合・国連環境計画 (1993)：生物の多様性保全戦略，248 p., 中央法規出版.
21) The Nature Conservancy (1994): Rare Plant Communities of the Conterminous United States, 620 p.
22) わが国における保護上重要な植物種および植物群落研究委員会 (1989)：我が国における保護上重要な植物種の現状，320 p., 日本自然保護協会・世界自然保護基金日本委員会.
23) わが国における保護上重要な植物種および植物群落研究委員会 (1996)：植物群落レッドデータ・ブック，1344 p., 日本自然保護協会・世界自然保護基金日本委員会，アボック社.
24) 矢原徹一 (1996)：IUCN レッドリストカテゴリー，日本語訳とその解説．保全生態学研究，**1**, 1-23.
25) 矢田　修・上田恭一郎編(1993)：日本産蝶類の衰亡と保護　第2集, 207 p., 日本鱗翅学会・日本自然保護協会.

11. レッドデータブック（RDB）(2)
生物のハビタットとしての地形・地質

　地球上には300万種ともあるいはそれをはるかに超えるともいわれるおびただしい数の生物が存在している．それぞれの種は種ごとに特有の生活様式（ニッチ）をもち，特有の生活環境（ハビタット）の中で生活している．そして多くの種が集まって，ブナ林の生態系とか湖の生態系とかいったさまざまの生態系を形づくっている．

　最近の自然保護をめぐる論議では，生物の多様性こそが重要だということがようやく共通の理解になりつつあるが，この生物の多様性をもたらす直接の原因はハビタットの多様性であるといってよいであろう．そして，その多様性をつくりだす最大の要因は地形と地質である．たとえば山地と平地ではそれぞれの環境は著しく異なるし，山地の中でも尾根と谷とではあらゆる面で対照的な性格を示す．また火山や砂丘，岩壁，蛇紋岩地域といった特殊な土地には，そこ独特の生物が分布しており，海ならば遠浅の砂浜海岸と岩礁地帯とですむ生物が異なることはよく知られている．

　もちろん地球規模で考えれば，生物の分布には熱帯，温帯，寒帯，乾燥帯といった大気候がきいていることはいうまでもない．しかし，それぞれの気候帯の中での場所による生き物の違いをもたらしているのは，やはり地形・地質であるといってよいであろう．ここでは地形・地質の役割をいくつかのタイプに分けて考えてみたい．

11.1 生き物のすみかとしての地形・地質

　最初に地形・地質が動植物の分布に深くかかわっている例を二，三紹介しよう．

a．沖積錐に生育する東京のカタクリ

　早春に美しい花をつける春植物の代表にユリ科の多年草カタクリがある（図11.1）．カタクリはもともとは日本海側多雪地域に本拠地をもつ植物で，そこでは雪解け直後の雑木林の林床に大きな群落をつくって出現する．これに対し，東京付近ではカタクリの分布は点在し，ごく限られた地点にのみ現れる．近年，自生地の開発や盗掘で分布地はさらに減少し，よく保護された場所は多摩西部の加住丘陵や草花丘陵に限られるようになってしまった．武蔵野台地を刻む谷の中にも生育地を見い出すことができるが，数地点にすぎない．

　カタクリの分布と生態を調べた鈴木（1987）は，東京付近のカタクリ群落の成立条

11.1 生き物のすみかとしての地形・地質

図 11.1 カタクリ

件として，まず①雑木林の林床であること，②北斜面であること，の二つをあげた．雑木林の林床というのは，カタクリが上を覆う高木が葉を展開するのに先立って葉を開き，木洩れ日を浴びながら光合成を行うからで，生活していくうえでの必要条件である．

北斜面というのは，夏の地温に関係があり，東京付近では北向き以外の斜面では，夏に地温が上がりすぎて，球根の消耗が激しいために，カタクリは存続できないのだろうと考えられている．

ただ北斜面にある雑木林の林床ならどこにでもカタクリがあるかというと，そう簡単にはいかない．三つ目の条件が必要である．鈴木によれば，それは地形条件で，加住丘陵の場合，カタクリの分布は集中豪雨などの際に押し出されてきた土砂が堆積してつくった沖積錐(ちゅうせきすい)とよぶなだらかな斜面に限られ，丘陵の地山をつくる急な斜面には出現しない．これは沖積錐の上では谷筋から水分がつねに供給されるため，夏でも蒸発熱が奪われて地温が高くならないためだと考えられている．このように，地形条件とそれによって規定される水分条件がカタクリの分布を決めているのである．

図 11.2 沖積錐の地形（東京都加住丘陵）

東京付近のカタクリはもとをただせば氷河時代の生きた化石（レリック）であって，氷河時代に南下してきたものが現在，沖積錐のような，夏涼しい場所で辛うじて存続しているということができる．したがってカタクリの保護には生育地を含めた保護が必要で，移植してしまっては意味がないということが理解されよう．

b. 北海道士幌高原，東ヌプカウシ山の岩塊斜面の高山植物とナキウサギ

十勝平野の北のはずれ，大雪山国立公園がここから始まるというところにあるのが，東ヌプカウシヌプリ（ヌプリは山の意味）である．この山は標高1250mほどしかないが，標高700mから1000mほどの中腹と山麓のあちこちに，ハイマツ，イソツツジ，ガンコウランなどの高山植物が生育する岩塊斜面があり（図11.3，11.4），そこにはさらに氷河期の生きた化石であるナキウサギやカラフトルリシジミ（国指定の天然記念物）が多数生息している．また，アカエゾマツ林やダケカンバ林が成立しているところでも，林床に高山植物がみられるところが多い（佐藤，1994；1995）．

すぐそばの大雪山では高山帯の下限はおよそ1600m付近にあるから，ここの高山植物は垂直分布帯のうえでは明らかに異常に低いところに分布している．この原因は安山岩の溶岩が冷えるときにできた岩塊斜面にあると考えられており，岩塊斜面の地下に凍土があって岩塊の隙間を通過する空気を冷やすために，一帯は夏でも冷たい空気が吹き出す「風穴」となり，そのために高山植物やナキウサギの存続が可能になったと推定されている．つまりここには岩塊斜面-風穴-高山植物-ナキウサギとカラフトル

図 11.3 士幌高原の岩塊斜面と植物

図 11.4 士幌高原の岩塊斜面に出現する高山植物（イソツツジとガンコウラン）

リシジミ，といった一連のつながりがあり，全体として一つのすぐれた生態系をつくりだしているのである．

なお，ここの自然はそのまま国立公園の特別保護地域に指定してもよいほどすぐれたものだが，北海道庁はこの山に必要性があるとはとても思えない道路をつけようと計画し，社会問題になっている．道庁は自然保護団体の猛反対を受けて，一転，トンネルに計画を変更したが，この計画でもトンネルの内部で凍土が解けて岩塊斜面の生態系が駄目になるおそれがあり，計画そのものの撤回が求められている．

c．ナキウサギの分布と地形・地質

東ヌプカウシ山の岩塊斜面でもナキウサギの生息が確認されているが，北海道におけるナキウサギの分布も，ナキウサギが岩塊地をすみかとしているために，地質に大きく制約されている（川辺，1989；1992）．

ナキウサギは東シベリアからカムチャツカ半島に分布域をもつキタナキウサギの亜種で，エゾナキウサギともよばれ，氷河時代に南下してきたものの生き残りである．わが国では北海道にのみ生息し，分布は大雪山系を中心に北見山地，日高山脈，そしてこれに並走する夕張山地に限られる（図11.5）．

分布が山岳地帯に限られることから，結論を急ぐと「ナキウサギは北方系の動物であるから，寒冷な高山でなければ生活できないのだ」ということになりそうだが，実

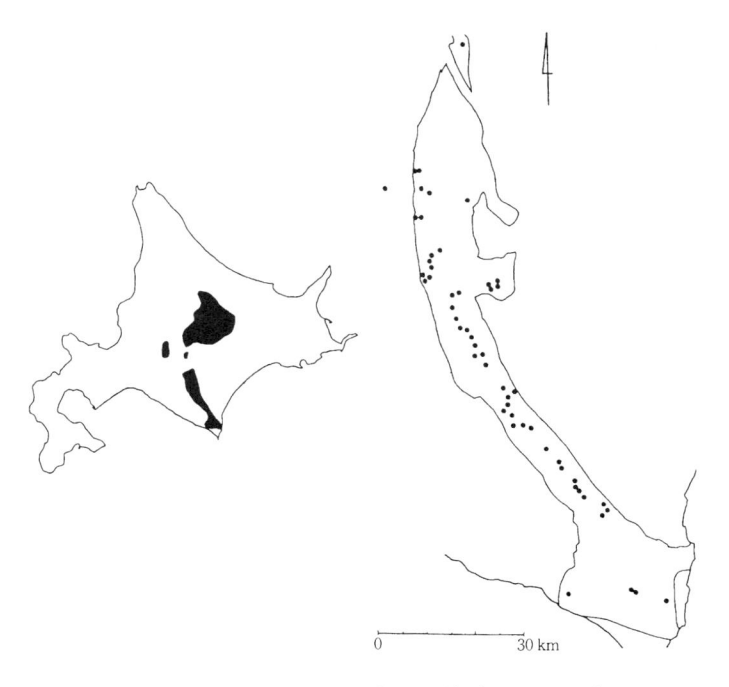

図 11.5　ナキウサギの分布と地質（川辺，1989）

際には，南日高では海抜250～300m，最も低いところでは海抜50mのところでも生息地が確認された（川辺，1990）．

こうした事実から川辺は，ナキウサギの分布を決めているのは気温ではなく，彼らのすみかにあると考えた．ナキウサギのすみかは岩の積み重なる岩塊地で，泥岩や粘板岩のように小さく砕ける岩石の分布地には生息できない．岩塊になりやすい岩石は，花崗岩やかんらん岩などの深成岩類と安山岩などの溶岩，溶結凝灰岩，それに変成岩類にほぼ限られるため，ナキウサギの生息地域もこれらの岩石の分布地に限られてしまう．図11.5に示したナキウサギの分布地より北にも西にも高い山はあるが，そこにナキウサギが分布しないのは，このためだと考えられる．

d．岩塊斜面の植物群落

岩塊斜面が特殊な植物群落を成立させている例は，ほかにもたくさんあげることができる．たとえば北上山地の早池峰山（1917m）では，かんらん岩の岩塊斜面に沿ってハイマツやさまざまな高山植物が海抜およそ1300mまで低下している（図11.6, 石塚・斎藤，1986；清水，1994）．また尾瀬ヶ原西方の至仏山（2228m）でもハイマツ群落が海抜1600m付近まで低下している．こちらは蛇紋岩の山だが，いずれの場合も森林限界高度は気候から推定される高度より600～700mも下がっている．

図 11.6 早池峰山の岩塊斜面と植物

小説で有名になった大菩薩峠（山梨県塩山東方）の近くにある丸川峠付近でも，興味深い現象を観察することができる．一帯は海抜1600m前後の山地で，ブナ帯の上部に含まれるが，花崗岩地にのみ岩塊斜面が発達し，そこではサワラ，ネズコ，モミ，ツガ，ハリモミといった針葉樹からなる林が成立しているのである．このような森林が成立する原因はまだよくわかっていないが，周囲のブナ林との境はきわめて明瞭で，登山道を歩いていくと，岩塊斜面に成立した針葉樹林と厚い土壌の上に成立したブナ

林が何回も交替し，その違いがよくわかる．

11.2 地質・地形と植物群落のかかわり

　岩塊斜面のような特殊なケースでなくても，地質・地形と植物群落のかかわりは至るところでみることができる．たとえば，石灰岩地ではカルシウム過多，マグネシウムの欠乏といった化学的な条件のもとで，石灰岩植物とよばれる一群の植物の存在することが古くから知られているが，石灰岩そのものも酸性の水に対しては侵食されやすいものの，風化に対しては非常に強いという特色をもっていて，そのためしばしば断崖や岩峰という，切り立った地形をつくりだす．これはカルスト地形の一種といえるが，多摩川の支流日原川の流域にはこうした地形がよく発達しており，岩壁表面の岩の隙間や小さなくぼみに特殊な植物群が生育するほか，岩峰の上にはヒノキの自然林が生じている．

　大雪山の麓の層雲峡や十和田湖に発する奥入瀬渓谷のように，溶結凝灰岩からなる火砕流台地が河川による侵食を受けた場合も，川の部分だけが深くえぐられ，両側に岩壁ができやすい．こうした崖地にも珍しい植物群が出現する．またチャートも侵食にきわめて強いため，周囲が侵食されて低下しても，チャートの部分だけが残って岩峰をつくることがよくある．この場合も岩の上にはヒノキ林ができやすい．

a．奥多摩三頭山の地質・地形と森林立地とのかかわり

　上にあげた事例は非常によく目立つものばかりだが，これほど極端でなくても，地質が異なると風化作用の働き方が違ってくるため，できる地形が異なり，その結果，そこに成立する森林や植物群落の組成や構造にはっきりした違いが現れることが少なくない．たとえば，奥多摩三頭山のブナ沢では砂岩・硬砂岩と石英閃緑岩という2種類の岩石が分布するが，両者の間には明瞭な地生態系の違いがみられる．

　まず砂岩・硬砂岩地域では斜面は急傾斜で，痩せた屋根と深い谷がくり返し，全体として土壌に乏しい岩がちの地形をつくりだす．そこでは尾根筋にツガとミズナラ，イヌブナ，谷筋にカエデ類が分布し，ブナは少ない．これに対し，石英閃緑岩地域では表層のマサ化が進み，谷は少なく，斜面はなだらかで丸みを帯び，斜面上の土壌は厚い．ここでは尾根型の斜面にブナが広く分布し，浅いくぼみにカエデ類，傾斜変換線付近にイヌブナが出現する．斜面上部ではミズナラが増加するが，ツガは少ない．

　このような視点からの研究はまだほとんどないが，注意深く観察すれば，だれにでも見い出せるはずである．地質の変わり目に注目しながら，山地での自然観察を行っていただきたいと思う．

b. 高山帯における地質と植物群落の関係

気候条件が厳しい高山帯では，地質による植生の違いが山地帯よりはるかに明瞭に現れる．図 11.7 は北アルプスの白馬岳北方に位置する鉢ヶ岳の西向き斜面を写したものであるが，一見してすぐわかるように，地質によって植被のつき方にはっきりした違いが認められる．気候的に強風寡雪という共通した条件のもとにありながら，このような違いが生じたのは，地質ごとに風化の仕方が大きく異なるからである．詳しくは小泉（1990；1993）に譲るが，ひと口にいってしまうと，近景の白く見える部分（流紋岩地域, 1）と遠景の黒っぽく見える部分（蛇紋岩地域, 3）では，現在の気候条件下でも凍結破砕作用によって細かい岩屑が生産され，それは次々に移動している．しかし，中景のざらざらした感じに見える部分（花崗斑岩地域, 2）では現在，礫生産は

図 11.7　鉢ヶ岳高山帯の景観

図 11.8　木曽駒ヶ岳の岩塊斜面とそれを覆うハイマツ

ストップしており，斜面は氷期に生産されたと考えられる岩塊で覆われている．

　生育する植物はこうした土地条件を反映してはっきりと分かれていく．近景の流紋岩地域では表土が不安定なために，コマクサやタカネスミレ，イワツメクサなどがまばらに生えるだけである．また同じ条件のもとにある遠景の蛇紋岩地域でもウメハタザオ，ミヤマウイキョウ，コバノツメクサなどが点在するにすぎない．いずれも植被率は数％にすぎないが，後者の場合，もっぱら蛇紋岩植物が現れるのが特徴的である．

　これに対して中景の花崗斑岩地域では安定した土地条件を反映して，植被率は30％に達し，クロマメノキやミネズオウ，コケモモ，ウラシマツツジなどからなる，風衝矮低木群落が成立している．

　なお図11.7には現れないが，花崗岩系の岩石の場合，氷期に粗大な岩塊が生産されたところが多く，その結果できた長大な岩塊斜面はもっぱらハイマツ低木林に覆われている．中央アルプスの木曽駒ヶ岳周辺にはそのような岩塊斜面の典型的なものがみられる（図11.8）．

11.3　変化する地形と植物

　地形が変化するという感覚はふつうの人にはほとんどないものであろう．山が隆起するといってもそれは目に見えない程度のスピードだし，河岸段丘のような身近な地形にしても何万年もかかってできたものであるから，地形が変化するというのはなかなか理解されないのがふつうである．しかし時間のスケールを数十年から数百年にまで広げて考えると，地形が変化するというのは比較的わかりやすくなる．たとえば西日本では数十年の間に集中豪雨が1,2回はあるのがふつうだし，東北日本でも頻度は低下するもののやはり集中豪雨が起こる．

　集中豪雨が起これば，山の斜面では崩壊が，谷間では土石流が発生し，平野では洪水が起こる．これは人間にとっては災害だが，自然界においてはごくふつうのできごとにすぎない．仮に200年に1回にしても1万年の間には50回も起こる計算である．この程度の頻度で起こる地形変化には，植物の方にも当然，それに適応しているものがあると考えるべきであろう．ここではそうした例をいくつか紹介する．

a．多摩川のカワラノギク

　カワラノギクは多摩川など関東地方の一部の川の河原に分布し，数年に1回程度の小洪水によって生育地の確保を行っているとみられる植物である．カワラノギクは川の中流域の河原で，手のひら大程度の丸石がごろごろしているようなところにもっぱら出現する．丸石河原は洪水のとき上流から流されてきた礫が堆積してできる，河原の中のわずかな高まりである．カワラノギクはそうした場所にいち早く侵入して育ち，花をつける（倉本，1995）．

丸石河原は土壌分が少なく，乾燥しているうえ，夏は著しく高温になるから，植物にとってはたいへん過酷な環境である．カワラノギクはこうした他の植物がなかなか侵入できないようなところに，悪条件に適応することによって生育の場所を確保したのである．

こうした河原にも長い間にはススキなど他の植物が侵入してくる．しかし，自然の川では数年後にはまた小さな洪水が起こり，植物は駆逐されて再びカワラノギクの適地が生ずる．こうしてカワラノギクは長い歴史を生き延びてきたのである．

しかし近年，豪雨が起こってもそれは上流のダムで抑えられ，洪水が起こらなくなってきた．このためカワラノギクの生育地に他の植物の侵入が著しく，カワラノギクの種そのものの存続が危うくなりつつある．

b．三頭山のシオジ・サワグルミ林

谷筋の土石流に適応したと考えられる植物にシオジとサワグルミがある．三頭山ではブナ沢など渓床に沿って分布していたが，1991年8月の台風に伴う集中豪雨で，沢沿いに土石流が発生したため，シオジを中心に直径30〜40cmほどの大木までが根こそぎにされるという大きな被害を受けた．原生林の被害だったため，自然愛好の市民には大きなショックを与えたが，これも考えてみると，森林更新の一つのタイプともいえ，それほど深刻に考えなくてもよさそうである．もし土石流がなければ，森林の老化が進んでしまい，シオジやサワグルミの林はいつかは他の樹種に置き換わってしまうであろう．100年か200年に1回程度の土石流はむしろシオジ・サワグルミ林の存続に役立っていると考えられるのである（赤松・青木，1994）．

もう少し広い河原をもつ河川でも，土石流や洪水によってそれまでの森林が一掃され，かわりにヤナギ類やカンバ類の一斉林ができることが，中村(1990)や石川(1980；1982など)によって報告されている．上高地のケショウヤナギも同じタイプの植物と考えてよいであろう（亀山，1985；上高地自然史研究会，1995）．

いずれの場合にしても，河辺をコンクリートで固めたり，砂防ダムで土石流を押さえ込んでしまえば，こうしたタイプの植物は存続が難しくなる．河川環境の改変は極力少なくすべきであろう．

c．火山の植生

地形変化の一つに火山活動がある．火山は古いものになるとふつうの山地と同じような垂直分布帯が発達するが，新しい火山活動があって溶岩が流出したり，スコリアなどが大量に放出されると，それ以前の植生は破壊され，広大な無植生地ができる．このような裸地では徐々に植生が回復していくが，数百年前までの噴火活動の影響は明瞭に残り，各地でそれを観察することができる．たとえば1783年の浅間山の天明の噴火で流出した「鬼押し出し溶岩流」上では，ガンコウランやコメススキなどの高山

11.4 小気候をつくりだす地形

植物に加え，シラカバやアカマツ，サラサドウダン，カラマツなどの木本が入りつつあり，徐々に森林に変わりつつある．

1719年に流下した岩手山の「焼け走り溶岩流」の場合は，植生の遷移はもっと遅れており，侵入した植物はきわめて少ない．

同じ岩手山の山頂の東側斜面や秋田駒ヶ岳では，新期の噴火によってできたスコリア斜面にコマクサが生育し，日本有数のコマクサの群落をつくりだしている．同じようなコマクサの咲き乱れる火山性の砂礫地は，草津白根山や乗鞍岳などの安山岩質の火山でもしばしばみられる．こうした火山荒原は礫地が落ち着くにつれてしだいに草原に移行していくが，この段階ではコマクサはもはや存続は不可能になってしまう．

11.4 小気候をつくりだす地形

地形は気候条件を決定することもある．たとえば山地のような起伏があると，まずその北斜面と南斜面では受ける日射量が異なり，その結果，気温や水分条件に差が生じて，植物の生育に大きな影響を与える．ヨーロッパアルプスでは主稜線が東西に走っているため，森林限界高度は南斜面の方が500 mほど高いことが知られている．これは地形の間接的な影響である．こうしたタイプの地形の役割はほかにもいくつかあげることができる．

山頂現象と雪田植物群落

わが国の日本アルプスのように南北に走る山脈では，強い西風の影響を受けて，西側斜面上部では亜高山帯針葉樹林や高山帯のハイマツ群落が成立できず，強風地の植物群落が発達する現象が認められており，この現象は山頂現象とよばれている．

一方，強風地から吹き払われた雪は，逆に東向き斜面の上部に吹きだまって，しば

図 11.9 残雪と植物

しば夏まで，ときには秋にまで持ち越されるような残雪をつくりだす．こうした場所では夏，高山・亜高山のきれいなお花畑の発達することが多い．注意して観察すると，残雪の縁からしだいに丈の高い群落に発達していく様子がよくわかる（図11.9）．地形はこの場合，残雪の分布に影響することによって，多様性に富むハビタットをつくりだし，間接的に植生の多様化を助けているのである．

同じように，それほど高くない山地や丘陵地では，尾根筋と谷筋とでは水分条件や土壌の厚さが異なり，それによってそこに成立している森林の構成樹種がはっきり違ってくることが多い．これも地形による間接的な影響である．

11.5　垂直分布帯を発達させる山地

広義には山地も地形のカテゴリーに含めて考えることができるが，熱帯であれ，温帯であれ，そこに高い山地があれば，それだけで生物の多様性が生まれる原因になる．気温の低減率は100mにつき約0.6℃だが，これは水平移動による変化の約1000倍にあたる．たとえば，日本アルプスの3000mほどの山に登ることは，北半球ならば3000km北へ移動するのと同じ効果をもち，それに匹敵する植生や動物の変化がみられることになる．これが垂直分布帯である．

11.6　地形の保護と自然保護

これまで紹介してきたように，地形の役割は多岐にわたるが，とくに大切なことは地形は生態系の基盤であるということである．士幌高原の自然などその最も典型的な例だが，このことから地形の保護こそ自然保護の根幹であるということがよくわかる．すぐれた地形はそれ自体貴重なものだが，その保護はさらに植物や昆虫などを含めた自然全体の保護につながっていく．逆にいえば，地形をこわしてしまえば，そこに生育していた植物や動物もすべて駄目になってしまうということである．このような視点はこれまでの自然保護の論議においてはほとんど欠如していたが，今後重要性を増すことは疑いないであろう．研究者の養成を含め，こうした地生態学的な研究が今後ますます進展することを期待したい．　　　　　　　　　　　　　　　　　［小泉武栄］

文　　献

1) 赤松直子・青木賢人(1994)：秋川源流域ブナ沢におけるシオジ-サワグルミ林の分布・構造の規定要因．とうきゅう環境浄化財団研究助成, **164**, 29-77.
2) 石川愼吾(1980)：北海道地方の河辺に発達するヤナギ林について．高知大学学術研究報告, **29**, 73-78.
3) 石川愼吾(1982)：東北地方の河辺に発達するヤナギ林について．高知大学学術研究報告, **31**, 95-104.

文献

4) 石塚和雄・斎藤員郎(1986)：早池峰自然環境保全地域及び周辺地域の高山帯植生．早池峰自然環境保全地域調査報告書，pp.81-122，環境庁．
5) 亀山　章（1985）：上高地の植物，221 p., 信濃毎日新聞社．
6) 上高地自然史研究会(1995)：上高地梓川の河床地形変化とケショウヤナギ群落の生態学的研究，上高地自然史研究会．
7) 川辺百樹（1989）：ナキウサギと地学．郷土と科学，**100・101**，14-16．
8) 川辺百樹(1990)：ナキウサギの生息地を標高50mの所に発見．上士幌町ひがし大雪博物館研究報告，**12**，89-92．
9) 川辺百樹（1992）：ナキウサギの分布と地質要因 (1)．上士幌町ひがし大雪博物館研究報告，**14**，103-160．
10) 小泉武栄（1990）：地質が決める高山植生の分布．日本の生物，**4-5**，58-63．
11) 小泉武栄（1993）：日本の山はなぜ美しい，228 p., 古今書院．
12) 倉本　宣(1995)：多摩川におけるカワラノギクの保全生物学的研究．緑地学研究，**15**，120，東京大学大学院緑地学研究室．
13) 佐藤　謙(1994)：士幌高原の自然は極めて特殊である．北海道の自然，**32**，48-53，北海道自然保護協会．
14) 佐藤　謙(1995)：危機に瀕する大雪山系の稀少な自然．新版・空撮登山ガイド1 北海道の山々，83 p., 山と渓谷社．
15) 清水長正(1994)：早池峰山における斜面地形に規定された森林限界．季刊地理学，**46**，126-135．
16) 鈴木由告（1987）：カタクリの生態と分布．採集と飼育，**49**，104-109．
17) 中村太士（1990）：地表変動と森林の成立に関する一考察，生物科学，**42-2**，57-67．

12. 絶滅のおそれのある野生植物

12.1 絶滅のおそれのある野生植物とは

　現在，日本に生育する野生植物の種の中には，産地または個体数のうえで，急速に数を減らし，絶滅のおそれのあるものが多数知られている．日本自然保護協会は，世界自然保護基金（WWF）の日本委員会と共同し，専門家からなる「我が国における保護上重要な植物種および植物群落研究委員会植物種分科会」を組織して，絶滅のおそれのある維管束植物をリストアップした．種分科会の調査の結果は，『我が国における保護上重要な植物種の現状』(1989)，通称『植物版レッドデータ・ブック』にまとめられた．絶滅のおそれのある植物の最新の具体的なリストは，巻末の付録4「植物版レッドリスト」（環境庁，1997）を参照してほしい．「植物版レッドリスト」には，日本に生育する約8120の維管束植物の分類群のうち，1399が絶滅のおそれのある植物としてリストアップされていて，その割合は全体の約17%である．

　現在，環境庁版『植物版レッドデータ・ブック』が準備されており，近い将来に出版が予定されている．出版後は，環境庁版『植物版レッドデータ・ブック』が，絶滅のおそれのある植物の判断の基準になる．絶滅のおそれのある植物の状況は刻々と変化し，情報不足の種の実情も明らかになってきている．実態に即しての種の追加や削除，ランクの変更などのリストの見直しが必要である．

12.2 絶滅のおそれのある植物のランク

　自然保護協会版『植物版レッドデータ・ブック』では，国際自然保護連合（IUCN）の1984年の基準に従い，絶滅のおそれのある植物の評価を絶滅（Ex: extinct），絶滅寸前（En: endangered），危険（V: vulnerable）の3段階に区分し，それぞれの段階に属する種を絶滅種，絶滅危惧種，危急種と総称している．IUCNの1984年の基準は，さらに，とくに絶滅が危惧されていないが，もともと個体数が非常に少ない種を希少（rare）のカテゴリー（R: rare）で分けているが，『植物版レッドデータ・ブック』では採用されなかった．

　「植物版レッドリスト」では，IUCNの1994年の基準に準拠して評価基準が設定された．この基準は，以前の評価基準と異なり，数値データを用いて計算される絶滅確

12.2 絶滅のおそれのある植物のランク

表 12.1 IUCN レッドリストカテゴリーの数値基準の要約（矢原ら，1996）

		CR	EN	VU
A	急激な減少	10年または3世代の減少率が80%以上	10年または3世代の減少率が50%以上	10年または3世代の減少率が20%以上
B	狭い分布域（寸断，連続的減少，大きな変動あり）	分布域が100 km^2 未満，または生息地が10 km^2 未満	分布域が5000 km^2 未満，または生息地が500 km^2 未満	分布域が2万km^2 未満，生息地が2000 km^2 未満
C	小集団（連続的減少あり）	成熟個体250未満	成熟個体2500未満	成熟個体1万未満
D1	とくに小集団	成熟個体50未満	成熟個体250未満	成熟個体1000未満
D2	とくに狭い分布域			生息地が100 km^2，または5か所未満
E	絶滅確率	10年または3世代の絶滅確率が50%以上	20年または5世代の絶滅確率が20%以上	100年間の絶滅確率が10%以上

率に基づいた客観的な基準である．これに加えて，個体群の縮小の程度，分布域の大きさ，成熟個体の数，およびこれらの要素に関する極端な変動を判断の要素とし，いずれかの基準に該当した場合，そのランクとして評価する（表12.1参照）（矢原ら，1996）．「植物版レッドリスト」は，カテゴリーの区分の仕方も従来と異なる（図12.1参照）（環境庁，1997）．「植物版レッドリスト」では，絶滅のおそれのある植物を六つの大きなカテゴリーに分けている．それぞれの基本概念は，以下のとおりである．

絶滅（EX）：我が国ではすでに絶滅したと考えられる種．

野生絶滅（EW）：栽培下のみ存続している種．

絶滅危惧Ⅰ類（CR+EN）：絶滅の危機に瀕している種．

絶滅危惧Ⅱ類（VU）：絶滅の危険が増大している種．

準絶滅危惧（NT）：現時点では絶滅危険度は小さいが，生息条件の変化によっては「絶滅危惧」に移行する可能性のある種．

```
○絶滅（EX）
○野生絶滅（EW）
┌─────────────────────────────────────────┐
│ ○絶滅危惧 ------┬--- 絶滅危惧Ⅰ類 ---┬--- ⅠA類（CR）│
│  （threatened）  │    （CR+EN）      └--- ⅠB類（EN）│
│                  └--- 絶滅危惧Ⅱ類                   │
│                      （VU）                          │
└─────────────────────────────────────────┘
○準絶滅危惧（NT）
○情報不足（DD）
○付属資料［絶滅のおそれのある地域個体群（LP）］
```

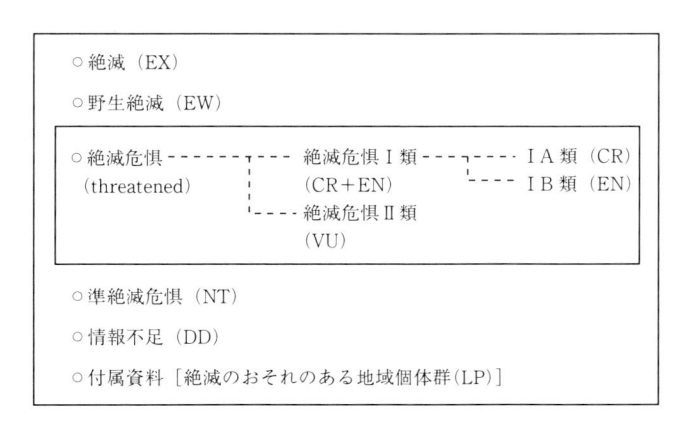

図 12.1 レッドデータブックカテゴリー（環境庁，1997）
絶滅危惧Ⅰ類のうち，数値基準によりさらに評価が可能な種については，絶滅危惧ⅠA類および絶滅危惧ⅠB類として区分した．

情報不足（DD）：評価するだけの情報が不足している種．

さらに絶滅危惧I類を評価可能な場合には，絶滅危惧IA類（CR），絶滅危惧IB類（EN）に細分している．

12.3　絶滅の危機をもたらす要因

絶滅のおそれのある植物が絶滅の危機に立たされる要因は実にさまざまであり，個別の植物種によって異なる．種分科会が調査をする過程で，以下のカテゴリーが認識された．『植物版レッドデータ・ブック』では，これらのカテゴリーに基づく評価を個別の事情の説明を含めて行っている．大別すると，開発行為によるもの，採集行為によるもの，その他になる．それぞれの具体例については，表12.2を参照されたい．

開発行為については，L：森林伐採，G：草地・草原の開発，W：湿地・池沼・河川の開発・埋め立て，M：石灰岩などの採掘，E：ダム建設，C：道路工事，D：その他の開発行為に区分されている．開発行為は，当該の開発行為が絶滅のおそれのある植物とその生育環境を損なわないように，行われなくてはならない．まずは関係機関が，絶滅のおそれのある植物の生育の実態を把握することが肝要である．情報が伝達され

表 12.2　絶滅要因ごとの代表的な絶滅のおそれのある植物の例

開発行為	L：森林伐採	アマミスミレ，ハナガガシ，タヌキノショクダイ，タシロラン，サクライソウ，マヤラン，アマミカタバミ
	G：草地・草原の開発	タマボウキ，オグラセンノウ，ハナカズラ，ヒメツルアズキ，ムラサキセンブリ，ヒゴタイ
	W：湿地・池沼・河川の開発・埋め立て	ミズニラ，デンジソウ，ミクリ，オオクグ，ノカラマツ，アサザ，チョウジソウ，カワゴケソウ
	M：石灰岩などの採掘	ミヤマスカシユリ，ブコウマメザクラ，チチブイワザクラ，キバナコウリンカ
	E：ダム建設	オリヅルスミレ，ナガバハグマ，コバノアマミフユイチゴ，クニガミトンボソウ，コケセンボンギク
	C：道路工事	ソハヤキミズ，シリベシナズナ，ツクシムレスズメ，ヒダカミセバヤ，クマガワブドウ
	D：その他の開発行為	クゲヌマラン，ハマカキラン，ゲンカイミミナグサ，トダイアカバナ，シバナ，スズカケソウ
採集行為	H：園芸用の採集	ユキモチソウ，エヒメアヤメ，タモトユリ，ジョウロウホトトギス，サギソウ，レブンアツモリソウ
	P：薬用の採集	ミヤコジマハナヤスリ，イソマツ
その他	V：火山の噴火	サクラジマハナヤスリ，マキヒレシダ，タカネハナワラビ，ハチジョウオトギリ
	S：遷移の進行	エヒメアヤメ，ムラサキ
	T：登山者による踏みつけ	ダケスゲ，タカネナルコ，コバノミミナグサ
	N：野生化動物による食害	オオハマギキョウ，オガサワラアザミ，コヘラナレン，ツルワダン，ハハジマホザキラン
	R：自生地，個体数が限られている	センジョウデンダ，ヤツガタケトウヒ，ヒメキリンソウ，オオベニウツギ，ムニンノボタン，アツバクコ

注　絶滅要因が複数存在する場合もある．

ていないことにより，公共工事が非作意的に生育地を破壊しているケースは相当多い．このような場合，当該部署が情報を把握していれば，生育地の破壊を防げることもある．現在，大規模な開発行為をする場合には，環境アセスメントがなされているが，アセスメントの結果，絶滅のおそれのある植物が見い出された場合には，現地での保護を最優先して，計画の変更を求め，またそれが不可能な場合には開発行為の中止を求めなくてはならない．移植などの自生地保護の代替手段は，移植地の自然のバランスを崩すこと，移植地が必ずしもその植物の生育に適しているとは限らないこと，貴重な植物だけで生態系が成り立っているのではないことを考えると有効な手段とはいえない．

　採集行為については，H：園芸用の採集とP：薬用の採集に分けられる．この場合，詳細な生育地の情報の公開は，かえって乱獲をまねくおそれがあり，慎重に情報を取り扱う必要がある．この場合でも，一方では，開発による生育地の破壊のおそれもあるので，関係機関では，情報を入手しておく必要がある．採集による絶滅を防ぐためには，山採り（野生植物の自然からの採集）の圧力を下げる必要がある．そのためには，モラルの問題も大事であるが，希少な植物をもつことに対するマニア的な嗜好や珍しい植物を数百鉢栽培していることを自慢するなど節度を越えた行為を評価しない態度が関係団体の間で定着する必要がある．人気のある山野草を園芸用に人工増殖して流通価格を下げることや，園芸的により魅力のある栽培品を増殖し販売することは，乱獲を遠ざける有効な手段となる．

　その他の要因としては，自然現象によるものと人為によるものがある．自然現象によるものとしては，V：火山の噴火，S：遷移の進行などが含まれる．自然現象による絶滅に関しては，人の手を加えることは望ましくなく，結果としての絶滅やむなしという考え方もあるが，遷移の進行それ自体は，自然の営みの一部であるとしても，永い目で，大きな面積をみた場合には，個別の個体群が遷移の過程で失われても，その前に新たに生じた生育に適した環境に移住することによって，地域個体群が維持されている場合がある．潜在的な生育地の面積が小さいか，分断されているため，新たな自生地を継続して維持できない場合があり，その場合には，人為的に遷移の進行を妨げることによって，地域個体群の維持をしなくてはならない場合も考えられる．

　大きな河川の氾濫原に生育するカワラノギクのような植物の場合，ときどき起こる大規模な増水のために河原が攪乱されることによって定着できる場所を確保している（井上，1994）．現在では河川の水位は人為的にコントロールされており，大規模な攪乱は起こりにくく，生育地確保が難しくなっている．カワラノギクの場合，時間の経過とともに生育地での個体の定着が困難になり，個体群が衰退していく．このように個体群の出現と崩壊をくり返す植物の場合，現在生育している場所を確保するだけといった従来の保護地指定のやり方では，種を保全することはできない．

　人為によるものとしては，T：登山者による踏みつけ，N：野生化動物による食害な

どが含まれる．登山者の踏みつけに関しては，広義でのオーバーユースの問題ととらえることができる．適度な踏みつけ圧が，特定の群落の維持や種の生存に不可欠な場合もあるが，多くの種では，踏みつけは植物の生長に悪い影響を及ぼす．その程度が限度を越えてしまえば，植生は徐々に衰退を始める．踏みつけは，直接植物にダメージを与えるだけでなく，土壌の物理的な性質を変えるなどの不可逆的な影響をもたらす．人が頻繁に出入りする場所や踏みつけに弱い植生については，立入制限を伴う利用の規制が必要である．高層湿原は貧栄養であることによって，その独特な植生が維持されている．このような環境に富栄養な下水などが流入することは，結果として貧栄養な環境下で競争を免れることにより生育できる植物の衰退をまねき，その独特な景観を破壊してしまう．このような間接的な生育環境の破壊は，これにインパクトを与えている行為者や関係者が気がつきにくいところで進行する．オーバーユースの基本的な対応策は利用の制限であり，それにそった施策が必要である．

　野生化動物による食害は，とくに海洋島で家畜が野生化した場合に大きな影響をもたらす．国内では，小笠原諸島のヤギによる食害の影響が知られている．野生化したヤギに関して，動物愛護の立場から駆除に反対する意見もあるが，草食動物の食害に抵抗する能力が十分にない植物を保護するためには駆除は必要である．本来海洋島である小笠原諸島の生態系には，大型の草食動物はいなかったのであり，生態系を人間が介入する前の状態に戻すのは理にかなうことである．いったん導入され定着した生物を完全に駆除することは，一般に非常に困難である．また，導入したことによって，どのように生態系が変化するのかは，予測できない．生物の自然環境への導入は安易になされるべきでない．

　除草剤の流入による水草の減少や，手入れがなされなくなったことによる雑木林の林床の荒廃など，自生地そのものは破壊されないが，特定の植物にとって，生存を脅かされる要因が生じ，絶滅の危機が迫ることがある．現在の保護の施策は，自生地や野生植物の即物的な保護に偏っており，今後は絶滅の要因を特定し，効果的な保護政策を立てる必要がある．

　自生地，個体数が限られているという要因は，必ずしもそれが絶滅に向かわないとしても，何らかの原因で，自生地が失われたり，個体数が減った場合に，絶滅の危険がより高くなるという点で，要因としてとりあげられていた．IUCNの1994年の基準では，絶滅のおそれのある種のカテゴリーから，希少種がはずされている．希少イコール絶滅危惧ではないからである．ただし，希少種は個体数の変動や産地の減少に敏感であるので，監視を怠ることはできない．

12.4　種内の多様性——その構造と自然保護との関係

　一つの名前でよばれる植物は均質ではない．種，メタ個体群，個体群のそれぞれの

12.4 種内の多様性

階層で固有の遺伝的特性をもっている．個体群はそれぞれ固有の性質をもち，成立の過程での歴史をもっている．視点を転じると，多くの広域分布種は，さまざまなレベルでの地方変異をもっている．種内の多様性の現れ方は実にさまざまであるが，詳細にそれが調べられている植物は限られている．

例をあげて説明しよう．種としてのホタルブクロは，日本では本州，四国，九州および伊豆諸島に分布している．従来，本州の集団は，ヤマホタルブクロとホタルブクロに亜種または変種のランクで区別されてきた．伊豆諸島の集団は，毛が少ない，花が小さいなどの特徴でシマホタルブクロとして亜種または変種のランクで区別されている．本州の集団を考えた場合に，中部地方の山地には，ヤマホタルブクロの特徴をもつ個体のみからなる集団が分布し，関西地方や東北地方には，ホタルブクロの特徴をもつ個体のみからなる集団が分布している．関東地方南部などそれらの中間に位置する地域では，両者の特徴をさまざまな組み合わせでもつ個体が混生する集団が数多くみられる．このような状況から分類群として両者を区別することはできない．シマホタルブクロは，花が小さいなどの外部形態で異なるだけではなく，ホタルブクロがもつ雄性先熟，自家不和合性が崩れているというような生殖にかかわる形質でも異なっている（Inoue and Amano, 1986）．これらの形質の違いは，有力な花粉媒介者であるマルハナバチがいないという生態系の特徴に適応したものである．ホタルブクロとシマホタルブクロの集団間と集団内の変異は，アイソザイムでも調べられており，ホタルブクロでは，集団内での遺伝的変異は大きいが，集団間での遺伝分散が比較的小さく，シマホタルブクロでは，集団内の遺伝的変異は小さいものの，集団間の遺伝分散が大きいなどの集団の遺伝的構造の違いが明らかになっている（Inoue and Kawahara, 1990）．

もう一つの例として，キリンソウをとりあげる．キリンソウは，日本各地の岩場に生育しているが，近畿，四国，九州では高い山の岩場に隔離分布している．日本各地のキリンソウの染色体数を調べ，集団単位で外部形態を解析してみると 10 以上の型に分けられることが明らかになった（Amano, 1990）．キリンソウは，4 倍体から 12 倍体レベルまでの倍数性の集団があり，それぞれに外部形態と分布地域の異なる複数の型の存在が認められる倍数性複合体である．一般に倍数性の違いは，生殖的隔離の存在を意味する．しかしながら，キリンソウの場合，外部形態だけでこれらの型を区別することは困難なため一つの分類群として扱われている．キリンソウでは，種全体が絶滅するおそれはないが，これらの型（生態学的に見ると地域個体群）のうちいくつかは産地がきわめて限られており，希少であるという点で，潜在的に保護の対象になる．

多くの絶滅のおそれのある種に関しては，種内変異に関する情報が不足している．そこで，ある自生地での個体群の維持をするために，他の地域から個体を導入しようとする際に，さまざまな問題が生じる可能性がある．仮に絶滅のおそれのある種として，ホタルブクロを想定してみよう．さまざまな形質の組み合わせをもつ各地のホタ

ルブクロを人工交配した結果，どの組み合わせでも発芽能力のある種子が得られた（天野，未発表）．そのことは，他の地域の個体の導入により，遺伝的汚染を引き起こす可能性があることを意味する．遺伝的汚染は，今まで存在していた種の歴史的，空間的な構造を破壊することになり，自然保護の観点から非常に問題がある．しかも，一度起きた遺伝的汚染は取り返しがつかない．交配可能な近縁種の導入の例ではあるが，伊豆大島ではヤマツツジの固有変種であるオオシマツツジが，オオムラサキなどの園芸植物の自生地付近での大量の植栽により，遺伝的に汚染される危惧が指摘されている（倉本，1986）．次にキリンソウの場合を想定してみよう．倍数性レベルの異なる個体間では，一般に子孫ができない．倍数性レベルの異なる導入個体は，もともとそこにあった個体群の維持に何ら寄与しないだけでなく，導入個体が定着した場合には，生育地での競合により，もともとの個体群を絶滅に追いやる可能性すらある．

12.5　絶滅のおそれのある野生植物の保護の指針

　公的機関において，絶滅のおそれのある植物の保護の問題に取り組む場合には，以下のような手順が必要である．

　絶滅のおそれのある野生植物には，全国レベルで保護が求められているもの以外にも，都道府県レベル以下の地域単位でみると貴重なものがある．その地域で，産地や個体数が少なく絶滅のおそれのあるものや分布の極限に位置する個体群，土地の利用形態の変化によって，その地域から絶滅してしまうものなどが例としてあげられるであろう．まずすべきことは，その地域の詳細な植物相を調査することである．調査をする際には，のちに疑義が生じたときに備えて標本を採取し，しかるべき機関に保存すべきである．調査結果に基づいて，保護が必要とされる植物のリストをつくる．最初の調査が十分であることはほとんどないので，保護のためにとくに支障がないものにかぎり，リストを公開して情報収集に努める．

　保護すべき植物のリストが完成したら，既知の生育地の現状を，個体群の状況，周辺の環境，土地の権利関係などを含めて，総合的に調査すべきである．個体群の動向を確かめるために，継続観察を行う．その結果，今後の個体群の維持に支障がない場合には，現地での保護に必要な措置をとる．個体群の数や個体数が減少の傾向にある場合には，減少の原因を特定して，それに応じた対応策を策定し，実施する．種子による健全な個体群の維持がなされているかも調べなくてはならない．

　保護の対策を立てる場合には，問題となっている種を保全するためには，どれだけの面積の生育地を確保し，最低どれだけの個体数が維持できれば，集団が長期間維持できるのかを知る必要がある．個体数に関しては，問題となるのは繁殖個体の数であり，観察された個体数を大きく下回ることが多い．雌雄別株，異花柱性などがある場合には，それぞれの型の比率も問題になる．個体群の存続に加えて，遺伝的多様性を

維持するためには，さらに大きな個体群を維持する必要がある．集団の遺伝的多様性は，近交弱勢や抵抗遺伝子がないことによる病気による大規模な個体数の減少など，集団の存続に個体数でない部分で影響をもたらす．集団の遺伝的多様性を示す有効な指標としては，集団の有効な大きさ (effective population size) やヘテロ接合度 (heterozygosity) がある．個体群の衰退しているときは，その原因を探り，生育状況の改善をはかる必要も生じる．さらに繁殖特性を知り，増殖や自生地での保全に役立てなくてはならない．このようなことを総合的に研究する学問分野として保全生物学 (conservation biology) がある（鷲谷・矢原，1996）．保全生物学的な調査には，専門家の助言や指導が必要である．集団の遺伝的構成や集団構造の解析など，高度なテクニックが必要な部分があり，その部分は専門家の手にゆだねなくてはならないかもしれない．

　絶滅のおそれのある植物の保全は，可能なかぎり，現地での個体群の維持に努めるべきである．自生地の不可逆な環境条件の悪化や原因不明の急速な個体数の減少など，現地での保護が困難なときにかぎり，当面の絶滅を回避するために，栽培下での保護増殖をはかるべきである．栽培することを免罪符として，自生地の破壊を許してはならない．絶滅のおそれのある植物の栽培条件や増殖法は，必ずしも十分に明らかにされていない．また，多大の労力と資金や設備が必要な場合もある．全国的にみて，危機的な状態にある植物に関しては，しかるべき専門機関が責任をもって系統維持をするべきである．増殖個体の再導入に関しては慎重な態度が必要である．可能なかぎり，現地の個体から増殖した素性の明らかな個体を用いるべきである．個体数の確保だけでなく，集団の遺伝的変異の質の維持も重要である．特定のクローンや親の子孫を大量に導入して遺伝的構成を変えることは極力避けるべきである．各個体群の空間的・歴史的固有性を考慮すると，他の個体群から個体を再導入してまで個体群を維持すべきか生物学的な意味も加味して十分に検討する必要がある．場合によっては，悔恨の情をもったうえで，個体群の絶滅を見守らなくてはならない．他の個体群からの導入は，少なくとも自生地に由来する個体では，もはや個体群の維持ができなくなったときに，初めて考慮に入れるべきであろう．また，一度絶滅した生育地は，何らかの形での環境の悪化がみられることが多く，採集などの人為的な要因で絶滅したのでないかぎり，環境条件の改善なしに導入個体を定着させることは困難である．絶滅のおそれのある植物の増殖やかつての生育地への導入の困難さについては，東京大学理学部附属植物園で行われた小笠原諸島のムニンノボタンの例に具体的に示されている（岩槻・下園，1989）．

　絶滅のおそれのある野生植物を保護する場合に，従来のように採集を禁止し，自生地を確保するだけでは保護できず，積極的な管理が必要な場合がある．たとえば，継続的な草刈りによって他の植物の侵入が防がれており，結果として，その植物の個体群が維持されている場合を考えてみよう．人為的な植生への介入をやめた時点から，

遷移が進行して徐々に個体群は衰退を始め，保護の意図とは異なり絶滅を促進してしまう．人里近くにある半自然草原に生育している絶滅のおそれのある植物には，そのようなものが多い．また，遷移の進行が絶滅の要因になっているものの中には，生業形態の変化（屋根材としてのススキの需要の激減や，燃料や肥料としての雑木林の下草刈りの中止）が原因になっているものがある．これらの場合には，今では経済的に成り立たなくなっている作業を，何らかの形で継続する必要がある．保護は指定した時点で終わるのではなく，その時点から始まるのである．人的にも経済的にも，継続可能な保護のシステムを構築しなくてはならない．

絶滅のおそれのある植物の保護の施策は，あくまで保護の対象の植物およびそれをとりまく環境とセットにして行うべきである．管理の方法，範囲，程度や人の利用の便宜に関しては，保護に悪い影響が及ばない範囲でなされるべきである．周辺の工事や施設の管理についても，保護している植物や生態系に悪影響を及ぼさないように，つねに慎重な検討が必要である．

継続観察については，頻繁に観察できるという点で，地元の有志の力が大きいと思われる．調査はそのものの成果だけでなく，調査の過程で保護すべき植物が身近な存在となり，保護の機運が高まる点で，積極的に市民の参加を呼びかけることが望ましい．

現在，種として法的に完全に保護されている絶滅のおそれのある植物はわずかである．他の絶滅のおそれのある植物に関しては，地域指定で保護の網がかぶされているものもあるが，保護の法的根拠がない場合が多い．早急に絶滅のおそれのある植物の保護の法制化が望まれるが，当面は関係者の了解のもとに，保護の実際がなされることになる．その過程で，自然保護に関係する行政などの参画も必要となる．問題となっている植物が絶滅危惧の状態から回復して，保護計画が完了する場合もあるが，長期にわたり保護にかかわる実際的な作業が必要になるケースが多い．継続可能な保護システムの構築が望まれる．

12.6　絶滅のおそれのある植物を見つけたら

近年，自然愛好会などのアマチュアの団体の活動が盛んに行われ，活動の過程で，絶滅のおそれのある植物の自生地が発見されることも増えている．そのような場合にどうすればよいか考えてみよう．

（1）調　　査

まず，行うべきことは，緊急にできる簡便な調査をすることであろう．証拠となる標本（個体数や生育状況の関係で，採集がためらわれる場合には，完全な植物体でなくてもよい）を採集する必要がある．写真には限界があり，細かい特徴をとらえることが困難な場合が多い．写真にとどめるならば，その植物であることが十分に特定で

きるように，写真の撮り方を工夫しなくてはならない．個体数や生育地の大きさ，個体群の構成など，その植物についての情報を集め，さらに，植生や周辺の環境について調べる．

（2） 関係機関への通知

ある程度，情報がまとまったら，その情報を携えて，関係機関などに，絶滅のおそれのある植物の存在を通知する．そのうえで，生育地の確保に必要な対策を関係者間で練る．

（3） 継 続 調 査

生育地が確保されただけでは，今後も安定した状態で，絶滅のおそれのある植物が個体群を維持していけるとは限らない．継続調査によって，個体群の動向を調べなくてはならない．個体数または生育量の面で減少していないか，種子による幼個体の個体群への加入が順調に行われているかなどが，調査の対象になる．このようなモニタリングは，長期間行われなくてはならず，地元の関係者によるところが大である．

（4） 個体群維持のための施策

継続調査の結果，個体群が健全な状態で安定して維持されているならば，とくに改めて施策を立てる必要はないだろう．むしろ，現状変更を行う必要ができたときに，その影響をアセスメントする必要が生じる．調査の結果，個体群が衰退に向かっている場合には，どのような対策を立てるべきか検討する必要がある．保護の対策が必要と判断された場合には，まず，衰退の原因を特定する必要がある．調査の結果に応じて，原因を除去，緩和するか，または影響を抑える施策を考える．

（5） 継続的な保護体制の確立

調査や保護対策のはじめの過程では，専門家の意見聴取や現地での調査のやり方の指導が必要である．しかしながら，保護の方針が立ち，するべきことが明らかになった時点では，地元の人の力の占める割合が大きくなる．スムーズな移行と継続して活動できる人的・経済的システムを構築する必要がある．

12.7　価値観の変革

最後に，なぜ絶滅のおそれのある植物を保護しなくてはならないかを，個人が深く考えることの必要性を指摘する．保護の動機として，郷愁や絶滅に瀕している植物への深い同情があることは望ましいことではあるが，絶滅のおそれのある植物の保護は科学的な根拠に基づいてなされなければならない．従来の保護は，珍しいから，きれいだから，みごとだからという観点に偏っていなかっただろうか？　保護の情緒的な動機を否定するわけではないが，情緒的にアピールできない植物を保護するのに十分であろうか？　絶滅のおそれのある植物のかなりの部分は，昔ながらの農村の半自然環境に依存していた．このような植物はかつてふつうにみられたものであり，地元で

は珍しいものとは思われていないことが多い．保護すべき植物を自生地から切り離して，その植物だけを増殖すればよいと考えていなかっただろうか？　個々の植物は，無機的環境を含めた生態系の一員として生きている．生態系から切り離して保護することは，種の絶滅を回避することはできるかもしれないが，絶滅のおそれのある植物は自生地で保護されるのが原則であり，最初から自生地の環境の保全の観点が抜け落ちるのは，問題がある．昨今，強調されている遺伝子資源の保全の視点も，社会に将来の有用性をアピールする面で一定の効果があるが，その場での経済的効果が期待できないときに，現地で生活している人の活動に対してどれほどの強い影響を及ぼすことができるだろうか？　人類の活動から経済的な側面をはずすことはできないが，経済に偏った自然保護であってはならない．

　人類の生存やより快適な生活の追求が，必然的に他の生物の生存を脅かすことを念頭において，いかに地球の生物多様性を保つべきか，そのために何をしたらよいのか，一人一人が主体的に考えることの重要性を痛切に感じる．　　　　　　　　　［天野　誠］

文　　献

1) Amano, M. (1990): Biosystematic study of *Sedum* L. subgenus *Aizoon* (Crassulaceae). I. Cytological and morphological variations of *Sedum aizoon* L. var. *floribundum* Nakai. *Bot. Mag. Tokyo*, **103**, 67-85.
2) 井上　健 (1994)：カワラノギクの場合．科学，**64**，657-659．
3) Inoue, K. and Amano, M. (1986): Evolution of *Campanula punctata* Lam. in the Izu Islands : Changes of pollinators and evolution of breeding systems. *Pl. Sp. Biol.*, **1**-1, 89-97.
4) Inoue, K. and Kawahara, T. (1990): Allozyme differentiation and genetic structure in island and mainland japanese populations of *Campanula punctata* Lam. (Campanulaceae). *Amer. J. Bot.*, **77**-11, 1440-1448.
5) IUCN Species survival Commision (ed.) (1994): IUCN Red List Categries, Switzerland, 21 p.
6) 岩槻邦男・下園文雄 (1989)：滅びゆく植物を救う科学，155 p.，研成社．
7) 環境庁野生生物課 (1997)：植物版レッドリストの作成について，80 p.
8) 倉本　宣 (1986)：伊豆大島におけるオオシマツツジの保全．人間と環境，**12**-2, 16-23.
9) 矢原徹一 (1996)：IUCN レッドリストカテゴリー：日本語訳とその解説．保全生態学研究，**1**，1-23.
10) 矢原徹一・松田裕之・魚住雄二 (1996)：マグロは絶滅危惧種か．科学，**66**，775-781．
11) 我が国における保護上重要な植物種および植物群落研究委員会植物種分科会 (1989)：我が国における保護上重要な植物種の現状，320 p.，日本自然保護協会，世界自然保護基金日本委員会．
12) 鷲谷いずみ・矢原徹一 (1996)：保全生態学入門，230 p.，文一総合出版．

13. 絶滅のおそれのある野生動物
野生動物の衰退をめぐって

13.1　絶　　　滅

　地球上の全生物界を一般に地球生物圏とよぶ．地球生物圏は，生命の起源以来の自然史的過程により，いわゆる生物界の進化に基づく生物の多様化が生み出した地域の特色ある生物界のつらなりとして，地球を覆った．通常は山岳と海洋底とのほぼ1万mずつの空間に，数千万種から1億種とみられる生物の種が，生態系として相互に関係し合い系をつくって生存し維持しているようになった．それが生物的自然の自然な様相であった．

　ところが生物の一種として出現した人類は，人間が到達しつくりだした社会的な活動とその影響が巨大化して「人間社会」が陸上を大きく覆い，海洋にも影響を及ぼすに至った．それにつれて他の野生生物を圧迫し，利用しつくして，野生生物の退行や空白を生み出している．空白は生物の絶滅で起こる．

　自然状態においても，野生動物の種は絶滅する．化石の存在から，自然史において絶滅が起こったのは確かである．絶滅とは，ふつうある種の個体のすべてが死ぬことであり，地球上からその単位にあたるグループが1匹もいなくなることである．化石で知られる生物界においては，単位のグループが種より上位の分類群である「科」や「目」，あるいはそれ以上とかであることもあり，その科や目に属する種がことごとくいなくなったときに，科や目が絶滅したといえる．恐竜類の絶滅はその好例である．

　ところで絶滅は地球上から，その種の動物が1匹も残らず死ぬことであり，動物はふつう子を産んでふえるのであるから，生まれる個体より死ぬ数の方が多いことによる．ある種の中で生まれる個体の数は，成獣の数とそれが親として産む卵や子の数とで決まる．成獣の数は，生まれた卵や子どもが繁殖するときまでに死亡する数を引いた生き残りによって決まる．条件によって，この数は大きく変わる．

　動物の絶滅は，死亡が出生し繁殖する能力を超えたためである．死亡が出生繁殖を超えていないので続いて生存していたのに，超えたというのは，死亡原因がそれまでと変わったからにほかならない．

　死亡原因の変化として想定できるのは，直接的な現象として次のような場合である．生存の基盤となる条件の変化，つまり動物にとっては植生の変化，競合や捕食（天敵や寄生生物）など種間関係が変わること，さらに物理的条件（気象や地形など）の変

化などがあげられる．いわゆる環境の変化である．環境の変化に対しては，動物には適応能力がある．それを超える変化が絶滅を導く．

35億年といわれる生物進化の歴史の中で，化石が語るいく度かの大規模な絶滅があったが，その変化要因には大陸移動や巨大隕石の落下などの推論が出されている．しかし，自然における大量絶滅の原因は，なおはっきりしたことはいえない．

生物の種は自然状態でも絶滅する．現象としては，「種は生成し発展し消滅する」と古生物学でいわれるように，地史的時間のスケールはいろいろであるが，一般に数十万から数百万年の間に絶滅するようである．

生物界の変動を跡づける化石などによると，人類が誕生し発展していった同じ時代，最後の数十万～数千年のところで大型哺乳類の多くの種が絶滅している．人間が絶滅要因にかかわっているとみられるが，氷河期の最後でもあったので，環境変化も大きかった．その要因は，環境変化か人類のオーバーキルによるのか両論があるが，二つの要因がかかわり合っているとの見方が強い．

さらに最近の数百年，西欧における産業革命（17世紀）以後に一つの山があり，大型哺乳類だけで約50～60種，鳥類約100種が姿を消した．その後に，自然の絶滅の場合と異なり，跡を埋める野生動物はないままである．人間による大量絶滅の時代である．

人間は道具（武器などの採取用具）の発達により，しだいに最優位の新しい捕食者の位置を占め，また植生を変えて自然の動植物相を破壊してきた．さらに20世紀にはまた新たな要因として，多くの競合種を持ち込み，汚染物質を放出し，開発などで動物の生息地を変え，商業利用，利潤追求の結果，乱獲を行っている．

1997年6月，新聞報道によると国連特別総会を前に世界銀行は，東南アジアや中南米で熱帯雨林の面積が5年間でさらに3.5%減少し，この傾向が続くならば，30年間に生息する野生動植物種の25%が絶滅するおそれがある，と警告した．1992年の地球サミット以後も破壊に歯止めはかからず，温暖化原因の二酸化炭素の排出量が途上国で5年間に25%増加，ほとんどの国が抑制値に達しないとも述べ，環境問題に対する見通しの悪化を国連関係諸国に警告した．熱帯雨林には全野生生物種の40%が生息するといわれ，その25%ということは，全種の10%が絶滅する計算になる．これは数千万種以上といわれる野生動植物種（野生生物；90%以上の未記載種の推定値が含まれる）の数百万種が失われる結果をまねくのである．

現在の野生動物への危機は，減少と分布の退縮によって絶滅に瀕している種または亜種（基準単位が亜種の例あり）が，国際的調査によれば哺乳類，鳥類を筆頭に脊椎動物で数千種（注）に達し，増加していることに示される．退行や個体数の激減をとらえる基準が変化したり，時々刻々の変化などのため，種（または亜種）数が変化する．広い分布を有し，かつ亜種区分が明瞭でなく分類学者間で区分の見解が異なる場合など，地域個体群が絶滅してもこれらの数値に表されない場合があり，この数千種

という数値が対象動物群の実態を完全に表しえないのであるが，推移上は危機にある種または亜種数は減少することはない．増大し続けるのみである．さらにほとんどすべての動物が，都市化などによって分布地域を人間に奪われている．

　注　1996年のIUCNのリストにあげられている危機にある動物（国際保護動物ともいう）は5205種（および亜種）である．その内訳は，哺乳類1096，鳥類1107，爬虫類253，両生類124，魚類734，無脊椎動物1891である．

13.2　自然の中の野生動物から人間世界の中の野生動物へ

　絶滅は個体がすべていなくなることであるが，その単位は種であるのがふつうである．したがって雌雄の出会いが難しいなど繁殖が生態的に不可能な個体数にまで減少したときには実質的に絶滅という見方がある．

　自然の変化としてみるならば，地域生態系内の種個体群が問題である．地域生態系の地域区分をどのように設定するかは，明らかに具体的な線引きが難しい．しかし，森林と草原，そして牧草地と農耕地，あるいは都市など，さらには湖，川辺や海辺林など，相対的ではあるが異なる地域生態系が認められる．ときにはまた，よりグローバルに連続性を備えた地域生態系区分の仕方もある．たとえば，タンザニアのセレンゲティ国立公園は，その周辺までほぼ一つのサバンナとしてセレンゲティ生態系（エコロジカルユニット）とみなしている（G. B. Schallerなど）．26000 km²ほどの広さである．セレンゲティ生態系を単位とみる根拠は，最も優占的なヌー（ウィルデビースト）（*Connochaetes taurinus*）が移動をくり返している行動圏の範囲である．

　このヌーの事例とは別にアフリカゾウ（*Loxodonta africana*）は，広く行動圏を移動し，ゾウ以外では嚙み砕きえない果実の果肉を食べて種子を散布するなどのほか，蟻塚を崩してミネラルの供給を他の種にも可能にする．さらに多くの木を倒すなどして食物として利用するが，その残りは背の低い動物の摂食を可能にする．また伏流水を嗅ぎつけ他の種にも水を供給する井戸となる穴を掘る．糞には未消化の植物質などが多く含まれるため，昆虫類に利用され，その昆虫の幼虫などを他の動物が利用するといった実態が報告されている．このような生態的地位からアフリカゾウのような種をkeystone species，またはkey species，さらに生態系全体をカバーし，しかも多くの他の種に影響を与えるのでumbrella speciesとよんでいる．こうした種の地域個体群の喪失は，影響現象の現れる時期は別として，大きな影響を自然生態系に与え，自然生態系の自然な過程を崩壊させかねない．

　人間は自然から生活物質の素材やエネルギー源を得て生産し，生活している．その採取の方法が質的量的に拡大し，その一部として野生動物が充てられてきた．

　質的量的な拡大とは，人間の活動についてである．その結果，最もグローバルには，①地域の生物群集の退縮または崩壊，砂漠化に至る，②都市化に伴う野生生物の退行

と駆逐，家畜，愛玩動物，飼育動物の増大と二次野生動物の出現，その結果人間を中心とした新しい生物界が成立し，それが拡大している．③狩猟鳥獣を管理する猟区，あるいは都市内のビオトープのような人工的二次（三次？）自然，④いまだに原自然状態が残る自然生態系と，人間の利用する地域との境界あるいは緩衝地帯，⑤人為化，人工化によってさまざまな段階にある生態系．このような状況下に野生動物はおかれている．したがって，それぞれの種が，こうした状況の環境にどう適応するか，によって種の現状が定まる．

衣食住から薬品に至るまで，野生動物は大古から人間に利用されてきた．使役とレクリエーション利用が加わり，次の段階では家畜と作物が加わり，社会的生産物となる動物が出現した．武器の改良から乱獲が始まったが，リョコウバトの例に代表されるマスキリング (mass killing) は19世紀以降著しくなり，狩猟による絶滅が起こった．

乱獲（とくに商取引による），さらに生息地破壊，開発，外来生物の侵入，汚染の質的量的な増大といったことが，人間活動によって従来の絶滅要因に加えられた点である．農耕や造林が十分に管理され計画的に行われない場合には，生息地破壊は起こってくる．現代の最大規模の生息地破壊は熱帯林材の伐採などであり，また少なくとも10年間に100万頭以上を犠牲にしたとみられるアフリカゾウの密猟は最大規模の乱獲である．象牙の値上がりと，銃器の近代化によって，密猟は密輸企業と結んで，ゾウ分布国の政治経済に影響を与え，多くの汚職などを生み出した．自由港を中心に取引は表では合法的に行われ，日本の業者がおもに消費側を担った．1989年ワシントン条約によって全面禁輸となったが，1997年のジンバブエでの締約国会議で条件付きながら再開されることとなった．禁輸直後からのたび重なる解禁の圧力は，ついにアフリカ諸国の首脳外交を通し，またさまざまな政治的取引などで解禁を成立させた．日本は，唯一の取引相手として積極的に働きかけを行った．そもそも密猟者の銃器の近代化は，アフリカ諸国での東西冷戦下に部族対立などによって起こった紛争に際し，ときには象牙などで先進国から買い入れたものが流出したのであり，まさにアフリカゾウは人間の側の政治経済的条件の影響をもろに受けた種である．今回の会議の流れもまた，保護に要する資金を得ることを建前として生み出されたが，不況下に自然資源を切り売りしたいという階層の要求と，先進国の業界の意向とが一致し，その動向に先進国の一部は政府・非政府組織ともに無言の承認を与えた形である．というのは，先進国は保護に要する費用を従来のように提供できず，不況下での資金調達の難しさをゾウの命で肩代わりさせたといえる．さらに，東アジアを中心とする経済圏の発達は，こうした自然資源消費に意欲的であり，将来の大きな市場となっていくと思われる．

以上のような途上国側がみずからの自然資源を売るという構図は，SU（サステイナブルユース）を建前として内実は問題を抱えつつ，今後も強まるであろう．

現代では，途上国（第三世界）での政治経済が，野生生物の利用に強い影響を及ぼ

す．アフリカの現在の生態系は，戦争といった自然破壊を経ながらも，なお500万のゾウ個体群を収容できるといわれる．一部の野生動物は産品として，あるいはトロフィーハンティングの対象としての消費対象とされる．一般に植物のあり方に比して特定の野生動物が狩猟対象となり，生態的バランスのとれたあり方をしていない生態系が多くなっている．とくにわが国では，「野獣」は害獣であり，森林を守るためにカモシカの駆除をといった驚くべき呼びかけが行われたりしている．わが国においては，「エコロジー」という表現に代表される生態学的なものの見方，考え方などは，ほとんど普及していない．そのような社会的意識と関係があると思われる．

13.3　野生動物の存在の現代的意義

　人間は出現以来，さまざまな働きを通して自然に働きかけ生存を可能にしてきた．農耕や牧畜，林業などの働きは，野生動物を駆逐していった．その過程で生物界を再編し，ある場合には意図的に，ある場合には無意図的に移入動物を導入した．人間が主になってこうした多くの二次的野生動物がさまざまな地域に定着し始めた．その結果，20世紀はまさに「旅」の世紀だったし，生物界が自然のままの部分を残しつつ，人間の管理下で生物界が新しい種間関係のもとにつくられ，再構成，再編成された．その進行過程で野生動物の中には絶滅したものもあり，新たに適応した種もある．

　このような状況は，都市生態系研究やIUCN（国際自然保護連合）などが中心になったWCMC（世界自然保護モニタリングセンター）などの野生状態での種個体群の動態を調べるといった動きによって把握されている．対策も含めて，各専門家グループの保護のアクションプランがつくられてもいる．とはいえ，現在も野生動物に対する圧力はますます巨大化している．それは消費拡大による経済発展，それも途上国と先進国との経済・技術格差の開きが大きくなるため，途上国が自然資源をいっそう売らねばならぬ方向である．そのうえ，先進国での自然指向がかえって漢方薬や装飾品などに巨大な市場を形成しつつあるため，野生動植物への圧迫となっている．また乱開発はいぜんとして続いており，そのための荒廃や砂漠化による圧力が第三世界に広がってもいる．

　一方ではエコツーリズムなどで，野生動物の存在が一つの生きたままの価値を生み出しつつもあり，人間の自然環境の悪化に対応して自然生態系の維持機能を果たす，存在するだけの「無用の用」の役割も認められるようになった．

　地域の文化様式は，自然生態系の影響を受ける．地域の伝統文化の最近の見直し機運は，明らかに地域の自然生態系の見直しと維持に価値を認める．そのような場合は，地域の自然生態系を維持する野生動物の働きが維持される必要がある．

　経済文化においては，野生生物の利用が含まれる．しかし，地域の自然の価値が十分に認められるならば，その消費的利用は維持の機能を損なうようにはなりえない．

ここにこそ，本来的な SU（サステイナブルユース）が真に管理的なものとして実現する．

　管理は，人間の利用の管理が必要である．アフリカゾウなどの例では，管理し保護して利用すると掲言されているが，消費的利用が商業的になって地域での住民の利用を越えるおそれがある．資源としてのその種個体群を有用にふやそうと人為介入が始まり，結局は半家畜状態となる．それでは地域の本来的自然の維持とは重ならないのである．

　次に環境教育，自然教育の対象としての野生動物の働きがある．これは人間が内に自然を内包する存在である以上，その自然性が都市化などでほとんど衰弱してしまう状況に対応する教育活動の対象としての意義である．

　人間（ヒト）と筆者は表すのだが，人間の社会的文化的なあり方を通して過去においてヒトは，その自然的性質を貫いてきていた．ヒトとしての種の維持は，道具から発達したさまざまな機械器具や人工物によって営まれて，社会的文化的に成立する．自然に対する働きかけで物質代謝して営まれてきた生活の中で，人間は歴史を歩んできた．人工物が人間のすべての欲求を可能にするようにシステムができ上がっていく文化的な生活は，しだいに人間（ヒト）を自然から遠ざけてきた．このような都市化の中で人間（ヒト）の行動形成がされ，意識が形成されていくならば，人間（ヒト）はほとんど人工物の世界の中で生存していくことをいとわないであろう．しかし，ヒトとしての肉体や意識されない情緒の働きには，ストレスなどが加えられていくものと想定される．こうした憂いは単に筆者だけではなく，子どもをめぐる環境の中に自然生態系の断片的な部分でも存在させるべきだとの配慮と，環境教育の主張が生まれている．子の自然性は感受性で覚醒させるべきだとの主張もあって，自然物や自然の系に具体的に接触させる必要性が強くいわれ始めている．都市公園や家庭での環境，あるいは遊び場などに，野生動物も存在し維持されている自然生態系とのつながりもある環境がさまざまに考えられているのである．このように，どの程度かなどの論議は残るが，人間活動地域の自然生態系の維持に野生動物は欠かせないし，観察対象として子どもも見得ることもまた重要な「存在」の価値であると思われる．ツーリズムの場合も同様に，観察や撮影などの対象として，野生動物は非消費的利用対象となっているのである．

　人間（ヒト）という認識には，動物との対比が欠かせない．人間の知的活動の対象として野生動物の示す現象は，ローレンツ（K. Z. Lorenz）の動物行動学を例に引くまでもなく意義をもつ．野生動物の存在は，古くから美として人間の芸術活動の対象でもあったが，最近では人間自身を問う一つの認識対象として価値がいっそう強まっている．しかも実用的な利用として，コンパニオンアニマルとしての動物，アニマルセラピーの対象としての野生動物（これはまったくフリーリビングでなければならぬ）といった新しい人間と動物との関係世界が生じている．

13.3 野生動物の存在の現代的意義

このような人間と動物との接触には，個体の特徴もまた意味をもつし，人間の側では愛情をもって接していかねばならない．これらの接触は，人間におのれの内なる自然性を自覚させうるだろうし，失われた人間どうしの言語による以外のコミュニケーションを考えさせもする．野生動物は，こうして資源としての利用，そしてマスとしての野生動物ではなく，大型種では個体としての，自然的な存在として，人間とは別の世界を体現するものとして美や愛などの精神活動の対象となる．動物愛護と野生動物保護，自然保護などが，人間の新しい文化的な働きとして，重なり合うところでもある．

共生という生物学的概念とは異なる共存を，地球上での生物の共生と表現する思想が生まれてもいるし，サステイナブルユースの真のサステイナブルはその共存の前提が果たされてのものであろう．こうした野生動物の「自然な」生存を伴って，全地球上の海洋も含めて，半ば以上をそれなりに生物多様性を失わないように管理する．それができたとき，野生動物の絶滅に歯止めがかかり，人間にとっても「自然な」新しい文化的な世界が実現できるのであろう．

共生・共存のこうした基本は，地球規模から地域，それも小さな庭などにまで及び実現すべきものと思う．

おわりに

絶滅のおそれのある野生動物の状況を，ランクづけする国際自然保護連合（IUCN）のクライテリアが，1994年から変わってきている．国際的組織の認識の変化を示してもいる．レッドデータブックは，状況を示す記録として1966年以来世界的に広がった．各国別にもレッドデータブックがつくられ，日本のレッドデータブックも1991年に発行されている．IUCNでは改変してレッドリスト（IUCN Red List of Threatened Animals）として状況を2年ごとに把握し刊行している．しかし，現状認識の方法は人間側の社会的動向などで変化するが，自然の方は関係なしに進行している．人間による自然界の改変を黙示し続けているのである．

この状況を，社会的存在である人間の活動として「自然の社会化」は人間にとって自然なのだとの主張もある．しかし，そうした人々の人間観には人間（ヒト）という人間の自然性の認識が欠けていると思う．この人間がヒトをおのれの内に包み込むという統合的な見方を，筆者は自己家畜化論として何度か論じた．この人間（ヒト）の自然なあり方は，現代の課題でもあるが，そのあり方の維持には，人間の自然環境が前提される．人間の自然環境が自然そのものを含まないかぎり，この地球上で安定したものとならない．自然の経済的利用を含めて，現在サステイナブルディベロップメントやサステイナブルユースがサステイナブルなものになるためには，自然生態系の進化史的変化まで含めた自然さが，地球にとって必要なスケールとレベルで保存されねばならない．その一つの足がかりが生物多様性条約の真の実現である．現在の野生

動物の状況を，この目的にかなうようにする努力は，地球と人間を救うために必要であり，野生動物保護の重要な意義なのである．

　生物多様性条約の基本理念は，遺伝子，個体，個体群，種，生物群集，生態系および景相の各レベルの多様性を出現させる自然の過程を保全することにある．野生動物についていえば，その生息地（環境）を含めて系として保全することである．これは消費的利用とは整合しない．SUによる消費利用地域の地域個体群とは別に，その種が雌雄比など生態的行動的に自然のままに生存できるような地域を十分に保存する必要があるからである．その具体的な広さなどは，種ごとに明確にされ，それに基づく必要がある．ともかくも生息地の十分な広さの確保であり，地域の自然を保全するには地域個体群の動態が重視されなければならない．

　これらを進めていくにあたって，サステイナビリティやMAB（人類と生物圏計画）の生態系保護区構想や世界遺産，そしていくつかの国際条約などが位置づけられて全体的にとらえ計画されねばならないと思う．これが新しい課題でもある．

［小原秀雄］

文　　献

数多くの絶滅に関する著作物がある．各レッドデータブックおよび国際的データは，IUCNのRed List（2年ごと）によるのが基本である．そこで筆者自身の見解を示すものをあげる．
1)　小原秀雄（1994）：人間と野生動物．畜産の研究，10月号，11月号．
2)　小原秀雄（1996）：人間は野生動物を救えるか，岩波書店．

14. 環境基本法

　廃棄物の増大や窒素酸化物による大気汚染など都市生活型公害や地球環境問題など環境問題が拡大してきたのに対応して，新たな環境行政の基盤をなす「環境基本法」が 1993 年 11 月の第 128 回国会で全会一致で可決，同月 19 日公布された．これに伴い公害対策基本法（1967 年施行）は廃止され，自然環境保全法と自然公園法の一部が改正された．

14.1　環境問題と環境基本法

a．基本法と個別法

　「基本法」とはさまざまな法律がある中で，国の政策の基本的な方向を示すことをおもな内容とする法律である．現在，環境基本法をはじめ教育，原子力，農業，災害対策，観光，中小企業，林業，消費者保護，障害者，交通安全対策，土地など 12 の法律がある．いずれも各行政分野についての施策の進め方（プログラム）を規定する施策の方針，基本計画，審議会などの設置を規定している．一方，基本法と対比して一般の法律を「個別法」とよぶ．個別法は規制措置を定めたり，税制を定めたりというように，国民の権利義務にかかわる事項を具体的に規定するものである．

b．拡大する環境問題

　環境基本法が制定される以前の環境行政は，公害対策基本法（1967 年制定）と自然環境保全法（1972 年制定）の二つの基本法にそって施策が進められてきた．これらの基本法は 1960 年代に激発したわが国の公害と自然破壊に対処し，かなりの成果をあげてきた．しかしその後も，環境問題は急速に拡大し，これらの基本法だけでは現実に対応できなくなった．すなわち大量生産，大量消費，大量廃棄の生活様式の定着を背景に，大都市における窒素酸化物による大気汚染や生活排水などによる水質汚濁など，いわゆる都市・生活型公害の進行が加速化し，廃棄物の増大も深刻になった．都市への急速な人口集中に伴う都市における身近な自然の減少は，自然とのふれあいやアメニティに対するニーズを高めた．また，近年，オゾン層の破壊，地球温暖化，酸性雨，野生生物種の減少など，地球全体に及ぼす問題や各地で国境を越えて進行する環境破壊が顕在化してきた．

c. 空間的広がりと時間的広がり

このように環境問題は地球的規模という空間的広がりと将来の世代にわたる影響という時間的広がりをもつようになり，環境を課題ごとのばらばらでなく総合的にとらえ，計画的な施策を講ずることが不可欠になってきた．

その解決のためには，多様な対策手法を使って経済社会システムのあり方やライフスタイルそのものを見直していくことも必要になってきた．そこで環境基本法は，それまでの公害対策基本法のすべての規定はそのままの内容を盛り込むとともに，より発展した内容で継承，合わせて自然保護政策の理念も拡大して盛り込むなど，環境保全の基本理念を明示した．また国，地方公共団体，事業者，国民といった社会の各主体の責任と役割を明確にし，基本的な施策のプログラムを定めている．さらに地球環境問題に対処するための国際協力のあり方を規定している．このように，わが国が環境への負荷の少ない持続的な発展が可能な社会をつくっていくという新たな取り組みを始めることを国の内外に宣言しているのである．

これに伴い「環境基本法の施行に伴う関係法律の整備等に関する法律」も制定された．大気汚染防止法や水質汚濁防止法など環境関係の個別法も基本法の精神にそって手直しされた．このように四半世紀ぶりに，国の環境政策の基本的な方向を示す法律が制定されたことは，わが国の環境対策の歴史の中で画期的なことである．

14.2 環境基本法と環境の保全

a. 環境基本法の目的

環境基本法は3章46条と付則から構成されている．第1章総則では「環境保全の施策を総合，計画的に推進し，現在および将来の国民の健康で文化的な生活の確保に寄与するとともに人類の福祉に貢献することを目的とする」（第1条）とし，環境の恵沢の享受と継承をめざし（第3条），「社会経済活動による環境負荷を可能な限り低減し，持続的に発展する社会が構築されることを旨とする」（第4条）と，大量消費社会からの脱却をめざすことを打ち出している．また国際協力による地球環境の保全を積極的に推進するとしている（第5条）．

これらの施策を実現するにあたって国，地方公共団体，事業者，国民の4者について，それぞれの責務規定を明示している（第6,7,8,9条）．なかでも国民に対しては「日常生活にともなう環境への負荷の低減に努めなければならない」とライフスタイルの変革を求めている．

環境保全についての関心と理解を深めるために6月5日を「環境の日」とした（第10条）．この日は1972年，ストックホルムでの国連人間環境会議の開会日である．当時，大石環境庁長官が提案し，国連の世界環境デーと決定したいきさつがある．この条項は参議院の審議の過程で法案に新たに加えられた．

また「政府は環境の保全に関する施策を実施するため必要な法制上又は財政上の措置その他の措置を講じなければならない」（第11条）とした．

また環境の状況，政府が講じた施策の「年次報告等」（環境白書）の国会への提出を義務づけている（第12条）．これは公害対策基本法の条文を引き継ぎ拡大したものである．

新しい公害として危機感をもってみられている放射性物質による大気汚染，水質汚濁，土壌汚染の防止措置については原子力基本法その他の関連法律で定めるとしている．放射能公害対策は従来どおり環境庁ではなく科学技術庁にゆだねている．

b．環境保全の基本的施策

第2章では「環境の保全に関する基本的施策」として，その実施にあたっては①環境の自然的構成要素が良好な状態に保持されること，②生物の多様性の確保がはかられること，③多様な自然環境が地域の自然的・社会的条件に応じて体系的に保全されること，④人と自然との豊かなふれあいが保たれること，をめざすとしている（第14条）．それまで自然環境の保全策は自然環境保全法に謳われ，公害対策基本法は文字どおり公害対策に終始していたが，環境基本法では，公害対策と自然保護対策を包括的にとらえてその理念を示しているのが特徴である．

c．環境基本計画の作成

今回新たに総理府の長としての内閣総理大臣は「環境基本計画」を作成することを規定した（第15条）．経済政策の分野で経済企画庁設置法に基づく「長期経済計画」が，国土開発政策の分野で国土利用計画法に基づく「国土利用計画」が，国土総合計画法に基づく「全国総合開発計画」などが策定されている．ようやく環境政策の分野でも，中長期的な見通しのもとで総合的な施策を推進できるように，環境政策に関する基本的な計画を策定することになった．初めて法的に義務づけられたのである．

このような国家計画としてはオランダに環境保護法による「国家環境政策計画」（1989）が，韓国に環境政策基本法による「環境保全長期総合計画」がある．一方，カナダの「グリーンプラン」（1990），英国の「この共通の遺産——英国の環境戦略」（1990），フランスの「国家環境計画」（1990）などがあるが，これらは法的根拠に基づくものではない．

さらに，環境基本法は公害対策基本法を継承し，行政上の目標としての「環境基準」と特定地域に対する総合的な対策を盛り込んだ「公害防止計画」の策定を規定している．

d．環境アセスメントの法制化は明記せず

また新たに国の施策の策定などにあたって「環境影響評価」（環境アセスメント）を

推進することを謳っている．国が土地の形状の変更，工作物の新設などの事業の実施前に環境アセスメントを行うことは，1972年の閣議了解，さらに1984年に閣議決定した「環境影響評価実施要綱」により手続きなどが定められ実施されてきたが，経済界などの反対でいまだに法律は制定されていない．1983年に衆議院で法案が審議されたが，解散に伴う審議未了，廃案になったままである．東京都，神奈川県，横浜市，川崎市など各地の自治体で独自に条例を制定したり要綱をつくって実施しているが，今回の環境基本法でも法制化については明記せず「必要な措置を講ずるものとする」（第20条）という表現にとどまっている．

諸外国ではアメリカが1969年制定の国家環境政策法で法制度を確立したのをはじめ，経済協力開発機構（OECD）加盟の国々は，わが国を除きすべて法制化を行っている．アジアでも韓国，フィリピン，タイなどで法制化が実現，OECDからは1974年と1979年の2回にわたり制度化の勧告がなされ，国連環境計画（UNEP）からも1987年に勧告がなされている．こうした国の内外の要請を受けて政府は1996年，総理大臣名で中央環境審議会に対し，「法制化をふくめ」て「今後の環境影響評価制度の在り方について」と題する諮問がなされている．

e．経済的誘導策を提示

また第21条では公害対策基本法と自然環境保全法の精神を継承して「環境の保全上の支障を防止するための規制」を規定している．さらに第22条では，新たに「環境の保全上の支障を防止するための経済的措置」を掲示している．環境保全対策が環境汚染や破壊行為に対する規制だけではなく，税制の優遇措置，低利融資などの助成措置あるいは経済的負担措置など，負荷活動を低減させるための経済的誘導策（インセンティブ）を明示したことは，時代の変化に伴う環境政策の多様化を示すものといえよう．しかし，そのための具体策である「環境税」やリサイクル促進のためのデポジット（預託金払い戻し）制度などの措置については，今後の調査，研究と国民の理解，協力を得ることに努めるとしているにとどまっている．

「環境の保全に関する施設の整備その他の事業の整備」（第23条），「環境への負荷の低減に資する製品等の利用の促進」（第24条）に続いて，第25条では「環境の保全に関する教育，学習等」，第26条では「民間団体等の自発的な活動を促進するための措置」，第27条では「情報の提供」，第28条では「調査の実施」などについて提示している．

環境教育の必要性はひろく痛感されながら，わが国では環境庁と文部省の間の連係はこれまで必ずしも十分ではなかった．環境基本法の制定により，学校教育と社会教育の双方にわたり，両省庁の協力により幅広い教育の展開が期待される．また，環境の実態を掘り起こし報道するジャーナリズムが果たす社会教育的役割も無視できない．そのため第27条の「情報の提供」の規定では，「国は環境情報を適切に提供する

ように努めるものとする」と規定されている．ただ注目すべきことは，この条文では，あくまでも行政側は「情報提供」にとどまり，「情報公開」にまで至っていないことである．

f．NGOへの支援

さらに「国は自発的な緑化活動，再生資源にかかわる回収活動その他の環境の保全に関する活動が促進されるように，必要な措置を講ずるものとする」として，住民運動，NGO（非政府組織）活動への国の支援を謳っている．1992年の国連環境開発会議でも環境保全対策における政府の役割と並んでNGOの役割が強調された．以来，わが国でもNGOの存在が注目され，その育成策が問題になってきている．こうした内外の住民運動への関心の高まりが，この条文に反映しているといえよう．

この法律は第26条で，国による環境の状況の把握，環境の変化の予測，または環境の変化による影響の予測に関する調査を実施するとしている．環境政策は正確な知識，科学的知見に裏打ちされたものでなければならない．自然環境保全法によりおおむね5年ごとに行われている自然環境保全基礎調査（緑の国勢調査）や化学物質環境安全性総点検調査などがある．今後もさまざまな環境調査が進められる（第28条）．と同時に監視，巡視，観測，測定，試験，検査体制の整備に努めるとしている（第29条）．そして自然科学系と社会科学系の双方にわたる環境保全をめざす科学技術の振興をはかる（第30条）としている．

第31条第1項は紛争処理に関する規定である．公害紛争処理法に基づく公害等調整委員会の活動を，第2項は現行の「公害健康被害の補償等に関する法律」による被害者救済について述べている．

g．地球環境保全のための国際協力

この法律は，1992年のブラジルでの国連環境開発会議（地球サミット）を契機に高まった地球環境の将来に対する国際的な危機感と国際協力の機運を背景に生まれたものである．1972年の国連人間環境会議（ストックホルム会議）以来，国連環境計画（UNEP）や経済協力開発機構（OECD）などを舞台に各種の国際条約の締結など環境外交が展開されてきた．にもかかわらず，地球温暖化，オゾン層の破壊，酸性雨，砂漠化，海洋汚染，野生生物の種の減少，有害廃棄物の越境移動などが進行している．

続いて「地球環境保全等に関する国際協力等」と題して，上記のような事態を前にしてわが国の姿勢を国の内外に，とくに海外諸国に明らかにしている．すなわち第32条は，第1項で地球環境を守る国際協力を推進する意志を明らかにしたうえで，第2項で海外の開発途上地域の環境と南極や世界遺産など，国際的に高い価値があると認められている環境の保全に努めることを宣言している．また第33条では，地球環境についての監視，観測などに国際的な連係をはかることを明らかにしている．これには国

だけではなく自治体をはじめ企業やNGOなど民間団体の役割が大きいことを認識し，「その活動の促進のために国は情報の提供その他の必要な措置を講ずるように努めるものとする」と規定している．

さらに国が国際協力を行ったり，企業が海外で活動する場合，その地域の地球環境等に配慮することを規定している．発展途上国への政府開発援助（ODA）などの国際協力事業による開発工事に伴って，地元の住民たちから環境破壊の非難を受ける事態が起こることを防止するためである．

h．地方自治体の役割の強調

環境基本法は地方自治体に対し「国の施策に準じた施策及びその地方公共団体の区域の自然的社会的条件に応じた施策をおこなうこと」を認めている．わが国の環境政策は，まずはじめに住民が地域の環境に異変を見つけると身近な自治体に対策を求める．自治体は条例を制定したり要綱をつくってそれに応えた．そうした条例が各地に広がったところで国は法律を制定した．その際，自治体は地域の特性に対応して法律の規定より厳しい内容や，より幅広いいわゆる「上乗せ」，「横だし」を進めてきた．その実績を国も認めざるをえなかったわけである．第39条で国は地方公共団体に財政措置を講ずるに努めるとし，国と自治体が協力して環境の保全に取り組むこととしている．

i．汚染者負担の原則

この法律は「原因者負担」，「受益者負担」の大原則を掲げている．環境政策の分野での費用負担については1974年にOECDの理事会勧告により汚染者負担の原則（polluter pays principle, PPD）が示されている．わが国では1976年に中央公害対策審議会が「公害に関する費用負担の今後のあり方について」という答申を出し，その中で，汚染防除費用だけでなく，環境を復元するための費用や被害を救済するための費用についても汚染者負担の考え方を適用することを示している．すでに自然公園法や自然環境保全法，公害防止事業費事業者負担法，海洋汚染防止法，下水道法などにこの原則は盛り込まれている．

このほか国と地方公共団体との関係について国が財政上の支援措置をとるとともに両者は相互に協力することを示している．

そして最後に環境問題が広がりをみせる中で，行政には専門的知識と広い視野に立った多角的判断が必要なために，内閣総理大臣，環境庁長官，関係大臣の諮問機関として学識経験者からなる中央環境審議会を環境庁に置くこととしている．筆者は中央公害対策審議会に引き続いてこの中央環境審議会の委員を務め，環境基本法の形成のはじめの段階から実施の段階まで意見を述べる機会に恵まれた．改めて責任の重さを痛感している．

［木原啓吉］

15. 生物多様性条約

「生物の多様性に関する条約（Convention on Biological Diversity）」は，1992年5月22日ナイロビで採択され，1992年6月5日リオデジャネイロで作成され，ついで署名された．いわゆる地球サミットの期間中で，署名国は157か国で，日本は6月13日に署名し，1993年6月に条約を批准し，それによって条約の内容に従うことを約束したことになる．1993年末のモンゴルの批准により，条約発効に必要な30か国に達し（日本は18番目），12月に発効した．

この条約の目的と意義は，条約の前文と第1条の目的とに書かれている（図15.1）．

この条約でいうところの生物の多様性とは，biological diversityの訳語であるが，第2条の用語の部分に次のように記述説明されている．

「この条約の適用上，『生物の多様性』とは，すべての生物（陸上生態系，海洋その他の水界生態系，これらが複合した生態系その他，生息または生育の場のいかんを問わない）の間の変異性をいうものとし，種内の多様性，種間の多様性および生態系の多様性を含む」と．

15.1 生物多様性の理念

生物多様性（生物の多様性）とは，明らかに生物のもつ基本的法則性である．もとの語であるbiologicalを生物学の意と訳すと，生物学という学問の多様性を意味することになってしまう．これは誤訳とはいいきれないかもしれないが，誤解を与えてしまう．biologicalは生物的論理，つまり生物法則，あるいは生物の属性を意味するのである．また，略称であるbiodiversityもよく使われ，生物学的と誤解されることはなくなったが，biotechnologyのバイオと狭く解釈されたりもしかねない．多様性が生物の基本的性質であるとはいえ，こうした誤解を含め，生物の多様性について一般にはあまりにもなじみがないのである．

多様性と訳されたdiversityもまた，同様である．生物の多様性の保全（conservation）は，条約提案の以前に，1980年の国連環境計画事務局（UNEP）と国際自然保護連合（IUCN），世界自然保護基金（WWF）とで作成した世界自然保護戦略（World Conservation Strategy）の中で，その基本理念としてとりあげられていた．生物の多様性については，生物学などの中で論じられたことは少なくないが，自然保護，環境

生物の多様性に関する条約
（平成五・一二・二九　条約）

前文

締約国は、

生物の多様性が有する内在的な価値並びに生物の多様性及びその構成要素が有する生態学上、遺伝上、社会上、経済上、科学上、教育上、文化上、レクリエーション上及び芸術上の価値を意識し、

生物の多様性が進化及び生物圏における生命保持の機構の維持のため重要であることを意識し、

生物の多様性の保全が人類の共通の関心事であることを確認し、

諸国が自国の生物資源について主権的権利を有することを再確認し、

諸国が、自国の生物の多様性の保全及び自国の生物資源の持続可能な利用について責任を有することを再確認し、

生物の多様性がある種の人間活動によって著しく減少していることを懸念し、

生物の多様性に関する情報及び知見が一般的に不足していること並びに適当な措置を計画し及び実施するための基本的な科学的、技術的及び制度的能力を緊急に開発する必要があることを認識し、

生物の多様性の著しい減少又は喪失の根本原因を予想し、防止し及び取り除くことが不可欠であることに留意し、

また、生物の多様性の著しい減少又は喪失のおそれがある場合には、科学的な確実性が十分にないことをそのような減少又は喪失のおそれを回避し又は最小にするための措置をとることを延期する理由とすべきではないことに留意し、

更に、生物の多様性の保全のための基本的な要件は、生態系及び自然の生息地の生息域内保全及び存続可能な種の個体群の自然の生息環境における維持及び回復であることに留意し、

更に、生息域外における措置も重要な役割を果たすことに留意し、

この措置は原産国においてとることが望ましいことに留意し、

生物資源に緊密にかつ伝統的に依存している多くの原住民の社会及び地域社会が生物資源の持続可能な利用に関する伝統的な知識、工夫及び慣行がもたらす利益を衡平に配分することが望ましいことを認識し、

生物の多様性の保全及び持続可能な利用において女子が不可欠の役割を果たすことを認識し、また、生物の多様性の保全のための政策の決定及び実施のすべての段階における女子の完全な参加が必要であることを確認し、

生物の多様性の保全及びその構成要素の持続可能な利用のため、国家、政府間機関及び民間部門の間の国際的、地域的及び世界的な協力が重要であることを強調し、

新規のかつ追加的な資金の供与及び関連のある技術の取得の適当な機会の提供が生物の多様性の喪失に取り組むための世界の能力を実質的に高めることが期待できることを確認し、

更に、開発途上国のニーズに対応するため、新規のかつ追加的な資金の供与及び関連のある技術の取得の適当な機会の提供を含む特別な措置が必要であることを確認し、

この点に関して後発開発途上国及び島嶼国の特別な事情に留意し、

生物の多様性を保全するため多額の投資が必要であること並びにこれらの投資から広範な環境上、経済上及び社会上の利益が期待されることを確認し、

経済及び社会の開発並びに貧困の撲滅が開発途上国にとって最優先の事項であることを認識し、

生物の多様性の保全及び持続可能な利用が食糧、保健その他増加する世界の人口の必要を満たすために決定的に重要であること、並びにこの目的のために遺伝資源及び技術の取得の機会の提供及びそれらの配分が不可欠であることを認識し、

生物の多様性の保全及び持続可能な利用が、究極的に、諸国間の友好関係の強化、人類の平和に貢献することに留意し、生物の多様性の保全及びその構成要素の持続可能な利用のための既存の国際的な制度を強化し及び補完することを希望し、現在及び将来の世代のため生物の多様性を保全し及び持続可能であるように利用することを決意して、次のとおり協定した。

第一条　目的

この条約は、生物の多様性の保全、その構成要素の持続可能な利用及び遺伝資源の利用から生ずる利益の公正かつ衡平な配分をこの条約の関係規定に従って実現することを目的とする。この目的は、遺伝資源の取得の適当な機会の提供及び関連のある技術の適当な移転（これらの提供及び移転は、当該遺伝資源及び当該関連する技術についてのすべての権利を考慮して行う。）並びに適当な資金供与の方法により達成する。

第二条　用語

この条約の適用上、

「生物の多様性」とは、すべての生物（陸上生態系、海洋その他の水界生態系、これらが複合した生態系その他生息又は生育の場のいかんを問わない。）の間の変異性をいうものとし、種内の多様性、種間の多様性及び生態系の多様性を含む。

「生物資源」には、現に利用され若しくは将来利用されることがある又は人類にとって現実の若しくは潜在的な価値を有する遺伝資源、生物、生物又はその部分、個体群その他生態系の生物的な構成要素を含む。

「バイオテクノロジー」とは、物又は方法を特定の用途のために作り出し又は改変するため、生物システム、生物又はその派生物を利用する応用技術をいう。

「遺伝資源」とは、現実の又は潜在的な価値を有する遺伝素材をいう。

「遺伝資源の原産国」とは、生息域内状況において遺伝資源を有する国をいう。

「遺伝資源の提供国」とは、生息域内の供給源（野生種の個体群であるか飼育種の個体群であるかを問わない。）から採取された遺伝資源又は生息域外の供給源から取り出された遺伝資源（自国が原産国であるかないかを問わない。）を提供

図 15.1　「生物の多様性に関する条約」前文（『環境六法』より）

問題としてとりあげられたのは，このときが最初であろう．それ以降，生物の多様性の維持が自然保護，人間の自然環境保全の重要な要件として主張されるようになったのである．

1980年についで，1991年のUNEP，IUCN，WWFの"Caring for the Earth"においても，これは強調された．さらに1992年のブラジルの地球サミット「開発と環境の国連会議」にも基本理念の一つとして提案され，条約として締結されたのである．最初，生物多様性「保全」(conservation)条約であったが，「保全」は条約名から取り去られた．前文には残されているが，生物資源の利用が条約策定の過程で強調されたことが反映されたためである．

ところで生物の多様性は，まず生物の世界が，多種多様な種によって構成されている実態で示される．これはまぎれもない事実の生物現象である．人類の生物に対する科学的認識はまず分類学による，こうした多様な種の存在する事象の法則化から始まっている．現在生物界は180万種ほどが記載されているが，最近の研究事例から人類はいまだ5～10%の種しか認識しておらず，哺乳類や鳥類，顕花植物などでは，未知の種はそれほど多くない（15%ほど）が，土壌や深海の生物などではわずかしか知られていない（未知の種が95%以上とか）ため，1000万から数千万種もの生物がいるとみられるようになった．もちろんこの種の数は，亜種とされるものも含む変異であろうが，多様性は驚くほどの規模なのは確かである．さらに，この多くの種が，種によって差はあるが，また地域集団で違いがある地理的変異，個々の個体変異も含んでおり，遺伝子レベルにまで及ぶ．また発育による変化，季節による変異，そのうえ行動や生態の違いなどがあり，無数といえるほどの変異，つまり多様さが生じている．この多様な変異は生物が自然に進化し適応した（適応放散）結果であり，生物がそのように進化し生態的に分化する性質，それが多様性にほかならない．だからこそ，ダイバーシティであって，分岐し分化する進化史的性質を表現したのである．単なる多様な変異（バラエティ）だけではない．多様性により生物どうしの進化史的，生態的な結びつきは形成されており，それらの地域的生物群集（生物界）は，地形などの自然的地史的条件と生物が進化し生態的に適応する多様性により多様に形成された．したがって地域の生物界はそれぞれ特色があり，各生態系がまた構成する地域の景相（景観）もまた多様になる．自然の生物界においては，系統上原始的な形質を保つ種個体群も，高度に複雑な形質をもった種個体群も，生活の維持が可能であれば，同じように共存できる．寄生や屍肉食，還元者その他，それぞれ生物の多様な生活様式がまた，他の多様な生物の生存を可能にするからである．生物各種は食物連鎖や物質循環過程などを通して他の種の生物を利用し，利用されて栄養形式その他で維持を相互に可能にしているのである．多様性は生物界の現実であり，それを出現させ維持させるメカニズムであり，根本的な要因，働きである．進化（歴史的生成）のプロセスと生態（現在的維持）のプロセスとがその仕組みである．野生生物を守ることは，自然を成り立

たせている要素を守ることで，自然保護になる．したがって生物の多様性の保全は，自然生態系の保全となり，自然保護につながる働きとなる．また，非政府組織(NGO)のアジェンダの中でふれられているが，文化の多様性にも関連する．というのは，各地域の自然生態系の保全は，地域の文化が地域の自然と深くかかわる以上，文化の多様性を生む可能性をもつからである．

15.2　生物多様性条約と生物資源

　1980年以来，ブラジルサミットに至るまでの過程で，生物多様性条約は多くの変化を遂げた(堂本暁子私信；UNEP関係者私信)．当初「保全」条約とされていたときには，ワシントン条約，湿地生態系の保全をめざすラムサール条約，世界遺産条約，さらに国境を越えて移動する種を保護するボン条約などのこれまで結ばれた生物や生態系を守る国際条約でカバーしきれない地球上のすべての生物と生態系を保全しようとする条約であった．生物多様性条約は，これまでの条約が対象としている特定の生物種や生態系を包摂して，さらに地球上のすべての生物の保全を基本づける枠組みとなるものであった．生物多様性の保全のこの枠組みにおいて，生物資源の利用について，いわゆる遺伝子資源の保全と利用とが加えられ，持続的利用の理念が盛り込まれた．発展途上国に生息する野生生物を保全するだけでは，途上国の権益を守れないという考えが強調されたのである．保全している野生生物を利用し，バイオテクノロジーで製品化し利益を得た場合，原産国に利益の一部をどう還元するのか，あるいはバイオテクノロジーの技術移転の条件をどのようにするのか，といった問題が，この条約を保全のための条約にとどめておかなかったのである．生物の多様性の保全は，各国の主権のもとで管理されることが確認されている．保全する責任と義務を負うとともに，自国内の生物資源を管理する権利をもつのである．条約の作成過程で，先進国の多くと途上国とが激しく対立したのが，遺伝子資源や技術に関する問題と資金の問題であった．保全に要する経費を途上国はどう捻出するのか，どこで調達するのか，また先に述べたように，途上国の遺伝子資源（すなわち野生生物）を利用して得た利益の還元の仕方，さらに先進国（企業）が保有するバイオテクノロジーなどの保全や利用に関する技術を，途上国はどう利用できるのか．このような問題で途上国と先進国との利益がぶつかり，条約は完全な成案とならず，合意ができないまま課題は締約国会議で定めるようになっている．先進国側での利益に最も敏感だったアメリカは，ブラジルサミットではついに署名をしなかった．ところで各国は，条約に規定されている国家戦略の策定をしなければならない．それらの課題が残されたままなのである．

　なお，自然保護にかかわる問題の中での大きな課題は，南極海に設定されたサンクチュアリのように，広大な自然生態系の保存が必要であり，陸上では国家間にまたがる保護区域の設定が待たれる点である．日本国内においても環境関係の法令や開発計

画に，この条約の提起した生物多様性の保全という概念が盛り込まれねばなるまい．またとくにわが国では，生物観に，このような見方が加えられることが望まれる．

15.3　今後の問題点

　生物多様性の理解について，一般にわが国の場合には種の多様性に置き換えられてしまう（それは含まれているし，種の多様性の保全には積極的意義はあるが）と，飼育繁殖による種の保存，利用のための管理しての保護あるいは遺伝子や受精卵の保存といった方法で果たすことができると誤解されてしまうおそれがある．しばしばマスコミなどで生物多様性の理解が種の多様性に限られてしまい，生態系や景相の多様性保全を通しての自然保護との連関が見失われがちになる．また，多様性の強調で，多様なほどよい生態系と誤解されてしまい，人為的な介入を肯定する論理が導かれがちになる．人為的生態系で，多様な生物種を導入したりすることが主張されたり，行われたりしがちになる．しかし，これまで説明したように生物の多様性の保全は，進化する自然のプロセスを含み，多様性は少なくてもそのような生態系が自然に成立したものであれば，そうした多様性が生み出す生物の基本的性質を守って，種の多い生態系（たとえば熱帯林）と少ない生態系（たとえばツンドラ）などが存在するという多様性を保全するのである．したがって生物の多様性の保全は，地球的規模を含めて自然の多様性を保全することになり，自然保護の一つの基本形態であるといえるのである．今やそのように全地球生物圏を守らねばならぬときがきている．それがこの条約の最も基本的な役割なのである．

〔小原秀雄〕

文　　献

　間接的に生物多様性にふれたものはきわめて多いが，理解を深めるため，直接に関係のあるものをあげることにする．
 1) 堂本暁子（1995）：生物多様性，岩波書店．
 2) 岩槻邦男（1995）：多様性の生物学，岩波書店．
 3) 橘川次郎（1994）：なぜたくさんの生物がいるか，岩波書店．
 4) マクニーリー，J. A.（1991）：世界の生物の多様性を守る，日本自然保護協会．
 5) 沼田　眞（1994）：自然保護という思想，岩波書店．
 6) 小原秀雄（1996）：人間は野生動物を守れるか，岩波書店．
 7) リード，U. ら，藤倉　良編訳（1994）：生物の保護はなぜ必要か，ダイヤモンド社．
 8) ウィルソン，E. O.（1995）：生命の多様性，岩波書店．
 9) WRI IUCN/UNEP（1993）：生物の多様性保全戦略，中央法規出版．

16. ワシントン条約 (CITES)

16.1 ワシントン条約の成立と日本での発効

　絶滅のおそれのある野生動植物の種の国際取引に関する条約（通称ワシントン条約），略称 CITES (Convention on International Trade in Endangered Species of Wild Fauna and Flora) は，わが国において 1980（昭和 55）年 11 月 4 日に発効した国際条約である．

　1960 年の国際自然保護連合 [IUCN：International Union Conservation Nature and Natural Resources, The World Conservation Union（ただし当時は別称）] の総会で提起され，1972 年のストックホルムでの国連人間環境会議で勧告として野生動植物の輸出入等に関する条約採択会議の開催が採択された．それに基づき 1973 年 2 月にワシントンで 81 か国が参加して全権会議が開催され，翌年 3 月 3 日にこの条約が採択された．21 か国が署名し，1975 年 7 月 1 日に所定の発効条件を満たして，効力を発生した．日本は全権会議に出席して，1973 年 4 月 30 日に署名したが，国内業者などの調整が進まずに世界から批判を受けつつ取引を継続していた．しかし，1980 年には後に国連環境問題の特別委員となる故大来佐武郎が外相として在任のとき，ようやく批准をしたものである．すでに当時「留保」条項に基づいて 9 種について留保していた．留保すれば当該種について非締約国扱いとなるのだが，それによって国内業界をなだめ，批准したといえよう．その後 1983 年には 15 種にも増加した留保を行い，国際的批判を浴びた．たとえば 1985 年のアジア・太平洋地域セミナーで，非難決議が採択されたのである．留保は，条約批准に際し，国内での調整に時を要するという条件で認められるものだが，1980 年以降，数年間放置されていたとみなされたゆえの批判であった．「かけこみ輸入」と称される多量の取引が増加するままに時を過ごすという事態がみられたのである．1985 年以後，しだいに留保の撤回がなされたものの，現在でも付属書 I にあげられたマッコウクジラ，ツチクジラ，ミンククジラ，イワシクジラ，ニタリクジラ，ナガスクジラの計 6 種は，国内産業上の理由など（通産省公報）から留保されている．その結果，日本はワシントン条約を施行しながらも捕鯨問題では実質商業取引を続行する意志を 15 年間に及ぶ期間表明し続けているとみられている．

　1993 年に各締約国が条約事務局に提出した年次報告によると，約 30 万件の野生動植物の取引事例がある．しかし，この件数は，条約で規制されている種に限られての

ものであり，全野生動植物の取引件数はこの数倍以上とみられている．日本は，トラフィックジャパン［Trade Records Analysis for Flora and Fauna in Commerce＝Japan，IUCN と世界自然保護基金（WWF）によって運営される，野生動植物取引記録の調査機関．ネットワーク組織になっており，いまは日本は東アジア（Traffic East Asia）の一組織となった］によれば，ここ数年来毎年2万件前後の取引記録があり，量的にも質的にも世界で1～2を争う野生生物消費大国である．なお野生生物とは野生動植物とほとんど同義である．

16.2 野生生物の人為淘汰と保護の歴史

野生生物，とくに野生動物に対する人間の人為淘汰は，家畜の出現以来のものである．個々の種に対してだけではなく，生態系を人為化する，あるいは社会化，人間化する人間活動は，生産力の上昇，武器その他道具の技術革新ともいうべき質的量的改良に基づいて発展した．その結果，さまざまな影響を野生生物界全般に（生態系にも）及ぼした．これが質的量的に増大したのは，文明の発達の程度によるが，商業取引で野生生物産品の需要が増大して以来のことである．金銀財宝の一部として象牙は，近代以前も以後も価値があるとされ，サイ角もまたやや似たような状況にあった．その結果，18世紀に近代的動物学が記述したゾウ（2種）やサイ（5種）の分布地は，おそらく有史以来12世紀頃までに退行を遂げた結果でしかなかった．多くの地域個体群の絶滅の結果でしかなかったのである．さらに20世紀に大幅に退行した．19世紀後半から20世紀の初頭，すでに野生動植物の人為による絶滅を憂い，未来の減少を心配する動きは，それ以前の王侯貴族の狩猟用に森などを確保する措置とは異なった保護区の設定などとして，徐々にみられてきていた．しかし，野生生物産品の動きを規制するまでには，さらにほとんど1世紀近くを要した．ワシントン条約は，人類がようやくみずからの利益追求の動きに，自己規制を加えようとした点で，画期的なものであった．

IUCN の前身的な組織や国際鳥類保護会議（ICBP，1922年創設）などはすでに第一次大戦前から野生動物保護の必要性を論議していた．二度の大戦での中断を経て，1948年に保護についての専門的会議が開かれ，以後続いていき，保護委員会（survival service commission）として1950年から活動を始めた．1966年に"Red Data Book"第1巻が発行され，以来種および亜種レベルで，野生生物各種の保護が専門的に情報収集と対策の提起として形をなすに至った．その一面で，商業的利用（先住民たち自身の自家消費とは別）の規制なしには，保護の実効があがらないと認識され，CITES の実現に向かったのである．さらに現代では，商業取引規制でも種の絶滅や退行は防ぎえず，地球サミットでの生物多様性条約推進の要望が加わった．一方ワシントン条約についても，持続的利用（sustainable utilization）の要求は強まり，当初のねらい

であった商業取引の規制の面が弱まっている．

　わが国でも，戦前から希少動植物の保存の動きはあり，天然記念物，特別天然記念物として，種および地域個体群を指定することによって，その絶滅や退行を防ごうとした．早い事例として，たとえば1921年ルリカケスが指定されている．しかし，具体的な生息地保護策などは欠けたままであった．また，商業取引規制などには施策が及びもしなかった．国内の野生動植物が大々的に商業取引の対象となった例もほとんどなかった点もあるが，第二次大戦後は産業優先が国策でもあった．

16.3　ワシントン条約の内容

　通産省（条約管理当局）公報（1995年10月30日）によれば，ワシントン条約については，わが国では，以下のように説明されている．概要を記述する．
　ワシントン条約の概要（通産省公報による）
　昭和47年6月ストックホルムにおいて開催された「国連人間環境会議」において，絶滅のおそれのある野生動植物の種の保護を図るため，野生動植物の輸出入等に関する条約採択会議の早期開催が勧告された．
　これを受け，昭和48年2月からアメリカ合衆国政府主催によりワシントンにおいてアメリカ合衆国，南アフリカ共和国，コスタ・リカ等81か国が参加して，条約採択のための全権会議が開催され，同年3月3日に「絶滅のおそれのある野生動植物の種の国際取引に関する条約」が採択された．
　本条約は昭和50年4月2日に所定の発効条件を満たし，同年7月1日に効力を生じており，これまでにオーストラリア，フランス，イタリア，英国，アメリカ合衆国等128か国が締約国となっている．
　わが国は，上記全権会議に出席し昭和48年4月30日に本条約に署名したが，その後，国内関係者の調整等を経て昭和55年4月25日第91通常国会において本条約の締結が承認され，同年11月4日から発効している．
　（1）　目的及び内容
　本条約の目的は自然のかけがえのない一部をなす野生動植物の一定の種が過度に国際取引に利用されることのないようこれらの種を保護することにある．このため，本条約では絶滅のおそれがあり，保護が必要と考えられる野生動植物について次の3区分に分類し，それぞれの必要性に応じて国際取引の規制を行うこととしている．
　①付属書Ⅰ：絶滅のおそれのある種であって取引による影響を受けており又は受けることのあるものが掲げられている．これらの種の取引は，特に厳重に規制されることとなり，主として商業的目的のための取引は禁止されており，学術研究用を目的とした輸出入に際しては，輸出許可書及び輸入許可書の双方が必要とされている．現在（引用者注：1995年10月，以下同じ）約557の種が指定．

②付属書Ⅱ：現在必ずしも絶滅のおそれのある種ではないが，その存続を脅かすこととなる利用がされないようにするためその取引を規制しなければ絶滅のおそれのある種となるおそれのあるものが掲げられている．輸出入に際しては輸出国の輸出許可書等が必要とされている．輸出許可書等が発行されれば商業取引を目的とした輸出入もできることとなっている．現在約264の種が指定．

③付属書Ⅲ：いずれかの締約国が自国の管轄内において規制を行う必要があると認め，かつ取引の取締りのため他の締約国の協力が必要であると認める種が掲げられており，輸出入に際しては，原産地証明書及び付属書Ⅲに当該種を掲げた国から行われるものについては，輸出国の輸出許可書が必要とされている．現在約240の種が指定．

（2） 規制の対象

本条約の規制の対象となるものは，現在付属書に掲げられている約1051種にわたる野生動植物であるが(注)，生きている動植物のみならず剝製のようなものも含まれる．またその部分及びそれらを用いた毛皮のコート，ワニ皮のハンドバッグ及び象牙細工等の加工品も規制の対象となっている．

注　通産公報にある表現を引用したのであるが，ここでいう種の数は亜種および科，目などのグループ名（多くの種が含まれる）をそのまま数え上げた数値であろう．目や科などの中に含まれる種および亜種を数えると，ワシントン条約による規制を受ける種数は動物約3000種，植物約32000種に及ぶ．

（3） 取引の例外措置

付属書Ⅰに掲げられている動植物であって，商業目的のため人工的に飼育により繁殖させたもの及び本条約が適用される前に取得されたものについては，それらの旨の証明書があれば商業取引も可能となる．

（4） 留　　保

締約国は，付属書に掲げる種について留保を付すことができることとなっており，留保を付した種については，条約の規定にしたがわなくともよいこととなっている．

わが国は，国内産業上の理由等から現在付属書Ⅰに掲げられているまっこう鯨，つち鯨，みんく鯨，いわし鯨，にたり鯨，ながす鯨の6種について留保している．

（5） そ の 他

本条約は締約国間の取引のみならず，非締約国との間で行う取引についても締約国側は他の締約国との間の取引に対する規制と同様の規制を行う義務がある．したがって，非締約国に対しても本条約にいう輸出許可書等とその発給要件が実質的に一致している書類を求めることとしている．

また，締約国は条約の規定により国内に管理当局と科学当局を設けることとされており，わが国では管理当局（輸出入規制を担当）は通商産業省と農林水産省（海からの持込みの場合），科学当局（輸入に係る種の存続を脅かす可能性等について助言を行う）は農林水産省（海棲哺乳類，魚類，植物）と環境庁（その他の動物）となってい

る.　　　　　　　　　　　　　　　　　　　　　　　　　（概要終り）

　付属書の動植物名および条約本文によって条約は構成される．また，付属書Ⅰの種に関しても，条約付帯決議条項などに則していれば，商業目的であっても飼育繁殖させたものであることや，条約締結前に取得されたものであることが科学当局などによって立証された場合，取引可能になっている．

　付属書Ⅱの種は，付属書Ⅰの種になる予備軍であるといえるが，業界の意識としては取引利用可能な種，管理しつつ利用する「べき」種とみなしがちである．国によって対応に差が生じるが，輸出国の科学当局が種の存続を脅かさないとみなすなどの要件を満たし，管理当局の発行した輸出許可証を必要とする．また，科学当局（日本では環境庁と農水省）は，許可証の発行や取引の実際を監視し，必要に応じて許可証の発行の制限を管理当局に助言するなどの規制手段が条約によって規定されている．従来は，にせの許可証などの問題があった．

　付属書Ⅲは付属Ⅰ，Ⅱとは趣旨を異にしており，各国が自国で保全せんとする種を，各締約国がバックアップすることが趣旨でもある．

　以上のようにワシントン条約は，野生動植物の利用を規制することで，その保護保全をめざすという一面と，適切な利用を持続させるという面とが含まれている．この両面のどちらが強く機能するかは，すべて時の国際社会経済の動向による．具体的にはその機能は，付属書の適正なリストの作成と，手続きとなる規制（許可証の発行など）の確実な執行である．

16.4　ベルン基準の概要

　第1回締約国会議はベルンで開かれ，当時の環境問題重視の国際社会の動向，とくに日本など一部を除く先進諸国が野生動植物の減少，退行に強い危機感をもって，付属書改定の基準をつくった．以来約20年にわたって適用されてきたベルン基準（通称）概要は以下のとおりである．

（1）　アップリスティング基準

　生物学的状況については，個体群サイズまたは地理的分布域についての多年にわたる報告，あるいはその他の科学的な報告，信頼できる観察者による報告，生息地破壊，頻繁な取引，その他の潜在的な絶滅の原因に関するさまざまな方面からの報告が必要とされる．

　生物学的基準に適合する種であれば，国際取引によって影響を現在受けている，または将来受ける可能性があるものは，付属書Ⅰに掲げられねばならず，また取引状況については取引の発生が明らかになった場合は，生物学的状況についての情報は完璧である必要はないとされている．条約成立時からIUCNの影響は強く，リスティングについて各国の状況報告に対し，IUCNの見解や報告が判断に大きな影響を及ぼして

いた．

（2） ダウンリスティング基準

保護解除の結果生ずる利用に耐えうるという明確な科学的証拠が必要とされる．この証拠は，付属書Ⅰへのリスティングを支えてきた証拠にまさるものでなければならず，また少なくとも，種の個体群の変動の兆候が，付属書Ⅰへの証拠の削除を正当化できるほど回復していると示される個体群調査報告書，および商業取引についての可能性の分析を含まなければならないとされる．

ベルン基準の特徴は，「絶滅のおそれ」の枠組みを具体的には設定せず，根拠となりうる条件や状況を示している点にある．そのために，かなり広範なさまざまな条件や状況から，付属書にリスティングできる．取引状況だけでなく，貴重な種または種個体群と生物学的に判定されれば，リスティングが可能である．また，ダウンリスティングでも相関させて判定している．そしてダウンリスティング基準はアップリスティング基準よりも厳しいので，予防原則といえるような働きをもたせている．したがって，利用推進をめざす立場からは保護に偏っているとの批判が生まれる．

16.5 ワシントン条約の変容

施行後10年ほどから，さまざまな政治経済上からの改変が望まれてきた．条約は，適正な野生生物利用のための条約であり，適正な利用は生物が繁殖力をもっているので持続的なものであるはずである．いわゆる生物資源の原資を保持しつつ，その利息にあたる部分の持続的利用は理論的に可能であることになる．だが，具体的に量的な規定を各国が定める事態は，国家の経済政策および環境政策によってゆらぎがある．とくに野生生物の原産国の多くは，いわゆる第三世界にある．その経済状態は，自立傾向を強めつつ，しかもなお貧困からの脱却を階層ごとに違いがありながらも，強く求めている．一方，先進国ではまた，経済政策と環境政策とのバランスは，好不況によって大きく影響され，とくに途上国に対する援助がより大きく経済状況に左右される．しかも先進国の一部の日本やカナダなどでは，野生生物利用に関しては，つねに積極的利用を求めてきている．そしてIUCNなどとは別に大国の政治的影響がワシントン条約の運用についても，著しくなってきている．原則として2年に1回開かれる締約国会議は，しだいに利用推進の国家および業界団体と，利用に慎重な国家および非政府組織（NGO）とのロビー活動などが，激しさを増してきた．1989年のスイスでの第7回締約国会議でのアフリカゾウの付属書Ⅰへのアップリスティングをめぐる争いは，象徴的で激烈であった．利用維持をはかる南部アフリカ諸国の，先進国の人々からなるアドバイザーたちは，捕鯨問題での野生生物利用推進派たる日本やノルウェーなどに働きかけ，密猟に悩む他のアフリカ諸国および利用慎重派の諸国と対立し，ついに余波は条約事務局長および一部事務局員（ほぼ南部アフリカの見解に同調し，

退任後，持続的利用の NGO で活躍）更迭にまで及んだ．

　その後，基準改定に向けてこれらの利用推進派の諸国は動き始め，第 8 回の締約国会議で改正決議に成功した．その背景には，第三世界の諸国が自国内の自然資源の開発利用の権利の自決権をもつべきだとの要求，さらには国際的不況下で保護活動の資金援助を割愛したい先進国側の政府および NGO などの意向が働いているとみられる．表明された理由は，ベルン基準が具体性と科学性に欠けるとか，地域住民への利益還元なしには保護活動が続けられない，保護のための資金は野生生物の利用による以外には得にくいとする政府の意向，さらには「科学的管理による保護と利用が，新しい保護策」であるといった諸点があげられている．すでに 1980 年代後半から「環境と開発に関する国連会議」（UNCED）に向けて SD (sustainable development) が基本概念として掲げられ，自然資源の SU (sustainable utilization) が導かれている．それを受けて IUCN（国家メンバーの増加で変質したとの批判がある）や WWF，そして国連環境計画事務局（UNEP）などが，この方向へ連動している．この利用は，野生生物に関して非消費的利用が強調されてもいるが，現実には業界にとって大いに歓迎される消費的利用や行政にとって安易な間引きなどの肯定に向けられる可能性が強い．第 8 回締約国会議では商業取引が種の保全に便益をもたらす場合もあることの確認の決議がなされているのである．IUCN や WWF が，南部アフリカ諸国の要求に同調した例もある．

16.6　ベルン基準の見直し

　新しい基準改正への動きに科学的根拠を与えたのが，IUCN の SSC（種の保存委員会——専門家のグループ）による「絶滅のおそれ」をはじめ red list に記載される退行の状況の新基準である．絶滅に瀕している（endangered，絶滅危惧種）というカテゴリーに個体数および分布範囲の面積などによる画定をしたものである（注）．この詳細はなお論議を呼んでいるうえ，この基準の根拠となる保全生物学においては，数値がすべての種に当てはまるものではなく，最小単位の地域個体群のものであるなど，いくつかの条件も設定されている（詳細は省く）．したがって IUCN の SSC での基準はともかく，この基準を付属書 I の基準として商業取引を禁止する際の枠にすることは，それこそ科学的ではないことを指摘せざるをえない．というのは，商業取引による絶滅要因は，生物学などの自然科学的条件だけからのものでなく，政治経済上，あるいは文化上などの諸条件からのものであり，まさに絶滅に瀕すると判定できる状態に至るまで商業取引を禁止できないならば，現実には国際的な手続きの期間などから考えれば，保護保全の実効性はなきに等しいからである．

　注　すべての種に該当するものではないとしながらも，改正案では絶滅のおそれの基準として数値や条件が設定された．その例としていくつかの要点をあげる．

16.6 ベルン基準の見直し

①現に生殖する野生生物個体である成体が5000あるいは分布現状1万km^2未満.

②成体の個体数またはハビタットの面積と質が10年間かあるいは3世代の，短い方の期間において，20%以上の衰退が観察，推定あるいは予測されること．

③サブポピュレーションのサイズが，500未満のもの，または500km^2未満に分布するもの．

④成体が2年未満の変動があること．

⑤さまざまな自然的・人為的条件によって，5年間かあるいは2世代の長い方の期間に全体にわたって50%の個体数またはハビタットの面積また質の衰退が現在進行中あるいは近い過去に発生し再発の可能性が高い場合．

これらは新基準では，注になっていたり，さらに定義されているところもあるが，それらはここではあげきれないし，具体化が第10回の締約国会議以降になると思われるので，ここでは要点記載にとどめてある．

なお，これらの数値基準は，IUCNのSSCの基準を参考にしている．

表16.1 付属書記載動物の事例

付属書Ⅰ	テナガザル類，ゴリラ，チンパンジー，オランウータンなど類人猿全種，ヤブイヌ，アジアクロクマ，パンダ，カワウソ，ゾウ(2種)，サイ科全種(ミナミシロサイはⅡ)，トラ，インドライオン，ヒョウ，ナガスクジラ，ミンククジラ他(一部を除く)，スナメリ，メキシコノウサギ
付属書Ⅱ	クマ科全種（Ⅰの種を除くすべて），ネコ科全種（Ⅰにあたる種以外すべて），カバ，バーバリシープ，オオアリクイ，クジラ目（クジラ，イルカ）全種（ただしⅠの種以外），オオカミ（一部個体群はⅠ）
付属書Ⅲ	セイウチ（カナダ），ラーテル（ボツワナ，ガーナ）

ベルン基準に対する批判として，基準は客観性，科学性，明確さと実践性を欠くといわれている．加えてアップリスティングとダウンリスティングの条件との間に差があるのは，非論理的で整合性に欠けるとされていた．しかし，後者の見解（ダウンリスティングに厳しいのも）もまた，保全の立場に立てば妥当であるといえる．また，客観性と科学性といえども明らかにその意味するところは見解が違いうるが，その論争は，いわゆる哲学的となり，数値をあげているIUCNの基準が準備された動きのもとでは反論が難しい．こうして第9回締約国会議では新基準が決議され，次回の締約国会議で新基準によるリストの具体化と，取引規制の効果的な方法のシステムづくりに入ることとなった．ワシントン条約の目的を「野生動植物の適正な国際流通の促進」とせんとする有効性改善方策の研究も進められることとなったのである．

おわりに

野生動植物の喪失は，明らかに自然の少なくとも一部の喪失である．野生動植物の保護保全は，自然の保護保全の一部をなす．自然は，自然の法則性，とくに自然史的過程を含むのであり，管理された自然は自然ではない．人間の自然環境の悪化を防ご

うとする動向を，短期的な不況の改善方策と置き換えてよいものか，自然保護の立場からするワシントン条約の改正の動きの評価は自然の「自然な」保全に損害を与えないように利用を管理できるか否かである．

　重要なことは，ワシントン条約は，それ自体では野生生物の自然な状態での保全にも，ひいては自然保護についても，有益ではあるが直接的に働く条約ではないことである．あくまで真に適正な維持可能な利用によって，自然資源の過剰利用を防ぐことで自然の保全に害を与えることを防ぐことにある．

　1995年10月現在，124か国に加え，30の非加盟ながら管理当局に準ずる当局をもつ国または地域が加わって大きな国際組織となっている．

付　　記

1997年6月，ジンバブエで開催された第10会締約国会議では，基本的に象牙取引再開を容認するなど，利用推進に大きく前進した．　　　　　　　　　　[小原秀雄]

文　　献

1) 小原秀雄 (1992)：野生動物消費大国ニッポン，岩波書店（ブックレット）．
2) 坂元雅行 (1996)：CITES（ワシントン条約）の動向．生物科学, **47**-3, 141-154.
3) Soulé, M. E. (1986): Conservation Biology, Sinauer Associates Inc.

17. 湿地の保護と共生（ラムサール条約）

17.1 ラムサール条約とは

1950年代，ヨーロッパ諸国を中心にして，湿地とその資源としての重要性を再認識するための研究が盛んになってきた．1960年代になると，とくに，国境を越えて移動する渡り鳥の生息地である湿地を国際的に保護しようという機運が政府間でも急速に盛り上がってきた．そして1971年2月3日，イランの小都市ラムサールで渡り鳥に関する国際条約「特に水鳥の生息地として国際的に重要な湿地に関する条約」が締約された．地球規模での自然資源の保護保全をめざした最初の条約であり，会議が開催された都市を記念して一般的に「ラムサール条約」とよばれている．そのときの条約国はわずかに18か国であった．日本は10年遅れの1980年に加入した．

締約国会議は3年ごとに開催され，締約国は湿地保全の達成事項を検討し，登録湿地の状況を点検し，調査研究と管理情報を交換する議題のほかに，条約の解釈の問題で合意点を見つけ，開発途上国を支援するための「湿地保護基金」の資金配分を含む条約運営のためと予算事項を決定する．この国際会議の特徴は国際的NGO(非政府組織)の活動が大きな力を発揮している点である．

ラムサール条約は当初，渡り鳥に関する条約として締約されたが，第2回の締約国会議で早くも渡り鳥のみではなく，それを支えている湿地環境，その生態系全体を保護する国際条約としての機能を果たすようになっていった．

17.2 湿地とは

「湿地」を広辞林で引くと，「湿気の多い土地．しめった土地」と定義されている．これはラムサール条約で定義されている「湿地＝ウエットランド」とは少し異なる定義である．

ラムサール条約第1条では「天然のものであるか人工のものであるか，永続的なものであるか一時的なものであるかを問わず，更には水が滞っているか流れているか，淡水であるか汽水であるか鹹水(かんすい)であるかを問わず，沼沢地，湿原，泥炭地又は水域をいい，低潮時における水深が6メートルを越えない海域を含む」とある．

このように条約に定義されている「湿地＝ウエットランド」は，日本語の定義と異

なりその範囲はきわめて広い．湿原のみならず泥炭地，浅海域，干潟，砂浜，汽水域，サンゴ礁，マングローブ，ダム，水田なども含まれる．強いて日本語に訳せば，「湿地」とはせず広義の「水辺環境」と考えた方が理解しやすい概念である．

17.3　日本における登録指定地

　条約の締約国になると最低1か所の湿地を登録指定地とすることが義務づけられる（条約第2条1）．1997年現在，締約国は97か国，登録された湿地は858か所，総面積は約5450万haになっている．

　国内の登録指定湿地はラムサール釧路会議までは釧路湿原（北海道，7726 ha，1980），伊豆沼・内沼（宮城県，559 ha，1985），クッチャロ湖（北海道，1607 ha，1989），ウトナイ湖（北海道，510 ha，1991）の4か所にすぎなかった．イギリス，イタリア，オーストラリアなどが40か所以上の登録地をもっているのに比較しきわめて少ない．しかも，肝心の渡り鳥にとってかけがえのない生息環境である干潟は1か所も指定地になっていなかった．さらに問題なのは，日本では条約登録湿地として指定されている湿地すら，現状はさまざまな開発計画により危機に瀕しているのが実態である点である．

　第5回ラムサール会議を前にして，環境庁は1993年に新たに次の5か所をラムサール登録湿地に指定した．霧多布湿原（北海道，2504 ha），厚岸湖・別寒辺牛湿原（北海道，4896 ha），片野鴨池（石川県，10 ha），琵琶湖（滋賀県，65602 ha），谷津干潟（千葉県，40 ha）である．干潟は谷津干潟40 haただ1か所だけという貧弱さである．1996年の第6回ラムール会議に向けて登録されたのは淡水湖の佐潟（新潟県，76 ha）のみである．これで日本は環境先進国といえるのか，疑問をもたない方がおかしいだろう．

17.4　ラムサール登録指定地の条件

　ラムサール登録指定地に選定するには一定の条件が課せられている．この条件は第4回ラムサール条約締約国会議で「国際的に重要な湿地を期待するためのクライテリア」（勧告2付属書1）という勧告として示されている．

a．代表的なあるいは独特な湿地のクライテリア

　以下のいずれかの要件に合致する湿地は，国際的に重要な湿地とみなす．

　①当該の生物地理学的地域で典型的な自然，もしくは準自然の湿地を代表する良い例．

　②2か所以上の生物地理学的地域に共通な自然，もしくは準自然の湿地を代表する良い例．

③とくに国境をまたがる地域において主要河川，あるいは沿岸地域の天然の機能に関し，水文学的，生物学的，あるいは生態学的に重要な役割を演じている代表的な良い例．

④当該の生物地理学的地域で，まれなあるいはふつうでない，特別な湿地のタイプの例．

b．動植物に関する一般的なクライテリア

以下のいずれかの要件に合致する湿地は，国際的に重要な湿地とみなす．

①希少，危急，絶滅危惧の動植物種（亜種）の適当な集合，あるいは1種，またはそれ以上の，これらの種の適切な個体数を維持している湿地．

②生息（育）する動物相，植物相の質，あるいは特性により，その地域の遺伝学的・生態学的多様性の維持に特別の価値のある湿地．

③動植物のライフサイクルのうち，重要な段階を過ごす植物，あるいは動物の生息（育）地として特別の価値のある湿地．

④1種，あるいはそれ以上の固有の植物，あるいは動物の個体，あるいは群集のために特別の価値のある湿地．

c．水鳥に関した特定のクライテリア

以下のいずれかの要件に合致する湿地は，国際的に重要なものとみなす．

①1年の特定の時期に2万羽の水鳥を維持している湿地．

②湿地の価値，生産性，多様性を示す特定の水鳥の，相当数の個体を，1年の特定の時期に維持している湿地．

③個体数のデータのあるところにおいて，水鳥の1種（亜種）の総個体数の1％を定期的に維持している湿地．

日本国内に残されている湿地，とくに干潟にはこの条件を十分に満たす湿地も数多く存在するが，そのほとんどが開発計画がらみで登録指定地とされていない．

17.5 湿地の重要性

ラムサール条約釧路会議の中で採択された「釧路声明」には，「湿地の重要性とは，その真価と多様性のために，特定地域の保全の必要性を超えたものであるということが認識されてきた．湿地が持続可能な方法で維持されることは，人間の生活にとって重要である．ラムサール条約の『ワイズユースの概念を実行に移すための指針』は，『堆積土砂と侵食のコントロール，洪水調整，水質の保全と汚染の緩和，地上及び地下の水供給の保持，漁業，牧畜業，農業の庇護，人間社会のための野外レクリエーション及び教育，気候安定への寄与』といった湿地の利点と価値を示している」とその貴

重な価値を明確に指摘した．

　干潟に関しては，単に渡り鳥だけではなく，重要な魚介類の生産地，産卵場，稚魚の生育場としても重要なことが，初めて勧告に盛り込まれた（勧告5付属書9）．この勧告を受けて1996年の第6回会議では，魚類に基づく国際的に重要な湿地を特定する特別基準の採択に関する決議が採択されガイドラインが勧告された（決議IV.2）．

　また，渡り鳥に関しても「渡り鳥の東アジアの飛行経路に沿って存在する締約国がラムサール湿地登録簿に追加的登録を指定すること，特に，渡り鳥の維持に対する重要な役割及び生物の多様性と漁業の保護に関する価値に鑑み，潮汐地帯の湿地（干潟）の追加的な登録をすることを求める」（勧告4付属書9）ことも決定された．地名は明記されていないが，この干潟は国内では東京湾三番瀬，名古屋藤前干潟，博多湾和白干潟，有明海諫早湾干潟を示すものである．

　湿地は，農林漁業の生産基盤として人間生活になくてはならない環境である．沿岸漁業を支えているのは，干潟や浅海域のホンダワラやアマモなどで形成されている藻場である．ここでは重要な水産生物をはじめ，多くの生き物たちが産卵し，稚仔が育つ重要な場所である．豊かだった瀬戸内海の漁業に壊滅的な打撃を与えたのは干潟や藻場の埋め立てだった．有明海諫早湾干潟の研究によると，その生産力は$1 km^2$の干潟から1年間で魚介類だけで22.6トンと推定されている．この数値は海の最大生産力の極限に近いといわれている．

　マングローブ林もまた「生命のゆりかご」，「生態系の栄養源」ともいわれ，魚や小動物の絶好のすみかとなり，周辺住民に貴重なタンパク源を供給している．マングローブそのものも家屋の材料や燃料，薬品として住民の生活になくてはならない生活資源として利用されている．

　サンゴ礁は種の宝庫ともいえ，種の多様性が高い海域であり，そこにすむ魚介類は住民の生活を支える基盤ともなっている．

　河川や湖沼も淡水漁業や森林生産を支えている．草原の広がる湿地は牧畜にとって貴重な餌場となっている．水田はそのほとんどが湿地の開拓により造成され，食料生産基地として最も重要な場所である．日本独特の自然景観は水田によって守られてきたといっても過言ではない．

　湿地が生産する動植物は豊かで多様である．こうしたかけがえのない動植物を保護し永久に利用するために，湿地をこれ以上消滅させることは避けなければならない．

　干潟に乱舞するシギ，チドリ．湿原に舞うタンチョウヅル．湖畔に群れる無数のカモ．干潟に現れるカニやトビハゼなど．美しいサンゴ礁とその周辺に生きる動物たち．これらの生き物たちを見て感動を覚えない人はいないだろう．田舎を訪れたときに見ることができる棚田と緑豊かな里山，その間を流れる小川の景観は人々の心を和ませると同時に，地元の人々の長年にわたる努力をしのばせる．

　このように多彩な景観と生物相をもつ湿地は，人々に自然の豊かさとすばらしさを

肌身で感じさせるまれな自然環境である．湿地は浄化能力が高いというだけではなく，子どもたちの情操教育，環境教育の場として欠かすことができない．さらに湿地は釣，狩猟，ボート・ヨットなどのレジャー，バードウォッチングなどの最適地として人々に親しまれている．これらの間接的な価値やレクリエーションから得られる地域経済に与える利益も見逃せない．これらは，簡単に経済的には評価できない湿地の重要な価値である．

17.6　国内委員会の設置

　ラムサール釧路会議の中で採択された最も重要な勧告は，ラムサール条約履行を検討する「国内委員会」の設置であった．湿地保護保全をはかるため政府機関のみならずNGO（非政府組織）からのインプットがあるようにすべきであるという勧告である．

　国内委員会の設置に関して，NGOは環境庁に対して次のような「湿地保全委員会」（案）を提示している．その概略は次のとおりである．

　目的：本委員会は「特に水鳥の生息地として国際的に重要な湿地に関する条約」（ラムサール条約）および，同条約締約国会議が採択した決議や勧告に従って，日本国内の湿地保全を推進するためにおく．

　役割：本委員会はその目的を達成するため，次の事項について具体的な政策や活動の立案，勧告，実施を行う．①総合的な湿地保全計画の策定．②総合的な湿地の調査・研究計画．③湿地データベースの構築と管理．④ラムサール条約登録湿地の管理，モニタリング．⑤湿地生態系の評価法とワイズユースのガイドラインづくり．⑥東アジアの渡り鳥渡来地の保全計画．⑦湿地保全の国際ネットワーキング．⑧ODA（政府開発援助）などへの対外湿地保全政策の監視．⑨決議・勧告の翻訳，湿地保全の啓蒙普及．⑩ナショナルレポートの作成．

　権限：本委員会はその決定事項を関係省庁，自治体へ勧告できるものとする．

　①本委員会は湿地保全に関するNGOの役割を重視し，かつ関連省庁の横断的協力を期待するため政府側委員15名（関連省庁，自治体などから），NGO委員15名（NGOの連合組織などから）を委嘱する．

　②役割にあげた課題に対応して，委員数名からなる専門部会を設置する．各部会に1～2名の学識者など，専門委員を委嘱できるものとする．

　③委員数名からなる幹事会をおき，全体会議，専門部会の開催などの調整業務を行う．

　④事務局を主務官庁である環境庁におき，以上の事務を行う．

　NGOから提起された，このような委員会が有機的に機能し，かつ欧米並みのアセスメント法案があって初めて，日本の湿地は保護保全されると考えられる．しかし，日

本の現状は湿地開発を優先する関連省庁の抵抗が強く，1997年現在設置できていない．

17.7 湿地の賢明な利用とは

　ラムサール条約を語る場合，湿地の「持続的な賢明な利用」（ワイズユース）という概念を欠かすことはできない．この意味はいったいどんな内容を含んでいるものなのか，検討しておくことは重要である．

　「ワイズユース」という言葉は，アメリカの19世紀から20世紀初期の自然保護運動を唱えた人々の中から生まれてきたものであるといわれている．ラムサール条約の中にこの言葉が取り入れられたとき，その明確な定義をしなかったために，いまだにその定義をめぐっての論議が交されている．

　われわれが「賢明な利用」という言葉を使用するときは「生態的に持続可能な使用」ということになるだろう．環境庁がいっている「保護と開発の折り合いのため」という説明も，「賢明な利用」という定義を十分には説明していない．「賢明な利用」イコール「開発」という図式が，まだ日本ではまかり通っているのが実情である．

　発展途上国では，湿地に植生している植物や魚介類などを収穫して生活している場合が多くみられる．これらの国では，湿地を農業用地や養殖用，工業用地などに変えないで，現状のまま湿地が与えてくれる豊かな恵みを，いわば過剰に収穫しないで永久に湿地とともに生きていくという方法をとっている．たとえ湿地に人の手が加わったとしても，湿地の生態系を破壊するという方法をとることはない．先進国の中でもアメリカやカナダなどは，たとえば，農業過程や牧畜業から出る汚水のような有機的に汚染された水を浄化するために，湿地に流しているところも見受けられる．アメリカの経済学者の試算によると，1haの干潟は下水処理場建設費の約40万ドルに相当するとしている．そのために，わざわざ排水処理の目的で下水処理場を造成するかわりに，人工的に干潟を造成する事業すら始まっている．

　湿地のワイズユースを考える場合，その生活と文化のほとんどを湿地に依存している世界各地の先住民の知恵とその考え方を学ぶことは重要である．

17.8 危機に瀕している日本の湿地

　日本に残されている国際的に重要な湿地の現状は，どうなっているのだろうか．

　国内の国際的に重要な干潟は東京湾の三番瀬干潟，小櫃川干潟，伊勢湾藤前干潟，徳島県吉野川河口干潟，北九州市曽根干潟，博多湾和白干潟，有明海諫早湾干潟などである．これらの干潟は，国内有数の渡り鳥の渡来地として国際的にも著名であり，ほとんどが国際水禽湿地調査局日本委員会の「日本湿地目録」の中の，国際的にみて

「特に重要な湿地」24か所の中に含まれている．

　渡り鳥の生存にとって欠かすことのできない干潟の登録地は谷津干潟1か所．この唯一の干潟の登録指定も，生態学的にみて東京湾三番瀬を同時に指定しなければ保護保全の意味はないことはだれもが認めていることである．こうした日本に残されている貴重な干潟が消滅することは，ラムサール条約締約国であり，中国，オーストラリア，ロシアなどと，二国間渡り鳥保護条約を締結している日本にとって国際信義上からも許せることではない．現状はどうか．ラムサール会議終了を待っていたかのように，各地の海浜の開発は急速に進められている．

　日本最大の有明海諫早湾干潟3000haは干拓事業により7050mの巨大な潮受堤防の建設が始まり，1997年にはその巨大な堤防が姿を現し，4月14日の締め切りで干潟の生き物たちは完全に全滅してしまい，国際的に重要な渡り鳥の最大の越冬地は失われる．この干潟には全世界の2割以上のズグロカモメが越冬している．またツクシガモ，ダイシャクシギの国内最大の越冬地である．ベントス（底生生物）の種類と生産量も膨大で，現在なお新種が発見されている貴重な干潟である．

　東京湾三番瀬干潟1200haは，三枚州とともに東京湾奥部で奇跡的に埋め立てを免れた干潟である．貝類やスズキなどの魚類が生息し漁業が行われている．魚介類の産卵，幼生の生育場として重要な干潟であり，渡り鳥の渡来地である．湾港計画により埋め立てられようとしているが，東京湾奥部最大の干潟であることからその価値は高く，保存すべきである．また，小櫃川干潟780haは典型的な内湾河口地形であり，東京湾の中では生物の多様性も高く，保存価値がきわめて高い干潟であるが，東京湾横断道路建設の影響が心配される．

　伊勢湾名古屋港区に残されている117haの藤前干潟は，多くの底生動物が生息し，数万羽の渡り鳥の渡来地となっている．大都会の中の干潟として貴重な場所であるが，干潟の半分をごみ処分場として埋め立てる計画がある．ごみ処分場については代替地を探して対処すべきであり，干潟は全面的に保全すべきところである．「藤前干潟を守る会」などの多くの住民団体が計画の見直しを要求し，多彩な活動を繰り広げている．

　徳島県吉野川河口はシオマネキなどの貴重なカニ類の生息地であり，さらにシギ・チドリ類の渡来地として知られ，1996年に谷津干潟と並んで国内における調査地点として選ばれた．ここも河口堰建設計画などがあり，干潟の消滅が危惧されている．

　博多湾は，渡り鳥のルートが交差する海域であり，水深6m以下の浅海域が広範に広がり，和白干潟を中心に毎年320種，5万〜6万羽の野鳥が観察され，絶滅に瀕しているクロツラヘラサギ，ズグロカモメ，カラシラサギについては，それぞれ全個体数の2〜3％が観察される．和白干潟の前面には，周辺の自然環境に著しい悪影響を与える人工島計画があり工事が開始されているが，中止を含めた見直しが必要となっている．

　福岡県には最近急速に注目されてきた北九州市曽根干潟500haがある．国内最大級

の渡り鳥渡来地で，希少種のカブトガニの産卵場所など貴重な底生生物が多数生息している．また，諫早湾干潟につぐズグロカモメやツクシガモの越冬地として有名になった．この干潟も埋め立て計画があり，住民はラムサール登録地にするため多彩な活動を続けている．

沖縄県網張（アンパル）のマングローブ湿地，干潟は，多くのシギ・チドリ類の渡来地になっている．また，ムラサキサギ，オオクイナなど南方系の水鳥が少なくない．隣接地で農地の基盤整備が行われ，マングローブ湿地に排水路ができたり，流入河川が護岸されるなど環境の悪化が進みつつある．また，流入河川の上流でのダム建設が及ぼす影響など，今後の環境変化が危ぶまれている．

こうした干潟消滅計画に対して，残念ながら環境庁は開発を進める関係省庁の圧力に有効に対応しきれていない．日本の貴重な干潟はすべて消滅の危機に立たされている．

一方，ラムサール条約登録地でさえも，その保護政策はきわめて不十分である．釧路湿原は乾燥化が進行し，周辺には10か所以上のゴルフ場計画がある．伊豆沼では湖岸の道路建設や過剰な観光利用，クッチャロ湖では湖岸の利用計画，ラムサール会議を前に新しく登録地となったウトナイ湖は千歳川放水路計画による美々川の環境悪化の予測など，湿地の生態系に悪影響を及ぼしかねない開発が進められようとしている．

これらの湿地だけではなく，国内の残された湿地のほとんどが，乱開発の荒波にもまれ続けている．日本に残されている最良の河川である長良川では河口堰建設が完成．北九州市曽根干潟は埋め立て計画．佐賀県唐津市佐志浜の砂浜は産業廃棄物埋め立て．高知県大手の浜のサンゴ礁はマリーナ開発．渡良瀬遊水池の広大なアシ原はアクリメーションランド計画．万葉の里・和歌浦干潟は道路建設など，いずれも開発で消滅あるいは消滅寸前の状態にある．

日本野鳥の会，世界自然保護基金日本委員会（WWF-J），日本自然保護協会，地球の友日本，日本湿地ネットワークの5団体が結成した「ウエットランド会議」は，ラムサール条約会議までに1か所でも多くの湿地，とくに干潟を登録湿地にするよう運動を展開してきた．そのため，危機に瀕し，緊急に保全を必要としている湿地としてとくに次の10か所を選定した．北海道別寒辺牛川流域，青森県仏沼湿原・むつ小川原湖沼群，栃木県渡良瀬遊水池，千葉県三番瀬，愛知県藤前干潟，同木曽三川河口域，福岡県和白・今津干潟，長崎県諫早湾干潟，沖縄県アンパル湿地，同白保サンゴ礁である．いずれも環境悪化や開発の対象になっている湿地である．このうち6か所が海辺であることは特徴的である．

17.9　日本の湿地を守るために

ラムサール釧路会議を前に，ウエットランド会議は，次の10項目の提言を早急に実

現するよう環境庁など関係機関に提案した．

　第1点は，干潟，とりわけ開発による破壊の危機にある大都会近郊の干潟を最優先してラムサール条約登録地に指定することである．環境庁の調査でも日本の干潟のうち，すでに4割が消滅させられている．1992年10月，大津市で開催された「アジア湿地シンポジウム」で採択された勧告でも「最も開発の危機にさらされている都市部の湿地への特別な配慮．都市部における湿地は『環境教育』，『調査研究』，『エコツーリズム』推進の場としての可能性を有しており，湿地保全の重要性を喚起するにとりわけ有効である」と指摘している．

　第2点は，ラムサール条約の「賢明な利用」に基づく湿地保護の理念とこれに対応した国，地方自治体，事業者，国民の責務を国内法の中に明確に位置づけることである．湿地保護のためには，国には，賢明な利用という観点から湿地の保護と回復を実現し，そのための基本的な総合的な施策を策定し実現する責務があること，地方自治体には，国の施策を積極的に実現するとともに，地域の自然的・社会的条件に応じた施策を策定し実現する責務があること，事業者には，事業活動に伴う湿地の破壊を防止し，湿地の賢明な利用に適する事業活動に努める責務があること，国民には，国や地方自治体が実施する施策に協力する責務があることを，法律的に明確にすることが必要である．

　第3点は，総合的な湿地調査と国際的に重要な湿地目録の作成である．モントール会議の中では，すでに湿地管理のための総合的かつ詳細なデータベースのモデルが策定されている．このモデルにそって，日本においても科学的な湿地の調査研究を早急に実施すべきである．こうした科学的な調査の結果，作成される湿地目録は湿地の価値を再認識し湿地保護の機運を高めることになるだろう．

　第4点は，湿地とその生態系の保全に適した保護区のあり方を検討することである．わが国には鳥獣保護・狩猟法や自然公園法，自然環境保全法などに基づく保護区の制度があるが，これらの保護区の目的は湿地の機能，価値の全般を踏まえたものにはなっておらず，その一部のみに関連する狭いものでしかない．そのため，湿地そのものだけではなく，湿地の集水域など湿地の持続に欠かせない地域の保護についても，十分な配慮をした保護区のあり方が求められている．

　第5点は，環境アセスメントの制度を抜本的に改め早急に法制化することである．現在，開発に伴って行われているアセスメントは，まさに開発の免罪符的なものであり，「合わせメント」とすらいえるものである．欧米並みの本格的なアセスメント法案の成立は湿地保全にとって絶対に必要である．今回制定されたアセスメント法も不十分なものである．

　第6点は，湿地の開発に関係する省庁や自治体職員を対象とした，ラムサール条約に基づく湿地保護の啓蒙教育活動，国民向けの啓蒙活動を活発に実施することである．これには湿地に関係した自然保護団体の積極的な協力が必要となるだろう．現在の状

況はラムサール条約に関する執務資料集すら作成されていないのが実情である．

第7点は，国と地方自治体にラムサール条約の実施管理委員会を設けるなどの組織上の整備を行うことである．この管理委員会には当然，自然保護団体の参加は欠かせない．

第8点は，地方自治体や自然保護団体，住民が行う湿地保全の自主的，積極的な取り組みを奨励するための助成金，補助金の制度を確立することである．地方自治体がラムサール条約登録地の増加に消極的なのは，一面からというと何らメリットがないということにも原因がある．さらに自然保護団体は財政的にも困難な面があり，ボランティア的な活動が多い．こうした活動を全国的に拡大するには，国が資金面で援助することが必要である．

第9点は，政府間援助や企業の海外活動を通じて，海外の湿地破壊が行われることがないようにするため，開発援助の基準を明確にし，企業の海外活動における湿地保全のための規制措置を検討することである．日本企業による開発により，マングローブなど多くのアジアの湿地が破壊の危機に瀕している．こうした状況をなくすためにも，開発援助や企業活動と海外の湿地の関係についての情報を収集，整理し，ひろく国民に公開して国民的な監視が可能になるような制度を検討すべきである．

第10点は，必要な法制度の整備をラムサール会議を機会に，大胆に行うことである．

以上，紹介した提言は，ウェットランド会議がラムサール会議までに関係省庁へ申し入れたものである．湿地保護保全の草の根からの運動を進める立場から，早急に現状を打開する有効な手立てを打つ必要がある．

湿地の保護保全とその「賢明な利用」のための政策立案とその具体的な実践は，緊急の課題であるといえる．日本に残された貴重な湿地の保護保全，失われた湿地回復運動などに果たすラムサール条約の役割は大きい． ［山下弘文］

文　献

1) IWRB日本委員会（1989）：日本湿地目録，213 p., IWRB日本委員会．
2) 環境庁自然保護局（1994）：ラムサール条約第5回締約国会議の記録，113 p., 環境庁自然保護局．
3) 釧路ウェットランドセンター（1996）：ラムサール条約第6回締約国会議の記録，95 p., 釧路国際ウエットランドセンター．
4) Matthews, G. V. T., 小林聡史訳（1995）：ラムサール条約とその歴史と発展，139 p., 釧路国際ウエットランドセンター．
5) 山下弘文（1993）：日本の湿地——湿地の保護と共生への提言，203 p., 信山社サイテック．
6) WWF-J（1996）：サイエンスレポート 日本における干潟海岸とそこに生息する底生生物の現状，182 p., 世界自然保護基金日本委員会．

18. アジェンダ21

「環境と開発に関する国連会議」，いわゆる「地球サミット」は1992年6月，ブラジルのリオデジャネイロで開かれた．地球の温暖化，オゾン層の破壊，野生生物種の減少など地球規模の環境破壊に対する危機感が高まる中で，世界各国の政府関係者，非政府組織（NGO）の代表者，ジャーナリストなどが参加して開かれた．この会議では，その成果として「環境と開発に関するリオ宣言」と21世紀に向けての人類の行動計画である「アジェンダ（Agenda）21」などが採択された．さらに「気候変動枠組み条約」と「生物多様性条約」の二つの条約に対し，わが国をはじめ155か国が署名するとともに，森林の経営，保全，持続可能な開発など，前文ならびに15の原則からなる「森林原則声明」の合意文書が採択された．

ちなみに「環境と開発に関するリオ宣言」は環境と開発に関する国際的な原則を確立するための宣言で，前文と27の原則から構成されている．そこでは持続可能な開発に関する人類の権利，自然との調和，現在と将来の世代に衡平な開発，グローバルパートナーシップの実現などを規定している．

18.1 リオ宣言の原則の実施

「アジェンダ21」には，リオ宣言に盛り込まれた諸原則を踏まえつつ，今後，各国政府をはじめ，さまざまな社会構成主体が，21世紀に向かって，ともに連係を深めつつ，着実に実施に移していくべきさまざまな課題が40章にわたって具体的に提示されている．地球環境問題は，人口の重圧のもとで苦闘している開発途上国や，大量生産，大量消費，大量廃棄に支えられた先進国のライフスタイルなど，開発途上国，先進工業国双方の社会経済システムと密接な関係をもっているだけに，「アジェンダ21」は世界の人々の間に共通認識を形成するための不可欠の基盤を提示するものといえよう．

「アジェンダ21」は地球サミットでの採択をめざして，全世界のほぼすべての国を網羅したといえる約180か国により約2年間をかけ，4回の準備会合を経て作成されたもので，人類の英知を凝縮したものといえる．

地球サミットより20年前の1972年にスウェーデンの首都ストックホルムで開かれた国連人間環境会議では，「人間環境宣言」とともに，その理念を実施するための「行動計画」が採択された．20年後の「アジェンダ21」にあたる先駆的なアクションプラ

ンで，これに基づいて，ユネスコの環境計画（UNEP）組織が形成され，ここを中心に環境保護の国際協力が展開された．野生動植物の種の保存についての条約や渡り鳥を守るための湿地の保護条約など，各種の国際条約の制定をめざす環境外交が展開された．にもかかわらず地球温暖化やオゾン層の破壊など地球環境の状況は年々深刻になってきた．そこで改めて第2回の地球環境の保全を討議する国連特別会議が開かれたのである．

18.2 「環境」と「開発」の統合

　1972年の国連人間環境会議で採択された「アクションプラン」作成の段階では，開発途上国と先進国とのいわゆる南北対立が先鋭的に表面化し，「環境」の保全と「開発」の進展は対立概念としてとらえられていた．国連人間環境会議の討議でも，南の国々は結束して北の諸国に対し，地球環境破壊の責任を追及し，そのための補償を要求し，併せて北の国々が提起した開発の規制に反対した．

　それから20年の環境外交の経験を経て，1992年の国連環境開発会議で採択された「アジェンダ21」では，「環境」と「開発」を総合的にとらえようと努力している点が目立つ．その間に国連が主催する「環境と開発に関する世界委員会」（ブルントラント委員会）でまとめられた報告書『われら共有の未来』（Our Common Future）が提示した「持続可能な発展」の価値観が重要な役割を果たしている．『われら共有の未来』によれば，これは「将来の世代のニーズを満たす能力を損なうことなく現在のニーズを満たすこと」と定義づけられている．

　「国連特別総会」の名称も「国連人間環境会議」から「国連環境開発会議」へと推移した．このことに示されているように，本来，環境と開発は対立するものではなく，両者は「持続的発展」というキーワードを媒介に統合的にとらえられなければならないことが人類共有の思想として形成されてきたのである．

　こうして「持続可能な開発」は地球サミットを貫く理念となった．このことは「アジェンダ21」の内容に色濃く反映している．

　すなわち第1章・前文は次のような書き出しで始まっている．

　「人類は歴史上の決定的な瞬間に立たされている．国家間および国内において絶えることのない不均衡，貧困，飢餓，病気，識字率の悪化，そして生存の基盤である生態系の悪化にわれわれは直面している．しかしながら，環境と開発を統合し，これにより大きな関心を払うことにより，人間生存にとって基本的ニーズを充足させ生活水準の向上を図り，生態系の保護と管理を改善し，安全でより繁栄する未来へつなげることができる．いずれの国も自国だけでこれを達成することはできないが，持続可能な開発のためのグローバル・パートナーシップを促進することにより，ともに達成することが可能となる」．

18.3 21世紀をめざして

　そして「アジェンダ21」は今日の差し迫る問題を扱うとともに，21世紀の課題に対して世界が準備することを列挙している．「開発」と「環境」の協力についての世界的なコンセンサスと，最も高いレベルでの政治的公約を盛り込んだものといえよう．

　「アジェンダ21」は四つのセクションから構成されている．それぞれの分野について行動の基礎，目標，行動，実施手段が記述されている（表18.1）．

　表18.1のように「アジェンダ21」は21世紀に向けての具体的な行動計画を四つのセクションに分けている．そこでは大気保全，森林，砂漠化，生物多様性，海洋保護，

表 18.1　「アジェンダ21」の四つのセクション

セクションⅠ：社会的・経済的側面	セクションⅢ：主たるグループの役割の強化
①開発途上国の持続可能な開発を促進するための国際協力と関連国内政策	①前文
②貧困の撲滅	②持続可能かつ公平な開発に向けた女性のための地球規模の行動
③消費形態の変更	③持続可能な開発における子どもおよび青年の役割の強化
④人口動態と持続可能性	④先住民およびその社会の役割の認識および強化
⑤人の健康の保護と促進	⑤非政府組織の役割強化
⑥意思決定における環境と開発の統合	⑥「アジェンダ21」の支持における地方公共団体のイニシアティブの役割の強化
セクションⅡ：開発資源の保護と管理	⑦労働者および労働組合の役割の強化
①大気保全	⑧産業界の役割の強化
②陸上資源の計画および管理への統合的アプローチ	⑨科学的・技術的団体の役割の強化
③森林減少対策	⑩農民の役割の強化
④脆弱な生態系の管理：砂漠化と干魃の防止	セクションⅣ：実施手段
⑤脆弱な生態系の管理：持続可能な山岳開発	①資金およびメカニズムの役割の強化
⑥持続可能な農業と農村開発の促進	②環境上適正な技術の移転，協力および対処能力の強化
⑦生物多様性の保全	③持続可能な開発のための科学の役割の強化
⑧バイオテクノロジーの環境上適正な管理	④教育，意識啓発および訓練の推進
⑨海洋，閉鎖性および準閉鎖性海域を含むすべての海域および沿岸域の保護およびこれらの生物資源の保護，合理的利用および開発	⑤開発途上国における能力開発のための国のメカニズムおよび国際協力
⑩淡水資源の質と供給の保護：水資源の開発，管理および利用への統合的アプローチの適用	⑥国際的な機構の整備の役割の強化
⑪有害かつ危険な製品の不法な国際取引の防止を含む有害化学物質の環境上適正な管理	⑦国際的法制度およびメカニズムの役割の強化
⑫有害廃棄物の不法な国際取引の防止を含む，有害廃棄物の環境上適正な管理	⑧意思決定のための情報の役割の強化
⑬固形廃棄物および下水関連問題の環境上適正な管理	
⑭放射性廃棄物の安全かつ環境上適正な管理	

廃棄物などの具体的な問題についてのプログラムを示すとともに，その実施のための資金，技術移転，国際機構，国際法のあり方などについても規定しているのである．

18.4 さまざまな取り組み

「アジェンダ21」に基づいて国連持続可能な開発委員会（CSD）と持続可能な開発高級諮問評議会が設置されて，地球サミットのフォローアップ活動が国際的に進められている．また国連環境計画（UNEP），国連開発計画（UNDP），アジア・太平洋経済社会委員会（ESCAP），経済協力開発機構（OECD）などの国際機関でも同様な取り組みが進められている．

とくに途上国の地球環境問題への取り組みを支援するための多角的な資金供給システムであり，世銀，UNEP，UNDPが共同で運用する「地球環境ファシリティ」（GEF）については，1994年に大幅な増資がはかられた．すなわちGEF信託基金の資金規模は約20.23億ドルに拡大された．このうち約4.15億ドルはわが国が拠出している．

また多くの国で，政府レベルの国際会議の開催を含め「アジェンダ21」のフォローアップのためのイニシアティブがとられている．

18.5 「ローカルアジェンダ21」

「アジェンダ21」は地方政府，すなわち地方自治体に対し「アジェンダ21」を実施するための行動計画である「ローカルアジェンダ21」を1996年度までに作成するよう呼びかけている．すでに33か国1200以上の地方自治体が「ローカルアジェンダ21」の策定や実施に取り組んでいる．このような取り組みを促進するために非政府組織の国際環境自治体協議会（ICLEI）が自治体の取り組みの組織化や交流を支援している．

産業界では，国際標準化機構（ISO）が企業に対し環境保全活動を自治的に改善する体制を構築することをめざした環境マネジメント（environmental management system）の国際規格（ISO 14001）について検討作業を行っており，近く発効の見通しである．

NGO（非政府組織）の活動も活発だ．地球サミットでは準備段階からNGOの意見を反映させ，本会議でもNGOの公式参加と発言が認められ画期的な会議となったが，地球サミットのフォローアップの中心機関であるCSD会合でも，多くのNGOの代表がオブザーバーとして出席し，意見を述べている．

18.6 日本国内での取り組み

わが国政府は1993年12月に「アジェンダ21行動計画」を策定した．「アジェンダ

21」をモデルに，章ごとのタイトルも同じにして，地球サミット以後，わが国での政府，自治体，産業界，NGOなどの取り組みを紹介している．このとりまとめにあたって政府は「政府素案」を公表し，市民の意見を聴き，修正を加えた．

そして地球サミットでの討議および会議後の活動の結果を基盤にし，持続可能な開発の考え方を理念として1993年に「環境基本法」を制定した．この法律は既存の公害対策基本法を廃止し，対象とする環境を拡大し，自然環境保全法の精神を継承，統合したものである．そして，新たに同法のもとで具体策を展開することをめざして，1994年に「環境基本計画」を策定した．大量生産・大量消費・大量廃棄型の経済社会システムやライフスタイルを変革し，環境への負荷の少ない持続的な発展が可能な社会を構築することが必要であるとの認識の上に立って，「循環」，「共生」，「参加」，「国際的取り組み」の四つを取り組むべき長期的目標として掲げている．1992年に閣議決定された「政府開発援助（ODA）大綱」でも，地球環境の保全をめざした持続可能な開発が，ODAの基本理念であると宣言している．

地方自治体では「ローカルアジェンダ21」や地球環境問題を踏まえた環境基本条例や総合的な地域環境計画の策定が進められている．"Think globaly act localy" の具体化をめざしているのである．

企業では1991年に経団連が「地球環境憲章」を制定し，産業界が環境管理・監査に取り組むべきだとの姿勢を打ち出した．企業間で差異はあるものの，地球環境保全を意識した企業の取り組みが進みつつある．通産省は「環境に関するボランタリープラン策定要綱」(1992)を，環境庁は「環境にやさしい企業行動指針」(1993)をつくって支援している．

地球環境問題に対する市民意識も高まり，「市民フォーラム2001」などのNGOは「アジェンダ21」の政府行動計画の策定にあたって，積極的に修正意見を述べた．また環境への負荷の少ない製品を積極的に購入しようとするグリーンコンシューマー運動も活発になった．環境NGOは全国で約4500団体にのぼっているが，資金不足に苦労している．NGOに対する法人格の付与も緊急課題としてNGO法案のとりまとめが急がれている．次世代を担う子どもたちの環境保全意識を育てるため，また地域で仲間と一緒に地域環境，環境保全について学習や活動を展開させるために，環境庁は各地の「こどもエコクラブ」の活動を支援している．

このように「アジェンダ21」は地球環境の保全をめざして，人類に対し，国際的にも国内的にも多方面にわたる行動を迫っているのである．　　　　[**木原啓吉**]

19. IBP（国際生物学事業計画）

19.1 IBP の組織と活動

　IBP（国際生物学事業計画）は，1965年から10年間にわたって行われた国際的共同研究で，次の七つの部門から構成されていた．すなわち，① PT：陸上生物群集の生産力，② PP：生物生産の諸過程，③ CT：陸上生物群集の保護，④ PF：陸水生物群集の生産力，⑤ PM：海洋生物群集の生産力，⑥ HA：ヒトの適応能，⑦ UM：生物資源の利用と管理，である．この計画は ICSU（国際学術連合会議）とその傘下にある IUBS（国際生物科学連合）が企画したもので，基本的な目標は地球上の生物群集の現状を把握し，各種生態系の生物生産力を推進しようというものである．この研究計画の社会的背景には，①第二次大戦後の世界人口の急増と予想される食糧不足，②経済成長と工業化に伴う自然環境の破壊，という状況があった．そこで，地球はどれだけの人口を維持しうるのか，人間や動物の生活を支える植物生産力は地球全体でどれくらいあるのか，また生物資源をいかにして合理的に管理し保全するか，などの問題を国際的な共同研究を通じて把握することが緊急の課題と考えられたのである．

　IBP 実施の国際的中心機関となったのは SCIBP（IBP 特別委員会）で，この10年間の研究期間を3期に分け，第I期（1965～1967）は測定方法の標準化，研究地域の設定，研究者の訓練などにあて，第II期（1968～1972）の5年間に本格的な調査を実施し，第III期（1973～1974）は得られたデータの統合化と国際的な比較検討が行われた．IBP に参加した国の数は1965年時点で30か国，終了時点で58か国であった．

　わが国では，1964年，日本学術会議に JIBP（日本 IBP 特別委員会）が設けられ，IBP の実施期間中に文部省の特定研究，特別事業費など総額7億円の経費で研究が行われ，約700人の研究者（1968年時点）が参加した．JIBP（委員長：田宮博博士）には IBP の国際組織に対応して七つの部門（JPT, JPP, JCT, JPF, JPM, JHA, JUM）が設けられ，1965年より27の研究班に分かれて研究を開始した．とくに重点的に研究されたのは，森林，草地，耕地，湖沼，海洋の生物生産力であり，森林については国内だけでなく，タイやマレーシアの熱帯林の調査も行われた．わが国の IBP 研究の成果は，英文報告書 "JIBP Synthesis" 20巻（総ページ数約5000）にまとめられ，東京大学出版会より 1975～1978 年に刊行された．

19.2 IBP と自然保護

19.1 節で述べたように，IBP の一つの部門に CT（陸上生物群集の自然保護）があり，全世界の生物学的に重要な自然地域の保存を目標とした．このため，各国の自然保護地域のチェックシートを国際的に基準化された方法によって記載することが重要な仕事となった．このチェックシートのおもな記載内容は，①植生と土壌，②地形，

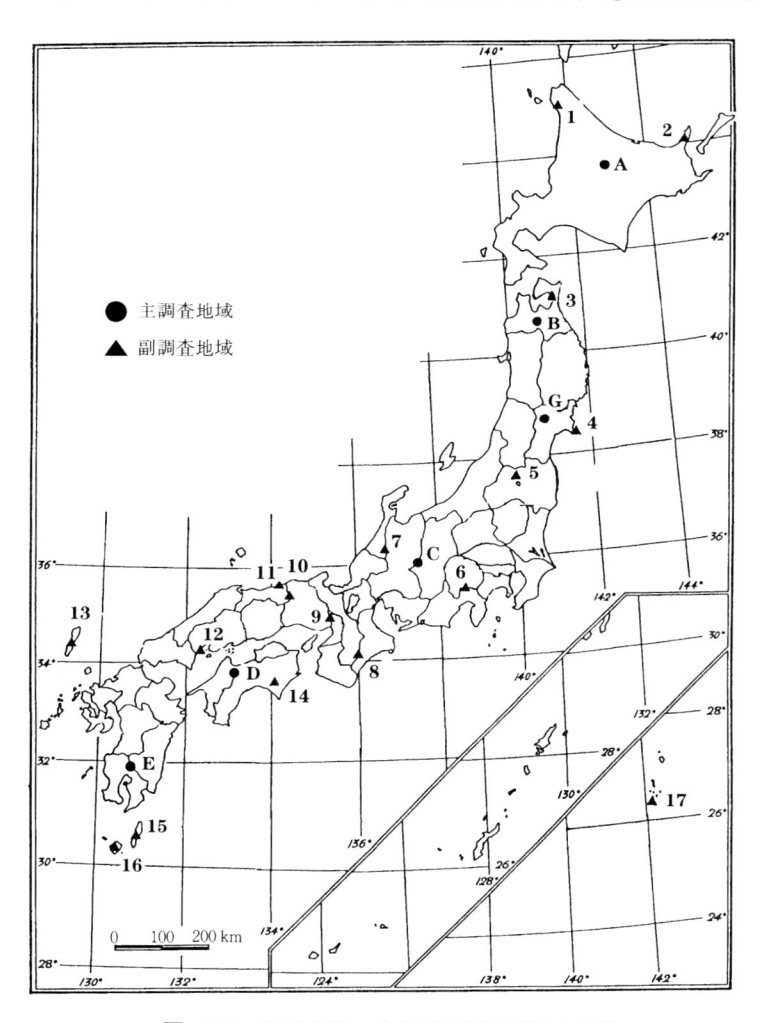

図 19.1 JIBP/CT の主調査地域と副調査地域
主調査地域　A：大雪山，B：八甲田山，C：御岳，D：石鎚山，E：霧島山，G：川渡（草地生態系調査地）．
副調査地域　1：天北，2：知床半島，3：下北半島，4：金華山島，5：裏磐梯，6：富士山，7：白山，8：大台ヶ原，9：箕面山，10：氷ノ山，11：鳥取砂丘，12：宮島，13：対馬，14：魚梁瀬，15：種子島，16：屋久島，17：小笠原諸島．

③フロラとフォーナの特色，④保護状況，⑤自然破壊，などである．

わが国のCT部門の研究組織（略称JCT）は三つのサブグループ，すなわちCT/P（研究者数30名），CT/S（35名），CT/G（37名）に分かれ，次のような研究課題を設定した．①CT/P：植物群落の保護（とくに森林のフロラと植生，希少植物），②CT/S：陸上生態系の動物群集と保護，③CT/G：草地生態系の生産力と保護，である．

IBPの第Ⅰ期には，日本国内の調査地域の選定が行われ，5か所の主研究地域（おもにCT/S研究用）と10か所以上の副研究地域が選ばれた（図19.1）．また，調査方法の検討が行われた植生に関しては，共通の「植生調査表」と立地条件や植生の記載法を説明したマニュアルが作成された．また動物群集についても，調査法や記載法に関するマニュアルが3冊発行された．第Ⅱ期の本格的な調査では，①わが国の国立公園，保護林，天然記念物などに関するチェックシートの記載，②植物群落の区分，動態，人為の影響により消滅する危険のある植生や植物種などの研究，③動物相の研究，④花粉分析研究，などが行われた．第Ⅲ期には，調査結果をまとめて，わが国における生物学的に重要な地域のチェックシートを英国のMonks Woodにある生物記録センター（Biological Records Centre）に送付した．また，JCTの三つの研究グループは研究成果をそれぞれ1冊ずつの英文報告書（JIBP Synthesis, Vols. 8, 9, 13）にまとめて刊行したほか，東京大学出版会より『自然保護ハンドブック』が出版された．

19.3　植生のタイプと保護に関する研究

植生保護班（CT/P，代表者：吉岡邦二博士）の研究は，わが国の植物および植生の保護に関する研究の基礎づくりをめざしたものである．

第Ⅰ期における植生保護班の重要な仕事に植生調査法の検討がある．CT部門の最小限の国際的義務として自然保護地域のチェックシートの記載が課せられたが，その中で植生の記載はとくに重要であった．しかし，群系レベルの植生類型は国際的に基準化されたが，群集レベルの植生分類の方法はいろいろ議論があって，各国の判断に任されることになった．このためCT/Pでは，本調査に先立って，日本における植生の分類方法と体系をつくるための作業を行った．その結果，チェックシート記載のための植生分類の単位として優占種と相観，環境を主体とした群落を採用することになり，またJCT(P)植生調査表のフォーマットも作成された．この植生調査表には，調査地の海抜，地形，土壌，風当たり，日当たりなどの立地条件のほか，植生の各階層（高木層，亜高木層，低木層，草本層，コケ層）の平均的高さと植被率，木本の直径などを記載し，また階層ごとに出現した植物の種名と生活型，優占度，群度，活力度などを記載するようになっていた．

第Ⅱ期の本調査期間には，おもに次の四つの項目について調査が行われた（Numata et al., 1975, Part 1）．

19.3 植生のタイプと保護に関する研究

①わが国の植物群落の記載：日本列島は北緯46度から24度まで南北約3000kmにわたって伸びており，気候的には亜寒帯から亜熱帯までを含むので，植生のタイプもきわめて多様である．この研究では，わが国の植生を小笠原諸島，琉球列島，九州・四国，中国・近畿，中部，関東，東北，北海道の八つの地域に分けて調査し，各地域の植生の群系タイプ，種組成，分布と生態学的特性，構造，記載された植物群落名，保護の状況が記録された．このほか，高山，湿原，海岸，火山など特殊な環境下の植生や人為の加わった二次林，人工林，半自然草原，耕地・路傍の植生についても，その概要が記載された．

②希少植物とその保護：開発によって急速に消滅しつつある植物種および分布地域が限定されている植物種のリストが作成された．このリストはコケ類，地衣類，菌類，シダ類，種子植物に分けて記載されているほか，維管束植物の希少種や分布局限種の多い代表的な場所として表19.1の地域がリストアップされている（琉球諸島を除く）．

表 19.1 希少種や分布局限種の多い地域

北 海 道：	利尻島，礼文島，知床半島，大雪山，夕張岳，芦別岳，アポイ岳，日高山脈
東 北 地 方：	下北半島，早池峰山，飯豊山
関 東 地 方：	日光山地，尾瀬，谷川岳，秩父山地，伊豆半島，丹沢山，箱根山
中 部 地 方：	白馬岳，戸隠山，八ヶ岳，赤石山脈，伊吹山，軽井沢，霧ヶ峰
近 畿 地 方：	大台ヶ原，大杉谷
四 国 地 方：	小豆島，石鎚山，東赤石山，魚梁瀬，横倉山，土佐山，鳥形山
九 州 地 方：	対馬，久住山，天草島，霧島山，高隈山，大隅半島南部，種子島，屋久島，奄美大島，徳之島
小笠原諸島：	父島，母島，南硫黄島

③チェックシートの作成：JIBP調査地域に関するチェックシートの記載がCT/PとCT/Sの共同で行われた．チェックシートに記載された場所は国立公園62，国定公園43，自然林の保護区30，天然記念物28である．

④人為影響による植生の動態：過去4000年の人為による植生の変化を知るため，北九州，四国，南関東で花粉分析調査が行われた．この結果，これらの地域では約1500年前に優占種が照葉樹からマツ，イネ科草本に変化していることが明らかにされた．なお，栽培植物の花粉出現時期は，オオムギが約4000年前，ソバが約2800年前，イネが約2000年前，コムギが約1800年前と推定された．また，わが国の極相林（ウラジロガシ林，ブナ林，シラビソ林）の持続機構を明らかにするため，森林の更新過程の研究が行われた．さらに，薪炭林などの二次林，採草，放牧，火入れなどの影響を受ける半自然草地（ススキ草地とシバ草地）など二次植生の動態に関する調査も行われた．

19.4　動物群集とその保護に関する研究

　動物群集班（CT/S，代表者：加藤陸奥雄博士）は陸上生態系の動物群集とその保護に関する研究を行った．第Ⅰ期に調査地域の選定が行われ，主調査地域として北海道の大雪山（亜寒帯），東北の八甲田山（冷温帯），中部山地の御岳（冷温帯の高山地帯），四国の石鎚山（暖温帯），九州の霧島山（暖温帯）の5か所が設定された．このほか，北海道の天北，置戸，知床，東北の下北半島，金華山島，裏磐梯，中部の富士山，白山，近畿の大台ヶ原，箕面，中国の氷ノ山，鳥取砂丘，宮島，九州の対馬，種子島，屋久島，そして小笠原諸島が副調査地域として選定された．また，各種の動物（哺乳類，鳥類，爬虫類，等脚類，ダニ類，軟体動物，小型土壌動物）の調査法と採集法を検討したハンドブックを作成した．第Ⅱ期には次の三つの項目について調査が行われ，調査結果の概要はJIBP Synthesis, Vol. 9（1975）に報告されている．

　①動物群集の記載：前記5か所の主調査地域について，各種動物の生態学，分類学の専門家による動物群集の共同調査が順次行われ，その地域の動物相の特徴，自然保護上の問題点などが総合的に調査された．

　②動物相に対する人為影響：いくつかの調査地域では，森林伐採や山岳道路建設による動物群集の変化について調査が行われた．とくに石鎚山では観光用スカイラインの建設により植生構造の変化と土壌の乾燥化が生じ，土壌動物相の変化が起こることがわかった．また，道路下部の渓流では建設土砂の堆積によりハコネサンショウウオの個体数の著しい減少あるいは消滅が起こり，鳥類相も変化していることが明らかにされた．

　③金華山島の生態系研究：宮城県の金華山島では島生態系の生態学的管理に関する基礎的研究が行われた．面積 $9.6 km^2$ のこの島では，黄金山神社の保護獣であるシカ個体群が植生と動物群集の構造に大きな影響を与えている．金華山島の植生は極相林であるブナ・イヌシデ林，モミ林のほか，アカマツ，クロマツの植林，ススキとシバの草地に区分される．1971年の調査ではシカの個体数は600頭以上，平均密度は63頭/km^2 であった．この研究ではまず植生構造に対するシカの影響について調査が行われた．シカの食害により森林の下層木の低木はきわめて貧弱となり，ガマズミは特徴的な矮生形態を示した．草本層もシカの好まない植物が増加し，とくにブナ林の林床ではハナヒリノキの増加が目立った．シカの食害を強く受けた森林は草原に変化する傾向がみられた．また金華山島生態系の食物連鎖構造を明らかにするため，シカの糞の空間的分布，季節的変化の調査が行われ，シカ個体群のサイズ構成，各サイズクラス別の餌動物の内容，食草の季節変化などについても基礎的な資料が得られた．これらの研究成果は野生動物の植生に対する影響の評価，野生動物の管理，植生の保護に関する重要な知見を提供することになった．

19.5 草地の生産力と保護に関する研究

草地生態系班（CT/G，代表者：沼田眞博士）の研究は，わが国の草地の生産力と保護を目的として，JPT（陸上生物群集の生産力）班の一部のメンバーも参加して行われた．草地生態系班の主調査地域として宮城県川渡の東北大学川渡農場内のススキ草地が選ばれ（図 19.2），このほかに八甲田（青森県），砥の峰（兵庫県），阿蘇・久住（九州）に副調査地域が設けられた．また，草地植生の調査法，生産力測定法などの検討が行われ，その成果は 1978 年に『草地調査法ハンドブック』として出版された．

図 19.2 宮城県川渡における草地生態系班主調査地
（ススキ草地の中に観測小屋が見える）

わが国の草原は，森林限界以上に分布する高山草原を除き，一般に気候的極相ではなく，遷移の途中相として存在する．わが国の代表的な草地であるススキ草地やシバ草地は，牧草，採草，火入れなど生物的要因によって成立，維持される植生である．IBP 第 II 期には，これらの草地を対象に，次の 13 の研究目標を立てて研究を行った．①草地植生の分類，②草地植生の組成と構造，③草地生態系の遷移と保全，④自然草地の一次生産力，⑤人工草地の一次生産力，⑥自然草地の二次生産力，⑦生産力に及ぼす気象・気候要因の影響，⑧生産力に及ぼす地形・土壌要因の影響，⑨生物要因の作用，⑩有機物の蓄積と分解，⑪生態系のエネルギーの流れ，⑫草地構成種の種生態，⑬草地土壌の埋土種子集団，である．この研究で得られた成果は 1975 年に英文報告書（JIBP Synthesis, Vol. 13）として出版されたが，そのおもなものをあげると次のとおりである．

①草地植生：IBP 特別調査地域に選ばれた川渡地区のススキ草地では，まず植生分布図が作成され，植生タイプと地形や土壌条件（A 層の厚さなど）との関係が調べられた．またススキが優占する長草型草地の植物社会学的調査が行われ，コンピュータ

一を用いた植生区分法の検討が外国の研究者（H. Lieth）との共同研究として行われた．シバが優占するわが国の短草型草地についても植物社会学的区分が行われた．

　②草地生態系の遷移：ススキ草地の現存量と遷移度（DS）との間に一定の関係があることが明らかにされた．またシバ草地とススキ草地の埋土種子数の比較やススキ草地へのコナラの侵入過程の調査も行われた．なお，火入れは草地における進行遷移の妨害要因であるが，ススキ・シバ・ササ草地において火入れ時の温度が測定され，火入れに対する各草種の抵抗性の違いが明らかにされた．

　③一次生産力：川渡を中心にススキ草地の地上部・地下部現存量の測定が行われ，生産力の評価が行われた．また八甲田の田代平のシバ草地では，放牧条件下の草地生産力の評価が固定ケージ法と移動ケージ法を用いて行われた．ススキ草地の植物生産力に影響を与える植食性昆虫（とくにイナゴモドキ）の個体群動態が調べられたが，昆虫による葉の食害量は約2％程度であった．また野ネズミ，鳥の個体数調査も行われたが，密度はきわめて低かった．

　草地生態系班の研究成果は，前記の英文報告書として出版されたほか，1979年に"Ecology of Grasslands and Bamboolands in the World"の中のいくつかの論文にまとめられた．　　　　　　　　　　　　　　　　　　　　　　　　　　　　　　　［岩城英夫］

文　　献

1) 沼田　眞編（1976）：自然保護ハンドブック，390 p.，東京大学出版会．
2) 沼田　眞編（1978）：草地調査法ハンドブック，309 p.，東京大学出版会．
3) Numata, M. (ed.) (1979): Ecology of Grasslands and Bamboolands in the World, 299 p., VEB Gustav Fisher Verl., Jena.
4) Numata, M., Yoshida, K. and Kato, M. (eds.) (1975): Studies in Conservation of Natural Terrestrial Ecosystems in Japan (Part 1, Vegetation and Its Conservation, JIBP Synthesis Vol. 8; Part 2, Animal Communities, Vol. 9; Part 3, Vol. 13), Univ. of Tokyo Press.

20. MAB（人間と生物圏計画）

「人間と生物圏計画」（MAB：Man and the Biosphere Programme）は，通称「MAB（マブまたはマップと読む）計画」とよばれ，ユネスコ（国連教育科学文化機関）の国際共同事業の一つである．1960年代に国際共同事業として行われた「国際生物学事業計画」（IBP：International Biological Programme）の後を受けて，1971年に開始された．地球上における人間活動と生物圏のかかわりを国際共同事業として追究しようとするもので，パリのユネスコ本部の生態科学部が事務局を担当し，25年を経過した今日（1996）もなお継続して活動している．100か国以上の加盟国の中からユネスコ総会で選出された理事国が国際調整理事会（ICC：International Co-ordinating Council）を構成し，2年に一度開催されるICCで運営方針が決定され，それに従って運営されている．次回ICC開催までの間は，ICCの議長，副議長(4名)，およびラポルトゥール（報告担当委員）で構成するMABビューローが年に1～2回開催され，事務局の協力を得てICCから委任された業務を行っている．

日本では日本ユネスコ国内委員会の中にある自然科学小委員会のもとに「MAB計画分科会」が設けられ，活動の基本方針の審議と運営にあたっている．実質的な研究

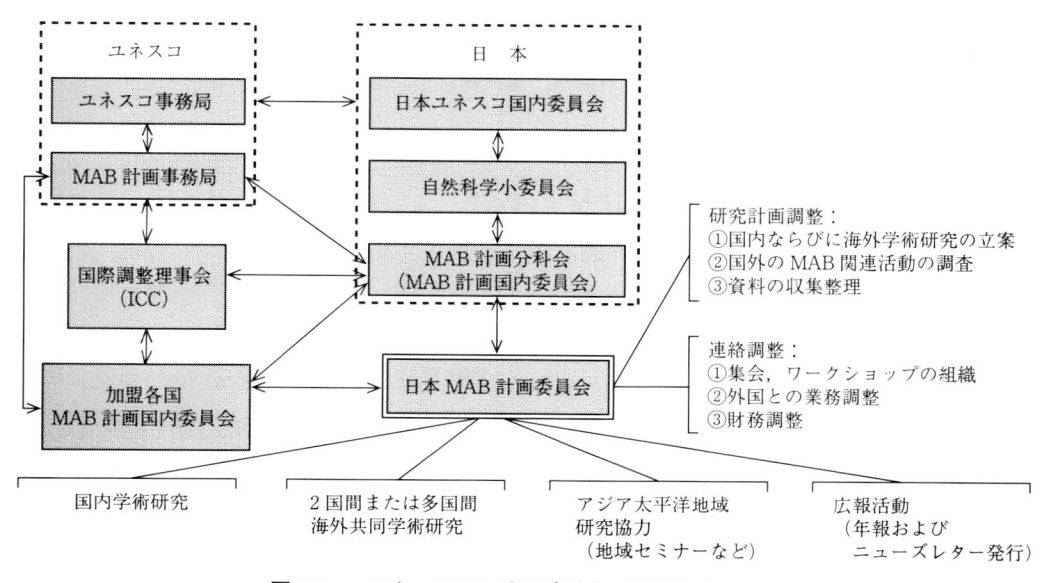

図 20.1　日本のMAB計画委員会の活動関連図

活動は，MAB計画分科会主査のもとに設置された「MAB計画委員会」が，ユネスコ本部事務局と連携を保ちながら，文部省学術国際局国際学術課と密接な連絡をとり，推進している（図20.1）．

20.1 MABがめざすもの

もともと「MAB計画」は，資源と資源システムの合理的利用や保護および人間居住環境に関する諸問題に対処するため，その科学的基礎の確立と専門家の養成を目的として，加盟各国を実施母体とし，研究，研修，デモンストレーション，情報普及などを国際的に実施するための事業として出発した．したがって，生物圏における天然資源の保全と有効利用および環境の保護に関する諸問題の解決に資することをめざし，関連研究の実施に重点がおかれていた．1970年代前半には14のプロジェクトエリアが設定され，活動が実施されてきた（表20.1）．

表20.1 MABプロジェクトエリア

①増大しつつある人間活動が熱帯および亜熱帯森林生態系に及ぼす生態学的影響
②種々の土地利用と管理法が温帯および地中海地域の森林景観に及ぼす生態学的影響
③人間活動と土地利用が放牧地——サバンナ，草原（温帯から乾燥地帯まで）——に及ぼす影響
④人間活動が乾燥地帯および半乾燥地帯の生態系に及ぼす影響（とくに灌漑の影響に着目して）
⑤人間活動が湖沼，沼沢地，河川，デルタ，河口，海岸地域の価値と諸資源に及ぼす生態学的影響
⑥人間活動が山岳およびツンドラ生態系に及ぼす影響
⑦島しょ生態系の生態学と合理的利用
⑧自然地域とそこに存在する遺伝資源の保護
⑨陸上および水界生態系における害虫・雑草管理と施肥の生態学的評価
⑩大規模土木事業が人間とその環境に与える影響
⑪都市システムの生態学的側面（とくにエネルギー利用に重点をおいて）
⑫環境の変質と人間集団の適応構造，人口構造，遺伝構造との相互関係
⑬環境の質に対する認知
⑭環境汚染とその生物圏への影響に関する研究

しかし，1991年には，発足以来20年を経過し，とくに1990年代のMABが基本とすべき研究方向として，ICCにより次の四つの新しい「研究オリエンテーション」，すなわち①多様な人間活動が生態系の機能に及ぼす影響，②人間活動の影響を受けた資源の管理と修復，③人的投資と資源利用，④環境からのストレスに対する人間の反応，が決定され，活動が推進されている．これら4項目は既往のMAB活動の実績を生かし，最近の学問の進歩と1990年代に予想される環境問題や新資源の台頭と結びつけ，MAB事業の財源と人材の枠内で実現可能な研究計画の策定をめざしたものである．研究対象となる重点領域として，①島しょ・沿岸システム，②湿潤・亜湿潤熱帯，③乾燥・半乾燥地域，④山岳・高地，⑤エコトーン（陸-水移行帯），⑥都市システム，⑦生物圏保存地域，などがあげられている．とくに発足以来20年になるMAB事業に

対する外部評価と 1992 年にリオデジャネイロで開催された国連環境開発会議（UNCED）の結果を受けて，生物圏保存地域（biosphere reserves）を活用した研究，教育（研修），情報活動を重点的に行う方向が打ち出され，①生物多様性と生態学的諸過程，②天然資源の持続的管理，③人的資源の育成と確保，④情報交換と政策伝達，を4本柱として活動を発展させるため，生物圏保存地域の国際的ネットワーク化が目論まれている．

20.2　日本の MAB 計画の活動

日本の MAB 計画の活動のおもなものは，①国内学術研究，②海外学術共同研究，③アジア太平洋地域協力，④広報活動，などである．

国内学術研究は，1971 年以来文部省科学研究費補助金の特定研究「人間生存と自然環境」や特別研究「環境科学」などによって行われてきたが，1987 年以降は重点領域研究「人間環境系」へと引き継がれた．海外学術共同研究は，東・東南アジア地域諸国との MAB 計画関連の 2 国間または多国間国際研究協力として文部省科学研究費補助金の国際学術研究の経費などにより実施されてきた．これら二つの学術研究の成果は英文の年報（Researches Related to the UNESCO's Man and the Biosphere Programme in Japan）として出版され，ユネスコをはじめ全世界の MAB 加盟国の国内委員会および国内関係諸方面に毎年配布されている．

地域協力事業としては，日本政府からユネスコへの信託金を主要財源に 1984 年以降，東・東南アジア地域諸国を持ち回りの開催地として毎年「UNESCO/MAB 東・東南アジア地域セミナー」が行われてきた．当初行われたのは「人間活動の沿岸域及び河口域生態系に及ぼすインパクト」（略称 MICE）で，東京，シロト（インドネシア），ラノン（タイ），沖縄，南京（中国）の順に開催され，大きな成果を収めた．このあとを受け，1989 年には東京で地域セミナー「生態系管理のための地生物学的インベントリーと図化」（略称 BICEM）が，1990 年には東京で国際セミナー「人間と生物圏計画の研究活動と今後の方向」（略称 FRTM）が開催され，成果をあげた．また，1991 年からは「破壊された生態系の管理と修復」を柱に沿岸域エコトーンをおもな対象とした地域セミナー（略称 Ecotone）が，クアラルンプール（マレーシア），ジャカルタ（インドネシア），ケソン（フィリピン），スラータニ（タイ），ホーチミンシティ（ベトナム）の順に開催されてきた．これらセミナーの内容は，いずれもプロシーディングズとして出版され，前記年報と同様にひろく配布されている．

広報活動としては，前記年報のほか，1986 年度以来，和文または英文のニューズレター（Japan InfoMAB）が毎年 2 回発行され，関係各方面に配布されている．

20.3 生物圏保存地域

　生物圏保存地域(biosphere reserve)とは，持続的発展を支えるための科学的知識・技能や人間的価値を深める機会を提供する場として国際的にその価値を認められた，代表的な陸上および沿岸環境の保護地区であり，MAB事業の最も重要な柱の一つである．基本的には，厳密な保護のもとにおかれるコアエリア(core area)，それをとりまく緩衝地帯(buffer zone)，さらにそれをとりまく移行地帯(transition zone)の3地帯から構成され，それぞれ厳密に区域指定されている(図20.2，20.3)．生物圏保存地域は世界的なネットワークを形成して，自然のあるいは管理された生態系の保全管理についての情報交換を促進しようとするものとして設定された．1990年代半ばには生物圏保存地域をさらに積極的に活用することが方針としてMAB国際調整理事会で承認され，学術研究のみならず環境保護管理に関する青少年教育や社会人研修に積極的に活用すること，また国際的あるいは地域的ネットワークを形成して相互に

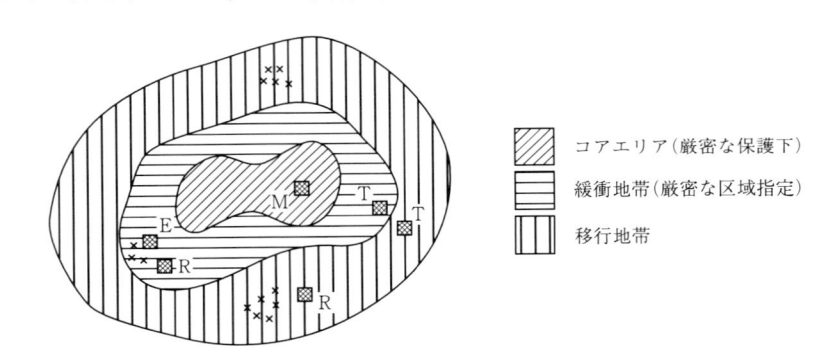

図 20.2　生物圏保存地域の模式図
××：人間居住地，R：実験研究ステーション，M：モニタリング地域，
E：教育・研修地域，T：観光・レクリエーション地域．

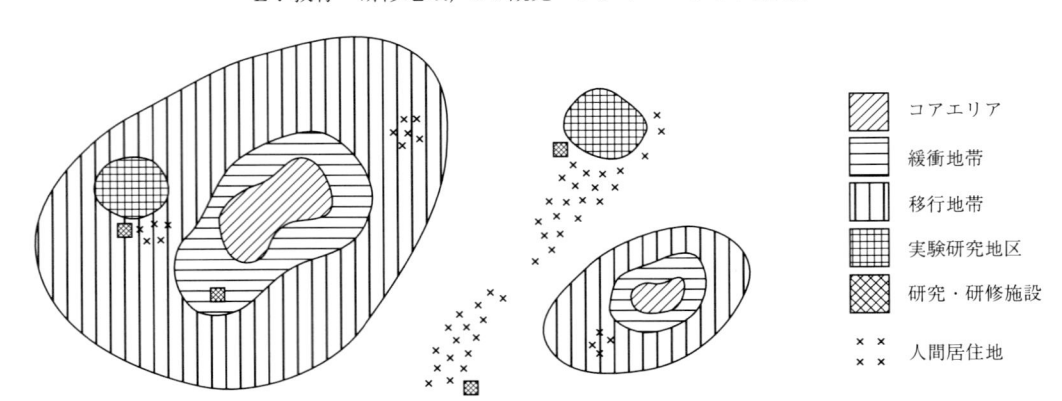

図 20.3　集団生物圏保存地域

図 20.4 世界の生物圏保存地域

協力し合うこととなった．

　生物圏保存地域は，加盟各国の MAB 国内委員会からの登録申請を MAB 国際調整理事会（またはビューロー会議）で審査し，認可されれば，ユネスコ事務総長から認定書が渡される．1975 年の設定に始まり，1996 年 4 月現在では世界全体で 85 か国にわたる 337 地域が登録されている（図 20.4, 巻末の付録 3 参照）．日本では，志賀高原，白山，大台ケ原・大峰山，屋久島の 4 か所である．生物圏保存地域のネットワーク化により，地球環境の長期的変動をモニターするための基地とする計画が世界的に着々と進められている．また，生物圏保存地域を利用して生物学的多様性の研究を推進しようとする方向は，MAB 計画の研究活動の中できわめて重要な位置を占めている．

　なお，MAB と関連の深い国際共同研究として IGBP (International Geosphere-Biosphere Programme, 地球圏-生物圏国際協同研究計画）がある．IGBP は ICSU (International Council of Scientific Union) の提唱により 1990 年当初 10 年計画で開始された国際協同研究である．地球上の生態系における変化とその過程を人間活動の影響を含め物理的・化学的・生物的側面から総合的・科学的に解明し，対策を立案するために「数十年〜百年先の地球を予測する」ことを目的としている．1997 年現在，①地球規模の大気化学(IGAC)，②海洋フラックス研究(JGOFS)，③地球環境変化と陸上生態系 (GCTE)，④水循環と生物圏 (BAHC)，⑤古環境変化 (PAGES)，⑥沿岸部の陸域-海域相互作用 (LOICZ)，⑦土地利用/植生の変化 (LUCC)，⑧海洋生態系の動態 (GLOBEC) の八つのコアプロジェクトと，ⓐ解析・解釈・モデリング(GAIM)，ⓑデータ・情報システム (IGBP-DIS)，ⓒ解析・研究・研修システム (START) の三つのフレームワーク活動について国際協同研究が行われている．

[**有賀祐勝**]

21. 環境と開発

21.1 人類史と開発

　人類がサルから分化し，ヒトとなったのは約400万年前，アフリカのサバンナであったといわれている．それ以来，人類は地球上に拡散し，現在では，地球のほぼ全域に分布するようになった．人類の生活域（エクメーネ）は，湿潤熱帯から極域のツンドラまで，人工的に排水された海面下のポルダーから，雪線に近いチベットやアンデスの高原にまで及んでいる．

　400万年の人類史の中で，人類が地球の自然環境に決定的な影響を及ぼし始めたのは，数千年前の，完新世における農耕文明の発生以後のことである（梅原・安田, 1995）．農業は人類の定住化を促し，ムラや都市の形成をもたらすことによって，周辺の自然環境をそれまでにない規模で変えていった．農業はまた，牧畜を伴い，野生動物の家畜化は，耕地の拡大とともに，森林植生の後退，草原植生の拡大をもたらしただけでなく，過放牧は，草原の裸地化さえ引き起こした．

　このような農牧業による自然環境の改変は現在も引き続き進行しているが，自然改変のスピードが著しく増大したのは産業革命以後のことであり，それはまた，人口の爆発的な増加とともに進行した．

　農耕文明発生後の人類にとって決定的に有利だったのは，この地球上につねに開拓可能な辺境（フロンティア）が存在していたことである．人口の増大や，政治的・社会的要因による人類の拡散は，フロンティアの開拓によって解消され，地球全体としては，大きな問題を引き起こすことがなかった．もちろん，ヨーロッパ人の開拓によって，南北アメリカの先住民の文化は破壊され，またその自然環境もそれ以後，著しく改変されたが，20世紀前半まで，人類の拡散がもたらす自然改変は，このように大陸レベルでの変化にとどまり，地球全体にその影響が及ぶことはなかったのである．

　現在の地球環境問題は，人類の地球上での拡散がその物理的（地理的）限界に達し，地球上に，もはや，人類の拡散を吸収しうるフロンティアがなくなったことによって生じた（松井, 1995）ともいえる．

　自然保護という問題が今，これまでになかったほど重要視されているのは，このことと無関係ではない．地球上にはすでに，開拓すべき余地がないのであり，そうだとすれば，すべての開拓は自然破壊そのものなのである．

しかし，開拓という言葉にはまだ，手に負えない自然に弱い人間が立ち向かうというという隠喩が込められていた．開発という言葉にはそれがない．開拓から開発に至る過程の中で，人類と自然との関係は逆転したのである．それは，Yi-Fu Tuan(1974)がみごとに分析したような，ウィルダネス（原野あるいは原生的自然環境）に対する認識の変化とも軌を一にしている．現在のわれわれはウィルダネスの保護を唱えているが，ウィルダネスとは，そもそも人間の支配の及びえない自然であり，それを人類が「保護」するというのは言語的な矛盾なのだ（Tuan, 1994）．

21.2　持続的開発と自然保護

持続的開発は，sustainable development の訳である．英語の sustainable にはさまざまな意味があって，それを持続的と訳すことには問題も多い．この用語を初めて提唱した「環境と開発に関する世界委員会」では，sustainable development を，「将来の世代が自らの欲求を充足する能力を損なうことなく，今日の世代の欲求を満たすこと」と定義している．リオデジャネイロでの地球環境サミット以来，市民権を得た言葉であるが，よく知られているように，この言葉は，熱帯雨林の伐採を全面的に禁止しようとする先進国と，熱帯林の伐採を続けたい開発途上国側の要求を調和させるためにひろく使われるようになった．原理的にいえば，森林の伐採は，伐採量が森林の生長量以下であれば，持続的に行いうる．その意味では，持続的開発は可能である．しかし，多くの場合，ここでいう持続的開発は，単にその速度をゆるめただけで，時間的だけでなく空間的にも「無限に続く開発」を暗喩している．

これまで，すなわち地球上に無限のフロンティアがあった時代には，単にそのスピードを落とすだけの持続的開発が十分に可能であった．しかし，今はもはやそうではない．人類が生き続ける以上，時間的には無限の開発が必要であろう．しかし開発を無限に広げうる空間は，地球上にはもう残されていないのだ．自然保護とは，開発に直接たずさわる者に，このことを理解させるための行為である．

21.3　開発行政の問題点

日本に問題を限れば，日本の行政がとってきた姿勢は，これまで一貫して，「無限の開発が可能」であり，「開発は善である」という思想に支えられてきた．このことは何も日本だけではない．しかし，ここ数十年の急速な価値観の転換に応じる形で，行政も開発至上主義からの転換をはかっているのが欧米諸国の現状であり，それと比較すると，先進諸国の中では日本の遅れが際立っている．具体的な問題点や対策については第II編で扱われるが，ここでは，とくに日本で進められてきた，あるいは現に進められている開発について，代表的な事例をあげてその問題点を概説することにしよう．

a. 海岸，干潟の開発

　海岸や干潟が開発の対象となりやすいのは，陸上の開発で問題となるような土地所有者がおらず，また工事が容易な割に，大面積にわたる開発が可能だからである．日本では，第二次大戦後，とくに干潟や浅海域の干拓事業が各地で行われた．岡山県の児島湾，秋田県の八郎潟，茨城県の霞ヶ浦などの干拓は戦後の食料不足の解消を目的とする大規模農地造成事業であったが，事業の終了後には，農産物の余剰時代を迎え，初期の事業目的は失われた．しかし，同じような干拓計画が，島根県の中海や佐賀県の有明海で現在も進められようとしている．とくに中海の干拓事業は，強い反対運動によって一度は凍結させられた計画であるにもかかわらず，再び事業が強行されようとしている例である．

　農地造成事業のほかにも，ごみ処理のための埋め立て事業[東京湾三番瀬（小埜尾・三番瀬フォーラム，1990），伊勢湾藤前干潟]，臨海工業団地造成事業（博多湾和白干潟）など，さまざまな開発計画があり，日本の干潟，浅海域の自然は徹底的な破壊の危機に瀕している．1987年に成立した総合保養地域整備法（リゾート法）も，運輸省によるマリーナ建設の促進をもたらし，日本の海岸の自然改変はさらに進んだ（熊本，1995）．

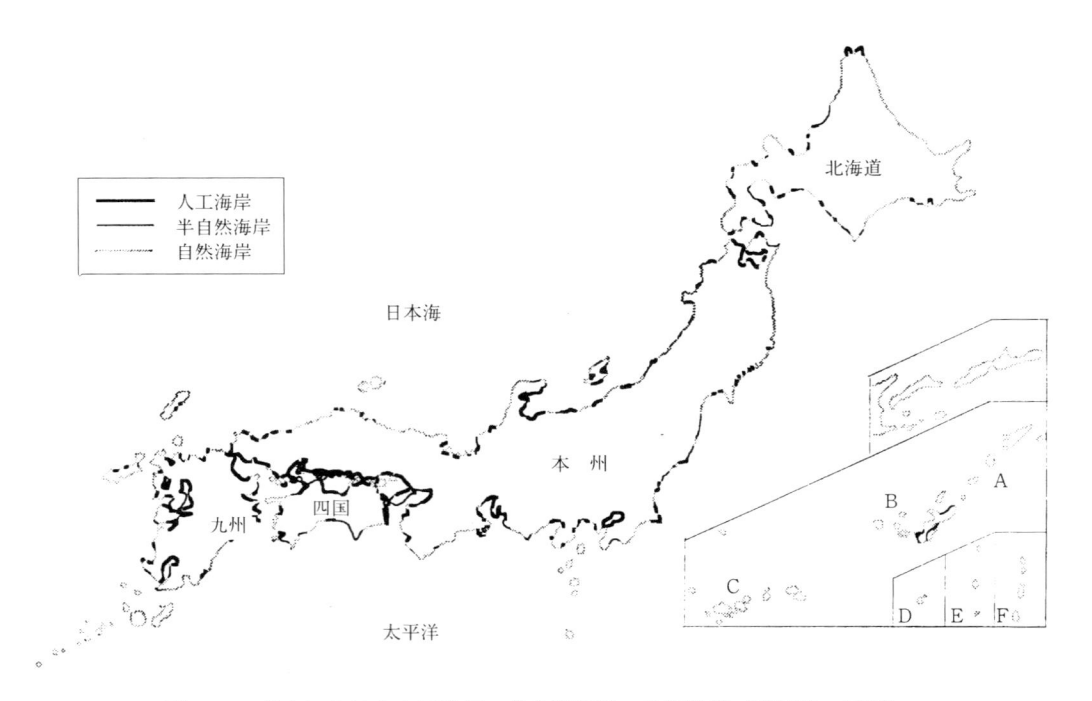

図 21.1　日本における人工海岸，半自然海岸，自然海岸（環境庁，1982）
A：奄美諸島，B：沖縄諸島，C：宮古列島，D：大東諸島，E：硫黄列島，F：小笠原諸島．
そもそも地形学からみれば，海岸そのものが自然であり，一つの地形であった．自然海岸という用語は，それ自体，不条理な言葉といえよう（自然扇状地，自然山岳といった言葉のもつおかしさを想像せよ）．

21.3 開発行政の問題点

表 21.1 自然海岸，半自然海岸，人工海岸の総延長と割合（環境庁，1982）

	自然海岸	半自然海岸	人工海岸	河　口	計
おもな4島 (km)	9156.4	2905.0	6367.5	239.4	18668.3
(%)	49.0	15.6	34.1	1.3	
その他の島々 (km)	9810.7	1435.4	2231.5	24.3	13501.9
(%)	72.7	10.6	16.5	0.2	
計　(km)	18967.1	4340.4	8599.0	263.7	32170.2
(%)	59.0	13.5	26.7	0.8	

　海岸の自然改変には，このほか，防波堤や消波ブロックの建設に伴うものがある．これらの自然改変は，次に述べるような際限のない河川改修やダム建設によって海岸への土地供給量の減少がもたらされた結果ともいえよう．土地供給が減ったために海岸侵食が活発化し，それを防ぐために，さらに海岸の自然をこわすという悪循環に陥っているのである（小野，1992）．

　図21.1，表21.1に示したように，本州，四国，九州，北海道の海岸線の全延長のうちで，自然海岸の割合は，すでに50%を割り，現在では46%にまで減少している．とくに，東京湾や瀬戸内海では，95%以上が人工海岸化されており，開発がいかに海岸の自然を破壊してきたかを如実に物語っている．

　海岸や干潟の自然を一方的に破壊し続ける開発が，日本ではなぜ止まらないのであろうか．それは，開発が大規模公共事業として行われ，さまざまな利権を生むと同時に，開発が，事業を推進する省庁自体の存在をかけたものとなっているからである．とくに干拓事業のような大規模開発は，20年以上の長期にわたることが多く，その間に社会・経済情勢が大きく変化して，初期の事業目的が消滅してしまうことが少なくない．それにもかかわらず，事業が継続されるのは，予算を減らしたくない省庁の都合や，大規模な土木工事の受注によって直接の利益を受ける建設・土木会社の都合があるためである（熊本，1995）．

　国の大規模公共事業については，第三者によるチェック機構がまったく存在しない．この不備が，多くの無駄な公共事業を中止あるいは変更できない要因となっている．今後，早急な法整備が望まれる．

b. 河　　川

　前述したように，河川での際限のない開発のツケが海岸の自然破壊をもたらしているのが，日本の現状である．河川の開発は，河川改修とダム建設の二つからなる．日本の河川行政は，治水，利水を第1目標として進められてきた（大熊，1989）．しかし，この結果，河川の本来もつ自然環境は無視され，ダムによる取水によって水の涸れた河川や，ダム，砂防堰堤によるせき止めによって，土砂の移動が止まってしまった河川，護岸工事や河道の直線化によって生物のいなくなった河川が続出している．自然

保護思想の高まりによって，このような治水・利水一辺倒の改修を行ってきた建設省や地方自治体も転換を迫られ，現在，「自然にやさしい改修」の名のもとに，多自然型河川工法による改修が始まっているが，そこにも問題は少なくない(小野，1992)．それは，日本の河川行政がいまだに工学系の土木技術者だけによって担当されており，生態学や保全学の研究者を職員として受け入れないシステムがいぜんとして続いているからである．したがって，「自然にやさしい」というときの「自然」が，生態学的にきちんとおさえられた自然ではなく，土木技術者の目から見た「自然」にすぎない場合が多いのが現状である．

ここでは，北海道真狩川の改修と，千歳川放水路計画をあげ，現在の河川改修の問題点を述べよう．

（1） 真狩川の改修

真狩川は，羊蹄山の山麓の湧水を水源とする1級河川である．北海道開発局では，この河川が氾濫しやすく，周辺の農地に多大な被害が出ているとして，多自然型工法による改修を1988年から行ってきた．従来の河川改修と異なる点は，①河畔林をできるだけ残す，②落差工ではできるだけ落差を小さくして魚の遡上をはかる，③瀬，淵の復元や創造を行い，河道の中に多様なハビタットをつくる，④コンクリート護岸をやめ，自然石を張り付けたブロックによる護岸を行う，など，できるかぎり川の自然に配慮した点である．真狩川は，北半球におけるオショロコマ（イワナ属）の分布南限の一つになっている．隔離分布によって，真狩川のオショロコマは通常のオショロコマとは形態が著しく異なり，一つの地理的変種となっているだけでなく，その生息域が源流部に限られることから，希少種ないし絶滅危惧種としての資格を十分に備えている．河川改修にあたっては，真狩川がそのような特殊なオショロコマの生息河川であるという認識がなされていたはずであるが，現実の改修工事では，図21.2に示すように，オショロコマの産卵が行われていた河床に，大きな石が入れられ，産卵が不

図 21.2 真狩川の改修工事
オショロコマの産卵は不可能になった．（左）オショロコマの産卵床が集中する源流部．（右）拡幅され，川底に大きな石が敷きつめられて産卵が不可能になった改修区間．

可能になってしまった．これは，土木技術者が，単にコンクリートを使わなければ「自然にやさしい」改修であると誤解したための初歩的ミスである（小野，1995a；1996）．

しかし，このような絶滅危惧種が生息する河川において，はたしてこのような大規模な河川改修が必要であったのか，という基本的な問題はいぜんとして残っている．氾濫が多く，農地に多大な被害が出る，というが，真狩川は前述したように湧水に涵養されており，流量変動は一般の河川に比べればはるかに小さい．

河川改修の目的は，計画された流量を流しうるように，河道の幅や深さを広げることである．したがって，計画流量が大きくなればそれだけ改修も大規模になる．計画流量は，過去の氾濫実績から計算されるが，将来起こる（かもしれない）氾濫を予測して計画を立てるのであるから，そこにはさまざまな仮定が入る．安全を見積もれば，計画流量は高くなる．これまでの河川行政においては，人間側の都合でより高い計画流量が選定されてきたのが現実である．河川の自然保護を考えるためには，計画流量の決定に際して，生態学や保全学の専門家を含めた検討がされなければならない．

（2）　千歳川放水路計画

千歳川は，石狩川の支流であり，カルデラ湖である支笏湖に発し，江別市付近で石狩川に合流する全長108kmの河川である．河床勾配が1/7000ときわめてゆるく，中下流地域に低平地が広がることから，千歳川流域は，1976（昭和51）年，1981（昭和56）年の2回にわたって大きな洪水被害を受けた．このため北海道開発局は，1977年，石狩川水系の治水計画の抜本的な見直しを行い，従来の基本高水流量を，9000 m³/sから，一気にその2倍の18000 m³/sに増大させる計画を発表した．これに伴って，千歳川からの1200 m³/sの流量をカットし，合わせて千歳川の氾濫を防ぐため，策定されたのが千歳川放水路計画である．図21.3に示すように，この計画は，千歳川と石狩川の合流点と千歳川の中流部に水門を設け，洪水時には合流点の水門を閉めて，千歳川を石狩川から切り離し，中流部の水門を開けて，千歳川の水を全長38kmに及ぶ放水路を通じて太平洋に流そうとするものである（北海道開発局，1989；1994）．

この計画の最大の問題点は，これまでの2倍という，きわめて大きな基本高水流量の算定にある．すなわち，史上最大であった1976年，1981年の洪水では，それぞれ3日間の雨量が175 mm，286 mmであったが，図21.4に示したように，そのときの石狩川の洪水流量は，実績，計算値とも，それぞれ7500 m³/sと12000³/sであった．これに対して，150年に1回の大雨にあたる3日間に260 mmという降雨量で計算された基本高水流量は，何と18000 m³/sなのである．

282 mmの大雨でも現実には12000 m³/sしか流量が出ていないのに，18000 m³/sという値は，いかにも大きい．しかし，さまざまな仮定を設ければ，こういう値も出てくるのである．しかし，それは，あくまでも「とりうる値の一つ」であり，現実には12000 m³/s以上のさまざまな値の選択が可能である．その場合，必要なことは，計画の利点（メリット）と不利益（デメリット）とを客観的に検討することである．たし

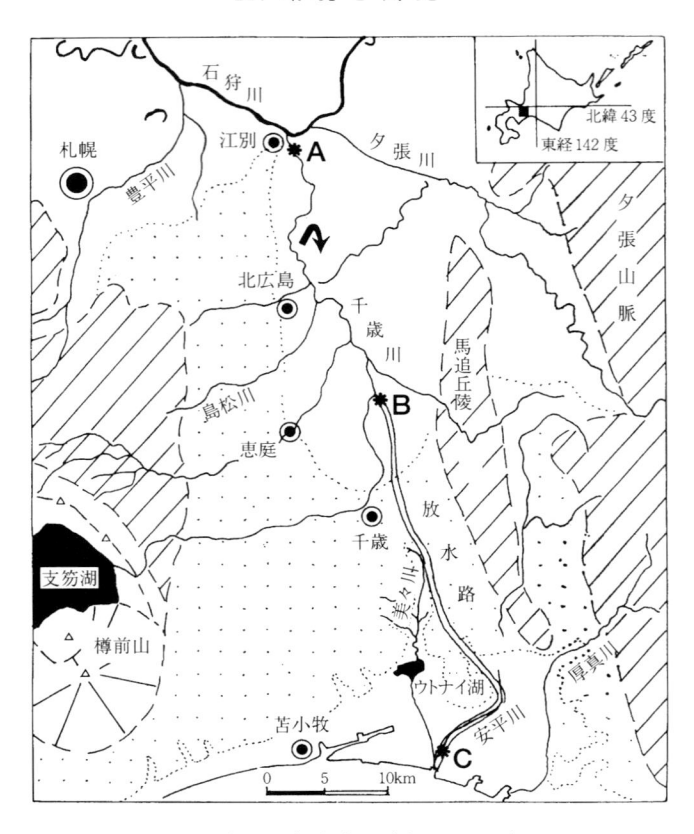

図 21.3 千歳川放水路計画（小野，1992）

千歳川放水路計画では，千歳川と石狩川との合流点（A）に締切水門，放水路の入口（B）に呑口水門，放水路の出口付近（C）に潮止めの河口堰がつくられる．洪水時には締切水門を閉じ，呑口水門を開き，潮止め堰を上げて千歳川の水を逆流させ（矢印），放水路から太平洋に流す．

かに，基本高水流量を 18000 m³/s と最大に見積もっておけば，治水の安全度は高まる．しかし，そのためには千歳川放水路が不可欠のものとなり，放水路を建設すれば美々川の自然環境は破壊され，関連するさまざまな環境・社会問題を引き起こすことになる（小野，1992）．

千歳川放水路計画を審議した建設省河川審議会では，このような検討はほとんど行われず，一方的に放水路計画が策定された．そのため，15年以上にわたって，この計画は大きな反対運動のために着工ができず，いたずらに，治水対策を遅らせる最悪の結果をまねいているのである．千歳川放水路計画は，工期20年，予算約5000億円といわれる大規模開発事業であり，大きな環境問題となっている長良川河川堰以上に，大規模な自然改変をもたらす河川改修である（八木，1995）．

このような大規模な開発，土木事業にあたっては，その計画段階から，計画のメリット，デメリットを客観的に検討できる，事業アセスメントの義務づけが早急に望まれる．またすでに決定されてしまった千歳川放水路計画のような計画も，時間の経過

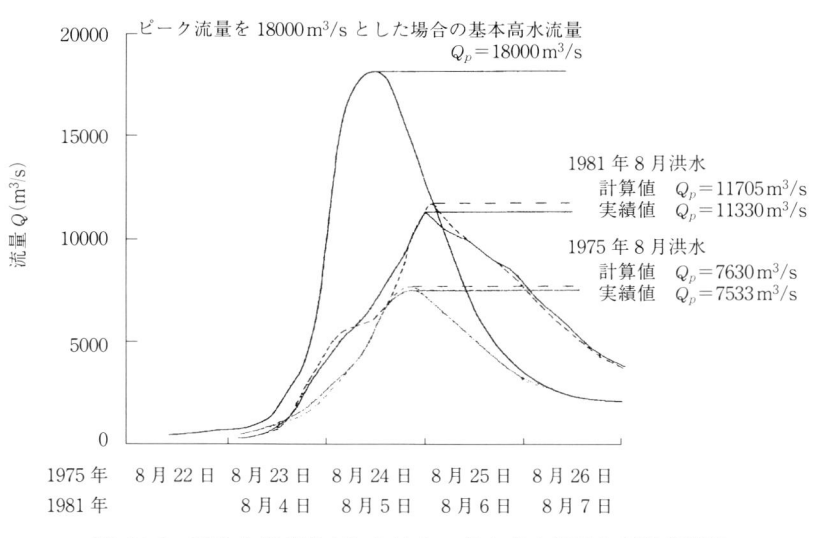

図 21.4 石狩大橋基準点における，基本高水流量と再現実績洪水のハイドログラフの比較

による社会情勢や環境への意識の変化によって，事業を見直す制度の導入が必要である．日本では，河川管理者は建設省であり，これまで，河川管理に対して他省庁が口出しすることは許されなかった．しかし，自然の管理を行うのが環境庁の役割であるとすれば，河川といえども，その自然の管理者は環境庁であるという考えも成り立つ．今後の河川改修や河川をめぐる大規模な開発事業は，地域住民や，自然保護 NGO（非政府組織）など，河川に関心をもつ多様な人々の合意のうえに，初めて可能になるといえよう（日本弁護士会公害対策・環境保全委員会，1995）．

21.4　開発と自然保護の調和をめざして

　本論で述べたような大規模な開発事業に対しては，事業の計画段階での検討が不可欠である．そのためには，計画についての情報公開と，第三者を入れた客観的な検討機関の設置，地域住民や NGO の参加，といったさまざまな改革が必要となる．千歳川放水路計画に象徴されるように，大規模な開発事業になればなるほど，一省庁では全体をカバーしきれなくなる場合が少なくない．治水事業一つをとってみても，堤防などハードな構造物で対処できる治水対策は限界に達しており，河口堰や放水路のように新たな構造物を建設しようとすれば，さらに大きな環境問題を引き起こすことになる．現在，望まれているのは，そのようなハードな構造物に頼らないソフトな対策であり，それは河川に関していえば，洪水を起こしにくくする上流部での森林の保全（治山）や，洪水時のピーク流量を少しでも減少させるようなさまざまな工夫である（秋山，1995）．遊水池（内田，1985）の設置や，雨水の地下浸透能力の増大化はそのうち

でも重要なものであろう．たとえ堤防から水があふれても，また内水氾濫のように，河川にはけない雨水が低地にたまっても，被害が出ないような町づくり，村づくりを進めることが重要である．

近年では，単に治水のみならず，水道水の確保という点でも，河川の上流と下流との関係が改めて見直されている．下流部に集中しがちな大都市の環境を維持するためには，河川の上流部の環境保全が不可欠であり，そのためには，上流部に住む人々の生活が保証されなければならない．この意味で，流域全体を見通した環境保全政策が，いま早急に求められている．上流域に集中する山地の森林をどう維持管理していくか，という問題は，いまや下流部の都市問題とも直結しているのである（北尾，1992；西口，1989；大内ら，1995）．

森林の保全管理についてはまた，そこに生息する多様な生物の生息環境の保全と密接にかかわっている．河川上流部に生息するイワナなど，サケ科魚類の保全と森林の管理をめぐっては，アメリカ太平洋岸の山地森林で多くの研究が行われている（中村，1992；Nakamura and Swanson, 1993）．最も重要なことは，河川沿いの森林（河畔林）の保全であり，少しでも多くの伐採を行いたい林業者と，サケ科魚類の資源を守りたい漁業者，自然保護団体の間で紛争が生じやすい．図21.5は，これを調停するための解決策の一例であり，ここでは，河畔林を河川から両岸30m幅で残し，それ以外の森林を伐採している（福島，1992）．

もちろん，この事例では魚類のハビタットだけが問題にされ，クマや鳥については検討されていない点に大きな疑問が残る．しかし，それぞれの生物のハビタットを明らかにして，その保全を考慮しながら，伐採計画を立てる，というのは，アメリカではすでに常識となった手法であり，日本でも，こうした手法の導入が急がれる．

この手法はランドスケープエコロジー（景観生態学）を土台とする手法である．図

図 21.5 河川の両岸30m幅の森林をコリドーとして残し，他を伐採した例（K. V. Koski 氏提供；福島，1992による）

21.4 開発と自然保護の調和をめざして

図 21.6 コリドー（廊下）
左下は藻岩山がつくる森のパッチ，中央上部は中島公園がつくる緑地のパッチである．札幌市の中央を北へ（写真上へ）流れる豊平川（写真中央）にはほとんど河畔林がなく，右手の精進川沿いの段丘崖の林が唯一の河畔林のコリドーとなっている（国土地理院撮影，空中写真）．

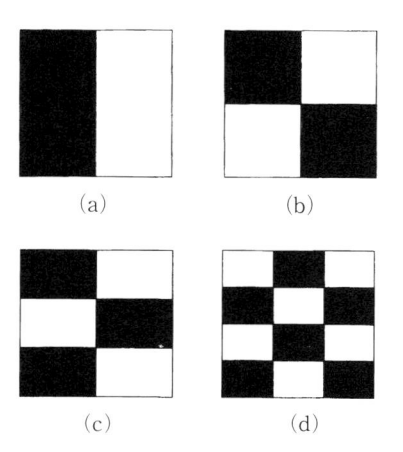

図 21.7 森林の残し方のタイプ

21.5 のように，河川に沿って細長く帯のように連なる河畔林は，コリドー（廊下）とよばれる．また，図 21.6 のように，部分的に存在する森林のような孤立したハビタットや景観はパッチとよばれる．ランドスケープエコロジーは，これらのパッチやコリドーの組み合わせによって，自然環境と開発とを調和させていこうとする科学といえよう．たとえば，同じ面積の森林を伐採する場合でも，図 21.7 に示したように，どのように森林を残すかによって，そこに住む生物への影響は大きく変わるからである．開発する側も，自然保護を謳う側も，今後，ランドスケープエコロジーの視点を十分にもって，客観的な検討を進めていくことが望まれる（Forman and Godron, 1986; Laser, 1976; 武内, 1991; 小野, 1995 b）．　　　　　　　　　　　　[小野有五]

文　献

1) 秋山紀子 (1995)：水をめぐるソフトウエア，270 p., 同友館．
2) Forman, R. T. T. and Godron, M. (1986): Landscape Ecology, 619 p., John Wiley & Sons.
3) 福島路生 (1992)：アラスカ州の河川管理について．森と川, **2**, 19-21.

4) 北海道開発局 (1989)：千歳川放水路計画について，45 p.
5) 北海道開発局 (1994)：千歳川放水路計画に関する技術報告，364 p.
6) 北尾邦伸 (1992)：森林環境と流域社会，243 p.，雄山閣出版．
7) 熊本一規 (1995)：持続的開発と生命系，220 p.，学陽書房．
8) Laser, H. (1976): Landschaftsökologie, UTB 521, 432 p., Ulmer, Stuutgart.
9) 松井孝典 (1995)：地球倫理へ，199 p.，岩波書店．
10) 中村太士 (1992)：環境問題に対する砂防の視点と今後の課題．新砂防(砂防学会誌)，**45**-3，29-37．
11) Nakamura, F. and Swanson, F. J. (1993): Effects of coarse woody debris on morphology and sediment storage of a mountain stream system in western Oregon. *Earth Surface Processes and Landforms*, **18**, 43-61.
12) 日本弁護士会公害対策・環境保全委員会編 (1995)：川と開発を考える，292 p.，実教出版．
13) 西口親雄 (1989)：森林保護から生態系保護へ，265 p.，思索社．
14) 大熊 孝 (1989)：洪水と治水の河川史，261 p.，平凡社．
15) 小埜尾精一・三番瀬フォーラム編 (1995)：東京湾三番瀬，237 p.，三一書房．
16) 小野有五 (1992)：地形学は環境を守れるか？ 地形，**13**-4，261-281．
17) 小野有五 (1995 a)：真狩川での間違った"近自然工法"による河川改修．森と川，**5**，22-48．
18) 小野有五 (1995 b)：ランドスケープの構造と地形学．地形，**16**-3，195-213．
19) 小野有五 (1996)："多自然"は"他自然"？——多自然型河川改修の問題点．自然保護，**410**，8-9．
20) 大内 力・高橋 裕・榛村純一 (1995)：流域の時代，281 p.，ぎょうせい．
21) 武内和彦 (1991)：地域の生態学，264 p.，朝倉書店．
22) Yi-Fu Tuan (1974): Topophilia: A Study of Environmental Perception, Atitudes and Values, Prentice-Hall. 小野有五・阿部 一訳 (1992)：トポフィリア：人間と環境，446 p.，せりか書房．
23) 八木健三 (1995)：北の自然を守る，246 p.，北海道大学図書刊行会．
24) 内田和子 (1985)：遊水池と治水計画，238 p.，古今書院．
25) 梅原 猛・安田喜憲編 (1995)：講座 文明と環境，第3巻 農耕と文明，朝倉書店．

22. 人間環境宣言とリオ宣言

　国際的に環境や自然保護に関する会議は数多く開かれていて枚挙にいとまはないが，その多くは専門家会議なので，あまり一般の人々の関心を引くまでには至っていない．そうした中で国連の環境に関する会議は，国際舞台で政治家，科学者，一般市民などを含めた広範な人々が環境保護や自然保全に関する議論を行うもので，大きな影響力をもっている．こうした国際会議は，一国では解決不可能な地球レベルの問題に各国政府や世論の関心を集め，国際協力によって問題の解決をはかっていこうという点に主要な目的がある．したがって，そこで世界に向けて発表される宣言，行動計画（アジェンダ）が主要な成果である．これまで2回開かれたこうした環境に関する国連会議で出されたのが，表題にある人間環境宣言（The Declaration of the United Nations Conference on the Human Environment）とリオ宣言（The Rio Declaration of Environment and Development）である．

22.1　環境問題をめぐる国際的な動き

　まず，これら会議の流れを簡単に振り返ってみよう（外務省国際連合局・環境庁地球環境部，1993ほか）．第1回の国連会議は1972年6月5日〜16日までスウェーデンのストックホルムで開催された国連人間環境会議（United Nations Conference on the Human Environment）である．この会議は1968年スウェーデンが国連経済社会理事会で行った提案を受けて，その秋，第23回国連総会で会議開催の正式決定がなされた．参加114か国，国連専門機関を合わせて1300人以上の代表が出席した．会議への東ドイツの参加が拒否されたためにソ連や東欧諸国は不参加という，まだ東西対立が目立った時代であった．公害を克服し，食料生産を確保し，産業を健全に発展させることが求められた．Strong事務局長の冒頭演説では，水資源，海洋汚染，都市問題を三つの重要な環境問題としてあげた（沼田，1972）．公害，戦争，核，帝国主義，植民地主義が大きな争点となった．

　この会議はその後の地球環境問題の大きな流れをつくった点で画期的なものであった．国連環境計画（UNEP：United Nations Environment Programme）が創設され，そこでの議論から「環境と開発に関する世界委員会」（WCED：World Commission on Environment and Development）が設けられた．その委員長に当時ノルウェー首相の

Brundtland が任命されたことから，ブルントラント委員会ともよばれている．日本からは大来佐武郎元外務大臣が委員として参加した．この委員会は環境と開発に関するきわめて重要な任務をもった機関であり，その報告書『われら共有の未来』(Our Common Future) が1987年に公表された．そこではその後さまざまな議論を呼ぶ重要な概念である「持続可能な開発」(sustainable development, 日本では持続可能な発展と訳すべきだという意見もある) が，西暦2000年までに早急に世界がめざすべき方向として示された．全13章のうち，第6章では「種と生態系」について，発展の持続性を確保するには生物とその遺伝子の多様性を維持することが重要であると述べ，各国は国家保全戦略を策定し，自然保護を効果的に行うべきであるとしている．この報告書は翌1988年の先進7か国経済サミットで支持され，地球環境に関する世界の取り組みの方向となった．

翌1989年，第44回国連総会で地球サミット（国連環境開発会議）の開催が決議され，それに基づいてリオデジャネイロで開かれたのが第2回目の国連環境開発会議 (UNCED: United Nations Conference on Environment and Development) (1992年6月3日～14日) である．ここで発表されたのがリオ宣言である．参加約180か国，首脳だけで102名，国連史上最大規模といわれた．日本の宮沢喜一首相は国会会期中であることを理由に欠席し，日本はお金しか出さないと揶揄された．具体的な内容は専門家会議で議論されるので，こうした会議はある意味では単なるセレモニーであるが，環境問題の解決は市民を含めた広範な人々の協力なくしては不可能であることを考えれば，それを軽視するという点にも環境問題に対する認識の欠如がみてとれる．日本のように資源を諸外国に依存している国では公害対策技術だけでなく，もっと積極的に基礎科学や生態学の分野でも地球環境に取り組み，貢献することが求められている．

環境関連の問題では，専門家会議の一定の成果を政策に反映させたり，逆に政治的な場で決定された事柄が，専門研究者や行政にさらなる課題を負わせるといった形で進展してきた．人間環境会議の時代には，たとえば公害のように原因が比較的はっきりしていて，対策を講じやすい問題が多かった．また，最近の例では，たとえば地球温暖化に関連したIPCC［気候変動に関する政府間パネル（地球温暖化に関する科学的知見の収集・影響の評価，対策の検討を進めるために設置された）］のように，そこでの議論が直接産業や経済活動に影響したり，ごみの分別収集のように直接われわれの生活に関連してくるので，求められる対策もはっきりしていてわかりやすい．しかし，もう一つの大きな問題である生物多様性の保全や森林保全の問題は，実はわれわれの生活と密接に関係してはいるが，そのことがなかなかみえにくいために，具体的にどのような行動をとるべきかなどわかりにくい面がある．また，最終的な目的としては，できるだけ多様な種が生存できて，地球生態系が健全に維持されるように努力するという点では同じでも，さまざまなアプローチがあり，それぞれが多様な社会的意味と

機能と関連するために相互の調整や連携がないとうまく機能しない．身近な例をあげると，道路をつくる側は周辺の環境保全に配慮しても，道路が通る地域の側では道路を利用した開発計画を練っていて，せっかく道路工事で自然や生物多様性の保全を配慮しても，その地域を開発の場としてしまうというようなことがしばしば起こってしまう．具体的な問題を個々に解決していこうとしたのではどこかにひずみが出てしまって，結果的に目的が達せられない．そうした意味では，大原則を提示し，各国にそれぞれの基本計画を提出させたり，アジェンダをつくらせ，具体的な面は当事者が研究し，対処の方法を考えるというこうした国際的な方向は，環境問題に対する当面有効なアプローチである．少し横道にそれたが，以下にもう少しそれぞれの宣言の具体的な内容とその背景についてみてみよう．

22.2 人間環境宣言

人間環境会議のスローガンは「かけがえのない地球」(Only One Earth) であった．その最も重要な成果が「人間環境宣言」であり，同時に「行動計画」として109項目がとりまとめられた．その内容は大きく①人間居住の計画と管理，②天然資源管理の環境的側面，③国際的に重要な汚染物質の把握と規制，④環境問題の教育・情報・社会・文化的側面，⑤開発と環境，の五つの柱からなる．多くはいわゆる公害，汚染に対する問題であり，環境の危機とは核や汚染による人間に対する脅威であった．人間と環境とは区別して考えられ，英語のタイトルが示すようにあくまで人間にとっての環境に関心の主体があり，他の生物については資源としての意味合いが強かった．捕鯨に象徴される天然資源利用とその枯渇が問題であった．具体的な計画である「人間環境計画」では，「全地球的環境監視（アースウォッチ）計画」とよばれるグローバルな地球的環境モニタリングを国際学術連合会議（ICSU）の環境問題特別委員会（SCOPE）の提案にそった形で採択している（沼田，1973）．そのほかストックホルム会議を受けて，いくつかの条約の具体化が進められ，海洋投棄規制条約（1972年，ロンドンで署名），絶滅のおそれのある野生動植物の輸出入を規制する条約（1973年，ワシントンで署名），湿地保護条約，世界自然文化遺産保存条約などの各種条約が具体化された．

開催国のスウェーデンやカナダなどは地球上の生物の生存や自然保護の立場を強く主張していたようで，さらに先をみていたことがわかる．自然保護や地球環境の保全というとき，生物にとっては「生物資源すなわち再生可能資源の保全」と「生物多様性の保全」という二つの側面がある．戦後すぐ出版されたSmith (1950) の"Conservation of Natural Resources"のようなテキストをみると，その主題は，第二次大戦，さらに引き続く朝鮮戦争ですっかり疲弊してしまった当事国のアメリカ，さらに，日本を含めた敗戦国や戦場となった国々を復興させるためにも自然資源の保全が至上命

令，といった調子であった．いかにして農林業生産をあげ経済発展に結びつけるかということが保全の大きな目的であった．

欧米では上で述べた Smith から 10 年もたたないうちに状況は大きく変化する．再生可能資源の保全が利用という側面だけを強調しすぎたために，間接的に多くの野生生物を失うこととなる．農薬による生物種の絶滅を警告した Rachel Carson (1962) の "Silent Spring" が出版されたのはちょうどその頃である．この書の主要な舞台は農耕地や里地など人間が利用している自然が卓越した地域であり，そこにおける生物多様性の喪失を示したものである．同時にベトナムにおける熱帯林の枯葉剤による殺戮，森林伐採，焼畑など，人間による不注意な土地改変，生態系の破壊が深刻になった (Ehrenfeld, 1970)．また先進国では，都市化，工業化による公害によって人間自身の生命さえもが脅かされる状況になった．地球上至るところで，さまざまな人間活動が危機的な状況をつくりだしていった．1972 年にはローマクラブのレポート『成長の限界』(The Limits to Growth) が出版される．生活の改善をめざす一方で，地球環境を守っていくために，人口問題と同時に一部の間違った産業経済活動をただしていくことが求められた．また当時は，天然資源管理を資源量の予測モデルなどを使って進めることが考え方の基礎にあった．しかし，こうした方向は，その後モデルを動かす野外の実際のデータが得られていない状況で，現実的な対処の手段にはなりえないことが露呈していき，あまり話を聞かなくなった．モデルはときには有効であるが，野外でモニタリングし，データを収集するような現場がなくなればその意義を失う．アメリカの生態学研究所は『自然は管理できるか』(Man in the Living Environment) というレポートを出版し，人間環境会議への提言とした (The Institute of Ecology, 1972)．ここでは環境科学と生態学の立場の違いを明確にし，環境の中で生きる生物種そのもの，生物相互の関係，さらに生物と環境との関係について研究する生態学の立場の重要性を，地球環境の具体的な問題に対する提言という形で示している．それらは具体的なデータに基づいて，元素循環とそれに及ぼす人間活動の影響の把握の必要性，生物多様性や生態系の空間構造が支える生態系安定性，それを実地に応用した農業のあり方と病虫害の総合管理，自然保護と土地利用・管理計画に基づく環境破壊の防止，海洋汚染の問題についてまとめ，最終的には人間をとりまく環境の保護と改良への生態学的アプローチの方向を提示した．

第 1 回国連人間環境会議を受けて，1980 年，IUCN（国際自然保護連合），UNEP，WWF（世界自然保護基金）は「世界自然保全戦略」(World Conservation Strategy) を発表した．重要な生態系と生命維持システムを保全し，遺伝的多様性を保存し，種や生態系の利用にあたっては持続可能な方法で行うことを目標としている．同じ 1980 年，UNEP，WMO（世界気象機関），ICSU によって二酸化炭素の増加による地球の温暖化についての専門家会議がもたれ，1988 年 IPCC が設置され，国際的な場で地球変化に関する討議が開始されることになった．とくに気象や水文などデータなくして

話が始まらない分野では，モニタリング，モデリング，マネージメントという3Mがそろっており，国際的な合意形成も科学的な部分に関しては議論が煮詰まりやすいし，気候変化に関する迅速な対策が進んでいる．しかし生物的自然に関しては，最も基本的な多様性に関してすら，地球レベルでも，また，地域レベルでもモニタリングに基づく基礎的データが不足しており，現実に対処できるモデリングやマネージメントを困難にしている．

しかし，こうした流れの中で，地球環境変化が一部の産業活動，一部の国や人々の問題ではないということがひろく認識されるようになってきた．1991年，上述したIUCN，UNEP，WWFの3機関が新・世界環境保全戦略「かけがえのない地球を大切に」(Caring for the Earth)を発表した．地球環境の保全のためにはこの地球で生きる個々人の努力を必要とすることが改めて強調された．「生活の質的改善」，「個人の生活態度と習慣の改革」，「それぞれの環境をまもれるような地域社会に」といった項目が並ぶ．一地域の公害といった問題から，われわれ一人一人の生活そのものも実は地球環境と直結しており，さらに熱帯林の伐採，何げない農地の改変，さまざまな開発が種の絶滅を引き起こしている．最近の急速な種の絶滅は，地質時代の人間の影響がなかった時代の100倍という速度に達するという推定もある．こうした流れを受けてリオデジャネイロの地球サミットでは生物多様性が重要なキーワードとなった．

22.3 リオ宣言

リオデジャネイロの地球サミット，すなわち国連環境開発会議(UNCED)の主題は，ストックホルムの人間環境会議でも一つの重要なテーマであった「環境と開発」とされた．この会議ではリオ宣言のほかに，その精神に則って，多くの重要な成果が得られている．それらが「森林に関する原則声明」(Non-legally Binding Authoritative Statement of Principles for a Global Consensus on the Management, Conservation and Sustainable Development of all Types of Forests)，「アジェンダ21」(Agenda 21)，「気候変動に関する国際連合枠組み条約」(United Nations Framework Convention of Climate Change)，「生物多様性に関する条約」(Convention on Biological Diversity)である．これらはいずれも，後で述べるように，その後の各国の積極的な取り組みを促し，国際的な各種フォローアップ委員会などの場で，それぞれの国は地球市民の一員として環境努力に関する厳しい自己点検・評価を迫られている．

リオ宣言すなわち「環境と開発に関するリオ宣言」は当初「地球憲章」とよばれていたそうであるが，あまりに環境保全の側面が強すぎるとの途上国の主張で上記の呼び方に変わった経緯がある．

リオ宣言は27の原則からなり，その第1原則で，持続可能な発展の中心にある人類は，自然と調和した健康で生産的な生活を送る資格を有するとしている．さらに，自

国の資源を利用する権利は有しているが，それが自国の他の地域や他国の環境を悪化させないようにする責任があると述べている．また，発展は現在の世代と同じように将来の世代にとっても公平に満たされていなければならないとし，持続的な発展のために，環境保護を切り離すのではなく，むしろ開発過程の一部として取り入れる必要を強調した．国は環境と開発の関係をそれぞれの実情に応じて調和的に進める責任を有する．さらに，先進国と開発途上国との事情の違いと国際協力の必要性，国境を越える環境影響，女性や若者の参加，先住民の参加，戦争，紛争の解決へのパートナーシップの重要性など，幅の広い内容となっている．

とくに，自然保護に関連した第7原則では，地球の生態系の健全性（health），完全性（integrity）を保全（conserve），保護（protect），および修復（restore）する役割を果たすべきであると述べている．そのための科学的アプローチや方策についてはUNCEDと並行して開催されたリオ科学シンポジウム92などでもとりあげられ，活発に議論された（大沢・川那部，1992）．この科学シンポジウムのテーマは①グローバリゼーションと社会-文化的多様性，②経済学と生態学，③森林と土地利用変化，④水力電源開発，水資源開発，環境，⑤気候変化と大気-海洋相互作用，⑥生物学的多様性，⑦住みやすい都市環境，⑧エネルギーと環境，⑨バイオテクノロジーと環境，⑩環境と開発に関する教育，情報，コミュニケーション，と多岐にわたっている．

生物多様性の意味が資源としても，また，われわれ自身の生命を維持するという視点からも，その重要性がしだいに認識されるようになり，とくに1992年の地球サミット以降，各国レベルで多様性保全国家戦略が策定され，生物多様性の保全についての具体的な対策が急速に進むことになった．日本でも『多様な生物との共生をめざして——生物多様性国家戦略』が1996年，環境庁によって編集発行された．これにはいくつかの新しい方針も出されたが，多くはこれまで縦割りで進められてきた保全対策の羅列の域を出ず，日本の行政機構の硬直さを露呈した．日本では森林，林野は林野庁，農耕地は農水省，河川は建設省といった枠組みで進められてきたが，それぞれの自然に対する多様なニーズに対して対応しきれていない面があり，必ずしも現在の管理体制が最良ではなくなりつつある．日本では一部では生物多様性の保全の重要性が認識されてきたが，農林業ではいまだに短期的な視点での経済原則が大きく効いており，これら省庁の内部での政策段階での生物多様性の保全の優先順位は低い．それぞれの必要性は当然あるわけだから，それとは別に自然環境，資源を利用するすべての人間活動とその環境影響について総合的にみることができるような総合的政策ないし，その実施機関が必須のゆえんである．

森林原則声明では，熱帯林の減少，酸性雨による森林被害が主要な問題とされた．正式の呼び名を和訳すると「全ての種類の森林の管理，保全及び持続可能な開発に関する世界的合意のための法的拘束力のない権威ある原則声明」となる．これに関しては，持続可能な森林管理のための国際的な基準（criteria），指標（indicators）づくり

を進める方向で，国際的な動きが活発に進められている．熱帯林では，西暦2000年までに，持続的管理が行われている森林から生産された木材のみを貿易の対象とするという国際熱帯木材機関（ITTO）の目標設定がなされた．それに呼応する形で，熱帯林以外，すなわち温帯林，北方林に関しても，UNCEDにおける森林原則声明やアジェンダ21が採択されたことに伴って，すべての森林において持続可能な森林管理に向けて各国が努力することが合意され，この取り組みを含め持続可能な発展をめざすための各国の取り組みを点検，評価するための「国連持続可能開発委員会」（CSD）が定期的に開催されている．

アジェンダ21に関しても1993年12月に行動計画が発表され，日本の取り組みが示された．そこではUNCED以後，「気候変動に関する国際連合枠組み条約」，「生物の多様性に関する条約」を締結し，1993年11月には「環境基本法」を制定し，施策を進めるとしている．その中で「生物の多様性」に関しては生物多様性国家戦略を策定する（これはすでに上で述べた）ほか，①国土の多様な自然の体系的保全，②代表的，典型的な生態系を含むすぐれた生態系や絶滅のおそれのある種の選定，監視を含む基礎的データの収集，整備，③自然環境保全地域，天然記念物，保安林など各種保護地域の新たな指定と既指定地も含めた適切な管理保全の充実，④多様な生態系を構成する種の保護のための生態系の修復，回復，⑤各種事業の実施にあたって生物多様性への悪影響を回避する措置としての環境影響評価の実施を講ずる，などとし，その具体的なデータ，情報収集についても述べている．こうした計画は逐次実行に移されつつあるが，そのような方向を注意深く見守っていくこともわれわれ国民の大切な役目である．

おわりに

こうした宣言の遵守とその実施計画はいわば国際的な環境市民権を得るうえで重要であり，きわめて意味のあるものである．これまでは「お金は出すが」といった言われ方をしてきたが，今日，これを軽視することは地球における人類の生存すら危うくする危険行為ととられかねない．現状では，国内的にさまざまな行動計画にそった施策を実施したり，国際的な規準づくりなどに積極的に参画して，日本の立場を主張していくにはまだ不安な面も大きい．研究者，行政，市民がこうした方向をそれぞれの立場で考えていくことが必要であるが，日本の縦割りは，ここでも悪い意味で発揮され，日本の行政は科学的な知識をもつことを不要と考えているか，あるいは科学者に任せていればよいと考えているふしがある．今日の環境行政は科学的な知識がなければ不可能な実情にあるのであって，行政の中に研究者がいないことが，いつもこうした環境国際会議で日本は積極的に新しいことを提起できず，資金的な面を受け持つといった役回りにならざるをえない一因ではないだろうか．今日，あらゆる側面で科学的対応が要求されているのであり，日本のその弱さを露呈しているのが最近の環境関連の国際的対応の最大の問題である．

［大沢雅彦］

文　献

1) Carson, R. L. (1962): Silent Spring, Houghton Mifflin. 青樹築一訳 (1964)：沈黙の春――生と死の妙薬，新潮社．
2) Ehrenfeld, D. W. (1970): Biological Conservation, Holt, Rinehart and Winston.
3) 外務省国際連合局経済課地球環境室・環境庁地球環境部企画課編 (1993)：国連環境開発会議資料集，大蔵省印刷局．
4) IUCN-UNEP-WWF (1980): World Conservation Strategy, IUCN-UNEP-WWF.
5) 環境庁編 (1996)：多様な生物との共生をめざして――生物多様性国家戦略，大蔵省印刷局．
6) Meadows, D. H. et al. (1972): The Limits to Growth, Universe Books. 大来佐武郎監訳 (1972)：成長の限界，ダイヤモンド社．
7) 沼田　眞 (1972)：人間環境会議の主題とその印象．国立公園，**10**-13．
8) 沼田　眞 (1973)：自然保護と生態学，共立出版．
9) 大沢雅彦・川那部浩哉 (1992)：リオデジャネイロにおける，環境と開発に関する国連会議 (UNCED)に並行して開催された生態学関連の行事に関する報告．日本生態学会誌，**42**, 275-282．
10) The Institute of Ecology (ed.) (1972): Man in the Living Environment, The University of Wisconsin Press. セブン・テンタクルズ訳 (1974)：自然は管理できるか，サイマル出版会．

23. 生態系の管理

23.1 植生の管理と保護

　長い間，草原を利用してきた民族は，経験的にその適度な利用の限界を知っていて，過放牧ぎりぎりの限界で家畜を移動させる．あるいは季節的に放牧地を使い分けて極度の放牧圧を避ける(図23.1)．こうして牧野としての草原植生の順遷移と退行遷移とがくり返される．

　草原植生の管理はアメリカの牧野管理にその典型例をみることができる．植生については被覆度，有用な種類や有毒植物，二次的な侵入種の増加や減少の度合，家畜への有害動物の有無，土壌侵食の状態などがチェック項目にあげられ，できるだけ簡単に，しかも誤差を小さくするように考案されたチェックシートが用いられる（図23.2）．

　牧野の管理という点では，草原の状態を維持するのがその目的であるから，そこが気候的あるいは土壌的には極相が森林になるような場所では，遷移の進行を止める方向も管理の目的になる．その場合は，たとえば樹木が多くならないようにしたり，灌木がふえないようにする必要性も出てくる．望ましくない種類の排除はもちろんのこ

図23.1 中国西部，チベットの東端ロールガイ高原
湿原に接した広い高山草原．ヤクや山羊の放牧が行われ，極端な過放牧の一歩手前で家畜が移動される．

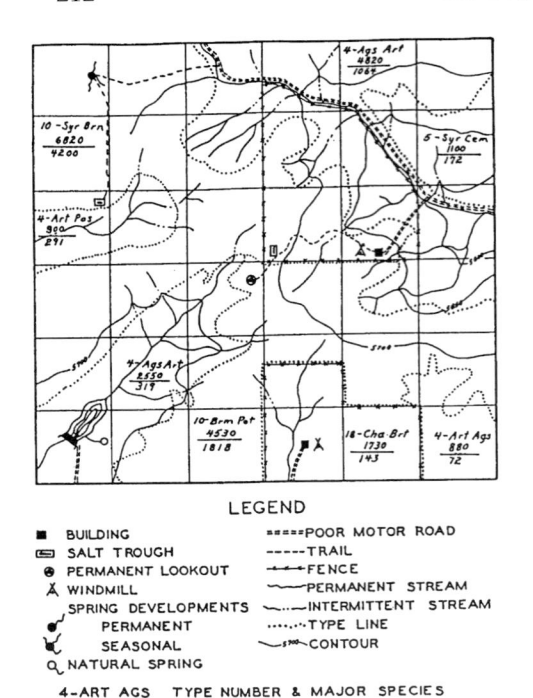

図 23.2　牧野のチェックシートの例（アメリカ）

とで，たとえば有毒植物は当然として刺の多い植物もその対象になる．アメリカ西南部やオーストラリアでのサボテン類の排除はその好例である．日本でも近年は鋭い刺をもつ大型のアメリカオニアザミが北海道東部の牧野を中心として増加しているが，その排除はその典型的な例になろう．もっとも，他方ではそのサボテンも，そして同じく刺をもつユーホルビアなども生垣仕立てなどで仕切りに用いられることもある．日本では同じ目的でサンショウが用いられる例がある．これらは刺があるというだけでなくて家畜の不食植物であるという点でも効果が高い．

　過放牧が極端に進めば裸地化が生じて牧野は最も劣悪な状況になる．南アメリカのパンパスは世界で有数の草原の例であるが，しばしば過放牧に陥る．南パタゴニアでは羊の放牧に利用されるケースが多いが，$1m^2$ にわずか 1 株のイネ科の植物しかないようなところが珍しくない．こうした劣悪な条件では 1ha で 2 頭ないし 3 頭の飼養能力しかない（図 23.3）．

　草原植生の退行ということでは，たとえば踏み跡群落などもその例に含められるといってもよいだろう．道，校庭，工場敷地内の空地などくり返される踏圧によって裸地の状態が維持されるところや，放牧地の水場など家畜の集まるところでは踏みつけのために植生の回復が追いつかない．そこでは生えては踏まれ，伸びては踏まれという状態が続く．踏みつけとバランスがとれればある状態で遷移が止まって推移するが，少しでも踏圧が大きければ遷移は退行することになる．踏みつけに強い種類が残り，

23.1 植生の管理と保護

図 23.3 パタゴニアのパンパス
羊の粗放な放牧によって半砂漠に近いきわめて劣悪な条件になっていると
ころが多い．砂漠に近くなると少ない雨量はその回復を支えきれない．

弱い種類が消えていく．こうしたケースでは要するに環境圧としての踏みつけ強度を低減させなければならない．

芝生を刈るというのも一種の人工草原における遷移の退行現象を利用した管理システムだともいえるだろう．この場合は一定の間隔で刈ることによって遷移を停止させるものだが，回数を多くしすぎたり，短く刈りすぎたりすると退行現象を引き起こす．雨が少なくて乾き気味のときは草丈を長く維持し，逆に雨の多いときには芝生の伸びに応じて草丈を短く刈ることによって，美しい芝生をつくるのである（図 23.4）．

図 23.4 札幌の植物園の芝生
いわゆる芝生は草刈りのくり返しによって一定に維持されているものである．牧草の芝生では草刈りを怠ると牧草原になる．

214   23. 生態系の管理

　湿原は水湿によって維持される系だから，その条件の変化に対応した動きを示す．水位が低下すれば乾燥に耐えない種の生育が衰え，上昇すればときには水没，冠水の影響を受ける種類が出てくる．雪解け水など季節的な出水はほとんど問題はないが，それも長期にわたれば影響が強くなる．人工的な地形の改変，すなわち河川，道路の改修などは，しばしば湿原の水の動きを変える結果として植生の遷移の流れに影響を与える．釧路の東にある霧多布では，湿原を横断する道路によってそれまで上流側でしばしば湛水し，下流側で水涸れの傾向があったので，改修の際に道路下部にパイプ

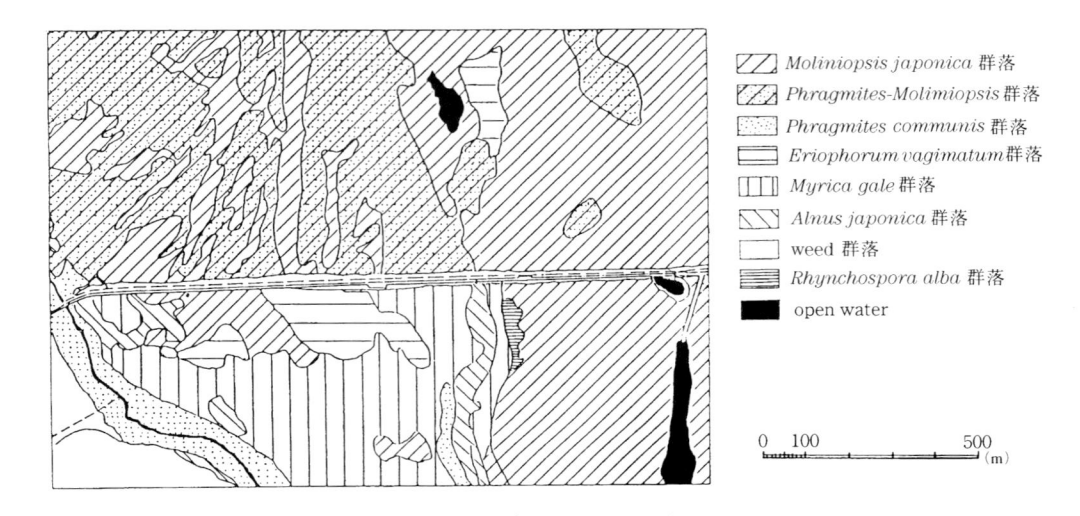

凡例：
- *Moliniopsis japonica* 群落
- *Phragmites-Molimiopsis* 群落
- *Phragmites communis* 群落
- *Eriophorum vagimatum* 群落
- *Myrica gale* 群落
- *Alnus japonica* 群落
- weed 群落
- *Rhynchospora alba* 群落
- open water

図 23.5　霧多布湿原の植生管理
中央横に走る道路で水が堰き止められ，上下で植生が完全に異なっている．

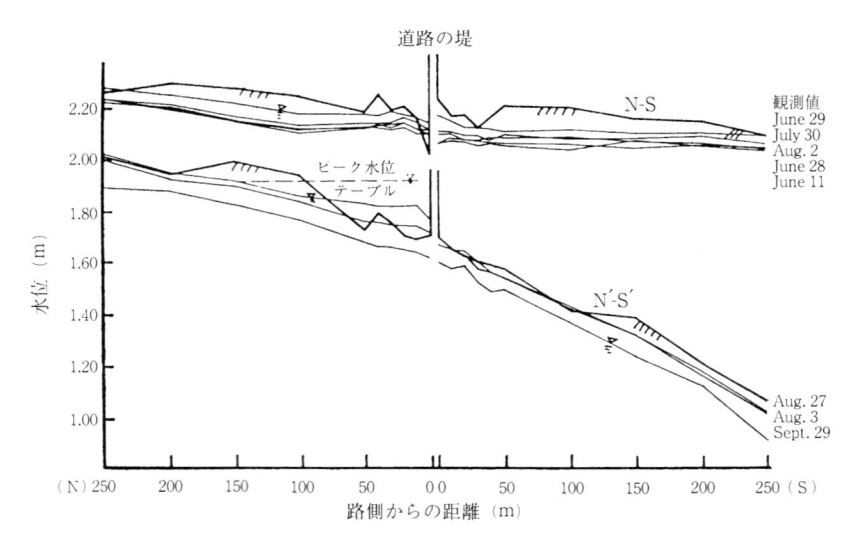

図 23.6　霧多布湿原の道路によって差異が生じた水位
道路を境に右左の水位が際立って異なっている．

図 23.7 霧多布湿原の道路に埋設された導水管
道路で遮断された水流を回復させて湿原植生の再生をはかったもの.

を通して通水を容易にした．この結果ほとんど劇的に湿原植生の回復がみられた．これは退行しつつあった植生遷移を引き戻した例ということができる（図 23.5〜23.7）．

同様な事例はサロベツ湿原でも試みられていて，ここでは道路側溝に何段かに設けた堰によって流速を落として，湿原植生への影響をゆるやかなものとする手法が試みられた．

釧路湿原ではその中央部を貫いて流れる最も主要な河川，釧路川堤防の水門改修に際して，ゲートを上下2段とし，湿原の水位が高いときにはオーバーフロー分が排水され，水位が低いときには下部の1段によって最低水位が保たれるような計画が立てられた．事前の試験的湛水によってかなり広範囲にわたっての湛水効果が認められた．

こうしたさまざまな手法が試行されつつあり，生態系の保護をある地域を単に囲い込むだけでなく積極的に立地環境の維持あるいは修復（restoration）に向けて考えるようになりつつある．

先に牧野の管理のところで，目的に応じて植物を使い分ける，あるいはときには排除し，ときにはそれを利用することがあることを述べたが，湿原でもたとえば景観の保全の観点からハンノキの取り扱いを検討すべきだという場面もある．低地の湿原では遷移は終極的には陸化の方向をたどるからハンノキを主とする森林が発達するのはむしろ当然の帰結であるが，自然公園になっている場合には急速な森林化はまず景観上の問題となる．何をもってよい景観とみなすかはまた問題だが，そもそも自然公園として指定したときには，ある景観の状態を含めて評価が行われたはずだ．景観はある植生の状態によって構成されるものであるから，それは一定の生態的条件を備えているものとみることができる．そこである状態を維持する，あるいは少なくとも変動を最小化することは十分，考えられるだろう．

ただし，生態系の問題となると問題はなかなか難しくなる．たとえば湿原とその周辺ではハンノキ林にアオサギのコロニーが形成されることがあり，景観的な意味だけ

でハンノキの処理を考えるわけにはいかない場面も出てくる．もっともアオサギのコロニーとして使われていても，そのポピュレーションが増加してある段階に達するとハンノキの枯死が始まって結局，そのコロニーが移動するという場合も少なくない．

　スイスの湿地で，ヨシ湿原を幅100mほどの縞状に何列かに分けて刈り取りを行っているケースがあった．その目的の一つは，ヨシを主とする群落の組成の種的多様性を維持することにある．このケースのヨシ群落は古くから農家が刈り取りを行っていたが，最近では人手不足もあって刈り取りが行われなくなっていた．そこでヨシの優占度が高まって，ほぼ純群落に近くなったためにこうした措置が行われるようになった．放置しておくと完全にヨシの群落に転じて，植生的にだけでなく生物組成も単調になることを防ぐためという．

　この場合，ヨシの刈り取りには補助金が交付され，採取されたヨシは家畜の敷藁に用いられる（図23.8）．

図 23.8 スイスの湿原でのヨシの帯状の刈り取り
ヨシを刈り取ることによって植生の多様性を確保し，生態的なバランスを維持する．

　湿原でもそうだが，集水域からのさまざまな流入物質の影響は下流の湖で大きな問題になりつつある．農地から流入した肥料，堆肥，きゅう肥などの有機質による湖の富栄養化の問題，ことにリン（P）の負荷軽減のために，アメリカではすでに積極的なさまざまな手が打たれるようになった．酸性化した湖では石灰が投入されたりもする．もちろん，それらに先立ついわゆる環境影響評価と経過の追跡も怠りなく行われたうえでのことではある．

23.2　植生の変化とその復元

　環境の修復についての個々の技術は進みつつある．尾瀬ヶ原ではかつてキャパシテ

ィ以上の登山者の踏みつけによる湿原面の裸地化が生じた．この場合は植生は完全に破壊されて消滅する部分さえ生じた．いわば遷移の初期段階まで急激に戻ってしまった状態である．その自然復元にはきわめて長い時間がかかるものと予想されたので，さまざまな種類の植物をとりあげて修復する試みが行われた．

急激な植生の破壊による退行は，自然ではたとえば火山の爆発，噴火による場合に典型的なものがみられる．火山噴出物の降下堆積によって地表が覆われる結果，植生の遷移は停止し，再びゼロから遷移が始まることになる．

こうした退行と新たな遷移の動きは火山の多い日本では各地でみられる．富士山，桜島，阿蘇山，霧島山，浅間山，渡島駒ヶ岳，昭和新山，最近では十勝岳，有珠岳，普賢岳などにさまざまなタイプの退行遷移のパターンがみられる．

火山の植生遷移を追跡した例としてはジャワのクラカトア火山が有名だが，日本では渡島駒ヶ岳で東北大学がほとんど 40 年余りにわたって永久方形区を設けて追跡した．この結果では，火山灰に覆われて無植被になったところからの植生遷移は，必ずしも 1 年生植物から始まって多年生の植物に発達するとは限らず，むしろ木本植物が早く侵入してパイオニアとなり，その株の下に地衣類や蘚苔類が生育するパターンも

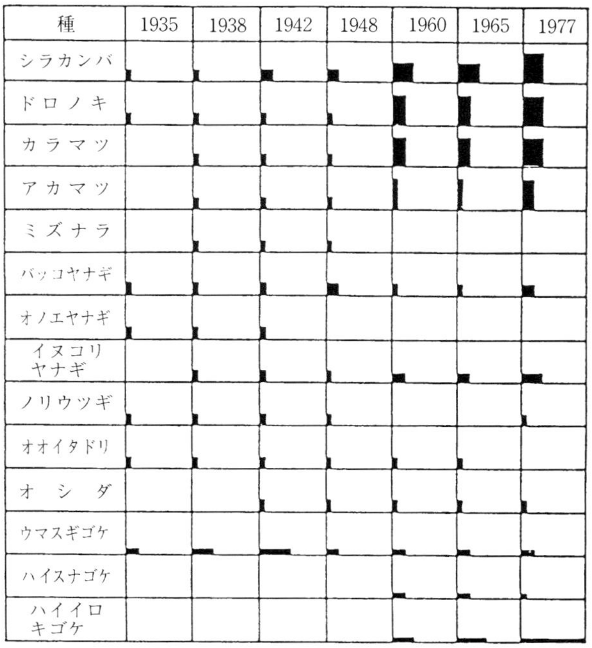

種	1935	1938	1942	1948	1960	1965	1977
シラカンバ							
ドロノキ							
カラマツ							
アカマツ							
ミズナラ							
バッコヤナギ							
オノエヤナギ							
イヌコリヤナギ							
ノリウツギ							
オオイタドリ							
オ シ ダ							
ウマスギゴケ							
ハイスナゴケ							
ハイイロキゴケ							

図 23.9 火山噴火後の植生遷移の例
赤井川軽石流中心部における主要構成種の被度（横軸）と植物高階級（縦軸）の変化（辻村・飯泉，1978）．
被度と植物高階級のスケールは，被度は Hult-Sernander 法により，植物高階級は
1：5cm 以下，2：5〜100cm，3：100〜200cm，4：200〜500cm，5：500cm 以上．

あるという．1年生から多年生植物へ，地衣類や蘇苔類から高等植物へというパターンばかりではないことになる（図23.9）．

この点に着目して，北海道の有珠岳では，噴火で火山灰に覆われた山肌にヘリコプターによってオオヨモギの種子，木本としてはケヤマハンノキなどの種子を散布する手法がとられた．

人為的に立地が攪乱された場合，たとえばダム工事などでのいわゆる原石山や採石地の復元にも，これらの初期緑化に効果的な種類が採用される．ケヤマハンノキ，ヒメヤシャブシ，ニセアカシア，イタチハギなどがしばしば用いられる．

心土や母岩が出たりしてほとんど表層土壌がないなどの悪い条件では，こうした痩せ地に強いパイオニアによって一時的にも植物による被覆を行うことが肝要である．その点では根瘤菌をもったりするこうした種類が効果的である．

海岸砂丘や砂浜で，何らかの理由で植被が失われて裸地化した場合にも，ほぼ同じような手法での植被の修復が行われる．いわゆる海岸林の造成は古くから行われてきたことだが，いきなり海岸林をつくるのではなく，海岸砂原の群落から始めていわばセットとしての海岸群落の構成に至ることが望ましい．まず，砂の移動を止めてから海岸林の造成に向かうのである．こうしたことを含めて北海道の襟裳岬でほぼ50年間にわたる海岸群落の造成が行われた結果，漁獲量がほぼ4倍に達した．

内陸部の森林の発達に伴って海岸の漁獲量が増大した例は少なくない．北海道東部の厚岸湖は古くからカキの産出で知られてきたところであるが，流入する別寒辺牛川上流域の森林が失われてから，春先の水温低下によってカキの産出量が低下の一途をたどった．上流部にいわゆるパイロットフォレスト事業が進行して森林が発達するのにほとんど並行して，カキの産出量が増加した．これはまったく別個に行われた事業であるが，結果としては生態系の保全に寄与したことになった．

植生の遷移には動物群集のかかわりも大きい．草原では移動性のトビバッタの大発生による植物の食い尽くしがしばしば問題になる．

森林ではシカ，カモシカなどが積雪量の変動に左右され，食料になるササが雪に深く覆われる年にはときに樹木に大きな被害を与える．島に隔離状態になったシカの群れが食料の限界から植物を食い尽くしていく状況は，北海道洞爺湖の中の島で観察された．

この例では，まず好食性の植物から順次にエゾシカのポピュレーションの増加に伴ってほとんどあらゆる種類の植物が食い尽くされていき，最後には通常のシカの食わない種類だけが残ることが記録されている（図23.10）．

動物群集の数すなわちポピュレーションの変動と植生の関係については，先にもあげたように，経験的には多くの牧野で放牧家畜との間にさまざまな例が知られている．

網走・オホーツク海岸の小清水原生花園は美しい海岸草原ではあるが，完全に自然に成立したものではない．海岸草原に馬や牛の放牧が続けられた結果，現在の形がで

23.2 植生の変化とその復元

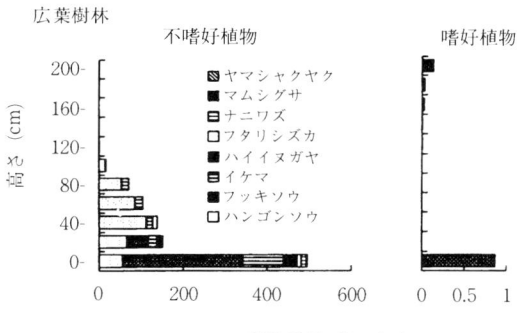

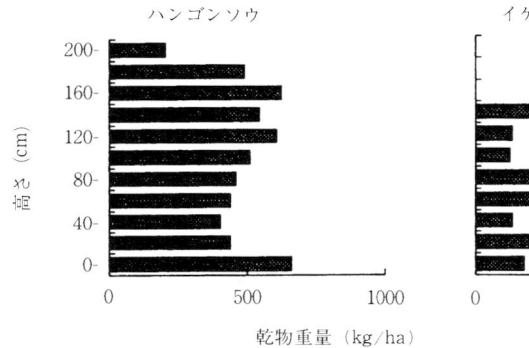

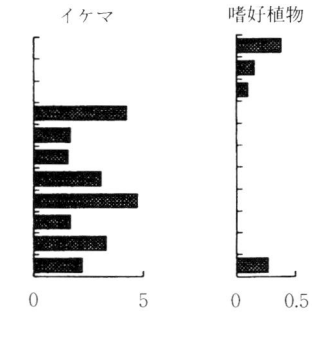

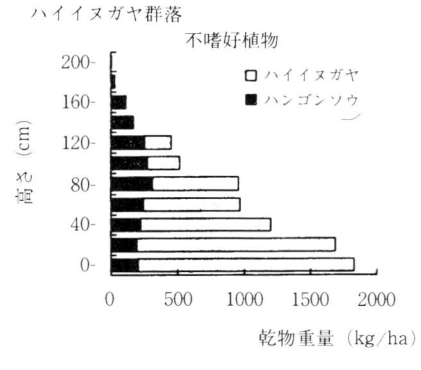

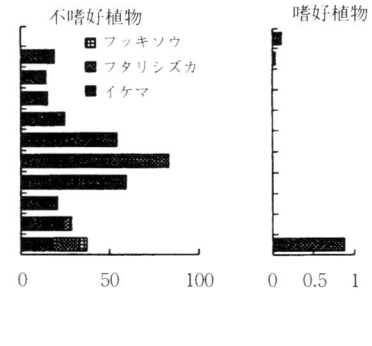

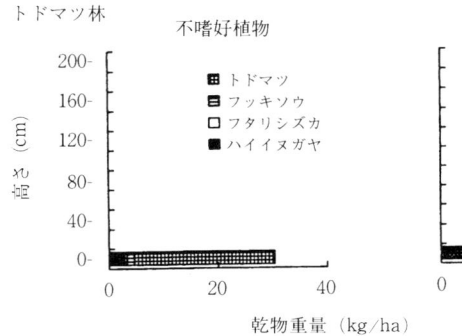

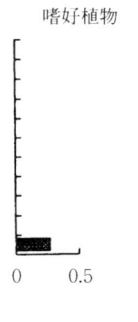

図 23.10 洞爺湖中の島における低木および草木類の現存量（梶ら）

き上がったものである．その後，自然公園（網走国定公園）に指定されるに及んで放牧家畜が他に移されたことと，くり返されていた野焼きが行われなくなったために，残ったケンタッキーブルーグラスなどイネ科牧草がしだいに増加して元来の草原植物を圧倒するようになった．

原生花園の状態をめざして，3年間にわたる火入れの実験を経て，1995年から本格的な野焼きによる草原植生の管理が行われるようになり，さらに試験的放牧を加えて草原植生の回復の傾向がみられつつある（図23.11，23.12）．

野生動物のポピュレーションの変動は，牧野だけでなく農作物との間にも多くの例

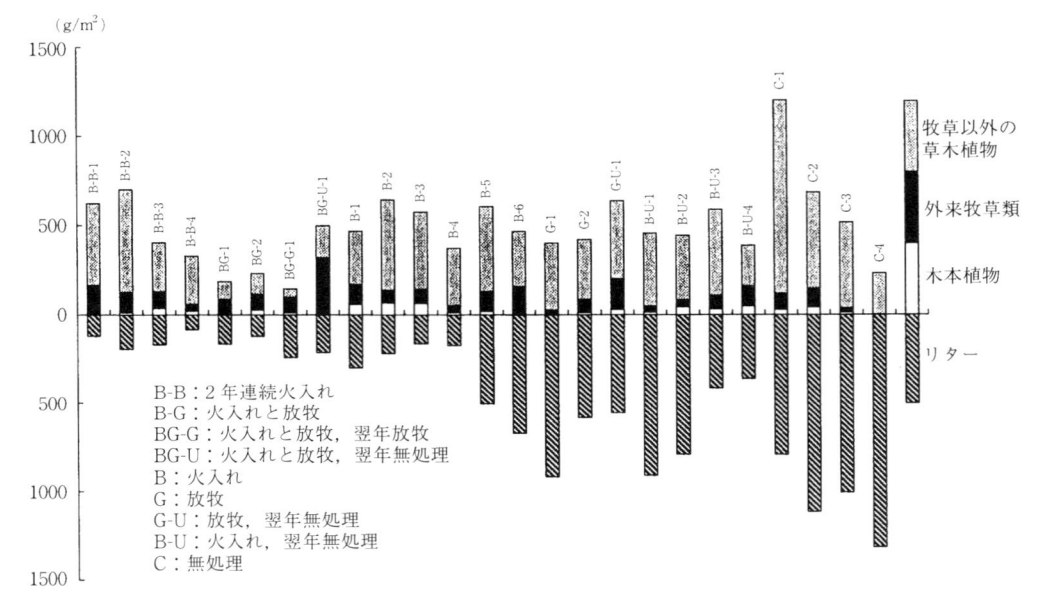

B-B：2年連続火入れ
B-G：火入れと放牧
BG-G：火入れと放牧，翌年放牧
BG-U：火入れと放牧，翌年無処理
B：火入れ
G：放牧
G-U：放牧，翌年無処理
B-U：火入れ，翌年無処理
C：無処理

図 23.11　浜小清水海岸における火入れおよび放牧処理後の現存量とリター量（津田ら，1995）

図 23.12　北海道小清水海岸草原の野焼き
春に火を入れることによっていわゆる原生花園とよばれる草原植生の維持を行う．

がみられる．むしろそれは人間が植物を栽培し始めて以来の問題で，人間はどのようにして動物や昆虫から作物を守るかということに努力を傾けてきたというべきであろう．

イギリスの田園の風景を特徴づけているヘッジ(生垣)，畑から出た石塊の処置の意味もあって積み上げた石垣や南日本の各地にもみられた猪垣なども動物の食害や踏みつけから作物を守る畑地管理上の手法の一つの表れである．

23.3 生態系の管理のために

生態系の管理にはできるだけ多くの環境情報を日頃から集めておき，それらを必要に応じて重ね合わせ（オーバーレイ）て適切な判断を下すことが大切である．情報収集は全国的には環境庁などによって行われつつある．たとえば自然度，海岸の自然性，絶滅危惧種や危急種など重要な生物の分布，緑の国勢調査などがそれである．

このほかの機関によってもさまざまな環境情報がそれぞれに収集されている．それらを適切に組み合わせればかなりの情報の重ね合わせが可能であるが，精度や地域区分は必ずしも同一ではない．

都道府県によってかなり細かな情報が整備されているところもある．地域によってはさらに精密でしかもオンタイムの情報が得られる場合があるが，実施あるいは担当機関によって必ずしも入手は容易ではない．空中写真は有力な武器になるが，これも

図 23.13 リモートセンシング（衛星レーン）による湿原の変化の追跡（西尾，1995）

公開されている場合とそうでない場合とがある．しかし，探せば各地でかなり多くの写真が撮影されていることがわかるから，それらの入手に努めることが望ましい．

衛星情報によってもかなりの環境の読み取りが可能である．湿原などのように平坦な対象ではことに効果的な手法である．接近や十分な踏査が困難な対象ではとくに意義が大きいし，まず，それで変化を読み取っておいて，その地域なり地点なりを精査することができる（図23.13）．湿原でいえば，これらを水位の変動などの情報と重ね合わせてみることなどが効果的である．いわゆるモニタリングの一手法である．

[辻井達一]

文　献

1) ブラウン・ブランケ (1971)：植物社会学 II, pp. 1-329, 朝倉書店.
2) 東　正剛・阿部　永・辻井達一編 (1997)：生態学からみた北海道, pp. 1-373, 北海道大学図書刊行会.
3) 石塚和雄編 (1977)：植物生態学講座1, 群落の分布と環境, pp. 308-320（火山植生）, 朝倉書店.
4) Isozaki, H. (ed.) (1993): Towards Wise Use of Asian Wetlands, ILEC.
5) 沼田　眞編 (1977)：植物生態学講座4, 群落の遷移とその機構, pp. 1-300, 朝倉書店.
6) 新庄久志・辻井達一 (1996)：釧路湿原におけるハンノキ林 V. 釧路市立博物館紀要20, pp. 23-30.
7) 湿原生態系保全のためのモニタリング手法の確立に関する研究 (1993)：環境庁自然保護局委託, 前田一歩園財団, pp. 1-439.
8) シュミットヒューゼン (1968)：植物地理学, pp. 1-306, 朝倉書店.
9) 辻井達一 (1956)：牡蠣島の植物群落. 日生態会誌, **6**-3, 120-124.
10) 辻井達一・長谷川栄 (1978)：斜里川水系の水位変化と植物. 植物生態論集, pp. 25-46.
11) 辻井達一・飯坂譲二 (1986)：宇宙からみた世界の森林, 共立出版.
12) 辻井達一 (1987)：湿原, 中央公論社.
13) 辻井達一他 (1989)：中国大興安嶺の森林火災, pp. 1-119, 北海道自然資源研究会.
14) Tsuyuzaki, S. (1990): Preliminary study on grassy marshland vegetation, western part of Sichuan Province, China, in relation to Yak-grazing. *Ecol. Res.*, **5**, 271-276.
15) Tsuyuzaki, S., Urano, S. and Tsujii, T. (1990): Vegetation of alpine marshland and its neighboring areas, northern part of Sichuan Province, China. *Vegetatio*, 88, 79-86.
16) Umeda, Y., Tsujii, T. and Inoue, T. (1985): Influence of banking on groundwater hydrology in peatland. *Jour. Fac. Agric.*, Vol. 62, Pt. 3, 222-235, Hokkaido Univ.
17) Uemura, S., Tsuda, S. and Hasegawa, S. (1990): Effects of fire on the vegetation of Siberian taiga predominated by *Larix dafhurica. Canadian Jour. Forest Res.*, **20**-5, 547-553.

24. 生態系の退行

　生態系はさまざまな条件で退行することがある．すなわち，地域的な気候条件の変動，水位や供給水量の変化，大規模な火災，放牧，伐採などが原因となって順遷移が妨げられる場合に退行現象がみられる．

24.1　森林生態系の退行

　森林生態系では大規模な森林火災すなわち山火がしばしば大きな問題になる．山火は人為的にももちろんだが自然発火によるものも少なくない．シベリアのタイガでは湿度が低いこともあって高い頻度で森林火災が生じている．こうした森林火災によって，その火災の程度にもよるが当然，植生遷移は中断されることになる．つまりもとの木阿弥になるといってもよい．

　たとえば中国東北部の大興安嶺にみられるようなカラマツ（ダフリアカラマツ）の森林は，むしろこうした火災によってしばしば遷移を中断されることによって維持されるとも考えられるが，その退行と回復すなわち遷移の再進行とは火災の起きた季節によって大幅に変化する．火災がもし春早くに起きた場合は土壌がまだ凍っているうえ，林床の植物はほとんど眠っている時期だから火災の影響はほとんど受けない．そ

図 24.1　大興安嶺の山火跡地
大規模な森林火災の跡地にはシラカンバやヤマハンノキなどの再生林が出現して遷移をくり返す．

こで，火災後にカラマツの種子を散布しても林床植物によって更新が阻まれてしまう（図 24.1）．

これが夏から秋にかけての火災だと林床植生は強く影響を受けて地表が露出する．そこで，カラマツの種子の定着と発芽率が高まってカラマツ林も更新が促される．火災の頻度と範囲とその影響の強さに従って，群落の退行のレベルすなわちどこまで遷移が戻るかが変わってくるが，この場合はもう一つ，いつ，どの時期にという植生にとっての時間が重要なポイントになる．

日本の森林では山火の跡地をササ類が占めるのが大きな特徴であり，森林の更新に関しての大きな問題になることが多い．これも植生の退行の一例である．いったんササに覆われると，稚苗の発生も稚樹の生育もきわめて困難になる．標高の高いところや寒冷でそもそも樹木の生長量が少ないところではその傾向はいっそう大きい．北海道の宗谷地方などにはその典型的な例がみられる．ここでは，大正年間にくり返して起こった山火で大規模に森林が消滅し，その跡は広大なササ原になっていまだに回復が著しくない（図 24.2）．

図 24.2 北海道宗谷地方のササ原
日本の山火跡地に特徴的に形成される典型的な群落．ササ原が成立するとその後の森林の更新が著しく阻害される．

こうしたところだけでなく，一般に造林ではササの処理が大きな作業になる．

山火に限らず森林ことに林冠が失われた場合，ときに急激な湿地化がみられることがある．中緯度地方の場合は森林の蒸発散していた分がなくなって湿地化するもので，北海道東部の根釧地方では上部が平坦な島状や半島状の台地で一見，排水がよく効くようにみえるところで，森林が伐採されたあと急速に湿地化が進んで，それまでのササの林床群落がスゲ類のものに置き換わったケースがある．

高緯度地方では林冠が失われたり薄くなったりすると直接地表に陽光が当たるようになって凍土の融解量が大きく，融解深が増す結果として夏の湿地化がはなはだしく

なり，これまた稚苗の発生を困難にする．

こうした森林の湿地化は先にあげたような大規模な山火によっても起きるが，広範囲でしかも急速な森林の伐採によっても生じる．最近では東部シベリアのタイガの過度の伐採がこうした事例を引き起こしつつあることが報告されている．この例ではかなり大規模な湿地化がみられるというが，その実態はまだ明らかではない．

ツンドラの自然の裸地化についてはヤクーツク地方でいうアラス地形がある．これはしばしば樹木を欠き，中央に水面をみせる湿地を含む円形の空間地で，何らかの原因によって凍土が融解した結果，生じたものとされる．これも一種の森林まで発達した植生遷移が退行した例とも考えられるが，地形の成立と植生の遷移とでは時間的スケールがまったく異なることを含めて考察しなければならない（図24.3）．

図 24.3 東シベリアのアラス地形
凍土とその融解のくり返しでできるが，森林の消滅などもその原因になる．湖沼が生まれ，その後に草原が成立する．

乾燥気候地帯での森林の退行現象は古くから知られている．これには気候条件の変動によるものと，河川の流路や湖水の位置の変化が起きたり，地下水脈の変化や水位の低下などに基づくものがあるほか，燃料や家畜の放牧を主とする人為的な森林の破壊によるものもある．乾燥地帯では，ことに水を貯える機能をもつ森林の消滅は気候そのものに大きく影響する．サハラ砂漠の少なくとも3分の1は人為的な森林の消滅によったものだとする説さえある．こうして水を失って放棄された「死の町」は少なくない．その点では中央アジアの諸地方にみられるかつて栄えた都市の名残や廃墟もこれを物語っている（図24.4）．

森林が成立するぎりぎりのレベルの降水量では，林と草原，あるいは林と砂漠とがモザイクをつくる．南アメリカの南部パタゴニア地方では年間降水量は250mmから400mmしかないが，日照率が低くて蒸発も少ないから有効雨量は相対的に大きく，森林が成立する．しかし，それは気象的にも分布的にもボーダーラインで，少しでも雨

図 24.4 中央アジアの乾燥の極の状態
かろうじてポプラなどが生育している．さらに乾燥が進めば生物の生存が困難になる．

量が減るか，降水域が変化するか，あるいは放牧などで荒らされることがあれば，森林はすぐに退行して半砂漠状態に陥ることになる（図24.5）．

オーストラリアではアボリジニーによる森林の火入れが問題になっていた．アボリジニーは古くから経験的に森林の下草や枯枝などの堆積を「軽く焼いて」見通しをよくするなどしていたというが，これが大規模な山火事をかえって防止しているのではないか，という見方も出てきた．この場合は退行というよりも，森林のある状態を一定に維持する，つまり遷移を足踏み状態にするという解釈があたっているかもしれない．

図 24.5 パタゴニアの森林と草原の接点
森林の成立の限界では草原とのモザイクがみられる．自然の気候条件によってできるが，人の関与によって森林が衰退すると相対的に草原化が進行する．

24.2 草原生態系の退行

　草原生態系については退行の例が多い．というよりも，草原の多くは動物や野火や採草などを要因として森林への発達を阻害されているものとみてよいだろう．中央アジアのステップでも，北アメリカのプレイリーでも，南アメリカのパンパでも，アフリカのサバンナでもそうした状態がみられる．

　気候条件にもよるが草原では短草型草原から長草型草原へと発達するのがふつうである．放牧が強度を増していわゆる過放牧の状態になると，長草型から短草型への退行が生じる．さらに放牧が続けられると家畜の選択によって（この場合も含めて放牧と植生についてはつねに家畜の種類によって影響が異なってくるが），食われる植物，食われないで残る植物が出てくる．草原の立地する場所によって種類はもちろん異なるものになるが，深い根系をもつもの，根茎からの再生力が強いもの，乾燥に強いものが生き残って群落を構成することになる．

　先にあげたステップ，プレイリーとニュージーランドのタソック草原はほぼ同じ気温と降水量条件に成立し，南アメリカのパンパはそれらよりもわずかに気温が高く降水量も多いところに位置する．林（一六，1977）によると，気温が20°Cを越え，年間降水量が1000 mm以上になると，アフリカでは湿性サバンナ，南アメリカではセラードになると説明される．すなわち森林に近づくのである．

　年間降水量が200 mmを割ると，気温にはほとんど関係なく砂漠化傾向が強くなる．気温15°Cをほぼ境として，以上では熱帯砂漠が，以下では温帯砂漠が現れる．もし，放牧にしても耕作にしてもその結果として水条件をこれ以下にする影響が現れると，草原は砂漠に転じることが予想される．

24.3 湿原生態系の退行

　湿原とよばれるのはかなりひろい概念であるが，いずれも，恒常的にか季節的にかの差はあっても，水位が高いか高い時期があることでは一致している．したがって，その水位条件が変化すれば湿原は成立しないか，あるいは少なくとも変動することになる．水位がきわめて高くなれば結局は植生は水没することになるから，これも湿原としては一つの退行的遷移になる．一方，水位が低くなればこれは乾燥や陸化を示す条件であるから，当然，湿性の植物は減少することになって湿原の体をなさなくなる．湿原は水界と陸界とのはざまに位置するから，その退行は両面に存在するということになろう．

　水位の変動はつまり水量の変動であるが，湿原の場合には水質の変動もまた大きな要因である．供給される水がどのような種類の，あるいはどの程度の栄養物質をもた

らすかは，湿原の植生の種類とその生育とに大きくかかわる．

　山地の淡水の湿原では供給される水は基本的には天水によるから，水量も一定しているし水質も貧栄養である．そこでは限られた種類の植物による群落が形成され，きわめて安定した状態が継続し，ほとんど退行現象はみられないといってもよい．もし，そこに退行が起きるとすれば，それは踏みつけなどの人為によるケースであろう．いったんそうした現象が起きると，その立地条件から回復にはきわめて長い時間を要することになる．

　これに対して低地の淡水の湿原ではそこに降る雨のほかに上流部や周辺からの流入水があり，水量も変動量も大きい．それらは豊富なミネラルや栄養物質を運び込むから必然的に富栄養な状態になる．そこでははるかに多くの種類の植物が支えられる．たとえば釧路湿原では750種群の植物が数えられた．種数が豊富になるばかりでなく，栄養的にも土壌の乾燥度からも大きな植物が支えられることになるから，ときに樹木が加わる．いわゆる湿地林がこれである．湿地林は山地の湿原でも河川があればその流路に沿って発達することがあるが，立地条件からは主として低地の湿原における特徴である．

図 24.6 過放牧によって退行し，裸地が生じた牧野
斜面の場合は家畜の採食だけでなく，踏みしめによって帯状に裸地が生じる．

　そこで，低地の湿原では最初に述べたように，水位がきわめて高くなれば植生の成立は困難になる．もっとも，その<u>きわめて</u>，というのはかなり微妙で，種類によって大きな差と幅とがある．

　湿地林は水位が低くなれば発達するが，それには鉱物質土壌の堆積も大きくかかわる．その点ではマングローブ湿地でのマングローブ林の形成も同じで，この逆の現象が生じればそれらの群落も退行することになる（図24.6）． ［辻井達一］

（文献は第Ⅰ編第23章を参照．）

25. 自然保護と自然復元

　開発という名目の自然改変は，至るところで人間の環境をも破壊，汚染し，今や人間自身の存続を脅かすまでになった．開発は人間のために，あくまでも現在の価値観で行う行為であるのに対し，自然保護すなわち自然を守っていくことは，自然の恵みを現在の人間が享受するとともに後の世代にその可能性をゆだねることである．これは人間存続の基盤である資源，エネルギーと生活環境を将来に継承することでもある．

　一方，人為によって自然環境が悪化，消失してしまった空間については，後の世代のためにもその復元をはかっていかなければならない．自然環境の汚染や破壊は人々の日々の生活の中にもさまざまな影響を及ぼし，近年，自然の復元に対する関心，要求が高まっている．そして，その内容や試みも，身近な公園のトンボ池から地域ビオトープ計画，熱帯林の再生，そして砂漠にミニ地球をつくる実験と多岐にわたる．わが国においては，自然と人間の共生の理念を掲げて「環境基本法」(1993年11月)が制定されたが，その具体化をめざす「環境基本計画」(1994年12月)や「生物多様性国家戦略」(1995年10月)などの中でも自然の回復，復元の必要性が述べられ，これに対する社会的要請は急速に増大している．

　自然復元はこのように自然と人間の将来に対しさまざまに期待される反面，その実践および研究の歴史が浅く，多くの問題も指摘されている．本章ではとくに自然保護との関係において，自然復元の意義と問題点についてまとめた．

25.1　自然復元とは

　一般的に「復元」とは，変化，変質してしまったものを再びもとの状態に戻していくことといえるが，復元（する）はおもに他動詞として用いられる．したがって「自然復元」とは第三者が自然に対して働きかける行為を意味する．第三者とは，当然それは人間ということになろう．一方，「自然回復」という言葉もしばしば用いられる．回復（する）は自動詞であり，この場合は自然みずからの力である状態に戻ることを意味する．

　英語では restoration, restore という言葉がよく用いられる．文字どおり，再び(re-)たくわえる(-store)であり，これは元来，資源，エネルギーの復元を意味したのではないかと思われる．日本語の場合も，自然復元をひろくとらえると，さまざまな農林

水産行為，とくに「造林」や「緑化」，「栽培」，「養殖」といったこともこの範疇に含められよう．

自然は本来的に生物および無生物からなる物質空間系，すなわち生態系としての構造と機能を有する．人間も地球自然の生態系の一員であり，その中でしか存続できないことは今さらいうまでもない．したがって，たとえ人間が行う，人間のための自然復元といえども，生態系全体のバランスと健全さの中で達成されてこそ，その効果が発揮される．

アメリカ合衆国では，ecological restoration という言葉がよく用いられ，資源，エネルギーの復元にとどまらず，生命，地球の生態系すべてを生態学的判断に基づいた価値観からの自然復元を模索しつつ，さらに人間社会における，より豊かな文化・精神社会の復元，復活を含めた自然復元をめざしている（Jordan III, 1994）．

復元といえども，大野（1993）が指摘するように，時間と歴史を復元することは不可能である．いかなる行為においても時間と歴史を逆行することはできないし，その成果は何物にも替えがたい．しかし，時間と歴史の成果が傷つき失われ，もはや自力での回復が望めないような状況が生じた場合，これを放置してよいということにはならない．たとえ傷つき失われた自然であっても，その時間と歴史の後づけは重要であり，また，実践してみないことにはその歴史性のどこまでを復元でき，どこからは不可能なのかは判断できない．自然復元は，あくまでも生態系の構造，機能の歴史的成果の復元を含み，未来に対する可能性を高めるためにもう一度過去をかみしめる行為といえよう．

このような意味において，自然復元とは，現在の自然を生かしつつも，人為を加えることによって人間の将来のため，より豊かな自然と健全な生態系をよみがえらせ存続させるプロセスとして位置づけられる．

ひと口に自然復元といっても，その行為は，対象とする土地の現在の状況および目

表 25.1 自然環境の保持，復元の基本型および各型の目標自然と整備，管理

保持・復元タイプ		自然状態		整備・管理方針
		現在	目標	
保持	保存型	A	A	β
	保全型	A	A	$\alpha+\beta+\gamma$
	保護型	A または A′	A+B	γ
復元	修復型	A	B	α または β
	再現型	A′	B	α
	創出型	A′ または A	C	α または β

注　A：現存自然（とくに無植生は A′）　　α：遷移促進
　　B：潜在自然　　　　　　　　　　　　β：遷移抑止
　　C：創造自然　　　　　　　　　　　　γ：遷移順応

標とする自然との兼ね合いでいろいろな場合がある．中村ら(1997a)は，自然の保持，復元について，保持を中心とする保存型，保全型，保護型および復元を中心とする修復型，再現型，創出型の6タイプに分類，整理した(表25.1)．ここでは，復元を中心とした自然への働きかけの三つのタイプについての要点を紹介する．

　修復型：人為を加えることによって，かつての自然に誘導，回復させること．人為影響など外的インパクトによって自然が劣化してしまった場合，あるいは遷移が進行し目的の自然が変質してしまった場合などに，再び目標とする健全な自然に修復する必要性が生じる．このとき，具体的な外的インパクトが特定できればできるだけこれを取り除き，目標自然へ誘導するために遷移の促進や抑止の対策をとることになる．

　再現型：無生物に近い状態の地に，かつての自然をよみがえらせること．完全に一度自然が破壊された後に，過去に存在していた土地本来の自然を再現する行為である．都市の再開発などでは，工場跡地などに公園をつくり，かつての自然を復活させるといった事業も盛んに行われるようになった．このようなところでは，そのままの状態では自然環境の復元は見込めず，遷移促進のために土地基盤の整備とともに植栽などの生物移入が必要な場合も多い．

　創出型：本来の自然の状態にとらわれず，新しい自然，すなわち創造自然をつくりだすこと．過去の自然あるいはその土地本来の自然の復活が困難な場合や，また，意図的に本来の自然とは違った自然をつくりだす必要性に迫られることもある．たとえば，かつては海だったところが埋め立てられ，そこに多様性の高い自然をつくろうとする場合などである．当然，海の上には森林や川沼は存在していたわけではないが，緑に覆われ豊かな動植物の生きる空間づくりは重要である．この場合，遷移的にも新たな系列が想定され，その遷移を促進したり，場合によっては遷移を抑止するための働きかけが必要となる．このような創造自然をつくり保持していくために，その場の状況に応じた基盤の整備や人為による生物の移出入などのさまざまな手法が試みられている．

25.2　自然環境の現状と自然復元の意義

　近世以降の急速な人口増加は，人間自身の存続にかかわる自然環境の変貌をもたらしている．これに対しわれわれは，全地球レベルから地域レベル，そして個人の生活レベルに及ぶ対応が迫られている．このような状況における自然復元の意義について以下のように三つの視点からまとめた．

a．健全な生態系の保持

　生態系とは，さまざまな物質，生命体が，エネルギーの流れと循環を通して，互いに結びつき関係し合うまとまりを示すものであるが，これは小さな水たまりから地球

全体に及ぶさまざまなレベルとその動的関連性を包括する．また同一レベルにおいても，それを構成する生物の種組成や構造は立地環境などの存在基盤によってさまざまであり，各生態系は時間とともに変化し発達する生命体としての特質を内包している．

一方，すべての生態系は人為をはじめつねにさまざまなインパクトにさらされている．あらゆるインパクトの中でも，とりわけ都市化は，生態系にとって最も強烈かつ普遍的な人為インパクトの総体であり，しばしば自然を破壊，汚染し人工物で地表を覆いつくす．したがってこれは，そこに生きる生物の環境を悪化させるとともに直接死滅させる．

外的にしろ内的にしろ，何らかのインパクトによって生態系が傷つき異常な状況に陥った場合でも，みずからを発達，変化させ，遷移することによって，生態系はまたもとの健全な状態に回復することができる．傷ついた生態系が回復していくには，人間をはじめ生物すべてに共通なことであるが，外的インパクトの除去とともに自身の生物的活力が重要である．

いかなる生態系においても生物多様性の高い空間は，おのずと高い生物間相互の関係の多様性を生む．一般に生物多様性の高い生態系は安定性，恒常性を兼ね備え，攪乱などの外的インパクトに強い（ワット，1975）．また，高い多様性を内包する生態系は損傷を受けた場合の回復力も高い．しかしながら，ときとして大きなインパクトは，生態系の構造，機能を破壊し，場合によっては生物自然を消失させる．その結果，もはや自力では回復不可能な事態に陥ることもある．自然復元はこのようになった生態系を人為的に治療し，もとの健全な状態に復活させるプロセスである．

b．資源，エネルギーの再生

人間（人類）は，多くの生物とその環境からなる生態系の中の一つの生物種にすぎないが，その生存のためには他の生物に比べ資源やエネルギーを著しく多量に必要とする．

人間は，かつて食料や燃料などの資源，エネルギーを直接自然から採集して生活の糧にしていたが，やがて人間はみずからこれを管理，増殖させる手段をもつようになる．すなわち農林漁業の活動であり，これは数千年にわたり人間生活を支えてきた．農林漁業は，自然の生態系の営みの中で，人間が恵みを得る手段であるが，当然に生態系の改変を伴った．しかし，これは決してその機能を破壊させるものではなかった．かつて農林漁業がはぐくんだ自然の中には，生産を目的とした生物だけでなく，その存続にも関与する多くの野生生物の生活があった（守山，1988；中村，1995a；中村ら，1997b）．また，人間活動の結果として排出された代謝産物は，生態系の中で原材料として再び役立てられた（中村，1995b）．

人口の増加，都市の出現，発達とともに，農林漁業の産物は生態系システムより，むしろ流通経済システムの価値観の中で人間と深くかかわるようになる．その結果，

人間は，自然との直接的な関係を弱めつつも，その産物をより効率的に得る方策を見い出しながら流通経済システムを発達させていった．しかも，再生産資源だけでなく，地球の歴史とともに地下に長く貯えられていた埋蔵資源も，人間活動を支えるエネルギーとして取り込みかつその比率を増大させていった．

　石炭，石油，天然ガスにしても，多様な生物が何億年もの時間をかけて太陽エネルギーを蓄積したものであり，決して人間の力で蓄えられたエネルギーではない．人間にとっては，地球，生命の生態系が与えてくれた大きなエネルギー貯蓄といえる．しかし，その貯蓄が底をつくのはもう間近であるといわれる．世界資源研究所（1992）によれば，埋蔵量は石炭については約390年，天然ガスは約155年，石油は約40年と算定されている．流通経済によって支配される現在の人間社会のシステムは，このような埋蔵資源のいわば無償で得られる資源，エネルギーに支えられている．この無償の資産をいかに長期間，平等かつ効率的に分配していくかが経済システムの使命であるが，これは偏った情報と多様化する価値観には対応できず，人間の経済社会そのものが限界に達している．この成り行き的に膨張し複雑化するシステムに対応できるほど，人間の大脳は進化していないのではなかろうか．

　人間（人類）も一つの生物種であるかぎり，他種やそれをとりまく生態系なくしては生きられない．自然と共存し多様な自然との関係を維持していく中でこそ人類の存続が可能であり，資源，エネルギーの利用に関しても，その消費と廃物の量をできるだけ少なくしてリサイクルに努めていかなければならない．このような意味で，生態系のバランスの中で営まれていたかつての伝統的農林漁業の復活は，資源，エネルギーの観点において自然復元の一翼を担う．

c．うるおいのある生活環境の創造

　人は自然とのふれあいを通して，生命，自然の力や広がりを理解し，自然の美しさ，神秘さに感動する．そして，このような自然との直接的なふれあいは人それぞれの自然観，生命観を形成する．現在の社会システムは，人々の心にさまざまなストレスを生じさせているが，自然はこのようなストレスを軽減し，人々に心のやすらぎと安定をもたらし，疲れた身体を癒してくれる．

　生態学的自然復元の意義について，Jordan III（1994）は，種の生息・生育場所の確保をはじめ地域の生物多様性の増大など生態的な自然環境に対する価値とともに，自然復元に実際に関係し携わる人々に対する価値を強調する．これは，自然復元を自然そのものについて学びまた自然と人間とのより親密な関係をつくり上げる方法の一つとし，自然復元に関与する人々が過去の自然を追体験し，自然と人間およびその文化との関係を芸術的にも融合させる方策あるいは現代的儀式（ritual）としてとらえようとしている．

　わが国では少し前まで，どんな都会の中においても，人々のまわりには，美しく豊

かな田畑や雑木林，池沼などがごくふつうにあった．そして，このような自然環境は日本の伝統的農林漁業につちかわれたもので，人々の生活，生産の場のみならず，多くの野生動植物の生息・生育空間でもあった．したがって，このような農漁村の自然は，人々の自然観や生命観をはぐくみ，子どもから大人までそれぞれの精神文化を支えてきた．それにもかかわらず人間は，長い間馴れ親しんできた風景，景観をみずから変貌させていった．その結果，これまでは人々にごく身近であった，木々や草花，昆虫や小動物，そして野鳥のさえずりや水音までが，後の世に引き継がれることなく，刻一刻と，ときには一瞬のうちに消滅している．このような身のまわりの自然は，大人にとっては大した意義をもつものではないかもしれないが，そこに身をおく子どもたちにとっては，自身の原風景となり，彼らの自然観，生命観をはぐくむ環境としてきわめて重要である．

　最近はとくに子どもの精神的ストレスが高まっているという．これは，子どもに対する社会的インパクトの高まりとともに，このような人間のストレスを癒してくれていた自然の後退が大きく起因しているといえよう．近代的なニュータウンとよばれる地域では，住民のために多くの公園，緑地がつくられているにもかかわらず，その内容は無機的な人工空間ばかりで，自然，生命の営みの感じられないものが多い．ニュータウンでは子どもの人口比が高くなることも特徴であるが，ふだんの生活の中で，子どもたちがザリガニ釣やドングリ拾いすらできない自然環境は，新しい街づくりとしては失敗といっても過言ではない．子どもたちは，地域の自然環境を原体験の場としながら多くのことを学ぶ．次の世代を担う子どもたちのために，子どもたちが本当に喜んで遊び学ぶことのできる自然環境を復元していくことは，今の大人にとっての大きな責務といえよう．

25.3　自然復元の問題点

　最近の開発行為の計画書の中には，必ずといってよいほど自然の復元，再生，創造といった言葉が紙面を飾っている．しかしながら，その可能性や手法についての検討，研究の実績はきわめて希薄なのが現状であり，ややもするとさらなる自然破壊の危険性をはらんでいる．

a．自然破壊の代替としての復元

　自然復元は，自然環境の維持と回復とを一体化させ自然に働きかける行為であり，決して自然の保護，保全に先んじるものではない．ただ，学問的にこの分野がまだまだ未熟なため，自然復元という言葉が一人歩きし，しばしば自然破壊を容認し，その代替として用いられるきらいがある．

　現在，都市周辺域では，各地で盛んに土地区画整理事業が展開されている．さまざ

25.3 自然復元の問題点

まな都市問題解決の旗印のもと，周辺の農漁村域を次々に市街地化させている．都市域およびその周辺の農漁村は，都市住民にとっても貴重な自然環境である．しかしそこは，図面上で都市計画を決定する者にとってはただの空地，あるいは無駄に放置されている土地とでも映るのか，都市区画整理のターゲットは決まって市街化調整区域など市街地周辺に残された農地や山林である．これは都市のスプロール化と環境の悪化を助長している．区画整理事業のある広報パンフレットの中に，自然の保全，復元というふれこみで区画を切り貼りする計画が示されていた．たとえば，林地の区画と市街地の区画を交換してしまうというものである．このような図面を描く人が，その内容がいかなるものなのかを考えているとはとても思えない．林地の植物群落の移動については実験研究としての実施例（中村ら，1994；平田，1994）は知られているものの，まだ実用段階ではない．

沼田（1993）は，1992年のリオデジャネイロで開催された地球サミットでの生物多様性条約採択の際に議論された現地保存（in situ conservation）と施設保存（ex situ conservation）の問題を紹介している．その中で，自然保護とはあくまでも現地保存を踏襲することであり，移植などを含む施設保存の考え方の甘さと危険性を指摘している．一度失われた自然を復元するには膨大な時間とエネルギーが必要であり，また，たとえ膨大な時間，エネルギーを費やしたとしても，それが可能だといえる科学的・技術的裏づけはないのである．

アメリカ合衆国ではミチゲーション（mitigation）制度がある．これは1970年に施行され国家環境政策法（NEPA）のアセスメント制度に位置づけられているもので，開発に伴う自然環境への影響を限りなくゼロにしようとするものである．日本のアセスメント評価では，おもに開発行為が周辺に及ぼす影響について考えるきらいがあるのに対し，ミチゲーションは開発地そのものについても自然環境の消失をなくそうとするもので，開発地の自然消失については代替案の検討とその実施が義務づけられている（田中，1995）．多かれ少なかれ開発行為は自然に悪影響をもたらすが，ミチゲーションとは，開発行為の後，同じ場所（on-site）に同じ質の自然（in-kind）を復元（再現）することを基本としている．そして，開発場所での復元が不可能な場合には，他の場所（off-site）に同じ質または異なった質（out-of-kind）の自然の復元を実施しなければならない．ミチゲーションのための費用は開発事業者が負担しなければならないが，その実施にあたっては第三者［民間，NGO（非政府組織），官庁］が実施することもできる．アメリカでは開発に関係する住民が計画段階からその検討に参加するのに対し，日本では住民意見は制度的にもなかなか反映される状況になっていない．

わが国においても，アセスメント制度とともに，ミチゲーションについての検討がなされている．しかし，日本とアメリカ合衆国とは自然環境や土地利用の状況などに大きな隔たりがあり，必ずしもこの制度がそのまま日本で適合される状況ではない．しかし，周辺影響だけではなく，開発地そのものの自然を復元させるという視点は，

b．地域生態系の変質

　生態系は地域レベルにおいて，それぞれの立地環境とそのまとまりによって特有の生態系を形づくる．そしてこれを特徴づけるのは生物群集の組成と構造である．自然復元においては，土地基盤の環境改善とともに生物導入が必要なこともある．植物の播種や植栽，動物の移入などである．この場合，地域本来の種の導入が基本となる．しかし，緑化事業の植栽工事などでは，たとえ種の指定をしたとしてもほとんど，植栽木の出所を明確にするのは不可能に近い．

　千葉県立中央博物館生態園は，野外の博物館施設として房総の代表的な植物群落の復元を試みたが，大野ら（1994）は，この植栽木の由来と植栽後の生育状況について調査した．生態園では，高さ2m以上の樹木約3500本を含む139種植栽がされたが，この植栽樹木の約2700本は業者に県内産の苗と指定し植栽したものである．しかし，植栽後の調査ではその30%は明らかに他県の苗が用いられており，また苗木の原産地（種子出所など）を確認できたものはまったくなかった．さらに植栽樹木の根鉢や客土などにまぎれ移入された種が185種にものぼった．これら移入種の中には，ミヤコザサのように本来県内には自生していないにもかかわらず，旺盛に繁殖し生態園の林床にはびこってしまった種もあった．

　このように一度定着してしまった植物の個体群を除去することは非常に困難であるばかりか，周辺の類縁の自生種と交雑し，地域の遺伝子の攪乱を起こす例も報告されている．伊豆大島に植栽されたオオムラサキツツジなどの園芸品種が自生のオオシマツツジと交雑してしまった例や，天然記念物の海岸植物群落の保護のために植栽されたトベラが葉の形質において明らかに自生のものと異なる個体群であった事例が知られている（倉本，1986a；1986b）．

　都市の人工物に囲まれてしまった孤立した空間で存続できる自然の質には，おのずと限界がある．したがって，あまり欲ばった自然を目標にし，無理にいろいろな植木を植栽したり動物を持ち込んだりすることは避けるべきである．無理に持ち込まれた生物が環境になじめず，すぐに姿を消してしまうのはもちろん，人為導入された生物が異常繁殖してしまい，かえって自然復元をじゃますといったケースも多い．生育可能な野生動植物であれば，その多くはいずれやってきて定着するであろうし，また土壌の中にはさまざまな小動物や多くの植物の種子なども含まれている．自然の力でよみがえる動植物群集は，その地の自然，生態系のポテンシャルを示すものといえる．

c．人の自然観と目標自然

　人間的価値観からすると，生態系は自然そのままの状態がつねに最良というわけで

はなく，生態系のトータルなバランスの中でそれぞれの状況に応じた目標の姿が描かれる．これは，現存の自然がそのまま目標の場合もあれば，その土地の潜在的な別の自然，さらにはまったく新しい創造の自然までとさまざまである．このような目標自然に誘導しかつそれを持続させるためには，人間がいかに自然に働きかけかつこれを管理していくかが重要となる．それは自然と人間のかかわりの原点であり，また人間の歴史や文明に深くかかわってきたものでもある．生態系のバランスを踏まえ，それぞれの自然に対し目標を定め，時間と空間のバランスの中で的確に自然に働きかけ管理しなければならない．

陸上，水界すべての生態系は，みずからの力で時間とともに秩序をもって変化する．すなわち，遷移する．したがって，自然界の組成や構造はつねに一定ではない．自然の保持，復元においても，まず，現存自然の状態を把握するとともに遷移の系列を認識し，どの段階の自然を目標とするかを決め，その目標と現在の遷移段階との違いを見極めつつ対応しなければならない．

人間の自然に対する価値観は人それぞれであり，自然環境や社会環境すなわち歴史，文化や宗教などで変わる．自然復元に関しても，その対象自然の組成や形態の構造面を重視する場合と生態的な機能面を重視する場合とがある（沼田，1994）．また，短期的成果が期待される場合から，長期的そして人間未来の展望までと時間軸上の目標の設定もさまざまである．また，これらの目標も具体的には対象とする空間の現況に応じて異なってくる．

復元された自然の管理についてもさまざまな問題がある．たとえどんなに都市から離れていたとしても，人の踏みつけやごみをはじめいろいろな人為インパクトがあり，これらの影響はできるだけ取り除いていかなければならない．また，自然といえども，多様な生物相を維持していくためには，適度な草刈りなど管理作業も必要ではある．しかしながら，都市公園の中などでは自然復元をめざしながらも除草や病虫害管理ばかりして雑草一つ生えていないところも多い．このような状況は，都市中の自然の管理についてはまだまだ研究途上で具体的な管理手法が確立されていないといった理由のほか，雑草や野生の物動を嫌う周辺住民からの声に管理者が過度に反応してしまうことがあげられる．自然復元は身近な自然を求める多くの人々，とりわけ地域の子どもたちのための事業であることを強調し，事業の主旨や管理手法については説明・解説板を用いるなどして，周辺住民の理解が得られるよう工夫していかなければならない．

生物多様性の高い空間は，おのずと生物間相互また自然と人間との関係においても高いレベルの多様性を生む．人間がこの多様性を豊かとみるか，煩わしいとみるかは個々のケースの価値判断によるところが大である．がしかし，人間が自然の一員であるかぎり，この多様性こそが人間活動の現在および未来への持続性・安定性確保の前提条件にほかならない．

［中村俊彦］

文　　献

1) 平田和弘(1994)：照葉樹林の移動試験に伴う草本層群落の経年変化．千葉県立中央博物館自然誌研究報告，特別号1，141-150．
2) Jordan III, W. R. (1994): Ecological restoration in the United States. *Journal of Natural History Museum and Institute, Chiba,* Special Issue, **1**, 49-54.
3) 倉本　宣(1986 a)：伊豆大島におけるオオシマツツジの保全．人間と環境，**12**-2，16-23．
4) 倉本　宣(1986 b)：伊豆大島のフロラ特性とそれに対応した植栽手法──「自生植物」植栽による生物学的攪乱とその防止．応用植物社会学研究，**15**，17-24．
5) 守山　弘(1988)：自然を守るとはどういうことか，260 p.，農山漁村文化協会．
6) 中村俊彦(1995 a)：日本の農村生態系の保全と復元 II──農業自然に依存する動物，トキとカブトムシ．国際景観生態学会日本支部会報，**2**-6，11-12．
7) 中村俊彦(1995 b)：谷津田農村生態系の景相生態学的アプローチ．現代生態学とその周辺(沼田　眞編)，pp. 342-351，東海大学出版会．
8) 中村俊彦・原　正利・大野啓一・吉野朝哉 (1994)：照葉樹林の移植試験とそれに伴う林分構造の変化．千葉県立中央博物館自然誌研究報告，特別号1，129-139．
9) 中村俊彦・長谷川雅美・谷口薫美(1997 a)：湾岸都市千葉市の自然環境の保持・復元の方法．湾岸都市の生態系と自然保護（沼田　眞監修），pp.967-979，信山社サイテック．
10) 中村俊彦・長谷川雅美・根岸智子 (1997 b)：湾岸都市千葉市の野生動植物の分布と土地利用計画．湾岸都市の生態系と自然保護（沼田　眞監修），pp.937-941，信山社サイテック．
11) 沼田　眞 (1993)：現地保存と移植の思想．信濃毎日新聞1993年11月1日．
12) 沼田　眞 (1994)：自然保護という思想，212 p.，岩波書店．
13) 大野正男 (1993)：自然復元って何──こう考える自然復元．自然保護，**370**，5-7．
14) 大野啓一(1994)：生態園の植栽樹木──自然復元のための植物導入方法を考える．千葉県立中央博物館自然誌研究報告，特別号1，113-128．
15) 大野啓一・平田和弘・腰野文男(1994)：生態園の植物相．千葉県立中央博物館自然誌研究報告，特別号1，55-75．
16) 世界資源研究所(森島昭夫・加藤久和監訳) (1992)：世界の資源と環境1992-93，406 p.，ダイヤモンド社．
17) 田中　章 (1995)：ミティゲイション──地域自然環境保全のツール．ビオシティ，**5**，41-50．
18) ワット，ケネス(沼田　眞監訳) (1975)：環境科学──理論と実際，305 p.，東海大学出版会．

26. 持続的開発（SD）と持続的利用（SU）

26.1 持　続　性

「人権」と「環境」が，21世紀の人類生存のキーワードである．しかし，地球の限られた環境と資源の中で，人権と環境はしばしば対立する．環境を破壊することなく，現代の人々の生存権を保証し，子孫へよりよい状態の自然環境を引き継ぐために，資源と環境および生産力の持続性（sustainability）が保たれなければならない．

地球サミットともよばれる1992年の「環境と開発に関する国連会議」（United Nations Conference on Environment and Development, UNCED）で採択されたリオデジャネイロ宣言の中にも，この持続性が重視され，持続的開発，あるいは持続可能な開発（sustainable development, SD）という用語が，第1条に謳われ，その後にも再三登場する．これを契機として，持続的開発という用語が世界にひろく使われるようになっている．この用語が最初に提案されたのは，「環境と開発に関する世界委員会」（World Commission on Environment and Development）がまとめた1987年の報告書 "Our Common Future" である（不破，1994）．

地球サミットで合意された持続可能な経済発展とは，自然環境を保全しつつ経済発展を続けることである．しかし，地球の有限な環境と資源の中で，自然環境と経済発展が対立する事例は枚挙にいとまがなく，将来その矛盾が噴出する危険をはらんでいる．持続的開発という用語は，もともと持続性と開発，発展という対立する概念を含んでいる．沼田（1994）は，持続的開発という用語は自己矛盾的用法で，安易にこの言葉を冠することにより乱開発が正当化される危険性を指摘し，むしろ，持続的利用（sustainable use, SU）や持続的管理（sustainable management）という用語の方が適切であると述べている．

持続的開発・利用といっても，石油，石炭や鉱物資源などは非再生資源であり，節約してできるだけ長期間有効利用する以外に方法はないが，農林水産業の生産物は再生可能な資源であり，持続性をより実現できる産業である．

生物資源の持続性の概念は，林業や水産業では古くからあった．林業では，1920年代から恒続林（sustained yield forest, continuous forest），保続収穫（sustained yield）という概念が定着しており，持続性の用語の先駆をなしていた．しかし，用語が林業の範囲に限られていて一般化しなかった．同じことが水産業でもいえ，最適収量（optimal yield) とか最大持続収量 (maximum sustained yiled) という概念がある.

　林業での恒続林という概念は，森林生態系の物質循環，土壌形成などの自然の仕組みを著しく破壊することなく，択伐，針葉樹・広葉樹の混交などの施業によって森林の生産力を保ち，木材を持続的に収穫することを目標とするものである．皆伐と針葉樹一斉造林の結果引き起こされた土壌荒廃と生産力の低下の反省に立って，ドイツで提案された考え方で，現在でも林業関係者にひろく受け入れられているが，具体的方法は自然・社会条件に応じて多様である．

　農業では，近代化の過程で，従来の休閑などの地力維持型の農業から，連作，化学肥料・農薬の大量投入などによる地力収奪型の農業へ移行した．近代農業は非再生資源を多量に使用しているので，たとえ地力が保全されていたとしても，非再生資源をほとんど投入しない林業とは持続性という点で相当異なっている．

　しかし，近年，持続的農業をめざした試みが始まっている．米国では，化学肥料と農薬の使用量を少なくした低投入持続的農業 (low input sustainable agriculture, LISA) が登場し，EU (ヨーロッパ連合) では，従来の単位面積当たりで高収益を上げる集約型土地利用から，収量は低下するものの環境保全に有効な粗放型土地利用への転換が進められている．このように，持続的農業は，環境保全型農業と同じ意味で使われている．環境保全型農業とは，物質循環機能を生かし，化学肥料や農薬の使用による環境負荷を少なくし，生産力を維持する農業といえる．

26.2　熱帯における農林地の持続的利用

　持続性の点で，大きな問題をもっているのは，人口が急増し森林破壊や土壌荒廃が進行している熱帯開発途上国である．温帯先進国では，人口があまり増加しておらず，森林面積は減少していない．熱帯地域の増加する人口を養い，生活水準を高めるためには，環境を保全しながら生産を維持する農林地の持続的利用が実現されなければならない．以下に，東南アジアの具体例を通して考察したい．

a．伝統的焼畑農業

　地力の低い熱帯の丘陵地で古くから行われてきた農業は，焼畑 (swidden agriculture) である (図26.1)．焼畑は，多くの場合，森林を伐採し林地を焼いて，そこに農作物を数年栽培し，雑草木の繁茂や地力の低下により作物収量が低下すると，ほかの場所に移動して焼畑をくり返す農法で，移動耕作 (shifting cultivation) ともいわれる．この伝統的焼畑農業では，一定の地域を順々に焼畑移動耕作するので，数年～数十年後に元の場所に戻ってくる．耕作が放棄された休閑期間に草木が繁茂し，地力が回復する．この農法は，土壌養分の乏しい熱帯環境に適応した持続的農業と考えられている．しかし，もともと土壌肥沃度が低いために，一般に生産力は低い．養える単

図 26.1 丘陵林で行われている焼畑（フィリピン）

位土地面積当たりの人口は 25〜30 人/km² にしかならない（佐々木，1996）．

したがって，人口が増加すれば，農地を確保するために，新たに原生林を伐採し農地化したり，焼畑可能な森林が少ない場合は休閑期間を短縮することになる．林閑期間を短縮すれば，地力の回復が不十分になり，持続性が維持できなくなる．たとえば，タイ国北部の山地カレン族の間では，休閑期間が短くなるとともに，陸稲の反当たりの収量が 1/5 になってしまった例がある（飯島，1967）．

b．アグロフォレストリー

伝統的焼畑農業が持続的であるといっても，もともと生産力が低いので，人口増加の著しい熱帯では，この生産システムを維持するのは困難になってきている．また，貨幣経済が浸透し，さまざま商品の購入に現金が必要な状況では，自給的な伝統的焼畑農業は成り立ちにくい．一方，休閑期が短い地力収奪的な焼畑では，地力を枯渇させてしまう．そこで，環境を保全しつつ，より高い農林生産をめざす技術として，アグロフォレストリーが注目されてきている．アグロフォレストリーとは，樹木と草本性作物または家畜を空間的または時間的に組み合わせる土地利用システムと技術である．具体的には，前述の焼畑も入るが，アグロフォレストリーという言葉が現在使われるのには，粗放で生産性の低い焼畑のような生産システムに替えて，より合理的に計画され収益性と環境保全に高い機能を発揮する近代的生産システムの技術開発をめざすという意味がある（田中ら，1990）．すなわち，持続性をめざす環境保全型生産シ

図 26.2 ゴム林のアグロフォレストリー
ゴム林伐採・火入れ後，パイナップル，キャッサバが栽培される．

ステムの一つが，アグロフォレストリーである．

インドネシア・ジャワ島におけるチーク造林は，ツンパンサリ (thumpangsari) とよばれるタウンヤ (taungya) 型アグロフォレストリーで行われている．これは，森林皆伐跡地でのチーク植栽時に，その列間で陸稲やトウモロコシなど農作物を数年間栽培し，その後森林に育成する方法である．そのほかのアグロフォレストリーの例としては，インドネシア・ジャワ島のホームガーデン (home-garden)，スマトラ島のゴム林経営法 (図 26.2)，タイにおける改良タウンヤ法，ビルマにおけるタウンヤ法，フィリピンにおける SALT (sloping agricultural land technology) などがある（田中ら，1990；佐藤ら，1988；渡辺，1994）．これらは，いずれもそれぞれの地域の伝統や社会・自然条件に応じて開発され，実践されている技術である．しかし，アグロフォレストリーの科学的な技術開発の歴史は浅いので，今後さらに試験の必要な分野である．

c．フタバガキ林の持続的利用

東南アジアの熱帯低地林の多くは，いろいろなフタバガキ科樹種が林冠を優占する森林である．フタバガキ樹種は有用な大径材を供給するので，古くから伐採が行われてきた．しかし，多くの伐採地では，択伐後に森林が回復する前に幾度も伐採が入り，結局，皆伐，火入れが行われ農耕地化されたところが多い．フタバガキ林伐採跡地で，地力収奪的焼畑が行われ，チガヤなどの繁る草原と化した地域が東南アジア各地でみられる (図 26.3)．インドネシアでは，このようにして形成された草原が国土のほぼ 2 割に相当する 3500 万 ha にも達している（石，1985）．

多くのフタバガキ林が略奪的な伐採と焼畑によって草地に変えられたが，持続的用材生産を実践している事例もわずかながらある．フィリピン・ミンダナオ島東北部のカグワイトにコンセッションをもつアラスアサン木材会社は，1953 年以来，16000 ha

26.2 熱帯における農林地の持続的利用

図 26.3 地力収奪的焼畑後に広がるチガヤ草原
（インドネシア・スマトラ島）

のフタバガキ林を35年伐期で毎年466haを順次択伐する森林管理を実行している（田中，1995）．ここでは，原生林の択伐後，非有用植物の繁茂を抑制し有用樹種の更新や生長を促す「林分改良」（timber stand improvement, TSI）を実践している．択伐による施業法は，林木の収穫後も林地が裸にならないので，森林の物質循環が維持され土壌保全上たいへんすぐれた方法である．すでに原生林の1回目の択伐を終え，1986年以降は，1回目の択伐後に林分改良により成林した二次林への2回目の択伐を

図 26.4 択伐，林分改良後に成立したフタバガキ二次林

実施している(図26.4).これまでのところ天然更新によりフタバガキ林が再生し,持続的用材生産に成功しており,注目に値する.

d. 早生樹林業

焼畑で荒廃した草地を利用した早成樹林業は,現地農民の貴重な収入源を提供する.タイ国では,近年,キャッサバ栽培に利用していた農地でユーカリを造林し,用材やパルプチップ用木材を生産する例がみられる(図26.5)(田中,1994).ユーカリやアカシアなどの早生樹は,生長初期の生産力が高く,種子保存,育苗,植栽,保育など造林技術がほぼ確立しているので,荒廃地をすばやく森林化し生態系の物質循環を回復させるのに有用である.しかし,早生樹の短伐期木材生産のくり返しは,逆に土壌養分を林地から持ち去るため,土壌をいっそう荒廃させる.東北タイで行われた試験によると,8年生早生樹人工林の場合,養分の供給率,すなわち(土壌に供給される量)/(林分の吸収量)の値は,マメ科で窒素固定をするアカシアの一種 *Acacia auriculiformis* の場合,窒素(N)が50％,リン(P)が26％で,ユーカリの一種 *Eucalyptus camaldulensis* ではNが30％,Pが11％にすぎなかった(Pitaya, 1987).土壌の荒廃だけでなく,土壌の乾燥,単一樹種の栽培による病虫害蔓延の危険性,在来の動植物の減少による生物多様性の低下などの問題点も指摘されている.

土壌を荒廃させることなく持続的木材生産を実現するためには,土地生産効率を落としても,長伐期や在来種の樹下植栽による樹種交替などの方法で,持続性を確立す

図 26.5　5年生ユーカリ人工林(東北タイ)

26.3 経済優先から持続的利用へ

るための技術開発が進められる必要がある．

世界の社会制度や産業の現状は，まだ経済優先・経済効率重視である．とくに，開発途上国では，庶民の貧困，対外債務，財政のゆきづまり，低水準の資本や技術などの問題が大きく，環境保全を実行するには社会・経済的な基盤が整っていない．そのため，いっそう経済優先となり，自国の自然が酷使され，環境の悪化が進んでいる．地球サミットでは，環境保全推進を主張する北側先進工業国とは対照的に，開発途上国は自国の経済開発を重視する立場に立った．途上国にとっては貧困が環境破壊の最大の原因であり，環境保全の名のもとに途上国の開発や経済発展が阻害されてはならないという主張が展開された．

近い将来世界の人口が100億を超えるが，人類がこれまでのような大量消費の経済を進めていくことは不可能である．大量消費文明を見直し，地球の資源，環境への負荷の少ない持続可能な社会・経済システムの構築に努力すべき時代にすでに入っている．経済優先は，物質や利便に対する人間の欲望の拡大に由来している．有限な地球の中で，多くの人間が共存していくためには，持続可能な生産システムを構築するとともに，持続不可能な生活様式を減らすために過度の物質的欲望をコントロールできる人間形成と，それを支持する社会制度，文化の構築が必要である．　　［田中信行］

文　献

1) 不破敬一郎編（1994）：地球環境ハンドブック，634 p., 朝倉書店．
2) 飯島　茂（1967）：東南アジアにおける焼畑農業．東南アジア研究，**5**-4, 80-85．
3) 石　弘之（1985）：蝕まれる森林，255 p., 朝日新聞社．
4) 沼田　眞（1994）：自然保護という思想，212 p., 岩波書店．
5) Pitaya, P., Keitvuttinon, B. and Boontawee, B. (1987): Some ecological impacts of planting *Eucalyptus* in agricultural areas. Thai J. For., **6**, 362-374 (in Thai).; (1993) In: CFRL/TC Research Report, No. 5. Research and Training in Re-afforestation Project, Royal Forest Department, Bangkok (Tanaka, N. ed.), 33-40 (in English).
6) 佐々木高明（1966）：東南アジアの焼畑と輪作様式と人口支持力．人間——人類学的研究（川喜田二郎他編），pp. 391-421, 中央公論社．
7) 佐藤　明・田中信行（1988）：フィリピンにおけるアグロフォレストリーの実態と野外実験事例——とくに作物栽培と林内照度について．国際農林業協力，**10**-4, 28-29．
8) 田中信行（1994）：ODAとユーカリ造林．林業技術，**629**, 30-31．
9) 田中信行（1995）：ミンダナオ島におけるフタバガキ林の伐採と更新．熱帯林業，**34**, 2-13．
10) 田中信行・浜崎忠雄・鳥越洋一（1990）：インドネシアのアグロフォレストリー——成立立地の考察．森林立地，**31**-2, 61-67．
11) 渡辺弘之（1994）：東南アジアにおけるタウンヤ法での造林——樹木と作物の競争の視点から．森林立地，**36**-1, 20-27．

27. 草地の状態診断

27.1 牧野管理の基礎としての状態診断

　草地は放牧や採草に利用されている草原であり，家畜の採食，あるいは人の刈り草にとって好ましい状態，あるいは最適な状態につねに維持管理されていることが望まれる．すなわち牧野管理（range management）が必要となる．牧野管理としては，放牧管理，追播，雑草防除などがあるが，これらの管理の基礎にあるのは，草地の状態やその変動傾向の判定である（沼田，1958）．また，草地の維持管理のためにその草地の実態を十分に解析すべきであり，それによって草地の健康度や状態，傾向の診断（judging of grassland condition and trend）を行い，適正な管理の方法を求めていくことになる（沼田，1958；Parker, 1954；飯泉，1965）．一般に放牧に利用されている草地は，家畜の採食，踏みつけ，糞尿による影響を受けており，その度合によって植生の状態が異なる．また採草地では，人間による刈り草の時期，方法，度合，採取草類，またしばしば行われる火入れなどの影響を受けて植生の状態が変わっている（伊藤，1973）．これら家畜や人の行動はさまざまであり，これらの行為と植生の対応は非常にダイナミックであるとともに，一定の法則性をうかがうことができる．

27.2 状態診断の考え方

　わが国に発達する草地は，気候的要因などによる極相としての自然草原（natural grassland）でなく，森林の消失の後に遷移の途中で成立する半自然草原（semi-natural grassland）か，人工草地（artificial grassland）で，放牧，刈り草，火入れ，施肥など人為的・生物的要因（biotic factors）によって維持されている草原である．したがって，放置すれば基本的に森林へと遷移していく．上記の生物的要因は，森林への遷移にブレーキをかけ，草原状態を持続させて，そこでの草類の生産資源を採食，採取しているのである．また基本的に，これらの遷移途上において，生物的要因・圧力あるいは攪乱が強まれば，退行遷移（retrogressive succession）の方向へ植生は変化し，弱まれば進行遷移（progressive succession）の方向へ変化する．すなわち，草地植生はいかなる形態であっても遷移の路線上のどこかに存在するものである．一方，草地の発達のバックグラウンドとしては，地域性，気候，土壌などの自然環境があり，生

物要因と自然環境との総合的な状況のもとに，ある草地植生が発達していることは当然である．草地の状態診断は，その地域の環境のもとで，その草地が遷移系列上のどのような位置にあるかを生態学的に判断することであり，また適正かつ安定した状態を求めるものである（飯泉，1965）．さらに草地の状態診断は，荒廃の状況を診断することも同時に可能である．

27.3 状態の把握——診断の方法

a．定性的・相対的診断

草地の状態を把握するには，植生と土壌から定性的，相対的に行うことができる（沼田，1958）．植生の面では，種類組成，現存量，生活型組成，分散構造，種類の優劣関係，地下部のすみわけ関係，草の活力度，草地の均質性などの調査資料から知ることができる．

種類組成はその群落の出現種と優占度を計ることであり，それによって有用草類の量的把握や，不要・有害草類の繁殖状態を知ることができる．優占度としては，被度や高さなどの測度や，労力はかかるが個体数，茎数などから求めることができ，いろいろな優占度が提案されているが，優占種の量的動態を知ることができる．現存量は，一般に一定面積における地上部の植物重量（生量または乾量）を量ることであり，全体または各種の収量あるいは生産量を知ることができる．生活型組成は，出現種のいろいろな生活型（life form）の種類組成や量的組成を求め，その群落の遷移上の位置づけを推定することができる．分散構造の面からは，有用草類や有害・不要草類などの繁殖や侵入状況を把握できる．種類の優劣関係は，群落の体制化の状態，すなわち優占種群と従属種群の統一関係を知ることができ，それによって，体制の維持や安定性を知ることができる．地下部の根系のすみわけや競争関係によっても状態が診断できる．草の活力としては，草丈，分げつ，出穂数，枯死部の程度，年齢構成などから状態を推定できる．草地の均質性は，その群落の構成種の動態，遷移の状態を知ることができる（沼田，1949；1959）．

土壌の面からは，植物遺体の量，土壌侵食の度合や安定度，水分状態，踏みつけによる土壌構造の変化，糞尿の影響などがあるが，これらからもいろいろの面の診断が可能である．

b．定量的診断

定量的診断は，それだけで十分草地の状態を診断できる方法であり，基本的にその診断の目的は，牧野の経営的，経済的な面（economic condition）からの診断で，求めるものは牧野の管理あるいは有用草類の生産性を診断するものであり，またその面で実効性がある．しかし，草地の状態診断をそれに限定せず，草地を生物学的状態

(biological condition) あるいは生態学的状態の見地からも診断することが研究され，草地が遷移系列上のどこに位置するかを，定量的に決定する方法が沼田 (1966 a) によって提案された．それは遷移の進行を遷移度（degree of succession, DS）というものさしで計るもので，いろいろな草地の植生，すなわちいろいろな草地の状態を，遷移の座標に位置づける，植生配列 (vegetation ordination) である．先に述べたように，現存する草地植生は，わが国では遷移の途中相 (sere) にあり，それぞれが遷移上どのような位置を占めるかを定量的に診断する遷移診断 (judging succession) は，一つの草地の状態診断であり，またさまざまな有用性をもつものである．

なお，沼田 (1962 a) は，このような生物学的状態診断を，経済的に有効な状態診断に活用する方法として，放牧地においては家畜の採食率 (grazing rate) を調べ，放牧地の利用度を表す指標とし，改めて草地の状態指数（index of grassland condition, IGC）を提案した．草地の植生面からの状態診断は，DS による生態学的な遷移診断と，IGC による農学的な草地評価の組み合わせによって定量的に可能になったのである．

27.4　いくつかの事例

a．さまざまな植生測度による診断

ススキの採草地として利用されていた東北地方のススキ草原の例を示す（吉田，1963）．ススキの生重量に基づいて分けられた，ススキの生育が不良な植生 (A)，中位な植生 (B)，良好な植生 (C) の三つの植生で，それぞれの構成種の組成や量的測度を計った．それによると構成種数は，A＞B＝C の傾向があった．階層構造では，ススキの生育が良好な場合は，ススキは 181 cm 以上の階層（第 7 層）に伸長し，不良の場合は 60～90 cm（第 3 層）という低位に生育する．現存量では，全体の現存量は C＞B＞A という関係を示し，またススキの現存量も同様であった．個体密度は大きな差はなかった．低木類の侵入量と頻度は A＞B＞C の傾向があった．ススキ型草地では，ススキの動向が大勢を決める傾向があり，ススキの被度は，C＞B＞A，草丈も同様，茎数は差がなく，現存量は C＞B＞A であった．この基準に従えば，いろいろなススキ草地における植生調査によって，ススキ草地の良好性の程度を診断できることとなる．

b．生活型による診断

日本の多数の草地の種類組成から，生活型の組成を算出し，まとめられたものが表 27.1 に示す草地植生生活型基準表である（沼田，1965 a）．わが国の草地は，放牧の影響を強く受けるシバ草地，シバ-ネザサ草地など草丈の低い群落からなる短草型，生物的要因が軽度なススキ草地などの長草型，その中間にあるササ草地などにまとめられるが，これは遷移的にみれば，短草型は退行遷移の方向，長草型は進行遷移の方向を示している．それぞれの草地型の生活型組成とその違いを，短草型から長草型という

表 27.1 草地植生生活型基準表(積算優占度 %)(沼田, 1965 a)

	Ep	Hp	Th	D_{1-3}	R_{1-3}	e+t	r	l
短草型	10	80	10	30	40	75	15	0
ササ型	15	75	10	30	40	75	10	1
長草型	20	70	5	70	40	50	10	15

注 Ep：epigeal, Hp：hypogeal.

見方でみると，休眠型では Ep (Ph+Ch 木本・地表植物) の増加，Hp (H+G 多年生植物) の減少，Th (1年生植物) の減少，散布型では D_{1-3} (散布力大) の大きな増加，根茎型では R_{1-3} (根茎植物) は変化なし，生育型では e (直立型) +t (叢生型) の減少，r (ロゼット型) の減少，l (つる型) の増加がみられる．これを基準として，調査対象の草地の生活型組成と比較し，ある程度の状態を診断できることになる．

c. 遷移度による診断

沼田 (1966 a) によって考案された遷移度は以下のものである．

$$DS = \frac{\sum dl}{n} \cdot v$$

ここで，DS：遷移度，d：優占度 (沼田の積算優占度%)，l：生存年限 (休眠型で，MM：M=100，N=50，Ch：H, G=10，Th：1とする)，n：種数，v：植被率 (100%を1とする) である．

千葉県で調査された遷移系列で，初期のヒメジョオン期からチガヤ期-クロマツ期において，遷移度は表27.2のようになり，遷移が進めば遷移度が大きくなることが示されている(沼田ら, 1964)．また草地だけについては，千葉県銚子付近の海岸および台地上の草原植生の遷移度は表27.3のようになり，また実際の遷移は，表中の下方に進行するようである (沼田, 1962 b)．いずれも1次元の座標に位置づけられる．

一つの草地型についての遷移度の変化の例として，ススキ型草地の例を図27.1に示す (沼田, 1966 b)．この場合，優占種であるススキの相対優占度との対応が試みられ

表 27.2 遷移度の計算例 (沼田ら, 1964)

	I		II		III	
年　月	1960.6	1961.6	1960.6	1961.6	1960.6	1961.6
n	25	25	15	15	27	32
$\sum dl/n$	92.5	110.3	126.5	150.9	298.0	251.0
v	1	1	1	1	0.8	0.9
DS	92.5	110.3	126.5	150.9	238.4	225.9

注 Iヒメジョオン期→IIチガヤ期→IIIクロマツ期の遷移が考えられる．記号は本文参照．遷移が進むにつれDSの数値の増加をみよ．

表 27.3 千葉県銚子市付近の海岸性および台地上の草原植生の遷移度（沼田，1962 b）

	n	v	DS
オニシバ群落[*1]	8	0.25	106
オニシバ-チガヤ群落[*1]	8	0.25	125
ネコノシタ-コウボウムギ群落[*2]	11	0.55	136
ワセオバナ群落[*3]	13	0.60	139
オニシバ-チガヤ群落[*1]	8	0.25	165
チガヤ-コウボウムギ群落[*2]	19	0.55	166
チガヤ-オニシバ群落[*1]	9	0.35	176
ケカモノハシ-シバ群落[*4]	27	1	326
ハチジョウススキ-ケカモノハシ群落[*4]	24	1	385

注　[*1]鹿島灘浜新田砂丘，[*2]銚子市西明浦海岸，[*3]浜新田堆砂垣内，[*4]銚子市屏風ヶ浦台上草原．

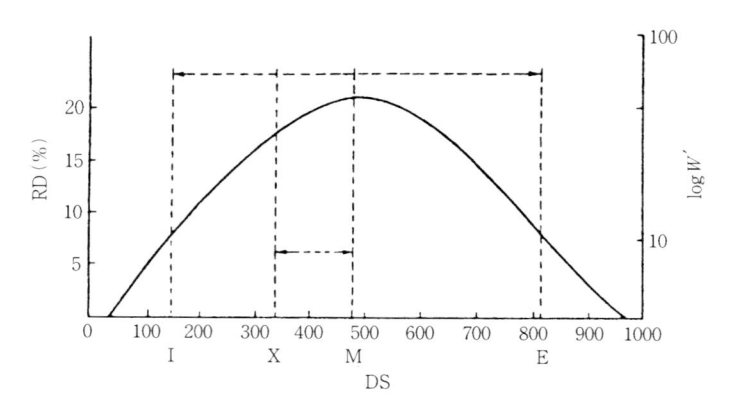

図 27.1 ススキ草原の遷移度 (DS) に対するススキの相対優占度 (RD) または相対重量の対数 ($\log W'$) の曲線（沼田，1966 b）
ススキ草原というのは $\overline{\mathrm{IE}}$ の間であり，モード M とある草原 X との間隔 $\overline{\mathrm{MX}}$ は遷移距離を示す．

た．これによるといろいろなレベルのススキ草地の遷移度が算定されたが，ススキの量はモードをもち，モードより右側は人為の程度が低いあるいは放任の方向にあり，左へいくほど人為は強くなり，過剰利用となる．いずれもススキは減少する．したがってススキの生産量を高く維持するためには，適正あるいは一定の刈り取りや火入れなどを行う必要性があることが判断された．これによれば，あるタイプの草地において，遷移度を求め，また有用草類の優占度を求め，両者の関係を知れば，それぞれの状態を診断できることになる．

わが国のさまざまな草地植生の遷移度を算出し，それらの頻度を示したものが図 27.2 である（Numata, 1969）．これによると，遷移度はそれぞれの草地型（期）に伴って増加していること，各草地型では，頻度にモードをもっていること，遷移度の増

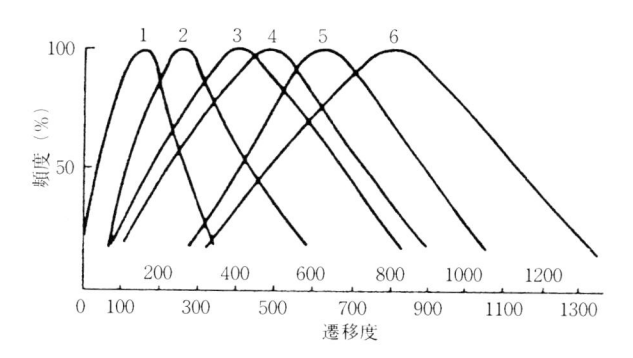

図 27.2 草地植生型（期）の遷移度の順位づけ（Numata, 1969）
1：ヒメジョオン期, 2：シバ期, 3：ワラビ期, 4：ススキ期,
5：ササゲ期, 6：ササ期.

大とともに頻度が重なり合いながらずれていくことなどが判明した．このように，ある草地型はある一定の範囲の遷移度をもち，また典型的な遷移度をもっている．実際にいろいろな草地を調査し，遷移度を求めることによって，それらの遷移関係を把握でき，それらの相互関係から状態を診断することが可能である．

d．草地状態指数による診断

さらに応用的な面から，放牧地における家畜の採食という観点を取り入れた草地状態指数が提案されたが，その算出は DS 式の変形による以下の式で示される（沼田, 1962 a）．

$$\text{IGC} = \frac{\sum dlg}{n} \cdot v$$

ここで，IGC：草地状態指数，g：採食率（0〜1）である．

表 27.4 東ネパールのおもな草地植生型の種数 (n), 植被率 (v), DS, 草地状態指数 (IGC)（沼田, 1965 b）

	n	v	DS	IGC
ギョウギシバ型	15	0.8	282	59
〃	18	0.85	294	58
チガヤ型	18	1.0	150	62
〃	15	1.0	222	79
チガヤ-ワセオバナ型	15	0.85	222	115
スズメノヒエ型	11	1.0	411	168
ヨモギ型	23	0.85	113	32
オグルマ型	20	0.8	100	8
カワラサイコ型	21	0.8	206	16
〃	16	0.8	230	21

IGC の値は g の値と連動するが，g が大きい（採食率が1に近い）と大きくなり，g が小さいと小さくなる．すなわち，家畜による採食率が高いということは放牧地として有用な草類の生育が良好であることになり，草地の状態は良好と診断される．この事例として東ネパールの草地についての報告がある（表27.4）（沼田，1965b）．これによると遷移度ではあまり判断できないが，草地状態指数によれば，値の低いオグルマ型やカワラサイコ型は過放牧によって荒廃した草地で，草地としてほとんど利用価値のないものであるという．

e．景観的視点からの状態診断

現在わが国で牧野として利用されている自然草地（野草地）は，年々少なくなってきている．牧野の面積も減少しているが，人工草地に転換されていっている場合もある．従来，野草地として利用されていたいくつかの地域は，そのまま放置されている場合は，遷移が進んで森林化しつつある．それらの中で，標高の高い地域にある草地や，寒冷な地域の草地では，遷移の度合が遅く，いまだ草原景観を呈しているものがある．これらの草地には，いわゆる高原植物が多数生育し，四季折々美しい花を咲かせている．そのため最近では，そのような地域は観光地としてよみがえり，多くの観光客に親しまれている場合がある．これについては本書の第II編第7章にも述べられている．このような事例として，長野県美ヶ原高原の野草地（半自然草原）がある．美ヶ原高原は標高約1900〜2000mの亜高山帯にあたるが，大部分は放牧に利用されている草地が発達している．その中で，約20年ほど前に放牧が中止され，現在は，シナノザサ-イワノガリヤス群落となっている地域がある．土田（1994）は，ここの植生を詳細に調査し，また植生図を作成した．この地域は大勢はシナノザサ-イワノガリヤス

表27.5 美ヶ原高原のシナノザサ-イワノガリヤス群落内の小群落におけるお花畑度

群落名	種数の評価点×被度の評価点	お花畑度
ゴマナ群落	2×4=8	I
イタドリ群落	3×3=9	I
低茎シナノザサ群落	4×2=8	I
ヤナギラン群落	2×3=6	II
ヨモギ群落	1×4=4	II
レンゲツツジ群落	2×3=6	II
牧草-ヨモギ群落	2×2=4	II
イワノガリヤス群落	2×1=2	III
ヒゲノガリヤス群落	1×1=1	III
アゼスゲ群落	1×1=1	III
牧草-キイチゴ群落	1×1=1	III
高茎シナノザサ群落	1×1=1	III

注 I：高，II：中，III：低．

群落であるが，細かくみるとさまざまな草本群落（一部木本群落）が発達していることがわかった．ところでシナノザサ-イワノガリヤス群落は，景観的にはほとんど花の目立つ植物は生育しておらず，非常に単調な緑一色の様相を示している．そこで群落の構成種の開花の状態に着目して，群落の花の豊かさを表現，診断する簡単な尺度，すなわち「お花畑度」を考案した．これは各群落において，その種類組成から，イネ科，カヤツリグサ科，イグサ科，低木類（レンゲツツジを除く）というあまり花が目立たない種類を除いた植物の種数と被度合計を算出し，それぞれ4階級に分けて評価点を与え（1〜4），両者の評価点を乗算して，さらに3階級（Ⅰ〜Ⅲ）で示したもので，階級Ⅰが最も「お花畑度」が高いものとした．これによるお花畑度を表27.5に示した．これに基づいて植生図を改変して，お花畑度図として示した．お花畑度およびお花畑度図によって，地域の草地の景観的状態を診断し，お花畑度の高い群落を造成するために，刈り草による手法が試みられている（土田，1995）．

おわりに

以上，事例としてはまだいろいろあり，一部を紹介しただけである．草地の状態を診断することは，実際上の牧野管理でもっと活用されてよいと思うが，最近はとくに植生や遷移度などの生態学的な面からの活用事例は少ないようである．それは先述したように，わが国の野草地，半自然草原の面積の縮小，利用の縮小などにより活用する場が少なくなってきていることもあると思われる．しかしこれらは，人工草地でも十分活用できるものであり，また改善することも可能であろう．最近，わが国では，観光的・景観的価値や，生物の多様性の観点から，野草地の見直しが行われてきており，このような分野で草地の状態診断が新たに活用される場がある．またそれによって，美しい草地の復元や造成の考えや，方法を検討できるものと思われる．

［土田勝義］

文　　献

1) 飯泉　茂（1965）：草地生態系．応用生態学（沼田　眞・内田俊郎編），pp. 81-127, 古今書院．
2) 伊藤秀三（1973）：草地植生の構造と機能——遷移．草地の生態学（沼田　眞監修），pp. 74-92, 築地書館．
3) 沼田　眞（1949）：植物群落統計における標本抽出論の基礎．植雑，**62**, 35-38.
4) 沼田　眞（1958）：生態学の立場，246 p., 古今書院．
5) 沼田　眞（1959）：生態学大系，植物生態学Ⅰ，588 p., 古今書院．
6) 沼田　眞（1962 a）：遷移度と状態指数による草地診断．科学，**32**, 658-659.
7) 沼田　眞（1962 b）：銚子付近の草原植生——銚子海岸の植相と植物群落Ⅴ．千葉大学銚子臨海研報告，**4**, 39-50.
8) 沼田　眞（1965 a）：草地の状態診断による草地診断Ⅰ，生活型組成による診断．日草誌，**11**, 20-33.
9) 沼田　眞（1965 b）：東ネパールの草地植生．東ネパール——生態調査とヌンブールの登頂（沼田

眞編），pp. 74-94，千葉大学．
10) 沼田　眞(1966 a)：草地の状態診断に関する研究II，種類組成による診断．日草誌，**12**，29-36．
11) 沼田　眞（1966 b）：草地の生産性に関する研究3．千葉大学文理生態学研究室．
12) Numata, M. (1969): Progressive and retrogressive gradient of grassland vegetation measured by degree of succession. *Vegetatio*, **19**, 259-302.
13) 沼田　眞・林　一六・小林登志子・大木　薫(1964)：遷移からみた埋土種子集団の解析Ⅰ．日生態会誌，**14**，207-215．
14) Parker, K. W. (1954): Application of ecology in the determination of range condition and trend. *J. Range Mgt.*, **7**, 14-27.
15) 土田勝義（1994）：美ヶ原高原植生調査報告書II，39 p., 長野県．
16) 土田勝義（1995）：美ヶ原高原植生調査報告書III，42 p., 長野県．
17) 吉田重治（1963）：草地診断基準に関する研究．東北大学農学研究所作物生態研究室報告，33 p..

28. 身近な自然——里山

28.1 里山の環境と生態

a. 里山の自然と立地

　里山林が薪炭林や農用林ともよばれるように，里山とは「人間生活に不可欠な燃料，あるいは農業生産に必要な落葉や腐植のような有機肥料を得るために，自然林の破壊によって人為的に形成され，維持管理されてきた人里周辺の林地」である．その機能からみれば，山地林か平地林かの別は問われないが，一般には低山や丘陵に立地するものが連想される．

図 28.1 農山村の生活と連動して形成された里山の風景

　里山の多くは，燃料や堆肥入手のためのアカマツ林（red pine forest）とクヌギ，コナラなど落葉広葉樹の雑木林（coppice woods）によって占められる．しかし，部分的には茅葺き屋根の材料や牛馬の飼い葉を刈るカヤ場，たけのこや竹材を得るタケ林，さらに自家用の建築材をまかなう小面積のスギ・ヒノキ林なども存在するから，里山の性格をより普遍的に表すと，「農山村地域において，その生活資材の自給や農業生産に連動して，継続的に人手の加えられる林地ないしは山野」となる．したがって，ブナの原生林のように季節的にキノコ採集や狩猟に利用されても，森林そのものには手がつけられないものや，人手が加わっていても，経済的林業経営のために広範囲に植

図 28.2　地形と土壌水分条件に対応した里山での土地利用

林されたスギ・ヒノキ林などは，人里近くにあっても里山とはよばれない．

かつて，一般に里山は都市から離れたところに立地していたが，戦後の都市膨張によって里山が都市に接するばかりか，宅地開発に侵食されて島状に取り残される例も少なくない．この場合は都市林とよぶべきかもしれないが，その植生の特徴を的確に表し，またノスタルジアを込めて里山とよばれることが多い．

b．里山の生態

里山の植生は，人間が自然林を破壊した後に成立した代償植生であり，そこに成立する森林を二次林（secondary forest）という．関東以西の平野部や低山地など常緑広葉樹林帯の二次林の多くは，アカマツ林とクヌギ・コナラ林で占められるが，温帯域や高冷地ではクリ・ミズナラ林やシデ林に代わり，また，暖帯域の海岸部や低地では，スダジイ，アラカシ，ウバメガシなど常緑広葉樹の二次林が成立する．

里山林では燃料を得るために，林床に生えてくる低木類が5～6年おきに刈り取られ（柴刈り），上層木も15～30年ごとに伐採されていた（図28.3参照）．また，田畑に鋤き込む「刈り敷き」や堆肥を得るために，より高頻度な刈り取りや落葉かきも反復され，カヤ場では毎年のように火入れ，採草，牛馬の追い込みが行われた．このような手入れが里山が自然遷移によって自然林に戻ることを止め，二次林や草地の植生を持続させていたのである．

伐採や間伐，下刈りは林地を明るくし，好陽性の草本植物や落葉低木の生育と開花，結実を可能にする．したがって，伐採された時期や下刈り時期の異なる林が，さまざまに組み合わさった里山は，二次林性の構成種はもとより，自然林性のもの（潜在自然植生の構成種）から原野性のものまで，多様な植物の生存を許容した．とくに，春先の明るい雑木林の林床で休眠から覚め，樹々の若葉が広がるまでのわずかな期間に

28.1 里山の環境と生態

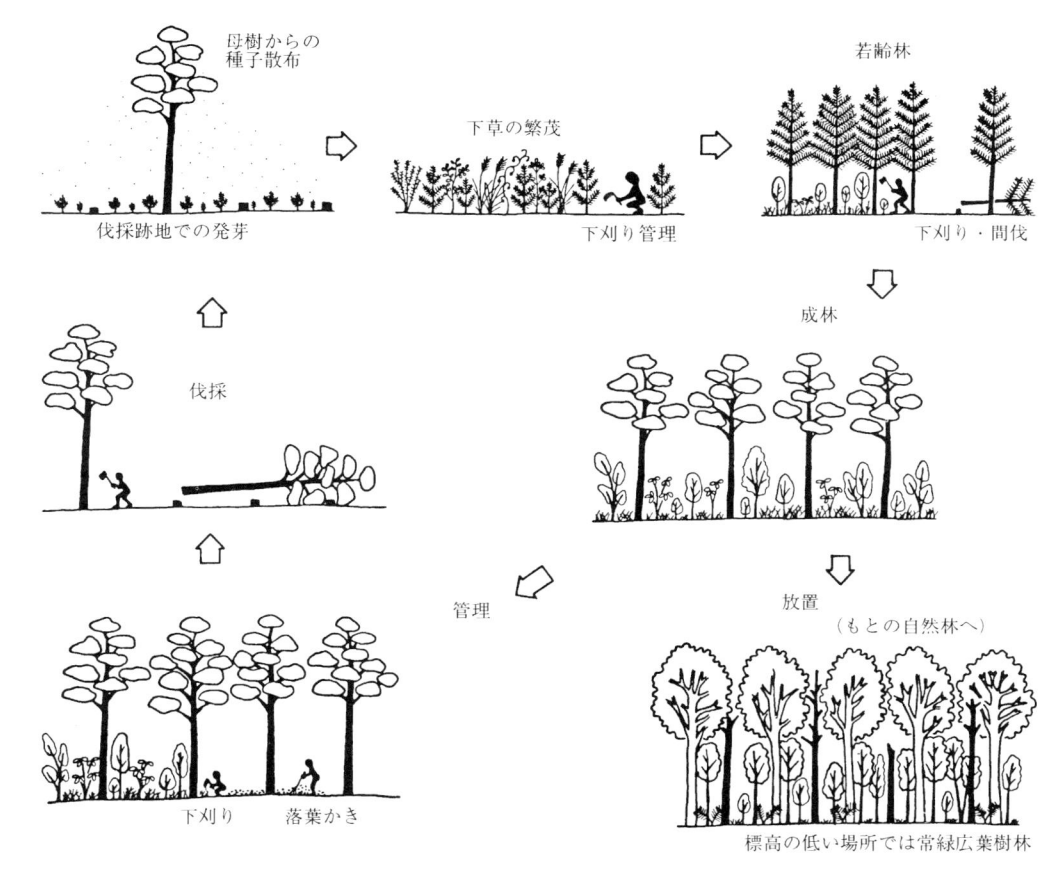

図 28.3 里山におけるアカマツ林の管理サイクル

光合成して生存している，カタクリ，イチリンソウ，ニリンソウ，キツネノカミソリのような春植物にとっては，常緑広葉樹林への遷移や，低木類の密生を止める人間の手入れは，種が存続するうえで不可欠なものである．守山（1988）は，本来は温帯林（ブナ・ミズナラ林などの落葉広葉樹林）の林床に生育していたこれらの春植物が，常緑広葉樹林帯に分布しているのは，氷河期の終了による気候の温暖化とともに南方から常緑広葉樹林が北上し，温帯林が東北地方や高冷地に追い上げられる時期に，ちょうど人間が農耕生活を開始して，クヌギ・コナラ林のような落葉広葉樹の雑木林を成立させたことが，大きくかかわっていると指摘している．

　農耕生活が始まった縄文・弥生時代から，数千年間にわたり継続されてきた森林利用のために，身近にあった自然林の多くが姿を消してしまったが，それに代わって，先にあげたような里山の多様な森林環境や草地の環境が生み出されたのである．種々の植物が次々と花蜜や果・実，食草を提供し，また高・低，疎・密，明・暗とさまざまなすみかを用意する里山は，草食性から肉食性まで，多くの野生鳥獣や昆虫類にとっても，選択性に富んだ生息環境となった．したがって，人手の加わらない原生林が

図 28.4　手入されて明るい冬の雑木林（クヌギ林）

図 28.5　明るい早春の雑木林で陽光を浴び，開花するカタクリ
　　　　下刈りされず低木が密生すると消滅する．

そこに生活する固有の動植物の生存に不可欠であるのとは対照的に，人手が加わることによって維持される里山の環境に依存して生活している，里山型の野生動植物も存在し，それらの種の多様性が保持されていたことがわかる．

c．里山の自然と生活，文化

このように里山を持続的な生産の場として利用することによって，結果的に多様な野生生物が共生する，明るく開放的な，季節感あふれる遊山の場が用意されたのである．古来より春秋の節句には村人が弁当持ちで里山に繰り出したのみならず，都人も四季折々に里山に遊び，草花摘みや紅葉狩り，キノコ狩りなどに興じ，花鳥風月を愛でてきたことは，多くの絵巻物や歴史文学に描かれていることからも明らかである．すなわち，里山は棚田や農家の風景とともに，和歌，俳句，小説，日本画，和服の絵

図 28.6 生産林であると同時に遊山の場ともなった明るく開放的な春のアカマツ林

図 28.7 多様な木々の萌芽とツツジの開花で彩られる春の里山

柄などなど，日本の伝統文化を培う素材と情景の場ともなったのである．

日本人の心の原風景は里山・田園風景といわれるが，人口の7割以上が農山村に居住し，また都市の規模も限られた高度経済成長期以前までは，多くの子どもたちの身近な生活環境，遊びの環境は里山や田園だったからである．里山でのドングリ拾いやカブトムシ取り，小川でのメダカやドジョウすくい，野原や田の畦での草花摘みやツクシ採りなどの自然遊びを通して，自然に対する好奇心やふるまい方，創造力や協調心，伝統文化に対するイメージや情感の共有などがはぐくまれてきたといってよい．

しかし，里山の手入れは諸刃(もろは)の剣である．植生の再生力を超えた過度な手入れと収奪が続くと，植生が衰退して単純化し，ついにははげ山となったのである．とくに，京都のように古来より多数の人口を擁した大都市近郊では，過剰な薪採りや落葉かき

図 28.8 植生の破壊によってはげ山化したアカマツ山
崩壊する土砂により，砂防ダムも短期間で埋まってしまう．

によって，かつてははげ山が多く，痩せ地や乾燥地にも適応できるアカマツが，疎らに生えていたにすぎなかった（千葉，1973）．

都市から離れた場所でも，製塩が盛んだった瀬戸内海沿岸では塩水の濃縮に，また焼物の産地である信楽などでは焼成窯の燃料をまかなうために，さらに水運によって大阪や京都に燃料を供給するために，山林の伐採，下刈りなどが過剰に継続されたのである．このような地域では降雨のたびに表土が流れ去って，尾根筋ではアカマツさえ生えずに，裸地と岩の露出した文字どおりのはげ山となり，また中腹や山裾も低いアカマツの疎林しか成立せず，林床は草も生えない裸地となっていたのである（千葉，1973）．

一方，このような過剰な里山の利用を防止し，持続的な生産性を保持する社会システムも存在した．昔から里山には村や地区ごとに「入会山」とよばれる共有地があり，「入会権」をもつ地域住民ならだれでも山に入り，農業資材や生活資材を採取できたのである．しかし，限られた面積であるから，個人の自由に任せると勢い利己的な過剰利用が横行し，はげ山化をまねいてしまうため，①山に入ってよい時期と日数や時間，②各戸から立ち入れる人数，1人当たりが持ち帰れる量（たとえば，背中にかつげるだけの量で，1日当たり3往復のみ），のような「おきて」を申し合わせて利用を制限したわけである．

d．人間生活と連動した里山の変遷

以上のように，歴史的に農山村の生産を支え，同時に都市の生活とも密接にかかわっていた里山であるが，1955年頃から始まった石油・ガス燃料や電気の普及，さらに農業の機械化と化学肥料の一般化に伴って，里山はその役割を喪失し，その多くは適正な管理もされずに放置されるようになった．その結果，下生えが密生するにとどま

図 28.9　下刈りの停止により常緑広葉樹が繁茂する雑木林の林床

らず，自然遷移によって暖帯および暖温帯地域では，しだいに常緑広葉樹林化が進行するところとなった（図 28.10, 28.11，表 28.1）．これははげ山での森林の再生や，腐植の蓄積による林地の肥沃化，植生自然度の向上など，本来は喜ぶべき現象である．

しかし，里山の密生化や常緑広葉樹の繁茂は林内を薄暗くし，カタクリやイチリンソウのような春植物や，キキョウ，オミナエシなどの「秋の七草」の消滅，さらに好陽性の落葉低木類の立ち枯れなどが生じているのである．また，ヤマザクラやツツジ類は，たとえ立ち枯れを免れても，生長点に花芽を分化することができず，花着きが悪くなる．こうして食草となる植物の種類が減り，蜜源もなくなれば，昆虫類や野生鳥獣の種類もしだいに貧化するばかりか，花も咲かず，陰うつで見通しのきかない里山からは，もはや遊山に訪れる人さえ遠のくのである．

広範囲にわたる里山のマツ枯れ現象（図 28.12）も，わが国の伝統的な植生景観であるアカマツ林の喪失という点で問題となっている．このマツ枯れ被害は従来，マツノマダラカミキリが媒介するマツノザイセンチュウによるものと考えられてきたが，最近の研究では酸性雨によるアカマツの抵抗力の低下に加え，管理の放棄による下生えの密生や，落葉・腐植層の発達が，アカマツの根と共生関係を有するマツタケ菌糸（これらの菌類を菌根菌という）の生存を阻害し，土壌中の養水分の吸収が十分に行われないなど，複合的な原因によるものと指摘されている．化石燃料や化学肥料の普及により，里山の管理，利用が行われなくなった 1960 年前後を境に，ごく一般的な秋の味覚であったマツタケの発生が急激に減少し，その後にマツ枯れ被害が問題になりだしたことからも，その因果関係が理解される．

現在では，里山林は経済的な価値をほとんどなくし，クヌギやコナラの一部が，わずかな製炭とシイタケ栽培などに利用されているにすぎない．したがって，スギ，ヒノキの植林が進んだり，宅地造成やゴルフ場開発によって姿を消している実情にあり，近年は，ごみの不法投棄も大きな問題となっているのである．

262   28. 身近な自然——里山

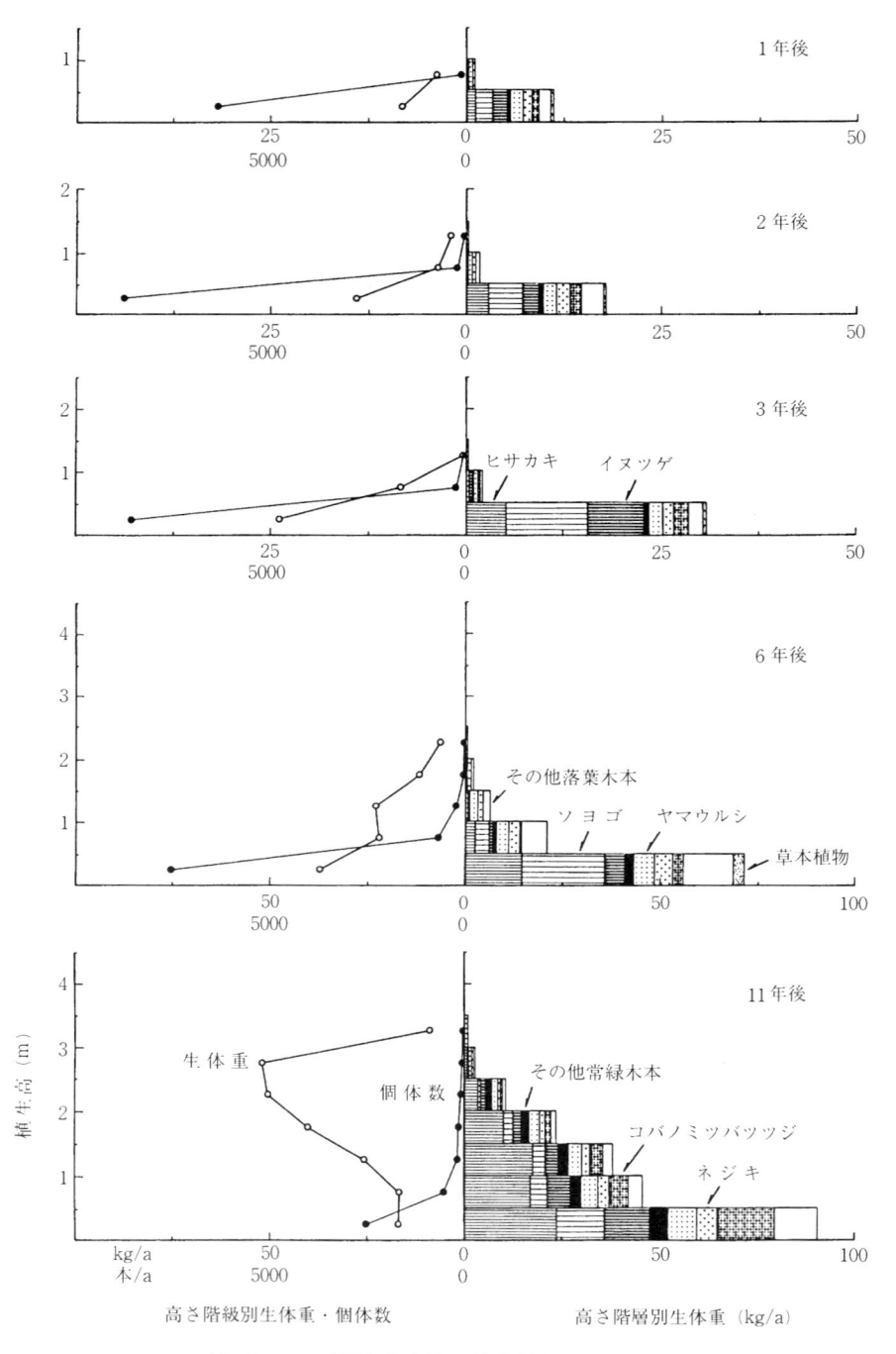

図 28.10 下刈り停止後の林床植生の発達状況
（大阪府能勢町のアカマツ林）

28.1 里山の環境と生態

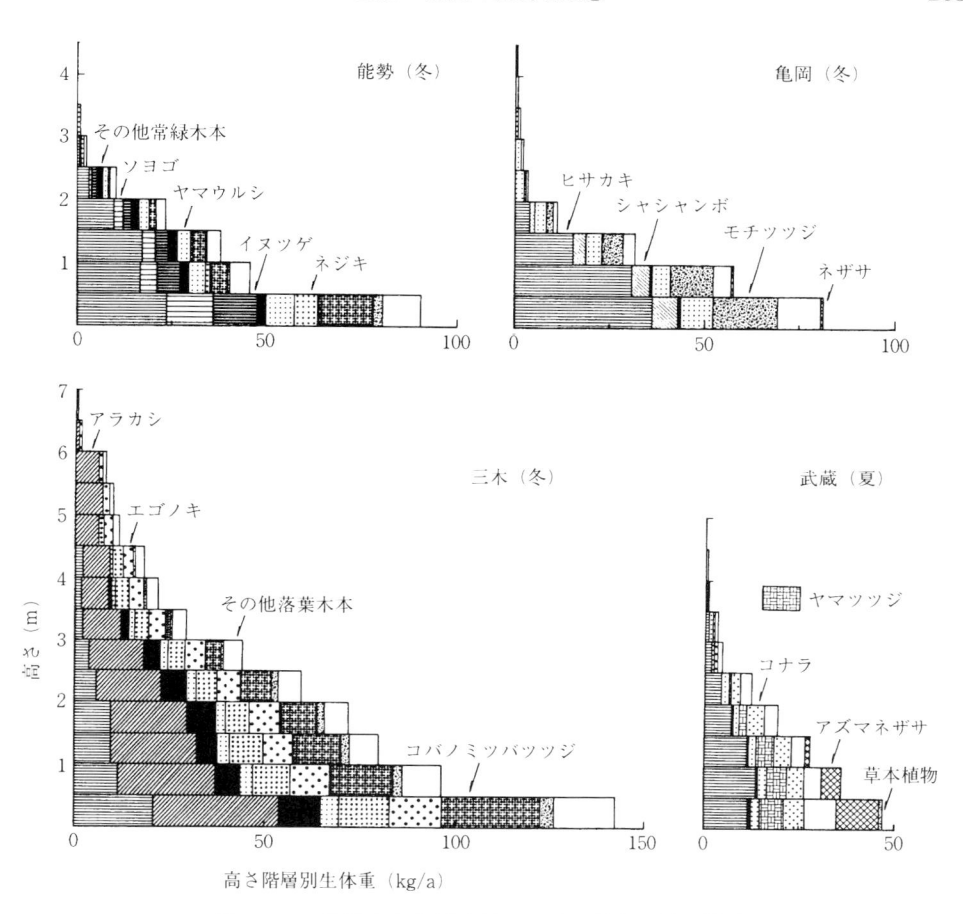

図 28.11 放置された里山林における林床の植生構造

図 28.12 化石燃料や化学肥料の普及の一方で進行したマツ枯れ被害

表 28.1 放置された里山林における林床の種組成と現存量

調査区番号	三木 F1	三木 F2	三木 F3	能勢 F1	能勢 F2	亀岡 F1	亀岡 F2	泉北 F1	武蔵 F1	出現頻度
下刈り後の経過年数				11	11	9	9	12		
総生体重	593	446	226	261	161	214	162	217	151	
出現種数	26	16	24	15	16	12	10	30	27	
常緑木本植物										
ヒサカキ	4.8	4.4	4.2	5.0	4.6	4.9	4.9	4.2	4.7	9
イヌツゲ	1.4	2.3	1.9	4.5	4.2	3.1	1.6	3.1		8
モチツツジ	4.1	3.3	3.4	3.7	3.2	4.5	4.6	4.9		8
ソヨゴ	1.7	5.1	4.8	4.4	4.3	3.1				6
ヒイラギ	4.0		0.6						2.4	3
シキミ	1.9			2.1	3.1					3
サカキ	4.5									1
アラカシ	5.2							2.7	3.1	3
ヤブツバキ	1.7									1
ヤブコウジ		1.9	2.3	1.2				2.9	2.3	5
ネズミモチ		5.3	4.2							2
ネズミサシ		0.6		4.3			2.2			3
アセビ			4.4		2.9					2
シャシャンボ						4.2	4.2	3.2		3
ネザサ						1.5	3.2	3.3		3
ヤマモモ								1.5		1
アズマネザサ									4.2	1
落葉木本植物										
ヤマウルシ	4.3	0.9	2.4	4.5	4.0	4.6	4.0	4.2	4.1	9
コバノミツバツツジ	4.9	4.8	4.5	4.2	4.5			4.7		6
コナラ	3.9		4.4	4.0	4.0			2.7	4.4	6
ネジキ	4.8		4.0		4.2			3.2		4
カマツカ	3.9		4.5					2.9		3
クロモジ	3.1			1.7	2.8					3
ナツハゼ	3.5					4.1	2.7	1.2		4
クリ	4.1							2.4		2
ミヤマガマズミ	2.5								1.9	2
アオダモ	4.2									1
エゴノキ	4.8									1
コマユミ	3.1									1
ウスノキ		0.6			1.1	3.4	4.0	1.7		5
コバノガマズミ			3.2	2.4		1.3			0.6	4
ヤマザクラ			3.8			4.0		0.9	3.8	4
アオハダ			2.0					1.9	3.7	3
ヤブムラサキ			2.5							1

表 28.1 （つづき）

調査区番号	三木 F1	三木 F2	三木 F3	能勢 F1	能勢 F2	亀岡 F1	亀岡 F2	泉北 F1	武蔵 F1	出現頻度
下刈り後の経過年数				11	11	9	9	12		
総生体重	593	446	226	261	161	214	162	217	151	
出現種数	26	16	24	15	16	12	10	30	27	
リョウブ				4.0	4.2					2
コツクバネウツギ				3.2	2.4					2
ヤマツツジ								4.2	4.3	2
コウヤボウキ								1.3		1
ムラサキシキブ									3.9	1
エノキ									1.8	1
タラノキ									0.6	1
ヤマハギ									1.9	1
ウグイスカグラ									3.1	1
ツル植物										
サルトリイバラ	3.8	2.4	1.1	2.4	2.2	3.9	2.5	4.5	3.2	9
ヤマフジ	3.7	4.5	3.3					2.9		4
テリハノイバラ	3.3							3.2		2
エビヅル	3.0							3.3		2
ヘクソカズラ	2.0							2.5		2
ミツバアケビ		0.9	2.9					3.3		3
ヤマブドウ			2.0					3.2		2
ツルウメモドキ								2.2		1
ナツヅタ									1.5	1
スイカズラ									3.1	1
テイカカズラ									0.9	1
タチドコロ									2.7	1
その他草本植物										
カヤツリグサ sp.		1.3	0.6						1.7	3
イネ科 sp.		0.9								1
シラヤマギク		0.9								1
シシガシラ			0.6							1
シュンラン			1.5							1
ススキ					2.1	0.6	0.6			1
ワラビ								2.2		1
シハイスミレ								1.3		1
スゲ sp.								0.6		1
ササユリ								0.6		1
ケチヂミザサ									1.3	1
トウゲシバ									0.9	1

注　武蔵のみ夏期で他は冬期．g/a 単位の生体重を常用対数で示す．

28.2 里山の再評価と機能

　里山は薪炭林や農用林としての役割は失ったが，その多面的な機能と効果に変化はなく，都市化の進展と深刻化する環境問題，社会問題からすれば，その重要性はいっそう増しているといわねばならない．

　その一つは環境保全的機能である．化石燃料の多用による空気中の炭酸ガス（CO_2）濃度の高まりが，地球温暖化（温室効果，greenhouse effect）や海水面上昇をもたらすことが警告されているとき，里山林が果たす CO_2 の固定と酸素の供給の効果は無視できない．また，おびただしい数の葉面でのほこりの吸着や有毒ガスの吸収による大気の浄化，高温化する都市気温（ヒートアイランド現象）の蒸散作用による調節，さらに水源涵養や洪水防止の役割など，安全で快適な生活環境を保持するうえで不可欠なものである．

図 28.13　里山に迫る都市化の波
高温化，乾燥化される都市気候が里山林の蒸散作用によって緩和，調節される．

　二つには緑地的機能である．更地に森を創造しようとしても，多大な労力と費用，年月を要するが，里山にはすでに豊かな森林が成立している．しかも都市公園の緑とは違い，里山林は多様な植物で構成されており，落葉，落枝を分解する土壌微生物，それに昆虫類や野生鳥獣も一体になった，多層社会（生態系，ecosystem）を形成しているのである（図 28.14）．砂漠的な都市環境の改善には，都市内における公園緑地の創成は今後の重要な課題であるが，里山は現存する身近な自然回帰の場や自然教育，レクリエーションの場として貴重である．

　三つには，緑地的機能とも関連するが，里山型の生態系や種の多様性の保全（遺伝子の保存，gene pool）の場としての機能である．かつては原生林や特殊な環境に生き

タイプ1 休息・団らん	タイプ2 自然遊び	タイプ3 散策・探勝
低茎草本型林床	高茎草本型林床	柴草型林床
タイプ4 草花観賞	タイプ5 花木観賞	タイプ6 保全・緩衝
野生草花型林床	野生花木型林床	雑木型林床

図 28.14 里山の動植物との共存を考慮した魅力的な遊山の場の復元
組み合わせにより，タイプ1,2やタイプ4,5も多様な食草，蜜源の提供や餌場となる．

る動植物が保護の対象であったが，近年ではそれらに加え，従来はごくありふれた，珍しくもなかった里山型の動植物についても，農業の生産構造の変化や都市的開発によって，種の存続が危ぶまれる状況にあるからである．先にも指摘したように，わが国の伝統文化の重要な舞台となり，素材を提供した，里山の景観や生物環境を守るうえでも重要である．

　四つには里山の生産的機能である．世界的な森林資源の枯渇，石油危機の不安，さらに化石燃料の多消費による地球環境の変動などが警告されている今日，里山は再生産と持続的利用が可能な，すなわち広葉樹材の国内自給や燃料の安全保障を果たすものとして，高い潜在力を秘めている．イギリスでは雑木林が庭園資材やパルプ用材，バイオマス燃料の資源として見直され，管理と活用が再開されている．そのぶん，熱帯雨林や寒帯林（スカンジナビア，シベリア，カナダなどのタイガ）が保全されるという，地球環境経済的な視点は，今後ますます重要なものとなろう．

28.3 エコロジカルな里山環境の保全

a. 保全，回復の目標

　エコロジカルな里山環境の保全には，有機的で多様な森林の回復と，それぞれの森林に対応した管理が必要である．すでに述べたように，人手の加わらない原生林がそ

こに生活する固有の動植物の生存に不可欠であると同時に，人手が加わることによって維持される農用林や，薪炭林などの二次林の環境に依存して生活している野生生物もいるからである．人間活動の盛んな平野周辺はもとより，集落周辺においても，原生林はわずかな片鱗をとどめることさえ困難な実情にあるとき，積極的に里山に原生林を復元することも必要である．

一方，管理放棄による里山の密生化が，種組成の貧化を生じさせていると同時に，人工林に林種転換されたものの，担い手不足により間伐管理が行き届かないスギ・ヒノキ林では，陽光不足による林床の裸地化のために土壌侵食の問題も生じている．

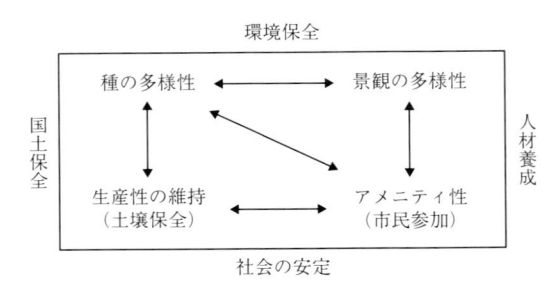

図 28.15 エコロジカルな森林環境修復の効果

したがって，エコロジカルな森林環境の保全には，経済性のみにとらわれず，先にあげた森林の多面的な価値を認識した社会的な保全対策，ならびにその効果を総合的に高めるような管理システムや手法が必要である．以下では，里山におけるエコロジカルな森林環境保全の主要な目標である「種の多様性の回復」が，図 28.15 に示すように，その他の機能とも密接に連動しているという観点から解説する．

b．多様性の回復
（1） 林種の多様性

林種は基本的に地域の気候条件と土壌条件に制約され，冷涼な気候ほど単純化する傾向がみられる．しかし，常緑広葉樹林と落葉広葉樹林の両方が成立しうる気候帯では，土壌条件と人為条件の差異により，針葉樹林を含め多様な林種の形成が可能である．林種を多様にすることはそれだけ森林環境や食草を多様にすることになり，景観および種の多様性にとって効果がある．この場合，個々の林種に依存する生物の安定にはそれぞれ一定以上の面積が必要であり，その一方，異なった林種間を往来して生活する生物や林縁効果を考慮すると，一つの林種の面積をあまり広大にするのは得策ではないことになる．

季節感や生物環境の多様性の点で落葉広葉樹の雑木林は好ましいが，クヌギ，コナラのみの純林よりもヤマザクラやクリ，コブシ，シデ，エゴノキ，リョウブなど，多様な落葉広葉樹が混交する方がより効果的であるから，これらの実生がみられたら刈り取らずに適度に残し，保育する．

28.3 エコロジカルな里山環境の保全

図 28.16 異なった林種や林分の隣接により種の多様性や往来の効果が得られる

　一方，アカマツ林の風情も美しいが，歴史的に過剰利用された場所では痩せ地に適応力のあるアカマツが里山の多くを占め，景観的にも種組成の点でも単調なきらいがある．そこで比較的土壌条件のよい場所では，漸次，雑木林に転換するのがよく，これはマツ枯れ地での森林回復にも適用できる．一般にアカマツ林の中・低木層には，コナラ，リョウブ，クリなどの落葉広葉樹が生育していることが多いから，アカマツの間伐と選択的除伐により常緑広葉樹を除き，目的樹種を育成する．ただし，条件の厳しい尾根部の急傾斜地では良好な生育が望めないから，土壌保全の見地からも手をつけない方がよい．

　対象地域内にスギ・ヒノキ林やタケ林がある場合，その特徴ある景観と植生環境を生かすために間伐などの維持管理を行う．面積が広すぎる場合には部分的に強間伐を施したり，伐期に達した段階で漸次に伐採して，苗木の植栽により落葉広葉樹林に林種転換をはかる．とくに管理が放棄されたタケ林では，地下茎による旺盛な栄養繁殖により，隣接する林地への侵入と勢力拡大が各地で問題となっており，その管理は重要な課題である．

　常緑広葉樹林も林種の多様性の点で重要な要素であり，固有の生態系を成立させる．緩衝・保全林や冬季の緑景観の確保の点でも効果がある．敷地配分を考慮しながら，植生遷移の進んだ林分や急傾斜地は，そのまま遷移を進行させ常緑広葉樹の原生林を復元する．

（2）森林構造の多様性

　一方，同じ林種でもその森林構造を違えることによって，さらに多様なエコロジカルな森林環境を生み出し，かつ林間利用空間とすることもできる．これには，かつて15～20年周期で伐採更新されていた薪炭林の管理体系を復活させるのも一つの方法である（図 28.17，28.18）．森林をモザイク状の小林地に区分して，毎年または数年間

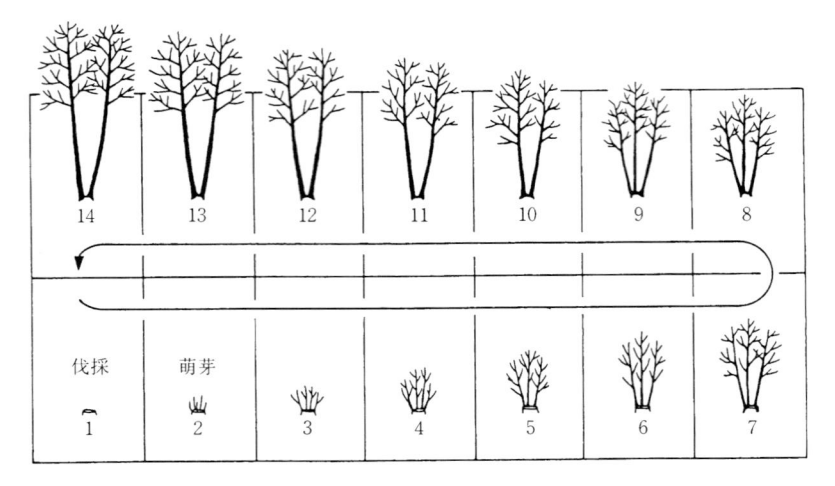

図 28.17 薪炭林における伐採と萌芽更新のサイクル（14年周期の場合）

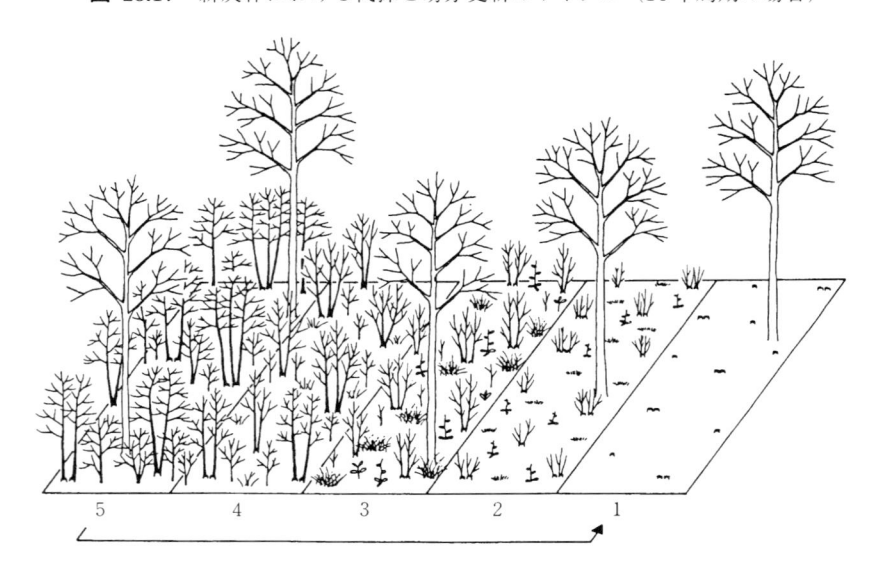

図 28.18 薪炭林における林床の刈り取りサイクル
（5年周期の場合）

隔で順番に伐採して循環させれば，伝統的な里山管理のシステムを動態保存しながら，市民や青少年に観察，体験させることができる．しかも伐採および下刈り後の経過時間の異なる，さまざまな再生段階の森林環境を用意することになるから，多様な野生動植物の生活環境を確保することにもなる．実際，イギリスの自然保護林や森林公園では，このような目的や形態で管理されているものが珍しくない．この方式を市民参加の炭焼き用の材料やシイタケ栽培用の榾木(ほだぎ)生産に連動させると，ますます体験型の森林利用の幅が広がることになる．

なお，刈り取りの頻度や季節，林内の光条件や土壌水分条件によって，再生する林

28.3 エコロジカルな里山環境の保全

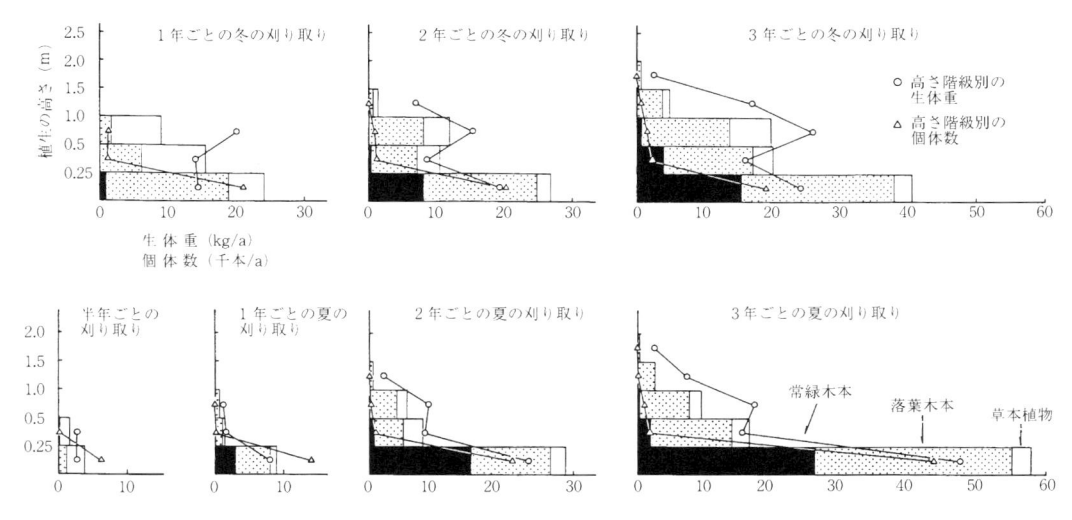

図 28.19 刈り取りの頻度と季節の違いが林床植生の再生に及ぼす影響

図 28.20 刈り取りの頻度と季節の違いが林床植生の再生に及ぼす影響

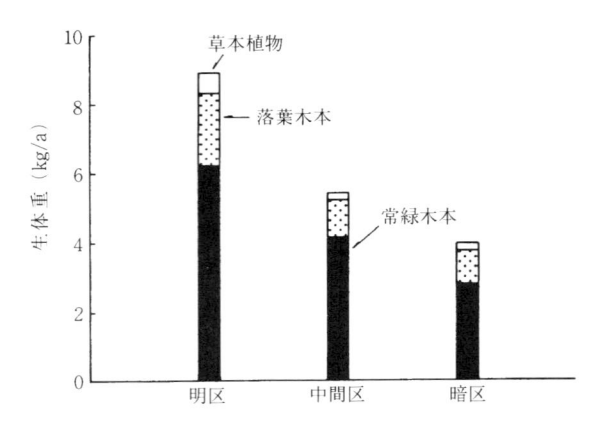

図 28.21　光条件の違いが刈り取り後の林床植生の再生に及ぼす影響

図 28.22　ブナの植林地で景観的・生物的役割を果たす老大木

図 28.23　種の多様性を回復するため一部で伝統的な営林方式が再開されたイギリスの自然保護区

床植生の種組成や群落高は異なるから(図28.19〜28.21),これらを考慮しながら,目的とする林間利用のタイプや,目標とする生物環境の要求［たとえばフクロウ類やタカ類のエサ場(狩り場)には,飛行空間とエサの繁殖が不可欠だから,低木類が密生するのは不適当］に対応した林床管理も必要である.

一方,壮大な大樹や老齢樹は,森林の景観に魅力と変化を与え,また種々の野生鳥獣の誘致や営巣にも効果があるから,薪炭林とは別途にこのような壮齢林あるいは老齢林の林分も確保したいものである(図28.22).また,10〜20年サイクルで伐採更新される若い薪炭林のところどころにこのような大樹を点在させると,景観的にも野生生物の生息のためにもきわめて質の高い空間となる(図28.23).イギリスでは,建築用材の生産と薪炭材の生産を併存させるこの伝統的な営林手法が,野生生物の種の多様性の復元と市民のアメニティ利用との両面から再評価され,再び取り入れられだしている(Buckley, 1992).

(3) 人工林における多様性の回復

スギ,ヒノキの人工林におけるエコロジカルな環境回復は,現状の「モヤシ化」による風・雪害や裸地化による土壌侵食を考慮すれば,将来にわたる生産性保持のうえでも必要である.まず,尾根部や急傾斜地で土壌水分条件の悪い場所は,漸次に伐採や強間伐を施してもとの自然林に戻し,水源涵養林や養分補給林とするのが望ましい.

比較的土壌条件が良好であれば,30年生未満の林分では線状間伐や群状間伐を施して,立地に適合した広葉樹種の苗木を植栽し,針・広混交林に誘導する.この場合,とくに落葉広葉樹種だと,その生長に一定以上の林内光量を要求する.さらに一度間伐しても,残された樹木の枝張りの展開によって林内光量はしだいに減衰するから,追加の間伐が必要となる.一方,30年生以上の林分では除間伐や択伐収穫によって林内光量を確保し,林床植生の成立をはかるとともに,広葉樹苗木の植え付けを行い,

図28.24 担い手不足のため間伐管理が行き届かず林床が裸地化したヒノキ植林地

図 28.25 適切な間伐によって林床植生を成立させ，生産的役割とともに土壌保全や野生動物との共生をも両立させたヒノキ林

針・広混交林，または広葉樹林に誘導する．なお，スギ，ヒノキといえども，伐期に達した段階ですべてを伐採収穫するのではなく，営巣木や景観木として，ところどころに保存することが望まれる．

28.4　市民参加による里山の保全管理

戦後の工業化と高度経済成長に伴い，地方農山村から都市域への人口集中が生じ，まず，都市近郊の田園地帯で市街化が進んだ．それと前後して生産的役割を喪失した里山では，その植生が二次的な自然度も低いものとしか評価されなかったため，さらなる開発適地として，次々と宅地造成やゴルフ場開発などが進行したのである．こうして，かつての都市と農山村の人口配分は逆転し，大多数の人々が自然から隔離され

図 28.26　市民参加による里山管理の作業風景

た都市に居住するようになった．緑の乏しい砂漠的な都心から，快適な生活環境を求めて郊外に人々が移り住んでも，身近な里山の雑木林や谷津田がさらに開発によって姿を消していくとき，当然のように市民による里山の保護運動が起こり，しだいに盛んになるのである．

やがて，このような里山保護運動は，市民みずからがその管理にもかかわる活動に発展していくが，それは単なる開発反対や保護だけでは，管理の担い手を失った里山の自然は守れないことが認識されだしたからである．先進的な自治体では，従来は開発者および開発許可者として敵対関係にあった行政とも連携して，市民が公有地や地元農家の里山の管理に主体的に参加する活動も展開されだしている．それだけ里山が有する多面的な社会的価値が注目されるようになったわけである．

地球環境時代を迎えた今日，環境に配慮したライフスタイルの普及や，余暇社会，

表 28.2 作業後の感想のアンケート結果（総数 69 人，間伐を除く）

I．今日の柴刈りの楽しさ，しんどさはいかがでしたか．
　①楽しくて，あまりしんどいとか，つらいとは思わなかった．… 30 (43.5%)
　②楽しかったけれども，同時にしんどいなとも思った．………… 38 (55.1)
　③楽しさよりも，しんどさに閉口した．…………………………… 0 (0.0)
　④その他（　　　　　　　　　　）…………………………………… 1 (1.4)

II．今後もこのような機会があれば参加しますか．（複数の回答可）
　①今後も柴刈りに参加したい．………………………………… 45
　②草刈りのような，もっと軽い作業なら参加する．………… 1
　③柴刈りも含め，里山での色々な作業に参加したい．……… 55
　　（草刈り・間伐・山道の補修・炭焼き・薪割りなど）
　④次からは，知人や友人も誘って参加したい．……………… 18
　⑤子供や孫にも経験させたいので，同伴したい．…………… 17
　⑥もう，次からは参加したくない．…………………………… 0
　⑦その他（　　　　　　　　　　）…………………………… 2

表 28.3 里山管理に参加した市民の年齢構成と1人当たり平均作業率

	密生低木下刈り		選択的下刈り		間 伐	
	人 数	作業率	人 数	作業率	人 数	作業率
高校生	0(0)人	— m²	8(3)人	13.4 m²	0(0)人	— 本
18～30歳	10(2)	29.5	10(5)	14.2	5(3)	5.3
31～45歳	11(4)	31.9	7(3)	29.0	12(3)	7.0
46～60歳	11(2)	29.2	8(3)	24.4	8(2)	6.7
61歳以上	3(0)	35.5	2(1)	26.8	3(1)	4.9
合計・平均	35(8)	31.5	35(15)	21.6	28(9)	6.0

注　募集対象は囲い枠内のみ．高校生の不参加は試験のため．
　　刈り取った枝の束ね作業，間伐は伐倒後の1m間隔の切断作業などを含む．

高齢化社会に対応した健康づくりや生きがい，新たなコミュニティづくりが必要である．このようなとき市民参加による里山の保全・管理活動は，体験を通して自然認識をはぐくみ，参加の喜びや充実感，また価値観の共有をはかるうえで大きな効果があることが内外の活動事例から明らかとなっている（表28.2参照）．身近な里山を入門道場に，そこでの自然とのふれあいを通じて，国土保全や遺伝資源の保全，持続的な木材生産などの，森林に対する社会的認識の啓発が進むことも期待されるのである．

ところで，このような市民活動を運営していくには，それを支える財政支援が不可欠であり，資金，情報，里山，人材の確保や提供について，イギリスの全国的な環境保全ボランティアトラストであるBTCV (British Trust for Conservation Volunteers) のような，市民，行政，企業のパートナーシップによる組織・運営システムの形成が望まれる（BTCV, 1989）． ［重松敏則］

文　献

1) Buckley, G. P. (1992): Ecology and Management of Coppice Woodlands, pp. 3-27, Chapman & Hall.
2) BTCV (1989): Protecting the Environment 1959-1989, pp. 1-16, BTCV.
3) 千葉徳爾 (1973)：はげ山の文化，pp. 75-182, 学生社.
4) 守山　弘 (1988)：自然を守るとはどういうことか，農山漁村文化協会.

29. 自然保護教育

　自然保護についての教育は，社会教育においての自然保護団体や学校での理科教育を中心に行われてきた．その果たしてきた地道で目立たない努力が現在の自然保護教育に関する土台を築いてきたことはいうまでもない．また，そのような意図的，組織的な教育が限られた少数を相手になされてきたことと比して，テレビをはじめとするマスメディアで流される自然番組や情報がもたらしているより多くの一般の人々への教育効果は近年とくに大きい．人々は目と心を環境問題の悪化という不安や，過情報化社会の緊張の中で回帰的に自然へと向けている．

　自然が大切であるということに異議を唱える人は少ない．熱帯雨林が伐採される話を聞けば心が痛み，サンゴの海が汚れていることに不安を感じる人々は確実にふえてきている．しかし，現実の自然との直接的なかかわりを通して体験的に自然を知ること，またはわれわれの生活世界がどうかかわっているかについて体験的に学ぶ機会は決して多くない．われわれの日々の生活や自然保護の行動に，そのような不安や痛みをどのように結びつけていくかという点についての教育がなされていかねばならない．

29.1　公害教育，自然保護教育，環境教育の歴史

　1960（昭和35）年，高度経済成長の象徴であった四日市コンビナートで大気汚染が発生した．これを隠蔽しようとする権力作用，全国に次々と顕在化してくる公害問題に対して，学校現場では，公害教育という名前でさまざまな形で実践がなされてきた．それが公害の直接的加害者であった企業のみならず，国や行政の責任が問われ裁判が継続していた中での教育であったために，市民運動の側面とおのずから抵触していった．

　1960年には同和対策審議会設置法が公布されている．生存権をめぐる教育運動は，公害のみならず人権教育という名前でくくられる，被差別部落，在日外国人，先住民，「障害」者，女性などのマイノリティの解放をめざす運動と同じ地平での教育運動であったために，教育行政と対決的な面も有していた．

　尾瀬ヶ原の自然保護をきっかけに1951（昭和26）年にすでに成立していた日本自然保護協会は，政府，衆参両議院に対して1957年，自然保護教育に対する要望を出し，

そこでは理科や社会のみならず，国語科や道徳教育の面でもひろく自然保護教育をとりあげるべきことを強調している．しかし，背景としての生存権獲得の運動の流れの中で，現在のように公教育に受け入れられていくのには時間がかかることになる．そこで自然保護教育の舞台は，在野での教育にその中心が据えられ，市民運動としての自然観察会などをその教育の場としながら行われてきた．

1964（昭和39）年，文部省や教育委員会の指導，助成を受けた東京都小中学校公害対策研究会が発足．1967年，公害基本法が成立するとそれは全国組織に拡大していく．1970年に入って国会で公害が集中的に取り扱われるようになり，1971年には小中学校指導要領の一部改定によって社会科で公式に公害教育が始まる．一方，同和教育においては，四大裁判は1972年イタイイタイ病の原告全面勝訴以降，画期的な判決が次々に出される追い風の中で，公害教育や同和教育をはじめとする人権教育が学校現場で市民権をもち始めてくる．

自然保護教育では日本生物教育学会が「自然保護教育に関する要望書」を文部省に出す．1973年「自然環境保全法」，1974年「自然保護憲章」が制定され，その中に自然保護教育の重要性が指摘される．

1972（昭和47）年には国連人間環境会議．1975年にはベオグラード憲章が出され，新たな教育領域を表す言葉として「環境教育」が使われ始める．産業型公害のみならず，生活型公害へと公害認識が拡大していき，地球規模の視野での問題としてとらえられるようになったことから，従来の公害教育，自然保護教育を包含するよりひろい視野でのつながりの教育領域としてとらえる必要性から日本でも環境教育という言葉が使われるようになる．1974年，東京で環境教育に関する国際会議が開かれ，1975年には小中学校公害対策研究会が全国小中学校環境教育研究会に名前を変えている．

1960年代後半に北米で起こったエコロジー運動は，自然保護から公害問題，マイノリティの問題と広い視野からの相互関連的な問題であるというとらえ方をした運動であった．日本では厳しい現実の生存権を賭けた訴訟問題から始まったために，公害教育，自然保護教育，環境教育という領域枠が設定されたが，これら三つの領域はすでに述べてきたように人権問題に対する異議申し立て運動全体の文脈の中でやはり相互関連的な教育領域である．

1980（昭和55）年代は公害教育から環境教育への転換がさらに進んだ時期であった．1981年に国立教育研究所が外国の事例報告として『環境教育の研究』を出すと，自然保護協会では1984年，青柳昌宏が「（自然保護教育は）その国の自然観を自覚したうえで，その長所を助長し，短所を変えていこうとする教育で，自然科学をそのまま教育することではない．自然界に関する科学が生態学であるとするならば，生態学をそのまま教育するものでもない」とし，「別の国の自然観に基礎を置いた環境教育カリキュラムを直輸入して，適応版的に使えるものでもない」ので「自然教育とも環境教育とも呼ばず，自然保護教育と呼び続けている」とその教育領域を再び定義づけている

（青柳, 1984）. そして, この教育の現状については 1983 年に柴田敏隆が, 学校現場での現状がかなり悲観的で, やはり自然保護教育はいまだ在野中心であることを述べている（柴田, 1983）.

このように 1970 年代に学校でかなり盛んに取り組まれた公害教育やその他の人権教育に対して, 自然保護教育は学校現場では十分には定着しなかった.

29.2　自然保護教育のとらえ直し

学校に自然保護教育がなぜ広がらなかったのかの問題を教師の資質や制度に求めるのは容易である. しかし, 自然保護教育として考えてきた方法論にも問題がなかったかを考えてみることも必要である.

原因の一つに, 在野での自然観察会が, 日本自然保護協会などの意図に反して自然観察＝自然の科学的理解というステレオタイプを普及させてしまったために, フィールドでの知識をもつ人間しかできないと思われるようになったことが考えられる. そこへ先生がフィールドに出て自然の知識を知らない自分を生徒にさらすのを極端に嫌う教育の姿勢がある. 生態学を教えることだけが自然保護教育ではないし, 生態学の知識がなくても自然保護教育にはさまざまなアプローチが考えられる. 自然保護教育を, 従来のような自然科学の側面のみからではなく, より広い視野から実践で示していかねばならない.

現在の小中学校の教育書をみると, 理科や社会の生態学や環境問題に関する単元だけでなく, 英語やとくに国語の教材には自然保護に関する教材が数多く載せられており, 実際にその教材に費やす時間はかなり大きい. 都道府県の中には兵庫県のように, 4 泊 5 日の長期滞在型の自然教室を文部省の支援を受けて全県の小学校, 中学校で実施している例もある. つまり, 1957 年に自然保護協会が要望を出した, すべての学校教育の場面を通じて自然保護教育を行うチャンスは, 現在ではずいぶん実現しつつあると考えられる.

そこでわれわれは, 自然保護教育のあり方を今までよりもより広義に解釈し, さまざまなアプローチから自然保護に迫らなければならないと考える.

a. 生活と自然がつながる教育

1988（昭和 63）年『環境白書』以来, 国内の公害問題は終わり, これからは地球環境問題だと自治体や NGO（非政府組織）までもイベントや国際交流にシフトしている状況を宮本憲一は憂い, 何ら完全に解決しているわけではない公害問題など, 足元の具体的な問題に目を向けなければ地球環境は変わらないことを警告している（宮本, 1995）.

環境問題は複雑に相互作用的なつながりのある問題なのだが, それを解きほぐすた

めに一つ一つのローカルな状況をとらえていくことからしかそれはみえてこない．在野で行われてきた自然保護教育は，つねに現実の自然の中に身を置いて，そこから体験的に考える教育であった．また，地域の小さな自然を守るために全国各地の人たちが起こした自然保護運動の戦略的な手段としても使われてきた．この意味で地域のリアリティをつねに失わない教育であったといえる．

　嘉田由紀子は琵琶湖をめぐる水環境の研究を通して，自然保護か地域経済優先かという二極分化し地域生活者の対立と混乱をまねいた自然保護主義を批判的にとらえ，その地域の自然事象や環境を彼らの日常社会の中で文化の構造とのかかわりのプロセスでとらえる「生活環境主義」を主張している（嘉田，1995）．たとえばホタルという自然も，きれいな川が地域での生活との結びつきの中で維持されてきたというきわめて選択された価値の中で「存在」するもので，だからそこにホタルが生きているわけである．しかし川が地域の生活の構造から離れていくと，汚されても自分自身とのつながりでは感じられなくなっていく．ホタルの存在はよくいわれるような自然度のものさしではなく，人間と川との生活世界でのつながりの指標ととらえられる．

　この生活と自然とのつながりを取り戻す教育が自然保護教育の一つのキーとなっている．具体的には市民参加で昆虫や花などの指標生物を探すことから，地域をよく観察し，それを通して広範囲の住民ネットワークを築いていく滋賀県のホタルダスの取り組み，環境庁のエコクラブの原型である市内の学校を巻き込んで展開した西宮市のアースウォッチングクラブ，市民参加の里山管理，これらはすべて自然を知るということにとどまらず，地域に直接体験的なかかわりをもつことでトポフェリア（場所愛）をはぐくみ，地域の自然保護の主体者を育てていく「生活環境主義」的な自然保護教育の手段である．

　1970年代にアメリカで生まれた生命地域主義（bioregionalism）では「私たちの生活の場である地域を，『多様な生物の共生的な相互関係が維持性を保証する一つのまとまりを持つシステム』として捉え，それぞれの土地をよく観察し，その持続性を損ねないために，自然の多様性を地域社会の経済や文化の多様性に反映させていく地域社会の実現にむけた運動である」（Berg，1995）．従来自然保護の戦略的に用いてきた自然観察も，今後このような地域づくりの展望をもった文脈の中に位置づけられていく必要がある．

b．感性と織りなしていく教育——アクティビティ「ナイトハイク」の紹介

　筆者の属する財団法人キープ協会環境教育事業部では専従の指導者のもと，さまざまな自然体験環境教育プログラムを実施している．その中の夜の人気プログラムの一つが「ナイトハイク」だ．夜の森にそっと入り，自然からのさまざまなメッセージを目で，耳で，肌で，感性で感じる約2時間．静かな静かな森の時間に身を置きそっとゆだねる．さて，どんなふうにナイトハイクは始まるのだろう．たとえばある大人た

29.2 自然保護教育のとらえ直し

ちのグループを対象にしたナイトハイクはこんなふうに始まる．

「夜の森は生き物のかたまりです．この時間に活動している動物たちもたくさんいます．人間もかつては森の住人の一部でしたが，いまではすっかり森とはごぶさたです．これから彼らの世界にそっとおじゃましましょう．なにせこんなに大きな哺乳動物が十数頭も群で動くのですから森にとっては一大事です．彼らを驚かさないように，怖がらせないようにそっと歩きましょう．お喋りはなしです．あっ，懐中電灯は使いません．懐中電灯を使えば照らしたところ以外は真っ暗になって何も見えません．大丈夫です．目はじきに慣れますから．それでは私についてきてください．静かにね…」．10～15人をつれて森の中にゆっくりと入る．15分ぐらい歩いて森の中の下草の少ない開けた場所についたら「さあ，ここで30分くらい一人になってみましょう．隣の人の息づかいが気にならないくらい離れて，自分の好きな場所を見つけてください．お渡ししたシートを下に敷いて，寝転がっても座っても好きな格好でいてください．ゆったりとした気分で身体全体で夜の森を感じてください．一つだけ厳重注意です！　決して眠らないでくださいネ」．

30分ぐらいたったら全員を呼び人数確認．その場で輪になり腰を下ろしてどんな出会いがあったかを分かち合う．「風の通り道を見つけた」，「葉っぱの陰影がよく見えた」，「風が向こうからだんだんやってくるのがわかった」，「星を見て，なぜ自分はあの星の方に落っこちていかないのか不思議に思った」．詩人のような感想が次々に出てくる．ひととおり感想を分かち合ったら，またそっと森から帰る道を進む．これで約2時間．キャンプファイアで大騒ぎするでもなく，肝だめしで夜の闇に脅えるでもなく，静かに感性を開いて地球の生き物の一員としてのヒトの存在を身体で感じる．わかる．

(紹介終り)

自然保護の教育の中で生態学的な知識やものの見方が大切であることはいうまでもない．それだけではなく，人間との相互関連性の中でとらえなければ自然保護につながらないことをつけ加えた．

次に，このような自然・社会科学的のものの見方だけではなく，主観的な感性の領域と織りなしていく教育のあり方を考えてみる．

「感性の教育」が自然保護のベースにあり，その土台の上に「科学的知識」があり，その知識によって「自然保護の行為」がなされるといった円錐形の3層構造システムが説明的に使われてきた．しかし，このもっともらしい理論が現実の微細な場面の自然保護運動と切り離されたものであることは，自然保護運動を実際にやってきたものならば気づいているはずである．自然に対する感性がどのようなものであれ，自分との利害だけでも自然保護運動は起こる．日曜日はゴルフに明けくれるような，ふだんは自然保護にまったく無関心な人であっても，自分の利害（たとえば住宅の前の森が伐採され公共施設が建つこと）に関しては熱心に取り組む．河川改修，溜池の埋め立て，鎮守の森を対象に，具体的に日本中の各地で小さな自然を守る組織があるが，そ

の人々がすべて生態学の知見の上に立って運動をしているわけではない．しかし，たとえ個人的利害から始めた運動であっても，この運動を通して自然観察会を開くうちに生態学的な知識をもつようになってくる．（この森にはこのような自然が残っているから保守の必要性がある．）また，今まで風景としての自然から観察という行為によってその自然に感動する場面を経験し，新たな感性が開かれていく．つまり，行為から知識が積み重ねられ，その知識によって自然への感性が開かれていくということも成立するのだ．

これは大人に限ったことではなく，子どもたちの教育についても同じことがいえる．幼いうちは感性を育てる教育で，その次が知識で，最後に行動を，という考え方をすると，学校の自然教室でも小学校のうちは草花遊びやネイチャーゲームのアクティビティさえしておけばそれで十分だということになってしまう．

ネイティブアメリカンの子どもの話『リトルトリー』（Carter, 1991）で老人が少年トリーを狩りに連れていく場面がある．老人はタカがウズラを捕獲することを観察させ，タカやピューマが決していちばん元気なものを襲わないこと，必要なだけしか獲らないことを話す．そして6羽の七面鳥を生け捕りにしたあとでこういった．「…わしらには3羽で足りるなあ，おまえ自分でえらんでごらん」．トリーが小さいのを3羽選んで，あとを放してやると老人は上機嫌となる．トリーはこう回想する．「ぼくはこの時間がいつまでもつづくことをどんなに願っただろう．というのもぼくが祖父を得意な気持ちにさせていることに気づいたからだ．ぼくはおきてを学びとったのだ」．

この話の中にも生態的知識とそれを保護する行為と自然や人間に対する感性が織りなされていることに気づく．別にアメリカの事例を出さなくても，昔はわが国において「しつけ」として家庭教育や地域の教育の中で当たり前に行われてきた教育というものは本来そうであった．

生態学的な知識をもつことが，自然保護教育で最も大切であると自然観察会を開いてきた．それが最近ではもっと感性を大切にしなければいけないといわれると，それがブームになる．そのような移り変わりに対して「アカデミック（？）」な自然観察派は冷ややかなまなざしを向けている．Rachel L. Carson は自然の科学的な知識やその探究心と感性を結びつけることで，環境問題の展望を拓く必要性を示唆している．宮沢賢治は科学的な知識の枠の奥に宇宙を越えて広がっていく感性を表現するとともに，生活と感性，科学を結びつけたあり方を示している．

それは自然と人間，知識と感性を分けて考える教育から，ホリスティック（包括的）なとらえ方を大切にしていく教育への移行を意味している．そこでは感性，知識，行動を積み上げるのではなく，どのように織りなしていくかを問う必要がある．

c．人々をつなぐ教育

花鳥風月を楽しむ人々，つまり生花，茶，俳句などといった趣味で自然と深く接し

29.2 自然保護教育のとらえ直し

ているはずの人々にどれほど自然保護の意識があるか疑問である．登山，オートキャンプ，マウンテンバイク，カヌーとさまざまなアウトドアスポーツで自然を楽しむ人々のマナーの悪さには閉口する場面をよく見る．同様に植物や鳥を観察する同好の人々なら自然を大切にしていく行動と結びついているはずだが，実際にはそうではないことも多い．しかし両者ともそのほとんどは環境問題や自然保護の意識の一歩手前にいる人々であることは間違いない．そしてその数は自然保護運動に実際にかかわっている人々の比ではない．ある俳句の同人誌の編集者がこのようにいった．「せっかく自然と接していながら，会員のみなさんの目が俳句の技巧にしか目が向かないのは残念だ」．入口にいるのに入らない．自然に対する感性は開かれているのに，行動としても意識としても自然保護や環境問題に結びつかない人々が多い．その原因にはやはり自然保護＝科学的な見方が，われわれとは違うというカテゴリーの中にはめてしまっているところにある．

最近は環境教育の方法として，俳句が自然への感性を開くための教育の手段としてよく実施されるようになった．書や生花もとりあげられている．それらの専門の先生に自分のやっていることが，環境問題への「気づき」の大事な部分を担っているという自覚をもってもらうことが，自然保護教育の裾野を拡大していくうえで重要である．

1993（平成5）年，環境庁の肝煎りで実施された奄美大島への初のエコロジーツアーでは，全国の小中学生たちが亜熱帯の森や海での自然観察，自然から感じた世界を表現する宝物箱をつくるアート，そしてその自然とよい関係で暮らしてきた老人たちと過ごす時間をもった．観光旅行にもこのようなオルタナティブな（もう一つの…）遊び方の提案がふえつつある．1994年，山口県で行われた自然公園大会においては，秋吉台の自然（山焼きによって維持されている二次植生）の将来を考える，つまり人と自然の関係についてをテーマにしたエコロジーキャンプが実施された．自然公園の自然も人間とのかかわりの中で考えなければならないという，これも自然公園大会としてはもう一つの提案であった．

1995年に某自動車会社が主催した数千人規模のオートキャンプ大会では，R. L. Carsonを主題にしたスライド，アメリカの国立公園での楽しみ方についてのトークショー，ナイトハイク，俳句などのプログラムが行われた．アウトドアスポーツの今までの彼らの楽しみ方とは少し違う視点からの楽しみ方を体験することを通じて，主催者は入口にいる人々を一歩中に踏み込ませる努力をした．いつもは槍玉にあがる自動車産業の企業の中にも，危機感をもって努力をしている人々がいる．

このようにさまざまな機会と場所をとらえて，その場のニーズやレディネスに応じた教育を行っていかなければならない．そのための要点を川島憲志（1993）は三つのE（イイ＝良い）こととして，楽しく（entertaining mind）行うこと，自然にやさしくつながりのある視点をもつこと（ecological mind），しかもそれは教育的に（educational mind）つくり上げられていくことが必要であると述べている．

裾野が広がりにくい原因がもう一つ考えられる．自然保護運動が先に述べてきたように他の人権運動の抱えている問題と同様に，政党などが絡んだ運動団体としての行動が多かったため，ほかにも思想的に共有する部分を多くもたないといけないとか，その運動に参加することで政治的（党派的）なラベリングされることからの敬遠が考えられる．1995年に再開されたフランスの核実験に対して，多くの国民がその自然破壊に対して心を痛めたにもかかわらず，その市民の行動は小さかった．本当に直接的な利害がなければ声を出さない．自立した個人が自分の立場で意見をいうこと，行動することが求められている．最近よくいわれる地球市民とは，世界の状況を鳥瞰して語ることではなく，自分の生活世界に視座を置き地球全体を見通しながら行動できることだと思う．教育においては，目の前にある人と自然のリアリティを大切にし，あらゆる角度で向き合うこと．それに加えて，そこで考えたこと感じたことを言葉で表現し合うこと．意見の違いをクリティカル（批判的）に話し合うこと．そしてそこから合意を形成していくこと．このような技術や態度，価値観の獲得も，自然保護の主体を育てていく自然保護教育としては大切にしていかねばならない．このような市民の育成こそ，環境問題や自然保護の世界的な合意の場（世界的な人々のつながり）に参加していくことと深く結びついている．

29.3　場と指導者

　現在までの自然保護教育がおもに在野で行われてきたことはすでにみてきた．専門性をもった自然保護教育を行う専門の職員を抱えた団体の数はかぞえるほどしかなく，職業としてのインタープリター（自然解説指導者）もきわめて少ない．ここでいうインタープリターとは，花の名前が解説できる人ではなく，今まで述べてきたように，さまざまな角度から自然と人間のかかわりについての教育活動が行われるような技術をもった人材のことである．自然公園などのビジターセンターは自然保護教育の拠点として重要な位置を占めるが，残念ながら学校を退職した理科の先生や，場合によっては自然を人々に伝えることとはまったくかかわりのない自治体の事務職員が配置されている例があまりにも多い．またアマチュアがボランティアで行うインタープリテーションに依存してきたところにも限界がある．これはこの領域の教育についての独自性や専門性に対する自治体などの認識の低さにある．しかし，そのような供給状況に対し，学校の修学旅行，林間学校，自然教室などの宿泊型プログラムでは，自然教育プログラムの実施希望が多く，専門的指導に困って民間の自然学校などの施設を利用する例がふえ始めている．キープ協会のキャンプ場だけで1995年度は20以上の小中学校が訪れて教育プログラムを実施した．富士山麓のホールアース自然学校というやはり在野の自然教育施設にはさばききれないほどの学校数が訪れる．専門職員が配置され質的に保証された教育プログラムを実施することができる民間の施設や組

織に集中しているのが現状である．

　既存の公的施設でも最近はプログラム開発に努力しているが，問題はこのようなプログラム自体よりも指導者の不足にある（野外レクリエーションの指導者はたくさんいるのだが…）．この分野の独自性，専門性を認めて，指導者を養成していく制度が早急に必要とされている．

　教育の場の問題は，従来の野外教育施設は現在行われているようなプログラムを実施するような配慮をなされていないために，施設は立派でも自然環境がその教育に適するように管理されていない場合が多いところにある．これはわれわれが全国各地の野外教育関連の施設で仕事をするときに最も頭を痛める問題である．

　美しい園芸植物が植栽された芝生の広場，手入れされていないために一歩も踏み込むことができない二次林．おまけに「自然には手を触れないこと」が約束に書かれていたりする．外的な施設の美観にばかりとらわれず，植生についても設計段階からそこで実施するこれからの教育内容に合わせて検討しなければならない．

　場の問題にはもう一つ，子どもたちが育っていくために必要な地域社会における自然環境の整備がある．これは指導者のいない，子どもたちがみずから自然の中で学び合う教育の場である．近年，都市における自然復元の試みが盛んに行われるようになっている．そのような中で東京大田区にあるくさっぱら公園の取り組みがおもしろい．子どもたちの目線で「かかわれる自然」としてのくさっぱらの復権である（下中・川嶋，1995）．いくら町に多様な自然，美しい景観が復元されても，そこの自然にかかわることができなければ，教育の場とはなりえない．しかし，現実の問題としては，そこでけがをしたときの責任問題が横たわっている．だから柵ができ，大人の管理者がいないと遊べない状況が生まれる．都市部の自治体では溜池への柵の設置やそこで遊ぶ子どもに注意する義務を定めた条例が当たり前のようにあるが，海にすべて柵を義務づけるような条例はないはずだ．実はあぶないかどうかが問われているのではなく，そのコミュニティの質や人々の倫理観が問題となっているのである．個人の私有地のくさっぱらで遊んでいてけがをするとその持ち主の責任が問われる．だから柵をせざるをえない．町の自然にはコミュニティをどうつくるかという人間環境の問題の方が大きい．何もつくるものがないからくさっぱらであったはずが，何もつくるものがないことをつくらなければならない時代となってしまっている．

29.4　共育へ——ワークショップでの学び合い

　熱帯雨林の破壊の原因を顧みればわれわれの大量消費型の生活に結びついていく．木材の買い付けをする商社ばかりを責めるわけにはいかない．その需要を支えるわれわれの生活と相互関係の中にあると，環境教育はとらえてきた．環境教育とは自然保護をするということと，自分のライフスタイルを変えるということが結びつく教育で

ある.しかし実際に何を取捨選択するかという価値観を伴う教育の正解は存在しない.このような答のはっきりしない教育は学校教育では最も苦手である.違う価値観の人々と焦点化された問題について具体的に話し合う,または何かの作業することを通じてより生産的な価値を創造していく教育が求められている.教師が教える側に位置し続ける現在の教育のあり方はこのような創造活動には向かない.1990年代も半ばを過ぎ,共に育て合う共育への期待が高まっている.たとえばわれわれが山梨県清里で実施してきたエコロジーキャンプというワークショップ(ともに学び合う学習の場)もその一つの実験的な方法である.環境問題に限らずさまざまな分野でワークショップという学びの方法が注目されている.われわれは自然保護教育が大切にしてきた野外での体験を大切にし,どのように多面的なアプローチで価値観を創造する教育ができるのか,実践を通じて探していかねばならないと考える.［高田　研・川嶋　直］

文　献

1) 青柳昌宏 (1984)：自然観察とは.自然観察ハンドブック (日本自然保護協会編)，思索社.
2) Berg, P. (1986)：Growing A Life Politics, Raise the Stakes (No. 11, Summer), Planet Drum Foundation. 井上有一訳 (1995)：ピーターバーグとバイオリージョナリズム，グローバル環境文化研究所.
3) Carter, F. (1976)：The Education of Little Tree, ニューメキシコ大学出版局. 和田穹男訳 (1991)：リトルトリー，めるくまーる.
4) 嘉田由紀子 (1995)：生活世界の環境学，農山漁村文化協会.
5) 環境庁企画調整局企画調整課環境保全活動推進室監修，環境学習のための人づくり・場づくり編集委員会編 (1995)：環境学習のための人づくり・場づくり，ぎょうせい.
6) 川島憲志 (1993)：新しいインタープリテーション技術の開発とプログラム開発.自然解説指導者養成テキスト，pp. 169-170，国立公園協会.
7) 宮本憲一 (1995)：足元から地球環境を考える.環境社会学研究 1，pp. 90-95，新曜社.
8) 沼田　眞 (1994)：自然保護という思想，岩波書店.
9) 柴田敏隆 (1983)：もっと自然保護の教育を.生態学をめぐる28章 (沼田　眞編)，pp. 10-21，共立出版.
10) 下中菜穂・川嶋　直 (1995)：くさっぱら公園.環境学習のための人づくり・場づくり，pp. 158-162.
11) 正司　光・宮本憲一 (1975)：日本の公害，岩波書店.
12) 鈴木善次 (1994)：人間環境教育論，創元社.

30. 博物館における環境教育

　近年，人間の経済・生産活動はますます活発となり，それに伴いわれわれの生活は豊かになり，以前は夢や物語でしか考えられなかった快適な生活が，先進工業国では実現している．これら先進工業国の快適な生活のために地球的規模でエネルギーや資源開発，食糧増産，それに伴う自然改変が行われている．また，以前はエネルギーや資源の枯渇は遠い未来のことと考えられ，エネルギーや資源の大量消費の結果起こる自然環境への影響を深く考えることはなかった．近年，化石エネルギーや資源の枯渇が遠い未来ではないことや，地球規模での自然破壊や環境汚染が指摘され，地球の環境に対してもその限界が認識され始めた．

　このような自然破壊や環境問題は一国や一地域の問題ではなく，地球全体の問題であるとの認識がひろくなされるようになった．しかし，地球規模や多くの国々にまたがる環境問題である地球温暖化，オゾン層の破壊，酸性雨，海洋汚染，農地の砂漠化，熱帯雨林の破壊，水質汚濁などの問題は改善されず年を経るごとにより深刻化している．これら環境問題は，以前のように一部の工場や地域のみが原因ではなく，われわれのふつうの生活に深くかかわったところに原因がある．そのため一国の法律による規制で解決できるものではなく，国際的な取り決めが必要であるとともに，われわれの生活システムそのものを「自然と共存した」，「地球環境にやさしい」方法に変えていかなければ，環境問題は人類の生存にかかわる状況となるであろう．

　環境教育は，地球環境をはじめとしてわれわれの生活している環境の現状と変化を認識し，われわれの生活システム，すなわち生き方を，「より環境にやさしい」ものにするための考え方や実践の方法を教育するとともに，自分自身で考え行動することのできる人材を養成するためのものである．すなわち，環境教育はわれわれ人類が地球上でどう生きていくかをわれわれ自身に問うためのものといえる．

　しかし，実際に各個人が環境問題に対し行動を起こすには技術的・心理的抵抗が大きいと多くの人々が感じている．また，これら環境問題解決のための環境教育の重要性が述べられ，その目標や対象，方向性が指摘されているにもかかわらず，わが国においてはその歩は決して速いとはいえないのが現実である．

　しかし，このような教育はわが国の教育の場ではあまり類例がなく，まして博物館の活動にはなかった分野である．そのため，わが国で環境教育を実際に行っている博物館は非常に少ないのが現状である．しかし，環境教育は生涯教育のテーマとして最も重要

であるばかりでなく，生涯教育施設としての博物館にとってふさわしい分野といえよう．ここでは，環境教育に取り組んでいる博物館の例を含め環境教育について述べる．

30.1 環境教育の博物館への歩み

1972年6月にスウェーデンのストックホルムで世界114か国の代表が参加して「国連人間環境会議」が開催され，当時急速に悪化しつつあった先進工業国の公害をはじめ地球環境について討議された．この会議では，先進工業国の関心は環境汚染による環境悪化への対処，開発途上国を中心とした爆発的な人口増加への対処，有限な資源の枯渇をどのように防ぐかなど，今日でもきわめて重要な問題が討議された．しかし，開発途上国からは貧困そのものが環境問題であるとの認識が示され，これから工業化を進めるにあたり規制となることを決められたくないとの意見が出され，北の先進工業国への不信も加わり議論がかみ合わなかった．その結果いわゆる「南北問題」の議論となってしまい，当初の目標であった成果が得られなかった．この状況は今日まで続く解決されていない重要な課題である．

しかし，この会議で環境についての教育の重要性が指摘され，とりわけ若い世代に対する教育の重要性が示された．このような考えを反映し，1975年10月に旧ユーゴスラビアの首都ベオグラードで今日ベオグラード会議とよばれている「国連環境教育のワークショップ」が開催された．これはユネスコが指名した60か国の「環境教育」の専門家によるワークショップ形式の会議で，今日「ベオグラード憲章」とよばれている環境教育のフレームワークが策定された．この中で環境に関する行動目標は「人間と自然，人間と人間との関係を含めて，すべての生態学的関係を改善すること」とされ，環境教育の目標は「環境とそれにかかわる問題に気づき，関心を持つとともに，問題の解決や新しい問題の発生を未然に防止するための知識，技能，態度，意欲，遂行力などを身につけた人々を育てることにある」とされ，環境教育の目標を「関心，知識，態度，技能，評価能力，参加」の6項目に分けて述べている．この目標はわが国の文部省の環境教育指導者資料にもとりあげられ，環境教育を行うにあたってのキーワードとなっている．この会議は，今日振り返ってみると，環境教育のフレームを決定したきわめて重要な会議であった．

この国連環境教育のワークショップの討議を受け1976年と1977年に，アジア，アフリカ，アラブ，ラテンアメリカ・カリブ，ヨーロッパ・北米の5地域の環境教育地域専門家会議がユネスコと国連環境計画の共催で開催された．アジア地域の会議は1977年11月にタイのバンコクで19か国の専門家が参加して開催された．その討議により，「環境教育は特定の教科の一つとしてとりあげられるべきではなく，既存のすべての教科の中にとりいれられるべきである」，「環境教育は学校教育においてだけではなく，すべての人が環境を自分のものとして，改善に積極的にあたることができるよ

うにするためのものである」との認識が示された．この環境教育は独立した教科とすべきではないとの結論は，その後の環境教育の方向性を示すこととなった．この結論は学校現場などで環境教育を取り組みやすくしたが，同時に多くの混乱と無関心を引き起こすこととともなった．

1992年にブラジルのリオデジャネイロで開催された「環境と開発に関する国連会議」では「リオ宣言」とともに21世紀に向けての行動指針として「アジェンダ21」が策定された．この中で性別，年齢，職業，地域を越えて環境に対する教育の重要性が述べられている．このように環境教育は，学校ばかりだけではなく生涯教育の場でも行うことが強く求められている．このことは幼児から青少年，壮年，老人まですべての世代に対して環境教育を行うことの重要性を示している．そこで生涯教育として環境教育を行ううえでの中核的施設として博物館，とくに，自然誌博物館の重要性が浮かび上がってくる．すなわち，社会の第一線で活躍している社会人を対象とした環境教育は生涯教育の最も重要な課題であるといえよう．

30.2　博物館での環境教育の展開

近年，環境教育の重要性が認識され，わが国でも新設される県立博物館レベルの自然誌や総合博物館では，環境に関する展示を企画の段階から考えるところも多くなっている．これらの博物館では単に環境に関する展示を行うばかりではなく，博物館の設置されている公園やその周辺の自然をも含め，環境教育の場となるように当初より心がけている．すなわち，展示室での環境に関する展示に，野外での自然観察などを加えることにより，より効果的な環境教育の場へと心がけている．これまで多くの博物館，とくに自然誌博物館では教育普及活動として講座や自然観察会を開催している．しかし，それらの多くは多分に趣味的なものとなっている傾向もみられる．参加者は講座，自然観察会のそれぞれのテーマに興味をもち，真摯な態度で真に生涯教育の場として自己研さんのため参加する者も多数いるが，テーマに関係なく講座，自然観察会に参加する者も多いのが現状で，一部の参加者には目的をもって教育を受け，自己研さんをする教育の場という視点が希薄の場合もみられる．これは博物館の側にもいえることである．これまでは，社会人をおもな対象として行う講座，自然観察会では，このような状態は決して満足いくものではないにしても，日々忙しい社会人を対象として行うため致し方ないと考えられてきた．

博物館における環境教育についても明瞭な目標，方向性を示さなければならない．この目標を各博物館のもつ特性に関連づけたカリキュラムを組んで行えば，従来のカリキュラムにしばられて環境教育のように新しい分野を加えることの難しい学校教育より多様性に富む講座の運営が期待される．さらに経験に富み社会的に行動可能な人材に直接教育を行えるという，まことにすばらしい場が博物館の講座に出現すること

になる．このことは博物館が環境教育を通して積極的に社会にかかわりをもち，なおかつ，発言できる手段を手に入れたといえよう．

しかし，現実には博物館で環境教育を行おうとすると多くの困難があることも事実である．まず，環境教育の基本となる学際があまりにも広く，環境教育そのものが行われるようになって歴史が浅いため，指導者を育成するシステムが確立されていない．そのため，社会人に対し環境教育を行える高度の知識を有する人材が非常に少ないのが現状である．この点は大学などでも同様である．また，教科書をはじめとする教材の整備ができておらず，長期的なカリキュラムの例も少なく，講座などを主催する学芸員，研究員の努力に負うことが多いのが現状である．

博物館，とくに自然誌博物館ではその性質上，分類学や生態学を専門とする学芸員，研究員が多いと思われる．しかし，これら分類学や生態学の知識のみで環境教育を行うことは困難であると思われる．そのため学芸員，研究員の意識改革がまず必要となるであろう．すなわち，それぞれの専門知識をもとにひろく環境にかかわる学芸的な知見を学ばなければ，実社会を経験している社会人を対象とした生涯教育の一環としての環境教育の指導者となることは困難であろう．

30.3 博物館での環境教育の特徴

博物館における環境教育は展示，講座，観察会を組み合わせて行うと最も効果的である．ここでは展示，講座，観察会それぞれでの環境教育の実施について説明する．

a．展示室の環境教育への活用

環境教育を行うに際しつねに問題となることは，どのような教材を用いて効果的に説明するかという点にある．もし環境をテーマとした展示室や環境を説明できる展示室（自然・歴史・民族展示室などでもよい）や展示物があるなら，それらの展示室な

図 30.1 展示室を用いての環境教育

図 30.2 展示室を用いての環境教育講座参加者による事例づくり

どを環境教育のための教室として活用することは最も効果的である．すなわち，展示室は環境概論の説明をするために，展示の中小項目を用いて特定の環境問題を説明するための教材として活用できる．これは初めて環境についての全般的な知識を得ようとする人々にとってきわめて有効である．また，地域的，歴史的に広がるいろいろな環境の事例を学術的に裏づけのある展示として一堂に見られることは，博物館の展示室ならではの大きな特徴といえよう．

しかし，展示物などを見るだけでは環境教育の教材としての意図を十分に理解することは困難である．そこで学芸員，研究員や解説員による積極的な環境教育としての解説が必要とされる．

b．博物館での環境教育講座

質のよい展示は多くの来館者に感銘を与え，教育効果も大きいものがあり，またその館のシンボルとなり，その企画，制作に携わった学芸員，研究員の学術的能力の高さを示すことにもなる．しかし，環境のようにつねに変化するテーマは，展示室が完成したときから，時代に取り残されていく運命にある．そのため，講座の開催などの教育普及活動での補足が必要となる．そのため博物館での環境教育の場として講座の開催がとくに重要となる．これら講座も年数回の開催では十分な効果を上げることは困難であろう．そのため，月に1回程度の割で開設されることが望ましい．

また，講座を開催するに際しては少なくとも1年間のカリキュラムを組んで行うことが望ましく，それも，単年度だけではなく長期にわたり行わなければほんとうの意味での生涯教育として定着させることは難しいといえる．その点，博物館の講座は，学校のように厳密なカリキュラムがあるわけではないので自由にカリキュラムを組むことができ，それぞれの博物館の専門性を生かし，自然科学ばかりではなく社会科学，人文科学などの知見をもとに多様性に富んだ環境教育を実施することができれば，社会人にとっても魅力ある環境教育の場とすることができよう．また，講座の解説にあ

図 30.3 研修室での環境教育

たってはプリントなど教材を作成し，スライドなどを多用して行えば教育的効果をより上げることができる．

また，参加対象を環境関係のリーダー，教員として実施すれば，講座終了後にそこで学んだ知識をもとに各地で参加者が環境教育を展開すればより効果的である．そのためには環境教育のリーダーとして必要な環境教育プログラムの展開方法，事例づくりなどの手法を含めた教育が必要となる．

c．自然観察会での環境教育

環境教育の目標は，よりよい環境を実現するために行動できる人材の養成にある．そのため展示室や研修室での知識の蓄積も重要であるが，室内で学んだことが実際の環境の中でどのようになっているかを観察，体験することは，その後の行動を行うためにはきわめて重要である．野外での自然観察は博物館，とくに自然誌博物館では得意とするところで，そのための人材も豊富である．しかし，環境教育としての自然観察は単に自然の仕組みを理解するための観察会とは目的が異なる．自然の仕組みを観察するのに加えて，それらがわれわれの生活とどのように「かかわってきたか」，「かかわっているか」，「かかわっていくべきか」という点を明瞭にして行わなければ環境教育として意味の薄いものとなる．そのため，われわれにとって重要な環境や環境問題の起きている現場での冷静な観察は，身近な環境をより深く理解，体験するために重要である．

30.4　博物館における環境教育の実施

博物館においての環境教育については，これまで前例が少ないため実施にあたってはいくつかの留意する点が考えられる．また，博物館での生涯教育としての環境教育は多くの利点が考えられる．ここでは実施にあたっての問題などについてその要約を

図 30.4　東京湾の干潟での環境教育としての自然観察会

図 30.5　谷津田の水源での環境教育としての自然観察会

記述する．

a．博物館で環境教育講座を実施するにあたっての留意点

①博物館などの生涯教育施設で環境教育を実施するにあたっては，おもしろくなければならない．講座などがつまらないと参加者が減少し，講座そのものを維持できなくなる．

②環境教育のための講座を行うにあたってつねに，その講座が地球環境や地域の環境などとどうかかわっているかを明確に説明することが重要である．

③できるかぎりプリントなど資料を作成し，それに基づいて講座を進めることも重要である．後日，このプリントが復習の教材となる．

④短い講座の時間を有効に使うため，説明にはスライドなどを多用し，少しでもわかりやすく説明する必要がある．

⑤カリキュラム作成にあたっては，研修室などでの座学に，グループワーク手法などによるプログラムの展開や事例づくりなどを加えて参加者自身が考えるようなテーマを行うことも必要である．

b．博物館での環境教育の利点

①博物館の講座は厳密なカリキュラムに基づいて行われていないため，環境教育のような新しい領域の学問にも容易に対応できる．

②広い学際にまたがる知識を要する環境教育は，博物館のようにいろいろな分野の学芸員，研究者がいるところの方が各自の専門性を生かして行える．

③問題意識をもった者が講座に参加するため講座運営が容易である．

c．博物館での環境教育の困難な点

①講座の実施は社会人が対象のため高い頻度では開催できない．

②参加者の基礎的知識の差が大きい．そのため同じ講座での運営，とくにグループワーク手法などを行おうとすると困難なことが多い．

③開催に間隔をおいた講座では，環境教育のための広い分野をカバーするには長期間を要する．

d．博物館での講座実施にあたっての問題点の克服

①夏休みなどの集中講座の実施．夏休みは2〜3日のまとまった時間のとれる時期である．この時期に特定のテーマ，外来講師による講座などを実施すれば毎月の講座ではできないテーマの講座を開催できる．

②限られた講座の回数を克服するために，他の機関などで行われる環境教育の講座，活動との連携は有効である．

③他の機関,市町村で実施する関連行事,活動の情報の提供は情報を得る機会の少ない社会人には重要である.

これらの点を留意して行う博物館での環境教育は,生涯教育の一環として意義のあるものとなり,社会における博物館の地位を高め,真に博物館が生涯教育の中心的施設となることができよう.

おわりに

近年,わが国では大型の博物館の開館が相次いでおり,環境をテーマとしてとりあげる博物館もふえている.また,生涯教育の場として博物館の役割がますます重要視されている.しかし,わが国の博物館は展示中心の考えからなかなか脱しできずにいるのが現状である.これからの博物館は従来の考えに加えて環境をはじめとする情報などについてももっと重要視する必要がある.とくに自然誌博物館の環境教育の場としての役割はますます重要となるであろう.そのためにも多くの博物館で環境教育の実施が望まれる.

［堀江義一］

文　献

1) 国立教育会館社会教育研修所編(1994):環境教育のすすめ方,国立教育会館.
2) 佐島群巳(1992):環境問題と環境教育,国土社.
3) 佐島群巳・中山和彦(1993):世界の環境教育,国土社.

31. 環 境 倫 理

31.1 環境倫理学の制度化

　1960年代末からの環境危機の影響で，哲学，倫理学もその余波を受けつつあった．ケネス・ボールディングやバックミンスター・フラーが使った「宇宙船地球号」という認識がひろく知られるようになり，また，ローマ・クラブのレポート『成長の限界』（メドウズ）が1972年に出され，地球規模での倫理の必要性がいわれていた．V. R. ポッターは，1971年に『バイオエシックス——未来への架け橋』で，人類が生き残るための科学を提唱していた．また，後述するように，動物解放論，自然物の当事者適格，ディープエコロジーといった3種類の人間非中心主義的な思想が1972〜73年の短期間に，独立な形で主張されていた．

　そのような中で，とくに英米圏を中心に環境にかかわる倫理学的，哲学的な蓄積が急速にみられるようになった．「環境倫理学」は学問として制度化していった．1979年には『環境倫理学』(*Environmental Ethics*) という環境倫理学の国際的な学術雑誌が創刊され，近年では，環境倫理学のリーディングス，アンソロジー（Brennan, 1995 ; Elliot, 1995 ; List, 1993 ; 小原ら, 1995 ; Pojman, 1994 ; シュレーダー=フレチェット, 1981 ; Zimmerman, 1993）が枚挙に暇がないほど編まれている．

31.2 人間中心主義を越えて

　その欧米の環境倫理学思想の中心的潮流においては，人間と自然との関係にかかわる哲学・倫理学的考察が，人間と自然との二分法の中で議論されてきた．そして，人間中心主義（anthropocentrism）を脱して，生命中心主義（biocentrism）や生態系中心主義（ecocentrism）などの，人間非中心主義に向かおうとするのが，環境倫理学思想の一般的な傾向であった．その傾向の中で，人間以外の動植物や，自然物に関する価値の問題や，権利主体としての問題などが議論されてきた．

　環境問題をどのようにしてとらえるべきかという暗黙の枠組みである，「保全」(conservation) か「保存」(preservation) かという図式もそのことと深く関係している．「保全」とは，「…にそなえた節約」，つまり，将来の消費にそなえた天然資源の節約のように，最終的には人間のために自然環境を保全しようということを意味している．

それに対して、「保存」とは「…からの保護」、つまり生物の種や原野を損傷なり破壊なりの危険から保護することを意味している。つまり、人間中心主義から人間非中心主義への流れは、この「保全」から「保存」への思想的転換を意味していた。

この思想的転換は、自然の価値論の議論とも相応している。自然の価値を、人間中心的な観点のものから、人間非中心的なものに転換させるための根拠づけが議論された。人間が利用することができるからそこに価値があるという、人間中心主義的な、いわゆる「使用価値」(instrumental values) という観点から自然の価値をとらえるあり方から、人間が利用するということから離れても、畏敬や驚嘆の対象として、自然には内在的に何らかの価値があるのではないかという「内在的価値」(inherent values) の考え方、さらに、精神的なものも含めた形での功利主義的な価値を越えて、人間以外の生物も、あるいは無生物も含めてその間の平等関係の中でさまざまな関係性をもって存在している中に、人間とは無関係な形で存在するような「本質的価値」(intrinsic value) の考え方を根拠づけようと大きく転換していった。

たとえば、「美」や「ウィルダネス」(wilderness) という価値が、内在的価値や本質的価値の典型である。この本質的な価値としての自然の価値論をどのように根拠づけるのかは、人間非中心的な環境倫理学においては重要な問題であり、現在でも議論が続いている。

このような人間非中心主義への思想的転換は、環境思想史的には、1972~73 年に提唱された三つの思想の出現に典型的に現れている。すなわち、オーストラリアのピーター・シンガーの「動物の解放」(animal liberation)（シンガー、1973；1985）、アメリカのクリストファー・ストーンの「自然物の当事者適格」に基づく「自然の権利」の主張（ストーン、1972；山村・関根、1996）、ノルウェーのアルネ・ネスのディープエコロジー (Naess, 1973；ネス、1987；Devall and Sessions, 1985；Dregson and Inoue, 1995) の三つの思想である。それぞれの思想は別々の思想史的起源をもちながら、いずれも人間中心主義からの脱却を大きく主張した。そして、ロデリック・ナッシュが『自然の権利』(1989) で整理したように、倫理的な対象が、成人白人男性から、人種差別主義や性差別主義を脱して人間一般に拡大されてきた歴史を踏まえて、さらに人間以外の生物や自然物にも拡大させていこうという「倫理の進化」の主張が説かれた。

とくに、その中でも動物解放論は、権利主体を人間以外の動物や植物まで拡張できるかどうかという哲学的な問題を生み、それを根拠づけようという試みがさまざまな哲学的な立場から試みられてきた。しかし、近代哲学の枠組みすなわち主観-客観図式の中で、他から切り離された独立した原子論的な個と個の相互性に基づく形で、権利を根拠づけようとする試みは、おおむね非常に困難な議論を抱え込んでいる。

一方、1940 年代の早い時期に、森林管理の反省から「土地」(land) という生命圏共同体を重視した「ランドエシック」を提唱していたアメリカのアルド・レオポルドを継承している J. B. キャリコットは、動物解放論が基本的には近代の個人主義の根本原

理には触れていないことを批判している．彼は個体間の相互性ではなく，生態系全体の関係性を重視した，全体論的な環境倫理学を構築しようとしている（Callicott, 1988）．

このように，人間中心主義を脱却して，人間非中心主義に至るとしても，近代的な個人概念や権利概念に，ある程度則った形で，人間とまったく同等ではないにしても一定の権利を認めようという形をとる生命中心主義的なあり方と，近代個人概念や権利概念のような概念をも乗り越えて，全体論的に生命圏共同体それ自体を倫理の対象とする生態系中心主義の立場がありうるのである．

同時期に出現したネスに代表されるディープエコロジーの考え方は，関係論的アプローチにより近代的な個体概念を越えようとしている．生命体や人間を個々のばらばらなものとして考えるのではなく，相互に関連し，全体のフィールドに織り込まれた網の目の結び目としてとらえ，すべての生命体は，生態系の中で，自己開花し相互に関連していく本質的な価値をもっており，そのための普遍的な権利をもっていることを主張した．そこでは生態系平等主義と「自己実現」がキーワードである．「自己実現」は，自分が属する世界の全体と一体化し自己同化することによって，より大きな自己感覚を獲得することを意味しており，単なる瞑想者ではなく社会性と行動力をもった人間をめざすという意味で，実践的な思想を提起した．

その思想は，一方で，世界変革を精神的な側面に集約していく方向性をもち，精神世界の領域で展開していき，スピリチュアルエコロジーや，トランスパーソナルエコロジーの考え方を生んだ（フォックス，1990）．日本のディープエコロジーともいえる思想は，星川淳や鳥山敏子をはじめとして，このような精神性に強く傾倒している（星川，1990；鳥山，1985）．

その一方で，ネスの思想の中にあった，脱中心性と地域の自律性の部分を中心に展開したものとして，生命地域主義（bioregionalism）という運動がある．「生命地域」（bioregion）とは，政治的境界に区切られたものではなく，その土地の真の性格を表す自然の生物的・地質的特徴によって決定される領域のことを表している．生命地域主義とは，生命地域を理解し，そこにすみつくことを主張し，そのうえで，経済的・政治的自律性を実現しようとしている．つまり，われわれをとりまく生態系や，歴史的なわれわれの暮らしを十分に理解したうえで，経済的にそして政治的に自律的な制度，組織をつくりあげようとする考え方である．

31.3 環境的正義──環境倫理と社会理論

1980年代の頃までは，このような，ディープエコロジーも含めた欧米の環境倫理学思想においては，人間と自然とを単純な形で二分法でとらえて人間中心主義を脱していこうという方向が，自然破壊などの環境問題の根底にある人間社会の中におけるさ

まざまな矛盾——北の人たちによる南の人たち，とくに先住民の人たちに対するさまざまな形での資源的な収奪，差別，抑圧といった面や，家父長的なヒエラルキー的社会構造の中でのフェミニズムにかかわる問題——を不問のままにしてしまう傾向が強かった．そのため，当時からソーシャルエコロジーやエコフェミニズムの論者から大きな批判を受けていた（ブクチン，1989；メラー，1992）．環境倫理学思想を人間社会の問題も含めて，より深く展開していくためには，社会哲学やフェミニズム理論が不可欠であった．そのあたりの事情も含めて，環境思想全般にわたっては，マーチャント『ラディカル・エコロジー——生きられる世界を求めて』（1992）にコンパクトにまとめられている．

実際，1992年のリオデジャネイロでの地球サミットを契機にして，環境問題における南北問題が大きくクローズアップされ，また，先住民の文化だけでなく彼らの権利を守っていくことが環境問題の本質に大きくかかわっていることが明らかになってきた（シヴァ，1989；1993）．そのような中で，とくにアメリカ合衆国で，有色人種の人たちや先住民の人たちが環境的により過酷な状況におかれていることを，環境問題における人種差別主義（environmental racism）という観点からとらえ，問題にしてきた思想である「環境的正義」（environmental justice）が普遍的な問題として重要であると認識されるようになった（Bryant，1995；戸田，1994）．1997年10月にオーストラリアのメルボルンで，環境倫理の主要な論者が一堂に会する形で「環境的正義」に関する国際会議が開かれたことは象徴的である．

西洋における環境倫理学思想の中心的潮流は，おもに人間と自然との関係に集約されているが，世代間の正義を主題にした思想もあった．将来世代に対する責任，倫理的考察を行っている世代観倫理という考え方である．われわれが環境問題にかかわるさまざまな決定を行うときに，未来世代はその決定にかかわることができない．その未来世代に対しての倫理的な問題がシュレーダー=フレチェットを中心に検討されている（シュレーダー=フレチェット，1981）．

とくに，核廃棄物の問題は重要な対象である．この問題は，将来世代との関係の問題にとどまらず，先住民や国内外の「南」の人たちと「北」の人たちとの社会的公正の問題でもあり，時間的，歴史的だけでなく，空間的に離れた，遠隔地の人たちとの関係性や社会的公正もこの問題の射程に入っている．その意味で，人間-自然関係だけでなく，環境問題における社会的諸関係の問題は環境倫理学の大きな主題である．

地球規模の環境問題を考えたときに，国際社会あるいは地球全体の中で，国家などの全体と個人がどのような関係をもち，個人がその中でどのように行動するべきかは，たいへん重要な問題である．いわゆる地球全体主義的な考え方をどう取り扱うべきかは，環境倫理学の中でも本質的な問題に属する．ギャレット・ハーディン（1968）は，共有地（グローバルコモンズ）においては，私有地と違い，個人の自由に基づく利用は環境資源の枯渇に結びつくという「共有地の悲劇」を書き，さらに，環境資源を守

るために，発展途上国の人たちを先進国の救命艇に乗せずに，全体主義的な基準を厳しく適用しようとするエリート主義的な地球全体主義である「救命艇の倫理」を提唱した（ハーディン，1974）が，そのようなエリート主義的地球全体主義をとらないとしても，「宇宙船地球号」という，より多元主義的な考え方を導入するにせよ，何らかの地球全体主義をとるのか，あるいはそうではないやり方をめざすのかは議論すべき大きな論点である．リュック・フェリ（1992）はこの全体主義的傾向を批判し，民主的エコロジーを提唱している．

31.4 環境倫理の日本的展開

加藤尚武（1991；1993）は，このような環境倫理学の流れを，環境倫理学の三つの主張として，「自然の生存権の問題」，「世代間倫理の問題」，「地球全体主義」としてまとめ，とくに，最後の問題に関連して，リベラリズムを基礎にし，自己決定権を根幹とした生命倫理学と，個人の自由が何らかの形で制限されうることを主張しようとする環境倫理学は相矛盾すると主張している．

しかし，井上有一（1993；1995）が提起したように，環境倫理学思想（エコロジー思想）は，単に「環境持続性」だけでなく，「社会的公正」や「存在の豊かさ」もその重要な要素である．前述のように，最近の欧米の環境倫理学では「環境的正義」が大きな主題になっているし，またディープエコロジーの思想は，「自己実現」という用語に現れているように単なる環境持続性ではなく，各個体の存在の豊かさも射程に入れている．その意味で，生命倫理学がリベラリズムに基づく自己決定だけでなく，そこにかかわるそれぞれの人間の社会，文化，歴史をも射程に入れる必要があることを考えると，環境倫理学はむしろ生命倫理学とかなり重なる可能性もある．

森岡正博（1988）は，かつて，「生命圏倫理学」の可能性を提唱していたが，生命がもつ基本的な特性である「生命の欲望」を環境破壊の重要な原因であると見定めて，それを分析し，生命の根本的なあり方を検討する中から，生命倫理学と環境倫理学をともに含むような新しい枠組みの学際的な学問である「生命学」を提唱している（森岡，1994）．

一方，筆者は，人間中心主義と人間非中心主義を脱して，自然と人間との関係性を中心にした新しい環境倫理学の枠組みを提唱している．人間の生業など，自然との関係性の中での人間の営みに着目し，狭義の哲学の議論を越え，民俗学や文化人類学などの地域研究の成果に基づいた学際的な哲学的な探究の可能性を主張し，人間と自然の間の，経済的・社会的リンクと，文化的・宗教的リンクの二つのリンクをシステム論的に構成して，人間と自然とのかかわりの全体性と部分性を分析し，全体的なあり方を求める可能性を追求した，社会的リンク論を提起している（鬼頭，1996）．

全体を通して現段階での環境倫理学の課題を考えてみたときに，加藤尚武が分類し

表 31.1 環境倫理学における領域と要素

	人間-自然関係	人間-人間関係 (歴史性)	個-全体関係
環境持続性 environmental sustainability (環境)	自然の生存権の問題 生命中心主義 生態系中心主義 自然の権利 生命地域主義 生業論, 技術論 生命の欲望論	世代間倫理の問題 生命地域主義 風土論 所有論, 流通論	地球全体主義 救命艇の倫理 宇宙船地球号 共有地の悲劇 地方の自律 生命地域主義 共的所有論
社会的公正 social equity (社会的諸関係)	保護区・サンクチュアリ 環境的正義 非市場経済的流通論 生命の欲望論	世代間倫理 南北問題 エコフェミニズム 所有論, 流通論	全体主義による不平等 環境的正義 合意形成
存在の豊かさ ontological richness (人間的主観性)	動物の解放/権利 生命圏平等主義 自己実現 (ディープ・エコロジー) 生命地域主義 遊び・仕事論 生命の欲望論	世代間倫理 生命地域主義 風土論 所有論, 流通論	全体主義による自由の制限 生命地域主義 自己実現 共的所有論

た三つの主張を,「人間-自然関係」,「人間-人間関係(歴史性)」,「個-全体関係」の三つの領域として再定式化して考えることは意義深い.その三つの領域に加えて,井上有一が環境倫理の三つの要素として提起した「環境持続性」,「社会的公正」,「存在の豊かさ」[これは,おおむね,フェリックス・ガタリ (1989) が,三つのエコロジーとして提唱した,「環境」,「社会的諸関係」,「人間的主観性」に対応している]をマトリックスとして配置することにより,今までの環境倫理思想を整理することができ,今後のあり方を考察することができる(表 31.1 参照).

このマトリックスの中では,加藤尚武の三つの主張は,環境持続性にかかわる,三つの関係の領域を意味しているにすぎないことがわかる.また,今までの欧米の環境倫理学思想の中心的潮流は,人間非中心主義やディープエコロジー,環境的正義も含めて,主として人間-自然関係の中で議論されてきた.今後の課題としては,人間の生業などの営み,その技術のあり方,所有や流通のあり方を再検討することに加え,地域の歴史的観点に立って,「風土」や「文化」のあり方を,人間-自然関係のみならず,歴史的な人間-人間関係に広げて考察することにより,この表のマトリックスの全体にわたって議論をしていくことが求められている.さらに,その全体の中で,普遍的な原理がいかにして立てられるかということを希求しつつ探究していくことが必要であろう.その意味で,オギュスタン・ベルク (1990; 1996) が和辻哲郎 (1935) をもと

に展開している風土論は，環境倫理学の中でも重要な意味をもってくる．また，今道友信が『エコエティカ——生圏倫理学入門』(1990) の中で展開している「技術連関」概念は「技術論」の観点で本質的問題を提起している．

　この普遍性の問題は，とくに，個-全体関係にかかわってくる．つまり，地球全体主義と環境的正義をめぐる隘路を突破するためにも，この表全体を統一した形で探究することができる理論的枠組みが必要になってきている． 　　　　　　　[**鬼頭秀一**]

文　　献

1) ベルク，オギュスタン (1990, 邦訳 1994)：風土としての地球，筑摩書房.
2) ベルク，オギュスタン (1996)：地球と存在の哲学——環境倫理を越えて，筑摩書房 (ちくま新書).
3) ブクチン，マレイ (1989, 邦訳 1996)：エコロジーと社会，白水社.
4) Brennan, Andrew (1995): The Ethics of the Environment, Dartmouth.
5) Bryant, Bunyan (ed.) (1995): Environmental Justice: Issues, Policies, and Solutions, Island Press.
6) Callicott, J. Baird (1988): In Defense of the Land Ethic: Essays in Environmental Philosophy, State University of New York Press.
7) Coward, Harold (ed.) (1995): Population, Consumption, and the Environment: Religious and Secular Responses, State University of New York Press.
8) Devall, Bill and Sessions, George (1985): Deep Ecology: Living as if Nature Mattered, Gibbs Smith Pub.
9) ダイヤモンド，イレーヌ & オーレンシュタイン，G. F. (1990, 邦訳 1994)：世界を織りなおす——エコフェミニズムの開花，學藝書林.
10) Dregson, Alan and Inoue, Yuichi (eds.) (1995): The Deep Ecology Movement: An Introductory Anthology, North Atlantic Press.
11) Elliot, Robert (ed.) (1995): Environmental Ethics, Oxford University Press.
12) フェリ，リュック (1992, 邦訳 1994)：エコロジーの新秩序，法政大学出版局.
13) フォックス，ワーウィック (1990, 邦訳 1994)：トランスパーソナル・エコロジー——環境主義を超えて，平凡社.
14) ガタリ，フェリックス (1989, 邦訳 1991)：三つのエコロジー，大村書店.
15) ハーディン，ギャレット (1968)：共有地の悲劇 [ハーディン (1975)：地球に生きる倫理，所収].
16) ハーディン，ギャレット (1974)：救命艇の倫理 [ハーディン (1975)：地球に生きる倫理，所収].
17) ハーディン，ギャレット (1975)：地球に生きる倫理——宇宙船ビーグル号の旅から，佑学社.
18) 星川　淳 (1990)：地球生活——ガイア時代のライフ・パラダイム，徳間書店.
19) 今道友信 (1990)：エコエティカ——生圏倫理学入門，講談社 (講談社学術文庫).
20) 今村仁司 (1988)：仕事，弘文堂.
21) Inoue, Yuichi (1995): The Northern consumption issue after Rio and the role of religion and environmentalism [Coward (1995): Population, Consumption, and the Environment, 所収].
22) 井上有一 (1993)：地球市民意識と環境教育の社会性，環境教育，**2**-2.
23) 辛島司郎 (1994)：環境倫理の現在，世界書院.
24) 加藤尚武 (1991)：環境倫理のすすめ，丸善 (丸善ライブラリー).
25) 加藤尚武 (1993)：二十一世紀のエチカ——応用倫理学のすすめ，未来社.
26) 鬼頭秀一 (1996)：自然保護を問いなおす——環境倫理とネットワーク，筑摩書房 (ちくま新書).

27) 桑子敏雄 (1996): 気相の哲学, 新曜社.
28) レオポルド, アルド (1949, 邦訳 1986): 野性のうたが聞こえる. 森林書房 (講談社学術文庫).
29) List, Peter C. (1993): Radical Environmentalism: Philosophy and Tactics, Wadworth.
30) 間瀬啓允 (1991): エコフィロソフィ提唱——人間が生き延びるための哲学, 法藏館.
31) メドウズ, ドネラ H. (1972, 邦訳 1972): 成長の限界——ローマ・クラブ「人類の危機」レポート, ダイヤモンド社.
32) メラー, メアリー (1992, 邦訳 1993): 境界線を破る——エコ・フェミ社会主義に向かって, 新評論.
33) マーチャント, キャロリン (1992, 邦訳 1994): ラディカル・エコロジ——生きられる世界を求めて, 産業図書.
34) 森岡正博 (1988): 生命学への招待, 勁草書房.
35) 森岡正博 (1994): 生命観を問いなおす——エコロジーから脳死まで, 筑摩書房 (ちくま新書).
36) Naess, Arne (1973): The Shallow and the Deep, Long-Range Ecology Movement: A Summary, Inquiry, 16.
37) ネス, アルネ (1987, 邦訳 1997): ディープ・エコロジーとは何か——エコロジー・共同体・ライフスタイル, 文化書房博文社.
38) ナッシュ, ロデリック (1989, 邦訳 1993): 自然の権利——環境倫理の文明史, TBSブリタニカ.
39) 小原秀雄, 阿部 治, リチャード・エヴァノフ, 鬼頭秀一, 戸田 清, 森岡正博編 (1995): 環境思想の系譜 (全3巻), 東海大学出版会.
40) パスモア, ジョン (1974, 邦訳 1979): 自然に対する人間の責任, 岩波書店.
41) Pojman, Louis P. (1994): Environmental Ethics: Reading in Theory and Application, Jones and Barlett.
42) シヴァ, ヴァンダナ (1989, 邦訳 1994): 生きる歓び——イデオロギー批判としての近代科学批判, 築地書館.
43) シヴァ, ヴァンダナ (1993, 邦訳 1997): 生物多様性の危機——精神のモノカルチャー, 三一書房.
44) シュレーダー=フレチェット, K. S. 編 (1981, 邦訳 1993): 環境の倫理, 晃洋書房.
45) シンガー, ピーター (1973): 動物の解放 [シュレーダー=フレチェット (1981): 環境の倫理, 所収].
46) シンガー, ピーター編 (1985, 邦訳 1989): 動物の権利, 技術と人間.
47) ストーン, クリストファー (1972, 邦訳 1990): 樹木の当事者適格——自然物の法的権利について. 現代思想, 11月号.
48) 戸田 清 (1994): 環境的公正を求めて——環境破壊の構造とエリート主義, 新曜社.
49) 島山敏子 (1985): いのちに触れる——生と性と死の授業, 太郎次郎社.
50) トーカー, ブライアン (1987, 邦訳 1992): 緑のもう一つの道——現代アメリカのエコロジー運動, 筑摩書房.
51) 内山 節 (1988): 自然と人間の哲学, 岩波書店.
52) 上野千鶴子・綿貫礼子編 (1996): リプロダクティブ・ヘルスと環境——共に生きる世界へ, 工作社.
53) 和辻哲郎 (1935): 風土, 岩波書店 (岩波文庫).
54) ホワイト, リン (1967, 邦訳 1972): 現在の生態学的危機の歴史的根源, 機械と神, みすず書房.
55) 山村恒年・関根孝道編 (1996): 自然の権利, 信山社.
56) Zimmerman, Michael E. (ed.) (1993): Environmental Philosophy: From Animal Rights to Radical Ecology, Prentice-Hall.

32. エコツーリズム

　環境に与える影響を最小限に抑えながら自然にふれ，自然環境を研究，探勝する旅行形態を総称してエコツーリズム（ecotourism）とよぶ．中国語では「生態旅遊」と翻訳されているが，日本語では適切な訳が見あたらず，そのまま「エコツーリズム」とよんでいる．類義語としてサステイナブルツーリズム（sustainable tourism），エンバイロンメンタリーレスポンシブルツーリズム（environmentally responsible tourism），反対語としてマスツーリズム（mass tourism）などの言葉があるが，これらとの関係は以下文中で解説する．

32.1　エコツーリズムの背景

　自然環境に対する影響を抑えながら自然と親しむ旅行は，欧米では民間の自然保護団体（Hart, 1977）によって早くから行われてきたが，エコツーリズムが国際的な環境問題を解決するための経済的手法として注目されたのは，1990年代に入ってからである．国際自然保護連合（IUCN）は，世界の国立公園や自然保護関係者を集めた世界国立公園保護地域会議を10年ごとに開催している．第3回は，1982年にインドネシアのバリ島で開催され，10年間で世界の陸地面積の5％を保護地域にする目標が採択された．この目標は数字上は達成されたが，膨大な対外債務を抱える開発途上国は，保護地域に十分な予算と人員を確保することができず，違法な密猟や伐採に対する監視の目も行き届かない．そこで自然保護債務スワップやエコツーリズムが，自然保護地域の資金調達機構として考案された．自然保護債務スワップは，先進国の自然保護団体が，開発途上国の対外債務を買い取り，その国に外貨による債務返済を求めるかわりに，国内通貨による自然保護基金の設立を求める方法で，とくに中南米の国々で熱帯林を含む自然保護地域を維持するために活用された．エコツーリズムも同様の目的で，国立公園の入場料や地元ガイドの雇用などを通じた，保護地域の自己資金調達機構として，重要視されるようになった（日本自然保護協会，1993）．1992年にはベネズエラのカラカスで，第4回の世界国立公園保護地域会議が開催され，エコツーリズムが，開発途上国における生物多様性保全の方策として注目された．また1993年には，第1回東アジア国立公園保護地域会議が北京で開催され，初めてアジアの言葉によるエコツーリズムの定義がつくられ，1995年には，第1回東アジアエコツーリズムワー

クショップが台北で開かれた．

一方で，観光サイドからも，環境に配慮した観光のあり方に関する見直しの動きが出た．国際観光機構（WTO）と国連環境計画（UNEP）は，1983年に「観光と環境に関する共同宣言」に署名し，1992年にはIUCNの協力を得て『ガイドライン——観光を目的とした国立公園と保護地域の開発』を出版した（WTO and UNEP, 1992）．また，日本でも，1993年に（社）日本旅行業協会が「地球にやさしい旅人宣言」を発表し，環境庁が「自然ふれあい体験活動推進事業」として，国内外のエコツーリズムに関する調査研究を開始している．

32.2　エコツーリズムの定義とガイドライン

このような背景のもとに，各国でさまざまなエコツーリズムの試みが始まった．しかし，エコツーリズムと名づけてはいるものの，従来のネイチャーツーリズムと何ら変わらないものや，エコツーリズムの趣旨に反するものが出てきたため，自然保護サイドからも旅行業サイドからも，エコツーリズムの定義とガイドラインが求められるようになってきた．

a．エコツーリズムの定義

エコツーリズムの定義として，さまざまな提案がなされた．その一例をあげる．

①エコツーリズムとは，比較的攪乱されていない自然地域をベースとし，その場所を劣化させることなく，生態的にも持続可能な観光（P. Valentine）（日本自然保護協会，1994 a）．

②比較的荒らされていない自然地域で，景色や野生植物や動物を観察し研究し楽しむ，あるいはその地域の過去および現在の文化的特色をみる特別な観光（C. Rascurain, 1992）（日本自然保護協会，1994 b）．

③環境に配慮した旅行の推進，または旅行者が生態系や地方文化に対する著しい悪影響を及ぼすことなく自然および文化地域を訪れ，理解し，鑑賞し，楽しむことができるよう施設および環境教育を提供すること（第1回東アジア国立公園保護地域会議，1993）（日本自然保護協会，1994 b）．

④旅行者が，生態系や地域文化に悪影響を及ぼすことなく，自然地域を理解し，鑑賞し，楽しむことができるよう，環境に配慮した施設および環境教育が提供され，地域の自然と文化の保護，地域経済に貢献することを目的とした旅行形態（日本自然保護協会，1994 b）．

このようなエコツーリズムの定義を分析すると，共通する事項が三つある．それは，①自然と文化への悪影響を避ける旅行であること，②自然と文化を学ぶ旅行であること，③自然と文化の保護に貢献すること，の三つである．日本自然保護協会が1994年

に発表した「NACS-Jエコツーリズムガイドライン」では，①，②のような条件を満たした旅行を「エコツアー」，それがくり返して行われることによって生まれる，③のような自然と文化の保護に貢献する社会的な仕組みを「エコツーリズム」とよび分けている．

日本でも，1992年前後から，エコツアーと名づけた旅行がふえてきた．その内容をみると，①バードウォッチング，ホエールウォッチング，フラワートレッキングなどを盛り込んだ自然観察旅行，②国立公園やナショナルトラストなど自然保護の先進地を見学したり環境会議などに参加する研修旅行，③修学旅行先でごみ拾いなどの環境保全活動をする環境学習旅行，④ユネスコの世界遺産基金や自然保護団体などに対する寄付を盛り込んだ寄付金付き旅行など，さまざまな形態の旅行がエコツアーとよばれている．広義にとらえれば，このような旅行はすべてエコツアーとよぶことができるが，その場合でも，自然を冒険の場として利用するだけで自然から学ぶ姿勢がないもの，自然や野生動物に対する影響に配慮のないもの，旅行者に対する教育啓発が伴わず寄付金のみを付したものなどはエコツアーという概念からははずれるであろう．

なお，類義語として「サステイナブルツーリズム」がある．「エコツーリズム」が前述のような条件を満たした特別な旅行形態であるのに対して，現在ひろく行われている大量輸送，大量宿泊の「マスツーリズム」も環境への影響を配慮すべきであるという主張が，旅行業サイドからも生まれ，「サステイナブルツーリズム」や「エンバイロンメンタリーレスポンシブルツーリズム」などの言葉が用いられるようになったものである．

b．エコツーリズムのガイドライン

これらのエコツアーが，単発的に行われているうちは，自然や文化に対する負の影響を排除しただけにとどまるが，エコツアーが継続して行われ，それに伴って国立公園の教育システムなどが整い，その利益が自然保護や地元経済に還元される仕組みが確立されたとき，これをエコツーリズムとよぶことができる．

したがって，エコツーリズムを確立するには，単に旅行者や旅行会社が環境に配慮した旅行を企画するだけでなく，旅行ガイド，宿泊施設，国立公園などの受け入れ施設など，エコツーリズムが成立する社会的な条件整備が必要である．そのため，さまざまな団体が，旅行者，旅行会社，旅行ガイド，宿泊施設，国立公園などに対する，エコツーリズムガイドラインの作成を試みている．

国際旅行協会地球環境基金の「自然文化を求める旅行者のための倫理規定」，日本旅行業協会の「地球にやさしい旅人宣言」，第三世界旅行協会の「旅行者のための倫理規定」，サファリワールド協会の「エコツーリズム宣言」，米国オーデュボン協会の「環境に責任を持った旅行倫理」などは，おもに旅行者に対するガイドライン（ツーリストコード）を示したものである．南極条約の勧告18-1「観光旅行および非政府活動」

は，南極を訪れる旅行者，旅行を企画する団体，加盟国政府に対するガイドラインである．また，WTOとUNEPの「ガイドライン——観光を目的とした国立公園と保護地域の開発」は，旅行者を受け入れる保護地域の管理者に向けたガイドラインである（日本自然保護協会，1994b）．

日本自然保護協会が，1994年に発表した「NACS-Jエコツーリズムガイドライン」は，旅行者，旅行会社・添乗員，宿泊施設，保護地域，それぞれに10項目前後のガイドラインと自己診断リストを提供している．エコツーリズムは，これらのすべてのセクターの協力によって，初めて成立しうるからである．

32.3　エコツーリズム——今後の課題

エコツーリズムは，すでに日本への紹介の段階を過ぎ，実践の段階に入っている．

今後のエコツーリズムの課題を，①旅行業界による新しい旅行分野の確立，②地元の人々による自然保護と地域振興の両立，③行政による保護地域の保護と利用，の三つの側面から考えてみたい．

a. 旅行業界による新しい旅行分野の確立

エコツアーが，自然と文化の保護を目的としているとはいえ，旅行業界が企画する以上，採算に合わないものは，継続して行われることは難しい．しかし，定員を20人以下にして，地元の自然と文化に詳しいガイドをつけるなどのガイドラインに従えば，必然的に旅行代金は高いものとなる．アフリカや中南米では，このようなハイコストのエコツアーに，欧米の豊かな年金生活者が参加することで，エコツアー専門の業界が成立している．しかしながら，日本では大量輸送，大量宿泊によってローコストを実現するマスツーリズムが主流であり，旅行会社としても，あちこち名所旧跡をめぐるのではなく，ゆっくりと自然を楽しむような企画を立てても，どれだけ集客できるか自信がないというのが現実であろう．日本でこの旅行分野を成立させうるかは，今後の旅行業界の課題である．

b. 地元の人々による自然保護と地域振興の両立

一方，自然に恵まれた地域では，地域振興という面から，エコツーリズムに期待をかけている．

一例をあげれば，北海道襟裳岬のゼニガタアザラシウォッチングツアーは，1987年から，ゼニガタアザラシ研究グループと地元の観光協会の協力によって行われている．当初，アザラシは定置網のサケを食べる害獣として漁師に嫌われていたが，ツアーの中にアザラシ観察だけでなく，漁師との対話の機会をつくることにより少しずつ理解が進み，現在では，米国のモントレー水族館などの視察によって，自然保護と地域振

興の両立の道が模索されている．

このように，地元の人々自身が地域の自然や文化をよく知り，みずから誇れるようでなければ，エコツーリズムは成功しない．そのためには，自然を開発の妨げとみるのではなく，都会では望んでも得られない資源とみる発想の転換と，地域の自然や文化のよさを客観的に評価できる人（研究者など）のアドバイスが必要となろう．

エコツーリズムに類似した言葉として，エコミュージアム（ecomuseum）がある．これはフランスの自然公園や都市近郊において，地域の自然や文化を保存し，教育やレクリエーションに資するものだが，ここでは観光客向けの展示や演技ではなく，地域の人々自身がその自然と文化を理解することに重点がおかれている．地域の人々が中心となったエコツーリズムでは，このような視点が重要となるだろう．

c．行政による保護地域の保護と利用

自然公園などの保護地域においては，自然保護を優先する地域を定め，その地域の収容力を科学的に判断し，最大入れ込み数を設定して，過剰な利用にならないようコントロールすべきである．自動車に関しても，上高地や尾瀬でマイカー規制が行われ効果を上げているが，登山者に関しても，屋久島の縄文杉などのように，一部分が過剰利用となっている地域では，桂離宮で行われているような予約制も必要となるかもしれない．ニュージーランドのミルフォードトラックでは，54kmのコースに200人のガイドつきの入山者しか許可しないという方法で，自然の美と静寂を保っている．

教育やレクリエーションなどの利用が適切である地域では，テニスやゴルフなどのように保護地域で行う必然性のないレクリエーションではなく，自然観察，バードウォッチングなどのように自然へのインパクトが小さな利用を勧めるべきである．同じスキーでも，ゲレンデスキーは自然に対するインパクトが大きく，クロスカントリースキーは比較的小さいといえる．

環境庁は1995（平成7）年度から公共事業予算による自然公園整備が行えるようになった．そのため自然公園の施設整備（ハードウェア）は飛躍的に発展すると思われるが，調査研究に基づく自然情報の提供，自然解説プログラムを通じた環境教育などのソフトウェアこそ，自然公園におけるエコツーリズムに不可欠である．それには，自然調査，展示作成，自然解説などを行うインタープリターの養成が必要であり，その育成と施設への配慮に十分な予算が確保されるべきである． ［吉田正人］

文　献

1) Hart, J. (1977): Walking Softly in the Wilderness, Sierra Club Guide to Backpacking. 細野平四郎訳（1980）：これからのバックパッキング——シエラクラブからローインパクト法の提案，森林書房．
2) 日本自然保護協会（1993）：生物多様性条約資料集，日本自然保護協会．

3) 日本自然保護協会（1994 a）：世界遺産条約資料集 3，日本自然保護協会．
4) 日本自然保護協会（1994 b）：NACS-J エコツーリズムガイドライン，日本自然保護協会．
5) WTO and UNEP (1992): Guidelines: Development of National Parks and Protected Areas for Tourism, WTO/UNEP.

33. 花粉分析と自然保護

　古生態学の視点からみれば，植生は変化し続けており，現在もその途上にある．われわれが現在みている植生が，歴史的にどのような変遷をたどってきたのかを知ることは，現在の植生を理解し，将来を考えるうえで基本的に重要である．自然保護とのかかわりでいえば，現在の植生が広域的で長期的な地球規模の気候変動や，局地的でより短期的な地下水位の変動などの，自然環境の変化によって成立してきたのか，あるいは，さまざまな人為の影響のもとで成立してきたのかを実証的に明らかにすることは，対象とする植生の保護を考えるうえで不可欠である．なぜなら，その植生がどのような姿であれば望ましいと考えるのかという，目標植生を設定しなければ，手を加えないのか，人為的に誘導するのかといった保護の手法は決められないからである．目標植生を設定する際の議論の出発点になるのは，対象とする植生が，現在どのような変化の途上にあるのかということであろう．たとえば，乾燥化しつつある湿原を考えた場合，それが自然環境の長期的変化によるのか，最近の人為の影響によるのかが実証的に明らかにされているのか，そうでないのかによって，保護の手段や結果の評価が大きく違ってきたとしても不思議ではない．このような植生変遷を明らかにする試みは実際に行われており，1000年程度の時間スケールで，湿原植生の変化を，空間的広がりを含めて復元することが可能となりつつある（Yonebayashi, 1996）．

　植生の歴史を実証的に明らかにするうえで有効な手法に花粉分析（pollen analysis）がある．花粉分析とは，堆積物中の花粉化石を調べることによって，過去の植生や環境を明らかにする手法である．種子，果実，葉，木材などのいわゆる大型化石の分析や，植物ケイ酸体分析などもそれぞれ長所や短所をもっており，花粉分析を含めて互いに補い合いながら進歩してきた．花粉分析がほかの方法と比べてすぐれていると考えられるのは，次のような点である．①花粉外壁は非常に丈夫なので，他の化石が残らないような堆積物からも検出できる，②（とくに風媒花の）花粉は大量に生産されるため，多くの花粉が化石になる，③（風媒花の）花粉は他の大きな化石に比べて，より広く，均質に散布されるため，局地的な影響を受けにくい（この点は，局地的な植生を復元しようとする際には欠点にもなる），④花粉化石は少量の堆積物から大量に抽出できるため，数量的な扱いがしやすい，⑤花粉の分類学は比較的進んでおり，おもな分類群は，光学顕微鏡下で属レベルまで同定できる．これらの点に関する論議は，花粉分析や古生態学の教科書に詳しい（中村，1967；塚田，1974a；1974b；Birks and

Birks, 1980; Fægri et al., 1989; Moore et al., 1991).

33.1　花粉分析による植生復元の原理

　実際の花粉分析では，野外での堆積物の採取，実験室での花粉の抽出，顕微鏡下での花粉の同定・計数，花粉ダイアグラム（pollen diagram）の作成，結果の解釈の順で作業が行われるのがふつうである．湿原から堆積物の採取を行う場合には，直径の小さなハンドボーラーを使ったとしても，踏みつけなどによって植生にある程度の損傷を与えることは避けられない．湿原に入る前に十分に計画を練って，不必要に歩き回ったりすることのないように効率的に作業を進めることが望ましい．また，湿原は，それ自身が自然保護の対象となっていることが多い．そのようなところでは，採取したい場所や行為の種類に応じて必要となる「特別保護地区内土石の採取許可」などを事前に受けておき，許可書に付された条件を遵守すべきことはいうまでもない．

　花粉分析の結果を利用するうえで最も重要なのは，花粉ダイアグラム（花粉分布図あるいは花粉変遷図などとよぶこともある）の読み取り方である．比較的狭い地域の植生や環境の歴史を知るために行った花粉分析結果を表現する際には，花粉ダイアグラムを用いるのがふつうである（図33.1）．

　花粉ダイアグラムの描き方は伝えたい内容によって変わってくるが，ふつうは，縦軸に相対的な時間関係を示す堆積物の深度を，横軸に出現した花粉の量を分類群ごとに描く．図の左端には，堆積物の柱状図を添え，相対的な時間関係を年代に置き換えるためのテフラ（tephra，広義の火山灰）や放射性炭素などによる年代測定結果を入れることが多い．年代測定法に関する最近のさまざまな成果や問題に関しては，町田ら（1995）に詳しい．花粉の量に関しては，百分率で表す場合と，単位体積や単位重量当たりに含まれる花粉粒数（pollen concentration），あるいは，単位時間に単位面積当たりに堆積した花粉粒数（pollen influx）で表す場合とがある．前者の場合は，木本花粉の合計に対する百分率で表すことが伝統的に行われてきた．これは，森林植生の組成を表現するためであり，花粉分析が，森林植生の変化から広域的な気候の変遷を解明するための手段として始まったことによる．しかし，必ずしもこの表現法にこだわる必要はなく，目的に応じた表現法を選択すべきであり，実際，最近は木本花粉以外の花粉，胞子については，すべての花粉，胞子に対する百分率で表現している例も多い．花粉ダイアグラムから正確な情報を引き出す際に忘れてはならないのが，これらの表現法の確認である．花粉粒数による表現は，百分率による表現をする場合に比べて，実験室での処理に手間と時間が何倍もかかるため，これに見合う成果を得ることが難しい日本の堆積物に適用された例は少ない．この方法の最大の強みは，単位時間当たりに堆積した花粉量を，独立に（散布源となった植物量の直接の反映として）評価できる点にあるが，そのためには，試料の正確な堆積速度をそれぞれの深度

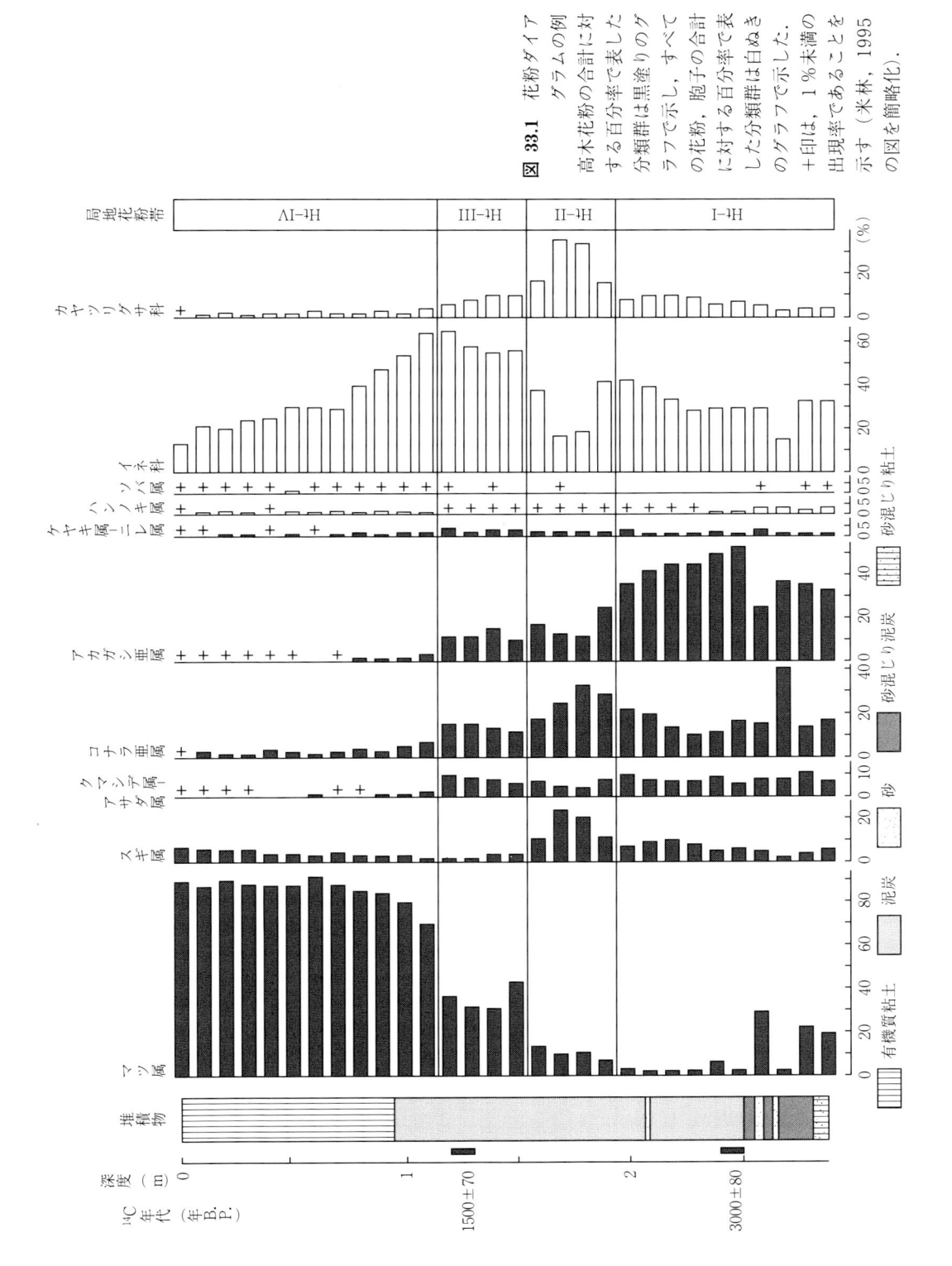

33.1 花粉分析による植生復元の原理

図 33.1 花粉ダイアグラムの例 高木花粉の合計に対する百分率で表した分類群は黒塗りのグラフで示し，すべての花粉，胞子の合計に対する百分率で表した分類群は白ぬきのグラフで示した．+印は，1%未満の出現率であることを示す（米林，1995の図を簡略化）．

で知ることが不可欠である．そして，日本で従来扱われてきた堆積物では，実際に年代が測定された層準の間の堆積速度が一定である，あるいは堆積速度が連続して正確にわかるなどの条件を満たすことが難しいとされていたのである．最近，日本でも1年ごとの層を区別して数えられる堆積物が採取された（福沢，1995）．今後は，このような堆積物を分析することによって花粉粒数の増減から植物量の増減を議論するような研究がふえてくるであろう．

　花粉ダイアグラムは，多くの層準（縦軸）と分類群（横軸）から成り立っているため複雑である．そこで，同じような組成をもつ一連の層準をまとめて，いくつかの花粉帯に分けられていることが多い．一つの花粉帯は，前後の花粉帯と組成の違いが明確に区別される．最初に設定される花粉帯は，生物層序的単位（biostratigraphic unit）としての局地花粉帯（local pollen assemblage zone）で，堆積物や年代などの，ほかの情報に左右されず，その花粉ダイアグラムに表現された花粉の組成だけから区分される（Moore et al., 1991）．図33.1の例では右端に局地花粉帯が示されている．花粉帯の区分に関しては議論が多く，さまざまな花粉帯の概念が提出されているが，基本的には花粉ダイアグラムの記述や理解のうえで扱いが便利なように，補助的手段として設定される．海外では客観的に花粉帯を設定するために，コンピューターを用いた数量的手法を利用することも多くなった．しかし，たとえば分類群に重みづけをしない数量的花粉分帯では，北西ヨーロッパで広く認められる「ニレ属の衰退」が検出しにくいのに対し，局地的なイネ科花粉の増加が（他の地域と対比できない）花粉帯として区別されるなどの欠点があるという（Gordon and Birks, 1972）．しかし，分帯の際にこれらの点を考慮しておくなら数量的手法は有効である（Birks and Birks, 1980）．

　花粉組成の変遷を表す花粉ダイアグラムから植生変遷を読み取るための方法には，2通りある．一つは，量的関係に注目する数量的方法（numerical approach）であり，いま一つは，特定の分類群の消長に注目する指標的方法（indicator-species approach）である．一見数量的方法がすぐれているようにみえるが，百分率で表したときの数値の意味づけの難しさなどのため，必ずしもそうとは限らない．花粉の生産から堆積，さらには実験室での抽出に至るまで，それぞれの過程における花粉の性質が分類群によって異なるためである．むしろ実際には，指標的方法が有効である場合も多い．Janssen（1981）によれば，花粉データを扱う際には，花粉をその起源によって広域的成分（regional component），局地的成分（local component）などに分けて考えることが重要だという．群系レベルの植生を復元するためには広域花粉が有効で，これは年代学的対比や数量的扱いに向いている．一方，より小さな植生単位を復元するためには局地花粉の生態的指標を用いた群落生態学的（synecological）手法をとるべきだが，時間の対比が難しい．

33.2 花粉ダイアグラムからみた自然に対する人間の干渉

人類による植生改変のうち，歴史的に最大のものは農耕や牧畜活動であろう．花粉組成に現れる人為の影響は，居住地周辺に攪乱されていない地域が広がっている場合には，狭い範囲に限られる（Fægri et al., 1989）．一方，周辺地域を含めて大規模に植生が改変されると，広い地域の花粉ダイアグラムに特徴的な現象が現れてくる．農耕地とするために森林を伐採することに対応した，樹木花粉の減少と草本花粉の増加などの世界的に共通する現象のほかに，ある分類群の花粉の消長が人為の影響を指標する場合も多い．作物自体の花粉を農耕の指標にできれば最もよいが，実際の花粉分析では方法論的制約が大きい．虫媒や自殖性の作物は花粉が検出される確率自体が低いし，多くの作物を含む風媒のイネ科では，一部を除いて花粉から栽培種を確実に同定することが難しい．そこで，農耕などの人間活動の指標には，雑草や人里植物に注目することが多い．ただし，過去の農耕の形態をこれらの指標種から推定する際にはつねに危険を伴う．現在の合理化された農法や周囲の植林地は，過去のものとは違っていたはずであり，過去の類似物を現在に求めることは難しいからである（Fægri et al., 1989）．この危険を減らすためには複数の指標種や，焼畑などをしたときに出る微小な炭片（charcoal）の量を組み合わせることが有効であり，アルプス以北のヨーロッパでは，さまざまな土地利用に対する指標種群花粉の組み合わせが Behre（1981；1988）によって提案されている．一方，森林に対する影響の場合にはマツ属やカバノキ属などの先駆植物が指標種の候補になる．

ヨーロッパでは，ヘラオオバコ（*Plantago lanceolata*）花粉の出現が森林伐採と農耕地の拡大の指標としてよく知られている．この花粉は，ヨモギ属，アカザ科，ギシギシ属など他の雑草花粉に比べて，新石器時代以降だけに出現する点が指標としてすぐれている．しかし，ヘラオオバコ花粉の同定に関しては，生態的要求が非常に異なるステップ生の他の3種と区別できないとの指摘もあり（Reille, 1992），南ヨーロッパのデータをみる際には注意が必要であろう．また，北西ヨーロッパでは約7000～5000年前の「ニレ属の衰退」という現象が，広くみられる．その原因については，気候変化あるいは土壌悪化，畜舎で飼う家畜の飼料としての枝打ち，ニレ立枯れ病菌（*Ceratocystis ulmi*）による病気（オランダニレ病）などいくつかの有力な説がある．その中で，新石器文化の到達年代や雑草花粉の増加開始期との一致から，人為の影響とする説が有力であった．しかし，Moore らは「ニレ属の衰退」の層準直下から媒介昆虫であるキクイムシの一種（*Scolytus scolytus*）が発見されたことや，ごく最近実際にニレ立枯れ病が起こった地点での花粉ダイアグラムとの比較から，一度は強く否定された病気説を主張している（Moore, 1984；Perry and Moore, 1987）．

ヨーロッパ人による入植の歴史がよくわかっている北アメリカでは，ブタクサ属花

粉の急激な増加とオオバコ属やギシギシ属などの雑草花粉の出現あるいは増加が，ヨーロッパ人による植生改変の指標として知られている(McAndrews, 1988)．これに対して，ヨーロッパ人の進出以前の先住民による植生への影響は，若干の森林構成種花粉の減少と，陽生植物のヨモギ属花粉やワラビ属胞子の増加で示される(Fægri et al., 1989)．

33.3　日本における自然に対する人間の干渉の歴史

　日本では，表層近くの（したがって現在に近い時代での）マツ属花粉の増加が，人類による自然林の破壊を示しているといわれている．この現象は全国的に広く認められ，マツ属増加開始以降の花粉帯はRⅢbと名づけられた（Tsukada, 1963；塚田, 1981）．図33.1の例ではHt-ⅢとHt-Ⅳの花粉帯がRⅢbにあたる．マツ属の増加開始年代は，中部日本では約1500年前であるが，地域によって差があり，北に向かって遅れる傾向がある．最近では，千葉県村田川流域で西暦1600年あるいはより古い年代と，西暦1700年の2段階とする非常に新しい年代を提唱した論文もある(辻ら, 1992)．マツ属花粉の急増によって示される大規模な森林破壊より以前に，部分的な植生改変が極相林要素の減少や二次林要素の増加などによって示されることも多い（Nakamura, 1975)．図33.1の例でもマツ属花粉の急増以前に，Ht-Ⅰで優占していたカシ類の花粉がHt-Ⅱになると減少し，落葉性のナラ類の花粉が増加している．マツ属花粉の増加と草本花粉の増加がほぼ同時に起きると指摘されたことがあるが，個々の地点で詳しく検討してみると，必ずしもよく一致するとは限らない．これは，マツ属花粉の増加が比較的広い範囲の植生の変化を反映するのに対し，草本花粉は局地的な植生の変化に左右されやすいからだと考えられる（Yonebayashi, 1988)．最近はこうした花粉の特性の違いを考慮して，分析地点が位置する低地や湿原周辺の狭い範囲の植生と，周辺の台地や山地のやや広い範囲の植生を明確に区別して考えることが多くなってきた．これまでは森林に対する人類の影響として伐採や焼畑を想定することが多かったが，阪口(1987)は4600年前以降の焼畑に加えて，より古い旧石器時代以降の「焼狩り」をあげている．その結果，関東地方をはじめとする火山灰土壌の分布する地域では，少なくとも26000年前以降，草原と森林とが混在し続けたという．また，塚田（1963）は，人類の活動の影響によってコウヤマキが急激に分布域を狭めたことを指摘した．花粉の形態や他の条件（時間や地域を限ると，ある属の中に1種しかないなど）から種のレベルまで決定できる分類群では，その種の地理的・歴史的消長を復元するためには花粉分析が有効である．従来は，同定や検出がやさしい風媒の主要な森林構成種を扱うことが多かったが，今後は他の植物，たとえば，自然保護のうえで注目される湿原構成種などへの適用が期待される．

　農耕の開始を直接示すものとして，山口県宇生賀湿原では6600年前からソバ花粉が

出現している（Tsukada et al., 1986）．宇生賀周辺では，6600年前に初期の焼畑が始まり，4500～2000年前にかけて一時中断したものの，2000年前以降は集中的に農耕が行われ，1500年前には稲作が始まったという．古い時代からのソバ属花粉の検出例は近年ふえてきており，たとえば，千葉県野田市では4600年前から出現する（Sakaguchi, 1987）．中村とそのグループは，マイクロパターンメーターという特別な装置を開発し，イネ花粉を種のレベルまで同定することを可能にした（中村，1977）．さらに，この技術を導入した花粉分析によって，日本の稲作の起源と各地への伝播を追究した．その結果，稲作という自然への干渉が，北九州地域では3000年前以前の縄文時代後・晩期から行われており，1500年前には東北地方北部に達していたことを明らかにした（中村，1980）．初期の水田跡は，氾濫原面や段丘面の水管理のしやすい場所にみられるといい（田崎，1994；外山，1994），水条件の安定した小規模な谷底（現在「やち」，「やつ」，「やと」などとよばれることが多い）の花粉ダイアグラムにはハンノキ林を伐採して稲作が始まったことが記録されている例もある．

　以上のように，人類による植生の改変を日本各地の花粉ダイアグラムから読み取ることができる．それによると，6600年前まで遡ることができる初期の農耕活動の時代には，森林植生への影響は小さかったが，1500年前を中心とする時代に台地，丘陵，山地などの大規模な植生改変が始まった．それと前後した（場所によって異なる）稲作の開始とともに低地の植生改変が進んだ．今後は，二次林など人類の強い影響のもとに成立している植生の歴史を，実証的にしかも詳細に明らかにしていくことが期待される．
　　　　　　　　　　　　　　　　　　　　　　　　　　　　　　　　　［米林　仲］

文　献

1) Behre, K.-E. (1981): The interpretation of anthropogenic indicators in pollen diagrams. *Pollen et Spores*, **23**, 225-245.
2) Behre, K.-E. (1988): The role of man in European vegetation history. Vegetation History (Huntley, B. and Webb, T. III eds.), pp. 633-672, Kluwer Academic Publishers.
3) Birks, H. J. B. and Birks, H. H. (1980): Quaternary Palaeoecology, 289 p., Edward Arnold.
4) Fægri, K., Iversen, J., Kaland, P. E. and Krzywinski, K. (1989): Textbook of Pollen Analysis (4th ed.), 328 p., John Wiley & Sons.
5) 福沢仁之（1995）：天然の「時計」・「環境変動検出計」としての湖沼の年縞堆積物．第四紀研究，**34**-3, 135-149.
6) Gordon, A. D. and Birks, H. J. B. (1972): Numerical methods in Quaternary palaeoecology I, Zonation of pollen diagrams. *New Phytol.*, **71**, 961-967.
7) Janssen, C. R. (1981): On the reconstruction of past vegetation by pollen analysis: A review. *Proc. IV. Int. Palynol. Conf., Lucknow* (1976-77), **3**, 163-172.
8) 町田　洋・大村明雄・福沢仁之・岡田篤正編（1995）：高精度年代測定と第四紀研究 特集号，第四紀研究，**34**-3, 125-278.
9) McAndrews, J. H. (1988): Human disturbance of North American forests and grasslands: The fossil pollen record. Vegetation History (Huntley, B. and Webb, T. III eds.), pp. 673-

697, Kluwer Academic Publishers.
10) Moore, P. D. (1984): Hampstead Heath clue to historical decline of elms. *Nature*, **312**, 103.
11) Moore, P. D., Webb, J. A. and Collinson, M. E. (1991): Pollen Analysis (2nd ed.), 216 p., Blackwell.
12) 中村　純 (1967): 花粉分析, 232 p., 古今書院.
13) Nakamura, J. (1975): Changes in vegetation induced by human impact: Palynological evidences. Studies in Conservation of Natural Terrestrial Ecosystems in Japan (Numata, M., Yoshioka, K. and Kato, M. eds.) (JIBP Synthesis, Vol. 8), pp. 127-130, University of Tokyo Press.
14) 中村　純 (1977): 稲作と稲花粉. 考古学と自然科学, **10**, 21-30.
15) 中村　純 (1980): 花粉分析による稲作史の研究. 考古学・美術史の自然科学的研究(古文化財編集委員会編), pp. 185-204, 日本学術振興会.
16) Perry, I. and Moore, P. D. (1987): Dutch elm disease as an analogue of Neolithic elm decline. *Nature*, **326**, 72-73.
17) Reille, M. (1992): Pollen et Spores d'Europe et d'Afrique du nord, 520 p., Laboratorie de Botanique Historique et Palynologie.
18) Sakaguchi, Y. (1987): Japanese prehistoric culture flourished in forest-grassland mixed areas. *Bull. Dept. Geogr., Univ. Tokyo*, No. 19, 1-19.
19) 田崎博之 (1994): 弥生文化と土地環境. 第四紀研究, **33**-5, 303-315.
20) 外山秀一 (1994): プラント・オパールからみた稲作農耕の開始と土地条件の変化. 第四紀研究, **33**-5, 317-329.
21) 辻誠一郎・南木陸彦・小池裕子 (1992): 下総台地西部における完新世後半の植物化石群と植生史. 植物地理・分類研究, **40**-1, 47-54.
22) Tsukada, M. (1963): Umbrella pine, *Sciadopitys verticillata*: Past and present distribution in Japan. *Science*, **142**, 1680-1681.
23) 塚田松雄 (1974 a): 古生態学 I ——基礎論——, 149 p., 共立出版.
24) 塚田松雄 (1974 b): 古生態学 II——応用論——, 231 p., 共立出版.
25) 塚田松雄 (1981): 過去一万二千年間——日本の植生変遷史 II, 新しい花粉帯. 日本生態学会誌, **31**-2, 201-215.
26) Tsukada, M., Sugita, S. and Tsukada, Y. (1986): Oldest primitive agriculture and vegetational environments in Japan. *Nature*, **322**, 632-634.
27) Yonebayashi, C. (1988): Studies on the local and regional pollen components in the Kakuda Basin, Miyagi Prefecture, northeast Japan, in relation to the original vegetation pattern. *Ecological Review*, **21**-3, 201-220.
28) 米林　仲 (1995): 千葉市南部における完新世後期の植生変遷. 千葉中央博自然誌研究報告, **3**-2, 167-171.
29) Yonebayashi, C. (1996): Reconstruction of the vegetation at A. D. 915 at Ohse-yachi Mire, northern Japan, from pollen, present-day vegetation and tephra data. *Vegetatio*, **125**, 111-122.

34. 共生と自然保護

34.1 生態系と共生関係

a. 生物多様性の現状と急激な減少

地球全体でこれまで約140万種の生物が分類学的に記載されている．ところが，研究が遅れていた熱帯林での調査から地球上の生物種の総数は約5000万種と現在推定されている(Wilson, 1992)．これは生物種の数％しか命名できていないことを意味する．その生態がわかっている種はさらにごく限られている．

一方，最近数十年の人類による自然破壊は急激に進み，毎年最低4000～6000種の割合で種が絶滅している．これは過去5回起こった大量絶滅時の単位時間当たり絶滅率の10万倍という異常な事態である．こうした事態は熱帯林の大規模伐採など広域の生態系レベルで起こっており，地球温暖化，オゾン層の破壊，土壌劣化など，人類の生存そのものを脅かしつつある．したがって，自然保護は人類以外の生物の保全という，「他者への施し」ではなく，人類そのものの生存に不可欠なものとして位置づけられ，国際的な取り組みも開始されている．

b. 生物間相互作用網

すべての生物は生態系の中でほかの種と何らかの関係をもつことによって生存している．第一次消費者である動物は生産者である植物に依存していることはいうまでもない．一方，固着生活を営む植物の方も，送粉などさまざまなプロセスにおいて動物の存在を前提として生活史を組み立てている．したがって，ある種の個体群の存続にとって他種の存在が不可欠なことがある．こうした種間関係は植物と植食者，植物と送粉者のように2種間の関係にとどまらず，3種以上が関係することも多い．たとえば，一部の植物は植食者を攻撃する捕食者と緊密な関係を結び，植食者の食害を防いでいる．したがって，特定の種の保全策を立案する場合でも，こうした生物間相互作用網（interactive web）全体を考慮する必要がある．

c. 共生関係の重要性

2種間の種間関係は，一方の種にとって他者の存在が適応度にどのように作用するかでマイナス，中立，プラスのカテゴリーに分類される(山村ら，1995)．両者にとっ

	種Bにとって		
種Aにとって	−	0	+
−	競争	偏害	捕食, 寄生
0		中立	偏利
+			相利共生

図 34.1 生態系内の2種間の相互作用の分類（山村ら，1995を改変）
種Bは種Aよりも栄養段階が同じか上．

て他者の存在がプラスになるとき，相互利他的関係（mutualism）あるいは共生（symbiosis）とよばれる（図34.1）．共生はその緊密さで，細胞内，体内，個体間の三つに大別される．

　細胞内共生は細胞内小器官の由来を説明する仮説としてマーギュリスによって提案されたもので，現在ほぼ受け入れられている（石川，1988）．体内共生は，シロアリと消化管内共生バクテリア，マメ科植物と根粒バクテリア，アブラムシと細胞内共生バクテリアなどで知られている．これらでは寄主が次世代を残すとき，共生者も同時に移動する「垂直感染」型の繁殖を行う．「共生」という用語はこれまで，狭義にはこれら二つのタイプをさすものとして使われてきた．しかし最近の研究の結果，個体間共生との境界は明確ではなく連続的であることがわかってきた（石川，1994）．たとえば，根粒バクテリアは土壌中で自由生活をすることが可能で，マメ科の細胞内だけに生息するわけではない．

　自然保護を考えるうえでは個体間共生の方がより重要といえる．というのは，垂直感染型の体内共生では両者がセットで次世代を残すので，ホストを保全できれば，共生者も同時に保全できる．それに対し個体間共生の場合，両者が独立にふるまう時期があるので，両者の生活環全体を保全しなければならないからである．

d．生態系の骨格構造

　自然保護を考えるにあたって，種間相互作用網と同時に，生態系の骨格構造にも注意をはらう必要がある．陸上生態系では樹木がこの骨格構造をつくりだし，それがほかの生物に餌と生息場所を提供している．熱帯林のように樹木が複雑な林冠構造を形成する生態系の方がさまざまな生物群で比較しても種多様性が高い（Cox and Moore, 1993）．同様のことがサンゴ礁における造礁サンゴでもいえる（西平ら，1995）．本章では，陸上生態系の骨格構造をつくりだす植物を中心に据えて，陸上生態系の保全に不可欠な共生関係を概説し，それを踏まえて，自然保護の方策を議論する．植物の生活システムは，繁殖，防衛，栄養獲得，生長に大別できるので以下その順に紹介する．

34.2 送粉共生系

a. 送粉共生系の進化と特徴

　固着生活を送る植物（ないしその遺伝子）が空間的に移動できるのは，繁殖過程における送粉（花粉媒介，pollination）と散実（種子散布，seed dispersal）のステージだけである（図 34.2）．裸子植物は風などの物理的手段によって送粉を行ってきた．白亜紀中期に被子植物の繁栄が始まり，現在，高等植物の約 90% を被子植物が占めるに至った．被子植物を裸子植物から区別する最も大きな違いは，前者が送粉を動物に依存する動物媒花になった点である．これは，同じく白亜紀中期に空に進出した昆虫に花粉を運搬してもらう形で起こった（井上・加藤，1992；Real, 1983）．温帯林のブナ（*Fagus crenata*）などは二次的に風媒花になっているが，後で述べるように現在でも熱帯雨林ではほとんどすべての植物が動物媒花である．

　風媒花から動物媒花への進化は，昆虫が一方的に風媒花の花を利用する形で開始されたと考えられている．風媒花は風という効率の悪い手段に頼るため，過剰に花粉を生産している．風媒花の花粉は空気中を漂うために小型でさらさらしている．しかし，これを集める技術を開発できれば，花粉は昆虫にとってすぐれた餌になる．ほかの昆虫を捕食していた肉食性カリバチの一部がこうした花粉食に食性を変化させ，現在のハナバチが出現した．現在でも，ミツバチなど一部のハナバチは風媒花の花粉もかな

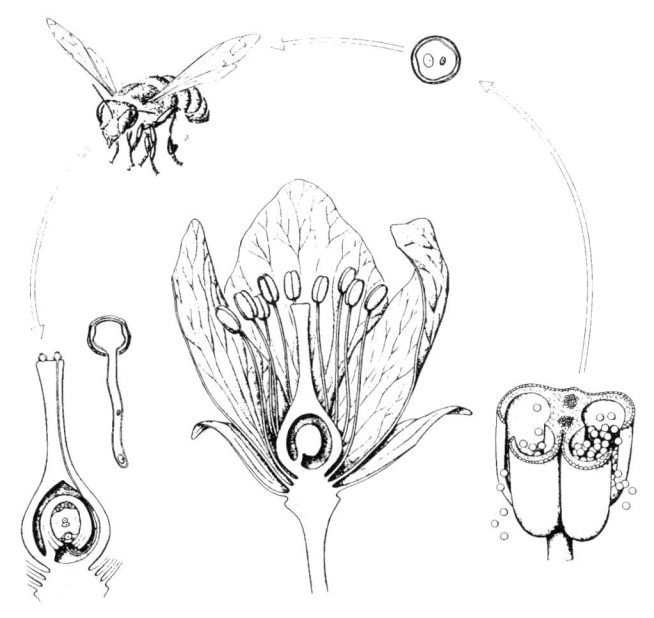

図 34.2 送粉過程の概念図（Barth, 1985 を改変）
ある花から花粉を集めた昆虫がほかの花を訪問し，その柱頭に花粉をつけるまで．

り利用している．

　このように送粉共生系は昆虫の側が一方的に植物を利用する関係から始まった．そうした一方的に利用される植物の中から，花粉の粘性を高め，昆虫の体表に花粉を付着させて花から花へ花粉を運搬させる，現在の虫媒花が進化してきたと考えられている（井上・加藤，1992）．虫媒花は花粉以外に花蜜という新たな報酬を提供するようになった．これは風媒花にはみられない植物の生産物である．また，虫媒花は花を効率的に発見してもらうために，目立つ花弁や芳香なども進化させてきた．動物媒花が進化した白亜紀中期にはまだ鳥類，哺乳類が現在のように繁栄していなかったため，昆虫を送粉者としている植物が現在でも圧倒的に多い．

　花粉食以外の送粉者の起源として，花の子房に産卵する子房寄生者（ovule parasite）由来のものがある．子房は栄養のバランスのよい餌であり，子房寄生者はふつう小型で1個の子房で1匹以上の幼虫が育つ．これは花粉食が1匹の幼虫の餌として多数の花粉を必要とするのと大きな対比をなしている．花粉食由来の昆虫は，ハナバチに典型的にみられるように，巣をつくり，そこへ花粉を集積する必要がある．子房食由来の送粉共生は花粉食由来のものに比べ圧倒的に少ないが，特殊化が進みやすい特徴をもっている．

　以下では送粉共生系の中から，森林生態系で重要な役割を果たしているものをとりあげて紹介する．

b．情報伝達型採餌

　ハナバチ上科（Apoidea）は餌を完全に花に依存しており，多くの生態系で主要な送粉者となっている．なかでもミツバチ科はとくに熱帯で繁栄しており，散実共生系において霊長類と同じ位置を送粉共生系で占めている．ミツバチ科には4亜科が含まれるが，送粉者としてみると二つに大別できる．

　ミツバチ亜科（Apinae）とハリナシバチ亜科（Meliponinae）は真社会性昆虫である．採餌戦略からみると，仲間間での複雑な情報伝達システムを駆使して豊かな資源を独占的に利用する戦略をとっている．

　ミツバチ亜科は全世界で8種しか存在しないが，いずれも，広域分布で繁栄している．また，亜種が多いなど，繁栄途上の種の特徴を満たしている．

　ミツバチの採餌係には二つの役割分担が存在する（Seeley，1985）．新しい餌場を見つけるのは偵察係である．偵察範囲は巣から数kmを越える．新しい餌場を見つけた偵察係は餌場の質と位置を入口周辺で待っている運搬係にダンス言語などによって知らせる．複数の偵察係の情報から最もよい餌場を判定するのは運搬係である．運搬係がよい餌場であると判断すると大量動員をかけ，ほかの昆虫がやってこないうちに巣に運び込んでしまう．その結果，一つの巣が1日で利用するのは広大な採餌範囲内の中で最も収穫の多い数か所に限定される．

34.2 送粉共生系

　ミツバチに送粉を依存している植物の個々の花は形態的にはあまり特殊化していない．ミツバチを誘引するに十分な報酬を提供するために，植物は個体ごとに大量の花を短期間につける．この条件を満たせば，同時期に多くの植物が開花してもミツバチの個体間分業によって別々の送粉サービスを受けられる．

　運搬係は道草を食わずに巣との間を往復するだけなので，植物の側の目的である花粉の株間移動にほとんど貢献しない．ミツバチ媒花は1日以内に二度花蜜の分泌のピークをつくるなどして，この往復運動に対抗している．

　ハリナシバチは熱帯域にのみ分布しているため，温帯に住んでいるわれわれにはなじみがないが，熱帯ではミツバチと並んで繁栄している．また，種数も約400種と多く，採餌戦略も多様である (Roubik, 1989)．ハリナシバチの中にはミツバチ以上に複雑な情報交換システムをもつものがあり，それらはよい餌場を見つけると縄張をつくり，ほかの種や同種でもほかの巣の個体を締め出す．ミツバチとの違いは，新たに出現した餌場の発見が遅いことである．ミツバチもハリナシバチも十分な報酬を提供する餌場を利用するが，ミツバチは縄張型ハリナシバチが到着すると，争うことなく明け渡す．

　縄張を維持するには防衛のコストがかかるため，報酬量がそれに見合う餌場にしか縄張をつくらない．ハリナシバチには，大量動員型のミツバチや縄張型のハリナシバチが利用しない貧弱な餌場を利用する落ち穂拾い型の種類も多い．これらの種類は採餌コストを下げることで貧弱な餌からでも利益を上げる戦略をとっている (図34.3)．

　ミツバチとハリナシバチが利用する花は特殊化したものは少なく，どの種でも利用することができる．縄張型が利用できる餌場でも，縄張ができるまでは落ち穂拾い型

図 34.3　ハリナシバチによって送粉される花 (Ipomoea, アサガオ科)

も利用する．したがって，植物と送粉者の関係は種ごとの戦略と餌場での順位によって大枠が決まっているが，状況に応じて融通がきくシステムである．

ハリナシバチは餌として花蜜と花粉を花から集めると同時に，巣材料として樹木の裂け目などから分泌される樹脂も集める．樹脂はおもに三つの目的のために使われる．①防水材として巣のまわりを完全に覆う．これによって湿潤な外部環境の中でも巣内は適度な湿度に保たれる．これは湿潤な熱帯林ではとくに重要である．②入口の先端部にやわらかい樹脂を用いてバリケードを築き，アリの攻撃を避ける．樹脂は放置するとすぐに堅くなるので毎日追加する．③働きバチが分泌したワックスと混ぜて育児室の材料として用いる．どの植物から集めるかはハリナシバチの種ごとに異なっており，結果として巣材の樹脂をみるだけで種の特定が可能である（井上，1992）．

図 34.4 オオミツバチによって送粉されるカルダモンの花

ミツバチやハリナシバチは種ごとに特有の巣場所しか利用しない．熱帯雨林の縄張型ハリナシバチは巨木の幹の中にできた空洞にしか営巣しない（Salmah *et al.*, 1990）．成熟した森林にはこうした営巣場所は点々とあるが，一度皆伐するとこうした営巣習性をもった種は絶滅する．オオミツバチ（*Apis dorsata*）は幹がすべすべの特定の樹木の枝下にしか営巣しない．オオミツバチはカルダモン（*Elettaria cardamomum*, ショウガ科）の送粉者であるので，インドではカルダモンのプランテーションを開拓するときにオオミツバチの営巣する木を残している（図 34.4）．

c．形態対応型採餌

ミツバチ科の2亜科，マルハナバチ（Bombinae）とシタバチ（Euglossinae）は長い中舌をもっており，花筒の長い花を利用する．ある特定の地域をとると中舌の異なったハナバチが共存している．それぞれのハナバチにはそれに対応する形態をした花をつける植物が存在する（Inoue and Kato, 1992）．

マルハナバチは温帯から寒帯の冷涼な気候帯の植物の主要な送粉者であり，とくに草原では卓越している．一部が熱帯にも進出しているが種数は少ない．シタバチは新

熱帯で繁栄しており，この地域のランやショウガ，ヘリコニアなど花筒の長い花の送粉者である．

シタバチで注目すべき点は雄も送粉者として活動している点である（Roubik, 1989）．雄は特定のランが報酬として提供する性フェロモンの前駆体を集める．雌はほかのハナバチ同様に育児のために花粉と花蜜を提供する植物を利用している．このように同種でも雄と雌で利用する植物が異なる．ブラジルナッツ（*Bertholletia excelsa*, サガリバナ科）はシタバチの雌によって送粉される．ブラジルナッツの生産のためには，その送粉者であるシタバチの雌とともにそのシタバチの雄が利用するランの存在が不可欠である（Meffe and Carroll, 1994）．このきわめてかたい堅果は散実者であるアグーチ（Dacyprocta，テンジクネズミ科）によってかじられないかぎり発芽できない性質をもっている．東南アジア熱帯にはシタバチは分布していない．これに形態的に似ているのはコシブトハナバチ亜属（*Glossamegilla*）でシタバチよりも長い中舌をもつものもいる（図34.5）（井上・湯本，1992）．

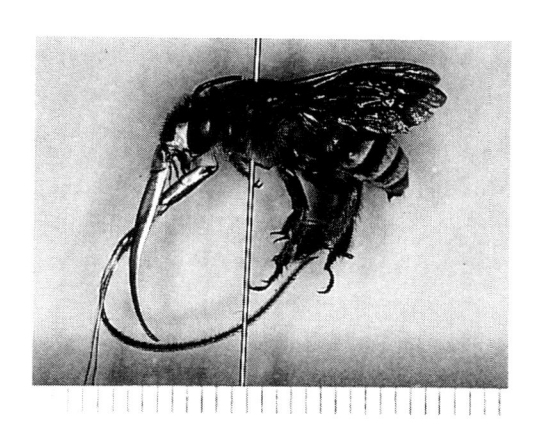

図 34.5 アジアに分布する長舌ハナバチの一種コシブトハナバチ

マルハナバチ，シタバチ，コシブトハナバチなどの寿命は数か月から半年と，個々の植物の開花期間よりも長い．マルハナバチは社会性をもつのでコロニーとしての活動時期はもっと長くなる．その結果，ハナバチの方は次々と利用する植物を変えていく．植物の側からみると季節的に咲き分けることで同一の送粉者を利用していることになる．シタバチに送粉されるランなどではそれに特殊化した1種のシタバチによってのみ送粉されているとかつて考えられていた．しかし最近の研究により，最低数種が1種のランを訪問していることがわかってきた（Roubik, 1989）．

d．イチジク-イチジクコバチ
（1） 送粉のプロセス

イチジク属（*Ficus*，クワ科）は花序が内側に巻き込んで，入口が一つになった果嚢

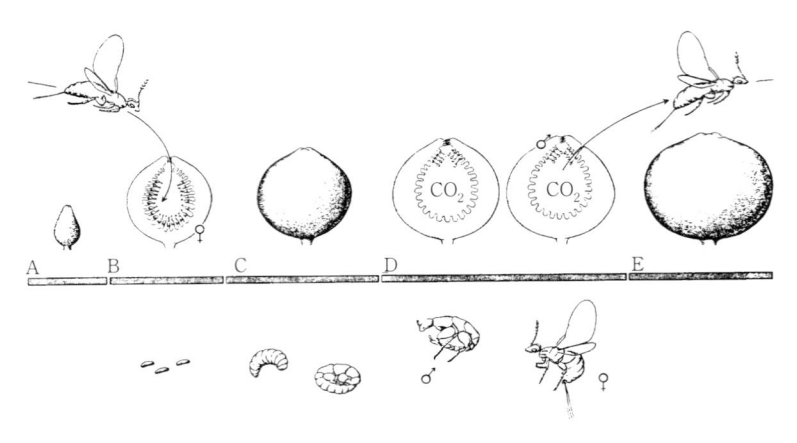

図 34.6 イチジクの果嚢の発育ステージとイチジクコバチとの相互作用
（B：雌ステージ，D：雄ステージ）（Barth, 1985 を改変）

（syconia）をもつ．熱帯を中心に約 900 種が知られている．1 種類のイチジクはそれに完全に特殊化した 1 種類のイチジクコバチによってのみ送粉される．これは 1 対 1 共生の例として有名である（Barth, 1985）．イチジクコバチはすべて一つの科 Agaonidae（コバチ上科，Chalcidoidea）に属している．その送粉プロセスを雌雄異花同株（monoecy）の例で以下に説明する（図 34.6）．

送粉者を受け入れるステージまで発育した果嚢は入口をあける．入口は複雑なジグザグ構造をしており，正当な送粉者だけが通過できるようになっている．イチジクは雌性先熟であり，送粉者が入る頃には雌ずいのみが発育している．柱頭の長さには 2 型がある．短い柱頭の子房にはコバチは産卵でき，そこからは次世代のコバチが子房を食べて育つ．長い方の子房には産卵管が届かず産卵できない．コバチは双方を区別せず受粉させるので，長い柱頭の花からは種子ができる．このように，柱頭の長さを変

図 34.7 イチジクコバチの脱出
出口は右側．雄が穴をあけ，雌がそこから脱出する．

えることで，イチジクは一部の子房を送粉者の餌として提供し，残りの子房から種子をつくる．

コバチが成虫になる頃，雄ずいが成熟する．コバチのうちまず雄が羽化し，まゆの中の雌と交尾する．交尾を終えた複数の雄は協力して雌のために脱出穴をあける（図34.7）．雄は無翅なのでそこで役割を終え死亡する．雌は葯から花粉を集め，花粉かごとよばれる特殊な器官に花粉を詰める．これは狭い入口を通過するときに花粉が落ちてしまわないための適応だと考えられている．脱出穴から外へ飛び立ったコバチは入口の開いている雌ステージの果嚢を探す．

送粉者であるコバチが飛び出してから数時間すると果嚢は成熟し，種子散布者である鳥やコウモリがやってくる．この微妙なずれによってコバチが散実者に食べられないようになっている．散実プロセスについては後でふれる．

（2） 寄 生 者

イチジクコバチの送粉と産卵が終わり，果嚢が生長を開始すると果嚢の表面にはたくさんの寄生蜂が産卵にやってくる．これらの寄生蜂は極端に長い産卵管をもっているため外見は送粉者とまったく異なるが，すべて送粉者と同じ科（Agaonidae）に属している．1種のイチジクには数種以上の寄生蜂が存在する．

送粉者となったコバチは完全に1種のイチジクに特殊化しており，同じ地域内でもほかのイチジクに誤って飛来することはほとんど起こらない．また，入ろうとしても入口を通り抜けられないようになっている．この忠実な「鍵と鍵穴」のメカニズムはまだ解明されていないが，入口の鍵穴は正当な送粉者以外を排除するために進化したことは間違いない．ただし，例外的に送粉者と同じ入口から入る寄生者も知られている．

（3） 栽培種における送粉

栽培イチジク（*Ficus carica*）は世界最古の果樹で，小アジアないしアラビア南部原産の野生種カプリ種が栽培化された（堀田，1989）．現在日本などで栽培されている普通種は品種改良の結果，受粉が不要になっているが，送粉者が必要な品種も残っている．こうした品種を栽培するときにはカプリ種をまわりに植える必要がある．

e．アザミウマ-フタバガキ

アザミウマ目（Thysanoptera）は体長1mm前後の微小昆虫であり，食性は植物の葉を吸汁する種類と花を利用する種類がある．花にやってくる成虫は花粉や花弁などを摂食し，産卵する．幼虫も同じ餌を食べて成長するが発育期間は約10日と短い．アザミウマはとくに大発生しないかぎり花にとって摂食による被害は少ない．花を利用するアザミウマは寄主選択性は低く，1種のアザミウマが多くの植物の花を利用している．このようにアザミウマの大半は花の居候的存在であるが，ごく一部が送粉者になっている．

東南アジアの低地熱帯雨林は混交フタバガキ林とよばれ，フタバガキ科の樹木が優占する森林である．なかでもサラノキ属(*Shorea*)は林冠木を形成する樹木で，すぐれた木材も提供する．サラノキ属はアザミウマによって送粉される．この花の花弁は完全には開かず，基部に近い部位で花弁間に隙間ができる．この隙間からアザミウマは入れるが，ほかの昆虫は入れない．サラノキは日没後に開花し，アザミウマを誘引する．アザミウマの餌となるように子房の珠皮は肥大している．花の寿命は半日で夜明けまでに花弁はすべて落ちる(Appanah and Chan, 1981)．

　1種のサラノキは数種のアザミウマに送粉を完全に依存している．ところがアザミウマの方は完全にジェネラリストで，きわめて多数の植物の花を利用する．サラノキ以外の花には別の送粉者が存在するため，ほかの花にとってアザミウマは寄生者である．このように，依存の程度は植物の側と送粉者の側で一致しない．

　混交フタバガキ林は平均5年間隔で一斉開花するユニークな開花特性をもっている．サラノキはこの典型であり，5年に一度数か月ほどの間に集中的に開花する．それ以外の時期にはまったく花をつけない．送粉者であるアザミウマは倒木のあとにできたギャップや林縁部に，ほそぼそだが連続して咲くミサオノキ属(*Randia*，アカネ科)などの花で個体群を低密度ながら維持している．このようにギャップや林縁部の花が連続開花しているという条件下で，サラノキはアザミウマを送粉者として利用できるのである．

f．動物媒花の重要性

　群集レベルにおける送粉シンドローム(花と送粉者の対応関係)を調査してみると，熱帯には風媒花はほとんど存在しないことがわかってきた．中米コスタリカの季節熱帯林において276種の植物の送粉シンドロームを調査した結果，風媒花は2.5%のみであった(Kress and Beach, 1994)．送粉者としてはハナバチ38%，甲虫13%，蝶蛾12%，ハチドリ15%などが重要であった．自家和合性と不和合性の種類は約半分ずつであった．東南アジア・サラワクの低地フタバガキ林において320種の植物の送粉シンドロームを調査した結果，風媒花はまったく存在しなかった．送粉者としてはハナバチ24%，甲虫18%，特殊共生(アザミウマ，イチジクコバチ)18%，蝶蛾6%，鳥4%などが重要であった(Momose and Inoue, 1994)．

　このように熱帯林では骨格を形成する樹木もほとんどすべて動物媒花である．温帯林ではその骨格を形成するブナやマツなどの樹木は風媒花である．この違いは何が原因なのだろうか．一つの要因は，現時点でみると安定しているようにみえる温帯林はかなり頻繁に攪乱が入っていることである．現在北海道まで分布するブナ林は，最終氷期には九州以南にしか分布していなかったことが花粉分析などでわかっている．こうした攪乱地に分布する植物は風媒花や自殖に変化しやすい．ブナ科全体をとると熱帯域に分布するものは動物媒花である．もう一つの要因は，温帯林が1種の樹木が完

全に卓越した森林である点である．純林に近ければ風媒花でも機能するであろう．個々の樹木の密度が極端に低い熱帯林では，風によっては有効に花粉が運ばれない．このことは森林の更新管理という点からみて，温帯林での知識はほとんど熱帯林には適用できないことを意味する．

34.3　散実共生系

a．散実共生系の概要

　送粉による遺伝子の移動には受け取る相手が必要であり，花粉だけでは新天地に分布を拡大できない．それができるのは種子であり，種子が適切に散布され，発芽，定着できることが次世代を残すうえで不可欠である．しかし，なぜ親から離れたところへ種子が移動しなければならないのか，という根本的な疑問を考えておく必要がある．なぜなら，親がそこで繁殖できたということは，そこは子にとっても適した生息環境であることを意味するからである．それが成立しないのは，親木の存在そのものが種子の定着に悪影響を及ぼしているからと考えるのが自然である．そのメカニズムとしては被食回避説などが提案されている．この仮説では，親木のまわりにはその植食者や病気が多く，親木の直下に落下すれば，こうした生物の攻撃を受けるからであると考える（Janzen, 1971；Kelly, 1994）．

　種子の目的はこのように定着であるため，遺伝子を運ぶ胚以外に定着のための初期栄養分を運ぶ胚乳が存在する．これが花粉とは異なり，種子が大型化する根本原因である．この重さのある種子を遠くへ運搬する手段として，植物は風，水などの物理的方法や動物を利用する．風によって散布される種子はさまざまな形をした翼を発達させ，滞空時間を長くするようになっている．散実に参加する動物としては鳥，哺乳類が圧倒的に多い．昆虫は，一部の植物でアリが散実者になっている以外，例外的な存在である．これは種子の重量が昆虫による運搬を困難にしているからであろう．

図 34.8　ニクズクの種子と果肉

動物散実の手段は付着，周食，置き忘れの3タイプに分類される（湯本，1992；Pijl, 1982）．散実者への報酬という観点から整理すると，付着型は動物に報酬を与えず，一方的にヒッチハイクしている．周食型は種子のまわりに栄養に富んだ果肉をつけ，それを報酬として，動物を誘引する（図34.8）．つまり，定着のための種子と報酬が分化している．この中には，種子を小型化して果実の中に詰め込み，果実全体が散実者に食べられるように仕向け，種子だけが糞とともに排泄されるものや，種子が大型化し，まわりの果肉の部分のみが食べられ，種子は移動中に捨てられるものがある．置き忘れ型はこうした分化が起こっていず，種子が報酬ともなっており，貯蔵などのために動物が集め，その一部を忘れることを前提として成立している．

以下に自然保護の観点から重要な散実共生系の実例を紹介する．

b．イチジクの散実過程

熱帯林において，イチジクは連続して開花，結実をくり返し，結果として送粉者であるイチジクコバチの個体群も維持されている．熱帯林ではほかの植物の結実間隔が長く，また同調しているため，明瞭な一斉結実期とそうでない時期が交互に訪れる．一斉結実期以外に果実をつけるイチジクは，熱帯林に生息する鳥や哺乳類にとって個体群を維持するために不可欠な餌資源である（Meffe and Carroll, 1994）．イチジクの側からみると，散実者はたくさんいる「売手市場」を形成している．そのため，イチジクの果実は栄養分が少なく，あまりおいしくない．

イチジクの散実者としては鳥，コウモリ，地上生哺乳類に大別される．コウモリに散実されるイチジクは摂食しやすいように幹に直接果実をつける（幹生果）．葉の繁ったところにつけるとコウモリの夜間飛行の妨げになる．地面下に果実をつけるイチジク（地中果）はイノシシなどによって散実される．鳥ではサイチョウ（Bucerotidae）が重要な役割を東南アジアでは果たしており，非結実期には餌の8割をイチジクに依存している種類もいる（Pilai and Kemp, 1993）．

このように，散実者によって果実の付着部位などの特性が異なっているが，花と送粉者にみられるほど緊密な関係にはなっていない．これは両者の目的の相違によっていると考えられる．送粉では目的地は同種他個体でなければならないが，散実では適当に遠くであれば，基本的にどこでもよい．後者の目的を満たす条件は前者よりも一般的にゆるやかである．

c．大型哺乳類を利用する植物

大型の哺乳類は広い行動圏をもち短時間に長距離移動を行う．また，身体が大きいので大型の種子でも，飲み込み，運ぶことができるという，散実者としてすぐれた性質をもっている．

アフリカ・ザイールでのアフリカゾウ（*Loxodonta africana*）やゴリラ（*Gorilla*

gorilla)，チンパンジー（*Pan troglodytes*）などの哺乳類の糞の調査から，7種の果実はゾウに，2種がゾウとゴリラによってのみ散布されていた（Yumoto *et al.*, 1995）．これらの果実や種子は巨大でしかも堅く，ほかの動物では処理できない．*Treculia africana*（クワ科）は6kgを超える果実をつけ，中には約4000個の種子が詰まっている．また，ゾウは林床を攪乱し光条件をよくし，また糞とともに種子を排泄し，結果的に栄養分を芽生えに供給する．これらの性質も植物の定着にとって有利である．ゾウによって散布される植物はゾウの移動ルート沿いにのみ分布している．

東南アジア熱帯にも大型の果実をつける植物が存在する．その中で，最も大型の霊長類であるオランウータン（*Pongo pygmaeus*）に特殊化した，ドリアン（*Durio zibethinus*，キワタ科）やチュンペダ（*Artocarpus integra*，クワ科パンノキ属）などの果実は，果肉も甘くて多く，種子もほかの動物では扱えない大きさである（図34.9）．狩猟によってオランウータンがいなくなった地域ではこうした種子は親木の根元に落ちるだけで，そのほとんどは定着できない．

図 34.9 ドリアンの果実を食べるオランウータン

果実は動物にとって一度見つけると消化しやすく栄養分に富んだ餌である．しかし，葉に比べるといつでもどこでもあるわけではない．こうした点々と分布する豊かな餌資源を利用するには，利用者の側にもそれに対する適応が必要となってくる．果実食のサルは葉食性のものに比べ，採餌圏が大きく，頭脳も発達している（Krebs and Davies, 1993）．

34.4 防衛共生系

a．さまざまな防衛戦略

生物間相互作用網は「食う-食われる」という関係を骨格として成り立っているが，その出発点は植物である．この第一次生産者はさまざまなタイプの植食者による攻撃にさらされている．このような食害に対して，植物は多様な防衛戦略を進化させてき

た．それを分類すると以下の三つになる．①開花結実や展葉を一斉に行うことなどによって，時間的，空間的に植食者に出会う機会を減らす（エスケープ）．フタバガキの一斉開花，結実は種子捕食者からのエスケープの例と考えられている．②被食量をできるだけ減らす．これはさらに，物理的（刺や毛）・化学的（毒物）方法による直接防衛と，植物が植食者の天敵を利用する間接防衛とに，あるいは，つねに昆虫の攻撃に備える常時防衛と，被食を受けてから対応する誘導防衛とに分けられる．③食べられた後の対策を講じる（補償作用）．この中で，共生という観点からは天敵を利用する間接防衛が重要である．

間接防衛に関与する天敵としては圧倒的にアリが多い（Hölldobler and Wilson, 1990）．アリにとって重要な「資源」は餌と巣場所であるが，餌としてはエネルギー源としての糖と育児のためのタンパク質などの栄養分に分けられる．一部の植物は花外蜜腺から糖を直接分泌してアリを誘因している．しかし，熱帯林でみられるアリ植物とよばれる一群の植物は，もっと定常的にアリを防衛のために利用するシステムを進化させてきた．

b．アリ共生型防衛システム

アリ植物は住と食を完全にアリに提供して，植食者と他の植物の「攻撃」を排除してもらっている．1種のアリ植物には種特異的な1種のアリが共生している．これらのアリ共生はアカシア，セクロピア，オオバギなどの多くの系統群でみられる．この系はまさしく「敵の敵は友」関係であるが，植物がアリを植物体内にすまわせており，種レベルで緊密なパートナー関係にある点から，より進んだ防衛システムといえる（Hölldobler and Wilson, 1990）．

オオバギ属（*Macaranga*，トウダイグサ科）は旧熱帯に分布する約300種からなり，同属内に3タイプの防衛様式が存在する．ボルネオには約50種が分布するが，その約38％がアリ共生型，17％が中間型，45％が化学防衛型であり，化学防衛型が祖先形質と考えられている．

アリ共生型オオバギの特徴は，茎の中の空洞を巣場所としてアリに提供し，葉やたく葉下面から栄養体（おもにアミノ酸）を分泌している点である．さらに，巣内にはカイガラムシが生息しており，その排泄液からアリは糖を得ている．アリは巣場所と餌をオオバギに完全に提供されており，他から餌を採集する必要がない．アリの方は寄主に巻き付こうとするつる植物を切り払い，産卵にやってきた昆虫を追い払うので，両者は完全に相互利他的である（図34.10）．オオバギと共生するアリとカイガラムシは地域ごとに特定の種の組み合わせができあがっている．

オオバギは化学防衛型とアリ共生型という代表的な2タイプを含み，かつ両者の中間にあると推定される種も存在する．中間型のオオバギでは生長初期には化学防衛し，後期にはアリ共生（特定のアリが茎内に巣をつくる）に変化する．化学防衛型は基本

図 34.10 オオバギの新葉をガードする共生アリ

的にはタンニンで葉を守っているが，タンニン蓄積が困難な生長点防衛には花外蜜腺を併用している．花外蜜腺にはさまざまなアリがやってきて，種特異性はない．中間型オオバギが花外蜜腺から分泌する糖量は，アリ共生型オオバギにおいてカイガラムシ経由でアリに渡る糖量に比較して格段に少ない（市野，1995）．

化学防衛型とアリ共生型のどちらが採用されるかは生息場所に依存している．化学防衛型は林床の薄暗い環境に分布する種に多く，アリ防衛型は川沿いなどの開けた空間に多いという傾向がある．林床では光合成速度がきわめて遅いので糖は制限された資源であり，かつ葉の寿命も長い．こうした生息場所ではエネルギー消費型のアリのコロニーを維持していくだけの糖の余剰がないために，基本的には化学防衛に向かう．川沿いでは光合成は活発であり，余剰の糖を防衛に利用するアリ共生に向かったと考えられている．カイガラムシは糖を効率よくアリに渡すための「ガソリンスタンド」として機能している．

34.5 栄養獲得共生系

a．直接取引による栄養獲得

植物は根から吸収した栄養分と水分，光合成産物である糖由来のデンプンやセルロースなどを用いて体をつくる．この体は途中植食者に食べられるなどのバイパスはあるものの，最終的には枯死し地面に落ちる．これを分解し，植物が再利用可能な形に変換するのは基本的には土壌中の微生物である．温帯や寒帯など，森林内の有機物の

多くが土壌中に蓄積されている系では，この通常の経路が物質循環の主要ルートである．熱帯では分解速度が温帯よりも数倍速く，土壌中の有機物蓄積が少なく，大半は樹木の幹に蓄えられている．また，熱帯ではシロアリが分解者として需要な役割を果たしている(安部，1989；東・安部，1992)．昆虫は植物同様セルロースを分解する能力をもっていないので，シロアリはその能力をもったバクテリアを腸内に共生させることで植物の遺体を利用できるようになった．また，キノコシロアリのように，きのこを栽培して，それを分解者として利用するシロアリもいる．

一方，森林の骨格をつくりだす，ブナ科(Fagaceae)，マツ科(Pinaceae)，フタバガキ科(Dipterocarpaceae)，マメ上科ジャケツイバラ科(Caesalpineaceae)など大半の樹木は外生菌根菌と共生している．これらの共生関係では樹木は糖を提供し，菌根菌は栄養塩類を植物に提供するというバーター取引が成立している(Allen, 1995)．なお，根粒バクテリアと共生しているマメ上科マメ科(Leguminosae)は森林の骨格をつくりだす大型樹木にならない．1種の樹木には数十種の菌根菌が共生しており，また，植物の発育ステージによっても菌根菌相は変化していく．

外生菌根菌と共生する樹木を滅菌した土壌で栽培すると発育が極端に落ちる．したがって，大規模な裸地化などによって菌根菌相が破壊されてしまった地域において，こうした樹木の植林には，菌根菌の再導入も必要になる．土壌が貧弱な熱帯林ではとくにこの点が問題になっている．フタバガキ科における菌根菌との共生の進化について以下に述べる．

b．フタバガキと菌根菌

東南アジアの低地林の主要構成要素で，森林の骨格を形成するのはフタバガキ科の樹木である．種数も多く，森林を構成する樹木の約半分の個体がフタバガキである．そのすべてが外生菌根菌をもっているが，それは土壌の貧弱な熱帯林で大きな幹をつくるための材料を得るために不可欠と考えられている (図 34.11)．両者の共生化につ

図 34.11　フタバガキ科のリュウノウジュに共生する外生菌根菌の子実体

いて以下の仮説が提出されている（Ashton, 1982）．

　フタバガキはもともとゴンドワナ大陸起源で，その破片であるインド亜大陸にのって，アジアにやってきた．アジアに分布するフタバガキ亜科（Dipterocarpoideae）とは別の亜科，モノテス亜科（Monotoideae）がアフリカに，パカライマエア亜科（Pakaraimoideae）が南米に分布する．アフリカと南米では種数も全部で41種と少なく，また灌木として森の中で細々と暮らしている．これに対し，アジアのフタバガキは530種と種レベルでも繁栄し，また50mを超える巨木な樹木となり，林の骨格をつくっている．どのようにしてフタバガキはアジアで繁栄するようになったのだろうか．

　インド亜大陸にのって上陸したフタバガキの祖先種は北上し，東南アジア北部で外生菌根菌と出会ったと考えられている．高等植物は，光合成能力はすぐれているが，栄養塩類の処理は不得意であり，土壌微生物が分解してくれたものしか取り込めない．菌糸が根をとりまく外生菌根菌は，被子植物が出現してからそれと共生する形で進化した比較的新しい，ゴンドワナ時代にはなかった菌類である．フタバガキはアジア北部でおそらくブナ科と共生していた外生菌根菌と出会い，それから貧弱な土壌条件の東南アジア熱帯に南下していったと考えられている．

34.6　共生から自然保護へ

　以上みてきたように，生態系を構成するすべての生物は他者の存在を利用したり，利用されたりすることによって個体の生存と世代の存続が可能になっている．なかでも，共生関係は栄養獲得，防衛，繁殖など，すべての過程で重要な役割を果たしている．このようにみてくると，たとえ1種の生物の自然保護を考える場合でも，こうした共生関係を中心とした生物相互作用網を考慮した保全策でないと有効でないことがわかる．

　たとえば，フタバガキの保全を考える場合には，外生菌根菌，送粉者など直接的な共生関係にある生物にまず注意を払う必要がある（図34.12）．フタバガキの一部はアザミウマによって送粉されるが，フタバガキの開花していない時期にはアザミウマはギャップに咲くほかの植物の花を利用するので，こうした植物が同一地域に存在する必要がある．ギャップに咲く花にはほかの送粉者がいる…．別のフタバガキの送粉者であるハリナシバチにとって，フタバガキだけでは生存できない．フタバガキは花粉しか提供しないので，蜜源として別の植物が巣の近くに存在しなければならない．また，樹脂も特定の植物から採集されているし，巣場所も種ごとに特定の場所を利用している．巨大な木の空洞に営巣する種類は森林からこうした木が伐採されると生存できなくなる．したがって，フタバガキにとってもこうしたハリナシバチにとっての必須資源が同一森林内に存在することが間接的に不可欠である．このように，たとえ1種の植物から出発しても関係する生物相互作用網の範囲は急速に広がっていく（図

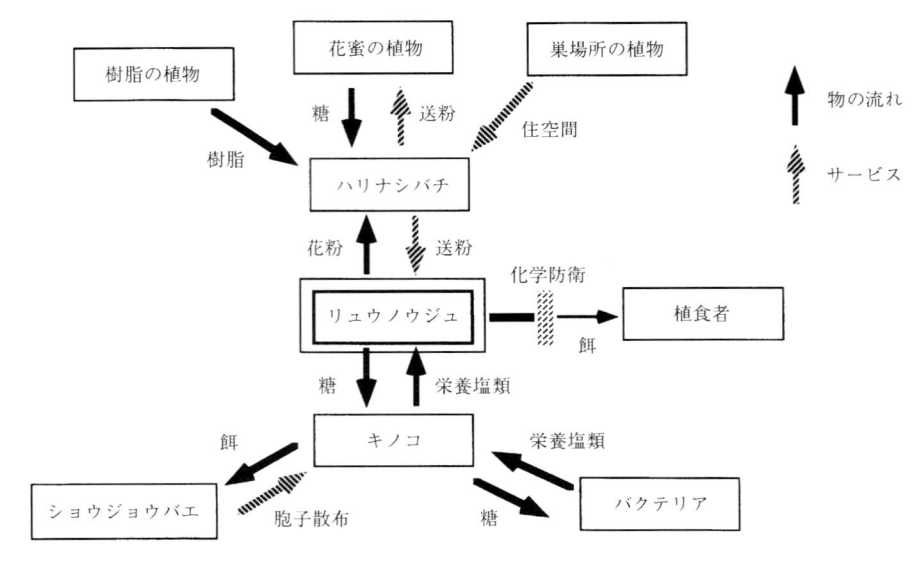

図 34.12 ハリナシバチによって送粉されるフタバガキ科リュウノウジュの共生ネットワーク（物質の流れとサービスの流れを区別して2段階まで示す）

34.12)．オオバギでも同様のことがいえ，防衛共生だけでも，アリとカイガラムシの存在が必要である（図34.13）．また，オオバギはカメムシによって送粉されるためにこの昆虫の存在も必要となってくる．

　自然がある程度残ったところでは，こうした共生関係の重要性はすぐにはみえてこない．生態系が単純化された農生態系ではこうした関係が明瞭に浮かび上がってくる．古典的な例では，ニュージーランドの牧畜があげられる．牧畜のためにはじめは牧草と家畜だけがイギリスから導入されたが，このシステムは持続的でなかった．というのは，1年生草本の牧草は結実せず，毎年その種子を再度輸入しなければならなかったからである．ニュージーランドの牧畜は牧草の送粉者であるマルハナバチをイギリス

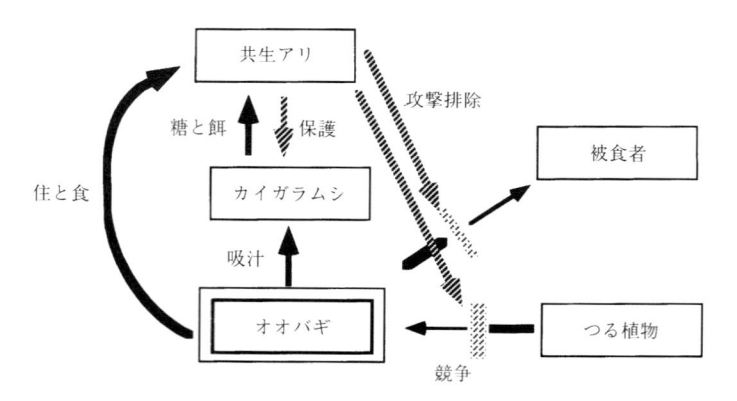

図 34.13 アリ共生型オオバギの共生ネットワーク

34.6 共生から自然保護へ

から導入することで初めて持続的農業になった（Free, 1993）.

最近では，アブラヤシでまったく同様なことが起こった（Free, 1993）. アブラヤシ（*Elaeis guineensis*, ヤシ科）は西アフリカ原産であるが，産業としては東南アジアでおもに栽培されている. 当初送粉者に対する知識がなかったため生産性がきわめて低かった. しかし1980年代になって送粉者のゾウムシ（*Elaeidobius kamerunicus*）を原産地から導入することで生産量が飛躍的に伸び，現在の栽培システムが確立した. ブラジルナッツはこれまで野生の木からの採集が中心であった. 現在栽培化が試みられているが，アブラヤシと同様の問題に直面している.

しかしながら，共生関係に注意を払うとしても，特定の種の自然保護という種中心のアプローチは実際的には有効でないだろう. その理由は自然生態系の研究が遅れているために，未知の大事な種間関係を見逃している可能性がきわめて高いからである. 命名が終わった種の割合が数％しかない現実を謙虚に受け止めれば，その中身である種間関係などの生態についての現時点での知識はごく限られたものであることはすぐにわかる. すでに紹介したように，イチジクと送粉者，寄生者の3者の関係については既知であったが，この系はアリがからんだもっと複雑なものであることが筆者らの研究によって最近解明された（図34.14）. イチジクは特殊な報酬をアリに与え，果囊にアリを誘引する. アリが徘徊していると寄生者が産卵できない. これによって直接の利益を得るのは送粉者であるイチジクコバチであるが，送粉を通じて結果的にイチジクも利益を得る. 実験的にアリを除去するとイチジクは種子をつけられないのである. 調査が進むにつれて，われわれの視野に入るこうした複雑な相互作用のネットワークはどんどん拡大していく. したがって，未知の部分を含めた系全体を保全していく必要がある.

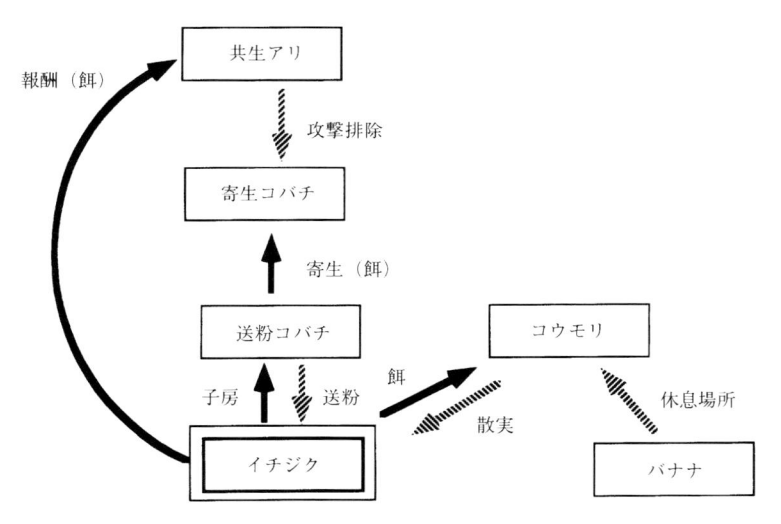

図 34.14 イチジクにおける共生ネットワーク

このようにわれわれの知識がきわめて限定されたものである以上，ある程度まとまった地域をそのまま保全する，国立公園の設定など，地域からのアプローチが必要となってくる．なぜなら，自然保護はこうした共生のネットワークをすべて解明するまで待っておれない緊急の課題であるからである．また，分布の中心地での失敗は許されない．これはニュージーランドへの牧畜の導入とは異なるのである．こうしたアプローチから保全地域を複数とり，それを回廊で結ぶなど，メタ個体群の理論に基づいた保全地域論の理論的検討も進んでいる（Primack, 1993）．　　　　　　　　〔井上民二〕

文　　　献

1) 安部琢哉（1989）：シロアリの生態，東京大学出版会．
2) Allen, M. F. (1991)：The Ecology of Mycorrhizae, Cambridge University Press. 中坪孝之・堀越孝雄訳（1995）：菌根の生態学，共立出版．
3) Appanah, S. and Chan, H. T. (1981)：Thrips: The pollinators of some dipterocarps. *Malay. For.*, **44**, 234-252.
4) Ashton, P. S. (1982)：Dipterocarpaceae. Flora Malesiana, Series 19, pp. 237-522.
5) Barth, F. G. (1985)：Insects and Flowers: The Biology of a Partnership, Princeton University Press.
6) Cox, C. B. and Moore, P. D. (1993)：Biogeography (5th ed.), Blackwell.
7) Free, J. B. (1993)：Insect Pollination of Crops (2nd ed.), Academic Press.
8) 東　正彦・安部琢哉（1992）：地球共生系とは何か，平凡社．
9) Hölldobler, B. and Wilson, E. O. (1990)：The Ants, The Belknap Press of Harvard University Press.
10) 堀田　満編（1989）：世界有用植物事典，平凡社．
11) 市野隆雄（1995）：アリを味方につけた熱帯の植物たち．言語，**24**-8, 28-37.
12) 井上　健・湯本貴和（1992）：昆虫を誘い寄せる戦略，平凡社．
13) 井上民二（1992）：花を訪れるハチ達の生活——ハリナシバチとミツバチ．スマトラの自然と人々（堀田　満・井上民二・小山直樹編），八坂書房．
14) 井上民二・加藤　真（1992）：花に引き寄せられる動物——植物と送粉者の進化，平凡社．
15) Inoue, T. and Kato, M. (1992)：Inter- and intraspecific morphological variation in bumble-bee species, and competition in flower utilization. Resource Distribution and Animal-plant Interactions (Hunter, M. D., Ohgushi, T. and Price, P. W. eds.), pp. 393-427, Academic Press.
16) 石川　統（1988）：共生と進化，培風館．
17) 石川　統（1994）：昆虫を操るバクテリア，平凡社．
18) Janzen, D. H. (1971)：Seed predation by animals. *Ann. Rev. Ecol. Syst.*, **2**, 465-496.
19) Kelly, D. (1994)：The evolutionary ecology of mast seedling. *Trends of Ecology and Evolution*, **9**, 465-470.
20) Krebs, J. R. and Davies, N. B. (1993)：An Introduction to Behavioural Ecology (3rd. ed.), Blackwell.
21) Kress, W. J. and Beach, J. H. (1994)：Flowering plant reproductive systems. La Selva-Ecology and Natural History of a Neotropical Rain Forest (McDade, L. A., Bawa, K. S., Hespenheide H. A. and Hartshorn, G. S. eds.), pp. 161-182, The University Chicago.
22) Meffe, G. K. and Carroll, C. R. (1994)：Principles of Conservation Biology, Sinauer

Associations.

23) Momose, K. and Inoue, T. (1994): Pollination syndromes in the plant-pollinator community in the lowland mixed dipterocarp forests of Sarawak. Plant Reproductive Systems and Animal Seasonal Dynamics (Inoue, T. and Hamid, A. A. eds.), pp. 119-141, Center for Ecological Research.
24) 西平守孝・酒井一彦・佐野光彦・土屋　誠・向井　宏(1995)：サンゴ礁——生物がつくった生物の楽園，平凡社．
25) Pijl, L. van der. (1982): Principles of Dispersal in Higher Plants (3rd ed.), Springer-Verlag.
26) Pilai P. and Kemp, A. C. (1993): Manual to the Conservation of Asian Hornbills, Hornbill Project, Thailand, Faculty of Science, 511 p., Mahidol University.
27) Primack, R. B. (1993): Essentials of Conservation Biology, Sinauer, Sunderland.
28) Real, L. (1983): Pollination Biology, Academic Press.
29) Roubik, D. W. (1989): Ecology and Natural History of Tropical Bees, Cambridge University Press.
30) Salmah, S., Inoue, T. and Sakagami, S. F. (1990): An analysis of apid bee richness (Apidae) in central Sumatra. Natural History of Social Wasps and Bees in Equatorial Sumatra (Sakagami, S. F., Ohgushi, R. and Roubik, D. W. eds.), pp. 139-174, Hokkaido University Press.
31) Seeley, T. D. (1985): Honeybee Ecology, Princeton University Press.
32) Wilson, E. O. (1992): The Diversity of Life, The Belknap Press of Harvard University Press.
33) 山村則男・早川洋一・藤島政博 (1995)：寄生から共生へ——昨日の敵は今日の友，平凡社．
34) 湯本貴和 (1992)：動物による種子散布の研究——その目的と方法．生物科学，**44**，98-107．
35) Yumoto, T., Maruhashi, T., Yamagiwa, J. and Mwanza, N. (1995): Seed-dispersal by elephants in a tropical rain forest in Kahuzi-Biega National Park. *Zaire. Biotropica*, **27**, 526-530.

第Ⅱ編

各　　論

―問題点と対策―

1. 針葉樹林の自然保護

　この章では日本の針葉樹林（coniferous forest）の保護のために必要な基礎情報として，針葉樹の特性，日本の針葉樹林の世界の植生の中での位置づけ，地史的変遷，更新動態の特性などについて概観する．さらに二つの針葉樹林の保護区が当面している問題を紹介し，今後の方向性について提言をしたい．なお，文献は論文のオリジナリティよりも入手しやすさを考え，最近のものを優先させた．短い紙数では十分な説明は難しく，文献を活用してほしい．

1.1　針葉樹の特性

　針葉樹（conifers）とは，裸子植物（gymnosperms）の中のソテツ類（cycads）などを除いた，マキ科，ヒノキ科，スギ科，マツ科などの総称である．ナギやイヌマキなどの，針状の葉をもたないものも，このグループに含まれる．裸子植物は，古生代（Palaeozoic）ペルム期（Permian）後期に起こった陸上植物の大量絶滅のあと，シダ類に代わって劇的な放散（radiation）を遂げ繁栄したグループであり，胚珠（ovule, 種子の部分）が，心皮（carpel, 子房などの種子を覆う部分）に完全には包まれていないこと，風媒花と風散布種子が多いことなどが特徴である．白亜期（Cretaceae）中期からは送粉様式（pollination）や種子散布（seed dispersal）の機構の進化した，被子植物（angiosperms）が劇的な放散を遂げ，第三紀（Tertiary）の後半には，裸子植物は被子植物の優占にとって代わられた（Signor, 1990）．

　裸子植物の材の仮導管（tracheid）は，被子植物のもつ導管（vessel）に比べて，通導抵抗が大きく，十分な水分があるところでの水分の供給速度が小さい．このため，最大生長速度が被子植物に比べて小さいのがふつうである．また，常緑性（evergreen）の針葉樹の場合，葉の寿命は数年から10年程度に達するので，実生が葉を完全に展開して生産構造（productive structure）を確立するのに，落葉樹よりも長い年数がかかる（四手井，1994；Bond, 1989）．このため，針葉樹の多くは実生の時期の生長速度が遅い．しかしいったん生産構造を確立してからは，葉量が多いことや，光合成可能な期間が長いために純一次生産速度（net primary production）は落葉広葉樹より大きく，常緑広葉樹に比べても必ずしも小さくはない（四手井，1974；Bond, 1989；吉良，1976；Tadaki, 1991）．

このような一般的な針葉樹の形質は，落葉性 (deciduous) のカラマツなどには当てはまらない点もあるが，保護管理のうえでは十分留意する必要がある．

1.2 日本の針葉樹林の分布と気候環境

日本を含めた東アジアでは，針葉樹林は北緯 20 度から 30 度以北に分布し，常緑広葉樹林帯 (evergreen broadleaved forest) の上部にかぶさるように出現する．しかし，熱帯地域の山岳の垂直分布に，針葉樹林帯は出現しない（大沢，1993）．

日本の森林植生は通常，亜寒帯常緑針葉樹林 (subarctic evergreen conifer forest)，冷温帯落葉広葉樹林 (cool-temperate deciduous broadleaf forest)，暖温帯照葉樹林 (warm-temperate lucidophyll forest)，亜熱帯樹林 (sub-tropical forest) の四つに区分される (Kira, 1991)．このうち，針葉樹林と名のつく植生帯は亜寒帯常緑針葉樹林のみであるが，冷温帯落葉広葉樹林や暖温帯照葉樹林でも，針葉樹は非常に重要な

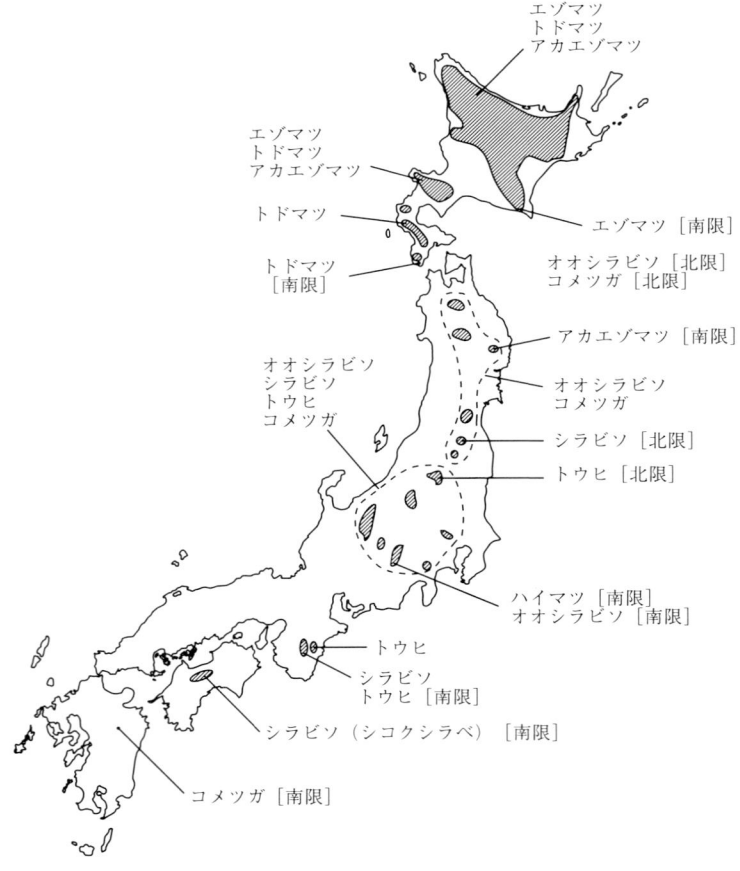

図 1.1 亜寒帯・亜高山帯針葉樹林の分布地（斜線部）および主要な構成針葉樹とその北限・南限分布地（林，1960；堀田，1980 をもとに作図）

1.2 日本の針葉樹林の分布と気候環境

構成要素となっており，世界的にみても温帯針葉樹 (temperate conifers) が優勢な地域である（堀田，1980；吉良ら，1976）．

各植生帯の針葉樹林を概観してみよう．北海道の山岳地域を中心に分布する亜寒帯針葉樹林はエゾマツ，アカエゾマツ，トドマツを中心とする森林で，このタイプの林はカラフトから沿海州へと続いている（堀田，1980）（図 1.1）．また，トドマツは温帯性の落葉広葉樹と北海道の広い範囲で混交林をつくっている．ほぼ同じ温度環境下の本州，四国の亜高山帯 (sub-alpine zone) には，シラビソ，オオシラビソ，トウヒ，コメツガで形成される針葉樹林が出現するが，これらの樹種のうち，トウヒ以外はいずれも本州の固有種 (endemic species) であり，東アジアの他の亜寒帯針葉樹林から隔離されてからの時間が長いと考えられる（堀田，1980；吉良ら，1976）．また，山頂

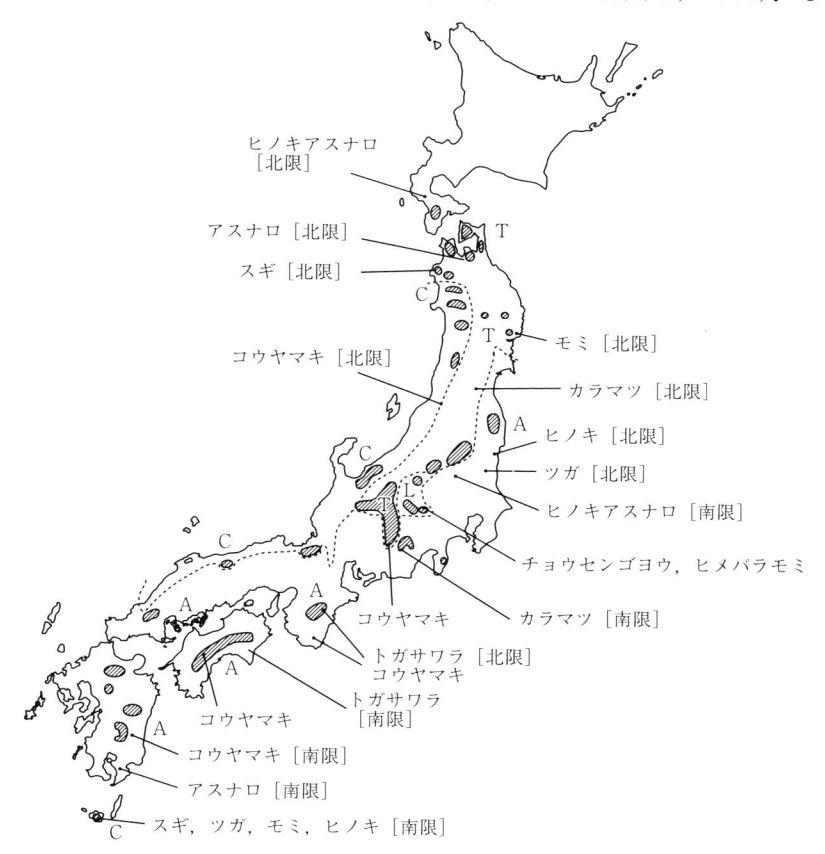

図 1.2 温帯針葉樹の分布による地理区分と北限・南限分布地および希少種の分布地

斜線部が温帯針葉樹林の発達した部分．記号は優占する針葉樹による類型単位を示す．T：アスナロ，ヒノキアスナロを伴う温帯林．南部ではヒノキに置き換わる．C：スギを伴う温帯林．L：カラマツを伴う温帯林．チョウセンゴヨウ，ヒメバラモミなども含まれる．A：モミ，ツガが主体の温帯林．トガサワラ，コウヤマキも含まれる（林，1960；堀田，1980をもとに作図）．

付近の岩塊地や，風衝地で森林の成立が難しい立地では，ほふく性のハイマツの群落が出現する（沖津，1987）．従来このハイマツ群落を高山帯（alpine zone）に含めていたが，現在は亜高山帯の中に含めるのが一般的である．

温帯には，ヒノキ科のヒノキ，アスナロ，ヒノキアスナロ，スギ科のスギ，コウヤマキ科のコウヤマキ，マツ科のカラマツ，ツガ，モミ，ウラジロモミ，ハリモミ，ヒメバラモミ，トガサワラ，チョウセンゴヨウ，ヒメコマツなど，日本の他の植生帯とは比較にならないほど多数の針葉樹が生育している．これらの針葉樹の分布パターンは多様で，亜高山帯にも分布するカラマツから，暖温帯上部を中心に出現するモミ，ツガまでが含まれている（図1.2）．

森林の分布規模も大小さまざまで，西南日本外帯のモミ，ツガや，屋久島のスギのように植生帯として認識できるような針葉樹林を形成するものもある（吉良ら，1976；栗田，1983a；1983b）．一方，トガサワラやコウヤマキのような残存種（relic species）では分布が非常に限られている．また，ヒノキ，ハリモミ，カラマツなどのように火山噴出物上にまとまった森林をつくる種も多い（高橋，1975；Ohsawa，1984a；呉ら，1989）．これら温帯針葉樹林の現在の分布パターンは，太平洋側と日本海側の分化としてとらえられ，降雨量と降雨の季節的なパターンとの対応を整理すると，多雨地帯でのスギ，夏雨地帯のモミ，ツガ，両者の中間に位置するアスナロ，ヒノキアスナロ，少雨地帯のカラマツに代表される4型に区分できる（堀田，1980）（図1.2）．

暖温帯から冷温帯にかけてはアカマツ，クロマツの2種類の先駆樹種（pioneer tree）が広く分布している．これら2種のマツも溶岩流上や，岩塊の堆積した尾根筋，湿地などに限られて出現する種であったと考えられるが，弥生時代以降の人類のインパクトの増大とともに，北海道南部から九州まで広く二次林構成種として分布するに至った（安田，1980）．

1.3 針葉樹林の地史的変遷

現在の植生の分布は，最終氷期以降の環境変動の影響を強く受けており，さらに，人類の干渉や火山活動などとのかかわりも重要である（安田，1980；塚田，1980；辻，1993）．ここでは，針葉樹林の地史的な変遷について，オオシラビソとスギを例にしてみてみよう．

本州の東北地方から中部地方の亜高山帯に分布するオオシラビソは，花粉分析と詳細な分布調査から，次のような地史的変遷を経たことが判明している．降雪量が少なく現在より寒冷であった最終氷期に，オオシラビソはシラビソ，トウヒなどに比べると，優占度の低い種であった．後氷期の1万年前以降の温暖化，多雪化の過程で植生帯が北へ移動するにつれ，オオシラビソは優占度を増加してきた．しかし，約6000年前のヒプシサーマル期（Hypsithermal period）とよばれる現在よりも温暖な時期に

は，ブナ帯上限が300mから400m上昇し，低標高の山岳のオオシラビソは，山頂部から押し出される形で絶滅してしまった．ヒプシサーマル期以後，ブナ帯が下降して，オオシラビソが分布できる立地が確保された山岳でも，オオシラビソが欠落している山が多くみられるが，その原因はヒプシサーマル期の地域的絶滅だと考えられている（梶，1982；杉田，1990）．また，ヒプシサーマル期には排水不良の平坦地が，オオシラビソのレフュジア（refugia）として重要であったことが指摘されている（杉田，1990）．このような変遷パターンは同じ亜高山帯の構成種のシラビソ，コメツガ，トウヒとはまったく異なっており，現在われわれがみている植生帯が，気候の変動とともにそのまま移動をしていたわけではないことを示している．

　温帯針葉樹のスギは，材質の良さと加工のしやすさから，縄文時代から材として頻繁に利用されてきた．また，人間による保育や造林活動が弥生時代から行われているとの説もある（塚田，1980）．スギは最終氷期には若狭湾沿岸，伊豆半島に大きな集団として残存しており，これ以外にも房総半島，富山湾，紀伊半島，四国などにも小さな集団が存在したと考えられている（塚田，1980；遠山，1976）．これら各地のスギの集団が，後氷期の温暖化に伴い，分布を広げてきたものと考えられる．このため，オモテスギ，ウラスギという，太平洋側と日本海側のスギの遺伝的分化は，すでに最終氷期に生じたものと考えられる．九州には最終氷期以前からスギは分布しておらず，屋久島のスギはこの時期から他の集団と隔離されていたと考えられている（塚田，1980）．低地のスギ林はすでにほとんど消滅したが，かつては，海岸低地にも巨大なスギが相当数分布していたであろうことが，若狭湾沿岸，富山平野などの埋没林から想像できる（遠山，1976；平，1985）．

　最近1万年以降の間に，植物の分布はダイナミックに変化している．このため，われわれが現在目にしているような植生の構造は，1000年程度の時間スケールで計ると，案外短い歴史しかもっておらず不安定なものである．現在進行しているであろう環境変動の中で，森林をどのような形で保護していくかは，今後重要な課題となってくるだろうが，その際にも過去の植生変動の歴史を理解しておくことは不可欠であろう．

1.4　針葉樹林の更新動態特性

a．更新の空間的スケール

　近年自然林の更新（regeneration）の実態がさまざまのタイプの森林で調べられ，更新の空間的スケールや，時間スケールが具体的にわかってきた．針葉樹林の更新過程は，台風などの際に起こる風倒を引金とする風倒型更新と，単木的な枯死や団地状の立ち枯れに起因する立ち枯れ型更新に分けられる（木村，1977；紙谷・丸山，1978；Kohyama，1988；神崎ら，1994）．縞枯れ山で有名な縞枯れ更新（wave regeneration）

は，山頂部付近の季節風の吹き付ける部分に出現するが，これも立ち枯れ型更新に含められるだろう．一方，更新の空間的スケールからは，大面積一斉更新と，小面積のギャップ更新（gap regeneration）に分けられる（山本，1984）．

大面積でしかも風倒型の更新の場合には，数 ha から数 km^2 の規模の攪乱跡地が形成される．このような更新は北海道のエゾマツ・トドマツ林（玉手，1959），アカエゾマツ林（長谷川・辻井，1987），本州の亜高山帯林（Kanzaki and Yoda, 1986；山中ら，1994），四国のツガ林（鈴木，1989）など，さまざまな針葉樹林に共通して認めら

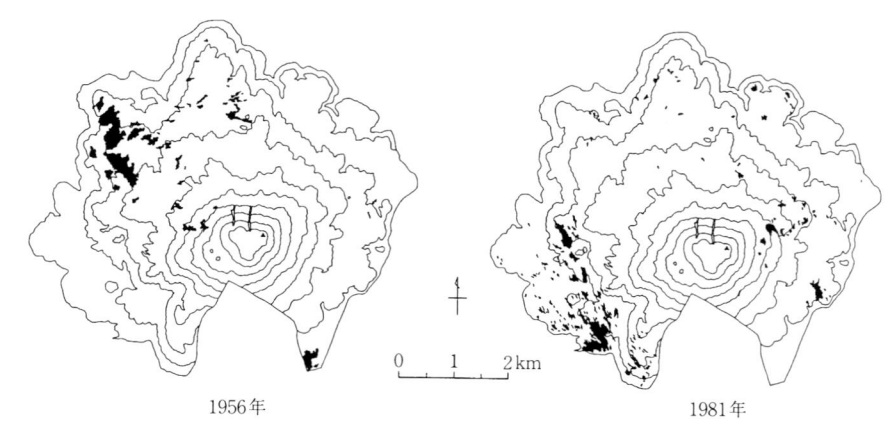

図 1.3 北海道の雄阿寒岳で大規模風倒によって生じた攪乱跡地の分布
1956年と1981年撮影の航空写真から識別された攪乱跡地が黒く塗られている．それぞれ1954年の洞爺丸台風と1981年の15号台風で生じたと考えられる．最大パッチサイズはそれぞれ20.3ha, 16.3ha（長谷川・辻井，1987）．

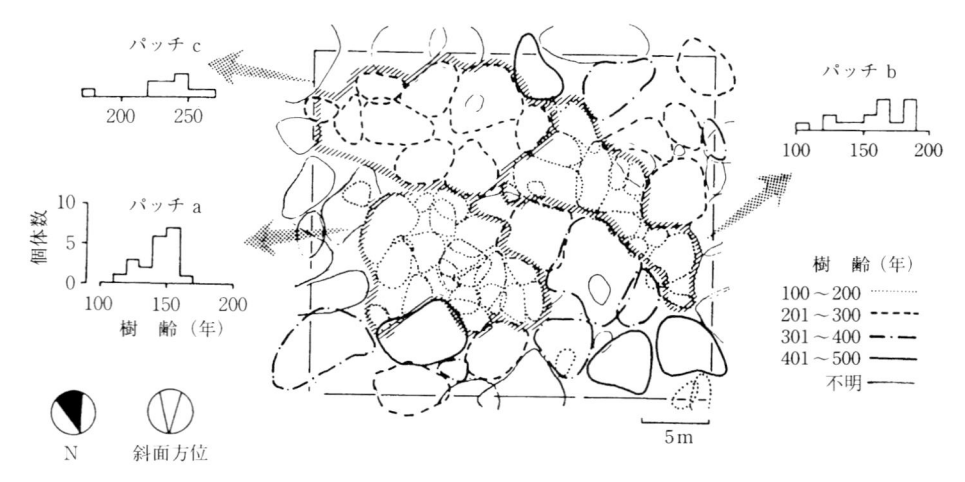

図 1.4 南アルプスのコメツガ，シラビソ，オオシラビソ，トウヒの混交林での同齢集団のモザイク構造
成長錐でコアを採取し年輪をカウントして樹齢を求めた．小面積のギャップ更新が3か所で起きたことが推定できる（Kanzaki, 1984）．

れる（図1.3）．一方，単木的な枯死や風倒に伴う小面積のギャップ形成を引金とするギャップ更新も，トドマツ・アカエゾマツ林（Suzuki et al., 1987），コメツガ林（Kanzaki, 1984），トウヒ・シラビソ林（Yamamoto, 1993）などで認められる（図1.4）．同じ森林群落の中でも，これら二つの規模の異なる撹乱様式が重層的に共存していると考えた方がよいかもしれない．しかし広葉樹林と比較した場合に，針葉樹林では大面積の風倒型更新の観察例がきわめて多いのが特徴である．このことは，森林保護区などの管理にはきわめて重要で，針葉樹林の場合には相当大きな撹乱を受けることを前提に，保護区の設定，管理をしておかなければならない（長池ら，1994）．

b．針葉樹の実生の定着特性

針葉樹の多くは常緑性で実生段階の生長速度は遅く根の伸長も遅い．このため，実生の定着は安定した水分環境の得られるコケ群落，とくに倒木上に成立する背丈の低いコケ群落で成功しやすい（Nakamura, 1992）（図1.5）．多くの針葉樹で倒木上更新が報告されているのは（紙谷・丸山，1978；Takahashi, 1994），倒木そのものよりも，生育基質としてのコケの重要性の表れだろう．

また，日本ではササ類（dwarf-bamboo）が林床をうっ閉することが多いが，ササの落葉の堆積した土壌での，針葉樹実生の定着率はきわめて低く（Nakamura, 1992）（図1.5），このような立地では，親木の根株上や，倒木上が唯一の更新立地となり，ササ原の中に針葉樹の密生するパッチが散在するような群落構造となってしまう（濱尾・

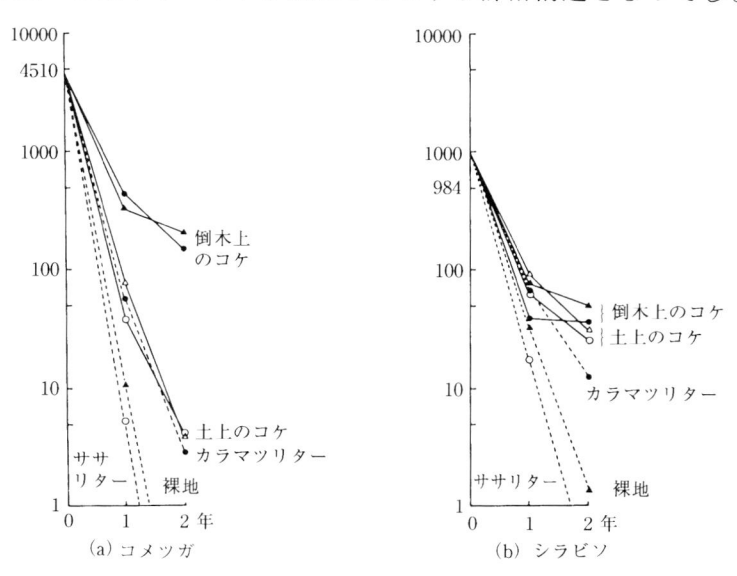

図 1.5 さまざまな基質上での針葉樹の種子落下から実生定着の過程

富士山亜高山帯での野外実験結果．シラビソは，倒木上，地上のコケ群落とカラマツのリター上で定着が可能なのに対し，種子サイズの小さいコメツガは，倒木上のコケ群落上でのみ定着する．裸地とササのリター上では両種とも定着できない（Nakamura, 1992）．

大沢, 1984). このような状態では更新稚樹の生長がなく, 実質的に森林が減少していくことも指摘されている(Nakashizuka, 1991). ササ類は一斉開花して枯死するため, 枯死後5年間程度は林床の光条件(Makit, 1992)は改善され, 地表のリターの堆積量も減少し, 樹林が回復するきっかけとなることも知られている(Nakashizuka, 1988). しかし, ササと針葉樹がモザイク状に混在する森林の, 長期にわたる動態については, まだ十分な知見が得られていないのが現状である.

c. 草食動物と針葉樹

ニホンジカ, カモシカなどの日本の大型の草食動物(herbivore)は, 通常ササ類などのイネ科や, カヤツリグサ科の草本を主要な食物資源としている (Takatsuki, 1983). 積雪期でイネ科草本やササ類が採食できない時期に, 針葉樹などの枝先を採食する程度である(立澤・森, 1994). しかし, あとで述べる大台ヶ原の例にみられるように, シカが針葉樹の樹皮を剥離(barking)して採食し, 樹木の立ち枯れの原因になっているような場合もある(星野ら, 1987; 三浦, 1989). この場合も, シカは主要なエネルギー源として樹皮を食べているのではないと考えられており, 樹皮食いの理由は明らかでない(三浦, 1989). 日本の大型草食動物自体, 保護の必要な生物であるため, 限られた面積の自然保護区の中での草食動物と樹木のジレンマは今後も各地で問題化してくることが予想される.

1.5 保護上の問題点

国立公園, 原生自然環境保全地域, 森林生態系保護地区, 天然記念物など, さまざまな形で針葉樹林の保護区が設定されている. これらの保護区が当面している問題点を二つの例でみてみよう.

a. 山梨県の山中のハリモミ林

温帯針葉樹のハリモミは, 冷温帯の広葉樹林と混じって分布し, 分布範囲は広いが, 純林をつくることは少ない. 山梨県の富士山北東斜面の鷹丸尾溶岩流上のハリモミは, 約57ha, 樹齢250年の純林を形成しており, 1963年に国の天然記念物に指定された. しかし, このハリモミ林は溶岩流上の遷移過程の一時期優占するものであり, 必然的に他の種類に置き換わり, 広葉樹と針葉樹の混交林になるのがふつうである. 事実, 樹齢250年のハリモミは風害や火災害で死亡し, その後のハリモミの更新は悪く, ハリモミ林としての保存のためには強度の人為管理が必要と予想される(高橋, 1975; 大沢, 1984b; 山本, 1987).

しかし, このような過渡的なハリモミ林を強度の管理下で維持することが, 意味があるのかどうかは, 十分考慮する必要があるだろう. むしろ, 溶岩流上で生じる生態

系の遷移の過程自体を保護するような形で，この森林を保護していくことが必要ではないだろうか．このためには，溶岩流上のハリモミ林だけではなく，その周囲の自然林を保存しておかなければ，次の森林構成種の種子供給源が確保できない．

このように遷移の途中相の群落を保護するについては，その種の存続を重視するのか，自然の遷移過程をその場で実現させることを重視するのか，関係者の合意のもとで意思決定が必要だろう．

b．大台ケ原のトウヒ林

紀伊半島の大台ケ原には，亜高山帯性のトウヒの優占する群落が分布する．このトウヒ林は国立公園特別保護地区に含まれている．このトウヒ林では，国立公園の抱えるいくつかの典型的な問題が生じている．トウヒ林の一部にはコケが林床や倒木上を厚く覆う林分があったが，観光客の立入りのために，林床のコケ類が消滅し，トウヒの更新も阻害されている．また先に述べたように，シカによる針葉樹の樹皮の剥離が1970年代後半から高頻度で起こるようになった（星野ら，1987）．樹木は幹の周囲を環状に剥皮されると，維管束組織がとぎれ，立ち枯れを起こす．大台ケ原では，針葉樹とくにトウヒの剥皮される率は高く（関根・佐藤，1992；菅沼・浜垣，1989），成熟林分での立ち枯れは急速に進行している（柴崎，1987；土永・菅沼，1987）．

しかし，原因はシカの剥皮だけではない．現在立ち枯れが進行しているトウヒ林は，大正時代から始まった伐採で切り残され，島状に残った部分である．このような森林の孤立化は，林縁部での樹木の損傷をまねき，立ち枯れが進行していく重要な要因となる（菅沼・鶴田，1975）．さらに林冠木の死亡だけでなく，林床を高密度で覆うミヤコザサ（イトザサ）のため，トウヒの稚樹の更新はきわめて悪い（菅沼・鶴田，1975）．

幸い，隣接する大正時代の伐採跡地では，ウラジロモミとトウヒが順調に更新しているので，この地域からトウヒが絶滅することはないだろうが，今後相当の面積がミヤコザサの草原に変化する可能性がある．トウヒ稚樹の定着を助けるための，シカよけ柵，樹皮を保護する食害防止ネット，トウヒの人工播種などさまざまな手法が試みられている（武田，1989）．その成果の公表が待たれるところである．また，このような再生のための施業を行う際には，他地域から遺伝的に異なる系統を移入しないよう，留意する必要がある（渡辺ら，1996）．

針葉樹とササと草食動物の3者の組み合わせは，広葉樹林を含め日本の森林に共通にみられるもので，多くの地域で同じような問題が生じている．しかし，過去の地史的な時間の流れの中では，シカの存在はむしろササを制御し実生の定着を助け，樹木の更新を助けていたと考える説もあるので（渡邊，1994），留意する必要がある．

おわりに

日本の平野部に存在した原植生の多くはすでに消滅し，植生帯としてまとまって残

存している植生は大雪山地の亜寒帯針葉樹林，中部山岳の亜高山帯針葉樹林や屋久島のスギ林などがあげられるだろう．これらの森林は国立公園，原生自然環境保全地域，天然記念物などさまざまな形で保護されている．しかし，指定後のモニタリングや，総合的な保護計画の策定が十分であるとはいえない（近田，1977）．幸い原生自然環境保全地域については，10年に1回の定期的調査が実現しそうな流れにあるが，現在進行している環境変動の中で，気象観測も含めた長期的，継続的なモニタリングシステムをつくることも，これからの保護区の存続に必要であろう．また，保護区の情報に精通した人材をさまざまな形で確保して，保護計画の策定に生かしていくことも必要だと思われる．さらに，保護区設置の目的を明確に定め，必要な人為的管理の手法を目的に合わせて採用していくことが求められるだろう（渡邊，1994）．　［神崎　護］

文　献

1) Bond, W. J. (1989): The tortoise and the hare: Ecology of angiosperm dominance and gymnosperm persistence. *Biological Journal of the Linnean Society*, **36**, 227-249.
2) 近田文弘（1977）：南アルプスの明日を考える．遺伝，**31**-5, 75-79.
3) 呉　建業・中村俊彦・濱谷稔夫（1989）：富士山青木ヶ原における針葉樹林の分布と群落構造．東大農学部演習林報告，**81**, 69-94.
4) 濱尾章二・大沢雅彦（1984）：尾瀬におけるオオシラビソ林の更新．森林立地，**14**, 20-24.
5) 長谷川栄・辻井達一（1987）：雄阿寒岳山麓における風倒地の分布．前田一歩園財団調査研究報告，**1**, 201-210.
6) 林　弥栄（1960）：日本産針葉樹の分類と分布，202 p., 農林出版．
7) 星野義延・治田則男・丸山直樹（1987）：ニホンジカ，ニホンツキノワグマが大台ヶ原山のトウヒ林に及ぼす影響．中西哲博士追悼植物生態・分類論文集，pp. 367-377, 神戸群落生態研究会．
8) 堀田　満（1980）：日本列島及び近接東アジア地域の植生図について．科研費総研 A ウルム期以降の生物地理 昭和54年度報告書，pp. 39-44.
9) 梶　幹男（1982）：亜高山性針葉樹の生態地理学的研究．東大農学部演習林報，**72**, 32-120.
10) 紙谷智彦・丸山幸平（1978）：苗場山におけるオオシラビソ天然林の構造について，（I）閉鎖林分における階層構造と分布様式について．新潟大学農学部演習林報告，**11**, 37-49.
11) Kanzaki, M. (1984): Regeneration in subalpine coniferous forests I, Mosaic structure and regeneration process in a *Tsuga diversifolia* forest. *Bot. Mag. Tokyo*, **97**, 297-311.
12) Kanzaki, M. and Yoda, K. (1986): Regeneration in subalpine coniferous forests II, Mortality and the pattern of death of canopy trees. *Bot. Mag. Tokyo*, **99**, 37-51.
13) 神崎　護・大前義男・藤井範次・桑原淳一（1994）：大井川源流部の亜高山帯林の10年間の動態．大井川源流部原生自然環境保全地域調査報告書，pp. 3-20, 環境庁・日本自然保護協会．
14) 木村　允（1977）：亜高山帯の遷移．群落の遷移とその機構（沼田　眞編），306 p., 朝倉書店．
15) 吉良龍夫（1976）：陸上生態系――概論――．生態学講座2, 166 p., 共立出版．
16) 吉良龍夫・四手井綱英・沼田　眞・依田恭二（1976）：日本の植生――世界の植生配置のなかでの位置づけ――．科学，**46**, 235-247.
17) Kira, T. (1991): Forest ecosystems of east and southeast Asia in a global perspective. *Ecol. Res.*, **6**, 185-200.
18) Kohyama, T. (1988): Etiology of "Shimagare" dieback and regeneration in subalpine *Abies* forests of Japan. *GeoJournal*, **17**, 201-208.

19) 栗田　勲 (1983 a)：亜高山帯針葉樹林の生態学的研究 III. 森林立地, **15**-1, 1-7.
20) 栗田　勲 (1983 b)：亜高山帯針葉樹林の生態学的研究 IV. 森林立地, **15**-2, 1-9.
21) Makita, A. (1992): Survivorship of a monocarpic bamboo grass, *Sasa kurilensis*, during the early regeneration process after mass flowering. *Ecol. Res.*, **7**, 245-254.
22) 三浦慎吾 (1989)：大台ケ原のシカと植物——その現状と課題——. 関西自然保護機構会報, **17**, 29-34.
23) 長池卓男・久保田康裕・渡辺典之 (1994)：十勝川源流部原生自然環境保全地域周辺のエゾマツ・ダケカンバ・トドマツ林拓伐地における林分構造と更新. 十勝川源流部原生自然環境保全地域調査報告書, pp. 43-51, 環境庁・日本自然保護協会.
24) Nakamura, T. (1992): Effect of bryophytes on survival of conifer seedlings in subalpine forests of central Japan. *Eco. Res.*, **7**, 155-162.
25) Nakashizuka, T. (1988): Regeneration of beech (*Fagus crenata*) after the simultaneous death of undergrowing dwarf bamboo (*Sasa kurilensis*). *Ecol. Res.*, **3**, 21-35.
26) Nakashizuka, T. (1991): Population dynamics of coniferous and broadleaved trees in a Japanese temperate mixed forest. *Journal of Vegetation Science*, **2**, 413-418.
27) Ohsawa, M. (1984 a): Differentiation of vegetation zones and species strategies in the subalpine region of Mt. Fuji. *Vegetatio*, **57**, 15-52.
28) 大沢雅彦 (1984 b)：山中のハリモミ純林. 日本の天然記念物 4, 163 p., 講談社.
29) 大沢雅彦 (1993)：東アジアの植生と気候. 科学, **63**, 664-672.
30) 沖津　進 (1987)：ハイマツ帯. 北海道の植生 (伊藤浩司編著), pp. 129-167, 北海道大学図書刊行会.
31) 関根達郎・佐藤治雄 (1992)：大台ケ原におけるニホンジカによる樹木の剥皮. 日生態会誌, **42**, 241-248.
32) 柴崎篤洋 (1987)：梢の博物誌, 310 p., 思索社.
33) 四手井綱英 (1974)：日本の森林, 184 p., 中央公論社.
34) Signor, P. W. (1990): The geologic history of diversity. *Annual Review of Ecology and Systematics*, **2**, 509-540.
35) 菅沼孝之・鶴田正人 (1975)：大台ケ原・大杉谷の自然, 人とのかかわりあい, 259 p., ナカニシヤ出版.
36) 菅沼孝之・浜垣立子 (1989)：大台ヶ原における森林の現状と問題点, トウヒ密度調査. 大台ヶ原トウヒ林保全対策事業実績報告書——昭和 61-63 年度事業実績——, pp. 13-30, 環境庁.
37) 杉田久志 (1990)：後氷期のオオシラビソ林の発達史——分布特性にもとづいて. 植生史研究, **6**, 31-37.
38) Suzuki, E., Ota, K., Igarashi, T. and Fujiwara, K. (1987): Regeneration process of coniferous forests in northern Hokkaido I, *Abies sachalinensis* forest and *Picea glehnii* forest. *Ecol. Res.*, **2**, 61-75.
39) 鈴木英治 (1989)：四国と九州の温帯針葉樹林の更新. 植生史研究, **4**, 3-10.
40) Tadaki, Y. (1991): Productivity of coniferous forests in Japan. Coniferous Forest Ecology From an International Perspective (Nakagoshi, N. and Golley, F. B. eds.), pp. 109-119, Academic Publishing.
41) 平　英彰 (1985)：北アルプス北部におけるタテヤマスギの天然分布について. 森林立地, **17**-2, 1-7.
42) 高橋啓二 (1975)：林試研報, **277**, 61-85.
43) Takahashi, K. (1994): Effect of size structure, forest floor type and disturbance regime on tree species composition in a coniferous forest in Japan. *J. Ecology*, **82**, 769-773.

44) Takatsuki, S. (1983): The importance of *Sasa nipponica* as a forage for Shika Deer (*Cervus nippon*) in Omote-nikko. *Jpn. J. Ecol.*, **33**, 17-25.
45) 武田明正(1989)：コメント——大台ケ原トウヒ林保全の現場から——．関西自然保護機構会報, **17**, 19-21.
46) 玉手三棄寿 (1959)：気象．北海道風害森林総合調査報告書, pp. 102-174, 日本林業技術協会．
47) 立澤史郎・森　美文 (1994)：大井川源流部原生自然環境全地域におけるニホンジカの食性と食物量．大井川源流部原生自然環境保全地域調査報告書, pp. 37-56, 環境庁・日本自然保護協会．
48) 遠山富太郎 (1976)：杉のきた道, 215 p., 中央公論社．
49) 土永知子・菅沼孝之 (1987)：大台ヶ原におけるトウヒ林の動態について．奈良植物研究, **10**, 31-35.
50) 辻誠一郎 (1993)：火山噴火が生態系に及ぼす影響．火山灰考古学（新井房夫編）, pp. 225-246, 古今書院．
51) 塚田松雄 (1980)：杉の歴史——過去一万五千年間．科学, **50**, 538-546.
52) 山本進一 (1984)：森林の更新——そのパターンとプロセス——．遺伝, **38**-4, 43-50.
53) 山本進一 (1987)：孤立林のダイナミクス．生物科学, **39**, 121-127.
54) Yamamoto, S. (1993): Gap characteristics and gap regeneration in a subalpine coniferous forest on Mt Ontake, central Honshu, Japan. *Ecol. Res.*, **8**, 277-285.
55) 山中典和・安藤　信・玉井重信(1994)：南アルプス亜高山帯針葉樹林の齢構造と更新過程．森林立地, **36**-1, 28-35.
56) 安田善憲 (1980)：環境考古学事始, 270 p., 日本放送出版協会．
57) 渡邊定元 (1994)：樹木社会学, 450 p., 東京大学出版会．
58) 渡辺幹男・芹沢俊介・菅沼孝之(1996)：大台ケ原山へ他地域のトウヒを持ち込んでもよいのか？　植生学会誌, **13**, 107-110.

2. 夏緑樹林の自然保護

　地域が変われば植生は変わり，同じ地域内でも立地が変われば植生は変わる．植生面からの自然保護とは，特定の地域や立地の植生だけを保護するというのではなく，すべての地域や立地に生育する自然性，土着性の高い植物や植生の存続をはかり，自然に本来備わっている多様性をできるだけ保持していくことである．本章ではこのような立場から，日本の夏緑（落葉）樹林の保護を効果的に行ううえで必要な知見と視点を，①群落の維持・再生過程，②地域間での群落の分化，③地域内での立地による群落の分化，④多様な種の生育地としての群落，という四つの側面に分けて提示してみたい．夏緑樹林を主題とするが，ここで述べる視点の多くは，他の植生を保全するうえでも有効だと思われる．

2.1　夏緑樹林の構成

　南北に長く，標高幅の広い日本では，植生と温度条件の組み合わせによっていくつかの植生帯が区分されている．夏緑樹林が卓越するのは，たとえば本州中部では標高約 800〜1500 m の領域である．この領域は，相観的には夏緑（樹）林帯または落葉広葉樹林帯，気候的には温帯（冷温帯），標高的には山地帯，優占種的にはブナ帯，種組成的にはブナクラス域などさまざまによばれているが，いずれも同一の植生帯を意味する．

　この植生帯の中には，森林ばかりでなく，草原や湿原，岩上群落などさまざまな群落がみられる．そのうち高木林（たとえばブナ林，サワグルミ林，ミズナラ林など）の多くは夏緑性であり，温帯落葉樹林（temperate deciduous forest）あるいは夏緑（樹）林とよばれる．これらの夏緑樹林相互間およびツガ林，クロベ林など一部の針葉樹林との間には，種組成的な共通性があり，両者を含めてブナクラス（クラスとは植物社会学における種組成のまとまりの単位）として扱われる．ただし，夏緑樹林であっても種組成的にはブナクラスに属さない森林もある（夏緑樹林帯のヤナギ林，針葉樹林帯のダケカンバ林，照葉樹林帯のアカメガシワ林など）．本章では夏緑樹林を表題としているが，実際には夏緑樹林帯のブナクラス（夏緑樹林と一部の針葉樹林）を検討対象とする．

　ブナクラスの森林は，自然林だけでも優占種や種組成の異なる約 50 の群落型（群集）

2. 夏緑樹林の自然保護

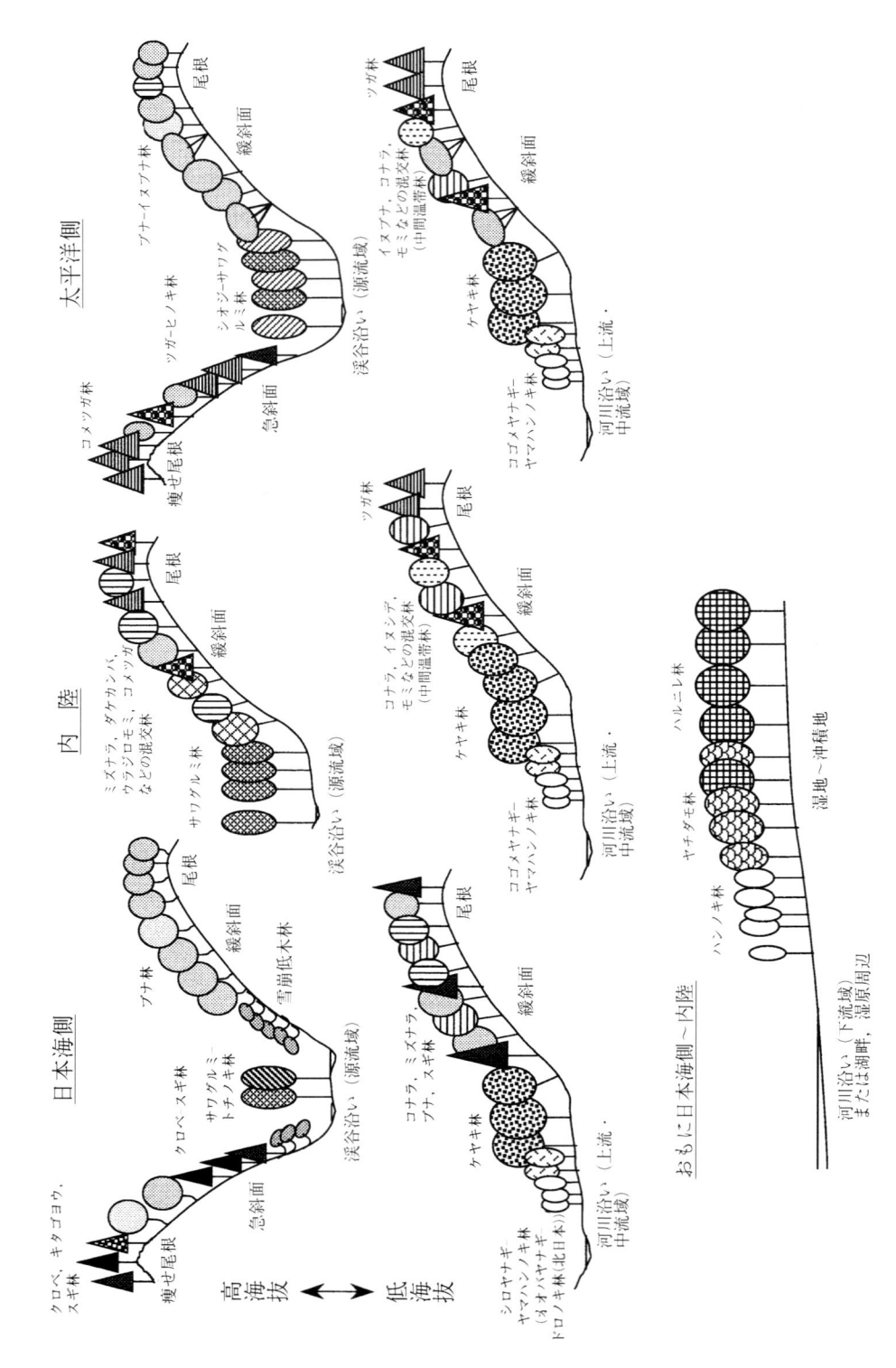

日本海側

クロベ、キタゴヨウ、スギ林
痩せ尾根
急斜面
ブナ林
尾根
ミズナラ、ミネカエデ、ウラジロモミ、コメツガなどの混交林
緩斜面
クロベ・サワグルミ・トチノキ林
サワグルミ林
雪崩低木林
渓谷沿い（源流域）

シロヤナギ・ヤマハンノキ林（オノエヤナギ・ドロノキ林（北日本））
河川沿い（上流・中流域）

コナラ、ミズナラ、ブナ、スギ林
ケヤキ林
緩斜面
尾根
コゴメヤナギ・ヤマハンノキ林
河川沿い（上流・中流域）

高海抜 ←→ 低海抜

内 陸

ミズナラ、ダケカンバ、ウラジロモミ、コメツガなどの混交林
尾根
緩斜面
サワグルミ林
渓谷沿い（源流域）

コナラ、イヌシデ、モミなどの混交林（中間温帯林）
ツガ林
尾根
緩斜面
ケヤキ林
コゴメヤナギ・ヤマハンノキ林
河川沿い（上流・中流域）

太平洋側

コメツガ林
痩せ尾根
ツガ・ヒノキ林
シオジ・サワグルミ林
急斜面
ブナ・イヌブナ林
尾根
緩斜面

イヌブナ、コナラ、モミなどの混交林（中間温帯林）
ツガ林
尾根
緩斜面
ケヤキ林
コゴメヤナギ・ヤマハンノキ林
河川沿い（上流・中流域）

おもに日本海側〜内陸

ヤチダモ林
ハルニレ林
ハンノキ林
河川沿い（下流域）または湖畔、湿原周辺
湿地〜沖積地

図 2.1 本州の中部以北におけるブナクラス域の主要な自然林群落の配分模式

に細分される（宮脇・奥田，1990）が，おおまかには次の4タイプにまとめられる．①ブナが優占するいわゆるブナ林（ブナ-ササオーダー，オーダーとはクラスの下位の単位）．北海道渡島半島以南の中性〜乾性立地（山腹〜尾根）におもに自然林として分布する．②シオジ，サワグルミ，トチノキ，ハルニレ，ヤチダモなどが優占する林（ハルニレ-シオジオーダー）．全国の沢沿い，沖積地，湿地など湿性立地を占める自然林，二次林で，渓谷林，渓畔林，湿地林などとよばれる．③ミズナラ，コナラ，イヌブナなどが優占または混交した林（ミズナラ-コナラオーダー）．中性〜乾性立地を占め，大陸的気候（少雨で気温較差大）のためブナ林が成立しない本州内陸と北海道では自然林および二次林として，それ以外の地域ではおもに二次林として成立している．これらのうち温暖側に成立する，コナラ，イヌシデ，イヌブナ，モミ，ツガなどが優占または混交する自然林は，中間温帯林とよばれることがある（野嵜・奥富，1990）．また寒冷側に成立する，ミズナラ，シナノキ，エゾマツ，トドマツ，エゾイタヤ，オオバボダイジュなどが混交する自然林は，北海道において針広混交林とよばれている．④ツガ，ヒノキ，クロベ，スギなどが優占する針葉樹林（ヒメコマツオーダー）．本州，四国，九州で，露岩の多い急斜面や岩尾根など最も乾性な立地に成立する自然林．

以上のようなブナクラス域における主要な森林の分布を図2.1に模式的に示した．

2.2　夏緑樹林帯の自然植生の状況

日本には自然性の高い夏緑樹林がどのぐらい残されているのだろうか？　ここでブナクラス域（夏緑樹林帯）の自然植生およびブナ自然林の残存状況と保護状況，およびそれらの経時的な変化について，環境庁の自然環境保全基礎調査により概観してみたい．この調査でのブナクラス域自然植生には，夏緑樹林以外の針葉樹林や自然草原も含まれている．しかし，夏緑樹林だけに限った集計値がないこと，ブナクラス域の自然植生の大部分は夏緑樹林とみなせることにより，これにより夏緑樹林の状況を概観することにした．

まず，1989〜1993年に実施された第4回自然環境保全基礎調査の結果（環境庁・アジア航測，1994）に基づき自然植生の残存状況について述べる．ブナクラス域の自然植生は，国土の12.1%［3次メッシュ（約1km×1km）の比率，以下同様］である．その大部分は北海道（62.7%）と東北（18.6%）に分布しており，近畿以西にはブナクラス域の自然植生は合わせても2.8%しか分布していない．地方面積に対する残存比率をみても，北海道（33.4%）や東北（12.4%）では高いのに対して，近畿（1.2%），中国（0.6%），四国（1.5%），九州（1.1%）ではきわめて低い．また，ブナ自然林は国土の3.9%を占めており，その46.5%は東北に，25.3%は中部に分布する．ブナ自然林の90%は日本海側のブナ林で，太平洋側のブナ林は10%を占めるにすぎない．

ブナクラス域の潜在領域を暖かさの指数45〜85（吉良，1948）とすれば，その潜在

領域は国土の約 42.1% となる（日本野生生物研究センター，1989）．潜在領域に対する現実のブナクラス域自然植生の残存比率は 27.9% となる（表 2.1）．潜在領域に対する自然林の残存比率も北で大きく西で小さい傾向が認められている．すなわち，池口・武内（1993）が第 3 回自然環境保全基礎調査（1983～1986 年実施）に基づき算出した結果によれば，北海道型冷温帯植生域（ブナ林を欠く領域）では自然林の残存比率は約 31%，日本海型冷温帯植生域では約 20% であるのに対して，太平洋型冷温帯植生域では約 15% であった．

表 2.1 ブナクラス域の自然植生の残存と保護の現況（B に対する A の比率）
（環境庁・アジア航測（1994），日本野生生物研究センター（1989）に基づく） （単位：%）

A \ B	全 国	潜在領域	自然植生	保全地域	特保・一特
全 国	100				
うちブナクラス域潜在領域	42.1	100			
うち自然植生	12.1	27.9	100		
うち保護地域[*1]	2.0	4.7	16.5	100	
うち特保・一特	0.50	1.2	4.1	24.9	100

注 [*1] 国立公園，国定公園，原生自然環境保全地域，国指定自然環境保全地域．

次に，ブナクラス域の自然植生の保護状況についてみる．第 4 回自然環境保全基礎調査で記録された各植生帯の自然植生については，原生自然環境保全地域，自然環境保全地域，国立公園，国定公園（これら四つを合わせて以下，保護地域とよぶ），およびその特別保護地区・第一種特別地域（特保・一特）に含まれている比率（メッシュの割合）が算出されている（環境庁・アジア航測，1994）．それによると，ブナクラス域の自然植生のうち保護地域に指定されているのはその 16.5%，禁伐とされる特保・一特は 4.1% にすぎない（表 2.1）．これらの値はともにすべての植生帯の中で最低となっている（ヤブツバキクラス域でも保護地域 21.1%）．特保・一特の比率はブナクラス域の潜在領域全体の 1% 程度でしかない．ブナ自然林についてみると，その 28.9% が保護地域となっている．このうち太平洋側のブナ林はその 51.7% が，日本海側のブナ林はその 26.2% がそれぞれ保護地域となっている．これらの保護地域のほかにも，都道府県立の自然公園や保全地域，および森林生態系保護地域や天然記念物などの指定を受けているブナクラス域の自然植生があるが，その面積や比率などの詳細は不明である．

保護地域に指定されていない自然植生や，指定はされていても禁伐となっていない自然植生の中には，近い将来には伐採などによって失われると危惧されている場合が少なくない．最近まとめられた『植物群落レッドデータ・ブック』（日本自然保護協会・世界自然保護基金日本委員会，1996）によれば，「対策を講じなければ群落が悪化または壊滅する」とされた夏緑樹林の群落（ブナ林など）および群落複合（複数の群落が複合したブナクラス域の森林）はそれぞれ 216 地点，36 地点があげられている．この

うちそれぞれ36地点，10地点は緊急に対策を講じなければその群落や群落複合は壊滅すると危惧されている（ただし，これらの地点の中には一部，二次林も含まれている）．同書によれば，ブナ林では東北地方と中部地方に緊急の保護対策（伐採の停止など）が必要な地点が多い．また，九州でも多くのブナクラス域の森林が緊急の保護対策を必要としている．

3番目に，自然植生の残存と保護の状況における近年の変化についてふれてみたい．ブナクラス域の自然植生は最近でも減少傾向にある．第4回自然環境保全基礎調査と第3回同調査との比較（環境庁・アジア航測，1994）によれば，ブナクラス域の自然植生は両調査の約6年の間に55169ha，国土面積の1.22%分が減少したという．減少分の59.4%は北海道，18.5%は東北で記録されているが，関東〜九州の各地方でも減少は認められている．自然植生のうちブナ自然林についてみれば，減少分の49.7%は東北地方で記録されている．一方，保護地域は最近やや増加している．すなわち，環境庁・アジア航測（1994）と由井・石井（1994）との比較によれば，メッシュ数で421（7039 → 7460），自然植生に対する比率の上でも0.9%（15.6 → 16.5%）の保護地域の増加が認められる．これは，両調査の間の期間に白神山地が自然環境保全地域（および世界遺産）に指定されたことなどによる．

以上のような状況をまとめると，ブナクラス域に残された自然植生の大部分は十分な保護がなされていない状態にあるといえる．実際に伐採などが進行中であり，近い将来に消滅が危惧されている自然林も各地にみられる．また，残存面積，保護状況，近年の消失程度などには次のような地域的な違いがある．北日本（とくに北海道）や日本海側ではもともとの分布領域が広く残存比率も高いものの，保護地域として指定されていない自然植生が多く，実際，最近の消失面積も大きいという問題点がある．一方，西日本や太平洋側では，もともとブナクラス域の領域が狭かったのに加え，人為によって改変された比率も高いために，自然植生はきわめてわずかしか残されていない．残された自然植生が保護地域に指定されている比率は北日本に比べて高いが，緊急に保護対策が必要な地点は少なくない．　　　　　　　　　　　　　　　　［大野啓一］

2.3　群落の維持・再生過程

安定不変のように思われる発達した自然林においても，内部では新たな個体の誕生や加入，老齢個体の枯死がたえず生じている．しかし，森林全体として動的な平衡状態が維持されているために，一見，安定不変のようにみえるのである．したがって，群落の長期的保護保全をはかるためには，10年〜数百年の時間スケールで生じているこのような森林動態を十分考慮に入れる必要がある．ここでは研究の比較的，進んでいるブナ林を例に，その保護保全にあたって，群落の維持・再生過程の側面から注意すべき事柄を述べる．

a. ギャップと森林のモザイク構造

森林では，林冠木が枯死すると，その部分だけ林冠に「穴」があき，下層の光環境その他の環境条件が変化し，植物の発芽や生長が促進されて森林の再生が起きることが知られている（Watt, 1947）．この穴がギャップ（林冠ギャップ）である．ギャップでは，時間の経過とともに植物が生長し，林冠に達する植生が再生されるが，さらに時間が経過すれば次のギャップ形成に至る．森林は空間的にみれば，上記の森林再生サイクルのさまざまな段階にある小部分（パッチ）がモザイク状に組み合わさってできていると考えられる．個体の樹齢や年輪生長経過を調べることによって，ブナ林でも，ギャップに起因すると推定される同齢的なパッチが認められている（Nakashizuka and Numata, 1982 a；1982 b；本間・木村, 1982；Hara, 1983）．

ブナ林では上記の森林サイクルが1回転するのに要する時間は，約100〜200年と推定されている（Nakashizuka, 1984；Yamamoto, 1989）．この間，ギャップ形成に始まり，途中，低木や亜高木樹種の優占する段階（ギャップ形成後20〜60年）を経て，ブナが林冠部に達するのがふつうである（Hara, 1985；本間, 1995）．中間段階で優占する樹種として，日本海側のブナ林ではウワミズザクラ，ハウチワカエデ，テツカエデ，コシアブラ，コバノトネリコなどの亜高木樹種があげられる．これらの樹種は，稚樹を含めれば林内に至るところにみられるが，開花・結実個体の多くはギャップ内に集中している．すなわち，これらの樹種がブナ林で種子を生産，散布し，永続的に個体群を維持していくためには，ギャップと再生の中間段階にあるパッチの存在が不可欠である．

ギャップの大きさや立地環境によって，再生する種が異なることも知られている．ブナ林のギャップは $100\,m^2$ 以下のものが多く，$500\,m^2$ 以上のものはきわめて少ない（Nakashizuka, 1984；Hara, 1985；Yamamoto, 1989）．しかし，まれに $5000\,m^2$ 以上にもなるギャップが形成される場合もある（井田・中越, 1994）．小さなギャップでは上記の亜高木樹種が優占することが多いが，大きなギャップではウダイカンバやタラノキなどの先駆樹種も再生する．土壌水分など立地環境の違いに対応しても，ギャップ内に再生する種が異なる．

ブナ林のモザイク構造は，ブナ林の動物の個体群維持にも重要な役割を果たしている．たとえば，大型のキツツキであるクマゲラは，北海道のほか，東北地方北部のブナ林にも生息しているが，この種の生活には，さまざまな生長段階のブナ，すなわち採食のための老木や枯木，ねぐらのための生立木や空洞化した枯木，営巣のための巨大な生立木が必要である（小笠原・泉, 1978；小笠原・千羽, 1986）．これを，森林構造の面からみれば，クマゲラの生活には成熟期から老熟期に至る種々の再生段階にあるパッチが必要であることを意味する．このほか，ブナ林の鳥類群集では，種類ごとに森林の階層構造や，水平的なモザイク構造の異なる部分を利用し，すみわけていることが知られている（由井, 1991）．

このように，林冠ギャップとこれに起因するブナ林のモザイク構造は，ブナ個体群の維持・再生上，重要なばかりでなく，他の動植物を含めた生物相全体の保全のうえからもきわめて重要である．しかし，数十～数百年の時間スケールでの，ブナ林の種組成や生物多様性，モザイク構造の変動に関する実証的な研究はまだ始められたばかりである．したがって保護区の設定に際しては，比較的まれにしか形成されない大面積のギャップや，立地環境の異なるさまざまなギャップを含むよう十分な面積を確保する必要がある．

b．太平洋側と日本海側での再生ポテンシャルの違い

太平洋側のブナは日本海側のブナに比べて，再生力の面でも劣ることが知られている．すなわち太平洋側のブナ林では林床の稚樹や若木の密度がきわめて低く，林冠ギャップが形成されてもブナの再生はみられないことが多い（島野・沖津，1993；1994）．またブナ林を伐採するとミズナラ林など他の森林に変化するのがふつうで，ブナの二次林が再生することはまれである（大沢ら，1979）．一方，日本海側のブナ林では稚樹や若木の密度が比較的高く，再生のポテンシャルが高い．ブナ林の伐採後にブナの二次林が再生する例もふつうにみられる（前田，1988）．このような，太平洋側と日本海側での再生ポテンシャルの違いやその原因については不明点が多かったが，近年，精力的に研究が進められつつある．たとえば，太平洋側では積雪が少ないため，冬期にネズミ類などのげっ歯類によるブナ種子への捕食圧が高いことがわかってきた（Shimano and Masuzawa，1995）．また太平洋側のブナ林は，現在よりも気候が寒冷であった150～200年前の小氷期に更新したブナからなる遺存的な森林である可能性も指摘されている（小泉，1988）．

以上のことを保護の観点からみると，太平洋側のブナ林は日本海側のブナ林に比べ，伐採などによって破壊された場合に，とくに，再生力が弱く脆弱であるといえる．一度，破壊されれば数百年以上を経ても，二度ともとの姿には戻らない可能性が高い．残存面積の少ないことを考慮すれば，いっさいの伐採禁止と十分な監視体制の整備が必要である．

c．ササとブナ林

また，ブナ林など夏緑樹林の森林動態の特徴として，林床に生育するササが大きな影響を及ぼすことがあげられる．ササが高密度に生育すると地表面の照度が低下し，また未分解のリターが厚く堆積するため，稚樹の定着が困難となり林床の稚樹密度が著しく低下する．とくに太平洋側のブナ林では，成熟した林内であっても，この傾向が著しい．日本海側のブナ林でも，林床のササの密度が高い場合には，ギャップが形成されてもすぐには再生が進まず，ササ原のような状態が続く．しかしササは長期（60～120年といわれている）に一度，一斉開花・結実して枯死するため，この機会に

森林の再生がいっせいに進むと考えられている（Nakashizuka, 1988）．ササを考慮した場合には，その寿命に見合う，長期的な時間スケールでの管理計画が必要である．

　長期的な展望を欠いたまま，林床にササを有するブナ林を安易に伐採すると，森林の再生が進まずササ原状を呈して，景観や生物学的な多様性が著しく損なわれる事態をまねく．過去の拡大造林によってブナ林が伐採され，スギやカラマツが植えられた場所の中には，多雪などの厳しい環境条件のために，植林された樹木が枯死し，一方，ブナやその他の広葉樹種の再生も進まずにササ原化している例も多い．林床にササを有する場合，高海抜地など環境条件の厳しい場所や，低海抜地であっても伐採後，下刈りなどの管理を十分に行える目処がない場所では，森林の伐採は控えるのが，生物多様性や生態系の保護上，最善の策である．　　　　　　　　　　　　　　　　［原　正利］

2.4　地域間での群落の分化

　夏緑樹林の種組成や構造は地域ごとに異なっている．地域ごとに固有な種組成をもった群落はそれぞれに保護することが必要である．

　福嶋ら（1995）によれば，日本のブナ林（ブナ-ササオーダー）は大きく5群集に分類され，ブナ-スズタケ群集，ブナ-ヤマボウシ群集，ブナ-シラキ群集からなる太平洋側のグループ（ブナ-スズタケ群団，群団はオーダーの下位の種組成的な単位）と，ブナ-チシマザサ群集，ブナ-クロモジ群集からなる日本海側のグループ（ブナ-チシマザサ群団）とに2大別される．

　また，関東以西の太平洋側では，東北日本の日本海側に比べて，夏緑樹林帯の分布域が上昇する一方で，高い山がなかったり，あっても明瞭な山域に分割されていることなどにより，夏緑樹林はその潜在領域，現存領域ともに不連続で，各山域ごとに種組成が分化しており，地域性，独立性の高い群落（亜群集）がみられるという（福嶋ら，1995）．

　さらに，植物社会学的な群落分類では同一の群集だとみなされていても，種組成の異なる独立性の高い群落が地域ごとに成立している場合もある．たとえば，林床にササを欠き，同一群集に分類されることの多い丹沢山塊稜線部と奥多摩山地三頭山のブナ林を比べると，前者のブナ林ではヒコサンヒメシャラ，マメザクラ，シロヤシオ，タテヤマギク，ツルシロカネソウなどが頻出するのに，後者ではこれらは出現せず，代わって丹沢にはほとんどみられないイヌブナ，ハウチワカエデ，ナツツバキ，コアジサイ，ミズナラ，レンゲショウマなどの出現頻度が高い．両山塊のブナ林は，ヒコサンヒメシャラやイヌブナの有無などの面で，相観的にもかなりの違いがある．この例のように，同一群集に属する森林であっても，一山域には頻出するが，隣の山域には出現しないという種群が多いという例は，ブナ林だけでなく，シオジ林やミズナラ林でもみられ，また地域的にも奥多摩-丹沢間だけでなく，近接した箱根，天城，富士

山，御坂などの各山塊相互間でみても数多く認められる．山塊ごとの夏緑樹林域の独立性が高い太平洋側では，それぞれの山塊に多少なりとも固有な種組成，相観をもった夏緑樹林が成立している．

このように，種組成に大きな違いが認められる近接した山域間の夏緑樹林でも，同一群集に扱われていることが少なくないのは，次のような理由による．つまり，植物社会学的な群落分類では，広域的に認められる組成的まとまり（種と種の間の共存傾向や排他傾向）ほど重視され，群落分類の際に上位に扱われるのに対し，ある山域といった狭い地域だけで認められる組成的まとまりは下位に扱われたり無視されるという傾向を本来的にもっているためである．したがって，群落の地域的固有性を正当に見定めるためには，植物社会学的な群落類型（群集など）を絶対視することなく，植生文献の組成表を比較検討して地域固有の種組成（種の組み合わせ）が何であるかを正しく認識することが必要である．上述の例でみるとおり，同一群集として扱われる林であっても，種組成に明らかな違いが認められる場合には，それぞれを地域固有の群落とみなして保全の対象とすべきであろう．

以上のように，残存面積，残存率とも小さい太平洋側において，むしろ地域ごとの群落の固有性が大きい傾向がみられる．したがって，2.2節で述べた自然植生の残存にみられる地域的な偏りは，もともと地域的に狭い領域に限られて分布する固有な植生型がさらに人為により分布を狭められているとみなすことができる．太平洋側の夏緑樹林域の自然植生はこの意味でかけがえのないものであり，保護上の重要性が大きい．

2.5 地域内での立地の違いによる群落の分化

ブナクラス域の森林は地域ごとに分化していると同時に，同一地域内では標高，地形，攪乱などの立地条件によって，種組成や優占種の異なるさまざまな群落型に分化している（図2.1）．地域内で分化した多様な群落を包括的に保護するためには流域保護の視点が重要だと考えられる．流域の保護とは，沢や川のある地点より上流の集水域をすべてまとめて保護するという意味である．流域の保護によって，①低木・草本群落を含む各種の群落型の配列パターン（景観）の完全性を保つことができる，②各群落の成立を規定している動的プロセスを保持でき，群落型やその配列の永続をはかれる，などの利点がある．これら2点について以下に詳しく述べる．

a．植生パターンの保全

ブナクラス域は，北海道を除くと山地を主要領域としているので，自然植生の群落型の変化を引き起こす最大の要因は，尾根-斜面-沢に代表される地形条件と考えられる．たとえば，太平洋側ではブナ・イヌブナ林は斜面に広がり，沢にはシオジ・サワグルミ林が，尾根にはツガ林が成立し，沢から尾根へシオジ林-ブナ林-ツガ林という

系列を形成する．ただし，実際の群落の配列は，尾根から沢へかけての 1 次元的で単純なパターンではなく，以下に述べるように，さまざまな群落型が流域内で 2 次元的に配列した複雑なパターンを示すのがふつうである．

　山地の流域を構成する群落型は，高木群落はもちろんのこと，林縁群落や崩壊地群落，河床群落，岩上群落など低木・草本群落も多数含まれ，これらが地域の群落やフロラの多様性に大きく貢献している．たとえば，谷川岳のブナクラス域で記載された自然植生の群落 27 型のうち，高木・亜高木群落（ブナ–ヒメアオキ群集など）は 9 型であるのに対し，低木群落（テツカエデ–タカネミズキ群集など）は 3 型，草本群落（タヌキラン群集，ナルコスゲ群集など）は 14 型，つる植物群落（キクバドコロ–ヤマブドウ群集）は 1 型であった（大場ら，1978）．また，白神山地では，沢筋にトガクシショウマ，尾根筋の岩隙にツガルミセバヤやアオモリマンテマといった希少種や固有種を含む草本群落が認められている（門田，1988）．しかし，これらの低木・草本群落は一般に占有面積が小さいため植生図には記載されず，植生を記載した文献でも記録されないことが多い．ブナ林などの高木群落に比べて注目されることが少ないことや，分布が限られていたり面積が小さいことなどのために無意識のうちに失われてしまうおそれもある（大場，1995）．

　また，高木群落から草本群落に至るさまざまな群落の組み合わせや隣接関係には規則性があり，同じ地域ならば流域が違っていてもほぼ同一の組み合わせや配列が認められる．このような群落相互の組み合わせは，群落集団（Ohba, 1980）あるいは総和群集（Tüxen, 1973）として類型化され，スケール的に群集などの群落型の上位に位置し，景観（景域，景相ともよばれる）に対応する単位と考えられる．たとえば，日本海側のブナ林域では，ヒメアオキ–ブナ群集（斜面林）にジュウモンジシダ–サワグルミ群集（渓谷林），キクバドコロ–ヤマブドウ群集（林縁群落），アカソ–オオヨモギ群集（林縁群落，雪崩崩壊地群落）が隣接し合って，一つの群落集団を形成している（大場，1980）．景観（群落集団）を良好な状態に保つためには，景観を構成する群落型それぞれと，それらの配置のパターン全体が保全されることが必要である．群落型の配置のパターンは，多くの場合，水流が直接，間接につくりだした立地配分に起因していることから，景観の保全をはかるためには流域内を一体のものとして保全することが必要である．とくに原生的な自然植生の場合，流域内にたとえ小面積ではあっても伐採や植林，林道建設などの人為が及べば景観としての価値は大きく劣化する．

b. 植生の成立にかかわるプロセスの保全

　多くの群落型は個々ばらばらに独立しては成立しえない．流域を保護することによって，各群落の成立を規定している動的なプロセスを保護することが可能となり，群落型やその配列の永続的な保全をはかれるようになる．たとえば，水分，養分の安定供給のために上方，上流の森林の存在が必要であったり，群落の存続や更新のために

2.5 地域内での立地の違いによる群落の分化

は土砂崩壊や雪崩のような攪乱がある頻度で生じることが必要であったりする．隣接群落によって日当たり，風当たりが調節されて成立している場合もあろう．このような無機的なプロセスは，群落型個々の成立を可能にしているだけでなく，地形に対応した資源と攪乱条件の不均一さをつくりだし，前述のような多様な群落型の配列をもたらしている．また，構成種の繁殖に隣接群落からの花粉の供給や種子散布を要したり，それにかかわる送粉者や種子散布者の生活に複数の群落の組み合わせが必要なことも考えられる（鷲谷・矢原，1996）．群落の構成種の存続は，このような生物間相互のプロセスにも負うところが大きい．

ブナクラス域では，これらのプロセスのうち，斜面の崩壊や土砂の流出，再堆積といった地表攪乱がとくに重要である．ブナクラス域に多い急峻な山地や沢筋では，地表変動の再来間隔が数十〜数百年と，森林の動態と同じ時間スケールで生じており，その影響が群落型の分布範囲を大きく越えて下流域へと波及していくと考えられる（中村，1990；1992）．たとえば，沢筋の高木群落では，林床に優占種の実生，稚樹が少なく，その更新には適当な再来間隔の地表攪乱（土石流など）が必要であることが指摘されている（佐藤，1992；小泉，1994；今・沖津，1995）．また，沢筋や斜面下部には，高木林だけでなく，ヤナギ林や流水縁草本群落，高茎草本群落，湿性岩隙群落などさまざまな群落型が帯状に分布して植生の多様性を高めている．これらの群落は，上流や山腹斜面の森林（たとえばブナ林）の存在を背景とした，定常的な水分・養分供給と，ある一定の頻度で生じる洪水や土石流などの地表攪乱との均衡のもとに成立しており，上方，上流の森林への依存度が大きい．したがって，もし上流や山腹の森林が失われれば，沢筋や下流域における水分供給や攪乱の頻度，強度が大きく変化して，群落型が消滅したり分布や配分が大きく変化すると考えられる．

以上のように，一地域内でみられる多様な植生パターンや，これを支えているプロセスを保全するためには，流域保護の視点がきわめて重要と考えられる．しかし現状をみると，このように流域の保護が実施されている地域はごく少ない．たとえば，第2回自然環境保全基礎調査で重要な植物群落としてリストアップされた冷温帯夏緑広葉高木林489件のうち，面積10ha未満の小面積の群落が全体の約40%を占めていた．また，リストアップされたブナ林（328件）のうち31%は面積10ha未満であった（環境庁，1982）．現在では大面積のブナ林が蚕食されないまま温存されているのは白神山地などごくまれとなっている（大沢ら，1986）．このような現状は，流域全体として残された群落が少ないことを意味しており，その群落型や群落の配置パターンが永続的に保護できるのかが危ぶまれる．北日本に残された大面積の夏緑樹林は，流域保護が実施可能な点できわめて貴重である．

2.6 多様な種の生育地としての植生の保護

a. 希少種の保護

　ある地域の夏緑樹林の構成種には，どの林分にも出現する普通種から，ごくまれに少数の個体が見い出されるような希少種まで，出現頻度に大きな幅がみられるのがふつうである．たとえば，奥多摩地方三頭山のブナ林50林分で調べた例でみると，アオダモやリョウブはほぼすべての林分に出現するが，ミヤマクロモジやユモトマムシグサは1林分にしかみられなかった．出現頻度別の種数（図2.2）でみると，低頻度が見い出される種が大半を占めている．まれな種の中には，偶生種（他の群落型を主要生育域としていて，ブナ林には偶然に入り込んだ種）も多いが，他の群落には出現しない種も少なくなく，出現1回種36種のうち10種がこのような種であった．ドイツの夏緑樹林においても出現頻度の低い種が多数を占めており，このようなまれな種は数百ha以上の大面積の林にみられる場合が多いという（Zacharius and Brandes, 1990）．

　出現頻度の小さい種は，絶滅危惧種などごく一部を除けば，保護の面ではほとんど無視されているが，群落の構成種の豊かさ，さらには地域フロラの豊富さのうえできわめて大きな貢献をしており，保護の必要性は大きい．このような希少な種は広い面積を保護しない限り現存個体を確保することすら難しい．また，どのような種も1〜2個体では永続的に繁殖することはできないことから，まれな種の存続をはかり群落の種の豊富さやフロラの豊富さを維持するためには，その種が生育している群落や立地をできるだけ広く保護することが望まれる．とりわけ，沢沿いの渓谷林や尾根沿いの林は，もともと群落の占有面積が狭くて線状，点状の分布をしている．したがって，

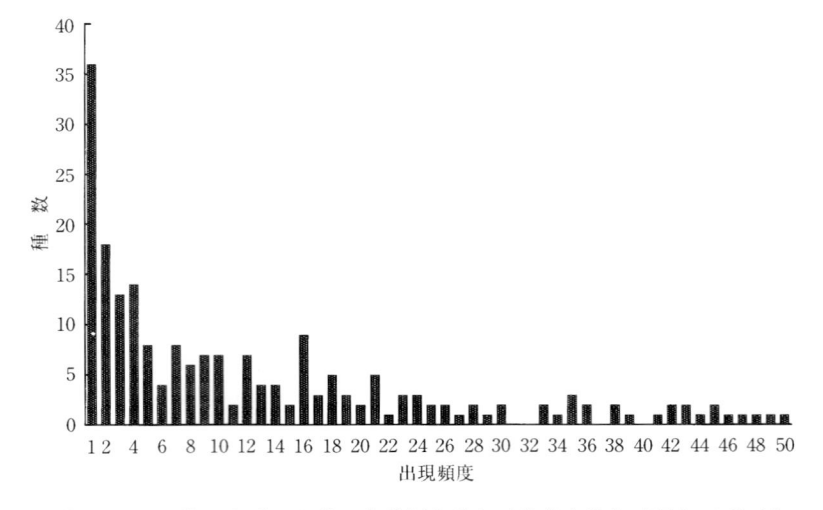

図 2.2 ブナ林に出現した種の出現頻度分布（奥多摩地方三頭山50地点）

なるべく多数の林分を包含するような広い範囲を保護するか，それが難しい場合でも，点在するそのような群落について重点的に保全するなどの配慮が必要である．さまざまな群落型について出現頻度の低い種の存在を認識し，その生育場所を保護することはまた，出現頻度の高い種がふつうの状態で生育することを保証するものでもある．

　森林の大きさと種組成との関係は，林縁からの影響の面からも論じられている（Levenson, 1981；Ranney et al., 1981）．すなわち，森林面積が小さいほど，林縁の影響が林内広くに及び，林内は明るく乾燥しがちで気温変化も大きくなり，さらには林縁性の種の種子散布も林内へと及ぶ．そのため，林縁性の種の生育が盛んになり，林内性の種の生育は制限されるという．北米の夏緑樹林の事例では，真の林内的環境は 2.3 ha 以上の林でないと出現せず，5 ha 以上でないと林縁の影響によって種組成が劣化するという．同様なことは日本の照葉樹林についてもいわれており，自然性の高い林分に結びついた種は大面積林分にしかみられない（Itow, 1987）．これらのことは，自然林の林内環境とそれに結びついた種組成を維持するためには，大面積での保護が必要であり，林縁の影響を打ち消すための緩衝帯が必要であることを示している．この緩衝帯は，人間の利用と保全との緩衝帯ではなく，あくまで厳正に保全される自然林の外側が緩衝の機能を有するゾーンとして意義づけられるということである．以上のことから，自然林の多様なフロラを保全するためには，できるだけ広い面積を保護対象として確保することが望ましい．

　近年，島の生物学の応用として，多くの種を保護するうえで，単一の大面積保護区と多数の小面積保護区のどちらが望ましいのかが問題とされることがある．しかし，攪乱によって増加するような種と減少する種を同列に扱って，種数で比較することには問題があり，むしろ，真の林内環境に生育する種や希少種（動物であれば猛禽類や大型哺乳類）の生育をはかることの方に意義があろう（Harper, 1981）．また，日本の重要な植物群落（環境庁，1982）にあげられているブナ林のうち約 31％ は 10 ha 未満の林であることからみても，このような選択を行えるほどの広い夏緑樹林が，現在，日本の各所に残されているとはいえない．今日の状況では，比較的大面積で残っている自然植生はこれを大面積保護区として位置づけ，小面積に断片化しているところでは，これらを多数の小面積保護区として位置づけ，ともに保全をはかっていくことが残された現実的な選択である（加藤・一ノ瀬，1993）．

b．草本種の保護

　草本という生活型は，樹木に比べて人為に対して脆弱だと考えられる．これは，ブナクラス域の夏緑樹林を生育地とする絶滅危惧種約 40 種（我が国における保護上重要な植物種および植物群落の研究委員会，1989）の大部分（36 種，90％）が草本であることに如実に現れている．また，その草本の多くは湿性立地に生育する種であること，一部ではあるが着生種がみられることが指摘できる．さらに，絶滅危惧をもたらす要

因として，山草としての乱獲があげられている種がきわめて多い（32種，80%）という点も特徴的である．

　もともと草本は，資源（光または水，栄養塩）の得やすい環境に適応した生活型であり，自然林の中では，斜面下部や沢筋など湿性でしかも自然性の高い森林（ケヤキ林，シオジ林，湿性ブナ林，サワグルミ林など）に種数が多く，優占度も高い．草本性の絶滅危惧種の中に湿性立地を生育地とする種が多いのも，湿性立地の群落にはもともと草本種数が多いためだと考えられる．このような立地に生育する草本種の中には，日本の固有・準固有属としてあげられる種も数多く含まれている（堀田，1974）．したがって，絶滅危惧種を含む多様な草本種を保護するうえでは，斜面下部や沢筋の夏緑樹林は最も重要な場所である．

　夏緑樹林の草本が人為の影響をこうむりやすい原因には，草本自体がもつ性質によるものと，草本の生育環境への人為の及びやすさとの二つがある．まず夏緑樹林の草本は，以下の五つの点で人為に対して脆弱である．①小型の割に花が美しいなど，鑑賞価値が高い種が多い．②小型であるため採取が容易であり，盗掘や破壊に対する心理的抗抵感も小さい．③植物体が小型で軟質であるため，踏みつけ，刈り取り，表土攪乱など小さな攪乱に対しても大きな影響を受ける．④局所的な個体群の占有範囲が比較的小さいため，狭い範囲の破壊であっても個体群の壊滅に結びつきやすい．⑤陽地生の草本や木本植物に比べて，種子の散布距離が小さく，個体当たりの種子数も少なく，栄養繁殖への依存度が大きいなどの傾向をもっているため，新たな場所へ分散，定着することが難しく，破壊を受けたときの再生力も小さい．以上のような性質をもっているために，山草栽培のための乱獲をまねきやすく，それにそれが種の衰退にも結びつきやすい．

　また，草本の生育環境も以下のように人為の影響を受けやすい．まず，林道や登山道は，沢筋や斜面下部を通ることが多く，①直接的に生育立地を破壊するほか，②斜面下方への土砂流亡など表土攪乱を引き起こして草本種の生育に悪影響を与えたり，③人間のアプローチを容易にして乱獲を助長する．また，もともと沢筋は，直接に伐採を受けなくても，斜面の上方や上流域の伐採の影響が波及しやすい立地である．そのため④上方や上流域の開発によって水分条件や攪乱条件の変化が生じやすい．さらに，⑤斜面下部は植林適地でもあることが多く，すでに多くの自然植生が失われてしまっている．また，⑥着生植物の生育に適した大木の樹幹と高い空中湿度は，自然林の中でも本数の限られた大木の伐採や，林の分断による乾燥化などによって保たれにくい．

　以上のように，草本種は，夏緑樹林の種の豊富さを保つうえで重要な存在であるにもかかわらず，人為（とくに乱獲）の影響を受けやすい性質をもち，その主たる生育環境（沢筋や斜面下部，大木樹幹）も林道建設，拡大造林，乱獲などの人為によって直接間接の影響を受けやすい．したがって，沢筋や斜面下部の夏緑樹林など，各種の

草本の生育立地は重点的な保全をはかるとともに，貴重種の生育立地へは林道はもちろん歩道を設けないなど，乱獲を防止することが望まれる．

c．ナラ林構成種の保護

ブナクラス域には，ミズナラ，コナラなどナラ類が優占する林が広くみられる．これらのほとんどは，自然林が伐採を受けた後に成立した二次林である．ナラ林は，ブナクラスの寒冷な側ではおもにミズナラ林，温暖な側ではコナラ林である．第3回自然環境保全基礎調査でも，ミズナラ林とコナラ林は代償植生として扱われ，それぞれ全国の5.3％と6.1％を占めている（環境庁・アジア航測，1994）．

ナラ林の大部分は二次林ではあるが，以下のように特有な構成種を数多く含むため，種の保護上重要である．たとえば，奥多摩地方のミズナラ二次林には，ハンカイシオガマ，ノダケモドキ，ホソバシュロソウ，アケボノスミレ，タチネズミガヤ，クサタチバナ，タカオヒゴタイなど数多くの特有な草本種がみられる．これらはブナ林などの自然林にはほとんど出現せず，逆に，人為が過度に加わった，植林，草原，路傍，荒れ地にもみられない．全国的にみても，ナラ林を生育地とする草本種はブナ自然林を生育地とする草本種よりもはるかに多い．また，木本種を含めても，ナラ林には種組成的な独立性が認められており，ミズナラ-コナラオーダーとして扱われている．

ナラ林は，降水量が少なく気温の較差が大きい内陸的気候の地域（北海道や信州など）では自然林としてみられる（大場，1982；和田，1983）．二次林としては，これら以外の地域（自然林はブナ林）にも広くみられるが，そこではブナの優占によってナラ類は気候的な極相を形成するに至らず，ブナ林を従属するマイナーな要素にとどまっているとされる（野嵜・奥富，1990）．また，日本列島では8000年前頃には全国的にブナ属よりもナラ類（コナラ亜属）が卓越しており，その後，日本海側などではブナ属が卓越するようになってきたと推定されている（安田，1980；中堀，1986）．

これらのことから，今日，二次林として広い範囲を占めているナラ林とその構成種群は，かつて自然林として広い領域を占めていたナラ林の末裔であって，後氷期以降の気候変化とブナ林の拡大とによって縮小過程にあったものが，人為によって勢力を盛り返し，二次林として再拡大したものと解釈することができる．したがって，ナラ林を二次林だからといって無価値なものと位置づけるべきではなく，上述のように特有な種群の生育環境として保護していく必要がある．かつてナラ林は，薪炭林として伐採によって維持されてきた．このような施業が停止された今日，ナラ林のフロラを維持するためには，人為的な管理（伐採による更新など）を加えていく必要があるだろう．

［大野啓一］

文　献

1) 福嶋　司・高砂裕之・松井哲哉・西尾孝佳・喜屋武豊・常富　豊 (1995)：日本のブナ林群落の

植物社会学的新体系. 日本生態学会誌, **45**-2, 79-98.
2) Hara, M. (1983): A study of the regeneration process of a Japanese beech forest. *Ecol. Rev.*, **20**-2, 115-129.
3) Hara, M. (1985): Forest response to gap formation in a climax beech forest. *Jpn. J. Ecol.*, **35**, 337-343.
4) Harper, J. L. (1981): The meaning of rarity. The Biological Aspect of Rare Plant Conservation (Synge, H. ed.), pp. 198-203, John Wiley.
5) 本間 暁・木村 允 (1982): ブナ林の構造と更新様式の解析. 森林の環境調節作用 2, pp. 7-14, 文部省.
6) 本間 暁 (1995): ブナ林の構造と更新様式の解析. 日本生態学会関東地区会会報, **44**, 6-7.
7) 堀田 満 (1974): 植物の分布と分化, 400 p., 三省堂.
8) 井田秀行・中越信和 (1994): ブナ林における最大級のギャップ形成. 第14回日本生態学会講演要旨集, 95 p.
9) 池口 仁・武内和彦 (1993): 数値地理情報を用いた日本列島の潜在自然植生の推定. 造園雑誌, **56**-5, 343-348.
10) Itow, S. (1987): Lowland laurel-leaf forest islands as nature reserves: A case study in Kyushu, Japan. Vegetation Ecology and Creation of New Environments (Miyawaki, A. *et al.* eds.), pp. 109-116, Tokai Univ. Press.
11) 門田裕一 (1986): 白神山地の植物相. 白神山地のブナ林生態系の保全調査報告書, pp. 32-87, 日本自然保護協会.
12) 環境庁 (1982): 日本の重要な植物群落の分布 全国版, 635 p.
13) 環境庁・アジア航測 (1994): 第4回自然環境保全基礎調査植生調査報告書 (全国版), 390 p.
14) 加藤和弘・一ノ瀬友博 (1993): 動物群集保全を意図した環境評価のための視点. 環境情報科学, **22**-4, 62-71.
15) 吉良竜夫 (1948): 温量指数による垂直的な気候帯のわかちかたについて. 寒地農学, **2**-2, 47-77.
16) 小泉武栄 (1988): 多摩川源流域の森林立地に関する地形・地質学的研究, 45 p.
17) 小泉武栄 (1994): 三頭山における集中豪雨被害の緊急調査と森林の成立条件の再検討, 126 p.
18) 今 博計・沖津 進 (1995): 浅間山麓と戸隠山麓に分布するハルニレ林の構造と更新. 千葉大学園芸学部学術報告, **49**, 99-110.
19) Levenson, J. B. (1983): Woodlots as biogeographic islands in southern Wisconsin. Forest Island Dynamics in Man-Dominated Landscape (Burgess, R. L. and Sharpe, D. M. eds.), pp. 13-39, Springer-Verlag.
20) 前田禎三 (1988): ブナの更新特性と天然更新技術に関する研究. 宇都宮大学農学部学術報告, **46**, 1-79.
21) 宮脇 昭・奥田重俊 (1990): 日本植物群落図説, 800 p., 至文堂.
22) 中堀謙二 (1986): 花粉群集地域変化図を基にした晩氷期以降の植生変化. 種生物学研究, **10**, 14-27.
23) 中村太士 (1990): 地表変動と森林の成立についての一考察. 生物科学, **42**-2, 57-67.
24) 中村太士 (1992): 流域レベルにおける森林攪乱の波及——森林動態論における流域的視点の重要性——. 生物科学, **44**-3, 128-140.
25) Nakashizuka, T. (1984): Regeneration process of climax beech (*Fagus crenata* Blume) forests IV, Gap formation. *Jpn. J. Ecol.*, **34**, 75-85.
26) Nakashizuka, T. (1988): Regeneration of beech (*Fagus crenata*) after the simultaneous death of undergrowing dwarf bamboo (*Sasa kurilensis*). *Ecol. Res.*, **3**, 21-35.
27) Nakashizuka, T. and Numata, M. (1982 a): Regeneration process of climax beech forests

I, Structure of a beech forest with the undergrowth of *Sasa*. *Jpn. J. Ecol.*, **32**, 57-67.
28) Nakashizuka, T. and Numata, M. (1982 b): Regeneration process of climax beech forests II, Structure of a forest under the influences of grazing. *Jpn. J. Ecol.*, **32**, 473-482.
29) 中静 透・山本進一(1987)：自然攪乱と森林群集の安定性．日本生態学会誌, **37**, 19-30.
30) 日本自然保護協会・世界自然保護基金日本委員会(1996)：植物群落レッドデータブック, 1344 p., アボック社.
31) 日本野生生物研究センター(1989)：第3回自然環境保全基礎調査総合解析報告書, 総括編, 244 p., 解析編, 525 p.
32) 野嵜玲児・奥富 清(1990)：東日本における中間温帯性自然林の地理的分布とその森林帯的位置づけ．日本生態学会誌, **40**-2, 57-69.
33) 小笠原暠・千羽晋示(1986)：白神山地のクマゲラ――本州産クマゲラの保護とその生息地保全の必要性――．白神山地のブナ林生態系の保全調査報告書, pp. 117-143, 日本自然保護協会.
34) 小笠原暠・泉 祐一(1978)：森吉山ブナ林のクマゲラの生態学的研究．山階鳥研報, **9**-3, 1-15.
35) Ohha, T. (1980): Die Kontaktgesellshafts-gruppe, eine neue Aufnahme-methode der Synsoziologie. Berichte der Internationalen Symposium der Internationalen Vereinigen für Vegetationskunde Epharmonie (O. Wilmanns u. R. Tüxen eds.), J. Cramer.
36) 大場達之(1980)：植生に関する調査．国道102号奥入瀬渓流バイパス道路建設計画に伴う自然環境に及ぼす影響調査報告書(環境項目別調査編) III, pp. 1-30.
37) 大場達之(1982)：日本の植生．土木工学体系3, 自然環境論II, 植生と開発保全(宮脇 昭他編), pp. 69-210, 彰国社.
38) 大場達之(1995)：植物群落の評価――保護を要する植物群落の評価基準――．群落研究, **12**, 31-51.
39) 大場達之・菅原久夫・大野啓一(1978)：国道291号周辺の植生――谷川岳の植生予報――．国道291号自然環境調査報告書, pp. 81-163.
40) 大沢雅彦・原 正利・奥富 清(1979)：奥多摩源流三頭山における森林群落の構造と二次遷移．「環境科学」研究報告書(B 29-R 12-2), pp. 106-113.
41) 大沢雅彦・滝口正三・達 良俊(1986)：白神山地のブナ林の生態学的特性．白神山地のブナ林生態系の保全調査報告書, pp. 88-105, 日本自然保護協会.
42) Renney, J. W., Bruner, M. C. and Levenson, J. B. (1983): The importance of edge in the structure and dynamics of forest islands. Forest Island Dynamics in Man-Dominated Landscape (Burgess, R. L. and Sharpe, D. M. eds.), pp. 13-39, Springer-Verlag.
43) 佐藤 創(1992)：サワグルミ林構成種の稚樹の更新特性．日本生態学会誌, **42**, 203-241.
44) 島野光司・沖津 進(1993)：東京都郊外奥多摩, 三頭山に分布するブナ・イヌブナ林の更新．日本生態学会誌, **43**, 13-19.
45) 島野光司・沖津 進(1994)：関東周辺におけるブナ自然林の更新．日本生態学会誌, **44**, 283-291.
46) Shimano, K. and Masuzawa, T. (1995): Comparison of seed preservation of *Fagus crenata* Blume, under different snow conditions. *J. Jap. For. Soc.*, **77**-1, 79-82.
47) Tüxen, R. (1978): Associationkomplexe (Sigmetum). Berichte der Internationalen Symposien der Internationalen Vereinigung für Vegetationskunde, 535 p., J. Cramer.
48) 我が国における保護上重要な植物種および植物群落の研究委員会(1989)：我が国における保護上重要な植物種の現状, 320 p., 日本自然保護協会・世界自然保護基金日本委員会.
49) 和田 清(1983)：本州中央部の内陸地域における夏緑広葉樹林の植物社会学的研究II．信州大学教育学部紀要, **48**, 221-254.
50) 鷲谷いづみ・矢原徹一(1996)：保全生態学入門――遺伝子から景観まで, 270 p., 文一総合出版.
51) Watt, A. S. (1947): Pattern and process in the plant community. *J. Ecol.*, **35**, 1-22.

52) Yamamoto, S. (1989): Gap dynamics in climax *Fagus crenata* forests. *Bot. Mag. Tokyo*, **102**, 93-114.
53) 安田喜憲 (1980)：環境考古学事始，270 p., 日本放送出版協会.
54) 由井正敏 (1991)：ブナ林地帯の鳥獣の保護管理. ブナ林の自然環境の保全，pp. 210-214, ソフトサイエンス社.
55) 由井正敏・石井信夫 (1994)：林業と野生鳥獣の共存に向けて——森林性鳥獣の生息環境保護管理——, 279 p., 日本林業調査会.
56) Zacharius, D. and Brandes, D. (1990): Species area relationships and frequency-floristical data analysis of 44 isolated woods in northwestern Germany. *Vegetatio*, **88**, 21-29.

3. 照葉樹林の自然保護

3.1 照葉樹林の位置づけ

　常緑広葉樹の優占する樹林は，熱帯多雨気候下に発達する熱帯雨林，地中海性気候下に成立する硬葉樹林，亜熱帯から暖温帯の多雨域に分布する照葉樹林に区別される．照葉樹林という名称はクチクラ層の発達した光沢のある葉に基づくもので，英名のlucidophyllous forest も同じである．照葉樹林は最初に記載されたカナリー諸島のほか，熱帯山岳地帯や南米のチリ，北米のフロリダ半島，ニュージーランド，中国，台湾，朝鮮，日本などに分布している（服部, 1985）．国内では沖縄県から東北地方南部まで広がり，植物社会学的にはヤブツバキクラスにまとめられ，多くの群集が報告されている．高木層の優占種に注目するとタブ型（沿岸型），シイ型（低地型），カシ型（内陸型）に区分される（服部, 1988；1993）．ウバメガシ林は正確には硬葉樹林であるが，照葉樹林に含めて論議されることが多い．

　現在わが国では原生状態の照葉樹林はきわめて少なく，島しょや九州の南部にわずかにみられるにすぎない．社寺に残された照葉樹林は部分的に利用されたり，一定の干渉が加わった樹林と考えるべきで，原生状態に近い照葉樹林は少ない．九州や四国などの太平洋沿岸の温暖な地域では，薪炭林として維持されてきた照葉萌芽林（照葉二次林）が広い面積を占めている．このほか，クスノキ植林，イチイガシ植林といった人工の照葉樹林（照葉人工林）も存在している．今まで述べたように照葉樹林にはさまざまなタイプがあり，またその自然性も多様である．照葉樹林の保護を考えるためにはその樹林の実態に応じて保全策を考えなければならない．

3.2 照葉樹林保全の手順

　照葉樹林の保全は図3.1のように「現状診断」，「保全目標の設定」，「保全・復元計画」，「保全・復元作業」，「モニタリング」，「管理作業」の順に進められる．「現状診断」では地形，地質，土壌，植生，土地利用といった一般的な環境調査のほかに，その樹林の自然性評価のための調査と保全を阻害する要因の調査が必要である．全国の社寺林の現状については，緑地研究会から一連の研究報告が出されている（緑地研究会, 1974-1981）．近年，「保全・復元計画」，「保全・復元作業」を進めるための調査がいく

```
┌─────────────┐    ┌──────────────┐    ┌──────────────┐
│ 現状診断    │    │ 保全目標の設定 │    │ 保全・復元計画 │
│ ○環境調査   │ →  │ ○維持すべき自然性│ → │ ○阻害要因の除去│
│ ○自然性評価 │    │ ○復元すべき自然性│   │ ○経費・体制  │
│ ○阻害要因   │    │ ○創造すべき自然性│   │ ○法的な指定  │
└─────────────┘    └──────────────┘    └──────────────┘

        ┌──────────────┐    ┌──────────────┐
   →    │ 保全・復元作業 │ →  │ モニタリング  │
        │ ○フェンス設置 │    │ ○管理指針    │
        │ ○伐採        │    │ ○管理体制    │
        │ ○補植など    │    │              │
        └──────────────┘    └──────────────┘
```

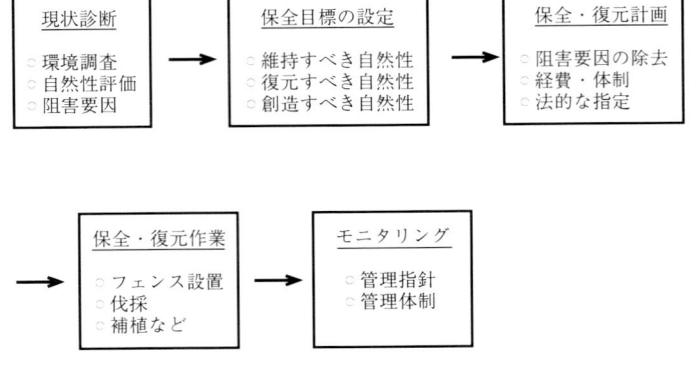

図 3.1 照葉樹林保全のための手順

つかの社寺林で行われている(菅沼, 1991；矢野ら, 1991；宮脇・佐々木, 1980).「保全目標の設定」では,目標として維持あるいは回復すべきその照葉樹林の自然性の程度を,自然性評価や阻害要因を考慮に入れて決定する.「保全・復元計画」では設定目標に従って阻害要因の除去手法,保全にかかわる経費の算出,保全や管理の体制を検討する.「保全・復元作業」では,照葉樹林の保全や復元のための樹木の伐採,下刈りなどの作業を専門とする技術者が存在しないので,計画者が作業をよく監理する必要がある.作業後,モニタリングを行い,長期的な管理指針を提案する.

3.3 現 状 診 断

a. 自然性評価

照葉樹林,とくに社寺林の実態と保全に関する問題点については緑地研究会(1974-1981)の報告に詳細にまとめられているので,ここでは照葉樹林の自然性の評価について示したい.保全目標を設定するうえで,また保全計画を進めるうえで,その対象とする樹林がどの程度の自然性を有しているのか,逆にみれば人の影響がどれくらい加わっているのかを評価する.自然性の評価項目として種多様性,着生・寄生・腐生植物,藤本,希少植物,大径木,階層構造があげられる.これらの項目の内容については気候区あるいは地域ごとにかなり差が認められるので,自然性の評価は同一環境条件下で比較検討する必要がある.

種多様性についてはさまざまな指数が提案されているが,自然性の指標としては種類数(種の豊かさ)が最も単純で理解しやすい.人手が加わるほど照葉樹林構成種(照葉樹林要素)は絶滅の危険にさらされるので,一般に照葉樹林要素が多いほど自然性は高いといえる.照葉樹林要素は沖縄,九州から北上するほど減少するので,前述したように同じ環境条件下で比較する必要がある.表3.1には宮崎県と兵庫県で225 m^2 に出現する照葉樹林要素の種数を示した(石田・服部ら,印刷中).各地域の照葉樹林

について単位面積当たりの種数や各樹林ごとの出現種数の資料が集まれば，照葉樹林の自然性の評価基準は明確となる．

表 3.1 照葉樹林に生育する照葉樹林要素の種数
($225\,m^2$)（石田・服部ら，印刷中）

種　数	方形区数(兵庫県)	方形区数(宮崎県)
16～20	6	
21～25	7	
26～30	8	
31～35	1	
36～40	1	3
41～45		4
46～50		6
51～55		5
56～60		1
61～65		1

多種類の着生・寄生・腐生植物の生育する樹林の自然状態はきわめて良好である．ノキシノブ，マメヅタ（着生），ヒノキバヤドリギ（寄生），ギンリョウソウ（腐生）などのようにふつうにみられる種もあるが，一般的には着生・寄生・腐生植物が生育するためには樹冠・階層構造・根系の発達や腐植層の蓄積などが必要であり，またこれらの種の存在は人の影響が少ないことを示すものでもある．表 3.2 には照葉樹林に生育するおもな着生・寄生・腐生植物を示した．これらの種も南に多く北上するほど減少するので，同一環境条件下での出現種数の比較が必要である．

カギカズラ，ホウライカズラ，ハカマカズラ，カガツガユなどのまれなツル植物の生育や普通種ではあるが太い藤本となったテイカカズラ，サネカズラ，サカキカズラ，イタビカズラ，オオイタビ，ヒメイタビなどの出現は伐採などがなかったことを意味し，その照葉樹林の自然性の高さを示している．

多くの植物が絶滅に瀕している今日，希少植物の生育する樹林は高い自然性をもつ．

表 3.2 照葉樹林に生育する着生・寄生・腐生植物

着生植物	アオガネシダ，オオタニワタリ，オサラン，カシノキラン，カタヒバ，カヤラン，クモラン，シシンラン，シノブ，ツリシュスラン，ナゴラン，ノキシノブ，ヒモラン，フウラン，ボウラン，マツバラン，マメヅタ，マメヅタラン，ミヤマムギラン，ムカデラン，ムギラン，モミラン，ヨウラクラン
寄生植物	オオバヤドリギ，キイレツチトリモチ，キヨスミウツボ，ツチトリモチ，ヒノキバヤドリギ，ヤッコソウ
腐生植物	アキザキヤツシロラン，キリシマシャクジョウ，ギンリョウソウ，ギンリョウソウモドキ，シロシャクジョウ，タヌキノショクダイ，ツチアケビ，ハルザキヤツシロラン，ヒナノシャクジョウ，ホンゴウソウ，ムヨウラン，マヤラン

希少植物については，国レベルでは岩槻ら（1989），地方レベルでは村田ら（1995），県レベルでは兵庫県環境管理課（1995）などのレッドデータブックを参照に判定を行うことができる．希少とはいえないが，低木のアリドオシ，ジュズネノキ，イズセンリョウ，コショウノキ，センリョウなども減少しており，これらの減少種の存在も自然性の指標となろう．

老齢林は樹冠や階層構造の発達とともに前述した着生植物の生育など，種も豊富となり，自然性は高い．老齢の程度やその重要性を指標するものとして，樹高，直径，推定樹齢，大径木の種類，個体数などを用いる．

以上のような評価項目に基づき，保全を進めようとする対象樹林だけでなく，周辺の照葉樹林も調べると，その地域内での対象樹林の相対的な重要性を知ることができ，保全目標が立てやすくなる．

b．自然性評価による照葉樹林の大区分

a項で述べてきた自然性の評価によって照葉樹林の大区分を行うと以下の四つにまとめられる．

人の手がほとんど加わっておらず，a項で示した自然性評価項目をすべて満足するような，きわめて自然性の高い樹林が「照葉原生林」である．この樹林は樹冠の高さも25mを超え，階層構造は発達し，樹幹や枝に着生植物が多数生育する．林床にはルリミノキ，ミヤマトベラといった低木，エビネ，ナギランなどの各種ラン類，ホンゴウソウ，マヤランなどの腐生植物，ツチトリモチ，ヤッコソウなどの寄生植物が生育する．原生林あるいは原生状態に近いものとしては宮崎県綾町一帯，鹿児島県大隅半島，屋久島，奄美大島，沖縄本島北部，西表島，御倉島などの樹林があげられる．

薪炭林のような定期的伐採や下刈りは行われなかったが，孤立化による種の欠落，特定植物の採取，不定期の伐採などの何らかの人の影響によって自然性が低下し，原生状態とはいえないものが「照葉自然林」である．また，かつて人の手が加わっていたが，その後放置あるいは保全されたために自然性の回復の著しい樹林が「照葉自然林」であるともいえる．照葉自然林にはよく保全された自然性の高い樹林から，照葉樹は優占しているものの種多様性が低く，着生などの植物も少なく，きわめて自然性の低いものまでさまざまな段階が認められる．照葉自然林には社寺林として保全されてきた樹林のほか，かつて伐採されたことはあるが，長年放置されて自然性の回復が著しい渓谷の樹林なども含められる．

薪炭生産用の農用林として利用されてきた樹林が「照葉二次林」である．この樹林は10年から20年周期で伐採-萌芽更新がくり返されてきたもので，伐採や下刈りに弱い照葉低木や着生植物などはきわめて少ない．萌芽力のある照葉樹で構成された自然性の低い樹林といえるが，さまざまな開発によって里山が破壊されている今日，照葉二次林といえどもその保全は進められるべきである．本樹林は房総半島以西の太平洋

沿岸に多く分布し，スダジイやコジイが優占種となる場合が多いが，瀬戸内沿岸の急傾斜地などではアラカシ林もみられる．山地では他のカシ類の二次林も少なくない．九州ではマテバシイの二次林もみられる．

　植栽に由来する照葉樹林は「照葉人工林」である．クスノキ，イチイガシ，マテバシイなどの人工林が一般的である．樟脳生産のために，古く江戸時代に植栽された福岡県立花山のクスノキ林は構成種も多く，照葉二次林よりも明らかに多様である．関東地方のマテバシイ林のように植栽起源の薪炭林として維持されてきたものもあり，二次林と植林とは明確に区分できない場合もあるが，植栽が明らかな場合はこの中に含める．生産を目的とした人工林に対して環境機能を満たすための人工林も存在する．このような人工林は生産林と異なり，多種類の照葉樹が利用されることが多い．社寺林の一部も植栽に由来すると考えられ，明治以降の例として明治神宮や橿原神宮の森があげられる．近年では公害防止林，工場緑化による森，万博記念公園などにおいても照葉人工林は形成されている．

c. 阻害要因
(1) 概　要

　照葉樹林の保護を進めるためには，その樹林の存在や自然性を阻害する要因について調査する必要がある．緑地研究会（1974-1981）は自然性の阻害要因を人為的要因と

表 3.3 社寺林の自然性を脅かす人為的要因

要　因	件　数
人の立入り	464
下刈り	152
伐採	139
植栽	137
排気ガス	70
道路開設	54
施設建造	35
大気汚染	21
落葉採取	17
ごみ・土砂投棄	16
農耕	13
土砂採取	8
地下水位の変化	7
植物採取	3
農薬害	2
その他	17
合　計	1155

表 3.4 社寺林の自然性を脅かす自然的要因

要　因	件　数
風害	179
タケ竹類などの侵入	113
老衰	87
病虫害	63
雪害	19
干害	13
土砂崩れ	7
寒害	6
落雷	5
塩害	2
水害	2
光不足	1
獣害	1
その他	2
合　計	500

自然的要因に二分し，おのおのいくつかの下位の要因に区分している（表3.3, 3.4）．人為的要因では人の立入りが圧倒的に多く，下刈り，伐採，植栽と続く．自然的要因では風害やタケ類などの侵入が多い．

（2）　人の立入り

人はさまざまな目的から照葉樹林内に立ち入るが，散歩，レクリエーション，子どもの遊び，短絡路としての利用などが多い．散歩や短絡路としての利用では林内に踏み分け道ができ，その部分の植生が破壊される．子どもの遊びでは草本層や低木層が面状に破壊され，最終的には林床の裸地化が発生する．

（3）　採取，採集

祭儀用のシキミ，サカキの採取，食用のシイ，ヤマモモなどの果実の採取は昔から行われていたが，近年希少な生物の採取，採集のために人が樹林内に立ち入り，樹林の自然性を低下させる例が多くなっている．植物ではエビネ類，フウラン，セッコク，ナゴランなどのラン科，ヒモラン，オオタニワタリなどのシダ類，カンアオイ類，シシンランなどが狙われ，根こそぎ採取されたところも少なくない．昆虫ではキリシマミドリシジミ，ヒサマツミドリシジミなどのチョウ類の卵の採集やヤンバルテナガコガネの採集のために樹木を切り倒したり樹幹に穴をあけたりする例もある．採取，採集はそれの対象となる生物群の絶滅や減少を生じさせるとともに，採取時に樹木の伐採などさまざまな悪影響を樹林に与えることになる．

（4）　低木，草本の下刈り

樹林の管理あるいは林内の美観維持という目的から林床の下刈りが行われることが少なくない．下刈りによって林床の植物は多大な被害を受け，とくに再生力のない低木類や草本類は絶滅し，再生力の強いヒサカキ，アラカシなどの特定の種は繁茂する．継続する下刈りによって高木層や亜高木層の後継樹の育成も阻害され，長期的には樹林の崩壊に至る．

（5）　高木の伐採

照葉樹林内にはスギ，ヒノキ，モミ，ツガ，カヤなどの針葉樹が混生，あるいは人為的に植栽されている．これらの樹種は建築などの有用材であり，社殿の改築などに利用するために伐採されることが多いが，伐採本数が多いほど樹林に与える影響は大きい．林冠木の消失ということだけでなく，伐採時に亜高木層以下の種，とくに林床の種への物理的な打撃が小さくない．伐採後，林内は明るくなり陽地性の植物の侵入を誘う．

（6）　栽培種の植栽，侵入

社寺林には景観や美観維持・育成と称して，ツバキ，サザンカ，アオキ，クチナシなど各種の花木や造園木の植栽がよく行われている．また社殿改築などのためにスギ，ヒノキが林内に植えられることも多い．各種植物の植栽は自生種の生育を阻害したり，自生種と同じ種が植えられた場合でも，その地域の個体群がもつ固有の遺伝的特性を

攪乱するおそれがあり，自然性の維持からみて問題は多い．自然性の高い照葉樹林ほど造園木の植栽は行うべきではない．植栽ではないが，近年住宅地の庭や公園に植栽された樹木の種子が鳥によって運ばれ，樹林内に定着するのがみられる．コブシ，ハナミズキ，ニシキギなどの落葉樹やヒイラギナンテン，トウネズミモチ，ゲッケイジュ，タチバナモドキのほか，自生種のシャリンバイ，カクレミノ，ヤツデ，センリョウ，マンリョウなどが定着し始めている．栽培種の照葉樹林への定着は，自然性の評価では今後問題になりそうである．兵庫県ではセンリョウを希少な植物の一つに指定しているが，市街地近くの自然性の低い社叢に，庭園樹に由来する個体の生育が確認されている．

(7) その他人間の影響

ここまで示してきた要因以外に，人間の影響として農業的利用，道路開設，施設建造，地下水位の変化，大気汚染，排気ガス汚染，ごみ投棄，土砂放棄，農薬の使用などがあげられている．和歌山県すさみ町の江須崎では，島内に一周道路をつくったことにより周辺部の森林が破壊され，その影響が内部にも及んでいる．より直接的，破壊的な影響としては，駐車場の建設といった社寺の施設拡大による樹林伐採・消失という状況があげられる．農業的利用としては森林内を下刈りし，シイタケ栽培のほだ木置き場とした例がある．社寺林周辺に人家がふえたり，開発が進むと，大気汚染，排気ガス汚染，地下水の汚染，ごみ投棄などさまざまなマイナス要因が増加し，樹林は衰退する．

(8) 孤立化，小面積化

照葉樹林は人間の伐採により減少し，わずかに社寺林などに残されたが，それらの

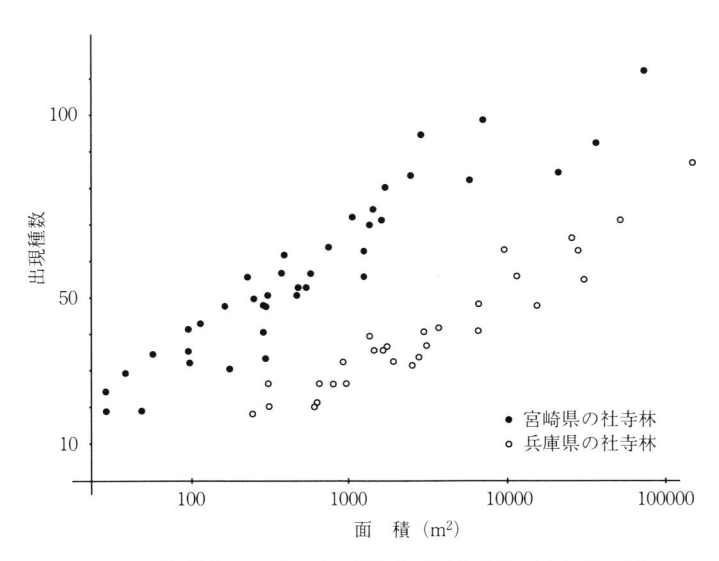

図 3.2 照葉樹林における出現種数（照葉樹林要素）と面積の関係（石田・服部ら，印刷中）

樹林は照葉樹林としてはすでに数百年以上孤立してきた．現在は周辺の二次林や農地からも孤立し始め，周辺部の開発により完全に孤立化した京都府の狩尾社のような神社林もみられる（緑地研究会，1974-1981）．原生状態で残る宮崎県綾町の照葉樹林も周辺部の伐採が進み，大面積ではあるが孤立化している．また九州などではかつて広い面積を占めた照葉二次林も本州などの雑木林（夏緑二次林）と同様に，スギ，ヒノキの植林化やさまざまな開発によって消滅し，わずかに残された樹林も孤立林化しているところが少なくない．孤立化，小面積化によって照葉樹林内に生育する種は減少し，単純化が進む．照葉樹林の孤立化，小面積化に伴う種数-面積関係を，社寺林の面積と出現種数の調査結果に基づいて図3.2に示したが（石田・服部ら，印刷中），一定の種数を確保するためにはそれに応じた面積が必要なことが示されている．なお種数-面積関係については図に示したように地域差があり，各地域ごとにそれを検討する必要がある．

（9） タケ類の侵入

里山ではマダケ，モウソウチク，ハチクといったタケ類の繁茂が顕著となり，雑木林やアカマツ林に侵入しているのが報告されているが（奥富ら，1995；服部ら，1995），タケ林に接した照葉樹林でもその現象は認められる．兵庫県の生島（国指定天然記念物）では，林内にニタクロチク（ハチクの変種），鹿児島県の大野岳神社ではゴキダケ，奈良県の弥富比売神社ではマダケ，兵庫県西宮市の日野神社ではモウソウチクなどが侵入し，樹林の再生に多大な被害を与えている．

（10） ツル植物の繁茂

自然性の評価ではツル植物の生育が高い自然性を示すことを述べてきたが，ツル植物の種類あるいは照葉樹林要素であってもその種の繁殖の程度によっては樹林への加害者となる．兵庫県神戸市の太山寺（兵庫県指定天然記念物）では林縁部にフジが繁茂し，高木の照葉樹に巻き付き樹冠を覆って樹冠を破損させたり，高木を枯死させている例が多数認められる．前述の兵庫県の生島ではムベの繁茂が著しく，至るところにツルがからまり，樹林全体を破壊するような危機的な徴候が認められる．

（11） 動物の影響

奈良県の春日山でみられるように，照葉樹林への動物の影響は大きい．春日山ではシカが食用としないアセビ，イヌガシ，ナギ，シダ類が残り，シイやカシの稚樹はまったくといってよいほどみられない．近年各地でシカがふえているが，シカによる照葉樹林への加害は今後増加するであろう．最近イノシシもふえており，土壌を攪乱し，林床を完全に破壊する．兵庫県竜野市の鶏籠山ではイノシシの攪乱のために林床のルリミノキやアリドオシが消失するという状況がみられる．滋賀県の竹生島ではカワウによって樹冠から林床までが破壊され，危機的な状況にある．京都府の冠島や東北地方の島しょではオオミズナギドリが繁殖しタブ林の林床が破壊されている．前述の日野神社ではゴイサギ，コサギの糞によって下層木にかなり被害が発生している．

（12） 病害虫の発生

原生状態の照葉樹林や小規模でも里山に囲まれた樹林では病害虫の大発生はほとんど認められないが，都市域の孤立化した樹林では，モチノキ類にスス病の発生や，ツバキ，サザンカにドクガ類の発生などがみられる．

（13） 老衰（大木化）

照葉樹が年を経て大木化すること，またその古木が倒れギャップが発生して部分的な遷移が始まることも，原生的な樹林であれば問題はない．しかし，住宅地域と隣接する小規模の樹林では，老木の風倒によって周辺の住宅にも内部の樹林にも被害が発生する．奈良県の妹山樹叢（国指定天然記念物）では 1988 年頃より老木が倒壊し，それによる建築物の毀損や植生の荒廃が報告されている（菅沼，1991）．

（14） 林冠閉鎖（光不足）

薪炭林として利用されてきた照葉二次林は近年 20～30 年間放置され，そのため樹高は伸長し 20 m 以上に達する樹林が出現している．しかしながら一斉林であるので，林冠は完全に閉鎖し，林内は暗くなり，光不足のため多くの植物が生育困難な状態となっている．その結果，林床は土壌が露出し，雨による土壌侵食も発生している．照葉二次林は相観的には照葉自然林並みに発達したが，種組成的にはより単純化し，土壌条件も不良化に向かっている．

（15） 自然災害（風害，雪害，干害）

照葉原生林は自然災害により部分的には壊滅的な状態になっても，大面積であるので，その周辺部からの種子の補給などによって再び復元することが可能である．しかし孤立化した小規模の照葉自然林では，小面積であるだけに自然災害を受けたときの打撃は全面的であり，また大きい．とくに台風による潮風害はすさまじく，伊勢湾台風によって樹林が壊滅的な状況に至った例が多数報告されている（倉内，1964）．

3.4 保全目標の設定

樹林の現状診断の結果，その樹林の自然性と樹林保全上の問題点が明らかとなる．これをもとにその樹林の保全すべき目標（目標とすべき樹林タイプ，自然性，群落高，階層構造，多様性の程度，維持すべき希少種の種類および個体数，その希少種の生育地点，樹林面積など）を設定する．その目標は自然性の現状維持から自然の復元や創造まで多様である．実際には，土地利用の現状や土地所有の問題，保全にかかる経費などの現実的な問題と理想とする目標との妥協にならざるをえない．現実をみつめながらもその時点で最大の自然性が保てるように目標を設定することが重要であるが，目標の設定については専門家と樹林管理者，行政，氏子など地域住民が協議する必要があろう．

3.5 保全・復元計画

　目標に向けて保全計画を立案する．具体的には保全目標に向かっての阻害要因の除去対策と復元計画ということになる．保全・復元計画は対象樹林の現状によっておのおの異なるが，基本的な点を述べたい．

　照葉原生林の保全目標は，当然のことながら，原生状態の維持となり，保全・復元計画では現状に問題がないかぎり原生林の放置（立入禁止などを含めた）となる．さらにその原生林周辺部にある二次林などの保全も進め，原生林が孤立しないよう計画する．面積が広大で人の立入りがなければ放置によって原生状態は維持されるので，保全計画は難しいものではない．むしろ大面積の樹林を保全地域として残せるかどうかが問題であろう．

　照葉自然林はさまざまな自然段階にあるが，どの段階の自然性を目標とするにしても，主要な阻害要因への対策がまず必要である．阻害要因の第一として，人の立入りが報告されている．林内へ立入りができなければ採取，採集，農業的利用，ごみ投棄，子どもの遊びなどの阻害要因もなくなり，かなりの問題が解決する．立入りを阻止するためには，まず林縁にフェンスを張るのが最も簡単で効果的である．対象樹林の面積が広大でフェンスを全体にめぐらせるのが困難であるならば，重要な樹林部分や人の立入りが激しいところだけでも柵が望まれる．林内にすでに歩道があり，環境教育の効果も狙うのであれば，歩道を整備し，歩道から林内に侵入できないようにする．

　低木，草本の下刈りについては，それが樹林管理に必要という地元住民の誤解に基づくものなので，環境教育や環境学習を通じてその誤解を解くことが重要である．老木の保全は重要であるが，周辺に影響がある場合，枝の伐採などが必要となろう．周辺の住宅へ倒木のおそれがあれば，主幹を伐採しなければならないが，その場合，その樹林に着生している植物の移植を考える．また伐採時に林床の保全対策を行う．照葉樹林内に生育するスギ，ヒノキなど有用高木の伐採は所有者の権利でもあるが，伐採時の樹林に対する影響が大きいことから，これについても環境学習を通じて保全の重要性を訴えるべきである．樹林の保全，とくに社寺林の保全は，地元住民の自然に対する意識に大きくかかわっている．長期的，あるいは日常的な管理は地元住民によるところが大きいので，樹林の重要性やその価値について地元住民への環境教育，環境学習を進める必要があろう．

　タケ類の侵入は樹林にとってプラス面はないので，徹底的に早期に伐採する．伐採は3～4年継続する．フジなどのツル植物は，樹林の状態やツル植物の種類をみて伐採か残すかを判断する．生島のようにツルにより樹冠に被害が出ている場合は伐採を進める．

　動物に対しては動物の保護と逆の立場となり，どちらを優先させるか，保全目標を

明確にしたうえで計画を作成する．植物側の立場からすると，イノシシ，シカ，カワウ，オオミズナギドリの侵入を全面的あるいは部分的に阻止する対策が必要となる．この場合もフェンスは有効である．

　自然災害により大きな打撃を受けた樹林では，保全計画というより復元計画が主要となる．小規模な樹林ほど自然回復は望めず，また回復しても種多様性の低いものになりやすい．復元計画では，最初に枯死木・倒木の除去，残存植物の育成を行う．大規模な破壊ではこれだけでは不十分で，照葉樹林構成種の補植が必要となろう．補植に用いる樹種は，自然性の高い樹林を目標にするのであれば郷土種という制限だけでは不十分で，対象樹林周辺に生育する郷土個体を用いるべきである．現実には市場性がないため，種子やさし木で苗の育成を行って長期的に植栽を進める．とくにルリミノキ，カギカズラ，オオバジュズネノキ，ツルマンリョウ，ラン類など希少な種は，市場性もないが，遠方の個体を移植するのではなく，その土地の個体を増殖させて使用すべきである．マント群落の形成など早期緑化が必要な場合は，明らかに造園木と判断できる樹種であり，さらに，種子ができず周辺に侵入できないキンモクセイ，ジンチョウゲなどを一時的に用いる方法もある．

　照葉二次林は保全目標によってまったく異なった保全・復元計画の立案が必要となる．保全目標としてめざす樹林タイプはさまざまなものが考えられるが，大別すると，そのタイプは昭和30（1955）年代の農用林として活用されていた頃の「照葉低林」と，社寺林などの「照葉自然林」の二つである．照葉低林を目標とすると，その保全・復元計画では現在の樹林を伐採することから始まる．伐採後，萌芽更新によって樹林を育成し，10〜20年後再び伐採を行う．この間に除草や下刈りを継続する．一方，照葉自然林を目標とする場合，照葉二次林の最も大きな課題である林冠の閉鎖への対策から出発する．林冠閉鎖に対しては間伐を行って，林床に光を導入し，多様な植物が生育できるような環境を形成する．林床に希少種が生育しており，伐採すると倒木などによってその種の生育に影響が出る場合は，伐採対象の林冠木に環状剝皮を行って立ち枯れさせるのも一つの方法である．

　照葉人工林，とくに都市域で近年育成されている照葉樹による環境林は，潜在自然植生としての安定性，管理面での経済性，常緑としての緑量などですぐれているが，林内が暗く，多様な生物の生息できる空間には必ずしもなっていない．多くの照葉人工林では構成種が少なく，また立木の密度が過密であり，間伐と多様な種の補植が望まれる．照葉人工林の場合，補植する種は，目標に応じて郷土種だけでなく造園木，外来種などの多くの種を用いてもよいと思う．

　保全・復元計画の中で法的な指定（天然記念物，自然環境保全地域，環境緑地保全地域など）が望ましい場合は，指定が可能になるよう作業を進める．

3.6 保全・復元作業

　保全・復元作業は計画に基づいて行われるが，倒木の処理，高木の伐採，林床整理，移植，枝打ち，間伐，希少種の保護，補植，フェンスの設置など非常に繊細な作業となり，図面上よりも現場で指示する方が好ましい場合が多い．これらの作業は林業上の技術では対応できず，また造園上の技術でも困難な点が多いので，計画者は十分作業を監理し，現場で適切な指示を与える必要がある．特殊な植物の移植などについては研究者の指示を仰ぐことも重要である．

3.7 モニタリング

　作業後，樹林やその環境の追跡調査を行って今後樹林を保全するための問題点を明らかにする．現状が不良の場合は新たに作業を行って樹林の改良を行う．また長期的な管理指針の作成も必要であろう．　　　　　　　　　　　　　［服部　保・浅見佳世］

文　　献

1) 服部　保 (1985)：日本本土のシイ-タブ型照葉樹林の群落生態学的研究．神戸群落生態研究会報告, **1**, 1-98.
2) 服部　保 (1988)：気候条件による日本の植生．日本の植生, pp.2-11, 東海大学出版会．
3) 服部　保 (1993)：タブノキ型林の群落生態学的研究II——タブノキ型林の地理的分布と立地条件——．日生態会誌, **43**, 99-109.
4) 服部　保他 (1995)：里山の現状と里山管理．人と自然, **6**, 1-3.
5) 兵庫県環境管理課編 (1995)：兵庫の貴重な自然, 286 p., 兵庫県．
6) 石田弘明・服部　保他 (印刷中)：兵庫県南東部における照葉樹林の面積と種多様性，種組成の関係．日生態会誌．
7) 岩槻邦男他 (1989)：我が国における保護上重要な植物種の現状, 320 p., 日本自然保護協会．
8) 倉内一二 (1964)：沿海地植生の動態——とくに台風害との関係——, 220 p., 大阪市立大学学位論文．
9) 宮脇　昭・佐々木寧 (1980)：小野・矢彦神社叢林の植生学的研究II, 44 p., 横浜植生学会．
10) 村田　源他 (1995)：近畿地方の保護上重要な植物, 121 p., 関西自然保護機構．
11) 奥富　清他 (1995)：竹林の拡大とその機構に関する生態学的研究III——モウソウチクの侵入に伴うコナラ二次林の衰退過程について——．第42回日本生態学会大会講演要旨集, 73 p.
12) 緑地研究会編 (1974-1981)：社寺林の研究 1～11, 土井林学振興会．
13) 菅沼孝之 (1991)：天然記念物妹山樹叢の適切な管理について．天然記念物妹山樹叢緊急調査報告書, pp.37-42, 吉野町教育委員会．
14) 矢野悟道他 (1991)：日野神社社叢の保全に関する調査報告書II, 163 p., 西宮市教育委員会．

4. 熱帯多雨林の自然保護

4.1 熱帯多雨林とは

　熱帯多雨林（tropical rain forest）はアジアに 250 万 km^2，アフリカに 180 万 km^2，南米に 400 万 km^2 あり（Whitmore，1990），日本の面積の 22 倍の範囲を覆っている．典型的な熱帯多雨林では，最も寒い月の平均気温が 18°C 以上，月に 100 mm 以上の雨が降る雨季が 10 か月以上あり，最大樹高が 45～50 m を超え，個々の木には短期間落葉するものもあるが，多くの木がそろって落葉することがほとんどない常緑樹林である（吉良，1993）．3～4 か月の乾季があり，高木に落葉樹が多い林を熱帯季節林（tropical seasonal forest）とよぶ．両方を合わせて，熱帯湿潤林（tropical moist forest）あるいは単に熱帯林ということも多い．熱帯湿潤林は，900 万 km^2 を占める．さらに乾燥が進むと疎林のサバンナ林（savanna forest）となる．三つの大陸の熱帯多雨林の中でもアジアの熱帯多雨林が最も降水量に恵まれるので，樹高 60 m を超す森林もまれではない．世界最大ではないが大きなバイオマス（biomass，生物体量）をもつこと，世界の生態系の中でも最も生物多様性（biodiversity）が高いことが，熱帯多雨林の特徴である．なお，熱帯林のより詳しい生態に関しては，文献[5),6),8),10),12),14)～17)]を参考にしていただきたい．

4.2 二酸化炭素の増加への影響

　熱帯湿潤林は，面積当たりのバイオマスが大きいうえに，世界の森林面積の 30% を占めるので，陸上生物のバイオマスの半分近くを占める（環境庁熱帯雨林保護検討会，1992）．したがって，熱帯湿潤林は地球の炭素の大きな貯蔵庫の一つであり，しかもそれが 15 万 km^2/年の速度で減少しつつあるために炭素を放出し，大気中の二酸化炭素の増加の一因になっている．ただ，よく発達した天然林は光合成のために吸収する二酸化炭素と同じくらいの量を呼吸のために放出しているので，二酸化炭素の収支はほとんどゼロに近い．そのために，天然林を焼いたり伐採すると大気へ二酸化炭素を放出することになるが，そのまま維持しておいても大気中の二酸化炭素量の削減には役立たない．二酸化炭素を吸収する働きは，若い再生途中の森林で大きいので，森林が消失した地域への植林が大気中の二酸化炭素の減少に効果がある．

4.3 林業的な利用

　経済的な資源として考えた場合にも，木材資源は適正な管理がなされれば再生可能な資源であり，蓄積量の大きい熱帯林の利用も重要な課題である．木材が主要な輸出資源である国も多いし，そうでなくても，どこの国も人口増加のために国内の木材需要が増している．また温帯地域と同じく，国土の保全にとって森林の果たす役割は重要である．しかし，適正な管理というのは実際には難しく，フィリピンのように過去の過剰な伐採によって大半の森林が失われた国が多く，熱帯林の再生が大きな問題となっている．現在でも世界の熱帯林が毎年15万km^2の速度で伐採され，植林は毎年2.6万km^2でしか行われていない状況では(国際連合統計局，1994)，植林を増加させることが緊急の課題である．アジアの熱帯多雨林地域では，乾燥した亜熱帯地域よりも木材として価値の高い森林が多く，また住民が日常の煮炊きに使う薪が不足するほど森林が不足していないので，商業的な伐採およびそれが引金となって生じる焼畑が，森林減少の大きな原因となってきた．そのため現在では，インドネシアなどでは伐採した後に植林を義務づけている．しかし，まだ試行錯誤の段階であり植林に失敗することも多く，基礎・応用両面からの研究を進めなければならない．

4.4 生物の多様性の保全

　熱帯多雨林よりも面積当たりのバイオマスが大きい林はアメリカ北西部の針葉樹林などがあるが，生物の多様性が熱帯多雨林より高い生態系はない．まだ分類されていない生物が多いために研究者によって推定種類数が大きく異なるが，世界の生物種の半分（環境庁熱帯雨林保護検討会，1992）から90％（Groombridge, 1992）が熱帯多雨林に存在すると推定されている．たとえばインドネシアの熱帯多雨林では1 haの調査地の中に直径5 cm以上の樹木だけで300種余りが出現する．日本全体で木本は1000種あまりあるが，高山植物のような高さ10 cmにも満たない木本を含むので，樹木とよべるようなものは500種あまりしかない．

　多様性の保全を考える場合，種数などで表される群集としての多様性と同時に，一つの種内の遺伝的多様性も重要である．樹木であれば同じ面積内に日本の10倍ぐらいの種類が存在し，総個体数はあまり変わらないから，1種当たりの密度は約10分の1になる．種内の遺伝的多様性を維持するためには，少なくとも数千の個体数が必要であるが，同じだけの個体数をもつ保護林をつくろうとすると，熱帯多雨林では日本国内の10倍の面積が必要なことになる．仮に，0.1個体/haの密度で分布する植物を5000個体維持するためには，5万haの面積が必要である．動物の密度はもっと低く，熱帯多雨林内のヒョウでは0.001個体/ha程度なので，5000個体のためには500万ha

もの面積が必要と見積もられる（MacKinnon and MacKinnon, 1987）．後者の大面積の保護区をつくることは実際問題としては不可能に近いので，遺伝的な多様性を保つためには人為的な交配や，自然度はあまり高くなくても保護地と保護地を結ぶ回廊のような地域を設けて保護地間の交流ができるようにしておくことが必要だろう．

　このような生物の多様性を守ること，すなわち生物の一つの種にすぎない人類が，何十億年という進化の歴史の中で生まれてきた生物を保全し後世に引き継いでいくのは，当然の義務であろう．また，マラリアの薬，パラゴムノキなど人間にとって利用価値のある生物が今までも熱帯多雨林から発見されてきているが，まだ多数の有用生物が未発見なまま埋もれているはずで，人間の生活にも大きな利益をもたらす可能性をもっている．しかし熱帯多雨林内の生物は，森林の減少とともに急速に絶滅しつつある．

4.5　森林の利用や再生と多様性

　森林が失われた地域で森林を再生させる試みが各地でなされている（神足，1987；林野庁，1990）．それは国土の保全，生産性の回復など住民の生活に密接にからんだ重要な問題であると同時に，世界的にも二酸化炭素の濃度を減少させるためにも役立っている．ただしこれらの問題は，森林のバイオマスほどには，生物の多様性と関連しない．そのためにそれらの問題を解決する努力が払われても，多様性が保護されるとは限らない．かえって林業的な利用にとっては，多種多様な樹木の混生林より，単一か少数の有用樹種からなる林の方が効率のよいことが多い．今後アジアの熱帯林では自生の優占種であるフタバガキ科（Dipterocarpaceae）のサラノキ属（*Shorea*）などの造林が進むであろう．それは外来種を導入するよりもよいことであるし，ラワン材として知られている価値の高い木材なので経済的にも貢献し，大きな現存量を維持して二酸化炭素の減少にも役立つ．しかし，数種のフタバガキ科を植えた林と，1 ha に 200～300 種の樹木が複雑なバランスを保ちながら生育しているフタバガキ科天然林では，生物の多様性という点ではまったく異なる．バイオマスの再生は技術的に十分可能だが，一度失われた多様性を回復するのは容易なことではない．とくに，絶滅してしまった種は再生のすべがない．熱帯の樹木には，埋土種子が何年間も土壌中で生きている種類や，切株から萌芽する種類が少ないので，一度焼畑などに使われて地上植生が消えると，それらの種類は容易にその地域から消滅してしまう．したがって，天然林は原則的に再生不可能なものであり，現在残っている天然林の価値は計り知れない．そのために林業などに利用する地域とは別に，多様性を維持する保護地域を設定する必要がある．森林が失われた多くの地域では，再生のモデルとなるべき潜在自然植生がどのような森林であったかも，今となってはわからない．

4.6 外来の植物

　植林樹種や観賞用に，地域外からさまざまな植物が持ち込まれている．それによって森林が回復することは望ましいことではあるが，その植物があまりに繁殖に成功しすぎるとその地域の在来種を圧迫することになりかねない．とくに熱帯地域は南米，アフリカ，アジアと同じような環境にありながら長い地質学年代を通じて隔離されてきたので，別の大陸から持ち込んだ植物がよく繁殖することがある．たとえば，日本南部にも植えられているコダチチョウセンアサガオ（*Datura arborea*）は南米原産だが，インドネシアのチボダス国立公園の自然林内の登山道沿いによく繁茂している．ほかにもランタナ，*Pipier aduncum, Bullucia pentamera* などの低木が南米からきてインドネシアに一見自生種のように広まっている．逆にインドネシア産の *Dillenia suffruticosa* はジャマイカに広がっているという（Hoogland, 1951）．

　別大陸からの移入種ばかりではなく同地域内の生物でも，種によって細かく分かれた分布が熱帯林の多様性の一因になっているものを，別の場所に移すと多様な自然を乱し，均一化することになる．しかも自生種の場合には，自然分布か人為的分布かを後から調べることが難しい．フタバガキ科の中でもテンカワンとよばれる約10種の樹種は100年以上前から植林されているが，それぞれの種が本来どのような分布域をもち，どのような立地が最も適しているのか，今ではよくわからなくなっている（鈴木, 1994）．

　また，熱帯林を伐採するときには大きな木だけを選択的に収穫する択伐方式がとられることがふつうであるから，将来高木になる樹種の幼木が林内に十分残っているならば，いたずらに外来の樹木を植林するよりも，その場にもとからある幼木を育成するように努力すべきであろう．ある林分にどの樹種を植林すべきか，あるいは残存幼木を利用すべきか，といったことを正しく判断できる林業技術の発達が望まれる．

4.7 保護地域

　先に述べたように，生物の多様性を保つためには，林業的に利用する地域とは別に天然林の保護区が必要になる．そのために表4.1に示したような保護区を，ほとんどの国で設置している（Groombrigde, 1992）．図4.1にはインド-マレーシア地域の保護区を示したが，各地に保護区があることがわかる．ただし，表4.1と図4.1はいろいろな保護のレベルのものを含んでいるので，すべてがよく保護されているわけではない．図4.1に載っているが植物生態学の調査報告がない場所があったので現地に行ってみると，伐採地に変えられていたものもあった．ほとんどの国が保護区の必要性を認めているが，表4.1にみられるように国によって国土に占める保護区の割合はさま

4.7 保護地域

表 4.1 熱帯多雨林地帯にある主要国の国土面積，国土に占める完全な保護区，部分的に利用される保護区の国土に占める割合，および人口密度

国名	国土面積 (1000 km^2)	完全保護区 (%)	部分的保護区 (%)	人口密度 (人/km^2)
アジア				
フィリピン	300	0.75	1.16	210
ベトナム	332	0.43	2.29	206
タイ	513	5.53	5.20	111
マレーシア	330	2.70	1.77	56
ブルネイ	6	8.48	5.01	47
インドネシア	1905	7.19	2.83	99
ミャンマー	677	0.24	0.02	63
バングラデシュ	144	0.00	0.67	825
インド	3288	1.40	2.95	258
スリランカ	66	7.50	4.45	263
パプアニューギニア	463	0.02	0.05	8
アフリカ				
カメルーン	475	2.17	2.11	26
中央アフリカ共和国	623	5.10	4.27	5
コンゴ	342	0.37	3.53	7
ガボン	267	0.06	3.85	5
ザイール	2345	3.64	0.01	16
赤道ギアナ	28	0.00	0.00	13
アメリカ				
メキシコ	1958	1.13	3.98	45
コスタリカ	51	9.50	2.74	60
パナマ	76	15.22	1.67	33
コロンビア	1139	7.89	0.05	30
エクアドル	284	5.62	0.35	38
ペルー	1285	1.97	0.12	17
ベネズエラ	912	15.17	15.87	22
ブラジル	8512	1.71	0.83	18
ボリビア	1099	3.85	5.12	7
ガイアナ	215	0.05	0.00	4
スリナム	163	0.53	3.96	3
世界	136255	3.04	2.12	39
USA	9809	4.10	6.38	26
日本	378	3.54	9.07	328

注　保護区面積は Groombridge, 1992, 国土面積と人口密度は国際連合統計局, 1994 による．

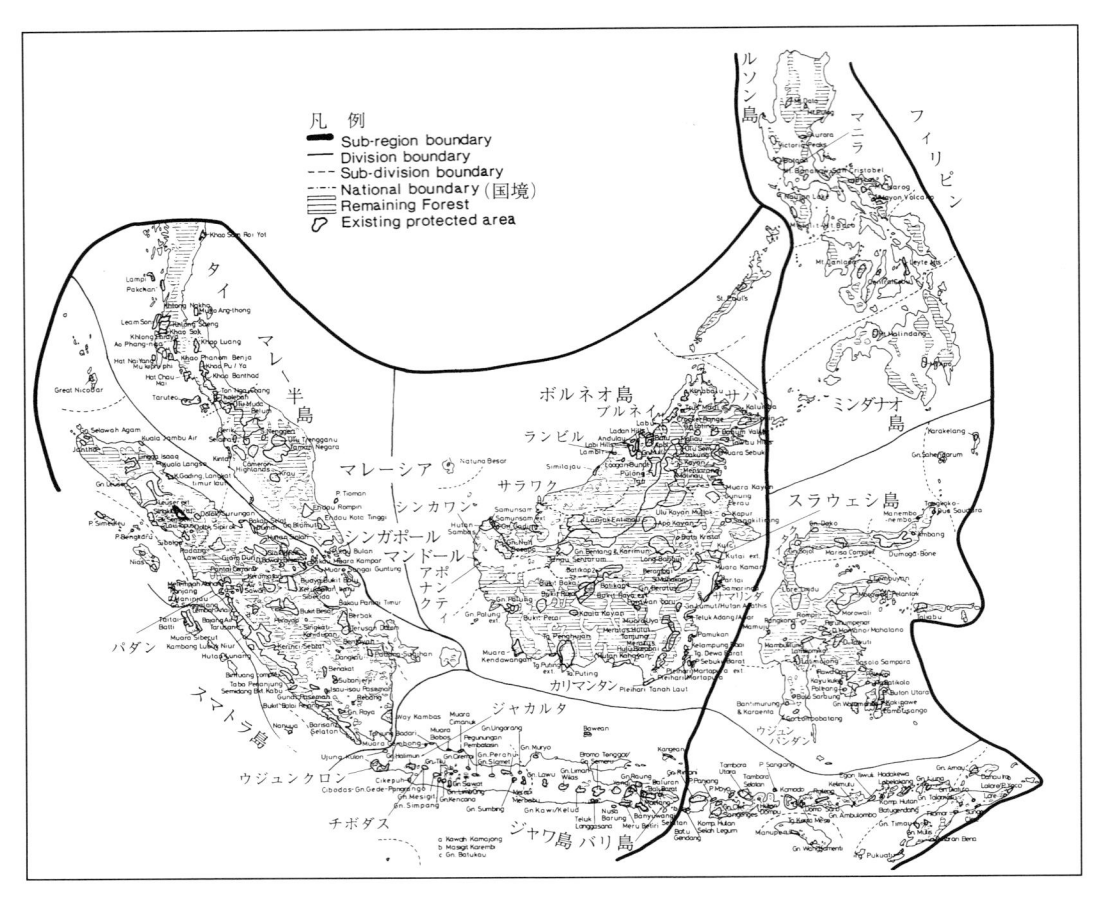

図 4.1 マレーシア地域の自然保護区（MacKinnon and MacKinnon, 1987）

ざまである．人口密度が高いと保護区面積が減りそうであるが，あまり明瞭な関係はない．フィリピンやバングラデシュのような国では，指定できる天然林がほとんど残っていないのだろうが，多くの場合にはその国の自然保護に対する姿勢の違いが，保護面積の大小に反映されているようだ．日本の国立・国定公園は中に居住地が多く，単純に熱帯地域の保護区と比較できないが，アメリカの場合にはほぼ自然状態にある地域だけを指定して国土の 10% を保護区が占める（環境庁熱帯雨林保護検討会，1992）．先に述べたように，多様性が高い熱帯多雨林では温帯や寒帯よりも広い保護面積が必要であるから，いっそう保護区が拡大される必要がある．ただ残念ながら，世界の公園に最も一般的な自然は砂漠とツンドラである（Brown, 1992）．アマゾン河流域の調査では，流域面積の 20% を保護区に指定すれば，ほぼすべての種を保護できると推定されている（環境庁熱帯雨林保護検討会，1992）．大部分の国で，保護面積の拡大が望ましい．

4.8　保護地域の問題点

　上に述べたように保護面積が小さい問題がいずれの国にもあるが，制度上もさまざまな問題がある．しかし，そのような制度や社会習慣は国によって異なり，筆者にはすべてを網羅して書くことができないので，よく植物生態の調査に行くインドネシアの場合について以下に述べる(鈴木，1994)．まず，日本でもあることだが，保護区域として指定されていても，実際に保護されているとは限らない．多くが未開発の地域であるから，管理官が行くのもたいへんな場所ばかりである．地図があっても道に迷う熱帯林の中で，正確な地図もなく，どこが保護区と外の境界かも判然としない場所が多い．西カリマンタンの保護区では，隣接する伐採区をもつ会社は航空写真から描いた正確な地図をもっていたが，保護区の管理事務所も地元の役場にも大まかな地図しかないので，境界が問題になってもはじめから勝負にならない．そのような状況なのでコアになる保護区と周辺のバッファゾーンといった区分けもなされていない．月給が少ないこともあり保護にあたる公務員の意識が低いことも多い．ひどい例では，保護区に一度も入ったこともなく，行く道も知らない管理の現場責任者もいた．このように，少数のよく知られた国立公園や保護区以外は，管理がきわめて不十分か実質的な管理がされていない．また，保護区の設定や管理には生態やさまざまな調査が必要であるが，それを担当する研究者が不足している．とくに多様性を研究しようと思うと，一般的な図鑑類は皆無といってよいから，ごく一部の研究者以外は意欲があったとしても調べる方法がない．多くの生物が記録される以前に消滅していっている．

　周辺住民は保護の意識が低い．その一因は，保護区とか伐採区が大都会にある役所で決められており，地方まで徹底しない問題がある．またインドネシアは建国して50年ほどであり，その後保護区などの森林を国有林にしているが，その地域にもっと以前から住んでいた住民の場合には昔から森林を利用してきているのだが，保護区指定に伴う補償などはなされていない．さらに，森林を守ることから生じる直接的な利益が少ない．家族がふえて焼畑をつくる場所が不足すれば，保護区と知っていても，取り締まる人もおらず，昔は自分たち部族の土地でもあったところに焼畑をつくるのを止めるのは難しい．インドネシアの例だけを述べたが，同じような問題が開発途上国の多い熱帯地域で起きているだろう．

4.9　将来に向けて

　上にあげたような問題点を改善するためには，その国の諸制度，慣習の改善が必要である．保護区の管理にも費用がかかるし，今日使う薪がない人々に木を伐採するなといっても，ほとんど効果がない．その国の政治経済情勢とも密接に関係するので，

それらの安定と発展なしには状況は改善されない．アジアの場合にはまだ諸情勢がよいので，インドネシアでも焼畑をなくすキャンペーンを行ったり，まったく悲観すべき状況ではないだろう．保護地域の拡大のために，自然保護債務スワップという方法もボリビアなどで行われている(環境庁熱帯雨林保護検討会，1992)．これは，債務に苦しみ自然保護どころではない国の債務を肩代わりするかわりに，熱帯林の保護地域の拡大と管理の充実をはかるものである．

4.10 エコツーリズム

一般の日本人としてできることは，観光でもよいから現地に行ってみることがあるだろう．それは別章にもあげられたエコツーリズムになるが，実際に現地の保護林に行ってみることは，われわれにとって熱帯多雨林を直接知ることができ，理解を深められるばかりではなく，熱帯林の保護にも，現地の人々にもさまざまな利益がある．第一に，ガイド，お土産物の販売などで，現地の経済に直接の恩恵をもたらすことができる．その金額は木材の輸出などと比較するとわずかなようであるが，中間マージンが少ないので地元への影響はかなりなものになる．熱帯多雨林地帯ではないが，ケニアでは，第一の外貨収入源はゾウやライオンのサファリ観光である(Groombridge，1992)．第二にお金に換算することができない効果として，人々への心理的な影響がある．現地の人にとって天然林は生まれたときからそこに存在するものであり，空気のありがたさをわれわれがふだん意識しないように，保護すべき貴重なものであるという意識が薄いことが多い．それが，日本のような遠い国から大金を使って林を見るためにくる人がいると思うだけでも，森林は大切なものなのかと思わせる効果があるようだ．もちろん観光地化が進むと，いろいろな弊害が生じることも世界各地でみられるが，周囲から焼畑などに蚕食されるままに放置しておくよりはよいと思う．

インドネシアでは，図4.1に示したジャワ島のチボダス(ボゴール近郊の標高1000〜3000mの山地林)やウジュンクロン(ジャワ島西海岸で船で行く．プチャン島にホテルもあり美しい低地林，サイチョウ，ジャワサイなどを見られる)が，ジャカルタからも近くて容易に行ける．西カリマンタンではポンティアナク近くでケランガス(熱帯ヒース)林が見られるマンドール，シンカワン近くのロンガ山などが一般的に行ける．しかし，まだ国立公園などの整備が遅れているので，簡単に行ける場所は少なく探検的な要素が多い．外国人旅行者の受け入れ制度の改善充実が望まれる．

4.11 里山の保全

上に述べた自然度が高く国レベルで保護地に指定される森林ばかりではなく，小面積であったり人間の影響下にある森林であっても，日本の里山や社寺林にあたる森林

を残しておくことも大切である．それらは離れた場所にある保護区を結ぶステッピングストーンになる可能性があるし，その地域の潜在自然植生を知る手がかりともなる．村人にとっても，レクリエーションの場，自給自足的な木材や林産物の供給の場としても役立つ．しかし残念ながら，宗教的に社寺林のようなものを残す慣習のない国が多く，また単一栽培でアブラヤシ・コーヒー・ゴム園などが車で走っても何十分も続き，かつての熱帯多雨林の面影も見られなくなった地域も多い． ［鈴木英治］

文　献

1) Brown, L. R. (ed.)(1992): State of the World 1992, W. W. Norton. 加藤三郎監訳 (1992): 地球白書 1992-1993, 410 p., ダイヤモンド社.
2) Grombridge, B. (ed.)(1992): Global Biodiversity Status of the Earth's Living Resources, 585 p., Chapman & Hall.
3) Hoogland, R. D. (1951): Dilleniaceae, Flora Malesiana Ser. I, 4, pp. 141-174.
4) 神足勝浩 (1987): 熱帯林のゆくえ——緑の国際協力, 200 p., 築地書館.
5) 環境庁熱帯雨林保護検討会編 (1992): 熱帯雨林をまもる, 236 p., 日本放送出版協会.
6) 吉良竜夫 (1993): 熱帯林の生態, 251 p., 人文書院.
7) 国際連合統計局 (1994): Statistical Yearbook, United Nations. 後藤正夫監訳 (1995): 世界統計年鑑 1992, 1046 p., 原書房.
8) Kricher, J. C. (1989): A Neotropical Companion An Introduction to the Animals, Plants, and Ecosystems of the New World Tropics, Princeton Univ. Press. 伊沢紘生監修・幸島司郎訳 (1992): 熱帯雨林の生態学, アマゾンの生態系と動植物, 487 p., どうぶつ社.
9) MacKinnon, J. and MacKinnon, K. (1987): Review of the Protected Areas System in the Indo-Malayan Realm, 284 p., IUCN.
10) Richards, P. W. (1952): The Tropical Rain Forest: An Ecological Study, Cambridge Univ. Press. 植松眞一・吉良竜夫訳 (1978): 熱帯多雨林——生態学的研究——, 506 p., 共立出版.
11) 林野庁監修 (1990): ザ・熱帯林——緑の地球経営の実現に向けて——, 210 p., 日本林業調査会.
12) 四手井綱英・吉良竜夫監修 (1992): 熱帯雨林を考える, 368 p., 人文書院.
13) 鈴木英治 (1994): 西カリマンタンの熱帯林とその管理状況 32, 学術月報, **47**-7, 63-68.
14) Veevers-Carter, W. (1984): Riches of the Rain Forest, An Introduction to the Trees and Fruits of the Indonesian and Malaysian Rain Forests, Oxford Univ. Press. 渡辺弘之監訳 (1986): 熱帯多雨林の植物誌, 209 p., 平凡社.
15) Wallece, A. R. (1878): Tropical Nature, and Other Essays, Macmillan, London. 谷田専治・新妻昭夫訳 (1987): 熱帯の自然, 298 p., 平河出版.
16) Whitmore, T. C. (1990): An Introduction to Tropical Rain Forests, Oxford Univ. Press. 熊崎　実・小林繁男監訳 (1993): 熱帯雨林 総論, 224 p., 築地書館.
17) 山田　勇 (1991): 東南アジアの熱帯林世界, 東南アジア研究叢書 24, 419 p., 創文社.

5. 二次林の自然保護

5.1 二次林とは

　一般に，自然林（natural forest）が伐採，山火事，台風などのような人為的あるいは自然的干渉を受けて破壊された跡地に，植栽，播種などの人為によらずに生じた森林を二次林（secondary forest）とよんでいる．したがって，自然林と植林を除くすべての林が二次林である．なお，二次林のうち，萌芽（根元で伐採された親木の切株から生じた芽）に由来した樹木からなる林を，実生由来の樹木からなる林と区別して，とくに萌芽林（coppice）とよぶことがある．

　ちなみに欧米では，人為的干渉（ただし植栽，播種を除く）によって生じた二次林をしばしば半自然林（semi-natural forest）とよんでいる．また，わが国の林野関係では一般に，二次林というカテゴリーは用いず，二次林は「天然林」に含められているので，統計表などを読むときには，天然林イコール自然林ではないことに注意する必要がある．

5.2 日本の二次林

a．二次林分布概況

　わが国の二次林は全体［環境庁による自然度調査における植生自然度8（自然林に近い二次林）と同7（二次林）の全群落］で国土面積の約24％を占めている（環境庁自然保護局・アジア航測，1994）．しかし，その対地域面積比は一様ではなく，地方別にみると，相対的に最も高いのは中国（51.2％），高いのは近畿（34.6％），四国（31.3％），中部（31.0％）と東北（28.0％），低いのは関東（17.3％）と九州（17.6％），最も低いのは沖縄（1.2％）と北海道（5.9％）となっている（図5.1（a））．また同一地方でも，たとえば中部地方では太平洋沿岸部で低いのに対し日本海沿岸部で高いというように，かなり地域差がある．

b．二次林群落とその分布

　図5.1(a)〜(e)は，『第4回自然環境基礎調査植生調査報告書』（環境庁自然保護局・アジア航測，1994）の資料を用いて作成した，わが国の二次林全体と主要二次林（ミ

5.2 日本の二次林

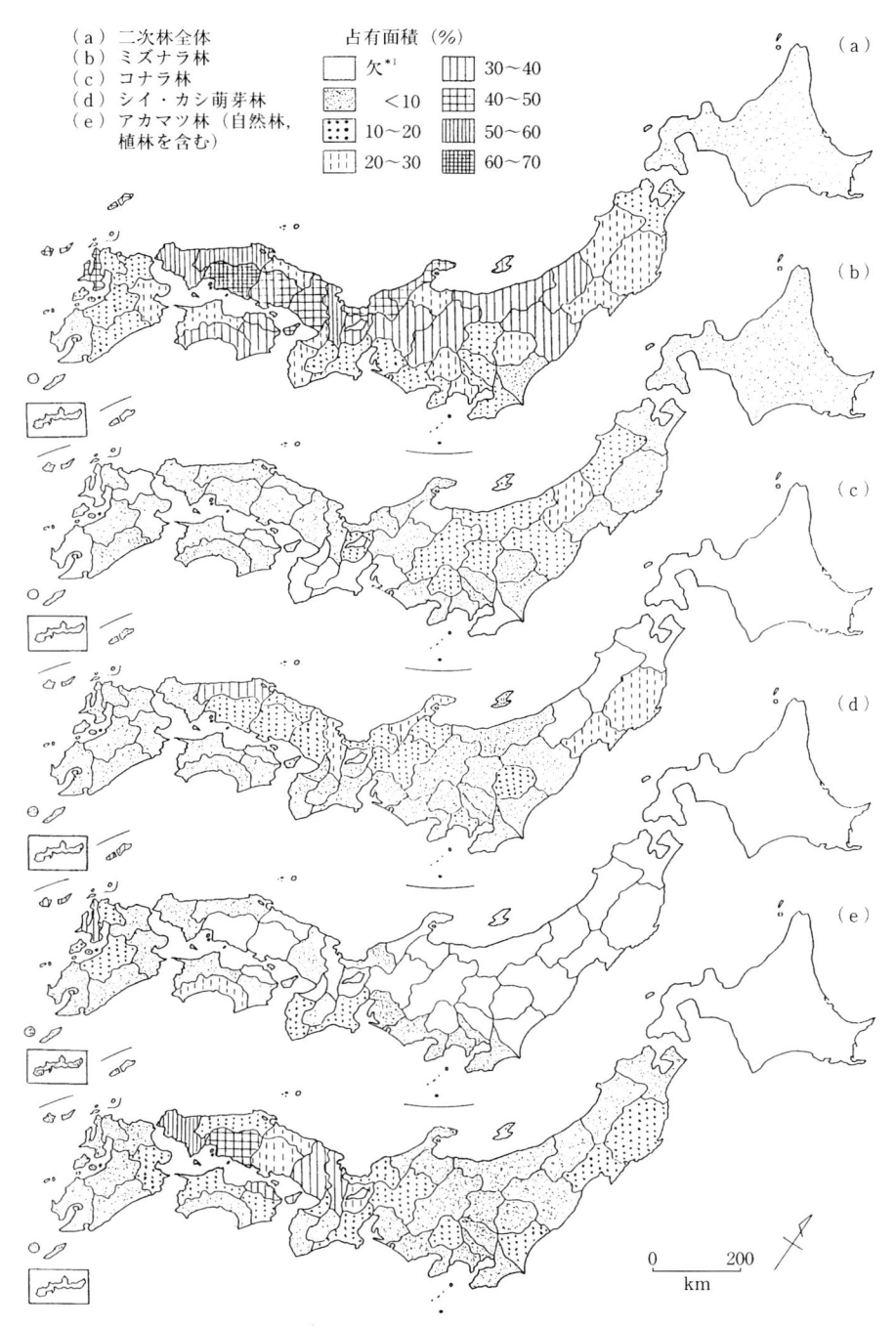

(a) 二次林全体
(b) ミズナラ林
(c) コナラ林
(d) シイ・カシ萌芽林
(e) アカマツ林（自然林，植林を含む）

占有面積（%）
- 欠[*1]
- <10
- 10〜20
- 20〜30
- 30〜40
- 40〜50
- 50〜60
- 60〜70

図 5.1 主要二次林の都道府県別占有面積（1kmメッシュの出現頻度による）
（環境庁自然保護局・アジア航測，1994の資料より作図）

[*1] 実際には存在していても，1kmメッシュ小円選択法で抽出されなかった場合を含む．

ズナラ林，コナラ林，シイ・カシ萌芽林，アカマツ林）の都道府県別占有面積を示した図である．これらと『第3回自然環境基礎調査植生調査報告書』（アジア航測，1988），『日本植生誌（全）』（宮脇，1980-1989），『日本植物群落分布図』（宮脇・奥田，1990）などを参考にして，わが国の二次林群落とその分布について，以下に概観する．

（1）亜高山・亜寒帯（トウヒ-コケモモクラス域）の二次林

亜高山・亜寒帯の代表的な二次林としては，ダケカンバ-ネコシデ群落，ダケカンバ-チシマザサ群落などを含むダケカンバ二次林があげられ，北は北海道から本州の東北・関東・中部地方を経て南は四国地方まで分布する．亜高山・亜寒帯には，このダケカンバ二次林をはじめとして，ウダイカンバ，ネコシデなどカンバ類を優占種とした落葉広葉二次林が伐採跡地や風倒跡地などに出現し，ときには針葉自然林の中にきわめて狭くパッチ状に出現している．

（2）冷温帯（ブナクラス域）の二次林

日本の冷温帯の主要二次林としてはミズナラ林，コナラ林，アカマツ林などがあげられる（これらのうち，コナラ林とアカマツ林は暖温帯の主要な二次林でもある——後述）．

ミズナラ林 冷温帯二次林を代表する落葉広葉二次林で，広く分布し，国土面積の5.3%を占める．沖縄など一部地域を除いて全国的に広がっており，とくに東北・中部両地方の日本海側と中部地方の内陸部に多い（図5.1(b)）．ミズナラ林の中では，ミズナラ-クリ群集が最も優勢で，東北地方から中国地方までの本州に広く分布する．また，ミズナラ-オオバクロモジ群集は東北・中部・関東地方（ごく一部）の日本海気候をもった地域に出現する．

コナラ林 冷温帯の下部にはコナラ林がミズナラ林とともに出現し，そのおもな群落はコナラ-クリ群集とコナラ-オクチョウジザクラ群集である．これらは冷温帯下部から下方の暖温帯上部にかけての丘陵地や山地に分布しており，前者は東北地方南部，関東地方，中部地方のそれぞれ太平洋側に，後者は東北・中部両地方の日本海側に分布する．

アカマツ林 コナラ林と同じく，冷温帯下部にはアカマツ-ヤマツツジ群集などのアカマツ林が，暖温帯上部と共通して分布している．しかし，その分布の中心は暖温帯にある．

その他のおもな冷温帯性二次林 冷温帯におけるその他のおもな二次林には，イヌブナ林やアカシデ，クマシデあるいはイヌシデを主としたシデ林，それとシラカバ林，カシワ林などの落葉広葉二次林がある．また，ブナ林伐採跡地に生じた，いわゆるブナ二次林もかなり広い面積を占めているものと推定されるが，伐採後年数がたった林分は自然林と識別が困難で，ブナ二次林の分布についての詳細はわかっていない．

（3）暖温帯（ヤブツバキクラス域）の二次林

日本の暖温帯の主要二次林には，コナラ林，シイ・カシ萌芽林（常緑広葉二次林）

およびアカマツ林の，それぞれ相観，したがって群系(formation)を異にする3タイプの林がある．

コナラ林 上述のように，コナラ林は暖温帯と冷温帯下部の台地，丘陵地，山地に広く分布する二次林である．冷温帯のコナラ林を含めたコナラ林全体の占有面積は国土面積の6.1%に達し，わが国の広葉二次林中，最大の面積を占めている．コナラ林は北海道地方から沖縄を除く九州地方まで広がっており，とくに東北地方の太平洋側と，北陸地方，近畿地方北半部や中国地方に多い（図5.1 (c)）．

暖温帯のコナラ林のおもな群落としてはコナラ-クリ群集，コナラ-クヌギ群集，コナラ-オニシバリ群集，コナラ-アベマキ群集，コナラ-ノグルミ群集などがあげられる．

コナラ-クリ群集は上述のように，主として東北地方南部，関東，中部のそれぞれ太平洋側の丘陵地から低山地にかけて分布し，下方でコナラ-クヌギ群集と接している．コナラ-クヌギ群集は主として関東地方を中心に，それに接する東北地方南部や中部地方東南部の台地（平地），丘陵地に広く分布している二次林である．このコナラ-クヌギ群集は東日本の代表的な二次林で，いわゆる「武蔵野の雑木林」の大半はこの群集に属している．コナラ-オニシバリ群集は，亜高木層ないし低木層にヤブツバキ，シロダモなどの常緑広葉樹が多いコナラ林で，関東南部，近畿，四国のそれぞれ沿岸地方に出現する．コナラ-アベマキ群集は近畿地方や中国地方の暖温帯上部から冷温帯下部にかけて分布する．コナラ-ノグルミ群集の分布域はあまり広くはなく，長崎県を中心とした九州北部に偏って見い出される．

シイ・カシ萌芽林（常緑広葉二次林） 九州，四国を中心とした西南日本一帯に発達する，常緑広葉樹からなる二次林は一般にシイ・カシ萌芽林とよばれている．これらの地域の自然林は，低海抜地ではシイ林（スダジイ林，コジイ林）やタブノキ林，やや高くなるとカシ林（アカガシ林，ウラジロガシ林など）がそのおもなものであるが，これらの自然林が一度伐採されると，その跡地には，伐採前の自然林の主要構成樹種であったシイ類，カシ類あるいはその他の常緑広葉樹の萌芽が生長して常緑広葉樹の萌芽林が形成される．これがシイ・カシ萌芽林であって，その名は各種の常緑広葉萌芽林の総称である．なお，シイ・カシ萌芽林の主要構成樹種は必ずしもシイ類やカシ類とは限らないので，正しくは「常緑広葉萌芽林あるいは常緑広葉二次林」とよぶべきかもしれない．しかしここでは，すでに一般的な呼称となっているので「シイ・カシ萌芽林」の名を用いた．

シイ・カシ萌芽林は暖温帯の最も主要な二次林であると同時に，日本の主要な二次林の一つである．しかし，他の主要な二次林であるミズナラ林，コナラ林やアカマツ林に比べて，分布面積はかなり小さく，国土面積の2.4%を占めているだけである．シイ・カシ萌芽林は主として近畿以西に分布し，一部は東海地方や関東南部の沿岸部にも広がっている．近畿以西でも分布は一様ではなく，九州地方，四国と紀伊半島の太平洋沿岸部に比較的多く，その他の地方では少ないかまれである（図5.1 (d)）．

シイ・カシ萌芽林の中ではスダジイ萌芽林が最も広く分布し，関東から沖縄までの主として丘陵地と低山地に成立している．ウラジロガシ萌芽林とアカガシ萌芽林はともに主として近畿，中国，四国，九州の丘陵上部から低山地にかけてのヤブツバキクラスとブナクラスの移行帯域にみられる．その他，タブノキ萌芽林，コジイ萌芽林，シラカシ萌芽林，ウバメガシ萌芽林，ヤブニッケイ萌芽林など多くのタイプの「シイ・カシ萌芽林」が暖温帯各地に出現する．

アカマツ林　上述の冷温帯のアカマツ林を含めたアカマツ林全体の占有面積は，国土の8.5%に達している．ただし，これはアカマツ二次林だけではなく，アカマツ自然林とアカマツ植林をも含んだ数値なので，厳密にはアカマツ二次林の占有率とはいえない．しかし，アカマツ自然林とアカマツ植林の面積は合わせて2%前後と推定されるので，それを差し引き少なく見積もってもアカマツ二次林は6%を超え，コナラ林とほぼ同じになる．これからみても，わが国の二次林中で占めるアカマツ二次林の高い優占性が理解されよう．

アカマツ林（自然林，植林を含む，以下同）は本州，四国，九州のほぼ全域に分布する（図5.1(e)）．兵庫，岡山，広島，山口，香川のように瀬戸内海をとりまく地域では圧倒的に優勢で，それらの諸県ではそれぞれ県土のおよそ30〜50%を占めている．

アカマツ林は，おもにアカマツとツツジ類の結びつきによって群集が識別され，それらは以下のようにおおよそ地理的に分布域を異にしている．

アカマツ-ヤマツツジ群集は東北地方から近畿地方までの広い範囲に分布している．関東，中部，近畿東部に多く，どちらかというと東日本型のアカマツ林である．しかし，このアカマツ-ヤマツツジ群集の分布域にはアカマツ-コナラ林型（中林型）の二次林が多く，それをアカマツ林の群集とみるか，コナラ林の群集のアカマツ亜群集もしくはアカマツファシースとみるか，あるいはアカマツ-コナラ群落とみるかは，研究者によって見解を異にする．したがって，アカマツ-ヤマツツジ群集の正確な分布域ははっきりしていない．アカマツ-コバノミツバツツジ群集はいわば瀬戸内海型のアカマツ林で，瀬戸内海沿岸諸地域に圧倒的に優占する．一方，これらのアカマツ-ヤマツツジ群集とアカマツ-コバノミツバツツジ群集の分布空白域を埋めるように，アカマツ-モチツツジ群集が中部地方西南部と近畿地方南半部に，またアカマツ-オンツツジ群集が四国と九州の主として太平洋側にそれぞれ分布している．

その他のおもな暖温帯性二次林　コナラ林を欠く伊豆諸島の二次林では，それに代わってオオシマザクラなどを主とした落葉広葉二次林（オオシマザクラ-オオバエゴノキ群集）が常緑広葉二次林のタブ-ヤブニッケイ幼木林などとともに優勢である（奥富ら，1986）．クロマツ林は全国各地の沿海地にしばしば出現するが，アカマツ林に比べてはるかに少なく，クロマツ植林を入れても国土の1%にも満たない．

暖温帯の二次林には先駆的な二次林が多い．たとえば，センダン林が近畿・中国・四

国地方に，アカメガシワ林（アカメガシワ群団）が中部地方から沖縄まで，アオモジ林が九州にそれぞれ出現している．ただし，このうちセンダン林は海岸崖錐地などに先駆性自然林としても出現することもある（南硫黄島など——奥富，1982）．

（4）亜熱帯（沖縄，小笠原）の二次林

沖縄には，モリヘゴ林とかショウロウクサギ林のような沖縄（南西諸島）特有の二次林とともに，沖縄が自然林域からみて九州本土と同じヤブツバキクラス域に属するので，九州と共通した二次林が分布する．スダジイ萌芽林，ウラジロエノキ林などがそれである．また，後者のウラジロエノキ林はセンダン林とともに小笠原の二次林とも共通している．一方，本土で広く分布するアカマツ林に代わって，沖縄ではリュウキュウマツ林が広く分布する．小笠原でも，このリュウキュウマツが古くに琉球から移入，植栽され，その後放棄畑跡などの二次林となって分布域を広げていたが，松枯れによって壊滅的打撃を受け，小笠原では現在，松林としては断片的にわずかに残存しているだけである．小笠原の特徴的な二次林としてはギンネム林があげられる．これも移入されたギンネムが独占的に優占した低木〜亜高木林性の先駆性二次林で，硫黄島をはじめとした小笠原諸島一帯に広く分布している．また，小笠原では父島や母島などに，常緑広葉萌芽林であるムニンヒメツバキ萌芽林が分布する．これは自然林ないしよく発達した二次林であるモクタチバ−テリハコブガシ群集ムニンヒメツバキ亜群集の萌芽林である（奥富ら，1983）．

c．二次林と自然林の群系分布対応

以上にみてきたように，日本の二次林は，自然林が落葉広葉樹林である冷温帯ではミズナラ林やコナラ林などの落葉広葉二次林が，また自然林が常緑広葉樹林である暖温帯ではシイ・カシ萌芽林などの常緑広葉二次林がそれぞれ優勢であり，一般に自然林と二次林は同じ相観をもった（したがって同じ群系）の森林である．しかし，暖温帯（ヤブツバキクラス域）の一部では，たとえば瀬戸内海沿岸地方でアカマツ林のような常緑針葉二次林が圧倒的に優占し，また，関東南部などではコナラ林などの落葉広葉二次林が優占しているなど，必ずしも自然林と二次林が同じ群系の森林とは限らない．伐採直後などに生じた先駆性二次林（これはどの森林群系域でも落葉広葉樹林が多い）を除けば，同じ森林群系域ならば，本来的には自然林も二次林も同じ群系の森林であってよいはずと考えられるが，上述のような特異的な現象がしばしばみられる（図5.1（d），（e）参照）．

5.3 二次林の形成・持続・交代

a．二次林の形成

二次林の形成には，主要樹種群の実生による場合とそれらの萌芽による場合とがあ

398   5. 二次林の自然保護

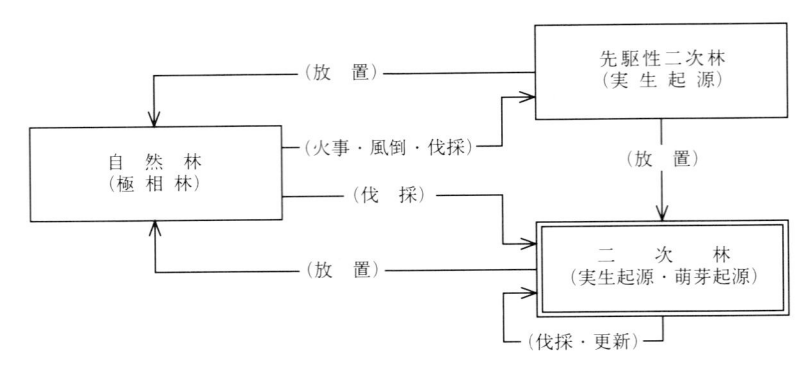

図 5.2 二次林の形成と持続を示す模式図
(奥富，1978 を改変)

る（図 5.2）．

　まず実生による場合は，広葉自然林あるいは針葉自然林が台風や山火事によって破壊された跡地に，種子によって侵入した陽性な樹種が生育して先駆性二次林が形成される場合である．たとえば，スダジイ林の風倒跡地などでのアカメガシワ林やアカマツ林の形成はこのタイプである．一般に，先駆性二次林の相観や樹種組成は破壊前の自然林のそれとは大きく異なる．一方，萌芽による場合は，広葉自然林が伐採された跡地に，切株からの萌芽が生長して萌芽林が形成される場合である．たとえば，ミズナラ自然林の伐採跡地に生じたミズナラ二次林の形成はこのタイプである．萌芽性二次林は，その発達段階によって一概にはいえないが，その形成過程から明らかなように，概して破壊（伐採）前の自然林の林冠樹種組成と大きな差異はない．しかし，相観（均一になる）や林床植生（単純になる）はしばしば破壊前の自然林のそれとは大きく異なる．

b．二次林の持続

　二次林は遷移段階における先駆相または途中相である．したがって，二次林は不安定で，自然状態では特殊な場合を除けばその立地の極相に向かって遷移（二次遷移）する．この遷移に逆らって，何代にもわたってほぼ同じ相観，種組成をもった二次林が持続しているのは，二次林に対してその遷移を抑止している力が働いているためで，その抑止力の最大のものが人為である．そしてその人為の中では，人間による二次林の利用，とくに薪炭林や農用林としての利用であり，具体的にはその利用目的達成のための管理（施業，すなわち下刈り，落葉採取，皆伐，広葉二次林の萌芽更新，針葉二次林の天然下種更新，整理伐，除伐，まれに補植など）であったことは周知のとおりである．しかし，最近は二次林の利用が極端に減って放置され，そのために遷移抑止の歯止めがとれ，遷移の進行がみられる二次林がふえている．

c．二次林群落の交代

上述のように，先駆性二次林を除けば一般に，二次林の相観（したがって群系）は自然林のそれと同じであるが，すべての二次林が必ずしもそうとは限らない．たとえば，上述のように，暖温帯のヤブツバキクラス域にあって，本来はシイ・カシ萌芽林などの常緑広葉二次林が優占していてもよいはずの瀬戸内海沿岸地方でアカマツ林が著しく優占し，また，シイ・タブノキ萌芽林が優占してもよい伊豆諸島の大島や新島などではオオシマザクラ-オオバエゴノキ群集のような落葉広葉二次林が優占している．さらにまた，武蔵野の雑木林として知られる落葉広葉二次林のコナラ-クヌギ群集が広く分布している関東南部は，自然林域からみれば北限に近いとはいえ，なお常緑広葉樹林域（ヤブツバキクラス域）である．

このように同じ地域で自然林群系と二次林群系が異なっている現象の原因は次のように考えられる．すなわち，人間が利用を始めた頃には二次林（萌芽林）は，その前にそこに存在していた自然林と同じ群系であった．しかし，その地域が当該群系にとって分布の限界域ないしそれに近い地域であること，そこの立地条件が本来当該群系の生育にとって必ずしも好適ではないこと，長期にわたる過度な伐採などの森林利用によって立地が当該群系の成立限界以上に改変してしまったこと，利用目的に合った樹種が補植されたことなどの諸要因が，当初の二次林群系あるいはその立地に単独または複合的ないし相乗的に働き，徐々に二次林群系の交代が引き起こされた結果であると考えられる．

5.4　二次林の推移と変貌

a．二次林の推移

（1）　二次林面積の推移

図 5.3 は，環境庁報告書（環境庁，1976；アジア航測，1988；環境庁自然保護局・アジア航測，1994）の資料から作成した，1973 年から 1991 年までの最近約 20 年間における二次林（植生自然度 8 および 7 の全群落）の占有面積の推移を地方別に示したものである．

まず，全国を対象としてみると，この期間中，二次林面積は微減傾向を示している．地方別には，例外的に北海道と中部でこの期間の前半（1973～1983）にやや増加，後半（1983～1991）に減少という傾向を示したが，その他の地方ではいずれも期間の前半，後半を通して二次林面積はゆるやかな減少傾向を示している．

次に，狭い地域での二次林面積の推移をみてみる．

表 5.1 は，データは少し古いが埼玉県所沢市における 1956 年と 1985 年の二次林面積を比較したものである．二次林全体としてはこの期間中に 44.3% 減少し，大まかにいえば，所沢市では 1985 年までの 30 年間に二次林は半分近くになってしまったこと

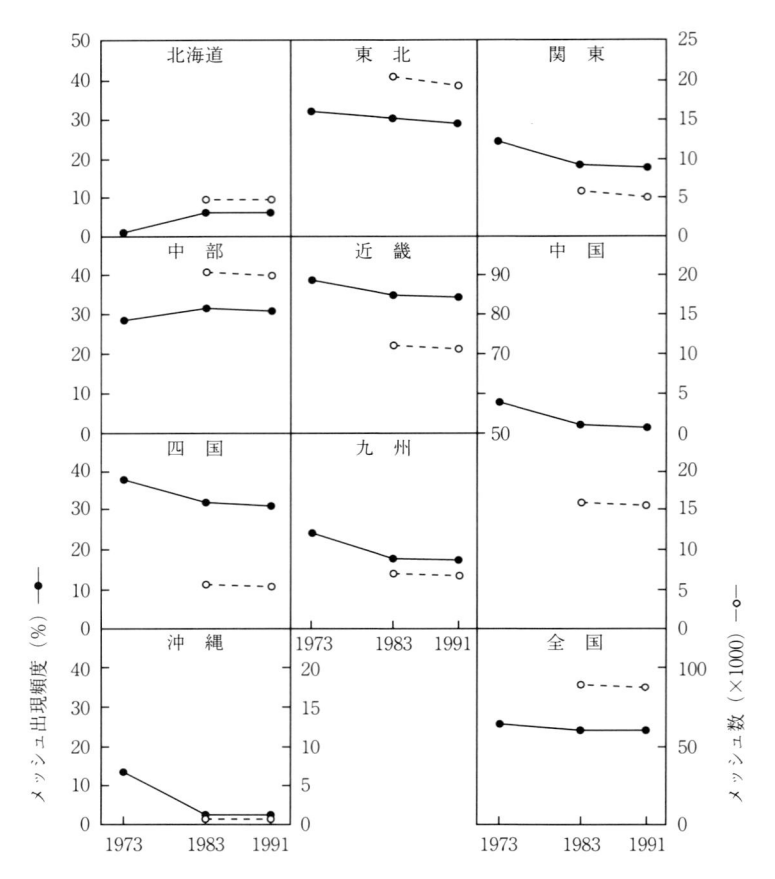

図 5.3 地方別二次林占有面積（メッシュ数とメッシュ出現頻度）の推移（環境庁，1976；アジア航測，1988；環境庁自然保護局・アジア航測，1994 より作図）

1973 年のメッシュ数は，1983 年および 1991 年と総メッシュ数が大幅に異なるので，示していない．

がわかる．そして，その後現在までさらに減少が進行しているものと十分推測される．

この所沢市にみられるような二次林の著しい減少は，全国各地の都市近郊の台地や丘陵地などに普遍的にみられ，広域を対象としたときにみられる二次林の微減傾向とは著しく対照的である．

表 5.1 所沢市における 30 年間（1956～1985）の二次林面積（対市域比）の推移（奥富ら，1987）　　（単位：％）

	1956 (a)	1986 (b)	減少率 [(a−b)/a]
二次林全体	23.0	12.8	44.3
コナラ林	18.6	10.9	41.4
アカマツ林	4.4	1.9	56.8

（2） 主要二次林群落の推移

図 5.4 は図 5.3 と同じ資料に基づいて作成した，日本の最も主要な二次林であるミズナラ林，コナラ林，シイ・カシ萌芽林，およびアカマツ林（一部，自然林と植林を含む）の，1973 年から 1991 年までの占有面積の推移を示したグラフである．

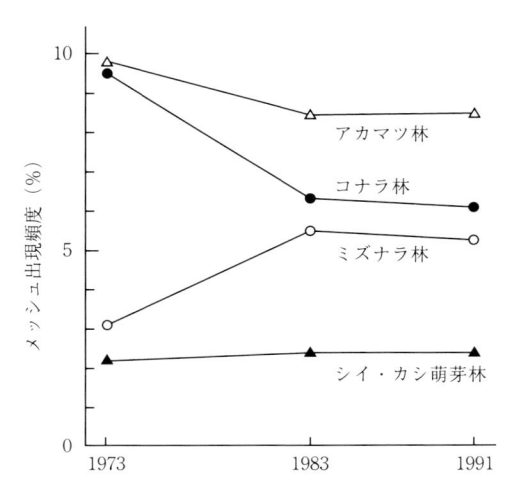

図 5.4 主要二次林占有面積（メッシュ出現頻度）の推移（全国）（資料は図 5.3 と同じ）

やや大きな変動があったのはコナラ林，アカマツ林およびミズナラ林である．すなわち，コナラ林とアカマツ林はこの期間の前半（1973～1983）に大きく減少し，とくにコナラ林の減少が著しい．一方，ミズナラ林は著しく増加している［このうち，コナラ林の減少は各種の開発により，またアカマツ林の減少は松くい虫（マツノザイセンチュウ）による松枯れによるものと考えられる．なお，ミズナラ林の増加原因については不明である］．しかし後半（1983～1991）には，それらはいずれも減少傾向を示してはいるが，減少率は大きくはない．シイ・カシ萌芽林の変動は全期間を通してきわめて小さく，また図には示していないが，その他の主要な二次林であるブナ二次林やシデ林の変動も小さい．

他方，上記の所沢では，表 5.1 にみられるように，1985 年までの 30 年間に減少した主要な二次林はコナラ林（典型的な武蔵野の雑木林を多く含む）とアカマツ林である．面積的に最も減少したのはコナラ林で，市域の 2 割近くを占めていたのが半分の約 1 割に減少している．一方，アカマツ林も高い減少率を示しているが，実面積からみればコナラ林の減少に比べて著しく小さい．

b．二次林の改変

環境庁が実施した植生改変調査（正式には第 4 回自然環境保全基礎調査——植生調査——，環境庁ほか，1994）の結果（1983～1986 年実施の第 3 回調査結果と 1990～1992

年実施の第 4 回調査結果の比較）によると，この期間（おおよそ 5 年間）に改変を受けた植生（必ずしも改変のすべてがそこの植生の消失を意味せず，更新のために伐採された植生なども含まれる）のうち，面積的に突出して最大の改変を受けたのは二次林（植生自然度 8 と 7 の全体）で，全国で約 18 万 ha が改変されている（図 5.5）．ただし，改変地率からみると 2.02% で，これは 2.23% の開放水域と 2.19% の二次草原の改変地率についで高いものである．

改変された二次林を群落別にみると（図 5.6），最大はアカマツ林（約 74000 ha，改

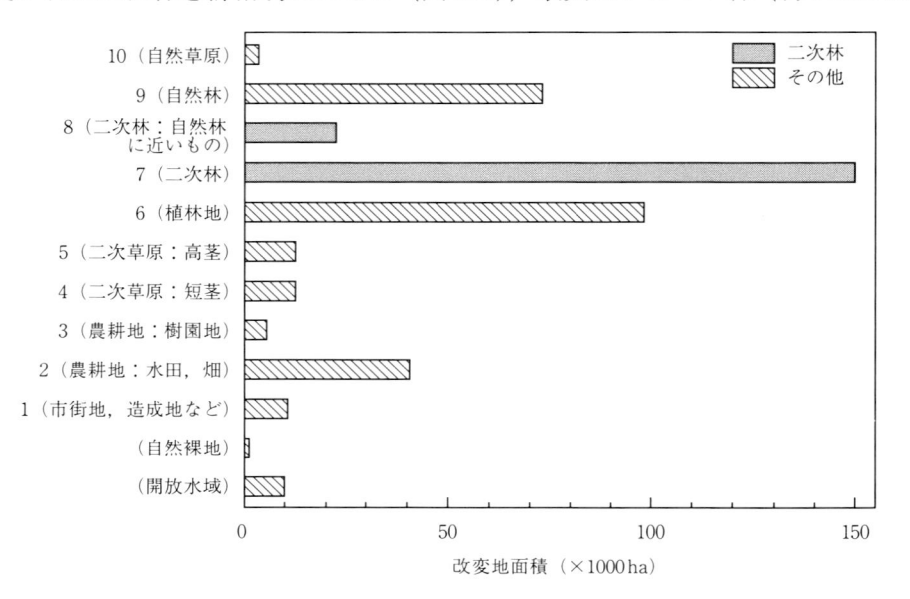

図 5.5 全国の植生自然度別改変地面積（環境庁自然保護局・アジア航測，1994）

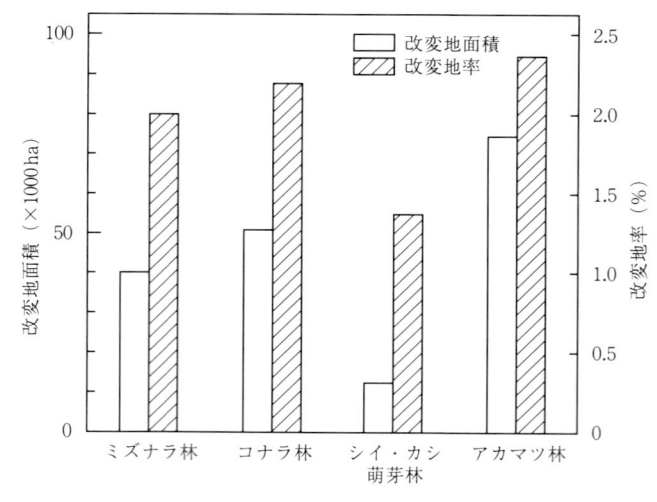

図 5.6 主要二次林の最近 5 年間（本文参照）における改変地面積と改変地率（全国）（環境庁自然保護局・アジア航測，1994 より作図）

変地率2.36%）で，コナラ林（51000 ha，2.19%）がこれについでいる．なお，クロマツ林の改変地面積（約5000 ha）は小さいが，改変地率（2.08%）はアカマツ林やコナラ林と大差はない．

これらのことから，わが国の植生の改変においては，松枯れによるアカマツ林やクロマツ林の改変を別とすれば，人為的改変のターゲットは広葉二次林，とくにコナラ林に向けられていることがよくわかる．

c．二次林の変貌

二次林，とくに台地（平地）や丘陵地の二次林（いわゆる里山の二次林）は，上記のようにその面積を著しく減らしていることのほかに，過去，長年月にわたって保持してきた諸特性を失い変貌しつつある．以下，二次林の変貌について，関東地方の二次林，主として武蔵野の雑木林（コナラ林）の場合を例にとってみてみる．

（1） 分断化，孤立化

武蔵野（主として東京，埼玉）の丘陵地は，かつてはところどころにスギやヒノキの植林地を混じえてはいるが全般的には雑木林（主としてコナラ林やアカマツ・コナラ林）がほぼ隙間なく覆い，また台地などの平地では，新田地域を中心として規模の大きい雑木林（同上）が畑とモザイクをなして広がっていた．ところが1960年代前半から，高度成長に伴う人口の大都市域集中による近郊地域の宅地開発やその他の開発によって，それらの台地や丘陵地の雑木林の蚕食が始まった．そして，連続していた林はしだいに分断され，住宅地などの中に点在するフォレストアイランドとなった．個々のフォレストアイランドはさらに分断されてそれぞれの面積を縮小するとともに，はじめは群島状であったものがしだいに孤立化し，今ではついに孤島状になってしまった雑木林も多くみられる．

二次林が分断され，さらには孤立した場合には，その林分の大きさが典型的な二次林群落の最小面積以下になってその持続を困難ならしめ，さらには林縁群落の形成によって二次林の中核部を縮小させる．一方また，二次林を生息環境としている動物相あるいは菌類相などの多様性を低下させ，ひいては二次林生態系の生物多様性の低下を導いている．

なお，二次林の分断化，孤立化といっても平地林や丘陵林のそれと山地林のそれとはやや異なる．すなわち，二次林の分断化，孤立化が，一般に前者ではただちに森林の分断化，孤立化となるのに対して，後者では隣接地が植林地となることが多いので，必ずしもそれらが森林の分断化，孤立化となるとは限らない．しかし，二次林の分断化，孤立化がもたらす生物多様性へのインパクトの質や大きさに関しては，平地・丘陵林と山地林の間でさほど大きな差異はないものと考えられる．

（2） 高齢林化（高木林化）

最近，背（植生高）の高い雑木林がよく目につく．武蔵野の旧農村地域のコナラ林

では高さ20m前後の林（高木林）が多くあり，また都区内など市街地にまれに残されているコナラ林やイヌシデ林では25mを超えている林分もみられる．これらの武蔵野の雑木林は元来農用林であって，林業的には低林とよばれる高さ10m前後の背の低い林（亜高木林）であることが特徴であった．したがって，亜高木林性雑木林（低林）が減って高木林性雑木林（高林）がふえたことになる．

これらの林を構成するコナラ，クヌギ，イヌシデ，クリなどの主要樹はいずれも太い幹をもち，これらが壮齢林，さらにはそれを超えて老齢林になりつつあることを示している．これはいうまでもなく，長（高）伐期化によって起こったものである．農用林の伐期はもともと短く，一般に20年前後であったが，伐期が延びて現在では40年生とか50年生とかの林が多くなっているわけである．

こうした二次林の長伐期化は，農用林を含めた薪炭林の未利用林化が主因である．薪炭材生産量のピークは戦中末期（1942～1944年頃）にあったが（四手井，1985），戦後の燃料革命によって生産は激減し，1970年の生産量（供給量197万m³）は燃料革命初期の1955年（1990万m³）の9.9%に減っている（図5.7）．薪炭材の生産はその後もゆるやかに減り続け，最近（1993年，35万m³）では1955年の1.8%にまで落ち込んでいる（林野庁，1992；1995）．同じ広葉樹材であるシイタケ原木（ほだ木）の生産量（126万m³）を加えても1955年の8.1%にすぎない．これからもわかるように，わが国での薪炭林の主体をなした広葉二次林の未利用林化が戦後きわめて著しく進行した．上記のように一部シイタケ原木（ほだ木）の供給林として利用されてはいるが，現在でもなお，広葉二次林材の生産コストに見合う大量有効利用方策は見い出されていない．そのために，自然な流れとして，広葉二次林の伐期が長くなったわけである．

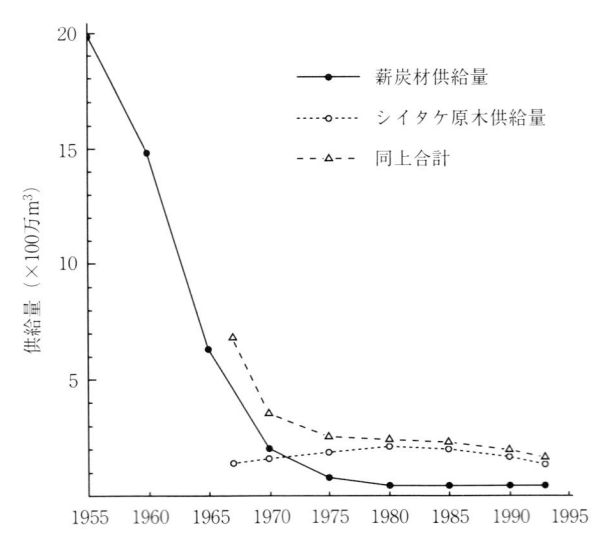

図 5.7 薪炭材およびシイタケ原木の供給量の推移（1955～1993）
［林業統計要覧（時系列版），1992；1995より作図］

前述のような壮齢ないし老齢の雑木林は，二次林が最も多く伐採された終戦前から戦後初期にかけて伐採された跡地に萌芽更新によって仕立てられ，成林して通常であれば伐期に達したときに燃料革命に遭遇し，伐採されることなく現在まで残されてきた林と推定される．

萌芽更新によって再生されてきたコナラ-クヌギ林やシイ・カシ萌芽林が長伐期化されると，コナラ，クヌギ，あるいはシイ，カシなど主要構成樹の萌芽力が衰え，また萌芽の生長が悪くなって二次林の萌芽更新を困難にするといわれており，今後の二次林更新に支障をきたすおそれがある．

（3） 低木層の発達

二次林変貌の一つとして，低木層の発達した林（林分）が多くなったことがあげられる．武蔵野の二次林（雑木林）は一般に低木層を欠き，そのために透けて明るく，林内歩行も容易な林床をもつのが特徴であった．しかし，1970年前後から低木層のよく発達した林，とくにアズマネザサの密生した低木層をもった林がふえてきた（奥富，1978）．これは，都市近郊の農業の衰退と化学肥料の多用化に伴って，それまで温床の発熱材料や有機肥料（堆きゅう肥）の一大供給源であった雑木林がそれらの用途を失って不用となり，それまでは落葉採取（くず掃き）を容易にするためにほとんど毎年行われていた下刈り（下草刈り）が停止され，放置されたことによって起こった現象である．なおこの現象は，典型的な武蔵野の雑木林のような農用林型の「人為型二次林」から，山地にふつうの薪炭林型の「半自然型二次林」への推移ということもできよう．

（4） 草本層種組成の変化（種多様性の低下と群落分化）

東京多摩地方のコナラ二次林を対象に，下刈りや落葉採取などの人手（施業）が入っている林と人手を入れずに放置されている林の出現草本種数を比較した例では，前者で1a当たり平均50種，後者で34種となり，人手が加えられている二次林の方が種の多様性ははるかに高い（奥富・石山，1985）．これは，農用林として利用されていた二次林が利用されなくなると，二次林の種の多様性が著しく低下することを示すものである．

農用林としてのコナラ二次林が放置され，下刈りや落葉採取などの人為（施業）が入らなくなると，それまでの林床の草本層を形成していた草本植物のうち，何種かの主要な草本植物が徐々に衰退し，やがて消滅する．そして，こうした草本層の種組成変化が二次林群落の分化を引き起こすことになる．たとえば，コナラ-クヌギ群集の下位単位には典型変群集とシラヤマギク変群集があるが（奥富ら，1976），このうち典型変群集は，農用林施業を受けて持続していたシラヤマギク変群集が放置され，その主要構成種（変群集識別種：シラヤマギク，アキノキリンソウ，ミツバツチグリ，ニガナ，ノハラアザミ）が衰退，消滅して，別の群落になったものである（表5.2参照）．このことは，現在でも定期的に施業が行われている農村地帯のコナラ林にシラヤマギ

表 5.2 コナラ-クヌギ群集下位単位（変群集）識別表
（奥富ら，1976 より部分引用）

亜群集	典 型		ヤマツツジ	
変群集	シラヤマギク	典 型	シラヤマギク	典 型
分布高度（m）	30〜230	20〜140	75〜300	50〜340
平均種数	48	40	49	40
調査区数	50	35	44	20
変群集識別種				
シラヤマギク	V$_{+-1}$	I$_+$	V$_{+-1}$	I$_+$
アキノキリンソウ	V$_{+-1}$	r$_+$	IV$_{+-1}$	r$_+$
ミツバツチグリ	IV$_{+-1}$	・	IV$_{+-1}$	r$_+$
ニガナ	III$_{+-1}$	I$_+$	II$_+$	I$_+$
ノハラアザミ	III$_+$	r$_+$	II$_+$	r$_+$

表 5.3 コナラ林（A：管理スタンド群，B：非管理スタンド群）における林床草本の繁殖様式（奥富・石山，1985を一部改変）

有性繁殖	栄養繁殖	お も な 種
A，B両群で行う	行わない	タチツボスミレ
A群でのみ行う	行う	ミツバツチグリ，ヤマジノホトトギス
	行わない	ニガナ，アキノキリンソウ，リンドウ，ノハラアザミ，ヒカゲスゲ
A，B両群で行わない	行う	オカトラノオ，ホタルブクロ，ヤマユリ，ヒメヤブラン，チゴユリ，ナルコユリ
	行わない	ノガリヤス，ススキ，キンラン，ノダケ，シオデ，フタリシズカ，ワレモコウ

注　アンダーラインの植物はコナラ-クヌギ群集シラヤマギク変群集の識別種（表5.2参照）．

ク変群集が多く，他方，長らく放置されている都市周辺のコナラ林には典型変群集が多いこと（奥富ら，1976）からも実証されている．

　このような林床の草本層種組成の変化，すなわち主要な草本植物が林床から欠落するのは，落葉採取の停止によるリターの堆積などによって，それらの種がそれまで行っていた種子による有性繁殖をすることができなくなったこと，つまり，林床（地表）状態の変化に繁殖様式が適応できず，そのために個体群維持ができなくなったことがおもな原因とみられている（奥富・石山，1985，表5.3参照）．

　一方また，放置に伴う低木層の発達（上記）が林床，とくに地表付近の照度の低下を引き起こし，陽性な草本植物が衰退，欠落し，草本層組成の変化をもたらしていることも多い．

　さらにまた，おもに平地の住宅地の中などに島状に取り残されている二次林では，通行など人の立入りが多いために林床草本層の植被率が著しく低くなり，ところどこ

5.4 二次林の推移と変貌

ろに裸地が形成されている．またさらに，極端な場合には林内の歩道沿いなどにオオバコ群落などの踏跡群落が形成されているところもある．

（5） 自然林構成樹種の侵入と生育

二次林（コナラ林）が放置されたことにより，その低木層のよく発達した林がふえていることは上述のとおりである．この低木層には，アズマネザサやムラサキシキブ，サワフタギ，ヒサカキ，アオキなどの本来低木層をつくる植物に混じって，地域や地形などによって樹種は異なっているが，暖温帯や中間温帯の自然林の優占種であるスダジイ，シラカシ，ウラジロガシなどの常緑広葉樹，あるいはモミなどの針葉樹の幼

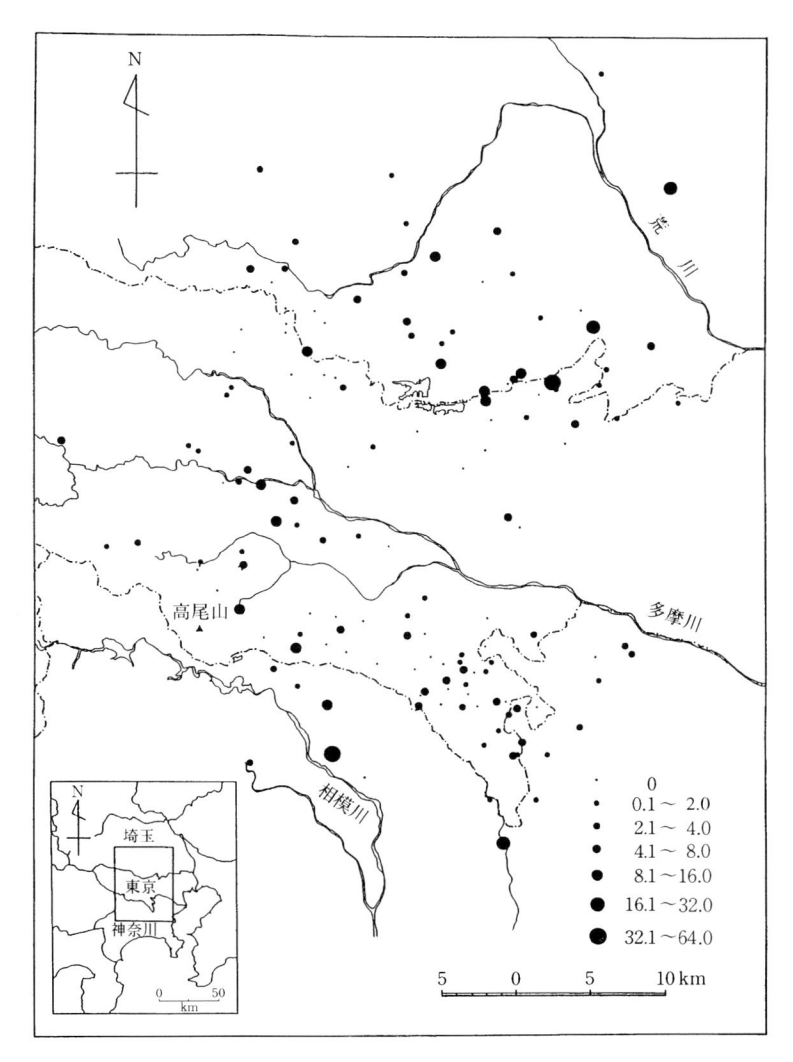

図 5.8 東京多摩地方を中心とした地域の落葉広葉二次林（主としてコナラ林）における常緑広葉樹（シラカシ，アラカシ，ウラジロガシ，ツクバネガシ，スダジイ，タブノキ）の幼木（高さ約 2～8 m）の出現状況（本/100 m²）（奥富・小川原図）

木や稚樹が被圧を受けながらもよく生育し（図5.8, 5.9），ときにはそれらが高さ数mに達している林もみられる．この現象は，落葉広葉二次林がその土地本来の自然林である常緑広葉樹林（照葉樹林）や針葉樹林に向かって二次遷移を開始したことを示している．そしてこれは，今まで下刈りなどの人為によって抑止されていた二次林から自然林への復帰が，二次林の管理放棄によってその抑止が解かれたために起こった現象ともいえる．

なお，このような管理（施業）放棄による二次林の低木層発達を，二次林（とくに武蔵野の雑木林）の荒廃とみて心配する向きが一方にあり，他方にはそれを自然林回復の兆しとみてむしろ好ましい現象とみる向きもあって，その評価は極端に分かれて

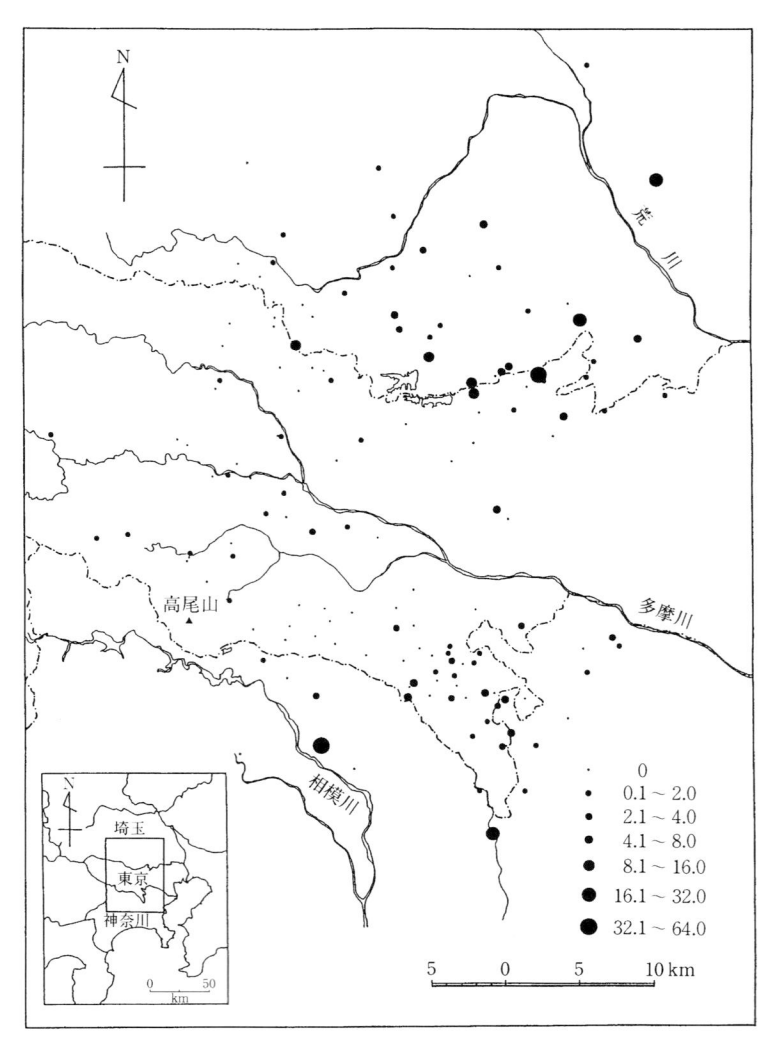

図 **5.9** 東京多摩地方を中心とした地域の落葉広葉二次林（主としてコナラ林）におけるシラカシの幼木（高さ約2～8m）の出現状況（本/100m²）（奥富・小川原図）

5.4 二次林の推移と変貌

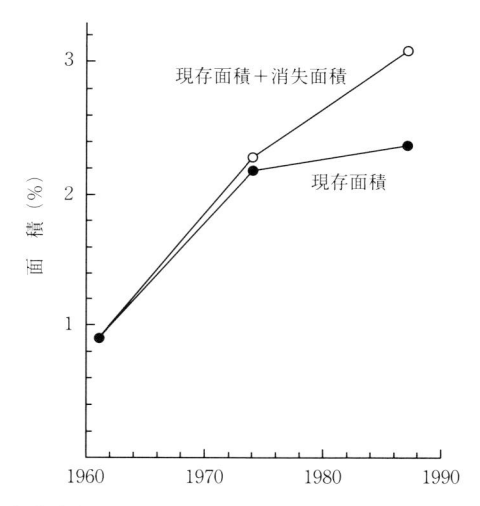

図 5.10 東京多摩地方（一部，3400 ha）における竹林面積の推移（1961～1987）（奥富・福田，1991 より作図）

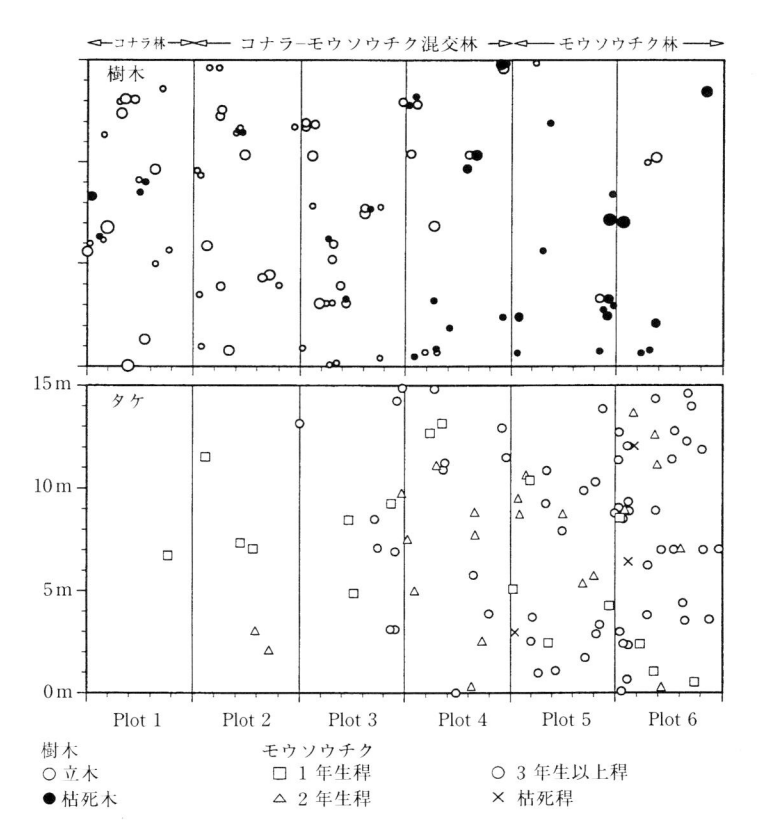

図 5.11 モウソウチクのコナラ林侵略（奥富・篠田，1991 を改変）
コナラ林からモウソウチク林へのベルトトランセクトにおける広葉樹樹幹（上）とモウソウチク稈（下）の分布（東京秋川）で示す．

(6) 竹林の二次林侵略

近時，北日本を除く日本各地で竹林（とくに，移入植物であるモウソウチクの林）の異常拡大が観察され，ところによっては丘陵地などの自然景観を変貌させているほどである．竹林拡大の一例を東京多摩地方(一部)にみると図5.10のようになり，1961年から1987年に至る26年間に竹林面積は2.7倍に増加している．またこの間には宅地開発などによって消滅した竹林もあるので，それを加えると実際の竹林面積の増加は3.4倍となる（奥富・福田，1991）．そして，これらの増加した竹林の半分以上は，竹林がコナラ林を主とした落葉広葉二次林を侵略してそれと置き換わってできたものである．一方，九州地方など西日本においては，竹林は主としてスダジイ二次林などのシイ・カシ萌芽林を侵略して拡大している（奥富ら，1991；Okutomi *et al*., 1997）．

竹林の広葉樹林侵略の過程は次のとおりである(図5.11，5.12)．まず，竹林の竹が地下茎によって隣接の広葉樹林に侵入し，年々たけのこを生じて稈を増加させる．一方，既存の樹木はその樹高が竹より低い場合には徐々に衰退，枯死し，ついには広葉樹林は完全に竹林に置き換わる．そして，この過程が順次隣接の樹林に進行し，竹林は拡大する．なおこの場合，竹よりもはるかに高い樹木は新竹林の林冠より超出して残存する．

このような竹林による広葉二次林侵略の最大の誘因としては，農用林などの広葉二

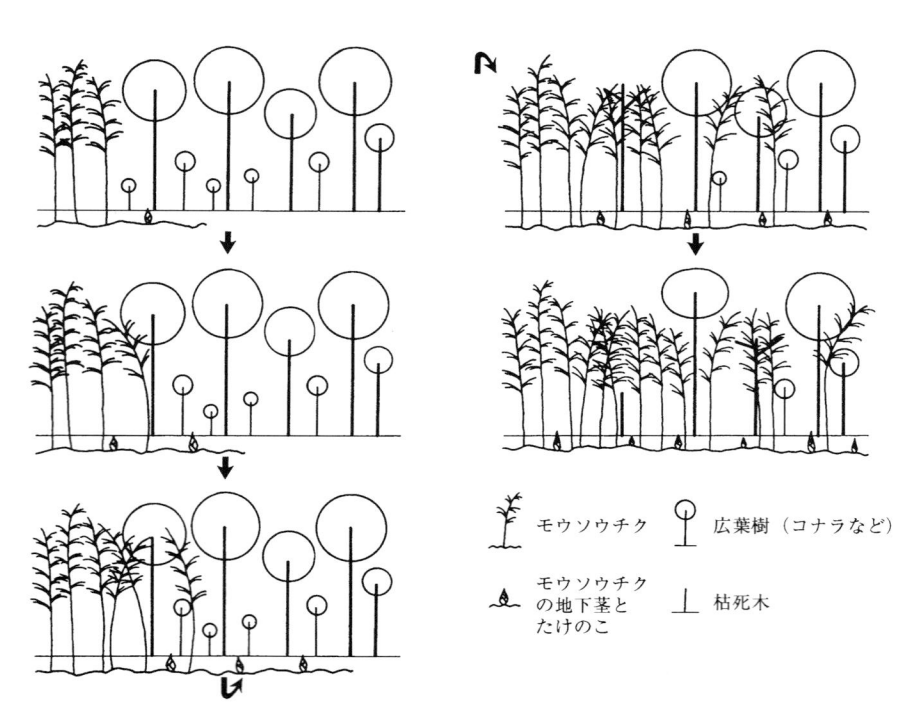

図 5.12 モウソウチクのコナラ林侵略過程を示す模式図（奥富・篠田原図）

次林の管理（施行）放棄があげられ，また，直接的な原因としては，樹木との競争における竹の形態学的諸特性（生長特性を含む）の有利性があげられる（奥富ら，1991；Okutomi et al., 1997）．

（7）松 枯 れ

図5.13はここ約30年間の松枯れ（松くい虫被害）の推移を示したものである．松枯れは1960年代後半は40万m^3前後で推移していたが，1970年代前半に急激に増加して1973年には100万m^3を超えた．さらに1970年代末から1980年代はじめにかけて爆発的に増加し，1979年には松枯れはピークに達し，245.5万m^3の大被害があった．その後は一転して急激に減少し，1983年から最近の1993年までの10年間はほぼ100～130万m^3で推移している．しかし，40万m^3前後であった1960年代後半の被害量までにはいまだに減少していない．

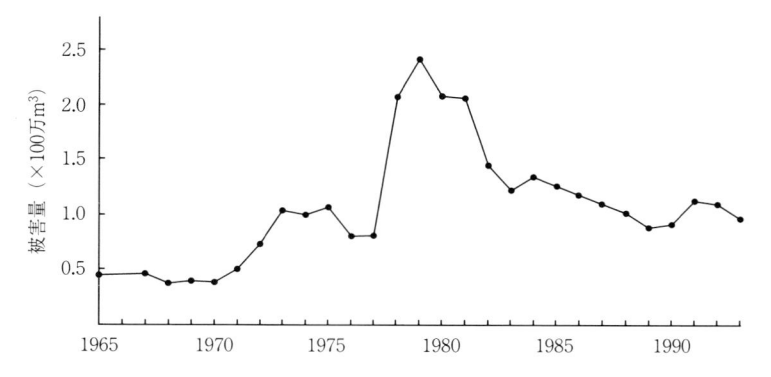

図 5.13 松くい虫被害量の推移（1965～1993）（林業統計要覧，1967；1978；1995より作図）

松枯れの発生は，ピーク時の1979年前後には九州，中国，近畿など西日本に集中していたが，その後発生の中心は東海や関東に移り，最近では東北地方にも大きな被害をもたらしている．また初期に大発生をみた中国地方では，いぜんとして現在もその被害が続いている（林野庁，1967-1995）．

このように松枯れは全国各地で発生し，大きな被害をもたらした．地域的には松林が全滅に近い様相を示したところもある（たとえば小笠原諸島父島のリュウキュウマツ林）．一方，松枯れによるマツ群落の崩壊は，その跡地に他の森林群落の出現を促し，たとえば岡山ではアカマツ林の跡地にコナラやアベマキを主とした落葉広葉樹林が形成されている．また，被害が著しく大きくなかったアカマツ林が，残存アカマツと新生アカマツからなる二段林に変わっているところもある（波田，1987）．

5.5 二次林の保護と管理

a. 二次林保護の意義

奥富ら（1996）は二次植生（二次林，二次草原）の保護の意義として次の諸点をあげている．ここでは，それにほぼ準拠し，とくに二次林に焦点を当てて述べる．

①わが国の重要な自然環境要素の保護であること：二次林は前述（5.2節a項参照）のように，国土の約1/4を占めるきわめて重要な自然環境要素であり，それを保護することは，その重要な植生型そのものの保存にとどまらず，そこに生息，生育する野生動植物のハビタットを保護することでもある．

②生物多様性の確保に不可欠であること：二次林は一般に構成種の多様性に富んでいるとともに，二次林要素ともいえる植物種を多く含んでいる．また，二次林をおもな生息地としている動物種も多い．原生自然環境保全地域をはじめとした人為の加わらない自然の保護と二次林のような人の管理下にある自然の保護とが相まって，初めて国土の生物多様性が確保される．

③文化財保護としての側面をもっていること：広辞苑によれば，文化とは「自然を自然のままに委ねておくのではなく，技術を通じて人間の一定の生活目的達成のために役立たせること」とある．武蔵野の雑木林を典型とする二次林が，人間が農用林あるいは薪炭林として利用するために丘陵地ではその土地本来の自然を賢明に改変し，あるいは平地の新田地域などでは植林などによっていわゆる新田山をつくり，それらを育成，維持してきたものであることを考えると，二次林はまぎれもなく一つの文化財であり，その保護は一面において文化財の保護とみることができる．

④郷土景観の保護であること：都市近郊の台地，丘陵地から低山地にかけてのいわゆる里山の自然景観は，社寺林など自然植生が特別に保護されている区域とか植林（人工林）地帯を除いて，二次林がその主要構成要素となっている．これは，地域によって多少の違いこそあれ，時代的にかなり古くから続いてきたことと推定されるので，二次林が覆う里山とか新田山の自然景観は近郊の原景観であり，現代の多くの人々にとっても，日常接し，あるいは接してきた典型的な郷土景観である．したがって，二次林の保護は郷土景観の保護でもある．

⑤学術研究対象の保護であること：二次林は人と自然とのかかわりを通して形成され，持続してきた代償植生であることから，主として気候，地形，土壌などの無機的環境要因や人為以外の生物的要因によって規制されている自然植生を対象とした研究だけからでは解明されえない，植生とそれに対する人為的干渉との関係の研究にとって不可欠な対象である．

⑥身近な自然の学習や教育の場の確保であること：二次林は代表的な「身近な自然」である．そして二次林は，自然の構成・成立・動態，自然と人とのかかわりなどにつ

いての学習や教育にとって，きわめて好適な対象（場）である．

b．二次林保護管理の現状

上述のように二次林は，自然環境保全，文化財保護，郷土景観保護，学術研究，あるいは自然教育などにとってきわめて重要な自然であるにもかかわらず，現在，二次林はその存続が脅かされている．すなわち，ゆるやかではあるが全体としての面積減少であり，里山二次林の激減とそれに伴う分断化，孤立化であり，またその変貌（二次林としての荒廃）である（5.4 節参照）．それらに対して，現在どのような対策，すなわち二次林保護策がとられているのだろうか．

対症療法的に効果のある対策は，これらの二次林存続を脅かしている要因（原因ないしは誘因）の除去にあることはいうまでもない．しかしながら，その要因は一義的なものではなく，社会的，経済的，農林業的な諸要因が複雑にからみ合った複合的要因であり，したがってその除去の方策は簡単には見い出せないのが現状である．以下に，それらの要因と，現在とられている対策について概観する．

（1） 二次林減少の要因と現行対策

二次林，とくに里山の旧農用・薪炭林の面積減少は主として都市化や各種開発などによる土地利用の転換による．そして，エネルギー革命と近効農業の衰退による農用・薪炭林の未利用林（低位利用林）化がこれを加速させている．バブル経済の崩壊によって，現在，このような土地利用の転換の速度はやや低下しているとはいえ，潜在的な開発圧はいぜんとして強く，いつ再び転換速度が加速するとも限らない．一方また，旧農用林の農用林としての復活については，一部に有機農業の再興があるとしても，およそ大きな期待はもてないとみるのが妥当であろう．これらのことから，現在の社会的・経済的・農林業的状況のもとでは，旧農用林を主とした二次林の減少を抑えることは至難の業で，そのため別の次元の対策が求められる．

一方また，主として薪炭林であった山地の二次林も，現在は未利用（低位利用）林と格づけされてもおかしくない状況にあり（5.4 節 c 項 (2) 参照），もとの薪炭林としての利用の復活はほとんど期待できない．こうした状況下にある旧薪炭林の山地二次林が存続できるか否かは，林業上の林種転換があるかないかにかかっている．すなわち，拡大造林の復活があれば旧薪炭林の減少は目に見えているが，他方それがなければ当分の間，二次林としての旧薪炭林の急激な減少はないものと考えられる．ただし，時間の経過とともに，旧薪炭林の多くは二次林の性格を失って，徐々に自然林に推移していくものと推定される．

このように，社会的・経済的・農林業的現状からみて，山地の二次林（旧薪炭林）は現状では急激，大規模な改変はないが，これに対して台地(平地)，丘陵地のいわゆる里山の二次林（旧農用林）の減少は引き続きかなりの速度で進行するものと予想される．

二次林を主とした二次的自然の保護については，国の環境基本計画［平成6 (1994) 年12月，閣議決定］に「雑木林等の二次的自然を適切に管理することが重要である」と謳われ，また最近決定された生物多様性国家戦略［平成7 (1995) 年10月，地球環境保全に関する関係閣僚会議決定］においても「（二次林，二次草原，谷津田などの）二次的自然環境の保全が大きな課題となっている．このため自然空間の特性，地域の自然的社会的特性に応じて，的確に二次的自然環境を保全していく必要がある」と述べられている．しかしながら，具体的な二次的自然環境保護策となると，原生林をはじめとした原生自然環境などの保護策に比べて著しく立ち後れているのが現状である．

　現在までのところ，国の自然保護制度には，第一義的に二次林などの二次的自然環境の保護を目的とした制度はない．実態としてわずかに国立公園などの自然公園にすぐれた風景地の要素として取り込まれ，あるいはまた，都道府県自然環境保全地域にすぐれた「天然林」として入れられているなど，いわば副次的に指定され保護されているだけである．しかし一方，都道府県自然環境保全地域や「近郊緑地」において二次林が主たる保全対象になり，さらにまた，都市近郊では市や町など自治体によって保護樹林とか保存樹林の名のもとに雑木林などの二次林が保護されているなど（たとえば東京府中市では，19か所の民有地約14 ha が市によって保護樹林として指定されているが，そのうちの約8割は雑木林である――府中市資料，1996），ある程度の二次林保護策はとられている．しかしながら，そのような場合でも，都市近郊などの二次林はその大半が民有林であるため，必ずしもそこの自然が永続的に保護される保証はなく，買い取り請求がありそれに応えられないときには，指定を解除せざるをえないというリスクを抱えていることも事実である．

（2）　二次林分断化・孤立化の原因と現行対策

　二次林の分断化，孤立化は，基本的には面積減少のカテゴリーに入る．したがってその原因も大局的には上記面積減少の原因が当てはまる．しかし，分断化，孤立化がとくに台地，丘陵地の農用林を主とした雑木林で著しいのは，農業の衰退とエネルギー革命によって雑木林が不要になったこととともに，台地や丘陵地に強く加わった宅地開発圧に対する反発力が失われたことによるものと考えられる．そしてそれには，台地では地形的に宅地などの造成がきわめて容易であること，土地（ここでは林地）所有形態がもともと細分化していたこと，相続税などのために土地（林地）の切り売りを余儀なくされたことなどが，また丘陵地でも土木工法の発達によって宅地などの造成が容易にできるようになったことなどが，強く影響していると考えられる．

　二次林の分断化，孤立化を特定した対策は，現在とくにとられてはおらず，上記面積減少に対してとられている一般的な対策によっているのみである．

（3）　二次林変貌の原因と現行対策

　近時よくみられる，二次林，とくに台地や丘陵地の雑木林の変貌とその原因につい

てはすでに記述した（5.4節c項）．それを要約すれば，雑木林の壮・老齢林化（高木林化）はその長（高）伐期化（更新間隔の長期間化）により起こり，また，低木層の発達，草本層種組成の変化，自然林構成樹種の侵入と生育，竹林による侵略などはいずれも雑木林に下刈りなどの管理（施業，以下同）が加えられず放置されていることによって起こったものである．そして，この管理放棄を惹き起こした最大の誘因は，雑木林が薪炭林としても農用林としても，その潜在的な役目はあるにしても，現状ではすでにその役目を失い，未利用林化したことにある．

こうした雑木林の変貌を阻止する手立ては，理論的には短（低）伐期による萌芽更新と成林後の管理の実施であることは明らかだが，それには人手や費用がかかるなど，多くの困難を伴う．地方自治体などによる保全地域などでは公費を投入して実施しているところもあり，またNGO（非政府組織）などがボランティア活動として行っているところもあるが，それらの面積はごく微々たるものである．一方，民有地の指定樹林などは所有者に管理（施業）してもらい，その見返りに税の減免措置をとっているところもあるが，雑木林所有者の大半を占めている民間に，費用がかかり，しかも現在未利用林である雑木林の管理を単に要請することにはしょせん無理がある．したがって，管理の重要性が強く指摘されている割には，雑木林の管理は進んでいないのが現状である．

c．二次林保護管理への提言

「二次林保護制度の確立」および「的確な二次林管理の推進」によって直接的に二次林の保護管理をはかるとともに，「適正な二次林（域）利用の拡大」によって間接的に二次林の存続をはかることが提案される．

（1） 二次林保護制度の確立

現行の自然保護制度においては二次林，ひろくは二次的自然環境を第一義的に保護対象とする制度がない．それゆえ「二次林保全地域」あるいは「二次的自然環境保全地域」ともいうべき保全地域を指定し，二次林あるいは二次的自然環境の保護を積極的にはかることができる制度を確立することが必要である．なお同時に，現行制度の積極的な活用による二次林保護の必要性があることはいうまでもなく，また，保全地域などの指定地域が民有林である場合は，税制面などでの優遇措置の強化などをはかるべきである．

（2） 的確な二次林管理の推進

二次林（雑木林）は農林業において目的的に管理され維持されてきた林であることから，二次林を，それが今まで代々保ってきた典型的な形で維持（保存，preservation）するためには，極相林などとは異なり，管理，つまり植生管理をしなければならない（近時，管理されず放置されていることによって二次林が変貌していることについては5.4節c項参照）．この場合，どのような植生管理方法をとるかは，対象となる地域や

二次林群落の違いによって異なるが，方法選択の原則は，Westhoff (1970) がつとに指摘しているように，「産業的（ここでは農林業的）に以前からそこで用いられてきた植物社会（ここでは二次林群落）の取扱い方法，ないしはそれに近い方法を採用するのがもっとも安全で確実である」（括弧内は筆者注）．たとえば武蔵野の雑木林では，20年前後の伐期で萌芽更新を行い，整理伐・除伐（必要あれば補植）をして成林させ，その後は毎年下刈りと落葉採取（くず掃き）をすること，そしてこれをくり返すのが一般的な方法である．

なお，すでに林内に自然林構成樹が多数侵入して良好に生育している雑木林では，地域生態系の多様性を高めるため，そこの目標植生（奥富，1977）をそれらの樹種からなる自然林と決め，自然林復元のための管理方法をとるべきであろう．

二次林管理の実施は，保全地域などに指定されているところでは管理者がこれにあたるべきことはいうまでもないが，その他の重要な二次林に対しては，国あるいは自治体による土地所有者あるいは地域市民団体その他への信託管理などを，積極的に推進することが必要であろう．

（3） 適正な二次林利用の拡大

①林業的分野においては，二次林材の新用途を積極的に研究開発して高い経済的価値を付加するとともに，それらの需要拡大をはかり，安定した二次林経営が成り立つようにする．

②農業的分野においては，有機農業の推進（復活）によって二次林の農用林としての利用を拡大（復活）する．

③環境教育的分野においては，身近な自然とのふれあいの場，自然教育・学習の場，自然保護活動トレーニングの場などとしての二次林（域）の価値をさらに高め，その面での高度利用をはかる．　　　　　　　　　　　　　　　　　　　　　　　　［奥富　清］

文　　献

1) アジア航測(1988)：第3回自然環境保全基礎調査植生調査報告書(全国版)，214 p.，環境庁自然保護局．
2) 波田善夫(1987)：岡山県におけるマツ枯れの現状と跡地遷移．松くい虫被害対策として実施される特別防除が自然生態系に与える影響評価に関する研究，pp. 260-277，日本自然保護協会．
3) 環境庁編 (1976)：緑の国勢調査――自然環境保全調査報告書，401 p.，大蔵省印刷局．
4) 環境庁自然保護局・アジア航測(1994)：第4回自然環境保全基礎調査植生調査報告書(全国版)，390 p.，環境庁自然保護局．
5) 宮脇　昭編著 (1980-1989)：日本植生誌，全10巻，至文堂．
6) 宮脇　昭・奥田重俊編著(1990)：日本植物群落分布図(日本植物群落図説別冊)，168 p.，至文堂．
7) 奥富　清(1977)：保全地域などにおける植生管理計画の策定手順についての一試案．自然環境保全の観点からみた環境管理手法および土地利用計画策定に関する基礎的研究51年度報告，pp. 129-136，環境庁．
8) 奥富　清 (1978)：雑木林の岐れ路．自然，**78-10**，64-73，中央公論社．

9) 奥富　清 (1982): 南硫黄島の植生. 南硫黄島原生自然環境保全地域調査報告書, pp. 151-189, 環境庁.
10) 奥富　清・星野義延・永嶋幸夫・小栗太郎・辻　誠治・山口洋毅 (1987): 所沢市の植生, 169 p., 所沢市.
11) 奥富　清・福田裕子 (1991): 竹林の拡大とその機構に関する生態学的研究――とくに東京多摩地方における竹林の拡大状況について――. 第38回日本生態学会大会講演要旨集, p. 82.
12) 奥富　清・石山麻子 (1985): 構成種の繁殖特性からみたコナラ林の林床植生1, 2. 第32回日本生態学会大会講演要旨集, pp. 309-310.
13) 奥富　清・井関智裕・日置佳之・北山兼弘・角広　寛 (1983): 小笠原の植生. 小笠原の固有植物と植生 (小野・奥富編), pp. 97-268, アボック社.
14) 奥富　清・梶原洋一・松下正俊 (1986): オオバエゴノキ-オオシマザクラ群集. 日本植生誌 (関東) (宮脇　昭編), pp. 230-232, 至文堂.
15) 奥富　清・小川剛太郎 (未発表): 東京多摩地方を中心とした地域の落葉広葉二次林における自然林主要樹種の幼木・稚樹出現状況 (1987, 1988年調査資料).
16) 奥富　清他 (1996): 二次植生の現状とその保護. 植物群落レッドデータ・ブック (わが国における保護上重要な植物種および植物群落研究委員会編), pp. 102-104, 日本自然保護協会・世界自然保護基金日本委員会.
17) 奥富　清・篠田茂之・廣田義明 (1991): 竹林の拡大とその機構に関する生態学的研究――とくにモウソウチク林の広葉樹林侵略について――. 第38回日本生態学会大会議演要旨集, p. 83.
18) Okutomi, K., Shinoda, S and Hukuda, H. (1996): Causal analysis of the invasion of broad-leaved forest by bamboo in Japan. *J. Veg. Sci.*, **7**, 723-728.
19) 奥富　清・辻　誠治・小平哲夫 (1976): 南関東の二次林植生――コナラ林を中心として――. 東京農工大学演習林報告, **13**, 55-66.
20) 林野庁監修 (1967, 1978, 1995): 林業統計要覧 (1967年版), 同 (1978年版), 同 (1995年版), 林野弘済会.
21) 林野庁監修 (1992): 林業統計要覧 (時系列版), 林野弘済会.
22) 四手井綱英 (1985): 森林, 291 p., 法政大学出版局.
23) Westhoff, V. (1970): The dynamic structure of plant communities in relation to objectives of conservation. The Scientific Management of Animal and Plant Communities for Conservation (Duffey, E. and Watt, A. S. eds.), pp. 3-14, Blackwell Sci. Pub.

6. 自然草原の自然保護

6.1 自然草原とは

　自然草原（natural grassland）とは，人為の影響が及んでいないまったく自然環境の中で発達している草本群落である．一般に草原あるいは草原景観は，人為によって成立し，また維持されていることが多く，とくにわが国ではそのような半自然草原（semi-natural grassland）ないし人工草地（artificial grassland）が大部分で，自然草原は限定的である．第7章の半自然草原の部分にもあるように，わが国では気候，土壌の面から，特殊な地域を除き，ほとんどの地域が原植生は森林であり，自然植生も森林である．したがって一般に草原植生や草原景観は，森林の消失，除去によってしか成り立たない．また草原は，放置すれば遷移が進み森林に復帰するという森林への復元力が強いために草原状態は持続しない．そのためある目的で草原を維持するのに，昔から火入れ（野焼き），刈り草などによって遷移をくいとめてきた．また，放牧も草原の存続に寄与してきた．なお，外国では野生動物の生息や頻発する野火によって草原状態が保たれている場合（アメリカのプレーリー，アフリカのサバンナなど）がある．日本の多くの草原は，このように人為によって保たれ，存続している持続群落（sustainable grassland）であるが，しかし特殊な環境のもとで，人為が加わらずに草原景観が発達している場合がある．それはほとんど自然環境が厳しくて，森林が発達できない場所，すなわち山岳の高山帯や一部の海岸，砂丘，また地質，積雪などにより森林が発達できない場所である．原生林のような森林の自然植生の保全も大切であるが，それと同等に自然草原という自然植生の保全も非常に重要である．

6.2 自然草原の種類と成立

　草原とは草本類が優占する植生であり，またひろい意味では湿性草原を含むが，ここでは中生から乾性の草原を扱う．なお，湿性草原すなわち湿原は第12章で扱われる．自然草原は土壌環境が中生から乾性の地域に発達し，さまざまな自然条件のもとに森林または低木林が発達しない場所に成立する植生である．樹林が発達しない自然条件としては，おもに気象条件と土壌条件がある．気象条件としては，強風地（風衝地）のために樹木の生育が困難な場合，積雪が多量な地，あるいは雪崩地，残雪期間が長

い立地などが要因となっている．また土壌条件としては，岩角地，岩礫地，崩壊地，砂礫地，砂丘，土壌が薄い場所，急傾斜地など不良な栄養条件，不安定な立地，また蛇紋岩，石灰岩などの特殊な地質などが要因となって樹林が生育しない場合に草原が発達する．なお，上記のような環境要因がより強度の場合は草原は発達せず，荒原，無植生地あるいは裸地となっている．また，このような環境，立地でも低木類が生育し，草本類と混生する場合もあり（たとえば溶岩地帯），草原とはいいにくい景観を示しているものもある．

a．海岸断崖風衝草原

海岸にもいろいろな地形がみられるが，直接海に面する部分が断崖かつ岩石地となっており，しかも急斜面となっている場所がある．このような場所は海からの強風，海水のしぶき，強烈な日照などで，樹木の生育が困難で，かわりに草本群落が発達している．長い日本列島の海岸線の断崖のこのような植生は，地域によって優占種や構成種が異なっているが，キク科やイネ科植物が優占していることが多い（宮脇，1997）．表 6.1 および図 6.1 にわが国の海岸断崖風衝草原の種類と地域，また概要を示した（宮

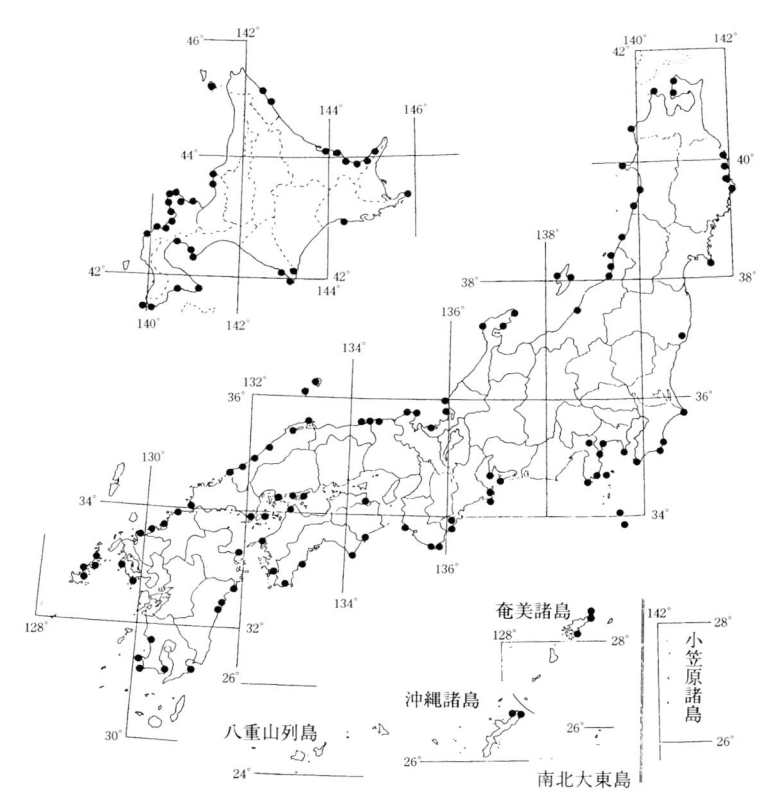

図 6.1 日本の海岸断崖地風衝草原の分布図（宮脇・奥田，1990 より作図）

表 6.1 おもな海岸断崖風衝草原の種類

群落名	おもな構成種	分布域
オキナワギク-ハチジョウススキ群集	オキナワギク, オキナワカルカヤ	琉球列島
イソノギク-コウライシバ群集	イソノギク, コウライシバ	沖縄, 奄美大島
サツマノギク-ホソバワダン群集	サツマノギク, ボタンボウフウ	九州
ホソバワダン-ボタンボウフウ群集	ホソバワダン, ハマナデシコ	九州, 山陰
ツワブキ-ノジギク群集	ノジギク, ヤマカモジグサ	九州〜東海
ダルマギク-ホソバワダン群集	ダルマギク, ハマトラノオ	九州, 山口県
ウシノケグサ-ハマボッス群集	ウシノケグサ, カワラナデシコ	山陰
ハマアオスゲ-エチゴトラノオ群集	エチゴトラノオ, オオウシノケグサ	本州日本海側
ハマボッス-キリンソウ群集	ハマボッス, キリンソウ	本州日本海側
イソギク-ハチジョウススキ群集	イソギク, ワダン, アツバスミレ	関東, 伊豆七島
ラセイタソウ-ハマギク群集	ハマギク, ラセイタソウ	関東以北
オオウシノケグサ-エゾネギ群集	オオウシノケグサ, エゾネギ	北海道西部
カラフトニンジン-シコタンスゲ群集	カラフトニンジン, シコタンスゲ	北海道東北部
ハマエノコロ-ハマツメクサ群集	ハマエノコロ, ハマツメクサ	日本全域

脇・奥田, 1990)(図 6.2). おもな植生としては, オキナワギク-ハチジョウススキ群集(琉球列島), イソノギク-コウライシバ群集(沖縄, 奄美大島), サツマノギク-ホソバワダン群集(九州), ホソバワダン-ボタンボウフウ群集(九州, 山陰), ツワブキ-ノジギク群集(九州, 四国, 中国), アゼトウナ-ハマナデシコ群集(九州〜東海), ダルマギク-ホソバワダン群集(九州, 山口県), ウシノケグサ-ハマボッス群集(山陰), ハマアオスゲ-エチゴトラノオ群集(本州日本海側), ハマボッス-キリンソウ群集(同), イソギク-ハチジョウススキ群集(関東, 伊豆七島), ラセイタソウ-ハマギク群集(関東以北), オオウシノケグサ-エゾネギ群集(北海道西部), カラフトニンジン-シコタンスゲ群集(北海道東北部) など, また日本全域にわたってハマエノコロ-ハマツメクサ群集がみられる.

図 6.2 佐渡島の海岸断崖植生のスカシユリ群落

b. 海岸砂丘草原

　海岸砂丘は栄養分が少なく，たえず砂の移動があり不安定な場所である．また強烈な日射，高温にさらされ，乾燥が厳しい立地である．このような場所でも草本群落が発達する場合があり，粗あるいは密な草原景観を形成している．海岸断崖草原と同様

図 6.3　海岸砂丘草原（西表島）のハマヒルガオ群落

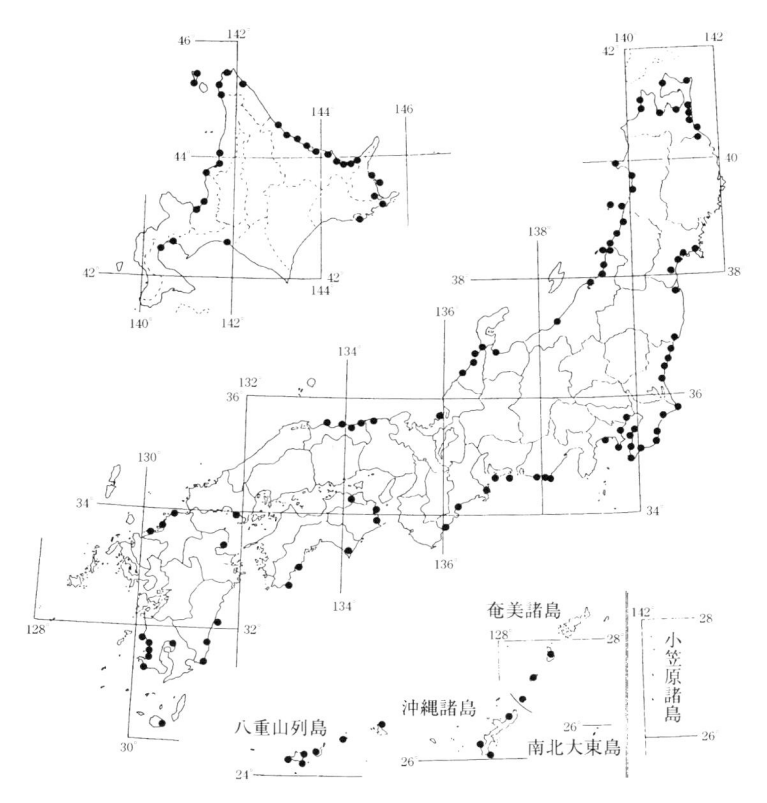

図 6.4　日本の海岸砂丘草原の分布図（宮脇・奥田，1990 より作図）

表 6.2 おもな海岸砂丘草原の種類

群落名	おもな構成種	分布域
ハマボウフウ-ツキイゲ群集	ツキイゲ, クロイワザサ	琉球
ハマアズキ-グンバイヒルガオ群集	ハマアズキ, グンバイヒルガオ	琉球
ハマグルマ-コウボウムギ群集	コウボウムギ, ハマグルマ	九州～本州中部
ハマニンニク-コウボウムギ群集	コウボウムギ, ハマニンニク	本州中部～北海道
ハマベンケイソウ-ハマニンニク群集	ハマハコベ, ハマベンケイソウ	本州中部～北海道
ハマハタザオ-エゾスカシユリ群集	ハマハタザオ, エゾスカシユリ	北海道

に植生は地域性があるし，また波打ち際から後方までの環境に応じた植生の変化がみられる（図6.3）．表6.2, 図6.4にわが国の海岸砂丘草原の植生を示した（宮脇・奥田, 1990）．おもな植生は，ハマボウフウ-ツキイゲ群集（琉球），ハマアズキ-グンバイヒルガオ群集（同），ハマグルマ-コウボウムギ群集（九州～本州中部），ハマニンニク-コウボウムギ（本州中部～北海道），ハマベンケイソウ-ハマニンニク群集（同），ハマハタザオ-エゾスカシユリ群集（北海道）などがある．

c. 亜高山帯広葉草原

亜高山帯は一般的に針葉樹林に覆われているが，積雪の多い地方や，地形的に積雪

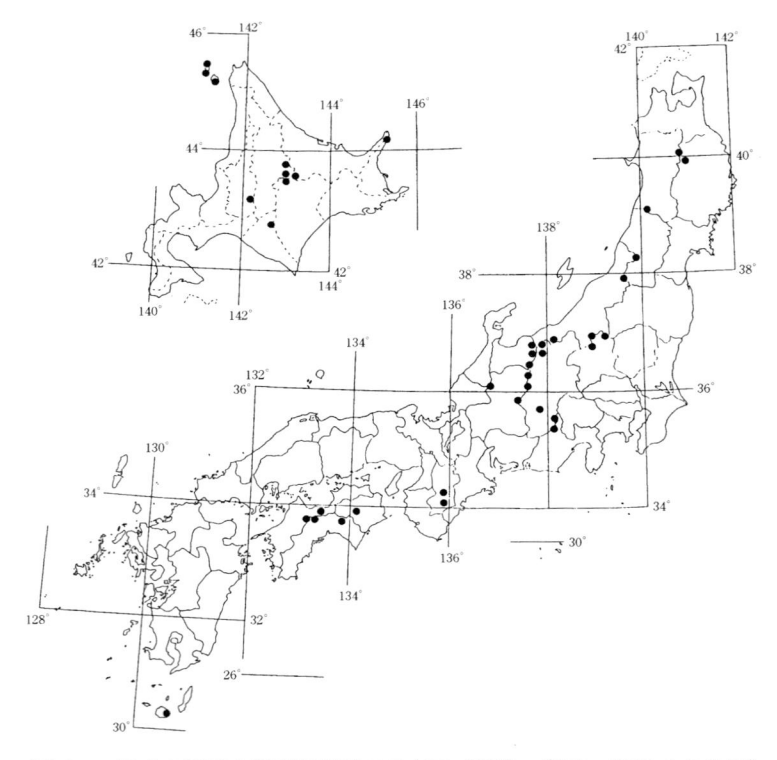

図 6.5 日本の亜高山帯広葉草原の分布図（宮脇・奥田, 1990 より作図）

6.2 自然草原の種類と成立

表 6.3 おもな亜高山帯広葉草原の種類

群 落 名	おもな構成種	分布域
タテヤマアザミ-ホソバトリカブト群集	クロトウヒレン, タテヤマアザミ	中部山岳北部
オニアザミ-オオヒゲガリヤス群集	オニアザミ, オオヒゲガリヤス	関東〜東北地方
オクキタアザミ-トウゲブキ群集	ミヤマキタアザミ, オクキタアザミ	東北地方
ナガバキタアザミ-リシリスゲ群集	ナガバキタアザミ, タカネトウチソウ	北海道
ハクサンボウフウ-モミジカラマツ群集	ヒメスゲ, タカネスズメノヒエ	中部山岳北部
カライトソウ-オオヒゲガリヤス群集	カライトソウ, ナメルギボウシ	中部山岳北部
イワオウギ-タイツリオウギ群集	キタダケトリカブト, キタダケヨモギ	赤石山脈

が多い地域では針葉樹が生育できず、ダケカンバやミヤマハンノキの広葉樹林あるいは低木林が発達している。さらに雪崩や崩壊が起きている不安定な場所では、これらの樹林も成立できず、高さ1mを超す高茎の草原が発達している。地表は不安定ではあるが、水分条件、土壌養分は良好で、多年生かつ広葉の大型草本類が多い。地域によって種類組成は異なるが、アザミ類、トリカブト類、トウヒレン類、セリ科、大型イネ科、スゲ類などが混生している。また、下層には小型の草本類が生育している。水分の多少、風衝度などによっても景観や組成が異なる。

わが国にみられる亜高山帯広葉草原は表6.3、図6.5に示されている（宮脇・奥田, 1990）（図6.6）。おもな植生としては、タテヤマアザミ-ホソバトリカブト群集（中部山岳日本海側）、オニアザミ-ヒゲノガリヤス群集（関東〜東北地方）、オクキタアザミ-トウゲブキ群集（東北地方）、ナガバキタアザミ-リシリスゲ群集（北海道）など高茎草本群落がある。また、風衝地、岩礫地、貧養地、残雪期間が長い場所などでは、群落高60cm以下の低茎広葉草原が発達している（図6.7）。おもなものはハクサンボウフウ-モミジカラマツ群集（中部山岳北部）、カライトソウ-オオヒゲガリヤス群集（同）、

図 6.6 亜高山帯広葉草原（白馬岳）
ミヤマゼンコ, オニシモツケ, ウラジロタデなどが優占する.

図 6.7 亜高山帯低茎広葉草原（白馬岳）
ミヤマキンポウゲ，シナノキンバイなどが優占する．

イワオウギ-タイツリオウギ群集（赤石山脈）などがある．

d. 高山草原

　日本の高山帯は高木が生育できず，低木林か草原あるいは荒原となっている．日本の高山帯は最近，世界の山岳の垂直分布の比較から，上部亜高山帯と定義する説が有力となってきているが，景観的には世界の高山帯と類似している．すなわち，亜高山帯針葉樹が生育してないこと，低茎の群落からなることである．日本の高山帯では，最も代表的な群落はハイマツ林であり，高山帯の大部分を覆っているが，ハイマツの生育できない場所では，高山草原が発達している．そのような場所として，積雪が多く，かつ残雪期間が長い雪渓や雪田(亜高山帯に発達することもある)，風衝地で地面が不安定な砂礫，岩礫地，また小規模となるが岩石地，崩壊地，特殊地質地などがある．これらはそれぞれ雪田草原，高山風衝草原，高山風衝矮生低木群落，高山荒原な

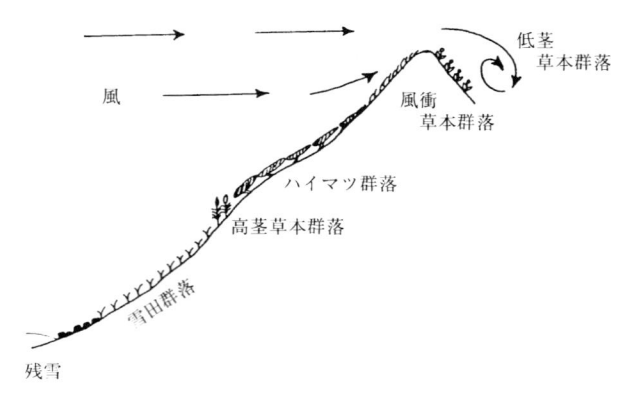

図 6.8 北アルプスの高山帯の植生配置

どとよばれている（図6.8）．わが国でみられるこれらの高山草原を表6.4，図6.9に示す（宮脇・奥田，1990）（図6.10，6.11）．

おもな雪田草原としては，タカネヤハズハハコ-アオノツガザクラ群集（中部地方），イワノガリヤス-アオノツガザクラ群集（東北地方・亜高山帯），コエゾツガザクラ-ア

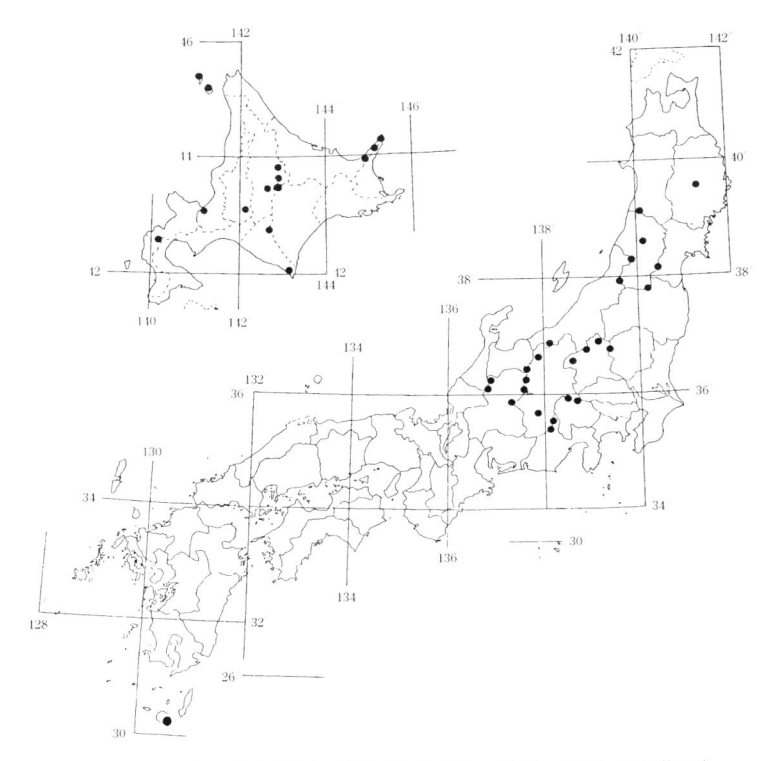

図 6.9 日本の高山草原の分布図（宮脇・奥田，1990 より作図）

図 6.10 高山雪田草原（白馬岳）
ハクサンコザクラ，イワイチョウ，ショウジョウスゲなどが優占する．

表 6.4 おもな高山草原の種類

群落名	おもな構成種	分布域
雪田草原		
タカネヤハズハハコ-アオノツガザクラ群集	アオノツガザクラ, ジムカデ	中部地方
イワノガリヤス-アオノツガザクラ群集	コシジオウレン, ヒメクワガタ	東北地方
コエゾツガザクラ-アオノツガザクラ群集	エゾノツガザクラ, コエゾツガザクラ	北海道
高山風衝草原		
シラネヒゴタイ-オヤマノエンドウ群集	キタダケカニツリ, シラネヒゴタイ	赤石山脈
ミヤマコゴメグサ-オヤマノエンドウ群集	ミヤマコゴメグサ, ウルップソウ	北アルプス北部
エゾマメヤナギ-エゾオヤマノエンドウ群集	エゾハハコヨモギ, エゾオヤマノエンドウ	北海道大雪山系
高山風衝矮生低木群落		
コメバツガザクラ-ミネズオウ群集	コメバツガザクラ, イワウメ	中部地方以北
ウラシマツツジ-クロマメノキ群集	ウラシマツツジ, クロマメノキ	中部地方以北
高山荒原		
タカネビランジ-ミヤマミミナグサ群集	タカネビランジ, ミヤマミミナグサ	赤石山脈
コメススキ-イワツメクサ群集	イワスゲ, コメススキ	乗鞍岳
ミヤマクワガタ-ウラジロタデ群集	タカネヤハズハハコ, ウラジロタデ	北アルプス北部
コマクサ-タカネスミレ群集	コマクサ, タカネスミレ	中部以北〜北海道
クモマミミナグサ-コバノツメクサ群集	クモマミミナグサ, コバノツメクサ	北アルプス北部
メアカンキンバイ-メアカンフスマ群集	メアカンキンバイ, メアカンフスマ	北海道

図 6.11 高山風衝草原（白馬岳）
オヤマノエンドウ, トウヤクリンドウ, ミヤマキンバイなどが優占する.

オノツガザクラ群集（北海道）がある．高山風衝草原は，シラネヒゴタイ-オヤマノエンドウ群集（赤石山脈），ミヤマコゴメグサ-オヤマノエンドウ群集（北アルプス北部），エゾマメヤナギ-エゾオヤマノエンドウ群集（北海道大雪山系），その他各地の山岳の高山帯固有の植生がある．高さ10cm程度の矮生低木が優占し，厳密には草原とはいえないが，景観的には草原ともいえる高山風衝矮生低木群落としては，コメバツガザクラ-ミネズオウ群集（中部地方以北），ウラシマツツジ-クロマメノキ群集（同）が発達している．高山荒原は，まばらな植生景観や，マット状，クッション状の群落を形成しており，これも草原とはいいにくいが，草本類からなるのでここにとりあげた．おもな植生としては，タカネビランジ-ミヤマミミナグサ群集（赤石山脈），コメススキ-イワツメクサ群集（乗鞍岳），ミヤマクワガタ-ウラジロタデ群集（北アルプス北部），コマクサ-タカネスミレ群集（中部以北～北海道），クモマミミナグサ-コバノツメクサ（北アルプス北部），メアカンキンバイ-メアカンフスマ群集（北海道）などがある．

e．その他の自然草原

自然草原的景観を示すものとしては，上記のほかに規模が小さく，特殊なものとして火山硫気孔荒原，隆起サンゴ礁上群落があり，また川辺にも自然持続性の草本群落がみられるが，これについては第11章に述べられている．火山硫気孔荒原は，火山の硫気孔付近に疎生する草本群落で，地域によって固有の植生がみられる．すなわちイガガヤツリ-テンツキ群落，ハタガヤ-キバナヒメフウチョウソウ群落は硫黄島，ツクシテンツキ群集は雲仙・霧島，ヤマタヌキラン群集は東北地方，ダイセツヒナオトギリ-テンツキ群集は大雪山系などである．隆起サンゴ礁上群落としては，ハリツルマサキ-テンノウメ群集が琉球列島，シラゲテンノウメ-イワザンショウ群集が小笠原諸島にみられる．

6.3 自然草原の保全

環境庁の自然環境保全基礎調査（自然保護年鑑刊行会，1989）によると，日本の自然草原は湿原を含めても国土面積のわずか1％程度しかない．もともと森林国であり，また都市や農地，植林地などもひろく広がる日本では，はじめから自然草原の地域は少なく，また局地的である．このように日本では自然草原は希少であり，それだけで十分保全の価値があるものである．

上記にあげた自然草原は，微妙な自然条件のもとで，人為の影響を免れたまれな植生であり，その存在は大部分の高山草原を除けば，よく自然破壊を免れているものであり，偶然的といってもよいくらいである．

a. 海岸の自然草原の保全

　現存する海岸の自然草原を含む自然植生は，低地あるいは人間の生活地域にあり，人為にきわめて影響される地域にありながら，何らかの理由で辛うじて破壊を免れている植生といってもよい．また，非常に微妙な環境とのバランスの中で発達している破壊に弱い植生でもある．本来は日本の海岸線に沿ってもっと広く存在していたものが，現在たまたま残存しているものである．しかも近年の海岸線の開発，すなわち堤防・道路建設，埋め立て，レジャー施設の建設，漁場，漁港，港湾開発，海浜の攪乱などによって，海岸の自然草原は減少した（宮脇，1983）．また，これらの自然草原が発達している地域も，自然公園や保護地域として指定され保全されている地域は少ないし，またその重要性をあまり認識されずに消失していった．さらに海岸の自然草原は，野鳥の生息地として重要な干潟の保全にも重要であり，干潟の生態系を存続させるものである（栗原，1980）．またきわめて希少な塩沼地植生の保全にも役立っている．今後は少なくともまだ自然草原の発達している海岸の開発の規制，また保全をはかるようにすべきである．さらに植生の復元をはかることを検討すべきである．近年，人工海岸の造成が一部でなされつつあるが，必ずしも海岸・海浜生態系の復元には至っていないという（宮脇，1983）．そのためにも全国の海岸植生の実態調査と生態学的な調査を，それぞれの地域ごとにきめ細かく行う必要があろう．

b. 高山草原の保全

　高山草原は，高山帯のある標高の高い山岳地域に発達しており，いわゆる高山植物が生育しているために，人々の関心が高く，幸いなことに多くの地域では国立公園，国定公園などの自然公園に指定され，自然公園法により厳しく保全されている．とくに特別保護区や第1種特別地域に指定されている地域が多い．また，天然記念物や特別天然記念物に指定され，二重，三重の保護がはかられているものもある．世界的にみると，北アメリカの高山帯を除いて，ヒマラヤやヨーロッパアルプス，アンデス，中国などの山岳の高山帯は，大部分で放牧が行われ，本来の自然草原が攪乱を受けた半自然草原となっている．これらからみると，わが国の高山帯は，ほとんど人為的影響を受けていない自然草原が発達していることになり，世界的にみても貴重な植生である．

　わが国で高山草原を含む高山植生が人為的な影響を受けているものとして，登山や宿泊施設による影響がある．わが国の山岳は昔から山岳宗教の場として，また明治中期以後は自然探勝やスポーツとして登山が行われてきた．とくに戦後は急速に登山人口がふえ，それとともに高山植生の踏みつけ，踏み荒らし，高山植物の採取などで植生が荒廃した地域が各所にある．そのようなおもな山岳としては，鳥取県の大山，石川県の白山，富山県の立山，北アルプスの乗鞍岳，燕岳，白馬岳，尾瀬の燧岳，岩手県の早池峰山，北海道の大雪山系などがあげられる（図6.12）．これらの山岳はとくに

図 6.12 登山者による踏みつけで広がった裸地（白馬岳の稜線）

登山者の多い山岳である．高山植生は，もともと厳しい環境条件のもとに発達しており，踏みつけには非常に弱い植生であり，また復元も非常に困難である．いったん植生が失われると，雨や風，融雪水などによって土壌が流失し，植物の生育は不可能となり，裸地が自然に拡大していく（土田，1983）．また登山者数の増大は宿泊施設の拡大となり，その悪循環がくり返されてきた．一方，高山帯あるいはその近くまで車道やケーブル，ロープウエーなどの建設が行われ，また大量の観光客の来訪となり，これらによって植生が荒廃する例もある．たとえば立山の室堂付近，乗鞍岳全山，中央アルプス千畳敷，西穂高岳，富士山，大雪山旭岳などである．このような山岳では登山者による植生の荒廃ばかりでなく，生態系への影響も懸念される．大量の登山者は大量のごみを残す．これによって野生動物（ライチョウ，ホシガラス，キツネ，サル，クマ，テン，オコジョ，ネズミ類など）の食性に影響を及ぼし，また腐敗物は土壌の変化をきたす．宿舎の屎尿，排水は大部分地下浸透処理であり，水質汚染のもととなる．今では登山道沿いの沢水を飲用できる山岳はほとんどない．

6.4 高山植生の復元

荒廃が激しいあるいは大きい高山の植生は放置すればますます荒廃が拡大し，また少なくとも登山者を締め出さないかぎり，植生の回復が困難であるという状況の中で，いくつかの山岳では，高山植生あるいは高山草原の復元あるいは回復がそれぞれの地元で試みられてきた．古い方では立山地区（立山ルート緑化研究委員会，1974；1980）と白山（菅沼・辰巳，1995）がある．立山では富山県の立山ルート研究委員会によって1970年代から高山植生の復元が行われてきている．また白山では，1973年頃から調査を始めて復元事業が行われている（図6.13）．白馬岳では1978年より調査を始め，1980年頃より復元事業が行われている（土田，1996）．最近では尾瀬の燧岳が登山道を

図 6.13　白山室堂平の登山道の植生復元事業

閉鎖して本格的な復元事業が行われている．また八甲田山，月山なども最近行われている(高山植生保存セミナー実行委員会，1996)．なお他の山岳でも局所的に行われている．たとえば北アルプスの燕岳のコマクサ群落復元，中央アルプス千畳敷のコマクサ群落復元，八ヶ岳のコマクサ群落などの復元などがある．1996年11月に鳥取県の米子市で開催された「高山植生復元セミナー」では，上記の大山，白山，白馬岳の高山植生の復元の取り組みと状況が報告された(高山植生保全セミナー実行委員会，1996)．いずれの地域も多大の努力のもとに，徐々にではあるが復元がはかられつつある．筆者が関係する北アルプス白馬岳では，現地産の種子の播種，移植，ネットによる被覆などでようやく植生の回復がはかられつつある (土田，1996) (図6.14，6.15)．しかし高山植生の回復，復元には長年月を要し，また長年にわたってアフターケアをしていく必要がある．また，回復した植生が再び踏み荒らしなどで荒廃しないよう，管理，監視することも必要である．また単に貴重な高山植生を登山者から遠ざければよいと

図 6.14　白馬岳の植生復元作業

6.4 高山植生の復元

図 6.15 白馬岳の植生復元地のモニター調査

いうことだけでなく，高山植生に関する知識の普及と理解を深めるために，さまざまな活動を通して，高山植生の重要性と保護思想を高めていくことも必要であろう．同じことはすべての自然草原にも当てはまるものである．　　　　　　　　　　　[**土田勝義**]

文　　献

1) 高山植生保全セミナー実行委員会(1996)：植生回復の技術と事例，146 p.，道路緑化保全協会．
2) 栗原　康 (1980)：干潟は生きている，219 p.，岩波書店．
3) 宮脇　昭 (1983)：緑の証言，241 p.，東京書籍．
4) 宮脇　昭編 (1997)：原色日本の植生，535 p.，学習研究社．
5) 宮脇　昭・奥田重俊編 (1990)：日本植物群落図説および別冊，800 p.，168 p.，至文堂．
6) 自然保護年鑑刊行会 (1989)：自然保護年鑑2，494 p.，日正社．
7) 菅沼孝之・辰巳博史 (1995)：白山室堂平の高山植物——23カ年の継続観察結果より．はくさん，**24**-1, 1-6．
8) 立山ルート緑化研究委員会 (1974)：立山ルート緑化研究報告1，238 p.，富山県．
9) 立山ルート緑化研究委員会 (1980)：立山ルート緑化研究報告2，188 p.，富山県．
10) 土田勝義 (1983)：高山帯の植生回復に関する研究1，現地における播種実験．長野植研誌，6，25-30．
11) 土田勝義 (1996)：白馬岳の高山植物・植生の荒廃と復元事業．白馬村誌自然編，pp. 597-607，白馬村．

7. 半自然草原の自然保護

　日本列島は，植物の生育に適した温暖多雨な気候条件を有するため，高山や海岸風衝地などの特殊な立地に成立する自然草原（native grassland, natural grassland）などを除けば，極相群落（climax community）としては森林が成立すると考えられている．ここでとりあげる半自然草原（semi-natural grassland）とは，採草（mowing, cutting）や放牧（grazing），火入れ（burning, firing）などの人為的圧力下において成立している遷移（succession）の途中相（seral stage）に位置し，地域の在来種（native species）が優占し，構成する半自然群落（semi-natural community）である．人為的な耕起，播種，施肥という管理下でのみ維持される外来種（alien species）からなる牧草地（pasture）などは人工草原（tame grassland）とよばれ，自然草地，半自然草原とは区分される．

　かつてはカヤ場や採草地（meadow），放牧地（grazing land）としてわれわれの身近に存在した半自然草原は，1960年代以降急速に，草地としての生産的価値が失われ，土地利用形態が変化した結果，開発や放棄後の遷移の進行などでその面積規模は減少，縮小し，群落の中身そのものが変化してきている．半自然草原の減少，変化は，ここを生育地とするオキナグサやオミナエシなど，多くの草原性草本植物の減少をまねいており，生育地や餌資源供給の場として利用する小動物の減少をもまねき，特定種の絶滅危惧のみならず，生態系全体への影響が危惧されている．二次的自然である半自然草原を保護するためには，遷移の進行を抑制するための火入れや刈り取りといった人為的な維持管理を行う必要があり，人為的影響をできるだけ排除しようとする原生的自然に対する保護策とはこの点で大きく異なる．

　また，半自然草原は採草地や放牧地，カヤ場として農耕文化の一環として維持されてきた自然であり，その保護の目的には文化財としての重要性をも含まれなければならないところにその特徴がある．

　現在，阿蘇くじゅう国立公園の広大な原野を有する町村などでは，草原を維持するための「野焼きサミット」なるものを開催したり，野焼きを促進させる補助金を設けるなど，地元から積極的に半自然草原を保護しようとする活動の芽が育とうとしている．

7.1 半自然草原の保護の重要性

　半自然草原は，原生的自然条件下では生存することのできない生物種の生育・生息地（habitat）として重要である．半自然草原をすみかとする生物種の存在が日本の植物相，動物相を豊かなものにしており，生態的多様性を高めているのである．これらの生物種の存在は，歴史的資料としても重要で，日本列島の生い立ちや自然史を解き明かす鍵ともなりうる可能性がある（レッドデータブック近畿研究会，1995）．さらに，文化人類学的な見地からも半自然草原を再評価し，自然と人の融合景観として，その保護にあたらねばならない．

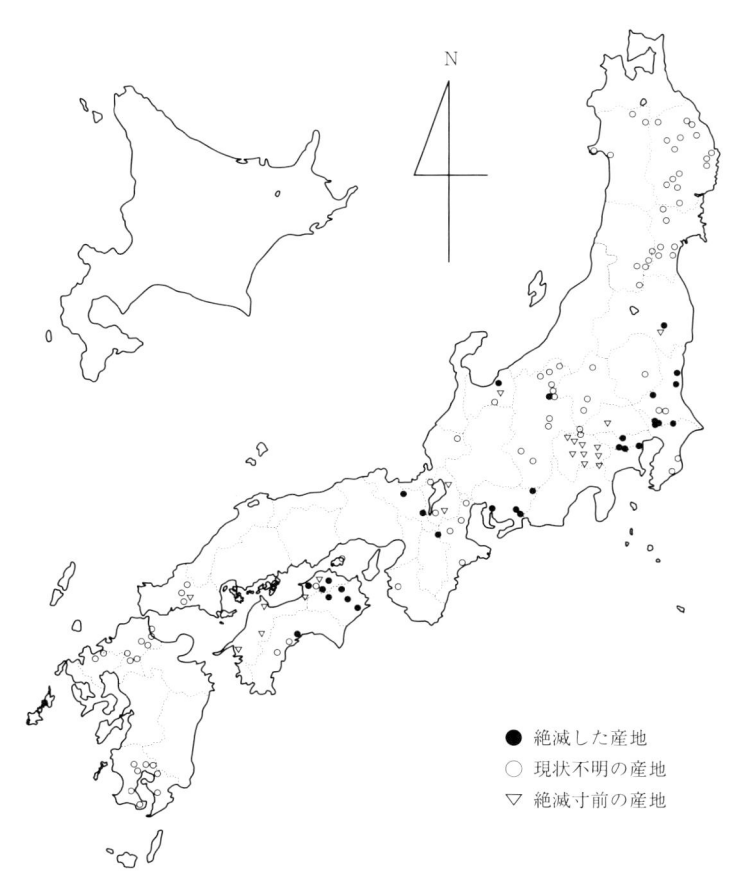

● 絶滅した産地
○ 現状不明の産地
▽ 絶滅寸前の産地

図 7.1 オキナグサの生育地の現状
（日本植物分類学会，1993）

a．生態的多様性の保護としての重要性
（1） 草原性植物の生育地としての重要性

　1989年に日本で初めて出版された植物種のレッドデータブック（我が国における保護上重要な植物種および植物群落の研究委員会植物分科会，1989）では，かつては身近にみられたオキナグサ（キンポウゲ科）やフジバカマ（キク科）など，半自然草原を生育地とする草原植物が減少していることが指摘されている．たとえばオキナグサは，本州，四国，九州に広く分布する種であるが，253の産地のうち，30の産地において絶滅し，87の産地において現状不明，19の産地で絶滅寸前という状況にある（図7.1）．フジバカマも本州，四国，九州に広く分布する種であるが，71産地のうち，11の産地で絶滅し，13の産地において現状不明，3の産地においては絶滅寸前である（図7.2）．また，キスミレ（スミレ科）は本州中部以西，四国，九州に分布する種であるが，33の産地のうち，6の産地で絶滅し，8の産地において現状不明，1の産地において絶滅寸前である（図7.3）．

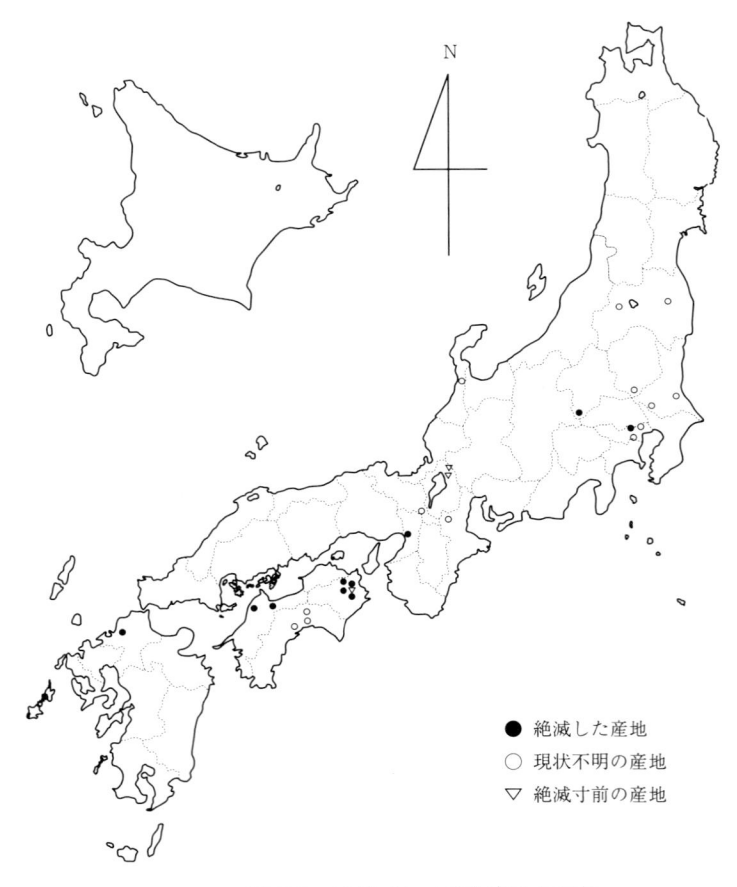

● 絶滅した産地
○ 現状不明の産地
▽ 絶滅寸前の産地

図 7.2　フジバカマの生育地の現状
（日本植物分類学会，1993）

7.1 半自然草原の保護の重要性

図 7.3 キスミレの生育地の現状
（日本植物分類学会，1993）

● 絶滅した産地
○ 現状不明の産地
▽ 絶滅寸前の産地

　これらの草原性植物の減少の原因としては，まず園芸用の乱獲や半自然草原の開発があげられている．次に，かつて採草地や放牧地として利用，維持するために行われてきた火入れや草刈り，放牧を行わなくなったために，半自然草原の遷移が進行し，草原が減少，変化したことも影響を与えていることが報告されている．
　表7.1はレッドデータブック（普及版）（日本植物分類学会，1993）のリストより，減少の要因が「草地開発」および「遷移進行」とされた種のみを再リスト化したものである．［ただし表7.1には，ハナシノブ（ハナシノブ科），キスミレ，フジバカマなど，「園芸用の乱獲」が主要因である種は含まれておらず，元リストにはこのほかにも絶滅が危惧されている多くの草原性植物が記載されている．］減少の要因を「遷移進行」とする種は，エヒメアヤメ（ラン科）とムラサキ（ムラサキ科）の2種のみで，「草地開発」をおもな要因とする種は，オキナグサ，ヒゴタイ（キク科），ツクシフウロ（フウロソウ科）など37種であった．「草地開発」の影響が大きいことは明らかであったが，自生地の現状に関する情報収集は難しく，このデータだけでは「遷移進行」

表 7.1 草原開発，遷移進行が減少の要因とされる植物種（日本植物分類学会，1993 より抜粋）

種　名	科　名	減少の要因	ランク
エヒメアヤメ	ラン	園芸採集，遷移進行	危急
オオトモエソウ	オトギリソウ	草地開発	危急
オオヒキヨモギ	ゴマノハグサ	草地開発，道路工事	危急
オオミゴゴメグサ	ゴマノハグサ	草地開発	絶滅
オオヤマジソ	シソ	草地開発，道路工事	危急
オキナグサ	キンポウゲ	草地開発，園芸採集	危急
オグラセンノウ	ナデシコ	草地開発	絶滅危惧
キタミフクジュソウ	キンポウゲ	草地開発	絶滅危惧
クサナギオゴケ	ガガイモ	草地開発	危急
クジュウツリスゲ	カヤツリグサ	草地開発	危急
ケルリソウ	ムラサキ	草地開発	危急
サツマビャクゼン	ガガイモ	草地開発	絶滅危惧
シラン	ラン	草地開発，園芸採集，薬草採集	危急
ステゴビル	ユリ	草地開発	危急
タマボウキ	ユリ	草地開発	絶滅危惧
チョウセンカメバソウ	ムラサキ	草地開発	不明
ツクシトラノオ	ゴマノハグサ	草地開発	絶滅危惧
ツクシフウロ	フウロソウ	草地開発，湿地開発	危急
トダイハコ	キク	草地開発	危急
ナンゴクカモメヅル	ガガイモ	草地開発	危急
ハコネオトギリ	オトギリソウ	草地開発，道路工事	危急
ハナカズラ	キンポウゲ	草地開発	危急
ハナハタザオ	アブラナ	草地開発，園芸採集	絶滅危惧
ヒゴタイ	キク	草地開発	絶滅危惧
ヒゴビャクゼン	ガガイモ	草地開発	危急
ヒメツルアズキ	マメ	草地開発	危急
ヒロハノアマナ	ユリ	草地開発	危急
ベニバナヤマシャクヤク	ボタン	草地開発，園芸採集	危急
ホソバノロクオンソウ	ガガイモ	草地開発	絶滅危惧
ホソバヤマジソ	シソ	草地開発	危急
マイヅルテンナンショウ	サトイモ	草地開発	危急
マルバノフナバラソウ	ガガイモ	草地開発	危急
マルミノウルシ	トウダイグサ	草地開発，石灰採掘	危急
ミチノクフクジュソウ	キンポウゲ	草地開発	危急
ムラサキ	ムラサキ	草地開発，園芸採集，遷移進行	危急
ムラサキセンブリ	リンドウ	草地開発	危急
ヤマジソ	シソ	草地開発	危急
ヤマワキオゴケ	ガガイモ	草地開発	危急

7.1 半自然草原の保護の重要性

表 7.2 近畿地方の保護上重要な植物：生育環境別・減少段階別集計結果（レッドデータブック近畿研究会，1995 に加筆）

減少段階	計	水湿地環境						海辺環境				草地環境				岩石地環境			森林環境			その他	特定不能
		水域	貧栄養湿地	富栄養湿地	原野	水田	計	塩性湿地	砂浜	海岸	計	山草地	カヤ草地	里草地	計	河原	岩場	計	二次林	極相林	計		
絶滅 I	21	6	1	1	0	0	8	0	1	1	2	3	2	2	7	0	0	0	0	0	0	0	4
絶滅 I ?	30	1	2	2	0	1	5	1	0	2	2	2	3	3	7	0	2	2	5	4	8	1	7
絶滅 II	102	18	9	11	6	4	39	4	10	3	17	7	9	13	26	2	6	8	18	6	20	4	4
絶滅 II ?	161	24	19	27	9	15	65	2	4	4	8	10	9	26	32	3	17	20	41	28	56	2	10
その他	599	14	39	31	13	5	81	9	12	30	50	45	8	34	79	0	143	143	292	142	353	8	6
計	862	56	67	69	28	24	185	15	26	37	75	62	26	73	137	5	166	171	351	176	429	14	20

注 絶滅 I：近畿地方全体で絶滅したもの，絶滅 I ?：近畿地方全体で絶滅した可能性が高いもの，絶滅 II：近畿地方のいずれかの府県では絶滅したもの（絶滅 I を含む），絶滅 II ?：近畿地方のいずれかの府県では絶滅した可能性が高いもの（絶滅 I ? を含む）．

表 7.3 近畿地方における草原環境を生育環境とする保護上重要な植物種とその減少段階（絶滅 I，I ?，II，II ? 以外は除く）（レッドデータブック近畿研究会，1995 より抜粋）

種 名	科 名	草地環境 山草地*1	草地環境 カヤ草地*2	草地環境 里草地*3	減少段階
マツラコゴメグサ	ゴマノハグサ	○			I，(II)
オオミコゴメグサ	ゴマノハグサ	○			I，(II)
ヒメトラノオ	ゴマノハグサ		○		I，(II)
リュウキュウコザクラ	サクラソウ			○	I，(II)
レンリソウ	マメ			○	I，(II)
オグラセンノウ	ナデシコ		○		I，(II)
イヨトンボ	ラン	○			I，(II)
タチコゴメグサ	ゴマノハグサ	○	○		I ?，(II ?)
ヤマルリトラノオ	ゴマノハグサ		○		I ?，II
マツバニンジン	アマ		○		I ?，II
ヒロハクサフジ	マメ			○	I ?，(II ?)
ムカゴトンボ	ラン	○			I ?，II
ニラバラン	ラン			○	I ?，(II ?)
ステゴビル	ユリ			○	I ?，II
ヒメシオン	キク			○	II
カセンソウ	キク		○		II
タカサゴソウ	キク			○	II
マツムシソウ	マツムシソウ	○	○		II
ホソバヒメトラノオ	ゴマノハグサ		○		II
ヤマジソ	シソ	○			II
サクラソウ	サクラソウ			○	II
ミシマサイコ	セリ			○	II
モメンヅル	マメ			○	II
ヒメノハギ	マメ			○	II
エンコウソウ	キンポウゲ		○		II
ツルソバ	タデ			○	II
ニオイタデ	タデ			○	II
ヒロハノアマナ	ユリ	○			II
ヒメミコシガヤ	カヤツリグサ			○	II
ノコギリソウ	キク	○		○	II ?
モリアザミ	キク	○	○	○	II ?
ミヤコアザミ	キク		○		II ?
ヒメヒゴタイ	キク		○		II ?
キクアザミ	キク		○		II ?
コウリンカ	キク	○	○		II ?
トウオオバコ	オオバコ			○	II ?
ゴマノハグサ	ゴマノハグサ		○		II ?
ヒキヨモギ	ゴマノハグサ			○	II ?
メジロホオズキ	ナス			○	II ?
タチカモメヅル	ガガイモ			○	II ?

7.1 半自然草原の保護の重要性

表 7.3 (つづき)

種　名	科　名	山草地*¹	カヤ草地*²	里草地*³	減少段階
イヌセンブリ	リンドウ			○	II ?
アイナエ	フジウツギ			○	II ?
ヒメノボタン	ノボタン			○	II ?
アゼオトギリ	オトギリソウ			○	II ?
タヌキマメ	マメ			○	II ?
ツチグリ	バラ			○	II ?
セツブンソウ	キンポウゲ			○	II ?
オキナグサ	キンポウゲ		○	○	II ?
マダイオウ	タデ			○	II ?
ムカゴソウ	ラン	○		○	II ?
ムカゴサイシン	ラン	○			II ?
コキンバイザサ	ヒガンバナ			○	II ?
キバナノアマナ	ユリ	○			II ?
ヤマユリ	ユリ	○			II ?
ヒメユリ	ユリ	○	○		II ?
コゴメカゼクサ	イネ			○	II ?
ウンヌケモドキ	イネ			○	II ?
ハマハナヤスリ	ハナヤスリ	○		○	II ?

注 1) ○はおもな生育環境を示す．草地環境以外に生育環境をもつものについては元リストに記載されている．
　 2) 減少段階の意味は表7.2と同じ．
　 3) *¹ 山草地：人里から離れた山中にある草原のうち，湿原や「カヤ草地」を除いたもの．母岩や基盤岩が石灰岩，蛇紋岩，花崗岩などからなり，土壌が浅くて強く乾燥することを特徴としており，さらに風衝地や崩壊地といった条件が重なることによって森林が発達せずに草原となっている．自然条件に大なり，小なりの人為が加わって維持されていることが多い．
　　　 *² カヤ草地：屋根葺きの材料や家畜の飼料用としてのススキの収穫用などに，定期的な草刈りや火入れが行われ，維持されてきた草原環境．
　　　 *³ 里草地：ここでは人里近くの草地，すなわち道端，段々畑や棚田の土手，水田畦畔，小川の土手など農耕地周辺の草地をさす．「カヤ草地」と比べると，より人里近くにあり，個々の草地の規模は小さく，採草や火入れなどの人為が頻繁に加わる点で異なる．

の影響が少ないとはいえない．

　近畿版レッドデータブック（レッドデータブック近畿研究会，1995）では，近畿地方における保護上重要な植物862種のうち，137種が半自然草原(ここでは山草地，カヤ草地，里草地という定義を設け，総称を草地環境としている)を生育地とする種であった．減少段階別にみると，近畿地方全体で，すでに絶滅した21種のうち7種が，また絶滅の可能性が高いと考えられる30種のうち7種が，半自然草原を生育地とする草原性植物であった(表7.2，7.3)．とくに近畿地方全体ですでに絶滅した種については，森林環境依存の種はなく，水湿地環境および，半自然草原(草地環境)依存の種に大きなウエートが占められた．各府県の報告でも，草原性植物の絶滅危惧と，その

対策としての半自然草原の人為的な維持管理の必要性が説かれている．

先頃出版された愛知県におけるレッドデータブック（愛知県植物誌調査会，1996）においても，半自然草原の減少に伴う草原性植物の絶滅危惧が大きくとりあげられている．

草原性植物の多くは，常緑広葉樹林（evergreen broad-leaved forest）の暗い林床ではもちろん，落葉広葉樹林（deciduous broad-leaved forest），マツ林などの明るい林床であっても，ササ類が繁茂し，光や養分をめぐる競合種（competitor）が存在するような群落環境条件下では，生育できない．採草，放牧，火入れなど，農業生産的利用が半自然草原の遷移を停止，退行させ，草原性植物の生育に適した立地環境を提供していたのである．生産的利用が失われた結果，遷移が進行し，光条件の悪化や競合種の繁茂によって，草原性植物の生育適地は失われてきた．

生産的利用は失われたが，草原性植物の生育地として半自然草原を保全するためには，遷移進行を抑制するための適切な人為管理を行うとともに，園芸用の乱獲や草原の開発を食い止めるための法的規制の強化が必要とされる．

（2）　半自然草原生態系の保護としての重要性

（1）項ではとくに，草原性植物の保護について述べたが，植物にかかわらず，自然界は単独の種で成り立っているのではなく，さまざまな生物種の集合体として成り立っており，ある種の保護を考える場合にも，生物群集（biocoenosise）の安定性を維持するための生態的多様性の保護を目標としなければならない．半自然草原は草原性植物の生育地としてばかりではなく，昆虫や鳥類，哺乳類など，さまざまな草原性小動物の生息地，餌資源供給地としても重要である．独自の系を有する半自然草原生態系は，自然界の生態的多様性を保護するうえでも貴重な存在である．

次に，草原性のチョウと植物との関係を例に，半自然草原における生態的多様性の保護の重要性について説明していく．

柴谷は，「日本産蝶類の衰亡と保護」（1989）の中で，日本のチョウ相の豊富な理由は，伝統的な農業においてつちかわれてきた二次的自然の存在に起因しているとし，チョウ類減少の原因として，半自然草原や二次林（secondary forest）の減少，変化をあげている．

たとえば，オオウラギンヒョウモン（タテハチョウ科）という草原性のチョウは，1960年代まで日本各地にふつうにみられたチョウであったが，その後急激に減少し，近年では西日本の山地草原や牧場周辺にわずかに生息地が残っているにすぎない．この幼虫の食草であるスミレの一種が生育するシバ（イネ科）やススキ（イネ科）の半自然草原の減少，変化が，オオウラギンヒョウモン減少の原因と考えられており，近年，環境庁のレッドデータブック（環境庁自然保護局野生生物課，1991）に絶滅危惧種として記載された．

同じく，希少種とされたオオルリシジミ（シジミチョウ科）は，本州や九州に分布

する草原性のチョウで，本州ではほとんどの生息地で絶滅し，阿蘇の半自然草原でのみ残っている．すでに絶滅した青森県の生息地では，幼虫の食草であるクララ（マメ科）の生育する半自然草原は，かつては牛馬の飼料用の採草によって維持されていた．草原の構成種はススキやシバ，アズマギク（キク科），オキナグサなどの草原性草本植物で，クララは飼料として適さないため，刈り残されたため，食草や成虫の吸蜜源としてオオルリシジミに利用可能であった．1960年代以降，牛馬の減少により採草が行われなくなり，遷移の進行によって草原がブッシュや低木林に変化し，その結果，クララは多くの草原性草本植物とともに消滅していった．また，同時期より牧草地や畑地，果樹園への転用，カラマツ林，スギ林への植林化など，半自然草原の開発が始まり，その後もゴルフ場開発などが進み，1970年代後半までにはオオルリシジミはこの地域で絶滅した（室谷，1989）．

さらに同じく希少種とされたクロシジミ（シジミチョウ科）は，半自然草原以外にもクヌギやコナラなどの明るい二次林を生息地とするチョウであるが，この幼虫ははじめアブラムシやキジラミの分泌液をなめたり，クロオオアリから口移しに餌をもらって成長し，その後2齢後期から3齢になった幼虫はクロオオアリによってアリの巣内に運び込まれ，引き続き餌を口移しでもらって成長する（蛭川，1989）．クロシジミは特定の草原性植物を食草にするような習性はないが，強い種間関係（interspecific relation）をもっているクロオオアリやアブラムシの生息地として半自然植生を必要とする．日本以外でも，1970年代にイギリスで起きた，同じシジミチョウの仲間であるヨーロッパゴマシジミの絶滅は，半自然草原からヒツジを排除したために遷移が進み，草丈の低い草原にすむアリを追い出してしまった結果，アリと幼虫との種間関係の失われてしまったことが原因であった（Thomas，1980；1984；柴谷，1989）ことが知られている．

以上の例から，半自然草原はチョウ類にとっての生息地，餌資源供給の場，またアリやアブラムシとの生物間相互作用（coaction）の維持という側面からも重要な立地環境であることがわかる．半自然草原では，草原性植物が一次生産者，餌資源供給者として土台となり，相互に関係し合う動物，微生物とともに独自的な生態系がつくられており，その保護には生物群集の安定性を維持するための生態的多様性の保護を考慮した対策が必要である．しかし，チョウ類以外の昆虫や小動物に関しては，どのような生物がいかに半自然草原という立地環境を利用しているか，またどのような生物間でいかなる相互関係が成り立っているのか，十分には知られていない．半自然草原における生態的多様性の保護を行うためには，構成する生物群集に関する研究のさらなる発展が必要である．

b．自然誌を知るうえでの重要性

近畿版レッドデータブック（レッドデータブック近畿研究会，1995）では，種の多

様性と環境を保全する意義として，歴史の証人としての生物種の重要性が説かれている．またここでは，たとえば大陸との連続性を示す植物や，氷河期の生き残りといわれる植物は，ある種がその自生地に存在することが日本列島の生い立ちや自然史の謎を解き明かす鍵となり，そのような種はたいてい遺存的で，絶滅に瀕している場合が多く，自生地での種の保全の必要性が強調されている．

たとえば，日本の植物相を考えるうえで重要な，満鮮要素とよばれる，中国東北部の温帯草原（temperate grassland）を起源とする多年生草本（perennial herb, perennial grass）の種群は，九州北部，中国地方から中部地方の半自然草原に生育する（村田，1988）．これらの種群は最終氷期に朝鮮半島を通って日本列島に渡ってきたと考えられている．朝鮮半島がつながっていた時代には，今よりもっと乾燥し，とくに冬の寒さが厳しかったため，これらの種群の生育は可能であった．その後，朝鮮，対馬海峡ができてからは，日本の気候は温暖・湿潤化し，森林が発達したため，その生育地は一部の崩壊地や湿地，河岸，風衝地などに狭められた．しかしこの時代の日本列島は，第四紀の火山活動が活発な時期にもあたり，火山は森林を破壊し，火山灰台地には草原が発達し，これらの種群の生育地となったと考えられている．とくに阿蘇久住地域の周辺は火山活動が盛んであったため，ヒゴタイ（キク科），マツモトセンノウ（ナデシコ科），ハナシノブ（ハナシノブ科），アソノコギリソウ（キク科），ツクシフウロ（フウロソウ科），エヒメアヤメ（アヤメ科）など多くの満鮮要素の種が集中的に分布している．火山灰起源の土壌に発達した草原を足がかりにして，これらの種群は人間活動の影響によって生じた半自然草原や二次林などの半自然植生（semi-natural vegetation）の環境に徐々に生育地を広げていったと考えられている［以上は文献63）を要約］．阿蘇久住の火山灰台地では，古くから放牧や採草によって半自然草原（原野とよばれる）が維持され，多くの満鮮要素が残ってきたが，現在では植林や農地開発，草地改良（grassland improvement）事業の推進，遷移進行などによって生育地が失われ，これらのほとんどは絶滅が危惧されている．満鮮要素の集中分布地として，阿蘇久住の半自然草原は自然史資料の宝庫といえ，草原を維持し，これらの種を自生地で保全することは，すなわちこの地域の歴史的資料を守ることなのである．

満鮮要素の中でも，オキナグサは本州の東北地方から中国地方，四国，九州に広く分布する種であるが，もはやほとんどの自生地で絶滅寸前という状況にあり（我が国における保護上重要な植物種および植物群落の研究委員会植物分科会，1989），今まさに各自生地における貴重な資料が失われようとしている．近畿地方ではヒメヒゴタイ（キク科），ツチグリ（バラ科），ヒメユリ（ユリ科）などの満鮮要素の絶滅が危惧されている（レッドデータブック近畿研究会，1995）．

一方チョウ類でも，絶滅危惧種のオオウラギンヒョウモンやオオルリシジミは，温帯草原を起源とし，植物における満鮮要素に相当する草原性のチョウで（日浦，1978），植物と同様に，これらのチョウの存在が地域の自然史を解く資料として重要なのであ

る．温帯草原を起源とする種で，富士山周辺のチョウ相を特徴づける種とされているホシチャバネセセリ（セセリチョウ科）やヘリグロチャバネセセリ（セセリチョウ科），ヒメシロチョウ（シロチョウ科）も，生息地である半自然草原の減少によって，その分布域が限られてきており（清，1988），半自然草原に生きる生物種の存在によって特徴づけられていた地域の特性が今まさに失われようとしている．

守山（1988）は最終氷期の遺存種（relic species）であるカタクリ（ユリ科）やカンアオイ（ウマノスズクサ科），ミドリシジミ類やギフチョウ（アゲハチョウ科）などの生物種が，照葉樹林帯（laurel forest zone）における落葉二次林（deciduous secondary forest）で現在生き残れたのは，照葉樹林北上の時期である縄文中期にすでに焼畑農耕（slash-and-burn farming）が始まっていて，少なからぬ面積の森林が二次林化し，落葉広葉樹林のまま残されたと考えられること，また，焼畑農耕民が焼畑跡地にさまざまな植物を植え，植生の回復をはかってきたことが要因であり，このような二次林はただの代償植生（substitutional community）ではなく，大陸系遺存種のリフージャ（refuge）として存続してきたことに，現在われわれが二次林を人為的に保全する意味があることを説明している．この議論には生物種独自の分散能力に関する検討も必要であるが，照葉樹林帯における落葉二次林と同様に，半自然草原は，単なる極相林（climax forest）の代償植生として，その評価を低くおかれることは適当ではなく，満鮮要素生物種群のリフージャとして果たしてきた事実が重視され，評価されなければならない．

また，半自然草原の生物群集の由来は満鮮要素のみで構成されているわけではなく，他の要素も複雑に関係しており，今後，どのような新しい知見がそこから見い出されるかわからない．自然史を解き明かす可能性を秘めた資料の宝庫としての認識が深められ，半自然草原の生物群集に関する研究の進められることが期待される．自然史研究の場としても，各地に残る半自然草原を積極的に保全していく必要性がある．

c．文化人類学的な側面での重要性

都市に暮らす現代人にとって，農耕文化によってはぐくまれてきた半自然草原とのかかわり合いはもはや失われ，その存在すらも忘れられようとしている．しかし，人が人として活動を始めた時点から，半自然草原とはよべないまでも，半自然草原的環境と人との歴史はすでに始まっていたと考えてよいのではなかろうか．しかも，つい最近まではその関係は濃密なものであったことを，文化人類学的立場から再認識，再評価する必要があるのではなかろうか．

中尾佐助とともに照葉樹林文化を提唱した佐々木（1982）の説によると，西日本では縄文前・中期（約6000〜4000年前）頃には，プレ農耕段階とよばれる採集・半栽培文化が展開し，縄文後・晩期（約4000年前）以降になると初期農耕の段階になり，焼畑農耕文化が発展したと考えられている．一方，東日本においてはすでに縄文前期に

は森林を焼き払い，クリを半栽培するナラ林文化が栄え，そこでは焼畑が行われていた（安田，1988）とも考えられている．

　西日本を中心としたプレ農耕段階には，ヒガンバナやワラビ，クズなど，野生のイモ類を半栽培するために山焼き（火入れ）が行われていたとされている（佐々木，1982）．焼畑にまでは達しないが，この段階でも森林を山焼きや伐採（deforestation）によって農地的なものに確保していたと考えられ，これを支持する事例として，近年でもワラビの根を食糧として採集するため，半自然草原を山焼きする慣行の残っていた地方のあった（宮本・潮田，1978）ことが知られている．このような山焼きは有名な奈良若草山の山焼きの原型であるといわれており，人がみずからの利用のために半自然草原を人為によってつくりだし，維持してきた歴史は相当古いものであると考えられる．

　縄文後・晩期以降の焼畑農耕とは，森林を伐採し，焼き払った後にソバやアワなどの雑穀を数年間栽培し，その後地力を回復させるために20年程度休耕し，再び伐採，火入れ，栽培をくり返す農法である（佐々木，1972）．焼畑農耕の過程では，休耕直後から放置され，森林へと移り変わるまでは半自然草原的環境が生じていた（福井，1974；守山，1988）と考えられている．

　弥生期に入ると，本格的な水田稲作農耕が始まるが，焼畑農耕は広い地域で並行して続けられ，古代から中世，さらに近世から近代へと受け継がれ，1960年頃までは日本各地に残っていた．焼畑農耕は近代においても，とくに山間地では重要な農耕であった．合掌造りで有名な岐阜県白川村では，近年まで焼畑休閑地を茅葺きの材料に適した，カリヤスというイネ科多年生草本を半栽培するためのカヤ場として利用しており（白川村教育委員会，1995），焼畑により生じた半自然草原を積極的に活用する技術のあったことがわかっている．水田稲作農耕以前には，焼畑農耕が半自然草原的環境を生じる主要な要因であり，しかもそれ以降においても，時代や場所による差はあるものの，近代までは引き続き一要因であり続けたものと考えられる．

　弥生前・中期（約二千数百年前）から始められた水田稲作農耕は，焼畑農耕とは異なり，水田の水利条件を改善するための畦畔を整備し，つねに同じ場所で耕作するためには施肥を行う必要があった．遺跡の発掘物により，弥生後期には木々の若葉や草を肥料として水田に敷き込む，刈敷の技術があったと考えられており，さらに7, 8世紀にはその記録が残されている（須藤・小山，1989）．刈敷や堆肥とする草木を確保するための半自然草原の管理技術や施肥の技術が農具の開発とともに向上し，水田稲作農耕が発展していった．近世には半自然草原は採草地，放牧地，カヤ場，畦畔地として，その目的に応じて，藩や共同体の取り決めに従って管理され（大滝，1993），農業的生産を支える場，生活資材を供給する場として，生活全般にわたって重要な位置を占めていたことがうかがえる．さらにススキ，オミナエシ，キキョウ，ナデシコといった秋の七草に代表される草原の植物は独特な季節感を生み出すとともに，さまざまな意匠として生活を彩り，半自然草原は日本固有の文化的要素を生み出す基盤でもあ

ったともいえよう．

　以上のように，焼畑を含め，農業的生産を支えてきた半自然草原そのものの存在が，またそれに付随する技術，農具，農事に関する風習，慣習，そこにすむ生物とのかかわりなどすべてが，人類史を語るうえでの貴重な文化的資料として評価されなければならない．さらに，地域の風土（気候的条件，地理的条件）や産業構造，利用目的によって半自然草原の形態や管理様式は異なり，これらは地域独自の文化を形成する礎(いしずえ)であったといえる．

　水田畦畔草地（paddy-side grassland）についての調査（前中ら，1993）では，畦畔の形態や管理様式は関西，北陸，九州などにおいて地域的な特性がみられたが，現在進められている大規模な圃場整備事業によって畦畔が減少し，その形態や管理も画一化し，地方固有の伝統的文化的要素が失われていることが指摘されている．水田畦畔に限らず，現在では，土地利用形態の変化や化学肥料の普及によって，生産的利用の行われている半自然草原は減少し，農業機械や農薬の発達，生活様式の変化によって，伝統的な管理技術や習慣はほとんどの地方で失われてしまっている．このような状況の中で，文化人類学的立場から半自然草原をとらえた研究はあまり行われておらず，早急に着手されることが望まれる．自然史的側面からだけでなく，文化人類学的側面からも半自然草原を貴重な文化財（culture properties）として評価する必要性のあることを強調しておきたい．

d．景観的側面からの重要性

　国土面積の約70％が森林であるわが国では，草原面積はほんの数％にすぎず，阿蘇久住の原野や霧ケ峰高原など，ふだん見れないひろびろとした草原の景観（landscape）にわれわれはひきつけられ，半自然草原は多くの人々の余暇活動の場として利用されている．しかし，すばらしい草原景観が人と自然とのかかわり合いによって生まれた自然であることを知る人は少なく，その関係が失われていく結果，雄大な景観に変化が起こっていることに気づく人は多くない．

　たとえば，阿蘇くじゅう国立公園は中世から火山灰台地を牧として利用してきた伝統的な畜産業地帯で，1934（昭和9）年にはすぐれた草原景観を有する国立公園として指定されている．原野とよばれる阿蘇久住の半自然草原は，かつては畜産牛の放牧地や採草地，水田の堆肥としての採草地としてひろく利用され，草原として維持するための野焼き（火入れ）は毎年行われていた．原野は，人々にとってかけがえのない生産の場であると同時に，世界的にも珍しい半自然草原植生が成立し（阿蘇くじゅう国立公園指定60周年記念行事実行委員会，1994），草原性の生物種にとっては，貴重な生息・生育地でもあった．しかし，1960年代前後に進められた拡大造林や観光・レジャー開発によって原野面積は減少し，1960年代後半以降は草地改良事業によって，土地の造成が行われ，自生植物は根こそぎ攪乱され，外来牧草による人工草原に変わり，

原野の質的変化がもたらされた．近年では1991年からの牛肉輸入自由化が畜産業不振に追い打ちをかけ，労働者の高齢化による離農も進み，そのため野焼きや草刈りが行われない原野では遷移の進行が進み，かつての原野は減少の一途をたどっている（環境庁自然保護局阿蘇くじゅう国立公園管理事務所，1993）．人と半自然草原との関係に変化が生じた結果，雄大な阿蘇久住原野の草原景観は失われようとしている．

三瓶山牧野は1963（昭和38）年に大山隠岐国立公園に指定され，山岳美，草原景観の美しさを誇る地域であったが，阿蘇くじゅう国立公園と同じく，植林や畜産業の不振などが原因となり，シバ草原の減少，変化が著しく，地元では観光資源としての草原景観の消失が問題となっている（中国農業試験場畜産部，1994）．また国定公園に指定されている秋吉台でも，生産的利用目的が失われた結果，半自然草原の減少，変化がもたらされており，草原景観を確保するための山焼き（火入れ）の継続が問題となっている（羅針盤，1995）．

このように国立公園や国定公園に指定されている地域でさえ，半自然草原の減少，変化を食い止め，草原景観を維持することが困難な状況にある．それは原生的自然の保護がただ囲い込めばよいのとは異なり，二次的自然の場合は，人と自然とのかかわり合いを継続させなければ，その保護がかなわないところに困難が生じるのである．

半自然草原のもつ自然史的，文化人類学的な価値についてはすでに述べたが，伊藤（阿蘇くじゅう国立公園指定60周年記念行事実行委員会，1994）の言葉を借りるならば，半自然草原の草原景観は，自然と人とのかかわり合いの融合体，すなわち自然人文融合景観という文化的資産として評価され，その保護についてはこれらすべてを包含し，考慮したものであらねばならない．

7.2 半自然草原の現状および問題点とその対策

a．半自然草原の減少，変化の過程と現状，問題点
（1）　半自然草原の面積推移

半自然草原は農用地や林地，河川など，さまざまな土地利用区分に分類され，その全貌を統計上正確に把握することは難しい．自然環境保全基礎調査（環境庁，1988a）では二次草原（シバ群落などの背丈の低い草原，ササ群落，ススキ群落などの背丈の高い草原）の国土に占める割合は，1973年に3.6%であったが，1979年および1983～1986年のデータでは3.2%に減少している（表7.4）．この二次草原には半自然草原以外にも，人工草原などが含まれているため，以下の統計データよりも若干値が大きくなっていると考えられる．

国土利用区分の現況（表7.5）で見ると，半自然草原に当てはまるであろう農用地の中の採草放牧地と原野の面積合計は，1972年には73万ha（国土面積の1.9%）であったが，1980年に47万ha（1.2%），1990年には37万ha（1.0%）と，20年間で約半

7.2 半自然草原の現状および問題点とその対策

表 7.4 植生自然度の変化状況 [( )は国土に占める構成比%]（環境庁，1988 a）

植生自然度			第1回自然環境保全基礎調査	第2回・第3回自然環境保全基礎調査	増 減（%）
自然草原（自然度10）			3260（ 0.9）	4038（ 1.1）	+0.2
森　　林（自然度9〜6）			244994（68.0）	248538（68.2）	+0.2
	自然林，二次林（自然度9〜7）		169854（47.1）	157509（43.2）	−3.9
		自然林（自然度9）	78258（21.7）	66979（18.4）	−3.3
		二次林（自然度8, 7）	91596（25.4）	90530（24.9）	−0.5
	植林地（自然度6）		75140（20.9）	91029（25.0）	+4.1
二次草原（自然度5, 4）			12876（ 3.6）	11676（ 3.2）	−0.4
農　耕　地（自然度3, 2）			83030（23.0）	77412（21.2）	−1.8
市街地など（自然度2, 1）[*1]			15597（ 4.3）	21172（ 5.8）	+1.5
そ　の　他（自然裸地，不明区分）			602（ 0.2）	1464（ 0.4）	+0.2
全　　　　国[*2]			360359（100.0）	364300（100.0）	
開　放　水　域			0	4170	
全　　　　国			360359	368470	

注1) [*1] 市街地などには緑の多い住宅地（植生自然度2）を含む．
　　　[*2] 開放水域を含まない．
2) 第1回調査のデータに開放水域が含まれていなかったため，第2・第3回調査結果との比較に際しては，開放水域を除き全国土に対する構成比を算出し，その増減をみることとした．したがって，第2・第3回調査にかかわる植生自然度の構成比は前掲の全国の比率と異なっている．
3) 表の数値は約 $1 km^2$ メッシュごとのカウント数．
4) 第1回自然環境保全基礎調査は1973年度に実施．第2・第3回自然環境保全基礎調査はそれぞれ1979年度，1983〜1986年度に実施．

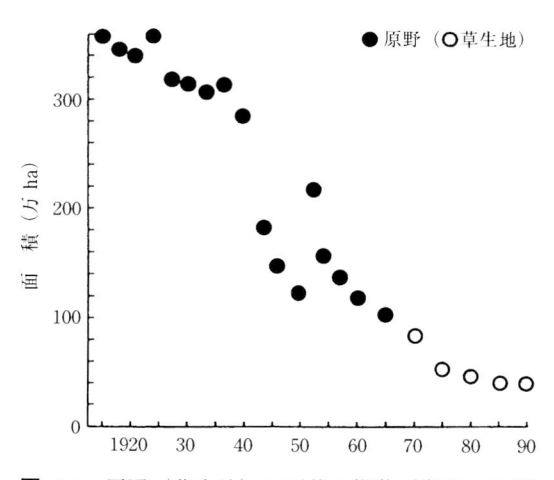

図 7.4 原野（草生地）の面積の推移（岩波，1995）

表 7.5 わが国の国土利用の推移と現況（自然保護年鑑編集委員会，1992）

（単位：万 ha, %）

地　　目		1972	1975	1980	1985	1988	1989	1990
農用地		596 (15.8)	576 (15.3)	559 (14.8)	549 (14.5)	542 (14.4)	538 (14.2)	534 (14.1)
	農　地	573 (15.2)	557 (14.8)	546 (14.5)	538 (14.2)	532 (14.1)	528 (14.0)	524 (13.9)
	採草牧草地	23 (0.6)	19 (0.5)	13 (0.3)	11 (0.3)	10 (0.3)	10 (0.3)	10 (0.3)
森　林		2529 (67.0)	2529 (67.0)	2534 (67.1)	2529 (67.0)	2528 (66.9)	2526 (66.9)	2524 (66.8)
原　野		50 (1.3)	43 (1.1)	34 (0.9)	30 (0.8)	27 (0.7)	28 (0.7)	27 (0.7)
水面，河川，水路		127 (3.4)	128 (3.4)	131 (3.5)	132 (3.5)	132 (3.5)	132 (3.5)	132 (3.5)
道　路		83 (2.9)	89 (3.3)	99 (3.7)	107 (4.0)	112 (4.2)	113 (4.2)	114 (4.3)
宅　地		110 (2.9)	124 (3.3)	139 (3.7)	151 (4.0)	157 (4.2)	159 (4.2)	161 (4.3)
	住宅地	70 (1.9)	79 (2.1)	87 (2.3)	94 (2.5)	96 (2.5)	97 (2.6)	99 (2.6)
	工業用地	13 (0.3)	14 (0.4)	15 (0.4)	15 (0.4)	16 (0.4)	16 (0.4)	16 (0.4)
	その他の宅地	27 (0.7)	31 (0.8)	37 (1.0)	42 (1.1)	45 (1.2)	46 (1.2)	46 (1.2)
その他		279 (7.4)	286 (7.6)	281 (7.4)	280 (7.4)	279 (7.4)	281 (7.4)	285 (7.4)
合　計		3774 (100.0)	3775 (100.0)	3777 (100.0)	3778 (100.0)	3777 (100.0)	3777 (100.0)	3777 (100.0)

分に減少している．また，農林水産統計から岩波（1995）は，明治後期の1910年代には，原野（現在，原野は林業統計上は草生地とよばれる．ここでいう原野とは国土利用区分における「原野」とは一致せず，採草地や放牧地として利用されている半自然草原と解釈する）面積が300万ha（国土面積全体の約8%）を超えていたが，1990年現在では，40万haを割り，国土全体の1%以下に減少していることを指摘している（図7.4）．図7.4からは，1950年代に一時期増加したことを除けば，原野面積は約80年間，減少の一途をたどっており，ごく最近に原野，すなわち半自然草原の減少が始まったわけではないことがわかる．

（2） 土地利用形態の変化に基づく要因と問題点

さらに林政史研究や入会地研究の資料から，原野の減少はそれ以前，すなわち明治中期から始まっていたことが示唆されている．古島（1995）は『日本林野制度の研究』の中で，明治初年の山林面積は国土全体の 2.9 割弱にすぎず，幕末の林野が，肥料，飼料の採集と放牧地として，農民の手で管理使用された，連々として続く草山で占められていたことは疑う余地がないといっており（近藤，1959），このことから近世の日本は現在では思いも及ばない広い面積の原野（半自然草原）が各地に広がっていた様子が思い描かれる．

化学肥料のなかった時代には，草原の最も重要な機能は刈敷用の草（肥料とするため刈り取った草や若芽を田畑にそのまますき込んだ）をとることで，近世の村々では，採草地を維持するために，刈り取りの時期や草刈り人夫の数，使用する鎌の数まで厳しく制限する取り決めがつくられていた（平沢，1967）．近世には，採草地をめぐる争いが村と村との間で頻繁にあり（平沢，1965；平沢・熊谷，1988），草の確保は死活問題であった．守山ら（1977）は，近世の農業には，耕作田畑面積と同等，またはその数倍以上の採草地や刈敷林が刈敷供給源として必要であったと推定している．また草は刈敷以外にも，堆肥としての使用があり，飼畜農家ではきゅう肥や飼葉としての草の確保は不可欠で，「幕末の林野が連々として続く草山であった」という古島の言葉も，あながち大げさな表現ではないかもしれない．

ところが，明治初期に幕藩体制の崩壊に伴い，一連の林野所有権設定の事業（林野の官民有区分）が始められ，藩有林以外にも，入会の採草地や放牧地，薪炭林が広範に国有林に没収，編入され，原野から採草・放牧地としての農民利用を排除することとなった（近藤，1959；岩波，1995）．1899（明治 32）年の国有林特別経営事業により，国有林化された原野の植林が飛躍的に進められ，国有林の保全上から，火入れの禁止や採草，放牧の制限もいっそう進められ，農民利用はますます排除された．地域によって国有林化の影響は異なるが，たとえばこの時期における秋田県の国有林経営では，原野面積，原野箇所が急激に減少するとともに，国有林収入が増加している．国有林化されなかった原野でも，国有林への延焼被害を避けるため，火入れの制限が強化され，火入れ停止後には遷移進行に伴う灌木の増加などによって，草地としての質的低下が進んだ（近藤，1959）．

一方，明治から大正初期にかけては，刈敷やきゅう肥の代替となる魚粕や大豆・油粕を使った金肥がひろく供給された．これらの金肥は比較的高価であったため，原野の重要性は低下しなかったが，その後の大正中期からの安価な化学肥料の供給は，採肥源としての原野の必要性を急激に低下させた．しかし原野消滅の最も大きな原因は，安価な化学肥料の供給増ではなく，立木価格の上昇に伴う地主の林地化要求の増大や，明治以来の植林補助政策によって原野に植林が進んだ結果であったともいわれている．また畜産（牛馬の生産）の経済性が低いことも，原野の植林地や農用地への転換

の原因となり，その結果として原野は圧縮され，雑木が生えて荒廃したり，山間中腹以上の土壌条件の悪い劣等地へ移された．また経費削減のため，放牧期間を延長する粗放な飼育方式が取り入れられたことによって過放牧状態になり，それは原野の荒廃をまねいた（近藤，1959）．

　林政史や入会地史の資料からは原野の減少，変化はおもに，明治期以降の国策による植林地への転換やそれに伴う火入れの禁止，入会地としての利用の禁止などがあげられた．ただし原野の減少，変化の原因や時期は，地域によってかなり異なっていたと考えられる．関東平野の武蔵野台地では，近世中期には新田開発が盛んになり，採草地は農地や農用林（二次林）に転換され，すでに減少していた（矢嶋，1955）ことがわかっている．近世中期には，都市部の平坦地ではすでに新田開発がある程度進み，採草地は山野へ移っていたのかもしれない．

　一方，山間地では焼畑農耕が半自然草原的環境を生じさせる一要因であったと考えられる．焼畑の減少は近世中期頃には著しいものであったといわれ，これは新田開発や常畑，林地への転換が進んだため，租税徴収の増加をはかる目的から藩政によって焼畑耕作の制限，集約農地化の方策がとられた（筒井，1978）．しかし，近代に入っても焼畑は残り続け，その面積は1930年代以前には20万haをはるかにしのぐものと推定されており，1936年には7.7万ha（農林省山林局「焼畑及切替畑ニ関スル調査」），1950年には1万ha（農林省「世界農業センサス1950」）まで減少し（佐々木，1972），その後1960年頃を最後に各地で急速にその姿を消していった（福井，1974）．

　このような経過で，原野，すなわち半自然草原の減少，質的変化は明治期以来，またそれ以前から続いており，第二次大戦後には植林補助政策によって植林地化がますます急速に進められ，これが外部資本による大規模なものであったため，草原の減少，変化にいっそうの拍車がかけられた（近藤，1959）．

　植林以外にも戦後は草地改良事業が本格化し，1953年からは牧草の積極的な導入が始められ，さらに1961年からは大規模草地改良事業が公共事業として発足した結果，急激な草原の質的変化を生じた．草地改良事業には土地造成に伴う地形の変化や土壌表土の喪失，暗渠排水施設による土壌水分条件の変化，施肥や土壌改良剤の散布，外来牧草の播種，育成など，これらすべてが原野（半自然草原）を構成する在来種を排除，駆逐するものであり，改良後の原野はもはや半自然草原ではなく，人工草原でしかない．現在，阿蘇くじゅう国立公園の阿蘇地域では，草地改良された牧草地の面積が原野面積の約30％にも及び，1970年代以降は拡大植林よりも草地改良事業の影響が原野減少の要因として問題になっている（環境庁自然保護局阿蘇くじゅう国立公園管理事務所，1993）．

　阿蘇に限らず，肉牛を中心とした畜産地域では，1991年からの牛肉輸入自由化が産業不振に追い打ちをかけ，労働者の高齢化，地域の過疎化と相まって，新たな草地改良事業の推進や経営形態の変化，離農などの引金になっており，半自然草原の減少，

変化はとどまらない．

　また，1960年代から各地で始まった観光・レクリエーション開発によって半自然草原に観光道路や観光施設の建設が進んだ．1970年代以降はゴルフ場やスキー場，別荘地など大手資本による大規模開発が進行した．開発に伴う土地造成によって，地形が変えられ，表土が剥がされ，土壌が攪乱され，そのうえ，ゴルフ場やスキー場では外来植物が播種され，自生植物の生育地は失われた．観光道路の建設や観光利用の増加は高標高地に帰化植物の侵入をもたらし，観光客の踏みつけによって草原の質的退化が進行した．長野県霧ケ峰では，帰化種のヘラバヒメジョオンが草原に侵入，繁茂し，自生種の生育地を奪っていることが問題となっている(松田・土田，1986)．現在も大規模な草原開発は続いており，半自然草原の減少，変化の大きな要因となっている(環境庁自然保護局阿蘇くじゅう国立公園管理事務所，1993；環境庁，1988b)．

　以上，半自然草原は従来備えてきた農業生産的機能を失った結果，さまざまな開発によってその姿を大きく変えてきた．一方では，利用価値のない土地ということで，維持管理が行われず放置された結果，荒れ地や低木林へと遷移が進行し，失われていった半自然草原も少なくない．

（3）　今後の対策および事例

　半自然草原をめぐる土地利用形態の変化は，その当時の地域が抱える社会的・経済的状況を反映しており，保護のためには草原の慣行的な利用が望まれるが，「昔に帰れ」式の自然保護論法を地域へのみ課すことはできない．したがってその保護を検討する場合には，半自然草原とかかわりのある地域産業を経済的側面から支援することや税制的な優遇措置，地域の雇用問題を解決するなど，地域における経済的・社会的視野からの保護策が必要とされる．半自然草原の保護が地域社会を活性化させる，たとえば村おこしの柱となるような地域での取り組みを国や地方自治体がバックアップする体制がとられなければ，今後も草原の開発や荒廃を食い止めることはできない．

　すでにこのような半自然草原の保護と地域の活性化をめざした活動は地元から起こっており，先進的な事例をいくつか紹介しておく．

　阿蘇くじゅう国立公園の広大な原野を有する大分県久住町では，1995年に，県や町，「羅針盤」という地元NGO（非政府組織）が草原景観の保全を目的とした「野焼きサミット」と題したシンポジウムを開催した（羅針盤，1995）．ここでは三瓶山や秋吉台などの草原を有する地元自治体関係者や専門家らが全国から集まり，各地の現状，問題点が詳しく報告され，今後とも地域の活性化とともに草原を維持していくための情報交換や交流を積極的に行っていくことが宣言された．また，久住町では1995年から，牧野組合とNGO「羅針盤」が都市住民に草原と人間とのかかわり合いを理解してもらうための「野焼き体験」の会を企画し，草原の保護と地域の活性化をうまく結びつけようとする具体的な試みを始めている．

　阿蘇久住原野の熊本県側，一の宮町では，就労者の高齢化と過疎化による人手不足

から，草原の野焼き（火入れ）を継続することが困難な現状をかんがみ，畜産業の低コスト化および，景観・環境保全をはかるため，近年，町が地元組合に人件費（火入れ促進対策負担金）の補助を開始している．一の宮町のように火入れ作業に対する補助金の交付は全国的にも珍しく，草原の維持には今後このような経済的援助策が実行されることも望まれる．

　阿蘇久住以外でも，地域の熱意によって半自然草原が辛うじて存続している事例の一つとして，岩湧山（大阪府河内長野市）のカヤ山（カヤ場）がある．和歌山との境界に位置する岩湧山の山頂付近は，古くから地元集落（滝畑地区）によってカヤ山（地元では「キトラ」とよぶ）として維持管理されてきたススキ草原が広がっており，ここはレンゲツツジなど草原性植物の生育地としても知られている．このカヤ山は地元

図 7.5　地元（大阪府河内長野市滝畑地区）のシンボルでもある岩湧山山頂付近のカヤ山（キトラ）

図 7.6　ハイキングルートとして府民の憩いの場となっている岩湧山のカヤ山（キトラ）（周辺に植林地が迫っている）

集落のカヤ供給地として長い間機能していたが，茅葺きの民家が減少したことからその必要性が失われ，昭和40 (1965) 年代から50 (1975) 年代後半まで，一時期カヤ場の維持管理が行われていなかった．しかし，祖先から受け継いできたカヤ山を復活させたいという地元民の熱心な働きかけとレクリエーション基地としての安全管理のため，また地元へのカヤ供給のため，地元観光協会および森林組合などの協力によって岩湧山茅山保全協議会が発足し，1983 (昭和58) 年以降，カヤ（ススキ）の刈り取りが復活した．カヤとして良質なススキがとれることから，重要文化財の屋根葺き替え用のカヤとして文化庁に購入されており，おもにその収入と協議会からの寄付によって管理作業費がまかなわれている．しかしカヤ場が山頂にあることから作業経費がかさみ，管理運営の経済状況はあまりかんばしくない．自然保護という目的からだけでなく，地元のシンボルとしてカヤ山を存続させたいという地元の熱意を個性ある地域の活性化へつなげる意味からも，より大きな行政単位が積極的に取り組み，地元の意向を汲み入れた作業経費の補助や作業効率支援策など具体的対策の実行されることが望まれている．

　自然保護ばかりではなく，伝統的建造物の資材としてのカヤを確保するためのカヤ場の減少は，文化財保護の立場からも問題になっている．1995年に世界遺産にも指定された白川郷の合掌造り集落（白川村荻町地区）は，国の重要伝統的建造物群保存地区に指定されており，明治期に訪れたBruno Tautがその美しさを桂離宮とともにほめ称えた，民家としては唯一の日本建築である．合掌造りの屋根の資材には良質なカヤの確保が不可欠で，とくにこの地方ではカリヤス（イネ科）が使われ，村にはカリヤス栽培用の焼畑があり，その管理技術が代々受け継がれていた（白川村教育委員会，1995）．しかし現在では白川村にはカヤ場がなく，その管理技術も失われそうになっている．資材としてのカヤは他所から購入したススキが使われており，これはカリヤス

図 7.7 カヤ（ススキ）の刈り取り作業
岩湧山のカヤ山（キトラ）では，毎年，冬期に行われている．

で葺いた屋根よりも保ちが悪いといわれている．地元では今後とも資材としてのカヤを確保できるかどうかが，合掌造り民家存続の重要課題であるとも認識している．合掌造りの観光が地元産業の柱であるため，カヤの確保は重要な問題なのだ．白川村では文化財保存修理経費として国，県，村が一体となって公的資金補助を行っており，そのほとんどは葺き替え用資材経費として使用されているが，カヤ場復活を目的とした経費としては使われていない．カヤ場の維持管理が重労働であることも，カヤ場復活が進まない原因の一つらしい．全国的にもカリヤス草原は珍しくなり，植物群落レッドデータブック（我が国における保護上重要な植物種および植物群落に関する研究委員会植物群落分科会，1996）でも保全が望まれる半自然草原群落の一つとしてとりあげられており，自然保護と文化財保護が一体となったカヤ場としてのカリヤス草原の復活・保全策が期待される．

図 7.8 カヤの収納庫（岐阜県白川村平瀬在住の大戸氏所有）
刈り取ったカヤを保管するためには，このような収納設備も必要である．

　同じく，国の重要伝統的建造物群保存地区に指定されている京都府美山町北・南，下平屋地区の茅葺き屋根民家集落においても，屋根葺き替え用のカヤとカヤ場の確保が集落景観保全の課題としてあげられている（美山町・美山町教育委員会，1990）．美山町でもすでにまとまったカヤ場はなく，かつてカヤ場だった場所はスギ，ヒノキの植林地や放置された荒れ地に変わっている．茅葺き集落の景観は観光資源の一つとなっており，今後カヤ場を復活させ，良質のカヤの生産を地元産業として育成していくことが集落景観保存の一環対策として検討課題にあげられている（美山町・美山町教育委員会，1990）．

　以上，半自然草原としての自然的・文化財的・景観的価値のほかにも，草原がつくりだす伝統的建造物の文化財的価値や集落景観としての価値が地域産業の活性化とともに一つのセット事業となって保全されていくことが期待される．

b．半自然草原の維持管理の問題点と対策
（1）　植生管理とモニタリング

7.1節a項（1）「草原性植物の生育地としての重要性」で述べたように，半自然草原を維持するためには，遷移を停止，または退行させるための植生管理（vegetation management）が必要である．

植物は単独で生育しているのではなく，他の群落構成種と相互に関係し合いながら生育しているため，たとえ単独の種の保護を目的とする場合でも，その植生管理には群落（community）レベルでの取り扱いが必要である．帰化種（naturalized species）や競合種（competitor）を除去するための抜根除草などは経済的，労力的に可能なかぎり行うことも考えられるが，ここでの植生管理は群落全体に処理を行うことを意味する．

植生管理方法には，刈り取り（伐採，間伐，下刈り），放牧，火入れ（野焼き，山焼き），除草剤などの薬剤散布があげられる．これらの管理方法は実施時期や頻度，強度，方法の組み合わせを工夫することによって，目的に応じた処理の効果が期待できる．たとえば，同じ刈り取り処理を行う場合でも，地表付近に葉群や生長点をもつ植物は，他の植物よりも刈り取りの影響は受けにくく，葉群の垂直的な分布は各植物によって，季節によって異なるので，刈り取る高さ（強度）や季節を変えることで各種の種間関係を制御することができる（前中，1994）．冬期に枯草の刈り取りを行い，その後火入れで刈草を燃やすことができれば，草原の光条件を改善し，春からの植物の生長を促すことにもつながり，しかも刈草処分の経費削減にもなる．また生態系への影響を考慮して，できるだけ薬剤に頼らない管理方法のとられることが望ましい．

現在では，草原の生産的な利用が失われ，かつての草原管理技術が失われている場合や，安全性や衛生上の問題で火入れや家畜の放牧が行えない状況も多く，慣行的な管理をそのまま継続することが難しい状況にある．このような場合には，安全性が高く経済的で効率的な管理を検討しなければならず，目的に合った管理が行われているかどうかを判断するためには，草原の現状把握のためのモニタリング（monitoring）が必要である．従来からの慣行的な管理が継続できる場合でも，モニタリングを定期的に行い，つねに草原の現状を把握しておく必要性がある．

草原群落の現状を把握する方法は草地診断とよばれ，植物社会学的な植生調査［出現種，被度（cover），群度（sociability）］や群落測度（measure of community）［密度，植物高，現存量（biomass）など］の測定を行い，群落の種組成（floristic composition）や生活型組成（biological spectrum），構成種の優占度（dominance）（沼田，1965a；1965b），群落の遷移度（digree of succession）（Numata，1969）などを算出，解析し，既知のデータと比較検討する（第Ⅰ編第27章参照）．

とくに対象群落が遷移系列上のどの位置にあるのか検討することを遷移診断（diagnosis of plant succession）といい，目標とする群落と比較し，遷移を退行させるべき

か，また進行させるべきかについて検討を行う．半自然草原の場合は立地要因のほかに人為的要因が複雑にからまっており，遷移系列を正確に把握することは難しいが，種組成や生活型組成，群落の階層構造をみることによって，遷移の概況を把握することはできる．さらに目標群落に誘導するためには，保護する種とどのような種との相互関係が重要であるのか，とくに競合種との関係について検討を行う必要がある（大窪・前中，1990）．

たとえば，本州中部地方の夏緑広葉樹林帯（temperate deciduous forest zone）における中生的遷移（mesic succession）系列上では，ススキが優占する草原を維持しようとする場合には，ススキや他の草原性草本の競合種になるササ類の優占度がきわめて高い状態では，ササ類を抑制するような管理が必要である．しかし同時に，保護したいススキや草原性草本の再生（regeneration）や生活環（life cycle）の完結に悪影響を及ぼすことや，ススキ草原よりもより退行したシバ草原に移行してしまうことも考慮しなければならない．長野県戸隠高原における実験結果（大窪・前中，1993）では，クマイザサ（イネ科）が優占する半自然草原群落に2年連続の刈り取り処理を行った場合，クマイザサの優占度が減少し，草原性草本であるマツムシソウ（マツムシソウ科）の開花・結実数が増加した．一方，シバの優占する群落では同じ処理を行った場合，クマイザサの優占度は減少したが，それと同時にマツムシソウの優占度や開花・結実数が減少し，処理に対する植物の反応（再生能力や開花や結実への影響）は遷移段階（seral stage）で異なることが明らかになり，つねに草原の状態をモニタリングしておく必要性のあることが指摘された．

実際には，広い面積に画一的な管理を行うよりも，一部にはススキ型の草原としての処理（たとえば，年1～2回の刈り取り）を行いながら，一部にはシバ型草原としての処理（たとえば，年3回以上の刈り取り）を行い，また一部では森林へと移行させる地域を設定したり，一地域としての生態的多様性のポテンシャルができるだけ高く保持されるような管理計画が重要である．

従来の草地診断のほかにも，その種自体の生活史（life history）やフェノロジー（phenology），個体群動態（population dynamics）などの種特性（species specificity）を把握すること，とくに保護上重要な種については地域個体群としての集団の遺伝的変異性（genetic variability）が維持されているか否か，処理下での再生能力，生活環が保持されているか否か，自生地での個体群維持が今後可能かどうかについてもモニタリングを行う必要がある．また競合種の種特性や処理の影響を把握することも，生活環を絶つための処理の検討に利用することができる．実際の管理処理は群落単位で行われることが多いが，以上のような遺伝子，個体，個体群といった多岐なレベルにわたる基礎的データの収集が，種の保全を目的とした植生管理の検討には重要である．

（2）　**立地環境のモニタリング**

立地環境，とくに土壌条件，水分条件，人為的な影響の違いによって成立する群落

の種類は微妙に異なり，半自然草原の保護には周辺地域を含めた立地環境の維持管理が必要である．阿蘇の千町無田は原野の中の小湿地で，オグラセンノウ（ナデシコ科）やツクシフウロ（フウロソウ科），タチスミレ（スミレ科），ヒゴシオン（キク科），マンシュウスイランなど多くの貴重な湿生植物の自生地であったが，周辺の草原開発によって土壌の流入や乾燥化が進み，すでに消滅してしまった（我が国における保護上重要な植物種および植物群落の研究委員会植物分科会，1989）．阿蘇久住の原野ではほかにも千町無田のような湿性群落が存在するが，同じように乾燥化が進み問題となっている．一方，特別天然記念物に指定されている埼玉県田島ケ原のサクラソウ（サクラソウ科）自生地は，もともと荒川流域の湿性地であったが，周辺の開発や地下水の汲み上げにより乾燥化が進行し，遷移の進行が速められたため，その防止策として灌水設備の設置や火入れなどの植生管理が行われている（磯田，1984）．このように半自然草原の中でも，湿性群落が成立する場合には，集水域全体を考慮した水分条件の確保が不可欠である．また，水位を変動させることによって草原の乾燥化を防ぎ，遷移の進行を調節することも可能で，これを植生管理の一手法として利用することも考えられる．モニタリングには，集水域を網羅した地域における水分条件や流入水の水質変化などの項目を検討すべきである．

草本群落の場合，踏みつけやレクリエーション利用といった人為的影響によって群落の存続が左右される危険性が高い．観光地や公園として利用されている地域でも，現在行われている管理状況，利用状況など，人為的な影響をつねにモニタリングしておく必要がある．適正な管理，利用が行われていない場合は，管理方法の変更や利用制限，禁止といった処置を検討しなければならない．

（3）群集・景観レベルの維持管理

（1）項では，半自然草原を維持するための植生管理を群落レベルで説明したが，孤立化した自生地の場合，生物群集としての安定性が維持されていなければ，ある植物種の個体群維持もかなわないことがわかってきており，群集レベル，またはそれ以上の景観レベルでの維持管理策の必要性が指摘されている．

埼玉県田島ケ原には，国の特別天然記念物に指定されているサクラソウ（サクラソウ科）の自生群落がある．周囲は開発されているものの，関東平野では最後に残ったサクラソウの自生地を存続させるために，競合種であるオギ（イネ科）やヨシ（イネ科）を抑制する目的で，毎年火入れが行われてきた．そのかいあって例年春にはサクラソウの開花が楽しまれていたが，最近になって，花粉を運ぶマルハナバチがいなくなってしまったため，サクラソウの種子がつくられていないことがわかってきた（Washitani *et al.*, 1991；1994）．サクラソウはクローンでも繁殖するため，すぐに個体群が消滅することはないが，種子がつくられなければ数十年後には消滅する可能性の高いことが危惧されている（加藤，1993）．

さらに鷲谷（1995）は，マルハナバチは蜜や花粉を提供する花が生育期を通じて咲

き続ける生育場所でなければコロニーを維持することができないため、豊かなフローラはマルハナバチが個体群を存続できる条件となっていること、また、マルハナバチはネズミや鳥の古巣などを利用して営巣し、その数によって地域のコロニーの数が制限されるので、これらを提供する小動物が十分に生息していることも必要であるといっている。周辺の開発によって孤立化してしまった田島ケ原のサクラソウ自生地では、もはやマルハナバチがコロニーを維持できる条件は失われてしまっていたのである。また北海道日高地方における、カシワ林の林床にあるサクラソウ群落では、その種子生産は良好で、これは周辺に牧場があり、農薬の使用が少ないことがマルハナバチなどの送粉昆虫の個体群維持に寄与しているのではないか（鷲谷，1995）と指摘されている。さらに一連の研究の結論として、絶滅危惧種の保全という種・個体群階層の保全についても、その研究において、これまで視野に入れていた「生育場所」という空間的範囲を越えて、地域の景観を問題にしなければならず、ある植物種の自生地における保全は、その種を一つの結び目とする生物共生のネットワークの保全でなければならない（鷲谷，1995）と植物の保全生態学（conservation ecology）の今後の展望について提唱している。

サクラソウとマルハナバチの関係や、7.1節a項（2）「半自然草原生態系の保護としての重要性」で紹介したチョウ類と植物との関係はほんの一例で、自然界は多様な生物が相互に関係し合いながら成り立っている。とくに半自然草原はその面積規模が小さく、生物群集の維持には、周辺に存在する二次林など、多様な生物群集との関係が大きく関与することが予想される。生態的多様性を保護するためには群集レベル、景観レベルでの維持管理策が必要とされる。したがって、半自然草原を維持するためのモニタリングには、群集レベル、景観レベルでの調査項目を設けるべきである。これらの領域を担う生態学的研究はまだ始められたばかりで、知見の収集が急がれている。

c．半自然草原の評価基準および法的規制に関する問題点と対策
（1）　緑の国勢調査（自然環境保全基礎調査）について

一般にわが国の自然保護行政の中では、原生的な自然と相対して、二次的な自然、とくに半自然草原に対する自然保護の重要性はあまり重視されてこなかった。環境庁の行っている緑の国勢調査（自然環境保全基礎調査）において「自然度調査」の指標として使われている植生自然度では、半自然草原に相当する二次草原（背の高い草原）と二次草原（背の低い草原）は10段階中の5と4で、造林地の6よりも低く評価されており（原則的には度数の高い方が自然度が高い）、たとえば、スギの人工植林よりも阿蘇くじゅう国立公園におけるススキやシバの半自然草原は自然度が低くなってしまう。また、同調査は全国の「すぐれた自然」を選定し、その変化を追跡モニタリングする方法でも調査（特定植物群落調査）を行っているが、この群落選定の基準の中でも、とくに半自然草原に当てはまるような選定項目はなく、調査者によっては、E「郷

土景観を代表する植物群落で，特にその群落の特徴が典型的なもの(武蔵野の雑木林，社寺林等)」や，G「乱獲その他人為の影響によって，当該都道府県内で極端に少なくなるおそれのある植物群落または個体群」などに該当させて選定している．本選定基準には，原生的な照葉樹林や湿原についてはとくに漏れのないように注意を促す記述がある一方で，半自然草原を選定するにあたって念頭に置かれた明瞭な選定項目が設けられていないのは，二次的な自然に対する保護概念の欠如であろうか．もともと半自然草原はその面積規模が小さく，また採草放牧地や林野として生産の場となっている可能性があるために，選定されるには難しい面があると考えられるが，森林群落や自然草原に比べて，選定される度合が低い．今後，調査者の目から保護上選定しなければならない群落が漏れないためには，選定項目の何らかの再考も必要ではあるまいか．

（2） 天然記念物について

国指定の天然記念物の場合，とくに半自然草原を指定対象としたものはなく，ここでも従来から行政において，二次的自然に対する評価の低かったことが指摘できる．沼田(1984a)は「植物系天然記念物の実態と問題点」の中で，わが国の代表的な草原植生であるススキ，シバ，ネザサなどの半自然草原が今後新たに指定され，これらを草原としていかに維持していけるかが，今後の天然記念物（文化財保護行政）の一つの新しい方向であることを指摘している．

草本植物群落を対象とした天然記念物の指定には，高山や岩石地の植物群落，湿地の植物群落，海浜植物群落があげられ，そのほかには食虫植物 (insectivorous plant) 群落や特定植物の自生地や分布限界地など（沼田，1984b）がある．これらの中には，とくに半自然草原として指定されていないが，実質的には半自然草原と同様の維持管理の必要な植物群落が存在している．文化財保護法によって，天然記念物の現状を変更しようとする場合には文化庁長官の許可を受けなければならず，保護のために何らかの維持管理が必要な場合でも，天然記念物に指定されたために，かえって刈り取りや火入れなどの人為の加えられることがなくなり，遷移が進行し，しだいに荒れていく指定地が多かった．今日では許可が得られ，箱根仙石原湿原植物群落や埼玉県田島ヶ原サクラソウ自生地，千葉県成東・東金食虫植物群落，愛知県小堤西池のカキツバタ（アヤメ科）群落などの天然記念物指定地で，刈り取りや火入れ，水位調整，抜根除草などを用いた人為的な植物管理が実施されるまでになった．これらはいずれも地元市民の熱心な要望によって，管理実施の許可の得られた場合が多い．法的規制が逆に保護の足かせになることのないように，指定対象の質的な差異を的確に判断し，保護のためのより柔軟な対応をとることが行政に求められている．また，人為的な維持管理を実施している場合でも，指定された当初の群落に維持することは非常に難しく，今後さらに行政，地元市民，専門家らが互いに協力し，保護策を検討していく必要がある．

（3） 自然公園および自然環境保全地域指定における法的規制の強化

　保護上重要な半自然草原を有する地域の中には，すでにすぐれた草原景観や特徴的な半自然草原植生を理由に自然公園（国立公園，国定公園，都道府県立自然公園）や自然環境保全地域（国指定自然環境保全地域，都道府県指定自然環境保全地域）に指定されている地域もある．しかし，これらのほとんどは法的規制のゆるい，たとえば自然公園の場合には普通地域や第3種特別地域までの指定しか受けていないのが現状である（表7.6, 7.7）（環境庁，1988 a）．そのために，阿蘇くじゅう国立公園に指定されている阿蘇の原野や大山隠岐国立公園に指定されている三瓶山周辺の牧野，栗駒国定公園に指定されている鬼首のススキ型半自然草原，宮城県自然環境保全地域に指定されている六角のススキ型半自然草原など，多くの指定地域で半自然草原の開発（草原開発，植林地開発，農地開発，道路開発）が行われ，それは現在も進行している（環境庁，1988 b；我が国における保護上重要な植物種および植物群落に関する研究委員会植物群落分科会，1996；環境庁自然保護局阿蘇くじゅう国立公園管理事務所，1993；中国農業試験場畜産部，1994）．今後このような法的規制のゆるい地域には，自然公園では特別保護地区や第1種特別保護地域の指定，自然環境保全地域では特別地区または野生動植物保護地区の指定など，法的規制の強化がはかられるべきである．またこの際，半自然草原の特性を考慮した人為的な維持管理の実施がなされるように配慮されるべきである．

　一方，保護上重要な地域であるにもかかわらず，法的保護の指定を受けていない地域もまだまだ多い．この点に関して，自然環境保全地域はとくに対象となる自然環境（1：高山性植生または亜高山性植生，2：すぐれた天然林，3：地形・地質，自然現象，4：海岸，湖沼，河川，湿原，5：海域，6：植物の自生地，7：野生動物の生息地，8：人工林）や植生自然度，面積規模（10 a以上）が法的に規定されており，おもに自然林などの原生的自然を対象にしている（表7.8）．阿蘇波野村の原野のスズラン（ユリ科）群生地は「貴重な植物の自生地」として，辛うじて自然環境保全地域に指定されているが，一般に半自然草原のような二次的自然で，植生自然度が低く，面積規模の小さな自然が指定されることはたいへん難しいのが現状である．半自然草原の保護を念頭に置いた法的規制の整備が急がれる．

（4） 絶滅危惧種，希少種の保護を対象にした法的規制

　絶滅危惧種の保護保存を目的に1992年に国によって「絶滅のおそれのある野生動植物の種の保存に関する法律」が制定され，国内希少野生動植物種，特定国内希少野生動植物種などの指定が行われた．現在のところ，半自然草原を特徴づける生物種で指定を受けている種はハナシノブのみである．ハナシノブは阿蘇久住の原野など，九州地方の半自然草原に生育する草原性草本である．この法律によって採集は環境庁長官の許可が必要となるなど，規制が設けられた．また必要と認められた場合，生育地，生息地など保護区として指定されれば，開発などの規制が受けられるが，今のところ

7.2 半自然草原の現状および問題点とその対策

表 7.6 国立公園の地種区分別植生自然度出現頻度（メッシュ数）[（ ）は植生自然度別の計に対する構成比]（環境庁, 1988 a）

植生自然度	特別保護地区	第1種特別地域	第2種特別地域	第3種特別地域	地種区分のない特別地域	普通地域	合計
10 自然草原（自然草地・湿原）	454(47.6)	99(10.4)	122(12.8)	97(10.2)	97(10.2)	84(8.8)	953(100.0)
9 自然林	1862(17.2)	1084(10.0)	1688(15.6)	1567(14.5)	2565(23.7)	2045(18.9)	10811(100.0)
8 二次林（自然林に近いもの）	43(3.2)	79(5.8)	391(28.8)	424(31.2)	45(3.3)	378(27.8)	1360(100.0)
7 二次林	27(1.3)	81(4.0)	540(26.7)	343(17.0)	220(10.9)	809(40.0)	2020(100.0)
6 植地	11(0.4)	42(1.4)	364(11.7)	539(17.3)	374(12.0)	1778(57.2)	3108(100.0)
5 二次草原（背の高い草原）	28(4.7)	43(7.3)	131(22.1)	127(21.5)	52(8.8)	211(35.6)	592(100.0)
4 二次草原（背の低い草原）	1(0.4)	6(2.1)	30(10.5)	54(18.9)	74(26.0)	120(42.1)	285(100.0)
3 農耕地（樹園地）	1(0.8)	1(0.8)	48(37.5)	17(13.3)	1(0.8)	60(46.9)	128(100.0)
2 農耕地（水田，畑地）	4(0.5)	9(1.1)	153(19.4)	134(17.0)	42(5.3)	446(56.6)	788(100.0)
1 市街地・造成地	0(0.0)	2(1.2)	36(21.8)	22(13.3)	18(10.9)	87(52.7)	165(100.0)
小計	2431(12.0)	1446(7.2)	3503(17.3)	3324(16.4)	3488(17.3)	6018(29.8)	20210(100.0)
その他	126(14.9)	197(23.3)	203(24.1)	29(3.4)	253(30.0)	36(4.3)	844(100.0)
計	2557(12.1)	1643(7.8)	3706(17.6)	3353(15.9)	3741(17.8)	6054(28.8)	21054(100.0)

表 7.7 国定公園の地種別植生自然度出現頻度（メッシュ数）[( ) は植生自然度別の計に対する構成比] (環境庁, 1988 a)

植生自然度	特別保護地区	第1種特別地域	第2種特別地域	第3種特別地域	地種区分のない特別地域	普通地域	合計
10 自然草原（自然草地・湿原）	67(19.3)	107(30.8)	102(29.4)	66(19.0)	1(0.3)	4(1.2)	347(100.0)
9 自然林	527(12.7)	1231(29.7)	1025(24.7)	1303(31.4)	19(0.5)	40(1.0)	4145(100.0)
8 二次林（自然林に近いもの）	10(1.3)	65(8.7)	267(35.8)	384(51.5)	1(0.1)	19(2.5)	746(100.0)
7 二次林	25(1.1)	108(4.8)	658(29.2)	1256(55.7)	0(0.0)	209(9.3)	2256(100.0)
6 植林地	7(0.2)	57(1.8)	567(18.3)	2111(68.0)	1(0.0)	360(11.6)	3103(100.0)
5 二次草原（背の高い草原）	10(3.8)	44(16.9)	87(33.3)	92(35.2)	7(2.7)	21(8.0)	261(100.0)
4 二次草原（背の低い草原）	4(1.7)	21(9.1)	65(28.3)	129(56.1)	0(0.0)	11(4.8)	230(100.0)
3 農耕地（樹園地）	0(0.0)	0(0.0)	17(37.0)	16(34.8)	1(2.2)	12(26.1)	46(100.0)
2 農耕地（水田、畑地）	0(0.0)	24(4.3)	183(33.0)	210(37.9)	10(1.8)	127(22.9)	554(100.0)
1 市街地・造成地	0(0.0)	3(2.8)	47(43.1)	34(31.2)	3(2.8)	22(20.2)	109(100.0)
小計	650(5.5)	1660(14.1)	3018(25.6)	5601(47.5)	43(0.4)	825(7.0)	11797(100.0)
その他	17(1.4)	127(10.5)	820(67.5)	222(18.3)	0(0.0)	29(2.4)	1215(100.0)
計	667(5.1)	1787(13.7)	3838(29.5)	5823(44.8)	43(0.3)	854(6.6)	13012(100.0)

7.2 半自然草原の現状および問題点とその対策

表 7.8 自然公園および自然環境保全地域の植生自然度出現頻度（メッシュ数）[( )は指定区分別の計に対する構成比]（環境庁, 1988 a）

植生自然度	指定区分	国立公園	国定公園	国指定自然公園	原生自然環境保全地域	自然環境保全地域	国指定自然環境保全地域	都道府県立自然公園	指定地域計左記計	全国
10	自然草原	953 (4.5)	347 (2.7)	1300 (3.8)	2 (3.4)	6 (7.9)	8 (5.9)	373 (1.9)	1681 (3.1)	4038 (1.1)
9	自然林	10811 (51.3)	4145 (31.9)	14956 (43.9)	55 (93.2)	62 (81.6)	117 (86.7)	3737 (18.9)	18810 (34.8)	66979 (18.2)
8	二次林（自然林に近いもの）	1360 (6.5)	746 (5.7)	2106 (6.2)	0 (0.0)	3 (3.9)	3 (2.2)	1576 (8.0)	3685 (6.8)	20046 (5.4)
7	二次林	2020 (9.6)	2256 (17.3)	4276 (12.6)	0 (0.0)	0 (0.0)	0 (0.0)	4323 (21.8)	8599 (15.9)	70484 (19.1)
6	植林地	3108 (14.8)	3103 (23.8)	6211 (18.2)	0 (0.0)	2 (2.6)	2 (1.5)	6364 (32.1)	12577 (23.3)	91029 (24.7)
5	二次草原（背の高い草原）	592 (2.8)	261 (2.0)	853 (2.5)	0 (0.0)	3 (3.9)	3 (2.2)	246 (1.2)	1102 (2.0)	5737 (1.6)
4	二次草原（背の低い草原）	285 (1.4)	230 (1.8)	515 (1.5)	0 (0.0)	0 (0.0)	0 (0.0)	355 (1.8)	870 (1.6)	5939 (1.6)
3	農耕地（樹園地）	128 (0.6)	46 (0.4)	174 (0.5)	0 (0.0)	0 (0.0)	0 (0.0)	384 (1.9)	558 (1.0)	6798 (1.8)
2	農耕地（水田・畑）	788 (3.7)	554 (4.3)	1342 (3.9)	0 (0.0)	0 (0.0)	0 (0.0)	1553 (7.8)	2895 (5.4)	76945 (20.9)
1	市街地・造成地	165 (0.8)	109 (0.8)	274 (0.8)	0 (0.0)	0 (0.0)	0 (0.0)	305 (1.5)	579 (1.1)	14841 (4.0)
その他	自然裸地	244 (1.2)	124 (1.0)	368 (1.1)	2 (3.4)	0 (0.0)	2 (1.5)	116 (0.6)	486 (0.9)	1392 (0.4)
	開放水域	593 (2.8)	1085 (8.3)	1678 (4.9)	0 (0.0)	0 (0.0)	0 (0.0)	480 (2.4)	2158 (4.0)	4170 (1.1)
	不明区分	7 (0.0)	6 (0.0)	13 (0.0)	0 (0.0)	0 (0.0)	0 (0.0)	7 (0.0)	20 (0.0)	72 (0.0)
計		21054 (100.0)	13012 (100.0)	34066 (100.0)	59 (100.0)	76 (100.0)	135 (100.0)	19819 (100.0)	54020 (100.0)	368470 (100.0)

ハナシノブについては指定されていない．

これとは別に熊本県では独自に「熊本県希少野生動植物の保護に関する条例」を制定し，1991年からすでに施行されている．1991年には阿蘇地方の半自然草原にかかわる希少種の指定が行われ，特定希少野生動物としてオオルリシジミ，特定希少野生植物としてハナシノブ，マツモトセンノウ，ヤツシロソウ（キキョウ科），ヒゴタイが指定され，さらにこれらの自生地を特定希少野生動植物保護区として指定し，採集や損傷の禁止や開発行為の制限を規定している（自然保護年鑑編集委員会，1992）．

これら絶滅危惧種，希少種の保存を対象とした法律，条例は近年の各種レッドデータブックの発刊に伴い，整備が進んできたものである．今後は指定種の追加や指定保護区の追加拡充が期待されるところである．このような特定種の保存保護を目的とした法的規制が施行される場合に問題となるのは，半自然草原の特性を考慮した人為的な維持管理策がとられるかどうか，また特定の種を越えた群落レベル，群集レベル，または景観レベルの保護が可能かどうかという点にある．保護区域の面積規模は可能なかぎり，生育・生息地を越えた景観レベルでの指定が望ましい．

7.3　わが国における保護上重要な半自然草原

a．半自然草原の位置づけとおもな植生型

世界的にみれば，自然草原は乾燥・半乾燥気候のために樹木が生育せず，草本植物の優占する温帯草原［ステップ（steppe），プレーリー（prairie），パンパス（pampas）］や熱帯草原［サバンナ（savannah）］として広く分布している．一方，日本列島における代表的な草原植生とは，自然草原ではなく，人為下に成立し，ススキやシバ，ネザサ（イネ科）などの優占する半自然草原である．日本列島は，植物の生育に適した温暖多雨な気候条件を有するため，高山や湿原，海岸，河岸，崩壊地，風衝地，石灰岩地などの特殊な立地に成立する一部の自然草原を除けば，一般的には極相群落として

表 7.9　半自然草原の相観的植生型とその分布（図7.9参照）
（Numata，1969；伊藤，1973；菅沼・内藤，1976を一部加筆）

分布帯	圧力の種類	
	採草，火入れ（伐採，山火事）	放牧
A　亜寒帯（亜高山帯）	ヒゲノガリヤス型，イワノガリヤス型，ササ型	ウシノケグサ型，スゲ型
B　冷温帯および日本海側	ススキ型，ササ型	シバ型
C　暖温帯	ススキ型，ネザサ型	ネザサ型，シバ型
D　亜熱帯	ススキ型，チガヤ型	コウライシバ型，スズメノヒエ型，ギョウギシバ型

7.3 わが国における保護上重要な半自然草原

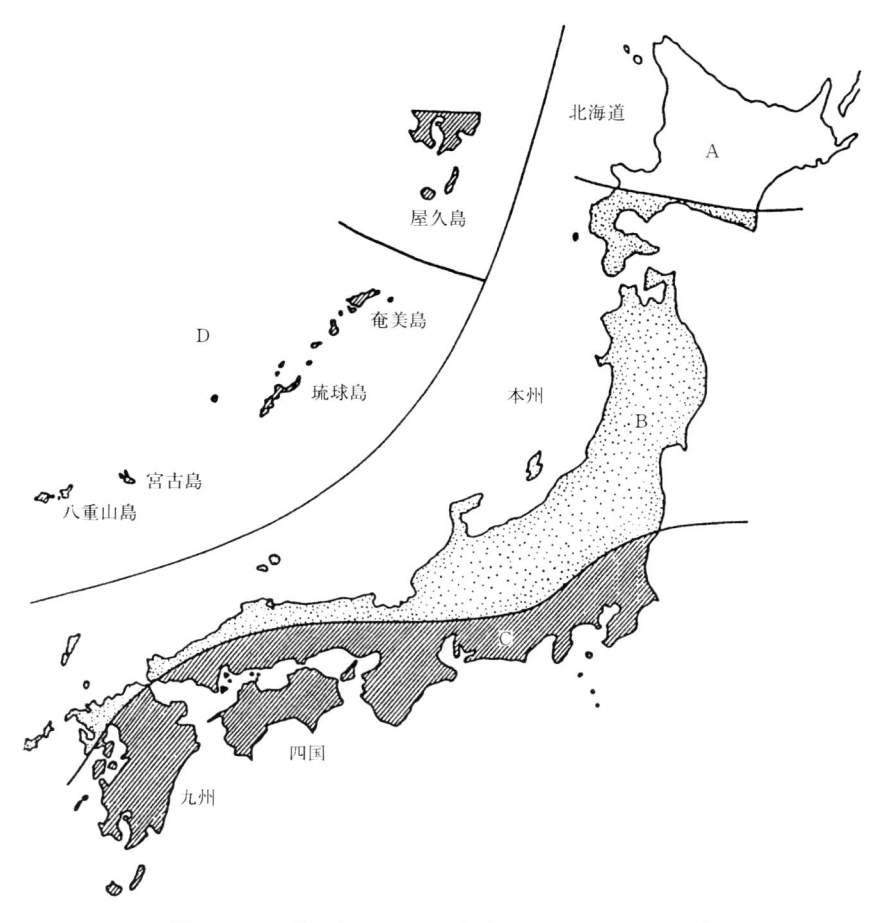

図 7.9 (記号は表 7.9 に同じ) (Numata, 1969 に加筆)

の森林が成立する．半自然草原とは，火入れや採草，放牧などのゆるやかな人為的圧力を受けることによって成立し，そのまま放置されれば，草原から再び森林に移行する遷移の途中相に位置する半自然群落である．相観的に木本植物 (woody plant) が優占する半自然群落は二次林とよばれる．また半自然草原は在来種が優占し構成する群落で，帰化種の優占する群落は該当しない (伊藤, 1973; 1996)．人為的な耕起，播種，施肥という管理下でのみ維持される外来種牧草地などは人工草原とよび，半自然草原，自然草原とは区別される．日本列島における，半自然草原の相観的植生型は，気候帯と草原に加えられる圧力 [採草 (刈り取り)，火入れ，放牧] の違いによって，表 7.9，図 7.9 (Numata, 1969; 伊藤, 1973; 菅沼・内藤, 1976) で示したようなタイプが存在する．ススキ型やネザサ型，シバ型からの偏向遷移 (plagiosere) としてワラビが優占する植生型が成立したり，放牧が過度になると 1 年生草本の優占する植生型も成立する (伊藤, 1973)．図 7.10 の例で示したように，ある地域で同じ種類の圧力が加えられていても，その強度や微妙な環境傾度 (土壌条件や地形条件など) の違いによっ

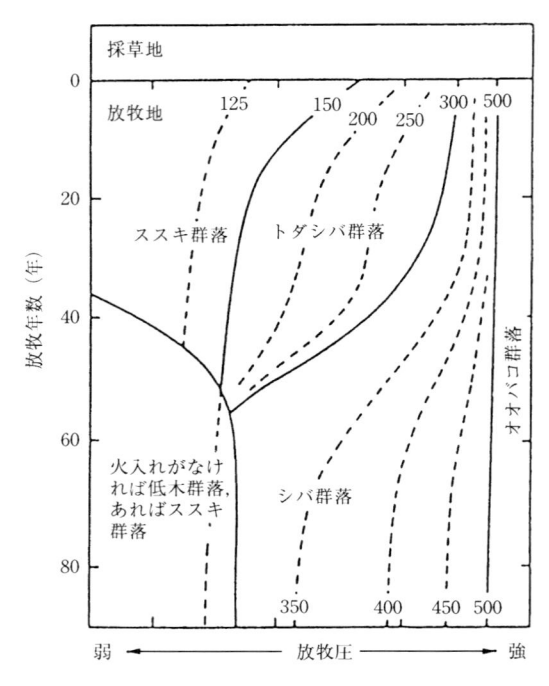

図 7.10 中国山地における放牧下の半自然草地の偏向遷移模式図［環境傾度（放牧家畜密度）と放牧年数に対する群落の位置］（伊藤，1973）

ては異なる群落が成立する．また相観的植生型では，冷温帯（cool temperate zone）から亜熱帯（subtropical zone）まで同じススキ型と表現されているが，群落の質はそれぞれ異なり，植物社会学（phytosociology）の分野では，おもに種組成の比較から群落の分類体系が検討されている．植物社会学的立場から，すべての半自然草原群落を網羅した分類体系はまだ検討段階の状態にあり，ここでは表7.10に一部の例をあげておいた．研究者間でも，分類体系や名称が異なるため，各自の対象群落の分類的属性を検討する場合には，専門誌や専門書などから文献資料を参照する必要がある．調査・検討方法についても植物社会学，植生学の専門書を参照されたい．

b．保護上重要な半自然草原の概要と問題点

おもな植生型について保護上重要な群落の概要を列挙する．なお，以下は自然環境保全基礎調査（環境庁，1988 b）と植物群落レッドデータブック（我が国における保護上重要な植物種および植物群落に関する研究委員会植物群落分科会，1996）などを引用参考にしたが，詳細なデータはこれらを参考にされたい．また，これらの調査でも半自然草原に関する情報は必ずしも十分ではなく，たとえば三瓶山のシバ型草原の存続が危惧されることについては何ら情報を得ることはできない．半自然草原の重要性に力点を置いた今後の関連調査に期待したい．

表 7.10 ススキ型・シバ型草原の植生分類体系（改訂版 日本植生便覧，1983 より抜粋）

ススキクラス　Miscanthetea sinensis Miyawaki et Ohba 1970
　ススキオーダー　Miscanthetalia sinensis Miyawaki et Ohba 1970
　　トダシバ-ススキ群団　Miscanthion sinensis Suz.-Tok. et Abe 1959 ex Suganuma 1970
　　　アズマネザサ-ススキ群集　Arundinario chino-Miscanthetum sinensis Miyawaki 1971
　　　ネザサ-ススキ群集　Arundinario pygmaeae-Miscanthetum sinensis Miyawaki et Itow 1974
　　　メガルカヤ-ススキ群集　Themedo-Miscanthetum sinensis Itow 1974
　　　ホクチアザミ-ススキ群集　(Arundinello-)Saussureo-Miscanthetum sinensis Suganuma 1970
　　　ミシマサイコ-ススキ群集　Bupleuro-Miscanthetum sinensis Itow in Miyawaki 1981
　　　ノハナショウブ-ススキ群集　Iridi-Miscanthetum sinensis Suganuma et K. Sugawara 1972
　　　ヒメスゲ-ススキ群集　Carici oxyandrae-Miscanthetum sinensis Suz.-Tok. et al. 1970
　　　スズラン-ススキ群集　Convallario-Miscanthetum sinensis Miyawaki et Ohba 1970
　　　フジアカショウマ-シモツケソウ群集　Astilbo-Filipenduletum multijugae Miyawaki et Ohba 1964
　　　ノコンギク-タイアザミ群集　Astero ovati-Cirsietum incomptui Miyawaki et al. 1967
　　ナガバカニクサ-ススキ群団　Lygodio-Miscanthion sinensis Suganuma 1976
　　　リュウキュウイチゴ-ススキ群集　Rubo grayani-Miscanthetum sinensis K. Suzuki 1979
　　　ホシダ-ススキ群集　Thelyptero-Miscanthetum sinensis Suganuma et Naito 1976
　シバスゲオーダー　Caricetalia nervatae Suganuma 1966
　　シバ群団　Zoysion japonicae Suz.-Tok. et Abe 1959 ex. Suganuma 1970
　　　ニオイタチツボスミレ-シバ群集　Violo-Zoysietum Suganuma 1966
　　　ゲンノショウコ-シバ群集　Geranio-Zoysietum japonicae Suganuma 1966
　　　アズマギク-シバ群集　Erigeronto-Zoysietum japonicae Suganuma 1966
　　　トダシバ-シバ群集　Arundinello-Zoysietum Suganuma 1966
　　　ツボクサ-シバ群集　Centello-Zoysietum japonicae Itow 1970

（1）亜熱帯から冷温帯（日本海側）の半自然草原

シバ型，コウライシバ（イネ科）型の半自然草原は，放牧によって維持されてきた．しかし現在では，草原開発や畜産業の不振から放牧を継続することが困難な状況にある地域が多い．北海道では亀田郡大野町，桧山郡上ノ国町に，東北地方では六角の東北大学付属農場（宮城県鳴子町），中部地方では岐阜県高根村，山陰地方では三瓶山麓，九州では宮崎県都井岬，阿蘇の草千里などに保護上重要なシバ型草原がみられる．沖縄県の与那国島には，隆起サンゴ礁の風衝地上に牛馬の放牧によって成立している貴重なコウライシバ型草原が存在する．現地周辺は観光地であるため，道路の拡幅制限や車両乗入禁止を徹底させるとともに，適正な放牧を継続する必要がある．

ススキ型半自然草原は採草（刈り取り）や火入れによって維持されてきたが，いずれの地域においても草原の生産的価値が失われてしまったために，管理を継続することが難しい状況にあり，草原開発が進行している．ススキは冷温帯から亜熱帯にかけて広く分布する種であるため，相観的には同じ植生型とされるが，気候や立地に応じて多様な群落が存在する．東北地方では六角の東北大学付属農場や鬼首（宮城県鳴子町），徳仙丈山（宮崎県本吉町），関東地方では箱根仙石原（神奈川県箱根町）や西原

峠（東京都西多摩郡），近畿地方では生石ヶ峰（和歌山県野上町）や曽爾高原（奈良県曽爾村），四国・中国地方には四国カルスト（高知県），九州地方には平尾台（北九州市）や由布・鶴見火山群地域，久住火山群地域（大分県），阿蘇の上玉来（熊本県高森町），大隅半島北西部（鹿児島県姶良市，輝北村）などに保護上重要なススキ型草原がみられる．

　ネザサ型半自然草原は，放牧下ではシバとともに優占し，採草・火入れ下ではススキとともに優占することが多い．山陰地方では三瓶山麓，九州地方では阿蘇の波野村（熊本県）や久住火山群地域（大分県）などに保護上重要な草原がみられる．ススキ型，シバ型と同様に，草原開発を規制し，従来行われてきた管理を継続することが必要である．　　　　　　　　　　　　　　　　　　　　　　　　　　　　　　　　[大窪久美子]

（2）亜高山帯および亜寒帯の半自然草原

　わが国では，亜高山帯ないしは亜寒帯の大部分は森林に覆われていて，草原あるいは草地という植生景観はあまりみられない．小規模にある自然草原を除いて，わが国では草原景観は人為によってもたらされたものであり，平地から山地にかけてはかなりみられるが，亜高山帯は高標高地であるため，人里から遠いので人為が及びにくく，また利用度が低かった．距離的，物理的に人為が及びにくい亜高山帯でも，場所や地形によって，また偶然性もあったと思われるが，古くから（平安時代という説もある）放牧や採草の草地として利用されてきた地域がある．このような例はわが国では少ないと思われるが，長野県では各地の山岳でみられる．これらが発達しているのは，比較的山頂の標高が低い山岳で，しかも人里から割合容易に近づける場所である．しかも山頂部はかなり平坦でひろびろとした地形を呈しているところなどである．このような地理的・地形的条件が整っている山地はわが国ではそう多くないと思われる（Tsuchida, 1982）．ここでは数例をあげてその姿を明らかにしたい．

長野県の亜高山帯の半自然草原の植生　　長野県の山岳は，だいたい標高1600m以上が亜高山帯となっている．大部分は亜高山帯針葉樹林ないしはダケカンバの二次林，カラマツ人工林など森林に覆われるが，いくつかの山岳では草原景観がみられる．これらはかつて自然現象または人為により森林が改変されてできた亜高山帯半自然草原（subalpine semi-natural grassland）である．これらの草原は，原植生としては森林であったのが，自然現象すなわち雷や野火などによる森林の焼失や，人為による火付け，森林伐採などによる森林の消失によって草原や低木林が発達していた場所を，放牧や採草に利用したようである．また利用中は，ときどきの火入れや採草で維持されてきた．また何らかの理由で，かなり長期にわたって利用が中断されていた様子もみられる．このような場合は，遷移が進んで樹林に戻っていたこともある．八ヶ岳中信高原国定公園に属する，霧ヶ峰高原，美ヶ原高原，鉢伏高原などは，現在その山頂部（標高1600～2000m）は広大な亜高山帯の草原景観を示しているが，いずれも上記の原因と経過によって維持されてきている（Tsuchida, 1982）．

7.3 わが国における保護上重要な半自然草原

```
シラビソ林 ──伐採/山火事──→ シナノザサ群落 ──放牧──→ ウシノケグサ群落 ──過放牧──→ 裸地
  ↑                              │                                            │
  │放置                           │採草                                        │
  │                               ↓                                            │放置
ダケカンバ林                    ヒゲノガリヤス群落                              │
  ↑                               │                                            │
  │放置                           │放置                                        │
  │                               ↓                                            ↓
低木林 ←──放置── シナノザサ群落 ←──放置── ヒゲノガリヤス群落 ←──放置── キク科型群落
```

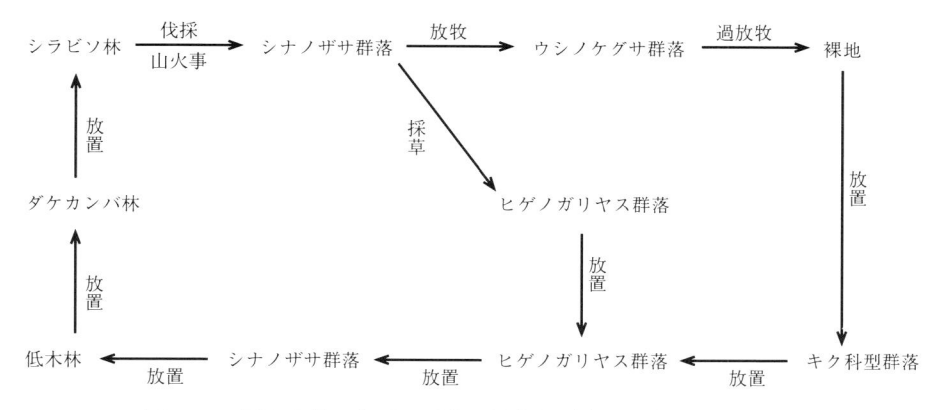

図 7.11 亜高山帯の草原の遷移関係事例（美ヶ原高原の乾性地）

　これらの草原植生は図 7.11 に示したような遷移系列の中に位置づけられるが，基本的に焼失や伐採などで森林が消失した場合は，ササ草原（*Sasa* type grassland，シナノザサ，ミヤコザサ，チシマザサなど）となり，その後の利用方法や用途によって，各種の群落が発達する．また，自然環境としては地域や立地の乾湿度による群落の違いがみられる．乾燥性の地域では，放牧が行われるとウシノケグサ群落（*Festuca* type grassland），採草が行われるとヒゲノガリヤス群落（*Calamagrostis* type grassland）になる（土田，1973）．適潤から湿性地では放牧地はヒメスゲ群落，ミノボロスゲ群落などのスゲ型群落（*Carex* type grassland）に，採草地ではイワノガリヤス群落となっている（土田，1976）．また，これらが放置されればササ群落になり，さらに低木林を経て森林に戻っていくという遷移系列がみられる（図 7.12）．さらに過放牧，踏みつけなどによる裸地化のあと放置された遷移の過程では，キク科植物を中心とするキク科型群落（広葉草本群落），広葉草本類が混生するヒゲノガリヤス群落，イワノガリヤ

図 7.12 亜高山帯（美ヶ原高原）の半自然草原
（イワノガリヤス群落）（後方はシラビソ林）

ス群落などの美麗な草原景観が出現する．これらがさらに放置されれば，長い年月のうちには，ササ草地を経て，森林に移行するものである．その経緯は，山地以下の半自然草原と同様である．いずれにしろ，上記のような亜高山帯に発達する半自然草原および草地型は，わが国でも珍しく，他の地域でもあまりみられないものである．長野県では上記の山岳，高原が典型的かつ面積的にも広いが，小規模なものでは，現在利用，放置されているものも含めて，湯の丸高原，志賀高原，富士見台高原，菅平高原などの一部に小規模にみられる．

その他の地域　全国的にみれば亜高山帯にあるスキー場がその対象となるが，その多くはササ草地となっている．スキー場維持のためには草刈り頻度が少なくてよいなど，人為の度合が弱いためであろう．その他積雪が多いために湿潤な立地であるので，イワノガリヤス群落［たとえば蔵王温泉スキー場（石塚，1973）］，ヤナギラン群落など大型草本群落もみられる．北海道では，亜高山帯や亜寒帯はまだほとんど森林に覆われている．また草地はほとんど人工牧草地となっており，野草地は非常に少ない．その中でも亜寒帯の野草放牧地として唯一ともいえる野付崎の海岸草地は，オオウシノケグサ（ウシノケグサを含む）群落が発達しており，粗放牧地ではイワノガリヤス群落がみられる（西村・安達，1975）．いわゆる原生花園とよばれているサロベツ海岸や網走の小清水海岸の半自然草原は，本州の亜高山帯半自然草原とほぼ同様な種組成をもち，美麗な景観を示す．これらも人為的・自然的要因により草原化し，現在は放置，あるいは火入れによって維持されている（冨士田・津田，1955）．これらをまとめると亜高山帯の半自然草原は表7.11のようになる（亜寒帯もこれに準ずる）．

表 7.11　日本における亜高山帯半自然草原の植生

圧力の種類	放置（伐採・山火事後）	採草（火入れ）	放　牧
乾湿条件　乾性↑↓湿性	ササ群落（シナノザサ，ミヤコザサ，チシマザサなど）	ヒゲノガリヤス群落	ウシノケグサ群落
		イワノガリヤス群落	スゲ群落（ヒメスゲ，ミノボロスゲなど）

草地植生の保全　歴史的にかなり明らかにされている霧ヶ峰高原は，鎌倉時代から採草地として全山3000haが利用されていたし，また春先には育草のために火入れが行われていた．それは近代まで続き，昭和30（1955）年代になって中止された．その理由は，採草による草種の利用（飼料や肥料）が必要なくなったこと，人手不足，防火上の火入れ不可能（施設の建設など）などのためであり，それ以来，大部分放置されてきている．美ヶ原高原は，平安時代に放牧場であったといわれているが，本格利用は大正時代からであり，大部分は放牧場に，一部が採草地として利用されてきた．しかし，放牧場の大部分は昭和30年代に草地改良が行われ，外来種による牧草地となった．なお，その一部は返還され放置され野草地化している．なお，現在でもごく一

図 7.13 放牧中止後に発達したニッコウキスゲ群落（鉢伏高原）

部は採草地に利用されている．鉢伏高原は十数年前までは放牧地であったが，現在はまったく放置されている（図7.13）．

　このように多くの亜高山帯の草原は，かつての牧野としての利用はほとんどなくなって，放置状態にあるか，人工草地化している．しいていえば美ヶ原高原の一部の野草放牧地と採草地が現在継続的に維持されているばかりで，他はほとんど放置されている(全国的にみればスキー場として維持されている場合もあるが)．したがって先に述べたように，亜高山帯の牧野として維持されている持続群落としてのウシノケグサ草原（放牧地）やヒゲノガリヤス，イワノガリヤス群落（採草地）は，わが国でも珍しいタイプの野草草地植生として保全すべく，外来牧草を導入せずに継続的な放牧や採草を維持していく必要がある．

図 7.14 キク科植物を中心とした広葉草本類による美麗な群落（美ヶ原高原）

牧野として利用されなくなった亜高山帯の草原は大部分放置されたが，しかし現代の観光時代に新しくよみがえったともいえる．霧ヶ峰高原は，採草中止後，すみやかに遷移が進むはずであったが，寒冷な気候，長年の草種の採取による土壌の貧弱化などで遷移の速度が極端に遅く，30年を過ぎても現在まだ草原景観を呈している．しかも非常に多くの草花が四季折々に咲き，とくに6月のレンゲツツジ，7月のニッコウキスゲ，8月のマツムシソウは全山を彩る美麗な景観を示し，観光客に親しまれている（図7.14）．放牧をやめた鉢伏高原も同様である．美ヶ原でも一部が同様な四季の景観変化を示す．現在では牧野としてよりも草原の景観観光で地元が潤うという状況であり，またこのような美麗な草原景観（grassland landscape）の存続が望まれるようになった．当初牧野としても利用された北海道の原生花園も同様である．なお本来，自生する野草による草原であるべきが，近年の観光開発や車道建設などで，外来の帰化植物の繁殖が目立つようになって問題化している．とくに霧ヶ峰高原のヘラバヒメジョオン，アレチマツヨイグサ，ハルザキヤマガラシ，道路法面のイタチハギなども，美ヶ原高原の牧草類の旺盛な繁殖である（図7.15）．霧ヶ峰の一部では毎年，春先にヒメジョオン類の引き抜きを児童を動員して行っているほどであるが，繁殖はなかなか衰えない．

図 7.15 ヘラバヒメジョオンなど帰化植物が繁殖する草原（霧ヶ峰高原）

ところで，上記の放置された場所でも，最近は樹木の生育が目立ってきている部分もある．そこで，草原として維持したり，さらに美麗な草花が咲き乱れるというような特定の草原景観を維持するには，適正な採草や火入れといった人為的な管理がなされなければならない．しかし，現在では人手不足，採草の運搬や処理（廃棄），費用，また火入れの場合も，観光施設がたくさんできて山火事の被害が起こる危険性などで，実際にはかなり困難な状況である．またたとえ可能でも，とくに亜高山帯での草原維持や管理の方法はまだ確立されておらず（筆者も研究中），時間を待たねばならない．

また風背地や水分条件のよい場所では，遷移の進行が速く，いわゆる森林化が進んできているところもある(図7.16)．場合によっては自然公園に指定されていることもあり(美ヶ原，霧ヶ峰などは指定地)，現状改変は厳しく規制されている．また霧ヶ峰高原のような民有地では，ただ放置していても固定資産税がかかるということで，補助金が出るカラマツやドイツトウヒの植林を進めてきており，草原がしだいに縮小してきている．また森林地帯よりは開発がしやすいので，別荘地，スキー場，ゴルフ場，その他の観光施設の建設が進んできている．草原の減少や森林化は，草原に生息する鳥類，昆虫，小哺乳類など，草原生態系を構成する多様な草原性の生物種の生存にも深刻な影響を与える．美ヶ原では牧草地と遷移によるササ草地の拡大で，単純な組成の草地植生となり，草原性の蝶類が激減している．

図 7.16 樹林の発達や，カラマツ植林が広がる半自然草原（霧ヶ峰高原）

亜高山帯の草原のみならず草原という自然の価値を，従来のような生産的価値から一歩進めて生物学的，生態学的に重要性を明らかにすること，草原生態系としての多様な草原性生物の存続，また現代的な人間とのかかわりによる新たな景観系として，景観生態学的に再評価し，また保全していかねばならない． ［土田勝義］

文　　献

1) 愛知県植物誌調査会編(1996)：植物からのSOS ──愛知県の絶滅危惧植物──, 130 p., 愛知県植物誌調査会．
2) 阿蘇くじゅう国立公園指定60周年記念行事実行委員会(1994)：国立公園としての草原景観保全について．阿蘇くじゅう国立公園指定60周年記念シンポジウム報告, 48 p.
3) 中国農業試験場畜産部 (1994)：三瓶山牧野の変遷と残された課題．中国農試畜産部資料, 39 p.
4) 冨士田裕子・津田　智(1995)：小清水原生花園の植生保全に関する研究IV, 植生保全に対する火入れ効果．第24回日生態大会要旨集, 117 p.

5) 福井勝義 (1974)：焼畑のむら，419 p.，朝日新聞社．
6) 古島敏雄 (1955)：日本林野制度の研究，274 p.，東京大学出版会．
7) 平沢清人 (1965)：江戸末期信州伊那郡下村藤本氏の経営．近世村落構造の研究，pp. 614-628，吉川弘文館．
8) 平沢清人 (1967)：寛保～延享年間，肥料源としての採草権をめぐっての論争．近世入会慣行の成立と展開——信州下伊那地方を中心として——，pp. 78-86，お茶の水書房．
9) 平沢清人・熊谷元一 (1988)：伊那谷の山村生活史，郷土出版社．
10) 蛭川憲男 (1989)：長野県木曽郡における環境変化とクロシジミの個体数の変動．やどりが特別号日本産蝶類の衰亡と保護 第1集(浜 栄一・石井 実・柴谷篤弘編)，pp. 81-87，日本鱗翅学会．
11) 日浦 勇 (1978)：現生生物の分布パターンとウルム氷期．第四紀(第四紀総合研究連絡誌)，7-25．
12) 石塚和雄 (1973)：蔵王温泉スキー場における植生の破壊とその復元．蔵王山・蒲生干潟の環境破壊による生物群落の動態に関する研究 II (吉岡邦二編)，pp. 69-78，仙台市．
13) 磯田洋二 (1984)：田島ヶ原のサクラソウ群落の歴史と今後の問題点．日本の天然記念物3, 植物 I (沼田 眞編)，p. 85，講談社．
14) 伊藤秀三 (1973)：草地植生の構造と機能，組成と構造，遷移．草地の生態学(沼田 眞監修)，pp. 35-49, 74-92, 築地書館．
15) 伊藤秀三 (1996)：地域ごとにみた植物群落の現状，九州，植物群落レッド・データブック．我が国における緊急な保護を必要とする植物群落の現状と対策(我が国における保護上重要な植物種及び植物群落に関する研究委員会植物群落分科会編)，pp. 90-95, 日本自然保護協会・世界自然保護基金日本委員会．
16) 岩波悠紀 (1995)：我が国草原の現状と課題．国立公園，**534**, 2-5.
17) 環境庁 (1988 a)：第3回自然環境保全基礎調査植生調査報告書(全国版)，214 p., アジア航測．
18) 環境庁 (1988 b)：第3回自然環境保全基礎調査特定植物群落調査報告書(追加調査・追跡調査)，全18巻，環境庁．
19) 環境庁自然保護局阿蘇くじゅう国立公園管理事務所 (1993)：阿蘇くじゅう国立公園草原植物調査研究報告書，139 p., 環境庁．
20) 環境庁自然保護局野生生物課編 (1991)：日本の絶滅のおそれのある野生生物——レッドデータブック——，無脊椎動物編，272 p., 日本野生生物研究センター．
21) 加藤辰己 (1993)：野生生物の保全 II，野生生物の何を保全するのか．日本の絶滅危惧生物，pp. 166-169，保育社．
22) 近藤康男編 (1959)：牧野の研究，457 p., 東京大学出版会．
23) 前中久行 (1994)：草地の植生管理．公共緑地の芝生(北村文雄監修)，pp. 201-203，ソフトサイエンス社．
24) 前中久行・石井 実・山口裕文・梅本信也・大窪久美子・長谷川雅美・近藤哲也 (1993)：畦畔草地の景観形成要素・生物生息地としての評価と適正な植生管理に関する研究．日本科学振興財団研究報告書，**16**, 231-240.
25) 松田行雄・土田勝義 (1986)：美ケ原・霧ケ峰の植物，261 p., 信濃毎日新聞社．
26) 美山町・美山町教育委員会 (1990)：美山町かやぶき山村集落 北・南．下平屋地区伝統的建造物群保存対策調査報告書，158 p., 京都府美山町．
27) 宮本常一・潮田鉄雄 (1978)：食生活の構造，柴田書店．
28) 守山 弘 (1988)：自然を守るとはどういうことか，260 p., 農山漁村文化協会．
29) 守山 弘・山岡景行・重松 孟 (1977)：都市における緑の創造(第3報)，農業地帯における二次林，屋敷林の歴史的位置づけ．東洋大学紀要教育課程篇(自然科学)，**20**, 35-49.
30) 村田 源 (1988)：日本の植物相——その成り立ちを考える 17, 大陸要素の分布と植生帯．日本の

生物, **2**-6, 21-25.

31) 室谷洋司(1989)：青森県におけるオオルリシジミの衰亡．やどりが特別号 日本産蝶類の衰亡と保護 第1集（浜 栄一・石井 実・柴谷篤弘編），pp. 90-97, 日本鱗翅学会．
32) 日本植物分類学会編著(1993)：レッドデータブック――日本の絶滅危惧植物, 141 p., 農村文化社．
33) 西村 格・安達 篤 (1975)：野付崎放牧地の植生．日草誌, **21**, 213-232.
34) 沼田 眞(1965 a)：草地の状態診断に関する研究Ⅰ――生活型組成による診断――．日本草地学会誌, **11**-1, 20-33.
35) 沼田 眞 (1965 b)：草地の状態診断に関する研究Ⅱ――種類組成による診断――．日本草地学会誌, **12**-1, 29-36.
36) Numata, M. (1969): Pregressive and retrogresive gradient of grassland vegetation measured by degree of succession: Ecological judgement of grassland condition and trend IV. *Vegetatio*, **19**, 96-127.
37) 沼田 眞 (1984 a)：植物系天然記念物の実態と問題点．日本の天然記念物 3, 植物Ⅰ（沼田 眞編），pp. 4-6, 講談社．
38) 沼田 眞編 (1984 b)：日本の天然記念物 3, 植物Ⅰ, 162 p., 講談社．
39) 大窪久美子・前中久行(1990)：野生草花の生育地の保全を目的とした半自然草地の遷移診断．造園雑誌, **53**-5, 145-150.
40) 大窪久美子・前中久行 (1993)：野生草花の保全を目的としたクマイザサ優占群落における刈取り管理に関する研究．造園雑誌, **56**-5, 109-114.
41) 大滝典雄 (1993)：草原と人々の営み．阿蘇くじゅう国立公園草原植物調査研究報告書, pp. 27-73, 環境庁自然保護局阿蘇くじゅう国立公園管理事務所．
42) 羅針盤 (1995)：久住高原野焼きシンポジウム全国野焼きサミット報告書, 59 p., 大分県．
43) レッドデータブック近畿研究会編著(1995)：近畿地方の保護上重要な植物――レッドデータブック近畿――, 121 p., 関西自然保護機構．
44) 佐々木高明 (1972)：日本の焼畑, 古今書院．
45) 佐々木高明(1982)：照葉樹林文化の道――ブータン・雲南から日本へ, 253 p., 日本放送出版協会．
46) 清 邦彦 (1988)：富士山にすめなかった蝶たち, 180 p., 築地書館．
47) 柴谷篤弘(1989)：日本のチョウの衰亡と保護．やどりが特別号 日本産蝶類の衰亡と保護 第1集（浜 栄一・石井 実・柴谷篤弘編），pp. 1-15, 日本鱗翅学会．
48) 白川村教育委員会(1995)：合掌造り民家はいかに生まれるか――白川郷・技術伝承の記録, 87 p., 岐阜県白川村．
49) 自然保護年鑑編集委員会編(1992)：自然保護年鑑 3――世界と日本の自然は今(平成4・5年版), 536 p., 自然保護年鑑刊行会, 日正社．
50) 須藤 功・小山直之 (1989)：写真でみる日本生活図引 1, たがやす（須藤 功編），182 p., 弘文堂．
51) 菅沼孝之・内藤俊彦 (1976)：先島諸島の草地植生．南西諸島南部（先島諸島）の草地生態に関する研究（菅沼孝之編），pp. 3-18 [菅沼孝之業績集（上）(1991), pp. 83-95, 菅沼孝之先生退官記念出版事業会, に収載].
52) Thomas, J. A. (1980): Why did the large blue become extinct in Britain. *Oryx*, **15**, 234-247.
53) Thomas, J. A. (1984): The conservation of butterflies in temperate countries: Past efforts and lessons for the future. The Biology of Butterflies (Vane-Wright, R. I. and Ackery, P. R. eds.), Symp. R. Entomol. Soc. London, **11**, 332-353.
54) Tsuchida, K. (1982): Types and structures of grasslands in the subalpine zone, central Japan. *J. of Fac. Lib. Arts*, **16**, 107-138, Shinshu Univ. Natural Sci.
55) 土田勝義 (1973)：美ヶ原高原の草原植生．日生態会誌, **23**-1, 33-43.

56) 土田勝義(1976)：富士見台高原の草原植生——湿性亜高山帯の草原——．日生態会誌，**26**-2, 83-89.
57) 筒井迪夫（1978）：日本林政史研究序説, 227 p., 東京大学出版会.
58) 我が国における保護上重要な植物種および植物群落に関する研究委員会植物群落分科会編（1996）：植物群落レッド・データブック, 1344 p., 日本自然保護協会・世界自然保護基金日本委員会.
59) 我が国における保護上重要な植物種および植物群落の研究委員会植物分科会編（1989）：我が国における保護上重要な植物種の現状, 320 p., 日本自然保護協会・世界自然保護基金日本委員会.
60) Washitani, I., Namai, H., Osawa, R. and Niwa, M. (1991): Species biology of *Primula sieboldii* for the conservation of its lowland-habitat population: I. Inter-clonal variations on the flowering phenology, pollen load and female fertility components. *Plant Species Biology*, **6**, 27-37.
61) Washitani, I., Osawa, R., Namai, H. and Niwa, M. (1994): Patterns of female fertility in heterostylous *Primula sieboldii* under severe pollinator limitation. *Journal of Ecology*, **82**, 571-579.
62) 鷲谷いづみ（1995）：植物保全生態学の今, サクラソウの保全生態学．日本生態学会関東地区会会報, 1-5, 日本生態学会関東地区会.
63) 矢嶋仁吉（1955）：農業と農村生活．人口・集落地理（木内信蔵編），pp. 72-80, 朝倉書店.
64) 安田喜憲（1988）：森林の荒廃と文明の盛衰, 277 p., 思索社.

8. タケ林の自然保護

8.1 森林資源とタケ類の役割

　数億年前から地球上に植生の一部として存在し，木材はもちろんのこと，木質エネルギーの原材料を供給したり，果実，医薬物原料，キノコ類といった数多くの林産物を永続的に生産することができる森林は，天然資源の一翼を担っているだけでなく，同時に，土壌の流亡や劣化防止，保水機能のほか，気温の緩和，大気浄化など有形無形の公益的機能や自然環境保持の役割をも果たしている．それだけに森林は，われわれの生活に欠かすことのできない存在であるといえよう．

　1995年に発表されたFAO（国連食料農業機関）の統計資料によれば，世界の森林面積は約34.4億haで，そのほかに疎林などが約16.8億ha存在しているという．もとより森林は草本類に比べて多年生で立体的な土地利用ができるだけに，陸上に生育している全植物量の90%を占めるとともに，草本類や地床植物などが生産する有機物質量のほぼ60%を担っているとさえいわれている．そのうえ，陸上から蒸発する水分の30%を分担していることから考えても，生物圏の生態系保持に大きな役割を果たしていることは疑う余地がない．こうした森林面積の約40%は先進国にあり，その樹種構成をみると，針葉樹31.07%に対して広葉樹は68.93%で相互の比率は1：2である．ところが，熱帯もしくは亜熱帯地域を主とした途上国の樹種構成は，針葉樹5.34%に対して広葉樹は94.66%となっている．それらの比率は実に1：18であり，ほとんどが広葉樹で占められていることになる．

　ところが，先進国の森林面積に変動がないにもかかわらず途上国の森林に関しては，かつて樹木の厚いマントルに覆われていた地域も近時急速に伐開され，最近では年間1200万haもの林地が人口増加とともに必要とされる食糧生産や有用作物栽培地などとして農業用地に転用されたり，食肉生産のための牧場として転用されている．いずれもこのままでは再度林地として再転用されることはないと予想される．一方，残存している森林でも，乱伐による低質化，低生産化に変わった林地や移動焼畑農民による耕地面積の増加に加えて，再造林の低迷が認められる．

　熱帯林は元来，種の多様性を有すること，生産性の大きいこと，野生動物の宝庫であることなどから物質循環が効率的で生態系の維持が十分に行われてきたにもかかわらず，ここにきて，この地域の森林が急激に減少しただけに数多くの問題を生じてい

る．たとえば，かつてわが国でブナ林が大面積に伐採され，その跡地にスギやヒノキが植林されたとき，多くの哺乳類が施業や林道工事のために逃げ出したという．ましてや熱帯林では，すでに同定されている野生生物だけでも 60 万種以上あり，その 10 倍余りの動植物が生息/生育していると考えられるだけに，熱帯林の減少が貴重な遺伝子資源を失うことにもなりかねないのである．また森林は，光合成作用によって二酸化炭素を吸収し，酸素を放出するだけに温暖化の緩和を行うことができるが，この点でも森林減少が危惧されるところである．ましてや土砂の流出や洪水の多発が各地で起こるのも無理からぬことである．こうした事情のもとで重要視されることは，森林を伐採すると，たとえ植栽による再生を実施しても木材が再利用できるまでに長期間を必要とすることである．

こうした点から考えると，タケ類はその特性から木材資源に対してかなり補完的役割を果たすことのできる植物だといえよう．

タケは森林における二次的植生だとされているが，最近になってラオス，マレーシア，インドネシアでは低地フタバガキ林地の過伐跡地にタケが大面積にわたって天然更新していることが明らかになっている．このため，現地ではタケやラタンを樹木につぐ第二の林産資源として見直す気運が高まっている．コスタリカやコロンビアではすでに住宅建材としてのタケに高い評価を与え，在来種の造成を行っているほか，バナナ農園の支柱やクラフト紙原材料として大面積造林を行っている．

現在タケ類の種類は世界中に 1000 種余りが同定されている．おそらく品種や変種を加えるとその数はさらに増加するであろう．また，それらの面積はタケ類だけをみても 1700 万 ha は十分に存在することが推定され，これは全森林面積の 0.5% にも相当する．実用的には限られた種が利用されているが，自然保護の立場からみれば，温帯から熱帯にかけて分布する種の生態も異なるだけに，それらを網羅して考える必要があろう．

8.2 タケ類の分布

わが国では，一般的にタケといえば通直で大型の形態を有する種類をさし，小型で大型の葉をつけているササと区別している．しかもこれらは種や変種が多いためにタケ類，ササ類と表現される．と同時に両者を総称してタケ類とよぶこともある．したがって，これまで和名だけでは両者を区別することはできないので，分類上，発筍後数か月以内に「たけのかわ」と称されている稈鞘が脱落するものをタケ類，発筍後も長期にわたってこれを付着し，年とともに枝や稈を分岐するものをササ類としている．なお，広義のタケ類は多年生であること，節部が規則的な間隔を有し，木化するものの形成層をもたないなどといった特徴を有することから，草本類の「茎」，木本類の「幹」に対して「稈」の字を適用している．

植生型は基本的に気温や年降水量によって支配されている．タケ類についても年降水量が1000mm以上あれば保続的生産が可能である．また気温については，種によってかなりの低温でも生育可能であるが，温帯域と熱帯域では生育型が異なっており，この生態的な相違は種の保存や自然保護上の取り扱いに大きなかかわりをもっているといえよう．

まずタケ類の生育型について述べると，地下茎が長く伸び，その各節に付着している不定芽がランダムに発芽する種類では，稈が地上部で分散して生育するため，単軸型もしくは散程型となり，生育地域が暖温帯から低地の冷温帯に分布するため，一般に温帯性タケ類とよんでいる．このタイプに属するタケ類は，1年間の最寒月の平均気温が10℃以下の地域でみられ，しかも発筍は年1回である．これに対して，稈の地中部に数個の大型の芽子を有し，それが地中を這い伸びることなく，極端に短い地下茎を示すのみで地上に伸び上がり，そのまま稈となるものは，地上での稈の配置が株立ち状となることから連軸型といい，1年間の最寒月の平均気温が20℃以上の熱帯や亜熱帯地域に分布するため，熱帯性タケ類とよんでいる．これらの地域ではタケ類の生育条件としての気温は十分であることから，月間降水量が毎月連続して200mm以上あれば数か月間隔で年に3～4回発筍する．したがって，年間生産量は，温帯性タケ類で同一直径を有する種類に比べると数倍に及ぶことが多い．最寒月の平均気温が10～20℃の範囲にある地域では前2者の折衷的生育型のタケ類が分布する．すなわち，生育型は熱帯性タケ類と同様な表現型を示すが，地下茎は地中を長く這うために地上部のみをみていると散程型のタケ類と見誤ることとなる．この例はメロカンナ属でみられ，インド東北部からミャンマー西部にかけて分布している．ただ，この温度範囲のタケ類の分布状況はきわめて複雑で，平均気温，降水量，地形，標高などの諸条件によって生育するタケ類の生育型も異なっている．

このようにタケ類の生育範囲は南北両緯度で45度内にあるといえる．いまわが国に生育しているタケ類の生育型をみると，九州から東北地方南部にかけての低山帯もしくは低地丘陵帯には温帯性タケ類が分布し，沖縄から関東地方西部にかけての太平洋側の冬期温暖な地方には熱帯性タケ類であるホウライチク属が生育しているが，その

表 8.1 有用なタケ類の現存量

生育型	種 名	現存量（乾燥重量, t/ha）			
		稈	枝	葉	合 計
単軸型	マダケ（*Phyllostachys bambusoides*）	28±2	7±1	4±1	39±4
	モウソウチク（*Phyllostachys pubescens*）	50±3	9±1	4±1	63±5
連軸型	スパイニーバンブー（*Bambusa blumeana*）	120±10	18±5	5±1	143±16
	ダイサンチク（*Bambusa vulgaris*）	75±5	22±2	9±1	106±8
	ブホー（*Schizostachyum lumampao*）	60±5	4±1	2±1	66±7

多くは人工植栽されたものである．

　一方，ササ類についても単軸型の温帯性ササ類と連軸型の熱帯性ササ類が存在する．いずれもタケ類と異なって高地山岳地帯もしくは高緯度地方にも分布しており，低温での生育ができる．ただササ類の場合は，ミヤコザサやチマキザサのような単軸型の種類のほか，チシマザサのように熱帯性とその折衷型のタイプが一つの種の中で混在するタイプのものもみられ，地域による区分がきわめて困難で複雑になっている．しかも多くのササ類は，現在のところ，すでに述べたように利用的評価が低く，十分に調査されていないので，残された研究部分が多い．

　以上，タケとササの分布を生育型を中心に述べてきたが，熱帯地域では垂直的な標高の移り変わりによって生育型が変わるので，自然保護の立場から考えると多様な対応が求められる．

8.3　タケ類の資源的価値

　温帯から熱帯にかけての広範囲の地域で分布しているタケ類についての資源的評価は，地域や国によってかなりの相違がある．たとえばタケ林の面積の大小や生産量によって異なるであろうし，利用の仕方によっても違ってくる．すなわち，面積が広くても小径級の種であれば，木材の補完的役割を果たすことはできない．また，ある地域の木材資源が枯渇していたり需要量が過多であれば，木材の代替材としての役割を得るに十分な部分をもっているので，タケ類の価値が高くなるのは当然であろう．さらに，タケがもっている特性そのものを利用するときも資源としての高い評価を受けることができる．

　それでは，森林資源の一部分を占めているタケ類が木材を補いうる性質はどのような点であろうか．

　①弾力性が強いこと．日本建築の素材として古くからタケが利用されてきた部分に天井や屋根裏の垂木，ぬれ縁などがある．これは表皮部が緻密で弾力性があるためで，丸竹として用いている．一方，稈に直角に働く負担力は維管束の周囲の靱皮繊維の膜壁の肥厚と木化度によって決まるが，たけのこの発生後わずか3年で最高になる．

　②堅密性（強靱性）をもつこと．タケ類は表皮やその近くに靱皮繊維が密集しているので堅く，丈夫である．

　③割裂性が大きいこと．タケは縦割りがきわめて容易であり，木材のようにのこぎりで引かなくても割ることができ，古くから細いひごをつくり編物に利用している．

　④伸縮性が小さいこと．温度や湿度の変化に対して狂いが出ないため，竹くぎや尺度用の材料として，また内装加工の際に重宝される．

　⑤生長期間が短く，成熟期も短い．伸長生長に温帯産タケ類で60～80日，熱帯性タケ類では90～110日であり，工芸的利用でも4年以内で十分である．スギやヒノキで

は間伐材としても利用できない期間内に使用できる．

⑥生長率や生産量が大きい．年生長率は通常の場合，現存量の 1/4〜1/5 は見込めるとともに，大型のタケ類では生産量が大きい．これは樹木の伐期が数十年であるのに対して，タケは毎年伐採できるからである．

⑦再造林の回避．タケ類は無性繁殖をくり返すため，伐採によって現存量を低下させることなく，継続的に蓄積量を保つことができる．

⑧容積と空洞性．多くのタケは中空で，空洞を有しているため，丸竹として利用するときは容積の割に軽い．しかし，実材積が問題となるパルプ製造に際しては，容積の数倍の材料を必要とする．

最近になって，タケの平板化，特殊熱処理加工などの技術が完成されたため，稈の表面にくぎを打つこと，割れ防止，平板，積層材などの製品開発も行われるようになり，いっそう資源的価値が高くなってきている．とくにゼロエミッション（廃棄物ゼロ）として海外で高く評価されるようになり，単に植物の種の一つというよりも資源的価値の高いものとして再評価されており，わが国での評価が必ずしも高くないのと対照的である．

8.4　タケ類の自然保護

これまでタケ類がひろく利用されてきたのは日本と中国であるが，消費量は必ずしも多くない．それは，家具の一部や構造材として利用されているものの，工業的利用がほとんどないからである．これに対して，パルプや紙の製造のために利用される量はきわめて多い．このように資源としての利用方法や生育状況が国によって異なっているため，自然保護上の手法についても，それらを考慮して対処すべきである．つまり，生産利用のための資源では積極的な育成を行うこと自体が種を保護し，保存できることになる．ところが，現代の社会的背景に基づく自然保護としては，ある種の個体もしくは集団を対象として，それが内在する遺伝子資源の重要性を確保するため，種の絶滅を危惧し，これを保続させる方法を考えて先行することである．

しかし，いずれの保護策も温帯と熱帯に生育しているタケ類の生態的特性が違っているので，これらもまた区別した保護方法を考えておく必要がある．

a．経営林（生産林）の自然保護

わが国に生育しているタケの種類は五十数種で，このうち利用度が高い種はモウソウチク，マダケ，ハチクであり，この 3 種で全面積の 87% を占めている．その他のクロチク，ホテイチク，ハンチク，カンチク，トウチクなどは限定された利用価値をもったものである．

モウソウチクの場合，生産目標はたけのこ採取，稈材採取にある．そしてマダケや

ハチクはいずれも稈材採取である．したがって，これら相互の取り扱いで問題となるのは本数管理であり，現在，これらの種類については多少放任されているものの，あくまで本種は栽培もしくは管理されている．

(1) 本数管理

樹林では植栽木または生育している木が毎年生長し，年ごとに肥大するため，そのままでは林内が閉鎖して自己間引きが起こる．このため除伐や間伐を行って本数管理をするが，残存本数は年とともに減少することになる．ただ単位面積当たりの材積は少しずつではあるが増加する．これに対してタケ類では，毎年たけのこが伸びてくるので放置しておけば過密となり，林内照度不足による立ち枯れと発生すべきたけのこが減少する．このため，毎年本数整理のための伐採を行う必要がある．一般的には同一種類のタケでは，本数密度を増せば細い稈の林分となり，本数密度を減らせば太いタケの林分を育てることができる．もちろん土壌が肥沃であれば太い稈が発生するのは当然である．

(2) 整理伐竹の選定順位

どのタケを伐採の対象とするかは多分に目的とする事項と関係し，生態的な面からは，林分の生産量は毎年発生し成竹となる量であるから，林内の配分をもとに隣接する距離の近いものを取り除いて透入光が均等になるようにする．タケの選定順序は，①枯損しているもの，②病虫害を受けているもの，③老齢で稈の退色しているもの，が基本となる．

次に生理的な選定では，タケの生産そのものが地上部の光合成と地下茎からの養分吸収といった両者の相互関係によって行われるため，光合成機能の盛んな若齢なタケの伐採は避け，むしろ老齢なタケの伐採を優先させる．枯損しているものや病虫被害のあるタケも決して無視するものでないのは当然である．

利用上からみた工芸的な選定では，創作，製品といった目標設定のうえで選定基準が立てられる．したがって，必要とする径級や年齢がつねに供給される保続的な施業によって林分保護が行われるようにしなければならない．不必要な枯損タケ，病虫被害タケは除かれるべきである．

いずれの整理伐に際しても，発生1年以内のものは含水量が多く，また光合成能において今後重要な役割を果たすものだけに，不用意な伐採は避けるべきである．また2年生のタケの葉量は他の年齢のタケよりも多いので，この年齢のものを伐採しないようにする．

(3) 伐採時期

通常，温帯性タケ類の発筍期は日長と気温に関係し，地下茎の伸長期は初夏から秋に及んでいる．この両期間は生長のために糖分量が多くなっているので伐採に適していない．したがって11月から厳寒期にかけての生長停止期間に伐採することが更新のうえからも望ましい．

少なくとも生産林分についての自然保護は，自然環境を保持することによってタケ林を維持することよりも，管理育成することによって健全な林分を保ち，長期的な持続を行うことができる．多分に人為的とはなるが，タケがもっている生態的特性を生かすことにある．

b．天然林の自然保護

われわれの身近にあるタケ林はほとんど人為の入った栽培林であるが，往々にして放置されてしまうと過密となり，光が透過しないために発生量は減少する．もちろん内部では枯死，立ち枯れが起こり，多少光が入ると発生する「たけのこ」によって更新がみられる．しかし適正な林分維持はできない．このため，必要な林分における自然保護上の補助手段を加えることが大切である．

最近，温帯林の二次林の中でも手入れのされていない雑木林にタケが侵入してきて灌木が駆逐されているという報告がある．しかし，これは温帯性のタケがさし木によって簡単に活着しないという特徴からみて，それまで森林としてうっ閉されていた林地が伐開されて明るくなったために，休眠もしくは抑圧されていた芽子が発筍したものと思われる．樹木の生育が遅いのに比べてタケ類の生育が速いため優勢になり，優占したものと思われる．しかし，いずれは陰樹が大きくなり，種の交代が起こると予測されるので，タケ林として育成するのであれば早期に灌木類の伐採を行ってタケ類を残すようにするのである．

熱帯性タケ類についても，近時，先に述べたマレーシアやインドネシアのように天然林伐採跡地に各種のタケが優占化し，タケ林として成林しているところが各地でみられる．熱帯性タケ類はさし木が容易であるため，風によって折れた枝や倒れた稈が土壌に埋もれたり，接地している間に発芽することは多い．また湿潤熱帯では，天然林内にタケのクランプ（株）が生育しているので，これらがいったん伐開されると急速に旺盛な生育を開始してクランプを増していくのである．たとえばマレーシアの場合，初期には稈の先端部が垂れ下がる種類のペンドウラス（*Dendrocalamus pendulus*）

表 8.2 天然林伐採跡地におけるタケの天然更新（ha 当たり）

プロット 稈の年齢	3年前伐採区			10年前伐採区			30年前伐採区			経営管理区		
	直径 (cm)	本数 (本)	比率 (%)	直径 (cm)	本数 (本)	比率 (%)	直径 (cm)	本数 (本)	比率 (%)	直径 (cm)	本数 (本)	比率 (%)
1	3.9	2275	28.8	6.2	1000	11.3	4.6	400	12.0	7.6	1125	21.0
2	3.9	2750	34.8	6.0	1400	15.8	4.1	400	12.0	6.1	1200	22.4
3	4.8	2550	32.3	5.3	5400	61.0	2.9	950	28.6	6.3	2700	50.5
枯損竹	6.0	325	4.1	4.5	1050	11.9	5.9	1575	47.4	4.7	325	6.1
合計（平均）	(4.2)	7900	100	(5.4)	8850	100	(5.5)	3325	100	(6.2)	5350	100

注　マレーシア・ケダ州，スコッチニー（*Gigantochloa scortechinii*）．

が出現するが，やがてこれらはスコッチニー（*Gigantochloa scortechinii*）に遷移し，数年後には残存木を含むもののタケの純林状態となる．しかし，放任しておけば約30年後には萌芽林や灌木の生長によって二次林が優占するようになり，樹林地へ移行していく．天然林の伐採後10～20年間はタケ類の生育が盛んなため，本数整理による管理を行えばその後もタケ林として維持することはできる．不用となる灌木類の伐採は当然行うことにより光を十分に取り入れることが保護上必要である．なおダイサンチク（*Bambusa vulgaris*）のように日陰下でも生育が盛んな種では，点在する樹木がタケに影響を及ぼすことはない．

モウソウチクとマダケの林が隣接して生育しているような事例では生態的な種間競争が起こり，マダケが衰退するような結果を生じる．これはモウソウチクの方がマダケより高くなり，上層部に枝葉層をつくり日陰下にマダケを置くこと，春季における「たけのこ」の発生が早く，地下茎の拡張も速いことによるものであり，マダケを保存するのであれば，モウソウチクを積極的に伐採するようにする．この両種が共生することはありえないのである．

c．ササ類の自然保護

ササ類の種，品種，変種はきわめて多数で，わが国だけでも400以上数えることができる．これらの中には突然変異によってごく小さな叢をなすものや，不安定で環境条件によって成立するといったものがある．こうした種や変種などでは奇形や条斑の違いによるものも多く，易変性緑色遺伝子と易変性黄色遺伝子がある．前者では緑色地の中に黄色や黄白色を生じるもので，後者は逆に黄色地に緑色の条斑を生じる．おまけにそれぞれの条斑が変形を伴うこともあるので，本来の遺伝子変異によるものであっても不安定さをぬぐうことはできない．形態変化によってもたらされる違いは環境が大きく影響しており，これこそ消滅しやすい条件をもっている．

小さな群落の場合，上部を他の植物が覆い，光が当たらないために絶滅することがある．この環境保持はきわめて困難であるが，急激に強い直達光が当たらないようにコントロールしつつ他の植物を伐り開くようにする．これまで地下茎が伸びなくて衰退していった種では，排水状態が悪くなったり，光が当たらなくなった例が多く，タケ類は水分を好むものの停滞水を嫌うので，排水性は種の保存上とくに注意すべき点だといえる．

遺伝子資源の保存にあたって，エクシツ（*ex situ*）かインシツ（*in situ*）かの問題があるが，ヤクシマザサのように他の環境のところへ移植して失敗したケースは多い．自然保護を行うとの考えが逆に災したといえよう．原産地に残し，その一部を分株する際にも慎重な配慮が求められる．

タケ類の中でも温帯性のものが結実しにくいのに対して，熱帯性のものは結実しやすい傾向がある．同様にササ類はいずれの生育型のものも結実しやすい．ただタケ類

もササ類も，多くの種で，開花したり，開花後に結実するとそれらの個体が枯死するので，種子が得られたときはその長期保存ができないので取播きを行って実生苗を育てておくことである．熱帯性のものはさし木も有効であるので，貴重種はとくに無性繁殖によって継代しておくべきである．この点，熱帯性のタケ・ササ類は種の保護がしやすい植物だといえる．

8.5 種および品種の保護

　これまでタケ類について種の絶滅に関する危機感を覚えたのは，マダケが一斉開花した1960年代ではなかっただろうか．当時はマダケの開花によって全国的に次々と稈が枯れ，その開花のメカニズムと回復過程に対する対応がまったく未知の状態におかれていたために，マダケ林の再生が危惧されたのである．たしかにタケ類は開花によって枯死することと，温帯性のものでは種子が得られないことから，つねに種の保存を心がける必要がある．しかし，温帯性のササ類は，これに比べると開花により種子を結実させるものが多いので，開花の場合は早期に種子を採集して播くことである．生態的な理由から絶滅するものについては，このことを忘れてはならない．また熱帯性タケ類やササ類については，無性繁殖としてのさし木が可能であること，開花の際は種子を多数つけることから，実生苗が得られるので，種の対策は早期処理によって防ぐことができよう．

　貴重な種はつねに小群落で残されているので，その種や品種の環境を十分観察し，種の保存や遺伝子プールとしての植物園などで保存することが将来は必要になるものと考えられる．

［内村悦三］

文　　献

1) 松尾孝嶺監修（1989）：植物遺伝資源集成（マダケ属），pp. 1523-1528，講談社．
2) Uchimura, E. (1987): Growth environment and characteristics of some tropical bamboos. *Bamboo Journal*, **4**, 51-60.
3) 内村悦三（1991）：森林資源の再造成．エネルギー・資源，**12-6**, 24-29．
4) 内村悦三（1992 a）：これからの熱帯林と木材利用．木材工業，**47-6**, 284-288．
5) 内村悦三（1992 b）：タケ類の生育型と分布地域．プランタ，**19**, 4-10．
6) 内村悦三（1993）：熱帯林の保全と修復．環境と公害，**22-3**, 35-42．
7) 内村悦三（1994 a）：世界の森林資源とその利用動向．講義録，pp. 1-10，林業科学技術振興所．
8) 内村悦三（1994 b）：『竹』への招待，188 p., 研成社．
9) 内村悦三・濱田　甫（1994）：半島マレイシアの天然林過伐跡地におけるタケの生態と経営管理．*Bamboo Journal*, **12**, 6-14.
10) 内村悦三（1995）：天然資源としてのタケの再評価．竹，**55**, 3-5．

9. 砂漠・半砂漠の自然保護

9.1 砂漠・半砂漠の定義とその自然的特徴

　生態学的に広義の砂漠とは，植物が自然景観の中心とはならない群系をさす(沼田，1976)．広義の砂漠には，降水量が少ないために植生が十分に発達していない乾燥地(狭義)のほか，寒冷と乾燥の双方の作用によって形成された南極や高山帯の荒れ地，過度の人間活動の結果形成された半乾燥地の砂漠化した土地，さらにはほとんど植生のみられない大都市中心部の都市砂漠も含まれる．降水量が少ないために成立した気候的極相としての砂漠と，さまざまな人為によってもたらされた妨害極相としての砂漠では，自然保護に対する考え方が異なる．

　本章では，現在ひろく引用されている Meigs の砂漠/乾燥等質気候区分図（図9.1）(赤木，1990)の極乾燥地と狭義の乾燥地を砂漠とし，同図の半乾燥地を半砂漠とする．半砂漠とステップ地域はかなりの部分が重複するが，この地域では地球環境問題としての砂漠化が進行している．

　自然を保護するためには対象となる自然の特徴を十分把握していなければならない．とくに砂漠と半砂漠はわが国になじみがないので，それらのおもな特徴についてまず概述する．

a．砂漠の気候的特徴

　砂漠気候の特徴は，降水量が少なくしかも降雨が不規則で地域的な集中性を示すことにある．降雨の不規則性は年降水量が少ない場所ほど大きくなる傾向にある．年降水量が250 mm を示すラインが砂漠と半砂漠を分ける目安になっている(赤木，1990)．降水量の多い半砂漠では高茎草原が成立するが，アタカマ，ナミブ，サハラなどの年降水量が10 mm 以下の極乾燥地ではまったく植生がみられない．降水量の少ない砂漠でも，風のない夜間には急激な放射冷却により結露がみられる．露がもたらす水量は降雨量に比べればわずかではあっても，結露は比較的規則的に発生するので，植物の生育にとっては重要である．

　気温が高温になり，年較差と日較差が大きいことも砂漠の特徴である．年較差は高緯度の内陸砂漠で大きく，冷涼な海岸砂漠で小さい傾向にある．

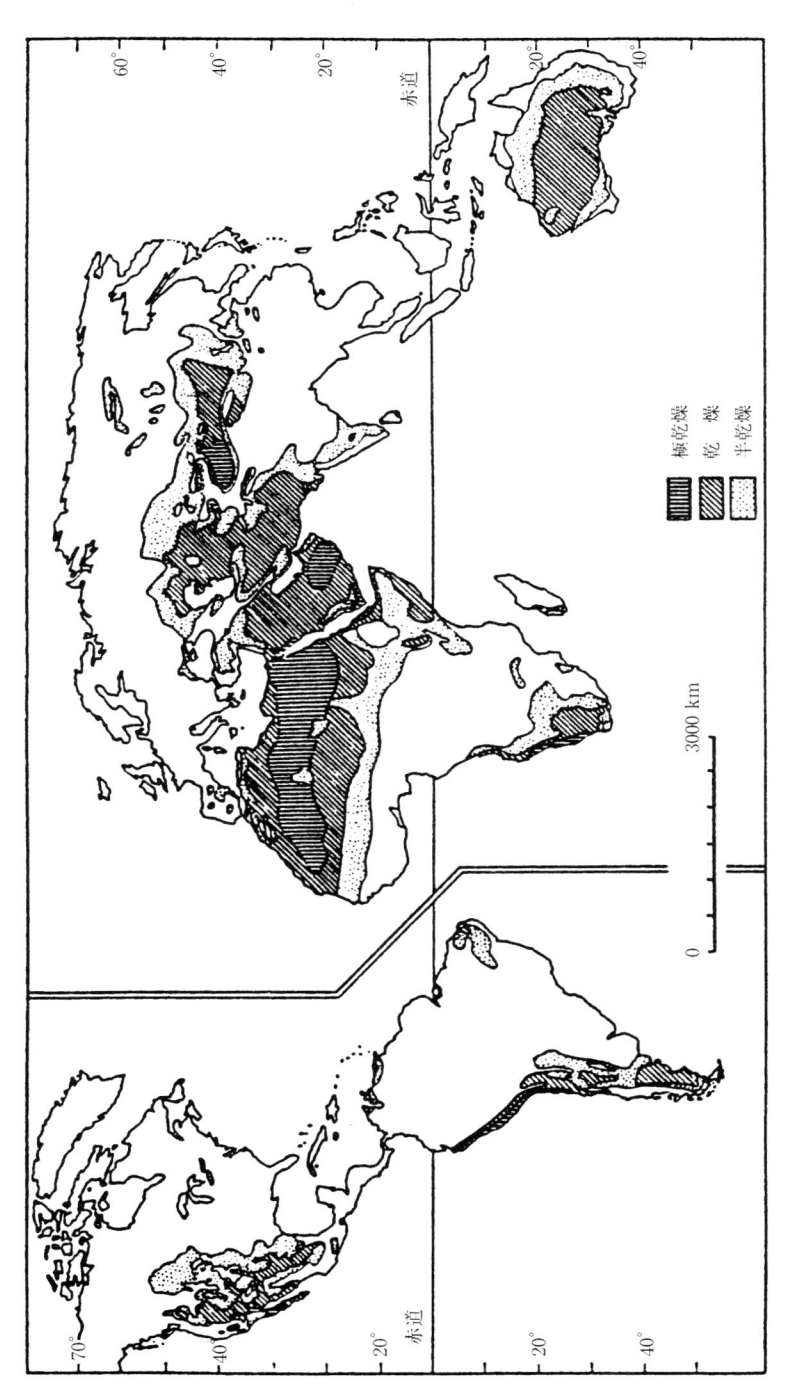

9.1 砂漠・半砂漠の定義とその自然的特徴

図 9.1 Meigs の砂漠 乾燥等質気候区分図 (赤木, 1990)

凡例: 極乾燥／乾燥／半乾燥

b．砂漠の地形と水文的特徴

　砂漠は植被が少なく地表面が直接大気にさらされているため，機械的風化が著しい．また，年平均降水量は少なくてもときに集中豪雨が発生し，運搬力の大きな流水に見舞われる．そのため，砂漠地域の山地斜面は侵食が進んでも急勾配で稜線の鋭い山地と，山地前面に発達したペディメント（pediment）といわれる平坦地が地形の特徴となっている．

　砂漠は風の働きが最も強くなる地域でもあり，風による侵食作用には未固結な細粒物が吹き飛ばされるデフレーション（deflation）と，砂が風により吹き付けられて研磨するアブレーション（ablation）がある．前者によって砂漠窪地やデザートペイブメント（desert pavement）が，後者の作用でヤルダン（yardangs）という砂漠特有の地形が形成される．風によって吹き飛ばされた砂の堆積地形には砂床，砂丘，レス（loess）などがあり，その規模は大きい．砂漠は砂砂漠，礫砂漠，岩石砂漠に区分できるが，面積的にはその大部分が岩石砂漠である．

　砂漠では蒸発量が降水量を上回るため，河川が途中で消失し，その最後にプラヤ（playa）とよばれる一時的な湖となる平坦地がある．このように砂漠は絶対的に水不足の地域であるが，砂漠内を流れる大河川の流域，砂漠内の高山の周辺，降水後一時的に流水のみられるワジ（wadi）の河道で砂礫が厚く堆積している場所などでは水を得ることができオアシスが発達している．

c．砂漠の生物

　降水量が少なく，しかも1年あるいは1日の気温較差が大きい砂漠の特徴は，そこで生活する生物にとってはきわめて過酷な条件となる．しかし，それに適応することができた生物は生存が可能である．たとえば葉を極端に小さくしたり，水やデンプンの貯蔵器官の役割を果たす肥厚した茎や根を有する植物は耐乾性が大きい．

　砂漠植物には大陸によって著しい差がみられる．アジアでは *Haloxylon* 属や *Salsola* 属，北アフリカでは *Acacia* 属や *Prosopis* 属，北アメリカでは *Larrea* 属，オーストラリアでは *Eucalyptus* 属や *Acacia* 属，アリゾナや中南米では *Cereus* 属が代表的な植物である．このように系統的には著しく異なっていてもそれらの生理生態的特性から砂漠に生存可能な植物は，次の三つのタイプに分けることができる．すなわち，①砂漠の中でも比較的水分条件に恵まれた場所に限って分布する種，②乾燥の厳しい期間は種子や果実の状態で過ごす種，③耐乾性のきわめて強い種，である．①タイプの植物はワジなどの比較的水分のある場所に生育する種で，アリゾナ砂漠のワジにみられるカバノキ科クマシデ属のIronwoodはその例である．このタイプの植物はとくに乾燥に対する耐性をもたない．②タイプは短い雨季の間に一生を全うする短命植物（ephemeral）で，内蒙古の砂丘のパイオニア植物である沙米（*Agriophyllum squarrosum*），スーダンのハマビシ属の *Tribulus*，サハラ南部のオシロイバナ属の *Boer-*

haavie などである．③タイプは，たとえばマメ科カリアンドラ属の Mesquite のように地下水を得るために地中深く根を下ろしたり，サボテン科やトウダイグサ科のトウダイグサ属の *Euphorbia* などのように貯水組織をよく発達させた多肉植物が含まれる．多肉植物といえども発芽初期の幼植物時代は厳しい乾燥条件に耐えて生育することはできない．このような場合は岩の間とかイネ科植物の株間，小低木の根際で幼植物期を過ごし，その後に優占種となる．

砂漠はそこに生息する動物相にとっても，餌となる植物と水が欠乏していることや，気温の変化が急激であることなどから，過酷な生活環境であるといえる．このような環境下で生息するため，砂漠の動物は生理的，形態的あるいは生態的に適応しているものが多く，ほかの地域には生息しない特有なものがみられる．

砂漠の動物相は貧弱ではあるが，その主力はアリや甲虫類，バッタ類，クモ，ダニ，サソリなどの無脊椎動物である．これらの小動物の多くも乾燥期は活動を停止して休眠するものが多い．脊椎動物の中ではトカゲ，ヘビ，リクガメなどの爬虫類がよく適応している．大型の哺乳類で砂漠環境によく適応しているのはラクダだけである．これらの動物は高温や高濃度の尿に対する耐性や皮膚呼吸の減少といった生理的に適応する機能をもっているが，昼間は岩陰や地中の巣穴に潜んで，夕方から活動するなどの，主として行動的な適応によって厳しい環境に対処している．

d．半砂漠の自然的特徴と砂漠化

本章で取り扱う半砂漠は Meigs の半乾燥地域に相当し，年降雨量がおよそ 250～500 mm の範囲に分布する．中央アジアのステップ，北米のプレーリー，南米のパンパス，アフリカのサヘル地域や南部のヴェルト，オーストラリア中央の砂漠周辺，インド南部の半乾燥地が含まれ（図 9.1），年降水量が多ければ疎林も成立する．しかしその大半は草原地帯である．旧大陸の半砂漠地域では昔から自然の草原を利用したヒツジやウシなどの放牧が盛んであるが，草の生産力が低いため家畜とともに住居を移住する放牧形態がとられていた．しかし，近年は牧民の定住化や家畜頭数の増大によって草原生態系のバランスが崩れ砂漠のような景観になってしまった場所が年々増加している．

新大陸と南アフリカの半砂漠地帯では移住してきたヨーロッパ人によって企業的牧畜が導入された．肉，皮，羊毛などの生産を一定の牧場内で行うこの形態でも，誤った土地利用の結果，一部地域で砂漠化，土地荒廃が顕在化している．

9.2 人間による砂漠・半砂漠生態系の破壊

乾燥あるいは半乾燥地域ではわれわれが想像している以上に自然破壊が進行している．なぜなら，砂漠・半砂漠生態系は降水量が十分ある湿潤地域の生態系と比較して

きわめて脆弱であり，人為的攪乱の程度がさほど大きくない場合でも容易に破壊されるからである．自然破壊の現状を知ることは何が保護上の問題点であるかを知ることでもあり，後で述べる自然保護のための対策を立てるうえから重要である．生態系が破壊される原因は次の二つに大別できる．すなわち，①生態系の機能の改善を目的として加えられた操作のまずさによる破壊と，②従来からと同じ操作を加えているにもかかわらず，その程度が増大したために生じた破壊である．

①タイプの事例として，砂漠の土地生産力を高める目的で建設した灌漑用水路の水管理のまずさによる塩類集積で，オアシスやその周辺地帯の灌漑畑を放棄せざるをえなくなったケースがよく知られている．砂漠地帯の水は多少なりとも塩類を含んでいるため，すべての水を使用してしまう方式だと水が蒸発した後に塩類が土壌中に残留する．塩類集積を未然に防ぐには一部を排水しなければならない．一方，過剰に灌漑した場合も塩類集積は起こり，その程度は灌漑水が少ない場合より著しい．オアシスの水源と同一水系の他の場所で深井戸を掘り，大規模灌漑農地を開発したために，従来と同じ方法で水利用をしているにもかかわらず水の絶対量が不足しオアシスが破壊されることがある．これも①タイプの生態系破壊である．どのような視点から自然を保護するかにもよるが，単にオアシスの集落が消滅するだけなら，そこが本来の自然の姿に戻ったという見方もできる．

北米，中近東，インドを原産地とするタマリクス類（*Tamarix*）は，水分が豊富にあっても塩類濃度が高すぎるため他の植物が分布できない場所でも生育することができ，また耐乾性にもすぐれた樹木である（Griffin *et al*., 1989；清水，1976）．タマリクスが定着した場所は風速が弱まり，表土が安定化するうえ，日光をさえぎり，地温の上昇が抑えられる．その結果，土壌表面からの蒸散が減少し，土壌水分条件もよくなるから，林床の草本類も多くなるだろうと期待された（清水，1976）．このような特性をもつタマリクス（*Tamarix aphylla*）は1930年代にオーストラリアの乾燥地域に防風林あるいは庇蔭林として導入された．しかし，近年それが中央オーストラリアのフィンク，ハーレ，トッドなどの河川に沿って侵入し分布を拡大，問題視されている（根本，1994）．

タマリクスは冠毛を有する風散布型の種子を生産するが，河川流域では主として洪水によって種子が分散され，水が引いた場所にある程度の湿り気が残っていればいつでも発芽してくる．そのうえ，洪水で運ばれたタマリクスの幹や枝は土砂をかぶると容易に活着し再生してくる（根本，1994）．またタマリクスの葉は根から吸収した水分中の塩類を約50倍にも濃縮することができる（Griffin *et al*., 1989）．そのためタマリクスによって形成されたリター層は多量の塩類を含んでいる．その結果，河川周辺のユーカリ自然林内に侵入，定着したタマリクスのまわりでは耐塩性植物しか生育できず，その林床植生は以前より貧弱になった．さらにタマリクスはユーカリのように樹皮がはがれないので，樹皮を利用して営巣する鳥類もみられなくなったという．この

ようにしてユーカリの自然林生態系は破壊され，一方，河川の流路では再生したタマリクスが流路をふさぐようになった（根本，1994）．

黄河中流域の乾燥地域にある寧夏回族自治区では砂漠化した土地を緑化する目的でポプラ類が盛んに植林された．こうした造林されたポプラの単純林は現在ゴマダラカミキリなどの穿孔性害虫による壊滅的な被害を被っている（遠田・山崎，1995）．

2種のゴマダラカミキリ（*Anoplophora glabripennis* と *A. nobilis*）が寧夏回族自治区に侵入したのは約20年前であったが，今では全自治区内に蔓延し，至るところに発生源となる被害木が放置されている．今後も大発生の危険性があり，防除を継続実施しなければならないが，技術的，経済的に困難な面も多い（遠田・山崎，1995）．この事例はポプラの単純林からなる生態系がいかに外敵に対して弱いかを示している．上述したタマリクスとポプラの事例も①タイプの破壊である．

地球的規模で深刻化している砂漠化現象は，乱伐や過放牧などの②タイプの原因によってステップやブラジル北東部のカーチンガなどさまざまな半砂漠地域の生態系を破壊している．自然の再生力を上回る樹木や草本類の利用形態が続けば植生の再生が追いつかなくなるからである．②タイプの自然破壊は乾燥・半乾燥地域における人口の急激な増加と深くかかわっている．

9.3 砂漠・半砂漠の自然保護

a．自然景観と人工景観

砂漠・半砂漠の自然保護には乾燥・半乾燥地に特有な，たとえば砂丘，砂床，レスなどの自然景観の保護と，そこで人間が長い間生活を営んできた証としての伝統的なオアシス，あるいは灌漑水路としてのカナート（*qanat*）などの構築物の保護が考えられる．前者は砂漠の自然を保護することになるが，後者は厳しい砂漠環境下で人間がつくりだしてきた人工的な景観の保護である．

オアシスを中心に発達した農地や集落あるいはカナートは人間が意図してつくりあげたものだが，砂漠や半砂漠には意図せずしてできあがってしまった景観もある．内蒙古のステップではかつてイネ科 *Stipa* 属の高茎草原が広く分布していたが，放牧家畜頭数が増大した今日，短草型草原がむしろ一般的であり，砂漠のようになった場所も多い．このような景観ははたして自然保護の対象となりえるのだろうか．

「人間との係わりにおける自然および自然資源を賢明に合理的に利用すること」も自然保護（保全）というならば（沼田，1994），放牧家畜が野草を利用したため高茎草原が短草型草原になってしまってもそれは保護の対象になるであろう．しかし，野草の再生力が損なわれて砂漠化した土地となった場合は，本来のステップ生態系は完全に破壊されたことを意味するから保護の対象にはならない．

人手が加わる以前の自然景観を保護するためには，家畜の放牧，薪の採集，耕作な

どの人為的行為はいっさい中止しなければならない．この視点に立って内蒙古自治区の大青溝（グウ）自然保護区では，この50年人手が入るのを厳しく取り締まった．その結果，渓谷沿いには立派な森林が成立し，周辺地域の草原とは著しく異なる自然が回復した．大青溝の自然には天然記念物的な価値は十二分に認められるが，自然を人間が合理的に利用した結果ではない．

オーストラリアの半砂漠地域では野火のほか，かつてはアボリジニー（Australian Aborigines）の火入れによって特有の草原景観が保たれてきた．しかし，火入れをほとんどしなくなったため，アボリジニーのかわりに人為的に火を入れることで伝統的な景観を保つことが試みられている．これは大青溝とはまったく逆の例である．

b．生態系の保護

自然保護の対象は砂漠・半砂漠に固有な枠組みとしての「生態系」と，その構成要素である個々の「種」に大別できる．生態系レベルと種レベル，さらに種を構成する個体の遺伝子レベルでの多様性を守ることは，自然保護の重要な課題である．

ほとんど降雨がみられず砂漠しか成立しえない地域に人間が構築したものは，維持管理を少しでも怠れば簡単に砂漠固有の景観に逆戻りしてしまう．このような厳しい環境に人間が挑戦したのは，かつてはそこで得られるわずかばかりの水を利用した商隊のための中継基地を建設するためであったり，近年は石油その他の鉱物資源の採掘という目的があったからである．このようにして建設されたオアシスなどの構築物を含む生態系は，周辺の砂漠に及ぼすインパクトが最小限になるようにつねに配慮されているのならば，ネガティブな意味合いからではあるが保護の対象となる．ところで，最近よく聞かれる砂漠の「緑化」は砂漠の合理的な開発利用であるかのように思われがちだが，それは砂漠の自然破壊である．砂漠の豊富な太陽エネルギーを有効に活用しようというわけだが，開発に伴う環境破壊が非常に大きいし，構築された人工生態系の維持管理に莫大な経費を必要とする．砂漠緑化の努力は，かつては広大な草原に覆われていたが現在では砂漠化した土地となってしまった半砂漠地域の植生回復に注ぐべきである．

半砂漠地域では，保護の目標となっている景観が極相植生を主体とした生態系なのか，あるいは放牧や火入れなどの人為的条件下で成立している生態系かを十分見極める必要がある．前者の場合なら，目標となる生態系を囲い込めば，時間の長短はあろうがいずれ目的は達成される．後者の場合には，一定の人為を加えなければ保護できない．

砂漠・半砂漠の生態系は世界の各地で急速に破壊されつつある．破壊されてしまった地域では，いったんもとどおりの生態系に復元してから保護しなければならないケース（沼田，1996）も多い．

「自然保護とはいったん破壊された自然に人手を加えて自然をよくすること」という

見方も重要になってくる．

c．種あるいは遺伝子多様性の保護

　砂漠・半砂漠に固有な種あるいはそれを構成する個体の遺伝子の多様性を保護することもきわめて重要である．砂漠には耐乾性や耐塩性に富んだ植物種が多く，これらの砂漠植物は，アジアでは *Haloxylon* 属，オーストラリアでは *Eucalyptus* 属というように地域によって異なっているうえ，地域の固有種も多い．また地表面がたえず移動している流動砂丘上で生育可能な短命植物もある．半砂漠では野生動物が喫食しても再生可能な多くのイネ科草本が分化したし，*Vellozia flavicaus* のように野火に対して適応した種も多い．

　上記の固有種や希少種はそれを安全な場所へ移植して保護するのではなく，砂漠・半砂漠に固有な生態系の中で他の多くの種とともに保護することが大切である．保護の対象となる個体群は遺伝子の多様性を確保できるだけの数から成り立っていることが望ましい．固有種や希少種のすみかを破壊する砂漠・半砂漠の乱開発は厳しく取り締まるべきである．砂漠・半砂漠に固有な植生を主体とした生態系が正常に機能すれば，砂漠に固有な動物相の多様性も併せて保護できる．

　固有種の中には薬品あるいは工芸品の素材として貴重な価値をもつ種もあり，これらは乱獲されやすい．このような場合は乱獲を極力防止すると同時に，その一部を一定の場所に移植して保護増殖をはかる必要がある．逆に，上述したタマリクスのように耐乾性，耐塩性にすぐれていることから導入され，定着に成功した種は，目的地以外まで侵入し，従来からある自然生態系を破壊することもある．よって，外来種の安易な導入は慎むべきである．

〔根本正之〕

文　献

1) 赤木祥彦（1990）：沙漠の自然と生活，245 p., 地人書館.
2) 遠田暢男・山崎三郎（1995）：中国ポプラ植栽林「緑の万里の長城」のゴマダラカミキリ被害．林業と薬剤，**131**，13-21.
3) Griffin, G. F., Stafford Smith, D. M., Morton, S. R., Allan, G. E. and Masters, K. A. (1989): Status and implications of the invasion of tamarisk on the Finke River, Northern territory, Australia. *J. of Environmental Management*, **29**, 297-315.
4) 根本正之（1994）：タマリクス・アフィラ——オーストラリア乾燥地帯の帰化雑草．植調，**28**-5，190-193.
5) 沼田　眞編（1976）：生態の事典，380 p., 東京堂出版.
6) 沼田　眞（1994）：自然保護という思想，212 p., 岩波書店.
7) 清水正元（1976）：砂漠に緑を——クウェイトでの実験，183 p., 中央公論社.

10. 湖沼の自然保護

10.1 湖沼の特性

　湖は「周りを陸地に囲まれた窪地に静止ちょ留している水塊で，直接海洋との交通関係のないもの」とされるが，沈水植物などが全域にわたって存在できる程度の深さのものは池や沼，さらに浅くて抽水植物によって覆われるものは湿地とよばれる（上野，1935）．500 km² 以上の面積をもつ大湖沼は，全世界では淡水湖188，塩湖65が知られているが（滋賀県琵琶湖研究所，1993），日本国内には琵琶湖しかない．国内で天然湖沼の数は 1 km² 以上の面積をもつものが98（倉田，1990），1 ha 以上では487 湖沼に達する（環境庁自然保護局，1982）．

　湖沼は，沿岸帯，沖帯，深底帯に大きく区分される．沖帯は水塊部分を，深底帯は湖底部分をさす．汀線を境に，陸上側には過湿条件にも耐える湿生植物群落が分布し，湖側では，湖底まで十分な透過光が届く沿岸帯に水生植物群落がみられる（図10.1(a)）（大沢ら，1980）．岸から沖に向かって変化する波浪，底質，光などの環境条件に応じて，抽水植物，浮葉植物，沈水植物，さらにはシャジクモ類などの水生植物が帯状構造をなす．深底帯では光が不足し，これら緑色植物は生育できない．透過光の多少は水深だけでは決まらず，湖水の透明度によっても大きく左右される．そのためセストン（プランクトンおよび無生物の浮遊物質）の少ない貧栄養な湖沼では，水生植物は富栄養な湖沼に比べ深くまで分布する．

　水温は光と並ぶ湖沼の主要な環境要因であり，とくに，湖水の上下混合に密接に関係する水温成層の有無などは湖沼の重要な特徴となり，湖沼分類に利用されている（Wetzel, 1975）．水は約 4℃ で密度が最大となるため，表面水温が 4℃ を超える場合は水の密度の大きい低温の深層と高温の表層の成層となり，以下の場合は深くなるにつれて水温の上昇する逆列成層が形成される．表面水温が夏に 4℃ を超え，また冬に 4℃ 以下となる温帯湖では，こうした2種類の成層がみられるが，年中 4℃ 以下の寒帯湖では逆列成層のみとなり，4℃ 以上の亜熱帯湖では夏だけの成層となる．熱帯では，標高の高い地域ではたえず循環が起こり永続的な成層は形成されないが，逆に表面水温が高温で変動の少ない熱帯低地の湖沼では安定した成層となり，水の上下混合がほとんど行われなくなる．

　亜熱帯湖とされる琵琶湖を例にみると，夏には，水深 10～15 m 付近にできる顕著な

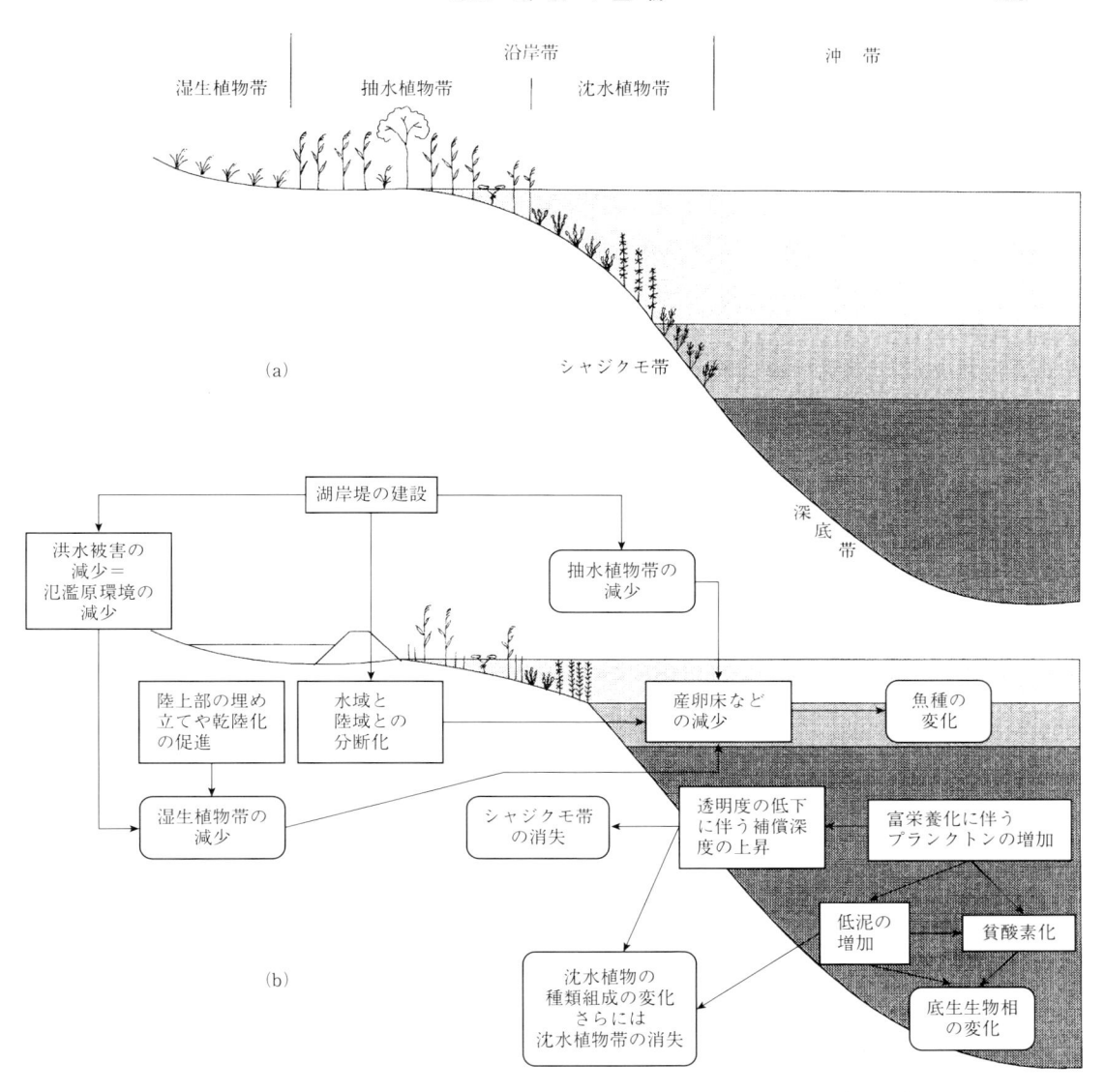

図 10.1 湖沼の生態区分 (a) と主要な環境変化が生物相に及ぼす影響 (b)

水温躍層を境に，25℃を超える表層と，冬期の7℃付近から水温がほとんど上昇しない深層という二つの等温層が形成される．このように年間を通じて低温が維持されている深層部は，底生動物などに特異な生息環境を提供している．

10.2 湖沼の生物

a. 固有種の分化

淡水生物は広分布種に富むので，分布上変化に乏しいようにみえるが，分布が世界

のある地方のみに限られる地方種も少なくない(上野, 1935). とくに, 成立年代がともに約 2000 万年前あるいはそれ以前といわれるバイカル湖(Martin, 1994)やタンガニーカ湖(Coulter, 1994)のような古代湖は, 多くの固有種を有している. 琵琶湖は日本で最も古い湖であり, 固有種も多く生息するが, 起源が数百万年前程度にすぎないために, バイカル湖などでのような固有属, 固有科のレベルまでには達しておらず, 種分化が現在進行中の湖と考えられている (西野, 1987).

種が分化するには地史的な時間を要することはいうまでもないが, 世界的に淡水生物の種が乏しいのは, 安定して持続されてきた淡水環境の場が限定されていたためと考えられる. バイカル湖やタンガニーカ湖のような古代湖は, 3 万 km^2 を超える広大な面積をもつとともに, 最大水深は千数百 m にも達する. これほど巨大な湖であるために, 淡水環境が長期間にわたって維持されるとともに, 湖のもつ多様な環境が種の分化を促進してきたと考えられる. また, 亜熱帯湖とされる琵琶湖でも, 深層水は年間を通じて 7~8°C でほとんど変化のない安定した水温環境をもち, 氷河期の遺存種ではないかと考えられている底生動物(ビワコミズシタダミやカワムラマメシジミなど)(西野, 1987) も知られている.

b. 多様な沿岸帯

沿岸帯は波浪などのために, 砂浜や石礫浜となることもあるが, 穏やかな水域では水生植物群落の発達がみられる. これら湖辺の水生植物群落や森林などから運ばれてきた有機物は, 沿岸帯に供給され, そこでの多様な動物の生息を可能にする (上野, 1935). そのため, 沿岸帯は深底部に比べ, 動植物ともに多様性が格段に高い.

植物版レッドデータブック(『我が国における保護上重要な植物種の現状』)(我が国における保護上重要な植物種及び群落に関する研究委員会種分科会, 1989) で明らかにされた 895 種の絶滅危惧種の中には, 50 種近い水草(狭義) (角野, 1994)や, 抽水植物帯から湿生植物帯に生育するタコノアシやミゾコウジュといった原野の植物も含まれている. 前者の水草は湖沼などがおもな生育場所と考えられるが, 原野の植物は, 沖積低地を流れる大河や湖沼の周辺でかつては頻繁に起こった増水などによって維持されてきた原野に生育していたもので, 原野そのものが失われたため, 現在は琵琶湖, 淀川のような湖沼とその周辺に取り残された形となっている(梅原・栗林, 1991). 湖沼の沿岸帯や湿生植物帯は, これら絶滅が心配される植物たちが残存する貴重な生育場所となっている.

10.3 湖沼環境の変化と生物

a. 水質の悪化

集水域での人間活動の増大に伴う環境破壊により, 固有生物や生態系の絶滅が世界

各地の湖沼で起こっている．その環境破壊として，流入土砂による湖沼の浅化や流入流出水の過度の利用による水位低下，湖水の汚染や人為的な富栄養化，酸性化などが列挙されているが(滋賀県琵琶湖研究所，1993)，日本の湖沼における自然保護を考えるうえで最も注意を要するのは富栄養化による水質の悪化である．富栄養化は栄養塩の増加に伴い，生物の現存量や生産量が大きい状態になることをいうが，湖沼ではとくにプランクトンが増加し，湖水の透明度の低下や溶存酸素の減少が進行する．

（1） 富栄養化と水生植物

富栄養化による透明度の低下は，沿岸帯の水生植物帯に大きな影響を及ぼす．なかでもつねに水面下にあって光合成を行う沈水植物は，光条件の悪化のために，生育できる下限水深がしだいに浅くなる．沈水植物の中では茎をもたないセキショウモなどのロゼット型の水草が減少し，茎をもち大群落をつくることのできるコカナダモなどの種類が優占するようになる（図10.1(b)）．さらに富栄養化が進行すると，沈水植物帯そのものが失われるが，代わって異なる生活型をもつ浮葉植物群落の一時的な増加がみられる．そしてついには，沿岸帯には抽水植物帯しか残らなくなる．

霞ヶ浦では，1950年代には31種類もの沈水植物が記録されたが，その後の著しい富栄養化に伴い種類数は減少し（桜井，1981），現在ではオオカナダモとエビモの2種類が見い出されるにすぎない（丸井，1994）．琵琶湖でも富栄養化に伴い，1940年前後の36種類から，1980年代の23種類へと沈水植物が減少した（浜端，1991）．

富栄養化の過程では，こうした種類数の減少が起こるとともに，ある程度の富栄養化段階において，帰化植物のコカナダモやオオカナダモ，在来種のクロモやエビモといった種類が大群落を形成し，湖沼全体での群落面積や現存量がともに一時的に増加することが知られている（桜井，1981；倉沢ら，1979）．これらの種類はいずれも長い茎をもつために，葉群を水面に近づけることが可能で，湖水の透明度の低下に対しては多少の耐性があり，しかも底泥には栄養塩が十分に蓄積されており，それを有効に利用し大繁茂できると考えられている（浜端，1996）．

シャジクモ属やフラスコモ属の一部の種類は，沿岸帯の最深部に生育し，いわゆるシャジクモ帯をつくる．これらの分布下限の水深は，夏の透明度の2倍あるいは最大透明度に一致するといわれ（生嶋，1972），貧栄養湖においては水温躍層の下部あるいは深層上部にあたる（Kasaki，1964）．湖沼の富栄養化による透明度の低下は，シャジクモ類の分布下限付近での生育を，光不足から困難にするが，とくに低温を好みシャジクモ帯最深部に生育するヒメフラスコモ（*Nitella flexilis*）（Kasaki，1964）などは，富栄養化によって補償深度が浅くなった場合，高温のために浅水域では生育できず，分布が制限される可能性が高い．

（2） 底質の泥地化

湖水中の栄養塩濃度の増加はプランクトンを増加させる．その遺骸は湖底に骸泥として堆積する．これらの底泥は，沿岸帯においては前述のように大繁茂する沈水植物

の生育を助ける．しかし十分な深さをもつ湖沼では，とくに夏の成層期には上下水の混合が行われなくなるため，プランクトンの分解過程で消費される酸素に見合うだけの供給ができず，深層での貧酸素化が進む．こうした溶存酸素の減少は，低温環境で生き延びてきた貴重な底生動物などの存続を脅かすとともに，湖底付近での底泥からのリンの回帰速度を増加させ（大久保，1996），湖沼の富栄養化をさらに加速するおそれがある．

b．水位変動

　湖水面の変動は，とくに湖岸付近に生息する生物に重大な影響を及ぼす．全国的に高温少雨であった1994年には，琵琶湖でも大渇水となり，9月中旬には史上最低の－123cmを記録した．そのため，最も浅水域に生育する琵琶湖淀川水系の固有種である沈水植物のネジレモが露出し，枯れ上がった群落も多くみられた．この種はいわゆるロゼット型の植物で，水中茎をもたないため，琵琶湖の富栄養化に伴って，浅水域に分布が限られてきている．ネジレモは種子生産も行うが，通常の繁殖拡大や越冬は走出枝によっており，移動能力に乏しく，過度の水位低下は致命的となるおそれがある．底生動物については，とくにヒメタニシ，カワニナ，シジミ，タテボシなどの大型の貝類に対して，水位低下が厳しく働くことが知られている（中島・西野，1985）．

　水位低下は，沿岸帯の生物の生息地を干陸化させるために，こうした移動能力に乏しい生物を死滅させる直接的な影響が最も深刻となるが，水位低下に伴う採食圧の増大という間接的な影響も無視できない．渇水時には，干上がったり，浅瀬になった湖岸でシジミやドブガイ類などを採集する多くの人々がみられた．人間によるこうした捕獲活動もその一つといえるが，越冬水鳥の採食圧も水位低下で増大される．コハクチョウは水生植物の地下茎などを好むが，水位低下は湖底に生育する沈水植物の採食を容易にする（浜端ら，1995）．とくに浅水域に生育し，地下茎で越冬するネジレモのような沈水植物の保護にとっては，これらの水鳥による採食圧も十分考慮の対象に入れなければならない．

　水位上昇は，ダム湖などで冠水による陸上植物の枯死などが問題にされたりする（麻生ら，1983）．抽水植物では，ヨシについてその枯れ稈が地下部に酸素を供給しているために，刈り取った稈の切口を水没させるべきでないと考えられたり（吉良，1991），分布下限の水深などから，春の芽出しの際に1m以上の水没は避けるべきだとされている．ハスにとっても長期の水没は群落の衰退の原因となる（Nohara and Tsuchiya, 1990）．沈水植物には1m程度の水位上昇はあまり問題とはならないかもしれないが，渇水と増水が連続して起こる場合は注意を要する．琵琶湖では－123cmまで水位が低下した翌年の1995年5月には，大雨により逆に＋93cmまで上昇し，1年以内に2m以上に及ぶ水位変動が記録された．この水位変動が沈水植物に及ぼした影響は十分調べられてはいないが，夏の成長期の渇水は沈水植物の分布域を深水域側へ移動させる

とともに，翌年の濁水による増水は深水域側での照度不足を引き起こした可能性があり，連続して起こる水位変動の影響なども十分考慮に入れられなければならない．

c．湖岸の人為的改変

霞ヶ浦（桜井，1981；Nohara，1993；後藤・大滝，1994）や諏訪湖（倉沢ら，1979）をはじめ日本の多くの湖沼で，抽水植物帯が埋め立てや護岸工事によって失われてきた．湖岸の築堤などの土木工事は，それが直接行われた場所で水生植物帯が失われるとともに，湖岸形状を単調化することによって，生物の多様な生息環境を失わせる．さらに，工事に伴う治水面での改善が堤内地（陸地側）に残された湿地の開発を促し，水生植物群落の二次的な消失を押し進める（図10.1(b)）．

湖沼とそのまわりの水田などが連続している場合，水位上昇は湖沼の平面的な拡大を意味している．そのため，水生植物の多くは植物体それ自身あるいは散布器官の殖芽や種子などが運搬能力の高い水によって運ばれ，浅水域への移動が可能であるし，冠水した水田は魚の産卵床などとしても利用される．しかし，湖岸堤の建設などによる水域と陸域との分断は，水位上昇を単なる垂直移動にとどめ，堤内地への移動を困難にしてしまう．かつての水田や捷水路が果たしていた機能をどのように補完していくかが，今後検討されなければならない．

治水面での改善は，湖辺に残る貴重な原野の植物の保護にとっても問題となる．それらの植物の生育地としては，日常的には水分条件に恵まれていること（梅原・栗林，1991）とともに，不定期に起こる増水による攪乱（梅原・栗林，1991；藤井，1994）が不可欠な要件と考えられている．そのため，湖岸堤などが建設され水位の安定化がはかられると，少なくとも堤内地側に残された群落では攪乱が期待できず，これら原野の植物の存続が困難となる．こうした問題を解決するためには湖岸堤をできるだけ陸上側に築くのが望ましいが，いずれの湖沼においても堤外地側に残された水生植物帯の幅は決して十分なものとはなっていない．

おわりに

大渇水や大増水は湖岸生物に大きな影響を与えるが，湖沼の人為的な管理が進むと，逆に水位が極端に平滑化されたり，自然条件下での水位変動とは異なった水位操作がされるおそれがある．琵琶湖で大繁茂を続ける帰化植物のコカナダモは，静穏で泥の堆積した水域をおもな分布地としており，浅水域で波浪の影響を受ける場所には地下茎や特別な休眠器官をもつ在来の沈水植物が生育している（浜端，1991）．冬期の水位低下や，それに伴う湖底の攪乱は，コカナダモのような種類の定着には不利に働くし，近年琵琶湖にも侵入してきた固着性のカワヒバリガイにとっても，水位変動は好ましい要因とはならない．それゆえ，ある程度の水位変動は，これら帰化生物の大繁殖を抑制するうえからも必要であるようだ．魚種のブラックバスやブルーギル，水草のコ

カナダモやオオカナダモといった外来種の持ち込みには，湖沼の自然を保護するうえで十分注意されなければならないが，その定着やその後の大繁殖，大繁茂には，湖沼の人工化や人為的な管理も無関係ではないに違いない．

　湖沼の自然保護をはかるためには，個々の種の保護という視点のみでは不十分で，湖沼環境全体を健全な自然の状態に戻すことがまず行われなければならない．湖岸形状のみならず，水位変動においてもそれが望まれる．そして何よりも重要であるのは，湖沼の富栄養化の防止である．そのためには，湖沼とその集水域を一体として取り扱うとともに，湖岸域のみならず集水域においても，生態学的に健全な土地利用を実現しなければならない．
　　　　　　　　　　　　　　　　　　　　　　　　　　　　　　　　　［浜端悦治］

文　　献

1) 麻生順子・永野正弘・梅原　徹(1983)：樹木および埋土種子に与える冠水の影響．箕面川ダム自然回復工事の効果調査報告書, pp. 5-16, 大阪府北部特定事業建設事務所．
2) Coulter, G. W. (1994): Lake Tanganyika. *Arch. Hydrobiol. Beih. Ergebn. Limnol*., **44**, 13-18.
3) 藤井伸二 (1994)：琵琶湖岸の植物——海岸植物と原野の植物，植物分類．地理, **45**-1, 45-66.
4) 後藤直和・大滝末男 (1994)：霞ヶ浦の水生植物の現状と過去．水草研究会会報, **54**, 13-18.
5) 浜端悦治(1991)：琵琶湖の沈水植物群落に関する研究 1, 潜水調査による種組成と分布．日生態会誌, **41**, 125-139.
6) 浜端悦治 (1996)：沈水植物の特性，河川環境と水辺植物——植生の保全と管理——, pp. 71-92, ソフトサイエンス社．
7) 浜端悦治・堀野善博・来原俊雄・橋本万次 (1995)：琵琶湖でのコハクチョウの採食場所の移動要因としての湖面水位——水鳥と水草の関係解明に向けての景観生態学的研究——．関西自然保護機構会報, **17**-1, 29-41.
8) 生嶋　功 (1972)：水界植物群落の物質生産 I ——水生植物——, 98+4 p., 共立出版．
9) 角野康郎 (1994)：日本水草図鑑, 178 p., 文一総合出版．
10) 環境庁自然保護局 (1982)：日本の自然環境, 249 p., 大蔵省印刷局．
11) Kasaki, H. (1964): The Charophyta from the lakes of Japan. *J. Hattori Bot. Lab*., **27**, 217-314.
12) 吉良竜夫 (1992)：ヨシの生態おぼえがき．滋賀県琵琶湖研究所所報, **9**, 29-37.
13) 倉沢秀夫・沖野外輝夫・林　秀剛 (1979)：諏訪湖大型水生植物の分布と現存量の経年変化．「環境科学」研究報告集 B 20-R 12-2 諏訪湖水域生態系研究経過報告 3, pp. 7-26.
14) 倉田　亮 (1990)：日本の湖沼．滋賀県琵琶湖研究所所報, **8**, 65-83.
15) Martin, P. (1994): Lake Baikal. *Arch. Hydrobiol. Beih. Ergebn. Limnol*., **44**, 3-11.
16) 丸井英幹 (1994)：霞ヶ浦における水生植物相の変化．水草研究会会報, **54**, 8-12.
17) 中島拓男・西野麻知子(1985)：水位低下の湖岸生物に対する影響．昭和59年度琵琶湖の異常渇水の影響に関する調査研究報告書, pp. 90-146, 琵琶湖研究所．
18) 西野麻知子 (1987)：琵琶湖の生物——概論．日本の生物, **1**-6, 26-30.
19) Nohara, S. and Tsuchiya, T. (1990): Effects of water level fluctuation on the growth of *Nelumbo nucifera* Gaertn. in Lake Kasumigaura, Japan. *Ecol. Res*., **5**, 237-252.
20) Nohara, S. (1993): Annual changes of stands of *Trapa natans* L. in Takahamairi Bay of Lake Kasumigaura, Japan. *Jpn. J. Limnol*., **54**-1, 59-68.

文　　献

21) 大久保卓也(1996)：環境水中における懸濁態物質の分解と栄養塩回帰. 用水と廃水, **38**-2, 5-20.
22) 大沢　済・吉良竜夫・越田　豊・田沢　仁・本城市次郎編 (1980)：基礎生物学ハンドブック, 280 p., 岩波書店.
23) 桜井善雄(1981)：霞ヶ浦の水生植物のフロラ, 植被面積および現存量——特に近年における湖の富栄養化に伴う変化について——. 国立公害研究所研究報告, **22**, 229-279.
24) 滋賀県琵琶湖研究所編 (1993)：世界の湖, 269+3 p., 人文書院.
25) 上野益三 (1935)：陸水生物学概論, 276 p., 養賢堂.
26) 梅原　徹・栗林　実 (1991)：滅びつつある原野の植物. *Nature Study*, **37**-8, 3-7.
27) 我が国における保護上重要な植物種及び群落に関する研究委員会種分科会編 (1989)：我が国における保護上重要な植物種の現状, 320 p., 日本自然保護協会.
28) Wetzel, R. G. (1975): Limnology, 743 p., Saunders College Publishing.

11. 河川の自然保護

11.1 河川の自然環境

　河川のもつ自然的特性は多様であるが，その一つに上流から下流に至る連続性があげられる．ひと口に河川といっても，源流域から河口に至るまでにはさまざまな地形的要因のもとに特徴のある景観が連続的に形成され，しかも流域の広さによってそれらの規模も大きく異なっている．とくに，中流域の扇状地地形では流下水の変動が激しく，地形の変化もダイナミックであり，冠水の頻度に対応した立地の持続性の違いは多彩な自然景観の形成に強く結びついている．
　河川における保護保全の対象としての生態環境は，基本的には自然的要因としての地形，水量，水質および生息する動植物などがあげられる．しかも，それらは，現時点において，貯水ダムの造成，護岸などによる，人為的または半自然的な状況に置かれている．とくに，わが国では，ほとんどの河川に洪水制御などの治水管理や利水のための調節機能が強く働いているため，多かれ少なかれ，物理化学的に非自然的な影響を受けており，これらの人為的影響の加わり方によっても河川の自然的状態は異なっている(玉井ら，1993)．また，都市河川の場合では，河川空間のレクリエーション的利用の要望も高く，オープンスペースとしての人為的管理下における河川環境の保全，修復も無視できない．したがって，河川の自然保護を扱う場合には，自然性の高い地域の自然の保護保全と同時に，人間の利用を含む自然修復や，景観管理の面からも考慮されなければならない．
　この章では，このような総合的な考え方に立ち，おもに，河川環境に特有の生息動植物およびそれらの生息環境の保護保全について述べ，合わせて復元，創出の面からも考察する．

11.2 河川における自然保護の対象

　一般に，河川流域の保護(preservation)保全(conservation)を行おうとする場合，対象とするエリアの規模を考慮する必要がある．河川流域では地域の規模により，全流域(basin)から，一支流域，一蛇行区間(reach)，さらに，瀬，淵などや岸部の微環境(ミクロハビタット，microhabitat)などのわずかな環境の違いに至るまで，段

階の異なるとらえ方がある．流水域の攪乱から回復までのシステムは各段階で異なり，それらに対応した生活様式をもつ生物の種類も異なってくる（Boon *et al*., 1992）．

次に，対象とする河川の状態，とくに，人為の影響の程度がどのレベルにあるかの判断が重要である．自然性の高い河川域では，地域の確保を主とする保護保全がはかられるが，河川に対する水質汚濁などの人為的影響がしだいに強くなるに従って，制限（limitation）や代償措置（mitigation），さらに修復（restoration）などと，管理の方針や対処すべき施策はおのずから異なってくる．また，河川に流入する汚染物質の動向については，理化学的な測定に加え，生物現象によるモニタリング（monitoring）が必要である（Wiegleb and Kadono, 1988）．

a．源流域

河川の自然保護には源流域の保護が最も重要であり，そのことは下流域の保全に対しても効果的である．自然性の高いすぐれた源流域の多くは，発達した河畔林によって覆われ，渓流辺には独特の自然景観が維持されている．これらの地域は保護林・保安林制度，自然公園法，天然記念物法など，何らかの法規制のもとに保護されなければならない（図 11.1）．

図 11.1 自然度の高い渓谷にみられる渓岸植生
（神奈川県津久井郡藤野町，道志川）

b．上・中流域

わが国の河川の上・中流域は，一見自然の豊かな山地景観域であっても，ほとんどの場合砂防ダムや貯水ダムが建設されている．さらに，低地での本流域の河道部分は，両岸が堰堤によって仕切られ，その堤内地は農耕地，集落などに集約的に利用されている．また，河道となる堤外地では数多くの堰（頭首工）が流水域の中に停滞水域を形成し，河川生態系の複雑さの一因となっている．貯水ダムは魚類の遡上を妨げ，本

来の河川生態系とは異質の環境を出現させている．

　堤外地の河道の幅は一般に500m内外の場合が多いが，そこには，蛇行する流路と河川敷とよばれる地形があり，流路には瀬と淵と堰に伴う淀みが形成される．低水路には増水のたびに広い礫地が形成されて，わずかながら自然植生が生育している．流入水の水質は農村や都市に接するところほど富栄養化が進み，水際の帰化植物の繁茂がそのことを指標している．高水敷は大部分が平坦な人工地として利用されており，人々のアプローチが容易な場所ほど人為的影響が強く働いている．

c．支流・小河川

　支流域の小河川とその水系に接する斜面林，残存する池沼，湿地，小川などの内水面は淡水産魚類，両生類，水生昆虫などの生息地として重要な保護対象地である．また，古くから存在していた谷戸の沼沢地や溜池などは貴重な水生植物の生育地であるが，現在著しく減少の傾向にある(小泉，1976)．これらの場所は，希少種の存在の有無にかかわらず，保全の対象とすべきである（図11.2）．

図 11.2　小動物の生息地として重要な谷戸の湿地と斜面林
（神奈川県三浦市）

d．下流域と河口部

　下流の河口部に形成される三角州，塩沼地，干潟などは渡り鳥の休息地，魚介類や両生類の生息地として重要であり，しかも最も生物生産量の高い地域である．わが国の河口域は多くの場合，産業立地化によって著しく劣化，縮小しており，可能なかぎり干潟などの修復，創出がはかられるべき地域である．

11.3 希少な植物と群落の保護

自然環境に対する開発の圧迫は，河川およびその周辺の水辺環境においても，数多くの絶滅危惧種を生じさせている．報告によれば，関東地方低地を潤す利根川流域の氾濫原の低湿地には，比較的多くの希少種が集中している．さらに，全国各地において，渓流辺，池沼などに遺存し，絶滅が危惧される希少種も多い（自然保護協会，1989）．

これに対し，河川中流域の礫地に生育する植物で絶滅危惧種に指定されているものは比較的少ない．河川敷の植物は洪水に依存するのが特徴である．したがって，氾濫による攪乱の激しい河川敷では，河辺の植生は崩壊と再生をくり返し，つねに変動しながら維持される特徴をもっている．礫地の草原や低木のブッシュ，さらに河辺林には他の多くの生物の生息が関与している．これからは，河川に特有の種の生育環境の保全が必要である．

生育地が限定され，生育個体数が少ない植物の保護には，当然のことながら，その種を含む群落全体を保護する必要がある．以下に希少種，とくに絶滅危惧種を含むおもな植物群落とその特徴を述べる．

a. カワゴケソウ群落

渓流中に生育する高等植物にカワゴケソウ科（Podostemaceae）がある．この植物はコケと見誤るほどの小型植物で，流水中の石の表面に付着生育し，共存する他の高等植物はみられない．カワゴケソウ科はすべて熱帯性の植物で，わが国にはカワゴロモ，ウスカワゴロモ，ヤクシマカワゴロモ，カワゴケソウ，トキワカワゴケソウ，マノセカワゴケソウの2属6種が知られており，いずれも九州南部（宮崎・鹿児島県）

図 11.3 絶滅危惧植物のカワラノギクの群生
（東京都府中市，多摩川）

の11河川の一部に分布している．この中には，水質汚濁の影響により，生育が危ぶまれている地区が多い（日本植物分類学会，1993）．

b. 礫地草本群落

河川中流域の乾いた礫地にはカワラハハコ，カラケツメイ（ツマグロキチョウの食草），カワラニガナなど不安定な河床に特徴的な草本植物が生育している．その中で，関東地方の多摩川，相模川，那珂川などに分布が限られ，美しい群落相観をもつカワラノギク（$Aster\ kantoensis$）群落は，その生育地が近年しだいに減少し，絶滅が憂慮されている．礫地における植物の生育環境は流水の攪乱との関係が深いため，一定の維持流量を必要とするが，その確保は河川管理上，困難な課題である（図11.3）．

c. オ ギ 草 原

河川敷の草原でオギは広範囲に生育する主要なイネ科植物であるが，自然状態のオギの立地は，定期的な増水による冠水時間の長い，砂泥地に限られる．このような立地に生育するオギ群落（ハナムグラ-オギ群集とよばれる）にはトネハナヤスリ，トダスゲ，マイヅルテンナンショウ，ノカラマツ，タコノアシ，タチスミレ，エキサイゼリ，シムラニンジン，ミゾコウジュ，ハナムグラ，フジバカマなど数多くの絶滅危惧種が生育する．具体的な生育地はおもに利根川中流部であり，渡良瀬遊水池と小貝川がその中心地であるが，淀川の中流域にも類似の生育地の報告がある．このようなオギ群落を維持するためには，生育域を広く確保し，しかも適度の冠水がくり返される流量管理が必要である（奥田，1978）．

河川敷におけるサクラソウの生育地として荒川下流の田島ヶ原（埼玉県）のサクラソウ群生地が天然記念物として指定されている．サクラソウの個体群を維持するためには，ここでは共存するオギやノウルシの生態学的な管理を行わなければならない．

d. ヨ シ 草 原

河口部やわんどの岸部などにはマコモ，ヨシ，ウキヤガラなどの抽水植物が大型のイネ科植物草原（ウキヤガラ-マコモ群集など）を構成し，ミクリ，ヤマトミクリ，ナガエミクリなどのミクリ属の希少植物も生育している．これらの抽水植物群落は魚類や水鳥の生息環境の確保につながり，同時に護岸や水質浄化にも寄与している．抽水植物群落の生育環境は河川よりもむしろ湖沼に広く存在する．琵琶湖などヨシ原が失われた湖岸でさまざまな復元技術が開発されている．河川では小池沼や小流路など多様な環境をもつ中州の形成が課題である．

e. 塩 沼 地

内湾に流出する河川付近の塩沼地には，特殊な環境に耐えて塩沼植物群落が生育す

る．アッケシソウ群集（北海道東部）やシチメンソウ群集（瀬戸内，有明海）などがこれに含められる．シチメンソウ，ヒロハマツナは絶滅危惧種にあげられているが，これらの生育地は開発の著しい西日本地域にあり，塩沼地に生息する他の生物とともに広域的な干潟の確保が課題である．

f．ヤナギ河辺林

河川敷の代表的な森林群落であるヤナギ林は全国の河川にごくふつうにみられる．ヤナギ類の大部分は全国に共通的に分布し，しかも分散能力や再生力が強い．しかし，ニセアカシアなどの侵入もあって，まとまった森林域となるとごく限られている（図11.4）．その中で，ケショウヤナギ，ユビソヤナギなどは分布が限られており，生育地の保護が必要である．ヤナギを食草とする昆虫類は多く，たとえば蝶のコムラサキはヤナギ群落に強く依存している．ヤナギを含む粗朶（そだ）による伝統的な護岸の技術は今後見直されるべきものである．

図 11.4 ヤナギ林の発達した河川中流域（茨城県古河市，利根川）

g．河　畔　林

ときに停滞水のみられる泥質の河川敷にはハンノキ優占林（ゴマギ-ハンノキ群集）が発達する．このようなハンノキ林は関東地方の荒川中流部などにみられるが，全国的にみてもその生育地はきわめて少ない．この林床には希少種のチョウジソウが生育する．また，低地の貧栄養湿地に発達するハンノキ林（オニスゲ-ハンノキ群集など）の残存林もきわめて少なく，ここにはイヌセンブリのほか，タチスゲ，オニスゲ，コムラサキシキブなどが生育している．ハンノキはゼフィルス類の食草である．

低地帯のエノキ，ムクノキなどの夏緑広葉樹林（ムクノキ-エノキ群集）は，ヤナギやハンノキ林に接し，その後背地に生育している．冷温帯ではヤチダモ，ハルニレ林がこれらに対応する．これらの河畔林は河川環境の中で最も生物相の豊かな生息空間

を形成する．

11.4 水辺環境の希少動物

　陸域と水域の接点にある水辺環境は，異なる底質，流水，水際の冠水地，背後の池沼や湿地，覆いかぶさる樹林など，植生相観の異なる，きわめて多彩な生物の生息場所である．多くの小型の生物は，これらのミクロな環境の違いに対応しながら生活している．大型動物の場合はこれに対し行動圏が広く，生息環境が特定の場所に限定されることは少ない．しかし，彼らの生活のためには流水は欠くことのできない存在であり，間接的にはすべての生物が，多かれ少なかれ河川環境にかかわり合いをもっていることになる．したがって，河川や水辺生の動物の保護管理には，対象とする生物の生息範囲（ハビタット，habitat）をまず考慮に入れる必要がある（環境庁，1991）．
　河川に強く依存する希少動物をみると，まず，哺乳類ではニホンカワウソが代表的である．かつて広く分布していた本種は，一時絶滅を危惧されたが，高知県足摺岬付近の水系に生存が確認されている．鳥類ではタンチョウがあげられるが，その生息環境には原生河川とともに，後背地に広い湿原が必要である．
　両生類は河川への依存度が高く，希少種の選定を受けたサンショウウオ目，カエル目の種が多い．絶滅危惧種としてホクリクサンショウウオ（分布：石川，富山），アベサンショウウオ（京都）があげられている．これらの両生類に対しては，小河川を含む林地の保護が必要である．なお，近自然工法の拠点であるドイツ・バイエルン地区では，両生類の保護にもきわめて熱心である（Assmann，1990）．
　淡水産の魚類は，河川が生活の本拠であるために，ダムの造成，護岸の改良工事，水質汚濁などの影響を直接的に強く受ける．ドジョウ科のアユモドキ（近畿，岡山），コイ科のヒナモロコ（福岡，佐賀），イタセンパラ（愛知，大阪），ニッポンバラタナゴ（おもに九州），スイゲンゼニタナゴ（兵庫，岡山），ミヤコタナゴ（関東），トゲウオ科のムサシトミヨ（埼玉）などが絶滅危惧種としてあげられている．これらの小型の淡水魚の多くは支流域の細流，溜池などに残存して生息しているため，水質を主とする生育環境の保全には細心の配慮が必要である（君塚，1992）．
　昆虫相では，食物連鎖の点で河辺生の植物や群落との関係が深い．希少種である国蝶オオムラサキの生息には河川敷のエノキ林の存在が必要である．ホタルやトンボ類の場合は栄養段階がより高次で，しかも流水域から止水域にかけての水辺への依存度は最も高い．また，一般市民の関心も高く，その生息場所の復元や養殖技術の開発には地方の自治体や市民の発意によるものが多い．

11.4 水辺環境の希少動物   509

1976年

1995年

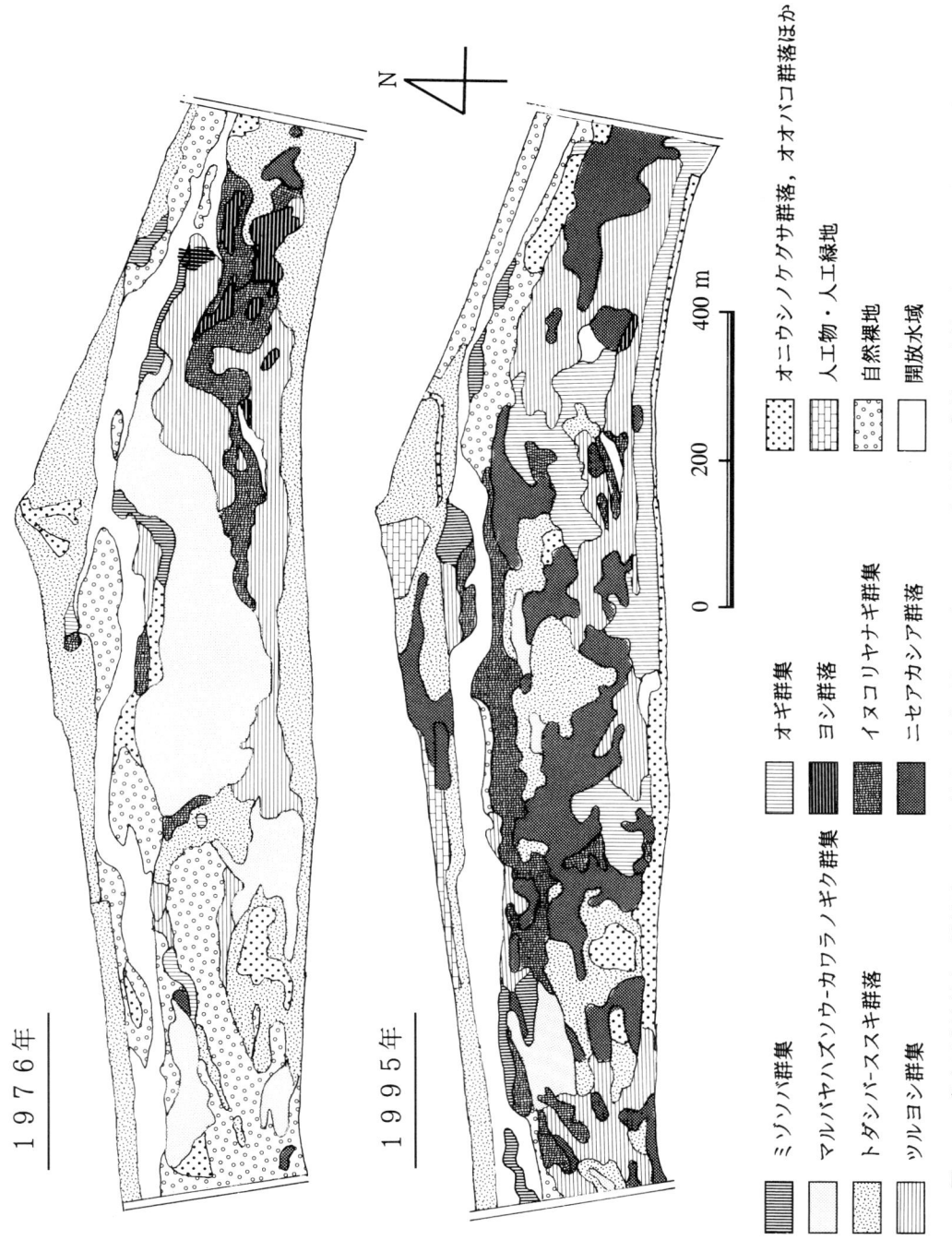

0 200 400 m

N

ミゾソバ群集　　　　　　　　オギ群集　　　　　　　　　オニウシノケグサ群落，オオバコ群落ほか
マルバヤハズソウ−カワラノギク群集　ヨシ群落　　　　　　　　　人工物・人工緑地
トダシバ−ススキ群落　　　　イヌコリヤナギ群集　　　　　自然裸地
ツルヨシ群集　　　　　　　　ニセアカシア群落　　　　　　開放水域

図 11.5　多摩川中流域永田橋付近における植生の変化（上 1976年，下 1995年現在）［詳細は文献 14）および 19）を参照］

11.5　河道の変遷と植物群落の変動

　前述したように，河川敷の植物群落は流動的で生育場所は年ごとに変化している．多摩川中流部において行われた植生図化の研究を例にとると，過去20年の間に，植生の分布に大きな変動があることが明らかになった（奥田，1976；奥田ら，1995）．河川敷の安定化に従って，たとえばオギ群落が広い面積を占めるようになり，ニセアカシアの林も拡大している．カワラノギク群落の生育範囲は狭くなり，またかつての場所からほかに移動している．このような群落の変動の追跡調査やカワラノギクの個体群に関する保全生物学的研究などが基礎データとなって評価，予測が行われれば，今後の生物相や生態系の変化，希少生物個体群の保護対策などに貢献するものと思われる（図11.5）（倉本，1995）．

11.6　河川環境の管理と生物生息地の創出

　わが国の現在の河川環境は自然災害対策の強化により，人工的な地形変更のため，本来の河川の形態とはかなり隔たった構造となっている．さらに，河川空間は市民の利用度が高く，自然の保護とのかかわりにおいても調整を余儀なくされている．しかし，与えられた立地条件の許容範囲の中で，可能なかぎり自然を取り戻す努力が必要である．

a．河川環境管理計画

　河川敷を主とする空間管理計画は，管理者である国および地方自治体によって，全国の主要な河川について策定されている．その骨子はゾーニングによる空間管理の整備方針を策定しているが，その中には，自然保護の最も厳しいゾーンとして，自然生態系の保全を目的とした自然保全ゾーンが位置づけられている．ここでは，地形の変更は行われず，しかも利用施設は持ち込まないことになっている．これによって，河川敷の自然が回復に向かうことが期待されている．

b．多自然型川づくり

　わが国の1級河川における自然環境の保全および復元対策の一つとしては，ヨーロッパ中部における近自然工法，いわゆるビオトープの造成技術に基づいた，多自然型川づくり施策が進められている．わが国ではその緒についたばかりではあるが，施策に対する対応は早く，種々の制約の中にありながら，可能なかぎりの修復技術によって，河川環境の多様性を創出している．現在，その施工事例は多数にのぼっており，自然と人間の共生を模索する姿がみられる（高橋，1987；亀山・樋渡，1993）．

11.6 河川環境の管理と生物生息地の創出

（1） わんどの造成

コンクリートで固めた単調で無機的構造の堰堤の護岸部は，生物の生息可能な有機的構造に変える必要がある．護岸に植生を用いたわんどの造成は，ビオトープの造成技術の中で効率のよいものの一つである（図11.6，11.7）．淀川下流（大阪市）のわんどはイタセンパラの生息地として知られているが，このわんどの造成は魚類の生息に好適な環境を創出している．

図11.6 自然がつくったトンボのビオトープ
（山梨県南巨摩郡南部町，富士川）

図11.7 人工のわんど（関東地方建設局京浜工事事務所，東京都府中市，多摩川）

（2） 遊水池

遊水池の造成は，洪水調節の機能をもつと同時に，生物相の確保にも貢献する．神奈川県引地川の下流に造成された大庭遊水地（11ha）の例をみると，造成後数年ののちには，36科152種の湿地生の高等植物が遊水池に侵入生育し，ヤナギ低木群落を含

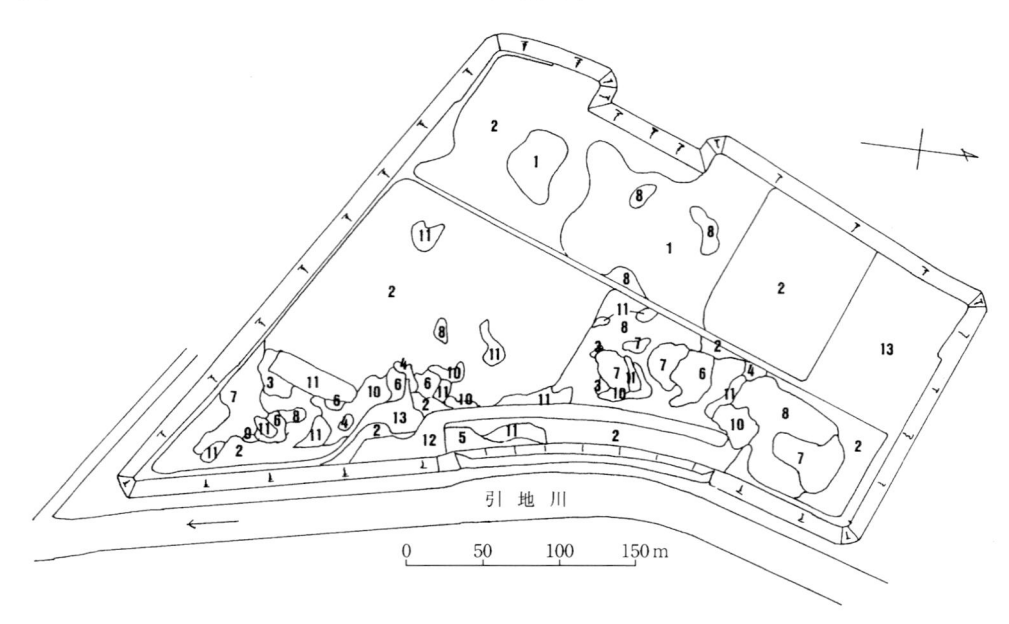

図 11.8 大庭遊水地の植生図（神奈川県藤沢市大庭，引地川）

1：ヒョウタンゴケ群落，2：オオクサキビ群落，3：アゼガヤツリ群落，4：ツルマメ群落，5：クサヨシ群落，6：タコノアシ群落，7：サンカクイ群落，8：ヨシ群落，9：ヒメガマ群落，10：セイタカアワダチソウ群落，11：タチヤナギ群落，12：水面，13：裸地．

めた11個の群落が成立している．その中には，タコノアシ，ミゾコウジュなどの希少植物も生育している（図11.8）．水辺の植物の中には，生育の場をつくればいち早く復元するものも少なくはない（奥田，1994）．

（3）魚　道

わが国の河川においては，地形的条件や水利用のために，砂防ダムや河道内の頭首工などの工作物の造成は避けがたいが，その代償として，回遊性の魚類の生態に好ましからざる影響を及ぼしている．わが国の魚道に関する研究はきわめて多く，さまざまな改良が行われている（中村，1995）．

11.7　調査研究および教育普及活動

河川や湖沼に関する基礎的・応用的研究は，大学および各研究施設において，各分野にわたって個別的，総合的に行われている（奥田・佐々木，1995）．ここでは，河川に限定して組織された調査研究や普及活動の動向について述べる．

a．河川水辺の国勢調査

建設省河川局は全国109の1級水系を対象に，「河川水辺の国勢調査」を1990（平成

2) 年度から実施している．調査項目は，生物関係では植物，魚介類，底生動物，鳥類，陸上昆虫類等，両生・爬虫・哺乳類の6項目があり，調査はおおむね同一河川で5年をサイクルに行われている．この生物調査では，種類相の解明が当面のおもな目的となっているが，植物に関しては，植物相のほかに，さらに群落区分，植生図，植被度，特定種などについても調査が行われている．その他の河川調査と河川空間利用実態調査は毎年行われている（建設省河川局治水課・リバーフロント整備センター，1993；1994；1995；1996；奥田，1995）．

　これらの調査においては，毎年多くの調査員が動員され，膨大な成果が集積されつつある．これらの成果は要約されて『河川水辺の国勢調査年鑑』として順次公表されているが，これまでデータの少なかった河川環境の規準情報として機能することが予想される．自然保護に関してはデータの中から多様性の高い場所を抽出して評価を行い，河川における自然保護地設定にまでもっていくべきであろう．

b．研究所などの研究報告

　河川の管理主体である国では「建設省土木研究所」（茨城県つくば市）が河川に関する研究を所管しているが，最近では外郭団体や民間においても，各種の研究が行われている．たとえば，河川環境管理財団，リバーフロント整備センターなどでは独自の研究報告が刊行されている（奥田，1991）．とうきゅう環境浄化財団では多摩川を舞台に，1976年より調査研究の助成を数多く行っている．

c．博物館など

　自然保護の研究・教育活動を推進するに際して，博物館は重要な拠点となる．河川や水辺の自然をおもな対象とする博物館はあまり多くはない．清流で名高い四万十川には，「四万十とんぼ自然館」（高知県中村市）があり，附属して設置された池や湿地

図 11.9　四万十とんぼ自然館とトンボ自然公園（高知県中村市）

などの生態園ではトンボの生態を見学することができる(図11.9). また, 相模川の中流には「相模川ふれあい科学館」(相模原市田名)があり, 相模川に生息する魚類の生態について学ぶことができる. 現地の河川に密接したこれらの博物館または博物館相当施設は, 自然保護の研究・教育活動を推進すると同時に, 河川を愛する市民団体の交流の場, 活動の拠点としても, その必要性は今後ますます高まることと思われる.

d. 河川に関する総合情報誌

河川環境に対する関心が高まるに従い, 建設省の外郭団体や地方自治体, 企業の財団組織, さらに市民団体に至るまで, 河川に関する図書, 定期刊行物, パンフレットなどが数多く出版されるようになった. 総合情報誌の中で, 定期的に刊行されているものとしては『河川』(日本河川協会), 『にほんのかわ』(日本河川開発調査会), 『FRONT』(リバーフロント整備センター), 『川楽版』(河川情報センター), "Rivers and Japan"(英文, 関東地方建設局)などがある. これらの情報誌には自然保護に関する有益な情報が多数含まれており, 教養, 知識を深めるための重要な情報源である.

[奥田重俊]

文　献

1) Assmann, O. (1990): Sand- und Kiesgruben- Lebensraume für Amphibien. Schriftenreihe der bayerischen Sand- und Kiesindustrie, 3. Hrsg. Bayerischer Industrie-verband Steine und Erden e. V., Fachbereitung Sand- und Kiesindustrie München.
2) Boon, P. J., Calow, P. and Petts, G. E. (eds.) (1992): River Conservation and Management, 470 p., Wiley.
3) 亀山　章・樋渡達也編 (1993): 水辺のリハビリテーション, 230 p., ソフトサイエンス社.
4) 環境庁編(1991): 日本の絶滅のおそれのある野生生物, 脊椎動物編, 340 p., 自然環境研究センター.
5) 建設省河川局治水課・リバーフロント整備センター編 (1993): 河川水辺の国勢調査年鑑, 平成2・3年度版 (2巻 魚介類, 河川空間), 山海堂.
6) 建設省河川局治水課・リバーフロント整備センター編(1994): 同上, 平成3年度版 (1巻 植物, 底生動物, 鳥類, 陸上昆虫類, 両生・爬虫・哺乳類), 山海堂.
7) 建設省河川局治水課・リバーフロント整備センター編 (1995): 同上, 平成4年度版 (7巻 植物, 魚介類, 底生動物, 鳥類, 陸上昆虫類, 両生・爬虫・哺乳類, 河川空間), 山海堂.
8) 建設省河川局治水課・リバーフロント整備センター編 (1996): 同上, 平成5年度版, 山海堂.
9) 君塚芳輝(1992): 内水面の環境変化と稀少淡水魚類. 滅びゆく日本の野生動物(今泉忠明監修), pp. 122-125, 成美堂出版.
10) 小泉清明 (1976): 自然保護と環境モニタリング. 自然保護ハンドブック(沼田　眞編), pp. 25-39, 東京大学出版会.
11) 倉本　宣 (1995): 多摩川におけるカワラノギクの保全生物学的研究. 緑地学研究, **15**, 120, 東京大学大学院緑地学研究室.
12) 中村俊六 (1995): 魚道のはなし, 229 p., 山海堂.
13) 日本植物分類学会 (1993): レッドデータブック——日本の絶滅危惧植物, 141 p., 農村文化社.

14) 奥田重俊 (1976)：多摩川流域の植生と植生図．多摩川流域自然環境調査報告書第1次調査, pp. 220-300, とうきゅう環境浄化財団.
15) 奥田重俊 (1978)：関東平野における河辺植生の植物社会学的研究．横浜国立大学環境科学研究センター紀要, **4**, 43-112.
16) 奥田重俊 (1991)：関東地方の主要河川における植生護岸の基礎研究．河川美化・緑化調査研究論文集, **1**, 45-70, 河川環境管理財団.
17) 奥田重俊 (1994)：大庭遊水地の植物相と植生．横浜国立大学環境科学研究センター紀要, **20**, 127-146.
18) 奥田重俊 (1995)：河川水辺の国勢調査の成果と将来展望．第42回日本生態学会大会講演要旨集, 11.
19) 奥田重俊・小舩聡子・畠瀬頼子 (1995)：多摩川河川敷の植物群落, 52 p., 建設省関東地方建設局京浜工事事務所・河川環境管理財団.
20) 奥田重俊・佐々木寧編 (1995)：河川環境と水辺植物——植生の保全と管理, 261 p., ソフトサイエンス社.
21) 自然保護協会編 (1989)：我が国における保護上重要な植物種の現状, 320 p., 自然保護協会.
22) 高橋理喜男編 (1987)：緑の景観と植生管理, ソフトサイエンス社.
23) 玉井信行・水野信彦・中村俊六 (1993)：河川生態環境工学, 東京大学出版会.
24) Wiegleb, G. and Kadono, Y. (1988): Composition, structure and distribution of plant communities in Japanese rivers. *Bot. Jahrb. Syst.*, **110**, 47-77.

12. 湿原の自然保護

　湿原（mire, moor）は湿性立地に成立した植物群落をいい，発達する場所によって形態と性質が異なる．われわれが「湿原」と聞いて，すぐに連想するのは尾瀬ヶ原や釧路湿原などであり，それらは長い年月をかけて堆積した泥炭（peat）の上に発達した草原状の相観をもつ群落である．しかし，外国では日本のような無立木湿原は相対的に少ない．たとえばフィンランドではヨーロッパアカマツ，ドイツトウヒなどが生育している森林湿原や疎林湿原が全体の70%を占めている（宮澤，1994）．しかし，異なる相観を示す湿原であっても，過湿な立地に成立する自然のままの生態系であることに変わりはない．われわれは湿原から洪水防止，レクリエーション，野生生物保護など多くの公益的な機能を享受してきた．しかし，一方では湿原を排水することでの農地への転換や植林地への開発で面積の減少を促進し，最近では水質の汚染で環境を悪化させてきた．このような環境の変化は，湿原という特殊な立地に適応進化してきた多くの生物にとっては致命的である．それらが健全に生存を続け，われわれが今後も多くの公益的機能を享受するためには湿原を適切な方法で保護しなくてはならない．そのためには，まず可能なかぎり現状を正確に調査し，湿原の性質と実態を明らかにすることが大切である．そして，その成果をもとにきめ細かな保全計画が立案されなければならない．ここでは湿原保護のあり方について，わが国を中心に「湿原」の性質とそれが置かれた現状と問題点を知り，湿原の保護について考えてみたい．

12.1　湿原が形成される環境

　湿原は多くの場合，泥炭の上に成立している．植生学や植物学の分野では泥炭の上に生育する植物に注目して湿原とよび，地理学や土壌学の分野ではそこに形成される泥炭に注目して泥炭地とよぶことがふつうである．湿原発達の基盤となる泥炭は，ある程度分解した植物遺体が積もった堆積物で「草の漬物」ともよばれ，その堆積量は1年に1mm前後のことが多い．この泥炭形成には植物が腐らずに堆積を続けるための条件として，酸素が少なく微生物の活動が不活発となる過湿な条件，低い気温，広い平坦地が必要である．そして，その条件は地理的に北緯40度から70度までの間の地域に大規模に広がっている．そこは7月の平均気温が20°Cの等値線以北であり，この条件をわが国に当てはめると，東北地方から北海道の低地と本州の高山帯にあたる

（阪口，1989）．しかし，微生物の活動が抑えられる酸素の少ない過湿な立地であれば泥炭の形成は進むようで，インドネシアのような熱帯地域でも樹木の堆積による泥炭の形成がみられる．

12.2 世界と日本の湿原（泥炭地）分布

世界の湿原（泥炭地）は地球の陸地の10分の1を占めているといわれる．1981年の推定（表12.1）では，その面積は世界全体で420万 km² である．その大部分はカナダ，ロシア（旧ソ連）に集中し，それぞれ日本の約4倍の面積に相当する150万 km²（世

表 12.1 国別泥炭地面積　　　　（単位：ha）

国　　名	I	II	III	IV
旧ソ連	150×10^6	71.5×10^6	73×10^6	70×10^6
カナダ	150	10	9.5	111.2
アラスカ（USA）	49.4	—	—	44.0
アメリカ（アラスカを除く）	10.24	7.5	7.5	10.2〜12.0
インドネシア	26.3	14.7	1.35	1.0
フィンランド	10.4	10.0	10	8.0
スウェーデン	7.0	5.5	—	6.0
中国	3.48	—	—	—
ノルウェー	3.0	3.0	—	2.96
マレーシア	2.36	—	—	0.4
イギリス	1.58	1.6	—	1.52
ウガンダ	1.42	—	—	—
ポーランド	1.35	1.5	1.5	2〜2.4
アイルランド	1.18	1.2	—	0.8
旧西ドイツ	1.11	1.1	5.25	1.6〜3.0
アイスランド	1.0	1.0	0.3	0.28
スコットランド	—	—	—	0.8
日本	0.250	0.2	0.2	—
デンマーク				0.14
フランス				0.1
イタリア				0.1
ニュージーランド				0.1
ハンガリー				0.08〜0.12
オランダ				0.08
チェコスロバキア				0.012
プエルトリコ				0.01
イスラエル				0.006

注　I：Kivinen and Pakarinen, 1981；II：Gottlich, 1976；III：阪口，1974；IV：Davis and Lucas, 1959（I，II，IIIは，北海道の自然，22号，1983による．IVは，北海道未開発泥炭地調査報告，開発庁，1963による）．

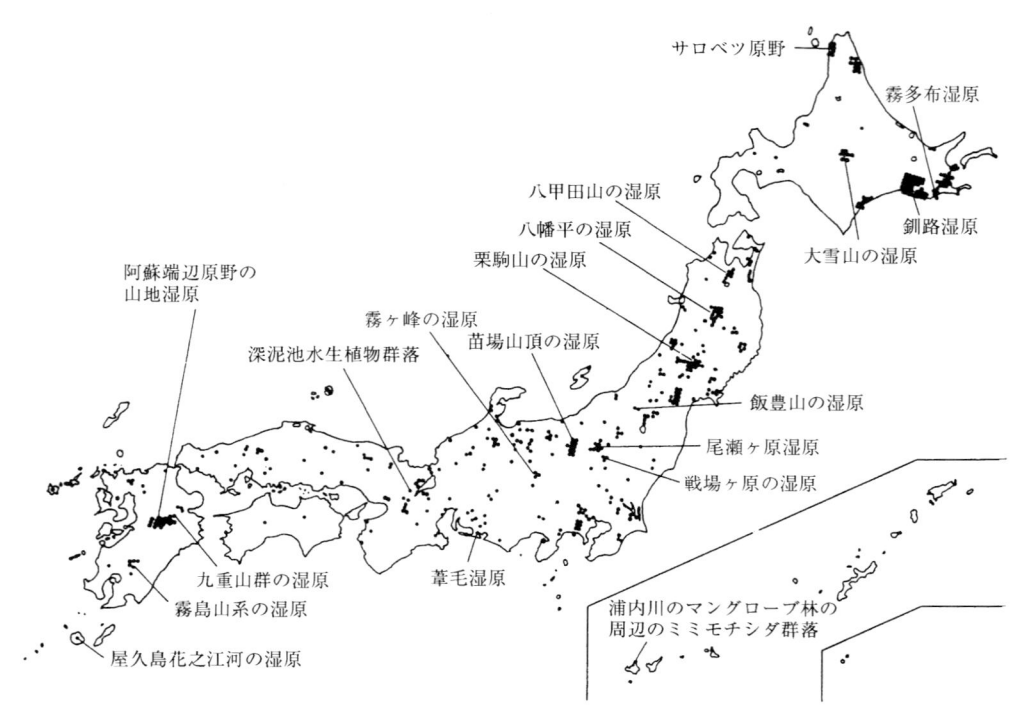

図 12.1 わが国の湿原分布と代表的な湿原（環境庁，1985）
「第2回自然環境保全基礎調査」で調査された湿原の位置を5km×5kmメッシュにより示したもの．

界の泥炭地の各35％)を占めている．森と湖の国といわれるフィンランドは国土の30％が湿原であり，メキシコ湾流に洗われるイギリスでは湿原が国土の6.5％に広がっている．われわれの住む日本は0.6％以下でたいへん小さな割合である．

わが国の泥炭地の本格的な形成は11000年前に始まり，6000年前頃から活発化した（阪口，1989）．環境庁の第2回自然環境保全基礎調査での集計（アジア航測，1981）によれば，北海道のサロベツ原野から西表島までの，わが国のほぼ全域に233か所，総面積36315haの湿原がある（図12.1，環境庁，1985）．わが国の湿原の大部分は規模の小さなもので，1ha以下の湿原が全体の30％，10ha以下のものが67％を占めている．最大のものは釧路湿原（21440ha）で，これ一つで全体の59％を占めている．湿原の分布は冷涼な気候が支配する湿原形成の環境が備わった北海道に多く，全国の83.6％（30370ha）を占める．わが国の湿原には釧路湿原，サロベツ原野（3900ha），霧多布湿原（2250ha）などのように沖積平野に発達するタイプと，尾瀬ヶ原（750ha），日光戦場ヶ原（260ha）などのように高海抜の山岳に発達するタイプがある．

12.3 湿原の種類と性質区分

湿原植生は地下水と泥炭の堆積・形成部位の関係から低層湿原（fen, Flachmoor），

中間湿原（transition, Zwischenmoor）と高層湿原（bog, Hochmoor）に大別される．湿原の発達は低層湿原，中間湿原そして高層湿原へと向かう変化であり，湿原の変質の過程はその逆方向の変化である．

　低層湿原は水面下で泥炭の堆積が起こり，つねに冠水している立地に発達する．そこは氾濫などによって周囲から土砂が流入し，栄養塩類が供給される場所である．そこには大型のスゲ類，ヨシ，オギ，マコモなどの湿性草原が発達するが，土砂の堆積や排水が進むと木本のハンノキが生育するようになる．低層湿原での泥炭の堆積が進み，相対的に水深が浅くなり，加えて水位変動が大きく起こるようになるとイネ科，スゲ類が優占する中間湿原になる．そこに最も一般的なものはイネ科のヌマガヤ（*Moliniopsis japonica*）である．また，この湿原ではヤチヤナギ，イソツツジ，ワタスゲ，タチギボウシ，ニッコウキスゲなど低木や高茎の草本が目立つ．この湿原は長期間の間に複雑に入り組んだ根や地下茎の発達によって徐々に水はけが悪くなる．これは多くの植物にとっては生育に不適な環境への変化であり，ミズゴケの優占する高層湿原の形成へと進む．そこでは地下水面の上でミズゴケを主体とする泥炭の堆積が進む．このため多くの場合，地表面はつねに盛り上がっている．この形態はブルト（Bulte）とよばれ，周囲の凹地はシュレンケ（Schulenke）とよばれる．このブルトの上には小型の植物であるツルコケモモ，モウセンゴケ，ガンコウラン，ヒメシャクナゲなどが生育する．一方，シュレンケの中にはミカヅキグサ，ホロムイスゲ，ナガバノモウセンゴケなどが生育する．この立地には周囲からの水は流入しない．灌水は雨水や霧などによるため，立地はつねに貧栄養の環境下にある．灌水が自然の気象変化に支配されるこの立地では，ときに長期間乾燥が続くこともある．しかし，ミズゴケは体の形態から乾燥重量の20倍から30倍もの水を貯蔵でき，毛管現象で水を上昇させる．これによって長期間にわたってブルトに湿潤環境を保つ．しかし，このブルトが発達しすぎると毛管水の連続が切れ，乾燥化が進みヤチヤナギ，ホロムイツツジなどの低木，シダ植物や地衣類などが生育するようになる．時間の経過とともにミズゴケの分解が進むとブルトは崩壊し，最後には裸地となる．そして，そこでは再びミズゴケ類のブルトの形成が進むことになる．この同一場所での群落の形成と移り変わりはWatt (1947)によって示されたcyclic theory（輪廻説，交互生長説）の実証でもある．また，地域全体ではさまざまな形態の群落が入り混じって存在することになる．これを再生複合体（regeneration complex）とよぶ．このように高層湿原内にはさまざまな種類が生育しており，種多様性の高い群落が維持されている．しかし，一方ではこの群落は特殊な立地環境に成立するために，外からの環境変化に対してはきわめて敏感である．

12.4 湿原破壊の歴史と現状

わが国の各地に残る湿原は現在どのような状況にあるのであろうか？ 破壊が進み湿原の性質維持が困難となっているものも多いと推測される．その直接的な原因としては，耕作地化や植林地化のための排水，宅地化のための埋め立て，泥炭採取，踏みつけなどがある．一方，間接的なものとしては立地の富栄養化がある．しかも，実際にはいくつもの要因がからみ合って働いて湿原の変質を導いていることが多い．

わが国での湿原の破壊の最大の原因は耕作地，宅地などの開発である．日本列島に稲作の栽培が伝わって以来，今日までに低地の湿原のほとんどが農地，とくに水田に変わり，それが現在では市街地に変化している．かつての湿原地域は谷，池，沼，沢，窪などがついた地名として残っていることで追跡できる．東京では四谷，市ヶ谷，渋谷，溜池，駒沢，池袋，荻窪などがその例である．わが国で最も湿原が発達している北海道において，湿原はかつて全道の 2.4% (2004 km^2) を占めていたが，現在はその 68% (1363 km^2) が開発により消失してしまった（阪口，1989）．最近の開発が最も進んだサロベツ湿原は 14.6 km^2 から 3.9 km^2 に減少したといわれる（釧路市史編さん事務局，1987）．泥炭地が国土の 1/3 を占めていたフィンランドでも，1800 年代から農用

図 12.2 日光戦場ヶ原南部の湿原内に植栽されたカラマツ
過湿条件のため生長が悪く，盆栽状に生育している．

地開拓のために広範な平地が排水溝を掘ることで水抜きされ，立地の乾燥化がはかられた．そして，これまでに500万haの排水事業が行われ，すでに70万haがオートムギ，牧草などの農牧地に変わっている（宮澤，1994）．

わが国でも湿原からの排水は各地で知られている．日光戦場ヶ原では，戦前に湿原の南東部（南戦場ヶ原，赤沼一帯）に排水溝を掘りカラマツを植栽した．しかし，排水が十分でなかったために生長が悪く，そこには現在でも樹高1～2mの盆栽状のカラマツをみることができる（図12.2）．この排水路は湿原の水を現在も流し続けており，一部地域では地下水位の低下が排水路から周辺15mの間にわたって起こっている．それと対応するように，ホザキシモツケ群落の分布域の拡大，ズミの若齢個体の増加など植物群落と樹木の生育状態も変化している（福嶋，1988）．

群馬県沼田市の北方にある約3haの玉原湿原でも第二次大戦中の1942年に，この湿原を軍馬生産の牧場とするために水抜きの排水路が掘削された．これが戦後も埋め戻されることなく残り，排水が続いた結果，現在では乾燥化による湿原植生の退行が起こっている．その実態を筆者らの調査結果（福嶋ら，1991）からみてみよう．表12.2はこの湿原に分布する植物群落の種類構成を示す群落組成表であり，図12.3は区分された群落の分布を示す植物社会学的植生図の一部である．地形は図12.3の左上から右下に向かって傾斜しており，人工排水路が上下に走っている．この排水路の右にはそれと接するように表12.2の群落9，群落8B，群落8A，群落11Bが配列されている．

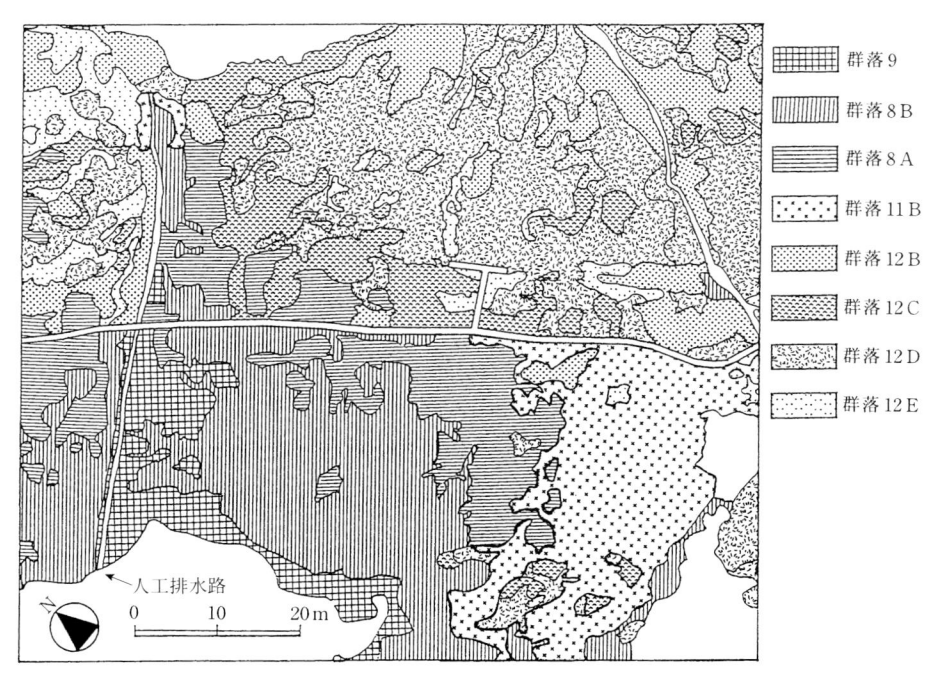

図 12.3 群馬県玉原湿原の人工排水路と周辺の現在植生図（群落番号は表12.2の組成表で区分された群落番号と一致する）

表 12.2 群馬県玉原湿原の植物群落組成表（常在度表）

整理番号	1	2	3	4	5	6	7	8	9	10
群落番号	8A	8B	9	11A	11B	12A	12B	12C	12D	12E
スタンド数	6	6	5	6	13	15	13	17	14	13
平均種数	5	7	7	12	10	18	14	15	16	12
ノリウツギ	I	III	IV	I	I	·	·	·	·	·
クマイザサ	·	·	III	·	·	I	·	·	·	·
ミズギク	·	·	·	·	·	III	IV	III	V	V
トキソウ	I	·	·	·	·	III	IV	IV	IV	IV
カキラン	·	·	·	·	·	II	I	III	III	II
キンコウカ	·	·	·	·	·	II	IV	V	V	I
ミヤマイヌノハナヒゲ	I	·	·	·	·	III	IV	III	V	V
ミカヅキグサ	·	·	·	·	·	II	III	III	V	IV
サワラン	·	·	·	·	·	·	·	·	II	II
モウセンゴケ	·	·	·	III	III	III	III	V	V	V
ヤチカワズスゲ	·	·	·	IV	IV	IV	IV	IV	IV	IV
アオモリミズゴケ	·	·	·	III	II	IV	III	II	IV	IV
ツルコケモモ	II	·	·	V	IV	V	V	V	V	V
ウメバチソウ	·	I	·	IV	IV	V	V	V	V	V
ミタケスゲ	·	·	·	V	IV	IV	V	III	II	III
ワタスゲ	·	·	·	III	II	IV	IV	IV	V	II
コバギボウシ	·	·	·	I	·	II	I	I	II	II
ヌマガヤ	V	V	·	V	V	V	V	V	V	V
ハイイヌツゲ	V	V	V	V	IV	V	V	V	IV	II
オゼヌマタイゲキ	I	I	·	I	III	III	II	II	II	II
ヨシ	V	V	II	I	IV	I	II	III	I	I
ゴウソ	II	V	I	III	IV	III	II	I	·	·
ヤマドリゼンマイ	·	·	I	V	·	V	·	·	·	·
オオミズゴケ	·	V	III	V	III	V	V	V	V	II
アキノキリンソウ	·	I	·	·	I	III	I	I	·	I
タムラソウ	·	·	·	I	II	II	II	I	I	I
アブラガヤ	·	·	·	I	III	II	I	·	·	I
ヤチダモ	·	II	I	·	I	I	·	·	I	·
ハイゴケ	·	II	·	·	I	I	·	II	I	·
シカクイ	·	·	·	·	·	I	I	I	III	·
ハリイ	·	·	·	·	·	I	I	I	I	·
メニッコウシダ	·	·	I	III	I	II	·	·	·	·
シラカンバ	·	·	·	·	I	I	·	I	I	·
ヒオウギアヤメ	·	·	·	·	II	II	II	·	·	·
エゾリンドウ	I	·	·	·	II	·	·	I	·	·
ヒメシダ	·	·	I	I	I	·	·	·	·	·
ウロコミズゴケ	I	·	·	·	·	·	·	·	I	·
ゼンマイ	·	·	·	I	·	I	·	·	·	·
ツタウルシ	·	·	I	I	·	·	·	·	·	·
アカイタヤ	·	·	I	·	·	·	·	I	·	·
ミズチドリ	·	·	·	·	·	I	·	I	·	·
ウラジロヨウラク	·	·	·	I	·	I	·	·	·	·

12.4 湿原破壊の歴史と現状

相観的には群落9がハイイヌツゲ低木林，群落8B, 8Aはハイイヌツゲとヌマガヤの優占する群落である．また，群落9から8Aまでの分布はちょうど排水路を中心に直角三角形のように分布している．これらは隣接地域の湿原の植物を多く含む群落とは組成的に明らかに異なっており，組成の単純化が進んでいる．この群落の配列は斜面に沿う直線的な水の移動が排水路によって遮断され，乾燥化した結果である．調査地を10mのメッシュに区切り，その交点に穴を開けた塩ビパイプを設置し，その中に貯った水位を地下水位として1989年8月31日から3年間に計16回測定した．図12.4は平均地下水位を湿原全域での等値線分布で示したものである．これを見ると，植生分布と一致するように排水路付近での明らかな地下水位の低下が起こっている．しかも，そこでは水位の変動の大きいことも判明した．このように，人工排水路は湿原の乾燥化を進行させ，その水分環境の変化に対応して湿原の変質化を進めている．

人工排水路による地下水位の低下とは別に，土砂堆積による相対的な地下水位の低下による立地の乾燥化もある．その例は日光国立公園内の日光戦場ヶ原にみることができる．図12.5は戦場ヶ原とその周囲の地形条件を示したものである．戦場ヶ原の北部には男体山，太郎山などに源を発する逆川が流入しており，洪水時には多量の濁流と土砂を運ぶ．ここへの流入は明治時代末期にはすでに起こっていたことが当時の絵はがき（図12.6）からわかる．その時点では現在ズミ林になっている部分は植物のない裸地である．図12.7は湿原への流入域一帯の植生図である．土壌分析の結果（Hu-

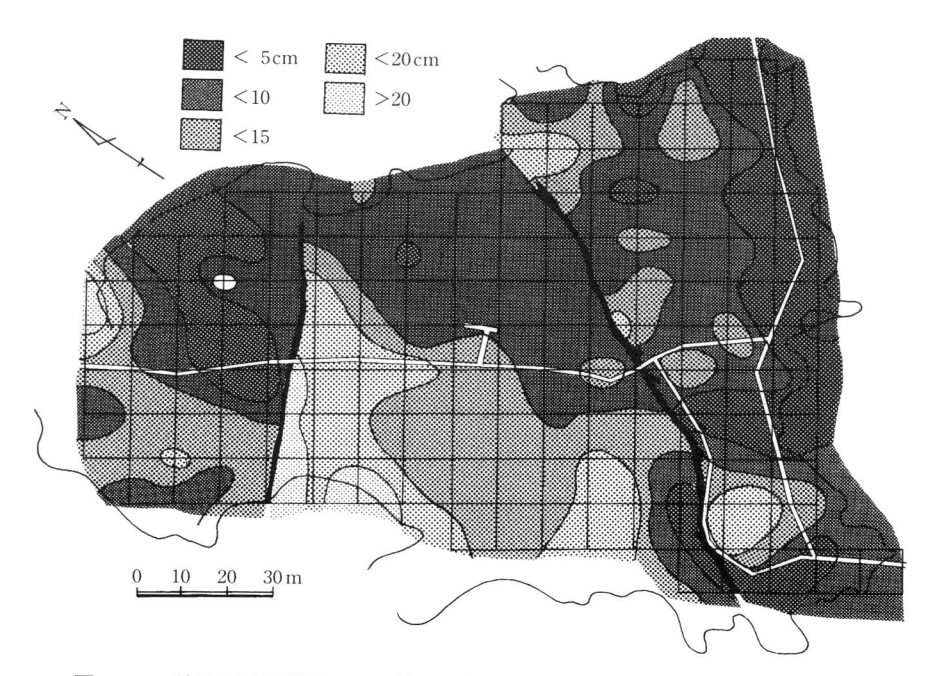

図12.4 群馬県玉原湿原での平均地下水位等値線分布図（人工排水路の右側で地下水位の低下が明瞭である）

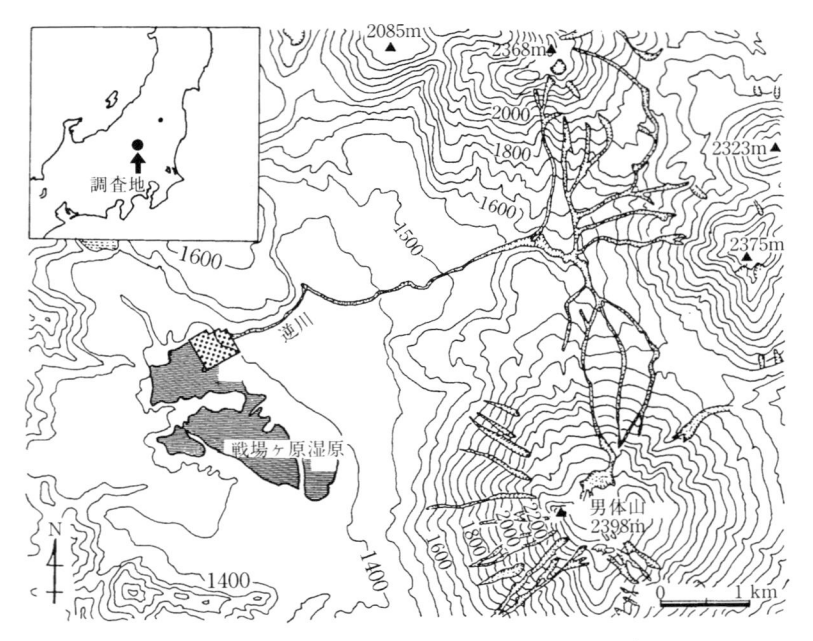

図 12.5 日光戦場ヶ原とその周辺地域の地形

図 12.6 明治末期（1910年代前半頃）の日光戦場ヶ原北部の写真
洪水による逆川からの土砂の流入により広範囲に裸地が広がっている．写真左上は男体山，中央部に糖塚が見える．

kusima and Mizoguchi, 1989）と植生分布との関係をみると，道路を境に湿原に向かって，大きな礫が堆積した上に成立したハルニレ林，粗砂から礫の立地に広がるズミ林，粗砂立地のイヌコリヤナギ群落，シルトと粘土の過湿立地に発達するヨシ群落，そして谷地坊主の発達した本来のオオアゼスゲ-ヌマガヤ群落の順に規則的に帯状に分布している．これは土砂堆積が地下水位の相対的低下と立地環境の変化を引き起こし，湿原植物群落の後退を進めた結果である．今後も引き続き土砂の流入が進むなら

12.4 湿原破壊の歴史と現状

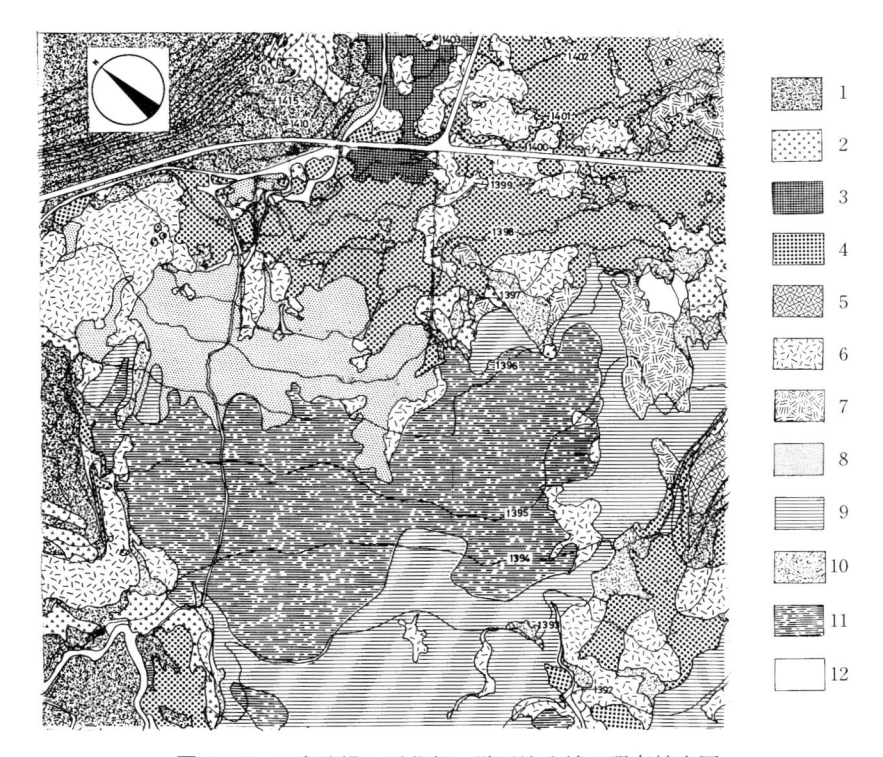

図 12.7 日光戦場ヶ原北部，逆川流入域の現存植生図
1：ミズナラ林，2：カラマツ林，3：ハルニレ林，4：ズミ林，5：ミヤコザサ群落，6：ホザキシモツケ群落，7：ススキ群落，8：イヌコリヤナギ群落，9：オオアゼスゲ-ヌマガヤ群落，10：シラカンバ群落，11：ヨシ群落，12：裸地．

ば，この北戦場ヶ原の立地の乾燥化と，それに伴う植生の変質がさらに進むことは容易に予想される．その土砂流入は，逆川の源流部にあたる火山起源の山岳の崩壊に原因があるが，戦後に源流域一帯で広範囲に森林伐採が行われた跡に発生した崩壊地と，そこからの土砂の流出も要因の一つになっている．ここでもまた人間の干渉が間接的に立地の乾燥化にからんでいる．

これらの例からわかるように，わずかな水分環境の変化が，湿原群落の質的量的な変化を引き起こしている．これらに加えて，尾瀬ヶ原ではそこが天然記念物に指定された1960（昭和35）年頃より入山者が増加し，湿原部分の踏みつけによる裸地化の進行が各所でみられるようになった．また，富栄養の生活廃水が湿原内へ流入することによるヨシ，ミゾソバの異常繁殖(樫村，1979)，帰化植物のコカナダモなどの異常繁殖も指摘されている（樫村ら，1984）．

12.5 湿原保護の必要性

　湿原はなぜ保護しなければならないのであろうか．まず，湿原の貯水効果と洪水調節効果，それを使っての農業的利益，さらには下流への有機物流下による漁業的利益などの経済的利益がある．重要なことはそれが継続的な効果を発揮することである．また，これらとは別に，湿原の美しい景観域の形成による観光，レクリエーションなどの効果もある．保護する必要性として，まず湿原がこれら多くの実際的な利益を提供している空間であることを強調しなければならない．しかし，現実にはそれらの重要性を数量的に示すことは困難であるため，それらの効果が議論されることは少ない．
　湿原の植物に注目した場合，その保護の必要性はどうであろうか．第一に植物群落とそれを構成する種の特殊性である．その例を尾瀬ヶ原を例にみてみよう．阪口（1989）によれば，尾瀬ヶ原では現在までに169種の維管束植物が確認されている．その内訳は，北海道との共通種が78％，サハリンとの共通種が58％，シベリアとの共通種が36％，カムチャツカとの共通種が41％である．またナガバノモウセンゴケ，ヤチヤナギ，ホロムイソウなどは尾瀬ヶ原が本州で唯一の隔離分布の産地である（橘，1981）．北方との共通種の多くは1万年以前の氷河期に南下していた寒冷地植物であり，気候の温暖化に伴い北へ帰っていった植物が，そのまま尾瀬ヶ原に残ったものである．そこに生育する種は遺存種なのである．さらに，「オゼ」という地名を種名に冠するオゼヌマタイゲキ，オゼヌマアザミ，オゼコウホネなどは尾瀬ヶ原の湿原環境下で形態的に分化した種である．これら湿原に生育する植物は残された遺伝資源として重要であるばかりでなく，地球の歴史を証明する生き証人でもある．第二には群落構成種の脆弱性である．それは，水環境を中心とする環境変化に対する敏感な反応と適応力の低さで示され，この例はすでに尾瀬ヶ原，日光戦場ヶ原，群馬県玉原湿原などで述べたとおりである．

12.6 湿原再生のための試み

　ここでは湿原再生の例として，樫村（1979）と共同研究者が行った尾瀬ヶ原での実験結果を紹介しよう．ふえ続けた来訪者は，踏みつけによって湿原植生を破壊し，裸地化を引き起こした．尾瀬ヶ原を抱える福島県では1965（昭和40）年以降，湿原植生保全のための対策委員会を設置して，裸地化した立地への植生復元実験を開始した．この復元では，①厳正に尾瀬の植物だけを播種，移植すること，②その立地が栄養に乏しい泥炭地であることから，施肥をしないこと，の二つを原則とした．最初に行った対応は裸地化拡大の原因除去であった．それは木道の整備と湿原への立入禁止の徹底，そして，湿原植生の脆弱性のピーアールであった．最初の実験はヌマガヤの生育

するブロックを移植する試みであった．ヌマガヤの株をスコップの刃の大きさに切り，裸地に移植したが，活着が十分でないばかりか，掘り採った跡の回復も悪かった．このため，この方法は中止した．次に行ったのはミタケスゲの種子の播種であった．これはこの種が湿原の自然回復地では最初に繁茂することに注目したものであった．しかし，立地の乾燥と夏季に42°Cまで上昇する高温のために裸地への直蒔きは失敗した．その後は環境を緩和するために，ヌマガヤの枯葉を刈り取り，それを「敷き藁」とした．これでは発育が良好で，立地の侵食も防止されるという一石二鳥の結果を得た．この第1段階の成功ののち，次にミズゴケの先端部を切断し，それを散布をしてミズゴケの生育をはかった．ミズゴケは順調に生育し，これにより復元のめどが立った．

この例が示すように，破壊は短時間のうちに進んでも，一度こわれた湿原植生の再生には長い時間と多大の労働力が必要となる．この実験は再生のめどが立った一つの例であるが，地理的にも気候的にも異なる範囲に小面積の湿原が分布するわが国では，場所によって湿原の性質もまた変質の状況も異なる．このため，湿原の復修，再生の方法には統一的なマニュアルはなく，技術的にもまだ手探りの状況にある．

12.7 湿原の保護と管理

湿原の破壊を防止するためには法規制が最も有効な手段である．ラムサール条約，国立公園法，天然記念物法などのいくつもの法の網がかけられ，保護されることになったのが釧路湿原，尾瀬ヶ原，日光戦場ヶ原などの有名な湿原である．これらの地域は今後も守られていくであろう．しかし，注目されるほどの特徴をもたない小規模な湿原は今後も開発によって破壊され，消滅していくことになる．それに対しては，開発が計画される際に行われる「環境アセスメント」が適正に実施され，保全のための適切な対策がとられることが強く望まれるところである．

法律による指定を受けた湿原でも湿原の変質は進んでいる．辻井（1987）は，釧路湿原内で1973年から1980年の7年間に立地の乾燥化に伴いハンノキの生育域が拡大したことを報告している．このように湿原は自然状態でも変質しながら動いているのである．そこでは，立地の乾燥以外にも周囲に広がる農地や牧場からの富栄養な水の供給，開発による森林伐採による濁流の流入などによる湿原の変質の可能性も心配されている．湿原を保護するためには湿原内部の環境保全だけでなく，流域全体の保全も大切である．そして，きめ細かに一つひとつ問題点を洗い出し，整理して，総合的な立場から保全対策を立案しなくてはならない． ［福嶋　司］

文　　献

1）　アジア航測（1981）：第2回自然環境保全基礎調査植生調査報告書，316 p., 環境庁．

2) 福嶋　司(1988)：日光国立公園，日光戦場ヶ原の乾燥化に関する生態学的研究．植物地理・分類研究，**36**-2，101-112．
3) Hukusima, T. and Mizoguchi, K. (1991): Impact of extreme run-off events from the river Sakasagawa Ecosystem, Nikko National Park. III Pattern of alluvial deposition and effects on the growth of *Malus toringo* and *Betula platyphylla* var. *japonica*. *Ecological Research*, **6**, 291-304.
4) 福嶋　司・井上香世子・鈴木伸一・常冨　豊・高瀬香代・八住美季子・小賀坂純子（1991）：玉原湿原の植生に関する生態学的研究——特に植生と立地の水分環境との関係について．森林文化研究，**12**，63-85．
5) 環境庁 (1985)：環境白書，624 p．
6) 樫村利道 (1979)：尾瀬の現状と問題点．遺伝，**33**-12, 67-71．
7) 樫村利道・橘ヒサ子(1980)：見晴前木道周辺のミゾソバの繁殖について．尾瀬の保護と復元 XII, pp. 41-42，福島県．
8) 樫村利道 (1984)：尾瀬沼に侵入したコカナダモ (II)．尾瀬の保護と復元 XV, pp. 35-39，福島県．
9) 釧路市史編さん事務局編 (1987)：釧路湿原，252 p., 釧路市．
10) 宮澤豊宏 (1994)：フィンランドの湿原とその保全．国立公園，**522**, 22-26．
11) 阪口　豊 (1989)：尾瀬ヶ原の自然史，229 p., 中央公論社．
12) 橘ヒサ子 (1981)：尾瀬の植物の生態・植生．植物と自然，**15**-7, 4-9．
13) 辻井達一 (1987)：湿原，204 p., 中央公論社．

13. マングローブの自然保護

13.1 マングローブの特性

　熱帯・亜熱帯の潮間帯に生育する樹林，あるいはその樹林を構成する塩生植物を総称してマングローブ（mangrove）という．樹林と植物を区別するため，マングローブ林をとくにマンガル（mangal）ということがある．マングローブ林面積は表13.1に示すように，地球上に約1500万ha，そのおよそ半分は東南アジアに，残りの半分を熱帯アフリカと中南米，カリブ海域が分け合っている．

表 13.1　世界のマングローブ林面積

	面積（ha）	割合（%）	文献
アジア，太平洋	6877600	48.5	Saenger *et al.*, 1983
熱帯アフリカ	3257700	22.9	Diop, 1993
ラテンアメリカ，カリブ海域	4062335	28.6	Lacerda *et al.*, 1993
合　計	14197635	100	

　生物多様性条約（1992）は生物の多様性の保全，その構成要素の持続可能な利用および遺伝資源の利用から生ずる利益の公正，衡平な配分をその目的としている．条約のいう生物の多様性とは，種内，種間および生態系の多様性をさし，その保全は生息域外における生物種の多様性の保全，生息域内における生態系，種個体群の維持，回復をはかることであるとしている．さらに条約は，生物多様性の保全と持続可能な利用について，とるべき施策，財政，国際協力の必要について述べている．

　マングローブ林についても，保全を強調するあまり，利用を拒否すべきものとするのは狭量にすぎるけれども，一方，破壊的な利用によって種の消滅，生態系の破壊，遺伝子の喪失をもたらすことになるというのは論外である．保全と利用は互いに対立するのではなく，生物多様性は生物資源の利用の前提となり，利用技術の前進が新しい保全技術につながるという関係をつくりださねばならない．両者が相互補完的に働き合うための基盤となるのは，複雑なマングローブ生態系のさまざまなレベルにみられる生物諸過程の解明，適切な生物保全技術の体系化であろう．

　マングローブ林の個々の構成樹種を生息域外で保全するためには，樹種ごとに種子の発芽，生長，耐塩性または塩分要求度に関する生理的・生態的特徴を知る必要があ

る．生息域内で種個体群の維持，回復をはかるためには，森林生態系としての特性，水－土－植物の間に働く相互作用に着目しなければならない．さらに，マングローブ林は森と海の二つの生態系が重なり合ってできた複合生態系であるから，両者の関係を正しく理解していなければならない．また，近年のようにマングローブ林開発が大型化して，国の政策や大規模の商業資本が関与するような事例をみると，自然生態系としてだけでなく社会との関係においてマングローブ林を見極めることも必要になってくる．

a．種類相

沿岸植生であるマングローブ林は海水，汽水の影響を受けるところに出現するが，陸上植生や淡水湿地の植生と厳密に区別することは難しい．マングローブ植物の中には，陸上の熱帯雨林や河川上流の淡水湿地にまで分布域を広げたり，逆に淡水湿地生の構成種が汽水域にまで侵入することもある．沿岸部から内陸に向かうときも植生の変化は漸移的である．

生物地理学的にみた世界的なマングローブの分布域はインド－太平洋域（旧世界型あるいは東型）と大西洋域（新世界型あるいは西型）に2大別される（図13.1）．両地域の分化はヤエヤマヒルギ（*Rhizophora*）属，ヒルギダマシ（*Avicenia*）属に顕著に現れる．種数は前者が圧倒的に多く，およそ60種強，後者は約10種であるといわれる．インド－太平洋地域に典型的な樹種にヒルギ科のオヒルギ（*Bruguiera ghimnorrhiza*），タカオコヒルギ（*Ceriops tagal*），メヒルギ（*Kandelia candel*）やヤエヤマヒルギ（*Rhizophora stylosa*），オオバヒルギ（*R. mucronata*），フタバナヒルギ（*R. apiculata*），ヒルギダマシ科のヒルギダマシ（*Avicenia officinalis*），ハマザクロ科のマヤプシキ（*Sonneratia alba*），センダン科のホウガンヒルギ（*Xylocarpus granatum*），ヤブコウジ科の*Aegiceras*属，ニッパヤシ（*Nypa fruticans*）やシダ類の*Acrosticum*属などがある．シクンシ（Combretaceae）科の*Lumnitzera*属の中にはマングローブに数えられるものがある．

大西洋域を特徴づける樹種ではヒルギ科の*R. mangle*，ヒルギダマシ科の*A. germinans*やシクンシ（Combretaceae）科の*Conocarpus*属，*Laguncularia*属，チャノキ科の*Pelliciera rhizophorae*などがあげられる．

マングローブの種分化の中心はインド－太平洋域，なかでもインド－マレーシア区にあるとされ，ここにマングローブが起源したと考える研究者もいる．5500～5000万年前の始新世に出現したヤエヤマヒルギ属とヒルギダマシ属がテティス海を経てアフリカ大陸の西岸，アメリカ大陸の東岸にたどり着き，パナマ地峡が閉ざす前に太平洋側に移動していたというのである．

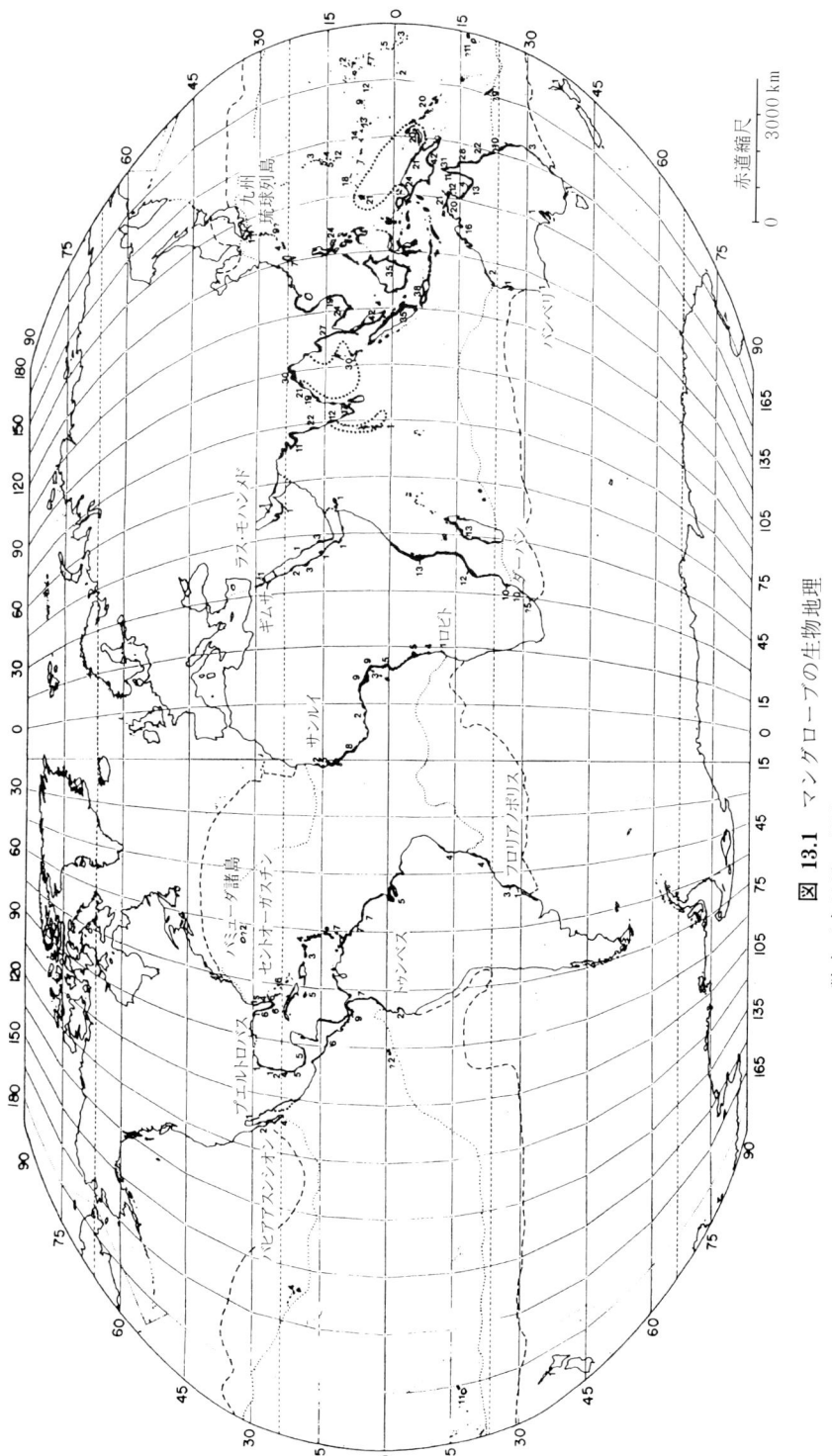

13.1 マングローブの特性

図 13.1 マングローブの生物地理
数字は各地域で報告されているマングローブの種数．
---- 24℃，—— 27℃，…… 30℃，最寒月海水表面温度．

b. 種 生 態

ヒルギ科は花後，果実が成熟すると，樹上で発芽する胎生種子である（図13.2）．胚軸が散布体となる．大きいものではオオバヒルギのように長さ50cmに達するものがある．母樹から落下した胎生種子が軟質の土壌に突き刺さると考えているものもあるが，そのようなことは一般的には起こらない．海水に浮遊して，また半分沈下した状態で運ばれることが多い．干潮時に幼根部が土壌に接すると，急速に二次根が発根を始め，定着する．

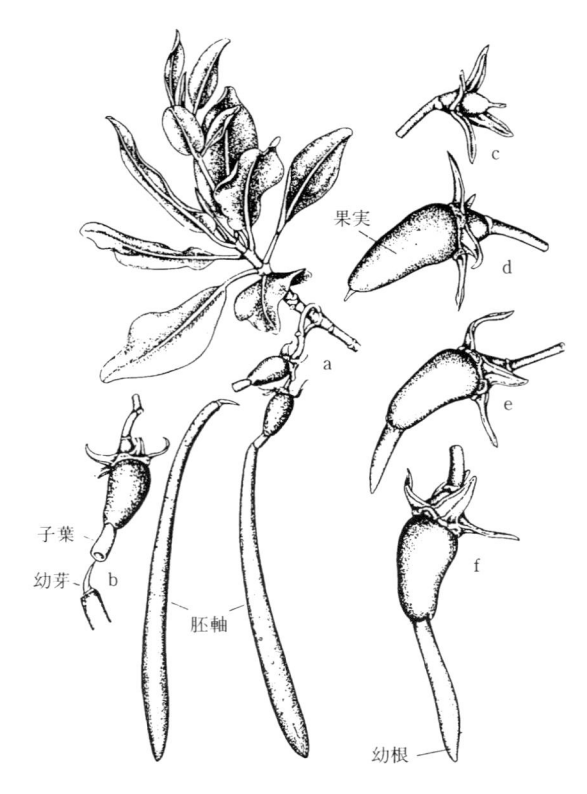

図 13.2 胎生種子

林床には多数の稚樹が発生する．1m^{2}当たり数十ないし数百本を数えることもある．しかし，閉鎖した林冠下で稚樹はほとんど生育することができず，大多数が枯死する．何らかの原因で上層木が枯死すると，初めて稚樹群がいっせいに生長を始める．よく保護され原生状態を保ったマングローブ林では，しばしば落雷が林冠ギャップの原因になる．落雷によって数本から十数本の立木が枯れて，直径20～50mくらいのギャップができる（図13.3）．ギャップ内で生長する稚樹群は長期間にわたり高い立木密度を維持し続ける（図13.4）．競争によって互いに優劣をつくることがなく，共倒れ型の林型になる．その結果，直径5cm，樹高10mという極細長木をみることも珍しくない．このような木は独り立ちできないから，抜き切りなどをすると，生じた穴に向か

13.1 マングローブの特性

図 13.3 オーストラリア・クイーンズランド州デントリ川のマングローブ林
落雷によって林冠ギャップが生じた．

図 13.4 林冠ギャップに更新する稚幼樹群（パナマ・コロン地方）

ってまるで竹のように枝垂れてしまう．このような極細長木は，用途も竹竿のように漁具として使われることが多い．

　軟質の土壌に生育するので，タコ足様の支持根（ヤエヤマヒルギ属），板根（オヒルギ属），土壌の浅いところを走る水平根（ヒルギダマシ属，マヤプシキ属）が発達する．これらは地上部の重量を支えるための構造のようである（図 13.5）．地中から突出する垂直根（ヒルギダマシ属），杭根（マヤプシキ属），膝根（オヒルギ属）も発達していて，地下部の呼吸を容易にする気根として働いている．気根には葉緑体をもつものがあり，光合成を行っている．これら根のいろいろな形態がマングローブに独特の景観を与えている（図 13.6）．

図 13.5 タイ・ラノン州ハットサイカオ村の
巨大マングローブ林
フタバナヒルギ巨大高木の支持根は地上3m
に達することもある．

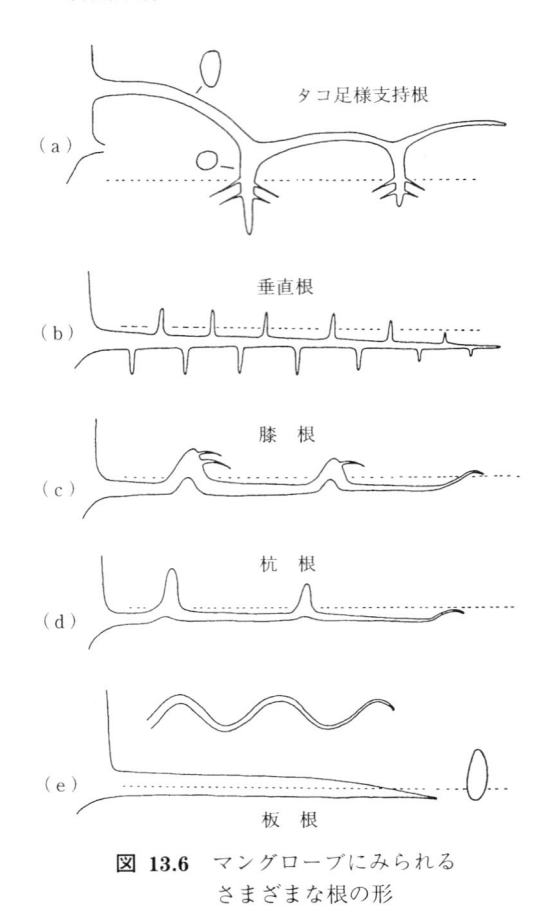

図 13.6 マングローブにみられる
さまざまな根の形

(a) タコ足様支持根
(b) 垂直根
(c) 膝根
(d) 杭根
(e) 板根

c. 耐塩性

　マングローブは沿岸部や河口部で帯状の植生構造を発達させる(図13.7)．このような帯状構造をつくりだすのは潮汐がもたらす塩分によると考えられ，沿岸部を冠水頻度によって区分し，植生分布との関係が早くから注目されてきた．

　マングローブ土壌は海水の塩分の影響を受けているから，毎日冠水するところでは冠水の塩分濃度とほぼ同じ塩分濃度を維持している．乾燥地で冠水頻度が低いと濃縮されて塩分濃度は高くなり，多雨地だと希釈されて低くなる．こうして沿岸から内陸に向けて，正または負の塩分濃度勾配が生ずる．これにマングローブの耐塩性が対応するという説明がされる．

　塩生植物としてのマングローブは多かれ少なかれ，ある程度の耐塩性をもっている．耐塩性機構は，①土壌水から塩分を吸収しない(ヤエヤマヒルギ属)，②吸収した塩分を排出する(ヒルギダマシ属, *Aegieceras corniculatum*)，③吸収した塩分を体内で希釈する(タカオコヒルギ, *Rhizophora mangle*)，などの点から検討されてきた．さま

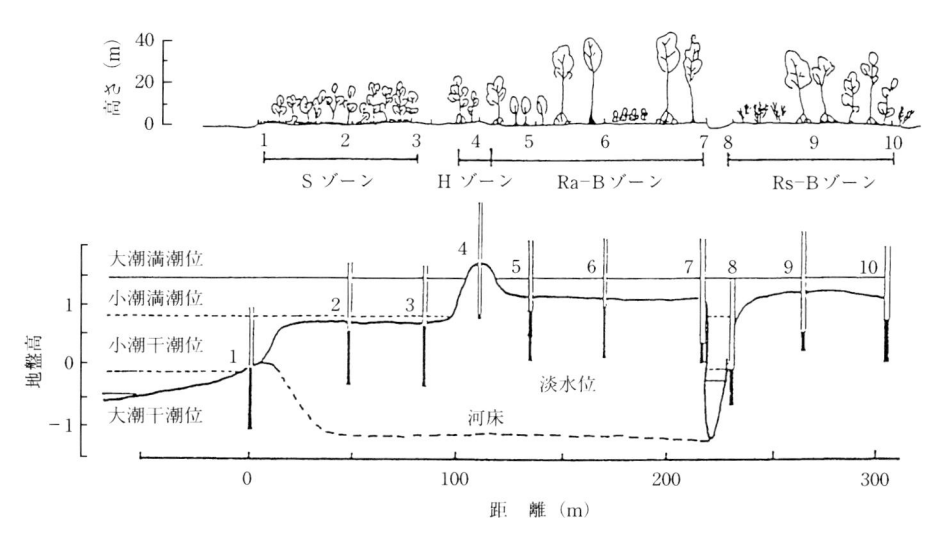

図 13.7 ハルマヘラ植生の帯状構造
調査地の植生（上），地盤高と潮位および測定期間中の土壌水位の最低値（下）を示す．数字は各測定点を表す．下図の黒く塗った部分の上端が土壌水位の最低値を示している．
Sゾーン：ヤマプシキ帯，Hゾーン：オオハマボウ帯，Ra-Bゾーン：フタバナヒルギ-オヒルギ帯，Rs-Bゾーン：ヤエヤマヒルギ-オヒルギ帯．

ざまな働きが複雑に関係しているらしいことが明らかにされているが，なお未解明の部分も多い．塩生植物であるといってもヒルギ科のように淡水でも生育可能なものもあれば，ヒルギダマシ属のように塩分を必要とするらしいものもある．

耐塩性の程度は樹種によって異なる．海水程度の塩分濃度（30‰）にはマヤプシキ属が，海水より低い塩分濃度にヒルギ科など多くの樹種が，海水より高い塩分濃度にはヒルギダマシ科が適すると考えてよい．ヒルギダマシ科の *Avicennia marina* は90‰の塩分濃度にも耐えるという．

d. 生態系

マングローブ林の分布を決める温度条件について，インド-太平洋域では月最高海水表面温度が24°Cの，大西洋域では27°Cの等温線までの暖域がマングローブの分布域であるとされる（図13.1参照）．

冬季気温が低下して，加温する必要があるところで栽培するとき，たいていのマングローブは20°Cまでくらいならば，何の問題もない．20°C以下になると障害が生じることがある．10°C以下になるとほとんどのものが枯死するおそれがある．気温が低下しても土壌温度，あるいは水温が高ければ障害を受けないこともある．散布体の胚軸頂部が寒さで壊死しても，胚軸の1/3以上が生きていれば，カルスをつくり新条が再生する．

大河の河口域に発達する堆積性の基質の上に大型の林分がみられることから，マン

グローブ林は泥質を好むとされているが，浅海起源の隆起サンゴ礁，サンゴ砂，微砂などにも生育可能である．有機物が未分解のまま堆積し，泥炭化することもある．陸成，海成を問わず，有機物，無機物を問わず，堆積物があればマングローブの生育基質になりうる．栄養塩類は海水から得られる．マングローブは固有の土壌形成を行わない．マングローブ土壌はしたがって未成熟であるとされる．

　冠水状態で土壌水は停滞する．土壌中の枯死根など有機物の分解のため，溶存酸素を消費しつくすため，強い還元状態を呈する．停滞水の影響のもとで土壌は中性（pH 6〜8）を示す．海水中の硫酸根が還元されて硫化物を産生し，パイライトの蓄積が進む．硫黄に換算して5％程度にまで濃度が高まることもあるという．土壌が乾燥すると土壌中に空気が引き込まれ，条件が酸化的になる．硫化物が酸化され，硫酸が産生する．仮に1トンの土壌に5％の硫黄が含まれていて，それがすべて硫酸になったとすると150 kgの硫酸ができることになるため，強い硫酸酸性を呈する．土壌を乾燥させるとpHが3以下になることは珍しいことではない．この現象は酸性硫酸塩土壌の生成として，沿岸域の開発に伴って必ず問題となる．

　土壌の高塩分濃度や強酸性は潮汐により，洗脱される．潮汐の影響は頻度，潮位と地形の関係として表される．海面からの比高が小さいと小潮の満潮位にも冠水するが，比高が大きくなると大潮の満潮位にのみ冠水する．わずかな比高の変化がマングローブ林の成立に決定的な影響を与える．

　インド-マレーシア区の泥質土壌の冠水頻度の高いところのマングローブ林は，最高樹高が40 m，最大直径1 m（支持根の上30 cm以上のところの幹直径で，ときに地上3 mもの高さで測らなければならないことがある）を超える大型の森林になることもある．しかし一般的には階層構造の分化は著しくはない．やや深い連続した林冠層をつくり，大型の個体が上層を，小型の個体が下層を占めている．階層構造が単純である理由は，立木密度が高くなって，林冠が早くに閉鎖しても，互いの間に優劣が生じにくい共倒れ型を示すものが多いためであろう．固有の林床植生をもたないことも階層構造を単純化するもう一つの要因である．すでに述べたように，落雷などの外部的な原因が間引きの役割を果たして，ギャップに再生する若い世代と古い世代が共存し，林分構造をつくりあげている．

　よく発達したマングローブ林の地上部現存量（乾重）は陸上の熱帯林にひけをとらない．400 t/haを超える記録もある．水生植物の特徴で細根量が著しく大きいため，地下部現存量（乾重）は陸上植生に比べてかなり大きい（表13.2）．

　マングローブ林の生育するところは，動物にとっての生活空間が多様になる．さまざまな動物群，①満潮時または干潮時に進入するもの，②高温時に林内ダム状水路に避難し，低温時に沖合に出ていくもの，③生活史の初期を過ごすもの，④河または海を繁殖地，生育地として河と海の間を移動するもの，⑤潮汐に無関係に生息するもの，などが集まり動物相が豊かになる．マングローブ林にはカニクイザル，爬虫類，両生

表 13.2 マングローブの地上部，地下部現存量の測定例（小見山，1988 に一部増補）

（単位：t/ha）

地 域	森林型	地上部	根	合計	文 献
新世界					
南フロリダ	沿岸林	129.7			Lugo and Snedaker, 1974
	沿岸林	119.6			
	河辺林	98.3			
	河辺林	174.6			
	河辺林	86.2			
	辺縁林	117.5			
	辺縁林	152.9			
	低木林	7.9			
	島しょ部	49.0			
	遷移帯	8.1			
プエルトリコ	*Rhizophora*	62.9	64.4	112.9	Golley *et al.*, 1962
パナマ	*Rhizophora*	279.2	306.2	469.0	Golley *et al.*, 1975
旧世界					
マレーシア	*R. apiculata*	270〜460			Puts and Chan, 1986
	R. apiculata	237〜474			Puts and Chan, 1987
	R. apicutata	89.1			Ong *et al.*, 1982
		175.5			
	造林地(28 年生)	211.8			
	造林地(5 年生)	16			Ong *et al.*, 1981
	造林地(15 年生)	257			
	造林地(28 年生)	287			
東マレーシア	原生林	223			Foxworthy and Fischer, 1918
タイ湾沿岸	造林地(3 年生)	20.8			Aksornkoae, 1975
	造林地(6 年生)	50.0			
	造林地(9 年生)	93.1			
	造林地(11 年生)	116.3	67.9	183.3	
	造林地(12 年生)	149.3			
	造林地(13 年生)	167.4			
	造林地(14 年生)	187.9			
南タイ	*R. apiculata*(15 年生)	159.1			Christensen, 1978
	Rhizophora	360.8	509.3	807.8	小見山, 1988
	Bruguiera	169.1			
	Sonneratia	174.8			
フィリピン	*Rhizophora*	46.0			Cruz *et al.*, 1967
	原生林	590			Brown and Fischer, 1918
インドネシア	*Sonneratia*	169.7	38.5	208.2	小見山, 1988
	R. apiculata	217.8	98.8	289.6	
	R. apiculata	355.6	196.1	504.0	
	R. stylosa	177.8	94.0	250.2	
	B. gymnorrhiza	432.6	180.4	583.7	
	B. gymnorrhiza	402.2	110.8	494.2	
パプアニューギニア	老齢林	447			Paijmans and Rollet, 1977
オーストラリア	*Aviccenia*	144.5	147.3	291.8	Briggs, 1977
	Aviccenia	112.3	160.3	272.6	
日本					
石垣島	*R. stylosa*	108.1			Suzuki and Tagawa, 1983
	B. gymnorrhiza	78.6			
	混交林	97.6			
西表島	*R. stylosa*	37.4	95.7	133.1	小見山, 1988
沖縄県	*R. candel*	71.8			中須賀, 1979
	B. gymnorrhiza	111.5			
	R. stylosa	185.3			

類，陸生の鳥類，水鳥，昆虫，魚介類，底生動物などすばらしく多様な動物群がみられる．マングローブ林は森林と海洋の二つの生態系の重なり合ったもので，複合生態系という性質をもっている．エビの養殖池の造成はマングローブ林の豊かな海産生物の利用にほかならない．しかし，森と海の複合生態系としての機能を軽視して，エビにのみ目を奪われていると，濃縮による高塩分濃度，乾燥，酸化による酸性化，貧栄養化などが急速に進行して，生態系のすべてを失ってしまう．

e. 利　用

植物組成は単純とされるマングローブ林ではあるが，生態系を全体としてみると複雑な組成，構造をもっている．そのため生物資源価値は実に多様なものをもっている．木材は用材，漁材，燃料材として利用されてきた．炭は燃料用としてたいへん良質であるばかりでなく，カーボンの純度が高いため工業用炭としても注目されてきた．タンニン，木酢液など化学的な利用もはかられてきた．自足的な消費経済の多品目少量生産によって，資源利用の持続性をはかることはそれほど困難なことではない．木部の脱塩技術が進み，パルプ化が可能になった．木炭も商品化された．製塩業，エビ養殖業，製炭業が進出して，資源利用の方式が大量生産的になっていった．開発が大型化すると，たちまち資源枯渇に直面することになった．また港湾建設，農地，住宅，工業用地開発など，マングローブ林の用途転換を伴う大規模開発が国の経済政策としてとられるようになった．

伝統的な多品目少量生産的な資源利用から近代的な少品目大量生産型の開発に変わって，マングローブ林の急速な消滅に導かれたことは疑えない．著しい面積のマングローブ林が姿を消してしまったし，いまも消しつつある．

13.2　生息域内外での保全，修復と再生

マングローブ林は複雑な生態構造によって，高い生物多様性を保っている．マングローブ林は多目的・多用途利用が可能である．資源が持続的でありうるために保全が必要であり，利用は非破壊的でなければならない．生物多様性条約では，生物多様性の保全と持続可能な利用を目的とする国家戦略を策定し，地域を指定し，適切な施策を実施し，監視し，地域社会の知識を尊重し，必要な場合には種を導入することとしている．

オーストラリアのマングローブ林には人影はほとんどみられない．人為的な攪乱からよく保護されていて，原生状態をよく保っているのに対し，東南アジアではほとんど例外なしに多数の人が住んでいて，その影響を免れない．東南アジアでこそ，人の影響が生態系に破壊的でないように保全がはかられねばならない．あちこちでみられるように自然生態系の回復力の範囲を越えてしまった場合，生態系の修復，再生のた

め生息域内外の保全において試みなければならない課題は多い．

a. 立　　地

マングローブは立地条件としての土壌に制約を受けることが比較的少ない．泥質，砂質，礫質，陸成，海成を問わない．人工的に基質を調整するときも，海・川砂にコンポストを2：1の割合で混ぜたものでよい．コンポストを混ぜるのは緩衝能を高めるためである．砂だけを培地に使うと培養液のpHがあまりに敏感に変化して，溶液の管理がたいへんである．

b. 種　　子

マングローブの散布体は，ヒルギ科の胎生種子のように樹上で発芽した胚軸で1個が数十gもあるような大型種子があると思えば，ハマザクロ科のように1gに数十個の種子を数えるような小粒種子もある．

図13.8 愛媛大学農学部のガラス室内で栽培されたメヒルギの開花

図13.9 オヒルギの胎生種子

胎生種子，胚軸は長期の保存，遠距離輸送には耐えない．乾燥させることも禁物である．しかし1個の胚軸を数個に分けて挿し木のように扱うと，それぞれがシュートをつくり発根する（図13.10）．ときにはカルスが多芽体を形成して複数のシュートをつくることがある．1個1個のシュートを切り離して発根させると，それぞれが苗として使えるようになる．組織培養のテクニックを使えば，より小型の外植体を使った繁殖体をつくることができる．

ハマザクロ科は下枝の一部が下垂したり，幹が倒れて，土壌に接するとそこから発根する．伏条更新，あるいは自然の取り木である．ヒルギダマシ科も幹が切られると萌芽する．これらの事実は，マングローブの多くの樹種は無性的な繁殖が可能であることを物語っている．

図 13.10 マングローブ林の再生作業
（タイ・ラノン州）
土壌・水文条件が許せば，胚軸（胎生種子）を直接挿し付けてマングローブ林は再生可能である．

c. 植　　栽

　マングローブは生育基質を選ばないから，河口部にできた新しい堆積地などの場合には，植え付けの場の準備（林業の地拵えにあたる）にあまり神経質になる必要はない．伐採跡地や養殖池の放棄跡の場合，高塩分濃度，強酸性などの障害が起こるおそれがある．海水または河川水を導入して冠水頻度を高め，塩分や硫酸を洗い流すことに努めるとともに，樹種選定に際しても，塩分濃度，酸性に配慮しなければならない．
　苗畑で養成した苗木を植え付けるか，散布体を直接播き付けるか，挿し付けるのか．小粒種子で稚樹があまりに小さいものは苗畑で養成し，30cm くらいの大きさに育ててから植え付けるのがよい（図 13.11）．大型の胎生種子をまるごと使うような場合には，養苗の必要はない．いわゆる直挿しの方法によってよい．
　苗木にしろ，直挿しにしろ，植え付けたあと確実に定着するようにしなければならない（図 13.12）．潮間帯は潮汐の影響を受ける．干満の差が 4m にも達することがある．1日に2回の潮の動きが起こるところでは，引き潮の激しい流れに植え付けた苗木は根こそぎ引き抜かれることがある．モンスーンの風雨，波浪を受けるところでは，やはり苗木の定着が困難になる．水勢を弱めて，土壌の移動を食い止めることが必要である．消波ブロックの設置，防護杭の利用が有効なことがある．植栽密度を高くし

13.2 生息域内外での保全，修復と再生

図 13.11 人工植栽によるマングローブ林再生事業のための苗畑
（インドネシア・チラチャップ）

図 13.12 人工植栽によって成功したマングローブ林再生事業
（インドネシア・チラチャップ）

て，苗の間隔を狭めたり，巣植え，寄せ植えなどとよばれるような方法も考えてよい（図13.13）．巣植えは2m×3mに配置した植え穴に数本の苗または胚軸をまとめて植え付け（または挿し付け）ることで，寄せ植えは苗間を狭くして2m×2m，3m×3m程度の面積をブロック状に配置することである．どちらも潮の動きを考慮して植え列，植え穴の間隔，植え付け面積のサイズや配置を決める．

d. 管　理

植え付け後の定着が確認できてからも，注意を怠ってはならない．カニクイザルは群をなして植え付け苗をおもしろ半分に引き抜いていく．カニは軸の周囲を剥皮する．巻貝は葉を食害する．苗が満潮位の高さを抜け出した頃，カイガラムシが加害すると

図 13.13 密植に耐えるヒルギ科のフタバナヒルギ
50m×50mに植栽したフタバナヒルギは1年間で平均1m
の苗高に達した（タイ・ラノン州）．

いう例もあった．フジツボやカキが根の部分に付着することがある．食害するわけではないが，大量につくとマングローブの生育を阻害する場合があるという．

　動物による被害だけでなく，潮位の変化を観察して，とくに高くなりすぎたり，低くなることがあるかどうか注意しなければならない．併せて土壌条件が急激に変化するようなことがないかにも留意する必要がある．

　このようにして起こるいろいろな障害を乗り越えれば，マングローブの生長はかなりのものを期待してよい．メコンデルタではフタバナヒルギの人工林で，20年という短伐期のマングローブ炭の原木生産を軌道にのせている．1m×1mの間隔の高い立木密度を維持すると，平均直径15～20cm，平均樹高18mに生長し，300m^3/ha以上の収穫が期待できる．

13.3　マングローブ林生態系の再生

　上に述べたような方法による人工的な種個体群の造成，導入によってマングローブ林が定着すれば，生態系の修復が始まったと考えてよい．薪炭材の生産などのように単一目的のみを追求しがちであるが，生物多様性を高めるという大きな目的を忘れてはならない．森と海の複合生態系という面からも多様性の追求がなされねばならない．フタバナヒルギの植栽による，薪炭材生産を目的とした林業とエビの養殖をねらいとする栽培漁業を組み合わせた silvo-fishery という試みもなされている．

より多様な生物相をもっと多元的に資源化することができれば，人間は自然生態系にさらに近づくことができるようになるであろう．

このような植栽による生態系の再生は，現在なお残された種を人工的に増殖することによってなされる．一見，自然林に似せたものはつくれるかもしれないが，そのようにしてつくられた擬自然林がほんとうに原生的な自然のかわりができるのか，起こりつつある地球規模の環境変動に対応できるだけの種内変異を十分残しているか，なお未解明の課題は多い． 　　　　　　　　　　　　　　　　　　　　　　　　　　　［荻野和彦］

文　献

1) Barth, H. (1982): The biogeography of mangroves. Contributions to the Ecology of Halophytes (Sen, D. N. and Rajpurobit, K. S. eds.), pp. 35-60, Dr. W. Junk Publishers.
2) Committee for Promoting the Conservation and Utilization of Biological Diversity in the Tropics (1993): Promoting the Conservation and Utilization of Biological Diversity, pp. 20-29, Digest of Japanese Industry & Technology, No. 276.
3) Field, C. (1995): Journey amongst mangroves, 140 p., The International Tropical Timber Organization and The International Society for Mangrove Ecosystems.
4) Field, C. (ed.) (1996): Restoration of Mangrove Ecosystems, 250 p., The International Tropical Timber Organization and The International Society for Mangrove Ecosystems.
5) 小見山章 (1989): プランタ, **10**, 10-14.
6) 小滝一夫 (1997): マングローブの生態, 138 p., 信山社.
7) Ogino, K. (1993): Mangrove ecosystem as soil, water and plant interactive system. Towards the Rational Use of High Salinity Tolerant Plants (Lieth, H. and Al Masoom, A. eds.), Vol. 1, pp. 135-143, Kluwer Academic Publishers.
8) Tabuchi, R., Ogino, K., Aksornkoae, S. and Sabhasri, S. (1983): Fine root amount of mangrove forest: A preliminary survey. *Indian J. Plant Sci.*, **1**, 31-40.
9) Tomlinson, P. B. (1986): The Botany of Mangroves, 413 p., Cambridge Univ. Press.
10) Wilson, E. O. (1988): Biodiversity, 521 p., National Academy Press.

14. サンゴ礁の自然保護

　サンゴ礁は，造礁サンゴ（主として石珊瑚類）や石灰藻，有孔虫などの炭酸カルシウムの骨格をもつ生物がつくり上げた地形，構造である．サンゴ礁の基本的な地形は，急勾配で低潮位付近まで至る礁斜面，低潮位付近の最も波当たりの強いところに位置する礁縁，そしてその背後に広がる礁原と礁池あるいは礁湖からなっている（中井，1990）．造礁サンゴなどによってつくられた石灰質骨格あるいは岩石は多孔質で，複雑な微地形をつくっている．礁原や礁池には枝状や塊状などの造礁サンゴが分布するほか，石灰質の砂礫が広く堆積する砂礫地やアマモ類が繁茂する藻場が広がっている．また，礁縁から距離を隔てた海岸線や流入する河川の河口付近には，細粒の砂泥底の上にヒルギ類が繁茂するマングローブが成立している．このようにサンゴ礁には多様な景観構成要素が用意されており，それはサンゴ礁上の生物にとって実に多様な生息の「場」なのである（中井，1996）．さらにその上で展開される「場」と生物との関係や生物間の関係はきわめて多様なものであり（西平ら，1995；西平，1996），それらの結果として，サンゴ礁における生物の多様性はきわめて高いものとなっている．ところで，低緯度地域の海域は一般に一次生産量が少なく，そのために生物量は少ないといわれる．ところがサンゴ礁では，造礁サンゴや有孔虫などが体内に単細胞の藻類（褐虫藻）を共生しているために，豊富な生物量を有している（山里，1991）．このようにサンゴ礁上には多様でかつ豊富な生物からなる豊かなサンゴ礁生態系が成立しており，そのため，サンゴ礁は，熱帯雨林などと同様に，国際的にも重要な保護対象として位置づけられている．また最近では，サンゴ礁が炭酸カルシウム（$CaCO_3$）の集積体であることから，地球温暖化の原因となる大気の二酸化炭素（CO_2）量に関する造礁サンゴあるいはサンゴ礁の役割，効果も議論されている（Kayanne et at., 1995）．

　本章では，このような役割をもつサンゴ礁生態系の現状と人間活動の影響を明らかにし，そしてよりよい状況でサンゴ礁生態系を保つための方策についても検討したい．1997年は世界中のサンゴ礁の保護保全を呼びかける「国際サンゴ礁年」として位置づけられた．

14.1 サンゴ礁へのインパクト

a. 造礁サンゴの生長阻害要因

サンゴ礁に対するインパクトを述べる前に，おもに造礁サンゴの生長を阻害する要因について基本的なところを整理しておく．もちろんサンゴ礁生態系の保護を考えた場合，造礁サンゴだけでなく，他の動植物それぞれの成長・生育条件が問題となるが，ここではサンゴ礁生態系の核となる造礁サンゴについて述べる．また限界値は種によって異なるが，ここでは大半の造礁サンゴに当てはまる値を，Stoddart (1969) を参考にして示しておく．

造礁サンゴの生育を規定している要因には，海水温，塩分濃度，照度，濁度，堆積作用，干出などがあげられる．

造礁サンゴにとっての最適水温は $25〜29℃$ とされるが，$16〜35℃$ の水温で生きていくことが可能だといわれる．水温は，緯度や海流系と密接に関連し，造礁サンゴの世界分布を決定している．造礁サンゴ分布の北限・南限付近では，厳寒の年などのように水温の一時的な低下が起こり造礁サンゴがダメージを受けたという例が，四国，南西諸島，フロリダなどから報告されている．

塩分濃度は，$27〜40$ の範囲で生息可能である．河川などから淡水が大量に流入し塩分濃度が低下するところは，造礁サンゴの生育には適さない．水温に比べると局所的な分布を決定しているわけであるが，人為的環境変化によって淡水の流入量や濁度に変化が起こり，造礁サンゴに影響を与える場合がある．

上述のように，造礁サンゴは体内の組織中の藻類と共生し，これを利用して生活，生長している．藻類は植物であるから，光合成を行うために光を必要とする．そのため，造礁サンゴの生育にとって水中の照度は重要な条件となるのである．照度を変化させる要因の一つは水深である．造礁サンゴの生育が盛んなのは水深 $20m$ 以浅であり，水深 $60m$ を超すとほとんどみられなくなる．照度を変化させる第二の要因は，海水中の懸濁物質による濁り（濁度）である．南西諸島で問題となっているような河川による堆積物の流入なども照度の低下につながり，造礁サンゴにダメージを与えている．

また，河川による堆積物の流入は，照度の低下だけではなく堆積作用を引き起こす．その結果，造礁サンゴのポリプを埋めてしまい，死に至らしめる．堆積作用は，河川の流入に伴うものだけではなく，海水流動の変化などに伴い堆積の場となった場合にも起こりうる．

造礁サンゴは低潮線以深（上部浅海帯）の生物であるため，大気中にさらされる時間の長い潮間帯上部や中部では生育できない．基本的には低潮時に干出するところにも生息しない．ただし，春の大潮などのとき，年に何回かの短時間の干出にはある程

度耐えるものが多い．

　造礁サンゴは，これらの生育条件の変化にある程度耐えることができる．しかし，長時間にわたって不利な環境に耐えることはできない．このストレスに耐える能力は，種類によって異なり，たとえばコブハマサンゴ（*Prites lutea*）の場合は粘液の膜をかぶって泥水に対する自己防衛を行う．ただし，この能力を用いても耐える時間に限界がある．

　造礁サンゴの生育をコントロールしている条件には，このほか溶存酸素量，栄養塩類の量などさまざまな要因がある．波や流れの作用も分布や生長形などとたいへん密接な関係をもっている．

b．サンゴ礁生態系に加わるインパクトとその反応

　サンゴ礁生態系に加わるインパクトについて，Salvat（1987）などを参考にして図14.1にまとめた．これらのインパクトはまず自然自体によるインパクトと人為による

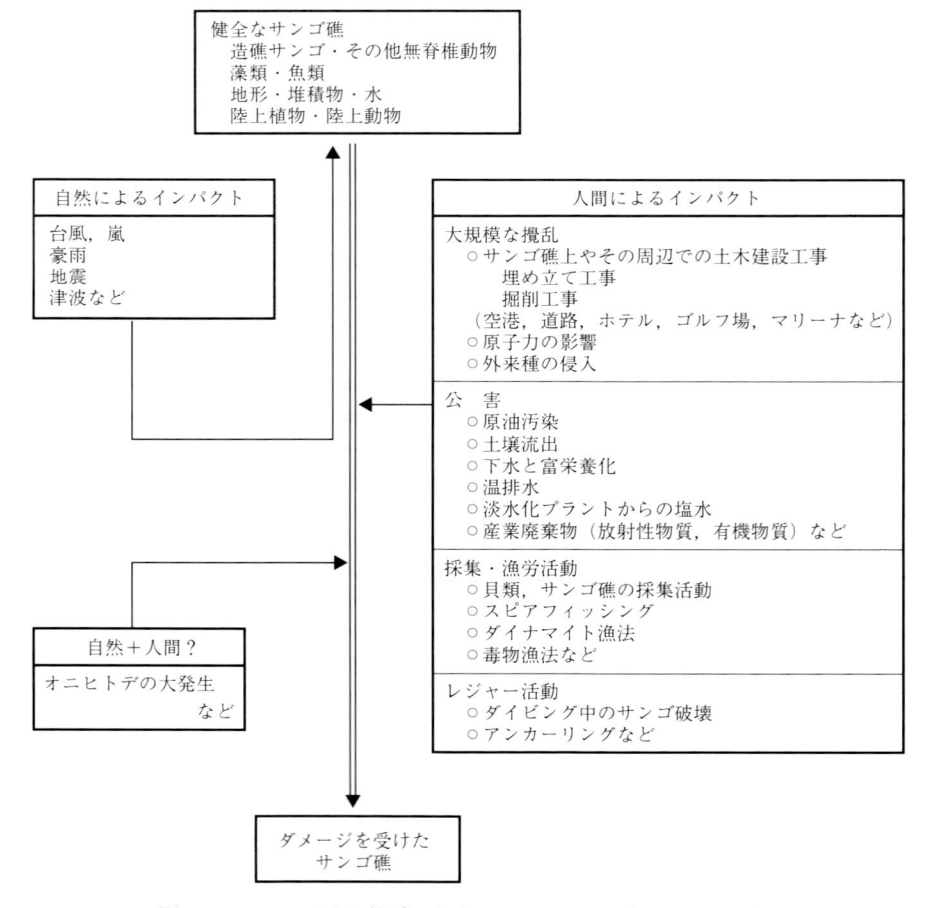

図 14.1　サンゴ礁生態系に加わるインパクト（Salvat, 1987）

インパクトの二つに分けることができる.

(1) 自然によるインパクト

自然によるインパクトとしてまずあげられるのが, 台風や津波など波の作用による物理的破壊である. これは, 波の直接の圧力として, また波によって動かされる堆積物の圧力として作用する. 台風のときは, 外海に面した礁斜面の一部が破壊され, 生きた造礁サンゴをつけたまま数 m の石灰岩のブロックとして, 礁原上に打ち上げられることがよくみられる. それより小さい大きさの礫や砂も打ち上げられ, 礁原上の造礁サンゴやその他の生物の生息環境に大きな変化をもたらす. 沖縄県八重山諸島では津波の際に打ち上げられた巨礫が数多く分布している (河名・中田, 1994).

また生物による採餌などの行動も造礁サンゴやサンゴ礁にインパクトを与える. ブダイやチョウチョウウオなどのサンゴ食者は, 造礁サンゴを石灰質骨格ごとかじり取るし, 貝類やゴカイ類, ウニ類などには造礁サンゴや石灰岩に穴を穿つ仲間がある.

しかし, これらの自然自身によるインパクトは, サンゴ礁生態系を形づくり, 維持するための作用であり, 本来の生態系に内在するダイナミズムの一部と考えることができる. その中でオニヒトデやヒメシロレイシガイダマシの大量発生による造礁サンゴの食害は, サンゴ礁生態系に重大な影響を与えてきた. これらの生物と造礁サンゴとはもともと食う-食われるの関係にあり, また個体数の変化も周期的に起こっているとされるが, 近年みられるサンゴ礁生態系に重大なダメージを与えるような大量発生は, 何らかの人間活動がその引金になっているという考え方も示されている.

(2) 人為的インパクト

サンゴ礁海域では古来より漁労採集を中心に伝統的な人間活動が行われてきた. しかし, 近年の人間活動は規模が大きく, 過度のものとなり, サンゴ礁生態系に重大な影響を与えている. Salvat (1987) などを参考にして人為的インパクトがサンゴ礁生態系に与える影響をまとめてみる.

サンゴ礁と陸上における近代的開発行為　浅海域や海岸では, 市街地, 観光施設や空港などの公共施設の土地造成のため, また港湾建設や航路のために, 埋め立て工事やしゅんせつ工事が行われている. そのためサンゴ礁の直接的な破壊, 波当たりや流れの変化とそれに伴う堆積物移動パターンの変化, 工事に伴う濁りの発生など各種のインパクトがサンゴ礁に重大な悪影響を与える. 先に問題となった沖縄県石垣島白保での空港建設問題はその典型である (日本自然保護協会, 1991). 図 14.2 は, 白保サンゴ礁空港建設で予想されるサンゴ礁生態へのインパクトとその強度を, 既設のサンゴ礁空港である奄美空港との比較で示したものである. 事前の環境影響評価ではこれらの点が適切に評価されていなかった.

今, 琉球列島の各地でサンゴ礁に悪影響を与えているのが, 赤土の流出である. 熱帯・亜熱帯の降雨強度は強く, 裸地からの土壌流出が激しい. この地域の赤色・赤黄色土壌はきわめて細粒であるために, 一度流出し, 水中に浮遊すると沈降堆積しにく

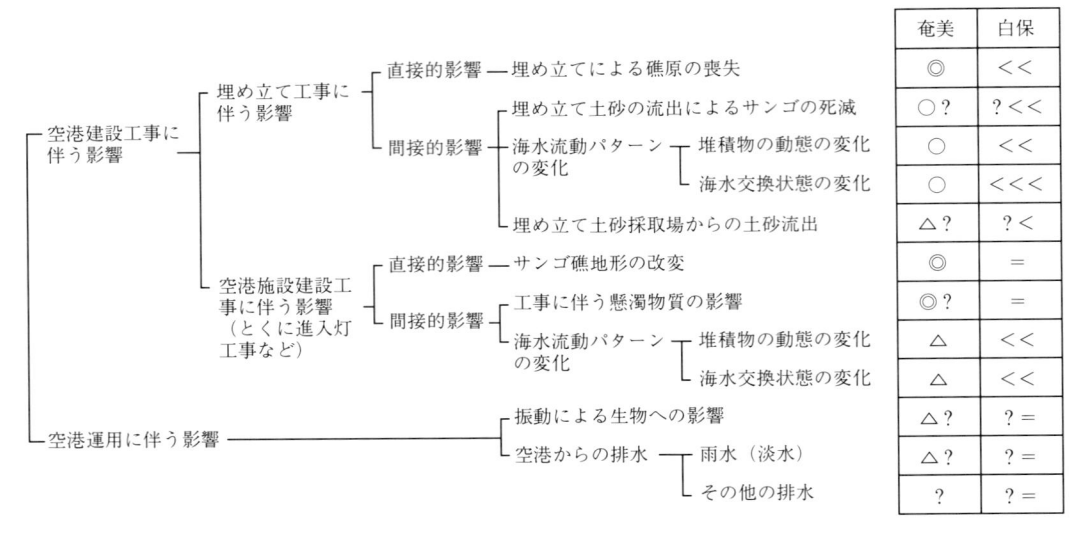

				奄美	白保
空港建設工事に伴う影響	埋め立て工事に伴う影響	直接的影響	埋め立てによる礁原の喪失	◎	<<
		間接的影響	埋め立て土砂の流出によるサンゴの死滅	○?	?<<
			海水流動パターンの変化 — 堆積物の動態の変化	○	<<
			海水流動パターンの変化 — 海水交換状態の変化	○	<<<
			埋め立て土砂採取場からの土砂流出	△?	?<
	空港施設建設工事に伴う影響（とくに進入灯工事など）	直接的影響	サンゴ礁地形の改変	◎	=
		間接的影響	工事に伴う懸濁物質の影響	◎?	=
			海水流動パターンの変化 — 堆積物の動態の変化	△	<<
			海水流動パターンの変化 — 海水交換状態の変化	△	<<
空港運用に伴う影響			振動による生物への影響	△?	?=
		空港からの排水	雨水（淡水）	△?	?=
			その他の排水	?	?=

図 14.2 サンゴ礁上での空港建設が及ぼす影響（日本自然保護協会，1991）

奄美‥◎：とくに影響が大きい項目，○：影響が大きい項目，△：影響はあるが軽微な項目，？：確証が不十分なもの．
白保‥奄美の事例との比較で示した．＜印の数が多いほど，奄美に比べて大きな影響が出ることが予想される．＝は同程度の影響，？は奄美の事例では確証が不十分であった項目．

い．このため照度が低下し，造礁サンゴの生育に悪影響を及ぼす．また，堆積した赤土は造礁サンゴを覆い死滅させる．いったん堆積した赤土は再移動しにくいが，台風などの暴浪時には再び巻き上げられ，浮遊，移動，沈降・堆積をくり返す．その引金となっているのは森林伐採，農地開発，道路開発など陸上の開発行為による裸地化であり，沖縄では軍事演習による裸地化の影響も大きい．前述の石垣島白保のサンゴ礁では，空港建設による破壊の危惧は一応避けられたものの，この赤土流出による悪影響が深刻である．また，この現象は琉球列島のみならず全世界のサンゴ礁地域で起こっており，たいへん大きな課題である．

水質汚染 水の濁り以外の水質汚染がサンゴ礁生態系に悪影響を与える事例も，世界各地から報告されている．都市からの排水によるサンゴ礁域の富栄養化については，ハワイ諸島オアフ島のカネオヘ湾の例が知られている．藻類の大量発生などがサンゴ礁生態系全体に大きな影響を与えていたが，適切な排水のコントロールと下水処理対策を行った結果，問題はほぼ解決されている．石油の流出がサンゴ礁に影響を与える事例もある．1970年代から80年代にかけて石油運搬タンカーからバラスト用の海水に混じって原油が放出され，それが廃油ボールとなって各地のサンゴ礁海岸に流れ着いて問題となっていた．1991年に湾岸戦争で起こった原油流出では，日本では水鳥への悪影響が大きく報道され，話題となったが，ペルシャ湾のサンゴ礁への悪影響も懸念されていた．モナコ海洋博物館では，独自に開発していた閉鎖式の水槽に，造

礁サンゴを緊急避難させたほどであった．その他，発電所の温廃水や淡水化プラントによる高塩分濃度水の影響，重金属の影響なども報告されている．また放射線がサンゴ礁に与える影響についてもいくつかの事例がある．とくに，第二次大戦後マーシャル諸島のビキニ環礁やエニウェトク環礁，ムルロア環礁をはじめとする太平洋のサンゴ礁で数多く実施された核爆発実験は，サンゴ礁とその住民に多大な影響を与え，将来にわたって長期的なモニタリングが必要である．1950年代にサンゴ礁研究が飛躍的に進展したのは，当時の核爆発実験と無縁でなかったことを付け加えておく．

過度の利用（オーバーユース） サンゴ礁の島に住む人間は，伝統的にサンゴ礁の自然の恵みを利用して生活してきた．しかし，その利用にあたっては，自然を破壊せず，資源を枯渇させないためのルールが成立していた．近年になって，貨幣経済が浸透し，商業的利用が進むなかで，その伝統的な自然利用ルールは忘れられ，サンゴ礁生態系に悪影響を及ぼす過度な利用（オーバーユース）が行われるようになった．前述したサンゴ礁や陸域で行われているさまざまな近代的開発行為も過度の利用といえるが，伝統的に行われてきた行為も上記のような社会状況の変化のなかで過度の利用が行われている．たとえば過度な採集行為として保護上の課題となっているのは，みやげもの用として売られる造礁サンゴや貝類，アクアリウム用の魚類や造礁サンゴなどである．後者は，最近日本では個人用のアクアリウムがブームとなっており，日本に関連する業者が太平洋や東南アジアのサンゴ礁で乱獲を行っているという情報がある．沿岸の漁業でもダイナマイトや青酸毒を使用した破壊的な漁法が，とくに東南アジアなどで問題になっている．かつては琉球列島でもこれらの漁法が行われていたが，現在はまったくみられない．一方，生物ではなくサンゴ礁で生産される生物起源の石灰質砂礫や岩石が骨材，石材として過度に利用され，サンゴ礁生態系への悪影響が危惧される事例もある．

観光・レクリエーション活動 近年サンゴ礁地域では観光・レクリエーション活動がたいへん盛んになってきた．サンゴ礁地域の経済的自立のために重要な活動であるが，過度の利用がサンゴ礁生態系に悪影響を与えていることが各地から報告されている．そのインパクトは2種類に区別される．

一つは直接的なインパクトである．プレジャーボートなどが錨を入れるためやダイバーの接触・踏みつけのために起こる造礁サンゴの破壊などである．一つひとつのインパクトは小さいが，それが同一の場所で頻繁にくり返されると大きなインパクトとなる．人間が造礁サンゴ群体に触れるだけでも，頻度が高ければその群体の生長に重大な悪影響を与えることも知られている．錨の問題は，停泊する場所を限定しあらかじめ設置されたフロートなどにボートをつなぎ止める方法での影響緩和が試みられている．またダイビングについては潜るポイントの分散がはかられるところもある．

もう一つは観光開発によるインパクトである．港湾施設や陸上のホテルやゴルフ場などの観光施設の土木工事が悪影響を与えることがあるのは，この項の冒頭で述べた

近代的開発行為と同じである．ゴルフ場は赤土流出の大きな原因の一つとなっている．またこれらの施設からの大量の有機物の流出も問題となっている．

　これらの課題の解決のためには，観光業者の理解が必要であるのと同時に，観光客，ダイバーの理解もたいへん重要である．

　地球規模の変化　　世界各地から造礁サンゴの白化現象が知られている．共生藻が造礁サンゴから抜け出し，その結果群体が白化，死滅する現象で，その原因は環境の変化，とくに高水温化が影響している．局所的な環境変化による白化現象も知られているが，世界のサンゴ礁地域全体でこの現象がみられ，エルニーニョによる高水温化や地球温暖化との関係がいわれている．地球温暖化が生物に影響を与えた最初の事例ともいわれる．また地球温暖化に伴う海面上昇がサンゴ礁生態系やサンゴ礁上の人間生活に与える影響についても検討されている．サンゴ礁の礁原上に堆積した砂礫からなる小島の標高は数 m のものがほとんどで，マーシャル諸島やモルジブ諸島など数多くの島では，そのような小島が人間の主たる生活の場となっている．それらの周囲の海面が上昇することにより，島が海面下に没したり波の浸食が強まることが懸念されている．さらにサンゴ礁自体が地球温暖化の要因となる二酸化炭素を吸収するのか，放出するのかについても重大な関心が払われている．

（3）　回復の問題

　以上のように，さまざまなインパクトによってサンゴ礁はダメージを受けているが，沖縄県石垣島の白保サンゴ礁問題の際，「サンゴの生長速度は速いから，埋め立てなどによって多少破壊されてもすぐにもとどおりになる」という主旨の意見が新聞紙上などでとりあげられた．しかしこの意見には二つの点で混乱がみられる．まず，「造礁サンゴ」と「サンゴ礁」あるいは「サンゴ礁生態系」との混乱である．「造礁サンゴ」は生物であるのに対して，「サンゴ礁」は造礁サンゴをはじめとする造礁生物によってつくられた地形で，「サンゴ礁生態系」はその上に生きるすべての生物と微地形，堆積物，海水といった無機環境とが関係し合って維持されている系である．生物としての造礁サンゴの生長は，種類によって非常に速いものがある．たとえば枝状のミドリイシ類では，年に数 cm 以上の生長量に及ぶ．しかし，それはサンゴ礁あるいはサンゴ礁生態系の回復とは必ずしも一致しない．もう一つの混乱は，台風などの自然のインパクトと埋め立てなど人為的なインパクトとの区別である．自然のインパクトは一過性のものであり，「サンゴ礁生態系」を破壊するものではない．むしろこのような作用もサンゴ礁生態系の中で重要な役割を果たしている．それに対して，人為的なインパクトは，造礁サンゴにダメージを与えるだけではなく，サンゴ礁自体を破壊したり，継続的にインパクトが続くため，生物のみならず無機環境を含めたサンゴ礁生態系としての機能を劣化させる．この回復をはかるには，まず原因となるインパクトを除去することが必要不可欠である．もともとあったサンゴ礁景観に戻り，健全なサンゴ礁生態系としての機能が再び取り戻されて初めて「回復した」というべきである．

14.2 サンゴ礁保護の課題

a. サンゴ礁の劣化と保護の現状

1996年6月，パナマシティーで第8回の国際サンゴ礁シンポジウム（以下 ICRS と記す）が開催された．このシンポジウムは，4年に1回世界のサンゴ礁地域の持ち回りで開催される，世界のさまざまな分野のサンゴ礁研究者，サンゴ礁関係者による研究発表と議論の場である．今回のシンポジウムでは約800の発表がなされたが，そのうちの1/3がサンゴ礁の保全にかかわるものであった（表14.1）．以前は，きわめて自然科学的，学術的なテーマのみが発表・議論されてきたが，この傾向は，1981年にフィリピン・マニラで開催された第4回 ICRS で「人とサンゴ礁」が大きなテーマとしてとりあげられて以来，急速に強まった．この背景には，世界のサンゴ礁が，14.1節b項で示したようなさまざまな人為的インパクトによって，大きなダメージを受けていることが明らかになってきたことがある．

表 14.1 第8回国際サンゴ礁シンポジウムにおけるサンゴ礁保全関係の発表数（ポスター発表を除く，総発表数：733）

人間活動の影響	15	海中保護地区	20
攪乱・ストレス	14	持続的漁業	15
個別各地のサンゴ礁の現状	15	社会科学からみたサンゴ礁	7
世界のサンゴ礁の現状	10	サンゴ礁復元	9
モニタリング	7	サンゴ増殖	7
サンゴ礁データベース	15	白化現象	8
簡易調査評価方法	15	炭素循環（CO_2）	15
管理	19	国際サンゴ礁イニシアティブ	8
		計	199

IUCN/UNEP (1988) は，全世界のサンゴ礁について劣化の現状をチェックし，それぞれのサンゴ礁の保護対策と課題を示している．パナマの ICRS でも，全世界や各地のサンゴ礁の現状について20以上の発表がなされ，サンゴ礁生態系の劣化の状況と保護の必要性が報告された（表14.1）．日本のサンゴ礁生態系劣化の現状については，目崎 (1988) が，Musik の1980年代前半の調査をもとに，南西諸島のサンゴ礁では「生きたサンゴに出会えるのは，10回のうち2度か3度にすぎない」と述べている．また環境庁は，第4回自然環境保全基礎調査に基づき，1996年に「サンゴ礁分布図」をまとめた．この図は，トカラ列島以南の南西諸島についてサンゴ礁の現状を10万分の1の縮尺で示したものである．

このような現状を踏まえ1990年代に入って，各国の研究者，NGO や行政は，アジェンダ21に基づく，国際サンゴ礁イニシアティブ（以下 ICRI と記す）の設立を進め

てきた．これまでは，各地域でそれぞれに行ってきたサンゴ礁保護活動を，国際間の協力と同時に全世界的視野に立って実施するためである．日本も，1993年に日米包括経済協議の一環としてアメリカから提案され参加しており，1997年2月に沖縄で第2回東アジア海地域会合を開催した．

ICRIで求められているプログラムは，まずサンゴ礁保護とその必要性についての普及・啓蒙であり，1997年の国際サンゴ礁年に，世界でさまざまな活動が行われたのもその一環である．また，調査研究も重要な課題であるが，とくに保護のための応用的な研究やモニタリング調査に力が入れられている．世界各地のサンゴ礁をモニタリングするのには，現在のサンゴ礁研究者だけでは困難であり，訓練を受けた調査者の養成やアマチュアでも可能な調査方法の開発が必要である．国際サンゴ礁年のプログラムとして試みられた"Reef Check"は，その実践である．なお，Global Coral Reef Monitoring Network (GCRMN) というプログラムも進行しており，その成果は"ReefBase"とよばれるデータベースにまとめられている．さらに重要なプログラムとして，各地のサンゴ礁での総合沿岸管理の実施が掲げられている．ICRIに関して誤解してはならないのは，これは単に海外援助のプログラムではないという点である．これに加わる各国がそれぞれ自国内のサンゴ礁保護についてのアクションプランを立て，それを実行することが求められている．その点からいって，日本のサンゴ礁保護の取り組みはまだ不十分で，とくに総合沿岸管理の必要性が十分に認識されていない．隣接する陸上も含めたサンゴ礁地域全体の総合的な自然利用管理（土地利用管理，海域利用管理を含む）が必要である．

b．サンゴ礁保護にあたっての留意点
(1) サンゴ礁生態系をとらえる視点

ICRIでも求められているサンゴ礁の総合的管理のためには，隣接する陸上の集水域も含めた系としてサンゴ礁をとらえる視点が不可欠である．またサンゴ礁域での開発行為が自然に与える影響を評価する際にも，生物種への影響のみならず，生物間の関係や生物と物理・化学的環境との関係を含むサンゴ礁生態系全体への影響を考慮しなければならない（図14.2）．白保サンゴ礁の新空港建設問題の際には，このような視点からサンゴ礁生態系をとらえるために，堀越(1979)の自然地理的ユニット (physiographical unit) を応用した「ユニット」を設定することが有効であることを示した（日本自然保護協会，1991）．

陸上の場合には，水や堆積物などの物質移動からみて，河川の集水域をユニットとして設定することが可能である．それに対して海域の場合は，海水によって隣接する海域や他の海域とつながっているために，このようなユニットが設定しにくい．しかし，地形や海水・堆積物の移動パターンなどによってある程度のまとまりをもった「ユニット」を設定することが考えられる．とくにサンゴ礁の礁池あるいは礁湖では，外

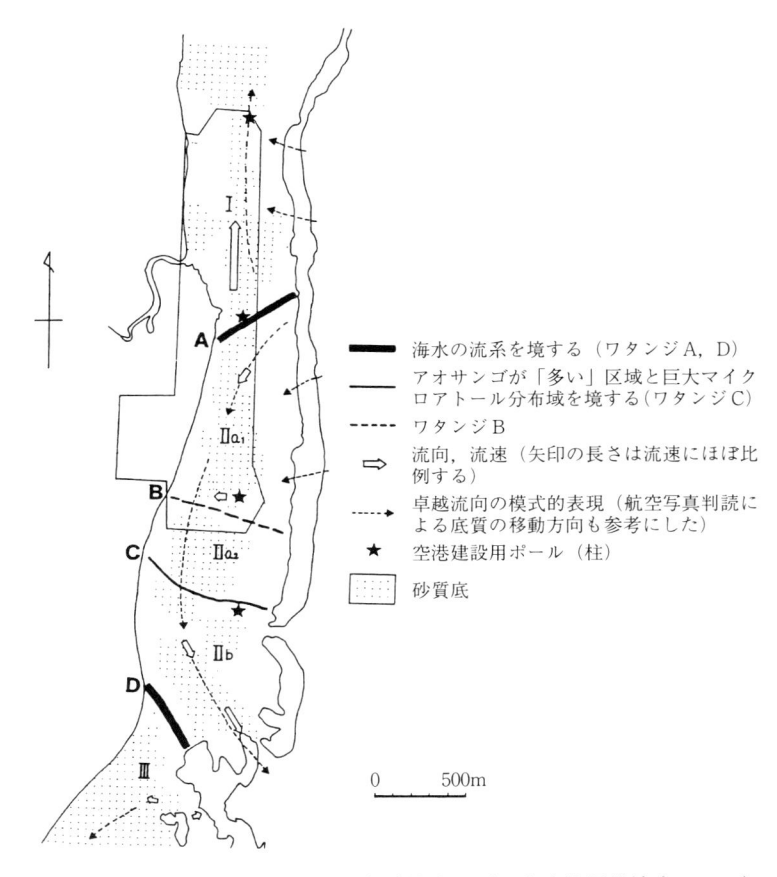

図 14.3 白保周辺のサンゴ礁生態系模式図（日本自然保護協会, 1991）

洋との間に礁縁部が存在するためにより明瞭な「ユニット」を設定することができる（図14.3）．なお，この「ユニット」は完全に閉じた系ではないため，隣接するユニットとの関連をつねに考慮する必要がある．たとえばユニットに加わるインパクトの種類および大きさによっては，隣接する複数のユニットを一連のものとして「超ユニット」を設定することが必要になる．またこれらの「ユニット」に隣接する陸域（集水域）も含めた「超ユニット」を設定する必要がある．

（2） サンゴ礁復元事業についての考え方

近年，日本の各地で造礁サンゴの移植や人工的な造園といった事業が行われている．このような事業においてはいくつかの点で注意が必要である．

まず第一は，開発行為などによる自然の改変に対しての代償行為として，安易に用いるべきではないことである．前述したように（14.1節b項の回復の問題），生態系としてのサンゴ礁の回復・復元と生物としての造礁サンゴの回復・復元とは根本的に異なる．造礁サンゴがすでに死滅してしまった地域で，造礁サンゴの移植・造園によって少しでもその地域のサンゴ礁生態系の回復に寄与しようとするのは望ましいことで

あり，そのための技術の研究開発も取り組まなければならない課題だと考える．しかし，新たな開発行為の免罪符的な使用は極力避けなければならない．まず開発行為自体がサンゴ礁生態系に直接与える悪影響を避けるために，その計画の変更を検討することが先決である．

第二に，サンゴ礁の回復のところで触れたことであるが，造礁サンゴが死滅した原因を無視した造礁サンゴの移植や造園は無意味だということである．移植事業の失敗例のいくつかは，その場所のサンゴ礁生態系を破壊した原因が取り除かれず，もともとの造礁サンゴの生長に適した環境に戻っていないためだと考えられる．また，新たに生長を阻害する原因が生じたことも考えられる．

すなわち，サンゴ礁復元事業は，サンゴ礁保護の方策の一側面にすぎず，隣接する陸上も含めたサンゴ礁地域全体の適切な自然利用管理の枠組みの中に位置づけなければならないのである．

c．海中公園，海中保護地区についての課題

サンゴ礁地域の総合的な保護・利用管理のための方策の一つとして，海中公園あるいは海中保護地区（これらを包括して marine protected area とよび，以下 MPA と記す）の設立プログラムがある．これは，サンゴ礁地域のみならず世界の沿岸各地で設立，あるいは計画され，同時にそのプログラム改善が進められている（Great Barrier Reef Marine Park Authority/World Bank/INCN, 1995）．

日本では，自然公園法によって全国56か所に海中公園が設けられ，そのうちの12がサンゴ礁地域にある．しかし，個々の海中公園の面積はきわめて狭く，かつ地域の生態系を考慮した区画になっていない．そのために，海中公園であっても，人為インパクトによって大きなダメージを受けているサンゴ礁が数多く認められる．保護の対象とする海域を幾何学的に囲むだけの設定では不十分であることは明らかである．隣接する陸域も含めた「ユニット」あるいは「超ユニット」の把握を行ったうえで，総合的かつ適切な自然利用管理とともに，そのなかでの生態学的あるいは自然地理的特質に即した MPA の設定が行われることが不可欠である．第8回 ICRS の MPA に関するワークショップでも，そのことが話題の一つとなった．

グレートバリアリーフ（以下 GBR と記す）では，約2000kmにわたるほぼ全域が MPA とされているが，その内部は，非常に細かく地域区分され，かつ人間活動の制約がこと細かに定められている．それは空間的に区分されているだけでなく，時間的にも区分されている．たとえば，ある地域ではレクリエーションや自然観察のためのシュノーケリング（素潜り）は許可されているが，釣は季節によって禁止されている．ただし，GBR ではもともと生業としての沿岸漁業は発達しておらず，したがって日本では漁業者の利用を考慮した自然利用の空間的・時間的ルールづくりが必要である．漁業権や水産資源保護水面といった日本固有の制度を自然保護に応用するという考え

方も提示されている (Simard, 1995).

またGBRでは，上記のような詳細なルールを利用者に周知させるためにさまざまな方法を用いている．ルールを地図に示した印刷物を配布，販売したり，水族館やビジターセンターなどでは展示やコンピューターでの検索システムが備えられている．またMPA内には多数のレンジャーが配置され，ルールの指導がなされている．このようなソフトウェアと人材の整備は教育プログラム全般にわたっており，さまざまな方法でサンゴ礁の自然の仕組みやサンゴ礁保護の必要性が市民にひろく説かれている．

近年，MPAの設立と運営やそのなかでのルールづくりと管理において，imvolvementあるいはcommunity based managementの重要性が指摘されている (Wells and White, 1995). すなわち地域住民が，サンゴ礁保護の重要性についての十分な理解のうえで，上記のような作業の初期段階から中心になってかかわっていくべきであるという考え方である．従来トップダウンによって行われてきた施策決定が数々の問題を生み，MPAやルールが十分に機能しなかったことへの反省である．

以上のようなMPAをめぐる課題は，残念ながら日本では，いずれも考慮されているとはいいがたい．今後，改善のための研究と実行計画が必要である．

おわりに

ICRIがいう総合沿岸管理では，サンゴ礁地域全体の適切な自然利用管理(土地利用管理，海域利用管理を含む)が必要だと考える．MPAではもちろんのこと，MPA以外の地域でも同様である．それを実現していくためには，行政や研究者だけでなく地域住民を含めた協力関係が必要であり，その関係のなかにNGOの役割がある．第8回ICRSでもこのことが何度も強調されていた．

わが国において，サンゴ礁を含む沿岸域の自然保護については，森林などの陸域の自然保護に比べて，広範な市民の理解の面でも，研究面でも，制度面でも立ち後れている．日本の沿岸域の自然は，古来さまざまな人間活動と深くかかわってきた．この点が沿岸域の自然保護を複雑なものにしている反面，伝統的に続けられてきたその関係のなかに持続的な自然利用のヒントが含まれている．サンゴ礁地域には今なおその名残が残っている地域も多く，サンゴ礁の自然保護を進めることが，ひいては日本の沿岸域の自然保護につながるものと考える．地域住民や漁業団体，あるいはダイビング団体も含むサンゴ礁を訪れる観光利用者などにも，サンゴ礁保護の重要性についての理解が浸透し，自然保護のための協力体制がとれるよう努力をしなければならない．

追記

沖縄の海を愛され，見続け，その保護に全力を注いでこられた吉嶺全二さんのご冥福をお祈り申し上げます (1997年10月).

［中井達郎］

文　　献

1) Great Barrier Reef Marine Park Authority/World Bank/IUCN (1995): A Global Representative System of Marine Protected Areas, Vol. I -IV.
2) 堀　信行 (1980)：日本のサンゴ礁．科学，**50**-2，111-122．
3) 堀越増興 (1979)：熱帯性海域の沿岸生態系——地域生態系における自然地理的ユニットのモデルとしての石垣島川平湾．環境科学としての海洋学3(堀部純男編)，pp. 145-169，東京大学出版会．
4) IUCN/UNEP (1988): Coral Reefs of the World, Vol. 1: Atlantic and Eastern Pacific (373 p.), Vol. 2: Indian Ocean, Red Sea and Gulf (389 p.), Vol. 3: Central and Westarn Pacicic (329 p.).
5) 環境庁 (1996)：サンゴ礁分布図，第4回自然環境保全基礎調査，海域生物環境調査 (1989-1992年)．
6) Kayanne, H., Suzuki, A. and Saito, H. (1995): Diurnal changes in the partial pressure of carbon dioxide in coral water. *Science*, **269**, 214.
7) 河名俊男・中田　高 (1994)：サンゴ質津波堆積物の年代からみた琉球列島南部周辺海域における後期完新世の津波発生時期．地学雑誌，**103**-4，352-376．
8) 目崎茂和 (1988)：日本のサンゴ礁・白保のサンゴ礁．石垣島白保——サンゴ礁の海(小橋川共男・目崎茂和編)，pp. 81-118，高文研．
9) 中井達郎 (1990)：北限地域のサンゴ礁——サンゴ礁とは——．熱い自然——サンゴ礁の環境誌——(サンゴ礁地域研究グループ編)，pp. 57-65，古今書院．
10) 中井達郎 (1996)：サンゴ礁域の景相生態．景相生態学 (沼田　眞編)，pp. 72-77，朝倉書店．
11) 西平守孝 (1996)：足場の生態学，267 p．，平凡社．
12) 西平守孝・酒井一彦・佐野光彦・土屋　誠・向井　宏 (1995)：サンゴ礁——生物が作った〈生物の楽園〉——，232 p.，平凡社．
13) 日本自然保護協会 (1991)：新石垣空港建設がサンゴ礁生態系に与える影響，日本自然保護協会報告書，No. 75，119 p.
14) Salvat, B. (ed.) (1987): Human Impacts on Coral Reefs: Facts and Recommendations, Tahiti Muséum E. P. H. E., 253 p.
15) Simard, F. (1995): Marine region 16: Northwest Pacific. A Global Representative System of Marine Protected Areas (Great Barrier Reef Marine Park Authority/World Bank/IUCN), Vol. IV, pp. 107-130.
16) Stoddart, D. R. (1969): Ecology and morphology of recent coral reefs. *Biol. Rev.*, **44**, 433-498.
17) Wells, S. and White, A. T. (1995): Involving the community. Marine Protected Areas (Gubbay, S. ed.), pp. 61-63, Chapman and Hall.
18) 山里　清 (1991)：サンゴ礁の生物学，150 p.，東京大学出版会（UPバイオロジー）．

15. 干潟，浅海域の自然保護

　海洋は地球面積の約70%を占め，その平均水深は約4000mときわめて深い．海洋は，陸上から河川水や産業都市排水を通してさまざまな物質の供給を受けると同時に，大気との間で二酸化炭素や酸素などの気体の交換を行っている．海洋は地球生態系に必要なさまざまな物質の最大の貯蔵場であると同時に，海水全体は巨大な生物生活空間でもあり，地球の生態系の根幹を担っている．

　この海洋で，最も生物生産力が高いのが河口湿地（salt marsh）や干潟（tidal flat）を含む内湾浅海域（bay shallow water）である．内湾浅海域は陸上から盛んな物質供給を受け，太陽の光エネルギーを用いて海藻類や海草類，そして植物プランクトン（phytoplankton）による一次生産が盛んに行われている．これらの一次生産者は，多くの動物に食物資源と同時に生活の場を提供し，底生動物や魚類からなる豊かな動物群集の生存基盤となっている．こうして内湾浅海域には多様で豊かな生物が生息でき，活発な物質代謝が営まれている．

　この内湾の生物生産の恩恵は，海鳥など陸域に生息基盤をもつ動物にも及んでいる．当然のことながら人間は内湾浅海域を盛んに利用しており，人類の歴史はこの海域なしには考えられない．したがって，内湾の自然環境保全には，生態系保全と同時に，次世代に対して資源的価値を損なうことなしに利用できる状況を残す責務が含まれる．

　自然地形の内湾浅海域は，海洋生物の欠くことのできない生息場となっている．多くの生物がここで一生のほとんどを送ると同時に，外洋の動物の多くも産卵，幼稚期の生育場として一時的に内湾浅海域を利用し，鳥や人など陸上の動物も食料採取場として内湾浅海域を利用している．また地球の生物進化過程で，干潟や河口部で生活した生物の一部は，陸地や淡水域へも生活圏を拡大していった．このように現代の地球生物社会の発展は，海と陸との接点としての内湾浅海域により支えられてきたといえよう．したがって，内湾の生物生息環境を保全することは，地球の生命進化の場の保護でもあり，人類にとって最も大切な自然保護活動の一つである．

　内湾浅海域の人類への恩恵は，単なる食物獲得にとどまらず文化面にも及んでいる．海岸の景観は人々の心にやすらぎを与え，自然的スケールを背景とした感性を育てた．海岸でのさまざまな生物との出会い，みずからの手による食料の採取，その採取効率を高める地理気象学的自然変動や生物生態に対する知識の集積，さらにはその努力の

結果として得られた食料を囲んでの人々の語らい，これらを通して人類は海の豊かさと，そこで活動する採取者の努力と技術に対する畏敬の念をつくりあげてきた．また内湾は重要な交通路でもあり，地域間で盛んな物資ならびに人的交流を促進させた．内湾に隣接する大地は人類の最も豊かな生活空間となり，沿岸部ならではの地域文化を育ててきた．

現在，海洋生物採取による生産活動は，漁業という専門的技術を必要とする職業として引き継がれている．この漁業は現在でも地域の歴史文化，信仰に深く結びつき，自然の豊かさを人々の生活の豊かさに変える産業としての価値をもっている．このように内湾浅海域は人類の生活や文化とも深く関係し，この海域の自然保護は，人類の生活環境保全と同時に有形無形の文化遺産保護でもある．

近年に至るまで人類は海洋環境を損なうことなく利用してきた．しかし近年，とくに20世紀後半の利用形態は，埋め立て，養殖場建設，人工島造成など浅海域の消滅をもたらす，いわば海の空間と生態的機能の消失を伴うものになってきた．また消失を免れている水域も，都市排水による富栄養化 (eutrophication) による有機汚濁 (organic pollution) や，有害な人工合成物の流入により生態系の質的劣悪化が深刻になっている．現代社会はこの干潟を含む内湾の生物生息環境と資源的価値を減少させ，漁業を衰退させている．われわれ人類は今，地球上で最も豊かな自然環境と，それにより育まれる文化的遺産を消滅させようとしている．

15.1 干潟，浅海域の生態系と環境問題

わが国において内湾浅海域の消失や環境悪化は河口部や干潟でとくに著しい．その理由は，これらの海域の周辺には都会が発達していることが多く，港湾や産業そして住宅用地造成のための埋め立てや航路拡張のための浚渫が盛んに行われているからである．また，残された内湾水塊も都市や産業系からの有機物や無機栄養塩類の流入による富栄養化が進行し，過剰な有機物による底層水の貧酸素化 (hypoxia) が生物生息環境の劣悪化をもたらしている．都市部以外においても干拓，護岸整備，漁業整備，養殖漁業，海砂採取による海岸部の消失や，隣接浅海部の環境悪化が生じている．さらに近年では海上空港，ごみ処分場建設のための大型人工島の建設による海域の消失も進んでいる（表15.1）．

表 15.1 内湾浅海域の環境悪化

海域	環境問題	原因
河口湿地	消失	干拓，埋め立て，護岸造成，港湾造成
干潟	消失	干拓，埋め立て，護岸造成，港湾造成，浚渫
浅海域	消失，透明度低下，貧酸素化	浚渫，埋め立て，人工島，富栄養化，海砂採取，養殖場

15.1 干潟, 浅海域の生態系と環境問題

a. 河口湿地の生態系

内湾に注ぐ河川は, その土砂の堆積により河口部にデルタ (delta) と干潟を形成する (図 15.1). デルタには分水路が走り, 潮の干満に伴って河口水 (海水と淡水が混ざった汽水) が出入りする河口湿地 (salt marsh) が形成される. また, 外洋に面した砂浜海岸の河口部には, 砂丘で隔てられた広い水面域をもつ河口湿地である潟湖 (lagoon) が形成される. これらの河口湿地にはヨシやアイアシなど塩分耐性をもつ植物の大規模群落が形成され, その間を干満に伴い水が出入りする潮感水路 (クリーク, tidal creek) や, 干潮時にも水をたたえる感潮池 (タイドプール, tide pool) が点在する. また水路や池の周囲には, 干潮時には小規模な干潟が形成される (図 15.2).

この河口湿地では, 底生動物や魚類が底質環境や塩分濃度の変化と対応して種構成を変えながら, 全体として多様で豊富な生物の生息がみられる (表 15.2). ここの底生動物の中にはこのような汽水の湿地にしか生息していない種が多く, 独特の生物相を形成している. しかしながら, 開発によりわが国の河口湿地は壊滅的に減少し, 河口

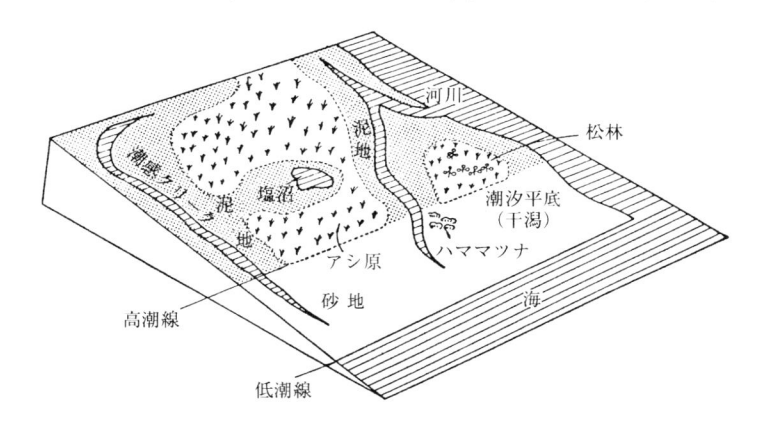

図 15.1 内湾の河口地形 (東京湾小櫃川河口をモデルに) (秋山・松田, 1984)

図 15.2 東京湾小櫃川河口湿地のクリーク

表 15.2 東京湾小櫃川河口湿地の主要動物

多毛類	ゴカイ，イトメ
巻貝類	ヘナタリガイ，フトヘナタリガイ，ホソウミニナ，カワザンショウガイ，クリイロカワザンショウガイ
二枚貝類	ヒメシラトリガイ，オキシジミガイ
カニ類	ヤマトオサガニ，チゴガニ，ウモレベンケイガニ，アシハラガニ，ハマガニ，クロベンケイガニ
魚類	ウナギ，マサゴハゼ，コトヒキ，メダカ，チチブ，アベハゼ，マハゼ，ビリンゴ

湿地特有の生物相は危機的状況にある．また，残存する河口湿地でも，東京湾小櫃川河口のヘナタリガイやフトヘナタリガイのように，近隣の河口湿地の消失による個体群の孤立化による衰弱をまねき，絶滅が危惧される種も多い（和田ら，1996）．

河口湿地はガンやカモ，バン類など水鳥の重要な生息場となっており，生息地の減少が彼らの生存を脅かしている．東京湾最奥部の行徳には，宮内庁の新浜鴨場がある．このあたりは江戸川河口のデルタにあたり，1960年代までは広大な湿地帯が広がっていた．当時はマガン，オオバンやさまざまなカモ類の飛来が多く，水鳥類の日本有数の渡来地となっていた．しかしながら，その後に埋め立てと都市化が進み，一部保護区として湿地がつくられたものの，マガンやオオバンの渡来はなくなり，その他の鳥の種数や個体数は激減した（秋山・松田，1984）．

海岸近くの土地には多くの人が住んでいる．人間は排水を通して生活と産業活動から出る有機物や無機栄養塩類を大量に環境に放出する．そのため周辺の川や湖沼，内海はこれら栄養物の濃度が極端に高まり，富栄養化から生じる環境悪化が進行している．河口湿地は，水質の浄化能力，すなわちこれらの物質を生き物に変えたり除去する力が強い．ゴカイやカニは底質表面に堆積した有機物を食べて成長し，また彼らは鳥や魚の餌となる．湿地に広がるヨシ群落は無機栄養を吸収して生長する．泥の中のバクテリアは有機物を分解すると同時に，脱窒作用により窒素を大気中に放出している．河口湿地を経由する水は，このような生物作用により，海に注ぐ前に浄化されている（栗原，1988）．

b．干潟の生態系

干潟と河口湿地は接続しており，生物の交流も盛んに行われ連続した生態系となっている（図15.5参照）．干潟には河川の河口部に形成される河口干潟や潟湖干潟，そして内湾の海岸沿いに発達する前浜干潟がある．面積的には河口干潟や潟湖干潟は小規模なものが多く，前浜干潟は東京湾，伊勢・三河湾，瀬戸内海，有明海のような大型の内湾でみられ，海岸から沖合数kmに及ぶほど大規模に発達している（図15.3）．しかしながら，このような干潟はこれまでの干拓や埋め立てによる消失が著しく，1945

15.1 干潟，浅海域の生態系と環境問題

図 15.3 東京湾小櫃川河口干潟

年以降わが国の干潟総面積の約40％が失われた（菊池，1993）（図15.4）.

干潟環境の特徴は潮汐による周期的冠水と露出，そして底質の高い保水力による定常的湿潤状態の保持にある．潮汐により干潟表面は冠水時には海水中のプランクトンや有機懸濁物などの栄養物を取り込むことができ，一方，露出時には十分な太陽エネルギーを受けることができる．そして干潟の底質となっている細砂や泥は，露出時でもその間隙に海水を保持することができ，生物を乾燥から保護している．さらに，干

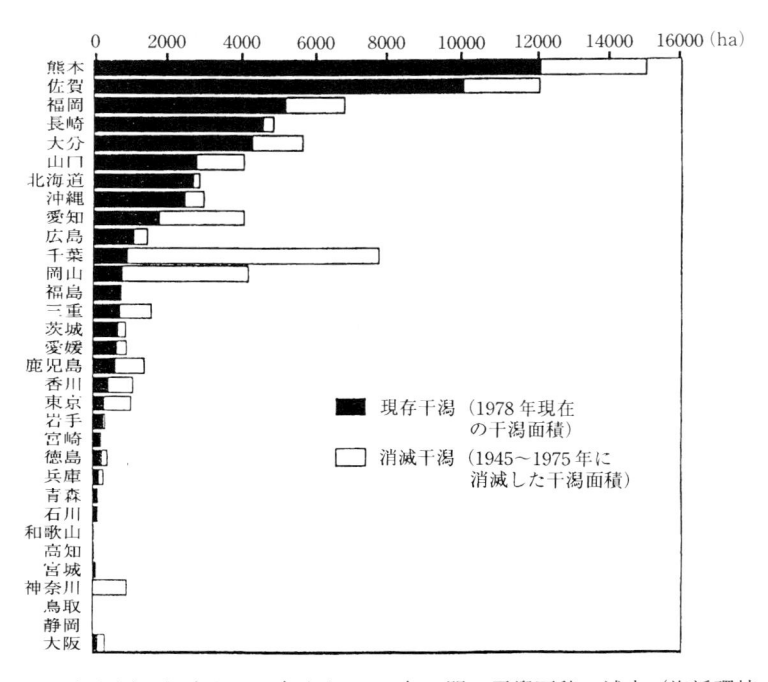

図 15.4 わが国における1945年から1978年の間の干潟面積の減少（海浜環境保全対策の今後のあり方，海浜環境保全対策検討資料，1979）.

潟の砂泥底内では底質に穴を掘って暮らす動物たちが多く，種ごとや同じ種でも成長段階に応じて生息深度を変えることにより，生物間で立体的に生息できる．このため底質内はいわば高層マンションのように利用され，狭い面積の中にたくさんの動物の生活空間を提供できる．

干潟面の高さ，海からみれば満潮時の水深差は，冠水あるいは露出が続く時間の差でもあり，干潟面の環境はその高さにより大きく異なる．干潟の生物は種によって露出や冠水時間に対する要求が異なっており，干潟生物相は干潟面の高さに応じて変化する（図15.5）．また，干満作用は潮汐周期ごとの完全な海水交換であり，干潟面は満潮ごとに沖合のプランクトン性有機物の供給を受けることができる．このように干潟では，外部からの餌供給が盛んな状況下で，環境変化に応じた生物分布をもちながらも，生息場に関して種間で激しく競争をすることなく生活でき，それらの結果として多様で豊かな生物群集が形成される．

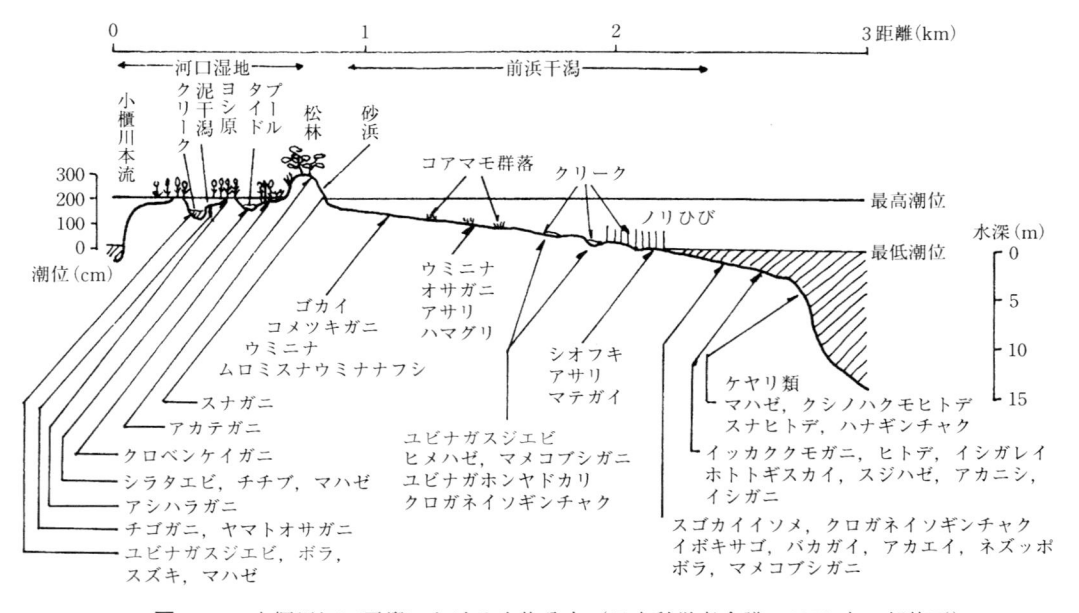

図 15.5 小櫃川河口干潟における生物分布（日本科学者会議，1979 を一部修正）

ひろい視野で考えると，干潟底生生物の生息はその摂食様式と深い関係がある．底生動物の摂食様式は，水中に浮いている微小な餌を食べる懸濁物食者（suspension feeder），海底表面にある餌を食べる表面堆積物食者（surface deposit feeder），底質内にある餌を食べる底質内堆積物食者（sub-surface deposit feeder），動物の死体を食べる死肉食者（scavenger），さらに生きている動物を捕らえて食べる肉食者（predator）がある．これらの動物の中で干潟の優占的動物は懸濁物食者と表面堆積物食者である（風呂田，1996）．懸濁物食者の代表はアサリやバカガイなどで，彼らは干潟が海水をかぶっている間に水中に存在するプランクトンや有機懸濁物を食べる．そのため

15.1 干潟，浅海域の生態系と環境問題

冠水時間の長い干潟の下部ほど生活しやすい．また流れや波が海底表面の餌粒子を水中に再懸濁させるため，底質の攪乱が多い場所（このような場所は砂地であることが多い）の方が現存量が高くなる傾向にある．

これに対して，ゴカイ類の多くは底質表面にある餌を食べる堆積物食者で，海水の動きが少なく水中の懸濁物が堆積しやすい泥干潟に多い．また，コメツキガニやウミニナ類も表面堆積物食者であるが砂干潟で多く，彼らは底質表面で増殖する珪藻類などを食べている．

干潟に生息する動物のほとんどは海産動物であり，海水の存在なしには生活できない．しかし干潟の動物の中には，潮が引き干潟表面が空気中に露出しているときだけ採食活動するものも多い．彼らは海から離れることはできないが，餌をとるためには干潟面が露出しなければならず，海水もあり露出もある干潟が唯一の生息場となっている．このような動物の代表はチゴガニ，コメツキガニ，ヤマトオサガニ（図15.6），ハクセンシオマネキなど干潟に生息するスナガニ科のカニ類，そしてムツゴロウやトビハゼなど干潟面を飛びはねるハゼ科の魚である．彼らは底質がまったく露出しない潮下帯（subtidal zone）には生息できず，開発による干潟面，とくに露出時間の長い高潮域の消失は直接これらの動物の個体群消失につながる．

図 15.6 干潟のヤマトオサガニ

これに対してアサリやバカガイなどの二枚貝類，それにゴカイ類など満潮時に餌をとる動物にとって露出は生活上の必須条件ではなく，露出のまったくない潮下帯浅海部でも出現することがある．しかし，彼らの個体群維持にとっては干潟の存在は必要不可欠である．その理由は干潟の露出が彼らを食べる魚類などの大型動物の侵入を防ぎ，結果として干潟が彼らの保護区としての機能をもっているからである．魚類やエビ類の多くも，小型で餌となりやすい幼若期の成長場として一時的に干潟を利用しており，干潟の存在は沖合の浅海部の動物相や現存量にも大きな影響を与えている．

干潟での豊かな動物の生息は，シギやチドリ類など海鳥にとって重要な採餌場所を提供している．露出は干潟の動物を海の捕食者から守ることができる反面，陸上動物

である鳥類にとって逆に採餌しやすい条件となる．このため干潟の動物の多くは，鳥たちからの捕食を逃れるために，底質中に潜り身を隠すか，表面で活動中のものは鳥の接近に対してすばやく巣穴に逃げることで身を守っている．しかし鳥たちも，これらの動物を捕食しようと長いくちばしを進化させることにより餌を捕らえようとしている（図15.7）．餌となる動物もそれを食べようとする動物も，ともに干潟を利用して生き抜くために進化し続けてきた．干潟での生物進化は今でも続いている．

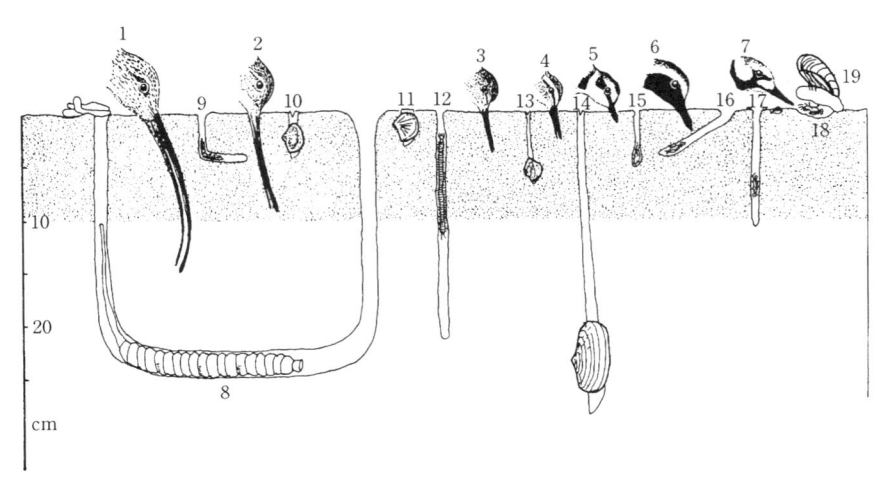

図 15.7 干潟の底生動物とそれを食べるシギ・チドリ類のくちばし（長谷川，1980）
1：ダイシャクシギ，2：オオソリハシシギ，3：アカアシシギ，4：ウズラシギ，5：シロチドリ，6：ダイゼン，7：キョウジョシギ，8：タマシキゴカイ，9：ニホンスナモグリ，10：アサリ，11：サルボウガイ，12：ゴカイ，13：ヒメシラトリガイ，14：オオノガイ，15：チゴガニ，16：ヤマトオサガニ，17：スナガニ，18：ケフサイソガニ，19：ムラサキイガイ．

c．内湾浅海域

干潟と比べた場合の内湾浅海域の特徴は，魚類やカニ，エビなどの比較的大型な動物が生物相の主役となっていることである．彼らの生活を支えているのは，内湾の豊富な栄養塩類を基盤とする植物プランクトンや海藻による盛んな一次生産力である．また内湾をとりまく海岸域には，彼らの幼若期の生活場となり，成長してからは満潮時の餌場となる湿地や干潟が存在している．干潟による海水浄化は周辺浅海部の海水透明度を増加させ，アマモの密生するアマモ場（seagrass bed）を形成する（図15.8）．このアマモ場はさまざまな動物の生活場となり，浅海部の生物多様性と生産力を増加させている．さらには，内湾浅海域は湿地，干潟，そして内湾に生息する動物のプランクトン幼生期の生育場としても重要である．

このように湿地，干潟，アマモ場，そして沖合内湾の一連の存在が，内湾に豊かな生態系をもたらしており，これらのセットが本来の内湾構造である．内湾動物の多くが成長とともにこれらの海域を移動することにより有効に利用し，それが豊かな内湾

図 15.8 アマモ場（東京湾富津沖）

水産資源のもとにもなっている．しかし近年では，内湾浅海域の環境悪化により漁獲魚種の変化と漁獲量の低下が生じている（図 15.9）．環境悪化の主因は海水の富栄養化による有機物の増加であり，これが海底水の酸素不足を引き起こし，生物の生息を困難にしている．

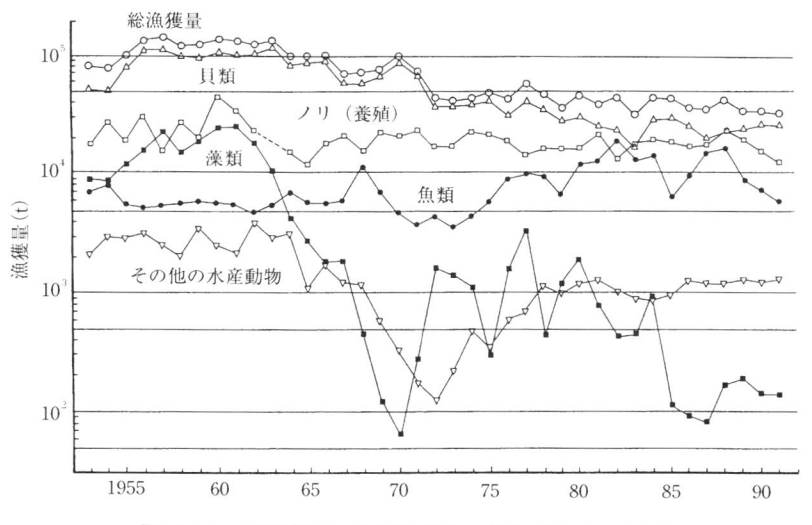

図 15.9 東京湾における漁獲量の変化（清水，1993）

わが国の内湾をとりまく臨海地のほとんどは都会化が進み，活発な産業が営まれている．これらの人為的活動は多量の生活・産業排水を発生させる．排水にはさまざまな物質が含まれているが，現在では毒性の強い重金属や有害人工化合物は排水処理技術と法的監視により排水中からほとんど取り除かれるようになった．また，生活や食品産業から出される排泄物や食品残さなどの有機物も下水道の普及により減少しつつある．しかし，この有機物の分解により生産されるリンや窒素の無機栄養物は，下水

道でも除去できずに残る．これらの無機栄養塩類は河川や下水排水を通して湾に流入し，最終的には湾の海水中の栄養塩濃度を増加させる．栄養塩類は海水中の植物プランクトンの増殖を促進させ，ときには海水の色が植物プランクトンにより変色する赤潮（red tide）状態をつくりだす．

ここまでの過程は富栄養化に伴う海水中の植物プランクトン量の増加である．植物プランクトンは海洋の食物連鎖の基盤であり，その増加は餌資源の増加である．海水中の動物プランクトンや小型魚類のみならず干潟の動物，とくに二枚貝類などの懸濁物食者も満潮のたびに運ばれる植物プランクトンを餌資源として成長している．したがって植物プランクトン供給の増加により，干潟生物の成長は促進される．しかしながら干潟がなくなった場合，干潟動物による植物プランクトンの消費，つまり海水中からの有機物除去作用は大きく減少し，内湾で生産された植物プランクトンは動物プランクトンや小型魚類だけでは利用しきれず，海水中にはつねに大量の植物プランクトンが余った状態となっている．この植物プランクトンは短期的に死亡し，海水中の懸濁態有機物となって海底に沈降，堆積する．このような過程により，富栄養化の進んだ内湾では，海底に高濃度の有機物が蓄積されている．

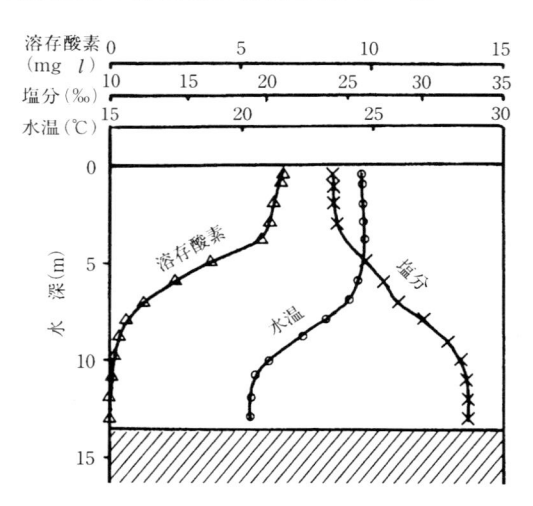

図 15.10 東京湾奥部の成層期（1988年9月21日）における水質の垂直変化（環境庁水質保全局，1992）

海底の有機物はつねにバクテリアによる分解を受け，そのときに海底水の酸素が消費される．春から夏にかけて気温の上昇とともに表面水が温められると，内湾の海水は表面水が温かくて軽く，相対的に底層水が冷たくて重い水塊として安定した成層状態となる．こうなると海水の鉛直的な混合がほとんどなくなるため，海底水の酸素が急激に減少し，最終的には無酸素になることもある（図 15.10）．もちろん海底の底質内には酸素はさらに浸透しにくく，より深刻な酸素不足が起こる．酸素は動物の生存にとって不可欠である．このような酸素不足により，富栄養化の進んだ内湾の一部分

では，夏には海底の底生動物がまったく生息できない状態となる．また開発の進んだ内湾では，航路や港湾建設，土砂採取により掘り下げられた海底の窪地があちこちに存在する．窪地では底層水の循環はさらに妨げられるため，酸素不足は進行しやすい．

海底の酸素不足は成層期の一時的現象であり，秋から冬にかけての成層が形成されない季節には海底水の酸素濃度は高く，生物は復活する．その復活はほとんどの場合，幼生や稚魚が海流により分散してきたもので，冬から春の間に成長を続ける．しかしながら，翌年の夏には貧酸素化の復活のため死亡してしまう．そのため酸素不足が生じる海域では，親に成長するまで何年もかかる大型動物が少なくなる傾向にある．

酸素不足は，海底の動物だけではなく，水中の動物プランクトンや魚類の多くの種類にも深刻な影響を与える．彼らは表面から海底直上までの幅広い水深を垂直移動して生活しているため，酸素の少ない底層水にさらされることは生活上きわめて不利である．また東京湾などでは，無酸素状態となった海底水が風の影響を受けて海岸に沿って海岸に湧き上がることがある．この湧き上がった無酸素水は青白色をしていることから，青潮とよばれている．青潮の発生は海岸の浅い海底にいた生物の大量斃死を引き起こし，魚介類資源を減少させるとともに，死骸による有機物汚染を引き起こしている（日本海洋学会，1994）．

干潟にいる動物は満潮のたびに海水中の植物プランクトンを摂食し，内湾の海水浄化に大きく貢献している．この干潟が保存されていれば，植物プランクトンは動物の成長に使われる．つまり，植物の生長が動物の成長を支えるという生態系として正常な機能により浄化が進む．東京湾では90%以上の干潟が埋め立てにより消失したが，この干潟が残されていれば，その浄化力により東京湾では酸素不足による底生動物の斃死を食い止めることができた可能性が高い（平野，1992）．すなわち，現在の東京湾の環境保全には，生物の生息環境の保全による浄化力の増加が最も具体的な施策である．

15.2 干潟，内湾浅海域の生態系保全

干潟や内湾浅海域の生物ならびに水産資源保護，さらには人間の生活空間としての環境保全は，内湾の生態系保全がその基盤である．そのためには，生物の生息資源としての海域空間保持を前提とした海岸形状や底質環境，そして水質の保全が必要である．前述のように，わが国の河口湿地や干潟は，干拓や埋め立てにより生態系の基盤である空間そのものが壊滅的に消失し，残されているところもさまざまな開発により今後の存在は保証されていない．それどころか，大阪湾や東京湾では，新たな埋め立てによる大規模な内湾浅海部の消失が始まっている．

これまでの開発による河口湿地や干潟の消失により，これらの海域に生活基盤をもつ生物は絶滅の危機にさらされている．さらに，東京湾，伊勢・三河湾，大阪湾のよ

うに貧酸素水塊形成や底質の還元化を伴う人為的富栄養化が著しい海域では，内湾域の広範囲での環境悪化が著しい．青潮の発生による海岸動物の大量斃死や水産資源ならびに水鳥出現の減少にみられるように，湿地や干潟を含む内湾生態系は危機的状態にある．しかも，このような危機的状態に陥ったのは，わが国では1960年以降のつい最近のことである．東京湾でみれば1960年代までは，全域で一年中底生魚やエビ・カニ類が生息していた（日本海洋学会沿岸環境研究部会，1985）．この35年の間の内湾環境の人為的変化は，内湾のもつ生態系自己修復機能では回復不可能な規模で進行した．したがって現在の内湾環境は，現状維持ですむ問題ではなく，積極的な環境回復策が必要な段階にある．

　現時点の行政による環境保全政策に関して，流入水質に対する施策はあるものの，干拓，埋め立て，メガフロートなど生物の生息場消失を伴う開発は，行政主導で数多く計画されている．しかも，住民や研究者がこの開発を食い止める有効な手立てはない．現在考えられている開発に伴うミチゲーション（mitigation），つまり環境悪化に対する補償策は，たとえば埋め立て地先の護岸を人工の砂浜にする程度のことで，本質的には生物生息空間としての海域面積は減少する．このような海域の減少が続くかぎり，内湾浅海域の生態系の質的悪化は避けられない．本質的なミチゲーションは，開発により失われる自然的価値を，人工的施策を加えることにより質的にも量的にも減少させない，つまりno net-lossが基盤である．アメリカのサンフランシスコ湾では，開発に伴い埋め立てにより消失する海域環境のミチゲーション結果として隣接の陸地を湿地化することにより，最近では海域面積は増加すらした（San Francisco Bay Conservation and Development Commission, 1986）．わが国の多くの内湾ではサンフランシスコ湾よりもはるかに深刻な環境悪化が生じている．その意味では，今後の開発は現在の海域面積維持を前提にすべきであり，そのうえで近年の極端な環境悪化が生じた以前，すなわち1960年代レベルの環境回復をめざすべきである．したがって，現在の内湾環境保全に求められている施策は，内湾環境の修復に貢献できるもの，すなわちリメディエーション（remediation）である．

15.3　これから何をすべきか

a．干潟の観察と海岸線の開放

　干潟や内湾浅海域がどのような魅力をもっているかを知るためには，とにもかくにも海に行かなくてはならない．どこに干潟があるか調べ，その干潟に行ってみよう．釣具屋で潮位表を買い，潮の引く時期を選ぶ．春から夏は昼間によく引くが，秋から冬は夜しか引かない．日本各地で，干潟観察を行っている市民団体や行政機関がある．干潟観察会への参加は干潟を知るいちばんの近道である．

　また，干潟がなくなったところでも，海岸にはさまざまな生物がいる．干潟と人工

護岸との違いをみるためにも出かけてみよう．ただし，護岸は危険度が高い．危険なところは避ける．

図 15.11 東京湾三番瀬

　埋め立て地先や工場があるところでは海岸に出られないことが多い．海岸そのものは共有財産として誰でも入れるのだが，そこに行くまでの道がなくなっている．海と人々との接触を断ち切ることは，海のもつ魅力を住民生活に生かす道すじを断ち切ることである．海岸への立入りルートをつくることは海の正常な利用としても必要な条件である（図 15.11）．

b．生物や環境の理解

　干潟にどんな生物がいるか観察しよう．干潟の地形によって生物が違うことに注意しよう．小さなスコップと約 1 mm 目合いのふるいがあれば底質の中の生物を観察しやすい．水中眼鏡とシュノーケルを持っていこう．潮だまりの中にいる生き物を水中で見ると，彼らの生き生きとした生命力がじかに伝わってくる．ただし，すねより深いところには行かないこと．もちろん，子どもだけで行くのはやめよう．

c．生物採集ルールの徹底

　生物や環境への理解は飼育することでさらに深まる．しかし，みんながたくさん採集すると生物が減ってしまう．採集による悪影響を最小限にするために，採集は子どもたちが観察するためだけにし，持ち帰ったものは心を込めて飼い続けよう．

　干潟生物の飼育では，水中で活動する動物は比較的やさしいが，干潮時に餌をとる動物はきわめて困難である．飼育する動物の採集は動物の生態をよく観察したうえで行おう．

d．環境研究

　環境への理解は観察から始まる．観察は何も勉強や科学の世界ではない．見る，触る，聞く，採る，飼う，食べるなど日常的な自然との付き合いから始められる．そして，それらの話題を話し合うことにより，個人的価値観の一部は仲間の間で共有され，個人も自己の価値観について新たな組み立てができる．したがって，自然とふれあうことはごく日常的に行われる生活そのものであり，個人的な知的財産ともなる．

　しかし，自然環境の価値や機能を社会共通の認識として確立したり，もしくは環境政策を決定するためには，科学的調査研究が必要となる．科学的研究とは何も難しいことを行うことが目的ではなく，調査研究の結果，その解釈，その結果に基づく予測について，できるだけ多くの人が納得するための，最も合理的な理論手段と考えるべきである．とくに沖合の海の中は，ダイバーや漁業者など特殊な職業や技能をもつ人以外は，人間が直接的に観察することは困難で，個人的経験に基づく感性的価値観は生まれにくい．したがって科学的情報が，環境価値を考えるうえで，陸上のそれよりはさらに重要になる．

　また，自然環境や生物の生活は時間とともに変化し，その変化を観察することで，より正確で重要な情報が得られる．その意味で，より多くの機関や研究者が日常的に調査研究を行うことが求められるが，わが国の研究体制はきわめて貧困である．とくに干潟や内湾の研究体制は貧困で，これらの環境をおもな対象として研究を行う研究機関はまったくない．東京湾や大阪湾にみられるように，わが国の社会はこれらの海域の環境やそこにすむ生物たちを犠牲にすることによって成り立ってきた．したがって，これらの海域にこそ最も充実した研究が保証されるべきである．

　また，開発の実行にあたっては数多くの環境アセスメントが実施されてきた．しかし，そのほとんどは開発実施が決まった後の開発を実行するための実績として行われ，その結果は非公開である．そのため調査目的や項目の策定，結果の判断に科学性が乏しく，アセスメントがまったく社会に役立っていない．諸外国で行われているように，アセスメントは，開発予定地やその周辺の環境特性を理解し，開発の影響を予測し，環境への影響が著しいと予測される場合は開発の中止を含む計画の変更を行うために実施すべきである．そして，そのデータが積極的に開示されることで，住民個人の環境への理解を育てると同時に，研究者間の議論を通じてより科学的な情報にまとめあげられるべきである．これら科学的調査研究の促進ならびにアセスメントデータの開示を通しての環境情報の社会的財産化が，沿岸環境保全に不可欠である．そしてアセスメント情報開示は，海の環境と人間の生活を関係づける住民個人個人の思考的成長を促すことにもなる．

e．漁業の継続

　漁業では，漁業者の個人的な生物採取能力が漁獲の質と量に大きな影響を与える．

漁獲物の質と量は，その漁獲物を必要とする家族や地域の漁業者に対する称賛の度合を決定し，漁業者の海や生物に対する洞察力がその人物評価を通して地域の文化として根づいていく．そして，現在受け継がれている漁法や漁具は，漁業者の長年にわたる経験や技術の歴史的遺産でもある．このように漁業の存在は，海と人間の関係における文化的要素を備えている．

また干潟や沿岸性海域は，そこにすむ生物の生産活動により，陸や沖合から供給される有機物や栄養物を蓄積する場でもある．とくに現代のように海域の富栄養化が著しい状態では，干潟や浅海域は有機物や栄養物の生物としての蓄積場であり，漁業による定常的な取り上げが環境を維持するうえで重要な役割を担っている．このように漁業は，内湾における海洋環境と人間との共存を担っている最も文化程度の高い生産活動の一つであり，この活動が維持されることが内湾環境保全に不可欠である．もちろん，過度な漁獲や，生活空間の破壊を伴う略奪的な漁法は，環境や生物群集の破壊さらには漁業の資源そのものの減少につながる可能性が高く，避けなければならないことはいうまでもない．

f．河口部での湿地や干潟造成

開発による環境悪化や生物生息空間の消失の補償策として，人工海浜や人工干潟の造成が盛んになりつつある．そのほとんどの場合が，海に延びた埋め立て地の前面に砂を投入することにより，新たな海浜や干潟を造成しようとしている．しかし，埋め立てにより失われた河口湿地や干潟は，河川から豊富な栄養や土砂の供給を継続的に受ける遠浅な海岸に存在していた．埋め立て地先のように，沖合の波や流れの影響により底質が大きく攪乱され，河川からの物質の供給がほとんど受けられないところに，干潟地形は基本的に維持されない．埋め立て地先の人工海浜の多くは，造成後も海浜の浸食が進み，人の手により定期的な砂の投入が必要となっている．このような不安定な環境では，生物の生息空間としても価値が低く，生物は安定した生活ができない．また，人工海浜は面積的に開発前の干潟に比べて格段に小さく，生物の生息量は少ない．にもかかわらず人工海浜の維持に対しては，定期的砂の投入など継続的な管理経費が必要となり，同時に土砂採取される場所での環境破壊を続けることになる．したがって無理な人工海浜あるいは干潟造成は，経済的にも環境的にも将来への負の遺産を残すことになる．

干潟や河口湿地は，河口部につくるべきである．河口部は本質的に栄養や土砂が堆積するところであり，長い時間がかかれば湿地や干潟へと変わっていくところである．ここにつくられた湿地や干潟はその後の管理費用の負担が少なく，むしろ放置による自然的生物的作用による改善が期待できる．しかも，開発により生息空間が失われた生物の多くは，もともとこの河口部に生息していたものが多い．河口に湿地や干潟があることで，海に注ぐ河川水の浄化が進む．そして河口にはより多くの野鳥や魚類が

図 15.12 河口湿地の復元予想図（三番瀬ガイドブック，三番瀬研究会）

訪れる．費用的にも生物の利用度の面でも，河口部の再生が最も合理的である．

ただし，できあがるものは泥底で，遊びには入りにくいかもしれない．しかし，それが自然が要求している地形なのであり，景観鑑賞や生物観察のためには木道など一定の道を設ければ環境を損ねることなく，環境的価値を享受できる．海浜構造は自然の作用でつくられることによって最も適応した形状となり，それが安定した生物の生活を支える．われわれはもっと自然の力に託した環境回復をめざさなくてはならない（図 15.12）．

［風呂田利夫］

文　　献

1) 秋山章男・松田道生（1984）：干潟の生物観察ハンドブック，335 p.，東洋館出版社．
2) 長谷川博（1980）：干潟の鳥の観察．自然と親しむ野外観察（日本鳥類保護連盟編），pp. 143-157，出版科学総合研究所．
3) 平野敏行編（1992）：漁場環境容量，恒星社厚生閣．
4) 風呂田利夫（1996）：干潟底生動物の摂食様式．月刊海洋，**28**，166-177．
5) 環境庁水質保全局（1992）：平成 3 年度青潮発生機構解明調査．
6) 菊池泰二（1993）：干潟生態系の特性とその環境保全の意義．日本生態学会誌，**43**，223-235．
7) 栗原　康編（1988）：河口・沿岸域の生態系とエコテクノロジー，335 p.，東海大学出版会．
8) 日本科学者会議編（1979）：東京湾，大月書店．
9) 日本海洋学会編（1994）：海洋環境を考える，193 p.，恒星社厚生閣．
10) 日本海洋学会沿岸環境研究部会編（1985）：日本全国沿岸海洋誌，1106 p.，東海大学出版会．
11) San Francisco Bay Conservation and Development Commission（1986）：1986 年年次報告海洋産業研究資料（20）（1989）より引用．
12) 清水　誠（1993）：東京湾における生物生産に及ぼす NP 比の影響に関する予備調査．平成 4 年度水産庁委託栄養塩構成比変化影響調査報告書．
13) 和田恵次他（1996）：日本における干潟海岸とそこに生息する底生生物の現状．WWF Japan サイエンスレポート 3，182 p.

16. 島しょの自然保護

　地球的規模で眺めるならば，日本列島は小さな島の連なりである．しかし本章において事例の多くを引用するのは，日本列島の中の島しょ，とくに筆者の調査回数の多い九州西部の離島である．それは北から，対馬，壱岐，沖の島，生月・平戸，五島列島，男女群島（図 16.1），天草群島である．これに加えて，調査回数はそれぞれ 1〜数回しかないが，南西諸島（薩南諸島，奄美諸島，沖縄諸島，宮古・八重山諸島），伊豆七島，小笠原諸島からも事例を引くことにする．これらの島々を対象とし，生物種の保護，陸上自然の保護，海岸・海中の自然保護の課題と問題点をとりあげる．そのために，まず，本土と異なる島しょ・離島の自然的・人文社会的背景を最初に考察しておきたい．

図 16.1　九州以北では日本の最西端の無人（灯台職員を除く）の男女群島
ここには，ほとんど人為の入らない自然が残されていて，国指定の天然記念物（天然保護区域）に指定されている．遠隔の離島であったために，自然はよく残されている．

16.1　島しょの特性

a．島しょの自然的・生物的背景

　当然のことであるが，島しょ・離島は外周を海洋で囲まれている．しかも多くの（ただし，すべてではない）離島は，本土から数十 km を超える海のかなたに位置してい

る．琉球や小笠原の島々では1000kmも本土から離れている．本土から隔離される距離は，以下に述べる生物的・社会的背景にかかわる大きな要因となる．また本章で対象とする島しょ・離島では，島の面積は狭隘であり，地形は急峻である．このことが島の水文的条件を制約し，また陸地面積に対する平地面積，耕地面積を小さくする．これらが人文社会的条件を制約する要因となる．

　生物学的には，いくつかの島しょ・離島に固有の生物種が生息生育していることは重要である．若干例をあげれば，対馬の（動物）ツシマヤマネコ，ツシマサンショウウオ，（植物）シマトウヒレン，ツシマニオイシュンラン，ツシマギボウシ（伊藤，1995），屋久島の（動物）ヤクザル，ヤクシカ，（植物）ヤクシマシャクナゲ，イッスンキンカ（田川，1994），奄美大島の（動物）アマミノクロウサギ，ルリカケス，（植物）ヤドリコケモモ，沖縄島の（植物）ホシザキシャクジョウ，オリズルスミレ，八重山諸島の（動物）イリオモテヤマネコ，（植物）ヤエヤマヤシ（木崎，1980；伊藤嘉昭，1995），小笠原諸島の（動物）オガサワラオオコウモリ，メグロ，オガサワラタマムシ，（植物）ワダンノキ，ムニンツツジなど（小野，1994）．

　もう一つ生物分布上の特徴として，日韓の国境域の島しょには北方系生物の南限分布種や大陸系生物の存在，また南西諸島，伊豆・小笠原諸島には，南方系生物の北限分布種が存在する．それぞれの島しょにおける，これら希産の分布限界種の存在は，島しょ・離島の生物的背景となる（それぞれの群島，島しょの固有種を含む生物相の詳細は本章ではとりあげない．しかるべき書物を参照されたい）．島しょに固有種や分布限界種が存在することは，自然保護の重要な課題となる（後述）（伊藤・松岡，1993）．

　さらに生物学的に重要な背景は，島しょには大型中型の草食または肉食の哺乳類がきわめて限定的に存在するか，あるいは欠如していることである．これが絶無でないことは，ツシマヤマネコ，イリオモテヤマネコ，ヤクシカ，ケラマジカ，ツシマジカの存在で明らかである．これらの生息はきわめて限定的である．

b．島しょの人文社会的背景

　島しょ・離島は海に囲まれている．島しょと本土とを隔てる海上の距離，このために起こる本土・本島間との交通の至難性が島の人文社会的な背景を決める重要な要因となる．1970年代以降，本土との隔離の距離が小さい島しょ・離島には架橋が進められ，本土と一体化した島は多い．典型は天草諸島である．同じく平戸島にも橋がかかり，そこからさらに生月島にも橋がかかった．もはやこれらの島々は，人文社会的には離島的特徴を失いつつ本土化が進んでいる．

　本土から距離のある島しょ・離島では，フェリーの就航と島内道路の整備により，1970年以前の人文社会的条件が変化してきている．しかし，架橋とフェリー就航が島の自然保護問題に，植物の大量盗掘という新たな課題を浮かび上がらせた（後述）．

16.2 生物種の保護

a. 固有種, 分布限界種の保護

島しょには多くの固有種がある. 奄美諸島, 沖縄諸島, 宮古・八重山諸島はかつて地質時代には大陸とつながっていた. 島弧の形成が進むとともに生物は独自の進化を遂げてきた. このため動物にも植物にも, 多くの固有種が存在する (木崎, 1980;伊藤嘉昭, 1995). 対馬もまた大陸島で, ここにも少数だが固有種がある(伊藤, 1995). 小笠原諸島は他の陸地とつながったことのない海洋島 (大洋島) である. そこにすむ陸上の動植物は, すべて海を越えて渡ってきた生物の子孫であり, 多くの固有種を進化させている (小笠原自然環境研究会, 1992;小野, 1994).

表 16.1 島しょの絶滅種, 絶滅危惧種 (朝比奈, 1992;岩槻, 1994;小野, 1994)

南西諸島	動物	絶滅種	オキナワオオコウモリ, リュウキュウカラスバト
		絶滅危惧種	イリオモテヤマネコ, ヤンバルクイナ, ノグチゲラ
	植物	絶滅種	オリヅルスミレ*
		絶滅危惧種	アマミエビネ, ヤドリコケモモ, リュウキュウアセビ
対馬	動物	絶滅種	
		絶滅危惧種	ツシマヤマネコ
	植物	絶滅種	
		絶滅危惧種	ツシマニオイシュンラン
小笠原	動物	絶滅種	オガサワラカラスバト, オガサワラマシコ
		絶滅危惧種	オガサワラノスリ, ハハジマメグロ
	植物	絶滅種	シマホザキラン*
		絶滅危惧種	シマクモキリソウ, ムニンノボタン, ムニンツツジ

注 *植物園では生存.

大陸起源であれ火山起源であれ, 島の面積は小さい. 生物種の生息生育する立地の面積も限られている. そうした制約された自然的背景の中で固有種は進化を遂げてきたので, 本来, 個体群は大きくない. 人間による自然の開発が進むほど, 生息生育環境はますます狭小化される. 植物の場合には, これに盗掘や乱獲が加わると, 個体群の狭小化が加速される. こうして絶滅種, 絶滅危惧種に追い込まれた生物は多い. 若干の例を表16.1にあげておく.

b. 植物の盗掘と乱獲

野草愛好家は, 本来, つつましい存在であった. 1960年代, 東京駅の八重洲口の路

上では屋久島の着生ランが売られていた．その時代は，盗掘もまだ規模が小さいものだったであろう．しかし，野草のマーケットができると事情は変わる．1960年代半ば以降，近距離の島に橋がかかり，遠距離の島にフェリーが就航すると，かつては辺地であった離島から，自家用車で市場価値のある野草が大量に持ち出される事態を迎えた．九州西部の例をあげると，平戸では本土との間に橋がかかると，乗用車で乗り込んできた植物盗人はエビネ類を大量に持ち出した．今では島でエビネ類をほとんど見かけなくなっている．同じことは，フェリーが就航した対馬でも起きた．乗用車で乗

図 16.2 対馬の国指定天然記念物「龍良山原始林」
海抜100mから頂上560mまで連続して，スダジイ・アカガシ林が自然度高く残存する．写真は頂上からの俯瞰撮影．

図 16.3 対馬の国指定天然記念物「龍良山原始林」
森林は直径1mに及ぶスダジイやイスノキからなるが，林床のラン科植物は盗掘され，いまはほとんど残っていない．指定だけでなく管理が肝要なことをよく示す例である．適切な管理で，林床植生は復元する．

り込んだ植物盗人は，国指定の天然記念物である「龍良山原始林」から，林床生の3種のエビネ，ほかにカンラン，ガンゼキラン，各種の着生ランを盗掘して島外へ持ち出した．今ではこれらの植物種はほとんど見かけられなくなった．樹高25m，林冠木の直径1mに達する原生林は，外観だけでなく林内の様相は今もみごとであるが（図16.2，16.3），実情は林床の草本植生が大きく変わってしまっている．最近20年間の出来事である．林床の草本植生は破壊された．しかし，科学的な根拠に基づいて適切な施策を施せば，それらの復元の可能性は十分にある．自然保護の哲学の中に，自然の修復，復元の構想を取り入れ（沼田，1994），実行すべきであろう．人工物の文化財（建築物や工芸品など）では，修復，復元は当然のことと受け入れられ，行われている．

小笠原には航空機もフェリーも就航していないが，植物盗掘の被害が起きている．本来，島面積が小さく，したがって個体群は小さい．そこに盗掘が起こると，植物は容易に絶滅危惧種あるいは危急種に追い込まれる．固有種ムニンツツジ，シマホザキラン，オガサワラチクセツラン，アサヒエビネなどは，この例である（小野，1994）（野生化ヤギの食害もある，後述）．

各所の島しょ・離島の植物個体群の危機的な状況をみると，かつては本土からの交通の不便さが植物個体群を安全に保つ歯止めになっていた．その時代にも，島に住む植物愛好家による盗掘は存在した．しかしその数と規模は小さい．どこまでも個人的な楽しみ，趣味の範囲を踏み出さなかったからである．ところが，1970年代以降の交通至便性の増大は，野草のマーケットを拡大させ，植物盗掘に対するの歯止めを徐々にはずしてきたことになる．こうして島の植物個体群は崩壊にさらされるに至った．皮肉なことに，島の植物個体群の確実な生き残りは，かつて植物盗掘をささやかに行った，その土地の住民の庭先にある．この生き残り個体群を用いて，自然個体群の復元を計画すべきである．

自然保護，生物保護の思想と教育は不十分なままに取り残されてきた．自然保護思想の徹底こそ急務である．そしてまた，島しょ生物の保護のための自然保護区の設定，拡充，整備，充実を急がなければならないであろう．この観点において，イリオモテヤマネコとツシマヤマネコの保護増殖のためのセンターが現地に創設されたことは喜ばしい．これらの施設が，特定種だけでなく，自然環境の保護保全にも活動することを期待したい．

c．河川生物の保護

島の面積は小さい．したがって河川の流域面積も小さい．その河川は他の島の河川からは海によって完全に隔離されているので，固有種を生み出す条件はそろっている．（動物）リュウキュウアユや（植物）ヤクシマカワゴロモは，この例である．島しょの河川生物の保護は，河川環境の保護保全の成否にかかっている．森林伐採や農薬，殺虫剤による水量や水質の変化は，河川生物に危機をもたらす．事実，リュウキュウア

ユは沖縄本島では1970年代に絶滅した．原因は乱獲によるのではなく，森林伐採による河川環境の変化がおもな原因といわれている．リュウキュウアユは，今では奄美大島の数河川に生き残るのみという．この地でも，森林保護が河川生物の生存を保証する一条件となるであろう．

16.3 陸上自然環境の保全

a．自然保護区の設定と保護管理

島自体，陸地面積は小さい．その島の上にもなるべく大きい面積の保護区を設定するのが理想的である．大面積ほど多くの多様な立地型が含まれるからである．とくに自然植生やそれに依存して生きる脊椎・無脊椎動物の保護保全を考えると，大面積保護区が望ましい．すでに保護区が存在する場合，島の人口減少に伴って放置されがちな隣接地を，既存の保護区に加えて保護区を拡大することも，保護区大面積化への重要な施策となるであろう．

同時に，立地型ごとの小面積保護区の設定も必要である．たとえば，湖沼，湿地，岩角地などの特殊な立地は，本来，面積が小さい．そこには立地依存の独特な動植物が生育生息する．それらの保護のためには，小面積立地が大面積保護区の中に取り入れられなくとも，それ自体の小面積保護区は，立地依存の生物種の保護効果が大きいからである．（ここには，大面積単一保護区か，同面積の小面積多数保護区かの問題がある．本節では深入りしない．）

b．草食動物の過剰増加による植生の崩壊とその防止

日本の島しょの大型草食動物の代表はシカである．面積の小さい島の上での植物の生産量には限界がある．植物の生産性に依存するシカの生存にも，当然，限界がある．シカが限界を越えるほど増加すると，植生は衰退し，やがて崩壊に至る．そうすればシカ個体群もまた崩壊する．宮城県の金華山は，こうした植生とシカ個体群の関係の実験場とよんでよいであろう．長崎県の対馬においても，ツシマジカが同様の命運をたどっている．ここでは陸地の一部が区画され，そこが保護区（県指定の天然記念物）となっている．ここでも植生崩壊の兆しが認められる．ほぼ類似の事態は長崎県野崎島のキュウシュウジカにもある．

しかし一方において，長崎県島山島と若松島のキュウシュウジカ，鹿児島県屋久島のヤクシカ，沖縄県慶良間島のケラマジカでは，こうした事態には至っていない（植林地や農地への被害はある）．

草食動物個体群の過剰増加に対しては，自然界には歯止め機構があるはずである．本州では，かつてはオオカミがその役割を担っていたであろう．しかし島においては何が歯止めになっていたのか，いるのか．前記の島山島と若松島では，近隣の他島へ

海を泳いで渡る拡散が過剰増加を防いでいる．いずれにせよ，草食動物個体群の過剰増加とそれに原因する植生崩壊に対しては，生態学的な調査研究に基づいた動物の捕獲，間引きなどの管理が必要であろう．

c．外来動物の野生化

島に外部から動物が持ち込まれたとき，それらが人の管理下（飼育場，放牧地，ペットなど）におかれているかぎりは問題はない．しかし，それらが逸出し野生化した場合，自然保護上の問題が生てくる．日本の島しょでの事例として，小笠原諸島の2種の野生化動物をあげよう．

小笠原のいくつかの島にはヤギが野生化している（図16.4）．それらは島の植生を荒らし，また固有種オオハマギキョウやシマホザキランを絶滅の縁に追いつめた（小野，1994）．

図 16.4 小笠原諸島父島に野生化しているヤギ（島の自然保護のためには，駆除する必要がある）

一方において，長崎県五島列島や九十九島の中のいくつかの小島では，ヤギが野生化しているにもかかわらず，島面積の割にはヤギ個体数は少なく，ふえすぎることもなく，植生には目立った変化は認められてはいない．何が個体群増加の歯止めになっているかは不明である．いずれにせよ，外来動物の島への野生化は防止されるべきである．外国の例であるが，ガラパゴス諸島のいくつかの島では，ハンティングによって野生化ヤギを絶滅させ，自然植生の復元に成功した（伊藤，1994）．

小笠原のもう1種の野生化動物は，アフリカマイマイである．食用として島に持ち込まれたといわれている．しかし野生化して，モクタチバナ林の中の樹木に，無数のマイマイが生息しているのを実見した経験がある．植物，植生に対する実害はわからないが，異様な状態であった．

琉球における例としては，農業害虫ウリミバエがある．これは事故的偶発的に侵入

を許した事例である．調査研究に基づいて，不妊雄の放飼によって防除に成功を収めた．

d．外来植物の野生化

外来植物の野生化，帰化は世界中で起きている．日本各地にも多くの帰化植物がある．それらは，人工的に改変された環境に帰化している．しかもほとんどが草本性の植物である．しかし海洋島では，木本植物の野生化が特有の問題となっている．ハワイ諸島やガラパゴス諸島に多くの事例がある．日本では小笠原諸島に同じ事例がみられる．海洋島の植物相は非調和（種属間のバランスが崩れていること）である．そこに持ち込まれた木本植物は，空白の樹木ニッチェを埋めるかのように山野に広がる（伊藤，1994）．小笠原ではリュウキュウマツ，モクマオウ，アカギが帰化している（図16.5）．これらが森林植生の中に拡散している．ほかに小笠原と沖縄では木本のギンネムが人工改変地に帰化している．

図 16.5 小笠原諸島父島に帰化しているリュウキュウマツ（右方のまっすぐな幹）とリュウゼツラン科植物（中央）
本土では木本植物の帰化はほとんどないが，非調和の植物相をもつ海洋島では，しばしばみられる．小笠原では，リュウキュウマツがその代表例である．

帰化した木本植物の駆除には，まだ確実な方法が見つかっていない．ガラパゴス諸島では，帰化拡散しているアカキナノキに対して，伐採と切株の掘り起こし，あるいは切株への薬剤塗布を行っている．たしかに実効は上がっているが，時間と経費がかかりすぎるのが難点である．要するに，帰化以前に食い止めるべきである．

e．島しょに対する動植物の検疫

ハワイ諸島とアメリカ合衆国本土との間には，動植物の検疫体制が確立されている．ハワイへの動植物（害虫や雑草）の帰化を防止するためである．ガラパゴス諸島に対

してもエクアドル国は検疫を検討している．そこでは，制度としてではないが，島の間で動植物の混じり合いを防止するために，島間を移動する旅行者や観光客に靴底を海水で洗うよう注意を求めている．同様な検疫や注意は，小笠原に対しても必要ではないだろうか．ここも島ごとに生物相の相違がみられる海洋島だからである．

16.4 海岸，海中の自然保護

a．海中生態系の保全

ここでは，島しょ周辺の海中自然の保護のみをとりあげる．これまで海中生態系の保護では，サンゴ礁の保護がよく問題とされた．とくに陸上自然の保護保全の状態が，河川水の変質汚濁に直接に影響し，その河川水が沿岸のサンゴ礁の状態変化に直結したことは，沖縄県の多くの島に事例がある．森林伐採，道路工事，宅地開発，農地改良事業などが，サンゴ礁破壊の元凶であった(伊藤嘉昭，1996)．同様な陸上環境と海中環境の間の因果関係は，温帯域での海中の自然保護の問題にも存在するであろう．沿岸漁業資源の保全に関連して，魚付保安林が見直されたり，森林保護の意義が問い直されているのは，この表れとみなされる．

b．海岸生態系の保全

海岸は，陸域の自然と海中の自然の接点である．そこはまた，人の住む環境でもある．海岸の改変工事は人の居住環境の整備のために行われた．そのために自然海岸は人が住めない崖地海岸や岩石海岸に広く残されているが，砂浜・礫浜海岸では護岸工事のためにほとんど失われてきた．このことは，本土においても島しょ・離島においても，変わりはない．

こうした現状を考えると，現在残っている砂浜・礫浜自然海岸はすべて保護保存を検討する価値があろう．それはちょうど，森林が単独の保護区としてだけでなく連続した垂直分布帯としての保護が必要であるように，海岸においては，潮間帯から海の影響を受けない内陸環境までの帯状構造をまるごと保全するためである．このことは，島しょ・離島に限らず本土においても当面の緊急事である．幸い離島にはこうした保護に値する海岸がまだ若干の箇所に残っている．その保護は急務である．

c．投棄物による海洋汚染の防止

洋上を航行する船舶のごみ処理は，多くは海洋への投棄ですまされる．沿岸居住者においても，しばしばそうである．これら投棄されたごみや廃棄物は海流に運ばれて海岸に流れ着く．漂着した廃棄物には，多量のプラスチック類や発泡スチロールが含まれている．これらは腐敗することはないので，漂着地に滞留し汚染する．おそらく海底にも，こうした廃棄物の堆積場所があり，汚染がみられるに違いない．これらの

図 16.6 無人島の海岸に放置される廃船
この地は,亜熱帯性の半マングローブ植物,ハマジンチョウ(ハマジンチョウ科)の最北限の自生地である.

ごみや廃棄物の焼却などによる処理は,沿岸環境の保全の急務である.一方では,ごみや廃棄物の海洋投棄を禁止し,陸上での処理を進めなければならないであろう.

離島では,廃船や廃棄養殖いかだの海岸放置の問題がある.これら大型の固形廃棄物は,人目につかない自然海岸に放置され,自然景観を損なっている(図 16.6).ここにも廃棄物処理の課題が残されている.

[伊藤秀三]

文　献

1) 朝比奈正二郎他監修(1992):レッドデータ アニマルズ,189 p., JICC 出版局.
2) 伊藤秀三(1994):島の植物誌,246 p., 講談社.
3) 伊藤秀三(1995):大陸とのつながり —— 対馬と対馬海峡.日本の自然/九州(内嶋・勘米良・田川編), pp. 89-95, 岩波書店.
4) 伊藤秀三・松岡数充編(1993):長崎県の無人島 —— その自然と生物,621 p., 長崎県.
5) 伊藤嘉昭(1995):沖縄やんばるの森,187 p., 岩波書店.
6) 岩槻邦男監修(1994):レッドデータ プランツ,208 p., 宝島社.
7) 木崎甲子郎編(1980):琉球の自然史,282 p., 築地書館.
8) 沼田 眞(1994):自然保護という思想,212 p., 岩波書店.
9) 小笠原自然環境研究会編(1992):小笠原の自然 —— 東洋のガラパゴス,143 p., 古今書院.
10) 小野幹雄(1994):孤島の生物たち —— ガラパゴスと小笠原 ——,239 p., 岩波書店.
11) 田川日出夫(1994):世界の自然遺産 屋久島,日本放送出版協会.

17. 高山域の自然保護

　わが国では森林限界以上の部分を高山帯とよんでいる．その面積は国土の0.1％にも満たない狭いものであるが，地形や景観のうえですぐれ，美しい高山植物や珍しい動物，昆虫，鳥類などのすみかになっているために存在感は大きく，登山者や観光客にとってあこがれの場所となっている．また高山帯，亜高山帯を含む高山域は貴重な自然をよく残しているため，その大部分は国立公園や国定公園などの自然公園に指定されている．大雪山国立公園や中部山岳国立公園，南アルプス国立公園はその代表的なものである．

　ただそこの自然が厳重に保護されているかというと，必ずしもそうとはいえず，国立公園の特別保護地域を除けば，森林が伐採されたり，スキー場をはじめとする観光・スポーツ施設がつくられたりしているところが少なくなく，国立公園などの自然保護のうえで大きな問題を投げかけている．

17.1　脆弱な自然

　高山域の自然は湿原やサンゴ礁と並び，わが国では最も脆弱な自然だといってよいであろう．高山は生物にとっては非常に過酷な環境であり，そのためそこの自然はいったん破壊するとなかなか修復できない弱さをもっている．高山域の自然保護を考える際には，このことがとくに重要である．以下では高山域を特徴づける厳しい自然条件について順にみていこう．

a．急峻な地形

　高山域は一般に急峻な地形からなるところが多い．大雪山の高根ヶ原や立山の弥陀ヶ原のような例外がないわけではないが(これらはいずれも火山性の高原である)，高山には切り立った断崖や岩峰，急斜面などがみられるのがふつうである．とくに氷河時代に氷河による侵食を受けた日本アルプスや日高山脈では，山体が馬蹄形にえぐられたカール地形が発達し(図17.1)，その壁はほとんど垂直に近いものが多い．北アルプスの槍ヶ岳などは四方に向けて氷河が流れ下ったと考えられており，周囲は断崖絶壁が連続する．

　カールの底は通常，平坦になっているが，カールの壁との境目には，上部からの落

図 17.1　日高山脈幌尻岳の七ツ沼カール

図 17.2　穂高岳の崖錐

図 17.3　南アルプス烏帽子岳付近の巨大崩壊地（山小屋は三伏小屋）

石が堆積してできた崖錐とよぶ，扇形の地形が発達することが多い．図17.2は北アルプス穂高岳の涸沢カールの中にできた崖錐を示したもので，傾斜35度前後の長大な斜面が続く．この斜面には大小の礫や岩塊が堆積しているが，かなり不安定で，登ると足元から崩れてしまい，危険である．このように高山域の地形は，そこの土地条件をきわめて不安定なものにしていることが多い．

また，南アルプスの南部や北アルプスの高瀬川流域などには，巨大な崩壊地が発達し，尾根筋からの落差が1000mを超すような急崖をつくることが少なくない（図17.3）．なぜこのような巨大な崩壊地ができたのか原因は不明だが，急な崖からの土砂の崩壊が続き，河川にも大きな影響を引き起こしている．

亜高山帯以下では露岩地は減少するが，谷は深くえぐられ，いぜんとして急傾斜であることに変わりはない．そのため，集中豪雨のときなどつねに山地崩壊を起こす危険性をはらんでいる．

b．低温と強風，多雪

標高が高くなるにつれて気温はしだいに低下し，それに伴って生育する植物も変化する．その結果，丘陵帯から山地帯，亜高山帯を経て高山帯に至る垂直分布帯が発達するが，この中では高山帯がとくに厳しい条件に置かれる．

高山帯は，本州中部では海抜およそ2500m以上，北海道では1600m以上の部分に現れるが，そこでは植物の生育が可能になる暖かい時期は6，7，8の3か月のみで，それ以外の時期は低温が続き，植物はほとんど生長することができない．このため高木の生育は不可能で，ハイマツや高山植物のみが辛うじて生育することができる．

これに加えてわが国の高山は，冬季，3000m級の山としては世界一の強風が吹き荒れる．1月の700hPa面（海抜3000mに相当）での平均風速は秒速21mに達しており，実際の山地表面ではこれよりやや落ちるものの，瞬間最大風速はおそらく50～60mに達していると推定される．このため，強風が吹き抜ける稜線沿いや鞍部などでは極端な吹きさらしの場所ができ，逆にそこから吹き払われた雪は風背側に著しい吹きだまりをつくる．この吹きさらしと吹きだまりは，いずれも植生分布に大きな影響を与えている．

わが国の高山帯は気温条件からいえば，ほぼ全域がハイマツの生育可能な高度帯に入っている．しかし，こうした吹きさらしの場所や雪の吹きたまる場所ではハイマツは生育できないから，土地と空間があき，そこに風衝地の植物群落や雪田植物群落，あるいは高茎草原といった群落が成立している．前者の場合は，さらに土地条件に応じて，風衝草原や風衝矮低木群落，あるいは高山荒原植物群落が成立する．また，雪田植物群落の場合も残雪が消えていくに従って植物が変化する．そして，消雪が7月後半より遅れるような場所ではもはや植物は生育できず，無植生地になってしまう．

c. 表土の凍結と凍結破砕作用

　高山帯の強風地では，冬季，積雪がほとんど吹き払われてしまうために，寒気が地面から直接侵入し，土壌や岩盤を固く凍結させる．南アルプスでの調査によれば，海抜 2800 m の岩塊斜面では深さ約 1.6 m まで凍結が進み，凍土ができることが推定されている (松岡，1992)．この凍土は夏には融けてしまうので，季節的凍土ということになるが，凍結が地表面から地下に進むにつれて，土壌中に氷のレンズができて地面が持ち上がったり (凍上)，岩の隙間にしみこんだ水が凍って基盤の岩石を破砕してしまうという変化が起こったりする (凍結破砕作用)．

　表土が凍結すれば，植物は水分も栄養分も吸収することができなくなって生長を停止してしまうが，凍上はさらに植物の根切れを引き起こして植物を弱らせ，若い個体では枯れてしまうこともある．

　一方，凍結破砕作用の効果は岩石の種類によって著しく異なっており，流紋岩や安山岩，泥岩，頁岩，粘板岩，蛇紋岩などは，現在の凍結破砕作用によっても容易に破砕されて，稜線沿いに砂礫地をつくりだすが，花崗岩や花崗斑岩，花崗閃緑岩，石英斑岩，はんれい岩，砂岩，硬砂岩などは現在の気候条件下ではほとんど破砕されないようである．現在，斜面を覆っている粗大な岩塊は，過去の寒冷期，とくに氷期に多量に生産されたものらしい．

　植物はこうした土地条件を明瞭に反映し，後者の場合は風衝矮低木群落やハイマツ群落が成立するのに対して，前者では植物に乏しい高山荒原植物群落が現れる．

d. 凍結融解作用と融凍攪拌作用

　春先になると気温がしだいに上昇し，強風地では雪が消えて地面が現れる．そして凍土も表面から融け始める．ところがこの時期には，凍土の下部はまだ凍ったままで，水をまったく浸透させないから，表層の融けた部分は水分過飽和の状態になり，自重

図 17.4　構造土の一種，条線土 (乗鞍岳)

だけで下方に移動してしまうほど不安定になる．また，いったん融けた表層も夜間には地温の低下で再び凍結し，昼間また融けるということをくり返す．これを凍結融解作用とよび，それによって砂礫が攪拌されることを融凍攪拌作用とよぶが，砂礫地ではこれらの作用が強く働き，砂礫が下方に移動したり，砂礫にふるい分けが起こって構造土をつくりだしたりする（図17.4）．このように砂礫地では表土は著しく不安定で，そこに生育できる植物は種類，量ともにきわめて限定されてしまう．

凍結融解作用や融凍攪拌作用は秋の10月，11月にも発生するが，このときの表土の攪拌はせっかく発芽した植物の芽生えに大きな害を与え，枯らしてしまうことも少なくない．

17.2　高山域における自然破壊と自然保護

a．亜高山帯における自然破壊

上で述べてきたように，高山帯における自然条件はきわめて厳しいものであるが，亜高山帯でもこれに準ずる条件下にあり，そこでの自然破壊はしばしば回復不可能なほどの被害を与えることがある．たとえば山梨県の甲府市と長野県の伊那市を結ぶ南アルプススーパー林道では，夜叉神峠から甲斐駒ヶ岳南方の北沢峠を経て，三峰川の谷に至るまでの各地で大きな崩壊を発生し，社会問題になった．これは森林によって何とか抑えられていた斜面堆積物が，林道の開削によって崩落を始めたためだとされており，斜面下方への不用意な土砂の投棄が崩壊や森林の荒廃を助長したと考えられている．同じような例は各地から報告されている．

また，富士山の北側の5合目に至る富士スバルライン沿いでも，道路の開削に伴う道路沿いの森林の枯死が目立ったが，近年，ようやく少しずつ森林が回復し始めた．ただ同じように亜高山帯の森林を切り開いた志賀・草津周遊道路や乗鞍岳の畳平に向かうバス道路沿いでは，まだまだ荒廃が目立つのが現状である．

山地帯上部のブナ林や亜高山帯の針葉樹林を伐採した後，カラマツやスギを植林したが，寒冷な気候や多雪に阻まれてうまく育たないというケースも，白神山地周辺や関東山地など各地で観察することができる．いずれも厳しい気候条件を十分考慮せず，森林の皆伐を行ったために生じたものである．地形の急峻なことや気候条件がよくないことを考えれば，わが国のわずかに残されたブナ林や亜高山針葉樹林の伐採はもはや行うべきではないだろう．

かつて盛んに開設されたスキー場も，最近では全国的に過剰気味になってきて，採算がとれずに廃止に追い込まれるスキー場も出てきたという（藤原，1995）．ブナ林や亜高山針葉樹林を切り開いてのスキー場の開発もやはり禁止すべきであると考える．

b. 高山帯における自然破壊

　高山帯は国立公園などの核心部に位置することが多いため，乗鞍岳など一部の山を除き，さすがに大規模な自然破壊はみられない．しかし，環境条件のより厳しい高山帯では人による踏みつけだけでも，植物にとって大きな被害をもたらすので注意が必要である．高山帯の植物は大部分，氷河時代に北方から渡来したものが，気候の温暖化に伴って低地では生育できなくなり，高地に避難したものである．したがって，もともと非常にデリケートな状況で生育しているものが多く，人による踏みつけ程度のストレスでも大きな被害を与えることになってしまうのである．

　人が植物を何回か踏みつけると，植物は枯れてしまうが，それによって表面の被覆がなくなってしまうと，地表面はすぐに凍結融解作用や雨水などの地形形成作用の働きを受け，侵食され始める．そして，そこが急傾斜地だったり，泥炭質の土壌のような軟弱な土層からできていたりすると，そこにはたちまちガリーができてしまい，侵食はますます加速される．こうして山頂部一帯がすっかり荒廃してしまったところが少なくない．現在植生の復元作業が行われているが，三国山脈の巻機山，尾瀬のアヤメ平などはその悪しき例である．至仏山から尾瀬ヶ原へ下るルートは侵食がひどく，とうとう閉鎖されてしまった（1997年に再開されたが，危惧する人が多い）．

図 17.5　登山者の踏みつけによって生じた裸地（木曽駒ヶ岳）

　中央アルプスの木曽駒ヶ岳では高山帯に達するロープウェーの開通後，登山者が急増し，1, 2年のうちに図17.5に示したような裸地ができた．ここは強風地に位置しているため，登山者の踏み跡が風食を受けて植被が剥ぎ取られ，そこがさらに侵食を受けて裸地が拡大したとみられている．同じように1年間に100万人を超す観光客が訪れる立山・黒部アルペンルート沿いでも，登山道周辺の荒廃が目立っている．

c. 高山帯における自然保護

　木曽駒ヶ岳や立山のように，すでに自然の許容量を超えていると考えられる山では，

入山者の規制を具体的に検討すべきであろう．またこれ以上のロープウエーの架設や山岳道路の開設はもはやすべきではないであろう．荒れた登山道や草原などについては，侵食がこれ以上進まないよう回復のための手立てを急ぐべきだし，新たな侵食が発生しないように登山道を点検することも必要だと考える．

たとえば，巻機山や月山をはじめとする多雪山地では冬季，稜線の東側に雪が吹きだまり，夏にはそこに湿性の草原ができることがよくある．そういう場所はきれいなお花畑になることが多いが，ぬかるみもできやすく，登山者がそこを避けて歩くために，登山道がどんどん広がったり，あるいは別の場所に新しい踏み跡ができがちである．登山者個人にもぬかるみを通るという多少の我慢が必要だと思われるが，自然公園を管理する役所にも必要な予算は確保し，木道を整備するなどの適切な措置をとってもらいたいと考える．

ごみの持ち帰りも最近ようやく普及してきたが，このことはもっと徹底すべきであろう．ごみを放置することは不潔なだけでなく，ネズミやキツネなどの動物を高山帯に呼び寄せ，それはさらにライチョウなどの野生動物に病気を持ち込んだり，ときにはライチョウがキツネに捕食されたりするという事態も引き起こす．このような問題点はまだ十分知られていないが，積極的な広報活動が必要だろう．

山小屋の屎尿処理の改善も必要である．良心的な小屋では屎尿を埋めて処理しているが，まだ垂れ流しにしているところが少なくない．これは下流域全体の汚染を引き起こすので，早急な対策が必要である．登山者個人が野外でやむをえず大便をした場合も，使用した紙を持ち帰るといった心配りが必要になるだろう．

なお，わが国では国民に対する自然保護教育はほとんど行われていないので，今後は何よりもその充実が望まれる．観光客や登山者に対して，スピーカーでただ高山植物は大切だ，柵の外へ出るなとわめいても，反発を感じさせるだけである．高山帯，亜高山帯の自然がなぜ大切なのかを，パンフレットなどできちんと解説することがまず必要である．長い目でみれば，小学校から大学まで自然史や生物の生態に関する教育を充実させることが，自然保護を進めるうえで早道ということになるであろう．

［小泉武栄］

文　　献

1) 藤原　信（1994）：スキー場はもういらない，422 p., 緑風出版．
2) 松岡憲知（1992）：凍結融解作用の機構からみた周氷河地形．地理学評論, **65A**, 56-74.

18. 哺乳類の自然保護

18.1 哺乳類の特徴と保護

　すべての生物種の価値は等しく尊いとはいえ，人間自身が哺乳類であるため，哺乳類には特別の価値が与えられがちである．自然保護の代表的組織である世界自然保護基金（WWF）のシンボルマークがジャイアントパンダであるのはそのことを象徴しているかもしれない．ライオンやトラ，あるいは有蹄類はその強さ，美しさゆえに人間の心をとらえてきた．しかし，そのことが彼らを狩猟の対象とし，多くの悲劇を生んできた．

　哺乳類にはほかの動物にはないいくつかの特徴がある．日本語の「哺乳類」という言葉は日常会話にも使われるが，おそらく明治以降の学術用語であり，伝統的には「けもの」とよばれていた．つまり毛の生えた動物という意味で，鳥類の羽毛とともに体温を一定に保つための恒温動物（homoiothermal animal）の特徴を的確に言い表している．また哺乳類は汗をかくが，これも体温を一定に保つための適応である．哺乳類という語は英語の mammal の訳であろうが，ヨーロッパ系の言葉では mamma つまり乳を意味する語に由来する語が多い．つまり乳をもつ動物という意味である．これも哺乳類の大きな特徴で，哺乳することにより新生児は未熟な状態で生まれても生存でき，またそのすぐれた栄養により急速に成長できる．さらに哺乳することにより，母子の強い絆が形成される．その結果，子どもの死亡率は低く，ほかの動物群と比較すると「少なく産んで確実に育てる」傾向がある．このため，多産性の動物に比べて哺乳類の場合，子どもの死亡は個体群（population）にとって深刻な影響をもつ．母子の絆が緊密であることは，母親の死亡が子どもにとって致命的であることを意味する．これも昆虫などに代表される「多く産んで世話をしない」タイプの動物との大きな違いである．

　このような基本的な特性のほかにも，哺乳類にはいくつかの特徴がある．たとえば体が大きいという点である．ネズミは小さい動物の代表のようにいわれるが，昆虫と比べれば巨大といえるほど大きいし，他の脊椎動物と比較しても決して小さい方には属さない．ゾウは地上最大の動物の一つであり，これに匹敵するのは中生代の巨大な爬虫類，いわゆる恐竜たちだけである．さらに，シロナガスクジラは地球の歴史上最大の生物であろうと考えられている．体が大きいということが哺乳類の保護という点

18.1 哺乳類の特徴と保護

にも深く関係している．哺乳類は体が大きいがゆえに食糧として価値があり，その結果狩猟の対象となった．また，体が大きいために採食量が多く，その結果農林業への被害も大きくなる．このため大型有蹄類は害獣とみなされ駆除されることがある．また，体の大きい動物は成長に時間がかかり，また少産と関連して繁殖率が低い．このため個体数の増加率は低く（図18.1），狩猟や生息地の破壊などによって個体数が減少するとダメージが大きい．

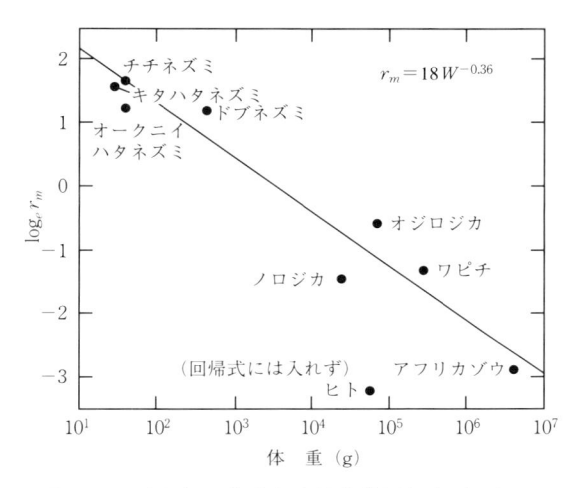

図 18.1 哺乳類の体重と内的自然増加率（r_m）の関係（Caughley and Sinclair, 1994）

$$r_m = 18W^{-0.36}$$

また，形態や生態が多様であることも哺乳類の特徴といえるだろう．陸上にすむ多くの哺乳類のほかに，海にすむクジラやオットセイなどの海獣類，川や湖にすむビーバーやカワウソ，そして空を飛ぶコウモリ類と，哺乳類たちは実にさまざまな空間に生活の場を展開している．陸上棲の哺乳類はさらに草原にすむもの，森林にすむもの，地下にすむものなどがいる．食性も草食性（herbivorous），雑食性（omnivorous），肉食性（carnivorous）とさまざまである．そして同じ草食性の中にも，反芻獣のように植物の葉なら幅広く利用するものがいれば，ジャイアントパンダのようなタケの葉専門とかコアラのようなユーカリの葉専門などというスペシャリストもいる．このような食性の違いに応じて歯が特殊化し，多様に機能分化しているのも哺乳類の特徴の一つである．

生活様式が多様であり，地上のほとんどあらゆる空間を占めている哺乳類に対しては，保護もまた多様な対応を迫られる．食物連鎖（food chain）のさまざまな段階で重要な役割を果たす哺乳類の保護は，種としてばかりでなく，生態系（ecosystem）を保護するうえでもしばしばかなめとなる．ことに食物連鎖の頂点に立つ肉食獣の場合，彼らがいなくなれば被捕食者である草食動物が増加し，その結果生態系のバランスが崩れることがある．その意味で肉食獣の保護は特別な意味をもっているといえる（図

図 18.2 ジャガー

大型肉食獣は食物連鎖の頂点に位置する．このため食物となる草食獣，草食獣の食物である植物およびさまざまな生活のための空間が必要である．また，大型肉食獣は繁殖率が低いため一度減少すると回復しにくく，多くの動物の中でもとくに保護を必要としている（協力：トラフィックジャパン）．

18.2）．

　そして，食肉目，霊長目などにみられる知能の高さも他の動物群にはない特徴である．知能が高いということは保護のうえでも複雑な問題を生じる．生活様式や行動のすべてが遺伝的に決定される昆虫などの場合，いわば食物や繁殖の条件を整えるだけでも種の保護は可能なことが多い．しかし脊椎動物，ことに鳥類や哺乳類の場合，生活上の技術などを親や社会から学習する割合が大きい．ことに知能の高い哺乳類の場合，その比重がきわめて大きく，生存に決定的な場合が多い．たとえば群で狩りをする肉食獣の場合，獲物を捕らえるためには多くの経験を必要とする．また，シカにみられる繁殖期のオスどうしの儀式的な行動も，数年たって習得される．またオランウータンなどで知られるように，交尾というきわめて本能的な行動でさえ，人間に飼育されて育った個体ではスムーズに行えない．このため哺乳類の場合，飼育個体を自然に返すうえでも，ほかの動物群と比べて多くの難しさがある．

18.2　哺乳類の行動圏と保護

　哺乳類は体が大きいので必然的に生活空間［これを行動圏（home range）という］が広くなる．ただし，同じ体重で比較すれば鳥類の行動圏の方がはるかに広い．これは鳥が空を飛ぶという特殊な空間利用をもつためであり，地上棲の鳥類は哺乳類並みの広くない行動圏をもつし，哺乳類でもコウモリ類は鳥類並みの広い行動圏をもつ．哺乳類の体重と行動圏との関係を調べた調査によると，両者には正の相関があるが，一般に体重が同じであっても肉食獣の生活圏は草食獣のそれよりも広い（図18.3）．こ

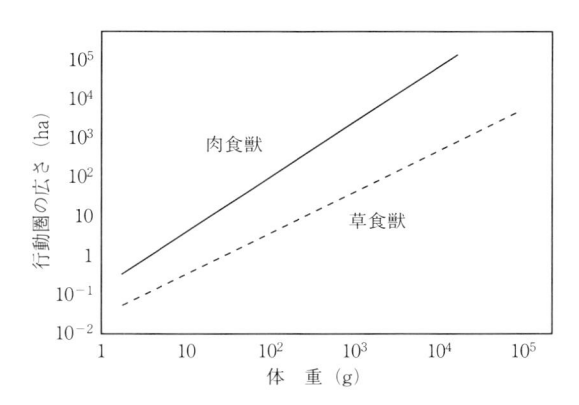

図 18.3 肉食獣と草食獣の体重と行動圏サイズの関係
（Harestad and Bunnell, 1979）

れは，草食獣にとっては食糧である植物は栄養価は高くなくてもいたるところに豊富にあるのに対して，肉食獣にとっての食物である動物は，栄養価は高いが供給量は少なく，しかも彼らは植物と違い逃げるためである．

行動圏は一様に利用されることは少なく，たいていの場合，特定の場所が頻繁に利用される．このような場所はコアエリア（core area）とよばれる．たとえば特別な食物があるために動物がよく利用する場所とか，乾燥地域における水場であるとか，レック（通常は別々に生活しているオス，メスが繁殖期にだけ集まる）という特殊な社会制度をもつ種にとっての繁殖の場所などである．また，巣をもつ種にとっては，巣は生活の基点であり，コアポイントとよぶにふさわしい場所である．

このほか，行動圏は季節によっても変化する場合がある．温帯域では季節変化が明瞭であるため，夏と冬とで別々の場所で生活する哺乳類が少なくない．ことに積雪地帯では，積雪期と無雪期とでは生活条件が極端に違うため，有蹄類などには雪を避けて移動する種が多い．また，その有蹄類の移動に伴ってオオカミが移動するなどの例も知られている．移動は数百 m 規模のものから，トナカイのように数百 km に及ぶものまである．山の登り降り程度の短い移動は上下動（up-down movement）とよばれるが，長いものは渡り（migration）とよぶにふさわしいものとなる．ただし陸上の移動は障害物が多いので，鳥の渡りに比較すれば哺乳類の渡りは規模が小さい．

冬眠（hibernation）も季節変化に対する適応であるが，これは鳥類にはない（唯一の例外として北アメリカのプアウィルヨタカが知られているだけである）哺乳類に特有な現象である．冬眠のための場所は巣そのものが利用されることが多いが，クマのように冬眠前には巣をもたずに場所を転々とし，冬眠のときに冬眠穴（den）に入るものもいる．

哺乳類の行動圏に関する知識は彼らの保護のための指針となる．哺乳類を保護するためにはほかの小さな動物たちよりも広い面積が必要であり，ことに肉食獣の場合は

さらに広い面積が必要となる．哺乳類の生息地を保護するためには，面積だけでなく，その土地の中に哺乳類の生活に必要な機能が備わっているよう配慮しなければならない．食物があるだけでなく，休息，逃避などのカバー機能をもつ森林が必要な場合もある．つまり，上記のコアエリアが含まれるようにしなければならない．また，季節移動をする種に対しては，年間を通じた行動圏を含む広さの土地が必要となる．そのどちらかが破壊されてもその種の生活の脅威となる．その面積があまりに巨大になる場合には，それぞれの行動圏を回廊（corridor）で結ぶなどのアイデアも提出されているが，実例は多くない．また，たとえば積雪のように数十年に一度程度の頻度で起きる，通常にはない現象によって行動圏が変化することがある．生息地の保護管理を実施するうえでは，このような異常事態に対する緊急対策も検討しておく必要がある．

18.3 哺乳類にとっての脅威

多くの哺乳類にとって人間の存在と活動は脅威である．17世紀以降に絶滅した脊椎動物の種数は実に242種にのぼる（表18.1）．このうち哺乳類は，鳥類の113種についで83種で全体の34.3%を占める．同じ動物群の中ではいずれも島しょに生息する種の割合が高いのが特徴的である．絶滅の原因の多くは人為的なもので，狩猟などによる乱獲，捕食者や競合的な種の導入，生息地そのものの破壊などがある．

表 18.1 17世紀以降に絶滅が記録された脊椎動物の種数 (Cox, 1993)

	大陸	島しょ	海洋	合計
哺乳類	30	51	2	83
鳥類	21	90	2	113
爬虫類	1	20	0	21
両生類	2	0	0	2
魚類	22	1	0	23
合計	76	162	4	242

a. 狩　　猟

狩猟はもともと生活の糧として肉を得るために行われるものであった．歴史以前のことであるが，北アメリカにおいては，生息していた大型獣のうち，マンモス，ナマケモノ，ライオン，ラクダなどの仲間を含む31属，実に70%が今から約11000年前のわずか400年ほどの間に絶滅した．この時期はシベリアからベーリンジア（ベーリング陸橋）を経て渡ってきたアメリカ先住民の侵入直後であり，この絶滅は人間の狩猟によるものであると考えられている（Martin, 1973; 1984）．有史以後では，17世紀以降の人間活動の拡大により，野生動物が次々に追いつめられ，1800年までに哺乳類

18.3 哺乳類にとっての脅威

36種，1900年までに42種（亜種を含む），1944年までに40種（亜種を含む）が絶滅したという（今泉，1995）．そしてその4分の3は人間によるもので，さらにその3分の1は狩猟によるものであった．たとえばヨーロッパにいたオーロックス（大型のウシの一種）は狩猟によって減少し，1627年に地上から姿を消した．ステラーカイギュウというマナティーやジュゴンのような海棲の哺乳類は狩猟に対して無防備であったため，発見されてわずか27年後の1768年にその生態も知られぬまま絶滅した．南アフリカにいたクアッガという前半身に縞のある野生馬は食料や革を利用するために殺戮され，1882年に最後の個体が動物園で死んだ．オーストラリアでは何種かのカンガルーが絶滅した．北アメリカのワピチ（エルク）は各地に10の亜種がいたが，そのうち6種は狩猟により絶滅し，ムース（ヘラジカ）やシロイワヤギ，プロングホーンなどは多くの地域で地域的絶滅が起きた．絶滅寸前で保護され回復した種にヨーロッパバイソン，アメリカバイソン，シフゾウ，アラビアオリックスなどがある．このうちシフゾウというシカの一種は中国に固有の種であるが，狩猟のために絶滅した．ところが，幸いなことにイギリスの貴族が狩猟のために飼育していたため，ごく少数が生き延びており，現在その子孫を故郷の中国に戻して個体数回復の努力が始められている．また，捕鯨はまさに食肉目的の狩猟である．近年，捕鯨に対しては欧米を中心に強い抑制がかけられるようになった．

わが国でも，大正から昭和にかけて激減したカモシカや，多雪地域では絶滅したシカは，狩猟によるものである．

食肉目的ではなく，毛皮や角などの装飾品を得るための狩猟がある．ビーバー，テン，ラッコなどの毛皮獣は絶滅は免れたものの個体数は激減した．現在では欧米を中心に，毛皮利用には自粛の動きがある．しかし，象牙やサイの角などを得るための狩

図 18.4 アフリカゾウ
アフリカゾウは象牙をとるために密猟を含む狩猟の対象となり，急速に減少し，1990年現在60万頭しかいない（協力：トラフィックジャパン）．

猟は後を絶たず，絶滅が危惧されている．アフリカゾウは1980年には130万頭いたと推定されているが，わずか10年後の1990年には60万頭に半減した（Morrell, 1990）（図18.4）．1989年には象牙の輸入が禁止されたが，密猟は後を絶っていない．一方，アジアゾウはさらに少なく，4万頭ほどしかおらず，しかも1万頭余りは使役用の家畜として飼育されている（Cohn, 1990）．

このほか薬品の材料として狩猟の対象となる動物もいる．中国では袋角をとるためにシカ，爪をとるためにトラ，胆汁（たんじゅう）をとるためにクマ，麝香をとるためにジャコウジカなどが狩猟対象となっている．アフリカのサイの角はアジアで薬の材料として，またアラビアでは刀の柄（つか）に利用するため密猟されている．1980年前後には年間2600頭ほどが殺され，アフリカシロサイの場合，1979年には約15000頭いたが，1990年には3400頭にまで減少した（Cox, 1993）．

一方，狩猟には狩猟行為そのものを楽しむゲーム狩猟がある．哺乳類は鳥類とともに人間にとって美しく魅力的な存在である．ことに猛獣は美しさに加えて強さを備えており，それが彼らをさらに魅力あるものとした．人間は彼らを征服したいと感じ，獲物はしばしば剥製にされて室内装飾とされる．歴史的にはゲーム狩猟は王侯貴族の贅沢な遊びであったが，現在では形を変えて大きな産業となり，巨大な狩猟人口を擁している．個体数の少ない種，あるいは繁殖力の小さい種にとって，狩猟は致命的な影響力をもつ．現在，絶滅に瀕しているトラ（ジャワトラなどいくつかの亜種は絶滅），チーター，サイ，ゾウ，ジャイアントパンダ，ゴリラ，オランウータンなどはいずれもゲーム狩猟によって減少した種である．

狩猟ではないが，実験動物としての捕獲がある．サル類をはじめとする哺乳類は人類に近縁であるために，医学，薬学の分野で実験動物として利用するために生け捕りされる．これに対しては，アニマルライトの立場から自粛を求める動きが強まっている．

b．導　入　種

農業被害防除などの目的で，もともといなかった哺乳類を導入した結果，在来の種が捕食されたり，食物をめぐる競争，あるいは伝染病のために絶滅することもある．その影響は島しょ生態系で顕著で，ネコやマングースなどの導入で絶滅した種も少なくない．ガラパゴス諸島ではクマネズミを導入した結果，コメネズミが絶滅した（Eckhardt, 1972）．対馬のツシマヤマネコは猟犬の導入により激減したとされる（今泉，1992）．

このように導入種のために在来種が減少または絶滅するケースがあるが，文字どおりいなくなる絶滅のほかに，近縁種が導入されたために交雑が起こり，その結果遺伝的に在来種が「絶滅」することもある．ニホンジカは狩猟獣として欧米に導入されているが，ドイツやニュージーランドでアカシカと交雑し，交雑個体も繁殖可能である

ので拡大しつつある．種分化が新しく，自然状態で地理的に隔離されていたために交雑がなかった種どうしの場合，交雑可能なことがあり，このような現象が起きる．したがって，逆にアカシカが日本に導入された場合，ニホンジカの純粋種が「絶滅」する可能性は十分ある．この問題は種あるいは亜種に対する考え方ともからんで難しい問題を含んでいる．たとえば事実上絶滅したと考えられる九州のツキノワグマに対して本州のツキノワグマを導入すべきか，あるいは絶滅寸前のカワウソを中国大陸から導入すべきか，などはこの例である．

c．生息地の破壊

　生息地の破壊は狩猟以上に直接的な個体数の減少をもたらし，絶滅の危険性を大きくする．ジャイアントパンダやマウンテンゴリラなどの個体数減少は，生息地である森林の伐採により生息地が失われたために起きたもので，パンダの場合はそのうえに毛皮のための密猟，ゴリラの場合は動物園に入れるために生け捕りによって絶滅に瀕している（図18.5, 18.6）．またヨウスコウカワイルカなど淡水性イルカの場合，生息地である河川の水質汚染により絶滅に瀕している（神谷, 1992）．森林棲の動物の場合，伐採が部分的であれば，また大面積であっても近くに森林が残されていれば，移動が可能であるが，水質汚染の場合は逃げ場がないので問題は深刻である．

　わが国では森林伐採や道路建設による生息地の破壊により，多くの動植物が危険にさらされている．ツキノワグマは自然林の伐採と狩猟，駆除により危機的な状況にあ

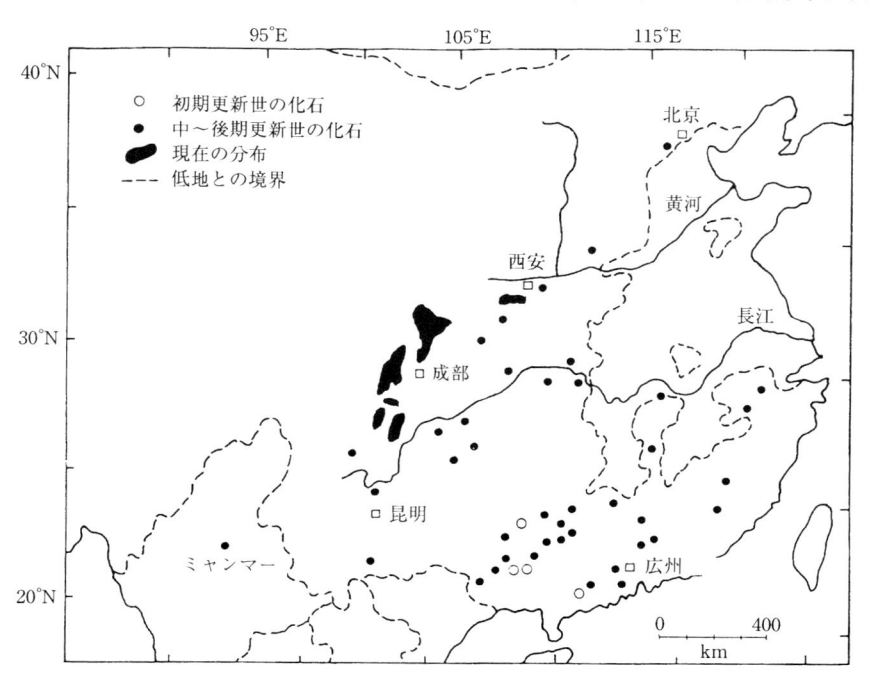

図18.5　ジャイアントパンダの分布記録と現在の分布（Schaller *et al.*, 1985）

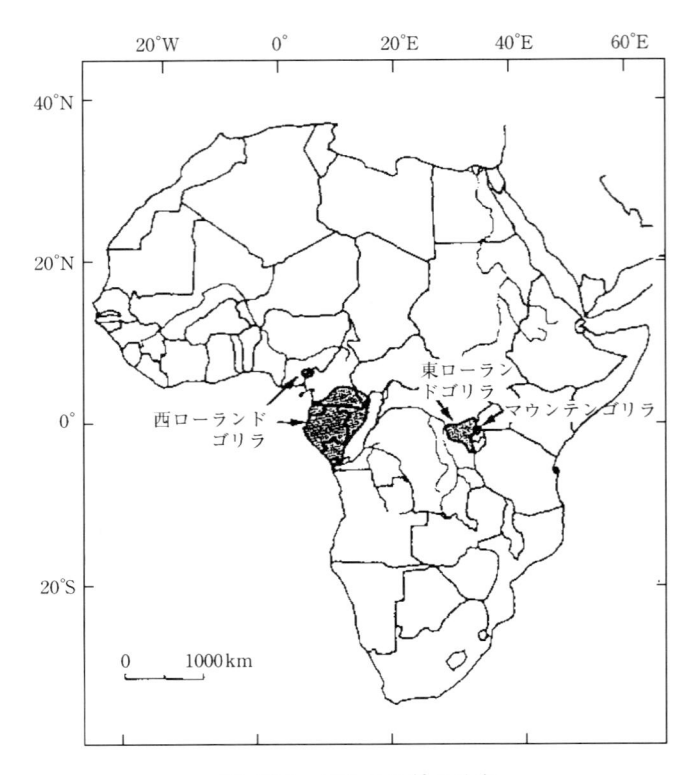

図 18.6 ゴリラ3種の分布
かつてはアフリカの熱帯林に広く分布していたが，現在は狭い範囲
に閉じ込められた形で残っているにすぎない（Cox, 1993）．

るし，ヤマネは森林伐採により減少している．また奄美大島では，アマミノクロウサギの生息地がゴルフ場建設によって破壊されようとしており，北海道のナキウサギも道路建設により生息地を奪われようとしている．また，海岸や河川の護岸工事は生息地を徹底的に改変するので，こういう場所に生息するカワウソなどは激減した．

　生息地の破壊には，森林伐採や住宅地の造成といった徹底的な破壊のほか，草原を牧場に変えるなど比較的軽微なものもある．北アメリカのプレーリーに生息していたプレーリードッグは牧場造成により激減し，現在では草原保護区などにしか残っていない．バイソンやワピチ（エルク）などの減少もプレーリーの牧場化によるもので，彼らは牧草を利用して生息することも可能であったが，被害防止のために駆除されたために減少した．中国奥地の内蒙古や青海省などの草原に生息するモウコガゼルやチルーなどの有蹄類は，中国の人口増加に伴う食糧増産の目的で放牧家畜が増加し，このために生息地を失いつつある．この場合，直接的な駆除が行われなくても，ヒツジなどの家畜によって共通の食糧であるイネ科植物が奪われるという形で個体数の減少につながる．東アフリカのサバンナにおける野生有蹄類と家畜の放牧も同様な関係である．カナダのニューファンドランド沖では，1970年代にカラフトシシャモが乱獲さ

れたためにザトウクジラが食物を失い，近海で採食せざるをえなくなった（Martin, 1990）.

18.4 哺乳類による被害

a．農林水産業被害

農林水産業に被害を与える哺乳類もいる．農林水産業の歴史は有害動物との戦いの歴史でもあった．バイソンやエルクなど多くの有蹄類，ウサギ類，カンガルー類は牧草に害を与えるし，シカ類は植林木に被害を与える．ネズミ類は人類史を通じて最もやっかいな農業害獣であり続けた．アジアゾウは農業に甚大な被害を与え，マレーシアのアブラヤシやゴムの被害は年間2000万ドルに達する（Sukumar, 1989）．一方，トドやイルカなどは水産業に大きな被害を与える．これらの動物に対しては射殺やわな，毒殺を含むさまざまな駆除が行われてきた．しかし，多くの動物は繁殖力が高く，撲滅には成功しないことが多かった．というより，ある程度不安定で攪乱を受けやす

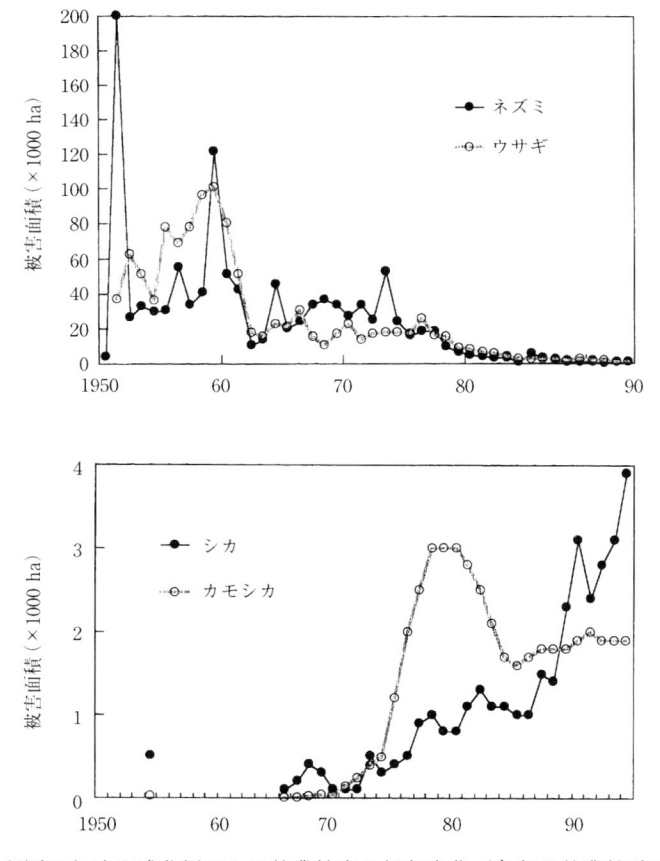

図 18.7 わが国における哺乳類による林業被害の経年変化（各年の林業統計要覧より作図）

い環境に適応し，繁殖力の旺盛なこれらの種が害獣となりえたと解釈すべきであろう．

しかし，なかには駆除により絶滅した種もある．欧米では放牧家畜を襲うオオカミは害獣であり，徹底的に駆除された．現在ヨーロッパのオオカミは山岳地帯のごく限られた地域で生き残っているにすぎない．北アメリカでも大部分の州でオオカミの駆除が行われた．19世紀末にストリキニーネが使用され始めたために急速に減少し，1950年代に飛行機から射殺されるようになると減少に拍車がかかった．そして，アメリカではアラスカとミシガンにしかいなくなった．ただし，1960年代以降は保護されるようになり，回復しつつある(Peterson, 1986)．またクジラやイルカは漁網にからまるなどして死亡することが多く，深刻な影響を受けている種もある(Martin, 1990)．

わが国では戦後ネズミやウサギが農林害獣として多数駆除されていたが，最近ではシカ，サルなどの駆除頭数が増加している(図18.7)．ニホンアシカ，ゼニガタアザラシなどは漁業の害獣として駆除され，絶滅または激減した．

b. 人身被害

肉食大型獣は基本的に危険性をもっている．インドではベンガルトラにより年間50人ほどが死亡しているし，アジアゾウによる被害者も100人を上回っている(Sukumar, 1989)．また北アメリカでは1980年代に41人がグリズリーに，20人がアメリカクロクマに襲われ死亡したし，1965年から1985年の間に6人がホッキョクグマに殺された(Cox, 1993)．クマの存在は人間と対立したため西部開拓に伴って減少し，

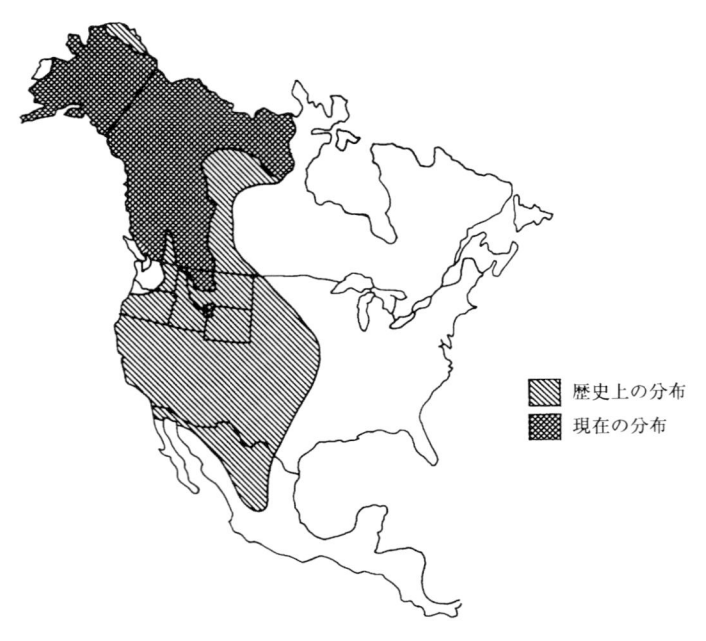

図 18.8 ハイイログマ（グリズリー）の分布の縮小（Servheen, 1985）

分布域も縮小した（図18.8）．しかし，最近ではクマに対する意識が変化し，危険であるだけの理由で駆除することは極力避け，人との出会いを避ける，公園などにごみを残さないなどの努力がなされている．

わが国では1905年にニホンオオカミが絶滅した．その原因は明らかでないが，狂犬病の発生によりオオカミが忌み嫌われるようになったため駆除が行われたことが重大な原因であったことは間違いない．エゾオオカミには懸賞金がかけられ，またストリキニーネなどの毒薬を使用しての徹底的な駆除が行われ，1889年には絶滅した．現在ではツキノワグマとヒグマが危険であるという理由で駆除されている．

このほか，哺乳類が人間や家畜への伝染病媒体として被害を及ぼすことがある．

c. 生態系のバランス

哺乳類による農林水産業への被害や人身被害は人間にとって直接的にマイナスな効果をもつものであるが，このほか生態系のバランスが崩れるという形での悪影響がある．ことに草食獣の増加によって自然植生が影響を受け，森林更新（forest regeneration，森林が世代交代をすること）が阻害されたり，植物群落の種組成が変化したり，場合によっては消滅する植物もある（高槻，1989）．この原因は，草食獣の捕食者（predator）である大型肉食獣が失われたことである場合が多く，結局は人間による影響の結果である．ことに大洋島（oceanic islands）にヤギが導入されたような場合，捕食者がいないうえに，島の植物は草食獣の採食に耐性がないため絶滅することもある．17，18世紀に捕鯨業者が肉を確保するために島にヤギを放った．ハワイのシルバーソードという植物やガラパゴスのサボテンなどはヤギの採食のために絶滅した（伊藤，1994）．わが国でも小笠原諸島ではヤギによって植生が著しい影響を受けている（小野，1994）．また，採食圧が強い場合には土壌侵食が起こることもあり，ニュージーランドのセントヘレナ島の森林は今では岩だらけの荒れ地になってしまった．植物が変化すればそれを利用していた小動物にも影響が及ぶ．

人間により地域的絶滅が生じた動物をほかの場所から，あるいは飼育個体を戻す試みが始められており，北アメリカではシロイワヤギやムースなどの再導入が成功している．一方，種の再導入と同時に，生態系のバランスのリハビリテーションという意味でオオカミを再導入した例がある．スペリオル湖にあるアイルロイヤル島にはムースが生息しており，針葉樹に強い影響を与えていた（Bradner et al., 1990）．ところが1949年頃にオオカミが島に渡り，これによりムースの個体数が抑制され，またムースの減少によりオオカミの個体数も影響を受け，本来の捕食者-被食者の関係が戻り，生態系もバランスを回復した（図18.9, Peterson et al., 1988）．

肉食獣の個体数は食糧である草食動物の量に規制されているから，通常は過剰に増加することはない．しかし，異なる生態系に肉食獣が導入された場合には在来の種が減少あるいは絶滅することがある（18.3節b項）．

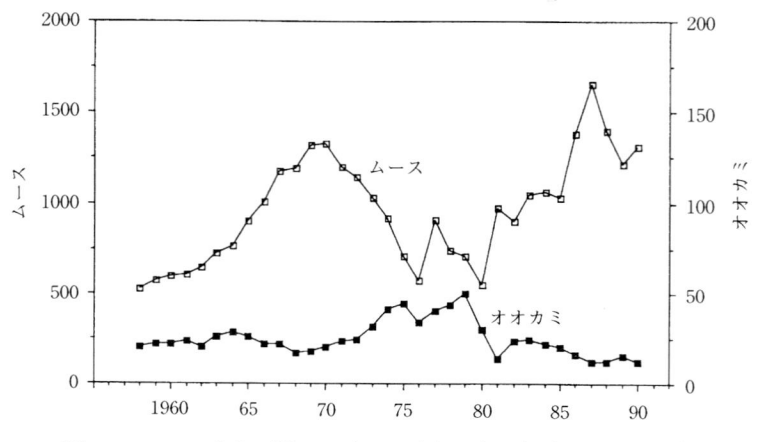

図 18.9 スペリオル湖のアイルロイヤル島におけるオオカミとムースとの個体数変化（Cox, 1993）

18.5 ま と め

　ほかの動物群でもいえることであるが，哺乳類の保護には絶滅または減少の問題と，それとは逆に過剰の問題とがある．いずれも人間活動との利害の対立によるもので，全体としては絶滅，減少の問題が深刻である．
　絶滅の危険が大きいのは次のような種である（Cox, 1993）．
　①繁殖率が低い種．クジラ，サイ，ゾウ，大型霊長類などは成長が遅く，繁殖率が低いので，一度減少すると回復が困難になる．
　②経済価値の高い種．たとえばクジラ，ゾウ，サイ，トラ，ジャコウジカなどは狩猟，密猟にさらされる危険がある．
　③食物連鎖の上位の種．イヌ科やネコ科など食物連鎖の上位に位置する肉食獣はもともと個体数が少ない．草食獣など下位の種の減少は上位種の脅威となるし，汚染物質などが食物連鎖を通じて濃縮されるため，上位種ほど環境汚染の影響を受けやすい．
　④局地あるいは島に限定された種．島や湖など限定された場所に生息する種は個体数が少なく，分布域が狭いので環境変化の影響を受ける危険が大きい．また，これらの種は進化史的に隔離されていたために他種による影響に無防備であることが多く，侵入種などの影響をこうむりやすい．
　⑤生息地，繁殖地，食物などが特殊化した種．ジャイアントパンダのように極相林に適応した種は環境の変化に弱い．集団繁殖する種は人間の影響を含め，急激な変化の影響を受けやすい．タケの葉しか食べないジャイアントパンダ，ユーカリの葉しか食べないコアラ，アリしか食べないオオアリクイなどは代替食物がないから，食物が失われると危機に遭遇する．

⑥移動種．移動性の種は季節的に行動圏を移動するから，いずれかの生息地が破壊されると生活できなくなる．

　これらを検討すると，哺乳類，ことに大型肉食獣が絶滅の危険が大きい理由が理解される．絶滅は絶対悪である．地域的絶滅であれば回復の可能性があるが，種としての絶滅が起きるとどのような方法をしても回復することができない．長い地球の歴史において，ある種が生態系全体に悪影響を及ぼしたことはない．生物の一種である人類の増加と活動の拡大によって，同じ星のメンバーである他の種を永遠に失うことは決して許されない．絶滅に瀕した種の回復のためにわれわれはあらゆる努力をしなければならない．

　草食獣の過剰な増加によって農林業が被害を受けたり，自然植生が荒廃するなどの例があるが，これも人間の生産活動と，大型肉食獣を絶滅させたことの結果であり，原因は人間の側にある．過剰な個体群に対しては適正な管理をはかりつつ，生態系のバランスを回復することが大切である．

　以上述べてきたように哺乳類の保護には多くの困難があるが，彼らを保護することは生態系を保護することにほかならず，われわれはそのために最善を尽くさなければならない．

［高槻成紀］

文　　献

1) Bradner, T. A., Peterson, R. O. and Risenhoover, K. L. (1990): Balsam fir on Isla Royale: Effects of moose herbivory amd population density. *Ecology*, **71**, 155-164.
2) Caughley, G. and Sinclair, A. R. E. (1994): Wildlife Ecology and Management, 334 p., Blackwell Scientific Publications.
3) Cohn, J. P. (1990): Elephants: Remarkable and endangered. *BioScience*, **40**, 10-14.
4) Cox, G. W. (1993): Conservation Ecology, 352 p., Wm. C. Brown Publishers.
5) Eckhardt, R. C. (1972): Introduced plants and animals in the Galapagos Islands. *BioScience*, **22**, 585-590.
6) Harestad, A. S. and Bunnell, F. L. (1979): Home range and body weight-reevaluation. *Ecology*, **60**, 389-402.
7) 今泉吉典 (1992)：哺乳類．レッドデータ アニマルズ（朝比奈正二郎他監修），pp. 93-100, JICC出版局．
8) 今泉忠明 (1995)：絶滅野生動物の事典，257 p., 東京堂出版．
9) 伊藤秀三 (1994)：島の植物誌，246 p., 講談社．
10) 神谷敏郎 (1992)：バイジーに救いの手を．*WWF*, **1992**-8 (No. 185), 14.
11) Martin, A. (1990): Whales and Dolphins, Salamander Books. 粕谷俊雄監訳 (1991)：クジラ・イルカ大図鑑，204 p., 平凡社．
12) Martin, P. S. (1973): The discovery of America. *Science*, **179**, 969-974.
13) Martin, P. S. (1984): Prefistoric overkill: The global model. Quaternary Extinctions (Martin, P. S. and Klein R. G. eds.), pp. 354-403, Univ. Arizona Press.
14) Morrell, V. (1990): Running for their lives. *Int. Wildlife*, **20**, 4-13.
15) 小野幹雄 (1994)：孤島の生物たち，239 p., 岩波書店．

16) Peterson, R. O. (1986): Gray wolf. Audubon Wildlife Report 1986, pp. 951-967, National Audubon Society.
17) Peterson, R. O., Page, R. E. and Dodge, K. M. (1988): The rise and fall of Isla Royale wolves, 1975-86. *J. Mammal*, **69** 89-99.
18) 林野庁 (1950-1992): 林業統計要覧 (各年度), 林野弘済会.
19) Schaller, D. B., Hu Jinchu, Pan Wenshu and Zhu King (1985): The Giant Pandas of Wolong, 298 p., Univ. Chicago Press.
20) Servheen, C. (1985): The grizzly bear. Audubon Wildlife Report 1985, pp. 401-415, National Audubon Society.
21) Sukumar, R. (1989): The Asian Elephant: Ecology and Management, 252 p., Cambridge Univ. Press.
22) 高槻成紀 (1989): 植物および群落に及ぼすシカの影響. 日本生態学会誌, **39**, 67-80.

19. 陸鳥の自然保護

　近年，鳥類の保護に関する課題は，貴重な鳥類の保護とその生息地の保護保全にかかわっている場合が多い．そのためには，各種関連法律を適用しながら，その鳥類の生息環境の保護と保全を計画し，実施することが望ましい．

　鳥類の生息環境の保護と保全にかかわるおもな法律などは，次のとおりである．①鳥獣保護及ビ狩猟ニ関スル法律 —— 鳥獣保護区特別保護地区，②自然公園法 —— 特別地域等，③環境保全法，④種の保存法，⑤文化財保護法 —— 天然記念物，⑥森林生態系保護地域，⑦世界遺産（自然遺産）条約．

　以上の法律などのうち，貴重な鳥類が記録され，その保護の必要性が認められた場合，すみやかに，何らかの保護手段を講ずる必要がある場合，①，④および⑤の法律の適用が可能である．とはいっても，これらは国あるいは都道府県の審議会にはかる必要がある．そのためには，当該鳥類の生態とその生息環境の基礎調査研究を行う必要があろう．

　他の法律，すなわち，自然公園法，環境保全法および森林生態系保護地域などや世界自然遺産条約は，あらかじめ貴重な自然環境を，それぞれの法律などで定めた地域に当該鳥類の生息が認められた場合にのみ適用されよう．

　貴重な鳥類の保護が必要な場合は，えてして，その生息環境が，何らかの人間による開発行為とかかわっている場合が多い．そのような場合には，その鳥類の貴重性を訴えるためにも，詳細な学術研究の成果が必要であり，またそれがきわめて有効である．そのうえで，前述の法の網をかぶせることにより，貴重な鳥類の保護が行われることになろう．

　一般的な鳥類およびその生息地を保護保全しようとする場合はなかなか困難であり，鳥類の集団繁殖地あるいは大規模な集団越冬地の場合は，その保護の重要性を訴えることが可能であり，法的手段を講ずることもできよう．

　それでは，これまで鳥類にかかわる自然保護が，実際どのように行われてきたのか，次の例で，その保護の過程を踏まえながら概説しよう．

　ここで貴重な鳥類とはどんな基準で定めるかという問題が生じてくる．ここでは一応，環境庁が定めたレッドデータブックに記載されている鳥類，文化財保護法による天然記念物などが該当しよう．しかし，レッドデータブックは全国的視野でとらえたものであり，ある地域では貴重であっても，レッドデータブックには未記載というこ

ともあり，逆に記載されているものの，ある地域ではごくふつうに見受けられる種もあり，地域別に見直す必要があろう．

19.1　本州産クマゲラの生息状況

現在，日本におけるクマゲラの分布は，北海道と本州北部である．本州でクマゲラの繁殖，生息が確認されている地域は，白神山地および奥羽山脈の脊梁であり，そこに残存する天然ブナ林で細々と子孫を残し続けているが，生息個体数はきわめて少ない．

1978年6月，秋田県の森吉山のノロ川の天然ブナ林で，育雛中の巣が発見されたのが本州で初めての繁殖記録であった．翌年も同じ巣穴で，また1980年には約100m離れたブナの大木で雛を育てた．これで連続3年間の繁殖記録を得ることができた．しかし，その後当地でクマゲラの親鳥は観察されるものの，繁殖を認めることはできなかった（小笠原，1988）．

図 19.1　クマゲラの育雛

14年後の1994年5月上旬に，最初に営巣した営巣木で営巣活動中のクマゲラが観察された．この営巣穴では1994年，1995年と雛を育て，現在に至っている．

一方，1989年には，白神山地の青森県側，奥赤石林道終点付近でも，クマゲラの営巣が確認され，また中村川上流（1991〜1995），中ノ沢（1991），尾太岳（1991）やオイラセ川（1995）で相ついでクマゲラの繁殖が記録された．

以上のように，近年，森吉山天然ブナ林で本州でクマゲラの繁殖を初めて確認して以来，白神山地でも営巣が記録され，また八甲田や栗駒山系，いわゆる奥羽山脈の脊梁の天然ブナ林で，クマゲラの生活痕が確認され，その生息を裏づけている．

19.1 本州産クマゲラの生息状況

　図19.2は北東北（青森県，秋田県，岩手県）でクマゲラの巣穴，ねぐら穴を直接目撃した記録を示したものである（Ogasawara et al., 1994）．すなわち，これらの記録は白神山地と奥羽山脈の脊梁（北は十和田・八甲田から南は栗駒山）までの天然ブナ林に集中している．図19.2とこれまでのクマゲラの生息調査および天然ブナ林の分布域（内藤，1990）から，天然ブナ林の分布とクマゲラの生息分布域および生息可能域を示したのが図19.3である（Ogasawara et al., 1994）．

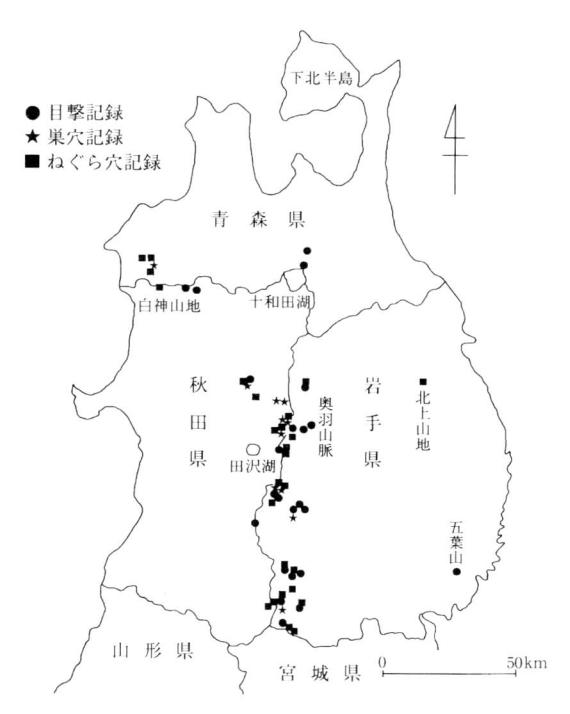

図 19.2 青森県，秋田県および岩手県におけるクマゲラの記録例（Ogasawara et al., 1994）

　クマゲラの生息域とは，これまでの調査結果から確実にクマゲラが生息している地域（営巣，ねぐら木や個体の目撃例のある地域）を示し，生息可能域はクマゲラ個体の目撃はないものの，ブナ林の状態とクマゲラの生活痕（ねぐら木，旧営巣木や食痕など）の存在から，クマゲラが生息している可能性が大であることを示す．

　表19.1は図19.3をもとに，各地域ごとの天然ブナ林の面積，クマゲラの生息域の面積および生息可能域の面積を示した（Ogasawara et al., 1994）．

　すなわち，十和田・八甲田地域は天然ブナ林の総面積は55400haで，そのうちクマゲラの生息域は5000ha，白神山地ではブナ林の面積が57200ha，そのうちクマゲラの生息域は30000haである．

　北東北全体では天然ブナ林の総面積は370600haで，そのうちクマゲラの生息分布

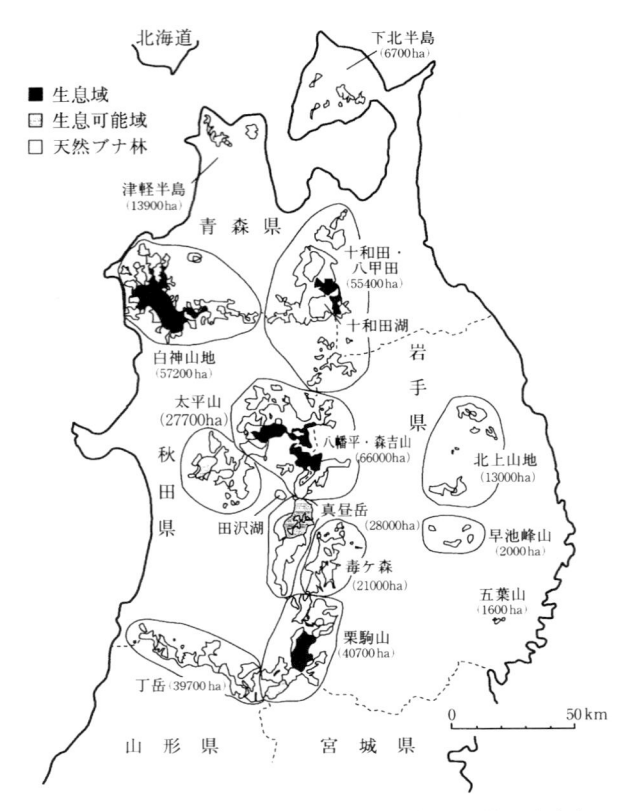

図 19.3 青森県，秋田県および岩手県における天然ブナ林の分布とクマゲラの生息分布域および生息可能域（Ogasawara et al., 1994）

表 19.1 各地域の天然ブナ林の面積，クマゲラの生息地面積および生息可能面積　　（単位：ha）

地域名	天然ブナ林の面積	生息地面積	生息可能面積
下北半島	6700		
津軽半島	13900		
十和田・八甲田山	55400	5000	
白神山地	57200	30000	
北上山地	13000		
早池峰山	2000		2000
八幡平・森吉山	66000	19000	
太平山	27700		5000
真昼岳	28000		10000
毒ヶ森	21000		1000
栗駒山	40700	10000	5000
丁岳・鳥海山	39000		
計	370600	64000	23000

域は64000haである．

また，本州の天然ブナ林におけるクマゲラの繁殖期における行動範囲は，北海道よりだいぶ広く，森吉山の繁殖つがいと白神山尾太岳の2つがいの調査結果より，ほぼ1000haであることが明らかとなった（Ogasawara *et al.*, 1994）．

以上の事実より，北東北の天然ブナ林に生息するクマゲラ個体群を推定すると，クマゲラが生息しているブナ林は64000haで，1つがいの行動範囲が約1000haであるから，天然ブナ林の中に目一杯生息しているとして，64つがい，つまり128羽のクマゲラが生息できることになるが，実際はそれよりかなり下回るであろう．また生息可能地域を含めても，87つがい，174羽と計算できるが，実際は100羽程度が生息し，細々と子孫を残し続けているといえよう．

さて，この程度の個体群でクマゲラは子孫を残し続けることができるであろうか．きわめて危険な状態にあるといわざるをえない．北海道にはいまだ多くが生息しているとはいえ，北海道と本州のクマゲラ個体群間に交流があるかどうかもわかっていない．

ヨーロッパのクマゲラは山地から平地へ分布を拡大しつつあるが，一方日本は逆で，クマゲラの生息地である天然ブナ林は伐採されつつあり，その生息範囲は狭められつつあるのが現状である．

ヨーロッパ，とくにドイツのクマゲラはブナ（*Fagus silvatica*）に営巣木，ねぐら木

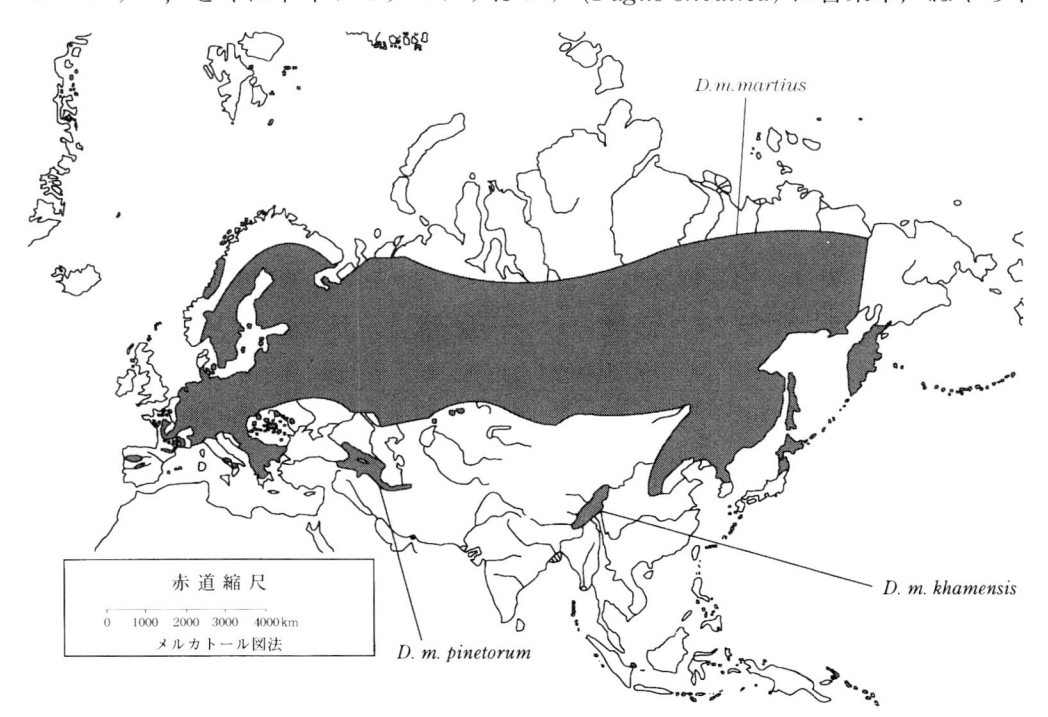

図 19.4 クマゲラ（*Dryocopus martius martius*）およびその亜種の世界分布図（Cramp, 1985を改変）

を求め，餌はブナ林に隣接するトウヒ（*Pinus silvestris*）など，他の森林に求めている（小笠原，1983；1987）．一方，日本の北海道ではトドマツ（*Abies sachalinesis*），ミズナラ（*Quercus mongolica*）など混交林に生息し，本州では天然ブナ林を生活の根拠としている．すなわち，ヨーロッパ，北海道および本州ではクマゲラの生活環境がそれぞれ異なっているといえる．調査方法などの詳細は文献を参照されたい．

19.2 本州産クマゲラの生息環境

1978年，本州で初めてクマゲラの繁殖が秋田県森吉山天然ブナ林で確認された．クマゲラの生態調査と同時に，クマゲラの生息環境を明らかにするため，森林の生態学的調査も行った．クマゲラはうっそうとしたブナ林中のまっすぐに伸び，地上から12～15mまで下枝のない，しかも樹皮にコケ類が少なく，ツタ類もからんでいないブナの木を選び，地上から10～15mの高さに，卵形の穴を掘り，営巣する．林内は一見，立派なブナの一斉林にみえるが，ミズナラ，ホウノキやサワグルミも部分的に認められ，きわめて多様性に富んでいる．半枯木や風倒木には真新しいクマゲラの食痕が認められ，クマゲラの生息を裏づけている．図19.5は，森吉山におけるクマゲラの営巣木周辺のブナ林の様子を知る目的で調査された樹木の分散を示す(加藤・内藤・飯泉，1980)．

図19.5から明らかなように，木はまっすぐ直立しており，その周辺には胸高直径が60～80cmの木が多く，さらに枯木も多い．樹冠はうっ閉状態にあるが，巣穴の前方は比較的開けている．一方，ねぐら木周辺の樹木分散を図19.6に示した．前図とほぼ同じ状態であるが，この周辺一帯には風倒木が多い．いずれにしろ，一見単純にみえる当地天然ブナ林は，その種構成が若木から老齢樹に至るまで多様性に富み，さらに枯木や風倒木も多く，クマゲラはそれらのブナを主体とした樹木を営巣木，ねぐら木あるいは採餌木として利用している．

以上のようにクマゲラが生息，繁殖している天然ブナ林の生態学的状態は，白神山地の尾太岳でもほぼ同様であった．

19.3 本州産クマゲラの保護

以上のようなクマゲラのおかれている現状を踏まえ，本州産クマゲラ個体群をいかにしたら保護できるか，またその生息環境を保全できるかを考察することとする．

前述したように，北東北全体で残存している天然ブナ林の総面積はほぼ370600haである．クマゲラの生息地は本州ではすべて天然ブナ林であることから，天然ブナ林の保護保全がクマゲラの保護に直接結びつくと考えられる．しかしながら，クマゲラは天然ブナ林の分布域にすべて生息しているわけではなく，きわめて局地的に生息し

19.3 本州産クマゲラの保護

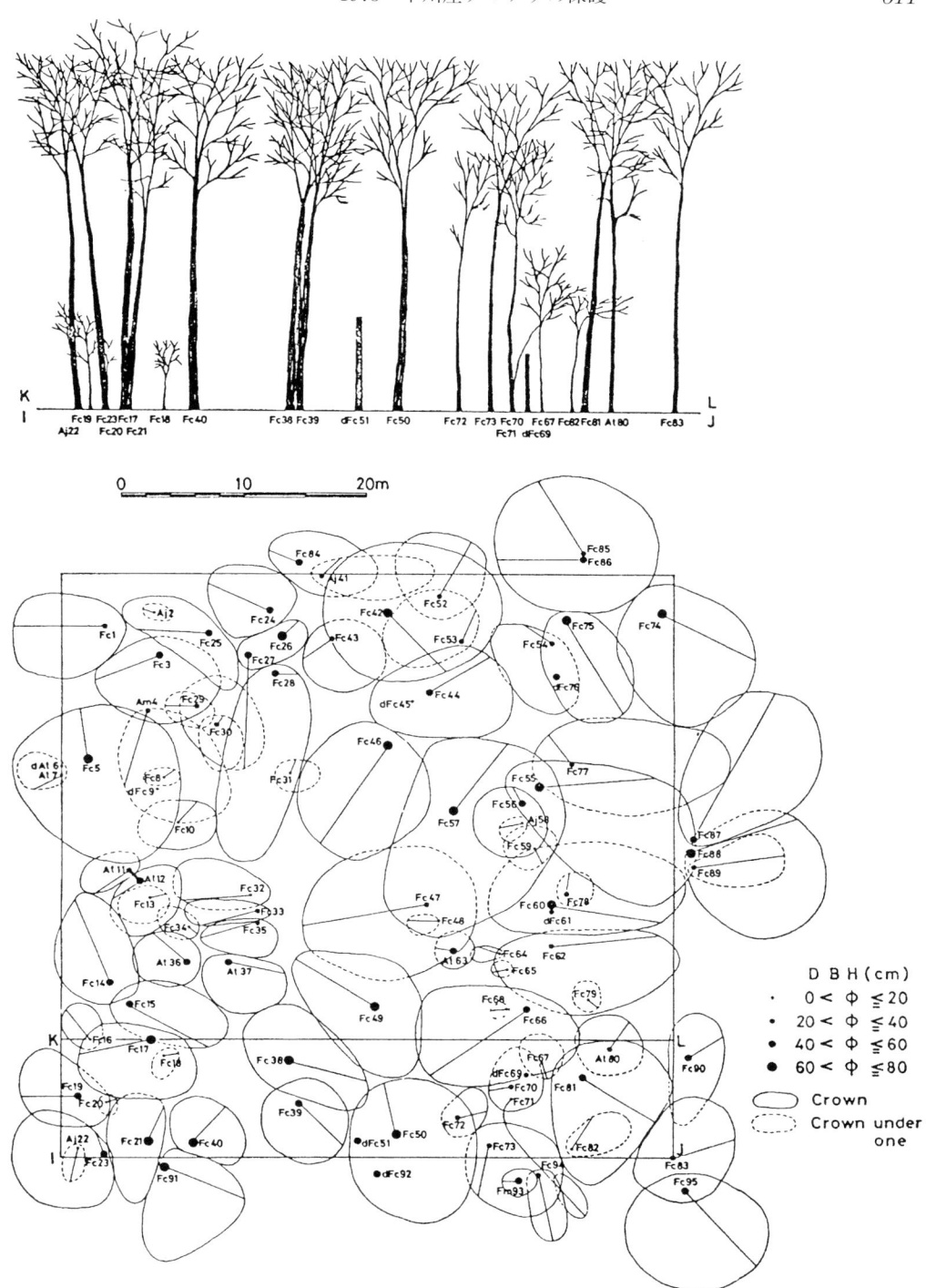

図 19.5 営巣地点における樹木の分散(加藤ら,1978)
Aj:*Acer japonicum*, Am:*Acer mono* var. *mayrii*, At:*Aesculus turbinata*, Fc:*Fagus crenata*, Fm:*Fraxinus mandshurica* var. *japonica*, d:dead tree.

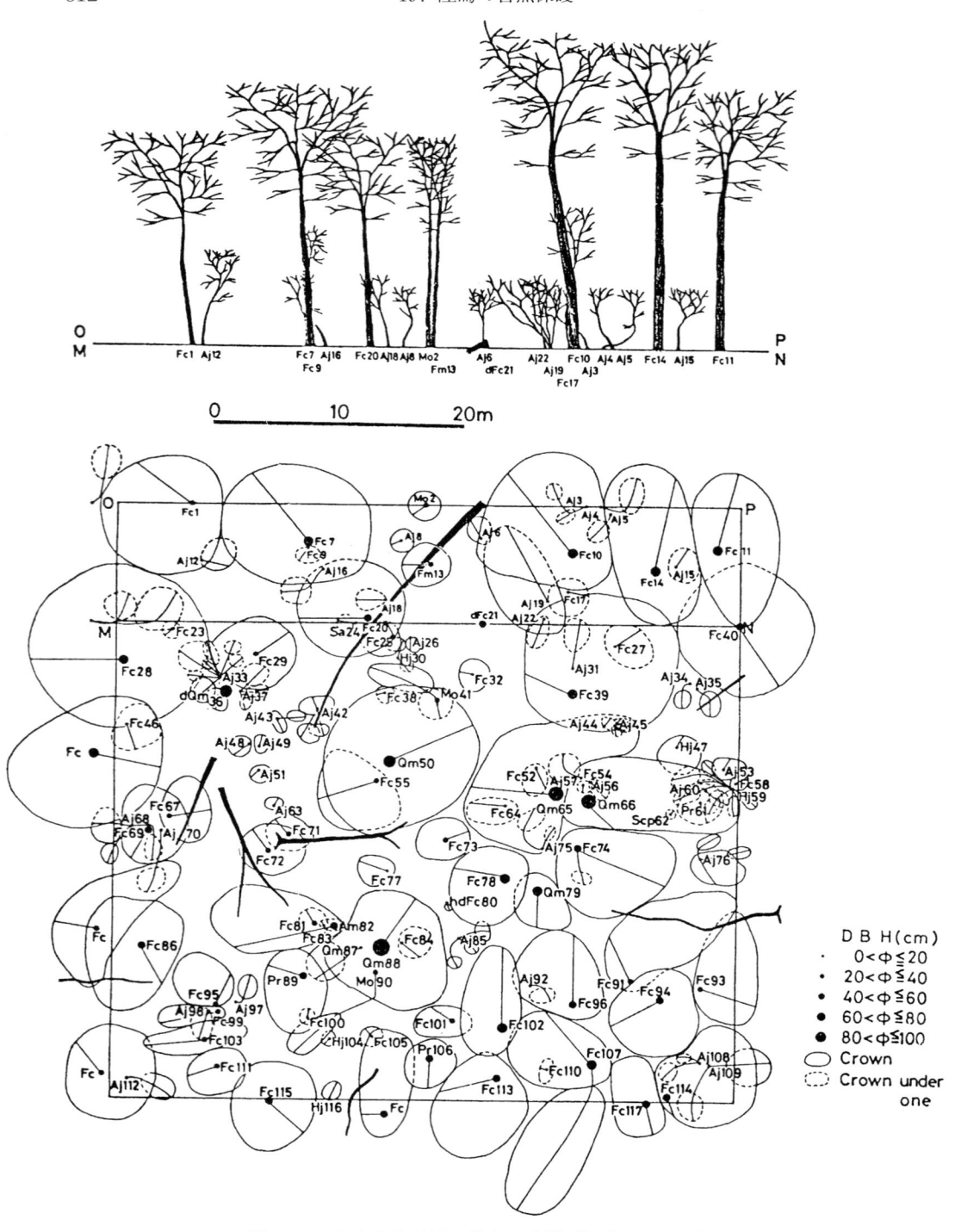

図 19.6 ねぐら木付近の樹木の分散 (加藤ら, 1978)

Aj : *Acer japonicum*, Am : *Acer mono* var. *mayrii*, At : *Aesculus turbinata*, Fc : *Fagus crenata*, Fm : *Fraxinus mandshurica* var. *japonica*, d : dead tree.

19.3 本州産クマゲラの保護

ている．したがって現在クマゲラの生息している地域のブナ林の保護は必要であるが，将来のクマゲラの生息地もきわめて重要であるので，ブナ林の伐採方法や天然更新などによるブナ林の分布拡大が必要である．

以前，森吉山において本州で初めてクマゲラの繁殖が確認された折，その保護のため，何らかの法的規制が必要と思われ，行政当局と相談の結果，「鳥獣保護及ビ狩猟ニ関スル法律」による，鳥獣保護区，特別保護地区にし，クマゲラおよびその生息地の保護保全をはかった．「特別保護地区」は伐採などは禁止されるなど，規制がかなり厳しく，広い範囲にわたる鳥獣の生息地の保護保全にはきわめて有効である．

本州で初めてクマゲラの繁殖を確認し，その生息地である天然ブナ林を含めた保護保全を野鳥保護団体と秋田県自然保護課と協力しながら進めたのであるが，当時はまだクマゲラの行動範囲もよくわかっていなかった．

ヨーロッパや北海道での報告では（Cramp, 1985；Blume, 1973；環境庁，1976），クマゲラの行動範囲は 300〜800 ha とあり，森林の状態でずいぶん変化がある．しかし天然ブナ林での報告はまったくなく，森吉山ノロ川地域の1つがいの行動範囲を求めることは，そう簡単ではない．1つがいの飛行範囲，採餌痕，古い巣穴やねぐらの位置を地図に示し，おおよその面積を求め，約1000 ha の行動範囲をもつと見当をつけ，行政当局と話し合った．しかし県自然保護課，営林局や町との話し合いの結果，約330 ha の面積を「特別保護地区」としたにすぎなかった．筆者らの主張した半分以下の面積が「特別保護地区」になったにすぎない．

その後，白神山地の尾太岳周辺のクマゲラの調査結果や森吉山のクマゲラの行動範囲を再調査し，やはりクマゲラの行動範囲は約1000 ha であることがわかり（Ogasawara et al., 1994），その結果をもとに，再び特別保護地区の拡大を辛抱強く要請したところ，全体で1000 ha 少々の特別保護地区の拡大にこぎつけることができた．

しかし，約1000 ha のブナ林では1つがいのクマゲラの生存が可能にしても，巣立った雛の生息環境の確保を考えると，その周辺部の天然ブナ林もきわめて重要となる．しかし，森吉山天然ブナ林では，すでに周辺部は和牛の放牧場となり，またかなりの範囲にわたりブナ林の伐採が進んでいる．

そこで，今後天然ブナ林の伐採などが必要な場合は，クマゲラのみならず，そこに生息する貴重な野生生物の生息の場を確保するためにも，次の3点に注意を払うべきである．

①天然ブナ林の伐採：クマゲラの営巣木やねぐら木あるいは新しい食痕が確認された場合は，その周辺は伐採を見合わせる．それ以外のブナ林を伐採する場合には，皆伐ではなく，30％程度の伐採とする．また伐採や集材にあたっては，地表を削るようなブルドーザーなどの機械を入れず，またスギなどの植栽も行わない．

②将来の繁殖地，営巣木，ねぐら木や採餌木などの保存：伐採にあたっては，可能なかぎり，将来クマゲラが営巣あるいはねぐらとして利用可能な木，すなわち直立し

た，地上 10 m まで下枝がなく，ツタ類のからまっていない木を残すよう心がけ，立ち枯木や半枯木なども採餌木として残すよう心がける．そのためには，天然ブナ林の伐採にあたっては，事前にクマゲラの生息の可能性を十分調査する必要がある．

　③ブナ林の天然更新および造林 —— ブナ林の分布拡大：天然ブナ林をこれ以上伐採せずに現状のまま残すことが望ましいが，それも困難であろうから，伐採跡地は天然更新とすることとし，計画的にブナ林の分布拡大をはかる必要がある．

　ヨーロッパでは現在低標高地にクマゲラの分布が拡大しつつあるが，それは低地の森林，とくにブナ林が回復し，クマゲラの好適生息環境になってきたことによると考えられている．

　少々具体策に欠けるきらいはあるが，以上の3点に注意を払い，計画的にブナ林育成に心がけるなら，本州のクマゲラ個体群は現状を保つことが可能であり，将来の分布拡大も見込めるであろう．

19.4　イヌワシの保護と生息環境の保全

　これまで，クマゲラを例に，その保護と生息環境の保全に関する私見を述べたが，東北地方では，クマゲラ以外でも，イヌワシ，オオセッカなどの緊急に保護とそれらの生息環境の保全の必要な鳥類も少なくない．

　とくに，イヌワシに関しては，スキー場やゴルフ場などの開発とイヌワシの保護と生息環境の保全問題が提起されている．

　秋田県でも，十和田・八幡平国立公園の南端に位置する駒ヶ岳の麓の十丈の滝の岩だなに，古くからイヌワシが繁殖しており，秋田県はこのイヌワシの保護と生息環境

図 19.7　巣立ち間際のイヌワシ

19.4 イヌワシの保護と生息環境の保全

の保全に関する策定を目的として，1991年より3年間にわたる生態調査を実施した（秋田県生活環境部，1993）．また同時に，日本イヌワシ研究会と日本自然保護協会も同じイヌワシの巣を中心とした地域で調査した（日本イヌワシ研究会・日本自然保護協会，1994）．

イヌワシの行動圏はきわめて広く，これまで日本で知られているものでは，平均6080 ha（2100〜11880 ha）である．しかし十丈の滝の調査では，13800 ha（秋田県生活環境部）および23700 ha（日本イヌワシ研究会・日本自然保護協会，1994）で，これまで知られているものより，一段と広い面積を占めている．

以上の調査はイヌワシの行動圏がきわめて広いことから，広い範囲に調査員を配置して行っているが，詳細は文献を参照されたい．

図19.8には，日本イヌワシ研究会と日本自然保護協会（1994）による，1991〜1993年にわたる飛行軌跡と行動圏を示した．また，図19.9は，図19.8をもとにした全期間の行動圏，繁殖期の行動圏および高頻度利用域を示したものである．繁殖期の行動圏は雛を育てるための餌確保など重要な地域であり，さらに高頻度利用域は巣を中心としたきわめて重要な地域でもある．

なお，秋田県生活環境部（1993）による調査でもほぼ同じ結果を得ており，秋田県

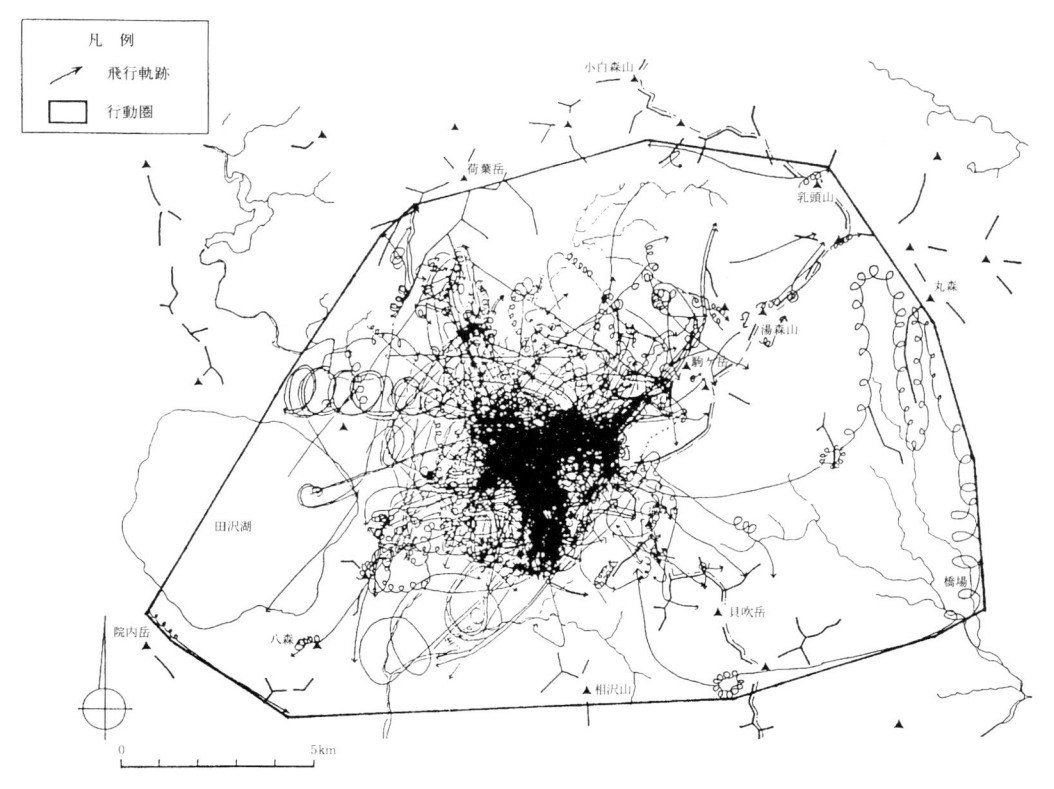

図 19.8 全期間（1991〜1993）の飛行軌跡と行動圏（日本イヌワシ研究会・日本自然保護協会，1994）

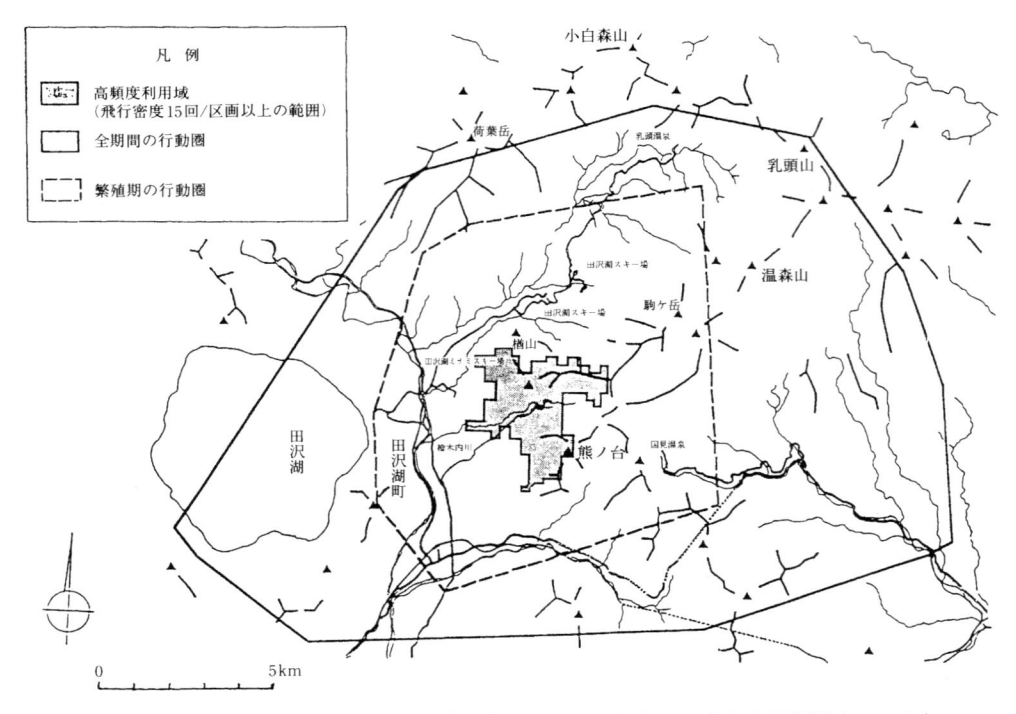

図 19.9 高頻度利用域と行動圏(日本イヌワシ研究会・日本自然保護協会,1994)

では,これら科学的調査結果を踏まえ,イヌワシの保護と土地利用計画を策定することになろうが,その前に,イヌワシが広大な行動圏の中で,どんな場所をどんな目的で利用しているかを把握し,また林業施業のあり方とイヌワシの採餌行動などの調査結果をもとに土地利用計画を策定する必要があることから,現在その調査が行われている.以上の観点からの調査研究はいまだあまり行われておらず,今後の野鳥の保護のあり方を考えるうえできわめて貴重なものになると期待している.

また,すでに秋田県はここ十丈の滝のイヌワシの保護のため,鳥獣保護区の拡大をはかったことは評価できよう.

おわりに

以上,クマゲラおよびイヌワシを例に,鳥類の保護とその生息環境の保全について述べたが,いずれも保護すべき鳥類の生態と生息環境の実態を十分に調査したうえでなければ,その保護保全計画を実施することができないであろう.　　［小笠原 暠］

文　献

1) 秋田県生活環境部 (1993):秋田県田沢湖町におけるイヌワシ生息調査報告,秋田県.
2) Blume, D. (1973): Shwarzspecht, Grunspecht. Die neue Brehm-Bucherei 300, BEO Wissen-

shafts-Druch Leipzig GDR.
3) Cramp, S. (ed.) (1985): Handbook of the Birds of Europe, the Middle, East and Northern Africa, 4, Oxford Univ. Press.
4) 環境庁 (1976): 特定鳥類等調査報告書 クマゲラ, pp. 33-85.
5) 加藤君雄・内藤俊彦・飯泉 茂(1978): 小又峡周辺地域の植生. 森吉山小又峡周辺地域特別学術調査報告書, 秋田県教育委員会・小又峡学術調査団.
6) 内藤俊彦(1990): クマゲラ生息環境としての植生調査1, クマゲラの生息地としてのブナ林, 分布南限地におけるクマゲラの生態に関する基礎的研究. 平成元年度科学研究費補助金(総合研究A) 研究成果報告書 (研究代表者:小笠原 暠).
7) 日本イヌワシ研究会・日本自然保護協会(1994): 秋田県田沢湖町駒ケ岳イヌワシ調査報告書, 日本自然保護協会報告書, 79 p.
8) 小笠原 暠(1983): 西ドイツと日本のクマゲラの繁殖環境と声紋分析の比較. 秋田大学教育学部教育工学研究報告, **5**, 25-30.
9) Ogasawara, K. (1987): Sonographic analysis of calls and behavioral observations of the black woodpecker (*Dryocopus martius*) in central Europe. *Journal of the Yamashina Institute for Ornithology*, **19**-2.
10) 小笠原 暠 (1988): クマゲラの世界, 秋田魁新報社.
11) Ogasawara, K., Izumi, Y. and Fujii, T. (1994): The status of black woodpecker in northern Tohoku district, Japan. *Journal of the Yamashina Institute for Ornithology*, **26**-2.

20. 水鳥の自然保護

　水辺の生態系における一員として水鳥類は非常に重要な位置を占めている．ただし，河川，湖沼や海岸の開発が進むため，水辺に生息する水鳥は，各地で減少しているばかりではなく，多くの種が絶滅に瀕している．しかしながら，種を保護するための基礎的な資料は少なく，その種に関する個体数変動や生息場所などの単純な記録でさえ信頼できる報告として公表されていない．単純なセンサス記録をまとめた水鳥の個体数の変遷や分布に関する報告ですら印刷，公表されず，渡り鳥の飛来地であっても，正確な情報が集積されている地域は少ないように思える．国内での水鳥の研究，とくに鳥類相や個体数変動，生息場所などに関する解析の遅れや記録があるにもかかわらず公表されていないことが，情報が少ない一因であろう．情報が少ないと適切な保護対策は検討できない．したがって，情報が少ないという現状を少しずつ変え，公共事業で得られた記録なども迅速に公表されないことには，科学的な記録に基づいて水鳥の保護を訴えることはできない．

　本章では，水鳥の分布などを明確にするために，記録を収集し，まとめ，発表し，報告する意味や重要性に関して述べたい．さらに，これら湿地を広く利用する水鳥の調査方法やおのおのの環境でどのように生活しているかを簡単に紹介し，身近な湿地である水田，小河川，砂浜で生活する種について述べ，水鳥の自然保護について考えたい．なお，本章で扱う水鳥は，シギ・チドリ類，カモ類，サギ類など個体数が減少しているグループとする．

20.1　鳥類目録の作成

a．観察を記録する── 記録を集める

　探鳥やバードウォッチングをする人の多くは，観察結果をノートに記録する．貴重な記録と認識されないまま，公表されず死蔵されてしまう．記録は公表されるつど，精錬され重要になることが多い．公表されない資料や非公開の報告書は，残念ながら，記録として使えない場合がよくある．また，記録が少ないと文献としてまとめにくいが，記録があまりにも多くなるとかえって少ないよりまとめづらくなる．まとめや公表の方法のことも考慮し，調査期間や観察の回数を設定しなければならない．

　水鳥の生息地は，行政区が当てはまらない場合や河川や海岸は，多くの行政区にま

20.1 鳥類目録の作成

たがっていることがあるから注意が必要である．20.2節で述べる調査地を図20.1に示した．調査地Cは，多くの行政区にまたがっている．この海岸は，河北海岸とよばれているが，行政区ごとに内灘海岸や高松海岸などと分ける場合があるため，地名も観察する人によってまちまちである．砂浜海岸のように広がった地域での観察を記録に残すことも案外簡単ではない．記録を残し後から比較するためには，調査範囲の設定や地名の記載の方法も，きわめて重要である．

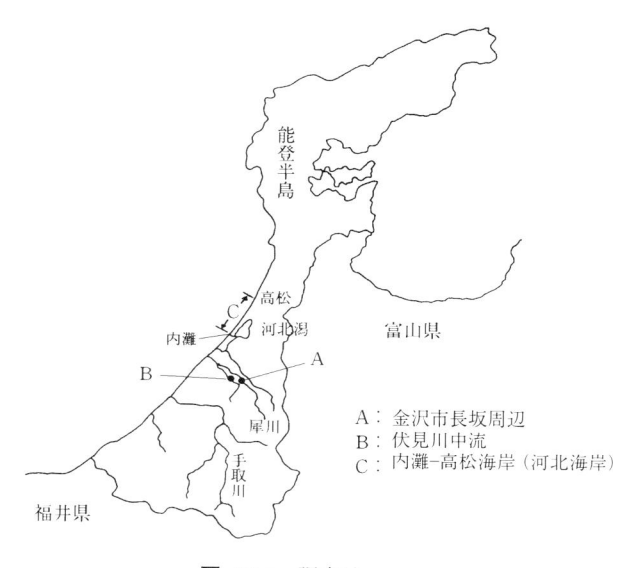

図 20.1 調査地

A：金沢市長坂周辺
B：伏見川中流
C：内灘－高松海岸（河北海岸）

おのおのの調査地で記録された種は，個体数も記録する必要がある．調査地での鳥類相の変遷を調べるためには，どのくらい見られたかは必ず記録しなければならない．文献で比較する場合，羽数に関しては，記録のある例や調査地が同一である場合についてしか比較できない．したがって，鳥類目録などの文献に，個体数に関する記述があると便利である．松田（1995）や金沢野鳥クラブ（1997）などの報告書では，カウント結果を集計しており，たいへん貴重な記録を的確にまとめてあり，自然保護のための基礎資料としても参考になる．

必ずしも，正確な個体数が記録されていなくても，重要な資料となることもある．したがって，おおよその数でもなるべく記録した方がよい．個体数は記入されていないが，1～9羽を＋（数羽），10～99羽を＋＋（数十羽），100羽以上を＋＋＋（数百羽）として記録された資料でも比較できる．水鳥のカウントには，たいへん労力がかかるのでカウントに時間を割けないときには，このような記録方法もよい．探鳥会などの記録も季節ごとに集計してもよい．川崎市教育委員会（1985；1986）などに多摩川での水鳥の季節変化が載せられているので，参考になる．

b. 種ごとの説明をする —— 記録を調べる

調査地域で収集された記録は，鳥類目録や出現種リストとして一括する．種ごとに，原則として，学名，和名などの後に簡単な説明を付記する．国内では種名しか掲載されていない鳥類目録が多く，残念である．学名は，『日本鳥類目録第 5 版』（日本鳥学会，1974）に従う例が多いが，『日本鳥類目録第 5 版』に記載されていない種については，文献 37) などを利用する．

正式な報告がないため，客観的な判断ができず参考記録にとどめる種も多い．参考記録として取り扱うことの多い水辺でみられる種としては，ニシセグロカモメ，カナダカモメ，野外識別がきわめて難しいグンカンドリ類，コスズガモ，ニシトウネンの冬羽などの種があり，このような種は，リストに掲載しないことも多い．ニシセグロカモメやカナダカモメについては，文献 25) などに記載されているが，本種とセグロカモメの各亜種の識別同定がきわめて難しく（日本野鳥記録委員会，1989），現在でも保留とされている．コスズガモやアカハジロなどの種は，測定のあと同定する必要も生じてくる．交雑個体とみなされる記録が多いカモメ類やカモ類は，野外識別ができない場合が多いので，注意を要する．また，識別点が明確でない記録だけではなく出現日の記載が十分でない種の記録なども参考記録とする．

出現種を確定した後で，説明文を入れる．説明文には，たとえばその種の観察記録を古い順に日，月，年などを列記した後，性別（♂，♀）などのほか，羽衣により成鳥羽（Ad），幼羽（J），夏羽（SP），冬羽（WP）なども記載し，個体数がわかる場合は羽数や行動などを記する．成鳥羽になるまで数年を要する種に関しては，若鳥などと記載する例があるが，混乱を生じる場合が多いので筆者らはあまり使わない．出現場所，および観察者，引用文献なども順に記す必要がある．この際，各種についての簡単な説明文は，報告書や文献などから引用し，主観を入れずに記載する必要がある．

研究者が観察を継続的に行い個体数などの生息状況が把握されている場合は，記載を文章でなく表などにまとめ公表してもよい．表に掲載されている個体数の変動などの詳細な観察記録に関しては，説明で簡単に記載する場合が多い．記録が残されていない場合やセンサス方法の違いなどから，データの比較ができないことがある．正確な記録の入手が困難であるため，個体数の変遷に関しては記述できないことが多い．

c. 研究史を科学的にまとめる —— 記録をまとめる

鳥類目録を作成するときには，野外調査以上に文献，標本の調査は重要である．文献には鳥類の観察記録，標本には採集記録が残されている．野鳥愛好会，自然同好会や日本野鳥の会の各支部が発行している機関誌の情報もリストの作成の際には有効である．神奈川支部報の「はばたき」や千葉県野鳥の会会報「房総の鳥」などは，干潟の鳥類のリスト作成中によく引用させていただいた．ただし，観察者と機関誌の編集者，投稿者，情報提供者と引用する読者の間で記録に対する考え方に違いがあるので

注意が必要である．観察者に直接状況を聴くことも多く，その場合私信として扱い，謝辞などで断っておく必要がある．

双眼鏡や望遠鏡による観察記録では，亜種までの記載は難しい．性別，齢や亜種などの判定には，収集や採集された標本の調査や生きた鳥を捕獲し，調査する必要がある．標本などから得られた記録をもとに作成された文献もリストを作成する場合には有効である．現在ではまれになった水鳥の多くが，標本として収蔵されている博物館などで作成された標本目録なども利用するべきであろう．標本目録としては，文献35)が参考になる．文献がそろっていれば，わざわざ標本調査を行うこともない．その文献などを参考にし，調査地の研究史をまとめることができる．鳥類相や生態の研究がその地域で進められた過程は，環境の変遷や保護活動の経緯などと無縁ではない．

d．鳥類目録を保護のために利用する——記録を使う

研究報告や探鳥記録などとともに観察記録をまとめ一括した報告が，鳥類目録といえる．したがって，生息している種の概略が鳥類目録からわかるといえる．センサスデータがそろっていなくても，生息状況や分布状況がわかる場合もある．日本野鳥の会神奈川県支部は，数多くの鳥類目録を県単位で作成しており，それをもとに県内に分布している種すべてに関して説明し公表しており，たいへん参考になる（日本野鳥の会神奈川県支部，1980；1996）．その報告書では，断片的と思われる記録でもまとめており，数人の記録をまとめ地域の報告としてもよいことがよく理解できる．個人個人の記録の重要性を改めて考えさせてくれる．行政が行う自然環境調査などでは，必ずといってよいくらい鳥類目録を作成しているが，よくまとめられた報告書はあまりない．調査を行い文献を引用しきちんとした鳥類目録が作成されれば，鳥類相が把握でき保護するべき種が決まるといってもよいであろう．手持ちの観察記録からでも鳥類目録は作成可能であり，鳥類目録の作成が保護のために役立つことがあるかもしれない．鳥類目録の作成は，鳥類相の解析にもつながるからである．

20.2　いろいろな湿地の鳥類相

鳥類目録からだけでは水鳥の保護を考えるうえで，足りない情報がある．つまり，出現種リストを作成しても，これは断片的な記録の集積にすぎない場合が多いからである．実際，保護活動をする際には，生息状況など生態学的な詳しい情報が必要となる．鳥類目録の作成の次に個体数の推定や変動，生息場所，餌などを調べる必要が生じてくる．充実した保護対策を講じるには，分布や生態，年変動の記録が必要であるから，その目的に応じた調査が必要である．ただし，大がかりな調査が必要というわけでは必ずしもない．簡単に，水鳥類の変遷などをみることができないであろうか．モデルとして，いろいろな水鳥の生息地である日本海に面した地域の湿地を図20.1に

示した．石川県金沢市周辺の身近な水田地帯である金沢市長坂周辺 A，どこにでもみられるような小河川の代表として金沢市伏見川 B，砂浜の代表として内灘-高松海岸（以降，河北海岸）C を示した．この中で水鳥の生息地として最もなじみが深い環境は，水田地帯であろう．

a. 水田の鳥類相 ―― コチドリの繁殖地

都市近郊の住宅地である長坂周辺水田の環境は，どこの地域でもみられるような環境である（図 20.2, 1996 年 7 月 25 日）．調査範囲は約 4 ha であり，調査地 A で記録された種の月別の個体数の最大記録数を表 20.1 に示してある．この調査地では，個体

図 20.2 金沢市長坂周辺水田の環境（1996 年 7 月 25 日）
調査地 A は，住宅地周辺と水田地域である（上）．用水路（右下）は，セキレイ類などの水鳥の採食場所になるが，暗渠はその生息地を奪う（左下）．

20.2 いろいろな湿地の鳥類相

表 20.1 金沢市長坂周辺水田での鳥類の個体数変動

No.	種名		1995 6月	7月	8月	9月	10月	11月	12月	1996 1月	2月	3月	4月	5月	6月	7月	8月	9月	10月	11月	12月	1997 1月	最大
1	ササゴイ	*Butorides striatus*														1	1						1
2	ゴイサギ	*Nycticorax nycticorax*	+	+	+								5	3	3	4	2	2	2				5
3	アマサギ	*Bubulcus ibis*														104	67						104
4	コサギ	*Egretta garzetta*	1												1	5	3		2				5
5	チュウサギ	*E. intermedia*														1							1
6	アオサギ	*Ardea cinerea*	1												2	1	2						2
7	カルガモ	*A. poeciloryncha*											1	2	2	1	5						5
8	トビ	*Milvus migrans*	+	+	+	3	3	2	1	1	4	2	2	3	3	5	5	2	2	2	2		5
9	ハイタカ	*Accipiter nisus*							1	1													1
10	チゴハヤブサ	*Falco subbuteo*															1						1
11	キジ	*Phasianus colchicus*							1					1	1	2	1						2
12	バン	*Gallinula chloropus*				1									1	1							1
13	キアシシギ	*Tringa brevipes*				1									2								2
14	コチドリ	*Charadrius dubius*																					0
15	キジバト	*Streptopelia orientalis*	+	+	+	4	2		2		2	2		1		2	4	7	5	4	2	3	7
16	ドバト	*Columba livia*				4	2									13	2	5	4	6	3	2	13
17	カッコウ	*Cuculus canorus*	1													1							1
18	ホトトギス	*C. poliocephalus*													1	1							1
19	アオバズク	*Ninox scutulata*	1	1	1										2	2	1	1	1				2
20	フクロウ	*Strix uralensis*														1							1
21	ヨタカ	*Caprimulgus indicus*														1							1
22	アオゲラ	*Picus awokera*																	1				1
23	ヒバリ	*Alauda arvensis*													1								1
24	イワツバメ	*Delichon urbica*													1								1
25	ツバメ	*Hirundo rustica*	+	+	25									6	17	27	25	110	34				110
26	キセキレイ	*Motacilla cinerea*																					0
27	ハクセキレイ	*M. alba*					1	1	1	1	1						1	1	2	1	1	2	2
28	セグロセキレイ	*M. grandis*				2	1		1	1	1				1	1	3	2	2	2	2	2	3
29	サンショウクイ	*Pericrocotus divaricatus*				1											1	1					1
30	ヒヨドリ	*Hypsipetes amaurotis*	+	+	+	5	5	8	6	12	7	5	65	5	4	3	4	2	30	7	8	11	65
31	チゴモズ	*Lanius tigrinus*																					0
32	モズ	*L. bucephalus*				1	2	1	1	1				1	1	2	2	3	2	2	1	3	3

表 20.1 (つづき)

No.	種名		1995 6月	7月	8月	9月	10月	11月	12月	1996 1月	2月	3月	4月	5月	6月	7月	8月	9月	10月	11月	12月	1997 1月	最大
33	ジョウビタキ	*Phoenicurus auroreus*						1			1												1
34	トラツグミ	*Turdus dauma*							1														1
35	シロハラ	*T. pallidus*										1								1			1
36	ツグミ	*T. naumanni*							1	1	2		2								1	2	2
37	ウグイス	*Cettia diphone*								1			1	2	1							1	2
38	メボソムシクイ	*Phylloscopus borealis*												1									1
39	ヤマガラ	*Parus varius*														1		2	1				2
40	シジュウカラ	*P. major*									1			2	2	2		1	1	5		3	5
41	メジロ	*Zosterops japonica*												1	2	2	4	1	2	1			4
42	カシラダカ	*Emberiza rustica*																			1		1
43	ホオジロ	*E. cioides*																1					1
44	アオジ	*E. spodocephala*											1					5		5			5
45	カワラヒワ	*Carduelis sinica*					2	2	2	2		1	6	5	5	5	4	3		2			6
46	シメ	*Coccothraustes coccothraustes*																		5	1	1	5
47	スズメ	*Passer montanus*	++	++	++	30	30	20	10	40	45	20	34	40	28	39	235	160	21	15	155	10	235
48	コムクドリ	*Sturnus philippensis*														16	2						16
49	ムクドリ	*S. cineraceus*	3		+		20	6	7	3	4	5	5	8	60	3993	1256	123	36	5	37	27	3993
50	オナガ	*Cyanopica cyana*					3	6	13	5		3	2	3			12	3	5	5			13
51	ハシボソガラス	*Corvus corone*	+		+	2	2	2	3	3	2	3	1	2	5	6	5	7	2	1	2	4	7
52	ハシブトガラス	*C. macrorhynchos*	+		+	5	5	4	5	2	5	5	2	3	3	11	6	3	5	2	1	4	11
	種数		13	10	10	11	13	10	12	15	12	10	17	25	25	27	28	19	22	16	13	11	28
	個体数		7	1	26	57	79	52	75	75	47	136	110	172	4243	1743	361	140	54	215	68	4243	

注 最大数は1995年9月〜1997年1月に記録されたもの。この期間にみられなかった種は0で示した。

数の調査を月に数日行ったが，1回の調査はせいぜい20分ほどである．自宅周辺でみられた種を記録にとどめただけであり，労力もあまりかけていない．表20.1を見ると，長坂周辺水田でみられた水鳥は10種だけで，個体数もあまり多くない．

水鳥ではサギ類，キアシシギやコチドリなどのシギ・チドリ類，カルガモなどが記録されるにすぎない．個体数が最も多い種はアマサギであるが，7～8月にみられる．ただし，これはねぐらに戻る群れが上空を通過するにすぎず，水田は利用していない（桑原靖，私信）．それでもまだ水田は，セグロセキレイやツバメの採食場所となっており，これらの水辺で生活する種の基盤となっている．

調査地Aで記録された種のうち，コチドリとキセキレイは調査期間中はみられなかった．この2種は調査地で繁殖していたが，繁殖記録はコチドリは1976年以降，キセキレイは1972年以降なくなった．4haの湿地といえる水田地帯でも水鳥は確実に減少していることがわかる．この2種は国内では，ふつうにみられる夏鳥とされていたが，個体数も全国各地で減少しているという．コチドリは全国集計でさえも1996年春に552羽，秋に371羽しか記録されていない（藤岡ら，1996；1997）．

これらの普通種でさえ減少傾向が著しい．かつて，用水路はキセキレイなどの採食場所になっていたが，暗渠がその採食場所を消失させてしまった．水鳥の保護のためには，極力暗渠などをつくらない方がよい（図20.2，左下）．また，水田に隣接した湿地や草地は，駐車場などに整地されたためコチドリは繁殖しなくなった．裸地，草地や湿地などの環境を保全することは，地上営巣性の種に繁殖地を提供することになる．したがって，水田の管理とともに隣接した水辺環境も積極的に保護していく必要があるであろう．

b．小河川の鳥類相

金沢市の至るところに用水がみられる．用水は町中をめぐり，やがて小河川へと流れ込む．その市街地を伏見川が流れ，犀川に合流する．犀川は日本海へと通じる．図20.3に伏見川の水鳥類の生息環境（1995年12月27日）を示したが，この小河川のような環境は全国各地でみられるであろう．小河川の見本であるようなこの地域で鳥を観察している人はほとんどいない．国内どこにでもみられるような小河川での水鳥の生息状況はあまり調べられておらず，公表されていない．したがって，渡り鳥の大きな渡来地と小さな地域との鳥類相の違いが明確にされた研究例は少ない．小さな地域で保護できる種と大きな渡来地でしか保護できない種があることが理解されず，保護対策が有効に論議されていないといえる．

表20.2に1995年5月から1997年2月の期間の伏見川（調査地B）での個体数変動を示した．調査地は，住宅地に隣接した窪大橋から二万堂橋間であり，この調査地で水鳥のカウントにかかる時間はせいぜい20～30分である．この期間だけで記録された水鳥は13種であり，種数が多かった目は，チドリ目の6種，コウノトリ目の4種であ

図 20.3 伏見川の水鳥類の生息環境（1995 年 12 月 27 日）
伏見川（調査地 B）では，人工的な川原（左下），魚道（右下）などの環境を整備している．

った．ガンカモ目であるカモ類は 3 種しかみられなかったが，水鳥全体の個体数の約 90% 以上を占めていた．水辺が少ないためカイツブリ目，ペリカン目，ツル目やミズナギドリ目などの種はみられていない．住宅地に隣接した水田地帯に比べ，水鳥の種数とともに個体数が増加している．とくに，シギ・チドリ類の種数とコガモやカルガモなどのカモ類が多い傾向は伏見川の鳥類相の特徴である．ただし，カモ類の種構成が単純であることやカモメ類の個体数が多くない特徴は，小河川の特有の鳥類相の特徴といえる．

　陸鳥は少なく，スズメ目，ワシタカ目，ハト目が数種しか記録されなかったことも大きな特徴である．伏見川の植生は単純ではあるが，都市周辺の住宅地では鳥類の採食場所がほとんどないため，河川敷の水際や礫地は重要である．ヨシ，ウラギク，セ

20.2 いろいろな湿地の鳥類相

表 20.2 伏見川の鳥類の個体数変動（1995年5月～1997年2月，日別）

	種名		1995 5月23	6月9月	10月17	8月8	11月22	11月25	12月1	12月27	1996 1月5	1月13	2月7	3月1	4月8	5月15	5月17	6月2	6月19	7月12·18	7月19	7月20	7月30
1	ササゴイ	*Butorides striatus*																					1
2	ゴイサギ	*Nycticorax nycticorax*																					
3	コサギ	*Egretta garzetta*																					
4	アオサギ	*Ardea cinerea*																			1	1	
5	マガモ	*Anas platyrhynchos*							1		1											
6	カルガモ	*A. poecilorhyncha*	1	2～4	8	43	67	131	237	160	147	96	51		8	16	12	16		37	13
7	コガモ	*A. crecca*					24	62	102	27	20	47	11		2							
8	イカルチドリ	*Charadrius placidus*										1										
9	キアシシギ	*Heteroscelus brevipes*													2	3	4					
10	イソシギ	*Actitis hypoleucos*								1												
11	タシギ	*Gallinago gallinago*																					
12	ユリカモメ	*Larus ridibundus*						3			1	3	1									
13	カモメ	*L. canus*																					
	種数	No. of species	1	1	1	1	2	2	3	3	5	2	6	3	0	3	2	2	1	0	1	2	2
	個体数	No. of total birds	1	4	8	43	91	196	340	190	167	149	63	0	12	19	16		1	38	14

	種名		1996 8月2	8月7	8月8	8月14	8月20	8月21	8月28	8月31	9月2	9月6	9月13	10月11	10月14	10月26	10月27	11月1	12月26	1997 1月3	1月10	2月26	最大
1	ササゴイ	*Butorides striatus*																					1
2	ゴイサギ	*Nycticorax nycticorax*																					1
3	コサギ	*Egretta garzetta*											1									1	1
4	アオサギ	*Ardea cinerea*					2							1									2
5	マガモ	*Anas platyrhynchos*																					1
6	カルガモ	*A. poecilorhyncha*	40	88	14	37	27	54	11	43	48		26	47		90	93	38	43	54	80	67	237
7	コガモ	*A. crecca*										2	5	4		3	15	28	21	7	6	43	102
8	イカルチドリ	*Charadrius placidus*																					1
9	キアシシギ	*Heteroscelus brevipes*																					4
10	イソシギ	*Actitis hypoleucos*																			1		1
11	タシギ	*Gallinago gallinago*																					1
12	ユリカモメ	*Larus ridibundus*																				3	3
13	カモメ	*L. canus*																				1	1
	種数	No. of species	1	1	1	1	2	1	1	1	1	1	2	3	0	2	2	2	2	2	2	3	13
	個体数	No. of total birds	40	88	14	37	27	56	11	43	48	3	32	52	0	93	108	66	64	61	86	111	356

イタカアワダチソウなどの群落には、イヌビエ、ヨモギ、ブタクサ、エノコログサが生え、スズメやカワラヒワなどのかっこうの採食場所となる。川沿いの公園や人家の植栽林はムクドリ、メジロ、シジュウカラの採食場所となる。さらにこれらの植栽は、ヒヨドリ、オナガ、キジバトなどに営巣地を提供する。

　季節的な特徴として夏期は、繁殖しているカルガモが優占していることなどがあげられる。秋から翌年の春にかけては、コガモなどがふつうにみられ、個体数も多い。大きな湖沼にみられるマガモは少ない。シギ・チドリ類では、個体数は少ないが、春の渡りの季節にはキアシシギが飛来し、魚道周辺の小魚を採食する。大きな河川より小河川の方が餌を得やすいとも考えられる。ただし、イソシギやイカルチドリは繁殖していない。越冬期になるとイカルチドリがみられ、越冬する。本種は国内では個体数が減少しているにもかかわらず、生態があまり知られていない種である。したがって、このような地域の継続的な調査は、イカルチドリなどの種の採食場所の調査となることがわかる。本種は、越冬期に大きな群れをつくらず、数羽から十数羽の小群を形成し、小河川や狭い水田で越冬するため、越冬地は点在する。したがって、この種の保護にはこのような小河川が必要である。小河川の保護はこれらの水鳥の保護につながるが、狭い地域では保護するべき種を限定しないとどの種も保護できなくなるであろう。

c. 砂浜海岸の鳥類相
（1）砂浜海岸の環境と鳥類相の特徴

　内灘から高松町にかけてみられる砂浜海岸は、内灘-宇ノ気海岸と七塚-高松海岸を合わせ、河北海岸とよばれている。手取川河口から運ばれた砂などが堆積し、海岸の北東には内灘砂丘が形成されており、さらに東には河北潟が広がる（図20.4）。調査区間は、北は大海川河口から南は河北潟放水路までの区間である（図20.1）。

　この砂浜海岸は、ダムや港湾、防波堤の建設などの影響を受けている。海岸を保全するために設置された人工の近代堤防は、砂の流失をまだ防ぐことができず、多くの砂浜が侵食されている。日本全国でも砂浜海岸はしだいに侵食されているという。高潮帯には護岸が整備され、砂丘地にはハリエンジュやクロマツなどの植栽が施されている。海岸付近には、能登有料道（自動車専用道路）やサイクリングコース、公園などが造成されており、その地を利用するため、休日の人出は多い。植生は、海浜植物で構成されており、植生帯ではシロチドリなどが繁殖する。なお、繁殖しているシギ類は1種もいない。また、砂浜には、シギ・チドリ類、カモメ類などの水鳥の餌となる甲殻類、多毛類、二枚貝類などの底生動物が多い。潮下帯には、ヒラツメガニやアミメキンセンガニ、潮間帯にはフジノハナガイ、砂浜にはスナガニなどが生息している（金安、1981；1984）。

　表20.3には1995年8月までに記録された種のうちチドリ目の個体数を、表20.4に

図 20.4 内灘-高松海岸（1996年2月11日）
上：内灘–高松海岸（河北海岸），左下：砂丘から放水路，内灘海岸方向，
右下：放水路から河北潟を望む．

は，1994年から1997年6月までに記録された水鳥の最大の個体数を示した．カモ類やカモメ類，シギ・チドリ類などが数多くみられ，種数や個体数は多い．小河川である伏見川（調査地B）で記録されなかったカイツブリ目（アカエリカイツブリ，ハジロカイツブリ），アビ目（アビ，オオハム），ミズナギドリ目（オオミズナギドリ）やペリカン目（カワウ，ウミウ）が砂浜海岸では記録されるようになる．ほかには，ワシタカ目であるミサゴ，オジロワシなども記録される．海岸に打ち上げられた魚類などを採食するトビも多い．記録された種のうち最も種数が多く記載された目は，チドリ目で37種，ついでガンカモ目の16種，コウノトリ目の7種である．カイツブリ目は4種，ミズナギドリ目は2種であり，チドリ目が記録された水鳥の過半数を占める．

　陸鳥でもスズメ目であるセグロセキレイやハクセキレイが砂浜で観察されるが，多くない．河川で記録されるようなカワセミなどは少ない．砂浜は，水鳥の重要な生息場所となっているが，干潟などに比べると砂浜海岸で生活する種の個体数密度は低い．千葉県習志野市の谷津干潟や千葉県木更津市の小櫃川河口域の干潟などに比べると個体数も少ない．また，陸鳥が少ない理由は，旅鳥が渡りの中継地として利用するような湖沼や干潟に隣接した広大なヨシ原がないためである．

表 20.3 内灘・高松海岸で記録された鳥類（チドリ目の種の個体数）（1994年12月〜1995年8月）

	和名	種名	1994 12月10日	1995 2月21日	2月22日	3月8日	3月15日	4月4日	4月8日	4月21日	5月3日	5月4日	5月15日	5月18日	5月19日	5月23日	6月24日	7月5日	7月10日	8月2日	8月4日	8月6日	8月10日	8月13日	8月17日	8月20日	8月26日	8月27日	最大
1	シロチドリ	*Charadrius alexandrinus*	14						3	4								4							3			10	17
2	メダイチドリ	*C. mongolus*										6						16								17	10	5	10
3	オオメダイチドリ	*C. leschenaultii*																									1		1
4	ダイゼン	*Pluvialis squatarola*												2													1	2	2
5	キョウジョシギ	*Arenaria interpres*										1																	1
6	トウネン	*Calidris ruficollis*									1	1								22	55	50	50	25	40	136	200		200
7	ハマシギ	*C. alpina*	3		400	250	200	400			4	250	250		200	50												1	400
8	コオバシギ	*C. canutus*																									1		1
9	オバシギ	*C. tenuirostris*																								3	5		5
10	ミユビシギ	*Crocethia alba*		200	50	250	500	10				1			100					3				40		9	5		500
11	イソシギ	*Tringa hypoleucos*																									1		1
12	キアシシギ	*T. brevipes*										21	70		100	100				2						1	1		100
13	ソリハシシギ	*Xenus cinereus*																							1	1	10	5	10
14	チュウシャクシギ	*Numenius phaeopus*									13	19		30															30
15	ウミネコ	*Larus crassirostris*																						50					50
	種数	No. of species	2	1	2	2	2	2	1	1	3	7	2	4	3	2	1	2	0	3	1	2	2	4	2	6	11	5	11
	個体数	No. of total bird	17	200	450	500	700	410	3	4	18	299	320	336	400	150	4	16	0	27	55	55	55	116	43	167	245	23	700

注：1996年8月以前のカモメ類は記載していない．

表 20.4 内灘-高松海岸で記録された鳥類（種の最大個体数）（1994～1997年）

		和　名	種　名	最大	日付	場所
	1	アビ	*Gavia stellata*	1000	1995.12.16	大崎-高松
	2	オオハム	*G. arctica*	30	1996.12.15	大崎-高松
	3	カイツブリ	*Podiceps ruficollis*	4	1996.11. 2	
	4	ハジロカイツブリ	*P. nigricollis*	95	1996. 3.29	
	5	ミミカイツブリ	*P. auritus*	1	1996. 3. 7 他	高松
	6	アカエリカイツブリ	*P. grisegena*	3	1996.12.30	
	7	カンムリカイツブリ	*P. cristatus*	22	1996.11. 2	
	8	ハシボソミズナギドリ	*Puffinus tenuirostris*	1	1996. 1. 3	白尾
	9	オオミズナギドリ	*Calonectris leucomelas*	1051	1996.11.24	内灘-高松
	10	カワウ	*Phalacrocorax carbo*	2	1996. 7.18	放水路
	11	ウミウ	*P. filamentosus*	5	1996. 4.13	
	12	アマサギ	*Bubulcus ibis*	4	1996. 8.15	
	13	ダイサギ	*Egretta alba*	6	1996. 9.18	
	14	チュウサギ	*E. intermedia*	4	1996. 1.22	
	15	コサギ	*E. garzetta*	5	1996.10.21	
	16	クロサギ	*E. sacra*	1	1996. 9. 1	高松
	17	アオサギ	*Ardea cinerea*	11	1996. 9. 6	
	18	ゴイサギ	*Nycticorax nycticorax*	2	1996. 9. 8	
	19	マガン	*Anser albifrons*	70	1996. 2. 2	高松
	20	マガモ	*Anas platyrhynchos*	1601	1996. 3. 7	
	21	カルガモ	*A. poecilorhyncha*	75	1996. 3. 7	
	22	コガモ	*A. crecca*	18	1996. 3. 7	
	23	トモエガモ	*A. formosa*	5	1995.12.28	
	24	ヒドリガモ	*A. penelope*	30	1996.10. 6	
	25	オナガガモ	*A. acuta*	12	1996. 4.21	
	26	ハシビロガモ	*A. clypeata*	6	1996. 3. 7	
	27	ホシハジロ	*Aythya ferina*	1	1996.11. 8	白尾
	28	スズガモ	*A. marila*	4	1996. 1. 2	
	29	クロガモ	*Melanitta nigra*	1219	1996. 1.31	
	30	アラナミキンクロ	*M. perspicillata*	1	1996.12.15・16	高松
	31	ビロードキンクロ	*M. fusca*	815	1996. 2.26	
	32	シノリガモ	*Histrionicus histrionicus*	3	1996. 1. 7 他	
	33	ホオジロガモ	*Bucephala clangula*	332	1996. 2.26	
	34	ウミアイサ	*Mergus serrator*	2	1996.11. 8	
	35	ミサゴ	*Pandion haliaetus*	7	1996.10. 4	内灘-高松
	36	トビ	*Milvus migrans*	584	1995.12. 2	内灘-高松
	37	オジロワシ	*Haliaeetus albicilla*	1	1996. 2. 2	高松
	38	ノスリ	*Buteo buteo*	3	1996.11. 8 他	
	39	サシバ	*Butastur indicus*	1	1996. 9. 3	
	40	ハヤブサ	*Falco peregrinus*	2	1996. 2. 2	高松
	41	チョウゲンボウ	*F. tinnunculus*	1	1996.12.29	

表 20.4 （つづき）

	和　名	種　名	最大	日付	場所
42	ミヤコドリ	*Haematopus ostralegus*	3	1997. 1. 5	高松
43	シロチドリ	*Charadrius alexandrinus*	38	1996. 3. 6	大崎-高松
44	メダイチドリ	*C. mongolus*	13	1996. 9. 6	大崎-高松
45	オオメダイチドリ	*C. leschenaultii*	1	1995. 8.26	高松
46	ダイゼン	*Pluvialis squatarola*	9	1995. 9.29 他	
47	キョウジョシギ	*Arenaria interpres*	35	1996. 9.10	大崎-高松
48	トウネン	*Calidris ruficollis*	1500	1995. 9.10	大崎-高松
49	ニシトウネン	*C. minuta*	1	1997. 1. 9	高松
50	ヒメウズラシギ	*C. bairdii*	1	1996. 9.18	白尾
51	ハマシギ	*C. alpina*	791	1996. 1. 2	大崎-高松
52	サルハマシギ	*C. ferruginea*	1	1995.10. 7	高松
53	コオバシギ	*C. canutus*	3	1995. 9.18	
54	オバシギ	*C. tenuirostris*	16	1996. 9. 3	
55	ミユビシギ	*Crocethia alba*	597	1995.12.28	大崎-高松
56	ヘラシギ	*Eurynorhynchus pygmeus*	1	1995. 9. 7	高松
57	イソシギ	*Tringa hypoleucos*	5	1996. 5.22	
58	キアシシギ	*T. brevipes*	532	1996. 5.22	
59	ソリハシシギ	*Xenus cinereus*	10	1995. 8.26	
60	オグロシギ	*Limosa limosa*	3	1996. 5. 6	
61	オオソリハシシギ	*L. lapponica*	14	1996. 5. 6	
62	ホウロクシギ	*Numenius madagascariensis*	1	1996. 1.11	
63	チュウシャクシギ	*N. phaeopus*	42	1996. 5.25	
64	ヤマシギ	*Scolopax rusticola*	1	1995.11. 7	白尾
65	トウゾクカモメ	*Stercorarius pomarinus*	59	1996. 4.18	白尾
66	クロトウゾクカモメ	*S. parasiticus*	1	1996. 1.31	白尾
67	ユリカモメ	*Larus ridibundus*	2605	1995.10.21	
68	セグロカモメ	*L. argentatus*	2467	1996. 2. 1	
69	オオセグロカモメ	*L. schistisagus*	785	1995.12.28	
70	ワシカモメ	*L. glaucescens*	2	1996. 4.28	
71	シロカモメ	*L. hyperboreus*	1	1996. 5.11	
72	カモメ	*L. canus*	318	1996. 2.11	
73	ウミネコ	*L. crassirostris*	3220	1996. 4.26	
74	ミツユビカモメ	*L. tridactylus*	1	1996.11. 2	
75	アジサシ	*Sterna hirundo*	2	1996.10. 4	
76	ハジロクロハラアジサシ	*Chlidonias leucoptera*	1	1996. 8.30	木津
77	マダラウミスズメ	*Brachyramphus marmoratus*	21	1996.12.16	
78	ウミスズメ	*Synthliboramphus antiquus*	10	1996.12.30	
79	ウトウ	*Cerorhinca monocerata*	6	1997. 1. 9	
参考	クロウミツバメ	*Oceanodroma matsudairae*	1	1996. 8.15	大野川

注　最大数は表 20.3 および聞き取りによって作成した．

（2） 汀線で採食するシギ・チドリ類

　シギ・チドリ類は干潟に多いという．潮の干満の差が小さい日本海側の海岸では，干潟は多くない．したがって，シギ・チドリ類の個体数は日本海側では多くないといわれている．極東地域での越冬北限地は，東京湾岸であるが，日本海側でも七尾西湾などに干潟が形成されシギ・チドリ類が越冬する．

　日本海側でも湖沼やそれに隣接した湿地，水田は，かつてはシギ・チドリ類の採食場所であり，ムナグロやツルシギの群れがみられていたが，1980年代以降激減した．さらに，砂浜に隣接した河北潟の干潟には，春と秋の渡りの期間にはダイシャクシギやホウロクシギなどの大型のシギ・チドリ類がみられていたが，1970年代以降，個体数は大幅に減少した．河北海岸でも観察例は少なくなっている．日本海に面した海岸ではシギ・チドリ類がみられる地域は少ない．したがって，日本海に面した地域としては，河北海岸で記録される種数は多いといえる（表20.3）．

　春と秋の渡りの期間と越冬期には，多くのシギ・チドリ類が渡りの中継地として砂浜海岸を利用する．キアシシギ，シロチドリ，メダイチドリ，トウネンやチュウシャクシギなどが砂浜を利用する．シギ・チドリ類がみられる期間は渡りの季節だけではない．越冬期には，ミユビシギやハマシギなどが，砂浜で採食する．ミユビシギやハマシギなどの個体数は多いが，観察される種数は干潟でみられるほど多くない．1996年春には13種，1996年秋には16種しか記録されていない（桑原，未発表）．世界的にみても個体数が少ないヘラシギもみられており，1994年9月10日に1羽，1995年9月7日に1羽が高松鳥獣保護区で記録されている（岡田智弘，私信）．また，砂浜では，湿地に生息するアオアシシギ，タカブシギ，クサシギなどの個体数は少なく，これらの種は全国的に個体数が少なくなっている．また，ケリは内陸で繁殖しているが，海岸ではまれである．

　全国的に分布し，砂浜で繁殖しているシロチドリの営巣は，四輪駆動車やモーターバイクなどの侵入により，攪乱される（三重県農林水産部林業事務局緑化推進課，1995）．さらに，海水浴や海岸清掃などの人為的な行為やカラス類による捕食などにより，繁殖は失敗する．また，海岸の侵食のため巣がなくなることも多い．1996年に河北海岸に生息していた10番（つがい）のうち，雛がみられたのは1番にすぎない．日本野鳥の会（1977）によると，多摩川では3種のチドリが繁殖していた．河口域ではシロチドリが多く，コチドリとシロチドリが丸子橋付近で同数になり，さらに上流では，代わってイカルチドリが多くなるという．ただし近年，イカルチドリやコチドリの繁殖場所となる河川敷が減少しているため，これほど顕著なチドリ類の自然状態の分布がみられる河川があるかどうかはわからない．金沢周辺でもコチドリやイカルチドリの繁殖記録は減少している．したがって，典型的な鳥類相を保護するためには，繁殖場所の調査を継続しながら，繁殖地で立入規制や砂浜の維持を積極的に行う必要がある．

（3）海岸を広範囲に利用するカモメ類

海岸では，カモメ類が多い．太平洋側の銚子，東京湾などでは数万羽のアジサシや数千羽のコアジサシがみられるが，日本海側の海岸ではせいぜい数十羽しかみられない（表20.4）．大海川河口域には，カモメ類が休息する砂洲があり，カモメ類の混群がみられる．カモメ類は，季節的に出現種や優占種が異なる．夏から秋にかけてウミネコが多く，夕方にはねぐらに向かう数百羽単位の群れが何群もみられる．観光地である千里浜周辺で人から給餌を受けているウミネコの群れをみる．冬期はセグロカモメが数百から数千の単位でみられる．海上でよく採食している種は，ユリカモメではなくセグロカモメである．厳冬期から春の渡りの時期には，カモメも多く，冬から春先にかけて，カモメの数百羽の群れが一時的に観察される．

日本海に面した海岸ではセグロカモメやオオセグロカモメは，冬期に多いが，波浪が激しい厳冬期にはユリカモメは少ない（千葉ら，1991）．秋から冬にかけては，個体数が多く，ユリカモメは数百羽みられ，砂浜の汀線でヨコエビ類を採食する．ユリカモメは汀線で採食する姿がみられるだけでなく，波や風のない日には海上で採食する個体も多い．ユリカモメは，河川や湖沼で日中採食し，夜間は海上でねぐらをとるとされている．

現在，河北海岸と河北潟周辺のユリカモメは，春の渡りの時期には5000羽を超えると考えられている．ユリカモメやオオセグロカモメは，以前はこれほど多くはみられていなかったが，年々増加傾向にあり，1980年以前はまれにしか記録がなかったシロカモメやワシカモメの個体数や観察数はふえている．全国的にみても1990年代よりカモメ類の個体数は激増している．これらのカモメ類が多い地域では，シギ・チドリ類は少ないとの報告もある（桑原，1992b）．

東京湾の多摩川河口などの干潟では，ハマシギやシロチドリの越冬期の採食場所は，カモメ類によって占有されてしまった．さらに，カモメ類はシギ・チドリ類が捕らえた底生動物などを奪い取る．カモメ類の個体数の激増，とくにユリカモメの個体数の増加が，ハマシギやシロチドリの越冬数を減少させた一因となっている．

（4）海上で生活するカモ類など

カモ類の種構成は，地域により相当異なる．河北海岸でみられる優占種は，マガモとクロガモ，ビロードキンクロ，ホオジロガモの4種である．*Anas*属のカモ類では，マガモが優占しており，カルガモ，コガモなどの種は少ない．

これら*Anas*属の種は海岸ではほとんど採食しておらず，群れで海上に浮かび休息している．江戸時代天保年間でもガン類は昼に休息し夜間に飛行したという（鈴木，1840）．新潟の海岸でも日中休息し，夜間に水田に採食のため移動するトモエガモの群れがみられたという（風間，私信）．秋から冬にかけては，マガモの群れが海上でみられ，個体数も多い．湿地に多いオナガガモ，コガモ，トモエガモなどの個体数は少なく，干潟や内湾に多いヒドリガモ，ハシビロガモなどがまれにみられる．夏期は，砂

20.3 予期せぬ事故

浜周辺の水田で繁殖しているカルガモがみられるだけである．

また，ホシハジロやキンクロハジロなどの *Aytya* 属の種はほとんどみられない．東京湾など太平洋側の内湾でみられるようなスズガモの群れは，砂浜海岸ではまったくみられない．河北潟や金沢市内を流れる犀川でふつうにみられるカワアイサやミコアイサ，オカヨシガモなどはまれであり，ウミアイサがときどきみられるが，この地域の海岸ではまれである．

ホオジロガモなどは減少しているようであるが，個体数は多く，群れでみられることが多い．岩礁海岸で越冬するシノリガモも砂浜海岸での個体数は少ないが，越冬する．海上では，厳冬期にクロガモやビロードキンクロが越冬するが，年により個体数に大きな変動がある．ただし，この2種の個体数は1970年代に比べるとかなり減少している．海ガモ類の個体数も減少しているという．海岸では，クロガモは狩猟鳥となっているが，保護鳥とするべきであろう．

20.3 予期せぬ事故

海岸では，予期せぬ事故も起こる．1997年1月2日にロシア船籍タンカー「ナホト

図 20.5 内灘-高松海岸（調査地C）での重油回収作業
1997年2月23日（右上），脚に付着した重油で皮膚に炎症を起こしたシロチドリ（左上），砂浜に漂着したC重油の油塊（下，1997年2月24日の状態）．

カ号」が島根県沖で沈没し,「ナホトカ号」から大量のC重油が流出した．重油は，海流で漂流し，調査地にも油塊が流れ着いた．日本海沿岸の山口県から青森県にかけての沿岸で油に汚染された島が保護された．1311羽が保護回収され，そのうち石川県が最も多く，615羽であった（大迫, 1997）．重油流出事故による海鳥類の保護や回収作業が行われ（図20.5，右上），保護された島は石川県野鳥園などの施設でリハビリを受け，状態のよい個体は放鳥された（大城, 1997）．

藤田（1997）では，海洋鳥であるウトウやウミスズメが各500羽近く，オオハム，シロエリオオハムが各50羽回収保護されたという．脇坂（1997）はカモメ類の汚染状況を示している．1970年代では，河北海岸では，100羽程度のウミスズメ類の群れはふつうに観察されていた．ただし，1980年代からしだいにウミスズメ類の個体数や観察例は石川県内から減少した．1995年から1997年にかけて，目視の観察では最大でもウミスズメが10羽，マダラウミスズメが2羽しか記録されていない．重油流出事故がウミスズメ類に与えた影響がどの程度の規模であったのかは現在調査中であるが，事故の影響は大きかったに違いない．

保護はされなかったが，目視により汚染されたカモメ類も数百羽単位で確認された（図20.6）．また，保護や回収はされなかったが，死体の数以上に被害が出ている種がいる．ハマシギ，ミユビシギ，トウネンやニシトウネンやシロチドリなどのシギ・チドリ類であるが，羽毛の汚れた個体が数百羽，冬期にみられた．これらの種は汀線で

図 20.6 高松海岸でみられた油で汚れたカモメ類のセグロカモメとウミネコ（左上）（1997年1月24日）

20.3 予期せぬ事故

採食する．海岸に漂着したC重油の塊は，しだいに細かくなり，重油の上に砂がかぶさり，重油自体が砂の下に隠れてしまう（図20.5，下）．その細かくなった重油を，シギ・チドリ類が歩行中に踏み，その後，脚で首や頭部を掻く．羽毛の手入れをする際に，脚に付着した油が羽毛につく．油の羽毛への付着は，鳥たちから体温を奪うことになる．さらに，油が付着した脚は，炎症や感染症を起こし，保護後死亡した例や脚が歪曲した例も観察された（図20.5，左上）．1月中旬にみられたシロチドリのほとんどの個体が，汚染されていた（桑原・中川，未発表）．

　油で汚れが目立った種は砂浜に多く依存しているシロチドリとミユビシギであったが，河川や水田でも採食するハマシギの汚れはそれほど目立たなかったという（図

図 20.7 高松海岸でみられた油で汚れたシギ・チドリ類（1997年1月24日）
調査地Cにおけるシロチドリ（左）とミユビシギ（右）．下腹部の羽毛が汚れ，羽がまとまっていない．ハマシギ（左上の右の個体）の羽毛も汚れていたが，あまり目立たなかった．

20.7). 1997年2月以降，油で汚れた羽毛が明確にみられる個体は減少している．しかし，5月の繁殖・営巣しているシロチドリにもまだ油が付着している（中川・桑原，未発表）．さらに，重油除去作業が5月連休直前まで継続され，営巣に大きな被害を与えた．また海岸清掃は全国各地でシロチドリの営巣の阻害原因となっている（平井・高，1997）．1997年5月28日にも2〜3cmの油の塊が漂着しており，被害は今後も続くと考えられている．

　カモメ類は，保護された後，体調を回復する例が多い．個体数が少なく環境の変化に対応できないウミスズメ類やシギ・チドリ類の回復は思わしくないという（竹田，私信）．個体数が増加している雑食性のカモメ類は保護された後，再び放鳥しやすい．逆に個体数が減少している種は保護後，放鳥することが難しいため，重油流失事故によりさらに個体数が減少するであろう．保護する対象を決め，目標の個体数も決める必要がある．種ごとに生態が異なるため保護の対策が異なることを考慮することが何よりも重要である．したがって，地域の鳥類相を保護するためには，個体数変動の調査だけではなく，種ごとの生態を調査し，対策を検討しなければならないといえる．種ごとの生態や保護に関しては，種生態の調査が必要である．その調査方法や保護対策に関しては，本章では割愛する．

20.4　鳥類の生息環境としての湿地の保護 ── 大都市周辺の干潟

　日本海側の中都市である金沢市周辺の海岸と大都市周辺や首都圏では，水鳥相はどのように異なるのであろうか．太平洋側の大都市は，大きな河川のデルタに形成されてきた．潮の干満の差も大きい．すなわち，大都市周辺には広大な干潟が形成されていた．必然的に，湿地や干潟の開発を伴い都市は発達してきたのである．大きな河川には，広大な湿地が形成され，その湿地に生息する水鳥も多かった（黒田，1908；1919；1939）．しかし，都市の発達とともに湿地は大規模に消失し，水鳥に大きな影響を与えてきたといえる．おそらく，干潟に生息していたシギ・チドリ類は大都市周辺の湿地に数多く飛来していたと考えられる．したがって，東京湾，大阪湾，伊勢湾などのシギ・チドリ類の変遷の過程は，多くの干潟を中心とした湿地環境に生息するシギ・チドリ類の変遷過程を端的に表現しているであろう（桑原，1992a）．

　現在でも大都市周辺や首都圏では，湿地や草地は急速に減少しており，それに伴い水鳥の繁殖環境が激減している．かつて，普通種であった種は繁殖環境の減少により，観察記録でさえ減少している．草地性のウズラや湿地性のヒクイナやタマシギといった種は，首都圏ではきわめてまれとなった（表20.5）．さらに，日本を通過する旅鳥のシギ・チドリ類の種数，個体なども減少しているという．大きな干潟の埋め立てがこれらの旅鳥の生活を圧迫している．

　東京湾はシギ・チドリ類の飛来地として有名であった（松田，1992）．というのは，

20.4 鳥類の生息環境としての湿地の保護

東京湾内では，大きな河川の河口，中州や河川敷は湿地が形成されていたからである．広い干潟がみられたが，工業化，都市化に伴い広大な湿地は失われてしまい，東京湾では千葉県木更津市小櫃川河口，富津市富津岬，三番瀬，葛西，神奈川県と東京都の

表 20.5 個体数が急激に減少している鳥類目録

1. ヨシゴイ（*Ixobrychus sinensis*）
   夏鳥．おもに湖沼や大きな河川のヨシ原でみられる．個体数は少ない．
2. チュウサギ（*Egretta intermedia*）
   旅鳥．個体数は少ない．関東平野の水田地帯では多いが，そのほかの地域では少ないと思われる．
3. ヨシガモ（*Anas falcata*）
   冬鳥．個体数は多くない．1980年代前半まで東京湾で数万から数千羽がみられていたが，個体数は各地で急激に減少している．
4. ヒクイナ（*Porzana fusca*）
   夏鳥．湿地や水田でみられるが，警戒心が強く夜間に行動するとされているため国内での生息状況は不明である．繁殖地である湿地や草地の減少に伴い繁殖個体数は減少しており，都市近郊からの記録は少なくなっている．湿地の減少により越冬個体数も減少していると思われる．亜種であるリュウキュウヒクイナ（*P. f. phaeopyga*）などの記載はあるが，近年の個体数や生息状況などは報告されていない．絶滅のおそれがある．
5. コチドリ（*Charadrius dubius*）
   夏鳥．3月から9月にかけてみられるが，繁殖地である湿地や草地の減少に伴い繁殖個体数は減少している．関東以南で越冬しているが，湿地の減少により越冬個体数も減少している．
6. イカルチドリ（*Charadrius placidus*）
   北部日本では夏鳥．繁殖地である河川敷の人為攪乱のため繁殖地は減少している．繁殖個体数は減少していると思われているが，具体的な報告はまだない．湿地の減少により越冬個体数も減少しているようである．
7. シロチドリ（*Charadrius alexandrinus*）
   留鳥．ただし，繁殖地の減少が懸念されている．春と秋の渡りの期間にみられる個体数も減少している．
8. ヒバリシギ（*Calidris minutilla*）
   まれな旅鳥となった．近年，各地で個体数が減少している．
9. ウズラシギ（*Calidris acuminata*）
   旅鳥．近年，各地で個体数が減少している．
10. ツルシギ（*Tringa erythropus*）
    旅鳥．近年，各地で個体数が減少している．
11. クサシギ（*Tringa ochropus*）
    旅鳥．近年，各地で個体数が減少している．
12. タカブシギ（*Tringa glareola*）
    旅鳥．近年，各地で個体数が減少している．
13. コアジサシ（*Sterna albifrons*）
    夏鳥．9月から10月にかけてみられるが，繁殖地である川原，砂浜，裸地の減少に伴い大きなコロニーが形成できる繁殖地は減少している．今後の個体数の減少が予想される．

今のところ普通種と思われているが，個体数はかなり減少している．従来，個体数が少なかったとされている種や珍しい種は除いてある．説明文は筆者の主観で記載した．残念ながら引用できる文献が水鳥に関して少ないためである．

県境の多摩川河口などにしか広大な干潟がみられない(WWFJ, 1996).これらの干潟の周辺でさえ,自然の塩性湿地が広く残されている地域は,小櫃川河口しかない（桑原・田久保,1997）.小櫃川河口でみられるような塩性湿地は国内でもこの地域しかみられない.案外,大都市周辺に水鳥の大きな飛来地が残されているのは驚くべきことである.

この大都市周辺に飛来する水鳥の保護のため,最も優先しなければならないことはどのようなことであろうか.まず,環境変化に敏感な種,たとえばシギ・チドリ類などのグループを優先して保護する必要があるだろう.シギ・チドリ類を保護するには,どのような保護対策が必要であろうか.なるべく大きな干潟や湿地環境を優先的に保護することである.最も弱いグループの保護は,カモ類やアジサシ類などほかの水鳥の保護にもつながる.国内でのミチゲーション(mitigation)の成功例はまだないから,開発より湿地の保護を優先すべきである.

水鳥類の多くは,渡り鳥であり,湿地(wetland,ウエットランド)をおもな生息域としている.湿地,海岸や河口域に生息する水鳥は,湿地をおもな生息域としているといっても,1か所の湿地のみを利用するのではない.繁殖期,越冬期,渡りの時期などにより湿地を使い分け,水鳥は極東地域の湿地を広く利用している.湿地環境の保護は,水鳥全体の保護につながるといえよう.

謝　辞

なお,調査に際し,平田豊治,石黒夏美,桑原靖,桑原弘子,中川律子,中川宙飛,岡田智弘の各氏の協力を得た.また,保護鳥のリハビリに関しては竹田伸一・矢田新平の両氏に御教示していただき,資料の作成にあたり平野賢次,黒住耐二,加藤典子,横地留奈子の各氏に御協力いただいた.これらの方々に深く感謝の意を表したい.

[桑原和之・中川富男]

文　献

1) 千葉　晃・渡辺　央・宮越一俊・石井哲夫 (1991)：新潟県沿岸におけるカモメ類の個体数にみられる季節的変化.長岡・科博・研報, **26**, 73-81.
2) 平井正志・高　和義 (1997)：1996年シロチドリ繁殖保護対策報告, 22 p., 日本野鳥の会三重県支部.
3) 藤岡エリ子・稲田浩三 (1996)：シギチドリ全国カウント報告書 1996年春, 80 p., Waders Committee JAWAN.
4) 藤岡エリ子・藤岡純治・稲田浩三・桑原和之 (1997)：シギ・チドリ全国カウント報告書 1996年秋, 130 p., Waders Committee JAWAN.
5) 藤田泰宏 (1997)：日本海重油流出事故が鳥類に与える影響についての考察（その1）.*ALULA*, **14**, 3-6.
6) 市川雄二・木村裕之 (1994)：三重の自然誌1, シロチドリ, 9 p., 三重県緑化推進課.
7) 金沢野鳥クラブ (1997)：金沢野鳥クラブ調査報告書, 70 p., 金沢野鳥クラブ.

8) 金安建一（1981）：フジノハナガイの研究（第2報）．しぶきつぼ，**8**，19-25．
9) 金安建一（1984）：フジノハナガイの変異と生活史について．しぶきつぼ，**10-11**，77-86．
10) 川崎市教育委員会（1985）：市民の手による川崎市自然調査の報告，54 p.，川崎市教育委員会．
11) 川崎市教育委員会（1986）：市民の手による川崎市自然調査の報告，55 p.，川崎市教育委員会．
12) 黒田長禮（1908）：羽田鴨場の記，64 p.，斉藤活版所．
13) 黒田長禮（1919）：六郷川口に於ける鴨，千鳥類の「渡り」，62 p.，日本鳥学会．
14) 黒田長禮（1939）：雁と鴨，121 p.，修教社書院．
15) 桑原和之（1988）：石川県金沢市におけるイカルチドリの越冬記録．*Bull. JBBA*，**3**，35-38．
16) 桑原和之（1992 a）：シギ・チドリ類．*Anima*，**20-242**，33．
17) 桑原和之（1992 b）：多摩川河口で越冬するシギ・チドリ類．神奈川自然誌資料，**13**，9-12．
18) 桑原和之・中川富男（1995）：石川県におけるミヤコドリの標識記録．*Bull. JBBA*，**10**，76-87．
19) 桑原和之・田久保晴孝（1997）：鳥類相．東京湾の生物誌（沼田　眞・風呂田利夫編），pp. 299-322，築地書館．
20) 桑原和之・時国公政・鳥木　茂・永田敬志（1989）：ハジロコチドリの越冬記録．*Bull. JBBA*，**4**，81-89．
21) 松田道生（1992）：江戸のバードウオッチング，87 p.，平凡社．
22) 松田道生（1995）：六義園の野鳥，135 p.（自費出版）．
23) 三重県農林水産部林業事務局緑化推進課（1995）：平成6年度シロチドリ生息状況保護対策調査報告書，25 p.，三重県．
24) 中川富男・竹田伸一・平野賢次（1988）：河北潟におけるチュウジシギの識別例．*Bull. JBBA*，**3**，57-59．
25) 中村一恵・石江　馨・石江　進（1988）：多摩川河口で観察されたニシセグロカモメについて．神奈川自然誌資料，**9**，55-58．
26) 日本鳥学会（1974）：日本鳥類目録（第5版），131 p.，学習研究社．
27) 日本野鳥の会（1977）：多摩川流域における鳥類．多摩川流域自然環境調査報告書，pp. 147-218．
28) 日本野鳥の会神奈川支部（1980）：神奈川の野鳥，261 p.，有隣堂．
29) 日本野鳥の会神奈川支部（1986）：神奈川の鳥 1977-86，神奈川県鳥類録，218 p.，日本野鳥の会神奈川支部．
30) 日本野鳥の会神奈川支部（1996）：かながわの鳥図鑑，256 p.，日本野鳥の会神奈川支部．
31) 大迫義人（1997）：ナホトカ号沈没に伴う海鳥類の重油汚染．鳥学ニュース，**63**，3．
32) 大城明夫（1997）：タンカー「ナホトカ」重油流出事故への対応報告．*ALULA*，**14**，1-2．
33) 嶋田哲郎・桑原和之・箕輪義隆・金田彦田郎・鈴木康之（1994）：多摩川河口城におけるサギ類の個体数変動．*Strix*，**13**，85-92．
34) 嶋田哲郎・桑原和之（1997）：千葉県養老川河口域におけるホシハジロとスズガモの分布．*Strix*，**15**，83-88．
35) 島根県立博物館（1978）：伊達コレクション鳥類標本目録，128 p.，島根県立博物館．
36) 鈴木牧之（1840）：北越雪譜，348 p.，岩波書店（翻刻版）．
37) 高野伸二（1989）：日本の野鳥（第2版），342 p.，日本野鳥の会．
38) 脇坂英弥（1997）：隠岐島後における海鳥の重油汚染の影響．*ALULA*，**14**，7-11．
39) WWFJ（1996）：日本における干潟海岸とそこに生息する底生生物の現状．*Science Report*，**3**，1-182．

21. 両生類，爬虫類の自然保護

　両生・爬虫類を保護することの意義は何か．生物を保護することの究極の目的は，生物としての人類の生存基盤を守ることにほかならない．そう考えれば，保護こそが基本姿勢であることは明白である．自然保護のハンドブックに求められる内容は，保護を必要としない状況とはどんな場合であるか，あるいはどの程度までの土地利用の転換ならば深刻な影響をもたらさないのか，ということを具体的な事例によって提示することであろうか．

　ヨーロッパにおける両生・爬虫類の保護に関する現状を報告したCorbet(1992)は，両生・爬虫類は他の分類群と比較して，時間的空間的な危機回避能力が低いことを指摘した．両生・爬虫類は，植物や一部の動物のように，休眠状態で長期間の生育不可能な期間を回避したり，飛翔能力にすぐれた鳥類や昆虫のように生育に不適な場所から逃避することがほとんどできないからである．こうした特徴は陸産貝類と同様に，生息環境の攪乱に対して脆弱で，一度破壊された環境への再移入や定着が難しい体質となっている．したがって，種による若干の違いはあるものの，両生・爬虫類は全体として鳥類や植物の保護ではカバーしきれない環境を指標し，そうした脆弱な環境を保護するうえでのシンボル的存在としてとらえることができる．

　本章では，生物の保護にかかわる一般的な課題とともに，両生・爬虫類に特有な保護上の問題点を整理，提示することとしたい．日本に生息する両生・爬虫類の分類，生物地理生態，生活史などについては，千石ら (1996) を参照されたい．

21.1　分類群の把握

　生物多様性の基本的単位は種，あるいは実際に任意交配を行っている遺伝的集団(デーム)でなければならない．そのためには，種の把握は基礎的な課題である．現在，地球上に生息している爬虫類と両生類の既知種数はそれぞれ約6500種と約4500種と見積もられている．日本列島に生息する種は，1996年現在，両生類59種，爬虫類82種とされているが，系統分類学的な再検討による変更の余地や新種の発見可能性がまだ残されている(千石ら，1996)．地域個体群の遺伝的解析が進むにつれて，それまで同種と思われていた個体群が別種とみなせるほどの分化を生じさせていることや，形態的には区別が難しい隠ぺい種が発見されているからである．

一方，通常は保護の対象から度外視されている帰化種の場合，今後さらに移入の機会が増加し，定着に成功する種がふえると予想される．

21.2 分布域の把握

種の実態を把握する作業の第2段階は，分布域を明らかにすることである．日本産両生・爬虫類の分布については環境庁による組織的な調査が行われてきた．それによって九州以北の日本本土の両生類のうち，天然記念物などの指定を受けたり，学術的に貴重とされている種，および琉球列島のほぼ全種についてはかなり詳細な分布情報がまとめられている．しかし，ニホンアカガエルとかヤマカガシなどの普通種の分布情報の把握は十分ではない．

分布図の表現はさまざまであるが，正確に同定された標本の採集地点（あるいは目撃などによる記録）がデータベースとして整理され，その地点を一つずつ表示した地図が基本である．そのバリエーションとして，採集地点の外郭を線で結んでその内部を分布域として表示する方法などがある．具体的な保護の対象地域あるいは対象集団を明確にするためには，種，メタ個体群，個体群と各レベルの集団が実際に占めている空間の規模に応じた詳細な分布図が必要となる．その実例をカジカガエルで示した（図21.1）．この図によって，日本列島の固有種であるカジカガエルの分布域は①実線の範囲内すなわち，本州，四国，九州および周辺の島しょに広がっていること，②その中には，房総半島の丘陵地のように地理的にまとまりのある地域個体群が存在すること，③房総半島の中でも実際に任意交配が行われていると推測される，個体を単位とした集団があること，の3段階のレベルでの分布を把握することができる．

具体的な開発計画の中で保護対策を講じるうえで必要になるのは，地域個体群や個体レベルでの分布資料である．種の分布情報の整理を国の機関が行うのに対して，こうした地域レベルの分布資料は都道府県や市町村の段階で調査し，まとめるべきである．

21.3 生活史と生息環境

両生類は生活史の各発育段階ごとに生育環境が異なる．卵と幼生は基本的に水中生活，変態後は陸上生活を送るが，産卵場所の選択性や陸上での生活空間は種ごとに異なる．生活史の各段階における生息環境が定量的に明らかにされている種はほとんどない．

両生類はこの三つの生息場所を季節と発育段階に応じて利用するが，それぞれの場所が空間的に離れている場合，その間を移動することになる．そのため，三つの生息場所が生息に十分な環境条件をそろえていたとしても，場所間の移動を妨げる障壁が

21. 両生類，爬虫類の自然保護

(a) 種の分布域

(b) 房総半島における生息確認地点

(c) 房総半島大福山の北斜面

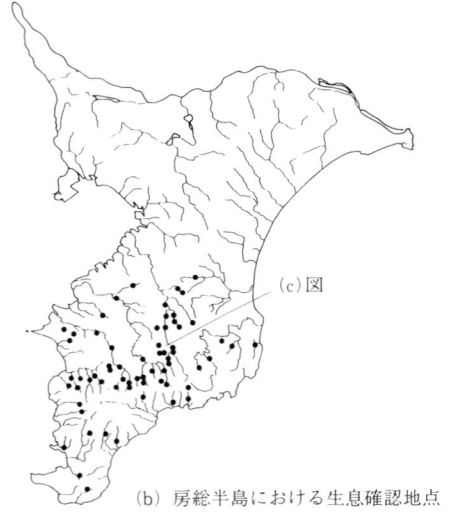

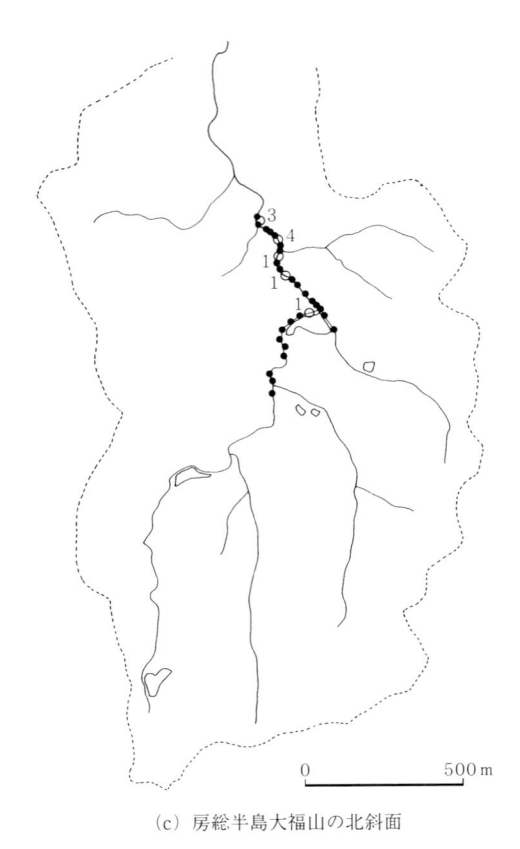

図 21.1 分布域の把握の三つのスケール
（カジカガエルを例に）

(a) 種の分布域（大阪自然誌博物館，1989をもとに作図）．黒の実線で囲まれた範囲．(b) 房総半島丘陵部における分布範囲（成田，1975より）．(c) 房総半島の一集水域における産卵地点（白丸）と雄個体（黒丸）の分布（長谷川，未発表）．産卵地点を示す白丸の脇の数字は発見された卵塊の数を示す．

つくられると，生活史が完結しない．したがって，効果的な保護対策の基礎資料として，各種の産卵場所，変態個体の生息場所，越冬場所の空間配置と移動経路を具体的に明らかにする必要がある．

爬虫類では，生活史の段階による生息場所の空間的分離は十分認識されていない．しかし，両生類と同様，水中生活を送る種では生息場所の空間的分離が顕著である．たとえば，日本列島の海岸で産卵するアカウミガメはその生活史の大半を北太平洋で送るが，産卵のため日本列島の海岸を訪れる．このような海洋生活者の場合，産卵場

所の把握が比較的容易であるのに対して，越冬場所や採餌場所を突き止めるのは困難である．しかし，漁業による混獲や意図しない餌場の破壊を避けるためには，広大とはいえ海洋での生息場所の具体的な把握が不可欠である．

陸生種の場合，親個体の姿を確認することは比較的容易であるが，産卵場所と越冬場所が具体的に明らかにされている種はほとんどない．まれに卵や越冬個体が発見される例があるが，その種の産卵場所と越冬場所の代表例であるのかどうかを確認するのは容易ではない．産卵場所や越冬場所はその周辺に生息する個体によって伝統的に長期間使用されている場合があり（Fukada, 1991），その消失は個体群に壊滅的な影響を与えかねない．今後，各種の産卵・越冬場所の特性を具体的に明らかにする必要がある．

21.4 食性あるいは生態系における地位

日本産両生・爬虫類の食性に関する研究では，ヘビ類に関しては比較的充実しているが，サンショウウオ類，カエル類，トカゲ類，カメ類に関しては乏しい．

ヘビ類はすべて捕食者である．日本産の種では脊椎動物食者が卓越し，無脊椎動物食者はタカチホヘビやイワサキセダカヘビなど数種にすぎない．トカゲ類も基本的に捕食者であるが，ヘビ類と対照的に脊椎動物を捕食する種はほとんどなく，大半が無脊椎動物食者である．両生類は水中生活をする幼生と変態後の食性が異なる．

無尾両生類の幼生（オタマジャクシ）は基本的に藻類や動植物の遺体をかじり取るグレイザー（Graser）であるが，有尾両生類の幼生は水中の微小動物や同種の他個体を食う捕食者である．両者とも，変態後は小型の無脊椎動物を捕食する．北米原産の帰化種であるウシガエルは他のカエル類を含む脊椎動物を捕食する傾向が強く，日本列島在来のカエル類に対する捕食圧が問題視される．

21.5 両生・爬虫類の減少とその要因

他の多くの生物と同様，両生・爬虫類の減少には人間の開発行為が深くかかわっているが，減少の実態がすべての種について把握されているわけではない．論文として報告されている少数の具体例を以下に整理した．

a．生息場所の消失と改変

開発行為の種類とその規模は地形や社会条件によって規定される．関東地方においては，丘陵地の谷地形に形成された水田（谷津田）が両生・爬虫類の多様性の高い環境であるが，そのような丘陵地にゴルフ場のようなレクリエーション施設が集中して造成される傾向がある．そのため，このような地域に限定的に生息するトウキョウサ

ンショウウオのような種は，開発が同時に多発することで種の存続が危うくなるほどの影響を受けかねないことが竹中（1993）によって指摘された．同様な観点に立つと，河川の中流域に建設されるダムは，河川の瀬に産卵するカジカガエルの繁殖場所を広範囲に消失させることにつながる．このように，開発行為の種類によって固有の生息環境が失われるのであるが，こうした対応関係に関する認識はまだ十分でない．

　大都市近郊の農村地域では，土地区画整理事業として行われる数十から数百 ha 規模の宅地開発，さらに大規模のニュータウンの造成が行われることが多い．こうした大規模開発によって生息場所の消失は一気に進行し，両生・爬虫類はその地域から一掃される．このように広域な開発の悪影響は明白であるが，その一方で線的な開発による生息場所の分断も大きな影響を与えうる．例として，100 ha の小さな集水域に 5 ha の開発行為が行われる場合（5% の生息場所の消失），そこに生息する両生類の個体数への影響の度合を考えてみる．この 5 ha が道路建設の場合，道路の占める面積が 5% であっても，道路によって集水域は二つに分断される．道路が変態後の陸上生活を行う森林と産卵場所となる水田や池を完全に横切るようにして建設されれば，移動途中の個体が非常に高い頻度で交通事故に遭い，結果的に 100% 近い個体数の減少をもたらすことになろう．道路のルートを工夫しても両生類の移動経路を遮断することに変わりはないので，減少の度合はどんなに小さく見積もっても面積の消失分（5%）を大幅に上回る．一方，5 ha の開発が山の斜面中腹に別荘地の建設という形で行われた場合，個体数の減少は陸上生活の場である森林面積の消失（約 5%）程度分ですむ可能性がある．しかし，この 5 ha の開発が産卵場所となっている谷間の水田や池をつぶすものであれば，残りの 95% の森林が健全であったとしても両生類は壊滅的な打撃を受ける．以上の考察から導かれる結論として，両生類にとっては開発行為の面積が等しければ，面的な開発よりも線的な開発の影響の方が大きいこと，小規模の開発であっても生息場所の空間構造に配慮しなければ両生類に対して致命的な影響を与えることが指摘できる．

　景観構造に大きな改変がなされなくとも，土地の管理形態が変化することの影響は無視できない．日本列島に生息する両生類の場合，農耕（とくに水田農業）によって維持管理されてきた人為的環境に依存する種が多いことが特徴といえる．そのため，単に水田を住宅地に転換するような土地利用形態の変化による生息地の減少にとどまらず，農業の機械化に伴う耕地形態の改変によって大きな影響をこうむるおそれがある．耕地の改変（圃場整備）による両生類の減少は日本列島の各地で問題視されており（松井，1995），具体的な影響も明らかにされつつある（長谷川，1995）．しかしながら，圃場整備のどの要素が最も影響しているのか，あるいは単一の要因としては抽出できない現象なのか，といった具体的要因解析はまだ十分でない．農業生産の場におもな生息場所をもつ両生類の場合，伝統的農業がその種の繁栄に果たしてきた役割を明らかにし，その成果を保護管理に生かさなければならない（守山，1993）．

b．捕食者や外来種の導入

　両生・爬虫類が食物連鎖の頂点に位置する大型の捕食者として存在する例は，肉食性哺乳類が生息していない島しょや島大陸，生産性の乏しい砂漠環境に限られている．爬虫類は同サイズの敏捷な肉食性哺乳類との競争に打ち勝つことが困難であり，爬虫類の密度は哺乳類の捕食圧によって多くの地域で低く抑えられている．したがって，本来肉食性哺乳類が生息していない島しょに肉食性哺乳類が持ち込まれると，島しょの爬虫類は大きな打撃を受ける．伊豆諸島の三宅島では，ホンドイタチの導入によってオカダトカゲが激減したことが報告されている（Hasegawa，1994）．八重山諸島の波照間島では，イタチの導入によってトカゲ類ばかりでなく，ヘビ類の減少も著しい（太田，1981）．

　在来種と生態的に拮抗する可能性のある種が導入された場合には，種の置き換わりが起こる場合と在来種に対する影響が小さな状態で定着に成功する場合がある．帰化両生・爬虫類による在来種への影響が具体的に調査されたものとしては，小笠原諸島に導入された北米原産のトカゲ，グリーンアノールが在来種のオガサワラトカゲに負の影響を与えることが示唆されている程度（Hasegawa *et al.*，1988）である．大正時代に導入されたウシガエルが日本の湖沼や湿地の生物相に与えた影響は多大なものであったと思われるが，今日ではウシガエルのいない湿地環境はほとんどなく，導入による在来種への影響を知るのは困難な状況である．

　以上二つの生態学的な影響に加えて，形態的には類似した隔離個体群間での人為的な生物の移送にも注意すべきであることが指摘される（当山・太田，1991）．外形的には似ていても遺伝的には分化している（分化しつつある）可能性のある種の場合，人為的な遺伝的交流によって攪乱され，本来隔離環境下で進行していた多様性が打ち消されてしまうことになるからである．このような問題の実例として，琉球列島，とくに八重山諸島への台湾産のセマルハコガメの持ち込み（当山・太田，1991）や，実験動物として西日本のニホンヒキガエルが東日本のアズマヒキガエルの分布域に持ち込まれていることが指摘されている（竹中，1986）．

c．過剰な採集圧

　野生両生・爬虫類の多くはペットとして飼育され，野外で捕らえられた個体が商業ルートにのって大量に取引されている現状がある．また，精力剤の原料としての毒ヘビ類，美術工芸品の原料としてタイマイの甲羅や大型ヘビ類の皮革が取引されている．食料や工芸品の素材として両生・爬虫類が有効な生物資源として認められている場合には，資源管理の形をとった保護対策が立てられる可能性がある．しかし，生物資源としての認識の薄いペットや生物教材用の採集は，野外の個体を採集するだけであり，ときとして地域個体群をとり尽くしてしまうおそれがある．とくに，生息環境が狭められ希少性が高まると，駆け込み的な採集圧がかかることがある．

一般のペットショップにどんな日本産両生・爬虫類が出回っているのか詳しい調査がなされたことはないが，千葉県内ではトウキョウサンショウウオの卵塊と成体，イモリ，シリケンイモリ，イシガメ，クサガメ，キノボリトカゲなどの販売が確認されたことがある．どの種も産地では比較的個体数の多い普通種とされている種であるが，過剰な採集がたび重なれば野外での減少は避けられない．事実，奄美大島や沖縄島などで，近年オキナワキノボリトカゲやオビトカゲモドキを対象とした大規模な営利的捕獲がなされていることが指摘されており，その影響も出始めているという（当山・太田，1991）．

21.6 保護対策とその問題点

関東地方の丘陵地における大規模開発に際して行われた環境影響評価と両生類の保護に関して分析を行った竹中（1993）は，環境影響評価と両生類保全の問題点として，以下の点を指摘した．

①谷津田が形成されているような丘陵地域にゴルフ場のようなレクリエーション施設が多く造成され，そのような地域に限定的に生息するトウキョウサンショウウオのような種は，開発が同時多発することで，種の存続が危うくなるほどの影響を受けかねないこと．事業対象区域周辺の丘陵に多く生息することを理由に，とくに保全対策をとらない例さえあり，そのため隣接工事間で矛盾する保全対策がとられるといった場合があること．

②環境影響評価における保全対策は「貴重種」に限定されているが，その場合でさえ保護区域を積極的に設定して計画変更まで行う例はほとんどないこと．保全対策としては，周辺残存緑地を保護緑地として扱うか，水辺の形状や植栽を工夫して両生類の繁殖を期待する程度にすぎないこと．生息地改変に伴う保全方法として，計画地外への移植をあげる例が多かったが，影響評価書において提案されているいくつかの保全対策は，その手法が解明，確立されていないこと，および現実に実施された対策の事後調査によってその有効性が十分に実証されていないこと．しかしながら，公開，縦覧を伴う環境影響評価を行ってきた埼玉県では，各評価書を年代順に比較することによって，事前調査の精度や保全対策への認識がしだいに高まってきていることも明らかにされ，公開制度を伴う環境影響評価が保全対策を実効あるものにさせていく意義が大きいこと．

③現行の環境影響評価からは把握しにくい問題点として，事業計画が及ぼす間接的な影響（砂防堤とコンクリート水路による計画地周辺の水辺の生物全体への影響や水田耕作放棄による水田の減少など）が，把握されにくいこと．

竹中（1993）は，以上の問題点を踏まえたうえで，関東地方の丘陵地域のように開発の波が各都県で平行して急激に進行している場合は，環境影響評価の充実は当然の

こととして，さらに総合的に地域の自然と開発の広がりの関係をチェックする機構を整備することの必要性を指摘した．竹中の指摘は，地域の自然と開発との関係をバランスよくとるためには，実地の資料に基づく具体的な検討がなされなければならないことを指し示したものであり，今後の環境影響評価の再検討に生かされなければならない．以下，その検討の際に役立つであろうと考える点について，若干の考察を行い，しめくくりとしたい．

a．保護区の面積

　環境影響評価における有効な保全対策の一つは，その開発を中止しえない状況においては，保護区域を積極的に設定するように計画変更を行うことである．しかしながら，保護区域として機能するために，その地域内にどのような生息環境がおのおのどの程度の面積を必要として，さらにそれがどのように配置されていなければならないのであろうか．このような観点から保全対策を検討している例は，従来の環境影響評価書にはほとんど見あたらない．たとえば，トウキョウサンショウウオただ1種の保全をとりあげてみても，その繁殖地に必要な湧き水の水源の確保，落葉の堆積を維持するための落葉樹の配置，あるいは捕食者のコイの放流の有無などについて記述している影響評価書はわずかしかない（竹中，1993）．単純に保護区の面積と生息可能な両生類の種数との関係をとりあげてみても，そのような分析に使えるような具体的データを得ることはなかなかできない．長谷川とShort（1994）は，千葉市内において谷津田の面積と両生類の生息種数との関係を分析したが，水田と斜面の森林をセットとして備えている谷津田でも，周囲を人家に取り囲まれた孤立した場所では，面積が15haあっても，わずか3種類の両生類しか生息できなくなっていることを示した．100ha規模の開発の典型的なゴルフ場開発では，計画面積の何割かを緑地として保全することを義務づけているが，水系を単位としてまとまって保全されたとしても十数ha程度しか確保されない．そのため，周辺がすべて開発されれば，計画地内での有効な保全はまったく期待できない．

　行動範囲の狭い種の保護であれば，数ha程度の保護地区を設定することで，その種の個体群を一時的に保護できたかのようにみなすことは，あるいは可能かもしれない．しかしながら，特定種の保護から地域生物群集全体の保護へと目を向けたとき，それがほとんど無意味なことは明白である．長谷川（1994）は房総丘陵の一地域において，ヤマアカガエルとニホンアカガエルの繁殖場所からの成体の分散距離がそれぞれ2〜1kmに及んでいることを明らかにしたうえで，これらのカエルの保護にはこの分散距離を半径とする面積を確保する必要があり，そのことは普通種であるこの2種のカエルを餌とする動物の群集を保全することに貢献することを指摘した．個々の開発事例の多くにおいて，これほどの面積（約100ha）を保全することは事実上開発を中止することを意味している．したがって，竹中（1993）の指摘にもあるように，個々

の開発計画を個別に審査することで有効な保全をはかることが期待された時代は過ぎ，地域全体の環境計画を真剣に検討すべき時期に入っているといえる．これには，行政が自然環境の保全に有効で十分な面積の自然環境を事前に確保することも含まれる．

b．移植の有効性

絶滅の危機に瀕している生物の保全保護対策の一環として，移植（relocation），再導入（repatriation），あるいは移住（translocation）などの措置が行われたり，それを実行することが推奨されている．しかしながら，このような対策が実際に有効に作用しているのかどうかを，科学的な資料に基づいて検討した例は多くない．哺乳類や鳥類における実行例を検討したGriffithら（1989）によれば，プロジェクトの成功率は大まかにいって44％程度である．一方，爬虫類と両生類を扱った移植プロジェクトの可否，その成功率，および背後の生態的条件を検討したDoddとSeigel（1991）によれば，保護技術としての移植プロジェクトの成功が証明された例は非常に少ないこと，したがって移植後に長期モニタリングの体制が組めない場合は，移植プロジェクトを管理や影響緩和技術として推奨するべきではない，と述べている．彼らの分析や結論の導き方には，検討事例が少ないことや，ひろい分類群にわたるさまざまな事例を一括してしまっていることなどの点において批判はある（Burke, 1991）が，あるプロジェクトが成功したかどうかを判定するための基準さえあいまいな現在では，現在あるいは過去に行われたプロジェクトの詳細な方法や結果を論文として公表することが重要である．もちろん，種の存続が非常に危機的状況にある場合には，飼育下で繁殖させた個体を野外に再導入させる試みには，一定の価値があることを認めないわけにはいかない（Reinert, 1991；大河内ら，1997）．

日本における移植対策などの現状については，竹中（1993）が若干の分析を行っているが，日本各所で行われている移植対策の事後調査の結果がほとんど公表されていないため，その実効性を科学的に診断できる状態ではない．欧米での分析例（Griffith et al., 1989；Dodd and Seigel, 1991）によって指摘されているように，科学的に実証されない保全対策を，個別のコンサルタント会社の経験則や憶測に基づいて野放しにしておくことは，たとえそれがどんな有望な保全対策であったとしても，将来に生かすことは困難である．こうした観点からも環境保全における行政資料の情報公開とともに，さまざまな保護対策の有効性を検証していくことが強く望まれる．

［長谷川雅美］

文　献

1) Burke, R. L. (1991): Relocations, repatriation, and translocations of amphibians and reptiles: Taking a broader view. *Herpetologica*, **47**-3, 350-357.

2) Corbet, K. (1992): Conservation of European Reptiles and Amphibians, Christopher Helm.
3) Dodd, K. C. and Seigel, R. A. (1991): Relocation, repatriation, and translocation of amphibians and reptiles: Are they conservation strateies that work? *Herpetologica*, **47**-3, 336-350.
4) Fukuda, H. (1992): Snake Life History in Kyoto, 171 p., Impact Shuppankai.
5) Griffith, B., Scott, J. M., Carpenter, J. W. and Reed, C. (1989): Translocation as a species conservation tool: Status and strategy. *Science*, **245**, 477-480.
6) Hasegawa, M. (1994): Insular radiation in life history of the lizard *Eumeces okadae* in the Izu Islands, Japan. *Copeia*, **1994**-3, 732-747.
7) 長谷川雅美(1994)：両生類，爬虫類に関する自然環境への影響予測に係る基礎調査5．開発地域等における自然環境への影響予測に係る基礎調査（沼田　眞編），pp. 32-39，千葉県環境部環境調整課．
8) 長谷川雅美(1995)：谷津田の自然とアカガエル．生物-地球環境の科学――南関東の自然誌（大原隆・大沢正彦編），pp. 105-112，朝倉書店．
9) Hasegawa, M., Kusano, T. and Miyashita, K. (1988): Range expansion of *Anolis c. carolinensis* on Chichi-jima, the Bonin Islands, Japan. *Jpn. J. Herpetol.*, **12**, 115-118.
10) 長谷川雅美，K. Short (1994)：千葉市における両生類，爬虫類の生息状況II．千葉市野生動植物の生息状況及び生態系調査報告（千葉自然環境調査会編），**II**，240-245．
11) 松井正文(1995)：両生類の進化，東京大学出版会．
12) 守山　弘(1993)：農村環境とビオトープ．農村環境とビオトープ（農環研シリーズ）（農林水産省農業環境技術研究所編），pp. 38-66，養賢堂．
13) 成田篤彦(1975)：房総半島におけるカジカガエルの分布．千葉生物誌，**24**-1・2，35-53．
14) 大河内勇・宇都宮妙子・宇都宮泰明・沼澤マヤ(1997)：ダルマガエル（*Rana porosa brevipoda* Ito）岡山種族の飼育下での繁殖と絶滅が危惧された個体群への補強的な再導入．保全生態学研究，**2**-2，135-146．
15) 大阪市立自然史博物館(1989)：日本の両生類と爬虫類，第16回特別展「日本のヘビとカエル大集合」解説書．
16) 太田英利(1981)：波照間島の爬虫両生類相．爬虫両生類学雑誌，**9**-2，54-60．
17) Reinert, H. K. (1991): Translocation as a conservation strategy for amphibians and reptiles: Some comments, concerns, and observations. *Herpetologica*, **47**-3, 357-363.
18) 千石正一・疋田　努・松井正文・仲谷一宏編(1996)：日本動物大百科5，両生類・爬虫類・軟骨魚類，平凡社．
19) 竹中　践(1986)：板橋区の両生類・爬虫類，pp. 149-154，板橋区昆虫類等実態調査．
20) 竹中　践(1993)：丘陵開発と環境影響評価と両生類の保護．北海道東海大学紀要人文社会科学系，**6**，55-66．
21) 当山昌直・太田英利(1991)：琉球列島の両生・爬虫類．平成2年度南西諸島における野生生物の種の保存に不可欠な諸条件に関する研究報告書，pp. 233-254，環境庁自然保護局．

22. 淡水魚類の自然保護

22.1 日本の淡水魚類

現生魚類は約2～3万種で,そのうち日本産魚類は約3600種である(中坊,1993).このうち一生を淡水で過ごす「純淡水魚」はコイ目およびナマズ目魚類を中心に約90種,一生のうち一定の時期を淡水域で過ごす魚類などからなる「周縁性淡水魚類」はサケ亜目,ハゼ科,カジカ目などを中心に約110種である(細谷・前畑,1994).また,偶来的に淡水に侵入する種や国内で自然繁殖している外来種を含めた日本産淡水魚として約310種を収録した文献もある(川那部・水野,1989).

22.2 淡水魚類の多様性

淡水魚類は生活史などが多様である.そのため,淡水魚類保護を有効なものとするためには,対象種の多様性を十分に考慮した対策を立てなければならない.

a. 生活史からみた多様性

淡水に出現する魚類は,環境水の塩分濃度の高い汽水域や海水域との間に行き来があるかどうかでいくつかのタイプに分けられる.このため,種によっては海水域,汽水域から淡水域までを含む範囲を対象に対策を立てる必要がある.

(1) 純淡水魚

一生を淡水域で生活し,汽水域や湖水域に出現しないものは,ふつう純淡水魚とよばれる.一定の場所で一生を送るものと,湖沼と河川,あるいは河川の上流側と下流側を回遊するものもいる.この例としては,フナ類,コイ,タナゴ類などを含む大部分のコイ科魚類,メダカ,ドジョウ類,ナマズ類のうちナマズ科とギギ科,スズキ科のオヤニラミなどがある.

(2) 回遊魚(淡水域内を回遊するものを除く)

生活史の特定の段階で,淡水域と汽水域や海水域の間を移動するもので,以下のタイプがある(McDowall,1988;後藤ら,1994).

遡河回遊魚: 河川で孵化し,海に下って成長し,やがて産卵のために河川を遡上し,産卵するもの.この例には,多くのサケ類,ワカサギ,シロウオ,イトヨなどが

含まれる．

　降河回遊魚： 海で孵化し，河川を遡上し，淡水域で成長し，やがて降河し，海で産卵するもの．この例には，ウナギ類，アユカケ，ヤマノカミなどが含まれる．

　両側回遊魚： 2タイプあり，第一が，河川で孵化し，海に下って成長するが，一定の段階で河川を遡上し，淡水域でさらに成長し，河川で産卵するもの(淡水性)．第二が，これとは逆に海で孵化し，河川を遡上し淡水で成長するが，一定の段階で降河し，海水域でさらに成長し，海で産卵するもの(海水性)．第一の例には，アユ，ヨシノボリ類，カジカ小卵型（ウツセミカジカとする説もある）などがある．第二の例に近いものに，ボラ，スズキ，クロダイなどがある(後藤ら，1994)．またアオギスがこれに該当する可能性がある．

（3） 偶 来 魚

　ふつう海水域あるいは汽水域に生息しているが，偶発的に淡水に侵入するもので，すべての個体が必ず淡水に侵入するとは限らない．また，どの程度まで淡水に入るかは種によって異なる．この例には，アジ科，シマイサキ科，タイ科，ハゼ科などの一部の種がある．

b．種内の多様性

　淡水魚類の場合，ふつう水系ごとに隔離された状態になっているため，自然界では水系間で異なった形質を有したり，遺伝的に異なった組成をもつなど，種内変異のある可能性がある．このため，淡水魚類の自然保護を考えるときに，この水系間での変異や多様性について十分配慮する必要がある．具体的には以下のような例がある．

（1） サケ科魚類の多様性

①母川回帰に基づく河川遡上群間の生物学的な特性の相違．
②陸封型と降海型の存在．

（2） アユ科アユの多様性

①リュウキュウアユ：沖縄本島で絶滅し(放流復元事業が行われている)，現在では奄美大島だけに生息する．他のアユに対し亜種の関係にある．
②湖産アユ：リュウキュウアユを除いたアユの中の変異．

（3） コイ科ウグイの多様性

ウグイには，一生を淡水で送る淡水型と一時期降海する降海型がある．降海型は，孵化後1〜数年を淡水で過ごした後に，1〜数年汽水から沿岸域で生息し，その後河川に遡上し産卵する．この降海型は北日本ほど多い．

（4） トゲウオ科イトヨの多様性

イトヨは海で成長するが，春に河川を遡上し，小川などで営巣，産卵し，雄親が卵・仔稚魚を保護する．幼魚は全長約3cmになると海に下る．これに対し，陸封型が知られており，両者に交流はなく，人工交配による個体はほとんど繁殖能力がない(細谷・

前畑，1994)．すでにかなりの程度遺伝的分化が進んでいる(Taniguchi et al., 1990).

(5) メダカ科メダカの多様性

メダカは，遺伝的に北方個体群と南方個体群に分けられ，南方個体群はさらに五つの亜個体群に分けられる (Sakaizumi et al., 1983).

22.3 日本産淡水魚類の現状

これら日本産淡水魚類が生息する環境は，古来から人の活動による影響を受けてきたが，とくに昭和30 (1955) 年代以降の淡水域環境の変化はたいへん急激かつ深刻なもので，大部分の種において各地の個体群が消滅，減少し，絶滅危惧の方向へ急激に移行している．また，人工繁殖個体の放流などによる遺伝的多様性の低下が心配されている．また，外来種を含め，分布域外への放流による分布域の攪乱や生態系への影響も年々激しくなっている．

a．日本産絶滅種および希少種

日本産淡水魚類のうち，クニマス，スワモロコ，ミナミトミヨはすでに絶滅している (細谷・前畑, 1994)．また，ミヤコタナゴ，イタセンパラ，アユモドキ，ネコギギの4種が地域を定めない国の天然記念物に指定され (ほかに地域指定された淡水魚は7種11件)，さらにミヤコタナゴとイタセンパラは「絶滅の恐れのある野生動植物の種の保存に関する法律」(種の保存法)の国内希少野生動植物種に指定されている．また，環境庁発行のレッドデータブック (1991) では，絶滅危惧種，危急種，希少種，保護に留意すべき個体群のカテゴリーのもと，約40種の淡水魚類(一部汽水性魚類を含む)をあげている (表 22.1)．また，水産庁は，平成5 (1993) 年度から5年計画で希少水生生物の基礎資料をまとめているが，2年間の報告(水産庁, 1994；日本水産資源保護協会，1995) では絶滅危惧種15種のほか，約20種を減少傾向種〜危急種として判定している(表22.1，海産魚類の部分に収録された汽水魚を含む)．これらの資料に載せられている種は日本産淡水魚の20%以上に相当し，少なく見積もってもこれだけの種が絶滅に向かっているといえる(細谷・前畑, 1994)．しかし，生息地環境の破壊などの状況からみると，実際に減少しつつある淡水魚類はこれをはるかに超え，年々増加していると考えるべきであろう．

また，種としてただちに絶滅の危険がない場合でも，地域個体群の観点からみると，多くの生息地が人の活動の影響により悪化し，減少，消滅している．このような状況は現地調査にあたっている多くの研究者の実感であっても，これまでの調査により明らかにされた学術的な調査データはたいへん貧弱である．また，現在の生息環境の悪化は急激に進行中であり，この点でも正確な状況の把握はたいへん困難になっている．淡水魚類の減少などに対する対策を実施するためにも，今後の抜本的な総合的調査が

表 22.1 日本の絶滅のおそれのある野生動物（レッドデータブック）および日本の希少な野生水生生物に関する基礎資料（I，II）に掲載されている希少淡水（汽水）魚類

(a) 日本の絶滅のおそれのある野生動物（レッドデータブック）収録種

絶滅種	クニマス，ミナミトミヨ
絶滅危惧種	キリクチ，サツキマス，イワメ，リュウキュウアユ，アリアケシラウオ，アリアケヒメシラウオ，ヒナモロコ，ウシモツゴ，イタセンパラ，ニッポンバラタナゴ，スイゲンゼニタナゴ，ミヤコタナゴ，アユモドキ，ネコギギ，九州産ギバチ（＝アリアケギバチ[*1]），ムサシトミヨ
危急種	イトウ，ゴギ，ウケグチウグイ，ハリヨ，ムツゴロウ，ヤマノカミ
希少種	ユウフツヤツメ，シベリアヤツメ，エツ，ミヤベイワナ，オショロコマ，ビワマス，シナイモツゴ，ゼニタナゴ，エゾトミヨ，タイワンキンギョ，オヤニラミ，アカメ，タナゴモドキ，シンジコハゼ，イドミミズハゼ，ドウクツミミズハゼ，ツバサハゼ
保護すべき地方個体群	佐賀県六角川のエツ，静岡県のカワバタモロコ，九州のアカザ，沖縄のメダカ，沖縄のタウナギ，福島県会津のイトウ，福井県大野盆地のイトヨ

注 [*1] 中坊，1993による．

(b) 日本の希少な野生水生生物に関する基礎資料（I，II）収録種[*1]

絶滅危惧種	キリクチ，サツキマス（長良川～伊勢湾，自然個体群），アリアケシラウオ[*2]，アリアケヒメシラウオ[*2]，ヒナモロコ，ウシモツゴ，イタセンパラ，スイゲンゼニタナゴ，ミヤコナタゴ，アユモドキ，ネコギギ，ムサシトミヨ，琉球列島産メダカ，ハリヨ，イサザ
危急種	リュウキュウアユ，ゴギ，シナイモツゴ，ヤマノカミ，エツ[*2]，アオバラヨシノボリ
希少種	ウケグチウグイ，イシドジョウ，ホトケドジョウ（fluvial型）（＝ナガレホトケドジョウ），アブラヒガイ，ギバチ，ミヤベイワナ，ビワマス，イトウ，オヤニラミ
減少種	オオウナギ，ホトケドジョウ（echigonia型），イワトコナマズ，オショロコマ，カマキリ，ムツゴロウ[*2]
減少傾向種	ビワコオオナマズ，タイワンドジョウ（外来種）

注 [*1] 5年計画の2年度目までのため，全体状況は不明．
[*2] 海産魚類として収録されている．

望まれる．

b．安定している魚類と人工放流種

日本の淡水域に生息する魚類のほとんどが減少している中で，安定して生息している種あるいは増加している種がある．この一つが海での生活の後に河川に遡上する種で，アユ，ウナギなどがあげられるが，これらは比較的安定しているとはいえ全体的な資源状況は徐々に悪化していると考えられる．第二に，水産業の振興や遊漁（釣）場の形成，維持などを目的に，人工種苗などがくり返し大量に放流されることにより安定した水準を維持している種で，サケ，アユ，イワナ，アマゴ，ワカサギ，ヘラブ

ナ，コイなどがあげられる．しかし，これらの種の生息個体数が多いにしても，人工種苗は天然の個体群とは遺伝子組成や諸形質が異なっている可能性が高いため，多様性の保全などの観点からは大きな問題があるといえよう．

第三が，外国産の魚類である．その導入例としては，ブラックバス（オオクチバス），ブルーギル，カダヤシ，カムルチー，カワスズメ（テラピア），チカダイ，タイリクバラタナゴ，コクチバス，ハクレン，コクレン，ソウギョ，アオウオ，ペヘレイなどがある．これらの中では，ブラックバスとブルーギルが釣愛好者の手で各地に放流され，他の魚類や水生生物に対する甚だしい食害による影響が大きな問題となっている．近年，コクチバスについても同様の事態が心配されている．そして，これ以外にも，人の手により導入される例は増加傾向にある．いったん定着した種を完全に駆除することは一般に不可能であり，これら外来種の扱いについては，今後多くの議論と対策が必要である．

22.4 課題と対策

淡水魚類の自然保護を考えるときに，淡水魚類をとりまく状況から，検討すべき課題が明らかになる．第一の点は水域環境の悪化の問題である．第二が，第一の点とも関係するが，社会構造の歴史的変化と人と自然のかかわり方の変化に伴う，生息条件の変化である．第三が，移殖放流などに伴う分布の攪乱と遺伝的影響，第四が，自然保護研究の必要性と住民のかかわり方であろう．以下この4点について，減少原因を中心とした課題とそれに対する対策を考える．

a．水域環境の悪化の原因と対策

当然のことながら，それぞれの種が一生の間に必要とするすべての水域において，生息や移動のための条件が満たされていなければならない．しかし，近年，河川や湖沼などの淡水域の構造は，さまざまな理由により大きく改変され，淡水魚類の生息環境としては急速に悪化しつつある．その悪化の原因となっているもののうち，おもなものを順にみていこう．

（1）段差形成に伴う生息地の分断と移動の妨害

これは，ダム，砂防ダム，堰，段差など水や土砂の流下を妨げるための構造物の設置などである．前述のとおり，淡水魚類の多くは，生活史の中で上下方向の移動（回遊など）を行っている．そのため，安定して個体群を維持していくうえで，上下方向のスムーズな移動はきわめて重要である．また，生息地の規模が大きいことは安定した個体群維持に重要であるが，段差の形成はこれを分断し，小規模化することにより，個体群維持の不安定条件となる．とくに，小河川とそれが流入する河川の間や，河口付近における淡水域，汽水域，海水域の間の連続性はとりわけ重要である．

〔対策〕 何よりもこのような構造をつくらないことである．計画段階でその必要性について学術的に検討し，ほかに方法がない場合に限るべきである．また，すでに設置されている場合には，段差を解消する構造に改築をすべきである．

また，近年，この問題の対策として「魚道」あるいは「魚梯」とよばれる階段状の構造物がつくられる例が増加している．これは基本的に「漁業対象種の保護」のために設置されるものであり，河川の生態系の維持を目的にしたものではない．対象種に対しても十分機能していないものが多いといわれ，良好なものでも一部の魚種の一部の個体を通過させるにとどまっている．この点で，目的を達成しているとはいいがたく，段差をつくらない方法の採用が好ましい．今後，段差の上流側と下流側の生態系の維持を可能にする構造の研究開発が必要である．

(2) **流路環境の単純化を導く構造の導入**

これは，洪水対策や圃場整備に伴うもので，おもに，①水路の掘り下げと直線化，②流底の均一化，③人工護岸による水辺の消失と陸との連続性の喪失，④河川敷の利用促進に伴う施設建設，などがある．これらは組み合わされた形で採用され，ほとんどの生物の生息条件が失われる．

〔対策〕 以下の条件を備えた構造の研究開発と導入が必要である．

①流路全体が適度に蛇行し，瀬と淵が水の自然な流下により形成される構造であること．また，これに対応した底質の分化がある流路構造であること．

②できるだけ広い植物の生えた水辺空間の導入と遊水池の確保．この点では，近年急速に増加している休耕田の利用を含めて考える余地があるであろう．

③生物にとっての水中-水辺-陸上(-山地) 間の連続性の確保．

④湧水の存在は，渇水期における干上がりを防ぐなど多くの生物にとって重要である．このため，地下水の湧出と地中への水の浸透を基本にした水の移動が可能な構造であること．

(3) **湖沼や遊水池などの埋め立てや護岸工事**

埋め立てやコンクリートなどによる人工護岸は，仔稚魚を含め，多くの魚類の産卵場や仔稚魚の生育場を奪い，きわめて影響が大きい．とくに流出入河川の環境を単純化する工事と組み合わされた場合の影響は大きい．

また，近年「親水護岸」とよばれる，人が水に近づける構造例がふえているが，淡水魚類を含む水生生物の生息条件を生み出すものになっていない．

〔対策〕 以下の条件を備えた構造の研究開発と導入が必要である．

①工事の必要がある場合であっても，コンクリート護岸は最小限にとどめ，できるだけ広い土の水辺空間を残す．すでに人工護岸がある場合は，土の水辺に変更する．この土の水辺には多様な植物が生えていることが重要である．埋め立ても最小限にとどめる．

②生物にとっての水中-水辺-陸上(-山地) 間の連続性を確保する．

③湧水の確保．地表水の浸透と湧出を基本にした水の地中の移動を可能にする．
（4） 水路の暗渠化や下水道化
都市化に伴う変更で，上に道路をつくったり，ときには公園をつくったりしている．それ以外の場合でも，大都市における河川は単なる下水路化しているものが多く，ごく一部の種を除き，魚類の生息には適さない．

〔対策〕 都市計画の根本的見直しによる以下の構造の導入が必要である．
①流れや池沼の底質や岸辺を土にし，水草，植物が生えた水辺を導入する．
②生物にとっての水中-水辺-陸上(-山地) 間の連続性の確保．
③地下水の湧出と地表水の浸透を基本にした水の移動を可能にする．

（5） 水質の悪化
昭和30 (1955) 年代以降の高度成長期以降における汚水のレベルに比べると，近年は改善されてはきたが，本来の河川生態系を取り戻す点からみるとほど遠い．家庭廃水，工場廃水，農地から流出した肥料などが問題になる．不法投棄物や廃棄物処理場からの流出が問題になっている場所もあり，基本的な再検討が求められる．

〔対策〕 以下の対策が必要である．
①流入する汚染や毒物を事前に処理するシステムの確立．
②流入汚水の自然浄化を促進するため，生物多様性の高い水域の実現．
③不法投棄などに対する社会的な対処．

（6） 取水の増大と湧水の消失
都市人口の増加と産業用水の利用の増大により，膨大な量の取水が行われ，地表流の消えた河川が出現し，湖沼においては水位の低下が問題になる．湧水も各地で涸れている．

〔対策〕 以下の対策が必要である．
①処理水の再利用の促進や必要水量を少なくするための技術開発と導入．
②下水道システムの小規模化と，取水位置での放水の導入．
③山林などの広葉樹林化と遊水池の拡大などによる保水力の増大と地下水の涵養．

b．人と自然のかかわり方の変化に伴う生息環境の悪化
わが国の淡水魚類と人のかかわりを考えるとき，人の側の変化が淡水魚類の生息に大きく影響していることがわかる．元来，日本の淡水魚の多くは，農林業を中心とした人々の生産と生活のための手入れによって維持されてきた「自然」の中で繁栄してきた．このため，人の側の条件が変わると，淡水魚類の生息環境も変わり，種による消長が現れる．この人の側の変化のおもなものは以下のとおりである．
①第一次産業から第二・第三次産業への転換とそれに伴う都市の拡大．
②農林業の質的な変化．
③生活様式，人の意識，文化などの変化．

④観光産業やレジャー産業の発達．
⑤子どもの教育や生育環境の変化．
〔対策〕　これからの社会の変化を見据え，自然を取り込んだ新しい地域社会とその文化の構築をめざす．

c．移殖などに伴う分布の攪乱と遺伝的影響

人のさまざまな活動により，分布域を広げたり，侵入したりした淡水魚類は少なくない．これらは，近年のブラックバスやブルーギルの食害例をみるまでもなく，分布域の攪乱，生態系への影響，遺伝的な多様性への悪影響などを引き起こす可能性がある．

また，いったん導入されると，一般的に駆除は不可能である．そのため，他の種に対して悪影響がある場合でも，それが存在することを前提に対策を考える以外にない．ただし，直接的な方法として，沖縄県で実施されたウリミバエ駆除事業を参考に，不稔性個体の大量放流による駆除の実施については，検討する価値があるであろう．

下記にあげるように，現在も積極的に放流が行われているが，それについては，生態系保護の観点とともに，社会の歴史的な変化を含む人と自然のかかわりの観点を加え，総合的に対策を立てていかなければならない．

（1）　水産業上の繁殖と放流
①湖産アユの放流による，琵琶湖淀川水系に固有であったハスなどの分布域の拡大．
②アマゴ，イワナなどのサケ科魚類の人工繁殖と河川への放流による分布の攪乱．レイクトラウト，ブラウントラウト，ニジマス，カワマスなども含む．
③ワカサギの全国湖沼への導入．
④ソウギョ，コクレン，ハクレン，アオウオなどの導入．
⑤トウゴロウイワシ科のペヘレイの導入．
⑥ティラピアの導入と繁殖．

（2）　遊漁に伴う放流
①ブラックバス（オオクチバス）の移殖放流とその食害による原魚類相への影響．
②ブルーギル，コクチバスなどの移殖と分布の拡大による影響．
③ヘラブナの放流．
④アマゴやイワナなどの放流．

（3）　善意の繁殖と放流
自然をよくしたいとの思いから，個人的に飼育繁殖し，ふえたものを放流する行為が近年増加している．また，観賞魚などを飼育していたが，飼いきれなくなって放流することも多くなっている．

（4）　その他の目的による導入
カダヤシ，カムルチーやタイワンドジョウ，カワスズメ科のカワスズメやチカダイ

など．

d．淡水魚保護の仕組みと研究の推進

近年，人の自然とのかかわりが急速に変化し，自然そのものも変化しつつある．淡水魚の生息環境も急激に悪化し，ほとんどの種が減少しつつあり，絶滅が危惧される種も少なくない．このような中で，淡水魚類を保護していくことは，われわれ自身の生活を豊かなものにするためにも，欠かせないことである．そのために以下のような点について早急に取り組む必要がある．

①各生息地の自然環境の維持管理をするための住民組織および地域センター施設をつくり，保護を推進する．これを研究者と行政がバックアップする仕組みをつくる．

②系統保存と遺伝子資源保存：各地の個体群を人の管理下で継代飼育し，絶滅を防ぎ，生息地の復元などをはかる．また，各地の個体群の遺伝子を保存し，絶滅した場合の復元を可能にする．

③生息地環境の把握と環境維持，人と淡水魚とのかかわり，系統保存個体や保存している遺伝子などに関する研究を推進する．　　　　　　　　　　　　［望月賢二］

文　献

1) 後藤　晃・塚本勝巳・前川晃司編(1994)：川と海を回遊する淡水魚——生活史と進化, 279 p., 東海大学出版会.
2) 細谷和海・前畑政善(1994)：日本における希少淡水魚の現状と系統保存の方向性. 養殖研報, **23**, 17-25.
3) 環境庁(1991)：日本の絶滅のおそれのある野生動物(レッドデータブック), 脊椎動物編, 340 p., 自然環境研究センター.
4) 川那部浩哉・水野信彦編著 (1989)：日本の淡水魚, 720 p., 山と渓谷社.
5) McDowall, R. M. (1988): Diadromy in Fishes, 308 p., Croom Helm.
6) 中坊徹次編 (1993)：日本産魚類検索, 全種の同定, 1474 p., 東海大学出版会.
7) 日本水産資源保護協会(1995)：日本の希少な野生水生生物に関する基礎資料II, 751 p., 日本水産資源保護協会.
8) Sakaizumi, M., Morikawa K. and Egami, N. (1983): Allozymic variation and regional differentiation in wild populations of the fish Oryzias latipes. *Copeia*, **1983**-2, 311-318.
9) 水産庁(1994)：日本の希少な野生水生生物に関する基礎資料 I , 696 p., 水産庁・日本水産資源保護協会.
10) Taniguchi, N., Honma, Y. and Kawamata, K. (1990): Genetic differentiation of freshwater and anadromous threespine sticklebacks (*Gasterosteus aculeatus*) from northern Japan. *Japan. J. Ichthyol.*, **37**-3, 230-238.

23. 海産魚類の自然保護

23.1 海域環境と海産魚類の多様性

　海産魚類の自然保護を考えるとき，生息空間である海の自然環境の多様性と，魚類自身の多様性の両面を考慮する必要がある．これは，海洋の環境が沿岸から沖合あるいは深海へとつながっており，さまざまな形で人の活動の影響が，ゆっくりとあるいは急速に，きわめて広い範囲に広がっているからである．

a．日本周辺の海域環境の多様性

　日本列島は南北に長く，太平洋，オホーツク海，日本海，東シナ海などに囲まれ，周囲には暖流である黒潮や対馬暖流と寒流である親潮が流れている．このため，沖縄や小笠原諸島などの亜熱帯域から，北海道北部域の亜寒帯域まである．北西側には特異な環境をもつ日本海があり，東側には世界で最も深い海の一つである日本海溝がある．

　海域の自然環境の多様性を構成する要素は，塩分濃度，海流・潮汐流・波などの水の運動，水温，水圧，光，水深，陸地や海底の地形，底質などの非生物的環境と，生態系を構成する生物の種組成と現存量などである．海域は，これらの要素の組み合わせで，それぞれ特徴的な空間をつくりだしている．

　淡水が流下し海水と接するところには汽水域ができる．さらに海岸域から陸棚周辺までの間の沿岸域がとりまき，そこより沖合は外洋域となる．また，深さに応じて表面から水深200mまでを表層，水深200m以深を深海層とし，さらに水深6000mを超えるところは超深海層とよぶ．

　光は水中に入ると急激に減少していく．まず波長の長い赤から減少し，青色が比較的深くまで届くが，水深数百mではほとんど届かなくなる．このため，表層上部以外では植物が生存できず，生物の現存量は少なくなる．また，水温も低下し，表面の水温の季節変動も数百m以深には達しない．

b．海産魚類の多様性

　第22章で述べたように，現生魚類数は2〜3万種であり，そのうち日本産魚類は約3600種である（中坊，1993）．このうち，一生を淡水域で生活する純淡水魚約90種と

「周縁性淡水魚類」約110種（細谷・前畑，1994）を引いて，日本近海の海産魚類は約3400種になる．

　この海産魚類の内訳をみてみると，南方の熱帯・亜熱帯性魚類から，亜寒帯性魚類までを含んでいる．さらに，淡水域と海水域を回遊する魚類，沿岸性魚類，外洋性魚類，深海性魚類などがいる．この深海性魚類のうち，アシロ科やクサウオ科などは，超深海層まで生息範囲を広げ，世界最深の記録は8370mで見つかったアシロ類の一種，日本周辺の最深記録では7576mのシンカイクサウオである．このような超深海層に生息する種の中には，浮遊卵を産み，長い浮遊生活期を経て深海生活に移行するものもいる（沖山，1995）．また，海底上またはその付近に生息している底魚と表層から中層を広く泳ぎ回る浮き魚に分けることも多い．

　多くの魚類が浮性卵を産むが，石などの基質に産み付けるもの，親が保護するもの，巣穴を掘ってその中で保護するもの，他の生物の体内に産み付けるものなど，多様である．また，仔稚魚の出現場所も，イワシ類，サバ類，アジ類など広く表層に出現するもの，流れ藻や他の生物に付随して生活するもの，中層に出現するものなどがいるが，アユ，キス，クロダイなど，かなり多くの種が沿岸の波打ち際に出現する．このような，成長段階の特定の時期に特定の場所に出現する種の場合には，そのような場所への依存度が高いと推定され，保護のうえで注意すべき重要な点となる．

　また，マグロ類やカジキ類などのように非常に広い範囲を回遊する魚類や，広範囲の移動をしない魚類などがある．また，チョウチョウウオ類，キンチャクダイ類，ハリセンボンなど，夏に黒潮により幼魚が北に広がるが，冬を越せずに死亡する「死滅回遊」とよばれる現象をみせる魚類も少なくないが，地史的なスケールにおける分布域の拡大のうえで重要な現象であると考えられている．

　海産魚類の資源量は，全体的にみた場合に，減少しつつあると推定される．しかし，自然界における魚類資源量の変動の大きさは，対象種の特性によって大きく異なるため，資源量を問題にする場合には，良好な状態にあるときの自然変動のデータに基づいて判断すべきであり，ある特定の時期の資源量の増減だけでは判断できない点に注意する必要がある．一般に多獲性魚類といわれるマイワシ，ニシン，サバ類などは，資源量の多い時期と少ない時期の差がたいへん大きいことが特徴であり，資源量の多い時期が交代で出現するといった現象も観察されている．近年の例では，マイワシに大きい変動がみられた．1965年の漁獲量は1万トンを下回ったが，1970年代から急激に増加し，1980年代半ばには日本の全漁獲量の1/3にあたる400万トンを超えた（川島ら，1988）．しかし，1990年代に入り再び急激に減少し，1995年の漁獲量は100万トンを下回った．このような増減は，これら多獲性魚類特有なものであり，この変動が自然変動の範囲を越えていると考える根拠はない．

　また，熱帯系の魚類は種ごとの個体数は少ないが生息種数がたいへん多く，寒帯域では逆に種数は少ないが種ごとの個体数が多いという特徴がある．また，深海性の魚

23.2 海産魚類の現況

a. 希少種

　海産魚類の資源状態については，水産業における漁獲の状況などから，一般に減少傾向にあると考えられている．しかし，調査研究データはたいへん少なく，野生希少水生生物についての現状を調査した水産庁（1994）と日本水産資源保護協会（1995）のデータ以外には近年における有力な資料は見あたらない．これらによると，アリアケシラウオ，アリアケヒメシラウオ，アオギス，東シナ海産のクログチとカナガシラが絶滅危惧種であり，能取湖に産卵にくるニシンと東京湾，伊勢湾，紀ノ川河口域などのアオギスが絶滅した．また，危急種にはナメクジウオ，涸沼のニシン，有明海特産のエツ，沖縄県中城湾のトカゲハゼ，東シナ海のヒレコダイが，希少種に南西諸島のオニイトマキエイ，ビロウドザメ，尾駮沼のニシン，日本近海のクログチ，北海道周辺のマツカワ，東シナ海・黄海のカラアカシタビラメとコウカイトカゲエソがあげられている．このほか，希少種にニシン，シシャモ，ハタハタ，ソウハチなどの16種（系群）が，減少傾向種にアブラツノザメ，キチジ，キンメダイなどの8種（系群）があげられている．これらは，5年計画の2か年分であるため，これらが海産魚類を網羅しているわけではないが，全体の傾向を知るうえで参考になる．

b. 人工種苗などの放流と外国産種苗

　近年，水産業における漁獲高の減少に対する対策として，人工種苗をつくり，放流する事業が，全国的規模で推進されている．マダイをはじめとするタイ類，ヒラメ，イシダイ・イシガキダイ，サケなどのほか，クロマグロ，ハタ類，アジ類，トラフグ，ニシン，カサゴ類，マダラなど試験研究中のものを含めてその対象はたいへん多く，大きな産業として発展しつつある．

　これらは，一般的には，海産魚類保護や水産業を支える施策として肯定的に受け止められる場合が多い．しかし，多くの場合，それぞれの種の減少原因についての調査が十分ではなく，効果について明らかになっていないまま実施されているものも多い．また，遺伝的多様性に対する影響や放流個体と天然個体の関係などについても，今後の調査研究と検討が必要であろう．

　近年，養殖を目的にしたスズキ科のタイリクスズキなどをはじめとした海産魚類の種苗の輸入が広がっている．おもな輸出国は，中国，香港，台湾などである．この結果，日本の沿岸に分布していなかったタイリクスズキが逃げ出し捕獲されるなど，外国産魚類の侵入の可能性が高まっている．

22.3　海域の自然環境

　海域の自然環境は，近年，人のさまざまな活動による影響を強く受けるようになってきている．その影響により，海産魚類のおかれた状況は急速に悪化していると推定される．しかし，水中は観察や調査が困難であり，ダイビングや漁業による以外には，なかなか人の目に触れない．このため，現状の深刻さに対して，社会的認識は大きく遅れている．以下，海産魚類の生存に関係深いと考えられる，近年の海の環境悪化の原因となっている事象のうち，おもなものについてみてみる．

　第一に海岸・沿岸域の人工構造物の増加があげられる．人工護岸や港湾施設の建設，消波ブロックの設置，海岸道路や橋の建設，廃棄物などの処理場の建設，埋め立てとそれによる人工島の建設などである．これらにより，仔稚魚の主要な生息場所の一つである自然の島，干潟，岩礁域などが急激に減少している．このため，海産魚類のかなりの種で，産卵場や仔稚魚期の生活場所の消失による減少が起こっている可能性が高い．また，河口堰などの設置により川と海を行き来する魚類の生活史が完結できなくなったことによる減少が考えられる．1996年初夏には長良川におけるサツキマスやアユの減少が報道されているが，河口堰の影響の可能性が高いと考えられる例である．また，浜砂の流出防止などの理由で，消波ブロックの設置が各地で進められている．これは設置した場所の陸側については砂が堆積し，一見砂浜の保全に役立つようにもみえるが，実際には設置による海水の流れや波浪の当たり方の変化による，周辺の海岸域の侵食などを引き起こしている点が忘れられている．また，自然の浜は砂などの流入と流出のバランスのうえで成り立っていると推定されるが，消波ブロックの壁により水の動きを止めてしまうために，一般に砂が動かず，生物の生息に適さなくなる可能性が高い．さらに，砕波帯（波打ち際）がなくなることから，砕波帯に特異的に出現する多数の仔稚魚は生活場所を失うことになる．

　このような人工構造物の自然に対する悪影響の回復のために，人工海浜（干潟）の造成の事例がふえている．一部では，アサリがとれるなどの報告があるが，基本的に砂の移動を抑えているため，本来の海浜や干潟とは異なったものである．今後長期にわたり調査研究を実施するとともに，改良を加えていく必要がある．

　また，陸上の自然環境の変化の影響もある．ダムや堰の建設による土砂の流下の減少，山林の針葉樹林化による保水力の低下や，護岸工事や直線化による河川の排水路化による流下水量の変動の増大，産業用水や生活用水の増大による河川水量の減少とそれに伴う流出土砂量の減少，堰の建設による生物の生態系や移動経路の分断や汽水環境の消失などである．土砂の流入の減少は，干潟，砂浜，沿岸の海底などへの土砂の供給を減少させる．これにより，沿岸域の自然のバランスが崩れ，浜の後退などの原因の一つになり，魚類生態系に影響を与えている可能性がある．

有機物や人工物質の流入もある．洗剤，農薬，重金属などの有毒化学物質の流入，有機物や栄養塩類の流入の増大，ごみの増大などである．また，養殖の餌や排泄物による富栄養化，治療などで使われる抗生物質などさまざまな薬物，漁網や船底に塗る塗料や染料からの有毒物質の溶出などの影響がある．これらは，赤潮や青潮の原因や魚類の腫瘍の原因になるなど，魚類へのさまざまな影響がある．規制により一時期よりは改善されつつあると考えられるが，現在でも解決したとはいいがたい．現在でも東京湾中央部底層は，夏季には溶存酸素ゼロの状態になる．また，沿岸域の赤潮や青潮の発生は続いている．

22.4 海域の自然の保護

海産魚類の自然保護を考えるためには，海産魚類の生息する環境を良好な状態に保つことが必要である．このためには，近年，海の生物資源を守るために山に木を植える運動が各地の漁業協同組合や海岸域の住民の手で推進されていることに象徴的に示されているように，陸との関係を含めて総合的に考える必要がある．以下，主要な点についてみていく．

a．自然環境維持
（1） 海岸の人工構造物設置の見直し

人工護岸や港湾施設の建設，消波ブロックの設置，海岸道路や橋の建設，廃棄物処理場の設置，埋め立てとそれによる人工島の建設など，人工構造物の設置が海産魚類資源に大きな影響を与えている可能性が高い．このため，原則として人工構造物は設置すべきではない．しかし，これらの人工構造物は，何らかの社会的な必要性に応じてつくられているものである．そのため，設置にあたっては，事前の十分な調査研究と計画の検討を行い，やむをえない場合に限って，最も自然に影響の少ない構造，規模，設置（建設）方法を採用すべきである．しかし，現行のアセスメントはこのような趣旨にかなわないものであり，十分に実施されていない．そして，適切でない設置例や改良の余地のあると推定される例も少なくない．可能なところから既設の構造物の改良を進めるとともに，とくに仔稚魚の育成にとって重要な干潟，藻場，砂浜，岩礁域などの自然環境を生かした海岸・沿岸域の姿を見つけだす必要がある．

（2） 陸上環境の改善と沿岸域の管理

河川からの安定した量の良質の水の流入と適度に土砂の流下があるような，山林の育成管理および河川構造の改造と管理が必要である．この点でむやみな針葉樹林化は再検討すべきである．また，河川形態を，多様な生物がすみ移動できるようにすべきである．多量の有機物や栄養塩類が流れ出さないような産業形態の改善や処理技術の改良，都市の水利用形態の改良などが重要である．また，有毒物質が流下しないよう

な水処理技術の開発や管理も必要である．

　以上により，流入する水を良好にするとともに，適度な土砂の流下による砂浜や干潟の安定した状態を実現し，沿岸域の海底の状態を良好に維持することが可能になる．

　過度な養殖をやめ，水質の富栄養化を避けたり，より毒性の低い漁業資材の開発をはかるなどの研究開発も求められる．

b．漁業管理と種苗放流の見直し

　これまで，さまざまな漁業規制が実施され，安定した魚類資源管理をめざしてきているが，全体的には減少傾向にあると推定され，必ずしも成功していない．また，さまざまな海域での国際的な漁業規制も実施されている．また，近年国際的な希少生物の保護の動きが強まり，クロマグロ，ミナミマグロなどまでが俎上にのぼる事態になってきている．このため，国際的な取り組みを含め，漁業の管理をより適切に実施する必要がある．これには，対象種の特徴や生活史，生息海域の条件を考慮し，可能なところから早急に実施するとともに，継続的に調査研究を実施し，つねにその成果を取り込み，改良していく必要がある．

　また，漁業振興策としてひろく実施されている人工種苗の放流や人工漁礁の設置などはいくつかの問題点が考えられるため，以下の点について再検討すべきである．第一に，魚類資源と生息環境について継続的な調査を実施し，減少原因を明らかにしていく．第二に，減少しつつある魚類資源の回復のために，減少原因を取り除き，生息環境の回復を中心とした方法へ切り換える．第三に種苗放流や人工漁礁による方法は，その有効性や天然資源に与える影響の点から使い方を再検討する．

c．輸入種苗の管理

　輸入種苗の養殖が急速に広まっているが，養殖中の事故や隙間からの逃亡により，かなりの数の個体が周辺へ出ている．このため，あたかも移殖実験的な役割を果たしている．一方，これがそこの生態系にどのような影響を与えるか，定着するか，在来個体との交雑が起こるかなど，重要な点がまったく検討されていない．このため，第一に正確な実態把握を早急に実施すべきである．そのうえで，さまざまな点からの基礎的研究を行い，その取り扱いについて十分検討すべきである．　　　　　　[望月賢二]

文　　献

1) 細谷和海・前畑政善(1994)：日本における希少淡水魚の現状と系統保存の方向性．養殖研報, **23**, 17-25.
2) 川島利兵衛・田中昌一・塚原　博・野村　稔・隆島史夫・豊水正道・浅田陽治編 (1988)：改訂版　新水産ハンドブック, 735 p., 講談社.
3) 中坊徹次編 (1993)：日本産魚類検索, 全種の同定, 1474 p., 東海大学出版会.
4) 日本水産資源保護協会(1995)：日本の希少な野生水生生物に関する基礎資料II, 751 p., 日本水

産資源保護協会.
5) 沖山宗雄（1995）：世界最深部に魚はいるか. JAMSTEC, **7**-4, 1-9.
6) 水産庁(1994)：日本の希少な野生水生生物に関する基礎資料Ⅰ, 696 p., 水産庁・日本水産資源保護協会.

24. 甲殻類の自然保護

地球上で，種数が多く幅広い環境に進出して繁栄している動物は，節足動物である．その中で，陸上で繁栄しているのが昆虫類であり，水域で繁栄している動物は甲殻類である．甲殻類はカニやエビなどの水産有用種も多く，また自然界の食物連鎖の中で重要な位置を占めているものも多い．しかし，また同時に最近の人間の活動によって捕獲され，あるいは生息地を失い，絶滅の危機に瀕しているものも多い．ここでは，そうした甲殻類の日本における主要な種ついて，生息地別に生息の現状について述べる．

なお，稿を草するにあたり，図の転載許可をいただき粗稿に対して貴重なご指導をいただいた茨城大学教授森野浩先生と横浜国立大学名誉教授鈴木博先生，またチチュウカイミドリガニの東京湾における生息状況に関して，貴重な情報をいただいた千葉県立国分高校佐野郷美先生ならびに生物部の皆さまに，厚く御礼申し上げます．

24.1 海洋の甲殻類

a．沖合の甲殻類

甲殻類の多くは海洋に生息しているが，それらは広い範囲に分布しているために，沖合にすむ甲殻類でとくにすぐに絶滅の危機にあるものは少ない．しかし，近年の漁法の発達により漁業有用種では，年々漁獲高が減少の傾向にあるものが知られている．

たとえば，重要漁業甲殻類であるサクラエビ (*Sergia lucens* (Hansen)) は，駿河湾，東京湾，相模湾などに産し，漁業管理による資源保護が行われてはいるが，近年の漁具・漁法の近代化，大型化によっても漁獲量は明らかに頭打ち状況にあり，全体の資源量としては減少傾向にあると考えられる(水産庁，1994)．そのほか，漁獲高の推移から考えて，減少傾向にあると危惧されている種類に，北海道などで漁獲されているタラバガニ (*Paralithodes camtschaticus* (Tilesius))，静岡県などで漁獲されているタカアシガニ (*Macrocheira kaempferi* (Temminck))，日本海，北海道，東北で漁獲されているズワイガニ (*Chionoecetes opilio* (O. Fabricius)) (図24.1) などがある(水産庁，1994)．

また10年余り以前に，日本の十脚甲殻類の幅広い分類群を網羅した三宅 (1982；1983) によると，明らかに多くの種で，近年個体の小型化が目立っているという．こ

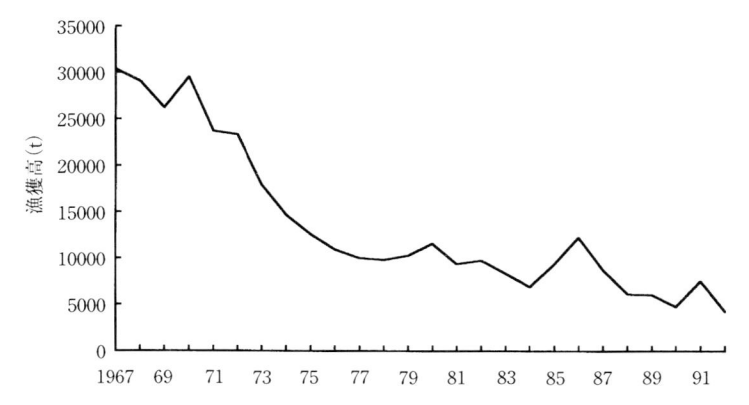

図 24.1 東北太平洋側におけるズワイガニの漁獲高の推移［漁業養殖業水産統計年報（農林水産省統計情報部）のデータをもとにした今（1994）の表（日本の希少な野生水生生物に関する基礎資料 I，ズワイガニ）をもとに作成］

れは長く生きている個体が減っていることを意味しており，日本近海全体として，多くの種類で個体数が減少していることを示唆している．

これらの生物を保護するためには，漁業管理による資源保護が必要で，また漁業による混獲によって重要漁業甲殻類以外の甲殻類にも影響が出ていることが予測されるので，混獲の問題については今後クローズアップされねばならない．ある生物は，自然界の食物連鎖網やさまざまな種間関係を通して，その生態系に存在しているので，ある種類を保護するためには，その生物がすんでいる環境とそこにすむ生物全体を保護しなければならない．

b．内湾の甲殻類

海洋でとくに汚染問題が深刻なのは，内湾域であり，東京湾，伊勢湾，三河湾，大阪湾，洞海湾などでその問題は顕著である．内湾には，クルマエビ，ガザミなどのワタリガニ類などを中心に水産有用甲殻類が多い．しかし，汚染が進行すると，底生生物ではまず最初に甲殻類が絶滅してしまい，多毛（ゴカイ）類ばかりが多い種構成となってしまう．

たとえば，伊勢湾における調査では，1940 年には甲殻類の個体数比率は，全体の 46.0％ であったが，汚染の進んだ 1968 年には 0.6～1.2％ まで落ち込んでいる．これに対して多毛類は，1940 年に個体数比率が全体の 41.6％ であったのが，1968 年には 72.1～91.7％ にも達している（北森，1984）．同様に甲殻類が減少し多毛類が増加することは，三河湾の調査でも知られている（北森，1984）．汚染域の海底のベントス相の大部分が，多毛類で占められてしまうことは，おそらくひろく一般的にみられる現象で，たとえばほかにも九州北西部の天草の巴湾において，23 年にわたって魚養殖による富栄養化に伴う汚染の進行とベントス相をモニタリングした九州大学の研究（Tsutsumi *et al.*, 1991) では，1966 年に多毛類は個体数比 20% 前後からそれ以下であったのに対し，1989 年には 60% から 95% 以上が多毛類で占められるに至った．

またこのようにして，汚染によって日本の在来種が激減あるいは消滅した内湾域には，外国からの汚染に強い帰化動物が多産するようになる（朝倉，1992）．最も有名なのは二枚貝のムラサキイガイであるが，甲殻類においてもアメリカフジツボ（*Balanus eburneus* Gould），ヨーロッパフジツボ（*Balanus improvisus* Darwin），チチュウカイミドリガニ（*Carcinus meditteraneus* Czerniavsky）（図 24.2），イッカククモガニ（*Pyromaia tuberculata* (Lockington)）などの帰化種が自然破壊の進んだ内湾域に生息するようになった．

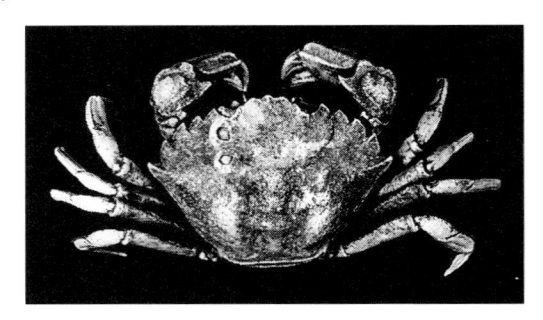

図 24.2 チチュウカイミドリガニ
攪乱汚染海域の移入種で地中海から入ってきた．近年，東京湾奥で多数採集されるようになった．千葉県立国分高校生物部（顧問：佐野郷美教論）が，東京湾奥江戸川放水路で採集した個体．オス，甲長 47.6 mm×甲幅 62.1 mm（写真：朝倉）．

なお甲殻類ではないが，それにきわめて近縁のグループで絶滅の危機に瀕しているものとして，生きている化石として有名なカブトガニ（*Tachypleus tridentatus* (Leach)）をあげなければならない．世界に現存するカブトガニ類は 4 種類であるが，全種が国際的に希少な生物として指定されており，しかしその生息の実態調査はほとんどなされていない．日本のカブトガニは瀬戸内海と九州北西部の干潮時に干潟が出るような内湾が生息地で，「カブトガニ繁殖地」として岡山県笠岡市の海岸が 1928 年に国の天然記念物に，愛知県東予市の沿岸が 1949 年に県の天然記念物に，九州の伊万里市の伊万里湾奥が 1981 年に市の重要文化財，天然記念物に指定された．しかし，それらの地域でも開発によって自然環境は急速に失われ，汚染も進み，個体数は激減している（関口，1994）．

内湾域は人間の活動が活発な場所で，日本ではその地域の開発，港湾化から免れえなかった．また内湾域の汚染の原因は非常に多く，その対策も多岐にわたらねばならない．生活排水や工場廃水が海に流れないようにすることは，最も重要なことである．また，魚の養殖に伴い，大量の餌を投入することが，九州の多くの内湾の富栄養化の原因であり，餌量のコントロールと食べ残しの回収が必要である．またかつては内湾

に広がる巨大な干潟が，非常に大きな水の浄化作用をもっていた．干潟の消失が東京湾の恒常的な赤潮や青潮の原因の一つであることは明らかであり，人工干潟の造成や残った干潟の保護が，ぜひとも必要である．

c．海洋における特定種の大発生

ところで近年，日本在来種の減少という現象とは逆に，九州の内湾域で爆発的にふえている甲殻類がいて，それはニホンスナモグリ（*Callianassa japonica* Ortmann）であり，ベントス相に深刻な影響を与えている．九州の多くの砂質干潟においては，イボキサゴを中心とする食物連鎖網をもつベントス群集が形成され，多様性の高い群集がみられた（野島ら，1980）が，1980年代になって各地の干潟で，ニホンスナモグリが異常に増殖するようになり，この生物が摂食のために巻き上げる砂が，干潟表層の砂の流動性を著しく増加させ，もとからいた生物を，ことごとく排除してしまった．このため，たとえば食用となっていたアサリ，バカガイ，マテガイなどもいなくなってしまい，著しく種多様性が減少した．その影響と排除のプロセスについては，玉置らの研究（たとえばTamaki, 1988; Tamaki and Ingole, 1993）に詳しいが，干潟に定住する動物以外にも，満潮時に沖からイボキサゴや二枚貝を食べに干潟にくるキスなどの食用魚やガザミなどの食用甲殻類などの捕食者にも，深刻な影響を与えているはずで，大都市周辺の自然破壊ばかりが人間の目につき問題になりやすいが，実は干潟が多くあって自然豊かなように一見みえる郊外での生態系の改変が，かなり深刻であるといえる．

ある特定の種類の生物が爆発的にふえて，そこにすんでいる生物に大きな被害を与えることは，たとえば，熱帯太平洋の広い地域でのオニヒトデの大発生によるサンゴ礁への悪影響，三宅島，高知，宮崎，沖縄におけるヒメシロレイシガイダマシ（*Drupella fragum* (Blainville)）の大発生によるサンゴ群落の被害（野村，1994），東京湾と仙台湾におけるヒトデ（*Asterina amurensis* Lütken）の大発生による漁業生物の被害，有明海におけるムラサキヒトデ（*Asterina amurensis versicolor* Sladen）の大発生によるアカガイやタイラギなどの漁業貝類の被害（野島・近藤，1986）など，近年その例を増してきている．その原因は，ニホンスナモグリの例ともども，まだ特定できていないが，人間の活動の影響による生態系のバランスの破壊が，その原因となっていると考えている研究者は，少なくないと思われる．

24.2 淡水の甲殻類

甲殻類の一部は河口域，河川，湖などの淡水に生息し，それらの場所は人間の活動が盛んであるために，絶滅の危機に瀕している．これは日本のみならず世界的にみてもそうで，IUCN（1994）のレッドリストには，淡水産の十脚甲殻類が多く掲載されて

a. 北海道～九州の河川の甲殻類

　現在，保護の必要がある地域個体群として，日本版レッドデータブック（環境庁，1991）に掲載されているのは，秋田県のザリガニ（*Cambaroides japonicus* (de Haan)）個体群である．この種は日本の固有種で，北海道西部から秋田，青森，岩手の谷川や低地の湧水池にのみ生息している．国の天然記念物「ザリガニ南限生息地」の大館市では，農薬の使用，宅地化による水質悪化や，小川のコンクリート溝化によって，生息地が消滅してしまい，また土地造成などによる水位の低下などにより，絶滅の危機に瀕している．本種が，日本の限られた地域にしか生息しない貴重種であることは古くからわかっていたが，生態や生息状況についての詳しい研究が始まったのは，川井らの研究（1994）によって最近になってからであり，広い範囲での生息環境の保護が強く望まれる．

　また，日本中部以南の暖温帯域の河川には，エビ類では両側回遊性のミゾレヌマエビ（*Caridina leucosticta* Stimpson），トゲナシヌマエビ（*C. typus* H. Milne Edwards），ヒメヌマエビ（*C. serratirostris* De Man），ヤマトヌマエビ（*C. japonica* De Man），ヒラテテナガエビ（*Macrobrachium japonicum* (De Haan)），ミナミテナガエビ（*M. formosense* Bate）などが生息している．また，両側回遊性のカニ類ではオオヒライソガニ（*Varuna litterata* (Fabricius)），水産重要種のモクズガニ（*Eriocheir japonicus* De Haan）がいる．

　これらの種類は，幼生は海で育つが，幼稚体期になると，河川に上がってくる．したがって，もし河川の途中にコンクリートの堰があったりダムができてしまうと，これらの種類の回遊の経路が妨げられてしまい，生息できなくなってしまう．回遊性の魚を通すためのいわゆる「魚道」というものが，河川の治水工事，護岸工事の際につくられることがあるが，これらのエビ類は魚類よりもはるかに小さく力も弱いので，河川における魚道ならぬ「エビ道」，「カニ道」の整備が必要である．しかし，これらの甲殻類は，魚よりも目立たず，また食用の価値も魚に比べると低いので，不当にその重要性が見逃されてきたといえよう．

　また，土手に穴を掘って生活したりするアカテガニ（*Chiromantes haematocheir* (De Haan)），ベンケイガニ（*Chiromantes dehaani* (H. Milne Edwards)）などのベンケイガニ類や，川岸の落葉の下などに暮らすサワガニ（*Geothelphusa dehaani* (White)）にとって，コンクリートによる護岸工事は生息地の消滅につながる．なお，ごく最近，大隅半島からサワガニの新種ミカゲサワガニ（*Geothelphusa exigua* Suzuki and Tsuda）が発見されたが，分布域が非常に限定されており，たいへん貴重な種である（Suzuki and Tsuda, 1994）．

b. 池，沼，湖の甲殻類

日本の温帯域の湖沼，池，水田の用水路や流れの比較的ゆるやかな河川には，ヌマエビ，ヌカエビ，日本固有亜種のミナミヌマエビ(*Neocaridina denticulata denticulata* (De Haan))，極東固有種のスジエビ (*Palaemon paucidens* De Haan) やテナガエビ (*Macrobrachium nipponense* (De Haan)) がいる．これらのエビ類は，魚などに比べるとスミチオン系の農薬に非常に弱いことが知られている（鈴木・佐藤，1994）．

琵琶湖は日本最大の湖であり，1000種類を超す動植物が生息しており，500万年前に成立した世界でも有数の古い湖であり，魚類や貝などの動物合わせて数十種類の固有種が知られている（西野，1987）．そしてここに，3種類の琵琶湖固有のヨコエビ目の種がすんでいる．それはキタヨコエビ科のアナンデールヨコエビ (*Jesogammarus* (*Annanogammarus*) *annandalei* (Tattersall)) と日本版レッドデータブックに危急種として指定されたナリタヨコエビ (*J.* (*A.*) *naritai* Morino)（図 24.3），そしてイシクヨコエビ科のビワカマヨコエビ (*Kamaka biwae* Ueno) である (Morino, 1994；西野，1993)．アナンデールヨコエビは主として琵琶湖北湖の沿岸から最深部まで，ナリタヨコエビは琵琶湖全域の沿岸部，ビワカマヨコエビは，琵琶湖北湖・南湖の沿岸部，亜沿岸部の砂底，泥底にすんでいる（西野，1986）．

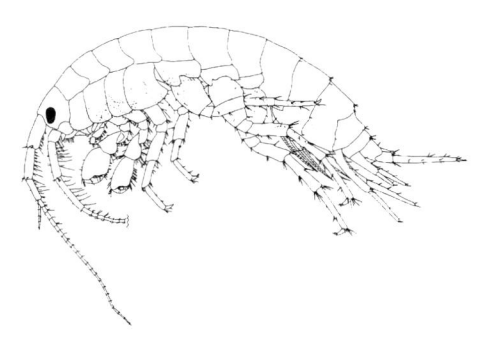

図 24.3 ナリタヨコエビ (Morimo, 1985)
琵琶湖の固有種で日本版レッドデータブック（環境庁，1991）で危急種に指定されている．正模式標本（オス，全長 9.0 mm）の図（著者・出版元の許可を得て転載）．

これらヨコエビ目の種については，1914年，インド博物館長であったイギリス人のAnnandaleが琵琶湖を訪れ，淡水生物相の調査を行い（西野，1987），このとき，琵琶湖，日本各地，中国から発見したヨコエビを，1922年にアナンデールヨコエビ（当時の学名は *Gammarus annandalei* Tattersall）として発表した．その後，1976年，その種の琵琶湖内での生態を調べた成田がその中に二つの異なる生活史と分布をもつ集団を発見した(Narita, 1976)．その後森野は，それらを含むこの仲間のヨコエビ類の形態を詳細に調べ(Morino, 1985)，これまでアナンデールヨコエビとされていた種がいくつかに分かれることを見い出し，成田の2型(Narita, 1976)も，種内変異でな

く別種であると結論し，そのうちの一つをナリタヨコエビ（*J. naritai*）という新種として発表した．またアナンデールヨコエビとナリタヨコエビは琵琶湖の固有種ということになった．さらに森野は，分岐分類学的手法を用いて，この琵琶湖固有2種を含む *Jesogammarus* 属11種間での系統的位置について調べ，これら2種は異なる祖先種をもつらしいことを見い出した(Morino, 1994)．それによると，アナンデールヨコエビは諏訪湖固有種のスワヨコエビに最も近い形態を有するのに対し，ナリタヨコエビは日本中部各地に分布するヒメアナンデールヨコエビ（*J. (A.) fluvialis* Morino）や韓国に分布する *J. (A.) koreaensis* Lee and Seo に近いことを見い出している．

諏訪湖には，1986年になって記載され，日本版レッドデータブックに危急種として指定された固有種スワヨコエビ（*J. (A.) suwaensis* Morino）（図24.4）が沿岸域に生息している(Morino, 1986)．最近本種の生活史の研究が始まったが(Kusano, 1992)，まだまだ不明な点は多いにもかかわらず，沿岸部の開発により，絶滅の危機に瀕している．

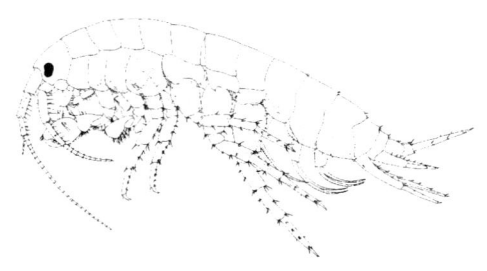

図 24.4 スワヨコエビ（Morino, 1986）
諏訪湖の固有種で日本版レッドデータブック（環境庁，1991）で危急種に指定されている．正模式標本（オス，全長12.1mm）の図（著者・出版元の許可を得て転載）．

これらの湖沼の生物を保護するためには，湖沿岸域の自然状況の保全，水質の保全，水位を一定に保つことが必要である．沿岸域を護岸工事などで破壊してしまうと，生物の生息場所がなくなってしまう．また，湖に栄養塩類が大量に流れ込むと富栄養化が起こったり，農薬が流れ込むと水質が悪化し生物がすみにくくなる．さらに，湖周辺や，湖に流れ込む，あるいは流れ出る川の開発によって流量が変化すると，湖の水位の低下が起こり，湖岸の水草類が枯死し，沿岸生物の生息場所や産卵場所が破壊され，湖生態系のバランスが大きく崩れることになる（西野，1986）．

c．北海道〜九州の淡水甲殻類の遺伝子多様性保護の問題

日本列島の淡水域にすむ甲殻類で，地理的に広く分布している成体の形態からは同一種とされてきたものが，近年の詳細な研究により，かなりさまざまな遺伝的な変異があることが明らかになってきており，改めて同一種かどうかが問われてきている．

たとえばサワガニ（*Geothelphusa dehaani* (White)）は1種類とされているが，地

域によって色彩パターンに変異があり，遺伝子頻度も異なっている（Aotsuka *et al*., 1995）．また，スジエビ（Chow and Fujino, 1987）やテナガエビ（益子，1992）でも，河川によって卵サイズに変異があり，それが遺伝的なものであることが見つかっている．つまりこれらの事実は，種分化の萌芽を想起する現象である．これは，ある地域で，そこに生息する種が環境悪化などにより減少しても，その原因究明とそれに対する保護対策を第一に考えるべきで，他の地域から容易に同じ種を移入させてはならないことを示している．

d．琉球列島淡水域のエビ類

琉球諸島の河川には，その地域固有のエビ類が多く分布し，河川環境の悪化に伴い貴重な種が現在絶滅の危機にさらされている．日本版レッドデータブック（環境庁，1991）で希少種に指定されているのは，西表島の固有種で河川陸封性のショキタテナガエビ（*Macrobrachium shokitai* Fujino et Baba），琉球列島固有種サキシマヌマエビ（*Caridina sakishimensis* Fujino et Shokita），石垣・西表島の河川陸封性のエビであるコツノヌマエビ（*Neocaridina brevirostris* (Stimpson))，石垣島の河川陸封性のイシガキヌマエビ（*N. isigakiensis* (Fujino et Shokita))である．

さらに，琉球列島と台湾を含む地域において，固有種というわけではないが，熱帯の縁辺部に位置することから，その分布北限となっていて，個体数も少なく希少種に指定されている河川および河口域の種類として，ツブテナガエビ（*Macrobrachium gracilirostre* (Miers))，ネッタイテナガエビ（*M. placidulum* (de Man))，ヒラアシテナガエビ（*M. latidactylus* (Thallwitz))，ミナミオニヌマエビ（*Atya pilipes* Newport），ホソアシヌマエビ（*Caridina nilotica gracilipes* de Man），ナガツノヌマエビ（*C. gracilirostris* de Man）がいる（環境庁，1991）．また，希少種のヒラツノヌマエビ（*C. acuminata* Stimpson）は，沖縄，小笠原，ハワイのみから知られる（環境庁，1991）．

これらの貴重なエビ類の生態については，諸喜田の研究（1975）により徐々に解明されつつはあるものの，まだまだ詳細な点については不明なことも多く，さらなる研究の進展が望まれる．

e．琉球列島淡水域のサワガニ類

現在日本版レッドデータブック（環境庁，1991）で危急種に指定されているサワガニ類は，沖縄本島，久米島などの小さな支流や湧水域に生息するアラモトサワガニ（*Geothelphusa aramotoi* Minei），沖縄本島，慶良間，奄美の河川中・上部の河岸や周辺の山地の湿地帯に生息するオオサワガニ（*G. levicervix* (Rathbun))，沖縄本島に生息するヒメユリサワガニ（*G. tenuimana* (Miyake and Minei))，久米島の河川の河岸近くの湿地にすむクメジマミナサワガニ（*Candidiopotamon kumejimense* Minei）

で，すべてその地域の固有種である．

また希少種に指定されている（環境庁，1991）のは，台湾，西表島，石垣島に分布するタイワンサワガニ（*Geothelphusa candidiensis* Bott）とミヤザキサワガニ（*G. miyazakii* (Miyake et Chiu)），奄美，徳之島の固有種リュウキュウサワガニ（*G. obtusipes* Stimpson）（図 24.5），奄美，徳之島，沖縄島の固有種サカモトサワガニ（*G. sakamotoana* (Rathbun)），奄美，徳之島の固有種アマミミナミサワガニ（*Candidiopotamon amamense* Minei），沖縄本島の固有種オキナワミナミサワガニ（*C. okinawense* Minei）とオキナワヤマガニ（*Nanhaipotamon globosum* (Parisi)），西表島，石垣島の固有種ヤエヤマヤマガニ（*N. yaeyamense* Minei）である．

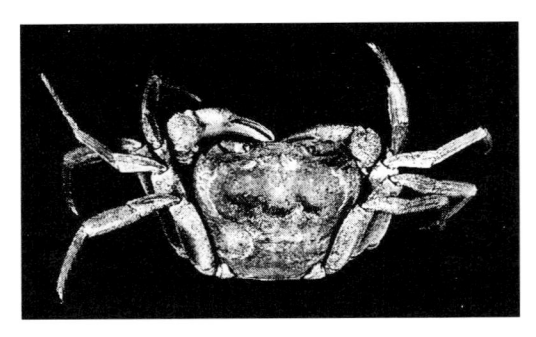

図 24.5 リュウキュウサワガニ
沖縄の固有種で日本版レッドデータブック（環境庁，1991）で危急種に指定されている．沖縄本島産，メス，甲長 30.6 mm×甲幅 35.1 mm（写真：朝倉）．

これらのサワガニ類の分類と生態については，嶺井や諸喜田らの研究（嶺井，1963；Minei，1973；儀間・諸田，1980）により解明されつつはあるものの，まだまだ詳細な点については不明なことも多く，これらの貴重な種の実態については，さらなる研究の進展を待たねばならない．

これらの種の保護にとって必要なことは，河川を自然の状態に保全すること，河川に汚染物質が流れ出ないようにすること，とくにサワガニ類の場合は河川ばかりでなく生息地となるその周辺の湿地や山林が保護される必要があること，である．とくにこれら貴重な固有種がすむ沖縄の島々は，島の面積が小さくそれに伴い河川の規模も小さく，自然環境は悪化しやすいので注意が必要である．

24.3 特殊な生息地の十脚甲殻類

洞窟には，眼が退化傾向にある特異で貴重な動物がすむことがひろく知られているが（IUCN，1994），また同時に狭く閉ざされた環境であるため，人為的な影響に弱い．日本においても琉球列島の洞窟には特異な種が生息している．その中で日本版レッドデータブックに危急種に指定されているのは，ドウクツテッポウエビ（*Metabetaeus*

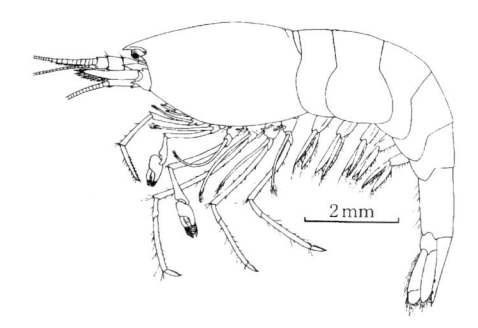

図 24.6 ドウクツヌマエビ（Suzuki，1980）
沖縄の洞窟（陸封潮だまり）に生息し日本版レッドデータブック（環境庁，1991）
で危急種に指定されている．沖縄八重山諸島黒島産メス個体の図（著者・出版元の
許可を得て転載）．

lohena Banner et Banner）とドウクツヌマエビ（*Antecaridina lauensis*（Edmondson））（図24.6）であり，洞窟内や陸封潮だまり，海の近くの多孔石灰岩質の土地に掘られた井戸の中にすむ（Suzuki, 1980）．また地下水の中にすみ，今日までただ1回しか発見されていないチカヌマエビ（*Halocaridina trigonophthalma*（Fujino et Shokita））と宮古島，沖縄本島，沖之永良部島の洞窟や地下水にすむ固有種アシナガヌマエビ（*Caridina rubella* Fujino et Shokita）はともに希少種に指定されている．

これらの種の保全のためには，洞窟内の自然を保護すると同時に，地下水脈を汚染しないよう，土壌中に有害物質を埋めないあるいは流さない配慮が必要である．

24.4 陸の希少種

琉球列島や小笠原諸島などにすむ陸生の甲殻類，とくにオカヤドカリ類の分類と生態については仲宗根らの膨大な研究（沖縄県教育委員会，1987）により解明されつつあり，長い間の分類的混乱も整理された．それによれば，日本には6種類のオカヤドカリ類が生息していることが明らかとなり，このうち日本版レッドデータブックにとくに希少種として指定されているのはサキシマオカヤドカリ（*Coenobita perlatus* H. Milne Edwards）（図24.7），コムラサキオカヤドカリ（*C. violascens* Heller），オオナキオカヤドカリ（*C. brevimanus* Dana）である．また，世界的な希少種とされているのはヤシガニ（*Birgus latro*）（図24.8）である（IUCN, 1994）が，かつては琉球列島でも採集記録はあるが，現在ではきわめてまれである．

また，陸生のカニで希少種とされているのは石垣島と大東諸島で発見されたヘリトリオカガニ（*Cardisoma rotundum*（Quoy et Gaimard），海外ではロイヤルティ諸島，ココス諸島での採集記録がある）と石垣島で発見されたムラサキオカガニ（*Gecarcoidea lalandii* H. Milne Edwards，海外では台湾～アンダマン諸島に分布）である．

図 24.7 サキシマオカヤドカリ

日本では，沖縄の八重山諸島，小笠原諸島の硫黄群島のみに生息し，日本版レッドデータブック（環境庁，1991）で危急種に指定されている．沖縄および小笠原のオカヤドカリ類は天然記念物に指定されており，日本産個体は入手できないので，小笠原諸島の南約1500kmに位置するミクロネシア・北マリアナ諸島で千葉県立中央博物館調査隊が採集した個体を示す．オス，甲長38.3mm，千葉県立中央博物館所蔵標本（写真：朝倉）．

図 24.8 ヤシガニ

日本の希少な野生水生生物（水産庁，1994）の一つとして，とりあげられている．沖縄以南の熱帯インド～太平洋に分布するが，1994年世界レッドリスト（IUCN）で世界的な希少種に指定された．日本産個体は入手できないので，小笠原諸島の南約1500kmに位置するミクロネシア・北マリアナ諸島で千葉県立中央博物館調査隊が撮影した個体を示す．

　これら陸生の甲殻類を保護するためには，陸上の生態系を良好な状況に保つことと同時に，これらの種類は幼生は海で育ち，幼稚体になると海岸から上陸してくるので，海岸の自然環境を保全することも必要である．なお，ヤシガニは，食用となっていた地域もあったため，人間による捕獲が最も主要な個体数減の原因であり，その捕獲を

やめるようにしなければならない．　　　　　　　　　　　　　　　　　　［朝倉　彰］

文　献

1) Aotsuka, T., Suzuki, T., Moriya, T. and Inaba, A. (1995): Genetic differentiation in Japanese freshwater crab, *Geothelphusa dehaani* (White): Isozyme variation among natural populations in Kanagawa Prefecture and Tokyo. *Zool. Sci.*, **14**, 427-434.
2) 朝倉　彰 (1992): 東京湾の帰化動物——都市生態系における侵入の過程と定着成功の要因に関する考察．千葉中央博自然誌研報，**1**, 1-14.
3) Chow, S. and Fujino, Y. (1987): Comparison of intraspecific genetic diversity levels among local populations in decapod crustacean species: With some references of phenotypic diversity. *Bull, Jpn. Soc. Sci. Fish.*, **53**, 691-693.
4) 儀間英美・諸喜田茂充 (1980): 沖縄県与那川におけるサワガニ類の分布．沖縄生物学会誌，**18**, 9-15.
5) IUCN (International Union for Conservation of Nature and Natural Resource) (1994): Red List of Threatened Animals, IUCN Grand, UK.
6) 環境庁 (1991): 日本の絶滅のおそれのある野生生物——レッドデータブック，259 p.
7) 川井唯史 (1994): ザリガニ．日本の希少な野生水生生物に関する基礎資料，pp. 620-624, 水産庁．
8) 北森良之助 (1984): マクロベントス相の変化．内湾の環境科学（西条八束編），pp. 93-115, 培風館．
9) Kusano, H. (1992): Reproductive ecology of a freshwater amphipod, *Jesogammarus suwaensis* Morino, inhabiting Lake Suwa in central Japan. *Ecol Res.*, **7**, 133-140.
10) 益子計夫 (1992): テナガエビの大卵少産・小卵多産．遺伝，別冊，7-16.
11) 嶺井久勝 (1963): 沖縄島産サカモトサワガニの生息場所および産卵習性．九大農学部学芸雑誌，**20**, 365-372.
12) Minei H. (1973): Potamoid crabs of the Ryukyu Islands, with descriptions of five new species (Crustacea, Decapoda, Potamoidea). *J. Fac. Agr.*, **17**, 203-226, Kyushu Univ.
13) 三宅貞祥 (1982, 1983): 原色日本大型甲殻類図鑑，（I）261 p., （II）277 p., 保育社．
14) Morino, H. (1985): Revisional studies on *Jesogammarus-Annanogammarus* group (Amphipoda: Gammaroidea) with description of four new species from Japan. *Publ. Itako Hydrobiol. Stn.*, **2**, 9-55.
15) Morino, H. (1986): A new species of the subgenus *Annanogammarus* (Amphipoda: Anisogammaridae) from Lake Suwa, Japan. *Publ. Itako Hydrobiol. Stn.*, **3**, 1-11.
16) Morino, H. (1994): The phylogeny of *Jesogammarus* species (Amphipoda: Anisogammaridae) and life history feature of two species endemic to Lake Biwa, Japan. *Arch. Hydrobiol. Beih. Ergebn. Limnol.*, **44**, 257-266.
17) 諸喜田茂充 (1975): 琉球列島の陸水エビ類の分布と種分化について．琉球大学理工学部紀要（理学編），**18**, 115-136；**28**, 193-248.
18) Narita, T. (1976): Occurrence of two ecological forms of *Anisogammarus annandalei* (Tattersall) (Crustacea: Amphipoda) in Lake Biwa. *Physiol. Ecol., Japan*, **17**, 551-556.
19) 西野麻知子 (1986): 琵琶湖の水位低下と生物．滋賀県琵琶湖研究所研報，**4**, 26-42.
20) 西野麻知子 (1987): 琵琶湖の底生動物．日本の生物，**1-7**, 18-23.
21) 西野麻知子編 (1993): 琵琶湖の底生動物——水辺の生きものたち，II カイメン動物，扁形動物，触手動物，環形動物，甲殻類，62 p., 滋賀県琵琶湖研究所．

22) 野島　哲・北島芳朗・桑原泰久・宮本精也・古西作治（1980）：砂質干潟の食物連鎖 —— 特にイボキサゴを中心として．ベントス研連誌，**19/20**，71-80.
23) 野島　哲・近藤義昭（1986）：有明海におけるヒトデの大発生．海洋科学，**19**，123-128.
24) 野村恵一（1994）：ヒメシロレイシガイダマシの大発生．ダイバー，**1994**-10，65-67.
25) 沖縄県教育委員会（1987）：あまん —— オカヤドカリ生息実態調査報告，254 p.
26) 関口晃一（1994）：カブトガニ．日本の希少な野生水生生物に関する基礎資料，pp. 683-696，水産庁．
27) 水産庁（1994）：日本の希少な野生水生生物に関する基礎資料，696 p.
28) Suzuki, H. (1980): An atyid shrimp living in anchialine pool on Kuro-shima, the Yaeyama Group, Okinawa Prefecture. *Proc. Jap. Soc. Syst. Zool.*, **18**, 47-53.
29) Suzuki, H. and Tsuda, E. (1994): A new freshwater crab of the genus *Geothelphusa* (Crustacea : Decapoda : Brachyura : Potamidae) from Kagoshima Prefecture, southern Japan. *Proc. Biol. Soc. Wash.*, **107**, 318-324.
30) 鈴木廣志・佐藤正典（1994）：かごしま自然ガイド，淡水産のエビとカニ，137 p.，西日本新聞社．
31) Tamaki, A. (1988): Effects of the bioturbating activity of the ghost shrimp *Callianassa japonica* Ortmann on migration of a mobile polychaete. *J. Exp. Mar. Biol. Ecol.*, **120**, 81-95.
32) Tamaki, A. and Ingole, B. (1993): Distribution of juvenile and adult ghost shrimps, *Callianassa japonica* Ortmann (Thalassinidea), on an intertidal sand flat: Intraspecific facilitation as a possible pattern-generating factor. *J. Crust. Biol.*, **13**, 175-183.
33) Tsutsumi, H., Kikuchi, T., Tanaka, M., Higashi, T., Imasaka, K. and Miyazaki, M. (1991): Benthic faunal succession in a cove organically polluted by fish farming. *Mar. Poll. Bull.*, **23**, 233-238.

25. 昆虫類の自然保護

　日本から昆虫は3万種あまり知られていて，多様な環境に生息している．都市や農村の周辺にすんでいる種類は人里昆虫とよばれていて，チョウ，トンボ，クワガタムシ，カブトムシ，タマムシ，セミやコオロギなどがその代表的なものである．これらの昆虫は夏や秋の風物詩としてもなじまれていて，人の心や文化の中にとけ込んでいる．他方，カやハエのような衛生害虫，ゴキブリのような不快昆虫も身のまわりにみられ，昆虫は「嫌なもの」あるいは「気持ちの悪いもの」の代名詞にもなる．さらに，昆虫は小中学校の理科の「教材」であったり，農業害虫であったり，ときに，高価な「商品」であったりする．それで，人々の昆虫に抱く思いはさまざまであるのが現状である．このようなことと関連して，昆虫保護についての統一された適切な思想が，日本でひろく行きわたっていないのが現状である．そこでここでは，最初に昆虫保護の現状と問題点を整理し，解決策を論じる．続いて，昆虫保護と関連する環境問題や保護教育問題を論じ，最後に自然保護思想における昆虫採集の意義や役割を考えたい．

25.1　昆虫の保護行政

　日本の昆虫保護行政は，現在基本的に国，都道府県，市町村の3層によって行われている．昆虫を保護する国のおもな法律には，環境庁が担当している「自然公園法」，「自然環境保全法」および「種の保存法」，さらに文化庁が担当する「文化財保護法」がある（野村，1991；1992；芳賀，1991）．また，都道府県と市町村は，これらの国の法律をもとにさまざまな形の条例を制定して，特定の昆虫の保護を行っている．具体的にみていくと，自然公園法によって国立公園と国定公園が指定されていて，公園の中の特別保護地区内では許可なく昆虫の採取が禁止されている．他方，都道府県にも自然公園条例があり，それによって都道府県の自然公園は普通地域と特別地域に区分されるが，都立自然公園内の特別地区では昆虫の採取は規制されているのが現状である．自然環境保全法によって原生自然環境保全地域の全域で昆虫の採取（および殺傷，損傷）が禁止されていて，また，自然環境保全地域の中の野生動植物保護地区において環境庁によって告示された種の採取が禁止されている．都道府県の自然環境保全地域においても昆虫の採取が規制されている．種の保存法では特定種（現在4種）が指定されていて，指定種の採取が規制されている．さらに，文化財保護法と都道府県や

市町村の文化財保護条例では天然記念物または天然保護区域が指定されていて，指定された昆虫は許可なく採取できず，また指定された区域内の昆虫の採取は規制されている．

25.2 種指定と地域指定による昆虫保護

現在，昆虫類の保護には，特定の種を指定して保護する場合と，地域を指定してその区域内の全昆虫類を他の生物とともに保護するやり方がある．ここでは，これらの昆虫保護対策の現状と問題点，今後の課題について論じる．

a．種指定による昆虫保護の現状と問題点

種を指定した昆虫保護の対策として，国（表25.1）や地方自治体による天然記念物指定（種指定）があげられる．また，1993年4月から施行された「種の保存法」による昆虫保護も種指定（現在はベッコウトンボ，ヤシャゲンゴロウ，ヤンバルテナガコガネ，ゴイシツバメシジミの4種）による保護対策である．現在，国あるいは都道府県あるいは市町村から天然記念物に種指定されている昆虫として，ゲンジボタルやヘイケボタルなどのホタル，ハッチョウトンボやシマアカネなどのトンボ，ウスバキチョウ，ベニヒカゲ，オオイチモンジ，ギフチョウやヒメギフチョウなどのチョウをあげることができる．これらの昆虫は一般的に大型美麗種で，地域住民に知名度が高い種類である．

特定種の天然記念物や国内希少野生動物種としての指定（種指定）は昆虫愛好家などによる指定種の採取を効果的に制限する．同時に，種指定による昆虫保護は営利目的の採集行為や乱獲を制限する力もある（野村，1992）．なぜなら，標本商は表立って指定昆虫を採集，販売できなくなるからである．種指定による昆虫保護はこのような観点から効果的であるといえよう．しかし，このタイプの昆虫保護は，環境開発や指定種の調査などと関連した以下のような問題を抱えていることも明らかである．

第一に，種を指定して昆虫を保護しても，その種の生息地が環境開発から保護されているとは限らない．実際，天然記念物に指定されたチョウが，指定後の環境開発で絶滅あるいは絶滅の危機にある例がある．たとえば，山形県川西町のチョウセンアカシジミ（1977年，県天然記念物指定）は食樹伐採のため絶滅した（柴谷，1989）．また，長野県のベニヒカゲ（1975年，県天然記念物指定）はスキー場建設のため絶滅の危険にある（柴谷，1989）．したがって，種指定だけでの昆虫保護は十分とはいえない．

絶滅の危機にある種の保護は，定期的な適切なモニタリングによる種の個体群変動や生態などのデータを利用することによって，効果的に行われる．ところが，種の指定によって，指定種の合理的な調査が不可能になるか，あるいは非常に困難になる（石井，1991）．

25.2 種指定と地域指定による昆虫保護

表 25.1 国指定の天然記念物（野村，1991）

天然記念物の名称	指定地域	指定年月日
ウスバキチョウ	無	1965. 5.12
ダイセツタカネヒカゲ	無	1965. 5.12
アサヒヒョウモン	無	1965. 5.12
カラフトルリシジミ	無	1967. 5. 2
オガサワラシジミ	無	1969. 4.12
オガサワラトンボ	無	1969. 4.12
ハナダカトンボ	無	1969. 4.12
シマアカネ	無	1969. 4.12
オガサワライトトンボ	無	1969. 4.12
オガサワラタマムシ	無	1969. 4.12
オガサワラセスジゲンゴロウ	無	1970.11.12
オガサワラアメンボ	無	1970.11.12
オガサワラクマバチ	無	1970.11.12
オガサワラゼミ	無	1970.11.12
ヒメチャマダラセセリ	無	1975. 2.13
ゴイシツバメシジミ	無	1975. 2.13
ヤンバルテナガコガネ	無	1985. 5.14
ルーミスシジミ生息地	奈良県奈良市	1922. 3.25
キマダラルリツバメチョウ生息地	鳥取県鳥取市	1934. 5. 1
片庭ヒメハルゼミ発生地	茨城県笠間市	1934.12.28
岡崎ゲンジボタル発生地	愛知県岡崎市	1935.12.24
山口ゲンジボタル発生地	山口県山口市	1935.12.24
沢辺ゲンジボタル発生地	宮城県金成町	1940. 2.10
船小屋ゲンジボタル発生地	福岡県瀬高町・筑後市	1941. 3.27
鶴枝ヒメハルゼミ発生地	千葉県茂原市	1941.12.13
能生ヒメハルゼミ発生地	新潟県能生町	1942.10.14
高知市のミカドアゲハおよびその生息地	高知県高知市	1943. 8.24 (特：1952. 3.29)
息長ゲンジボタル発生地	滋賀県近江町	1944. 3. 7
長岡のゲンジボタルおよびその生息地	滋賀県山東町	1944. 3. 7 (特：1952. 3.29)
和琴ミンミンゼミ発生地	北海道弟子屈町	1951. 6. 9
木屋川・音信川ゲンジボタル発生地	山口県長門市・豊田町	1957.10.16
美郷のホタルおよびその生息地	徳島県美郷町	1970. 8.29
清滝川のゲンジボタルおよびその生息地	京都市右京区	1979. 2.14
東和町ゲンジボタル生息地	宮城県東和町	1979. 4.26

注 （特）は特別天然記念物を示す．

さらに，種の指定は，一部の昆虫マニアに指定種の希少価値を植え付けるおそれがあるので，種指定後に，指定の目的とは逆に，指定種が盗採されることになりかねない（柴谷，1989）．レッドデータブック（環境庁自然保護局野生生物課，1991）で絶滅

表 25.2 日本版レッドデータブック（環境庁自然保護局野生生物課，1991）

絶滅種 (2種)	コウチュウ目	カドタメクラチビゴミムシ，コゾノメクラチビゴミムシ
絶滅危惧種 (23種)	ガロアムシ目	イシイムシ
	トンボ目	ヒヌマイトトンボ，ベッコウトンボ
	カメムシ目	エグリタマミズムシ，シオアメンボ，イシガキニイニイ
	コウチュウ目	オガサワラハンミョウ，ケバネメクラチビゴミムシ，ツヅラセメクラチビゴミムシ，ウスケメクラチビゴミムシ，リュウノメクラチビゴミムシ，キイロホソゴミムシ，ヤシャゲンゴロウ，シャープゲンゴロウモドキ，リュウノイワヤツヤムネハネカクシ，ヨコミゾドロムシ，ヤンバルテナガコガネ，キイロネクイハムシ
	ハエ目	イソメマトイ
	チョウ目	ゴイシツバメシジミ，オオウラギンヒョウモン，ミツモンケンモン，ノシメコヤガ
危急種 (15種)	トンボ目	ミヤジマトンボ
	カメムシ目	クロイワゼミ，カワムラナベブタムシ，タガメ
	コウチュウ目	イカリモンハンミョウ，ヨドシロヘリハンミョウ，マークオサムシ，ホンシュウオオイチモンジシマゲンゴロウ，マダラシマゲンゴロウ
	ハエ目	ゴヘイニクバエ
	ハチ目	イトウハバチ
	チョウ目	ギフチョウ，ルーミスシジミ，ヒョウモンモドキ，タカネヒカゲ
希少種 (157種 9亜種)	トンボ目	30種8亜種（カラフトイトトンボ，シマアカネなど）
	バッタ目	2種（オキナワキリギリス，ツシマフトギス）
	カメムシ目	9種（ベニツチカメムシ，エサキアメンボなど）
	アミメカゲロウ目	1種（ツシマカマキリモドキ）
	コウチュウ目	38種（ルイスハンミョウ，キンオニクワガタなど）
	ハエ目	2種（ニホンアミカモドキ，カエルキンバエ）
	ハチ目	31種（オオナギナタバチ，イバリアリなど）
	シリアゲムシ目	2種（イシガキシリアゲ，アマミシリアゲ）
	トビケラ目	1種（カタツムリトビケラ）
	チョウ目	41種1亜種（チャマダラセセリ，ゴマシジミなど）
地域個体群	カメムシ目	宮古島のツマグロゼミ

　危惧種（表 25.2）に指定されたことによって指定後乱獲が生じた例（ヤシャゲンゴロウ）もある（長田，1993）．

　極相樹林にすむ種は，種指定により保護が可能かもしれない．しかし，遷移相林や草原にすむ種は天然記念物に指定されたとしても，植生の移り変わりとともに絶滅する（石井，1991）．

b. 地域指定による昆虫保護の現状と問題点

　国公立公園の特別保護地区や天然保護区域，ならびに原生自然環境保全地域や自然環境保全地域の野生動物保護地区では，許可なく動植物を採集することが禁止されている．これらの地域では昆虫採集も制限されているので，このような地域保護の制度（地域指定制，ゾーニング）は地域指定による昆虫保護対策である．地域が指定，保護されると，そこでの環境開発が基本的にできなくなるので，そこにすむ昆虫はその生息環境とともに保護されることになる．保護されるべき対象は本来，特定の大型美麗種だけではなく，特定地域に生息するすべての種とその多様性であるので（長田，1993；鈴木，1990；1991），この点，地域指定は種指定に勝る．しかし，地域指定による昆虫保護にも，その地域の生物相の調査や監視などと関連した以下のような問題がある．

　地域指定されるような地域はまだ十分に自然環境が残っているような場所である．そのような場所から今後非常に多くの新種が発見されるであろう．なぜなら，日本列島からはさらに5～7万種の新種が発見されると予測されているからである（森本，1991）．ところが，地域指定により一般の採集が行われなくなると，その地域の生物相の解明が著しく遅れる可能性がある．

　ゾーニングによる地域保護の制度は多様であるが，行政側は採集禁止区域をメディアなどを通じて採集者側に積極的に知らせていない（野村，1991）．したがって，採集禁止区域を知らない採集者は，採集禁止区域と気づかないままそこで採集を行ってしまう．

　監視が不十分な状態では，指定地域に多産する珍種や美麗種の盗採を完全に防ぐことは困難である．盗採後に指定地域以外の既知産地に採集記録を書き改めれば，指定地域の昆虫でも公に販売されるおそれがある．

c. 種指定/地域指定による昆虫保護から生じる問題の解決策

　種指定および地域指定による昆虫保護の現状と問題点を上に論じてきたが，いずれも多種多様な問題点を抱えていることが明らかになった．ここでは，これらの問題点の解決策を論じ，それらの今後の見通しなどについて論じる．

　種指定による保護が開発に対して無力であり，他方，地域指定による保護が，昆虫商などによる昆虫販売の規制に効果が上がらないとすれば，種と地域を同時に指定して保護する対策が必要となる．種と地域の同時指定では通常，規制の及ぶ範囲は小さくなるが，指定内容が具体的で管理と保全がやりやすいので，同時指定による昆虫保護は地方公共団体によって行われる保護対策として推奨できるものである．

　指定された希少種の維持存続のために，適切なモニタリングが必要であるので（石井，1991；矢田，1993），採集規制をとりあげた法律や条例の中で指定種を対象とした合理的な調査捕獲許可制度が設けられるべきである．そして，行政自身（あるいは，

表 25.3 種々の自然・人為過程がチョウの生存，保護に対してもつ正負の効果の評価比較（柴谷，1989）

効　果　正	効　果　負
植物遷移の抑止	大規模な針葉樹植林
自然発生の山火事	大規模な森林伐採
伝統的な林業	伝統的な林業の衰退
雑木林・山林の下刈り，炭焼き，多様な植林	下刈りの廃止，薬剤散布
河川流速の変化	大規模な，あるいは近代工法による治山治水
	ダム建設，流路安定化，斜面被覆，河川敷利用
自然発生の水害	スーパー林道
	干拓，湿地開発
	道路・空港建設
	住宅開発
	工場誘致
	観光開発
	キャンプ場，スキー場
	趣味，旅行の拡大
	ゴルフ場，ホテル，リゾート
伝統的な農業	近代農業
焼畑，転作，輪作，植樹，草刈り，牧畜	機械力，薬剤散布，大規模農法
継続的な林業	
人工林の林床整備，二次林の間伐	
多様性のある園芸，造園	大規模な造園，人工的公園
十分な予算をつけた環境保護政策	監視・保護対策抜きの天然記念物指定
	無策の採集禁止
	環境の過保護，放置
節度ある（ふつうの）採集，調査，観察	過度の採集，とくに衰亡期におけるもの

行政から委託された特定の団体，個人）がその制度のもとに，保護対象種の個体群の変動や生態について継続的な調査を行い，調査結果に基づき具体的な対応策を打ち出す．具体的にいえば，指定種の保護対策として現状より厳しい環境保護（たとえば，生息地への人の立入規制）がしばしばあげられるであろう．しかし，逆に遷移相にすむ昆虫の保護対策には生息地への人間による適当な手入れ（たとえば，自然農法や草刈りなど．表25.3）が必要になることもある（柴谷，1989）．「種の保存法」では希少野生動植物の保護管理官や保護推進員の設置が可能であり，彼らは指定された種の監視や保護区の環境管理だけではなく，現状掌握のための採集，調査を行う．このような制度は，指定種の保護のためのモニタリングを可能にしている（斉藤，1993a）．

　地域を指定して保護する法律や条例の中では，その地域の学術調査に対して，迅速にかつ合理的に許可を下ろす制度を明瞭に設ける必要がある．

　地域や種を指定，保護するときの法律や条例において，盗採を防ぐために監視体制をつくりあげる必要がある（柴谷，1989）．監視体制を整えるには，常駐の監視員が不

可欠となるので，自然保護対策は，今後継続的な予算を計上して行うようなタイプのものにすべきであろう．

昆虫採集を規制する側（環境庁，文化庁，地方公共団体など）はさまざまなメディアを通して採集禁止種や保護地域を住民や昆虫愛好者にわかりやすく知らせる．

25.3 環境問題と昆虫保護

現在，地球環境は非常に速い速度で，破壊，改造されている．われわれの住む地域環境をみても，都市近郊の林や草原は，数年もたつと跡形もなくなり，整地されて平らになっていたり，ゴルフ場，団地や公園になっている．山ではスキー場やホテルなどのレジャー施設開発や林道開発が各地で行われ，川ではダム建設や護岸工事などで本来の自然環境は著しく衰退している．このような状況のなか，「種の保存法」による国内野生動植物種の指定が進行中である．しかし，残念なことに，この自然保護の流れに著しく逆行する動きもあった．それは，1987年に施行された総合保養地域整備法（リゾート法）の成立である．この法案の成立によって，保護区域に指定された昆虫の生息地でさえ開発の危機にさらされることになった．昆虫保護の立場からは，その途中の過程で行われることになっている環境アセスメントを通して，開発が真に適当であるかどうか発言できるということになっている．しかし，現行のアセスメント制度がうまく機能しているとは考えにくい．そこで，ここでは最初に環境アセスメントの問題点と対応策にふれたい．

環境アセスメントに関する最大の問題は次の点に要約できる．つまり，通常の地域開発において，開発側（地方自治体や企業など）が当該自治体の長から事前に開発の内諾を得た後に，「開発を前提として」形式的にアセスメントを行う．そして，アセスメントの結果，土地開発が不適当であることがわかっても，開発側はその結果を，「都合のよいように改ざんして」しまうことがあるという点である．したがって，現状ではアセスメントとは，土地開発の単なる通過点でしかなく，また，つねに開発行為を是認する免罪符として利用されているにすぎない（鈴木，1993）．

日本のように縦割り行政が行われている国で，適切なアセスメントを行うことは非常に困難なことであろう．ただ，土地開発が今後も続くものであるとすれば，それに対して「形式的に行われているアセスメント」を少しでも改善していこうとする提言（山根，1992；斉藤，1993b）は意義があるだろう．それで，ここではそのような立場の意見を紹介しておく．すなわち，適切なアセスメントでは，①調査前に，現場にはいっさい手をつけないこと，②調査主体が事業者であってはならないこと，③実際に調査を実施した企業（財団，個人）が事業者に提出した報告書，事業者のまとめた評価（準備）書，それらに対する地域住民の意見，専門家のコメントのすべてが一般に公開されること，④もし計画が認可された場合，重要な項目については当該施設の開

設後少なくとも5年間は追跡調査（環境モニタリング）のための費用を事業者側が負担すること，⑤モニタリングの結果を一般に公開すること，の5条件が満たされるべきである（山根，1992）．また，日本におけるアセスメントに従事する企業がすでに無視できないほどの数（日本環境アセスメント協会に登録してある企業，財団の数は202）にのぼっているので，大学で自然史を研究する職員は，自然史を学びアセスメント関連企業に就職していく学生に対して適切な自然保護教育を行うことも重要である（山根，1992）．さらに，研究者はアセスメントに積極的に参加して，業者の意識改革を進めたり，適切な調査技術を指導したりすることも必要であろう（斉藤，1993b）．このように，現行のアセスメント事業は今後いろいろな側面から改善されていかなければならない．

　環境破壊が進むなか，自然環境を保全しようという動きとは別に，多様な生物の生息する空間を新たに復元，創造しようというビオトープ事業（森，1993；八木，1994）が最近話題になっている．ビオトープとは，野生生物が自立的に存続できるような生態系からなる地域空間のことである．ビオトープを都市などにつくりあげる事業は今後の街づくりに一役買うものである．他方，ビオトープ事業には，「ある自然環境は別の場所に復元可能である」という提言が含められているので，その提言が開発に伴う自然環境破壊を誤って正当化する根拠にならないように，ビオトープ事業自体の理念や方向性に注意を払う必要がある．

25.4　昆虫採集と自然保護教育

　昆虫採集は，かつて小中学校の夏休みの宿題として，ひろく知られてきた．しかし，最近，小中学校の理科教育で，昆虫採集が勉強の課題としてとりあげられることはめったにないようだ．ここでは理科教育から昆虫採集が締め出された過程を紹介して，昆虫採集の自然保護教育における意義を述べたい．

　昆虫採集はおおむね次のような過程を経て理科教育界から締め出された．つまり，「昆虫教育に関する転換期は日本の高度成長期から安定期にさしかかる1965～1975年ぐらいの間である．このあいだ，大気汚染や農薬汚染などの公害や都市開発は従来の昆虫相に大きな衝撃を与えた．それに呼応して勢力を得た自然保護運動は汚染や開発よりむしろ，収集と標本作成を旨とする博物教育に批判の矛先を向け，採集せずに飼育，観察することを奨励した．虫を殺すのは悪いことであるという認識が教育現場にも広がり，夏休みの昆虫採集は急速にその姿を消して行ったのである」（野村，1991）．このような状況において，昆虫採集にとり代わり自然観察会が昆虫教育としてとりあげられるようになった．そして，自然観察会で育てたい像として，①自然に積極的に親しむ子ども，②自然をよく観察し，客観的にとらえる子ども，③自然の中での，人間のあり方を考えられる子ども，④自然を大切にし，生命を尊重する子ども，の四つ

の像があげられた（青柳，1975）．しかし，小さな子どもにとって，「自然を客観的にとらえる」とか「生命を尊重する」とかは，許容能力をはるかに超えているものであって，このような目標はまったく非現実的なものだったのである．そして，「生命を尊重するという母親や小学校教師のスローガンが，いかに子供達から自然に親しむ機会を奪ったかは，周知の事実である．『かわいそう』，『残酷だ』などの言葉をひっきりなしに聞かされた子供は二度と昆虫を捕まえることはなくなる」（金沢，1991）．

小中学校においてカリキュラムの中に通常組み込まれていない自然保護教育は，現在博物館の一部の市民講座などの活動などを通して行われるのが現状である．この自然保護教育活動として，昆虫観察会より昆虫採集会の方が以下のような理由で勝っている．つまり，昆虫採集会において，「探す」，「見る」，「つかまえる」，「殺す」，「持ち帰る」という段階があり，それぞれが別々の意味をもっている（金沢，1991）．その後，「標本にする」，「名前を調べる」，「保存する」という室内での手順が続くが，昆虫（観察ではなく）採集とその採集品の「名前調べ」を通してこそ，より深い自然認識が可能であり，また，自然のすばらしさの認識，その当然の帰結としての自然保護思想が内面からはぐくまれていく．なぜなら，第一に，昆虫を採集するために，子どもたちは精神を昆虫や自然に集中させなければならないので（そうしなければ昆虫は逃げる），彼らにとって昆虫や自然がより身近なものになる．第二に，採集を通して，昆虫や自然を直接手で触れ理解することができる．第三に，（もし行われるとしたら）「名前を調べる」により，昆虫と自然のさまざまな関係（情報）を図鑑や書物を通して子どもたちが直接知ることができるからである．ゆえに，自然保護教育の立場でも，人材育成と自然の多様性の現状掌握のためにも，教育・研究手段としての昆虫採集を否定するべきではない（金沢，1991）．

25.5　自然保護における昆虫採集

昆虫採集は，上で述べてきたように昆虫保護のためにも，また自然保護教育においても，重要な役割をもっていた．ところが，それにもかかわらず，一部で適切でない昆虫採集が行われているために，昆虫採集に対する社会の風当たりは相変わらず強い．そこでここでは，昆虫採集をめぐる問題点を整理して，昆虫採集の重要性を改めて論じたい．

われわれ人間には，ものを採集収集する属性がもともと備わっている．釣や狩，植物，岩石，貝や昆虫などの自然物の採集収集だけではなく，宝石，人形，漆器などの人工物も好んで収集する．人工物（商品）であれば，人々は販売ルートを通して合法的に欲しいものを入手できる．売り切れたら，販売側はそれらを再製造するので，人工物の収集を社会が批判することはまずない．ところが，対象が生物となると，状況が異なる．なぜなら，「生き物を殺すことは残酷である」という精神論が社会の中に生

じるからである．この精神論に加えて，一部の劣悪なマニアによる天然記念物（ウスバキチョウやゴイシツバメシジミなど）の盗採・販売，乱獲および自然破壊（静岡県でのヒサマツミドリシジミ乱獲では食樹のウラジロガシの大木が多数伐倒された）などがマスコミにとりあげられるたびに，「採集によって，種がとだえ自然破壊が行われる」という誤った考えが広がり，批判者は採集禁止を主張する．これに追い打ちをかけるのが，ごく一部の採集者のマナーの悪さ（畑や植林地などの私有地への無断立入り）である（石井，1991）．こうなると，社会の人々は昆虫採集こそ，悪行で野蛮な行為と考えるのである．

　しかし，第一に「残忍さ」や「れんびん」という精神論から昆虫採集禁止論を持ち出すのはまったく誤りである．なぜなら，先に論じたように適切な昆虫採集こそ昆虫の科学的データの蓄積をもたらし，それに基づいて昆虫やその生息環境の危機が解明され，昆虫保護が可能になるからである．第二に，昆虫採集によって種がとだえるということは，きわめて限られたところに生息する大型の高山チョウなどを別にすれば，ふつうありえない．したがって，適切な昆虫採集は昆虫保護思想の根幹になる行為以外の何物でもないといえよう．そこで，一般社会に昆虫採集の悪いイメージを植え付けるような行き過ぎた採集やマナー違反だけはくれぐれも控えるべきである．

25.6　昆虫保護についての今後の課題

　現在，さまざまな行政機関によって，さまざまな形で昆虫保護が実施されている．しかし，保護されている種類に隔たりがあることから，もっと統一的で，系統的な昆虫保護が行われていくべきであろう．そのためには，建設省や林野庁という開発を促進する省庁と，文化庁や環境庁などの本来自然保護を担当する省庁間で昆虫保護について議論し，合理的な昆虫保護のプロトコルを作成する必要があると思う．このプロトコルは，具体的な昆虫保護の現場に必ずあるといってよい，地域開発（産業，林業，観光など）側と自然保護（住民，自然保護団体，研究者など）側の間にある意見の食い違いの調整に一役かうであろう．そして，行政側は「地元産業や観光の振興と自然の保護，生活環境の保全を別々に対処するのではなく，全てを包含した安定的共存のシステムを作り上げる」（野村，1991）ことに取り組んでほしい．

　また，天然記念物などの指定により昆虫の保護を行う場合は，指定のやりっぱなし（野村，1992）ではなく，継続的なモニタリングにより，指定種を保護管理する必要がある．指定種の生息地や地域指定された地区には，監視体制を設けて，指定種を盗採から守ることも重要な課題であるが，それにもまして重要なことは，正しい自然認識を植え付けるための「昆虫採集」を通した自然保護教育である．また，社会に誤った昆虫採集禁止論を広げないためにも，採集者はよいマナーのもとで適度な昆虫採集を心がけるべきである．

[直海俊一郎]

文　　献

1) 青柳昌宏(1975)：自然保護教育の歴史と現状，今後の問題．日本生物教育学会研究紀要，1-32．
2) 芳賀　馨(1991)：昆虫採集の法的規制についての調査・仮報告．東大昆虫同好会会報，**43**，1-20．
3) 石井　実(1991)：昆虫採集をめぐる情勢．自然保護と昆虫研究者の役割（鈴木邦雄編）II，pp. 42-45，日本昆虫学会第51回大会・日本応用動物昆虫学会第35回大会合同大会，静岡市．
4) 金沢　至(1991)：採集は必要悪か？──採集教育の是非──．自然保護と昆虫研究者の役割（鈴木邦雄編）II，pp. 8-15，日本昆虫学会第51回大会・日本応用動物昆虫学会第35回大会合同大会，静岡市．
5) 環境庁自然保護局野生生物課編(1991)：日本の絶滅のおそれのある野生生物：無脊椎動物編，273p.，日本野生生物研究センター．
6) 森　豊彦(1993)：里山ビオトープの復元は環境保全になりうるか．自然保護と昆虫研究者の役割（石井　実編）IV，pp. 1-16，日本昆虫学会第53回大会・日本応用動物昆虫学会第37回大会合同大会，松本市．
7) 森本　桂(1991)：日本の昆虫相．遺伝，**45**，15-21．
8) 長田　勝(1993)：ヤシャゲンゴロウは守れるか．自然保護と昆虫研究者の役割（石井　実編）IV，pp. 50-53，日本昆虫学会第53回大会・日本応用動物昆虫学会第37回大会合同大会，松本市．
9) 野村周平(1991)：昆虫の保護．昆虫採集学（馬場金太郎・平嶋義宏編），pp. 133-204，九州大学出版会．
10) 野村周平(1992)：採集者の目からみた昆虫保護行政の問題点．自然保護と昆虫研究者の役割（鈴木邦雄編）III，pp. 21-25，日本昆虫学会第52回大会・日本応用動物昆虫学会第36回大会合同大会，弘前市．
11) 斉藤秀生(1993a)：種の保存法と小動物調査．日本環境動物昆虫学会第3回環境アセスメント動物調査手法に関する講演会テキスト，pp. 76-89．
12) 斉藤秀生(1993b)：昆虫をとりまく自然保護とその現場．自然保護と昆虫研究者の役割（石井　実編）IV，pp. 23-37，日本昆虫学会第53回大会・日本応用動物昆虫学会第37回大会合同大会，松本市．
13) 柴谷篤弘(1989)：日本のチョウの衰亡と保護．日本産蝶類の衰亡と保護（浜　栄一・石井　実・柴谷篤弘編）I，pp. 1-22，日本鱗翅学会，大阪．
14) 鈴木邦雄(1990)：「多様性尊重主義」と「選別主義」．自然保護と昆虫研究者の役割（鈴木邦雄編）I，pp. 37-47，日本昆虫学会第50回大会，高松市．
15) 鈴木邦雄(1991)：「生物的多様性」の保護──「多様性尊重主義」と「選別主義」再考──．第2回蝶類の保護セミナー資料集（猪又俊男編），pp. 1-18，日本鱗翅学会第2回セミナー委員会，浦和市．
16) 鈴木邦雄(1992)：生物の多様性──その実態と選別的自然保護論の危険性──．日本の科学者，**27**，365-371．
17) 鈴木邦雄(1993)：自然保護運動と環境行政──富山県における住民運動からみた環境行政2──．自然保護と昆虫研究者の役割（石井　実編）IV，pp. 54-67，日本昆虫学会第53回大会・日本応用動物昆虫学会第37回大会合同大会，松本市．
18) 矢田　脩(1993)：蝶の保護──モニタリングの役割．自然保護と昆虫研究者の役割（石井　実編）IV，pp. 17-22，日本昆虫学会第53回大会・日本応用動物昆虫学会第37回大会合同大会，松本市．
19) 八木　剛(1994)：昆虫研究者が市民権を得るために．自然保護と昆虫研究者の役割（石井　実編）V，pp. 1-8，日本昆虫学会第54回大会・日本応用動物昆虫学会第38回大会合同大会，府中市．
20) 山根正気(1992)：分類研究者と環境アセスメント．昆虫保護と昆虫研究者の役割（鈴木邦雄編）III，pp. 14-20，日本昆虫学会第52回大会・日本応用動物昆虫学会第37回大会合同大会，弘前市．

26. 土壌動物の自然保護

　ある生物群の自然保護を考える場合，二つの異なった視点がある．第一は，その生物群に含まれる貴重種，すなわち生息数が少ない種，分布域が局限されている種など，危機に瀕しているか将来その可能性の高い種を何とかして保護しようという視点．第二は，貴重種はさておき，その生物群が，ある地域の生態系の中において種数，生息密度とも豊かな状態を保ち，貧化しないようにするには，どうすればよいかという視点である．

　多くの動物群では，このうちのまず第一の視点が重視され，その地域に生息することが知られている貴重種に着目するか，貴重種を見つけるための調査を行う．

　「土壌動物の自然保護」といわれて，このような視点に立って考えると，はたと困ってしまう．なぜなら，土壌動物という動物群の中には貴重種として認められているものがほとんど知られていないからである．したがって，この場合，どうしても第二の視点，すなわち生態系の中で土壌動物が果たしている役割を重視し，豊かな土壌動物群集を維持するにはどうしたらよいかを考えることになる．とはいっても，土壌動物に貴重種とすべき種がまったくないわけではないので，両方の視点について述べる．

26.1　土壌動物の貴重種

a．なぜ貴重種が少ないか

　鳥獣，両生・爬虫類，魚類，昆虫など，それぞれに貴重種といわれる種が含まれている．土壌動物というのは分類群ではなく，土壌中に生活する多くの動物群を含んでいるが，天然記念物，貴重種，珍種といったものとはあまり縁がない．その理由は，二つある．

　第一の理由は，地面の下に潜んで生活するため，人々の目に触れにくく，小型で地味な種類が多いことである．純粋に学問的にはおかしなことであるが，重要な種といわれるためには，人間の注目を集めるべく，ある程度の大きさと美しさを備えた動物でなくてはならない．その点，土壌動物の多くは失格である．一般には，むしろ気味悪く，嫌悪の情すら起こしかねない姿形のものが多い．ミミズ，ムカデ，ヤスデ，ダニ，線虫，アメーバなどの仲間に，いくら珍しい種がいたとしても，貴重な種として登録されることは，まずない．

26.1 土壌動物の貴重種　　　　　693

　第二の理由は，あまり知られていないことであるが，土壌動物の分布が広いことである．貴重種の多くは，その分布が限られていて，狭い範囲の地域でしかみられないものが多い．土壌動物の多くは小型で，みずから移動する能力はきわめて小さいが，風に飛ばされて分散するものが多く，結果的には分散力（受動的ではあるが）がきわ

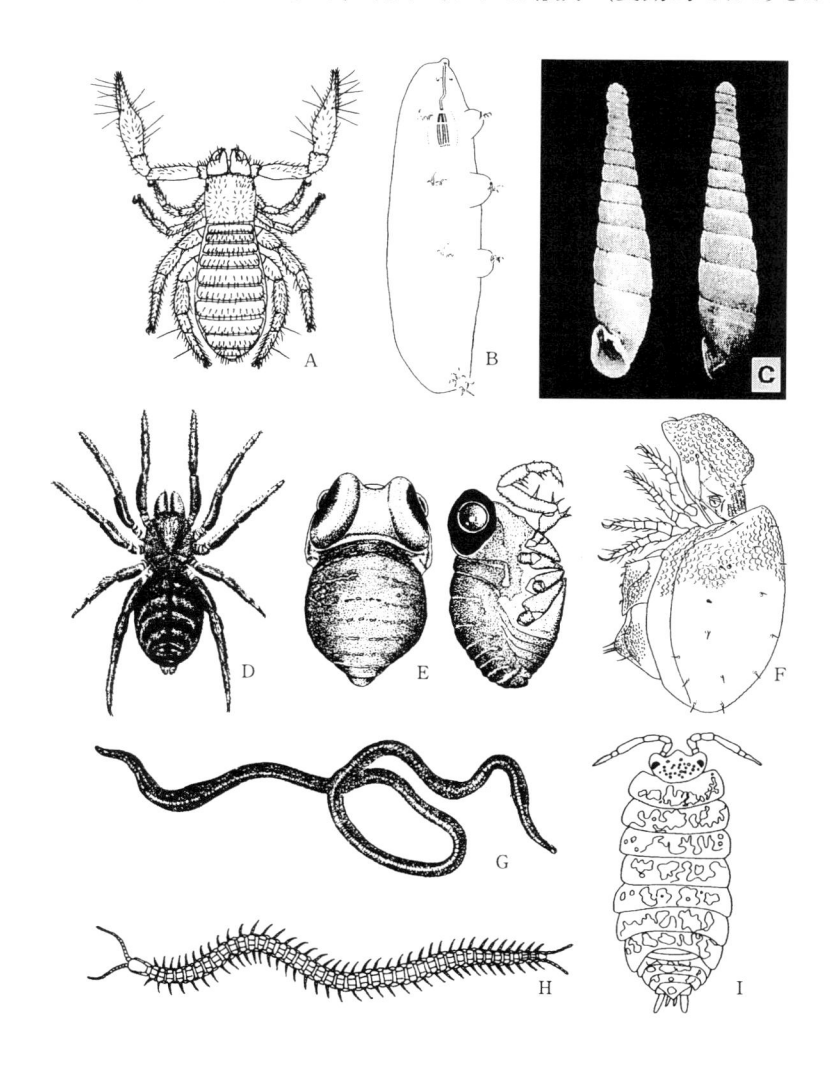

図 26.1 土壌動物の貴重種の例

A：ケブカツチカニムシ（小笠原諸島の自然林のみ），B：フジクマムシ（富士山麓の鳴沢村と上九一色村の森林土壌のみ），C：ホウライジギセル（愛知県東部，静岡県南部のみ），D：キシノウエトタテグモ（本州～九州，減少する固有種），E：アワマメザトウムシ（北米にもいるが，日本では徳島県剣山で1頭のみ），F：トサカイレコダニ（奄美大島湯湾岳から1頭のみ），G：ハッタミミズ（金沢市郊外のみ），H：ニホンニブズジムカデ（秩父山地のみ），I：マダラサトワラジムシ（能登の海岸林のみ）
(A・E・H：青木，1991；B：Ito, 1991；C：湊，1994；D：八木沼，1986；F：青木原図；G：畑井，1980；I：Nunomura, 1987).

めて大きい．大型哺乳類の移動の障壁となる山脈，大河，海峡も微小な土壌動物にとってはまったく問題にならない(青木，1973)．したがって，他の動物によくあるように，ある山岳だけ，ある湿原だけ，ある河川だけに分布するような限定分布域を示すものは少ない．つまり，生態的分布は限定されても，地理的分布は広いのである．そして，地理的分布の広い種は，概して貴重種としての扱いを受けないものである．

この点で例外的なのは陸貝類（カタツムリ，キセルガイなど）である．これらは移動分散力がきわめて小さいため，局地的な分布を示す種がたいへん多い（環境庁自然保護局野生生物課，1991；湊，1994）．

b．土壌動物各群の貴重種

土壌動物の範疇には，原生動物から哺乳類に至るきわめて多くの分類群の動物が含まれるが，昆虫類，両生・爬虫類についてはそれぞれ別に章を設けて論じられているので，ここではふれないことにする．その他の土壌動物ということになると，そのほとんどは昆虫以外の「虫」ということになる．これらの動物群の中にも，採集例が非常に少ないものや分布地がきわめて限定されているものがあるが，小型であったり，美しくなかったりするために，天然記念物はもちろんのこと，日本版レッドデータブックにもとりあげられず，貴重種の扱いを受けていないことが多い．もちろん，これらの動物群の調査が遅れているために，現在のところ分布地が限られていても，将来調査が進めばかなり広い範囲で生息が確認されるであろう種も含まれていると思われる．

土壌動物のいくつかの群に含まれる貴重種の例を図26.1に示した．ごく限られた地点からのみ発見されている土壌動物はかなりあるが，それらが本当に局地的な分布をもつ種であるかどうかは，土壌動物の分布調査がもっと進んでからでないといえない．

26.2　豊かな土壌動物群集を維持するために

a．土壌動物の役割

生態系の中にあって分解者とよばれるものは，教科書や辞典によれば細菌類（バクテリア），菌類（カビ），放線菌などの微生物ということになっている．しかし，地表に堆積する動植物遺体が分解していく過程で土壌動物が果たす役割は大きい．たしかに土壌動物は生物遺体を細かく嚙み砕くこと（機械的分解）はするが，無機物にまで還元すること（化学的分解）まではしない(Macfadyen, 1961)．だからといって，土壌動物を単に消費者として位置づけるのは実際的でない(青木，1973)．地上に生息し生きた植物を栄養源とするハムシ，コガネムシ，ノウサギ，シカなどや，生きた動物を栄養源とするクモ，スズメバチ，カマキリ，モズ，キツネなどとは違って，土壌中に生息し植物や動物の遺体を食べるトビムシ，ササラダニ，ワラジムシ，ヤスデ，ミ

ミズ，シデムシなどの土壌動物は，機械的にしろ化学的にしろ，生物遺体の分解に携わっている．動物によって細かく砕かれた有機物はその表面積を格段に増加させ，微生物による真の分解を大きく促進させる（図26.2）．

したがって，たとえ貴重種を含まずとも，ひろい意味での分解者である土壌動物群集を豊かに維持することは，健全な生態系の保持のために重要なことである．

もちろん，土壌動物のすべてが「分解者」ではない．数量的にはそれより少ないが，土壌中で他の動物を捕らえて食べるムカデ，ハネカクシ，ゴミムシ，クマムシ，クモなどの捕食者も多く含まれている．地上部の生食連鎖に対して，土壌中では生物遺体を出発点とする腐食連鎖が存在する．

土壌動物のもう一つの大切な役割は，土壌の性質を変化させることである．土壌動物は土中に大小さまざまな大きさのトンネルを掘り，土を食べ排泄することによって土壌を耕耘，攪拌し，有機物と無機物を混合する．このことによって土壌の理化学的性質が変化し，植物にとってよい状態に改良され，肥沃化する（渡辺，1978）．

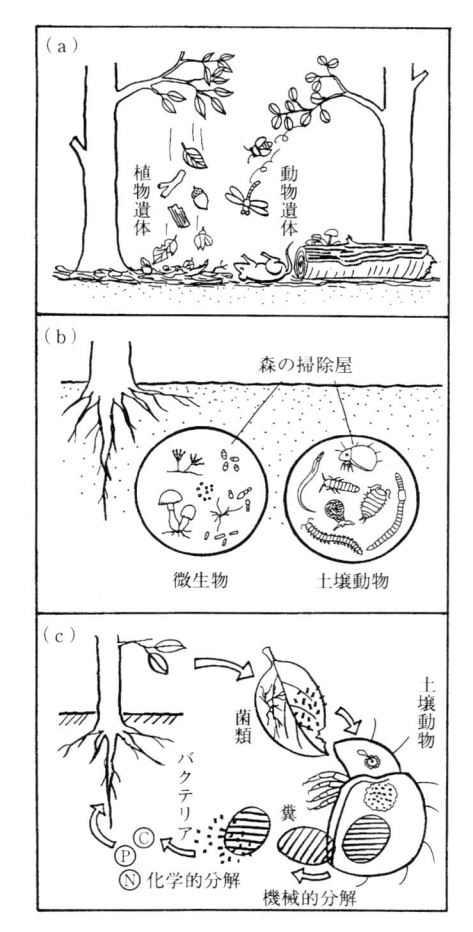

図 26.2 生物遺体の分解に関与する微生物と土壌動物の共同作業
(a)毎年，地表には，落ち葉，落枝，落果などの植物遺体，虫や鳥獣などの動物遺体が多量に供給される．(b)土壌中にはそれらを片づけてくれる掃除屋，すなわち微生物と土壌動物が控えている．(c)たとえば，地表に落ちた枯葉が雨で湿ると菌類やバクテリアがつき，それをササラダニが食べ，細かく嚙み砕いて糞として排出する（機械的分解）．その糞はさらに微生物によって無機物までに還元（化学的分解）され，植物の養分となる（青木原図）．

b. 土壌動物の生息空間

土壌の断面構造をみると（図26.3），上から落葉落枝層（L），腐葉層（F），腐植層（H），上層土（A），下層土（B）のように移り変わる．土壌動物の生息にとって大切な有機物の量，空気の量，生息空間（孔隙量）は上層ほど大きく，水分量は下層ほど多く，温湿度の変化は下層ほど小さい．つまり土壌上層から下層に向かって数mmずつ進むに従って物理化学的条件や食物条件が大きく変わり，さまざまな条件のすみ場が準備される．それぞれの土壌動物は各自にとって最も都合のよい条件の組み合わせの存在する層位を選択してすみ着く（図26.3）．このような土壌の垂直的多様性こそ，狭い面積にさまざまな種の土壌動物の生息を可能にする条件なのである．

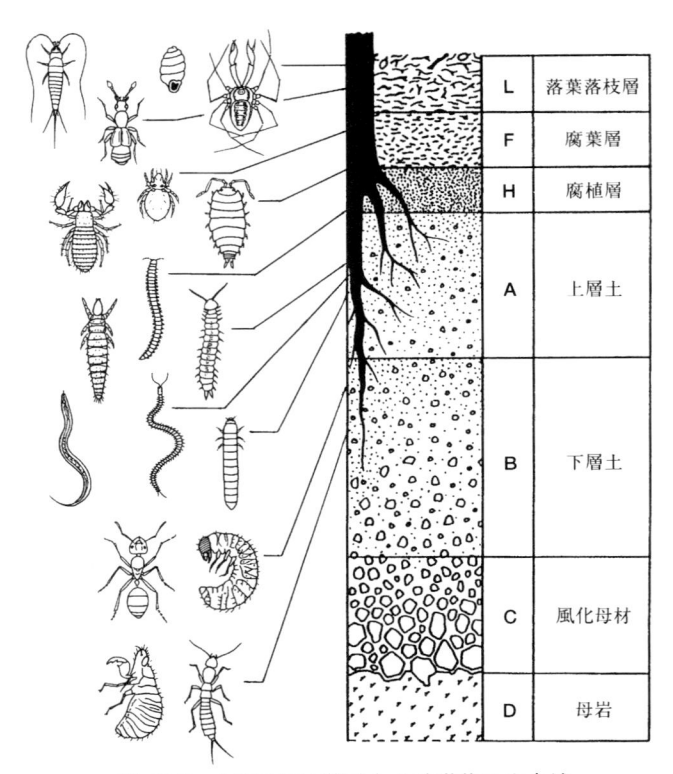

図 26.3 土壌の断面構造と土壌動物の生息域

それぞれの土壌動物は生息に最も適した層位を選んですみ着いている．たとえば，イシノミ，陸貝，ザトウムシなどはいちばん上の落葉落枝層（L）に，カマアシムシ，ジムカデなどはやや深い上層土（A）に，セミの幼虫やガロアムシの成虫はさらに深い層にすむ（青木原図）．

c. 落ち葉の掃除と土壌動物

古来，日本の庭園の手入れにおいては，落ち葉はごみとして処理され，かき集められた落ち葉は燃やされる．個人の庭園ではこれも至し方ないが，都市の公園や緑地でも落ち葉は取り除かれてしまう．この落ち葉の掃除は始終行われるため，地表面には

A層や樹木の根が露出し，土は堅く締まっている．上述したように，落ち葉があればこそ，土壌の複雑な層状構造が発達し，土壌断面に沿ってさまざまな環境が存在し，さまざまな動物が垂直的なすみわけを行うことができるのである．

林床には落ち葉ばかりでなく，枯枝，落果，落皮，倒れ木などの植物遺体，死体，糞，脱皮殻などの動物遺体が堆積している．これらの生物遺体を別々に採取して調べてみると，それぞれに異なった種類の微小動物がすみ着いていることがわかる．すなわち，林床堆積物の存在は土壌動物の垂直的すみわけを可能にするのみならず，それが地表面に不均一に分布することによって，土壌動物の水平的なすみわけにも関与していることがわかる（図 26.4）．

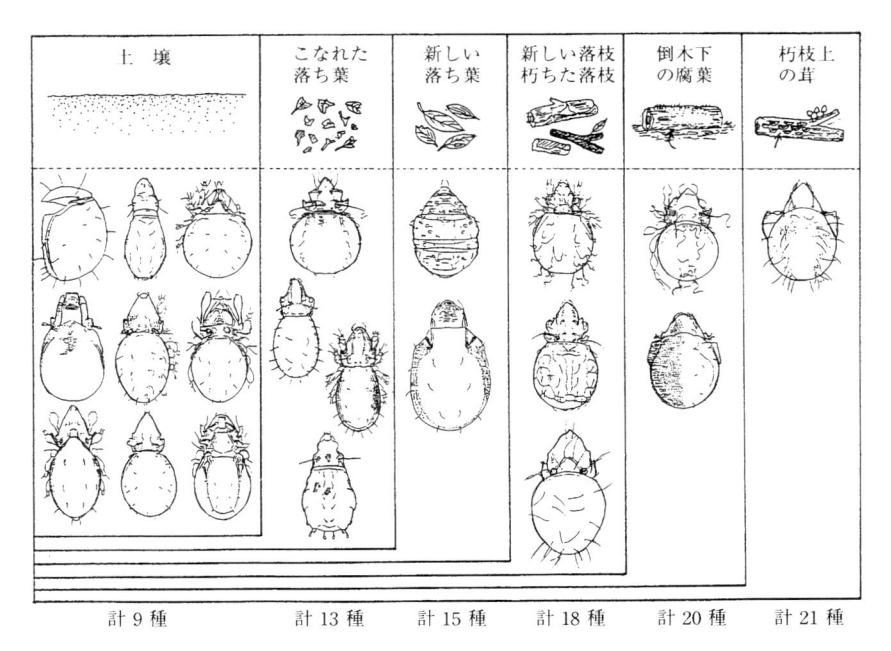

図 26.4 森林の土壌表層のさまざまな堆積物にすみ着くササラダニ類
土壌だけでは9種だが，落ち葉や落枝などを調べていくと種数が増加していく（横浜市常盤台のシイ林で調査）（青木原図）．

このようなことから，林床の堆積物，つまりさまざまな生物遺体を除去することなく，そのままにしておきさえすれば，土壌生物の生物多様性は自然に高まっていくものである．生物の多様性が高まれば，生態系は複雑になり，害虫の大発生もなくなるはずである．都市の公園緑地の管理者は，「落ち葉を除去しないと，害虫が発生する」などという迷信に近い誤った考えは捨て，都市の土壌においても自然な地表面を保って，多くの生物が共存できる環境の維持に配慮してほしいものである．

しかし，落葉広葉樹からなる二次林，いわゆる雑木林においては，それを雑木林として維持するための管理の一環として，年1回程度の落ち葉かきをすることは必要で

ある．

d．斜面林の土壌表層管理と土壌動物

　都市部やその周辺部においては平地林のほとんどは伐採され，宅地，畑，道路となっており，わずかに残存する林の多くは斜面林である．それもかなり急な斜面のみに残存している．これらの林は暖温帯域においては常緑広葉樹林であることが多く，植生学的にみれば潜在自然植生に近いものであって，その自然度も高い．しかし，多くの斜面林は幅が狭い帯状に配置されている．

　このような条件が土壌動物の生息にどのように影響するであろうか．まず，第一に，林の幅が狭いことから，全体が林縁的環境となっている．すなわち，太陽光や風が入りやすく，そのために土壌が乾燥する．第二に，急斜面であるために落ち葉や落枝などが下に滑り落ちてしまい，堆積しない．このことは土壌の乾燥化を促進するだけでなく，土壌動物にとって重要な層状構造の発達を阻害し，彼らのすみ場所をつくらない．

　急な斜面林では，落葉落枝は樹木の根際の斜面上部側だけに引っかかるように，わずかに堆積しているだけである．堆積する落葉落枝の量を多くするための工夫として，斜面の中途に落ち葉の「滑り止め」の役を果たす低い柵を何本か走らせるのがよいと思う．この処置によって，部分的ではあるが堆積有機物量が増し，その直下には図26.3のL，F，H，Aという土壌の層状構造が発達し，多様な土壌動物の生息を可能にし，ひいてはそのことが森林全体の生物相をも豊かにしていくものと考える．

e．造成緑地と土壌動物群集の回復

　現在の日本における開発事業において，ほとんどの場合に土地を覆っていた森林は皆伐され，無植生の状態にして土地を均してから建造が始められる．できるならば，島状にでもよいから既存の植生を残しておくことが土壌動物の残存にもつながるのであるが，それが不可能な場合には，次のような配慮がなされることが望ましい．

（1）表　土　保　全

　土壌動物の生息する深度は意外に浅いもので，数mも地下に穴を掘るモグラ，アリ，一部のミミズを除けば，大部分の土壌動物は落ち葉の表面から測ってせいぜい5cmから10cmまでの深さのところに80%くらいが集中して生息している．表面から30cm以上の深さになると急激に生息数は減少する．

　このことから，表土が土壌動物の生息部位としていかに重要であるかがわかる．もし開発行為に先立って表土をはがして別の場所に保存しておき，造成が終了する前にこの表土を戻してやることができれば，裸地の状態から出発するよりもはるかに早く土壌動物群集の回復が期待できる．

　その際に注意すべきこととして，①あまり深く掘り取って下層土と表層土を混ぜて

しまわないこと，②はがした表層土をあまり高く積み重ねないこと，③できるだけ暗く湿った場所に保存すること，などがあるが，実際問題としてそのような保存場所を確保することは困難であろう．

（2） 造成法面構造の工夫

斜面林のところで述べたように，急斜面の法面では植栽した樹林が育って多量の落葉を供給するようになっても，それが下へ滑り落ちて堆積しない．それを防止するためには先述したように横柵を設置するのがよい．しかし，既存の斜面と違って，新たにつくられる法面であるのだから，もし構造上許されるなら最初から斜面中途に幅は狭くともよいから平坦部をつくっておくのもよい．「犬走り」という構造である．このような配慮によって，部分的にではあるが落葉が堆積し，土壌動物をはじめとする多様な生物群集が早く出現することになる．

（3） 敷 き わ ら

平坦な造成緑地においても，ただ裸地に植栽を施した状態からスタートした場合には，土壌動物が定着するのに多くの時間を要する．実際に造成地でしばしばみられるように，敷きわらを施せば，土壌動物群集の回復ははるかに早く実現される．

敷きわらばかりでなく，造成地の近くに残存する雑木林などから落葉落枝などの堆積有機物を運んできて地表にまくことをすれば，土壌動物の回復はいっそう早められる．なぜなら，敷きわら同様に土壌動物のすみかと栄養源を提供するだけでなく，落葉落枝には多くの微小な土壌動物が含まれており，それを移入することになるからである．

26.3 土壌動物による環境診断

土壌動物の自然保護という問題からは離れるかもしれないが，自然環境の保全のために土壌動物を指標生物として用いて環境を診断する方法がある．

さまざまな環境の土壌動物群集を調べているうちに，環境の悪化にきわめて敏感で，すぐに姿を消してしまう動物群から，相当の環境の悪化に耐えて生き残る動物群まで，さまざまな段階のものがあることがわかってきた．そこで，これを逆に利用し，ある場所に生息する土壌動物群を調べることによって，その環境の自然の豊かさを診断する方法が提案された（青木，1989；1995）．

まず，土壌動物の中から32群を選び，それを次のカテゴリーに分け，それぞれに点数を与えた（図26.5）．

　　A群：環境の劣化にきわめて弱く，すぐに消滅する群……………5点
　　B群：環境の劣化にやや弱く，減少していく群……………………3点
　　C群：環境の劣化に強く，最後まで残る群…………………………1点

そして，それぞれの群の動物が何群出現したかを調査し，

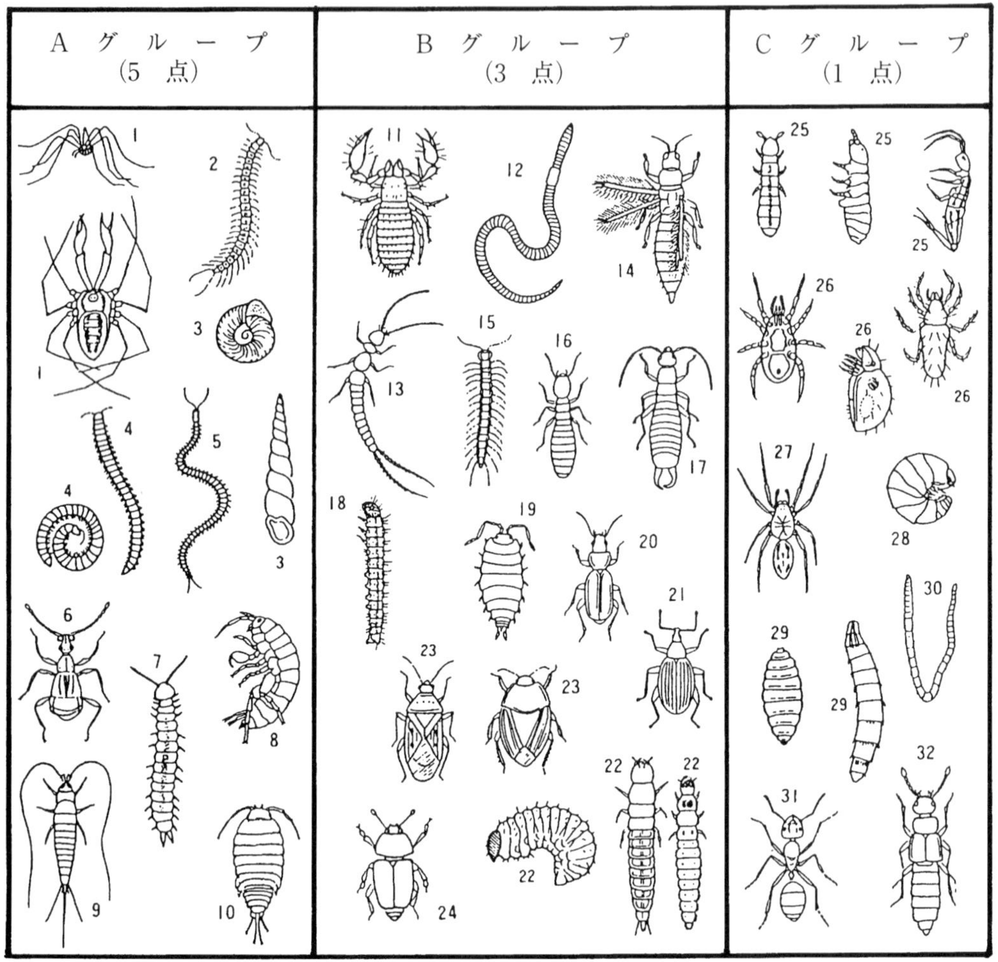

700   26. 土壌動物の自然保護

1. ザトウムシ（3〜5mm）
2. オオムカデ（4〜13cm）
3. 陸　貝（2mm〜3cm）
4. ヤスデ（1〜5cm）
5. ジムカデ（3〜5cm）
A 6. アリヅカムシ（1〜3mm）
7. コムカデ（4〜7mm）
8. ヨコエビ（3〜10mm）
9. イシノミ（1〜1.5cm）
10. ヒメフナムシ（4〜7mm）
11. カニムシ（2〜4mm）
12. ミミズ（3〜40cm）
13. ナガコムシ（3〜4mm）
14. アザミウマ（1.5〜3mm）
15. イシムカデ（1.5〜2.5cm）
16. シロアリ（3〜8mm）
17. ハサミムシ（1〜3cm）
B 18. ガ（幼虫）（5〜30mm）
19. ワラジムシ（3〜12mm）
20. ゴミムシ（0.5〜2cm）
21. ゾウムシ（4〜8mm）
22. 甲虫（幼虫）（3mm〜3cm）
23. カメムシ（2〜6mm）
24. 甲　虫（1.5〜20mm）
25. トビムシ（1〜3mm）
26. ダ　ニ（0.3〜3mm）
27. ク　モ（2〜10mm）
28. ダンゴムシ（5〜13mm）
C 29. ハエ・アブ（幼虫）（2mm〜2cm）
30. ヒメミミズ（5〜15mm）
31. ア　リ（2〜10mm）
32. ハネカクシ（3〜10mm）

各動物名のあとの（　）内はおよその体長を表わす。

図 26.5 「自然の豊かさ」の診断のために用いる32の土壌動物群と、それらのA、B、Cの3グループへの区分（青木、1995）

$$\text{自然の豊かさ指数}=(\text{A 群の数}\times 5)+(\text{B 群の数}\times 3)+(\text{C 群の数}\times 1)$$

の計算によって指数を算出し，評価を行う（100 点満点）．この方法は土壌動物を大まかな群に類別すればよく，種までの詳しい同定を必要とせず，専門家以外の人々にも実行できるので，すでに学校の教育現場，地方自治体による調査，環境アセスメントなどでも取り入れられている（詳しくは青木，1995 を参照）．

おわりに

以上に述べてきたように，土壌動物の自然保護という場合には，貴重種に着目するよりも，いかにしたら土壌動物群集を豊かな状態に維持したり，回復したりすることができるかを問題にすべきであろう．

簡単にいってしまえば，自然植生にできるだけ近い植生を残し，あるいはそれを創造すれば，土壌動物は自然に伴ってついてくるといってもよい．ただし，重要なことは，地上部の植物がいかに立派であっても，地表部の状態が貧弱であれば豊かな土壌動物群集は期待できないということである．多様で豊かな土壌動物群集を維持するために最も大切なことは，落葉落枝などの生物遺体が地表に堆積できる状態を維持あるいは創成してやることである．この点に関して，都市公園の管理者や開発事業を行う企業などに理解と配慮が望まれる．　　　　　　　　　　　　　　　　　　［青木淳一］

文　献

1) 青木淳一（1973）：土壌動物学——分類・生態・環境との関係を中心に，814 p.，北隆館．
2) 青木淳一（1989）：土壌動物を指標とした自然の豊かさ評価．都市化・工業化の動植物影響調査法マニュアル（沼田　眞編），pp. 127-143，千葉県．
3) 青木淳一編（1991）：日本産土壌動物検索図説，405 図＋201 p.，東海大学出版会．
4) 青木淳一（1995）：土壌動物を用いた環境診断．自然環境への影響予測——結果と調査法マニュアル（沼田　眞編），pp. 197-271，千葉県環境部環境調整課．
5) 畑井新喜司（1980）：復刻みみず，218 p.，サイエンティスト社．
6) Ito, H. (1991): Taxonomic study on the Eutardigrada from the northern slope of Mt. Fuji, central Japan, (I) Families Calohypsibiidae and Eohypsibiidae. *Proc. Jpn. Soc. Syst. Zool.*, **45**, 30-43.
7) 環境庁自然保護局野生生物課（1991）：日本の絶滅のおそれのある野生生物，レッドデータブック，無脊椎動物編，272 p.，日本野生生物研究センター．
8) Macfadyen, A. (1961): Metabolism of soil invertebrates in relation to soil fertility. *Ann. Appl. Biol.*, **49**, 219.
9) 湊　宏（1994）：日本産キセルガイ科貝類の分類と分布に関する研究．貝類学雑誌，別巻 2, 211 p.＋6 表＋74 図．
10) Nunomura, N. (1987): Studies on the terrestrial isopod crustaceans in Japan, (IV) Taxonomy of the families Trachelipidae and Porcellionidae. *Bull Toyama Sci. Mus.*, **11**, 1-76.
11) 渡辺弘之（1978）：土壌動物の世界，170 p.，東海大学出版会．
12) 八木沼健夫（1986）：原色日本クモ類図鑑，305 p.，保育社．

付　　録

付録1　天然記念物リスト

　リストは北海道から順に都道府県ごとに並べてある．同一県内では指定順に並べてある．種別は，特天：特別天然記念物，天：天然記念物，名：名勝，史：史跡，名天：名勝と天然記念物の両方に指定．指定日の（特）は特別天然記念物に指定された日，（追）は追加指定が行われた日，（変）名称変更，（解）一部解除を示す．県名の欄に地域定めずとあるのは，動物の地域定めずの指定（いわゆる種の指定）を示す．また，地域定めずの指定の所在地は指定当時におもな生息地と考えられていた場所であり，現在の分布と一致しない場合もある．（作成：文化庁記念物課 蒔田明史）

天然記念物指定件数（1997年8月1日現在）

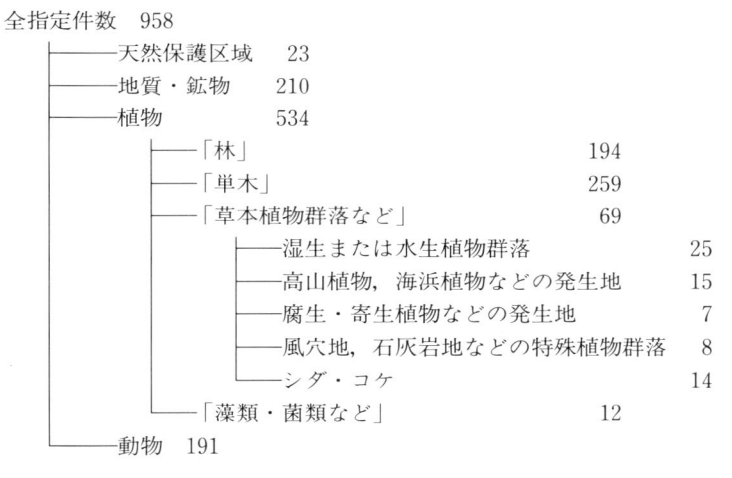

```
全指定件数　958
       ├── 天然保護区域　23
       ├── 地質・鉱物　210
       ├── 植物　534
       │     ├──「林」　　　　　　　　　　　　　　194
       │     ├──「単木」　　　　　　　　　　　　　259
       │     ├──「草本植物群落など」　　　　　　　69
       │     │     ├── 湿生または水生植物群落　　　　　25
       │     │     ├── 高山植物，海浜植物などの発生地　15
       │     │     ├── 腐生・寄生植物などの発生地　　　7
       │     │     ├── 風穴地，石灰岩地などの特殊植物群落　8
       │     │     └── シダ・コケ　　　　　　　　　　　14
       │     └──「藻類・菌類など」　　　　　　　　12
       └── 動物　191
```

	地域定めず	地域指定
哺乳類	14	13
鳥類	29	34
爬虫類	4	3
両生類	1	8
魚類	4	13
原索類	0	2
甲殻類	1	1
昆虫類	17	19
剣尾類	0	1
軟体動物類	2	1
家畜家禽	24	0
合　計	96	95

天然保護区域

	名称	所在	種別	指定日(A:大正, B:昭和)	指定理由
1	釧路湿原	北海道	天	B421215	天保区
2	沙流川源流原始林	北海道	天	B451204	天保区
3	大雪山	北海道	特天	B460423, B520315(特)	天保区
4	松前小島	北海道	天	B471212	天保区
5	標津湿原	北海道	天	B540807	天保区
6	月山	山形	天	B471209	天保区
7	上野楢原のシオジ林	群馬	天	B440725	天保区
8	鳥島	東京	天	B400510	天保区
9	南硫黄島	東京	天	B471124	天保区
10	黒部峡谷附猿飛ならびに奥鐘山	富山	特名特天	B310907(名天), B390710(特名特天)	天保区, 名6
11	上高地	長野	特名特天	B030324(名天), B270329(特名特天)	天保区, 名6
12	黒岩山	長野	天	B460705	天保区
13	大杉谷	三重	天	B471213	天保区
14	男女群島	長崎	天	B440818	天保区
15	阿値賀島	長崎	天	B510917	天保区
16	双石山	宮崎	天	B440822	天保区
17	稲尾岳	鹿児島	天	B420706	天保区
18	神屋・湯湾岳	鹿児島	天	B431108	天保区
19	与那覇岳天然保護区域	沖縄	天	B470515	天保区
20	星立天然保護区域	沖縄	天	B470515	天保区
21	仲間川天然保護区域	沖縄	天	B470515	天保区
22	十和田湖および奥入瀬渓流	青森, 秋田	特名・天	B030412(名・天), B270329(特名)	天保区, 名6,7
23	尾瀬	福島群馬新潟	特天	B310809, B350601(特)	天保区

付録1　天然記念物リスト

地　質

名称	所在	種別	指定日 (A: 大正, B: 昭和)	指定理由
1 名寄鈴石	北海道	天	B140907	地1, 7
2 名寄高師小僧	北海道	天	B140907	地1, 4
3 根室車石	北海道	天	B140907	地7
4 昭和新山	北海道	特天	B260609, B320619(特)	地10
5 エゾミカサリュウ化石	北海道	天	B520716	地12
6 仏宇多(仏ヶ浦)	青森	名・天	B160423	地1, 9, 名5, 8
7 厳美渓	岩手	名・天	B020905	地9, 名6
8 根反の大珪化木	岩手	特天	B111216, B270329(特)	地1
9 蛇ヶ崎	岩手	天	B111216	地4, 9
10 碁石海岸	岩手	名・天	B120615	地4, 6, 9, 11, 名7
11 岩泉湧窟およびコウモリ	岩手	天	B131214	地6, 動3
12 館ヶ崎角岩岩脈	岩手	天	B140907	地1, 7
13 崎山の潮吹穴	岩手	天	B140907	地6, 9
14 崎山の蝋燭岩	岩手	天	B140907	地1, 9
15 姉帯小鳥谷根反の珪化木地帯	岩手	天	B160221	地1
16 夏油温泉の石灰華	岩手	特天	B160228, B320619(特)	地8
17 波打峠の交叉層	岩手	天	B160801	地2
18 葛根田の大岩屋	岩手	天	B180219	地6, 9
19 焼走り熔岩流	岩手	特天	B191107, B270329(特)	地5, 10
20 樋口沢ゴトランド紀化石産地	岩手	天	B320508	地1
21 安家洞	岩手	天	B500207	地6, 3
22 球状閃緑岩	宮城	天	A120307	地1
23 鬼首の雌釜および雄釜間歇温泉	宮城	特天	B080413, B270329(特)	地8
24 小原の材木岩	宮城	天	B090501	地7.9
25 姉滝	宮城	天	B090809	地9
26 歌津館崎の魚竜化石産地および魚竜化石	宮城	天	B500802	地1, 12
27 玉川温泉の北投石	秋田	特天	A111012, B270329(特)	地1, 8
28 鯒状珪石および噴泉塔	秋田	天	A131209	地1, 8
29 象潟	秋田	天	B090122	地5
30 筑紫森岩脈	秋田	天	B130808	地10, 1
31 千屋断層	秋田	天	C070214	地3, 5
32 入水鍾乳洞	福島	天	B091228	地6
33 見祢の大石	福島	天	B161003	地1, 9
34 塔のへつり	福島	天	B180824	地1, 9
35 鹿島神社のペグマタイト岩脈	福島	天	B410611	地1
36 湯沢噴泉塔	栃木	天	A110308	地8
37 名草の巨石群	栃木	天	B140907	地1
38 川原湯岩脈(臥竜岩および登竜岩)	群馬	天	B091228	地1, 9
39 吹割渓ならびに吹割瀑	群馬	天・名	B111216	地1, 4, 9, 名6
40 上野村亀甲石産地	群馬	天	B130808	地1, 7
41 生犬穴	群馬	天	B131214	地6
42 岩神の飛石	群馬	天	B131214	地1, 5
43 浅間山熔岩樹型	群馬	特天	B150830, B270329(特)	地2, 7, 10

地 質

名称	所在	種別	指定日(A:大正, B:昭和)	指定理由
44 長瀞	埼玉	名・天	A131209	地1, 3, 7, 9, 名6
45 御岳の鏡岩	埼玉	特天	B150830, B310719(特)	地1, 5
46 諸磯の隆起海岸	神奈川	天	B030324	地5
47 笹川流	新潟	名・天	B020905(名・天)	地5, 9, 名5, 8
48 佐渡小木海岸	新潟	天・名	B090501	地1, 9, 5, 名8
49 田代の七ツ釜	新潟	名・天	B120615	地7, 9, 名5, 6
50 平根崎の波蝕甌穴群	新潟	天	B150712	地9
51 清津峡	新潟	名・天	B160423	地1, 9, 7, 名6
52 小滝川硬玉産地	新潟	天	B310629	地1
53 青海川の硬玉産地	新潟	天	B320222	地1
54 魚津埋没林	富山	特天	B111216, B300822(特)	地1, 5
55 飯久保の瓢箪石	富山	天	B160127	地1, 7
56 猪谷の背斜・向斜	富山	天	B161003	地1, 3
57 立山の山崎圏谷	富山	天	B200222	地11
58 薬師岳の圏谷群	富山	特天	B200222, B270329(特)	地11
59 称名滝	富山	名・天	B480529	地9, 名6
60 山科の大桑層化石産地と甌穴 石川		天	B160127	地1, 9
61 曽々木海岸	石川	名・天	B170307	地9, 1, 名8
62 岩間の噴泉塔群	石川	特天	B291225, B320619(特)	地8
63 手取川流域の珪化木産地	石川	天	B320710	地1
64 東尋坊	福井	天・名	B100607	地7, 9, 名5, 8
65 西湖蝙蝠穴およびコウモリ	山梨	天	B041217	地6, 動3
66 富士風穴	山梨	天	B041217	地6
67 本栖風穴	山梨	天	B041217	地6
68 神座風穴附蒲鉾穴および眼鏡穴 山梨		天	B041217	地6
69 大室洞穴	山梨	天	B041217	地6
70 富岳風穴	山梨	天	B041217	地6
71 竜宮洞穴	山梨	天	B041217	地6
72 鳴沢氷穴	山梨	天	B041217	地6
73 鳴沢熔岩樹型	山梨	特天	B041217, B270329(特)	地6, 10
74 吉田胎内樹型	山梨	天	B041217	地6, 10
75 船津胎内樹型	山梨	天	B041217	地6, 10
76 雁ノ穴	山梨	天	B071019	地6, 10
77 忍野八海	山梨	天	B090501	地10
78 燕岩岩脈	山梨	天	B091228	地1, 10
79 白骨温泉の噴湯丘と球状石灰岩 長野		特天	A110308, B270329(特)	地8
80 高瀬渓谷の噴湯丘と球状石灰岩 長野		天	A111012	地1, 7
81 渋の池地獄谷噴泉	長野	天	B020408	地8
82 中房温泉の膠状珪酸および珪華 長野		天	B031004	地7, 8
83 四阿山の的岩	長野	天	B150210	地1, 7
84 横川の蛇石	長野	天	B150712	地1, 7
85 根尾谷断層	岐阜	特天	B020614, B270329(特)	地5
86 鬼岩	岐阜	名・天	B090122	地1, 9, 名5, 6
87 美濃の壷石	岐阜	天	B090122	地1, 7
88 傘岩	岐阜	天	B090122	地9

付録1　天然記念物リスト

地　質

名称	所在	種別	指定日(A:大正,B:昭和)	指定理由
89 根尾谷の菊花石	岐阜	特天	B161213, B270329(特)	地1, 7
90 飛水峡の甌穴群	岐阜	天	B360706	地9
91 福地の化石産地	岐阜	天	B370112	地1
92 万野風穴	静岡	天	A110308	地6, 10
93 駒門風穴	静岡	天	A110308	地6, 10
94 印野の熔岩隧道	静岡	天	B020408	地6, 10
95 地震動の擦痕	静岡	天	B090122	地5
96 手石の弥陀ノ岩屋	静岡	天	B091228	地6, 5
97 丹那断層	静岡	天	B100607	地5
98 堂ヶ島天窓洞	静岡	天	B100827	地5, 6, 9
99 白糸ノ滝	静岡	名・天	B110903	地9, 10, 名6
100 白羽の風蝕礫産地	静岡	天	B180824	地9
101 湧玉池	静岡	特天	B191107, B270329(特)	地10
102 楽寿園	静岡	天・名	B290320	地7, 10, 名5, 7
103 猿投山の球状花崗岩	愛知	天	B060220	地1, 7
104 阿寺の七滝	愛知	名・天	B090122	地1, 9, 名6
105 乳岩および乳岩峡	愛知	天・名	B090122	地1, 6, 7, 9, 名5, 6
106 馬背岩	愛知	天	B090501	地1
107 熊野の鬼ヶ城附獅子巌	三重	天・名	B101224(天・名)	地5, 9, 名5, 8
108 石山寺珪灰石	滋賀	天	A110308	地1
109 綿向山麓の接触変質地帯	滋賀	天	B170919	地7
110 鎌掛の屏風岩	滋賀	天	B180824	地1
111 別所高師小僧	滋賀	天	B191113	地1, 4
112 稗田野の菫青石仮晶	京都	天	A110308	地1, 7
113 郷村断層	京都	天	B041217	地5
114 東山洪積世植物遺体包含層	京都	天	B180219	地1, 4
115 玄武洞	兵庫	天	B060220	地7
116 鵠崎ノ屏風岩	兵庫	天	B061021	地1, 10
117 但島御火浦	兵庫	名・天	B090122	地7, 9, 名5, 8
118 神戸丸山衝上断層	兵庫	天	B121221	地1, 3, 5
119 鎧袖	兵庫	天	B130530	地1, 9
120 屏風岩、兜岩および鎧岩	奈良	天	B091228	地1, 9
121 橋杭岩	和歌山	名・天	A131209(名・天)	地9, 名5
122 白浜の化石漣痕	和歌山	天	B060220	地1, 3
123 白浜の泥岩岩脈	和歌山	天	B060220	地1, 3
124 門前の大岩	和歌山	天	B101224	地1
125 高池の虫喰岩	和歌山	天	B101224	地1, 9
126 鳥巣半島の泥岩岩脈	和歌山	天	B110903	地1, 7, 9
127 栗栖川亀甲石包含層	和歌山	天	B120615	地1
128 古座川の一枚岩	和歌山	天	B161213	地1
129 浦富海岸	鳥取	名・天	B030327	地1, 5, 7, 9, 名5, 8
130 鳥取砂丘	鳥取	天	B300203	地9, 植5
131 立久恵	島根	名・天	B020408	地9, 名5, 6
132 鬼の舌振	島根	名・天	B020408	地9, 名5, 6
133 潜戸	島根	名・天	B020614	地6, 9, 名5, 10

地質

名称	所在	種別	指定日 (A:大正, B:昭和)	指定理由
134 大根島の熔岩隧道	島根	特天	B060731, B270329 (特)	地6, 10
135 石見畳ヶ浦	島根	天	B070325	地1, 5, 7, 9
136 築島の岩脈	島根	天	B070723	地7, 9
137 多古の七ツ穴	島根	天	B070723	地6
138 岩屋寺の切開	島根	天	B070725	地9
139 大根島第二熔岩隧道	島根	天	B100607	地6, 10
140 隠岐知振赤壁	島根	名・天	B101224	地1, 9, 名8
141 波根西の珪化木	島根	天	B110903	地1
142 唐音の蛇岩	島根	天	B111216	地1
143 隠岐国賀海岸	島根	名・天	B130530	地6, 9, 名5, 8
144 隠岐白島海岸	島根	名・天	B130530	地1, 9, 名5, 8
145 隠岐海苔田ノ鼻	島根	天・名	B130530	地1, 9, 名5, 8
146 松代鉱山の霰石産地	島根	天	B340724	地1
147 羅生門	岡山	天	B050825	地6, 9
148 草間の間歇冷泉	岡山	天	B050825	地10
149 象岩	岡山	天	B070723	地9
150 大賀の押被	岡山	天	B120615	地3, 5
151 白石島の鎧岩	岡山	天	B171014	地1, 9
152 船佐/山内逆断層帯	広島	天	B360506	地3
153 久井・矢野の岩海	広島	天	B390627	地9
154 押ヶ垰断層帯	広島	天	B400701	地5
155 雄橋	広島	天	B620512	地5, 6, 9
156 秋芳洞	山口	特天	A110308, B270329 (特)	地6, 9
157 景清穴	山口	天	A110308	地6, 9
158 中尾洞	山口	天	A120307	地6, 9
159 大正洞	山口	天	A120307	地6, 9
160 石柱渓	山口	名・天	A151020	地7, 名5, 6
161 青海島	山口	名・天	A151020	地1, 2, 3, 5, 名5, 8
162 俵島	山口	名・天	B020614	地1, 7, 名5, 8
163 須佐湾	山口	名・天	B030305	地1, 7, 名5, 8
164 六連島の雲母玄武岩	山口	天	B090122	地1
165 岩屋観音窟	山口	天	B090122	地6, 7
166 竜宮の潮吹	山口	天・名	B090809	地6, 9, 名5, 8
167 吉部の大岩郷	山口	天	B101224	地1, 9
168 万倉の大岩郷	山口	天	B101224	地1, 9
169 須佐高山の磁石石	山口	天	B111216	地1
170 秋吉台	山口	特天	B361019, B390710 (特)	地9, 3, 1, 6
171 阿波の土柱	徳島	天	B090501	地9
172 宍喰浦の化石漣痕	徳島	天	B541126	地1
173 屋島	香川	史・天	B091110	地1, 10, 史2, 3
174 円上島の球状ノーライト	香川	天	B091228	地1, 10
175 絹島および丸亀島	香川	天	B150210	地1, 6, 9
176 鹿浦越のランプロファイア岩脈	香川	天	B170721	地2
177 八釜の甌穴群	愛媛	特天	B090501, B270329 (特)	地9
178 砥部衝上断層	愛媛	天	B130530	地1, 3, 5

付録1 天然記念物リスト

地質

	名称	所在	種別	指定日(A:大正,B:昭和)	指定理由
179	竜河洞	高知	天・史	B091228	地6, 動3, 史1
180	唐船島の隆起海岸	高知	天	B281114	地5
181	千尋岬の化石漣痕	高知	天	B281114	地1, 5, 7
182	大引割・小引割	高知	天	B610225	地3, 5, 9
183	長垂の含紅雲母ペグマタイト岩脈	福岡	天	B090122	地1, 7
184	名島の檣石	福岡	天	B090501	地1
185	千仏鍾乳洞	福岡	天	B101224	地6
186	平尾台	福岡	天	B271122	地1, 6, 9
187	夜宮の大珪化木	福岡	天	B320222	地1
188	青竜窟	福岡	天	B370126	地6, 9
189	芥屋の大門	福岡	天	B410303	地1, 6, 9
190	水縄断層	福岡	天	C090728	地5
191	屋形石の七ツ釜	佐賀	天	A141008	地9
192	七釜鍾乳洞	長崎	天	B111216	地6
193	斑島玉石甌穴	長崎	天	B330313	地9
194	妙見浦	熊本	名・天	B100827	地5, 7, 9, 名8
195	竜仙島(片島)	熊本	天・名	B100827	地1, 9, 名5, 8
196	小半鍾乳洞	大分	天	A110308	地6
197	風連洞窟	大分	天	B020408	地6
198	狩生鍾乳洞	大分	天	B091228	地6
199	大岩扇山	大分	天	B100607	地1, 7
200	耶馬渓猿飛の甌穴群	大分	天	B100607	地9
201	関の尾の甌穴	宮崎	天	B030218	地9
202	柘の滝鍾乳洞	宮崎	天	B080228	地6
203	七折鍾乳洞	宮崎	天	B080228	地6
204	青島の隆起海床と奇形波蝕痕	宮崎	天	B090501	地1, 5, 7, 9
205	五箇瀬川峡谷(高千穂峡谷)	宮崎	名・天	B091110	地9, 名6
206	塩川	沖縄	天	B470515	地9
207	瀞八丁	和歌,三重,奈良	特名天	B030324(名・天), B270329(特名)	地1, 名5, 6
208	鷹巣山	福岡, 大分	天	B160801	地9
209	横山楡原衝上断層	富山, 岐阜	天	B161003	地5
210	三波石峡	群馬, 埼玉	名・天	B320703	地1, 名5, 6

木本群落（林, 並木, 自生地など）

	名称	所在	種別	指定日（A：大正, B：昭和）	指定理由
1	野幌原始林	北海道	特天	A100303, B270329（特）	植2
2	円山原始林	北海道	天	A100303	植2
3	藻岩原始林	北海道	天	A100303	植2
4	ヒノキアスナロおよびアオトドマツ自生地	北海道	天	A111012	植2, 10
5	登別原始林	北海道	天	A131209	植2
6	鵡川ゴヨウマツ自生北限地帯	北海道	天	B030207	植10
7	歌才ブナ自生北限地帯	北海道	天	B031022	植10
8	落石岬のサカイツツジ自生地	北海道	天	B150210	植10
9	幌満ゴヨウマツ自生地	北海道	天	B180824	植2
10	焼尻の自然林	北海道	天	B580830	植2
11	カスグリ自生地	岩手	天	B020408	植12
12	早池峰山のアカエゾマツ自生南限地	岩手	天	B500218	植10
13	ヨコグラノキ北限地帯	宮城	天	B171014	植10
14	花山のアズマシャクナゲ自生北限地帯	宮城	天	B361114	植4, 10
15	八景島暖地性植物群落	宮城	天	B390627	植2, 10
16	椿島暖地性植物群落	宮城	天	B411107	植2, 10
17	青葉山	宮城	天	B470711	植2, 9, 10, 動3
18	桃洞・佐渡のスギ原生林	秋田	天	B500213	植2
19	羽黒山のスギ並木	山形	特天	B260609, B300813（特）	植1
20	三瀬気比神社社叢	山形	天	B520402	植1
21	吾妻山ヤエハクサンシャクナゲ自生地	福島	天	A120307	植2
22	いぶき山イブキ樹叢	茨城	天	A111012	植2
23	桜川のサクラ	茨城	天	B490716	植1
24	日光杉並木街道附並木寄進碑	栃木	特史特天	A110308（史）B270329（特史）, B290320（天）, B311031（特天）	植1, 史8
25	安中原市のスギ並木	群馬	天	B080413	植1
26	三波川（サクラ）	群馬	名・天	B120417	植1, 名3
27	敷島のキンメイチク	群馬	天	B281114	植12
28	湯の丸レンゲツツジ群落	群馬	天	B310515	植4
29	草津白根のアズマシャクナゲおよびハクサンシャクナゲ群落	群馬	天	B360706	植4
30	太東海浜植物群落	千葉	天	A090717	植5
31	笠森寺自然林	千葉	天	B450123	植1, 動3
32	馬場大門のケヤキ並木	東京	天	A131209	植1
33	旧白金御料地	東京	天・史	B240412（天・史）	植1, 4, 10, 12, 動3
34	シイノキ山のシイノキ群叢	東京	天	B260609	植1
35	大島海浜植物群落	東京	天	B260609	植10
36	山神の樹叢	神奈川	天	B140907	植1
37	鳥屋野逆ダケの藪	新潟	天	A111012	植12
38	田上村ツナギガヤ自生地	新潟	天	A111012	植1
39	菅堅八幡宮社叢	新潟	天	B030131	植1
40	小山田ヒガンザクラ樹林	新潟	天	B031130	植2
41	橡平サクラ樹林	新潟	天	B090122	植2
42	能生白山神社社叢	新潟	天	B121221	植1
43	宮川神社社叢	新潟	天	B550314	植1
44	宮崎鹿島樹叢	富山	天	B111216	植2

木本群落（林, 並木, 自生地など）

名称	所在	種別	指定日(A:大正, B:昭和)	指定理由
45 杉沢の沢スギ	富山	天	B480804	植2
46 篠原のキンメイチク	石川	天	B020408	植1, 12
47 鹿島の森	石川	天	B130808	植2
48 気多神社社叢	石川	天	B420502	植1
49 須須神社社叢	石川	天	B500626	植1
50 蒼島暖地性植物群落	福井	天	B260609	植2, 10
51 富士山原始林	山梨	天	A150224	植2
52 躑躅原レンゲツツジおよびフジザクラ群落	山梨	天	B030309	植4
53 山中のハリモミ純林	山梨	天	B380118	植2
54 小野のシダレグリ自生地	長野	天	A090717	植11
55 西内のシダレグリ自生地	長野	天	A090717	植11
56 新野のハナノキ自生地	長野	天	A111012	植10, 12
57 八ケ岳キバナシャクナゲ自生地	長野	天	A120307	植2
58 坂本のハナノキ自生地	岐阜	天	A090717	植10, 12
59 竹原のシダレグリ自生地	岐阜	天	A100303	植1
60 富田ハナノキ自生地	岐阜	天	A111012	植10, 12
61 釜戸ハナノキ自生地	岐阜	天	A111012	植10, 12
62 越原ハナノキ自生地	岐阜	天	A111012	植10, 12
63 霞間ケ渓(サクラ)	岐阜	名・天	B030217	植1, 名3
64 楓谷のヤマモミジ樹林	岐阜	天	B051119	植2
65 一之瀬のホンシャクナゲ群落	岐阜	天	B060731	植2
66 一位森八幡神社社叢	岐阜	天	B500626	植1
67 大瀬崎のビャクシン樹林	静岡	天	B070725	植2
68 八幡野八万宮/来宮神社社叢	静岡	天	B090809	植1
69 伊古奈比咩命神社のアオギリ自生地	静岡	天	B200222	植5
70 京丸のアカヤシオおよびシロヤシオ群生地	静岡	天	B491126	植2
71 川宇連ハナノキ自生地	愛知	天	A111012	植10, 12
72 木曽川堤(サクラ)	愛知	名・天	B020811	植1, 名2, 3
73 八百富神社社叢	愛知	天	B050825	植1
74 鳳来寺山	愛知	名・天	B060731	植2, 9, 地1, 7, 名3
75 羽豆神社の社叢	愛知	天	B090122	植1
76 黄柳野ツゲ自生地	愛知	天	B190307	植2, 10
77 御油のマツ並木	愛知	天	B191107	植1
78 宮山原始林	愛知	天	B290320	植2
79 椛のシデコブシ自生地	愛知	天	B450619	植11
80 東阿倉川イヌナシ自生地	三重	天	A111012	植11
81 西阿倉川アイナシ自生地	三重	天	A111012	植11
82 九木神社樹叢	三重	天	B120417	植2
83 大島暖地性植物群落	三重	天	B320710	植2
84 平松のウツクシマツ自生地	滋賀	天	A100303	植11
85 鎌掛谷ホンシャクナゲ群落	滋賀	天	B060330	植2
86 和泉葛城山ブナ林	大阪	天	A120307	植2
87 生島樹林	兵庫	天	A131209	植2
88 淡路国道マツ並木	兵庫	天	A150224	植1

木本群落（林,並木,自生地など）

名称	所在	種別	指定日(A:大正,B:昭和)	指定理由
89 竜野のカタシボ竹林	兵庫	天	B330515	植12
90 仏経岳原始林	奈良	天	A111012	植2
91 春日神社境内ナギ樹林	奈良	天	A120307	植2
92 春日山原始林	奈良	特天	A131209, B300215(特)	植2
93 オオヤマレンゲ自生地	奈良	天	B030207	植2
94 妹山樹叢	奈良	天	B030324	植1
95 三ノ公川トガサワラ原始林	奈良	天	B041217	植2
96 シシンラン群落	奈良	天	B070419	植9
97 カザグルマ自生地	奈良	天	B230114	植11
98 丹生川上中社のツルマンリョウ自生地	奈良	天	B320508	植2,10
99 与喜山暖帯林	奈良	天	B321218	植1
100 那智原始林	和歌山	天	B030303	植2
101 神島	和歌山	天	B101224	植2,地1,9
102 江須崎暖地性植物群落	和歌山	天	B281114	植1,2,10
103 稲積島暖地性植物群落	和歌山	天	B460301	植2
104 大山のダイセンキャラボク純林	鳥取	特天	B020614, B270329(特)	植2
105 波波伎神社社叢	鳥取	天	B090501	植1
106 倉田八幡宮社叢	鳥取	天	B090501	植1
107 大野見宿禰命神社社叢	鳥取	天	B090809	植1
108 白兎神社樹叢	鳥取	天	B121208	植1
109 松上神社のサカキ樹林	鳥取	天	B190307	植1
110 高尾暖地性濶葉樹林	島根	天	B030207	植2
111 三瓶山自然林	島根	天	B441129	植2
112 トラフダケ自生地	岡山	天	A131209	植12
113 本谷のトラフダケ自生地	岡山	天	B510616	植12
114 彌山原始林	広島	天	B041207	植2
115 忠海八幡神社社叢	広島	天	B110903	植1
116 比婆山のブナ純林	広島	天	B350715	植2
117 小郡町ナギ自生北限地帯	山口	天	A111012	植10
118 笠山コウライタチバナ自生地	山口	天	A150224	植12
119 満珠樹林	山口	天	A151020	植2
120 干珠樹林	山口	天	A151020	植2
121 峨嵋山樹林	山口	天	B070425	植2
122 川上のユズおよびナンテン自生地	山口	天	B160801	植11
123 出雲神社ツルマンリョウ自生地	山口	天	B320222	植1,10
124 指月山	山口	天	B460316	植2,動2
125 弁天島熱帯性植物群落	徳島	天	A110308	植2,10
126 津島暖地性植物群落	徳島	天	B480423	植2
127 船窪のオンツツジ群落	徳島	天	B601026	植4
128 皇子神社社叢	香川	天	B030131	植1
129 象頭山	香川	名・天	B260609	植2,名11,3
130 菅生神社社叢	香川	天	B531030	植1
131 天川神社社叢	香川	天	B551217	植1
132 大山祇神社のクスノキ群	愛媛	天	B260609	植1
133 新居浜一宮神社のクスノキ群	愛媛	天	B260609	植1

付録1 天然記念物リスト

木本群落（林，並木，自生地など）

名称	所在	種別	指定日(A:大正,B:昭和)	指定理由
134 タチバナ	高知	天	A100303	植11
135 松尾のアコウ自生地	高知	天	A100303	植10
136 室戸岬亜熱帯性樹林および海岸植物群落	高知	天	B030324	植2,5,10
137 沖の島原始林	福岡	天	A151020	植2
138 久喜宮のキンメイチク	福岡	天	B020408	植1,12
139 古処山ツゲ原始林	福岡	特天	B020408, B270329(特)	植2
140 立花山クスノキ原始林	福岡	特天	B030207, B300822(特)	植2,10
141 新舟小屋のクスノキ林	福岡	天	B490618	植1
142 高良山のモウソウキンメイチク林	福岡	天	B491125	植1
143 高串アコウ自生北限地帯	佐賀	天	B030118	植10
144 千石山サザンカ自生北限地帯	佐賀	天	B320702	植2,10
145 竜良山原始林	長崎	天	A120307	植2
146 洲藻白岳原始林	長崎	天	A120307	植2
147 鰐浦ヒトツバタゴ自生地	長崎	天	B030118	植10
148 地獄地帯シロドウダン群落	長崎	天	B030331	植2
149 野岳イヌツゲ群落	長崎	天	B030331	植2
150 普賢岳紅葉樹林	長崎	天	B030331	植2
151 池の原ミヤマキリシマ群落	長崎	天	B030331	植4
152 岩戸山樹叢	長崎	天	B030331	植2
153 諫早市城山暖地性樹叢	長崎	天	B260609	植2
154 多良岳ツクシシャクナゲ群叢	長崎	天	B260609	植2
155 黒子島原始林	長崎	天	B260609	植2
156 奈留島権現山樹叢	長崎	天	B331111	植2
157 大村のイチイガシ天然林	長崎	天	B560124	植2
158 立田山ヤエクチナシ自生地	熊本	天	B040402	植11
159 阿蘇北向谷原始林	熊本	天	B440822	植2
160 大船山のミヤマキリシマ群落	大分	天	B360902	植4
161 九重山のコケモモ群落	大分	天	B370126	植3
162 宇佐神宮社叢	大分	天	B520412	植1
163 堅田郷八幡社のハナガガシ林	大分	天	B530311	植1
164 青島亜熱帯性植物群落	宮崎	特天	A100303, B270329(特)	植2
165 都井岬ソテツ自生地	宮崎	特天	A100303, B270329(特)	植10
166 狭野のスギ並木	宮崎	天	A131209	植1
167 高島のビロウ自生地	宮崎	天	B050228	植10
168 石波の海岸樹林	宮崎	天	B260609	植5
169 虚空蔵島の亜熱帯林	宮崎	天	B260609	植2
170 甑岳針葉樹林	宮崎	天	B440822	植2
171 祝子川モウソウキンメイ竹林	宮崎	天	B450811	植1
172 喜入のリュウキュウコウガイ産地	鹿児島	特天	A100303, B270329(特)	植10
173 枇榔島亜熱帯性植物群落	鹿児島	特天	A100303, B310719(特)	植2,10
174 鹿児島県のソテツ自生地	鹿児島	特天	A120307, B270329(特)	植10
175 ヒガンザクラ自生南限地	鹿児島	天	A120307	植10
176 屋久島スギ原始林	鹿児島	特天	A131209, B290320(特)	植2
177 城山	鹿児島	天・史	B060603	植2, 史2

木本群落（林，並木，自生地など）

名称	所在	種別	指定日(A:大正,B:昭和)	指定理由
178 安波のタナガーグムイの植物群落	沖縄	天	B470515	植2
179 田港御願の植物群落	沖縄	天	B470515	植1,2
180 慶佐次湾のヒルギ林	沖縄	天	B470515	植2
181 諸志御嶽の植物群落	沖縄	天	B470515	植1,2
182 米原のヤエヤマヤシ群落	沖縄	天	B470515	植2
183 荒川のカンヒザクラ自生地	沖縄	天	B470515	植2
184 宮良川のヒルギ林	沖縄	天	B470515	植2
185 船浦のニッパヤシ群落	沖縄	天	B470515	植10
186 ウブンドルのヤエヤマヤシ群落	沖縄	天	B470515	植2
187 大池のオヒルギ群落	沖縄	天	B500318	植5
188 古見のサキシマスオウノキ群落	沖縄	天	B530322	植1,2
189 ハマナス自生南限地帯	鳥取・茨城	天	A110308	植10
190 ツバキ自生北限地帯	青森, 秋田	天	A111012	植10
191 ヒトツバタゴ自生地	愛知, 岐阜	天	A120307	植12
192 ノカイドウ自生地	鹿児島, 宮崎	天	A120307	植11
193 犬ケ岳ツクシシャクナゲ自生地	福岡, 大分	天	B400604	植10
194 三嶺・天狗塚のミヤマクマザサ及びコメツツジ群落	徳島, 高知	天	C060901	植2

付録1　天然記念物リスト

単　　木

		名称	所在地	指定日（A:大正, B:昭和, C:平成）	指定理由
1	天	法量のイチョウ	青森	A151020	植1
2	天	盛岡石割ザクラ	岩手	A120307	植1
3	天	シダレカツラ	岩手	A131209	植1
4	天	勝源院の逆ガシワ	岩手	B041217	植1
5	天	長泉寺の大イチョウ	岩手	B060220	植1
6	天	華蔵寺の宝珠マツ	岩手	B101224	植1
7	天	竜谷寺のモリオカシダレ	岩手	B110903	植1
8	天	実相寺のイチョウ	岩手	B131214	植1
9	天	藤島のフジ	岩手	B131214	植1
10	天	苦竹のイチョウ	宮城	A151020	植1
11	天	朝鮮ウメ	宮城	B170919	植1
12	天	小原のヒダリマキガヤ	宮城	B171014	植1
13	天	小原のコツブガヤ	宮城	B180219	植1
14	天	称名寺のシイノキ	宮城	B180824	植1
15	天	雨乞のイチョウ	宮城	B431108	植1
16	天	滝前不動のフジ	宮城	B510616	植1
17	天	祇劫寺のコウヤマキ	宮城	B510726	植1
18	天	鹽竈神社の鹽竈ザクラ	宮城	B621217	植1
19	天	東昌寺のマルミガヤ	宮城	C070320	植1
20	天	角館のシダレザクラ	秋田	B491009	植1
21	天	伊佐沢の久保ザクラ	山形	A131209	植1
22	特天	東根の大ケヤキ	山形	A151020, B320911（特）	植1
23	天	熊野神社の大スギ	山形	B020408	植1
24	天	文下のケヤキ	山形	B260609	植1
25	天	南谷のカスミザクラ	山形	B260609	植1
26	天	山五十川の玉スギ	山形	B260609	植1
27	天	羽黒山の爺スギ	山形	B260609	植1
28	天	早田のオハツキイチョウ	山形	B260609	植1
29	天	三春滝ザクラ	福島	A111012	植1
30	天	馬場ザクラ	福島	B111216	植1
31	天	中釜戸のシダレモミジ	福島	B120615	植1
32	天	諏訪神社の爺スギ 媼スギ	福島	B121221	植1
33	天	高瀬の大木（ケヤキ）	福島	B160127	植1
34	天	赤津のカツラ	福島	B160127	植1
35	天	木幡の大スギ	福島	B160327	植1
36	天	杉沢の大スギ	福島	B180824	植1
37	天	沢尻の大ヒノキ（サワラ）	福島	B490810	植1
38	天	安良川の爺スギ	茨城	A131209	植1
39	天	白旗山八幡宮のオハツキイチョウ	茨城	B040402	植1
40	天	大戸のサクラ	茨城	B070723	植1

付　　録

単　　木

		名称	所在地	指定日(A:大正,B:昭和,C:平成)	指定理由
41	天	金剛ザクラ	栃木	B111216	植1
42	天	逆スギ	栃木	B120417	植1
43	天	原町の大ケヤキ	群馬	B080413	植1
44	天	横室の大カヤ	群馬	B080413	植1
45	天	榛名神社の矢立スギ	群馬	B080413	植1
46	天	華蔵寺のキンモクセイ	群馬	B120615	植1
47	天	永明寺のキンモクセイ	群馬	B120615	植1
48	天	薄根の大クワ	群馬	B310515	植1
49	天	石戸蒲ザクラ	埼玉	A111012	植1
50	特天	牛島のフジ	埼玉	B030118, B300822(特)	植1
51	天	与野の大カヤ	埼玉	B070725	植1
52	天	清澄の大スギ	千葉	A131209	植1
53	天	府馬の大クス	千葉	A151020	植1
54	天	神崎の大クス	千葉	A151020	植1
55	天	千本イチョウ	千葉	B060220	植1
56	天	善福寺のイチョウ	東京	A151020	植1
57	天	御岳の神代ケヤキ	東京	B030218	植1
58	特天	大島のサクラ株	東京	B101224, B270329(特)	植1
59	天	練馬白山神社の大ケヤキ	東京	B150712	植1
60	天	幸神神社のシダレアカシデ	東京	B170721	植1
61	天	早川のビランジュ	神奈川	A131209	植1
62	天	箒スギ	神奈川	B090326	植1
63	天	城願寺のビャクシン	神奈川	B140907	植1
64	天	了玄庵のツナギガヤ	新潟	A111012	植1
65	天	梅護寺の数珠掛ザクラ	新潟	B020408	植1
66	天	極楽寺の野中ザクラ	新潟	B020408	植1
67	天	将軍スギ	新潟	B020408	植1
68	天	小木の御所ザクラ	新潟	B031130	植1
69	天	鵜川神社の大ケヤキ	新潟	B050228	植1
70	天	虫川の大スギ	新潟	B120417	植1
71	天	月潟の類産ナシ	新潟	B161113	植1
72	天	天神社の大スギ	新潟	B161113	植1
73	天	羽吉の大クワ	新潟	B171014	植1
74	天	上日寺のイチョウ	富山	A151020	植1
75	天	脇谷のトチノキ	富山	A151020	植1
76	天	利賀のトチノキ	富山	A151020	植1
77	天	栢野の大スギ	石川	B031130	植1
78	天	御仏供スギ	石川	B130808	植1
79	天	堂形のシイノキ	石川	B180824	植1
80	天	松月寺のサクラ	石川	B180824	植1

付録1 天然記念物リスト

単　木

	名称	所在地	指定日(A:大正,B:昭和,C:平成)	指定理由
81 天	八幡神社の大スギ	石川	B180824	植1
82 天	太田の大トチノキ	石川	C050406	植1
83 天	常神のソテツ	福井	A131209	植1
84 天	小浜神社の九本ダモ	福井	B060330	植1
85 天	万徳寺のヤマモミジ	福井	B060603	植1
86 天	専福寺の大ケヤキ	福井	B100607	植1
87 天	杉森神社のオハツキイチョウ	福井	B100827	植1
88 天	山高神代ザクラ	山梨	A111012	植1
89 天	山ノ神のフジ	山梨	B030131	植1
90 天	精進の大スギ	山梨	B030131	植1
91 天	三恵の大ケヤキ	山梨	B031130	植1
92 天	上沢寺のオハツキイチョウ	山梨	B040402	植1
93 天	本国寺のオハツキイチョウ	山梨	B040402	植1
94 天	万休院の舞鶴マツ	山梨	B090122	植1
95 天	美森の大ヤマツツジ	山梨	B100607	植1
96 天	八木沢のオハツキイチョウ	山梨	B150712	植1
97 天	上野原の大ケヤキ	山梨	B191113	植1
98 天	古長禅寺のビャクシン	山梨	B281114	植1
99 天	根古屋神社の大ケヤキ	山梨	B330515	植1
100 天	甲西の大カシワ	山梨	B581215	植1
101 天	東内のシダレエノキ	長野	A090717	植1
102 天	素桜神社の神代ザクラ	長野	B101224	植1
103 天	月瀬の大スギ	長野	B191113	植1
104 天	小黒川のミズナラ	長野	C080904	植1
105 天	根尾谷淡墨ザクラ	岐阜	A111012	植1
106 天	揖斐二度ザクラ	岐阜	A120307	植1
107 特天	石徹白のスギ	岐阜	A131209, B320702(特)	植1
108 天	加子母のスギ	岐阜	A131209	植1
109 天	久津八幡神社の夫婦スギ	岐阜	B031130	植1
110 天	禅昌寺の大スギ	岐阜	B040402	植1
111 天	千光寺の五本スギ	岐阜	B040402	植1
112 天	中將姫誓願ザクラ	岐阜	B040402	植1
113 天	神淵神社の大スギ	岐阜	B050228	植1
114 天	神ノ御杖スギ	岐阜	B090501	植1
115 天	垂洞のシダレモミ	岐阜	B121221	植1
116 天	白山神社のハナノキおよびヒトツバタゴ	岐阜	B180219	植1
117 天	大山の大スギ	岐阜	B180824	植1
118 天	飛騨国分寺の大イチョウ	岐阜	B280331	植1
119 天	臥竜のサクラ	岐阜	B480526	植1
120 天	治郎兵衛のイチイ	岐阜	C060125	植1

単　　木

		名称	所在地	指定日(A:大正,B:昭和,C:平成)	指定理由
121	特天	狩宿の下馬ザクラ	静岡	A111012, B270329(特)	植1
122	天	竜華寺のソテツ	静岡	A131209	植1
123	天	能満寺のソテツ	静岡	A131209	植1
124	天	熊野の長フジ	静岡	B070725	植1
125	天	葛見神社の大クス	静岡	B080228	植1
126	天	阿豆佐和気神社の大クス	静岡	B080228	植1
127	天	三島神社のキンモクセイ	静岡	B090501	植1
128	天	新町の大ソテツ	静岡	B110903	植1
129	天	杉桙別命神社の大クス	静岡	B111216	植1
130	天	八幡神社のイスノキ	静岡	B160228	植1
131	天	北浜の大カヤノキ	静岡	B290320	植1
132	天	智満寺の十本スギ	静岡	B370629	植1
133	天	清田の大クス	愛知	B041217	植1
134	天	神明社の大シイ	愛知	B070419	植1
135	天	名古屋城のカヤ	愛知	B070725	植1
136	天	牛久保のナギ	愛知	B131214	植1
137	天	杉本貞観スギ	愛知	B190626	植1
138	天	甘泉寺のコウヤマキ	愛知	B470526	植1
139	天	白子不断ザクラ	三重	A120307	植1
140	天	高倉神社のシブナシガヤ	三重	B070725	植1
141	天	果号寺のシブナシガヤ	三重	B070725	植1
142	天	椋本の大ムク	三重	B090122	植1
143	天	庫蔵寺のコツブガヤ	三重	C050608	植1
144	天	南花沢のハナノキ	滋賀	A100303	植1
145	天	北花沢のハナノキ	滋賀	A100303	植1
146	天	熊野のヒダリマキガヤ	滋賀	A111012	植11
147	天	了徳寺のオハツキイチョウ	滋賀	B041217	植1
148	天	遊龍松	京都	B070419	植1
149	天	常照寺の九重ザクラ	京都	B130808	植1
150	天	妙国寺のソテツ	大阪	A131209	植1
151	天	薫蓋クス	大阪	B130530	植1
152	天	野間の大ケヤキ	大阪	B230114	植1
153	天	日置のハダカガヤ	兵庫	A141008	植1
154	天	八代の大ケヤキ	兵庫	B030324	植1
155	天	畑上の大トチノキ	兵庫	B260609	植1
156	天	建屋のヒダリマキガヤ	兵庫	B260609	植1
157	天	糸井の大カツラ	兵庫	B260609	植1
158	天	口大屋の大アベマキ	兵庫	B260609	植1
159	天	樽見の大ザクラ	兵庫	B260609	植1
160	天	追手神社のモミ	兵庫	C060323	植1

付録1 天然記念物リスト

単　木

	名称	所在地	指定日(A:大正,B:昭和,C:平成)	指定理由
161 天	知足院ナラヤエザクラ	奈良	A120307	植1
162 天	八ツ房スギ	奈良	B070425	植1
163 天	二見の大ムク	奈良	B320508	植1
164 天	熊野速玉神社のナギ	和歌山	B150210	植1
165 天	伯耆の大シイ	鳥取	B120417	植1
166 天	船通山のイチイ	鳥取	B320727	植1
167 天	玉若酢命神社の八百スギ	島根	B041217	植1
168 天	日御碕の大ソテツ	島根	B090501	植1
169 天	高津連理のマツ	島根	B090809	植1
170 天	三隅大平ザクラ	島根	B100411	植1
171 天	海潮のカツラ	島根	B120417	植1
172 天	竹崎のカツラ	島根	B180824	植1
173 天	菩提寺のイチョウ	岡山	B030118	植1
174 天	熊野の大トチ	広島	B330206	植1
175 天	川棚のクスの森	山口	A111012	植1
176 天	共和のカシの森	山口	A141008	植1
177 史・天	大日比ナツミカン原樹	山口	B020408	植1,史6
178 天	平川の大スギ	山口	B030118	植1
179 天	法泉寺のシンパク	山口	B030118	植1
180 天	大玉スギ	山口	B050825	植1
181 天	余田臥竜梅	山口	B080413	植1
182 天	竜蔵寺のイチョウ	山口	B170721	植1
183 天	安下庄のシナシ	山口	B290320	植1
184 天	恩徳寺の結びイブキ	山口	B301026	植1
185 天	鳴門の根上りマツ	徳島	A131209	植1
186 特天	加茂の大クス	徳島	A151020,B310719(特)	植1
187 天	乳保神社のイチョウ	徳島	B191107	植1
188 天	野神の大センダン	徳島	B320619	植1
189 特天	宝生院のシンパク	香川	A111012,B300822(特)	植1
190 天	誓願寺のソテツ	香川	A131209	植1
191 天	琴平町の大センダン	香川	B280331	植1
192 天	三崎のアコウ	愛媛	A100303	植10
193 天	下柏の大柏(イブキ)	愛媛	A131209	植1
194 天	往至森寺のキンモクセイ	愛媛	B020408	植1
195 天	八幡神社のイブキ	愛媛	B180219	植1
196 天	北吉井のビャクシン	愛媛	B231218	植1
197 天	大谷のクス	高知	A131209	植1
198 特天	杉の大スギ	高知	A131209,B270329(特)	植1
199 天	平石の乳イチョウ	高知	B030118	植1
200 天	天神の大スギ	高知	B180219	植1

単木

		名称	所在地	指定日(A:大正,B:昭和,C:平成)	指定理由
201	天	仁井田のヒロハチャノキ	高知	B180824	植1
202	天	太宰府神社のクス	福岡	A110303	植1
203	天	湯蓋の森(クス)/衣掛の森(クス)	福岡	A110308	植1
204	天	本庄のクス	福岡	A110308	植1
205	天	英彦山の鬼スギ	福岡	A131209	植1
206	天	黒木のフジ	福岡	B030131	植1
207	天	隠家森	福岡	B091228	植1
208	天	鎮西村のカツラ	福岡	B091228	植1
209	天	太宰府神社のヒロハチャノキ	福岡	B100607	植1
210	天	川古のクス	佐賀	A131209	植1
211	天	広沢寺のソテツ	佐賀	A131209	植1
212	天	有田のイチョウ	佐賀	A151020	植1
213	天	嬉野の大チャノキ	佐賀	A151020	植1
214	天	下合瀬の大カツラ	佐賀	B370516	植1
215	天	小長井のオガタマノキ	長崎	B260609	植1
216	天	奈良尾のアコウ	長崎	B360427	植1
217	天	大村神社のオオムラザクラ	長崎	B420502	植1
218	天	女夫木の大スギ	長崎	B500626	植1
219	天	藤崎台のクスノキ群	熊本	A131209	植1
220	天	手野のスギ	熊本	A131209	植1
221	天	大野下の大ソテツ	熊本	B091228	植1
222	天	阿弥陀のスギ	熊本	B091228	植1
223	天	下の城のイチョウ	熊本	B091228	植1
224	天	麻生原のキンモクセイ	熊本	B091228	植1
225	天	竹の熊の大ケヤキ	熊本	B100607	植1
226	天	下田のイチョウ	熊本	B121231	植1
227	天	妙見の大ケヤキ	熊本	B130530	植1
228	特天	相良のアイラトビカズラ	熊本	B150830,B270329(特)	植1,12
229	天	金比羅スギ	熊本	B340724	植1
230	天	柞原八幡宮のクス	大分	A110308	植1
231	天	松屋寺のソテツ	大分	A131209	植1
232	天	大杵社の大スギ	大分	B090809	植1
233	天	尾崎小ミカン先祖木	大分	B120615	植1
234	天	古江のキンモクセイ	宮崎	B050425	植1
235	天	八村スギ	宮崎	B100607	植1
236	天	湯ノ宮の座論梅	宮崎	B101224	植1
237	天	高岡の月知梅	宮崎	B101224	植1
238	天	去川のイチョウ	宮崎	B101224	植1
239	天	内海のアコウ	宮崎	B161003	植1
240	天	宮崎神社のオオシラフジ	宮崎	B260609	植1

付録1　天然記念物リスト

単　　木

	名称	所在地	指定日(A:大正, B:昭和, C:平成)	指定理由
241 天	高鍋のクス	宮崎	B260609	植1
242 天	清武の大クス	宮崎	B260609	植1
243 天	瓜生野八幡のクスノキ群	宮崎	B260609	植1
244 天	妻のクス	宮崎	B260609	植1
245 天	上穂北のクス	宮崎	B260609	植1
246 天	東郷のクス	宮崎	B260609	植1
247 天	田原のイチョウ	宮崎	B260609	植1
248 天	下野八幡宮のケヤキ	宮崎	B260609	植1
249 天	下野八幡宮のイチョウ	宮崎	B260609	植1
250 天	竹野のホルトノキ	宮崎	B520217	植1
251 天	大久保の大ヒノキ	宮崎	C060302	植1
252 特天	蒲生のクス	鹿児島	B270329(特)	植1
253 天	塚崎のクス	鹿児島	B150210	植1
254 天	藤川天神の臥竜梅	鹿児島	B161003	植1
255 天	志布志の大クス	鹿児島	B161113	植1
256 天	永利のオガタマノキ	鹿児島	B191113	植1
257 天	首里金城の大アカギ	沖縄	B470515	植1
258 天	平久保のヤエヤマシタン	沖縄	B470515	植1
259 天	久米の五枝のマツ	沖縄	C090728	植1

草本, 藻類など

名称	所在	種別	指定日 (A:大正, B:昭和)	指定理由
1 阿寒湖のマリモ	北海道	特天	A100303, B270329(特)	植12, 8
2 後方羊蹄山の高山植物帯	北海道	天	A100303	植3
3 霧多布泥炭形成植物群落	北海道	天	A111012	植6
4 アポイ岳高山植物群落	北海道	特天	B140907, B270329(特)	植3
5 女満別湿生植物群落	北海道	天	B470614	植2
6 夕張岳の高山植物群落及び蛇紋岩メランジュ帯	北海道	天	C080619	植2, 3, 10 地1, 3, 5, 7, 9
7 縫道石山・縫道石の特殊植物群落	青森	天	B511223	植10
8 早池峰山及び薬師岳の高山帯・森林植物	岩手	特天	B030207, B320619(特)	植3
9 岩手山高山植物帯	岩手	天	B030207	植3
10 花輪堤ハナショウブ群落	岩手	天	B100411	植4
11 秋田駒ヶ岳高山植物帯	秋田	天	A150224	植3
12 長走風穴高山植物群落	秋田	天	A150224	植6, 3
13 芝谷地湿原植物群落	秋田	天	B110903	植6
14 赤井谷地沼野植物群落	福島	天	B030324	植6
15 猪苗代湖ミズスギゴケ群落	福島	天	B101224	植8
16 雄国沼湿原植物群落	福島	天	B321030	植6
17 中山風穴地特殊植物群落	福島	天	B390627	植3
18 駒止湿原	福島	天	B451228	植6
19 コウシンソウ自生地	栃木	特天	A100303, B270319(特)	植12
20 田島ヶ原サクラソウ自生地	埼玉	特天	A090717, B270329(特)	植4
21 吉見百穴ヒカリゴケ発生地	埼玉	天	B031130	植7
22 武甲山石灰岩地特殊植物群落	埼玉	天	B260609	植3
23 宝蔵寺沼ムジナモ自生地	埼玉	天	B410504	植12
24 成東・東金食虫植物群落	千葉	天	A090717	植12, 4
25 竹岡のヒカリモ発生地	千葉	天	B031130	植8
26 三宝寺池沼沢植物群落	東京	天	B101224	植6
27 江戸城跡のヒカリゴケ生育地	東京	天	B470614	植7
28 箱根仙石原湿原植物群落	神奈川	天	B090122	植4
29 十二町潟オニバス発生地	富山	天	A120307	植8
30 岩村田ヒカリゴケ産地	長野	天	A100303	植7
31 テングノムギメシ産地	長野	天	A100303	植12
32 霧ヶ峰湿原植物群落	長野	天	B350610	植8
33 久々利のサクライソウ自生地	岐阜	天	B530815	植12
34 ナチシダ自生北限地	静岡	天	B280331	植10
35 小堤西池のカキツバタ群落	愛知	天	B130808	植8
36 石巻山石灰岩地植物群落	愛知	天	B271011	植3
37 不動院ムカデラン群落	三重	天	B020408	植9
38 鬼ヶ城暖地性シダ群落	三重	天	B030118	植9
39 細谷暖地性シダ群落	三重	天	B030118	植9
40 斎宮のハナショウブ群落	三重	天	B111216	植4
41 金生水沼沢植物群落	三重	天	B120417	植4
42 御池沼沢植物群落	三重	天	B271011	植6

付録1 天然記念物リスト

草本,藻類など

名称	所在	種別	指定日(A:大正,B:昭和)	指定理由
43 大田ノ沢のカキツバタ群落	京都	天	B140907	植8
44 室生山暖地性シダ群落	奈良	天	B031130	植9,10
45 向淵スズラン群落	奈良	天	B051119	植10
46 吐山スズラン群落	奈良	天	B051119	植10
47 新宮藺沢浮島植物群落	和歌山	天	B020408	植6,12
48 ユノミネシダ自生地	和歌山	天	B030118	植10
49 唐川のカキツバタ群落	鳥取	天	B190307	植4
50 クロキヅタ産地	島根	天	A110308	植8
51 鯉ヶ窪湿生植物群落	岡山	天	B550306	植6
52 沼田西のエヒメアヤメ自生南限地帯	広島	天	B101224	植10
53 小串エヒメアヤメ自生南限地帯	山口	天	B051119	植10
54 沢谷のタヌキノショクダイ発生地	徳島	天	B291225	植12
55 出羽島大池のシラタマモ自生地	徳島	天	B470316	植10
56 鈴が峰のヤッコソウ発生地	徳島	天	B541126	植1,2
57 オキチモズク発生地	愛媛	天	B190626	植8
58 伊尾木洞のシダ群落	高知	天	A151020	植7
59 八束のクサマルハチ自生地	高知	天	B030131	植12
60 黒髪山カネコシダ自生地	佐賀	天	B020408	植12
61 原生沼沼野植物群落	長崎	天	B030331	植6
62 キイレツチトリモチ自生北限地	長崎	天	B260609	植10
63 御橋観音シダ植物群落	長崎	天	B260609	植9,10
64 土黒川のオキチモズク発生地	長崎	天	B360501	植8
65 辰の島海浜植物群落	長崎	天	B420217	植5
66 スイゼンジノリ発生地	熊本	天	A131209	植8
67 志津川のオキチモズク発生地	熊本	天	B340701	植8
68 菊池川のチスジノリ発生地	熊本	天	B341010	植8
69 内海のヤッコソウ発生地	宮崎	特天	B160801, B270329(特)	植12
70 川南湿原植物群落	宮崎	天	B490611	植6
71 キイレツチトリモチ産地	鹿児島	天	A100303	植12
72 藺牟田池の泥炭形成植物群落	鹿児島	天	A100303	植6
73 ヤッコソウ発生地	鹿児島	天	A110308	植12
74 川内川のチスジノリ発生地	鹿児島	天	A131209	植8
75 栗野町ハナショウブ自生南限地帯	鹿児島	天	B131214	植10
76 識名園のシマチスジノリ発生地	沖縄	天	B470515	植12
77 長幕崖壁及び崖錐の特殊植物群落	沖縄	天	B500318	植3,12
78 南大東島東海岸植物群落	沖縄	天	B500318	植5,12
79 白馬連山高山植物帯	長野新潟富山	特天	A111012, B270329(特)	植3
80 エヒメアヤメ自生南限地帯	愛媛山口佐賀宮崎	天	A141008	植10
81 ヘゴ自生南限地帯	東京長崎鹿児宮崎	天	A151027	植10

動物

	名称	所在	種別	指定日(A:大正,B:昭和)	指定理由
1	オオミズナギドリ繁殖地	北海道	天	B030324	動2
2	春採湖ヒブナ生息地	北海道	天	B121221	動3
3	天売島海鳥繁殖地	北海道	天	B130808	動2
4	和琴ミンミンゼミ発生地	北海道	天	B260609	動2
5	大黒島海鳥繁殖地	北海道	天	B260609	動2
6	蕪島ウミネコ繁殖地	青森	天	A110308	動2
7	小湊のハクチョウおよびその渡来地	青森	特天	A110308, B270329(特)	動2
8	下北半島のサルおよびサル生息北限地	青森	天	B451111	動1
9	椿島ウミネコ繁殖地	岩手	天	B091228	動2
10	三貫島オオミズナギドリおよびヒメクロウミツバメ	岩手	天	B101224	動2
11	日出島クロコシジロウミツバメ繁殖地	岩手	天	B101224	動2
12	大揚沼モリアオガエルおよびその繁殖地	岩手	天	B471208	動2
13	魚取沼テツギョ生息地	宮城	天	B080413	動3
14	陸前江ノ島のウミネコおよびウトウ繁殖地	宮城	天	B090122	動2
15	横山のウグイ生息地	宮城	天	B100827	動3
16	沢辺ゲンジボタル発生地	宮城	天	B150210	動2
17	伊豆沼・内沼の鳥類およびその生息地	宮城	天	B420907	動2, 3
18	東和町ゲンジボタル生息地	宮城	天	B540426	動2
19	ザリガニ生息地	秋田	天	B090122	動3
20	飛島ウミネコ繁殖地	山形	天	B131214	動2
21	賢沼ウナギ生息地	福島	天	B140907	動3
22	柳津ウグイ生息地	福島	天	B150712	動3
23	平伏沼モリアオガエル繁殖地	福島	天	B160228	動2
24	照島ウ生息地	福島	天	B200222	動3
25	猪苗代湖のハクチョウおよびその渡来地	福島	天	B470209	動3
26	片庭ヒメハルゼミ発生地	茨城	天	B091228	動2
27	平林寺境内林	埼玉	天	B430528	動3, 植1
28	鯛の浦タイ生息地	千葉	特天	A110308, B421227(特)	動3
29	鶴枝ヒメハルゼミ発生地	千葉	天	B161213	動2
30	高宕山のサル生息地	千葉	天	B311228	動1, 3
31	能生ヒメハルゼミ発生地	新潟	天	B171014	動2
32	水原のハクチョウ渡来地	新潟	天	B290320	動2
33	笠堀のカモシカ生息地	新潟	天	B460513	動1
34	粟島のオオミズナギドリおよびウミウ繁殖地	新潟	天	B470712	動3
35	ホタルイカ群遊海面	富山	特天	A110308, B270329(特)	動3
36	本願清水イトヨ生息地	福井	天	B090501	動3
37	アラレガコ生息地	福井	天	B100607	動3
38	身延町ブッポウソウ繁殖地	山梨	天	B121221	動2

付録1 天然記念物リスト

動 物

名称	所在	種別	指定日(A:大正,B:昭和)	指定理由
39 三岳のブッポウソウ繁殖地	長野	天	B100607	動2
40 十三崖のチョウゲンボウ繁殖地	長野	天	B281114	動2
41 粥川ウナギ生息地	岐阜	天	A131209	動3
42 オオサンショウウオ生息地	岐阜	天	B020408	動2
43 オオサンショウウオ生息地	岐阜	天	B080228	動2
44 洲原神社ブッポウソウ繁殖地	岐阜	天	B100607	動2
45 御前崎のウミガメ及びその産卵地	静岡	天	B550306	動2
46 鵜の山ウ繁殖地	愛知	天	B090122	動2
47 岡崎ゲンジボタル発生地	愛知	天	B101224	動2
48 大嶋ナメクジウオ生息地	愛知	天	B160327	動3
49 長岡のゲンジボタルおよびその発生地	滋賀	特天	B190307, B270329(特)	動2
50 息長ゲンジボタル発生地	滋賀	天	B190307	動2
51 オオミズナギドリ繁殖地	京都	天	A131209	動2
52 深泥池生物群集	京都	天	B020614	動3,植6,8
53 清滝川のゲンジボタル及びその生息地	京都	天	B540214	動2
54 箕面山のサル生息地	大阪	天	B311228	動1,3
55 ルーミスシジミ生息地	奈良	天	B070325	動2
56 オオウナギ生息地	和歌山	天	A120307	動3
57 キマダラルリツバメチョウ生息地	鳥取	天	B090501	動2
58 経島ウミネコ繁殖地	島根	天	A110308	動2
59 星神島オオミズナギドリ繁殖地	島根	天	B130530	動2
60 沖島オオミズナギドリ繁殖地	島根	天	B150210	動2
61 オオサンショウウオ生息地	岡山	天	B020408	動2
62 カブトガニ繁殖地	岡山	天	B030324	動2
63 湯原カジカガエル生息地	岡山	天	B190626	動3
64 臥牛山のサル生息地	岡山	天	B311228	動1,3
65 ナメクジウオ生息地	広島	天	B030324	動3
66 スナメリクジラ廻遊海面	広島	天	B051119	動3
67 アビ渡来群遊海面	広島	天	B060220	動3
68 八代のツルおよびその渡来地	山口	特天	A100303, B300215(特)	動2
69 明神池	山口	天	A131209	動3
70 向島タヌキ生息地	山口	天	A150214	動2
71 大吼谷蝙蝠洞	山口	天	B030324	動3
72 見島ウシ産地	山口	天	B030920	動4
73 見島のカメ生息地	山口	天	B030920	動3
74 壁島ウ渡来地	山口	天	B090501	動2
75 山口ゲンジボタル発生地	山口	天	B101224	動2
76 南桑カジカガエル生息地	山口	天	B110903	動2
77 木屋川/音信川ゲンジボタル発生	山口	天	B321016	動3
78 母川のオオウナギ生息地	徳島	天	A120307	動3
79 大浜海岸のウミガメおよびその産卵地	徳島	天	B420816	動2

動　物

名称	所在	種別	指定日(A:大正,B:昭和)	指定理由
80 美郷のホタルおよびその発生地	徳島	天	B450829	動3
81 高知市のミカドアゲハおよびその生息地	高知	特天	B180824, B270329(特)	動2
82 船小屋ゲンジボタル発生地	福岡	天	B160327	動2
83 オオウナギ生息地	長崎	天	A120307	動3
84 御岳鳥類繁殖地	長崎	天	B470620	動2
85 オオサンショウウオ生息地	大分	天	B020408	動2
86 高崎山のサル生息地	大分	天	B281114	動1, 3
87 幸嶋サル生息地	宮崎	天	B090122	動1, 3
88 狭野神社ブッポウソウ繁殖地	宮崎	天	B090501	動2
89 岬馬およびその繁殖地	宮崎	天	B281114	動3, 4
90 鹿児島県のツルおよびその渡来地	鹿児島	特天	A100303, B270329(特)	動2
91 ケラマジカおよびその生息地	沖縄	天	B470515	動1
92 仲の神島海鳥繁殖地	沖縄	天	B470515	動3
93 カササギ生息地	福岡, 佐賀	天	A120307	動5
94 比叡山鳥類繁殖地	京都, 滋賀	天	B051003	動2
95 イヌワシ繁殖地	岩手, 宮城	天	B511222	動1
96 ルリカケス	地域定めず	天	A100303	動1(地域定めず)
97 アマミノクロウサギ	〃	特天	A100303, B380704(特)	動1(地域定めず)
98 ライチョウ	〃	特天	A120307, B300215(特)	動2(地域定めず)
99 土佐のオナガドリ	〃	特天	A120307, B270329(特)	動4(地域定めず)
100 秋田犬	〃	天	B060731	動4(地域定めず)
101 甲斐犬	〃	天	B090122	動4(地域定めず)
102 カモシカ	〃	特天	B090501, B300215(特)	動1(地域定めず)
103 紀州犬	〃	天	B090501	動4(地域定めず)
104 トキ	〃	特天	B091228, B270329(特)	動2(地域定めず)
105 越の犬	〃	天	B091228	動4(地域定めず)
106 東天紅鶏	〃	天	B110903	動4(地域定めず)
107 柴犬	〃	天	B111216	動4(地域定めず)
108 土佐犬	〃	天	B120615	動4(地域定めず)
109 鶉矮鶏	〃	天	B120615	動4(地域定めず)
110 蓑曳矮鶏	〃	天	B120615	動4(地域定めず)
111 北海道犬	〃	天	B121221	動4(地域定めず)
112 声良鶏	〃	天	B121221	動4(地域定めず)
113 蜀鶏	〃	天	B140907	動4(地域定めず)
114 蓑曳鶏	〃	天	B150830	動4(地域定めず)
115 地鶏	〃	天	B160127	動4(地域定めず)
116 小国鶏	〃	天	B160127	動4(地域定めず)
117 軍鶏	〃	天	B160801	動4(地域定めず)
118 矮鶏	〃	天	B160801	動4(地域定めず)
119 比内鶏	〃	天	B170721	動4(地域定めず)
120 烏骨鶏	〃	天	B170721	動4(地域定めず)
121 河内奴鶏	〃	天	B180824	動4(地域定めず)
122 薩摩鶏	〃	天	B180824	動4(地域定めず)

付録1　天然記念物リスト

動　　物

名称	所在	種別	指定日(A:大正,B:昭和)	指定理由
123　地頭鶏	地域定めず	天	B180824	動4(地域定めず)
124　オオサンショウウオ	〃	特天	B260609, B270329(特)	動2(地域定めず)
125　黒柏鶏	〃	天	B260609	動4(地域定めず)
126　コウノトリ	〃	特天	B280331, B310719(特)	動2(地域定めず)
127　越ケ谷のシラコバト	〃	天	B310114	動2,5(地域定めず)
128　奈良のシカ	〃	天	B320918	動3(地域定めず)
129　アホウドリ	〃	特天	B330425, B370419(特)	動2(地域定めず)
130　カワウソ	〃	特天	B390627, B400512(特)	動2(地域定めず)
131　ウスバキチョウ	〃	天	B400512	動2(地域定めず)
132　ダイセンタカネヒカゲ	〃	天	B400512	動2(地域定めず)
133　アサヒヒョウモン	〃	天	B400512	動2(地域定めず)
134　クマゲラ	〃	天	B400512	動2(地域定めず)
135　イヌワシ	〃	天	B400512	動2(地域定めず)
136　カラフトルリシジミ	〃	天	B420502	動2(地域定めず)
137　タンチョウ	〃	特天	B100827, B270329(特)	動2(地域定めず)
138　アカガシラカラスバト	〃	天	B440412	動1(地域定めず)
139　オガサワラオオコウモリ	〃	天	B440412	動1(地域定めず)
140　メグロ	〃	特天	B440412, B520315(特)	動1(地域定めず)
141　オガサワラシジミ	〃	天	B440412	動1(地域定めず)
142　シマアカネ	〃	天	B440412	動1(地域定めず)
143　オガサワラトンボ	〃	天	B440412	動1(地域定めず)
144　オガサワライトトンボ	〃	天	B440412	動1(地域定めず)
145　ハナダカトンボ	〃	天	B440412	動1(地域定めず)
146　オガサワラタマムシ	〃	天	B440412	動1(地域定めず)
147　オジロワシ	〃	天	B450123	動2(地域定めず)
148　オオワシ	〃	天	B450123	動2(地域定めず)
149　アカヒゲ	〃	天	B450123	動1(地域定めず)
150　小笠原諸島産陸貝	〃	天	B451112	動1(地域定めず)
151　オガサワラセスジゲンゴロウ	〃	天	B451112	動1,2(地域定めず)
152　オガサワラアメンボ	〃	天	B451112	動1,2(地域定めず)
153　オガサワラクマバチ	〃	天	B451112	動1,2(地域定めず)
154　オガサワラゼミ	〃	天	B451112	動1,2(地域定めず)
155　カサガイ	〃	天	B451112	動1,2(地域定めず)
156　オカヤドカリ	〃	天	B451112	動1,2(地域定めず)
157　オーストンオオアカゲラ	〃	天	B460519	動1(地域定めず)
158　エゾシマフクロウ	〃	天	B460519	動1(地域定めず)
159　オオトラツグミ	〃	天	B460519	動1(地域定めず)
160　オガサワラノスリ	〃	天	B460519	動1(地域定めず)
161　カラスバト	〃	天	B460519	動2(地域定めず)
162　コクガン	〃	天	B460519	動1(地域定めず)
163　ツシマヤマネコ	〃	天	B460519	動1(地域定めず)
164　ヒシクイ	〃	天	B460628	動2(地域定めず)
165　マガン	〃	天	B460628	動2(地域定めず)
166　ツシマテン	〃	天	B460628	動1(地域定めず)
167　ケナガネズミ	〃	天	B470515	動1(地域定めず)

動　物

名称	所在	種別	指定日(A:大正, B:昭和)	指定理由
168 トゲネズミ	地域定めず	天	B470515	動1(地域定めず)
169 ノグチゲラ	〃	特天	B470515, B520315(特)	動1(地域定めず)
170 イリオモテヤマネコ	〃	特天	B470515, B520315(特)	動1(地域定めず)
171 セマルハコガメ	〃	天	B470515	動1(地域定めず)
172 リュウキュウキンバト	〃	天	B470515	動1(地域定めず)
173 ジュゴン	〃	天	B470515	動2(地域定めず)
174 カンムリワシ	〃	特天	B470515, B520315(特)	動1(地域定めず)
175 岩国のシロヘビ	〃	天	B470804	動1(地域定めず)
176 ダイトウオオコウモリ	〃	天	B480602	動1(地域定めず)
177 イタセンパラ	〃	天	B490625	動1(地域定めず)
178 ミヤコタナゴ	〃	天	B490625	動1(地域定めず)
179 ヒメチャマダラセセリ	〃	天	B500213	動2(地域定めず)
180 ゴイシツバメシジミ	〃	天	B500213	動1(地域定めず)
181 アカコッコ	〃	天	B500213	動1(地域定めず)
182 エラブオオコウモリ	〃	天	B500213	動1(地域定めず)
183 ヤマネ	〃	天	B500626	動1(地域定めず)
184 カンムリウミスズメ	〃	天	B500626	動1(地域定めず)
185 イイジマムシクイ	〃	天	B500626	動1(地域定めず)
186 キシノウエトカゲ	〃	天	B500626	動1(地域定めず)
187 リュウキュウヤマガメ	〃	天	B500626	動1(地域定めず)
188 アユモドキ	〃	天	B520702	動1(地域定めず)
189 ネコギギ	〃	天	B520702	動1(地域定めず)
190 ヤンバルクイナ	〃	天	B571218	動1(地域定めず)
191 ヤンバルテナガコガネ	〃	天	B600514	動1(地域定めず)

付録2　自然遺産リスト

[1996年12月現在，加盟国147，文化遺産380，自然遺産(N) 107，複合遺産(N/C) 19]

カナダとアメリカ合衆国
　タッシェンシニ・アルセク/クルエーン/ランゲル-セントエライアス国立公園および自然保護地区とグレーシャーベイ国立公園　N
　ウォータートン・グレーシャー国際平和自然公園　N
カナダ
　ナハンニ国立公園　N
　ウッドバッファロー国立公園　N
　カナディアン・ロッキー山脈公園　N
　グロスモーン国立公園　N
　アルバータ州立恐竜公園　N
アメリカ合衆国
　クルエーン国立公園，ランゲル・セント・エライアス国立公園，グレーシャベイ国立公園　N
　オリンピック国立公園　N
　レッドウッド国立公園　N
　ヨセミテ国立公園　N
　イエローストーン国立公園　N
　グランドキャニオン国立公園　N
　マンモスケーブ国立公園　N
　グレートスモーキー山脈国立公園　N
　エバーグレーズ国立公園　N
　ハワイ火山国立公園　N
　カールスバッド洞窟国立公園　N
メキシコ
　シアン・カアン　N
　エル・ビスカイノの鯨の繁殖地・越冬地　N
グアテマラ
　ティカル国立公園　N/C
ホンジュラス
　リオ・プラターノ生物圏保護区　N
コスタリカ
　タラマンカ地方-ラ・アミスタ保護区群/ラ・アミスタ国立公園　N

パナマ
　ダリエン国立公園　N
ベリーズ
　ベリーズ環礁保護地域　N
ベネズエラ
　カナイマ国立公園　N
コロンビア
　ロス・カティオス国立公園　N
エクアドル
　ガラパゴス諸島　N
　サングアイ国立公園　N
ペルー
　ワスカラン国立公園　N
　マチュピチュ歴史地区　N/C
　マヌー国立公園　N
　リオ・アビセオ国立公園　N/C
ブラジル
　イグアス国立公園　N
アルゼンチン
　イグアス国立公園　N
　ロス・グラシアレス　N
イギリス
　セントキルダ島　N
　ジャイアンツ・コーズウェイとコーズウェイ海岸　N
　ヘンダーソン島　N
　ゴフ島野生生物保護区　N
スウェーデン
　ラポニア保護地域　N/C
ドイツ
　メッセル・ピット化石発掘地　N
ベラルーシとポーランド
　ベラベジュスカヤ・プッシャ（ビャオビエジャ）N
ロシア
　コミの原生林　N
　カムチャツカ火山　N

バイカル湖 N
スペイン
  ガラホナイ国立公園 N
  ドニャーナ国立公園 N
フランス
  コルシカのジロラッタ岬，ボルト岬，スカンドラ自然保護区 N
ハンガリーとスロバキア
  アッガテレクの洞窟群とスロバキア石灰岩台地 N
ルーマニア
  ドナウ河三角州 N
スロベニア
  スコシヤンの洞窟 N
クロアチア
  プリトビチェ湖群国立公園 N
旧ユーゴスラビア
  ドゥルミトル国立公園 N
マケドニア（旧ユーゴスラビア）
  文化的・歴史的外観・自然環境をとどめるオフリッド地域 N/C
ブルガリア
  スレバルナ自然保護区 N
  ピリン国立公園 N
ギリシア
  アトス山 N/C
  メテオラ N/C
アルジェリア
  タッシリナジェール N/C
チュニジア
  イシュケウル国立公園 N
モーリタニア
  アルガン岩礁国立公園 N
マリ
  バンディアガラの絶壁（ドゴン人の集落） N/C
セネガル
  ジュディ鳥類保護区 N
  ニオコローコバ国立公園 N
ギニアとコートジボアール
  ニンバ山自然保護区 N
コートジボアール
  コモエ国立公園 N
  タイ国立公園 N
ニジェール
  アイルとテネレの自然保護区 N

W字国立公園 N
カメルーン
  ジャ・フォナル自然保護区 N
中央アフリカ
  マノボーグンダ・サンフローリス国立公園 N
エチオピア
  シミエン国立公園 N
ザイール
  ガランバ国立公園 N
  カフジ・ビエガ国立公園 N
  ビルンガ国立公園 N
  サロンガ国立公園 N
  オカピ野生動物保護区 N
ウガンダ
  ブウィンディ国立公園 N
  ルウェンゾリ国立公園 N
タンザニア
  セレンゲティ国立公園 N
  キリマンジャロ国立公園 N
  ンゴロンゴロ自然保護区 N
  セルース動物保護区 N
マラウイ
  マラウイ湖国立公園 N
ザンビアとジンバブエ
  ビクトリア瀑布（モシ・オア・トゥニャ） N
ジンバブエ
  マナ・プールズ国立公園，サピ・チェウォール自然保護区 N
マダガスカル
  ベマラハ高地自然保護区 N
セーシェル
  アルダブラ環礁 N
  マイ渓谷自然保護区 N
トルコ
  ヒエラポリス・パムッカレ N/C
  ギョレメ国立公園とカッパドキア N/C
オマーン
  アラビアオリックス保護区 N
ネパール
  サガルマータ国立公園 N
  ロイヤル・チトワン国立公園 N
インド
  ケオラデオ国立公園 N
  スンダルバンス国立公園 N
  カジランガ国立公園 N

付録2 自然遺産リスト

マナス野生生物保護区 N	峨眉山と楽山の仏像 N/C
ナンダ・デビ国立公園 N	日　本
スリランカ	白神山地 N
シンハラジャ森林保護区 N	屋久島 N
タ　イ	オーストラリア
トゥンヤイ・ファイ・カ・ケン動物保護区 N	カカドゥ国立公園 N/C
ベトナム	クイーンズランドの湿潤熱帯地域 N
ハーロン湾 N	グレートバリアリーフ N
インドネシア	中東部オーストラリア雨林 N
コモド国立公園 N	ロードハウ諸島 N
ウジュン・クロン国立公園 N	ウルルーカタ・ジュタ国立公園 N/C
フィリピン	ウィランドラ湖群地方 N/C
トゥバタハ岩礁海洋公園 N	タスマニア原生国立公園 N/C
中　国	シャーク湾 N
泰山 N/C	フレーザー島 N
黄山 N/C	リバースリーとナラコーテの哺乳類の化石保
武陵源（ウーリンユアン）の自然景観および歴史地区 N	存地区 N
九寨溝（チウツァイゴウ）の自然景観および歴史地区 N	ニュージーランド
黄龍（ファンロン）の自然景観および歴史地区 N	テ・ワヒポウナム（南島） N
	トンガリロ国立公園 N/C

[吉田正人]

第3刷追記 ［2000年5月現在，世界遺産合計630（文化遺産480，自然遺産128，複合遺産22），世界遺産条約締約国数160］

カナダ	フランス/スペイン
ミグシャ公園 N	ピレネーのモン・ペルデュ N/C
コスタリカ	ケニア
ココ島国立公園 N	ケニア山国立公園・自然林 N
グァナスカテ国立公園 N	シビロイ・中央島国立公園 N
ドミニカ	南アフリカ
モゥーン・トワ・ピトン国立公園 N	グレーター・セント・ルシア湿地公園 N
キューバ	バングラディシュ
グランマ号上陸記念国立公園 N	スンダバンズ N
ブラジル	インドネシア
ディスカヴァリー・コースト国立公園 N	ロレンツ国立公園 N
サウス・イースト大西洋岸森林保護区 N	フィリピン
アルゼンチン	プエルト-プリンセサ地下河川国立公園 N
バルデス半島 N	中　国
ロシア	武夷山（ウイシャン） N
西コーカサス山脈 N	オーストラリア
アルタイのゴールデンマウンテン N	ハード島とマクドナルド諸島 N
ポルトガル	マッコリー島 N
マディラ半島のラウリシルヴァ N	ニュージーランド
スペイン	ニュージーランドの亜南極諸島 N
イビサの生物多様性と文化 N/C	ソロモン諸島
	東レンネル N

付録3　生物圏保存地域リスト

[1996年4月現在，計85か国337地域，合計面積219891487 ha]

カナダ
　Mont St Hilaire
　Waterton Lakes National Park
　Long Point Biosphere Reserve
　Riding Mountain Biosphere Reserve
　Réserve de la biosphère de Charlevoix
　Niagara Escarpment Biosphere Reserve

アメリカ合衆国
　Aleutian Islands National Wildlife Refuge
　Big Bend National Park
　Cascade Head Experimental Forest Scenic Research Area
　Central Plains Experimental Range
　Channel Islands Biosphere Reserve
　Coram Experimental Forest (incl. Coram NA)
　Denali National Park and Biosphere Reserve
　Desert Experimental Range
　Everglades National Park (incl. Ft. Jefferson NM)
　Fraser Experimental Forest
　Glacier National Park
　H. J. Andrews Experimental Forest
　Hubbard Brook Experimental Forest
　Jornada Experimental Range
　Luquillo Experimental Forest (Caribbean NF)
　Noatak National Park
　Olympic National Park
　Organ Pipe Cactus National Monument
　Rocky Mountain National Park
　San Dimas Experimental Forest
　San Joaquin Experimental Range
　Sequoia-Kings Canyon National Parks
　Stanislaus-Tuolumne Experimental Forest
　Three Sisters Wilderness
　Virgin Islands National Park & Biosphere Reserve
　Yellowstone National Park
　Beaver Creek Experimental Watershed
　Konza Prairie Research Natural Area
　Niwot Ridge Biosphere Reserve
　The University of Michigan Biological Station
　The Virginia Coast Reserve
　Hawaii Island Biosphere Reserve
　Isle Royale National Park
　Big Thicket National Reserve
　Guanica Commonwealth Forest Reserve
　California Coast Ranges Biosphere Reserve
　Central Gulf Coast Plain Biosphere Reserve
　South Atlantic Coastal Plain Biosphere Reserve
　Mojave and Colorado Deserts Biosphere Reserve
　Carolinian-South Atlantic Biosphere Reserve
　Glacier Bay-Admiralty Is. Biosphere Reserve
　Central California Coast Biosphere Reserve
　New Jersey Pinelands Biosphere Reserve
　Southern Appalachian Biosphere Reserve
　Champlain-Adirondak Biosphere Reserve
　Mammonth Cave Area Biosphere Reserve
　Land between the Lakes

メキシコ
　Reserva de Mapimí
　Reserva de la Michilía
　Montes Azules
　Reserva de la Biosfera "El Cielo"
　Reserva de la Biosfera de Sian Ka'an
　Reserva de la Biosfera Sierra de Manantlán
　Reserva de la Biosfera de Calakmul
　Reserva de la Biosfera "El Triunfo"
　Reserva de la Biosfera "El Vizcaíno"

Reserva de la Biosfera "Alto Golfo de California"
Islas del Golfo de California
グアテマラ
Maya
Sierra de las Minas
ホンジュラス
Río Plátano Biosphere Reserve
コスタリカ
Reserva de la Biosfera de la Amistad
Cordillera Volcánica Central
パナマ
Parque Nacional Fronterizo Darién
キューバ
Sierra del Rosario
Cuchillas de Toa
Península de Guanahacabibes
Baconao
ベネズエラ
Reserva de Biosfera "Alto Orinoco-Casiquiare"
コロンビア
Cinturón Andino Cluster Biosphere Reserve
El Tuparro Nature Reserve
Sierra Nevada de Santa Marta (Tayrona NPを含む)
エクアドル
Archipiélago de Colón (Galápagos)
Reserva de la Biosfera de Yasuni
ペルー
Reserva de Huascarán
Reserva del Manu
Reserva del Noroeste
ブラジル
Système des réserves de biosphère de la Forêt Atlantique
Réserve de biosphère Cerrado
ボリビア
Parque Nacional Pilón-Lajas
Reserva Nacional de Fauna Ulla Ulla
Estación Biológica Beni
チ リ
Parque Nacional Fray Jorge
Parque Nacional Juan Fernández

Parque Nacional Torres del Paine
Parque Nacional Laguna San Rafael
Reserva Nacional Lauca
Reserva de la Biosfera Araucarias
Reserva de la Biosfera La Campana-Peñuelas
アルゼンチン
Reserva de la Biosfera San Guillermo
Reserva Natural de Vida Silvestre Laguna Blanca
Parque Costero del Sur
Reserva Ecológica de Ñacuñán
Reserva de la Biosfera de Pozuelos
Reserva de la Biosfera de Yabotí
Mar Chiquito
ウルグアイ
Bañados del Este
アイルランド
North Bull Island
Killarney National Park
イギリス
Beinn Eighe National Nature Reserve
Braunton Burrows National Nature Reserve
Caerlavaerock National Nature Reserve
Cairnsmore of Fleet National Nature Reserve
Dyfi National Nature Reserve
Isle of Rhum National Nature Reserve
Loch Druidibeg National Nature Reserve
Moor House-Upper Teesdale Biosphere Reserve
North Norfolk Coast Biosphere Reserve
Silver Flowe-Merrick Kells Biosphere Reserve
St Kilda National Nature Reserve
Claish Moss National Nature Reserve
Taynish National Nature Reserve
ノルウェー
North-east Svalbard Nature Reserve
スウェーデン
Lake Torne Area
フィンランド
Northern Karelia
Archipelago Sea Area

デンマーク
　North-east Greenland National Park
オランダ
　Waddensea Area
ドイツ
　Middle Elbe Biosphere Reserve
　Vessertal-Thüringen Forest Biosphere Reserve
　Bayerischer Wald National Park
　Berchtesgaden Alps
　Waddensea of Schleswig-Holstein
　Schorfheide-Chorin
　Spreewald
　Rügen
　Rhön
　Pfälzerwald
　Waddensea of Lower Saxony
　Waddensea of Hamburg
　Oberlausitzer Biosphere Reserve
ポーランド
　Babia Gora National Park
　Bialowieza National Park
　Lukajno Lake Reserve
　Slowinski National Park
　（チェコ-ポーランドおよびポーランド-スロバキア参照）
チェコ
　Krivoklátsko Protected Landscape Area
　Trebon Basin Protected Landscape Area
　Palava Protected Landscape Area
　Sumava Biosphere Reserve
　Bilé Kaparty
　（チェコ-ポーランド参照）
チェコ-ポーランド
　Krkokonose/Karkonosze
スロバキア
　Slovensky Kras Protected Landscape Area
　Polana Biosphere Reserve
　（ポーランド-スロバキア参照）
ポーランド-スロバキア
　Tatra
　East Carpathians/East Beskid
エストニア
　West Estonian Archipelago Biosphere Reserve

ベラルーシ
　Berezinskiy Zapovednik
　Belovezhskaya Pushcha Biosphere Reserve
ウクライナ
　Chernomorskiy Zapovednik
　Askaniya-Nova Zapovednik
　Carpathian
ロシア
　Kavkazskiy Zapovednik
　Oka River Valley Biosphere Reserve
　Sikhote-Alin Zapovednik
　Tsentral'nochernozem Zapovednik
　Astrakhanskiy Zapovednik
　Kronotskiy Zapovednik
　Laplandskiy Zapovednik
　Pechoro-Ilychskiy Zapovednik
　Sayano-Shushenskiy Zapovednik
　Sokhondinskiy Zapovednik
　Voronezhskiy Zapovednik
　Tsentral'nolesnoy Zapovednik
　Lake Baikal Region Biosphere Reserve
　Tzentralnosibirskii Biosphere Reserve
　Chernyje Zemli Biosphere Reserve
　Taimyrsky
ポルトガル
　Paul do Boquilobo Biosphere Reserve
スペイン
　Reserva de Grazalema
　Reserva de Ordesa-Vinamala
　Parque Natural de Montseny
　Reserva de la Biosfera de Doñana
　Reserva de la Biosfera de la Mancha Húmeda
　Las Sierras de Cazorla y Segura Biosphere Reserve
　Reserva de la Biosfera de las Marismas del Odiel
　Reserva de la Biosfera del Canal y los Tiles
　Reserva de la Biosfera de Urdaibai
　Reserva de la Biosfera Sierra Nevada
　Cuenca Alta del Río Manzanares
　Reserva de la Biosfera de Lanzarote
　Reserva de la Biosfera de Menorca
　Sierra de las Nieves y su Entorno

フランス
  Atoll de Taiaro
  Réserve de la biosphère de la Vallée du Fango
  Réserve nationale de Camargue Biosphere Reserve
  Réserve de la biosphère des Cévennes
  Réserve de la biosphère d'Iroise
  Réserve de la biosphère des Vosges du Nord
  Mont Ventoux
  Guadeloupe Archipelago
スイス
  Parc national Suisse
イタリア
  Collemeluccio-Montedimezzo
  Foret Domaniala du Circeo
  Miramare Marine Park
オーストリア
  Gossenkollesse
  Gurgler Kamm
  Lobau Reserve
  Neusiedler See-Österreichischer Teil
ハンガリー
  Aggtelek Biosphere Reserve
  Hortobágy National Park
  Kiskunság Biosphere Reserve
  Lake Fertö Biosphere Reserve
  Pilis Biosphere Reserve
ルーマニア
  Pietrosul Mare Nature Reserve
  Retezat National Park
  Danube Delta
クロアチア
  Velebit Mountain
旧ユーゴスラビア
  Réserve écologique du Bassin de la Rivière Tara
ブルガリア
  Parc National Steneto
  Réserve Alibotouch
  Réserve Bistrichko Branichté
  Réserve Boatione
  Réserve Djendema
  Réserve Doupkata
  Réserve Doupki-Djindjiritza
  Réserve Kamtchia
  Réserve Koupena
  Réserve Mantaritza
  Réserve Maritchini ezera
  Réserve Ouzounboudjak
  Réserve Parangalitza
  Réserve Srébarna
  Réserve Tchervenata sténa
  Réserve Tchoupréné
  Réserve Tsaritchina
ギリシア
  Gorge of Samaria National Park
  Mount Olympus National Park
アルジェリア
  Parc national du Tassili
  El Kala
チュニジア
  Parc national de Djebel Bou-Hedma
  Parc national de Djebel Chambi
  Parc national de l'Ichkeul
  Parc national des Iles Zembra et Zembretta
エジプト
  Omayed Experimental Research Area
  Wadi Allaqui Biosphere Reserve
マリ
  Parc national de la Boucle du Baoulé (etc)
ブルキナファソ
  Forêt classée de la mare aux hippopotames
セネガル
  Forêt classée de Samba Dia
  Delta du Saloum
  Parc national du Niokolo-Koba
ギニアビサウ
  L'Archipel de Blama-Bijagós
ギニア
  Réserve de la biosphère des Monts Nimba
  Réserve de la biosphère du Massif du Ziama
コートジボワール
  Parc national de Taï
  Parc national de la Comoé

ガーナ
  Bia National Park
ベナン
  Reserve de la biosphère de la Pendjari
ニジェール
  Region 'W' du Niger
ナイジェリア
  Omo Strict Natural Reserve
カメルーン
  Parc national de Waza
  Parc national de la Benoué
  Reserve forestiere et de faune du Dja
中央アフリカ
  Basse-Lobaye Forest
  Bamingui-Bangoran Conservation Area
スーダン
  Dinder National Park
  Radom National Park
ガボン
  Réserve naturelle intégrale d'Ipassa-Makokou
コンゴ
  Parc national d'Odzala
  Réserve de la biosphère de Dimonika
ザイール
  Réserve floristique de Yangambi
  Réserve forestière de Luki
  Vallée de la Lufira
ルワンダ
  Parc national des Volcans
ウガンダ
  Queen Elizabeth (Rwenzori) National Park
ケニア
  Mount Kenya Biosphere Reserve
  Mount Kulal Biosphere Reserve
  Malindi-Watamu Biosphere Reserve
  Kiunga Marine National Reserve
  Amboseli
タンザニア
  Lake Manyara National Park
  Serengeti-Ngorongoro Biosphere Reserve
マダガスカル
  Réserve de la biosphère du Mananara Nord

モーリシャス
  Macchabee/Bel Ombre Nature Reserve
イスラエル
  Mount Carmel
イラン
  Arasbaran Protected Area
  Arjan Protected Area
  Geno Protected Area
  Golestan National Park
  Hara Protected Area
  Kavir National Park
  Lake Oromeeh National Park
  Miankaleh Protected Area
  Touran Protected Area
トルクメニスタン
  Repetek Zapovednik
キルギスタン-ウズベキスタン
  Chatkal Mountains Biosphere Reserve
パキスタン
  Lal Suhanra National Park
スリランカ
  Hurulu Forest Reserve
  Sinharaja Forest Reserve
タイ
  Sakaerat Environmental Research Station
  Hauy Tak Teak Reserve
  Mae Sa-Kog Ma Reserve
インドネシア
  Cibodas Biosphere Reserve (Gunung Gede-Pangrango)
  Komodo Proposed National Park
  Lore Lindu Proposed National Park
  Tanjung Puting Proposed National Park
  Gunung Leuser Proposed National Park
  Siberut Nature Reserve
フィリピン
  Puerto Galera Biosphere Reserve
  Palawan Biosphere Reserve
モンゴル
  Great Gobi
  Boghd Khan Uul
中国
  Changbai Mountain Nature Reserve（長白山）
  Dinghu Nature Reserve

付録3　生物圏保存地域リスト

　　Wolong Nature Reserve（臥龍）
　　Fanjingshan Mountain Biosphere Reserve
　　Xilin Gol Natural Steppe Protected Area
　　Fujian Wuyishan Nature Reserve
　　Bogdhad Mountain Biosphere Reserve
　　Shennongjia
　　Yancheng
　　Xishuangbanna
　　Molan
　　Tianmushan
朝鮮民主主義人民共和国
　　Mount Paekdu Biosphere Reserve（白頭山）
韓　国
　　Mount Sorak Biosphere Reserve（雪岳山）
日　本
　　白　山
　　大台ケ原・大峰山
　　志賀高原
　　屋久島
オーストラリア
　　Croajingolong
　　Kosciusko National Park
　　Macquarie Island Nature Reserve
　　Prince Regent River Nature Reserve
　　Southwest National Park
　　Unnamed Conservation Park of South Australia
　　Uluru（Ayers Rock-Mount Olga）National Park
　　Yathong Nature Reserve
　　Fitzgerald River National Park
　　Hattah-Kulkyne National Park & Murray-Kulkyne Park
　　Wilson's Promontory National Park
　　Bookmark

［有賀祐勝］

第3刷追記　［2000年5月現在］

カナダ
　Clavoquot Sound
　Redberry Lake
パナマ
　La Amistad
キューバ
　Ciénaga de Zapata
　Buenavista
ニカラグア
　Bosawas
ドイツ
　Schaalsee
ポーランド
　Puszcza Kampinoska
ポーランド-スロバキア-ウクライナ
　East Carpathians
ロシア
　Ubsunorskaya Kotlovina
　Daursky
　Teberda
　Katunsky
スペイン
　Cabo de Gata-Nijar
　Isla de El Hierro
フランス
　Luberon
　Pays de Fontainebleau
フランス-ドイツ
　Vosges du Nord/Pfälzerwald
イタリア
　Cilento and Vallo di Diano
　Somma-Vesuvio and Miglio d'Oro
ニジェール
　Aïr et Ténéré
南アフリカ
　Kogelberg
ヨルダン
　Dana
タ　イ
　Ranong
ベトナム
　Can Gio Mangrove
カンボジア
　Tonle Sap
モンゴル
　Uvs Nuur Basin
中　国
　Fenglin
　Jiuzhaigou Valley
　Nanji Islands
　Shankou Mangrove

付録4　植物版レッドリスト

環境庁自然保護局野生生物課

> 　環境庁では、平成9年8月、植物に関するレッドリスト（日本の絶滅のおそれのある野生生物の種のリスト）を取りまとめた。レッドリストは、レッドデータブック（絶滅のおそれのある野生生物の個々の種の生育状況等をまとめたもの）の基礎となるものであり、これ自体が法的規制等の強制力を伴うものではなく、絶滅のおそれのある野生生物に関する理解を広めることを目的としたものである。
> 　今後、環境庁では、このレッドリストを基に、植物版レッドデータブックを作成することとしている。
> 　なお、動物のレッドデータブックについては、現在見直しの作業中である。

1．植物版レッドデータブックの作成について

(1) 目的・経緯

　野生生物を人為的に絶滅させないためには、絶滅のおそれのある種を的確に把握し、一般への理解を広める必要がある。このため、環境庁では、動物については「日本の絶滅のおそれのある野生生物」（動物版レッドデータブック）を平成3年に取りまとめた。

　植物（維管束植物）については、平成元年に（財）日本自然保護協会と（財）世界自然保護基金日本委員会により「我が国における保護上重要な植物種の現状」が発行されているが、その後、「絶滅のおそれのある野生動植物の種の保存に関する法律」が平成4年に制定されるなど、絶滅のおそれのある植物種の保存を図る上で、その現状を把握する必要性が高まったため、環境庁としても、最新の情報・知見を基に絶滅のおそれのある植物種をリストアップし、植物版レッドデータブックを作成することとしたものである。

　なお、動物版レッドデータブックについては、現在、見直しの作業中である。

(2) 調査方法と調査体制

　植物版レッドデータブックの作成に当たって、環境庁自然保護局長の委嘱により「絶滅のおそれのある野生生物の選定・評価検討会」を、その下に「レッドデータブック改訂分科会」、「植物Ⅰ分科会（維管束植物：種子植物及びシダ植物）」、「植物Ⅱ分科会（蘚苔類、藻類、地衣類、菌類）」を設置し、動植物統一のカテゴリー、調査の進め方、評価方法、評価結果等について検討を行った（関連する検討会等の委員は別紙1参照）。

　調査作業は、平成5年度より日本植物分類学会に情報の収集、評価等を依頼した。日本植物分類学会では、維管束植物については「絶滅危惧植物問題検討第一専門委員会」、維管束植物以外の植物については「絶滅危惧植物問題検討第二専門委員会」を設置し作業を進めた。

　維管束植物については、全国の調査協力者約400名に調査を依頼し、調査協力者所有の既存データ等も活用しつつ、各種ごとに全国における生育個体数及び減少率をメッシュ情報として収集・整理し、そのデータを基に、絶滅確率等による数値基準を用いた方法による評価を行った。これは、全国レベルで数量解析に基づく評価を行った世界でも初めてのケースである。

　維管束植物以外の植物については、分類、生態等不明な点も多く、維管束植物ほど情報がないことから、まず候補種の選定を行い、それぞれの種について文献調査や標本調査等により分布等に関する既存知見をとりまとめるとともに、全国約50名の調査者の協力を得て、各地の生育状態に関する情報を収集し、その結果を基に評価を行った。

2. レッドデータブックのカテゴリーについて

　今回の植物版レッドデータブックの作成に当たっては、1994年（平成6年）にIUCN（国際自然保護連合）が採択した、減少率等の数値による客観的な評価基準に基づく新しいカテゴリーに従うこととしたが、我が国では数値的に評価が可能となるようなデータが得られない種も多いこと等の理由から、定性的要件と定量的要件を組み合わせたカテゴリーを策定した。新たなカテゴリーの概要は次のとおりであり、動物版レッドデータブックもこのカテゴリーにより順次見直しているところである（カテゴリーの詳細は別紙2参照）。

【新たなカテゴリー】	参考；現行日本自然保護協会等版ｶﾃｺﾞﾘｰ
●「絶滅（EX）」 　―我が国ではすでに絶滅したと考えられる種	絶滅種（Ex）
●「野生絶滅（EW）」 　―飼育・栽培下でのみ存続している種	―
●「絶滅危惧」 　○「絶滅危惧Ⅰ類（CR＋EN）」 　　―絶滅の危機に瀕している種 　　　「絶滅危惧ⅠA類（CR）」 　　　「絶滅危惧ⅠB類（EN）」	絶滅危惧種（E）
○「絶滅危惧Ⅱ類（VU）」 　　―絶滅の危険が増大している種	危急種（V）
●「準絶滅危惧（NT）」 　―現時点では絶滅危険度は小さいが、生息条件の変化によっては「絶滅危惧」に移行する可能性のある種	―
●「情報不足（DD）」 　―評価するだけの情報が不足している種	現状不明種（U）
□付属資料「地域個体群（LP）」 　―地域的に孤立しており、地域レベルでの絶滅のおそれが高い個体群	―

3. 植物版レッドリスト

　植物版レッドリストは別紙3のとおりである。なお、レッドリストに掲げられた種数は、以下のとおり。

	植物Ⅰ 維管束植物（種子植物、シダ植物）		植物Ⅱ 維管束植物以外の植物					合　計	
			蘚苔類	藻類	地衣類	菌類	小　計		
絶滅　Ex	(35) 17		0	5	3	28	36	53	
野生絶滅　Ew	12		0	2	0	1	3	15	
絶滅危惧Ⅰ　ⅠA類 CR	471								
ⅠB類 EN	410	(146) 881	110	34	22	51	217	1098	
絶滅危惧Ⅱ　VU	(678) 518	(824) 1399	70	6	23	11	110	327	628	1726
準絶滅危惧　NT	108		4	24	17	0	45	153	
情報不足　DD	(36) 365		54	0	17	0	71	436	
計	1901		238	71	82	91	482	2383	

　注1）（　）は日本自然保護協会等発行の現行レッドデータブックにおける種数。ただし、今回カテゴリーの定義を変更しているため、あくまでも参考数値。
　注2）維管束植物の「情報不足」には現段階で評価を留保しているものを含んでおり、レッドデータブックの作成までに可能な限りの評価を行う予定。

4．今後の保護対策

　植物版レッドリストについては、広く普及を図り、絶滅のおそれのある野生動植物の種の保存への理解を求めるとともに、関係省庁や地方公共団体等にも配布し、各種計画等における配慮を求める。一般の方のレッドリストの入手方法は別記のとおり。
　また、レッドリスト掲載種の中でも特に絶滅のおそれの高い種について、さらに生育状況等に関する詳細な調査を実施し、「絶滅のおそれのある野生動植物の種の保存に関する法律」に基づく国内希少野生動植物種の指定を検討していく。

5．レッドデータブックの作成

　今後、レッドリスト掲載種について個々の種の特徴の概要や評価の根拠等について記載した植物版レッドデータブック「日本の絶滅のおそれのある野生生物―植物編―」の作成作業を行い、来年度以降公表する予定。

（別記）植物版レッドリスト入手方法
　　植物版レッドリストは、以下のいずれかの方法で入手することが可能。
　　①環境庁自然保護局野生生物課に直接取りに行く
　　②インターネットの環境庁ホームページ（http://www.eic.or.jp/eanet/）から入手
　　③返送用封筒（Ａ４判の用紙の入る大きさの封筒に、切手270円分を貼り、返送先の住所、氏名を記入したもの）を同封の上、次の宛先に送付
　　　　宛先：〒100東京都千代田区霞が関1-2-2
　　　　　　　環境庁自然保護局野生生物課植物版レッドリスト係

（別紙１）

絶滅のおそれのある野生生物の選定・評価検討会

　　座　長：小　野　勇　一　　九州大学名誉教授
　　委　員：阿　部　　　永　　元北海道大学農学部教授
　　　　　　池　原　貞　雄　　琉球大学名誉教授
　　　　　　伊　藤　秀　三　　長崎大学教養部教授
　　　　　　岩　槻　邦　男　　立教大学理学部教授
　　　　　　上　野　俊　一　　国立科学博物館名誉研究員
　　　　　　大　野　正　男　　東洋大学文学部教授
　　　　　　奥　谷　喬　司　　日本大学生物資源科学部教授
　　　　　　小　野　幹　雄　　東京都立大学名誉教授
　　　　　　小佐藤　正　孝　　名古屋女子大学家政学部教授
　　　　　　多　紀　保　彦　　東京水産大学名誉教授
　　　　　　千　原　光　雄　　日本赤十字看護大学教授
　　　　　　中　川　志　郎　　（財）東京動物園協会理事長
　　　　　　樋　口　広　芳　　東京大学大学院農学生命科学研究科教授
　　　　　　藤　巻　裕　蔵　　帯広畜産大学畜産学部教授
　　　　　　森　岡　弘　之　　国立科学博物館名誉研究員
　　　　　　森　本　　　桂　　元九州大学農学部教授

　レッドデータブック改訂分科会
　　座　長：上　野　俊　一　　国立科学博物館名誉研究員
　　委　員：阿　部　　　永　　元北海道大学農学部教授
　　　　　　藤　巻　裕　蔵　　帯広畜産大学畜産学部教授
　　　　　　多　紀　保　彦　　東京水産大学名誉教授
　　　　　　森　本　　　桂　　元九州大学農学部教授
　　　　　　奥　谷　喬　司　　日本大学生物資源科学部教授
　　　　　　青　木　淳　一　　横浜国立大学環境科学研究センター教授
　　　　　　大　野　正　男　　東洋大学文学部教授
　　　　　　岩　槻　邦　男　　立教大学理学部教授
　　　　　　千　原　光　雄　　日本赤十字看護大学教授

付録4　植物版レッドリスト

植物 I 分科会
　　　座　長：岩　槻　邦　男　　立教大学理学部教授
　　　委　員：植　田　邦　彦　　金沢大学理学部教授
　　　　　　　大　橋　広　好　　東北大学大学院理学研究科教授
　　　　　　　大　場　秀　章　　東京大学総合研究資料館教授
　　　　　　　小　野　幹　雄　　東京都立大学名誉教授
　　　　　　　加　藤　辰　己　　新潟大学理学部助教授
　　　　　　　堀　田　　　満　　鹿児島大学理学部教授
　　　　　　　矢　原　徹　一　　九州大学理学部教授
　　　　　　　角　野　康　郎　　神戸大学理学部教授

植物 II 分科会
　　　座　長：千　原　光　雄　　日本赤十字看護大学教授
　　　委　員：岩　月　善之助　　（財）服部植物研究所岡崎分室室長
　　　　　　　柏　谷　博　之　　国立科学博物館植物第四研究室室長
　　　　　　　勝　本　　　謙　　元鳥取大学連合大学院教授
　　　　　　　神　田　啓　史　　国立極地研究所教授
　　　　　　　北　川　尚　史　　奈良教育大学教育学部教授
　　　　　　　椿　　　啓　介　　筑波大学名誉教授
　　　　　　　土　居　祥　兌　　国立科学博物館植物第二研究室室長
　　　　　　　長　尾　英　幸　　千葉大学園芸学部助手
　　　　　　　中　西　　　稔　　広島大学教育学部教授
　　　　　　　古　木　達　郎　　千葉県立中央博物館主任技師
　　　　　　　吉　田　忠　生　　北海道大学名誉教授
　　　　　　　渡　辺　　　信　　国立環境研究所生物圏環境部長

＜参考＞日本植物分類学会

絶滅危惧植物問題検討第一専門委員会
委員長：
　矢原　徹一　九州大学理学部教授
委員：
　井上　　健　信州大学理学部教授
　植田　邦彦　金沢大学理学部教授
　加藤　辰己　新潟大学理学部助教授
　門田　裕一　国立科学博物館植物研究部
　角野　康郎　神戸大学理学部教授
　川窪　伸光　岐阜大学農学部助教授
　鈴木　和雄　東京都立大学理学部助教授
　芹沢　俊介　愛知教育大学教育学部教授
　高橋　英樹　北海道大学農学部助教授
　永益　英敏　京都大学博物館助教授
　横田　真嗣　琉球大学理学部助教授

絶滅危惧植物問題検討第二専門委員会
委員長：
　千原　光雄　日本赤十字看護大学教授
委員：
　岩月　善之助　（財）服部植物研究所岡崎分室室長
　柏谷　博之　国立科学博物館植物第四研究室室長
　勝本　　謙　元鳥取大学連合大学院教授
　神田　啓史　国立極地研究所教授
　北川　尚史　奈良教育大学教育学部教授
　椿　　啓介　筑波大学名誉教授
　土居　祥兌　国立科学博物館植物第二研究室室長
　長尾　英幸　千葉大学園芸学部助手
　中西　　稔　広島大学教育学部教授
　古木　達郎　千葉県立中央博物館主任技師
　吉田　忠生　北海道大学名誉教授
　渡辺　　信　国立環境研究所生物圏環境部長

(別紙2)

レッドデータブックカテゴリー（環境庁，1997）

1994年12月、IUCNは、新たな Red List Categories を採択した。カテゴリー改訂作業は、1989年からIUCNの種の保存委員会（SSC）を中心に進められた。新カテゴリーの特徴は、

①今までの定性的な要件とは異なり、絶滅確率等の数値基準による客観的な評価基準を採用していること

②絶滅のおそれのある種を Threatened でくくり、その中に Critically Endangered、Endangered、Vulnerable を設定していること、

等である（1996年10月に採択された IUCN Red List of Threatened Animals は、この新カテゴリーに基づく最初のレッドリストである）。

今般、植物版レッドデータブックの策定及び動物版レッドデータブックの改訂に当たり、この新カテゴリーの扱いに関して検討を行った。数値基準による客観的評価は今までの定性的な評価よりも好ましいこと、この新カテゴリーが今後世界的に用いられていくと考えられることから、基本的にこのカテゴリーに従うべきとされたが、数値的に評価が可能となるようなデータが得られない種も多いことから、今までの「定性的要件」と、新たに示された「定量的要件」（数値基準）を併用し、数値基準に基づいて評価することが可能な種については、「定量的要件」を適用することとした。

なお、定性的要件と定量的要件は、必ずしも厳密な対応関係にあるわけではないが、現時点では併用が最善との結論に至ったものである。

IUCN新カテゴリーに準拠して策定したカテゴリーは以下の通りである。

```
●絶滅(EX)
●野生絶滅(EW)
●絶滅危惧 -------- 絶滅危惧Ⅰ類 ------ ⅠA類(CR)
  (Threatened)      (CR+EN)      ----- ⅠB類(EN)
                 └─ 絶滅危惧Ⅱ類
                      (VU)
●準絶滅危惧(NT)
●情報不足(DD)
●付属資料　［絶滅のおそれのある地域個体群(LP)］
```

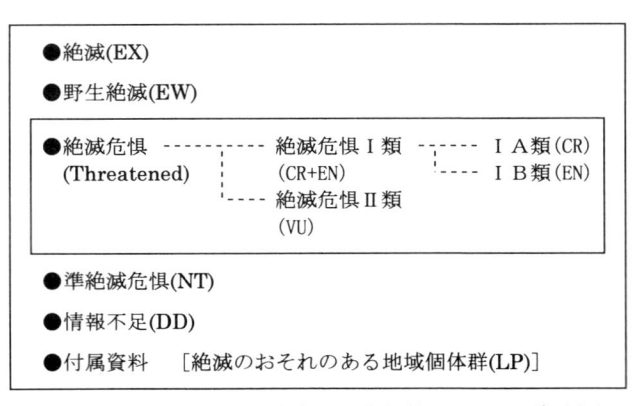

（注）絶滅危惧Ⅰ類のうち、数値基準によりさらに評価が可能な種については絶滅危惧ⅠA類及び絶滅危惧ⅠB類として区分した。

付録4　植物版レッドリスト

■ 新 RDB カテゴリー（IUCN 版との対応表）

IUCN RDB カテゴリー	新 RDB カテゴリー	日本版 RDB カテゴリー
Extinct		絶滅
Extinct in the Wild		野生絶滅
Critically Endangered (IA 類)	Threatened	絶滅危惧 I 類 ┐ 絶滅危惧
Endangered (IB 類)		
Vulnerable		絶滅危惧 II 類 ┘
Lower Risk — Conservation Dependant	Adequate data / Evaluated	(カテゴリーを設けず)
Lower Risk — Near Threatened		準絶滅危惧
Lower Risk — Least Concern		(カテゴリーを設けず)
Data Deficient		情報不足
Not Evaluated		(カテゴリーを設けず)

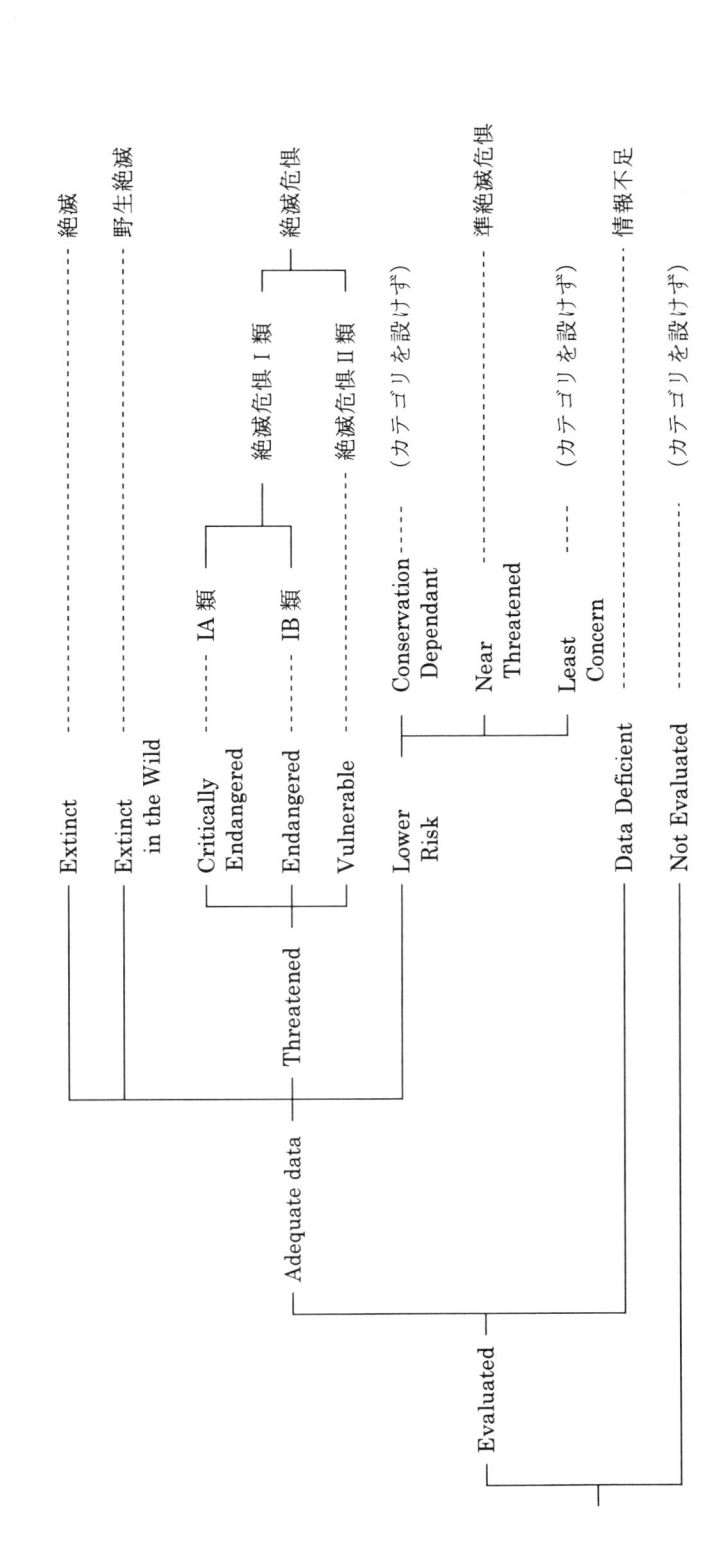

● 付属資料　［絶滅のおそれのある地域個体群］

■カテゴリー定義

区分及び基本概念	定性的要件	定量的要件
絶滅 Extinct（EX） 我が国ではすでに絶滅したと考えられる種（注1）	過去に我が国に生息したことが確認されており、飼育・栽培下を含め、我が国ではすでに絶滅したと考えられる種	
野生絶滅 Extinct in the Wild（EW） 飼育・栽培下でのみ存続している種	過去に我が国に生息したことが確認されており、飼育・栽培下では存続しているが、我が国において野生ではすでに絶滅したと考えられる種 【確実な情報があるもの】 ①信頼できる調査や記録により、すでに野生で絶滅したことが確認されている。 ②信頼できる複数の調査によっても、生息が確認できなかった。 【情報量が少ないもの】 ③過去50年間前後の間に、信頼できる生息の情報が得られていない。	

絶滅危惧 T H R E A T E N E D	**絶滅危惧Ⅰ類** （CR＋EN） 絶滅の危機に瀕している種 現在の状態をもたらした圧迫要因が引き続き作用する場合、野生での存続が困難なもの。	次のいずれかに該当する種 【確実な情報があるもの】 ①既知のすべての個体群で危機的水準にまで減少している。 ②既知のすべての生息地で生息条件が著しく悪化している。 ③既知のすべての個体群がその再生産能力を上回る捕獲・採取圧にさらされている。 ④ほとんどの分布域に交雑のおそれのある別種が侵入している。 【情報量が少ないもの】 ⑤それほど遠くない過去（30年～50年）の生息記録以後確認情報がなく、その後信頼すべき調査が行われていないため、絶滅したかどうかの判断が困難なもの。	絶滅危惧ⅠA類 Critically Endangered (CR) ごく近い将来における野生での絶滅の危険性が極めて高いもの。	絶滅危惧ⅠA類 （CR） A．次のいずれかの形で個体群の減少がみられる場合。 　1．最近10年間もしくは3世代のどちらか長い期間（注2）を通じて、80％以上の減少があったと推定される。 　2．今後10年間もしくは3世代のどちらか長い期間を通じて、80％以上の減少があると予測される。 B．出現範囲が100km²未満もしくは生息地面積が10km²未満であると推定されるほか、次のうち2以上の兆候が見られる場合。 　1．生息地が過度に分断されているか、ただ1ヵ所の地点に限定されている。 　2．出現範囲、生息地面積、成熟個体数等に継続的な減少が予測される。 　3．出現範囲、生息地面積、成熟個体数等に極度の減少が見られる。 C．個体群の成熟個体数が250未満であると推定され、さらに次のいずれかの条件が加わる場合。 　1．3年間もしくは1世代のどちらか長い期間に25％以上の継続的な減少が推定される。 　2．成熟個体数の継続的な減少が観察、もしくは推定・予測され、かつ個体群が構造的に過度の分断を受けるか全ての個体が1つの亜個体群に含まれる状況にある。

（注1）種：動物では種及び亜種、植物では種、亜種及び変種を示す。
（注2）最近10年間もしくは3世代：1世代が短く3世代に要する期間が10年未満のものは年数を、1世代が長く3世代に要する期間が10年を越えるものは世代数を採用する。

付録4　植物版レッドリスト　　747

■カテゴリー定義

区分及び基本概念			定性的要件	定量的要件
絶滅危惧　THREATENED				D．成熟個体数が50未満であると推定される個体群である場合。 E．数量解析により、10年間、もしくは3世代のどちらか長い期間における絶滅の可能性が50%以上と予測される場合。
		絶滅危惧ⅠB類 Endangered (EN) ⅠA類ほどではないが、近い将来における野生での絶滅の危険性が高いもの	絶滅危惧ⅠB類 （EN） A．次のいずれかの形で個体群の減少が見られる場合。 　1．最近10年間もしくは3世代のどちらか長い期間を通じて、50%以上の減少があったと推定される。 　2．今後10年間もしくは3世代のどちらか長い期間を通じて、50%以上の減少があると予測される。 B．出現範囲が5,000k㎡未満もしくは生息地面積が500k㎡未満であると推定されるほか、次のうち2つ以上の兆候が見られる場合。 　1．生息地が過度に分断されているか、5以下の地点に限定されている。 　2．出現範囲、生息地面積、成熟個体数等に継続的な減少が予測される。 　3．出現範囲、生息地面積、成熟個体数等に極度の減少が見られる。 C．個体群の成熟個体数が2,500未満であると推定され、さらに次のいずれかの条件が加わる場合。 　1．5年間もしくは2世代のどちらか長い期間に20%以上の継続的な減少が推定される。 　2．成熟個体数の継続的な減少が観察、もしくは推定・予測され、かつ個体群が構造的に過度の分断を受けるか全ての個体が1つの亜個体群に含まれる状況にある。 D．成熟個体数が250未満であると推定される個体群である場合。 E．数量解析により、20年間、もしくは5世代のどちらか長い期間における絶滅の可能性が20%以上と予測される場合。	

■カテゴリー定義

区分及び基本概念	定性的要件	定量的要件
絶滅危惧　**THREATENED**　**絶滅危惧Ⅱ類**　Vulnerable (VU)　絶滅の危険が増大している種　現在の状態をもたらした圧迫要因が引き続き作用する場合、近い将来「絶滅危惧Ⅰ類」のランクに移行することが確実と考えられるもの。	次のいずれかに該当する種　【確実な情報があるもの】　①大部分の個体群で個体数が大幅に減少している。　②大部分の生息地で生息条件が明らかに悪化しつつある。　③大部分の個体群がその再生産能力を上回る捕獲・採取圧にさらされている。　④分布域の相当部分に交雑可能な別種が侵入している。	A．次のいずれかの形で個体群の減少が見られる場合。　1．最近10年間もしくは3世代のどちらか長い期間を通じて、20％以上の減少があったと推定される。　2．今後10年間もしくは3世代のどちらか長い期間を通じて、20％以上の減少があると予測される。　B．出現範囲が20,000km²未満もしくは生息地面積が2,000km²未満であると推定され、また次のうち2以上の兆候が見られる場合。　1．生息地が過度に分断されているか、10以下の地点に限定されている。　2．出現範囲、生息地面積、成熟個体数等について、継続的な減少が予測される。　3．出現範囲、生息地面積、成熟個体数等に極度の減少が見られる。　C．個体群の成熟個体数が10,000未満であると推定され、さらに次のいずれかの条件が加わる場合。　1．10年間もしくは3世代のどちらか長い期間内に10％以上の継続的な減少が推定される。　2．成熟個体数の継続的な減少が観察、もしくは推定・予測され、かつ個体群が構造的に過度の分断を受けるか全ての個体が1つの亜個体群に含まれる状況にある。　D．個体群が極めて小さく、成熟個体数が1,000未満と推定されるか、生息地面積あるいは分布地点が極めて限定されている場合。　E．数量解析により、100年間における絶滅の可能性が10％以上と予測される場合。
準絶滅危惧　Near Threatened (NT)　存続基盤が脆弱な種　現時点での絶滅危険度は小さいが、生息条件の変化によっては「絶滅危惧」として上位ランクに移行する要素を有するもの。	次に該当する種　生息状況の推移から見て、種の存続への圧迫が強まっていると判断されるもの。具体的には、分布域の一部において、次のいずれかの傾向が顕著であり、今後さらに進行するおそれがあるもの。　a 個体数が減少している。　b 生息条件が悪化している。　c 過度の捕獲・採取圧による圧迫を受けている。　d 交雑可能な別種が侵入している。	

付録4　植物版レッドリスト

■カテゴリー定義

区分及び基本概念	定性的要件	定量的要件
情報不足 Data Deficient (DD) 評価するだけの情報が不足している種	環境条件の変化によって、容易に絶滅危惧のカテゴリーに移行し得る属性（具体的には、次のいずれかの要素）を有しているが、生息状況をはじめとして、ランクを判定するに足る情報が得られていない種 a) どの生息地においても生息密度が低く希少である。 b) 生息地が局限されている。 c) 生物地理上、孤立した分布特性を有する（分布域がごく限られた固有種等）。 d) 生活史の一部または全部で特殊な環境条件を必要としている	

●付属資料

区分及び基本概念	定性的要件	定量的要件
絶滅のおそれのある地域個体群 Threatened Local Population (LP) 地域的に孤立している個体群で、絶滅のおそれが高いもの。	次のいずれかに該当する地域個体群 ①生息状況、学術的価値等の観点から、レッドデータブック掲載種に準じて扱うべきと判断される種の地域個体群で、生息域が孤立しており、地域レベルで見た場合絶滅に瀕しているかその危険が増大していると判断されるもの。 ②地方型としての特徴を有し、生物物地理学的観点から見て重要と判断される地域個体群で、絶滅に瀕しているか、その危険が増大していると判断されるもの。	

(別紙3)

植物版レッドリスト

【掲載順及び掲載項目】

●**植物Ⅰ（維管束植物：種子植物、シダ植物）**
- 絶滅（EX）　　　　　　　　種名、学名、科名
- 野生絶滅（EW）　　　　　　種名、学名、科名
- 絶滅危惧ⅠA類（CR）　　　　種名、学名、科名、都道府県別分布
- 絶滅危惧ⅠB類（EN）　　　　種名、学名、科名、都道府県別分布
- 絶滅危惧Ⅱ類（VU）　　　　 種名、学名、科名、都道府県別分布
- 準絶滅危惧（NT）　　　　　種名、　　科名
- 情報不足（DD）　　　　　　種名、　　科名

注1）「種」のレベル（亜種、変種を含む）で掲載。
注2）「都道府県別分布」は、今回のメッシュ単位の調査結果に基づき現存する都道府県名を記載。また、メッシュ単位の現存情報は得られなかったが文献等による分布情報がある場合、（　）内に記載。（　）内の都道府県では、絶滅又は絶滅に近い状態にある場合が多い。
注3）準絶滅危惧（NT）と情報不足（DD）は科ごとに種名を掲載。

●**植物Ⅱ（維管束植物以外）**
　○蘚苔類
- 絶滅危惧Ⅰ類（CR+EN）　　　種名、学名、分類群、生育分布
- 絶滅危惧Ⅱ類（VU）　　　　 種名、学名、分類群、生育分布
- 準絶滅危惧（NT）　　　　　種名(学名)、分類群
- 情報不足（DD）　　　　　　種名(学名)、分類群

　○藻類
- 絶滅（EX）　　　　　　　　種名、学名、分類群
- 野生絶滅（EW）　　　　　　種名、学名、分類群
- 絶滅危惧Ⅰ類（CR+EN）　　　種名、学名、分類群、生育分布
- 絶滅危惧Ⅱ類（VU）　　　　 種名、学名、分類群、生育分布
- 準絶滅危惧（NT）　　　　　種名(学名)、分類群

　○地衣類
- 絶滅（EX）　　　　　　　　種名、学名
- 絶滅危惧Ⅰ類（CR+EN）　　　種名、学名、生育分布
- 絶滅危惧Ⅱ類（VU）　　　　 種名、学名、生育分布
- 準絶滅危惧（NT）　　　　　種名(学名)
- 情報不足（DD）　　　　　　種名(学名)

　○菌類
- 絶滅（EX）　　　　　　　　種名、学名
- 野生絶滅（EW）　　　　　　種名、学名
- 絶滅危惧Ⅰ類（CR+EN）　　　種名、学名、生育分布
- 絶滅危惧Ⅱ類（VU）　　　　 種名、学名、生育分布

注1）「種」のレベル（亜種、変種等を含む）で掲載。
注2）準絶滅危惧（NT）と情報不足（DD）は分類群ごとに種名又は学名を記載。

植物 I：レッドリスト

■絶滅（EX）

- コウヨウザンカズラ：Lycopodium cunninghamiodes：ヒカゲノカズラ科：
- タカネハナワラビ：Botrychium boreale：ハナヤスリ科：
- イオウジマハナヤスリ：Ophioglossum nudicaule：ハナヤスリ科：
- オオイワヒメワラビ：Hypolepis tenuifolia：コバノイシカグマ科：
- オオアオガネシダ：Asplenium austrochinense：チャセンシダ科：
- オオヤグルマシダ：Dryopteris wallichiana：オシダ科：
- ウスバシダモドキ：Tectaria dissecta：オシダ科：
- ヒトツバノキシノブ：Pyrrosia angustissimum：ウラボシ科：
- ホソバノキミズ：Elatostema lineolatum var. majus：イラクサ科：
- オオユリワサビ：Eutrema tenuis var. okinosimensis：アブラナ科：
- オオミコゴメグサ：Euphrasia insignis var. omiensis：ゴマノハグサ科：
- リュウキュウスズカケ：Veronicastrum liukiuense：ゴマノハグサ科：
- ムジナノカミソリ：Lycoris sanguinea var. koreana：ヒガンバナ科：
- タカノホシクサ：Eriocaulon cauliferum：ホシクサ科：
- ヒュウガホシクサ：Eriocaulon seticuspe：ホシクサ科：
- ハツシマラン：Odontochilus hatusimanus：ラン科：
- ジンヤクラン：Renanthera (=Arachnis) labrosa：ラン科：

■野生絶滅（EW）

- ヒュウガシケシダ：Deparia minamitanii：メシダ（イワデンダ）科：
- コブシモドキ：Magnolia pseudokobus：モクレン科：
- エッチュウミセバヤ：Hylotelephium sieboldii var. ettyuense：ベンケイソウ科：
- リュウキュウベンケイ：Kalanchoe integra：ベンケイソウ科：
- オオカナメモチ：Photinia serrulata：バラ科：
- ナルトオウギ：Astragalus sikokianus：マメ科：
- オリヅルスミレ：Viola stoloniflora：スミレ科：
- リュウキュウアセビ：Pieris japonica var. koidzumiana：ツツジ科：
- タモトユリ：Lilium nobilissimum：ユリ科：
- サツマオモト：Rohdea japonica var. latifolia：ユリ科：
- タイワンアオイラン：Acanthephippium striatum：ラン科：
- キバナコクラン：Liparis nigra var. sootenzanensis：ラン科：

■絶滅危惧ⅠA類（CR）

- イヌヤチスギラン：Lycopodium carolinianum：ヒカゲノカズラ科：滋賀
- ヒモスギラン：Lycopodium fargesii：ヒカゲノカズラ科：（鹿児島）
- ヨウラクヒバ：Lycopodium phlegmaria：ヒカゲノカズラ科：鹿児島、沖縄
- ヒメヨウラクヒバ：Lycopodium salvinioides：ヒカゲノカズラ科：（沖縄）
- ヒモラン：Lycopodium sieboldii：ヒカゲノカズラ科：愛媛、高知、熊本、宮崎、鹿児島、（神奈川、静岡、愛知、三重、和歌山、福岡、佐賀、長崎、大分）
- リュウキュウヒモラン：Lycopodium sieboldii var. christensenianum：ヒカゲノカズラ科：熊本、鹿児島、沖縄、（宮崎）
- イブリハナワラビ：Botrychium microphyllum：ハナヤスリ科：（北海道）
- ミヤコジマハナヤスリ：Helminthostachys zeylanica：ハナヤスリ科：沖縄、（鹿児島）

- トネハナヤスリ： Ophioglossum namegatae ：ハナヤスリ科：栃木、千葉、大阪
- チャボハナヤスリ： Ophioglossum parvum ：ハナヤスリ科：（東京、静岡、三重）
- ヒノタニリュウビンタイ： Angiopteris fokienssis ：リュウビンタイ科：宮崎、鹿児島
- カンザシワラビ： Schizaea dichotoma ：フサシダ科：沖縄、（鹿児島）
- マルバコケシダ： Trichomanes bimarginatum ：コケシノブ科：（沖縄）
- イヌイノモトソウ： Lindsaea ensifolia ：ホングウシダ科：沖縄、（鹿児島）
- シノブホングウシダ： Lindsaea kawabatae ：ホングウシダ科：（鹿児島）
- コビトホラシノブ： Sphenomeris minutula ：ホングウシダ科：鹿児島
- ワラビツナギ： Arthropteris palisotii ：ツルシダ科：鹿児島、沖縄
- イワウラジロ： Cheilanthes krameri ：ミズワラビ（ホウライシダ）科：群馬、東京、（埼玉）
- シマタキミシダ： Antrophyum formosanum ：シシラン科：鹿児島
- イトシシラン： Vittaria mediosora ：シシラン科：（埼玉、長野）
- ミミモチシダ： Acrostichum aureum ：イノモトソウ科：沖縄
- タイワンアマクサシダ： Pteris formosana ：イノモトソウ科：鹿児島
- アシガタシダ： Pteris grevilleana ：イノモトソウ科：鹿児島、沖縄
- ヒメイノモトソウ： Pteris yamatensis ：イノモトソウ科：奈良
- ヒメタニワタリ： Asplenium cardiophyllum ：チャセンシダ科：（東京、沖縄）
- ホコガタシダ： Asplenium ensiforme ：チャセンシダ科：熊本、宮崎
- マキノシダ： Asplenium loriceum ：チャセンシダ科：沖縄
- イエジマチャセンシダ： Asplenium oligophlebium var. iezimaense ：チャセンシダ科：沖縄
- ウスイロホウビシダ： Asplenium subnormale ：チャセンシダ科：（鹿児島、沖縄）
- オオギミシダ： Woodwardia harlandii ：シシガシラ科：沖縄
- オキナワアツイタ： Elaphoglossum callifolium ：ツルキジノオ科：沖縄
- シビカナワラビ： Arachniodes hekiana ：オシダ科：鹿児島、（大分）
- ヒュウガカナワラビ： Arachniodes hiugana ：オシダ科：熊本、宮崎
- コバヤシカナワラビ： Arachniodes sp. ：オシダ科：（宮崎）
- コキンモウイノデ： Ctenitis microlepigera ：オシダ科：（東京）
- クマヤブソテツ： Cyrtomium macrophyllum var. microindusium ：オシダ科：熊本
- オオミネイワヘゴ： Dryopteris lunanensis ：オシダ科：奈良、（三重）
- ヤタケイワヘゴ： Dryopteris otomasui ：オシダ科：熊本
- シビイタチシダ： Dryopteris shibipedis ：オシダ科：鹿児島
- ツツイイワヘゴ： Dryopteris tsutsuiana ：オシダ科：福岡、熊本
- スルガイノデ： Polystichum fibrilloso-paleaceum var. marginale ：オシダ科：（静岡）
- ヤシャイノデ： Polystichum neo-lobatum ：オシダ科：神奈川、長野、（山梨）
- アマミデンダ： Polystichum obai ：オシダ科：鹿児島
- サクラジマイノデ： Polystichum piceopaleaceum ：オシダ科：佐賀、（鹿児島）
- シムライノデ： Polystichum shimurae ：オシダ科：東京、（神奈川、静岡）
- コモチナナバケシダ： Tectaria fauriei ：オシダ科：鹿児島
- タイヨウシダ： Thelypteris erubescens ：ヒメシダ科：（鹿児島）
- タイワンアリサンイヌワラビ： Athyrium arisanense ：メシダ（イワデンダ）科：（鹿児島）
- シビイヌワラビ： Athyrium kenzo-satakei ：メシダ（イワデンダ）科：鹿児島
- コモチイヌワラビ： Athyrium strigillosum ：メシダ（イワデンダ）科：熊本
- ジャコウシダ： Diplazium heterophlebium ：メシダ（イワデンダ）科：（鹿児島）
- フクレギシダ： Diplazium pin-faense ：メシダ（イワデンダ）科：熊本、（鹿児島）
- ヒメデンダ： Woodsia subcordata ：メシダ（イワデンダ）科：群馬、山梨、長野、（北海道、静岡）
- カザリシダ： Aglaomorpha coronans ：ウラボシ科：沖縄
- ヤクシマウラボシ： Crypsinus yakuinsularis ：ウラボシ科：徳島、（三重、和歌山、高知、鹿児島）
- キレハオオクボシダ： Ctenopteris sakaguchiana ：ウラボシ科：奈良、（埼玉、東京、

付録4 植物版レッドリスト

　　　山梨、長野、静岡、熊本）
- オニマメヅタ：Lemmaphyllum pyriforme：ウラボシ科：島根、鹿児島
- ウロコノキシノブ：Lepisorus oligolepidus：ウラボシ科：長野
- タイワンアオネカズラ：Polypodium formosanum：ウラボシ科：鹿児島、沖縄
- ヒトツバマメヅタ：Pyrrosia adnascens：ウラボシ科：（沖縄）
- ナガバコウラボシ：Grammitis tuyamae：ヒメウラボシ科：熊本
- ナンゴクデンジソウ：Marsilea crenata：デンジソウ科：福岡、鹿児島、沖縄
- ヤツガタケトウヒ：Picea koyamae：マツ科：長野、（山梨）
- ヒメマツハダ：Picea shirasawae：マツ科：山梨、長野
- ヒダカミネヤナギ：Salix hidaka-montana：ヤナギ科：北海道
- サキシマエノキ：Celtis biondii var. insularis：ニレ科：沖縄
- オオヤマイチジク：Ficus iidaiana：クワ科：（東京）
- オガサワラグワ：Morus boninensis：クワ科：（東京）
- ヨナクニトキホコリ：Elatostema yonakuniense：イラクサ科：（沖縄）
- チョクザキミズ：Lecanthus peduncularis：イラクサ科：大分、宮崎
- ソハヤキミズ：Pilea sohayakiensis：イラクサ科：和歌山、徳島、宮崎
- セキモンウライソウ：Procris boninensis：イラクサ科：（東京）
- キュウシュウツチトリモチ：Balanophora kiusiana：ツチトリモチ科：熊本、大分、（宮崎）
- ナンブトラノオ：Bistorta hayachinensis：タデ科：岩手
- アラゲタデ：Persicaria lanatum：タデ科：（沖縄）
- キブネダイオウ：Rumex nepalensis var. andreaenus：タデ科：京都、岡山
- オキナワマツバボタン：Portulaca pilosa ssp. okinawensis：スベリヒユ科：鹿児島、沖縄
- ミツモリミミナグサ：Cerastium arvense var. ovatum：ナデシコ科：北海道、（青森）
- オグラセンノウ：Lychnis kiusiana：ナデシコ科：岡山、広島、熊本、大分、（大阪）
- チシマツメクサ：Sagina saginoides：ナデシコ科：青森、長野、（富山）
- エゾマンテマ：Silene foliosa：ナデシコ科：北海道
- カムイビランジ：Silene hidaka-alpina：ナデシコ科：北海道
- チシママンテマ：Silene repens var. latifolia：ナデシコ科：（北海道）
- スガワラビランジ：Silene stenophylla：ナデシコ科：北海道
- カンチヤチハコベ：Stellaria calycantha：ナデシコ科：静岡、（群馬、富山、長野）
- オオイワツメクサ：Stellaria nipponica var. yezoensis：ナデシコ科：北海道
- シナクスモドキ：Cryptocarya chinensis：クスノキ科：宮崎
- オキナワコウバシ：Lindera communis var. okinawensis：クスノキ科：沖縄
- オンタケブシ：Aconitum metajaponicum：キンポウゲ科：群馬、埼玉、長野、（秋田、山形）
- ダイセツトリカブト：Aconitum yamazakii：キンポウゲ科：北海道
- シコクイチゲ：Anemone sikokiana：キンポウゲ科：愛媛
- キリギシソウ：Callianthemum sachallinense var. kirigishiense：キンポウゲ科：（北海道）
- オオワクノテ：Clematis serratifolia：キンポウゲ科：北海道
- キバナサバノオ：Dichocarpum pterigionocaudatum：キンポウゲ科：兵庫、（滋賀、京都、岡山）
- カラクサキンポウゲ：Ranunculus gmelinii：キンポウゲ科：（北海道）
- ヒメバイカモ：Ranunculus kazusensis：キンポウゲ科：宮城、福井、福岡、熊本、（福島、茨城、千葉、大分）
- ヒメキツネノボタン：Ranunculus yaegatakensis：キンポウゲ科：（鹿児島）
- ミョウギカラマツ：Thalictrum minus var. chionophyllum：キンポウゲ科：群馬
- ヒレフリカラマツ：Thalictrum toyamae：キンポウゲ科：佐賀、長崎
- ウジカラマツ：Thalictrum ujiensis：キンポウゲ科：鹿児島
- ホウザンツヅラフジ：Cocculus sarmentosus：ツヅラフジ科：鹿児島

- ギフヒメコウホネ：Nuphar sp.：スイレン科：岐阜
- タイヨウフウトウカズラ：Piper postelsianum：コショウ科：（東京）
- オナガサイシン：Asarum leptophyllum：ウマノスズクサ科：（沖縄）
- シジキカンアオイ：Heterotropa controversa：ウマノスズクサ科：（長崎）
- テンリュウカンアオイ：Heterotropa draconis：ウマノスズクサ科：静岡
- ジュロウカンアオイ：Heterotropa kinoshitae：ウマノスズクサ科：（三重）
- オナガカンアオイ：Heterotropa minamitaniana：ウマノスズクサ科：宮崎
- モノドラカンアオイ：Heterotropa monodraeflora：ウマノスズクサ科：（沖縄）
- シモダカンアオイ：Heterotropa muramatsui var. shimodana：ウマノスズクサ科：静岡
- ヒナカンアオイ：Heterotropa okinawensis：ウマノスズクサ科：（沖縄）
- センカクカンアオイ：Heterotropa senkakuinsularis：ウマノスズクサ科：（沖縄）
- クニガミヒサカキ：Eurya zigzag：ツバキ科：沖縄
- ツキヌキオトギリ：Hypericum sampsonii：オトギリソウ科：福岡、佐賀、長崎、熊本、鹿児島、（高知）
- センカクオトギリ：Hypericum senkakuinsulare：オトギリソウ科：（沖縄）
- トサオトギリ：Hypericum tosaense：オトギリソウ科：高知、（岡山、香川）
- ダイセツヒナオトギリ：Hypericum yojiroanum：オトギリソウ科：北海道
- ムジナモ：Aldrovanda vesiculosa：モウセンゴケ科：埼玉、（茨城、群馬、東京、京都）
- ハナナズナ：Berteroella maximowiczii：アブラナ科：長崎、（岡山、広島）
- ミヤウチソウ：Cardamine trifida：アブラナ科：（北海道）
- ハナハタザオ：Dontostemon dentatus：アブラナ科：山梨、広島、熊本、（群馬、神奈川、静岡）
- シリベシナズナ：Draba igarashii：アブラナ科：北海道
- キタダケナズナ：Draba kitadakensis：アブラナ科：山梨、（長野、静岡）
- ソウウンナズナ：Draba nakaiana：アブラナ科：（北海道）
- ヤツガタケナズナ：Draba oiana：アブラナ科：山梨、長野、（埼玉）
- ハマタイセイ：Isatis yezoensis：アブラナ科：北海道
- タカネグンバイ：Thlaspi japonicum：アブラナ科：北海道
- ヒゴミズキ：Corylopsis gotoana var. pubescens：マンサク科：熊本
- トキワマンサク：Loropetalum chinense：マンサク科：静岡
- アマミクサアジサイ：Cardiandra amamiohsimensis：ユキノシタ科：鹿児島
- エチゼンダイモンジソウ：Saxifraga acerifolia：ユキノシタ科：石川
- エゾノクモマグサ：Saxifraga nishidae：ユキノシタ科：北海道
- ユウバリクモマグサ：Saxifraga yuparensis：ユキノシタ科：北海道
- オオミトベラ：Pittosporum chichijimense：トベラ科：（東京）
- コバノトベラ：Pittosporum parvifolium：トベラ科：（東京）
- クロミサンザシ：Crataegus chlorosarca：バラ科：北海道
- ノカイドウ：Malus spontanea：バラ科：宮崎、（鹿児島）
- メアカンキンバイ：Potentilla miyabei：バラ科：北海道
- ブコウマメザクラ：Prunus incisa var. bukosanensis：バラ科：群馬、東京、（埼玉）
- マメナシ：Pyrus calleryana：バラ科：愛知、（長野、岐阜、三重）
- コバノアマミフユイチゴ：Rubus amamiana var. minor：バラ科：鹿児島
- マヤイチゴ：Rubus tawadanus：バラ科：鹿児島
- エゾノトウウチソウ：Sanguisorba japonensis：バラ科：北海道
- ナンブトウウチソウ：Sanguisorba obtusa：バラ科：岩手
- エゾモメンヅル：Astragalus japonicus：マメ科：（北海道）
- カリバオウギ：Astragalus yamamotoi：マメ科：（北海道）
- タイワンミヤマトベラ：Euchresta formosana：マメ科：（沖縄）
- タシロマメ：Intsia bijuga：マメ科：沖縄
- レブンソウ：Oxytropis megalantha：マメ科：（北海道）

付録4 植物版レッドリスト

- リシリゲンゲ：Oxytropis rishiriensis：マメ科：北海道
- シタン：Pterocarpus indicus：マメ科：（沖縄）
- ツクシムレスズメ：Sophora franchetiana：マメ科：宮崎、（熊本、鹿児島）
- オオバフジボクサ：Uraria lagopodioides：マメ科：沖縄
- ホソバフジボグサ：Uraria picta：マメ科：沖縄
- スナジマメ：Zornia cantoniensis：マメ科：高知
- タシロカワゴケソウ：Cladopus austroosumiensis：カワゴケソウ科：鹿児島
- トキワカワゴケソウ：Cladopus austrosatsumensis：カワゴケソウ科：（鹿児島）
- マノセカワゴケソウ：Cladopus doianus：カワゴケソウ科：（鹿児島）
- カワゴケソウ：Cladopus japonicus：カワゴケソウ科：（鹿児島）
- アマミカタバミ：Oxalis exilis：カタバミ科：鹿児島
- タイワンヒメコバンノキ：Breynia formosana：トウダイグサ科：（沖縄）
- セキモンノキ：Claoxylon centenarium：トウダイグサ科：（東京）
- エノキフジ：Discocleidion ilmifolium：トウダイグサ科：（鹿児島、沖縄）
- ムサシタイゲキ：Euphorbia sendaica var. musashiensis：トウダイグサ科：（東京）
- ヒュウガタイゲキ：Euphorbia sp.：トウダイグサ科：宮崎
- コウライタチバナ：Citrus nippokoreana：ミカン科：山口
- ムニンゴシュユ：Evodia nishimurae：ミカン科：（東京）
- オオバゲッキツ：Murraya koenigii：ミカン科：（鹿児島）
- タイワンフシノキ：Rhus javanica：ウルシ科：（沖縄）
- ムニンモチ：Ilex beecheyi：モチノキ科：（東京）
- アマミヒイラギモチ：Ilex dimorphophylla：モチノキ科：（鹿児島）
- ヒロハタマミズキ：Ilex macrocarpa：モチノキ科：（鹿児島）
- アンドンマユミ：Euonymus oligospermus：ニシキギ科：（福島）
- ナガバヒゼンマユミ：Euonymus sp.：ニシキギ科：大分
- クニガミクロウメモドキ：Rhamnus calicicola：クロウメモドキ科：（沖縄）
- ヒメクロウメモドキ：Rhamnus kanagusuki：クロウメモドキ科：（沖縄）
- クマガワブドウ：Vitis quinqueangularis：ブドウ科：宮崎、鹿児島、（熊本）
- アツバウオトリギ：Grewia biloba：シナノキ科：（沖縄）
- マンシュウボダイジュ：Tilia mandshurica：シナノキ科：山口
- ツクシボダイジュ：Tilia rufo-villosa：シナノキ科：大分、（熊本）
- ツチビノキ：Daphnimorpha capitellata：ジンチョウゲ科：宮崎
- ジンヨウキスミレ：Viola alliariaefolia：スミレ科：北海道
- アマミスミレ：Viola amamiana：スミレ科：鹿児島
- タニマスミレ：Viola epipsila ssp. repens：スミレ科：（北海道）
- タデスミレ：Viola thibaudieri：スミレ科：長野
- シソバキスミレ：Viola yubariana：スミレ科：北海道
- ナガバキブシ：Stachyurus macrocarpus：キブシ科：（東京）
- ゴバンノアシ：Barringtonia asiatica：サガリバナ科：（沖縄）
- ムニンノボタン：Melastoma tetramerum：ノボタン科：（東京）
- ヒルギモドキ：Lumnitzera racemosa：シクンシ科：沖縄
- テリハモモタマナ：Terminalia nitens：シクンシ科：（沖縄）
- エダウチアカバナ：Epilobium fastigiatoramosum：アカバナ科：（北海道）
- ミズキンバイ：Ludwigia stipulacea：アカバナ科：千葉、神奈川、高知、宮崎、（群馬、山口、鹿児島）
- ナガバアリノトウグサ：Haloragis chinensis：アリノトウグサ科：沖縄
- クマノダケ：Angelica mayebarana：セリ科：熊本
- イシヅチボウフウ：Angelica saxicola：セリ科：高知
- レブンサイコ：Bupleurum triraediatum：セリ科：北海道
- アマミイワウチワ：Shortia rotundifolia var. amamiana：イワウメ科：（鹿児島）

付　録

- イチゲイチヤクソウ：Moneses uniflora：イチヤクソウ科：（北海道）
- エゾイチヤクソウ：Pyrola minor：イチヤクソウ科：（北海道）
- ヤチツツジ：Chamaedaphne calyculata：ツツジ科：北海道、秋田
- ゴヨウザンヨウラク：Menziesia goyozanensis：ツツジ科：岩手
- ムラサキツリガネツツジ：Menziesia multiflora var. purpurea：ツツジ科：群馬、神奈川、（静岡）
- ムニンツツジ：Rhododendron boninense：ツツジ科：（東京）
- ヒダカミツバツツジ：Rhododendron dilatatum var. boreale：ツツジ科：（北海道）
- ハヤトミツバツツジ：Rhododendron dilatatum var. satsumense：ツツジ科：（鹿児島）
- センカクツツジ：Rhododendron eriocarpum var. tawadae：ツツジ科：（沖縄）
- ウラジロヒカゲツツジ：Rhododendron keiskei var. hypoglaucum：ツツジ科：群馬、東京、（茨城、栃木、埼玉）
- アマクサミツバツツジ：Rhododendron viscistylum var. amakusaense：ツツジ科：熊本
- チョウセンヤマツツジ：Rhododendron yedoense var. pooukhanense：ツツジ科：長崎
- ヤドリコケモモ：Vaccinium amamianum：ツツジ科：鹿児島
- トチナイソウ：Androsace lehmanniana：サクラソウ科：岩手
- トウサワトラノオ：Lysimachia candida：サクラソウ科：愛知
- ヒメミヤマコナスビ：Lysimachia liukiuensis：サクラソウ科：鹿児島
- カムイコザクラ：Primula hidakana var. kamuiana：サクラソウ科：北海道
- ヒメコザクラ：Primula macrocarpa：サクラソウ科：岩手
- ミョウギイワザクラ：Primula reinii var. myogiensis：サクラソウ科：群馬
- ユウバリコザクラ：Primula yuparensis：サクラソウ科：北海道
- センカクハマサジ：Limonium senkakuense：イソマツ科：（沖縄）
- ムニンノキ：Planchonella boninensis：アカテツ科：（東京）
- ウチダシクロキ：Symplocos kawakamii：ハイノキ科：（東京）
- チチジマクロキ：Symplocos pergracilis：ハイノキ科：（東京）
- ヤナギバモクセイ：Osmanthus okinawensis：モクセイ科：沖縄
- タイワンチトセカズラ：Gardneria shimadae：マチン科：沖縄
- リシリリンドウ：Gentiana jamesii：リンドウ科：北海道
- ヤクシマリンドウ：Gentiana yakushimensis：リンドウ科：（鹿児島）
- チチブリンドウ：Gentianopsis contorta：リンドウ科：群馬、長野
- シマアケボノソウ：Swertia kuroiwai：リンドウ科：沖縄
- ソナレセンブリ：Swertia noguchiana：リンドウ科：静岡、（東京）
- ナンゴクカモメヅル：Cynanchum austrokiusianum：ガガイモ科：宮崎、（鹿児島）
- エゾノクサタチバナ：Cynanchum inamoenum：ガガイモ科：北海道
- ヤマワキオゴケ：Cynanchum yamanakae：ガガイモ科：高知
- マメヅタカズラ：Dischidia formosana：ガガイモ科：（沖縄）
- ヨナグニカモメヅル：Tylophora yonakuniensis：ガガイモ科：（沖縄）
- シソノミグサ：Knoxia corymbosa：アカネ科：（沖縄）
- ヒジハリノキ：Randia sinensis：アカネ科：（沖縄）
- ハナシノブ：Polemonium kiushianum：ハナシノブ科：熊本、宮崎、（大分）
- ナガバアサガオ：Aniseia martinicensis：ヒルガオ科：（沖縄）
- クシロネナシカズラ：Cuscuta europaea：ヒルガオ科：北海道
- エゾルリムラサキ：Eritrichium nipponicum var. albiflorum：ムラサキ科：（北海道）
- イワムラサキ：Hackelia deflexa：ムラサキ科：長野
- エゾルリソウ：Mertensia pterocarpa var. yezoensis：ムラサキ科：北海道
- チョウセンカメバソウ：Trigonotis nakaii：ムラサキ科：熊本
- ケルリソウ：Trigonotis radicans：ムラサキ科：熊本
- シマムラサキ：Callicarpa glabra：クマツヅラ科：（東京）
- タカクマムラサキ：Callicarpa longissima：クマツヅラ科：（鹿児島）

- ウラジロコムラサキ：Callicarpa nishimurae：クマツヅラ科：（東京）
- オオニンジンボク：Vitex quinata：クマツヅラ科：（沖縄）
- シマカコソウ：Ajuga boninsimae：シソ科：（東京）
- ヒメタツナミソウ：Scutellaria kikaiisularis：シソ科：（鹿児島）
- エゾニガクサ：Teucrium veronicoides：シソ科：青森、宮城、山口、（北海道、茨城、佐賀）
- テンジクナスビ：Solanum anguivi：ナス科：（沖縄）
- ムニンホオズキ：Solanum biflorum var. glabrum：ナス科：東京
- イラブナスビ：Solanum miyakojimense：ナス科：沖縄
- イナコゴメグサ：Euphrasia multifolia var. inaensis：ゴマノハグサ科：長野
- カミガモソウ：Gratiola fluviatilis：ゴマノハグサ科：兵庫、（京都、長崎、鹿児島）
- キタミソウ：Limosella aquatica：ゴマノハグサ科：北海道、埼玉、熊本
- ウスユキクチナシグサ：Monochasma savatieri：ゴマノハグサ科：熊本
- センリゴマ：Rehmannia japonica：ゴマノハグサ科：静岡、（岐阜）
- ツルウリクサ：Torenia concolor var. formosana：ゴマノハグサ科：沖縄、（鹿児島）
- スズカケソウ：Veronicastrum villosulum：ゴマノハグサ科：岐阜、徳島、（鳥取）
- ユウパリソウ：Lagotis takedana：ウルップソウ科：北海道
- ミヤコジマソウ：Hemigraphis reptans：キツネノマゴ科：沖縄
- ヒシモドキ：Trapella sinensis：ゴマ（ヒシモドキ）科：秋田、兵庫、佐賀、（青森、宮城、山形、栃木、群馬、千葉、新潟、石川、福井、愛知、京都、岡山、徳島、福岡）
- ナガミカズラ：Aeschynanthus acuminatus：イワタバコ科：（沖縄）
- タイワンシシンラン：Lysionotus sp.：イワタバコ科：（沖縄）
- フサタヌキモ：Utricularia dimorphantha：タヌキモ科：岩手、愛知、兵庫、（青森、宮城、秋田、山形、新潟、静岡、三重、滋賀、京都、和歌山、岡山）
- タイワンツクバネウツギ：Abelia chinensis var. ionandra：スイカズラ科：鹿児島、（沖縄）
- キタカミヒョウタンボク：Lonicera demissa var. borealis：スイカズラ科：岩手
- ヤブヒョウタンボク：Lonicera linderifolia：スイカズラ科：岩手
- ホザキツキヌキソウ：Triosteum pinnatifidum：スイカズラ科：山梨
- ツキヌキソウ：Triosteum sinuatum：スイカズラ科：長野
- ヒロハガマズミ：Viburnum koreanum：スイカズラ科：北海道
- オオベニウツギ：Weigela florida：スイカズラ科：（福岡）
- ツクシイワシャジン：Adenophora hatsushimae：キキョウ科：熊本、宮崎
- ヤチシャジン：Adenophora palustris：キキョウ科：岡山、（岐阜、愛知、広島）
- ユウバリシャジン：Adenophora pereskiaefolia var. yamadae：キキョウ科：北海道
- ホウオウシャジン：Adenophora takedae var. howozana：キキョウ科：山梨
- タチミゾカクシ：Lobelia hancei：キキョウ科：沖縄、（宮崎）
- ホソバエゾノコギリ：Achillea ptarmica var. yezoensis：キク科：北海道
- エゾノチチコグサ：Antennaria dioica：キク科：北海道
- ユキヨモギ：Artemisia momiyamae：キク科：神奈川、静岡、（東京）
- シブカワシロギク：Aster rugulosus var. shibukawaensis：キク科：静岡
- ホソバノギク：Aster sohayakiensis：キク科：和歌山、（三重）
- ヨナグニイソノギク：Aster walkeri：キク科：（沖縄）
- ヤクシマノギク：Aster yakushimensis：キク科：（鹿児島）
- ヤナギタウコギ：Bidens cernua：キク科：（北海道、青森）
- タカサゴアザミ：Cirsium japonicum var. australe：キク科：（沖縄）
- ユズリハワダン：Crepidiastrum ameristophyllum：キク科：（東京）
- ヘラナレン：Crepidiastrum linguifolium：キク科：（東京）
- フタマタタンポポ：Crepis hokkaidoensis：キク科：北海道
- ミヤマノギク：Erigeron miyabeanus：キク科：北海道

- コケセンボンギク：Lagenophora lanata：キク科：長崎、鹿児島、沖縄、（岡山、広島、熊本）
- オオヒラウスユキソウ：Leontopodium miyabeanum：キク科：北海道
- ヤマタバコ：Ligularia angusta：キク科：群馬、神奈川、長野、静岡、（東京）
- ヤクシマコウヤボウキ：Pertya yakushimensis：キク科：（鹿児島）
- シマトウヒレン：Saussurea insularis：キク科：長崎
- フタナミソウ：Scorzonera rebunensis：キク科：（北海道）
- コウリンギク：Senecio argunensis：キク科：大分
- ヤブレガサモドキ：Syneilesis tagawae：キク科：兵庫、高知
- タカネタンポポ：Taraxacum yuparense：キク科：北海道
- アズミノヘラオモダカ：Alisma canaliculatum var.：オモダカ科：（長野）
- カラフトグワイ：Sagittaria natans：オモダカ科：（北海道）
- ガシャモク：Potamogeton dentatus：ヒルムシロ科：千葉、福岡、（群馬）
- イヌイトモ：Potamogeton obtusifolius：ヒルムシロ科：（北海道）
- ツツイトモ：Potamogeton panormitanus：ヒルムシロ科：青森、徳島、福岡、（秋田、新潟、長野、鹿児島）
- ネジリカワツルモ：Ruppia maritima：ヒルムシロ科：（青森、新潟）
- ムサシモ：Najas ancistocarpa：イバラモ科：宮城、千葉、徳島、（石川、静岡、岡山）
- ヒメイバラモ：Najas tenuicaulis：イバラモ科：（秋田、神奈川、新潟、山梨、長野、鳥取）
- イトイバラモ：Najas yezoensis：イバラモ科：北海道、秋田、（青森）
- タカクマソウ：Sciaphila takakumensis：ホンゴウソウ科：（鹿児島、沖縄）
- ヒメソクシンラン：Aletris makiyataroi：ユリ科：香川
- カンカケイニラ：Allium togashii：ユリ科：香川
- タマボウキ：Asparagus oligoclonos：ユリ科：熊本、（大分）
- クロカミシライトソウ：Chionographis japonica var. kurokamiana：ユリ科：佐賀
- ミノシライトソウ：Chionographis japonica var. minoensis：ユリ科：岐阜
- カイコバイモ：Fritillaria kaiensis：ユリ科：山梨、静岡、（東京）
- ウラジロギボウシ：Hosta hypoleuca：ユリ科：愛知、（静岡）
- セトウチギボウシ：Hosta pycnophylla：ユリ科：山口
- ウケユリ：Lilium alexandrae：ユリ科：鹿児島
- キバナノヒメユリ：Lilium concolor var. flaviflorum：ユリ科：沖縄
- ジンリョウユリ：Lilium japonicum var. abeanum：ユリ科：徳島、（静岡）
- ミヤマスカシユリ：Lilium maculatum var. bukosanense：ユリ科：埼玉
- タカオワニグチソウ：Polygonatum desoulavyi var. azegamii：ユリ科：東京、（山梨、長野）
- コワニグチソウ：Polygonatum miserum：ユリ科：長野、（青森、福島）
- サクライソウ：Protolirion sakuraii：ユリ科：長野、岐阜、鹿児島、（石川、福井、京都）
- アッカゼキショウ：Tofieldia coccinea var. akkana：ユリ科：岩手
- ゲイビゼキショウ：Tofieldia coccinea var. geibiensis：ユリ科：岩手
- ミヤマゼキショウ：Tofieldia coccinea var. kiusiana：ユリ科：宮崎
- サガミジョウロウホトトギス：Tricyrtis ishiiana：ユリ科：神奈川
- スルガジョウロウホトトギス：Tricyrtis ishiiana var. surugensis：ユリ科：静岡
- シラオイエンレイソウ：Trillium x hagae：ユリ科：北海道、（青森）
- イズドコロ：Dioscorea izuensis：ヤマノイモ科：静岡
- ユワンドコロ：Dioscorea tabatae：ヤマノイモ科：鹿児島
- キリガミネヒオウギアヤメ：Iris setosa var. hondoensis：アヤメ科：長野
- キリシマシャクジョウ：Burmannia liukiuensis：ヒナノシャクジョウ科：愛媛、熊本、大分、（東京、高知、長崎、宮崎、鹿児島、沖縄）

付録 4　植物版レッドリスト

- ヒナノボンボリ：Oxygyne hyodoi：ヒナノシャクジョウ科：愛媛、（兵庫）
- ホシザキシャクジョウ：Saionia shinzatoi：ヒナノシャクジョウ科：宮崎
- タヌキノショクダイ：Thismia abei：ヒナノシャクジョウ科：静岡、徳島、（宮崎、鹿児島）
- キリシマタヌキノショヨクダイ：Thismia tuberculata：ヒナノシャクジョウ科：鹿児島、（宮崎）
- ヒゼンコウガイゼキショウ：Juncus hizenensis：イグサ科：長崎
- エゾイトイ：Juncus potaninii：イグサ科：長野、（北海道、富山、山梨、静岡）
- コシガヤホシクサ：Eriocaulon heleocharioides：ホシクサ科：（埼玉）
- ミカワイヌノヒゲ：Eriocaulon mikawanum：ホシクサ科：愛知
- ザラツキヒナガリヤス：Calamagrostis nana ssp. hayachinensis：イネ科：岩手、（青森、群馬）
- ユウバリカニツリ：Deschampsia caespitosa var. levis：イネ科：北海道
- タカネエゾムギ：Elymus yubaridakensis：イネ科：北海道
- ヤマオオウシノケグサ：Festuca rubra var. hondoensis：イネ科：群馬、長野、（北海道、福井、静岡）
- オオヌカキビ：Panicum paludosum：イネ科：沖縄
- ムラサキオバナ：Saccharum kanashiroi：イネ科：沖縄
- フクロダガヤ：Tripogon japonicus：イネ科：栃木、（茨城）
- キタダケカニツリ：Trisetum spicatum var. kitadakense：イネ科：山梨、静岡、（長野）
- ツルギテンナンショウ：Arisaema abei：サトイモ科：徳島、高知、（愛媛）
- ホロテンナンショウ：Arisaema cucullatum：サトイモ科：（三重、奈良）
- オオアマミテンナンショウ：Arisaema heterocephalum ssp. majus：サトイモ科：鹿児島
- オキナワテンナンショウ：Arisaema heterocephalum ssp. okinawaense：サトイモ科：沖縄
- イシヅチテンナンショウ：Arisaema ishizuchiense：サトイモ科：徳島、高知
- カミコウチテンナンショウ：Arisaema ishizuchiense var. brevicollum：サトイモ科：長野、岐阜
- オモゴウテンナンショウ：Arisaema iyoanum：サトイモ科：山口、愛媛、高知
- トクノシマテンナンショウ：Arisaema kawashimae：サトイモ科：鹿児島
- アマギテンナンショウ：Arisaema kuratae：サトイモ科：静岡
- ヒュウガヒロハテンナンショウ：Arisaema minamitanii：サトイモ科：宮崎、（鹿児島）
- ツクシテンナンショウ：Arisaema ogatae：サトイモ科：熊本、宮崎
- イナヒロハテンナンショウ：Arisaema ovale var. inaense：サトイモ科：岐阜、（長野）
- セッピコテンナンショウ：Arisaema seppikoense：サトイモ科：（兵庫）
- タカハシテンナンショウ：Arisaema undulatifolium ssp. nambae：サトイモ科：岡山
- ヒメハブカズラ：Raphidophora liukiuensis：サトイモ科：（沖縄）
- ヤクシマスゲ：Carex atroviridis：カヤツリグサ科：（宮崎、鹿児島）
- クリイロスゲ：Carex diandra：カヤツリグサ科：北海道、青森、（長野）
- ホソスゲ：Carex disperma：カヤツリグサ科：（北海道）
- カンチスゲ：Carex gynocrates：カヤツリグサ科：北海道、岩手
- センジョウスゲ：Carex lehmannii：カヤツリグサ科：山梨、長野
- マンシュウクロカワスゲ：Carex peiktusanii：カヤツリグサ科：長野
- チチブシラスゲ：Carex planiculmis var. urasawae：カヤツリグサ科：埼玉
- クグスゲ：Carex pseudo-cyperus：カヤツリグサ科：北海道、青森、長野
- カラフトイワスゲ：Carex rupestris：カヤツリグサ科：長野、（北海道、山梨、静岡）
- ヒメウシオスゲ：Carex subspathacea：カヤツリグサ科：青森、（北海道）
- ツシマスゲ：Carex tsushimensis：カヤツリグサ科：佐賀、長崎
- コウシュンスゲ：Cyperus pedunculatus：カヤツリグサ科：（沖縄）
- イッスンテンツキ：Fimbristylis kadzusana：カヤツリグサ科：愛知、（千葉、静岡）
- チャイロテンツキ：Fimbristylis leptoclada var. takamineana：カヤツリグサ科：沖縄

- ハハジマテンツキ：Fimbristylis longispica var. hahajimensis：カヤツリグサ科：（東京）
- イワキアブラガヤ：Scirpus georgianus：カヤツリグサ科：神奈川、福岡、（福島、滋賀）
- タイワンショウキラン：Acanthephippium sylhetense：ラン科：沖縄、（鹿児島）
- ミスズラン：Androcorys japonensis：ラン科：長野、（青森、栃木、群馬、静岡）
- コウシュンシュスラン：Anoectochilus koshunensis：ラン科：沖縄
- クスクスラン：Bulbophyllum affine：ラン科：沖縄、（鹿児島）
- タネガシマシコウラン：Bulbophyllum macraei var. tanegashimense：ラン科：（鹿児島）
- ダルマエビネ：Calanthe alismaefolia：ラン科：宮崎、鹿児島
- キリシマエビネ：Calanthe aristulifera：ラン科：和歌山、徳島、大分、（三重、愛媛、高知、佐賀、長崎、熊本、宮崎、鹿児島）
- アマミエビネ：Calanthe aristulifera var. amamiana：ラン科：鹿児島
- タガネラン：Calanthe bungoana：ラン科：大分
- タマザキエビネ：Calanthe densiflora：ラン科：（鹿児島、沖縄）
- タイワンエビネ：Calanthe formosana：ラン科：沖縄
- アサヒエビネ：Calanthe hattorii：ラン科：（東京）
- ホシツルラン：Calanthe hoshii：ラン科：（東京）
- オオキリシマエビネ：Calanthe izu-insularis：ラン科：（東京）
- ヒロハノカラン：Calanthe japonica：ラン科：宮崎、鹿児島
- ユウヅルエビネ：Calanthe matumurana：ラン科：沖縄
- サクラジマエビネ：Calanthe oblanceolata：ラン科：（鹿児島）
- キソエビネ：Calanthe schlechteri：ラン科：栃木、神奈川、山梨、長野、岐阜、静岡、高知、（岩手、宮城、福島、群馬、徳島、愛媛）
- ホテイラン：Calypso bulbosa var. japonica：ラン科：埼玉、東京、山梨、長野、（静岡）
- クゲヌマラン：Cephalanthera erecta var. shizuoi：ラン科：青森、宮城、神奈川、徳島、（岩手、福島、茨城、千葉、静岡、愛知、三重、和歌山、香川）
- アカバシュスラン：Cheirostylis liukiuensis：ラン科：沖縄
- アリサンムヨウラン：Cheirostylis takeoi：ラン科：鹿児島
- チクセツラン：Corymborkis subdensa：ラン科：（東京）
- オオスズムシラン：Cryptostylis arachnites：ラン科：沖縄
- タカオオスズムシラン：Cryptostylis taiwaniana：ラン科：（沖縄）
- ヘツカラン：Cymbidium dayanum：ラン科：（鹿児島）
- ツシマニオイシュンラン：Cymbidium goeringii：ラン科：（長崎）
- アキザキナギラン：Cymbidium javanicum var. aspidistrifolium：ラン科：熊本、宮崎、沖縄、（佐賀）
- カンラン：Cymbidium kanran：ラン科：静岡、和歌山、徳島、高知、熊本、鹿児島、沖縄、（愛知、三重、山口、愛媛、福岡、佐賀、長崎、宮崎）
- コラン：Cymbidium koran：ラン科：（熊本）
- ホウサイラン：Cymbidium sinense：ラン科：鹿児島、沖縄
- カラフトアツモリソウ：Cypripedium calceolus：ラン科：北海道
- チョウセンキバナアツモリソウ：Cypripedium guttatum：ラン科：（秋田）
- キバナノアツモリソウ：Cypripedium guttatum var. yatabeanum：ラン科：秋田、福井、山梨、長野、（北海道、青森、福島、群馬、石川、静岡、高知、熊本）
- オキナワセッコク：Dendrobium okinawense：ラン科：沖縄
- コカゲラン：Didymoplexiella siamensis：ラン科：（鹿児島）
- ヒメヤツシロラン：Didymoplexis pallens：ラン科：（鹿児島、沖縄）
- サガリラン：Diploprora championii：ラン科：鹿児島
- ジョウロウラン：Disperis philippiensis：ラン科：沖縄
- タカサゴヤガラ：Eulophia taiwanensis：ラン科：沖縄

- ツシマラン：Evrardia poilanei：ラン科：（長崎）
- マツゲカヤラン：Gastrochilus ciliaris：ラン科：（鹿児島）
- ナヨテンマ：Gastrodia gracilis：ラン科：静岡、愛知、岡山、（福島、千葉、東京、広島、高知、宮崎、鹿児島）
- ナンゴクヤツシロラン：Gastrodia shimizuana：ラン科：沖縄
- トサカメオトラン：Geodorum densiflorum：ラン科：沖縄
- ヤブミョウガラン：Goodyera fumata：ラン科：沖縄
- ムカゴトンボ：Habenaria flagellifera：ラン科：愛知、高知、長崎、熊本、鹿児島、（岐阜、静岡、徳島、佐賀、宮崎）
- ヒゲナガトンボ：Habenaria flagellifera var. yosiei：ラン科：宮崎
- イヨトンボ：Habenaria iyoensis：ラン科：高知、（山口、徳島、宮崎）
- タコガタサギソウ：Habenaria lacertifera var. triangularis：ラン科：宮崎
- ヒメクリソラン：Hancockia japonica：ラン科：鹿児島
- クシロチドリ：Herminium monorchis：ラン科：青森
- オオキヌラン：Heterozeuxine nervosa：ラン科：沖縄
- コハクラン：Kitigorchis itoana：ラン科：山梨、長野
- サキシマスケロクラン：Lecanorchis flavicans：ラン科：沖縄
- ヤエヤマスケロクラン：Lecanorchis japonica var. tubiformis：ラン科：沖縄
- キイムヨウラン：Lecanorchis kiiensis：ラン科：愛知、和歌山、（徳島）
- ヤクムヨウラン：Lecanorchis nigricans var. yakusimensis：ラン科：鹿児島
- アワムヨウラン：Lecanorchis trachycaula：ラン科：和歌山、徳島、鹿児島
- ミドリムヨウラン：Lecanorchis virellus：ラン科：鹿児島
- コゴメキノエラン：Liparis elliptica：ラン科：鹿児島
- シマクモキリソウ：Liparis hostaefolia：ラン科：（東京）
- クモイジガバチ：Liparis truncata：ラン科：（栃木、岐阜、静岡）
- キノエササラン：Liparis uchiyamae：ラン科：（鹿児島）
- ナンバンカモメラン：Macodes petola：ラン科：沖縄
- シマホザキラン：Malaxis boninensis：ラン科：（東京）
- ハハジマホザキラン：Malaxis hahajimensis：ラン科：（東京）
- ホザキヒメラン：Malaxis latifolia：ラン科：沖縄
- マツダヒメラン：Malaxis matsudai：ラン科：（沖縄）
- ツクシアリドオシラン：Myrmechis tsukusiana：ラン科：（愛媛、鹿児島）
- ツクシサカネラン：Neottia kiusiana：ラン科：（鹿児島）
- ムカゴサイシン：Nervilia nipponica：ラン科：神奈川、高知、大分、宮崎、沖縄、（東京、長野、静岡、和歌山、鹿児島）
- オオバヨウラクラン：Oberonia makinoi：ラン科：徳島、高知、沖縄、（東京、和歌山、宮崎、鹿児島）
- オオギミラン：Odontochilus tashiroi：ラン科：（沖縄）
- クロカミラン：Orchis graminifolia var. kurokamiana：ラン科：佐賀
- サツマチドリ：Orchis graminifolia var. micropunctata：ラン科：（鹿児島）
- アワチドリ：Orchis graminifolia var. suzukiana：ラン科：千葉
- ガンゼキラン：Phaius flavus：ラン科：静岡、高知、長崎、熊本、大分、宮崎、鹿児島、（東京、三重、和歌山、徳島、愛媛、佐賀、沖縄）
- ヒメカクラン：Phaius mishmensis：ラン科：沖縄
- カクチョウラン：Phaius tankarvilleae：ラン科：沖縄、（鹿児島）
- ハチジョウツレサギ：Platanthera okuboi：ラン科：（東京）
- クニガミトンボソウ：Platanthera sonoharai：ラン科：沖縄
- ソハヤキトンボソウ：Platanthera stenoglossa subsp. hottae：ラン科：奈良、大分
- イリオモテトンボソウ：Platanthera stenoglossa var. iriomotensis：ラン科：沖縄
- ナゴラン：Sedirea japonica：ラン科：佐賀、長崎、大分、鹿児島、（東京、福井、

静岡、京都、和歌山、島根、徳島、愛媛、高知、熊本、宮崎、沖縄）
- コオロギラン：Stigmatodactylus sikokianus：ラン科：高知、（和歌山、徳島、熊本、宮崎、鹿児島）
- ケイタオフウラン：Thrixspermum saruwatarii：ラン科：（鹿児島）
- ミソホシラン：Vrydagzynea albida：ラン科：沖縄

■絶滅危惧ⅠB類（EN）

- チシマヒカゲノカズラ：Lycopodium alpinum：ヒカゲノカズラ科：青森、宮城、山形、山梨、長野、（北海道、福島、富山、静岡）
- ヒモヅル：Lycopodium casuarinoides：ヒカゲノカズラ科：山口、福岡、長崎、熊本、（三重、和歌山、鹿児島）
- スギラン：Lycopodium cryptomerinum：ヒカゲノカズラ科：青森、岩手、宮城、秋田、福島、東京、神奈川、新潟、富山、石川、福井、山梨、長野、岐阜、静岡、愛知、京都、兵庫、奈良、和歌山、広島、徳島、愛媛、高知、熊本、大分、宮崎、（北海道、山形、茨城、群馬、埼玉、三重、滋賀、大阪、岡山、山口、福岡、鹿児島）
- ボウカズラ：Lycopodium laxum：ヒカゲノカズラ科：沖縄
- シナミズニラ：Isoetes sinensis：ミズニラ科：茨城、岡山、広島、山口、高知、福岡、佐賀、長崎、熊本、大分、宮崎
- ヒメドクサ：Equisetum scirpoides：トクサ科：北海道
- サクラジマハナヤスリ：Ophioglossum kawamurae：ハナヤスリ科：東京、鹿児島
- コブラン：Ophioglossum pendulum：ハナヤスリ科：東京、鹿児島、沖縄
- カネコシダ：Gleichenia laevissima：ウラジロ科：佐賀、長崎、熊本、大分、（鹿児島）
- ハハジマホラゴケ：Cephalomanes boninense：コケシノブ科：東京
- ホウライクジャク：Adiantum capillus-junonis：ミズワラビ（ホウライシダ）科：大分
- タキミシダ：Antrophyum obovatum：シシラン科：福井、山梨、静岡、愛知、滋賀、奈良、和歌山、徳島、愛媛、高知、熊本、宮崎、（千葉、神奈川、新潟、富山、岐阜、三重、京都、大阪、兵庫、鳥取、島根、広島、山口、香川、福岡、佐賀、長崎、鹿児島）
- オオバシシラン：Vittaria forrestiana：シシラン科：（鹿児島）
- クマガワイノモトソウ：Pteris deltodon：イノモトソウ科：熊本、（宮崎）
- ヒノタニシダ：Pteris nakasimae：イノモトソウ科：鹿児島
- オオタニワタリ：Asplenium antiquum：チャセンシダ科：和歌山、長崎、熊本、宮崎、鹿児島、沖縄、（東京、三重、徳島、高知、福岡）
- クロガネシダ：Asplenium coenobiale：チャセンシダ科：高知
- ラハオシダ：Asplenium excisum：チャセンシダ科：東京、鹿児島、沖縄
- ヒロハアツイタ：Elaphoglossum tosaense：ツルキジノオ科：静岡、和歌山、徳島、高知、宮崎、（東京、三重、奈良、熊本、鹿児島）
- アツイタ：Elaphoglossum yoshinagae：ツルキジノオ科：東京、和歌山、徳島、高知、鹿児島、（三重、宮崎）
- ツルダカナワラビ：Arachniodes chinensis：オシダ科：佐賀、熊本、（鹿児島）
- サツマシダ：Ctenitis sinii：オシダ科：熊本、鹿児島、（三重、宮崎）
- イワカゲワラビ：Dryopteris laeta：オシダ科：岩手、宮城、長野、（北海道）
- センジョウデンダ：Polystichum gracilipes var．gemmiferum：オシダ科：長野、（山梨、静岡）
- キュウシュウイノデ：Polystichum kiusiuense：オシダ科：熊本、鹿児島
- タカネシダ：Polystichum lachenense：オシダ科：山梨、長野、静岡、（富山）
- ハイミミガタシダ：Thelypteris aurita：ヒメシダ科：福岡、鹿児島
- トサノミゾシダモドキ：Thelypteris flexilis：ヒメシダ科：高知

付録4　植物版レッドリスト

- コウライイヌワラビ：Deparia coreana：メシダ（イワデンダ）科：青森、宮城、秋田、静岡、（大分）
- アソシケシダ：Deparia otomasui：メシダ（イワデンダ）科：熊本、大分、（宮崎）
- リュウキュウキンモウワラビ：Hypodematium fordii：メシダ（イワデンダ）科：沖縄
- クラガリシダ：Drymotaenium miyoshianum：ウラボシ科：福井、長野、岐阜、愛知、滋賀、京都、奈良、和歌山、鳥取、広島、山口、愛媛、（石川、静岡、三重、兵庫、高知、大分）
- ハカマウラボシ：Drynaria fortunei：ウラボシ科：沖縄
- トヨグチウラボシ：Lepisorus clathratus：ウラボシ科：長野
- アマミアオネカズラ：Polypodium amamianum：ウラボシ科：鹿児島
- オオエゾデンダ：Polypodium vulgare：ウラボシ科：北海道、青森、鳥取
- タイワンビロウドシダ：Pyrrosia linearifolia var. heterolepis：ウラボシ科：沖縄
- ヒメバラモミ：Picea maximowiczii：マツ科：山梨、長野、（埼玉、静岡）
- ヤクタネゴヨウ：Pinus armandii var. amamiana：マツ科：（鹿児島）
- リシリビャクシン：Juniperus sibirica：ヒノキ科：北海道
- ユビソヤナギ：Salix hukaoana：ヤナギ科：宮城、群馬
- エゾマメヤナギ：Salix nummularia ssp. pauciflora：ヤナギ科：（北海道）
- エゾノタカネヤナギ：Salix yezoalpina：ヤナギ科：北海道
- チチブミネバリ：Betula chichibuensis：カバノキ科：岩手、群馬、東京、長野、（埼玉、山梨）
- ハナガガシ：Cyclobalanopsis hondae：ブナ科：愛媛、高知、大分、宮崎、（長崎、熊本、鹿児島）
- タチゲヒカゲミズ：Parietaria micrantha var. coreana：イラクサ科：東京、長野、岡山、福岡、（大分）
- ナガバサンショウソウ：Pellionia yosiei：イラクサ科：宮崎
- ムニンビャクダン：Santalum boninese：ビャクダン科：（東京）
- ホソバイヌタデ：Persicaria erecto-minor var. trigonocarpa：タデ科：宮城、栃木、埼玉、千葉、神奈川、福井、大阪、兵庫、（茨城、群馬、京都、大分）
- サイコクヌカボ：Persicaria foliosa var. nikaii：タデ科：兵庫、岡山、徳島、香川、福岡、宮崎、（三重、滋賀、京都、大阪、山口、佐賀、大分）
- タカネミミナグサ：Cerastium rubescens var. ovatum：ナデシコ科：富山、長野
- マツモトセンノウ：Lychnis sieboldii：ナデシコ科：熊本、宮崎
- エンビセンノウ：Lychnis wilfordii：ナデシコ科：北海道、青森、長野、（埼玉、山梨）
- エゾタカネツメクサ：Minuartia arctica：ナデシコ科：北海道
- クシロワチガイソウ：Pseudostellaria sylvatica：ナデシコ科：北海道、青森、岩手
- タカネマンテマ：Silene wahlenbergella：ナデシコ科：山梨、長野、（静岡）
- エゾハコベ：Stellaria humifusa：ナデシコ科：北海道
- エゾイワツメクサ：Stellaria pterosperma：ナデシコ科：北海道
- アッケシソウ：Salicornia europaea：アカザ科：北海道、岡山、香川、（宮城、徳島、愛媛）
- クロボウモドキ：Polyalthia liukiuensis：バンレイシ科：（沖縄）
- ハナカズラ：Aconitum ciliare：キンポウゲ科：福岡、熊本、大分、宮崎、鹿児島
- キタダケトリカブト：Aconitum kitadakense：キンポウゲ科：山梨
- オオサワトリカブト：Aconitum senanense var. isidzukae：キンポウゲ科：山梨、静岡
- タカネトリカブト：Aconitum zigzag：キンポウゲ科：長野、岐阜
- キタダケソウ：Callianthemum insigne var. hondoense：キンポウゲ科：山梨
- ヒダカソウ：Callianthemum miyabeanum：キンポウゲ科：北海道
- クロバナハンショウヅル：Clematis fusca：キンポウゲ科：北海道
- シコクハンショウヅル：Clematis obvallata var. shikokiana：キンポウゲ科：徳島、

愛媛、高知
- ツクモグサ：Pulsatilla nipponica：キンポウゲ科：北海道、富山、長野、（新潟）
- シコタンキンポウゲ：Ranunculus grandis var. austrokurilensis：キンポウゲ科：北海道、青森
- キタダケキンポウゲ：Ranunculus kitadakeanus：キンポウゲ科：山梨
- オオイチョウバイカモ：Ranunculus nipponicus：キンポウゲ科：群馬、長野、静岡
- イトキンポウゲ：Ranunculus reptans：キンポウゲ科：福島、栃木、群馬
- ヤツガタケキンポウゲ：Ranunculus yatsugatakensis：キンポウゲ科：長野、（山梨）
- チトセバイカモ：Ranunculus yesoensis：キンポウゲ科：北海道、青森
- ナガバカラマツ：Thalictrum integrilobum：キンポウゲ科：北海道
- イワカラマツ：Thalictrum sekimotoanum：キンポウゲ科：青森、宮城、秋田、栃木、長野、香川、（山形、群馬）
- タマカラマツ：Thalictrum watanabei：キンポウゲ科：愛知、奈良、徳島、香川、高知、宮崎、（静岡、三重、大分）
- クモイイカリソウ：Epimedium coelestre：メギ科：群馬、（岩手）
- サイコクイカリソウ：Epimedium kitamuranum：メギ科：兵庫、徳島、香川
- マルバウマノスズクサ：Aristolochia contorta：ウマノスズクサ科：山形、群馬、長野、岐阜、兵庫、（京都、島根）
- カギガタアオイ：Heterotropa curvistigma：ウマノスズクサ科：山梨、静岡
- ハツシマカンアオイ：Heterotropa hatsushimae：ウマノスズクサ科：（鹿児島）
- オニカンアオイ：Heterotropa hirsutisepala：ウマノスズクサ科：（鹿児島）
- アケボノアオイ：Heterotropa kiusiana var. tubulosa：ウマノスズクサ科：佐賀、長崎
- クワイバカンアオイ：Heterotropa kumageana：ウマノスズクサ科：宮崎、（鹿児島）
- イワタカンアオイ：Heterotropa kurosawae：ウマノスズクサ科：静岡、愛知
- サツマアオイ：Heterotropa satsumensis：ウマノスズクサ科：（熊本、鹿児島）
- ホシザキカンアオイ：Heterotropa stellata：ウマノスズクサ科：高知
- マルミカンアオイ：Heterotropa subglobosa：ウマノスズクサ科：熊本、宮崎
- ヤエヤマカンアオイ：Heterotropa yaeyamensis：ウマノスズクサ科：（沖縄）
- ベニバナヤマシャクヤク：Paeonia obovata：ボタン科：北海道、青森、岩手、宮城、山形、福島、栃木、群馬、東京、神奈川、富山、山梨、長野、岐阜、静岡、愛知、兵庫、岡山、広島、山口、徳島、香川、愛媛、高知、熊本、大分、宮崎、（秋田、茨城、埼玉、京都、大阪、奈良、和歌山、島根）
- コウライトモエソウ：Hypericum ascyron var. longistylum：オトギリソウ科：長崎、熊本、大分、（宮崎）
- アゼオトギリ：Hypericum oliganthum：オトギリソウ科：栃木、千葉、石川、岐阜、静岡、愛知、和歌山、岡山、広島、香川、高知、佐賀、長崎、大分、宮崎、（茨城、群馬、埼玉、東京、神奈川、三重、滋賀、京都、大阪、兵庫、奈良、山口、徳島、福岡、熊本）
- ナガバノイシモチソウ：Drosera indica：モウセンゴケ科：茨城、栃木、千葉、岐阜、愛知、三重、宮崎、（静岡、大分）
- エゾオオケマン：Corydalis curvicalcarata：ケシ科：北海道
- ツルキケマン：Corydalis ochotensis：ケシ科：北海道、岩手、栃木、群馬、岐阜、（宮城、秋田、福島、埼玉、山梨、静岡）
- ヘラハタザオ：Arabis lignlifolium：アブラナ科：長野
- クモイナズナ：Arabis tanakana：アブラナ科：富山、山梨、長野、（静岡）
- オオマルバコンロンソウ：Cardamine arakiana：アブラナ科：兵庫、岡山、宮崎、（京都、徳島）
- タカチホガラシ：Cardamine kiusiana：アブラナ科：徳島、熊本、宮崎
- トモシリソウ：Cochlearia oblongifolia：アブラナ科：北海道
- ナンブイヌナズナ：Draba japonica：アブラナ科：北海道、岩手

付録4　植物版レッドリスト

- モイワナズナ：Draba sachalinensis：アブラナ科：北海道、長野
- シロウマナズナ：Draba shiroumana：アブラナ科：富山、山梨、長野、（群馬、静岡）
- ミセバヤ：Hylotelephium sieboldii：ベンケイソウ科：群馬、奈良、香川、（埼玉）
- ゲンカイイワレンゲ：Orostachys genkaiense：ベンケイソウ科：福岡、長崎
- イワレンゲ：Orostachys iwarenge：ベンケイソウ科：秋田、山形、岐阜、兵庫、福岡、長崎、（茨城、群馬、山梨、静岡、山口、佐賀）
- ナナツガママンネングサ：Sedum drymarioides：ベンケイソウ科：長崎
- ヤハズマンネングサ：Sedum tosaense：ベンケイソウ科：徳島、高知
- モミジバショウマ：Astilbe platyphylla：ユキノシタ科：北海道
- エゾネコノメソウ：Chrysosplenium alternifolium var. sibiricum：ユキノシタ科：（北海道）
- トカラタマアジサイ：Hydrangea involuculata var. takaraensis：ユキノシタ科：鹿児島
- マルバチャルメルソウ：Mitella nuda：ユキノシタ科：北海道、長野
- トサチャルメルソウ：Mitella yoshinagae：ユキノシタ科：徳島、高知、熊本、宮崎
- クモマユキノシタ：Saxifraga laciniata：ユキノシタ科：北海道
- チシマイワブキ：Saxifraga punctata ssp. reniformis：ユキノシタ科：富山、長野
- アポイヤマブキショウマ：Aruncus dioicus var. subrotundus：バラ科：北海道
- シコクシモツケソウ：Filipendula tsuguwoi：バラ科：徳島、高知、宮崎、（愛媛）
- シロヤマブキ：Rhodotypos scandens：バラ科：福井、岡山、広島、香川、（長野、島根）
- ゴショイチゴ：Rubus chingii：バラ科：山口、高知、（愛媛、大分）
- シマバライチゴ：Rubus lambertianus：バラ科：長崎、熊本
- エゾシモツケ：Spiraea media var. sericea：バラ科：北海道、青森
- リシリオウギ：Astragalus secundus：マメ科：北海道、富山、長野
- モダマ：Entada phaseoloides：マメ科：鹿児島、沖縄
- ミヤコジマツルマメ：Glycine tabacina：マメ科：沖縄
- エゾオヤマノエンドウ：Oxytropis japonica var. sericea：マメ科：（北海道）
- ウスカワゴロモ：Hydrobryum floribundum：カワゴケソウ科：（鹿児島）
- カワゴロモ：Hydrobryum japonicum：カワゴケソウ科：（宮崎、鹿児島）
- アサマフウロ：Geranium soboliferum：フウロソウ科：福島、栃木、山梨、長野、静岡、（群馬）
- ツクシフウロ：Geranium soboliferum var. kiusianum：フウロソウ科：東京、熊本、大分
- ハマビシ：Tribulus terrestris：ハマビシ科：千葉、大阪、兵庫、岡山、広島、山口、香川、愛媛、長崎、（茨城、神奈川、福井、静岡、愛知、京都、和歌山、島根、福岡、佐賀、熊本）
- マルミノウルシ：Euphorbia ebracteolata：トウダイグサ科：北海道、青森、岩手、宮城、群馬、埼玉、東京、（福島、長野、三重）
- ハギクソウ：Euphorbia escula var. nakaii：トウダイグサ科：愛知
- リュウキュウダイゲキ：Euphorbia liukiuensis：トウダイグサ科：（鹿児島）
- センダイタイゲキ：Euphorbia sendaica：トウダイグサ科：岩手、栃木、千葉、（宮城、福島、茨城）
- チャンチンモドキ：Choerospondias axillaris var. japonica：ウルシ科：岐阜、熊本、鹿児島
- クロビイタヤ：Acer miyabei：カエデ科：北海道、青森、岩手、秋田、福島、長野
- シバタカエデ：Acer miyabei var. shibatai：カエデ科：群馬、長野、（福島）
- ヒゼンマユミ：Euonymus chibai：ニシキギ科：山口、徳島、長崎、大分、鹿児島、沖縄、（福岡）
- オキナワツゲ：Buxus liukiuensis：ツゲ科：沖縄
- タイワンアサマツゲ：Buxus microphylla var. sinica：ツゲ科：（沖縄）
- ハマナツメ：Paliurus ramosissimus：クロウメモドキ科：和歌山、徳島、高知、長崎、

熊本、大分、宮崎、鹿児島、（静岡）
- ヤエヤマネコノチチ：Rhamnella franguloides var. inaequilatera：クロウメモドキ科：鹿児島、沖縄
- ミヤマハンモドキ：Rhamnus ishidae：クロウメモドキ科：北海道
- タチスミレ：Viola raddeana：スミレ科：栃木、群馬、大分、宮崎、鹿児島、（宮城、茨城、千葉、東京、長野）
- ミズスギナ：Rotala hippuris：ミソハギ科：福岡、佐賀、長崎、宮崎、（群馬、静岡、愛知、三重、愛媛、鹿児島）
- ミズキカシグサ：Rotala leptopetala var. littorea：ミソハギ科：栃木、埼玉、長野、愛知、山口、長崎、熊本、大分、宮崎、鹿児島、（青森、岩手、秋田、山形、群馬、神奈川、富山、福井、山梨、静岡、三重、滋賀、京都、和歌山、岡山、広島、徳島、高知、福岡）
- ムニンフトモモ：Metrosideros boninensis：フトモモ科：（東京）
- ヒメノボタン：Osbeckia chinensis：ノボタン科：和歌山、高知、長崎、熊本、鹿児島、沖縄、（佐賀、大分）
- エゾゴゼンタチバナ：Cornus suecica：ミズキ科：北海道
- ツクシトウキ：Angelica pseudo-shikokiana：セリ科：佐賀
- シナノノダケ：Angelica sinanomontana：セリ科：（長野）
- ウバタケニンジン：Angelica ubatakensis：セリ科：高知、大分、宮崎
- トサボウフウ：Angelica yoshinagae：セリ科：徳島、高知
- エキサイゼリ：Apodicarpum ikenoi：セリ科：栃木、埼玉、千葉、愛知、（茨城、群馬、東京）
- ホソバハナウド：Heracleum dulce var. akasimontanum：セリ科：山梨、長野、静岡
- ツクシボウフウ：Pimpinella thellungiana var. gustavohegiana：セリ科：大分
- シムラニンジン：Pterygopleurum neurophyllum：セリ科：栃木、千葉、熊本、大分、（茨城、群馬、鹿児島）
- ヤマナシウマノミツバ：Sanicula kaiensis：セリ科：群馬、山梨、長野、（埼玉、静岡）
- ヌマゼリ：Sium suave var. nipponicum：セリ科：宮城、福島、群馬、千葉、東京、兵庫、山口、徳島、香川、愛媛、高知、大分、宮崎、（青森、岩手、秋田、茨城、埼玉、新潟、静岡、滋賀、京都、大阪、熊本、鹿児島）
- カラフトイチヤクソウ：Pyrola faurieana：イチヤクソウ科：北海道、岩手、宮城、（青森、福島、山梨）
- ヨウラクツツジ：Menziesia purpurea：ツツジ科：岐阜、熊本、大分、宮崎
- アマギツツジ：Rhododendron amagianum：ツツジ科：静岡
- アマミセイシカ：Rhododendron amamiense：ツツジ科：鹿児島
- キョウマルシャクナゲ：Rhododendron degronianum ssp. metternichii var. kyomaruense：ツツジ科：長野、静岡
- ジングウツツジ：Rhododendron sanctum：ツツジ科：愛知、（静岡、三重）
- シブカワツツジ：Rhododendron sanctum var. lasiogynum：ツツジ科：静岡
- トキワバイカツツジ：Rhododendron uwaense：ツツジ科：愛媛
- オオツルコウジ：Ardisia montana：ヤブコウジ科：大分、（静岡、岡山、鹿児島）
- マルバタイミンタチバナ：Myrsine okabeana：ヤブコウジ科：東京
- サクラソウモドキ：Cortusa matthioli var. yezoensis：サクラソウ科：北海道
- ノジトラノオ：Lysimachia barystachys：サクラソウ科：栃木、群馬、埼玉、千葉、神奈川、長野、（福島、茨城、東京、山梨、熊本、鹿児島）
- サワトラノオ：Lysimachia leucantha：サクラソウ科：静岡、熊本、大分、（埼玉、千葉、福岡、佐賀、鹿児島）
- オニコナスビ：Lysimachia tashiroi：サクラソウ科：福岡、佐賀、熊本、大分
- カッコソウ：Primula kisoana：サクラソウ科：群馬

付録4 植物版レッドリスト

- シコクカッコソウ：Primula kisoana var. shikokiana：サクラソウ科：徳島、香川、愛媛
- イワザクラ：Primula tosaensis：サクラソウ科：岐阜、奈良、徳島、愛媛、高知、熊本、宮崎、鹿児島、（山梨、三重）
- ホザキザクラ：Stimpsonia chamaedryoides：サクラソウ科：山口、鹿児島、（沖縄）
- ショウドシマレンギョウ：Forsythia togashii：モクセイ科：香川
- ヒメナエ：Mitrasacme indica：マチン科：秋田、栃木、千葉、静岡、熊本、宮崎、（青森、岩手、宮城、山形、福島、茨城、群馬、富山、福井、兵庫、佐賀）
- サンプクリンドウ：Comastoma pulmonarium ssp. sectum：リンドウ科：山梨、長野、（静岡）
- ヒナリンドウ：Gentiana aquatica：リンドウ科：長野、（山梨）
- ユウバリリンドウ：Gentianella yuparensis：リンドウ科：（北海道）
- アカイシリンドウ：Gentianopsis furusei：リンドウ科：山梨、長野、（静岡）
- ホソバツルリンドウ：Pterygocalyx volubilis：リンドウ科：北海道、青森、岩手、宮城、秋田、山形、福島、栃木、東京、神奈川、新潟、富山、山梨、長野、岐阜、愛知、愛媛、（群馬、埼玉、静岡、高知）
- シノノメソウ：Swertia swertopsis：リンドウ科：静岡、愛媛、高知、熊本、大分、（宮崎）
- テングノコヅチ：Tripterospermum involubile：リンドウ科：富山、長野、岐阜
- バシクルモン：Trachomitum venetum var. basikururmon：キョウチクトウ科：北海道、青森、新潟
- ロクオンソウ：Cynanchum amplexicaule：ガガイモ科：岩手、山口、福岡、長崎、熊本、宮崎、鹿児島、（佐賀、大分）
- ハナムグラ：Galium tokyoense：アカネ科：宮城、栃木、埼玉、千葉、大分、（岩手、秋田、山形、福島、茨城、群馬、神奈川、長野、静岡、広島）
- クシロハナシノブ：Polemonium coeruleum ssp. campanulatum var. paludosum：ハナシノブ科：北海道
- リュウキュウチシャノキ：Ehretia dichotoma：ムラサキ科：沖縄、（鹿児島）
- ムラサキ：Lithospermum officinale ssp. erythrorhizon：ムラサキ科：北海道、青森、岩手、宮城、秋田、山形、栃木、群馬、東京、神奈川、長野、静岡、愛知、兵庫、岡山、広島、山口、高知、福岡、大分、（福島、茨城、埼玉、山梨、岐阜、三重、京都、大阪、奈良、和歌山、徳島、愛媛、長崎、熊本、宮崎）
- オキナワヤブムラサキ：Callicarpa oshimensis var. okinawensis：クマツヅラ科：（沖縄）
- ヒルギダマシ：Avicennia marima：ヒルギダマシ科：沖縄
- カイジンドウ：Ajuga ciliata var. villosior：シソ科：北海道、青森、岩手、宮城、山梨、長野、静岡、熊本、大分、（秋田、山形、福島、茨城、栃木、群馬、東京、神奈川、宮崎）
- ヒイラギソウ：Ajuga incisa：シソ科：栃木、群馬、東京、（茨城、埼玉）
- ムシャリンドウ：Dracocephalum argunense：シソ科：北海道、青森、岩手、秋田、福島、山梨、長野、（宮城、山形、茨城、栃木、群馬、石川、静岡）
- ホソバヤマジソ：Mosla chinensis：シソ科：岡山、山口、長崎、大分、（広島、佐賀）
- シナノアキギリ：Salvia koyamae：シソ科：群馬、長野
- タジマタムラソウ：Salvia omerocalyx：シソ科：兵庫、鳥取
- コナミキ：Scutellaria guilielmii：シソ科：愛知、岡山、広島、山口、徳島、長崎、熊本、大分、宮崎、沖縄、（静岡、三重、兵庫、和歌山、高知、福岡、鹿児島）
- ケミヤマナミキ：Scutellaria shikokiana var. pubicaulis：シソ科：香川、愛媛、大分、宮崎、（徳島、鹿児島）
- エゾナミキソウ：Scutellaria yezoensis：シソ科：北海道、青森、長野、（岐阜）
- ヤマホオズキ：Physalis chamaesarachoides：ナス科：栃木、東京、愛知、兵庫、徳島、香川、福岡、長崎、熊本、大分、（神奈川、静岡、三重、京都、大阪、奈良、

　　　　　　　和歌山、岡山、山口、高知、佐賀、宮崎、鹿児島）
・ゴマクサ：Centranthera cochinchinensis var. lutea：ゴマノハグサ科：栃木、千葉、
　　　　愛知、兵庫、岡山、広島、山口、高知、福岡、熊本、大分、宮崎、鹿児島、沖縄、
　　　　（茨城、群馬、神奈川、静岡、三重、滋賀、京都、大阪、奈良、和歌山、徳島、
　　　　香川、佐賀、長崎）
・マルバノサワトウガラシ：Deinostema adenocaulum：ゴマノハグサ科：宮城、秋田、
　　　　山形、福井、愛知、滋賀、徳島、福岡、佐賀、熊本、宮崎、鹿児島、（青森、
　　　　岩手、福島、茨城、栃木、群馬、新潟、富山、静岡、大阪、兵庫、奈良、和歌山、
　　　　岡山、広島、香川、高知、大分）
・ハチジョウコゴメグサ：Euphrasia hachijoensis：ゴマノハグサ科：（東京）
・イブキコゴメグサ：Euphrasia insignis ssp. iinumae：ゴマノハグサ科：滋賀
・イズコゴメグサ：Euphrasia insignis ssp. iinumai var. idzuensis：ゴマノハグサ科：
　　　　神奈川、静岡、愛知
・ナヨナヨコゴメグサ：Euphrasia microphylla：ゴマノハグサ科：徳島、高知
・ホソバママコナ：Melampyrum setaceum：ゴマノハグサ科：山口、佐賀、大分、（広島、
　　　　福岡、長崎）
・スズメノハコベ：Microcarpaea minima：ゴマノハグサ科：栃木、岐阜、静岡、愛知、
　　　　山口、長崎、熊本、宮崎、鹿児島、（福島、群馬、埼玉、三重、大阪、和歌山、
　　　　岡山、徳島、高知、福岡、佐賀、大分）
・キバナシオガマ：Pedicularis oederi var. heteroglossa：ゴマノハグサ科：北海道
・ミカワシオガマ：Pedicularis resupinata var. microphylla：ゴマノハグサ科：岐阜、
　　　　愛知、（静岡）
・ツクシトラノオ：Pseudolysimachion kiusianum：ゴマノハグサ科：熊本、宮崎
・ツクシクガイソウ：Veronicastrum sibiricum var. zuccarinii：ゴマノハグサ科：熊本、
　　　　大分、宮崎
・キノクニスズカケ：Veronicastrum tagawae：ゴマノハグサ科：和歌山
・ウルップソウ：Lagotis glauca：ウルップソウ科：北海道、富山、長野、（新潟）
・ホソバウルップソウ：Lagotis yesoensis：ウルップソウ科：北海道
・シシンラン：Lysionotus pauciflorus：イワタバコ科：静岡、京都、奈良、鳥取、愛媛、
　　　　高知、福岡、熊本、宮崎、（三重、和歌山、島根、徳島、大分、鹿児島）
・イワギリソウ：Opithandra primuloides：イワタバコ科：京都、奈良、和歌山、鳥取、
　　　　山口、徳島、香川、愛媛、高知、大分、鹿児島、（三重、兵庫、島根）
・ミカワタヌキモ：Utricularia exoleta：タヌキモ科：愛知、兵庫、福岡、佐賀、長崎、
　　　　熊本、大分、宮崎、鹿児島、沖縄、（静岡、三重、滋賀、京都、奈良、和歌山）
・ヒメミミカキグサ：Utricularia nipponica：タヌキモ科：愛知、（静岡、三重）
・ヤチコタヌキモ：Utricularia ochroleuca：タヌキモ科：北海道、青森、福島、長野、
　　　　（群馬）
・エゾヒョウタンボク：Lonicera alpigena ssp. glehnii：スイカズラ科：北海道、青森、
　　　　岩手、宮城、秋田、新潟、福井、長野、（福島、山梨）
・スルガヒョウタンボク：Lonicera alpigena ssp. glehnii var. viridissima：スイカズラ科：
　　　　山梨、長野、静岡
・ネムロブシダマ：Lonicera chrysantha var. crassipes：スイカズラ科：（北海道）
・コゴメヒョウタンボク：Lonicera linderifolia var. konoi：スイカズラ科：長野、
　　　　（群馬、静岡）
・ハナヒョウタンボク：Lonicera maackii：スイカズラ科：岩手、長野、（青森、群馬）
・キンキヒョウタンボク：Lonicera ramosissima var. kinkiensis：スイカズラ科：兵庫、
　　　　広島、香川、（大阪、奈良）
・オオチョウジガマズミ：Viburnum carlesii：スイカズラ科：長崎
・チシマキンレイカ：Patrinia sibirica：オミナエシ科：北海道
・ヒナシャジン：Adenophora maximowicziana：キキョウ科：高知

- シマシャジン：Adenophora tashiroi：キキョウ科：（長崎）
- ヤツシロソウ：Campanula glomerata var. dahurica：キキョウ科：熊本、大分
- マルバテイショウソウ：Ainsliaea fragrans var. integrifolia：キク科：高知、熊本、宮崎、（鹿児島）
- クリヤマハハコ：Anaphalis sinica var. viscosissima：キク科：栃木、群馬、（埼玉）
- ワタヨモギ：Artemisia gilvescens：キク科：徳島、（山口、愛媛）
- イソノギク：Aster asa-grayi：キク科：（鹿児島、沖縄）
- カワラノギク：Aster kantoensis：キク科：栃木、東京、神奈川、（長野、静岡）
- クルマギク：Aster tenuipes：キク科：和歌山
- コモチミミコウモリ：Cacalia auriculata var. bulbifera：キク科：北海道
- モミジコウモリ：Cacalia kiusiana：キク科：熊本、宮崎、（鹿児島）
- アイズヒメアザミ：Cirsium aidzuense：キク科：福島、長野、（山形、栃木、群馬、新潟）
- ミヤマコアザミ：Cirsium japonicum var. ibukiense：キク科：滋賀、佐賀
- イナベアザミ：Cirsium magofukui：キク科：岐阜、滋賀、（静岡、三重）
- ウスバアザミ：Cirsium tenue：キク科：岡山、徳島、（島根、広島）
- コヘラナレン：Crepidiastrum grandicollum：キク科：東京
- オオイワインチン：Dendranthema pallasianum：キク科：群馬、富山、長野
- チョウセンノギク：Dendranthema zawadskii var. latilobum：キク科：長崎
- ヒゴタイ：Echinops setifer：キク科：岐阜、鳥取、広島、山口、長崎、熊本、大分、（愛知、三重、島根、岡山、福岡、宮崎、鹿児島）
- ホソバムカシヨモギ：Erigeron acris var. linearifolius：キク科：富山、（福島、新潟、福井）
- アポイアズマギク：Erigeron thunbergii var. angustifolius：キク科：北海道
- アキノハハコグサ：Gnaphalium hypoleucum：キク科：岩手、宮城、栃木、群馬、埼玉、千葉、神奈川、新潟、福井、長野、静岡、愛知、兵庫、奈良、岡山、香川、愛媛、（秋田、山形、福島、茨城、東京、石川、山梨、岐阜、三重、滋賀、京都、大阪、広島、山口、徳島、高知、福岡、佐賀、長崎、熊本、大分、宮崎、鹿児島）
- チョウセンスイラン：Hololeion maximowiczii：キク科：福岡、佐賀、長崎、熊本、大分、宮崎、鹿児島
- エゾコウゾリナ：Hypochoeris crepidioides：キク科：北海道
- ホソバニガナ：Ixeris makinoana：キク科：栃木、群馬、岐阜、静岡、福岡、熊本、大分、宮崎、（千葉、兵庫、和歌山、岡山、山口、徳島、鹿児島）
- エゾウスユキソウ：Leontopodium discolor：キク科：北海道
- ハヤチネウスユキソウ：Leontopodium hayachinense：キク科：岩手
- ミコシギク：Leucanthemella linearis：キク科：愛知、岡山、広島、（茨城、群馬、岐阜、静岡）
- ユキバヒゴタイ：Saussurea chionophylla：キク科：北海道
- フォーリーアザミ：Saussurea fauriei：キク科：北海道
- イナトウヒレン：Saussurea inaensis：キク科：長野
- ウスユキトウヒレン：Saussurea yanagisawae：キク科：北海道
- トサトウヒレン：Saussurea yoshinagae：キク科：徳島、高知
- タカネコウリンギク：Senecio flammeus：キク科：熊本、大分
- ツクシタンポポ：Taraxacum kiushianum：キク科：長野、愛媛、高知、福岡、熊本、大分、宮崎、（佐賀）
- クザカイタンポポ：Taraxacum kuzakaiense：キク科：岩手
- シコタンタンポポ：Taraxacum shikotanense：キク科：北海道
- クモマタンポポ：Taraxacum trigonolobum：キク科：北海道
- ホソバノシバナ：Triglochin palustre：ホロムイソウ科：北海道、青森、岩手、秋田、福島、群馬、（宮城、山形）

- コバノヒルムシロ：Potamogeton cristatus：ヒルムシロ科：宮城、福島、群馬、兵庫、和歌山、愛媛、熊本、（茨城、栃木、石川、福井、山梨、長野、静岡、滋賀、京都、大阪、奈良、岡山、山口、徳島、香川、佐賀、大分、鹿児島）
- オオミズヒキモ：Potamogeton kamogawaensis：ヒルムシロ科：神奈川、（東京、新潟、滋賀、京都、兵庫、徳島、香川）
- ササエビモ：Potamogeton nipponicus：ヒルムシロ科：青森、群馬、神奈川、（北海道、福島、茨城、栃木）
- ナガバエビモ：Potamogeton praelongus：ヒルムシロ科：（北海道）
- カワツルモ：Ruppia maritima：ヒルムシロ科：青森、愛知、兵庫、和歌山、鳥取、岡山、香川、愛媛、福岡、大分、（宮城、秋田、福島、千葉、東京、神奈川、福井、静岡、三重、大阪、広島、山口、徳島、高知、長崎、熊本、宮崎、鹿児島）
- ヤハズカワツルモ：Ruppia truncatifolia：ヒルムシロ科：（北海道）
- サガミトリゲモ：Najas indica：イバラモ科：宮城、福島、栃木、神奈川、兵庫、香川、大分、（青森、茨城、群馬、石川、福井、静岡、滋賀、京都、大阪、和歌山、島根、岡山、山口、徳島、愛媛、高知、福岡、長崎、宮崎、鹿児島、沖縄）
- イトトリゲモ：Najas japonica：イバラモ科：宮城、福島、栃木、群馬、神奈川、愛知、大阪、兵庫、岡山、香川、福岡、大分、（北海道、青森、岩手、秋田、山形、茨城、新潟、福井、長野、岐阜、静岡、滋賀、京都、鳥取、島根、広島、山口、徳島、高知、長崎、熊本、宮崎）
- トリゲモ：Najas minor：イバラモ科：宮城、栃木、群馬、埼玉、千葉、神奈川、富山、静岡、愛知、兵庫、徳島、大分、沖縄、（青森、福島、茨城、新潟、石川、和歌山、岡山、広島、山口、香川、愛媛、高知、福岡、長崎、宮崎、鹿児島）
- ホンゴウソウ：Andorius japonica：ホンゴウソウ科：静岡、京都、兵庫、広島、山口、徳島、香川、愛媛、高知、長崎、鹿児島、沖縄、（宮城、栃木、新潟、愛知、三重、大阪、奈良、和歌山、福岡、佐賀、熊本、大分、宮崎）
- イズアサツキ：Allium schoenoprasum var. idzuense：ユリ科：神奈川、静岡、（東京）
- アズマシライトソウ：Chionographis japonica var. hisauchiana：ユリ科：東京、（埼玉）
- チャボシライトソウ：Chionographis koidzumiana：ユリ科：愛知、和歌山、徳島、高知、宮崎、（静岡、鹿児島）
- アワコバイモ：Fritillaria japonica：ユリ科：岐阜、静岡、愛知、徳島、香川、愛媛、高知、熊本
- トサコバイモ：Fritillaria shikokiana：ユリ科：徳島、香川、高知、（愛媛）
- ヒメアマナ：Gagea japonica：ユリ科：北海道、岩手、茨城、栃木、山梨、長野、滋賀、（宮城、秋田、群馬、静岡）
- オオシロショウジョウバカマ：Heloniopsis leucantha：ユリ科：鹿児島、沖縄
- ワスレグサ：Hemerocallis major：ユリ科：佐賀、（長崎、鹿児島）
- バランギボウシ：Hosta alismifolia：ユリ科：愛知、高知、（岐阜）
- ウバタケギボウシ：Hosta pulchella：ユリ科：大分、宮崎
- ナガサキギボウシ：Hosta tibae：ユリ科：長崎
- ヒメユリ：Lilium concolor var. buschianum：ユリ科：青森、岐阜、大阪、奈良、和歌山、岡山、徳島、香川、愛媛、高知、熊本、大分、宮崎、（秋田、三重、京都、兵庫、広島、山口）
- ヒメサユリ：Lilium rubellum：ユリ科：宮城、山形、福島、新潟
- カノコユリ：Lilium speciosum：ユリ科：徳島、熊本、鹿児島、（長崎）
- ウスギワニグチソウ：Polygonatum cryptanthum：ユリ科：福岡、（長崎）
- ジョウロウホトトギス：Tricyrtis macrantha：ユリ科：高知
- キバナノツキヌキホトトギス：Tricyrtis perfoliata：ユリ科：宮崎
- ヒダカエンレイソウ：Trillium x miyabeanum：ユリ科：北海道、青森、岩手、宮城
- ツクシタチドコロ：Dioscorea asclepiadea：ヤマノイモ科：熊本、宮崎、鹿児島

付録4　植物版レッドリスト

- エヒメアヤメ：Iris rossii：アヤメ科：岡山、山口、愛媛、佐賀、熊本、大分、（広島、福岡、宮崎）
- セキショウイ：Juncus prominens：イグサ科：青森、（岩手）
- ネムロホシクサ：Eriocaulon glaberrimum：ホシクサ科：（北海道）
- アズミイヌノヒゲ：Eriocaulon mikawanum ssp. azumianum：ホシクサ科：長野
- オオムラホシクサ：Eriocaulon omuranum：ホシクサ科：長野
- クロホシクサ：Eriocaulon parvum：ホシクサ科：栃木、千葉、静岡、和歌山、山口、徳島、高知、福岡、佐賀、熊本、宮崎、（茨城、群馬、新潟、富山、福井、長野、三重、滋賀、京都、兵庫、鹿児島）
- ミヤマハルガヤ：Anthoxanthum odoratum var. furumii：イネ科：山梨、長野、静岡
- オニビトノガリヤス：Calamagrostis onibitoana：イネ科：長崎
- タシロノガリヤス：Calamagrostis tashiroi：イネ科：愛媛、高知、大分、宮崎、（徳島）
- エゾコウボウ：Hierochloe pluriflora：イネ科：北海道
- ナンブソモソモ：Poa hayachinensis：イネ科：岩手
- タチイチゴツナギ：Poa nemoralis：イネ科：青森、宮城、福島、長野、（北海道、秋田、栃木、群馬、山梨、静岡）
- ヒゲナガコメススキ：Ptilagrostis mongholica：イネ科：富山、山梨
- フォーリーガヤ：Schizachne purpurascens：イネ科：（北海道、長野）
- ミヤマカニツリ：Trisetum koidzumianum：イネ科：富山、山梨、長野、静岡
- リシリカニツリ：Trisetum spicatum：イネ科：北海道、富山、山梨、長野、静岡
- ヤマコンニャク：Amorphophalus hirtus var. kiusianus：サトイモ科：長崎、沖縄、（高知、鹿児島）
- シコクテンナンショウ：Arisaema iyoanum ssp. nakaianum：サトイモ科：徳島、愛媛、高知
- シコクヒロハテンナンショウ：Arisaema longipedunculatum：サトイモ科：徳島、愛媛、高知、熊本、大分、宮崎、（静岡）
- ハリママムシグサ：Arisaema minus：サトイモ科：兵庫
- ヒンジモ：Lemna trisulca：ウキクサ科：北海道、福島、栃木、長野、静岡、（青森、岩手、秋田、茨城、群馬、埼玉、千葉、神奈川、山梨、滋賀、徳島、宮崎）
- ウキミクリ：Sparganium gramineum：ミクリ科：新潟、富山
- チシマミクリ：Sparganium hyperboreum：ミクリ科：（北海道）
- トダスゲ：Carex aequialta：カヤツリグサ科：（福島、茨城、栃木、埼玉、東京、愛知、三重、熊本）
- タルマイスゲ：Carex buxbaumii：カヤツリグサ科：（北海道、青森、長野）
- タカネシバスゲ：Carex capillaris：カヤツリグサ科：北海道、岩手、長野、（山形）
- ジョウロウスゲ：Carex capricornis：カヤツリグサ科：青森、宮城、秋田、山形、栃木、千葉、山梨、（北海道、茨城、群馬、埼玉、神奈川）
- タイワンスゲ：Carex formosensis：カヤツリグサ科：茨城、栃木、福岡、佐賀、長崎、（熊本）
- トナカイスゲ：Carex globularis：カヤツリグサ科：（北海道）
- ホウザンスゲ：Carex hoozanensis：カヤツリグサ科：（沖縄）
- トクノシマスゲ：Carex kimurae：カヤツリグサ科：鹿児島
- ヒメミコシガヤ：Carex laevissima：カヤツリグサ科：兵庫、岡山、（大阪）
- イトナルコスゲ：Carex laxa：カヤツリグサ科：北海道、岩手、（青森、栃木）
- タカネヒメスゲ：Carex melanocarpa：カヤツリグサ科：北海道
- キシュウナキリスゲ：Carex nachiana：カヤツリグサ科：愛知、兵庫、山口、徳島、高知、福岡、（茨城、和歌山、島根、宮崎、鹿児島）
- イトヒキスゲ：Carex remotiuscula：カヤツリグサ科：（北海道、長野）
- タカネナルコ：Carex siroumensis：カヤツリグサ科：富山、山梨、長野、（静岡）
- ツクシオオガヤツリ：Cyperus ohwii：カヤツリグサ科：千葉、福岡、熊本、（茨城）

- ミスミイ：Eleocharis fistulosa：カヤツリグサ科：兵庫、和歌山、香川、大分、鹿児島、沖縄、（愛知、大阪、宮崎）
- シロミノハリイ：Eleocharis margaritacea：カヤツリグサ科：北海道、岩手
- ムニンテンツキ：Fimbristylis longispica var. boninensis：カヤツリグサ科：（東京）
- ミクリガヤ：Rhynchospora malasica：カヤツリグサ科：愛知、山口、佐賀、大分、宮崎、（静岡、三重、和歌山、鹿児島）
- ビャッコイ：Scirpus crassius：カヤツリグサ科：福島
- カガシラ：Scleria caricina：カヤツリグサ科：千葉、岐阜、静岡、愛知、兵庫、宮崎、（三重、大阪、和歌山、岡山、山口、佐賀、熊本、大分、鹿児島、沖縄）
- ミカワシンジュガヤ：Scleria mikawana：カヤツリグサ科：千葉、愛知、兵庫、（茨城、静岡、三重、滋賀、京都、大阪、岡山、山口、徳島、福岡、佐賀、熊本、大分、宮崎、鹿児島）
- シマクマタケラン：Alpinia boninsimensis：ショウガ科：東京
- エンレイショウキラン：Acanthephippium sylhetense var. pictum：ラン科：沖縄
- ヒナラン：Amitostigma gracile：ラン科：栃木、新潟、兵庫、鳥取、岡山、徳島、香川、高知、長崎、熊本、大分、鹿児島、（茨城、石川、静岡、愛知、三重、滋賀、京都、大阪、奈良、和歌山、島根、広島、山口、愛媛、福岡、佐賀、宮崎）
- イワチドリ：Amitostigma keiskei：ラン科：岐阜、静岡、愛知、和歌山、愛媛、高知、（富山、長野、三重、奈良、徳島）
- キバナシュスラン：Anoectochilus formosanus：ラン科：沖縄
- シコウラン：Bulbophyllum macraei：ラン科：鹿児島、沖縄
- キンセイラン：Calanthe nipponica：ラン科：北海道、青森、岩手、宮城、秋田、山形、栃木、新潟、富山、山梨、長野、岐阜、静岡、徳島、愛媛、高知、熊本、（福島、茨城、群馬、埼玉、東京、石川、三重、奈良、島根、広島、大分、宮崎）
- キエビネ：Calanthe sieboldii：ラン科：福井、兵庫、和歌山、岡山、山口、徳島、香川、愛媛、高知、福岡、長崎、熊本、大分、（静岡、滋賀、島根、広島、鹿児島）
- サルメンエビネ：Calanthe tricarinata：ラン科：北海道、岩手、宮城、秋田、山形、栃木、群馬、新潟、富山、福井、山梨、滋賀、京都、兵庫、奈良、岡山、愛媛、高知、熊本、大分、宮崎、鹿児島、（青森、福島、長野、岐阜、静岡、三重、和歌山、島根、広島、山口、徳島、香川、福岡、佐賀）
- ヒメホテイラン：Calypso bulbosa：ラン科：北海道、青森
- オガサワラシコウラン：Cirrhopetalum boninense：ラン科：（東京）
- トケンラン：Cremastra unguiculata：ラン科：北海道、青森、宮城、秋田、山形、栃木、新潟、石川、福井、京都、兵庫、鳥取、岡山、徳島、愛媛、福岡、（岩手、福島、山口、香川、大分）
- サガミランモドキ：Cymbidium aberrans：ラン科：東京、神奈川、（群馬）
- スルガラン：Cymbidium ensifolium：ラン科：（長崎）
- マヤラン：Cymbidium macrorhizon：ラン科：栃木、埼玉、千葉、東京、神奈川、岐阜、愛知、滋賀、兵庫、和歌山、徳島、香川、高知、福岡、長崎、鹿児島、（福井、静岡、三重、大阪、佐賀、宮崎、沖縄）
- ホテイアツモリ：Cypripedium macranthum var. hoteiatsumorianum：ラン科：福井、山梨、長野、（石川、静岡）
- レブンアツモリソウ：Cypripedium macranthum var. rebunense：ラン科：（北海道）
- アツモリソウ：Cypripedium macranthum var. speciosum：ラン科：北海道、青森、岩手、宮城、山形、福島、山梨、長野、岐阜、（秋田、茨城、栃木、群馬、埼玉、東京、神奈川、静岡、京都）
- キバナノセッコク：Dendrobium tosaense：ラン科：高知、長崎、熊本、宮崎、（東京、徳島、愛媛、佐賀、鹿児島、沖縄）
- キリガミネアサヒラン：Eleorchis japonica var. conformis：ラン科：群馬、長野、

（福島、富山）
- ハコネラン：Ephippianthus sawadanus：ラン科：東京、神奈川、静岡、（埼玉、山梨、奈良）
- トラキチラン：Epipogium aphyllum：ラン科：北海道、山梨、長野、（福島、栃木、群馬、埼玉、静岡）
- アオキラン：Epipogium japonicum：ラン科：山形、長野、（宮城、群馬、山梨）
- オオオサラン：Eria corneri：ラン科：鹿児島、沖縄
- リュウキュウセッコク：Eria ovata：ラン科：沖縄
- オサラン：Eria reptans：ラン科：高知、熊本、宮崎、（東京、奈良、和歌山、徳島、鹿児島、沖縄）
- イモネヤガラ：Eulophia zollingeri：ラン科：宮崎、鹿児島、沖縄
- コンジキヤガラ：Gastrodia javanica：ラン科：沖縄
- クロヤツシロラン：Gastrodia pubilabiata：ラン科：神奈川、静岡、愛知、福岡、（石川、福井、徳島、高知、宮崎、鹿児島）
- ヒロハツリシュスラン：Goodyera pendula var. brachyphylla：ラン科：青森、岩手、宮城、秋田、群馬、新潟、静岡、（北海道、山形、長野）
- キンギンソウ：Goodyera procera：ラン科：鹿児島、沖縄
- クニガミシュスラン：Goodyera sonoharae：ラン科：（沖縄）
- シマシュスラン：Goodyera viridiflora：ラン科：鹿児島、沖縄
- フジチドリ：Gymnadenia fujisanensis：ラン科：青森、秋田、山梨、（岩手、神奈川、静岡）
- テツオサギソウ：Habenaria delessertiana：ラン科：（沖縄）
- ダイサギソウ：Habenaria dentata：ラン科：千葉、和歌山、高知、長崎、熊本、宮崎、沖縄、（神奈川、静岡、徳島、鹿児島）
- オオミズトンボ：Habenaria linearifolia：ラン科：（北海道、青森、千葉、長野）
- リュウキュウサギソウ：Habenaria longitentaculata：ラン科：沖縄、（鹿児島）
- タカサゴサギソウ：Habenaria tentaculata：ラン科：沖縄、（鹿児島）
- ヤクシマアカシュスラン：Hetaeria yakusimensis：ラン科：静岡、愛媛、高知、宮崎、沖縄、（東京、和歌山、鹿児島）
- フガクスズムシソウ：Liparis fujisanensis：ラン科：岩手、秋田、山形、神奈川、新潟、山梨、岐阜、奈良、徳島、愛媛、高知、大分、（青森、福島、静岡、三重、宮崎）
- チケイラン：Liparis plicata：ラン科：宮崎、鹿児島、沖縄
- ヤチラン：Malaxis paludosa：ラン科：北海道、秋田、福島、栃木、群馬、（青森、岩手）
- サカネラン：Neottia nidus-avis var. mandshurica：ラン科：北海道、青森、岩手、神奈川、山梨、長野、（宮城、秋田、山形、福島、栃木、群馬、東京、新潟、静岡、宮崎）
- イナバラン：Odontochilus inabae：ラン科：沖縄、（鹿児島）
- カモメラン：Orchis cyclochila：ラン科：北海道、岩手、宮城、山形、栃木、群馬、新潟、山梨、長野、岐阜、静岡、徳島、高知、（福島、埼玉、東京、神奈川、福井）
- ニョホウチドリ：Orchis joo-iokiana：ラン科：福島、栃木、群馬、埼玉、富山、石川、福井、山梨、長野、静岡
- ツクシチドリ：Platanthera (brevicalcarata var.) yakumontana：ラン科：大分、（愛媛）
- シロウマチドリ：Platanthera hyperborea：ラン科：北海道、富山、長野、（静岡）
- オオバナオオヤマサギソウ：Platanthera sachalinensis var. hondoensis：ラン科：埼玉、静岡、滋賀
- ムカデラン：Sarcanthus scolopendrifolius：ラン科：群馬、静岡、愛知、徳島、高知、佐賀、長崎、大分、宮崎、（埼玉）

- イリオモテムヨウラン：Stereosandra javanica：ラン科：沖縄
- ヒメトケンラン：Tainia laxiflora：ラン科：長崎、熊本、鹿児島、沖縄、（高知、宮崎）
- ハガクレナガミラン：Thrixspermum fantasticum：ラン科：沖縄
- イリオモテラン：Trichoglottis luchuensis：ラン科：沖縄
- アコウネッタイラン：Tropidia calcarata：ラン科：沖縄
- ヤクシマネッタイラン：Tropidia nipponica：ラン科：高知、宮崎、鹿児島、沖縄
- ヒロハトンボソウ：Tulotis fuscescens：ラン科：北海道、福島、山梨、長野、岐阜
- イイヌマムカゴ：Tulotis iinumae：ラン科：青森、宮城、秋田、山形、福島、神奈川、愛知、愛媛、（栃木、群馬、東京、新潟、石川、福井、静岡、三重、兵庫、和歌山、山口、徳島、香川、高知、大分）
- オオハクウンラン：Vexillabium fissum：ラン科：青森、秋田、山形、神奈川、長野、大分、（岩手、宮城、茨城、栃木、群馬、東京）
- ヤクシマヒメアリドオシラン：Vexillabium yakushimense：ラン科：長野、鹿児島、沖縄
- キバナノショウキラン：Yoania amagiensis：ラン科：埼玉、東京、神奈川、山梨、長野、静岡、徳島、香川、愛媛、熊本、宮崎、（群馬、富山、高知、大分、鹿児島）
- アオジクキヌラン：Zeuxine affinis：ラン科：沖縄

■絶滅危惧Ⅱ類（VU）

- マツバラン：Psilotum nudum：マツバラン科：福島、栃木、群馬、千葉、東京、神奈川、静岡、愛知、滋賀、京都、兵庫、奈良、和歌山、広島、山口、徳島、香川、愛媛、高知、福岡、佐賀、長崎、熊本、大分、宮崎、鹿児島、沖縄、（宮城、茨城、埼玉、石川、山梨、三重、大阪、島根）
- コスギトウゲシバ：Lycopodium somae：ヒカゲノカズラ科：鹿児島
- イヌカタヒバ：Selaginella moellendorffii：イワヒバ科：山口、（沖縄）
- エゾノヒモカズラ：Selaginella sibirica：イワヒバ科：北海道
- ヒメミズニラ：Isoetes asiatica：ミズニラ科：北海道、青森、岩手、山形、福島、群馬、長野、（秋田、新潟）
- ミズニラ：Isoetes japonica：ミズニラ科：青森、岩手、宮城、秋田、山形、福島、茨城、群馬、埼玉、千葉、東京、神奈川、新潟、石川、福井、長野、岐阜、静岡、愛知、滋賀、大阪、兵庫、奈良、和歌山、鳥取、岡山、広島、山口、香川、（富山、三重、京都、徳島、熊本）
- チシマヒメドクサ：Equisetum variegatum：トクサ科：北海道
- ヒメハナワラビ：Botrychium lunaria：ハナヤスリ科：北海道、岩手、宮城、栃木、富山、石川、福井、山梨、長野、（山形、福島、神奈川、静岡、鳥取）
- リュウビンタイモドキ：Marattia boninensis：リュウビンタイ科：（東京）
- キクモバホラゴケ：Cephalomanes apiifolium：コケシノブ科：（鹿児島、沖縄）
- キクシノブ：Humata repens：シノブ科：和歌山、徳島、高知、宮崎、鹿児島、沖縄
- オトメクジャク：Adiantum edgeworthii：ミズワラビ(ホウライシダ)科：大分
- ヒメウラジロ：Cheilanthes argentea：ミズワラビ(ホウライシダ)科：岩手、栃木、群馬、埼玉、東京、神奈川、長野、兵庫、和歌山、岡山、広島、山口、徳島、香川、愛媛、高知、福岡、長崎、熊本、大分、宮崎、（山梨、静岡、佐賀、鹿児島）
- キドイノモトソウ：Pteris kidoi：イノモトソウ科：岡山、山口、愛媛、福岡、熊本、大分、（高知）
- シマオオタニワタリ：Asplenium nidus：チャセンシダ科：東京、沖縄、（鹿児島）
- オトメシダ：Asplenium tenerum：チャセンシダ科：（東京、沖縄）
- ツルキジノオ：Lomariopsis spectabilis：ツルキジノオ科：東京、沖縄
- ヤクシマカナワラビ：Arachniodes cavalerii：オシダ科：（鹿児島）

- コミダケシダ：Ctenitis iriomotensis：オシダ科：（沖縄）
- ムカシベニシダ：Dryopteris anadroma：オシダ科：（鹿児島）
- ホソバヌカイタチシダ：Dryopteris gymnosora var．angustata：オシダ科：（鹿児島）
- ニセヨゴレイタチシダ：Dryopteris hadanoi：オシダ科：山口、高知、長崎、大分、宮崎
- ヒメミゾシダ：Stegnogramma gymnocarpa ssp．amabilis：ヒメシダ科：広島、愛媛、長崎、鹿児島、沖縄、（佐賀）
- タイワンハシゴシダ：Thelypteris castanea：ヒメシダ科：（沖縄）
- ホコザキノコギリシダ：Diplazium yaoshanense：メシダ（イワデンダ）科：沖縄
- キンモウワラビ：Hypodematium crenatum ssp．fauriei：メシダ（イワデンダ）科：栃木、群馬、埼玉、東京、山梨、長野、高知、熊本、（宮崎）
- タカウラボシ：Microsorium rubidum：ウラボシ科：（沖縄）
- ヒメウラボシ：Grammitis dorsipila：ヒメウラボシ科：鹿児島、沖縄
- デンジソウ：Marsilea quadrifolia：デンジソウ科：青森、岩手、宮城、山形、福島、埼玉、千葉、神奈川、福井、長野、愛知、兵庫、鳥取、岡山、広島、山口、徳島、愛媛、福岡、佐賀、長崎、熊本、大分、鹿児島、（北海道、秋田、茨城、栃木、群馬、東京、新潟、石川、山梨、岐阜、静岡、三重、滋賀、京都、大阪、奈良、和歌山、島根、香川、高知、宮崎）
- サンショウモ：Salvinia natans：サンショウモ科：青森、岩手、宮城、秋田、山形、福島、栃木、群馬、埼玉、千葉、東京、神奈川、新潟、富山、石川、福井、山梨、長野、静岡、愛知、三重、滋賀、兵庫、和歌山、岡山、山口、徳島、香川、愛媛、佐賀、大分、（茨城、岐阜、京都、大阪、奈良、広島、高知、福岡、熊本）
- アカウキクサ：Azolla imbricata：アカウキクサ科：静岡、愛知、滋賀、和歌山、岡山、広島、山口、徳島、愛媛、高知、佐賀、長崎、熊本、大分、宮崎、鹿児島、沖縄、（富山、山梨、岐阜、三重、京都、大阪、奈良、香川、福岡）
- オオアカウキクサ：Azolla japonica：アカウキクサ科：山形、栃木、埼玉、千葉、東京、神奈川、新潟、富山、石川、福井、長野、静岡、愛知、滋賀、京都、大阪、兵庫、奈良、鳥取、岡山、広島、徳島、愛媛、佐賀、長崎、（宮城、秋田、福島、茨城、群馬、山梨、三重、島根、熊本）
- トガサワラ：Pseudotsuga japonica：マツ科：奈良、和歌山、高知、（三重）
- ケショウヤナギ：Chosenia arbutifolia：ヤナギ科：北海道、長野
- コマイワヤナギ：Salix rupifraga：ヤナギ科：群馬、山梨、長野、静岡
- タライカヤナギ：Salix taraikensis：ヤナギ科：（北海道）
- ヤエガワカンバ：Betula davurica：カバノキ科：群馬、東京、神奈川、山梨、長野、岐阜、（埼玉）
- ヤチカンバ：Betula ovalifolia：カバノキ科：（北海道）
- タイワントリアシ：Boehmeria formosana：イラクサ科：沖縄、（鹿児島）
- トキホコリ：Elatostema densiflorum：イラクサ科：北海道、群馬、埼玉、千葉、東京、神奈川、（宮城、福島、茨城、栃木、静岡、兵庫）
- ランダイミズ：Elatostema edule：イラクサ科：（沖縄）
- アマミサンショウソウ：Elatostema oshimensis：イラクサ科：鹿児島
- トウカテンソウ：Nanocnide pilosa：イラクサ科：（鹿児島）
- アラゲサンショウソウ：Pellionia brevifolia：イラクサ科：（宮崎、鹿児島）
- ミヤコミズ：Pilea kiotensis：イラクサ科：京都、兵庫、奈良、和歌山、岡山、山口、福岡、大分、（三重）
- ミヤマツチトリモチ：Balanophora nipponica：ツチトリモチ科：青森、岩手、宮城、秋田、山形、福島、栃木、群馬、東京、神奈川、新潟、富山、福井、山梨、長野、岐阜、静岡、愛知、奈良、和歌山、広島、徳島、愛媛、高知、（石川、滋賀、兵庫、宮崎）
- ヤナギヌカボ：Persicaria foliosa var．paludicola：タデ科：青森、宮城、秋田、栃木、埼玉、千葉、福井、長野、岐阜、静岡、愛知、兵庫、和歌山、岡山、山口、佐賀、

長崎、熊本、（福島、群馬、神奈川、新潟、滋賀、京都、大阪、徳島、福岡、大分、宮崎、鹿児島）
- ヌカボタデ：Persicaria taquetii：タデ科：宮城、秋田、福島、栃木、千葉、新潟、富山、岐阜、静岡、愛知、和歌山、岡山、徳島、香川、佐賀、熊本、大分、宮崎、（青森、山形、茨城、群馬、埼玉、神奈川、石川、長野、三重、滋賀、京都、大阪、兵庫、奈良、高知、福岡、鹿児島）
- ノダイオウ：Rumex longifolius：タデ科：北海道、青森、岩手、宮城、秋田、山形、福島、群馬、新潟、富山、福井、長野、岐阜、愛知、（茨城、栃木、神奈川、滋賀、兵庫、奈良、岡山）
- コギシギシ：Rumex nipponicus：タデ科：栃木、群馬、埼玉、千葉、神奈川、愛知、和歌山、岡山、山口、徳島、香川、高知、佐賀、熊本、大分、宮崎、沖縄、（福島、茨城、富山、静岡、福岡、長崎）
- ヌマハコベ：Montia fontana：スベリヒユ科：北海道、栃木、（岩手、秋田、群馬）
- カトウハコベ：Arenaria katoana：ナデシコ科：北海道、岩手、群馬
- チョウカイフスマ：Arenaria merckioides var. chokaiensis：ナデシコ科：秋田、山形
- ゲンカイミミナグサ：Cerastium fischerianum var. molle：ナデシコ科：福岡、佐賀、長崎
- タガソデソウ：Cerastium pauciflorum var. amurense：ナデシコ科：山梨、長野
- タチハコベ：Moehringia trinervia：ナデシコ科：北海道、青森、岩手、宮城、広島、愛媛、熊本、（福島、群馬、三重、滋賀、京都、和歌山、岡山、徳島、福岡、大分、鹿児島）
- ナンブワチガイソウ：Pseudostellaria japonica：ナデシコ科：岩手、宮城、福島、長野、（茨城）
- アオモリマンテマ：Silene aomorensis：ナデシコ科：秋田、（青森）
- オオビランジ：Silene keiskei：ナデシコ科：群馬、神奈川、山梨、長野、静岡、（栃木、埼玉）
- テバコマンテマ：Silene yanoei：ナデシコ科：徳島、愛媛、高知
- シコタンハコベ：Stellaria ruscifolia：ナデシコ科：北海道、富山、山梨、長野、静岡、（栃木）
- シチメンソウ：Suaeda japonica：アカザ科：福岡、佐賀、長崎、（大分）
- ヒロハマツナ：Suaeda malacosperma：アカザ科：愛知、兵庫、広島、山口、福岡、佐賀、長崎、（熊本、大分、鹿児島）
- シデコブシ：Magnolia tomentosa：モクレン科：岐阜、愛知、（三重）
- マルバニッケイ：Cinnamomum daphnoides：クスノキ科：福岡、長崎、鹿児島、沖縄
- テングノハナ：Illigera luzonensis：ハスノハギリ科：（沖縄）
- イブキレイジンソウ：Aconitum chrysopilum：キンポウゲ科：岐阜、滋賀
- センウズモドキ：Aconitum jaluense ssp. iwatekense：キンポウゲ科：青森、岩手、宮城、（福島、茨城、群馬、長野）
- シレトコトリカブト：Aconitum maximum var. misaoanum：キンポウゲ科：（北海道）
- ミチノクフクジュソウ：Adonis multiflora：キンポウゲ科：青森、岩手、宮城、千葉、神奈川、福井、長野、岐阜、（熊本、大分、宮崎、鹿児島）
- フクジュソウ：Adonis ramosa：キンポウゲ科：青森、岩手、宮城、秋田、山形、福島、群馬、東京、新潟、富山、山梨、長野、岐阜、静岡、滋賀、京都、大阪、奈良、和歌山、岡山、広島、徳島、愛媛、高知、（栃木、埼玉、山口、宮崎）
- フタマタイチゲ：Anemone dichotoma：キンポウゲ科：北海道
- カザグルマ：Clematis patens：キンポウゲ科：宮城、福島、栃木、群馬、埼玉、千葉、東京、神奈川、新潟、山梨、長野、岐阜、静岡、愛知、滋賀、兵庫、奈良、和歌山、岡山、広島、山口、香川、高知、熊本、大分、宮崎、（岩手、秋田、山形、茨城、石川、三重、大阪、愛媛）
- ムニンセンニンソウ：Clematis terniflora var. boninensis：キンポウゲ科：（東京）
- ハコネシロカネソウ：Dichocarpum hakonense：キンポウゲ科：神奈川、（静岡）

付録4　植物版レッドリスト

- ヒメキンポウゲ：Halerpestes kawakamii：キンポウゲ科：青森、宮城、秋田、（岩手、
  山形）
- オキナグサ：Pulsatilla cernua：キンポウゲ科：青森、岩手、宮城、秋田、山形、
  福島、栃木、群馬、神奈川、新潟、富山、石川、山梨、長野、静岡、愛知、滋賀、
  京都、大阪、兵庫、奈良、鳥取、岡山、広島、山口、徳島、香川、愛媛、福岡、
  佐賀、長崎、熊本、大分、宮崎、（茨城、埼玉、千葉、東京、福井、岐阜、三重、
  和歌山、島根、高知、鹿児島）
- コキツネノボタン：Ranunculus chinensis：キンポウゲ科：北海道、岩手、栃木、千葉、
  山梨、（宮城、秋田、山形、茨城、埼玉、神奈川、佐賀）
- ヒキノカサ：Ranunculus extorris：キンポウゲ科：埼玉、静岡、岡山、徳島、香川、
  （福島、茨城、栃木、群馬、千葉、神奈川、熊本）
- クモマキンポウゲ：Ranunculus pygmaeus：キンポウゲ科：（富山、長野）
- タカネキンポウゲ：Ranunculus sulphureus：キンポウゲ科：（富山、長野）
- セツブンソウ：Shibateranthis pinnatifida：キンポウゲ科：埼玉、山梨、長野、岐阜、
  静岡、愛知、滋賀、兵庫、岡山、広島、（三重、京都、大阪）
- ハルカラマツ：Thalictrum baicalense：キンポウゲ科：栃木、群馬、（北海道、福島、
  埼玉）
- チャボカラマツ：Thalictrum foetidum var. glabrescens：キンポウゲ科：北海道、岩手
- ヒメミヤマカラマツ：Thalictrum nakamurae：キンポウゲ科：群馬、（山形、新潟）
- ノカラマツ：Thalictrum simplex var. brevipes：キンポウゲ科：茨城、栃木、千葉、
  長野、岡山、熊本、大分、宮崎、（青森、岩手、宮城、福島、群馬、埼玉、
  神奈川、富山、大阪、福岡、佐賀、鹿児島）
- ヤチマタイカリソウ：Epimedium grandiflorum：メギ科：徳島、高知、熊本
- トガクシソウ：Ranzania japonica：メギ科：青森、岩手、秋田、山形、福島、群馬、
  新潟、富山、長野、（宮城）
- オニバス：Euryale ferox：スイレン科：茨城、群馬、千葉、新潟、岐阜、静岡、愛知、
  滋賀、京都、大阪、兵庫、奈良、和歌山、岡山、広島、徳島、香川、福岡、佐賀、
  熊本、大分、宮崎、鹿児島、（宮城、栃木、埼玉、東京、富山、石川、福井、
  三重）
- オグラコウホネ：Nuphar oguraense：スイレン科：愛知、京都、兵庫、和歌山、広島、
  徳島、福岡、佐賀、長崎、熊本、宮崎、鹿児島、（大阪）
- ネムロコウホネ：Nuphar pumilum：スイレン科：北海道、青森、宮城、秋田、（岩手）
- オゼコウホネ：Nuphar pumilum var. ozeense：スイレン科：秋田、山形、福島、群馬
- ヒメコウホネ：Nuphar subintegerrimum：スイレン科：栃木、神奈川、福井、岐阜、
  愛知、滋賀、京都、兵庫、和歌山、岡山、広島、山口、徳島、高知、佐賀、熊本、
  大分、宮崎、鹿児島、（静岡、三重、長崎）
- エゾベニヒツジグサ：Nymphaea tetragona var. erythrostigmatica：スイレン科：（北海道）
- シマゴショウ：Peperomia boninsimensis：コショウ科：（東京）
- オキナワスナゴショウ：Peperomia okinawensis：コショウ科：（沖縄）
- キビヒトリシズカ：Chloranthus fortunei：センリョウ科：兵庫、和歌山、岡山、広島、
  香川、福岡、長崎、熊本、（愛媛）
- コウシュンウマノスズクサ：Aristolochia tubiflora：ウマノスズクサ科：沖縄
- クロフネサイシン：Asiasarum dimidiatum：ウマノスズクサ科：奈良、徳島、香川、
  高知、福岡、熊本、大分、宮崎、（広島）
- トリガミネカンアオイ：Heterotropa (=Asarum) pellucidum：ウマノスズクサ科：鹿児島
- ミヤビカンアオイ：Heterotropa celsa：ウマノスズクサ科：（鹿児島）
- トサノアオイ：Heterotropa costata：ウマノスズクサ科：高知
- ナンゴクアオイ：Heterotropa crassa：ウマノスズクサ科：（鹿児島）
- ミチノクサイシン：Heterotropa fauriei：ウマノスズクサ科：青森、岩手、秋田、
  山形、福島、新潟、富山、岐阜、（宮城）

- ミヤマアオイ：Heterotropa fauriei var. nakaiana：ウマノスズクサ科：富山、長野、岐阜
- フジノカンアオイ：Heterotropa fudsinoi：ウマノスズクサ科：（鹿児島）
- グスクカンアオイ：Heterotropa gusuk：ウマノスズクサ科：（鹿児島）
- ツクシアオイ：Heterotropa kiusiana：ウマノスズクサ科：佐賀、長崎、熊本、宮崎
- ナンカイアオイ：Heterotropa nankaiensis：ウマノスズクサ科：兵庫、徳島、香川、高知
- キンチャクアオイ：Heterotropa perfecta：ウマノスズクサ科：熊本、宮崎、鹿児島、（福岡）
- サカワサイシン：Heterotropa sakawana：ウマノスズクサ科：徳島、愛媛、高知
- オトメアオイ：Heterotropa savatieri：ウマノスズクサ科：神奈川、静岡、（山梨）
- ズソウカンアオイ：Heterotropa savatieri var. pseudosavatieri：ウマノスズクサ科：神奈川、（静岡）
- トクノシマカンアオイ：Heterotropa similis：ウマノスズクサ科：（鹿児島）
- タマノカンアオイ：Heterotropa tamaensis：ウマノスズクサ科：埼玉、東京、神奈川、（静岡）
- サンコカンアオイ：Heterotropa trigyna：ウマノスズクサ科：（鹿児島）
- カケロマカンアオイ：Heterotropa trinacriformis：ウマノスズクサ科：鹿児島
- ウンゼンカンアオイ：Heterotropa unzen：ウマノスズクサ科：福岡、佐賀、長崎、熊本、鹿児島、（大分）
- ヤマシャクヤク：Paeonia japonica：ボタン科：青森、岩手、宮城、秋田、山形、福島、栃木、群馬、東京、神奈川、新潟、富山、石川、福井、山梨、長野、岐阜、静岡、愛知、滋賀、京都、兵庫、奈良、和歌山、鳥取、岡山、広島、山口、徳島、香川、高知、福岡、佐賀、熊本、大分、宮崎、鹿児島、（茨城、埼玉、長崎）
- マメヒサカキ：Eurya emarginata var. minutissima：ツバキ科：沖縄、（鹿児島）
- エゾオトギリ：Hypericum yezoense：オトギリソウ科：北海道、青森、岩手、秋田
- ナガバノモウセンゴケ：Drosera anglica：モウセンゴケ科：北海道、福島、群馬
- イシモチソウ：Drosera peltata var. nipponica：モウセンゴケ科：千葉、石川、岐阜、静岡、愛知、滋賀、兵庫、奈良、和歌山、岡山、広島、山口、徳島、香川、愛媛、（茨城、神奈川、三重、京都、大阪）
- タチスズシロソウ：Arabis kawasakiana：アブラナ科：富山、滋賀、（静岡、愛知、三重、大阪、兵庫、愛媛、高知）
- ハナタネツケバナ：Cardamine pratensis：アブラナ科：北海道
- エゾノジャニンジン：Cardamine schinziana：アブラナ科：北海道
- クモマナズナ：Draba nipponica：アブラナ科：栃木、富山、山梨、長野、静岡、（群馬）
- キリシマミズキ：Corylopsis glabrescens：マンサク科：奈良、愛媛、高知、宮崎、鹿児島
- トサミズキ：Corylopsis spicata：マンサク科：高知、（埼玉）
- ヒダカミセバヤ：Hylotelephium cauticolum：ベンケイソウ科：北海道
- チャボツメレンゲ：Meterostachys sikokianus：ベンケイソウ科：徳島、愛媛、高知、福岡、長崎、大分、宮崎、（三重、熊本）
- コモチレンゲ：Orostachys iwarenge var. boehmeri：ベンケイソウ科：北海道、青森、秋田
- ムニンタイトゴメ：Sedum boninense：ベンケイソウ科：（東京）
- マツノハマンネングサ：Sedum hakonense：ベンケイソウ科：東京、神奈川、山梨、静岡
- ウンゼンマンネングサ：Sedum polytrichoides：ベンケイソウ科：兵庫、岡山、佐賀、長崎、大分、（福岡）
- ヒメキリンソウ：Sedum sikokianum：ベンケイソウ科：徳島、高知、（愛媛）
- ウメウツギ：Deutzia uniflora：ユキノシタ科：東京、神奈川、山梨、（埼玉、静岡）
- リュウキュウコンテリギ：Hydrangea liukiuensis：ユキノシタ科：沖縄
- ヒュウガアジサイ：Hydrangea serrata var. minamitanii：ユキノシタ科：宮崎
- キレンゲショウマ：Kirengeshoma palmata：ユキノシタ科：奈良、広島、徳島、高知、

付録4　植物版レッドリスト

　　　熊本、大分、宮崎
- モミジチャルメルソウ：Mitella acerina：ユキノシタ科：滋賀、（福井、京都）
- ツクシチャルメルソウ：Mitella kiusiana：ユキノシタ科：熊本、大分、宮崎、（愛媛）
- タキミチャルメルソウ：Mitella stylosa：ユキノシタ科：岐阜、滋賀、（三重）
- ワタナベソウ：Peltoboykinia watanabei：ユキノシタ科：奈良、徳島、愛媛、高知、
　　　熊本、大分、宮崎
- タコノアシ：Penthorum chinense：ユキノシタ科：青森、岩手、宮城、山形、福島、
　　　茨城、栃木、群馬、埼玉、千葉、東京、神奈川、新潟、富山、石川、福井、山梨、
　　　岐阜、静岡、愛知、滋賀、京都、兵庫、和歌山、岡山、広島、山口、徳島、愛媛、
　　　高知、福岡、佐賀、熊本、大分、宮崎、鹿児島、（長野、三重、大阪、奈良、
　　　島根、長崎）
- ヤシャビシャク：Ribes ambiguum：ユキノシタ科：青森、岩手、宮城、秋田、山形、
　　　福島、栃木、群馬、東京、神奈川、新潟、富山、石川、福井、山梨、長野、岐阜、
　　　静岡、愛知、滋賀、兵庫、和歌山、鳥取、岡山、広島、山口、徳島、高知、福岡、
　　　熊本、大分、宮崎、（茨城、埼玉、三重、京都、奈良、島根、愛媛、鹿児島）
- センダイソウ：Saxifraga sendaica：ユキノシタ科：奈良、和歌山、徳島、高知、福岡、
　　　長崎、熊本、宮崎、（三重、愛媛、大分）
- ハハジマトベラ：Pittosporum beecheyi：トベラ科：（東京）
- チョウセンキンミズヒキ：Agrimonia coreana：バラ科：宮城、群馬、千葉、東京、
　　　神奈川、長野、滋賀、宮崎、（岩手、埼玉）
- ハゴロモグサ：Alchemilla japonica：バラ科：北海道、富山、山梨、長野、（静岡）
- テンノウメ：Osteomeles anthyllidifolia：バラ科：鹿児島、沖縄
- シマカナメモチ：Photinia wrightiana：バラ科：東京、沖縄、（鹿児島）
- ツチグリ：Potentilla discolor：バラ科：岐阜、兵庫、山口、香川、福岡、大分、
　　　宮崎、（愛知、大阪、広島、長崎、熊本）
- キンロバイ s.l.：Potentilla fruticosa：バラ科：北海道、岩手、宮城、山形、群馬、
　　　山梨、長野、徳島、（秋田、東京、静岡、三重、奈良）
- ユウバリキンバイ：Potentilla matsumurae var. yuparensis：バラ科：北海道
- ウラジロキンバイ：Potentilla nivea var. camtschatica：バラ科：北海道、富山、山梨、
　　　長野、静岡
- サンショウバラ：Rosa hirtula：バラ科：神奈川、山梨、静岡
- キイシモツケ：Spiraea nipponica var. ogawae：バラ科：和歌山
- ホザキシモツケ：Spiraea salicifolia：バラ科：北海道、岩手、栃木、長野
- カラフトゲンゲ s.l.：Hedysarum hedysaroides：マメ科：（北海道）
- クロバナキハギ：Lespedeza bicolor var. melanantha：マメ科：愛知、熊本
- イヌハギ：Lespedeza tomentosa：マメ科：青森、岩手、宮城、秋田、山形、福島、
　　　埼玉、千葉、東京、神奈川、新潟、富山、石川、山梨、長野、静岡、愛知、滋賀、
　　　京都、大阪、兵庫、岡山、広島、山口、徳島、香川、愛媛、高知、福岡、佐賀、
　　　長崎、熊本、宮崎、（茨城、栃木、群馬、岐阜、和歌山、鹿児島、沖縄）
- ヒダカミヤマノエンドウ：Oxytropis hidaka-montana：マメ科：（北海道）
- イソフジ：Sophora tomentosa：マメ科：鹿児島、沖縄
- ヤクシマカワゴロモ：Hydrobryum puncticulatum：カワゴケソウ科：（鹿児島）
- オオヤマカタバミ：Oxalis obtriangulata：カタバミ科：栃木、群馬、埼玉、東京、
　　　長野、愛知、徳島、大分、（山梨、愛媛、熊本、宮崎）
- カイフウロ：Geranium shikokianum var. kai-montanum：フウロソウ科：群馬、山梨、長野、
　　　（埼玉）
- ハツバキ：Drypetes integerrima：トウダイグサ科：（東京）
- ノウルシ：Euphorbia adenochlora：トウダイグサ科：北海道、青森、岩手、宮城、秋田、
　　　山形、茨城、栃木、群馬、千葉、新潟、富山、石川、長野、静岡、滋賀、京都、
　　　大阪、兵庫、岡山、佐賀、（福島、埼玉、東京、神奈川、福井、岐阜、三重、

- 　　　　福岡、熊本）
- ボロジノニシキソウ：Euphorbia sparrmanni：トウダイグサ科：（沖縄）
- タチバナ：Citrus tachibana：ミカン科：静岡、愛知、和歌山、山口、徳島、愛媛、
  　　　　高知、長崎、熊本、大分、宮崎、鹿児島、（三重、福岡）
- クスノハカエデ：Acer oblongum var. itoanum：カエデ科：鹿児島、沖縄
- ハナノキ：Acer pycnanthum：カエデ科：長野、岐阜、愛知
- ムニンイヌツゲ：Ilex matanoana：モチノキ科：（東京）
- シマモチ：Ilex mertensii：モチノキ科：（東京）
- アオツリバナ：Euonymus yakushimensis：ニシキギ科：宮崎、（鹿児島）
- ハリツルマサキ：Maytenus diversifolia：ニシキギ科：鹿児島、沖縄
- コバノクロヅル：Tripterygium doianum：ニシキギ科：熊本、宮崎、（鹿児島）
- チョウセンヒメツゲ：Buxus microphylla var. insularis：ツゲ科：岡山、広島、徳島
- ヤエヤマハマナツメ：Colubrina asiatica：クロウメモドキ科：沖縄
- リュウキュウクロウメモドキ：Rhamnus liukiuensis：クロウメモドキ科：鹿児島、沖縄
- キビノクロウメモドキ：Rhamnus yoshinoi：クロウメモドキ科：岡山、広島、徳島、
  　　　　高知、福岡、熊本、宮崎
- シラガブドウ：Vitis amurensis var. shiragai：ブドウ科：岡山
- チョウセンナニワズ：Daphne pseudo-mezereum var. koreana：ジンチョウゲ科：群馬、
  　　　　東京、山梨、長野、静岡、滋賀、徳島、高知、（埼玉、奈良）
- サクラガンピ：Diplomorpha pauciflora：ジンチョウゲ科：神奈川、静岡
- ムニンアオガンピ：Wikstroemia pseudoretusa：ジンチョウゲ科：（東京）
- ハコネグミ：Elaeagnus matsunoana var. hypostellata：グミ科：神奈川、静岡、（山梨）
- チシマウスバスミレ：Viola blandaeformis var. pilosa：スミレ科：北海道、福島、群馬、
  　　　　長野、（岩手）
- オオバタチツボスミレ：Viola kamtschadalorum：スミレ科：北海道、青森、岩手、福島、
  　　　　群馬、新潟、長野
- キスミレ：Viola orientalis：スミレ科：山梨、静岡、愛知、愛媛、高知、熊本、大分、
  　　　　宮崎、（長野、島根、広島、佐賀、鹿児島）
- アポイタチツボスミレ：Viola sachalinensis var. alpina：スミレ科：北海道
- イシガキスミレ：Viola tashiroi var. tairae：スミレ科：（沖縄）
- コウトウシュウカイドウ：Begonia fenicis：シュウカイドウ科：（沖縄）
- シマサルスベリ：Lagerstroemia subcostata：ミソハギ科：東京、鹿児島
- ミズマツバ：Rotala pusilla：ミソハギ科：宮城、秋田、福島、栃木、群馬、埼玉、
  　　　　千葉、東京、神奈川、新潟、富山、長野、岐阜、静岡、愛知、大阪、和歌山、
  　　　　岡山、広島、山口、香川、愛媛、佐賀、長崎、熊本、大分、宮崎、鹿児島、
  　　　　（岩手、山形、茨城、福井、奈良、徳島、福岡、沖縄）
- ヒメビシ：Trapa incisa：ヒシ科：宮城、秋田、山形、福島、茨城、石川、福井、
  　　　　山梨、長野、岐阜、静岡、愛知、滋賀、奈良、和歌山、岡山、徳島、香川、高知、
  　　　　福岡、熊本、大分、（群馬、埼玉、新潟、富山、京都、大阪、兵庫、鳥取、佐賀、
  　　　　宮崎）
- ヒメフトモモ：Syzygium cleyeraefolium：フトモモ科：（東京）
- コバノミヤマノボタン：Bredia okinawensis：ノボタン科：沖縄
- ハハジマノボタン：Melastoma pentapetalum：ノボタン科：（東京）
- トダイアカバナ：Epilobium formosanum：アカバナ科：神奈川、長野、徳島、高知、
  　　　　宮崎、（埼玉、山梨、滋賀、広島）
- オオアカバナ：Epilobium hirsutum var. villosum：アカバナ科：青森、福島、（新潟、
  　　　　石川）
- ウスゲチョウジタデ：Ludwigia greatrexii：アカバナ科：千葉、神奈川、福井、静岡、
  　　　　長崎、鹿児島、（埼玉、徳島、香川、沖縄）
- オグラノフサモ：Myriophyllum oguraense：アリノトウグサ科：宮城、兵庫、岡山、

香川、宮崎、（青森、茨城、群馬、新潟、滋賀、京都、大阪、奈良、島根、広島、
　　　山口、鹿児島）
・ヤエヤマヤマボウシ：Cornus hongkongensis：ミズキ科：（沖縄）
・ムニンヤツデ：Fatsia oligocarpela：ウコギ科：（東京）
・ヒュウガトウキ：Angelica furcijuga：セリ科：大分、宮崎
・ホソバトウキ：Angelica stenoloba：セリ科：北海道
・ミシマサイコ：Bupleurum scorzoneraefolium var. stenophyllum：セリ科：宮城、栃木、
　　　群馬、千葉、神奈川、静岡、愛知、大阪、兵庫、鳥取、岡山、広島、山口、徳島、
　　　香川、愛媛、高知、福岡、熊本、大分、宮崎、鹿児島、（福島、茨城、東京、
　　　富山、石川、山梨、三重、滋賀、京都、奈良、和歌山、佐賀、長崎）
・ツルギハナウド：Heracleum moellendorffii var. tsurugisanense：セリ科：徳島、高知
・チシマツガザクラ：Bryanthus gmelinii：ツツジ科：北海道、青森、岩手
・ヤクシマヨウラクツツジ：Menziesia yakushimensis：ツツジ科：鹿児島
・エゾムラサキツツジ：Rhododendron dauricum：ツツジ科：北海道
・ナンゴクミツバツツジ：Rhododendron kiyosmense ssp. mayebarae：ツツジ科：熊本、大分、
　　　宮崎
・オオスミミツバツツジ：Rhododendron kiyosmense ssp. mayebarae var. ohsumiense：
　　　ツツジ科：宮崎、（鹿児島）
・アシタカツツジ：Rhododendron komiyamae：ツツジ科：山梨、静岡
・ホソバシャクナゲ：Rhododendron makinoi：ツツジ科：静岡、愛知
・ゲンカイツツジ：Rhododendron mucronulatum var. ciliatum：ツツジ科：鳥取、岡山、
　　　広島、山口、愛媛、福岡、長崎、熊本、大分、（島根）
・キリシマミツバツツジ：Rhododendron nudipes var. kirishimense：ツツジ科：宮崎
・ウラジロミツバツツジ：Rhododendron osuzuyamense：ツツジ科：宮崎
・サカイツツジ：Rhododendron parvifolium：ツツジ科：（北海道）
・ツクシアケボノツツジ：Rhododendron pentaphyllum var. villosum：ツツジ科：熊本、宮崎
・ケラマツツジ：Rhododendron scabrum：ツツジ科：鹿児島、沖縄
・ヤクシマヤマツツジ：Rhododendron yakuinsulare：ツツジ科：（鹿児島）
・ハコネコメツツジ：Tsusiophyllum tanakae：ツツジ科：群馬、神奈川、山梨、長野、
　　　静岡、（埼玉、東京）
・ヒメツルコケモモ：Vaccinium microcarpum：ツツジ科：北海道、群馬、長野、（青森、
　　　福島）
・ナガボナツハゼ：Vaccinium sieboldii：ツツジ科：静岡、愛知
・ヒダカイワザクラ：Primula hidakana：サクラソウ科：北海道
・コイワザクラ：Primula reinii：サクラソウ科：群馬、神奈川、山梨、長野、静岡、
　　　（東京）
・クモイコザクラ：Primula reinii var. kitadakensis：サクラソウ科：山梨、長野、
　　　（埼玉、静岡）
・サクラソウ：Primula sieboldii：サクラソウ科：北海道、青森、岩手、宮城、福島、
　　　栃木、群馬、埼玉、山梨、長野、岐阜、静岡、鳥取、岡山、広島、熊本、大分、
　　　宮崎、鹿児島、（山形、茨城、東京、神奈川、石川、福井、三重、滋賀、兵庫、
　　　和歌山、島根、福岡）
・ソラチコザクラ：Primula sorachiana：サクラソウ科：北海道
・テシオコザクラ：Primula takedana：サクラソウ科：北海道
・シナノコザクラ：Primula tosaensis var. brachycarpa：サクラソウ科：長野、静岡
・ハイハマボッス：Samolus parviflorus：サクラソウ科：北海道、青森、宮城、秋田、
　　　山形、千葉、新潟、長野、山口、（岩手、福井、滋賀、兵庫）
・ハマサジ：Limonium tetragonum：イソマツ科：宮城、福島、愛知、大阪、兵庫、
　　　和歌山、岡山、広島、山口、徳島、香川、愛媛、高知、福岡、佐賀、長崎、熊本、
　　　大分、宮崎、（富山、静岡、三重、鹿児島）

- イソマツ：Limonium wrightii：イソマツ科：東京、鹿児島、沖縄
- キバナイソマツ：Limonium wrightii var. luteum：イソマツ科：鹿児島
- コバノアカテツ：Planchonella obovata var. dubia：アカテツ科：（東京、沖縄）
- ヤワラケガキ：Diospyros eriantha：カキノキ科：（沖縄）
- ムニンクロキ：Symplocos boninensis：ハイノキ科：（東京）
- ミヤマシロバイ：Symplocos confusa：ハイノキ科：鹿児島、沖縄
- ヒトツバタゴ：Chionanthus retusus：モクセイ科：長野、岐阜、愛知、長崎
- オキナワソケイ：Jasminum superfluum：モクセイ科：鹿児島、沖縄
- トゲイボタ：Ligustrum tamakii：モクセイ科：（沖縄）
- オガサワラモクレイシ：Geniostoma glabra：マチン科：東京
- コヒナリンドウ：Gentiana aquatica var. laeviuscula：リンドウ科：長野、（山梨、静岡）
- イイデリンドウ：Gentiana nipponica var. robusta：リンドウ科：山形、福島、（新潟）
- リュウキュウコケリンドウ：Gentiana squarrosa var. liukiuensis：リンドウ科：鹿児島
- イヌセンブリ：Swertia diluta var. tosaensis：リンドウ科：岩手、宮城、秋田、福島、栃木、千葉、神奈川、新潟、静岡、愛知、滋賀、京都、大阪、兵庫、和歌山、岡山、広島、山口、徳島、香川、高知、福岡、佐賀、長崎、熊本、大分、宮崎、鹿児島、（山形、茨城、群馬、埼玉、東京、富山、石川、長野、三重、奈良、愛媛）
- ムラサキセンブリ：Swertia pseudochinensis：リンドウ科：栃木、千葉、東京、神奈川、福井、山梨、長野、静岡、滋賀、兵庫、和歌山、岡山、広島、山口、香川、高知、福岡、佐賀、長崎、熊本、大分、宮崎、（青森、岩手、福島、群馬、大阪、奈良、鹿児島）
- ヒメシロアサザ：Nymphoides coreana：ミツガシワ科：宮城、栃木、埼玉、静岡、愛知、和歌山、岡山、長崎、大分、宮崎、沖縄、（岩手、群馬、三重、奈良、徳島、香川、福岡）
- ガガブタ：Nymphoides indica：ミツガシワ科：宮城、茨城、千葉、新潟、石川、岐阜、静岡、愛知、滋賀、兵庫、和歌山、岡山、広島、徳島、香川、高知、福岡、熊本、大分、宮崎、（秋田、山形、福島、栃木、群馬、神奈川、富山、福井、三重、京都、大阪、奈良、鳥取、島根、愛媛、鹿児島）
- アサザ：Nymphoides peltata：ミツガシワ科：青森、宮城、秋田、福島、茨城、埼玉、千葉、長野、静岡、愛知、滋賀、大阪、兵庫、和歌山、岡山、山口、徳島、香川、佐賀、大分、（岩手、山形、栃木、群馬、神奈川、新潟、富山、石川、福井、三重、京都、奈良、鳥取、島根、愛媛、高知、福岡、長崎、熊本、宮崎）
- チョウジソウ：Amsonia elliptica：キョウチクトウ科：北海道、青森、宮城、秋田、山形、福島、栃木、埼玉、新潟、石川、福井、静岡、兵庫、和歌山、山口、徳島、福岡、大分、宮崎、（岩手、茨城、群馬、神奈川、富山、岐阜、三重、滋賀、大阪、奈良、島根、岡山、広島）
- イシダテクサタチバナ：Cynanchum calcareum：ガガイモ科：徳島、高知
- クサナギオゴケ：Cynanchum katoi：ガガイモ科：千葉、岐阜、静岡、愛知、兵庫、徳島、高知、（山梨）
- スズサイコ：Cynanchum paniculatum：ガガイモ科：北海道、青森、岩手、宮城、秋田、山形、福島、栃木、群馬、千葉、東京、神奈川、新潟、石川、福井、山梨、長野、岐阜、静岡、愛知、滋賀、京都、大阪、兵庫、奈良、和歌山、鳥取、岡山、広島、山口、徳島、香川、高知、福岡、佐賀、長崎、熊本、大分、宮崎、鹿児島、（茨城、埼玉、富山）
- エゾキヌタソウ：Galium boreale var. kamtschaticum：アカネ科：北海道
- エゾムグラ：Galium dahuricum var. manshuricum：アカネ科：（北海道）
- ヤブムグラ：Galium niewerthii：アカネ科：東京、神奈川、（茨城、千葉）
- オガサワラクチナシ：Gardenia boninensis：アカネ科：（東京）

付録4　植物版レッドリスト

- マルバシマザクラ：Hedyotis mexicana：アカネ科：（東京）
- ハハジマハナガサノキ：Morinda umbellata var. hahazimensis：アカネ科：（東京）
- オガサワラボチョウジ：Psychotria homalosperma：アカネ科：（東京）
- カラフトハナシノブ：Polemonium coeruleum ssp. laxiflorum：ハナシノブ科：（北海道）
- エゾハナシノブ：Polemonium coeruleum ssp. yezoense：ハナシノブ科：北海道、青森
- ミヤマハナシノブ：Polemonium coeruleum ssp. yezoense var. nipponicum：ハナシノブ科：北海道、富山、山梨、（静岡）
- オオバケアサガオ：Lepistemon binectariferum var. trichocarpum：ヒルガオ科：（沖縄）
- ツルカメバソウ：Trigonotis icumae：ムラサキ科：青森、岩手、群馬、長野、（宮城、埼玉）
- ホウライムラサキ：Callicarpa formosana：クマツヅラ科：（沖縄）
- ビロードムラサキ：Callicarpa kochiana：クマツヅラ科：高知、（三重、鹿児島）
- トサムラサキ：Callicarpa shikokiana：クマツヅラ科：高知、（広島、徳島、愛媛、長崎、鹿児島）
- ダンギク：Caryopteris incana：クマツヅラ科：長崎
- チシマミズハコベ：Callitriche hermaphroditica：アワゴケ科：（北海道）
- ケサヤバナ：Coleus formosanus：シソ科：（沖縄）
- ミズネコノオ：Eusteralis stellata：シソ科：栃木、埼玉、千葉、東京、福井、愛知、和歌山、徳島、高知、福岡、佐賀、長崎、熊本、大分、宮崎、鹿児島、（宮城、茨城、群馬、神奈川、富山、石川、静岡、三重、滋賀、兵庫、広島、山口、香川、愛媛）
- ミズトラノオ：Eusteralis yatabeana：シソ科：栃木、千葉、新潟、福井、静岡、愛知、滋賀、兵庫、徳島、長崎、大分、宮崎、鹿児島、（宮城、山形、福島、茨城、群馬、東京、三重、京都、大阪、奈良、岡山、福岡、佐賀、熊本）
- マネキグサ：Lamium ambiguum：シソ科：群馬、神奈川、石川、長野、岐阜、静岡、愛知、滋賀、京都、大阪、奈良、和歌山、広島、徳島、高知、福岡、（栃木、埼玉、山梨、岡山、山口、香川、大分）
- キセワタ：Leonurus macranthus：シソ科：青森、岩手、宮城、秋田、山形、福島、栃木、群馬、千葉、東京、神奈川、新潟、富山、山梨、長野、岐阜、静岡、滋賀、兵庫、鳥取、岡山、山口、福岡、佐賀、長崎、熊本、大分、宮崎、（茨城、埼玉、石川、福井、広島、香川、高知、鹿児島）
- ヒメハッカ：Mentha japonica：シソ科：北海道、宮城、福島、茨城、栃木、千葉、山梨、静岡、和歌山、（青森、岩手、群馬、埼玉、東京、神奈川、愛知、熊本）
- ヤマジソ：Mosla japonica：シソ科：青森、宮城、秋田、福島、栃木、群馬、千葉、東京、神奈川、新潟、福井、長野、静岡、愛知、兵庫、和歌山、岡山、山口、高知、長崎、大分、宮崎、鹿児島、（岩手、山形、茨城、埼玉、滋賀、大阪、徳島、香川、愛媛、福岡、佐賀、熊本）
- シマジタムラソウ：Salvia isensis：シソ科：静岡、愛知、（三重）
- ヤエヤマスズコウジュ：Suzukia luchuensis：シソ科：沖縄
- キクガラクサ：Ellisiophyllum pinnatum var. reptans：ゴマノハグサ科：兵庫、岡山、広島、徳島、香川、愛媛、高知、（埼玉、京都）
- オオアブノメ：Gratiola japonica：ゴマノハグサ科：宮城、福島、栃木、埼玉、千葉、静岡、愛知、岡山、福岡、佐賀、熊本、宮崎、（群馬、富山、長野、三重、滋賀、京都、大阪、兵庫、和歌山、広島、徳島、長崎、大分、鹿児島）
- エナシシソクサ：Limnophila fragrans：ゴマノハグサ科：沖縄
- コキクモ：Limnophila indica：ゴマノハグサ科：群馬、岡山、（福岡）
- タカネママコナ：Melampyrum laxum var. arcuatum：ゴマノハグサ科：栃木、群馬、山梨、長野、（埼玉）
- ネムロシオガマ：Pedicularis schistostegia：ゴマノハグサ科：（北海道）
- サンイントラノオ：Pseudolysimachion ogurae：ゴマノハグサ科：（島根）

- トウテイラン：Pseudolysimachion ornatum：ゴマノハグサ科：京都、鳥取、（兵庫、島根）
- エゾミヤマクワガタ：Pseudolysimachion schmidtianum var. yezo-alpinum：ゴマノハグサ科：（北海道）
- ルリトラノオ：Pseudolysimachion subsessile：ゴマノハグサ科：岐阜、滋賀
- オオヒキヨモギ：Siphonostegia laeta：ゴマノハグサ科：栃木、福井、岐阜、静岡、愛知、大阪、兵庫、奈良、和歌山、岡山、徳島、香川、（茨城、埼玉、東京、長野）
- グンバイヅル：Veronica onoei：ゴマノハグサ科：群馬、長野、（栃木）
- イヌノフグリ：Veronica polita var. lilacina：ゴマノハグサ科：宮城、山形、福島、茨城、栃木、群馬、埼玉、千葉、東京、神奈川、石川、山梨、長野、岐阜、静岡、愛知、京都、大阪、兵庫、奈良、和歌山、岡山、広島、山口、徳島、香川、愛媛、高知、福岡、熊本、大分、宮崎、沖縄、（青森、岩手、秋田、新潟、佐賀、長崎、鹿児島）
- エゾヒメクワガタ：Veronica stelleri var. longistyla：ゴマノハグサ科：北海道
- マツムラソウ：Titanotrichum oldhamii：イワタバコ科：沖縄
- コウシンソウ：Pinguicula ramosa：タヌキモ科：栃木、群馬
- タヌキモ：Utricularia australis：タヌキモ科：北海道、青森、岩手、宮城、秋田、山形、福島、茨城、栃木、群馬、埼玉、千葉、東京、神奈川、新潟、石川、福井、山梨、長野、静岡、愛知、三重、京都、大阪、兵庫、和歌山、鳥取、岡山、山口、徳島、高知、佐賀、熊本、大分、鹿児島、沖縄、（岐阜、奈良、福岡、長崎）
- ヒメタヌキモ：Utricularia minor：タヌキモ科：北海道、青森、岩手、宮城、秋田、山形、福島、栃木、群馬、新潟、長野、愛知、大阪、兵庫、岡山、広島、山口、香川、佐賀、（茨城、石川、静岡、三重、滋賀、京都、和歌山）
- ムラサキミミカキグサ：Utricularia uliginosa：タヌキモ科：北海道、青森、岩手、宮城、秋田、山形、福島、茨城、栃木、群馬、千葉、神奈川、新潟、富山、石川、福井、長野、岐阜、静岡、愛知、三重、滋賀、兵庫、奈良、鳥取、岡山、広島、山口、香川、福岡、佐賀、長崎、熊本、大分、宮崎、（東京、京都、大阪、高知、鹿児島）
- ハマジンチョウ：Myoporum bontioides：ハマジンチョウ科：長崎、熊本、鹿児島、沖縄
- ウスバヒョウタンボク：Lonicera cerasina：スイカズラ科：大阪、兵庫、和歌山、岡山、広島、山口、徳島、香川、愛媛、高知、大分、（三重、奈良、熊本）
- チシマヒョウタンボク：Lonicera chamissoi：スイカズラ科：北海道、富山、山梨、長野、静岡、（青森、秋田）
- ベニバナヒョウタンボク：Lonicera maximowiczii var. sachalinensis：スイカズラ科：北海道、青森
- オニヒョウタンボク：Lonicera vidalii：スイカズラ科：群馬、長野、岡山、広島、（福島、島根）
- トキワガマズミ：Viburnum boninsimense：スイカズラ科：（東京）
- イワツクバネウツギ：Zabelia integrifolia：スイカズラ科：群馬、山梨、静岡、愛知、滋賀、兵庫、奈良、和歌山、岡山、広島、山口、徳島、愛媛、高知、福岡、熊本、大分、（茨城、栃木、埼玉、岐阜、三重）
- シマキンレイカ：Patrinia triloba var. kozushimensis：オミナエシ科：（東京）
- シラトリシャジン：Adenophora pereskiaefolia var. uryuensis：キキョウ科：北海道
- シライワシャジン：Adenophora teramotoi：キキョウ科：（長野）
- ツルギキョウ：Campanumoea maximowiczii：キキョウ科：栃木、千葉、東京、岐阜、静岡、和歌山、徳島、高知、福岡、佐賀、長崎、熊本、大分、（茨城、群馬、神奈川、三重、大阪、山口、宮崎、鹿児島）
- オオハマギキョウ：Lobelia boninensis：キキョウ科：東京
- マルバハタケムシロ：Lobelia loochooensis：キキョウ科：鹿児島、（沖縄）

・マルバミゾカクシ：Lobelia zeylanica：キキョウ科：（沖縄）
・キキョウ：Platycodon grandiflorum：キキョウ科：北海道、青森、岩手、宮城、秋田、
　　山形、福島、栃木、群馬、埼玉、千葉、東京、神奈川、富山、石川、福井、山梨、
　　長野、岐阜、静岡、愛知、滋賀、京都、大阪、兵庫、奈良、和歌山、鳥取、岡山、
　　山口、徳島、香川、愛媛、高知、福岡、佐賀、長崎、熊本、大分、鹿児島、
　　（茨城、新潟、島根、広島、宮崎）
・ホロマンノコギリソウ：Achillea alpina ssp. japonica：キク科：北海道、青森、
　　（岩手、秋田、山形）
・アソノコギリソウ：Achillea alpina ssp. subcartilaginea：キク科：福岡、熊本、大分、
　　宮崎
・ナガバハグマ：Ainsliaea macroclinidioides var. oblonga：キク科：鹿児島、沖縄
・トダイハハコ：Anaphalis sinica var. pernivea：キク科：山梨、長野
・オニオトコヨモギ：Artemisia congesta：キク科：（北海道、青森）
・ハハコヨモギ：Artemisia glomerata：キク科：山梨、長野
・イワヨモギ：Artemisia iwayomogi：キク科：北海道、長野、岐阜、岡山、愛媛、大分、
　　（新潟）
・キタダケヨモギ：Artemisia kitadakensis：キク科：山梨、長野、静岡
・マシュウヨモギ：Artemisia koidzumii var. tsuneoi：キク科：（北海道）
・ヤブヨモギ：Artemisia rubripes：キク科：北海道、熊本、大分
・タテヤマギク：Aster dimorphophyllus：キク科：東京、神奈川、静岡、（山梨）
・ヒゴシオン：Aster maackii：キク科：熊本、大分
・オキナワギク：Aster miyagii：キク科：鹿児島、沖縄
・シオン：Aster tataricus：キク科：福井、岐阜、香川、福岡、熊本、大分、宮崎、
　　（埼玉、長野、岡山、広島）
・ウラギク：Aster tripolium：キク科：千葉、東京、神奈川、静岡、愛知、大阪、兵庫、
　　和歌山、鳥取、岡山、広島、山口、徳島、香川、愛媛、高知、福岡、佐賀、長崎、
　　大分、宮崎、（鹿児島）
・ヒメコウモリソウ：Cacalia shikokiana：キク科：和歌山、徳島、高知、熊本
・チョウカイアザミ：Cirsium chokaiense：キク科：秋田、山形
・コイブキアザミ：Cirsium confertissimum：キク科：岐阜、滋賀
・ガンジュアザミ：Cirsium ganjuense：キク科：岩手
・ヒダアザミ：Cirsium hidaense：キク科：福井、長野、岐阜
・オゼヌマアザミ：Cirsium homolepis：キク科：福島、群馬
・カツラカワアザミ：Cirsium lucens var. opacum：キク科：滋賀
・サツマアザミ：Cirsium sieboldii ssp. austrokiushianum：キク科：熊本、大分、（宮崎、
　　鹿児島）
・ワタムキアザミ：Cirsium tashiroi：キク科：長野、静岡、愛知、滋賀、（三重）
・イズハハコ：Conyza japonica：キク科：群馬、神奈川、静岡、愛知、奈良、和歌山、
　　山口、徳島、愛媛、高知、長崎、熊本、大分、宮崎、沖縄、（山梨、長野、兵庫、
　　広島、福岡、佐賀、鹿児島）
・エゾタカネニガナ：Crepis gymnopus：キク科：北海道
・モクビャクコウ：Crossostephium chinense：キク科：東京、鹿児島、沖縄
・ワカサハマギク：Dendranthema japonicum var. wakasaense：キク科：福井、京都、兵庫、
　　鳥取
・ナカガワノギク：Dendranthema yoshinaganthum：キク科：徳島
・イワギク：Dendranthema zawadskii：キク科：岩手、石川、福井、岐阜、滋賀、愛媛、
　　高知、熊本、大分、宮崎、（群馬、奈良、岡山）
・ワダンノキ：Dendrocacalia crepidifolia：キク科：（東京）
・フジバカマ：Eupatorium japonicum：キク科：宮城、福島、栃木、群馬、埼玉、千葉、
　　東京、富山、石川、福井、岐阜、静岡、愛知、滋賀、大阪、兵庫、岡山、徳島、

香川、高知、熊本、（秋田、茨城、山梨、長野、京都、奈良、和歌山、広島、福岡、佐賀）
- ヤクシマヒヨドリ：Eupatorium yakushimense：キク科：（鹿児島）
- リュウキュウツワブキ：Farfugium japonicum var. luchuense：キク科：鹿児島、沖縄
- ブゼンノギク：Heteropappus hispidus ssp. koidzumianus：キク科：佐賀、大分、（福岡）
- ヤナギノギク：Heteropappus hispidus ssp. leptocladus：キク科：高知、（宮崎）
- ホソバオグルマ：Inula linariaefolia：キク科：栃木、千葉、山口、高知、佐賀、熊本、大分、宮崎、（茨城、群馬、埼玉、福井、三重、徳島、福岡、鹿児島）
- タカサゴソウ：Ixeris chinensis ssp. strigosa：キク科：青森、岩手、宮城、秋田、神奈川、長野、静岡、兵庫、岡山、山口、香川、福岡、長崎、大分、宮崎、（山形、福島、茨城、栃木、群馬、埼玉、岐阜、三重、滋賀、大阪、奈良、和歌山、広島、徳島、高知、佐賀、熊本、鹿児島）
- イソニガナ：Ixeris dentata ssp. nipponica：キク科：（新潟）
- ヤナギニガナ：Ixeris laevigata var. oldhami：キク科：宮崎、沖縄
- ツルワダン：Ixeris longirostrata：キク科：（東京）
- カワラニガナ：Ixeris tamagawaensis：キク科：宮城、山形、福島、栃木、埼玉、千葉、東京、神奈川、新潟、長野、静岡、（岩手、茨城、群馬、岐阜）
- ホソバヒナウスユキソウ：Leontopodium fauriei var. angustifolium：キク科：群馬
- アソタカラコウ：Ligularia fischeri var. takeyukii：キク科：熊本、宮崎
- オオニガナ：Prenanthes tanakae：キク科：青森、岩手、宮城、秋田、山形、福島、栃木、群馬、埼玉、千葉、新潟、富山、石川、福井、長野、滋賀、（茨城、東京、神奈川、京都）
- ミヤマキタアザミ：Saussurea franchetii：キク科：宮城、秋田、山形、（岩手、新潟）
- ネコヤマヒゴタイ：Saussurea modesta：キク科：長野、岐阜、静岡、兵庫、岡山、広島
- ヒメヒゴタイ：Saussurea pulchella：キク科：岩手、宮城、秋田、山形、栃木、東京、神奈川、新潟、石川、福井、山梨、長野、岐阜、静岡、愛知、滋賀、兵庫、和歌山、鳥取、広島、山口、徳島、香川、高知、福岡、佐賀、長崎、大分、（福島、茨城、群馬、三重、京都、大阪、岡山、宮崎）
- ヒダカトウヒレン：Saussurea riederi ssp. kudoana：キク科：（北海道）
- コウリンカ：Senecio flammeus var. glabrifolius：キク科：福島、栃木、群馬、東京、神奈川、山梨、長野、静岡、兵庫、鳥取、岡山、広島、（茨城、埼玉、新潟、京都）
- タイキンギク：Senecio scandens：キク科：和歌山、徳島、高知
- タカネコウリンカ：Senecio takedanus：キク科：富山、山梨、長野、静岡
- コケタンポポ：Solenogyne mikadoi：キク科：鹿児島、沖縄
- クサノオウバノギク：Youngia chelidoniifolia：キク科：栃木、山梨、三重、奈良、徳島、愛媛、高知、（群馬、埼玉、東京、大阪、熊本、大分）
- マルバオモダカ：Caldesia reniformis：オモダカ科：北海道、青森、宮城、秋田、福島、新潟、愛知、大阪、兵庫、広島、香川、熊本、大分、鹿児島、（岩手、山形、茨城、栃木、群馬、千葉、神奈川、富山、福井、山梨、静岡、三重、滋賀、京都、奈良、岡山、徳島、高知、福岡）
- マルミスブタ：Blyxa aubertii：トチカガミ科：青森、大阪、兵庫、広島、長崎、沖縄、（秋田、福島、茨城、群馬、新潟、静岡、愛知、滋賀、京都、和歌山、岡山、山口、徳島、高知、福岡、熊本、鹿児島）
- スブタ：Blyxa echinosperma：トチカガミ科：宮城、秋田、山形、福島、栃木、千葉、富山、岐阜、静岡、愛知、兵庫、和歌山、岡山、広島、山口、徳島、高知、佐賀、長崎、熊本、大分、宮崎、（岩手、茨城、群馬、新潟、石川、福井、長野、三重、滋賀、京都、大阪、奈良、島根、香川、福岡、鹿児島、沖縄）
- ヒラモ：Vallisneria higoensis：トチカガミ科：熊本
- シバナ：Triglochin maritimum：ホロムイソウ（シバナ）科：北海道、秋田、石川、愛知、

付録4　植物版レッドリスト

　　　　兵庫、和歌山、岡山、広島、山口、徳島、香川、愛媛、高知、福岡、佐賀、長崎、
　　　　熊本、大分、宮崎、鹿児島、（青森、岩手、宮城、福島、茨城、千葉、神奈川、
　　　　静岡、三重）
・オオシバナ：Triglochin maritimum ：ホロムイソウ科：青森、宮城、福島
・ホソバヒルムシロ：Potamogeton alpinus ：ヒルムシロ科：北海道、青森、宮城、長野、
　　　　（岩手、山形）
・リュウノヒゲモ：Potamogeton pectinatus ：ヒルムシロ科：青森、宮城、神奈川、長野、
　　　　愛知、和歌山、鳥取、岡山、広島、徳島、愛媛、長崎、大分、（北海道、岩手、
　　　　秋田、山形、福島、茨城、栃木、千葉、石川、福井、静岡、三重、島根、山口、
　　　　高知、福岡、熊本、鹿児島）
・イトモ：Potamogeton pusilla ：ヒルムシロ科：北海道、宮城、福島、栃木、群馬、
　　　　千葉、神奈川、福井、山梨、長野、岐阜、静岡、愛知、大阪、兵庫、和歌山、
　　　　岡山、広島、山口、福岡、熊本、大分、宮崎、（青森、岩手、秋田、山形、茨城、
　　　　埼玉、東京、富山、石川、滋賀、京都、香川、長崎）
・イトクズモ：Zannichellia palustris var．indica ：ヒルムシロ（イトクズモ）科：宮城、
　　　　神奈川、鳥取、岡山、広島、徳島、熊本、大分、（北海道、青森、秋田、千葉、
　　　　長野、大阪、島根、山口、宮崎）
・ウエマツソウ：Sciaphila tosaensis ：ホンゴウソウ科：東京、静岡、京都、和歌山、
　　　　広島、徳島、愛媛、高知、宮崎、（大分、鹿児島、沖縄）
・シブツアサツキ：Allium schoenoprasum var．shibutuense ：ユリ科：群馬
・キイイトラッキョウ：Allium virgunculae var．kiiense ：ユリ科：岐阜、愛知、和歌山、
　　　　（山口）
・ステゴビル：Caloscordum inutile ：ユリ科：宮城、栃木、埼玉、東京、福井、岐阜、
　　　　愛知、滋賀、広島、（茨城、群馬、静岡、京都、兵庫、岡山）
・クロヒメシライトソウ：Chionographis japonica var．kurohimensis ：ユリ科：秋田、新潟、
　　　　（山形）
・ホソバナコバイモ：Fritillaria amabilis ：ユリ科：岡山、広島、福岡、佐賀、長崎、
　　　　大分、宮崎、（山口、熊本）
・ミノコバイモ：Fritillaria japonica ：ユリ科：福井、岐阜、岡山、（石川、静岡、
　　　　愛知、三重、滋賀、兵庫）
・エゾヒメアマナ：Gagea vaginata ：ユリ科：（北海道）
・ヒメショウジョウバカマ：Heloniopsis kawanoi ：ユリ科：鹿児島、沖縄
・オゼソウ：Japonolirion osense ：ユリ科：北海道、群馬
・ヤマスカシユリ：Lilium maculatum var．monticola ：ユリ科：岩手、宮城、秋田、山形、
　　　　福島、長野、（新潟）
・タキユリ：Lilium speciosum var．clivorum ：ユリ科：徳島、高知、長崎
・キバナノホトトギス：Tricyrtis flava ：ユリ科：宮崎
・タイワンホトトギス：Tricyrtis formosana ：ユリ科：（沖縄）
・コジマエンレイソウ：Trillium amabile ：ユリ科：北海道、山形、（青森）
・ヒロハノアマナ：Tulipa latifolia ：ユリ科：群馬、埼玉、山梨、岐阜、静岡、愛知、
　　　　滋賀、広島、（福島、栃木、東京、三重、京都、大阪、兵庫、徳島、熊本）
・ミカワバイケイソウ：Veratrum stamineum var．micranthum ：ユリ科：長野、岐阜、静岡、
　　　　愛知
・リシリソウ：Zygadenus sibiricus ：ユリ科：（北海道）
・ミズアオイ：Monochoria korsakowii ：ミズアオイ科：北海道、青森、岩手、宮城、秋田、
　　　　山形、福島、茨城、栃木、埼玉、千葉、富山、石川、福井、長野、岐阜、静岡、
　　　　兵庫、鳥取、山口、徳島、（群馬、東京、神奈川、新潟、愛知、三重、滋賀、
　　　　京都、大阪、奈良、島根、岡山、香川、高知、福岡、佐賀、宮崎）
・カキツバタ：Iris laevigata ：アヤメ科：北海道、青森、岩手、宮城、秋田、山形、
　　　　福島、栃木、群馬、千葉、新潟、福井、長野、岐阜、静岡、愛知、滋賀、京都、

兵庫、奈良、鳥取、広島、山口、徳島、長崎、熊本、大分、（茨城、埼玉、東京、神奈川、富山、和歌山、岡山、佐賀）
- クロイヌノヒゲモドキ：Eriocaulon atroides：ホシクサ科：栃木、長野、宮崎、（秋田、山形、福島、群馬）
- ツクシクロイヌノヒゲ：Eriocaulon nakasimanum：ホシクサ科：兵庫、岡山、山口、香川、福岡、佐賀、長崎、熊本、大分、宮崎、（鹿児島）
- シラタマホシクサ：Eriocaulon nudicuspe：ホシクサ科：岐阜、静岡、宮崎、（愛知、三重）
- アズマホシクサ：Eriocaulon takae：ホシクサ科：福島
- ミズタカモジ：Agropyron humidorum：イネ科：栃木、埼玉、神奈川、岐阜、愛知、岡山、徳島、宮崎、（福島、茨城、東京、静岡、滋賀、京都、高知、福岡、佐賀、熊本）
- ミギワトダシバ：Arundinella riparia：イネ科：静岡、和歌山、徳島、（三重）
- ツクシガヤ：Chikusichloa aquatica：イネ科：山形、福井、奈良、長崎、熊本、（秋田、高知、福岡、佐賀）
- ビロードメヒシバ：Digitaria mollicoma：イネ科：（沖縄）
- イゼナガヤ：Eriachne tawadai：イネ科：（沖縄）
- ウンヌケモドキ：Eulalia quadrinervis：イネ科：岐阜、静岡、愛知、兵庫、岡山、山口、徳島、高知、長崎、大分、宮崎、（三重、京都、大阪、奈良、和歌山、広島、福岡、佐賀）
- ウンヌケ：Eulalia speciosa：イネ科：静岡、愛知、大分、（岐阜、兵庫、徳島、香川、福岡）
- アオシバ：Garnotia acutigluma：イネ科：（沖縄）
- アカヒゲガヤ：Heteropogon contortus：イネ科：熊本、沖縄
- ハイシバ：Lepturus repens：イネ科：東京、沖縄、（鹿児島）
- ノヤシ：Clinostigma savoryana：ヤシ科：（東京）
- ニッパヤシ：Nypa fruticans：ヤシ科：（沖縄）
- オドリコテンナンショウ：Arisaema aprile：サトイモ科：（静岡）
- アマミテンナンショウ：Arisaema heterocephalum：サトイモ科：（鹿児島）
- マイヅルテンナンショウ：Arisaema heterophyllum：サトイモ科：秋田、栃木、千葉、岡山、山口、熊本、大分、宮崎、鹿児島、（岩手、宮城、茨城、東京、徳島）
- ヤクシマヒロハテンナンショウ：Arisaema longipedunculatum var. yakumontanum：サトイモ科：（鹿児島）
- オオミネテンナンショウ：Arisaema nikoense var. australe：サトイモ科：（山梨、静岡、奈良）
- カラフトヒロハテンナンショウ：Arisaema sachalinense：サトイモ科：（北海道）
- ユキモチソウ：Arisaema sikokianum：サトイモ科：京都、兵庫、奈良、和歌山、徳島、香川、愛媛、高知、（三重、熊本）
- ユズノハカズラ：Pothos chinensis：サトイモ科：（沖縄）
- タコノキ：Pandanus boninensis：タコノキ科：（東京）
- ホソバウキミクリ：Sparganium angustifolium：ミクリ科：長野
- ヤマトミクリ：Sparganium fallax：ミクリ科：岩手、宮城、福島、栃木、埼玉、千葉、神奈川、富山、福井、山梨、岐阜、愛知、滋賀、兵庫、和歌山、岡山、山口、徳島、香川、福岡、佐賀、長崎、熊本、大分、宮崎、（青森、茨城、群馬、新潟、石川、三重、京都、大阪、奈良、鳥取、島根、鹿児島）
- タマミクリ：Sparganium glomeratum：ミクリ科：北海道、青森、岩手、宮城、秋田、山形、福島、栃木、群馬、新潟、長野、岐阜、（静岡、京都）
- ヒメミクリ：Sparganium stenophyllum：ミクリ科：北海道、青森、宮城、秋田、福島、栃木、群馬、千葉、神奈川、新潟、富山、石川、岐阜、静岡、愛知、滋賀、大阪、兵庫、和歌山、岡山、山口、徳島、香川、佐賀、熊本、大分、宮崎、（岩手、

山形、茨城、埼玉、山梨、長野、三重、京都、奈良、島根、福岡、鹿児島、沖縄）
- イトテンツキ：Bulbostylis densa var. capitata：カヤツリグサ科：神奈川、愛知、岡山、福岡、佐賀、熊本、大分、宮崎、（埼玉、静岡、山口、鹿児島、沖縄）
- ヌマアゼスゲ：Carex cinerascens：カヤツリグサ科：岩手、宮城、栃木、（茨城、群馬、埼玉）
- リュウキュウヒエスゲ：Carex collifera：カヤツリグサ科：（沖縄）
- アリサンタマツリスゲ：Carex filipes var. arisanensis：カヤツリグサ科：（沖縄）
- ハチジョウカンスゲ：Carex hachijoensis：カヤツリグサ科：（東京）
- サヤマスゲ：Carex hashimotoi：カヤツリグサ科：長野、岐阜、（滋賀）
- ヤマクボスゲ：Carex hymenodon：カヤツリグサ科：宮城、栃木
- クジュウツリスゲ：Carex kujuzana：カヤツリグサ科：青森、宮城、大分、（岩手、長野）
- キノクニスゲ：Carex matsumurae：カヤツリグサ科：東京、福井、愛知、兵庫、和歌山、山口、徳島、高知、佐賀、長崎、大分、宮崎、（富山、三重、京都、福岡）
- ホソバオゼヌマスゲ：Carex nemurensis：カヤツリグサ科：福島、群馬、長野、岐阜、（北海道、青森）
- エゾサワスゲ：Carex oederi：カヤツリグサ科：北海道、青森、（岩手、福島、茨城）
- ホロムイクグ：Carex oligosperma：カヤツリグサ科：北海道、青森、岩手、長野、（福島）
- スルガスゲ：Carex omurae：カヤツリグサ科：静岡、（山梨、愛知、佐賀）
- タカネハリスゲ：Carex pauciflora：カヤツリグサ科：山形、福島、新潟、（北海道、群馬）
- ダケスゲ：Carex paupercula：カヤツリグサ科：秋田、山形、福島、富山、石川、長野、岐阜、（岩手）
- ハシナガカンスゲ：Carex phaeodon：カヤツリグサ科：（山梨、静岡）
- アカネスゲ：Carex poculisquama：カヤツリグサ科：山口、福岡、（栃木）
- オオクグ：Carex rugulosa：カヤツリグサ科：青森、宮城、山形、福島、千葉、鳥取、徳島、長崎、熊本、（茨城、新潟、石川、静岡、愛知、和歌山、島根）
- ジングウスゲ：Carex sacrosancta：カヤツリグサ科：愛知、兵庫、（静岡、三重、奈良、徳島、佐賀、熊本、宮崎）
- シュミットスゲ：Carex schmidtii：カヤツリグサ科：（北海道）
- ダイセンアシボソスゲ：Carex scita var. parvisquama：カヤツリグサ科：（鳥取）
- ツクシナルコ：Carex subcernua：カヤツリグサ科：三重、徳島、長崎、大分、宮崎、（福岡）
- ノスゲ：Carex tashiroana：カヤツリグサ科：（広島、山口）
- オノエスゲ：Carex tenuiformis：カヤツリグサ科：北海道、岩手、福島、富山、長野、（山形、静岡）
- コバケイスゲ：Carex tenuior：カヤツリグサ科：（鹿児島）
- セキモンスゲ：Carex toyoshimae：カヤツリグサ科：（東京）
- イワヤスゲ：Carex tumidula：カヤツリグサ科：（愛媛）
- エゾハリスゲ：Carex uda：カヤツリグサ科：（北海道、福島、長野）
- ヌイオスゲ：Carex vanheurckii：カヤツリグサ科：青森、岩手、福島、富山、（北海道、山形、群馬、長野、静岡）
- カンエンガヤツリ：Cyperus exaltatus var. iwasakii：カヤツリグサ科：山形、茨城、栃木、埼玉、千葉、東京、神奈川、（青森、秋田、群馬）
- スジヌマハリイ：Eleocharis equisetiformis：カヤツリグサ科：青森、宮城、千葉、山梨、熊本、（秋田、山形、福島、茨城、神奈川、新潟、島根、徳島、福岡、宮崎、鹿児島）
- コツブヌマハリイ：Eleocharis parvinux：カヤツリグサ科：宮城、茨城、栃木、千葉、東京、神奈川、高知、（埼玉）

- チャボイ：Eleocharis parvula：カヤツリグサ科：青森、宮城、徳島、長崎、宮崎、（福岡、鹿児島）
- エゾワタスゲ：Eriophorum scheuchzeri var. tenuifolium：カヤツリグサ科：（北海道）
- ヤリテンツキ：Fimbristylis ovata：カヤツリグサ科：神奈川、和歌山、山口、長崎、沖縄、（千葉、静岡、佐賀、鹿児島）
- ノハラテンツキ：Fimbristylis pierotii：カヤツリグサ科：山口、佐賀、（静岡、三重、福岡、長崎、熊本、大分）
- トネテンツキ：Fimbristylis stauntonii var. tonensis：カヤツリグサ科：宮城、千葉、岐阜、愛知、（山形、茨城、群馬、静岡、大阪）
- ツクシテンツキ：Fimbristylis tashiroana：カヤツリグサ科：長崎、熊本、大分
- クロガヤ：Gahnia aspera：カヤツリグサ科：東京、沖縄
- ムニンイヌノハナヒゲ：Rhynchospora chinensis var. curvo-aristata：カヤツリグサ科：（東京）
- イヘヤヒゲクサ：Schoenus calostachyus：カヤツリグサ科：沖縄
- タカネクロスゲ：Scirpus maximowiczii：カヤツリグサ科：北海道、岩手、秋田、群馬、富山、長野、（青森、宮城、山形）
- クロミノシンジュガヤ：Scleria sumatrensis：カヤツリグサ科：（沖縄）
- コアニチドリ：Amitostigma kinoshitae：ラン科：北海道、青森、岩手、宮城、秋田、山形、福島、新潟、石川、長野、（群馬、富山）
- オキナワチドリ：Amitostigma lepidum：ラン科：宮崎、鹿児島、沖縄
- タネガシマムヨウラン：Aphyllorchis montana：ラン科：（鹿児島、沖縄）
- ヤクシマラン：Apostasia nipponica：ラン科：（宮崎、鹿児島）
- ナリヤラン：Arundina graminifolia：ラン科：沖縄
- マメヅタラン：Bulbophyllum drymoglossum：ラン科：福島、栃木、東京、長野、岐阜、静岡、愛知、三重、兵庫、和歌山、岡山、徳島、香川、愛媛、高知、福岡、佐賀、長崎、熊本、大分、宮崎、鹿児島、沖縄、（茨城、群馬、山梨、京都、大阪、奈良、山口）
- ムギラン：Bulbophyllum inconspicuum：ラン科：宮城、福島、栃木、埼玉、千葉、神奈川、富山、長野、岐阜、静岡、愛知、京都、兵庫、和歌山、鳥取、岡山、山口、徳島、香川、愛媛、高知、福岡、佐賀、熊本、大分、（茨城、群馬、石川、福井、山梨、奈良、長崎、鹿児島）
- エビネ：Calanthe discolor：ラン科：北海道、岩手、宮城、秋田、山形、福島、群馬、埼玉、千葉、東京、神奈川、新潟、富山、石川、福井、山梨、長野、岐阜、静岡、愛知、滋賀、大阪、兵庫、奈良、和歌山、鳥取、岡山、山口、徳島、香川、愛媛、高知、福岡、長崎、熊本、大分、宮崎、（青森、茨城、栃木、三重、京都、島根、広島、佐賀、鹿児島、沖縄）
- ツルラン：Calanthe furcata：ラン科：鹿児島、沖縄
- レンギヨウエビネ：Calanthe lyroglossa：ラン科：沖縄、（鹿児島）
- オナガエビネ：Calanthe masuca：ラン科：鹿児島、沖縄
- ナツエビネ：Calanthe reflexa：ラン科：青森、宮城、福島、栃木、千葉、神奈川、新潟、富山、石川、福井、長野、岐阜、静岡、愛知、滋賀、京都、兵庫、奈良、和歌山、鳥取、岡山、徳島、香川、愛媛、高知、長崎、熊本、大分、宮崎、（北海道、岩手、秋田、山形、群馬、山梨、山口、福岡、佐賀、鹿児島）
- オクシリエビネ：Calanthe reflexa var. okushirensis：ラン科：北海道
- ユウシュンラン：Cephalanthera erecta var. subaphylla：ラン科：北海道、青森、岩手、宮城、山形、福島、茨城、栃木、東京、神奈川、富山、石川、山梨、愛知、岡山、徳島、愛媛、高知、大分、鹿児島、（秋田、群馬、埼玉、長野、静岡、長崎、宮崎）
- キンラン：Cephalanthera falcata：ラン科：青森、岩手、宮城、秋田、山形、福島、茨城、群馬、埼玉、千葉、富山、石川、福井、山梨、岐阜、静岡、愛知、京都、

大阪、兵庫、奈良、和歌山、鳥取、岡山、山口、徳島、香川、高知、福岡、佐賀、長崎、熊本、大分、宮崎、（栃木、神奈川、新潟、長野、広島、鹿児島）
- バイケイラン：Corymborkis veratrifolia：ラン科：沖縄
- ナギラン：Cymbidium lancifolium：ラン科：神奈川、静岡、愛知、和歌山、山口、徳島、愛媛、高知、福岡、長崎、熊本、大分、宮崎、鹿児島、沖縄、（三重、佐賀）
- コアツモリソウ：Cypripedium debile：ラン科：北海道、青森、宮城、山形、栃木、千葉、神奈川、富山、山梨、長野、静岡、愛知、徳島、高知、（岩手、秋田、福島、茨城、埼玉、東京、新潟）
- クマガイソウ：Cypripedium japonicum：ラン科：北海道、青森、岩手、宮城、秋田、山形、栃木、群馬、千葉、神奈川、新潟、富山、山梨、長野、岐阜、静岡、愛知、滋賀、京都、兵庫、奈良、和歌山、鳥取、岡山、徳島、香川、愛媛、高知、熊本、大分、宮崎、（茨城、東京、石川、福井、三重、大阪、島根、広島、山口、福岡、長崎、鹿児島）
- ハマカキラン：Epipactis papillosa var. sayekiana：ラン科：青森、岩手、宮城、福島、神奈川、（茨城）
- タシロラン：Epipogium roseum：ラン科：千葉、東京、神奈川、静岡、京都、奈良、和歌山、山口、徳島、高知、福岡、長崎、大分、（群馬、三重、宮崎、沖縄）
- タカツルラン：Galeola altissima：ラン科：（鹿児島、沖縄）
- カシノキラン：Gastrochilus japonicus：ラン科：千葉、静岡、奈良、和歌山、徳島、高知、大分、鹿児島、沖縄、（三重、佐賀、長崎）
- ハルザキヤツシロラン：Gastrodia nipponica：ラン科：静岡、和歌山、徳島、愛媛、高知、熊本、宮崎、鹿児島、沖縄、（三重）
- ナンバンキンギンソウ：Goodyera grandis：ラン科：沖縄
- サギソウ：Habenaria radiata：ラン科：岩手、宮城、秋田、山形、福島、栃木、千葉、新潟、富山、石川、福井、長野、岐阜、静岡、愛知、滋賀、京都、兵庫、奈良、鳥取、岡山、山口、香川、愛媛、福岡、佐賀、長崎、熊本、大分、宮崎、鹿児島、（茨城、東京、山梨、三重、大阪、和歌山、島根、広島、徳島、高知）
- ミズトンボ：Habenaria sagittifera：ラン科：北海道、青森、岩手、宮城、秋田、山形、群馬、神奈川、新潟、石川、福井、山梨、長野、岐阜、静岡、愛知、滋賀、京都、兵庫、奈良、和歌山、鳥取、岡山、山口、徳島、高知、福岡、佐賀、長崎、熊本、大分、宮崎、（福島、茨城、栃木、東京、富山）
- カゲロウラン：Hetaeria agyokuana：ラン科：東京、静岡、和歌山、愛媛、高知、宮崎、鹿児島、沖縄、（神奈川）
- ジャコウキヌラン：Heterozeuxine odorata：ラン科：沖縄
- ヒメジガバチソウ：Liparis krameri var. shichitoana：ラン科：東京
- フウラン：Neofinetia falcata：ラン科：神奈川、静岡、愛知、京都、兵庫、奈良、和歌山、鳥取、岡山、山口、徳島、香川、愛媛、高知、福岡、長崎、熊本、大分、宮崎、鹿児島、沖縄、（茨城、千葉、東京、福井、山梨、三重、滋賀、大阪、島根、佐賀）
- ヒメムヨウラン：Neottia asiatica：ラン科：栃木、神奈川、山梨、長野、（宮城、群馬、富山、静岡）
- ヤエヤマヒトツボクロ：Nervilia aragoana：ラン科：沖縄
- クスクスヨウラクラン：Oberonia anthropophpra var. arisanensis：ラン科：鹿児島、沖縄
- ヒナチドリ：Orchis chidori：ラン科：宮城、秋田、山形、神奈川、徳島、愛媛、（栃木、富山、石川、福井、長野、静岡、奈良、和歌山、山口、高知）
- ウチョウラン：Orchis graminifolia：ラン科：青森、宮城、秋田、山形、福島、栃木、群馬、東京、神奈川、新潟、富山、石川、山梨、長野、岐阜、静岡、愛知、滋賀、兵庫、和歌山、岡山、徳島、愛媛、高知、熊本、大分、（岩手、茨城、埼玉、福井、三重、京都、大阪、奈良、島根、広島、山口、香川、福岡、佐賀、長崎、宮崎、鹿児島）

- アマミトンボ： Platanthera amamiana ：ラン科：鹿児島
- シマツレサギソウ： Platanthera boninensis ：ラン科：（東京）
- タカネトンボ： Platanthera chorisiana ：ラン科：青森、岩手、秋田、山形、石川、長野、（宮城、栃木、富山）
- ヤクシマチドリ： Platanthera ophrydioides var. amabilis ：ラン科：（鹿児島）
- ガッサンチドリ： Platanthera ophrydioides var. uzenensis ：ラン科：山形、（青森、新潟）
- ナガバトンボソウ： Platanthera tipuloides var. linearifolia ：ラン科：（鹿児島）
- トキソウ： Pogonia japonica ：ラン科：北海道、青森、岩手、宮城、秋田、山形、福島、栃木、群馬、千葉、神奈川、新潟、富山、石川、福井、長野、岐阜、静岡、愛知、滋賀、京都、兵庫、奈良、鳥取、岡山、山口、徳島、香川、高知、福岡、佐賀、熊本、大分、宮崎、（茨城、埼玉、東京、山梨、三重、大阪、広島、長崎、鹿児島）
- コウトウシラン： Spathoglottis plicata ：ラン科：沖縄
- ハチジョウネッタイラン： Tropidia nipponica var. hachijoensis ：ラン科：（東京）

■準絶滅危惧（NT）

- コケシノブ科
  マツバコケシダ
- コバノイシカグマ科
  ヤンバルフモトシダ
- ミズワラビ（ホウライシダ）科
  スキヤクジャク
- イノモトソウ科
  カワリバアマクサシダ
- オシダ科
  キリシマイワヘゴ、イナデンダ
- ヤナギ科
  エゾミヤマヤナギ、ミヤマヤチヤナギ
- カバノキ科
  サクラバハンノキ
- イラクサ科
  ヤエヤマラセイタソウ
- ヤドリギ科
  ニンドウバノヤドリギ
- ツチトリモチ科
  ユワンツチトリモチ
- キンポウゲ科
  ミスミソウ s.l.
- ウマノスズクサ科
  オモロカンアオイ、コシノカンアオイ、トカラカンアオイ
- オトギリソウ科
  ハコネオトギリ
- ケシ科
  チドリケマン、ナガミノツルキケマン、リシリヒナゲシ
- アブラナ科
  コイヌガラシ
- マンサク科
  アテツマンサク

- ベンケイソウ科
  ツメレンゲ、サツママンネングサ
- ユキノシタ科
  キバナハナネコノメ、ムカゴネコノメ、ヤエヤマヒメウツギ
- バラ科
  ヤクシマシロバナヘビイチゴ、リシリトウウチソウ
- マメ科
  ボウコツルマメ、ワニグチモダマ
- フウロソウ科
  ヤクシマフウロ
- キントラノオ科
  コウシュンカズラ
- ホルトノキ科
  ナガバコバンモチ
- ジンチョウゲ科
  シャクナンガンピ
- グミ科
  ヤクシマグミ
- スミレ科
  タカネスミレ
- シュウカイドウ科
  マルヤマシュウカイドウ
- ミソハギ科
  ヤクシマサルスベリ
- ハマザクロ科
  マヤプシギ
- アリノトウグサ科
  タチモ
- ミズキ科
  リュウキュウハナイカダ
- セリ科
  ムニンハマウド、ツシマノダケ
- イワウメ科
  シマイワウチワ
- イチヤクソウ科
  オオウメガサソウ
- ツツジ科
  ヤクシマミツバツツジ
- サクラソウ科
  シマギンレイカ
- カキノキ科
  ヤエヤマコクタン
- ハイノキ科
  コニシハイノキ
- モクセイ科
  ヤマトレンギョウ
- リンドウ科
  ヨコヤマリンドウ、チシマリンドウ、シロウマリンドウ、ハナヤマツルリンドウ、ヤクシマツルリンドウ
- キョウチクトウ科

ホソバヤロード
- ガガイモ科
  ケナシツルモウリンカ
- アカネ科
  シマザクラ、ニコゲルリミノキ、シチョウゲ、オオイナモリ
- ヒルガオ科
  マルバアサガオカラクサ
- クマツヅラ科
  ヤエヤマハマゴウ
- シソ科
  タチキランソウ、コケトウバナ、ミゾコウジュ、ヤクシマシソバタツナミ、ムニンタツナミソウ
- ゴマノハグサ科
  カワヂシャ
- スイカズラ科
  チョウジガマズミ
- キク科
  オオナガバハグマ、ヒロハヤマヨモギ、ヒメキクタビラコ、ヤマザトタンポポ、オダサムタンポポ
- オモダカ科
  アギナシ
- ユリ科
  アマミラッキョウ、ヤクシマシライトソウ、ヒメカカラ、タカクマホトトギス
- アヤメ科
  ヒメシャガ
- イグサ科
  タカネイ、クモマスズメノヒエ、コゴメヌカボシ
- ホシクサ科
  スイシャホシクサ
- イネ科
  ヒメコヌカグサ、タイワンアシカキ、オガサワラススキ
- ヤシ科
  オガサワラビロウ、ヤエヤマヤシ
- ミクリ科
  ミクリ、ナガエミクリ
- カヤツリグサ科
  タカネヤガミスゲ、シマタヌキラン、チャイロスゲ、オキナワヒメナキリ、サコスゲ、ヒロハオゼヌマスゲ
- ラン科
  シラン、トクサラン、ユウレイラン、シラヒゲムヨウラン、オキナワムヨウラン、シマササバラン、ボウラン、ヤクシマトンボ、イシガキキヌラン

■情報不足（DD）

- イワヒバ科
  ツルカタヒバ、コケカタヒバ
- トクサ科
  ヤチスギナ、フサスギナ
- ハナヤスリ科
  ミヤマハナワラビ

- コケシノブ科
  ムニンコケシダ、ムニンホラゴケ
- ホングウシダ科
  ムニンエダウチホングウシダ
- ミズワラビ (ホウライシダ) 科
  イワホウライシダ、ホソバイワガネソウ
- イノモトソウ科
  カワバタハチジョウシダ
- チャセンシダ科
  ヤマドリトラノオ、ナンカイシダ
- ツルキジノオ科
  オガサワラツルキジノオ
- オシダ科
  ムニンベニシダ、ヒイラギデンダ、ナガバウスバシダ
- ヒメシダ科
  オオホシダ
- メシダ (イワデンダ) 科
  ヘイケイヌワラビ、シマクジャク、ムニンミドリシダ
- ウラボシ科
  ホソバクリハラン、オキノクリハラン、ムニンサジラン、シナノキシノブ、
  ハハジマヌカボシ
- ヒメウラボシ科
  ヒロハヒメウラボシ
- マツ科
  アズサバラモミ
- ヒノキ科
  シマムロ
- カバノキ科
  サルクラハンノキ、アポイカンバ
- クワ科
  オオトキワイヌビワ
- イラクサ科
  クニガミサンショウヅル、オトギリマオ、ヤエヤマカテンソウ
- ヤマモガシ科
  タイワンヤマモガシ
- タデ科
  ヒメイワタデ、リュウキュウタデ、カラフトノダイオウ
- ナデシコ科
  アオモリミミナグサ、コバノミミナグサ、エゾセンノウ、ヒナワチガイソウ、
  エゾヤママンテマ、カラフトマンテマ、アポイマンテマ、オオハコベ
- ヒユ科
  インドヒモカズラ
- モクレン科
  オオバナオガタマノキ
- クスノキ科
  ケスナヅル、イトスナヅル、ムニンヤブニッケイ、コブガシ、タブガシ
- キンポウゲ科
  ヒダカトリカブト、セイヤブシ、コウライブシ、ハクバブシ、キタザワブシ、
  ミョウコウトリカブト、キタミフクジュソウ、コウヤハンショウヅル、
  コウヤシロカネソウ、リュウキュウヒキノカサ、エゾキンポウゲ、ダイセンカラマツ、

オオミヤマカラマツ、ニオイカラマツ
- ツヅラフジ科
 ホウライツヅラフジ
- ウマノスズクサ科
 コウヤカンアオイ、ムラクモアオイ、アマギカンアオイ、キナンカンアオイ、
 スエヒロアオイ
- ツバキ科
 ムニンヒサカキ
- アブラナ科
 トガクシナズナ、ミギワガラシ
- ベンケイソウ科
 アポイミセバヤ、オオチッパベンケイ、ムラサキベンケイソウ、ツガルミセバヤ、
 ハママンネングサ、オオメノマンネングサ
- ユキノシタ科
 オオチダケサシ、ミカワショウマ、オキナワヒメウツギ、クロミノハリスグリ、
 トカチスグリ、キヨシソウ
- トベラ科
 コヤスノキ、オキナワトベラ
- バラ科
 エゾサンザシ、オオバサンザシ、ツクシカイドウ、タチテンノウメ、チシマイチゴ、
 ツクシアキツルイチゴ、チチジマイチゴ、タイワンウラジロイチゴ
- マメ科
 ヤエヤマネムノキ、カラフトモメンヅル、トカチオウギ、ソロハギ、
 ヤエヤマハギカズラ、チョウセンニワフジ、シロヤマハギ、チョウセンキハギ、
 サツマハギ、アイラトビカズラ、マシケゲンゲ、ヒメツルアズキ
- トウダイグサ科
 テリハニシキソウ、アカハダコバンノキ
- ミカン科
 アツバシロテツ、シロテツ、オオバシロテツ
- キントラノオ科
 ホザキサルノオ、ササキカズラ
- ヒメハギ科
 シンチクヒメハギ、リュウキュウヒメハギ、ヒナノキンチャク
- カエデ科
 タイシャクイタヤ
- アワブキ (アオカズラ) 科
 サクノキ
- モチノキ科
 アツバシマモチ
- ニシキギ科
 ヒメマサキ、リュウキュウツルマサキ
- クロタキカズラ科
 クサミズキ
- ホルトノキ科
 シマホルトノキ
- シナノキ科
 ヒシバウオトリギ、チュウゴクボダイジュ、ケナシハテルマカズラ
- アオイ科
 テリハハマボウ
- アオギリ科

フウセンアカメガシワ
・ジンチョウゲ科
　　オオシマガンピ
・グミ科
　　タンゴグミ、カツラギグミ
・イイギリ科
　　コバノクスドイゲ
・スミレ科
　　シマジリスミレ、テリハオリヅルスミレ、オキナワスミレ
・キブシ科
　　ハザクラキブシ
・ウリ科
　　ムニンカラスウリ、イシガキカラスウリ
・ミソハギ科
　　ホザキキカシグサ
・ノボタン科
　　ミヤマハシカンボク、イオウノボタン
・アカバナ科
　　ヤマタニタデ
・セリ科
　　カワゼンゴ
・ツツジ科
　　タカクマミツバツツジ、ムニンシャシャンボ、アクシバモドキ
・ヤブコウジ科
　　シナタチバナ、シマタイミンタチバナ
・サクラソウ科
　　ヘッカコナスビ、ミチノクコザクラ、レブンコザクラ、チチブイワザクラ
・エゴノキ科
　　オバケエゴノキ
・モクセイ科
　　ムニンネズミモチ、オオモクセイ、ナンゴクモクセイ
・マチン科
　　リュウキュウホウライカズラ
・リンドウ科
　　オノエリンドウ、ヒメセンブリ
・キョウチクトウ科
　　ゴムカズラ、シマソケイ
・ガガイモ科
　　サツマビャクゼン、マルバノフナバラソウ、ヒメイヨカズラ、ホソバノロクオンソウ、
　　アキノクサタチバナ、アマミイケマ、ホウライアオカズラ、タイワンキジョラン
・アカネ科
　　ヤクシマヤマムグラ、ビンゴムグラ、ヤツガタケムグラ、ヤエヤマハシカグサ、
　　コバンムグラ、ヒロハケニオイグサ、コハナガサノキ、オオシラタマカズラ、
　　ハリザクロ、シマギョクシンカ
・ヒルガオ科
　　ヒメノアサガオ
・ムラサキ科
　　トゲミイヌチシャ、シマスナビキソウ、ハイルリソウ
・シソ科
　　キタダケオドリコソウ、ヒメキセワタ、オチフジ、オオヤマジソ、タシロタツナミソウ、

アツバタツナミソウ、テイネニガクサ、イヌニガクサ
- ナス科
アオホオズキ、セイバンナスビ
- ゴマノハグサ科
マルバコゴメグサ、マツラコゴメグサ、コケコゴメグサ、エゾノダッタンコゴメグサ、
シソバウリクサ、ヒメクチバシグサ、ヒメサギゴケ、ベニシオガマ、ホザキシオガマ、
キタダケトラノオ、ハマトラノオ、ゲンジバナ
- スイカズラ科
ツシマヒョウタンボク、ヒメスイカズラ、シマガマズミ
- オミナエシ科
オオキンレイカ
- キキョウ科
トウシャジン
- キク科
ヤクシマウスユキソウ、オオウサギギク、シコタンヨモギ、イズカニコウモリ、
オガサワラアザミ、アポイアザミ、サドアザミ、トヨシマアザミ、チシマコハマギク、
ピレオギク、ドロニガナ、ミヤコジシバリ、カワラウスユキソウ、ヒメウスユキソウ、
トナカイアザミ、ヒナヒゴタイ、キバナコウリンカ、タンバヤブレガサ、
エゾヨモギギク、イワヤクシソウ
- トチカガミ科
ヒメウミヒルモ、ウミヒルモ
- アマモ科
オオアマモ、スゲアマモ、タチアマモ、コアマモ
- ホンゴウソウ科
スズフリホンゴウソウ
- ユリ科
イトラッキョウ、イズモコバイモ、コウライワニグチソウ、ドウモンワニグチソウ、
アラガタオオサンキライ、キイジョウロウホトトギス、カワユエンレイソウ
- アヤメ科
ナスヒオウギアヤメ
- ヒナノシャクジョウ科
ミドリシャクジョウ
- イグサ科
ミヤマイ、オキナワイ、エゾノミクリゼキショウ、ホロムイコウガイ、
クロコウガイゼキショウ、ミヤマゼキショウ、セイタカヌカボシソウ、
チシマスズメノヒエ
- ツユクサ科
ナンゴクヤブミョウガ
- ホシクサ科
アマノホシクサ、ユキイヌノヒゲ、ヤマトホシクサ、クシロホシクサ、
オキナワホシクサ、エゾホシクサ、ナスノクロイヌノヒゲ、ハライヌノヒゲ、
シロエゾホシクサ、エゾイヌノヒゲ、カラフトホシクサ、コケヌマイヌノヒゲ、
イヌノヒゲモドキ、ガリメキイヌノヒゲ、イズノシマホシクサ、オクトネホシクサ
- イネ科
オニカモジ、タイシャクカモジ、ユキクラヌカボ、マツバシバ、オオマツバシバ、
ヒナヨシ、オオミネヒナノガリヤス、イリオモテガヤ、オニコメススキ、
シマギョウギシバ、イブキトボシガラ、タカネソモソモ、コップチゴザサ、
ケナシハイチゴザサ、ヒメハイチゴザサ、ヒメカモノハシ、シマカモノハシ、イネガヤ、
コゴメビエ、タカネタチイチゴツナギ、キタダケイチゴツナギ、タニイチゴツナギ、
オオバヤダケ、コモロコシガヤ、ヒメネズミノオ、ヒメウシノシッペイ、

ホソバドジョウツナギ、ネズミシバ
・タコノキ科
　　ヒメツルアダン
・カヤツリグサ科
　　アポイタヌキラン、オハグロスゲ、カヤツリスゲ、タデシナヒメスゲ、ハナビスゲ、
　　ヒメアゼスゲ、ゲンカイモエギスゲ、ネムロスゲ、ヒルゼンスゲ、ヤリスゲ、
　　ムセンスゲ、アカンスゲ、ノルゲスゲ、チャボカワズスゲ、ウスイロスゲ、
　　キビノミノボロスゲ、ヒロハイッポンスゲ、アカスゲ、ウシオスゲ、ヌマスゲ、
　　コヌマスゲ、マツカゼスゲ、アシボソスゲ、シコタンスゲ、ミヤケスゲ、サヤスゲ、
　　イヌノグサ、タチガヤツリ、ホウキガヤツリ、ニイガタガヤツリ、ホクトガヤツリ、
　　トサノハマスゲ、チシママツバイ、クロミノハリイ、カヤツリマツバイ、
　　オキナワハリイ、カドハリイ、オキナワイヌシカクイ、ウナヅキテンツキ、
　　イシガキイトテンツキ、ハタケテンツキ、ヒゲハリスゲ、シマイガクサ、
　　オオサンカクイ、ヒメワタスゲ、ヒメマツカサススキ、イヌフトイ、ツクシアブラガヤ
・ショウガ科
　　チクリンカ、ツクシハナミョウガ、ハダカゲットウ
・ラン科
　　アカボシツルラン、ムニンシュスラン、ヒメミズトンボ、オゼノサワトンボ、
　　シロスジカゲロウラン、オオカゲロウラン、ムニンボウラン、ムニンキヌラン、
　　ヤンバルキヌラン

植物 II：蘚苔類レッドリスト

■絶滅危惧 I 類（CR+EN）

- シマフデノホゴケ：Acroporium stramineum (Reinw. et Hornsch.) Fl.　(= A. suzukii Sak.)（蘚類）：　九州、沖縄
- ヒカゲノカヅラモドキ：Aerobryopsis parisii (Card.) Broth.（蘚類）：　四国、沖縄
- 和名なし：Aerobryum speciosum (Dozy et Molk.) Dozy et Molk.（蘚類）：　沖縄
- ガッサンクロゴケ：Andreaea nivalis Hook.（蘚類）：　北海道、本州
- 和名なし：Anomobryum yasudae Broth.（蘚類）：　本州、四国
- アオシマヒメシワゴケ：Aulacopilum trichophyllum Aongstr. ex C. Muell.（蘚類）：本州、九州
- キヌシッポゴケモドキ：Brachydontium trichodes (Web.) Milde（蘚類）：　北海道、本州
- サオヒメゴケ：Callicostella papillata (Mont.) Mitt.（蘚類）：　沖縄
- ハセガワカタシロゴケ：Calymperes fasciculatum Dozy et Molk.
　　　(= C. hasegawae (Tak. et Iwats.) Iwats.)（蘚類）：　四国、九州
- ヒロハコモチイトゴケ：Clastobryella tenella Fl.（蘚類）：　四国、九州
- オオタマコモチイトゴケ：Clastobryopsis robusta (Broth.) Fl.
　　　(= Aptychella robusta (Broth.) Fl.)（蘚類）：　本州、九州
- イトヒバゴケ：Cryphaea obovatocarpa Okam.（蘚類）：　本州、四国
- コキジノオゴケ：Cyathophorella hookeriana (Griff.) Fl.（蘚類）：　本州、四国、九州、沖縄
- キジノオゴケ：Cyathophorella tonkinensis (Broth. et Par.) Broth.（蘚類）：　本州、四国、九州、沖縄
- シノブチョウチンゴケ：Cyrtomnium hymenophylloides (Hueb.) Kop.（蘚類）：北海道、本州
- フチナシクジャクゴケ：Dendrocyathophorum paradoxum (Broth.) Dix.（蘚類）：本州、四国、九州
- コシノヤバネゴケ：Dichelyma japonicum Card.（蘚類）：　北海道、本州
- コバノイクビゴケ：Diphyscium perminutum Tak.（蘚類）：　本州、四国、九州
- スズキイクビゴケ：Diphyscium suzukii Iwats.（蘚類）：　本州、四国
- ミギワイクビゴケ：Diphysium unipapillosum Deguchi（蘚類）：　四国
- オクヤマツガゴケ：Distichophyllum carinatum Dix. et Nicols.（蘚類）：　本州
- セイタカヤリカツギ：Encalypta procera Bruch　(= 日本産の E. streptocarpa Hedw.)（蘚類）：本州、四国
- ミヤマヤリカツギ：Encalypta vulgaris var. rhabdocarpa (Schwaegr.) Lawton（蘚類）：本州
- ダンダンゴケ：Eucladium verticillatum (Brid.) B.S.G.（蘚類）：　北海道
- シワナシチビイタチゴケ：Felipponea esquirolii (Ther.) Akiyama（蘚類）：　九州
- ジョウレンホウオウゴケ：Fissidens geppii Fl.（蘚類）：　本州、四国、九州
- ヒロハシノブイトゴケ：Floribundaria aurea ssp. nipponica (Nog.) Nog.（蘚類）：本州、四国、九州
- クロカワゴケ：Fontinalis antipyretica Hedw.（蘚類）：　北海道、本州
- カワゴケ：Fontinalis hypnoides C.J.Hartm.（蘚類）：　北海道、本州

- シバゴケ： Garckea flexuosa (Griff.) Marg. et Nork. （蘚類）： 本州、四国、九州
- カクレゴケ： Garovaglia elegans (Dozy et Molk.) Hampe ex Bosch et Lac. （蘚類）： 九州、沖縄
- サジバラッコゴケ： Gollania japonica (Card.) Ando et Higuchi （蘚類）： 北海道、本州
- フガゴケ： Gymnostomiella longinervis Broth. （蘚類）： 本州、九州、沖縄
- カラフトシノブゴケ： Helodium sachalinense (Lindb.) Broth. （蘚類）： 北海道、本州
- ヒメタチヒラゴケ： Homaliadelphus sharpii var. rotundatus (Nog.) Iwats. （蘚類）： 本州、四国、九州
- ヒメハゴロモゴケ： Homaliodendron exiguum (Bosch et Lac.) Fl. （蘚類）： 本州、四国、九州、沖縄
- キサゴゴケ： Hypnodontopsis apiculata Iwats. et Nog. （蘚類）： 本州、九州
- 和名なし： Hypnum vaucheri Lesq. （蘚類）： 本州
- ヒナクジャクゴケ： Hypopterygium tenellum C. Muell. （蘚類）： 本州、四国、九州、沖縄、小笠原諸島
- コモチイトゴケ： Isopterygium propaguliferum Toy. （蘚類）： 四国、九州
- ツヤダシタカネイタチゴケ： Leucodon alpinus Akiyama （蘚類）： 北海道、本州
- コマノイタチゴケ： Leucodon coreensis Card. （蘚類）： 北海道、本州、四国
- オオヤマトイタチゴケ： Leucodon giganteus Nog. （蘚類）： 四国
- 和名なし： Macromitrium holomitrioides Nog. （蘚類）： 九州
- コシノシンジゴケ： Mielichhoferia sasaokae Broth. （蘚類）： 本州
- カイガラゴケ： Myurella julacea (Schwaegr.) B.S.G. （蘚類）： 北海道、本州、四国
- レイシゴケ： Myurella sibirica (C. Muell.) Reim. （蘚類）： 北海道、本州、九州
- トガリカイガラゴケ： Myurella tenerrima (Brid.) Lindb. （蘚類）： 本州
- トサヒラゴケ： Neckeropsis obtusata (Mont.) Fl. in Broth. （蘚類）： 本州、四国、九州、沖縄、小笠原諸島
- イヌコクサゴケ： Neobarbella comes (Griff.) Nog. (= incl. var. pilifera (Broth. et Yas.) Nog.) （蘚類）： 本州
- ヤクシマナワゴケ： Oedicladium rufescens var. yakushimense (Sak.) Iwats. （蘚類）： 本州、九州
- イシヅチゴケ： Oedipodium griffithianum (Dicks.) Schwaegr. （蘚類）： 北海道、本州、四国
- タチチョウチンゴケ： Orthomnion dilatatum (Mitt.) Chen （蘚類）： 本州、四国、九州
- タチチョウチンゴケモドキ： Orthomnion loheri Broth. （蘚類）： 四国、九州
- タチミツヤゴケ： Orthothecium rufescens (Brid.) B.S.G. （蘚類）： 北海道、本州
- カトウゴケ： Palisadula katoi (Broth.) Iwats. （蘚類）： 本州、四国、九州
- ハシボソゴケ： Papillidiopsis macrosticta (Broth. et Par.) Buck et Tan
   (= Rhaphidostichum macrostictum (Broth. et Par.) Broth.) （蘚類）： 本州、九州、沖縄
- キブリハネゴケ： Pinnatella makinoi (Broth.) Broth. （蘚類）： 本州、四国、九州
- テヅカチョウチンゴケ： Plagiomnium tezukae (Sak.) Kop. （蘚類）： 本州
- オオサナダゴケ： Plagiothecium neckeroideum B.S.G. （蘚類）： 北海道、本州、四国
- トサノタスキゴケ： Pseudobarbella laosiensis (Broth. et Par.) Nog. （蘚類）： 本州、四国、九州、沖縄
- キブネゴケ： Rhachithecium nipponicum (Toy.) Wijk et Marg. （蘚類）： 本州
- ホソバハシボソゴケ： Rhaphidostichum longicuspidatum Seki （蘚類）： 沖縄
- オオミツヤゴケ： Sakuraia concophylla (Card.) Nog. （蘚類）： 本州、九州

- アオモリカギハイゴケ: Sasaokaea aomoriensis (Par.) Kanda （蘚類）: 本州
- ヒカリゴケ: Schistostega pennata (Hedw.) Web. et Mohr （蘚類）: 北海道、本州
- サンカクキヌシッポゴケ: Seligeria austriaca Schauer （蘚類）: 本州、四国、九州
- ハナシキヌシッポゴケ: Seligeria donniana (Sm.) C. Muell.（蘚類）: 本州
- コキヌシッポゴケ: Seligeria pusilla (Hedw.) B.S.G.（蘚類）: 北海道、本州、四国、九州
- オオミズゴケ: Sphagnum palustre L.（蘚類）: 北海道、本州、四国、九州
- フトハイゴケ: Stereodontopsis pseudorevoluta (Reim.) Ando （蘚類）: 四国、九州
- シダレウニゴケ: Symphyodon perrottetii Mont.（蘚類）: 本州、四国、九州、沖縄
- 和名なし: Syntrichia gemmascens (Chen) Zand (= Desmatodon gemmascens Chen)（蘚類）: 本州、四国
- ミヤマコネジレゴケ: Syntrichia sinensis (C. Muell.) Ochyra (= Tortula sinensis (C. Muell.) Broth. ex Levier)（蘚類）: 本州、四国
- イサワゴケ: Syrrhopodon tosaensis Card.（蘚類）: 本州、四国、九州、沖縄
- ヤクシマアミゴケ: Syrrhopodon yakushimensis Tak. et Iwats.（蘚類）: 九州
- タイワントラノオゴケ: Taiwanobryum speciosum Nog.（蘚類）: 本州、四国、九州
- ナンジャモンジャゴケ: Takakia lepidozyoides Hatt. et Inoue （蘚類）: 北海道、本州
- キャラハゴケモドキ: Taxiphyllosis iwatsukii Higuchi et Deguchi （蘚類）: 本州、四国
- コウライイチイゴケ: Taxiphyllum alternans (Card.) Iwats.（蘚類）: 本州、四国、九州
- タイワンユリゴケ: Tayloria indica Mitt.（蘚類）: 九州
- コアブラゴケ: Thamniopsis utacamundiana (Mont.) Buck (= Hookeriopsis utacamundiana (Mont.) Broth.)（蘚類）: 九州
- クマノゴケ: Theriotia lorifolia Card.（蘚類）: 本州、四国、九州
- ミヤマクサスギゴケ: Timmia megapolitana Hedw.（蘚類）: 北海道、本州
- シマオバナゴケ: Trematodon semitortidens Sak.（蘚類）: 本州、九州
- リュウキュウナガハシゴケ: Trichosteleum boschii (Dozy et Molk.) Jaeg. (= Rhaphidostichum boschii ssp. thelidictyon (Sull. et Lesq.) Seki)（蘚類）: 四国、九州
- チチブイチョウゴケ: Acrobolbus ciliatus (Mitt.) Schiffn.（苔類）: 秩父山地、岐阜県、紀伊半島、高知県、愛知県、熊本県、宮崎県、神奈川
- ヒメトロイブゴケ: Apotreubia nana (Hatt. et Inoue) Hatt. et Mizut.（苔類）: 長野県、岩手県、秩父山地
- ドクダミサイハイゴケ: Asterella odora Hatt.（苔類）: 東京都、埼玉県秩父山地、
- ミヤマミズゼニゴケ: Calycularia crispula Mitt.（苔類）: 青森県、岩手県、秩父山地、紀伊半島、宮崎県
- ヨウジョウゴケ: Cololejeunea goebelii (Schiffn.) Schiffn.（苔類）: 本州千葉県以西
- ナガバムシトリゴケ: Colura tenuicornis (Evans) Steph.（苔類）: 鹿児島県屋久島、開聞岳、高知県、和歌山県
- ヒカリゼニゴケ: Cyathodium smaragninum Schiffn.（苔類）: 熊本県
- サガリヤスデゴケ: Frullania trichodes Mitt.（苔類）: 宮崎県、高知県
- ケナシオヤコゴケ: Gottschea nuda (Horik.) Grolle et Zijlstra （苔類）: 鹿児島県奄美大島、徳之島
- キレハコマチゴケ: Haplomitrium hookeri (Sm.) Nees （苔類）: 富山県、長野県
- ヤクシマアミバゴケ: Hattoria yakushimensis (Horik.) Schust.（苔類）: 鹿児島県屋久島、大隅半島、三重県
- イイシバヤバネゴケ: Iwatsukia jishibae (Steph.) N. Kitag.（苔類）: 鹿児島県屋久島、

付録4　植物版レッドリスト

近畿地方、長野県
- ヤクシマスギバゴケ：Lepicolea Yakushimensis (Hatt.) Hatt.（苔類）：　鹿児島県屋久島
- カビゴケ：Leptolejeunea elliptica (Lehm. et Lindenb.) Schiffn.（苔類）：　本州福島県以西
- イギイチョウゴケ：Lophozia igiana Hatt.（苔類）：　徳島県、高知県、岡山県、長野県
- イワゼニゴケ：Mannia triandra (Scop.) Grolle（苔類）：　北海道、岩手県
- ケハネゴケモドキ：Marsupidium knightii Mitt.（苔類）：　鹿児島県屋久島、奄美大島
- ハットリヤスデゴケ：Neohattoria herzogii (Hatt.) Kamim.（苔類）：　北海道、岩手県、秩父山地、長野県
- サトミヨツデゴケ：Pseudolepicolea trolii (Herz.) Grolle et Ando（苔類）：富山県黒部渓谷
- ミミケビラゴケ：Radula chinenenis Steph.（苔類）：　岡山県、石川県、岐阜県
- ウキゴケ：Riccia fluitans L.（苔類）：　北海道、本州全土、四国、九州、沖縄
- イチョウウキゴケ：Ricciocarpos natans (L.) Corda（苔類）：　日本各地
- ミジンコゴケ：Zoopsis liukiuensis Horik.（苔類）：　沖縄県、鹿児島県屋久島、大隅半島、東京都小笠原諸島
- キノボリツノゴケ：Dendroceros japonicus Steph.（ツノゴケ類）：　千葉県以西、四国・九州

■絶滅危惧II類（VU）

- トガリバギボウシゴケ：Anomodon acutifolius Mitt.（蘚類）：　本州
- フジサンギンゴケモドキ：Aongstroemia julacea (Hook.) Mitt.（蘚類）：　本州
- 和名なし：Aongstroemia orientalis Mitt.（蘚類）：　本州
- ウワバミゴケ：Breutelia arundinifolia (Duby) Fl.（蘚類）：　九州
- 和名なし：Calymperes lonchophyllum Schwaegr.（蘚類）：　小笠原諸島、沖縄
- 和名なし：Calyptothecium urvilleanum (C. Muell.) Broth.（蘚類）：　沖縄
- マユハケゴケ：Campylopus fragilis (Brid.) B.S.G.（蘚類）：　本州、四国
- ヒロスジツリバリゴケ：Campylopus gracilis (Mitt.) Jaeg.　(= C. schwarzii Schimp.)（蘚類）：　本州、九州
- ミスジヤバネゴケ：Clastobryum glabrescens (Iwats.) Tan et Iwats.
    (= Tristichella glabrescens Iwats.)（蘚類）：　九州
- 和名なし：Desmatodon latifolius (Hedw.) Brid.（蘚類）：　本州
- アカネジクチゴケ：Didymodon asperifolius (Mitt.) Crum, Steere et Anderson（蘚類）：本州
- マルバツガゴケ：Distichophyllum obtusifolium Ther.（蘚類）：　九州、沖縄
- フチナシツガゴケ：Distichophyllum osterwardii Fl.（蘚類）：　沖縄
- シロウマヤリカツギ：Encalypta alpina Sm.（蘚類）：　本州
- ヤクシマホウオウゴケ：Fissidens obscurus Mitt.（蘚類）：　九州
- シライワスズゴケ：Forsstroemia noguchii Stark（蘚類）：　本州、四国
- 和名なし：Glossadelphus yakoushimae (Card.) Nog.（蘚類）：　九州、沖縄
- オオカギイトゴケ：Gollania splendens (Ihs.) Nog.（蘚類）：　本州
- ミギワギボウシゴケ：Grimmia mollis Bruch et Schim. in B.S.G.（蘚類）：　本州
- ムチエダイトゴケ：Haplohymenium flagelliforme Saviz-Ljubitskaya（蘚類）：　本州、九州
- ホウライハゴロモゴケ：Homaliodendron microdendron (Mont.) Fl.（蘚類）：　沖縄
- キダチゴケ：Hypnodendron vitiense Mitt.（蘚類）：　沖縄
- オニシメリゴケ：Leptodictyum mizushimae (Sak.) Kanda（蘚類）：　北海道、本州

- ジャワシラガゴケ： Leucobryum javense (Brid.) Mitt.（蘚類）： 沖縄
- ヨコグライタチゴケ： Leucodon sohayakiensis Akiyama（蘚類）： 本州、四国、九州
- ニセハブタエゴケ： Leucophanes octoblepharioides Brid.（蘚類）： 沖縄
- クロコゴケ： Luisierella barbula (Schwaegr.) Steere（蘚類）： 本州、四国
- ホソヒモゴケ： Meteorium papillarioides Nog.（蘚類）： 九州
- 和名なし： Molendoa hornschuchiana (Hook.) Lindb. ex Limpr.（蘚類）： 本州
- カタナワゴケ： Oedicladium fragile Card.（蘚類）： 九州、沖縄
- ヤマゴケ： Oreas martiana (Hoppe et Hornsch. ex Hornsch.) Brid.（蘚類）： 本州
- 和名なし： Orthotrichum laevigatum var. japonicum (Iwats.) Lewinsky (= O. macounii ssp. japonicum Iwats.)（蘚類）： 本州
- ヌマチゴケ： Paludella squarrosa (Hedw.) Brid.（蘚類）： 北海道
- モミノキゴケ： Pinnatella anacamptolepis (C. Muell.) Broth. (= Porotrichum gracilescens Nog.)（蘚類）： 四国、九州、沖縄
- ヒメハミズゴケ： Pogonatum camusii (Ther.) Touw（蘚類）： 沖縄
- 和名なし： Polytrichum juniperinum ssp. strictum (Brid.) Nyl. et Sael.（蘚類）： 本州
- オニゴケ： Pseudospiridentopsis horrida (Card.) Fl.（蘚類）： 九州
- 和名なし： Radulina elegantissima (Fl.) Buck et Tan (= Trichosteleum elegantissimum Fl.)（蘚類）： 沖縄
- カサゴケモドキ： Rhodobryum ontariense (Kindb.) Kindb.（蘚類）： 北海道、本州、四国、九州
- キヌシッポゴケ： Seligeria recurvata (Hedw.) Bruch et Schimp. in B. S. G.（蘚類）： 本州、九州
- マルバユリゴケ： Tayloria hornschuchii (Grev. et Arnott) Broth.（蘚類）： 本州
- イブキキンモウゴケ： Ulota perbreviseta Dix. et Sak.（蘚類）： 本州、四国、九州
- ヤクシマキンモウゴケ： Ulota yakushimensis Iwats.（蘚類）： 四国、九州
- カメゴケモドキ： Zygodon viridissimus (Dicks.) Brid.（蘚類）： 本州
- ケミドリゼニゴケ： Aneura hirsuta Furuki（苔類）： 沖縄県西表島
- チチブゼニゴケ： Athalamia nana (Shim. et Hatt.) Hatt.（苔類）： 埼玉県秩父山地
- カネマルムチゴケ： Bazzania ovistipula (Steph.) Abeyw.（苔類）： 鹿児島県屋久島、熊本県、三重県、奈良県
- マルバホラゴケモドキ： Calypogeia aeruginosa Mitt.（苔類）： 鹿児島県屋久島
- ケスジヤバネゴケ： Cephaloziella elachista (Gott. et Rabenh.) Schiffn.（苔類）： 青森県、京都府
- アマミウロコゴケ： Chiloscyphus aselliformis (Reinw. et al.) Ness（苔類）： 鹿児島県奄美大島、沖縄県
- ヒメウキヤバネゴケ： Cladopodiella francisci (Hook.) Joerg.（苔類）： 北海道
- オガサワラキララゴケ： Cololejeunea subminutilobula Mizut.（苔類）： 東京都小笠原諸島
- エゾヒメソロイゴケ： Cryptocoleopsis imbricata Amak.（苔類）： 北海道利尻島、長野県
- マルバサンカクゴケ： Drepanolejeunea obtusifolia Yamag.（苔類）： 沖縄県石垣島
- イリオモテウロコゼニゴケ： Fossombronia mylioides Inoue（苔類）： 沖縄県西表島
- イリオモテヤスデゴケ： Frullania iriomotensis Hatt.（苔類）： 沖縄県西表島、石垣島
- ヤエヤマスギバゴケ： Lepidpzia mamillosa Schiffn.（苔類）： 沖縄県西表島
- オオサワラゴケ： Mastigophora diclados (Brid.) Nees（苔類）： 和歌山県、高知県、

宮崎県、鹿児島県屋久島
- サイシュウホラゴケモドキ： Metacalypogeia querpaertensis Hatt. et Inoue （苔類）： 鹿児島県屋久島、三重県
- ヤワラゼニゴケ： Monosolenium tenerum Griff.（苔類）： 関東地方以西
- ムニンハネゴケ： Plagiochila boninensis Inoue （苔類）： 東京都小笠原諸島
- ウルシハネゴケ： Plagiochila pseudopunctata Inoue （苔類）： 埼玉県
- シャンハイハネゴケ： Plagiochila shangaica Steph.（苔類）： 山口県
- オビケビラゴケ： Radula campanigera Mont. subsp. obiensis (Hatt.) Yamada （苔類）： 鹿児島県屋久島、宮崎県
- ジンチョウゴケ： Sauteria alpina (Nees) Nees （苔類）： 北海道
- ヤツガタケゼニゴケ： Sauteria yatsuensis Hatt.（苔類）： 長野県
- ムカシヒシャクゴケ： Scapania ornithopodioides (With.) Waddel （苔類）： 高知県、埼玉県、長野県、岩手県
- ハマグリゼニゴケ： Targionia hypophylla L.（苔類）： 埼玉県
- テララゴケ： Telaranaea iriomotensis Yamag.（苔類）： 沖縄県西表島
- ミドリツノゴケ： Folioceros appendiculatus (Steph.) Haseg.（ツノゴケ類）： 鹿児島県徳之島

■準絶滅危惧（ NT ）

・蘚類

ヤマトハクチョウゴケ、カワブチゴケ、マツムラゴケ、セイナンヒラゴケ

■情報不足（ DD ）

・蘚類

コサナダゴケモドキ、ヒトヨシゴケ、オガサワラカタシロゴケ、オオカタシロゴケ、Calymperes strictifolium (Mitt.) Roth 、ヘビゴケ、Clastobryella cuculligera (Lac.) Fl.、タカサゴツガゴケ、Distichophyllum nigricaule Mitt. ex Bosch et Lac.、オオノコギリゴケ、Exodictyon blumii (C. Muell.) Fl.、ジャワホウオウゴケ、ヒメスズゴケ、エビスゴケ、ハナシタチヒラゴケ、ヒヨクゴケ、シロシラガゴケ、キタイタチゴケ、Macromitrium reinwardtii Schwaegr.、マムシゴケ、オオキヌタゴケ、ヤマタチヒダゴケ、イブキタチヒダゴケ、ヒメハネゴケ、ヒョウタンハリガネゴケ、マッカリタケナガゴケ、 Podperaea krylovii (Podp.) Iwats. et Glime、Pohlia drummondii (C. Muell.) Andrews、カサゴケ、Schistidium maritimum (Turn.) Bruch et Schimp. In B.S.G. 、エゾキヌシッポゴケ、ホソベリミズゴケ、オオツボゴケ、キイアミゴケ、スルメゴケ、カシミイルクマノゴケ、イボエシノブゴケ、ヒログチキンモウゴケ

・苔類

ヒメモミジゴケ、サンカクヨウジョウゴケ、ボウズムシトリゴケ、ハッコウダゴケ、コサキジロゴケ、ユキミイチョウゴケ、ウルシゼニゴケ、イトミゾゴケ、ヤツガタケゼニゴケ、リシリゼニゴケ、ハットリムカイバハネゴケ、ミズゴケモドキ、タカネゼニゴケ、ミゾゴケモドキ、キノボリヤバネゴケ、ヒメゴヘイゴケ

植物II：藻類レッドリスト

■絶滅（EX）

- イケダシャジクモ： Chara benthamii var. brevibracteata Kasaki （車軸藻類）：
- ハコネシャジクモ： Chara globularis Thullier var. hakonensis Kasaki （車軸藻類）：
- チュウゼンジフラスコモ： Nitella flexilis Agardh var. bifurcata Kasaki （車軸藻類）：
- テガヌマフラスコモ： Nitella furcata Braun var. fallosa Imahori （車軸藻類）：
- キザキフラスコモ： Nitella minispora Imahori （車軸藻類）：

■野生絶滅（EW）

- スイゼンジノリ： Aphanothece sacrum (Suringar) Okada （藍藻類）：
- ホシツリモ： Nitellopsis obtusa Groves （車軸藻類）：

■絶滅危惧I類（CR+EN）

- オオイシソウモドキ： Compsopogonopsis japonica Chihara （紅藻類）： 沖縄県石垣島
- オキチモズク： Nemalionopsis tortuosa Yoneda et Yagi （紅藻類）： 九州
- マルバアマノリ： Porphyra kuniedae Kurogi （紅藻類）： 東北
- アサクサノリ： Porphyra tenera Kjellman （紅藻類）： 本州
- カイガラアマノリ： Porphyra tenuipedalis Miura （紅藻類）： 東京湾、伊勢湾、瀬戸内海
- シマチスジノリ： Thorea gaudichaudii Agardh （紅藻類）： 沖縄県
- クビレミドロ： Pseudodichotomosiphon constrictus (Yamada) Yamada
    (= Vaucheria constricta Yamada) （黄緑藻類）： 沖縄県
- ホソエガサ： Acetabularia caliculus Lamouroux （緑藻類）： 九州北部、石川県能登半島
- マリモ： Cladophora aegagropila (Linnaeus) Rabenhorst （緑藻類）： 北海道、本州
- ダジクラドゥス： Dasycladus vermicularis Krasser （緑藻類）： 南西諸島
- ケナガシャジクモ： Chara benthamii Zaneveld var. benthamii （車軸藻類）： 日本各地
- シャジクモ： Chara braunii Thuillier （車軸藻類）： 日本各地
- オオシャジクモ： Chara corallina Willdenow （車軸藻類）： 青森県以南
- カタシャジクモ： Chara globularis Thuillier var. globularis （車軸藻類）： 北海道から本州中・北部
- アメリカシャジクモ： Chara sejuncta Braun （車軸藻類）： 関東以南
- ハダシャジクモ： Chara zeylanica Willdenow （車軸藻類）： 青森県以南
- チャボフラスコモ： Nitella acuminata Braun var. capitulifera Imahori （車軸藻類）： 日本各地
- トガリフラスコモ： Nitella acuminata Braun var. subglomerata Braun （車軸藻類）： 本州中部以南、四国、九州
- カワモズクフラスコモ： Nitella batrachosperma （車軸藻類）：
- ヒメフラスコモ： Nitella flexilis Agardh var. flexilis （車軸藻類）： 日本各地
- オオフラスコモ： Nitella flexilis Agardh var. longifolia Braun （車軸藻類）： 日本各地

- フタマタフラスコモ：Nitella furcata Braun var. furcata（車軸藻類）： 日本各地
- オトメフラスコモ：Nitella hyalina Agardh（車軸藻類）： 本州、鹿児島県種子島
- フラスコモダマシ：Nitella imahorii Wood（車軸藻類）： 日本各地
- チリフラスコモ：Nitella microcarpa Braun（車軸藻類）： 北海道、本州、四国、九州
- イノカシラフラスコモ： Nitella mirabilis Nordstedt inokasiraensis Kasaki（車軸藻類）： 千葉県
- ナガホノフラスコモ： Nitella morongii T. F. Allen var. spiciformis (Morioka) Imahori （車軸藻類）： 北海道、本州
- キヌフラスコモ：Nitella mucronata Miquel var. gracilens (Morioka) Imahori（車軸藻類）： 本州中部
- ナガフラスコモ：Nitella orientalis T. F. Allen（車軸藻類）： 本州、四国、九州
- オオバホンフサフラスコモ：Nitella pseudoflabellata Braun f. macrophylla（車軸藻類）：
- ミノフサフラスコモ：Nitella pseudoflabellata Braun var. mucosa Bailey（車軸藻類）： 本州、四国、九州
- ホンフサフラスコモ：Nitella pseudoflabellata Braun var. pseudoflabellata（車軸藻類）： 本州、四国、九州
- ハデフラスコモ：Nitella pulchella T. F. Allen（車軸藻類）：
- シラタマモ：Nitellopsis obtusa Groves（車軸藻類）： 徳島県

■絶滅危惧II類（VU）

- イバラオオイシソウ：Compsopogon aeruginosus (J. Agardh) Kuetzing（紅藻類）： 福島県以南
- アツカワオオイシソウ：Compsopogon corticrassus Chihara et Nakamura（紅藻類）： 福島県以南
- インドオオイシソウ：Compsopogon hookeri Montagne（紅藻類）： 福島県以南
- オオイシソウ：Compsopogon oishii Okamura（紅藻類）： 福島県以南
- ムカゴオオイシソウ：Compsopogon prolificus Yadava et Kumano（紅藻類）： 福島県以南
- チスジノリ：Thorea okadae Yamada（紅藻類）： 九州、本州

■準絶滅危惧（NT）

・紅藻類
イシカワモヅク、ヒメカワモヅク、カワモヅク、ミドリカワモヅク、アオカワモヅク、ナツノカワモヅク、Batrachospermum testale Sirodot、
Batrachospermum turfosum Bory、タニコケモドキ、アヤギヌ、ササバアヤギヌ、アマクサキリンサイ、リュウキュウオゴノリ、タンスイベニマダラ、トサカノリ、ニセカワモヅク、ユタカカワモヅク
・褐藻類
アツバミスジコンブ、エナガコンブ、カラフトコンブ、エンドウコンブ
・緑藻類
クロキヅタ、チョウチンミドロ、カワノリ

植物 II：地衣類レッドリスト

■絶滅（EX）

- ホソゲジゲジゴケ：Anatptychia angustiloba (Mull. Arg.) Kurok.：
- イトゲジゲジゴケ：Anatptychia leucomelaena (L.) Mass.：
- ヌマジリゴケ：Erioderma asahinae Zahlbr.：

■絶滅危惧 I 類（CR+EN）

- タチクリイロトゲキノリ：Cetraria aculeata (Schreb.) Fr. (=Cornicularia aculeata (Schreber) Link.)： 山梨県
- ミゾハナゴケモドキ：Cladonia acuminata (Ach.) Norrlin.： 長野県
- ヒダカハナゴケ：Cladonia hidakana Kurok.： 北海道
- クロウラカワイワタケ：Dermatocarpon moulinsii (Mont.) Zahlbr.： 北海道、秋田県
- ミヤマウロコゴケ：Dermatocarpon tuzibei Sato： 岩手県
- オオツブミゴケ：Gymnoderma coccocarpum Nyl.： 鹿児島県屋久島
- ツブミゴケ：Gymnoderma insulare Yoshim.： 和歌山県、徳島県
- ナヨナヨサガリゴケ：Lethariella togashii (Asah.) Krog： 北海道、山梨県
- アマギウメノキゴケ：Myelochroa amagiensis (Asah.) Hale： 静岡県
- ヤマトパウリア：Paulia japonica Asah.： 高知県
- オガサワラトリハダゴケ：Pertusaria boninensis Shib.： 東京都小笠原諸島
- 和名なし：Phaeographina pseudomontagnearum M. Nak.： 徳島県
- 和名なし：Phaeographis flavicans Kashiw.： 山梨県
- フジノイシガキモジゴケ：Phaeographis fujisanensis Kashiw. & M. Nak.： 山梨県
- ラマロディウムゴケ：Ramalodium japonicum (Asah.) Henss. (= Leciophysma japonicum Asah.)： 愛知県
- トゲナシフトネゴケ：Relicina echinocarpa (Kurok.) Hale： 福岡県、宮崎県、熊本県
- キフトネゴケモドキ：Relicina sydneyensis (Gyelnik) Hale： 静岡県、紀伊半島、高知県
- ニセミヤマキゴケ：Stereocaulon curtatoides Asah.： 鹿児島県開聞岳、屋久島
- ヒロハキゴケモドキ：Stereocaulon wrightii Tuck.： 吾妻山
- オオバキノリ：Thyrea latissima Asah.： 埼玉県、岡山県、徳島県
- フジカワゴケ：Toninia tristis (Th. Fr.) Th. Fr. ssp. fujikawae (Sato) Timdal (= Lecidea fujikawae Sato)： 岩手県、群馬県、長野県、高知県
- オオウラヒダイワタケ：Umbilicaria muhlenbergii (Ach.) Tuck.： 青森県

■絶滅危惧 II 類（VU）

- オオサビイボゴケ：Brigantiaea nipponicum (Sato) Haffellner： 徳島県、高知県
- トゲエイランタイ：Cetrariella delisei (Bory ex Shaer.) Karnef. & Thell： 北海道、本州中部山岳
- コウヤハナゴケ：Cladonia koyaensis Asah.： 和歌山県、島根県隠岐島
- オガサワラスミレモドキ：Coenogonium boninense Sato： 東京都小笠原諸島

- コガネエイランタイ： Flavocetraria nivalis (L.) Karnef.： 北海道
- ヒメキウメノキゴケ： Flavopuncteria soredica (Nyl.) Hale： 長野県
- ニュウガサウメノキゴケ： Hypotrachyna sinuosa (Sm.) Hale： 長野県、埼玉県
- テガタアオキノリ： Leptogium palmatum var. fusidosporum Kurok.： 埼玉県、広島県
- コバノカワズゴケ： Lobaria angustifolia (Asah.) Yoshim.： 山梨県
- トゲカブトゴケ： Lobaria kazawaensis (Asah.) Yoshim.： 群馬県、新潟県、埼玉県
- 和名なし： Parmelia erumpens Kurok.： 静岡県、愛知県
- ハナビラツメゴケ： Peltigera lepidophora (Nyl.) Vainio： 長野県
- コヒラミツメゴケ： Peltigera nigripunctata Bitt.： 岩手県、長野県、山梨県、静岡県
- ヒメツメゴケ： Peltigera venosa (L.) Baumg.： 北海道、長野県、山梨県、
- ハクテンヨロイゴケ： Pseudocyphellaria argyracea (Del.) Vainio： 九州南部、東京都小笠原諸島
- オニサネゴケ： Pyrenula gigas Zahlbr.： 鹿児島県屋久島、徳之島
- ヒラミヤイトゴケ： Solorina platycarpa Hue： 埼玉県、長野県
- クボミヤイトゴケ： Solorina saccata (L.) Ach.： 徳島県
- エダウチヤイトゴケ： Solorina saccata var. spongiosa Nyl.： 長野県
- コフキセンスゴケ： Sticta limbata (Sm.) Ach.： 北海道、山梨県
- フクレヘラゴケ： Thysanothecium scutellatum (Fr.) Galloway： 広島県、静岡県
- クロカワアワビゴケ： Tuckermannopsis kurokawae (Shibuichi & Yoshida) Kurok. (= Cetraria kurokawae Shib. & Yoshida)： 秩父山地、四国
- トゲイワタケ： Umbilicaria deusta (L.) Baumg.： 北海道

■準絶滅危惧（NT）

カニメゴケ、ヒメミゾナハゴケ、コレマ　カロピスム、コバノイワノリ、ツクシイワノリ、Collema latzelii Zahlbr.、アツバイワノリ、Collema polycarpon Hoffm. var. corcyrense (Arn.) Degel.、コフキザクロゴケ、クイシウメノキゴケ、ムニンサビイボゴケ、シマハナビラゴケ、マットゴケ、タチナミガタウメノキゴケ、コナマツゲゴケ、フィズマゴケ、アカウラヤイトゴケ

■情報不足（DD）

チゾメセンニンゴケ、Buellia atrata (Sm.) Anzi、チヂレバカワラゴケ、シオバラノリ、Collema undulatum Flotow、ムニンヌカゴケ、Hyperphyscia adglutinata (Florke) Mayrhoffer & Poelt、Lecanora muralis (Schreb.) Rabenh.、Lobothallia alphoplaca (Wahlbenb. in Ach.) Haffellner、ムニンプソロマゴケ、オガサワラピルギルス、Pyxine cocoes (Sw.) Nyl.、Pyxine meissnerina Nyl.、ニセムクムクキゴケ、スツリグラ　ニチデュラ、アカチクビゴケ、Trypethelium boninense Kurok.

植物 II：菌類レッドリスト

■絶滅（EX）

- ハハジマモリノカサ： Agaricus hahashimensis S. Ito & Imai ：
- 和名なし： Allescheriella crocea (Mont.) Hughes ：
- ヒュウガハンチクキン： Astrinella hiugensis Hino & Hidaka ：
- フタイロコガサタケ： Camarophyllus microbicolor S. Ito ：
- ハハシマアコウショウロ： Circulocolumella hahashimensis (S. Ito & Imai)S. Ito ：
- ムニンヒメサカズキタケ： Clitocybe castaneifloccosa S. Ito & Imai ：
- ハハノツエ： Collybia matris S. Ito & Imai ：
- ムニンヒトヨタケ： Coprinus boninensis S. Ito & Imai ：
- ハヤカワセミタケ： Cordyceps owariensis Kobayasi ：
- ムラサキチャヒラタケ： Crepidotus subpurpureus S. Ito & Imai ：
- カバイロチャダイゴケ： Cyathus badius Kobayasi ：
- ムニンチャダイゴケ： Cyathus boninensis S. Ito & Imai ：
- オガワラツムタケ： Gymnopilus noviholocirrhus S. Ito & Imai ：
- オオミノアカヤマタケ： Hygrocybe macrospora (S. Ito & Imai)S. Ito ：
- ムニンキヤマタケ： Hygrocybe miniatostriata (S. Ito & Imai)S. Ito ：
- オガサワラハツタケ： Lactarius ogasawarashimensis S. Ito & Imai ：
- ムニンヒメカラカサタケ： Lepiota boninensis S. Ito & Imai ：
- ムニンチヂミタケ： Leptoglossum boninensis S. Ito & Imai ：
- コメツブホコリタケ： Lycoperdon henningsii Sacc. & Syd. ：
- ダイドウベニヒダタケ： Pluteus daidoi S. Ito & Imai ：
- フサベニヒダタケ： Pluteus horridilamellus S. Ito & Imai ：
- マチダベニヒダタケ： Pluteus machidae S. Ito & Imai ：
- オカベベニヒダタケ： Pluteus okabei S. Ito & Imai ：
- ムニンシカタケ： Pluteus verruculosus S. Ito & Imai ：
- オガサワライタチタケ： Psathyrella boninensis S. Ito & Imai ：
- ムニンチャモミウラタケ： Rhodophyllus brunneolus (S. Ito & Imai)S. Ito ：
- オガサワラキハツタケ： Russula boninensis S. Ito & Imai ：
- チチシマシメジタケ： Tricholoma boninensis S. Ito & Imai ：

■野生絶滅（EW）

- 和名なし： Cunninghamella homothallica Kominami & Tubaki ：

■絶滅危惧 I 類（CR+EN）

- ミツエタケ： Arcangeliella mitsueae Imai ：　神奈川県横浜市
- クチキトサカタケ： Ascoclavulina sakaii Otani ：　東北
- シンジュタケ： Boninogaster phalloides Kobayasi ：　東京都小笠原諸島
- キリノミタケ： Chorioactis geaster (Peck) Eckblad ：　宮崎県

- ミドリクチキムシタケ：Cordyceps atrovirens Kobayasi & Shimizu： 埼玉県秩父
- カイガラムシツブタケ：Cordyceps coccidiicola Kobayasi & Shimizu： 中部以西、東北
- イリオモテクモタケ：Cordyceps cylindrica Pecth： 沖縄県西表島
- オサムシタンポタケ：Cordyceps entomorrhiza (Dicks.：Fr.) Fr.： 宮城県蔵王町
- フトクビクチキムシタケ：Cordyceps facis Kobayasi & Shimizu： 埼玉県秩父
- クサギムシタケ：Cordyceps hepialidicola Kobayasi & Shimizu： 埼玉県秩父
- ハエヤドリトガリツブタケ：Cordyceps iriomoteana Kobayasi & Shimizu： 沖縄県西表島
- コゴメカマキリムシタケ：Cordyceps mantidicola Kobayasi & Shimizu： 埼玉県秩父
- チチブクチキムシタケ：Cordyceps nanatakiensis Kobayasi & Shimizu： 埼玉県秩父
- オグラクモタケ：Cordyceps ogurasanensis Kobayasi & Shimizu： 長野県南佐久郡
- シロヒメサナギタケ：Cordyceps pallidiolivacea Kobayasi & Shimizu： 埼玉県秩父
- ウスキタンポセミタケ：Cordyceps pleuricapitata Kobayasi & Shimizu： 沖縄県西表島
- ヒメハルゼミタケ：Cordyceps polycephala Kobayasi & Shimizu： 沖縄県西表島
- エダウチタンポタケ：Cordyceps ramosostipitata Kobayasi & Shimizu： 沖縄県西表島
- アカエノットノミタケ：Cordyceps rubiginosostipitata Kobayasi & Shimizu： 沖縄県西表島
- スズキセミタケ：Cordyceps ryogamimontana Kobayasi： 埼玉県秩父
- サキシマヤドリバエタケ：Cordyceps sakishimensis Kobayasi & Shimizu： 沖縄県西表島
- コガネムシタケ：Cordyceps scarabiicola Kobayasi： 埼玉県秩父
- シロアリタケ：Cordyceps termitophila Kobayasi & Shimizu： 沖縄県西表島
- タンポエゾセミタケ：Cordyceps toriharamontana Kobayasi： 山形県朝日岳
- クロミノクチキムシタケ：Cordyceps uchiyamae Kobayasi & Shimizu： 東京都高尾山
- エリアシタンポタケ：Cordyceps valvatostipitata Kobayasi： 宮城県蔵王町
- ヤクシマセミタケ：Cordyceps yakusimensis Kobayasi： 鹿児島県屋久島
- チャヒゲカワラタケ：Coriolopsis aspera (Jungh.) Teng： 沖縄県西表島、石垣島
- ワニスタケ：Coriorus ochrotinctus (Berk. & Curt.) Aoshima： 本州以南
- 和名なし：Corynelia uberata Achar.：Fr.： 高知県、奈良県、鹿児島県屋久島
- コウヤクマンネンハリタケ：Echinodontium japonicum Imazeki： 奈良県、宮崎県
- マンネンハリタケ：Echinodontium tsugicola (Henn. & Shirai) Imazeki： 日光、赤城、秩父、八ヶ岳
- ラッコタケ：Inonotus flavidus (Berk.) Ryv.： 本州
- ヒジリタケ：Lignosus rhinocerus (Cke.) Ryv.： 沖縄県西表島、石垣島
- コウヤムシタケモドキ：Neocordyceps kohyasanensis Kobayasi： 和歌山県高野山
- ジャガイモタケ：Octaviania columellifera Kobayasi： 関東
- ホネタケ、オニゲナ菌：Onygena corvina Alb. & Schwein.：Fr.： 北海道、山形県
- ツガマイタケ：Osteina obducta (Berk.) Donk： 富士山
- ヤエヤマキコブタケ：Phellinus pachyphloeus (Pat.) Pat.： 沖縄県西表島、石垣島
- オオメシマコブ：Phellinus rimosus (Berk.) Pilat： 四国、小笠原
- コカンバタケ：Piptoporus quercinus (Schrad.：Fr.) Karst.： 静岡県、鳥取県
- ヨコバエタケ：Podonectrioides cicadellidicola (Kobayasi & Shimizu) Kobayasi： 東北
- タマチョレイタケ：Polyporus tuberaster Jacq.：Fr.： 本州
- ムカシオオミダレタケ：Protodaedalea hispida Imazeki： 本州
- 和名なし：Protomyces pachydermus von Thuemen：
- ダイダイサルノコシカケ：Pyropolyporus albomarginatus (Zippoli ex Lev.) Murr.： 沖縄県西表島、石垣島
- ツヤナシマンネンタケ：Pyrrhoderma sendaiense (Yasuda) Imazeki： 宮城県、新潟県、

神奈川県、大分県
- サンチュウムシタケモドキ：Shimizuomyces paradoxus Kobayasi： 群馬県、長野県、宮城県、山形県
- 和名なし：Taphrina kusanoi Ikeno： 千葉県清澄山
- クモノオオトガリツブタケ：Torrubiella globosa Kobayasi & Shimizu： 山形県
- エビタケ：Trachyderma tsunodae (Yasuda) Imazeki： 本州、九州

■絶滅危惧Ⅱ類（VU）

- トゲホコリタケ：Bovistella yasudae Lloyd：
- ハゲチャダイゴケ：Cyathus pallidus Berk. & Curt.：
- エダウチホコリタケモドキ：Dendrosphaera eberhardtii Pat.： 鹿児島県屋久島、沖縄県西表島
- ウスキキヌガサタケ：Dictyophora indusiata (Vent.: Pers.) Fisch. f. lutea Kobayasi： 宮崎県、広島県、徳島県、京都府
- スナタマゴタケ：Endoptychum agaricoides Czern.： 北海道小樽市、北陸
- 和名なし：Hypocrea cerebriformis Berk.： 北海道南部から東北
- 和名なし：Hypocrea splendens Phill. & Plowright： 東北
- 和名なし：Hypocrea subsplendens Doi： 本州
- ツキヨタケ：Lampteromyces japonicus (Kawamura) Sing.：
- ミヤベホコリタケ：Lycoperdon miyabei (Lloyd) Imai：
- ツチグリカワタケ：Scleroderma polyrhizum Persoon：

索　引

ア

IBP　180
IGBP　191
IUCN　→国際自然保護連合
IUCN レッドリスト　102, 143
IUPN　17
RDB　→レッドデータブック
青潮　567, 671
アカシア　330
赤潮　566, 671
アカマツ　396
アカマツ林　255
亜寒帯　468
亜寒帯・亜高山帯自然植生　63
秋の七草　261
亜極相　91
アグーチ　323
アグロフォレストリー　241
亜高山帯　468, 583
亜高山帯広葉草原　422
アザミウマ　325, 333
アジアゾウ　596
アジェンダ21　175, 207, 289
阿蘇くじゅう国立公園　451
アニマルセラピー　142
アニマルライト　596
アブラヤシ　335
アフリカゾウ　139, 596
アブレーション　488
アボリジニー　492
アマサギ　625
アマモ場　564
アメリカオニアザミ　212
アラス地形　225
アリ植物　330

イ

イエローストーン国立公園　4
イカルチドリ　628
異議意見書　73
生きた化石(レリック)　116
移行帯　29
移行地帯　190
移植地　129
伊勢湾藤前干潟　194
イソシギ　628
遺存種　443, 496, 526
イチジク　323, 328
イチジクコバチ　324
一次生産力　186
遺伝資源保存　85
遺伝子の保存　266
遺伝的汚染　132
遺伝的多様性　94, 133
移動耕作　240
犬走り　699
イヌワシ　614
入会権　260
入会山　260
イワノガリヤス群落　470
インタープリター　284, 307
インドネシア　390

ウ

ウィルダネス　193, 296
ウエットランド　165, 640
ウシノケグサ群落　469
宇宙船地球号　295, 299
美ヶ原高原　252
ウミスズメ　636
埋め立て　657

エ

NGO(非政府組織)　17, 149, 165, 178, 555
SALT　242
営造物公園　37
栄養塩類　674
栄養獲得共生系　331
エクメーネ　192
エコツアー　305
エコツーリズム　141, 303, 390
　——のガイドライン　305
エコフェミニズム　298
エコミュージアム　307
エコロジー　141
エコロジーキャンプ　286
越冬水鳥　498
エネルギーの再生　232
エビ　673
沿岸帯　496
塩沼地　506
塩生植物　529
塩分濃度勾配　534
塩類集積　490

オ

オアシス　490
オオウラギンヒョウモン　440
オオカナダモ　497
オオカミ　601
オオシラビソ　344
オオバギ　330
オオミツバチ　322
オオムラサキ　132, 508
オオルリシジミ　440
小笠原諸島　100
沖合　668
オギ草原　506
オショロコマ(イワナ属)　196
尾瀬ヶ原　277, 518
汚染者負担の原則(PPD)　150
落ち葉　696
オニヒトデ　547
お花畑度　253
オーバーユース　130
オヒルギ　530
オランウータン　329
温室効果　266
温帯針葉樹　343
温帯性タケ類　479
温帯草原　442
温帯落葉樹林　353

カ

カイガラムシ　331
海岸　665
　——の開発　194

索引

――の自然草原 428
海岸砂丘草原 421
海岸砂漠 486
海岸生態系 581
海岸断崖風衝草原 419
外国産種苗 663
海産魚類 661
外生菌根菌 333
階層構造 536
海中公園 554
海中公園地区 40
海中保護地区(MPA) 554
骸泥 497
開発行為 128
回遊魚 652
海洋汚染の防止 581
海洋島 575
外来動物の野生化 579, 580
回廊 594
学術参考保護林 82
核心地域 100
核心部 91
核廃棄物 298
河口湿地 559
河口干潟 560
重ね合わせ(オーバーレイ) 221
火山
　――の植生 122
　――の植生遷移 217
火山硫気孔荒原 427
カシ 395
カジカガエル 643
霞ヶ浦 497
河川 502, 625
　――の源流域 503
河川改修 195
河川環境管理計画 510
河川水辺 512
カタクリ 114
潟湖 559
潟湖干潟 560
カナート 491
カニ 676
河畔林 200, 507
花粉ダイアグラム 313
花粉媒介 319
花粉分析 183, 309, 344
花粉粒数 310
過放牧 212
カモ 618
カヤ場 255, 444, 452

カラフトルリシジミ 116
カリヤス 444, 453
夏緑樹林 353
カール 583
カルガモ 625
ガルトナーブナ林 11
カワゴケソウ群落 505
カワセミ 629
カワヒバリガイ 499
カワラノギク 121, 129, 506
岩塊斜面 118
環境アセスメント 129, 147, 173, 570, 687
環境影響評価 147, 648
環境基本計画 147, 179, 414
環境基本法 145, 179, 209
環境教育 142, 278, 287
環境教育政府間会議(トリビシ) 15
環境教育ニュースレター (Connect) 18
環境教育プログラム 292
環境持続性 299
環境庁 199
環境的正義 298
環境と開発に関する国連会議 (UNCED) 97, 102, 239, 289
環境と開発に関する世界委員会 (WCED) 203, 239
環境の日 146
環境変動 344
環境保護庁(EPA)(米国) 18
環境保全型農業 240
環境マネジメント 178
環境問題 287
環境問題特別委員会(SCOPE) 205
環境林 381
環境倫理 13, 295
観光 549
緩衝地帯 100, 190
緩衝部 91
環状剝皮 381
崖錐 585
感性の教育 281
完全人為 5
完全放任 4
感潮池 559
管理手法 237

キ

キアシシギ 625
帰化植物 580
帰化生物 499
帰化動物 670
危急種 126, 676
気候変動に関する政府間パネル (IPCC) 204
希少種 130, 364
希少植物 183
基本高水流量 197
ギャップ 358
ギャップ更新 346
救命艇の倫理 299
共育 285
共生 143, 317
共存 143
郷土景観 412
郷土個体 381
郷土の森 87
共有地 298
漁業管理 668
極相 4, 91
局地花粉帯 312
巨樹名木思想 6
魚梯 657
魚道 512, 657, 672
霧多布湿原 518
キリンソウ 131
金華山島 184
近郊緑地 414

ク

空港建設 548
くさっぱら公園 285
草の漬物 516
釧路湿原 518
クヌギ・コナラ林 256
クマ 600
クマゲラ 358, 606
クリーク 559
グリズリー 600
グレートバリアリーフ(GBR) 554
クロシジミ 441
グローバルコモンズ 298
群状型生物圏保存地域 92
群落構成種の脆弱性 526
群落集団 362
群落生態学的手法 312
群落の分類 360

ケ

景観　362
景観生態学　200
げっ歯類　359
研究用保護地域　7
原始的自然を残す　7
原生自然環境保全地域　27, 53
原生的自然環境　193
原生花園　472
原生林保護　9
建設省河川審議会　198
懸濁物食者　562
現地保存　13, 235
原野　448
　　──の植物　496

コ

コアエリア　12, 190, 593
コアジサシ　634
公園計画　40
公園事業　40
恒温動物　590
公害教育　278
公害対策基本法　145
降河回遊魚　653
甲殻類　668
工業用炭　538
高茎草原　491
交互生長説　519
高山荒原　427
高山荒原植物群落　585, 586
高山植物　428, 585
高山植生の復元　429
高山草原　424
高山帯　583
高山風衝草原　427
更新　345
高水温化　550
高層湿原　130, 519
恒続林　239
行動圏　592
高木林化　403
コウモリ　328
硬葉樹林　371
公用制限　39
高齢林化　403
コカナダモ　497
護岸工事　657
国際観光機構(WTO)　304
国際記念物遺跡会議
　　(ICOMOS)　97
国際サンゴ礁イニシアティブ
　　(ICRI)　552
国際サンゴ礁シンポジウム
　　(ICRS)　551
国際サンゴ礁年　544
国際自然保護連合(IUCN)　8,
　　14, 24, 90, 96, 102, 126, 141,
　　156, 303
国際生物学事業計画(IBP)
　　180
国際鳥類保護会議　157
国定公園　34, 446, 462
国土利用の現況　448
国内野生希少動植物種　103
国有林　51, 81
国立公園　34, 446, 461
国立公園法　17
国連環境開発会議(UNCED)
　　18, 149, 189, 204, 207
国連環境教育のワークショップ
　　288
国連環境計画(UNEP)　203,
　　304
国連食糧農業機構(FAO)　90
国連人間環境会議　96, 149,
　　158, 203, 288
コシブトハナバチ　323
湖沼　494
古生態学　309
個体間共生　318
個体群　590
　　──の維持　135
古代湖　496
コダチチョウセンアサガオ
　　386
コチドリ　622
国家保全戦略　204
コナラ　395
コマクサ　121
ゴマダラカミキリ　491
固有群落　25
固有種　25, 94, 100, 343, 493,
　　496, 575
コリドー(廊下)　201
昆虫採集　688
昆虫保護　687
昆虫類　681
コンパニオンアニマル　142

サ

採餌戦略　320
採集圧　647
採集行為　128
採食率　248
再生複合体　519
再生ポテンシャル　359
採草地　432, 444
最大持続収量　240
サイチョウ　328
最適収量　239
栽培　230
栽培イチジク　325
細胞内共生　318
サギ　618
サクラソウ　457
ササ　347, 359, 478
サステイナブルツーリズム
　　303
サステイナブルディベロップメ
　　ント(SD)　143
サステイナブルユース(SU)
　　140
雑食性　591
里山　255, 374, 390, 413
　　──の保護運動　275
砂漠　486
砂漠化　141
サバンナ　139, 418, 464, 598
サバンナ林　383
サラノキ　326
サロベツ原野　518
サワガニ　675
サワグルミ　122
サンゴ礁　544, 581
　　──の生態系　550
散実　319
散実共生系　327
酸性雨による森林被害　208
残存種　344
山頂現象　123

シ

シイ　395
シイタケ原木　404
シオジ　122
シカ　184
シギ　618
敷きわら　699
資源の再生　232
自生地　129
史蹟名勝天然記念物保存法
　　24, 35
施設保存　13, 235
自然

索　引

――による自然の変貌　6
――の価値論　296
――の権利　296
――の社会化　143
――の復元可能性　6
――の保護　35
――の豊かさ指数　701
――の利用　35
自然遺産　96, 731
自然海岸　194
自然解説指導者　284
自然回復　229
自然観　234
自然環境保全基礎調査　355, 458
自然環境保全地域　53, 57, 460, 463
　都道府県――　61
　二次的――　65
自然環境保全法　17, 53, 145
自然観察会　292
自然教育　142
自然公園　34, 64, 460, 463
――の計画体系　41
自然公園法　17, 33, 64
自然誌博物館　290
自然性評価　374
自然生物群集　90
自然草原　418
自然地理的ユニット　552
自然復元　229
自然物の当事者適格　296
自然ふれあい体験活動推進事業　304
自然保護
――についての声明書　13
――の機能　10
――の語義　8
――の対象　9
――の方法　11
――の理念　8
自然保護教育　14, 21, 277, 688
――に関する陳情　13
自然保護区　91, 578
自然保護憲章　17, 19
――の制定の経緯　20
自然保護債務スワップ　303
自然保護論　12
自然利用のための代替地　7
自然林　392
――の構成樹種　407
――の復元　416

持続可能な開発(SD)　18, 204
持続可能な管理(SM)　18
持続可能な利用(SU)　18
持続群落　418
持続性　239
持続的開発(SD)　193, 239
持続的管理(SM)　239
持続的利用(SU)　157, 239
下刈り　376
シタバチ　322
湿原　516
――の再生　526
湿原生態系　227
実験動物　596
湿地　621, 640
――のクライテリア　166
――の重要性　167
――の利用　170
湿地保全10項目提案　172
湿地＝ウエットランド　165
死肉食者　562
シバ　467
シバ型草地　4
柴刈り　256
芝生　213
指標生物　699
子房寄生者　320
士幌高原(北海道)　116
縞枯れ更新　345
死滅回遊　662
社会的公正　298
社会的リンク論　299
シャジクモ帯　497
社寺林　372
斜面林　698
蛇紋岩植物　121
種　138
――の絶滅　596
――の多様性　372
――の多様性の保全　266
――の保存委員会(SSC)　162
――の保存法　682
周縁性淡水魚類　652
集団生物圏保存地域　190
集中型生物圏保存地域　92
集中豪雨　121
修復　215
重油の流出　636
樹脂　322
種子散布　319
種内の多様性　131

種苗放流　666
狩猟　594
狩猟動物区　7
シュレンケ　519
順遷移　211
純淡水魚　652
使用価値　296
小気候　123
上下動　593
消費的利用　141
情報伝達型採餌　320
照葉原生林　374
照葉自然林　374
照葉樹林　371
照葉人工林　371
照葉二次林　371, 374
常緑広葉樹林　28, 342
常緑性　341
植生管理　415, 455
植生自然度　392, 447, 458
植生調査　182
植生配列　248
植生パターン　361
植生保護　182
食虫植物　459
植物遺体　697
植物群落　28
植物群落保護林　86
『植物群落レッドデータ・ブック』　110, 356
植物社会　6
植物社会学　466
植物の盗掘　577
『植物版レッドデータ・ブック』　126
植物版レッドリスト　126, 740
植物プランクトン　557
食物連鎖　591, 669
白保サンゴ礁空港建設　547
シロアリ　332
シロチドリ　628
進化的保全　27
進行遷移　246
人工海岸　194
人工海浜　571
人工種苗　663
人工草原　432
人工草地　246, 418
人工排水路　521
人工干潟　571, 671
人工林　273
神社林　23

人種差別主義　298
薪炭林　255, 269
針葉樹林　28, 341
森林
　——に関する原則声明　207
　——の景観　273
森林化　473
森林限界　583
森林更新　601
森林構造　269
森林施業計画　81
森林資源　477
森林生態系　223
森林生態系保護地域　83, 98
森林生物遺伝資源保存林　84
森林法　66
森林保全　204
森林立地　119
森林利用　270
人類と生物圏計画（MAB）
　89, 144

ス

水位変動　498
水温成層　494
水温躍層　495
水生植物　494
垂直分布帯　29
水田　622
水田稲作農耕　444
水田畦畔草地　445
スギ　345
スキー場の開発　587
スコッチニー　484
ススキ　453, 467
ススキ草地　185
ステップ　227, 464
ストックホルム会議　149
スピリチュアルエコロジー
　297
諏訪湖　674

セ

瀬　196
生活型組成　247
生活環境主義　280
生息地の破壊　597
生態系　6, 230, 266, 591
　——の退行　223
生態系中心主義　295
生態系平等主義　297
生態系保護　27

生態系保護区構想　144
生態圏　90, 236
生態的多様性　434
生態倫理　13
『成長の限界』　206, 295
整備活用事業　31
政府開発援助（ODA）　150
政府開発援助大綱　179
生物遺体　694
生物環境　273
生物間相互作用　441
生物間相互作用網　317
生物群集　440
生物圏　90
生物圏保護区　12, 27, 99
生物圏保存地域　89, 190, 734
　——の選定基準　90
生物圏保存地域ネットワーク
　94
生物相互作用網　333
生物層序的単位　312
生物多様性　109, 207, 237, 317,
　384, 412, 697
　——の現地保存　97
　——の保全　204
生物多様性国家戦略　208, 414
生物多様性条約　97, 151, 529
生物的自然　3, 137
生命学　299
生命観　234
生命地域主義　280, 297
生命中心主義　295
生命倫理学　299
世界遺産　144
世界遺産管理地域　99
世界遺産条約　96
世界国立公園保護地域会議
　99, 303
世界自然保護基金（WWF）
　126, 590
世界自然保護戦略　151
世界自然保護モニタリングセン
　ター（WCMC）　99, 141
世界自然保全戦略　206
セクロピア　330
セストン　494
世代観倫理　298
石灰岩植物　119
雪田植物群落　123, 585
雪田草原　425
絶滅　137
絶滅のおそれのある野生植物
　126
絶滅のおそれのある野生動植物
　の種の保存に関する法律
　（種の保存法）　103
絶滅のおそれのある野生動物
　137
絶滅危惧種　126, 460, 684
絶滅種　126
絶滅要因　128
セラード　227
セレンゲティ生態系　139
ゼロエミッション　481
遷移　4, 129, 231
遷移進行　435
遷移診断　248, 455
遷移度（DS）　186, 248
浅海域　557
先駆樹種　344
先駆性二次林　398
全国小中学校環境教育研究会
　278
先住民の文化　298

ソ

雑木林　255
草原植生の遷移度　249
草原性植物　434
草原生態系　227
草原の景観　445, 472
総合的自然資源管理　13
相互利他的関係　318
造礁サンゴ　544
草食獣　603
草食性　591
草食動物　348
　——の過剰増加　578
早生樹林業　244
創造自然　231
草地
　——の状態指数（IGC）　248
　——の状態診断　246
草地開発　435
草地改良　442, 450
草地状態指数　251
草地植生　185, 470
草地植生生活型基準表　248
草地診断　455
草地生態系　185
送粉共生系　319
送粉シンドローム　326
草本種　365
草本層種組成　405

818　　　　索　　　引

造林　230
総和群集　362
溯河回遊魚　652
ソーシャルエコロジー　298

タ

耐塩性機構　534
耐塩性植物　490
タイガ　225
大規模開発　195
大規模公共事業　195
退行遷移　211, 246
ダイサンチク　484
代償植生　443
胎生種子　532
堆積有機物　698
タイドプール　559
体内共生　318
大洋島　575, 601
大陸島　575
タウンヤ　242
多芽体　539
タカネスミレ　121
タケ　478
ダケカンバ　394
タケ林　477
多自然型河川工法　196
多自然型川づくり　510
タソック草原　227
立木トラスト　76
多肉植物　489
多摩川の植生変化　509
玉原湿原　521
タマリクス　490
ダム建設　195
多様性の回復　268
タンガニーカ湖　496
淡水魚　508
淡水魚類　652
短草型草原　227, 491
タンニン　538
短命植物　488

チ

地域個体群　138
地域制公園　37
地域生態系　236
地下水位の低下　523
地球温暖化　266
地球環境経済　267
地球圏-生物圏国際協同研究計画(IGBP)　191

地球サミット　12, 149, 151, 175, 204, 239, 298
地球生物圏　137
竹林　410
治山　199
千歳川放水路計画　197
チドリ　618
地表攪乱　363
中間湿原　519
中世的遷移　456
沖積錐　114
虫媒花　320
潮感水路　559
鳥獣保護区　613
長草型草原　227
鳥類　605
鳥類目録　618
『沈黙の春』　17

ツ

ツルシギ　633
ツル植物　378
ツンパンサリ　242

テ

低位利用林　413
底質内堆積物食者　562
底生動物　498
低層湿原　518
泥炭　516
泥炭採取　520
泥炭地　517
低投入持続的農業(LISA)　240
ディープエコロジー　296
低木層の発達　405
デザートペイブメント　488
デフレーション　488
テンカワン　386
天然記念物　17, 23, 31, 459, 670, 683, 705
　――の緊急調査　30
　――の保護対象　27
天然ブナ林　607
天然保護区域　25, 28
天然林　392, 483
　――の保護区　386

ト

東京都小中学校公害対策研究会　278
東京湾　638

東京湾三番瀬　194
凍結破砕作用　586
凍結融解作用　586
島しょ　573
凍上　586
動植物の検疫　580
凍土　586
導入種　596
トウヒ　349
動物愛護　143
動物遺体　697
動物群集　184
動物散実　328
動物の解放　296
動物媒花　326
倒木上更新　347
冬眠　593
透明度の低下　497
特定地理等保護林　86
特定動物生息地保護林　86
特別天然記念物　25
特別保護地区　3, 45, 613
都市気温　266
都市公園　34
都市生態系研究　141
土壌動物　692
土壌保全　9
土石流　121
土地区画整理事業　234
土地利用調査研究報告書　12
都道府県立自然公園　34
トラフィックジャパン　157
トランスパーソナルエコロジー　297
ドリアン　329
トロフィーハンティング　141
トンボ　514

ナ

内在的価値　296
ナイトハイク　280
内陸砂漠　486
内湾　669
内湾浅海域　557
ナキウサギ　117
那須　75
ナラ　367
南西諸島　100
南北問題　298

ニ

肉食者　562

索引　819

肉食獣　603
肉食性　591
二酸化炭素　383, 544
二次的自然　3
二次野生動物　140
二次林　256, 392
──の長伐期化　404
二次林保護制度　415
ニッコウキスゲ　472
日光戦場ヶ原　523
ニホンアカガエル　643
ニホンカワウソ　508
日本環境教育学会　15
日本自然保護協会　13, 98, 277, 304
日本旅行業協会　304
日本IBP特別委員会（JIBP）180
ニレ属の衰退　312
人間環境宣言　203, 205
人間中心主義　295
人間と自然との二分法　295
人間と生物圏計画（MAB）187

ヌ

ヌー　139
ヌマガヤ　519, 527

ネ

ネイチャーツーリズム　304
ネザサ　468
ネジレモ　498
熱帯季節林　383
熱帯湿潤林　383
熱帯性タケ類　479
熱帯多雨林　383
熱帯林の減少　208

ノ

農用林　255, 398
農林漁業　234
野焼き　220

ハ

バイカル湖　496
俳句　283
ハイマツ　585
ハイマツ林　424
博多湾和白干潟　194
博物館　287
はげ山　260

爬虫類　642
伐採　444
パッチ　201
ハナシノブ　460
ハナバチ　320
ハビタット　114, 196, 200
ハマザクロ　530
ハマシギ　633
ハリナシバチ　321, 333
ハリモミ　348
春植物　257
半砂漠　486
半自然海岸　194
半自然環境　135
半自然群落　432
半自然草原　134, 246, 418, 432
半自然的植生　5
半自然林　392
繁殖体　539
繁殖特性　133
半人為　5
パンダ　597
パンパ　227
パンパス　212, 464

ヒ

ビオトープ　688
──のRDB　111
干潟　557, 671
──の開発　194
ピーク流量　199
ヒゲノガリヤス群落　469
非消費的利用　142
被食回避説　327
微生物　695
ヒートアイランド現象　266
ヒプシサーマル期　344
ヒメシロレイシガイダマシ　547
表土保全　698
表面堆積物食者　562
ヒルギ　530
ヒルギダマシ　530
琵琶湖　497, 673
貧栄養湖　497
貧酸素化　558

フ

風穴　116
風衝草原　585
風衝矮低木群落　585
風致保護林　82

風土　300
風土論　301
風媒花　319
富栄養化　558, 566, 669
富栄養湖　497
フォレストアイランド　403
複合生態系　538
富士スバルライン　587
腐食連鎖　695
フタバガキ　326, 333, 385
フタバガキ林　242
フタバナヒルギ　542
淵　196
ブナ　358, 607
ブナクラス　353, 394
ブナクラス域自然植生　63
踏み跡群落　212
踏みつけ　588
ブラジルナッツ　323
ブラックバス　499
プラヤ　488
ブルーギル　499
ブルト　519
ブルントラント委員会　204
プレーリー　227, 418, 464, 598
プロセスの保全　362
文化遺産　96
分解者　694
文化財保護法　24
文化財保存法　17
分散力　693
分布限界種　575

ヘ

平地林　698
ベオグラード会議　288
ベオグラード憲章　288
ペディメント　488
ヘラオオバコ　313
ヘラバヒメジョオン　472
ベルン基準　160
辺縁部　93
辺境（フロンティア）　192
偏向遷移　465
ペンドウラス　483
ベントス群集　671

ホ

保安林　66
防衛共生系　329
萌芽更新　270
萌芽林　392

放散　341
放牧地　432, 444
ホウライチク　479
牧野管理　246
捕鯨問題　156
保護　45
保護区　91
保護増殖事業　30
保護地域　7, 24
保護林
　　――の孤立化　88
　　――の断片化　88
保護林制度　3, 81
保全　45, 295
保全科学　94
保全生物学　133
保続収穫　239
保存　295
ホタルブクロ　131
哺乳類　328, 590
ホームガーデン　242
ホールアース自然学校　284
本質的価値　296

マ

マイクロパターンメーター　315
前浜干潟　560
マスツーリズム　303
マダケ　485
松枯れ　411
マツ枯れ現象　261
マツムシソウ　472
マブ（MAB）計画　89, 187
マブ計画国際協力会議　94
マルハナバチ　322, 334, 458
マレーシア　388
マングル　529
マングローブ　529
マングローブ林　168, 228
満鮮要素　442

ミ

ミクロハビタット　502
ミズゴケ　527
水鳥　618
ミズナラ　394
水保全　9
ミチゲーション　235, 568
ミツバチ　320
南アルプススーパー林道　587
ミユビシギ　633

未利用林　413

ム

武蔵野の雑木林　395
ムース　601
ムナグロ　633
ムニンノボタン　133

メ

メヒルギ　530

モ

モウソウチク　409, 484
木酢液　538
目標自然　237
目標植生　416
モザイク構造　358
モニタリング　135

ヤ

ヤエヤマヒルギ　530
野外展示　31
焼畑　240
焼畑耕作　3
焼畑農耕　443
野生化動物　130, 579
野生生物　157
野生動植物保護地区　61
野生動物保護　144
谷戸　504
ヤナギ河辺林　507
ヤブツバキクラス　394
ヤブツバキクラス域自然植生　63
ヤマカガシ　643
山小屋　589
山焼き　444
ヤルダン　488

ユ

有機汚濁　558
遊水池　199, 511
遊山の場　258, 267
融凍攪拌作用　586
輸入種苗　666

ヨ

養殖　230
ヨシ湿原　216
ヨシ草原　506
予定告示　73

ラ

ライチョウ　589
落葉広葉樹林　28
落葉採取　405
落葉性　342
裸子植物　341
ラムサール国内委員会　169
ラムサール条約　165
ランドエシック　296
ランドスケープエコロジー　200
ランドスケープのRDB　110

リ

リオ宣言　175, 203, 239, 289
陸貝類　694
陸鳥　605
陸封　675
陸封潮だまり　677
リゾート開発　67
リゾート法　12, 68, 194
『リトルツリー』　282
リフュージャ　443
リメディエーション　568
流域の保護　361
隆起サンゴ礁上群落　427
琉球　675
リュウキュウマツ　397
リュウノウジュ　332
両側回遊　672
両側回遊魚　653
両生類　642
緑化　230
林縁の影響　365
林冠ギャップ　532
林種　268
林床植生
　　――の再生　271
　　――の発達　262
林床堆積物　697
輪廻説　519
林分改良（TSI）　243
林木遺伝資源保存林　85

レ

礫地草本群落　506
レクリエーション　549
レクリエーション開発　451
レス　488
レック　593
『レッドデータブック』　13,

102, 114, 143, 605, 684
　──の新カテゴリー　106
レフュジア　345
レンゲツツジ　472

ロ

ローカルアジェンダ21　178

ローマクラブ　206, 295

ワ

ワークショップ　285
ワジ　488
ワシントン条約（CITES）
　140, 156

渡り　593
渡り鳥　168
わんど　511

編者略歴

沼田　眞（ぬまた・まこと）
1917年　茨城県に生まれる
1942年　東京文理科大学生物学科卒業
現　在　（財）日本自然保護協会会長
　　　　千葉県立中央博物館名誉館長
　　　　千葉大学名誉教授
　　　　理学博士

自然保護ハンドブック（新装版）

1998年 4 月10日　初　版第 1 刷
2007年 1 月20日　新装版第 1 刷
2009年 3 月10日　　　　第 2 刷

編　者　沼　田　　眞
発行者　朝　倉　邦　造
発行所　株式会社　朝　倉　書　店
　　　　東京都新宿区新小川町 6-29
　　　　郵便番号　162-8707
　　　　電　話　03（3260）0141
　　　　F A X　03（3260）0180
　　　　http://www.asakura.co.jp

〈検印省略〉

Ⓒ 1998〈無断複写・転載を禁ず〉　　　新日本印刷・渡辺製本

ISBN 978-4-254-10209-3　C 3040　　　Printed in Japan

愛知大 吉野正敏・学芸大 山下脩二編

都市環境学事典

18001-2 C3540　　　A 5 判 448頁 本体16000円

現在，先進国では70％以上の人が都市に住み，発展途上国においても都市への人口集中が進んでいる。今後ますます重要性を増す都市環境について地球科学・気候学・気象学・水文学・地理学・生物学・建築学・環境工学・都市計画学・衛生学・緑地学・造園学など，多様広範な分野からアプローチ。〔内容〕都市の気候環境／都市の大気質環境／都市と水環境／建築と気候／都市の生態／都市活動と環境問題／都市気候の制御／都市と地球環境問題／アメニティ都市の創造／都市気候の歴史

前東大 不破敬一郎・国立環境研 森田昌敏編著

地球環境ハンドブック（第2版）

18007-1 C3040　　　A 5 判 1152頁 本体35000円

1997年の地球温暖化に関する京都議定書の採択など，地球環境問題は21世紀の大きな課題となっており，環境ホルモンも注視されている。本書は現状と課題を包括的に解説。〔内容〕序論／地球環境問題／地球／資源・食糧・人類／地球の温暖化／オゾン層の破壊／酸性雨／海洋とその汚染／熱帯林の減少／生物多様性の減少／砂漠化／有害廃棄物の越境移動／開発途上国の環境問題／化学物質の管理／その他の環境問題／地球環境モニタリング／年表／国際・国内関係団体および国際条約

日本環境毒性学会編

生態影響試験ハンドブック
―化学物質の環境リスク評価―

18012-8 C3040　　　B 5 判 368頁 本体16000円

化学物質が生態系に及ぼす影響を評価するため用いる各種生物試験について，生物の入手・飼育法や試験法および評価法を解説。OECD準拠試験のみならず，国内の生物種を用いた独自の試験法も数多く掲載。〔内容〕序論／バクテリア／藻類・ウキクサ・陸上植物／動物プランクトン（ワムシ，ミジンコ）／各種無脊椎動物（ヌカエビ，ユスリカ，カゲロウ，イトトンボ，ホタル，二枚貝，ミミズなど）／魚類（メダカ，グッピー，ニジマス）／カエル／ウズラ／試験データの取扱い／付録

産総研 中西準子・産総研 蒲生昌志・産総研 岸本充生・産総研 宮本健一編

環境リスクマネジメントハンドブック

18014-4 C3040　　　A 5 判 596頁 本体18000円

今日の自然と人間社会がさらされている環境リスクをいかにして発見し，測定し，管理するか――多様なアプローチから最新の手法を用いて解説。〔内容〕人の健康影響／野生生物の異変／PRTR／発生源を見つける／*in vivo*試験／QSAR／環境中濃度評価／曝露量評価／疫学調査／動物試験／発ガンリスク／健康影響指標／生態リスク評価／不確実性／等リスク原則／費用効果分析／自動車排ガス対策／ダイオキシン対策／経済的インセンティブ／環境会計／LCA／政策評価／他

太田猛彦・住　明正・池淵周一・田渕俊雄・眞柄泰基・松尾友矩・大塚柳太郎編

水　の　事　典

18015-2 C3540　　　A 5 判 576頁 本体20000円

水は様々な物質の中で最も身近で重要なものである。その多様な側面を様々な角度から解説する，学問的かつ実用的な情報を満載した初の総合事典。〔内容〕水と自然（水の性質・地球の水・大気の水・海洋の水・河川と湖沼・地下水・土壌と水・植物と水・生態系と水）／水と社会（水資源・農業と水・水産業・水と工業・都市と水システム・水と交通・水と災害・水質と汚染・水と環境保全・水と法制度）／水と人間（水と人体・水と健康・生活と水・文明と水）

日文研 安田喜憲編

環境考古学ハンドブック

18016-0 C3040　　　A 5 判 724頁 本体28000円

遺物や遺跡に焦点を合わせた従来型の考古学と訣別し，発掘により明らかになった成果を基に復元された当時の環境に則して，新たに考古学を再構築しようとする試みの集大成。人間の活動を孤立したものとは考えず，文化・文明に至るまで気候変化を中心とする環境変動と密接に関連していると考える環境考古学によって，過去のみならず，未来にわたる人類文明の帰趨をも占えるであろう。各論で個別のテーマと環境考古学のかかわりを，特論で世界各地の文明について論ずる。

前千葉大 丸田頼一編

環境都市計画事典

18018-7 C3540　　　A5判 536頁 本体18000円

様々な都市環境問題が存在する現在においては，都市活動を支える水や物質を循環的に利用し，エネルギーを効率的に利用するためのシステムを導入するとともに，都市の中に自然を保全・創出し生態系に準じたシステムを構築することにより，自立的・安定的な生態系循環を取り戻した都市，すなわち「環境都市」の構築が模索されている。本書は環境都市計画に関連する約250の重要事項について解説。〔項目例〕環境都市構築の意義／市街地整備／道路緑化／老人福祉／環境税／他

日本緑化工学会編

環境緑化の事典

18021-7 C3540　　　B5判 496頁 本体20000円

21世紀は環境の世紀といわれており，急速に悪化している地球環境を改善するために，緑化に期待される役割はきわめて大きい。特に近年，都市の緑化，乾燥地緑化，生態系保存緑化など新たな技術課題が山積しており，それに対する技術の蓄積も大きなものとなっている。本書は，緑化工学に関するすべてを基礎から実際まで必要なデータや事例を用いて詳しく解説する。〔内容〕緑化の機能／植物の生育基盤／都市緑化／環境林緑化／生態系管理修復／熱帯林／緑化における評価法／他

「複雑系の事典」編集委員会編

複雑系の事典
― 適応複雑系のキーワード150 ―

10169-4 C3540　　　A5判 448頁 本体14000円

本事典は，新しい知の枠組みとしての〈複雑系〉を基本としながら，知の類似性をもとに広く応用の意味を含めて，哲学・科学・工学・経済・経営までを包括したキーワード150を50音順に配列したものである。各キーワードは見開き2～4頁を軸に簡潔にまとめ随所に総合解説を挿入し，キーワードの相互連関を助けるよう配慮した。編集委員会メンバーは，太田時男(横国大名誉教授)・渡辺信三(京大名誉教授)・西山賢一(埼玉大)・相澤洋二(早大)・佐倉統(東大)の5名

東大 橋本毅彦・東工大 梶 雅範・東大 廣野喜幸監訳

科学大博物館
― 装置・器具の歴史事典 ―

10186-4 C3540　　　A5判 852頁 本体26000円

電池は誰がいつ発明したのか？望遠鏡はどのように進歩してきたか？爆弾熱量計は何に使うのか？古代の日時計から最新のGPS装置まで，科学技術と共に発展してきた様々な器具・装置類を英国科学博物館と米国スミソニアン博物館の全面協力により豊富な図版・写真類を用いて歴史的に解説。〔内容〕クロノメーター／計算機／渾天儀／算木／ジャイロコンパス／真空計／走査プローブ顕微鏡／DNAシークエンサー／電気泳動装置／天秤／内視鏡／光電子増倍管／分光計／レーザー／他

前日本赤十字看護大 山崎 昶編著

法則の辞典

10197-X C3540　　　A5判 504頁 本体12000円

「ニュートンの万有引力の法則」は万人が知る有名な法則である。この他，世の中には様々な法則が存在する。一方，同じ定義の○○法則でも分野が違うと，○○関係式と呼ばれるなど言い方も異なると言った例も多々ある。本辞典では，数学・物理学・化学・生物学・地学・天文学から医学にいたる分野で用いられている，法則や，法則に順ずる規則，原理，効果，現象，理論，定理，公式，定数など約4400項目を採録し，どういうものかが概略分かるよう，100字前後で解説した。

日本水環境学会編

水環境ハンドブック

26149-7 C3051　　　B5判 760頁 本体32000円

水環境を「場」「技」「物」「知」の観点から幅広くとらえ，水環境の保全・創造に役立つ情報を一冊にまとめた。〔目次〕「場」河川／湖沼／湿地／沿岸海域・海洋／地下水・土壌／水辺・親水空間。「技」浄水処理／下水・し尿処理／排出源対策・排水処理(工業系・埋立浸出水)／排出源対策・排水処理(農業系)／用水処理／直接浄化。「物」有害化学物質／水界生物／健康関連微生物。「知」化学分析／バイオアッセイ／分子生物学的手法／教育／アセスメント／計画管理・政策。付録

元玉川大 本間保男・前農工大 佐藤仁彦・
名大 宮田　正・農工大 岡崎正規編

植物保護の事典

42017-X　C3361　　　A5判　528頁　本体20000円

地球環境悪化の中でとくに植物保護は緊急テーマとなっている。本書は植物保護および関連分野でよく使われる術語を専門外の人たちにもすぐ理解できるよう平易に解説した便利な事典。〔内容〕（数字は項目数）植物病理(57)／雑草(23)／応用昆虫(57)／応用動物(23)／植物保護剤(52)／ポストハーベスト(35)／植物防疫(25)／植物生態(43)／森林保護(19)／生物環境調節(26)／水利, 土地造成(32)／土壌, 植物栄養(38)／環境保全, 造園(29)／バイオテクノロジー(27)／国際協力(24)

前東農大 三橋　淳総編集

昆虫学大事典

42024-2　C3061　　　B5判　1220頁　本体48000円

昆虫学に関する基礎および応用について第一線研究者115名により網羅した最新研究の集大成。基礎編では昆虫学の各分野の研究の最前線を豊富な図を用いて詳しく述べ, 応用編では害虫管理の実際や昆虫とバイオテクノロジーなど興味深いテーマにも及んで解説。わが国の昆虫学の決定版。〔内容〕基礎編(昆虫学の歴史／分類・同定／主要分類群の特徴／形態学／生理・生化学／病理学／生態学／行動学／遺伝学)／応用編(害虫管理／有用昆虫学／昆虫利用／種の保全／文化昆虫学)

千葉大 本山直樹編

農薬学事典

43069-8　C3561　　　A5判　592頁　本体20000円

農薬学の最新研究成果を紹介するとともに, その作用機構, 安全性, 散布の実際などとくに環境という視点から専門研究者だけでなく周辺領域の人たちにも正しい理解が得られるよう解説したハンドブック。〔内容〕農薬とは／農薬の生産／農薬の研究開発／農薬のしくみ／農薬の作用機構／農薬抵抗性問題／化学農薬以外の農薬／遺伝子組換え作物／農薬の有益性／農薬の安全性／農薬中毒と治療方法／農薬と環境問題／農薬散布の実際／関連法規／わが国の主な農薬一覧／関係機関一覧

食品総合研究所編

食品大百科事典

43078-7　C3561　　　B5判　1080頁　本体42000円

食品素材から食文化まで, 食品にかかわる知識を総合的に集大成し解説。〔内容〕食品素材(農産物, 畜産物, 林産物, 水産物他)／一般成分(糖質, タンパク質, 核酸, 脂質, ビタミン, ミネラル他)／加工食品(麺類, パン類, 酒類他)／分析, 評価(非破壊評価, 官能評価他)／生理機能(整腸機能, 抗アレルギー機能他)／食品衛生(経口伝染病他)／食品保全技術(食品添加物他)／流通技術／バイオテクノロジー／加工・調理(濃縮, 抽出他)／食生活(歴史, 地域差他)／規格(国内制度, 国際規格)

前東大 鈴木昭憲・前東大 荒井綜一編

農芸化学の事典

43080-9　C3561　　　B5判　904頁　本体38000円

農芸化学の全体像を俯瞰し, 将来の展望を含め, 単に従来の農芸化学の集積ではなく, 新しい考え方を十分取り入れ新しい切り口でまとめた。研究小史を各章の冒頭につけ, 各項目の農芸化学における位置付けを初学者にもわかりやすく解説。〔内容〕生命科学／有機化学(生物活性物質の化学, 生物有機化学における新しい展開)／食品科学／微生物科学／バイオテクノロジー(植物, 動物バイオテクノロジー)／環境科学(微生物機能と環境科学, 土壌肥料・農地生態系における環境科学)

日大 鈴木和夫・東大 井上　真・日大 桜井尚武・
筑波大 富田文一郎・総合地球環境研 中静　透編

森林の百科

47033-9　C3561　　　A5判　756頁　本体23000円

森林は人間にとって, また地球環境保全の面からもその存在価値がますます見直されている。本書は森林の多様な側面をグローバルな視点から総合的にとらえ, コンパクトに網羅した21世紀の森林百科である。森林にかかわる専門家はもとより文学, 経済学などさまざまな領域で森の果たす役割について学問的かつ実用的な情報が盛り込まれている。〔内容〕森林とは／森林と人間／樹木の構造と機能／森林資源／森林の管理／森を巡る文化と社会／21世紀の森林―森林と人間

上記価格（税別）は 2009 年 2 月現在